Eduard Gildemeister, Friedrich Hoffmann

Die ätherischen Öle

Zweiter Band

Verlag
der
Wissenschaften

Eduard Gildemeister, Friedrich Hoffmann

Die ätherischen Öle

Zweiter Band

ISBN/EAN: 9783957003331

Auflage: 1

Erscheinungsjahr: 2015

Erscheinungsort: Norderstedt, Deutschland

Hergestellt in Europa, USA, Kanada, Australien, Japan
Verlag der Wissenschaften in Hansebooks GmbH, Norderstedt

Cover: Foto ©twinlili / pixelio.de

DIE

ÄTHERISCHEN ÖLE

VON

E. GILDEMEISTER UND FR. HOFFMANN.

ZWEITE AUFLAGE

VON

E. GILDEMEISTER.

BEARBEITET

IM AUFTRAGE DER FIRMA SCHIMMEL & C^O^ IN MILTITZ BEI LEIPZIG.

ZWEITER BAND.

MIT VIER KARTEN, DREI KURVENTAFELN UND ZAHLREICHEN ABBILDUNGEN.

VERLAG VON SCHIMMEL & C^O^
MILTITZ BEI LEIPZIG.

(FÜR DEN BUCHHANDEL: L. STAACKMANN, LEIPZIG.)

1913.

Vorwort zum II. Bande.

Im Vorwort zum I. Bande der II. Auflage war gesagt worden, daß die einzelnen ätherischen Öle in einem später erscheinenden Bande behandelt werden sollen. Da sich bei der Bearbeitung dieses Teils herausgestellt hat, daß der Stoff gegen früher auf mehr als das Doppelte angewachsen ist und nicht gut in einem einzigen Bande untergebracht werden konnte, so erschien es zweckmäßig, eine weitere Teilung vorzunehmen und das Manuskript, soweit es fertig war, als zweiten Band erscheinen zu lassen. Die Anordnung ist die alte geblieben. Wie in der ersten Auflage, sind die ätherischen Öle aufgeführt nach ihrem Vorkommen in den Pflanzen, die nach dem von A. Engler in seinem „Syllabus der Pflanzenfamilien" aufgestellten System geordnet sind. Der vorliegende Band bringt die Öle einschließlich derjenigen der *Zygophyllaceae* und eines Teils der *Rutaceae*. Ein dritter Band wird den Schluß des Werkes bilden.

Miltitz bei Leipzig, im Juni 1913.

E. Gildemeister.

Verzeichnis
der Abbildungen, Karten und Tabellen.

Abbildungen.

Seite

1. Apparat von Herzfeld zur quantitativen Bestimmung von Petroleum im Terpentinöl . . . 37
2. Apparat von Marcusson und Winterfeld zur quantitativen Bestimmung von Petroleum im Terpentinöl . . . 38
3. Schüttelbürette von Eibner und Hue . . . 41
4. Anschlagen und Entrinden der Stämme (Box-System) . . . 60
5. Entleeren der Harzbehälter (Box-System) . . . 61
6. Auffangen des Terpentins (Cup- and Gutter-System) . . . 67
7. Ältere Terpentin-Destillations-Anlage . . . 69
8. Nordamerikanische Terpentindestillation . . . 71
9. Französische Methode der Terpentingewinnung . . . 74
10. Moderne französische Terpentin-Destillationsanlage . . . 75
11. Alte Thüringer Fichtennadelöl-Destillation . . . 117
12. Gefäß zum Auffangen des Destillats und Trennen des Öls vom Wasser . . . 117
13. Sammeln der Zapfen, „Brecher“ und „Leser“ (Edeltannenzapfendestillation in der Schweiz) . . . 120
14. Größerer Destillierapparat (Edeltannenzapfendestillation in der Schweiz) . . . 120
15. Inneres einer sogenannten „Brennhütte“ (Edeltannenzapfendestillation in der Schweiz) . . . 121
16. Destillierapparat (Edeltannenzapfendestillation in der Schweiz) . . . 121
17. Latschenkieferöldestillation im südlichen Tirol . . . 125
18. Inneres einer Latschenkieferöldestillation . . . 125
19. Kupferne und eiserne Destillierblase für Palmarosaöl . . . 191
20. Destillation von Palmarosaöl in der Nähe von Ellichpur (Vorderindien) . . . 192
21. u. 22. Palmarosaöldestillation in Khandesh (Vorderindien) . . . 193
23. Kupferne Versandgefäße für Palmarosa- und Gingergrasöl . . . 197
24. Destillation von Lemongrasöl in der Nähe von Alwaye (Travancore) . . . 203
25. Vorlage bei der Lemongrasöldestillation . . . 204
26. Anpflanzungen von Maha Pengiri-Gras auf Ceylon . . . 229
27. Citronellöl-Destillationsanlage auf Ceylon . . . 231
28. Citronellöl-Destillationsanlage auf Ceylon, Aufriß . . . 233
29. Citronellöl-Destillationsanlage auf Ceylon, Grundriß . . . 233
30. Citronellgras-Pflanzung und -Destillation auf Java . . . 249
31. Sandelholzkoti in Bangalore . . . 345
32. Sandelbaum (Santalum album L.) . . . 349

Seite

33. Destillation von amerikanischem Wurmsamenöl in Maryland 375
34. Tongkinesischer Destillierapparat für Sternanisöl 395
35. Chinesischer Destillierapparat für Sternanisöl 397
36. Pflanzung von Sternanisbäumen in der Umgegend von Langson (Tongkin) 399
37. Canangablüten-Destillation auf Java 413
38. Chinesischer Destillierapparat für Cassiaöl 444
39. Campherdestillation in Japan 474
40. Campherdestillation in Japan 475
41. Kühlkasten bei der Campherdestillation in Japan 476
42. Chinesischer Destillationsapparat, früher auf Formosa üblich 478
43. Eine kleinere Sassafrasdestillation in Virginia 511
44. Sassafras-Schneidemühle und -Destillation in Lexington (Virginia) 513
45. Ausgraben der Sassafraswurzeln 515
46. Rosenernte in Bulgarien 572
47. Rosenernte in Bulgarien 573
48. Bulgarischer Rosenöl-Destillierapparat 576
49. Bulgarische Giulapana 577
50. Miltitzer Rosenfelder 579
51. Rosenernte in Miltitz (Im Hintergrund die Arbeiterkolonie von Schimmel & Co.) 581
52. Rosenernte in Miltitz bei Leipzig 583

Karten.

Die Citronella-Distrikte auf Ceylon 236
Campher- und Pfefferminzproduktion in Japan (1912) 486
Campherdistrikte auf Formosa 489
Die Rosenölgewinnung in Bulgarien 574

Tabellen.

Anzahl der aus Kotschin in den Jahren 1884/85 bis 1911/12 ausgeführten Kisten Lemongrasöl. Graphische Tafel 209
Ceylon-Citronellöl, Statistisches. Kurventafel 234
Rosenöl, Statistisches. Kurventafel 598

Inhaltsverzeichnis.

Abteilung: Chlorophyceae.

Familie: Chroolepidaceae. Seite

1. Veilchenmoosöl 1

Abteilung: Eumycetes.

Familie: Polyporaceae.

2. Weidenschwammöl 1
3. Steinpilzöl 2

Familie: Agaricaceae.

4. Fliegenpilzöl 2

Familie: Parmeliaceae.

5. Eichenmoosöl 2
6. Isländisch Moosöl 3

Abteilung: Embryophyta asiphonogama.

Familie: Jungermanniaceae.

7. Öl von Mastigobryum trilobatum 3
8. Öl von Leioscyphus Taylori 4
9. Öl von Madotheca laevigata 4
10. Öl von Alicularia scalaris 5

Familie: Polypodiaceae.

11. Wurmfarnöl 5
12. Öl von Polypodium phymatodes 6

Familie: Marattiaceae.

13. Öl von Angiopteris evecta 6

Abteilung: **Embryophyta siphonogama.**

Familie: Taxaceae.

Seite

14. Öl von Pherosphaera Fitzgeraldi . . . 6
15. Öl von Dacrydium Franklinii . . . 7
16. Öl von Phyllocladus rhomboidalis . . . 8

Familie: Pinaceae.

17. Kaurikopalöl . . . 9
18. Manilakopalöl . . . 9
19. Öl von Agathis robusta . . . 10
20. Öl von Araucaria Cunninghamii . . . 10
21. Öl von Araucaria brasiliana . . . 11

Die Öle der Abietineen.

Terpentinöl, Kienöl, Holzterpentinöl und Fichtennadelöle 11

Eigentliche Terpentinöle . . . 13

22. Amerikanisches Terpentinöl . . . 59
23. Französisches Terpentinöl . . . 72
24. Österreichisches (Neustädter) Terpentinöl 77
25. Spanisches Terpentinöl . . . 79
26. Griechisches Terpentinöl . . . 80
27. Russisches Terpentinöl . . . 81
28. Algerisches Terpentinöl . . . 84
29. Mexikanisches Terpentinöl . . . 85
30. Indisches Terpentinöl . . . 85
31. Burma-Terpentinöl . . . 87
32. Japanisches Terpentinöl . . . 88
33. Ostasiatisches Terpentinöl . . . 89
34. Philippinisches Terpentinöl . . . 89
35. Terpentinöl aus Rottannenterpentin 89
36. Terpentinöl aus Straßburger Terpentin 91
37. Terpentinöl aus dem Terpentin von Abies cephalonica 91
38. Terpentinöl aus venetianischem oder Lärchen-Terpentin 92
39. Canadabalsamöl . . . 94
40. Oregonbalsamöl . . . 95
41. Terpentinöl von Pinus resinosa 97
42. Terpentinöl von Pinus Murrayana 97
43. Terpentinöl von Abies concolor var. Lowiana 97
44. Terpentinöl von Pinus serotina 97
45. Terpentinöl von Pinus Sabiniana 98
46. Terpentinöl von Pinus Jeffreyi 99

Holzterpentinöle . . . 100

47. Amerikanisches Holzterpentinöl 102

Seite

Kienöle 107

48. Deutsches Kienöl 109
49. Russisches oder Polnisches Kienöl 110
50. Schwedisches Kienöl 113
51. Finnländisches Kienöl 113
52. Amerikanisches Kienöl 115

Die Fichtennadelöle 116

53. Edeltannennadelöl 117
54. Edeltannenzapfen- oder Templinöl 118
55. Edeltannensamenöl 122
56. Fichten- oder Rottannennadelöl 123
57. Fichtenzapfenöl 124
58. Latschenkiefer- oder Krummholzöl 124
59. Kiefernadelöl 128
60. Sibirisches Fichtennadelöl 131
61. Aleppokiefernadelöl 133
62. Zirbelkiefernadelöl 134
63. Öl aus den Fruchtzapfen von Abies Reginae Amaliae 134
64. Schwarzkiefernadelöl 135
65. Hemlock- oder Spruce-Tannennadelöl 135
66. Schwarzfichtennadelöl 136
67. Balsamtannennadelöl 136
68. Weymouthkiefernadelöl 137
69. Douglasfichtennadelöl 137
70. Nadelöl von Pinus ponderosa 138
71. Einige seltenere amerikanische Fichtennadelöle 138
72. Öl von Pinus excelsa 140
73. Lärchennadelöle 140
74. Libanon-Cedernöl 141
75. Atlas-Cedernöl 141
76. Sequoiaöl 142
77. Öl von Athrotaxis selaginoides 143
78. Öl von Cryptomeria japonica 143
79. Öl von Taxodium mexicanum 144
80. Öl von Taxodium distichum 145
81. Öl von Actinostrobus pyramidalis 146
82. Sandarakharzöl 146
83. Sandarakholzöl 147

Australische Callitrisöle.

84. Öl von Callitris robusta 148
85. Öl von Callitris verrucosa 148
86. Öl von Callitris propinqua 149
87. Öl von Callitris glauca 149
88. Öl von Callitris arenosa 150
89. Öl von Callitris intratropica 151

Seite

90. Öl von Callitris gracilis 151
91. Öl von Callitris calcarata 152
92. Öl von Callitris rhomboidea 153
93. Öl von Callitris Tasmanica 153
94. Öl von Callitris Drummondii 154
95. Öl von Callitris Muelleri 154
96. Öl von Callitris oblonga 155
97. Öl von Callitris Macleayana 155
98. Thujaöl 156
99. Thujawurzelöl 158
100. Öl von Thuja plicata 158
101. Cypressenöl 160
102. Öl der Cypressenfrüchte 164
103. Öl von Cupressus Lambertiana 164
104. Öl von Cupressus lusitanica 165
105. Hinokiöl 165
106. Öl von Chamaecyparis Lawsoniana 165
107. Wacholderbeeröl 166
108. Wacholdernadelöl 170
109. Wacholderholzöl 170
110. Wacholderbeeröl von Juniperus Oxycedrus 171
111. Cedernöl aus Haiti 171
112. Cedernholzöl 171
113. Cedernblätteröl 177
114. Öl von Juniperus chinensis 178
115. Ostafrikanisches Cedernholzöl 178
116. Sadebaumöl 179
117. Öl der Blätter von Juniperus phoenicea 182
118. Öl der Beeren von Juniperus phoenicea 184
119. Öl von Juniperus thurifera 184
120. Öl einer Juniperus-Art (Kaju garu) 184

Familie: Pandanaceae.

121. Pandanusöl 186

Familie: Gramineae.

Cymbopogon (Andropogon)öle.

122. Palmarosaöl 186
123. Gingergrasöl 198

Lemongrasöle 200

124. Ostindisches Lemongrasöl 200
125. Westindisches Lemongrasöl 210
126. Wurzelöl von Cymbopogon citratus 216
127. Nordbengalisches Lemongrasöl 217
128. Vetiveröl 218

Seite

Citronellöle 226

129. Ceylon-Citronellöl 228
130. Java-Citronellöl 246
131. Citronellöle verschiedener Herkunft 252
132. Managrasöl 253
133. Java lemon olie 254
134. Kamelgrasöl 254
135. Delftgrasöl 255
136. Öl von Cymbopogon coloratus 256
137. Öl von Cymbopogon caesius 257
138. Öl von Cymbopogon sennaarensis 257
139. Öl von Andropogon odoratus 258
140. Öl von Andropogon Schoenanthus subpec. nervatus 258
141. Öl von Andropogon intermedius 258
142. Andropogonöle von unbekannten Spezies 259
143. Mumutaöl 259

Familie: Palmae.

144. Palmettoöl 260
145. Ätherisches Kokosnußöl 261

Familie: Araceae.

146. Calmusöl 262
147. Calmuskrautöl 267

Familie: Liliaceae.

148. Sabadillsamenöl 267
149. Aloeöl 267
150. Xanthorrhoeaharzöle 268
151. Knoblauchöl 268
152. Zwiebelöl 270
153. Bärlauchöl 271
154. Hyazinthenöl 271
155. Spargelwurzelöl 272
156. Maiglöckchenblätteröl 273

Familie: Amaryllidaceae.

157. Öl von Buphane disticha 273
158. Tuberosenöl 273

Familie: Iridaceae.

159. Safranöl 275
160. Irisöl 276
161. Öl von Iris versicolor 282

Seite

Familie: Zingiberaceae.

162. Curcumaöl . . . 282
163. Zitwerwurzelöl . . . 285
164. Hedychiumöl . . . 286
165. Öl von Kaempferia rotunda . . . 286
166. Öl von Kaempferia Galanga . . . 287
167. Galgantöl . . . 288
168 Öl von Alpinia Galanga . . . 289
169. Öl von Alpinia malaccensis . . . 290
170. Öl von Alpinia nutans . . . 290
171. Ingweröl . . . 291
172. Öl von Gastrochilus pandurata . . . 295
173. Malabar- oder Ceylon-Malabar-Cardamomenöl . . . 295
174. Öl aus langen Ceylon-Cardamomen . . . 298
175. Siam-Cardamomenöl . . . 300
176. Öl von Amomum Mala . . . 301
177. Paradieskörneröl . . . 301
178. Bengal-Cardamomenöl . . . 302
179. Öl von Aframomum angustifolium . . . 302
180. Kamerun-Cardamomenöl . . . 303
181. Korarima-Cardamomenöl . . . 303
182. Cardamomenwurzelöl . . . 304

Familie: Orchidaceae.

183. Öl von Orchis militaris . . . 305
184. Vanilleöl . . . 305

Familie: Piperaceae.

185. Pfefferöl . . . 306
186. Pfefferöl aus langem Pfeffer . . . 308
187. Öl von Piper ovatum . . . 309
188. Aschantipfefferöl . . . 309
189. Cubebenöl . . . 309
190. Öl von falschen Cubeben . . . 312
191. Öl von Piper Lowong . . . 313
192. Öl von Piper Volkensii . . . 313
193. Maticoöl . . . 314
194. Öl von Piper angustifolium . . . 318
195. Öl von Piper angustifolium var. Ossanum . . . 318
196. Öl von Piper camphoriferum . . . 318
197. Öl von Piper lineatum . . . 319
198. Öl von Piper acutifolium Ruiz et Pavon var. subverbascifolium 319
199. Öl von Artanthe geniculata . . . 320
200. Betelöl . . . 321
201. Kissipfefferöl . . . 325
202. Öl von Potomorphe umbellata . . . 325
203. Öl von Ottonia Anisum . . . 325

Seite

Familie: Salicaceae.

204. Pappelknospenöl 325

Familie: Myricaceae.

205. Gagelblätteröl 327
206. Gagelkätzchenöl 328
207. Wachsmyrtenöl 329
208. Comptoniaöl 329

Familie: Juglandaceae.

209. Walnußblätteröl 329

Familie: Betulaceae.

210. Birkenrindenöl (Wintergrünöl) 330
211. Birkenknospenöl 336
212. Birkenblätteröl 337
213. Weißbirkenrindenöl 338
214. Haselnußblätteröl 338

Familie: Ulmaceae.

215. Öl von Celtis reticulosa 338

Familie: Moraceae.

216. Hopfenöl 339
217. Hanföl 342

Familie: Urticaceae.

218. Pileaöl 343

Familie: Santalaceae.

219. Sandelholzöl 344
220. Neukaledonisches Sandelholzöl 363
221. Fidschi-Sandelholzöl 363
222. Westaustralisches Sandelholzöl 364
223. Südaustralisches Sandelholzöl 364
224. Osyrisöl 365
225. Afrikanisches Sandelholzöl 366

Familie: Aristolochiaceae.

226. Haselwurzöl 366
227. Canadisches Schlangenwurzelöl 369
228. Öl von Asarum arifolium 370
229. Öl von Asarum Blumei 371
230. Virginisches Schlangenwurzelöl 371
231. Osterluzeiöl 372
232. Micania Guacoöl 372

Familie: Polygonaceae.

233. Rhaponticumöl 373
234. Knöterichöl 373

Seite

Familie: Chenopodiaceae.

235. Amerikanisches Wurmsamenöl 373
236. Öl von Chenopodium ambrosioides L. 382
237. Öl von Camphorosma monspeliaca 383

Familie: Caryophyllaceae.

238. Herniariaöl 383

Familie: Ranunculaceae.

239. Öl von Paeonia Moutan 383
240. Schwarzkümmelöl 385
241. Nigellaöl von Nigella damascena 385
242. Öl von Ranunculus Ficaria 387

Familie: Menispermaceae.

243. Colombowurzelöl 388

Familie: Magnoliaceae.

244. Öl von Magnolia glauca 388
245. Kobuschiöl 388
246. Magnoliaöl 390
247. Champacablütenöl 390
248. Öl von Michelia longifolia 393
249. Sternanisöl 393
250. Sternanisblätteröl 406
251. Japanisches Sternanisöl 407
252. Wintersrindenöl 408

Familie: Anonaceae.

253. Ylang-Ylangöl und Canangaöl 409
254. Öl von Monodora Myristica 423
255. Öl von Monodora grandiflora 424

Familie: Myristicaceae.

256. Macis- und Muskatnußöl 424
257. Muskatrindenöl 430
258. Muskatblätteröl 430

Familie: Monimiaceae.

259. Paracotorindenöl 430
260. Cotorindenöl 431
261. Boldoblätteröl 431
262. Laurelblätteröl 432
263. Atherospermaöle 433
264. Öl von Citrosma oligandra 433
265. Öl von Citrosma cujabana 434
266. Öl von Citrosma Apiosyce 434

Seite

Familie: Lauraceae.

267. Ceylon-Zimtöl . . . 434
268. Zimtblätteröl . . . 440
269. Zimtwurzelöl . . . 442
270. Cassiaöl . . . 443
271. Japanisches Zimtöl . . . 455
272. Öle der Rinde von Cinnamomum Kiamis . . . 456
273. Culilawanöl . . . 457
274. Öl von Cinnamomum Wightii . . . 457
275. Öl von Cinnamomum Oliveri . . . 457
276. Öl von Cinnamomum pedatinervium . . . 459
277. Öl von Cinnamomum Tamala . . . 459
278. Öl von Cinnamomum mindanaense . . . 460
279. Öl von Cinnamomum Parthenoxylon . . . 460
280. Öl von Cinnamomum glanduliferum . . . 461
281. Öl von Cinnamomum Mercadoi . . . 463
282. Öl von Cinnamomum pedunculatum . . . 464
283. Öl von Cinnamomum Sintok . . . 464
284. Lawangöl . . . 464
285. Campheröl . . . 465
286. Öl der Blätter von Cinnamomum Camphora × C. glanduliferum 497
287. Öl von Persea gratissima . . . 497
288. Öl von Persea pubescens . . . 498
289. Cayenne-Linaloeöl . . . 499
290. Öl von Ocotea usambarensis . . . 502
291. Ocoteaöl oder Lorbeeröl von Guayana . . . 503
292. Venezuela-Campherholzöl . . . 504
293. Kalifornisches Lorbeeröl . . . 504
294. Pichurimbohnenöl . . . 507
295. Caparrapiöl . . . 507
296. Nelkenzimtöl . . . 508
297. Massoirindenöl . . . 508
298. Sassafrasöl . . . 510
299. Sassafrasblätteröl . . . 517
300. Trawasblätteröl . . . 518
301. Tetrantheraöl . . . 519
302. Öl von Cryptocaria moschata . . . 520
303. Öl von Cryptocaria pretiosa . . . 521
304. Kuromojiöl . . . 522
305. Benzoelorbeer-(Spicewood-)öl . . . 523
306. Lorbeerblätteröl . . . 524
307. Lorbeeröl aus Beeren . . . 525
308. Guayana-Sandelholzöl . . . 527
309. Schiuöl . . . 528

Familie: Papaveraceae.

310. Schöllkrautöl . . . 529

Seite

Familie: Cruciferae.

311. Kressenöl 531
312. Öl von Thlaspi arvense 533
313. Löffelkrautöl 534
314. Meerrettichöl 537
315. Lauchhederichöl 537
316. Öl von Eruca sativa 538
317. Senföl 538
318. Senföl aus weißem Senf 546
319. Öl von Brassica Napus 547
320. Öl von Brassica Rapa var. rapifera 548
321. Rettichöl 549
322. Öl von Barbaraea praecox 550
323. Brunnenkressenöl 551
324. Öl von Cardamine amara 552
325. Öl von Erysimum Perofskianum 552
326. Goldlackblütenöl 553
327. Goldlacksamenöl 554

Familie: Resedaceae.

328. Resedablütenöl 556
329. Resedawurzelöl 557

Familie: Saxifragaceae.

330. Johannisbeeröl 558

Familie: Pittosporaceae.

331. Öl von Pittosporum undulatum 558
332. Öl von Pittosporum resiniferum 559
333. Öl von Pittosporum pentandrum 560

Familie: Hamamelidaceae.

334. Storaxöl 560
335. Öl aus amerikanischem Storax 563
336. Rasamalaholzöl 564
337. Hondurasbalsamöl 564
338. Öl von Hamamelis virginiana 565

Familie: Rosaceae.

339. Spiraeaöl 566
340. Apfelöl 568
341. Vogelbeeröl 569
342. Himbeeröl 569
343. Nelkenwurzöl 570
344. Rosenöl 570
345. Hagebuttenöl 599
346. Bittermandelöl 588

Seite

347. Kirschlorbeeröl . . . 607
348. Kirschkernöl . . . 609
349. Wildkirschenrindenöl . . . 609
350. Öl von Prunus sphaerocarpa . . . 610

Familie: Leguminosae.

351. Cassieblütenöl von Acacia Farnesiana . . . 611
352. Cassieblütenöl von Acacia Cavenia . . . 613
353. Copaivabalsamöl . . . 614
354. Afrikanisches Copaivabalsamöl . . . 621
355. Bubimbirindenöl . . . 622
356. Hardwickiabalsamöl . . . 623
357. Cativobalsamöl . . . 624
358. Supabalsamöl . . . 624
359. Kopalöle . . . 625
360. Sappanblätteröl . . . 626
361. Tolubalsamöl . . . 626
362. Perubalsamöl . . . 627
363. Öl von Myroxylon peruiferum . . . 629
364. Quino-Quinobalsamöl . . . 629
365. Cabriuvaholzöl . . . 630
366. Myrocarpus- oder Cabureibabalsamöl . . . 630
367. Öl von Cyclopia genistoides . . . 631
368. Ginsteröl . . . 631
369. Carquejaöl . . . 632
370. Besenginsteröl . . . 632
371. Hauhechelwurzelöl . . . 632
372. Foenum-graecum-Öl . . . 633
373. Melilotenöl . . . 633
374. Kleeöle . . . 633
375. Öl von Psoralea bituminosa . . . 633
376. Öl von Amorpha fruticosa . . . 634
377. Indigoferaöl . . . 635
378. Öl von Robinia Pseudacacia . . . 635
379. Süßholzwurzelöl . . . 636
380. Öl von Dalbergia Cumingiana . . . 636

Familie: Geraniaceae.

381. Geranium- oder Pelargoniumöl . . . 637

Familie: Tropaeolaceae.

382. Kapuzinerkressenöl . . . 645

Familie: Erythroxylaceae.

383. Cocablätteröl . . . 647
384. Öl von Erythroxylon monogynum . . . 647

Seite

Familie: Zygophyllaceae.

385. Guajakholzöl 648
386. Guajakharzöl 650

Familie: Rutaceae.

387. Japanisches Pfefferöl 650
388. Öl von Xanthoxylum Hamiltonianum 651
389. Öl von Xanthoxylum ochroxylum 651
390. Wartaraöl 651
391. Öl von Xanthoxylum alatum 653
392. Öl von Xanthoxylum Aubertia 654
393. Öl von Xanthoxylum Peckoltianum 655
394. Öle von Fagara xanthoxyloides 655
395. Öl von Fagara octandra 657
396. Fagaraöl, philippinisches 657
397. Öl von Evodia simplex 658
398. Öl von Evodia hortensis 658
399. Öl von Pelea madagascarica 659
400. Rautenöl 659
401. Boroniaöl 663
402. Buccublätteröl 664
403. Öl von Barosma pulchella 666
404. Öl von Barosma venusta 668
405. Öl von Diosma succulenta 669
406. Öl von Empleurum serrulatum 669
407. Jaborandiblätteröl 669
408. Angosturarindenöl 670
409. Öl von Casimiroa edulis 671
410. Toddaliaöl 671
411. Öl von Acronychia laurifolia 672
412. Öl von Hortia arborea 672
413. Öl von Clausena Anisum-olens 673
414. Öl von Clausena Willdenowii 673
415. Öl von Murraya Koenigii 673
416. Öl von Aegle Marmelos 673
Berichtigungen 675

Abteilung: **Chlorophyceae.**

Familie: CHROOLEPIDACEAE.

1. Veilchenmoosöl.

Trentepohlia Jolithus (L.) Wallr. (*Chroolepus Jolithus* Ag.), eine zur Familie der *Chroolepidaceae* gehörige Alge, riecht stark nach Veilchen, und wird deshalb, aber nicht ganz richtig, mit „Veilchenmoos" bezeichnet. Die Pflanze bildet im frischen Zustande rotbraune, trocken graugrüne, dünne, stark verfilzte Überzüge auf Felsen (daher „Veilchenstein", so z. B. im Riesengebirge). Durch Destillation der Alge mit Wasserdampf erhielten M. Bamberger und A. Landsiedl[1]) ein gelbes ätherisches Öl, das den charakteristischen Geruch der Pflanze besitzt.

Abteilung: **Eumycetes.**

Familie: POLYPORACEAE.

2. Weidenschwammöl.

Der Weidenschwamm, *Trametes suaveolens* Fr. (*Boletus suaveolens* L.) früher offizinell als *Fungus suaveolens* oder *Fungus salicis*, enthält einen angenehm nach Anis riechenden Körper, dessen Geruch besonders beim Trocknen der zerschnittenen Pilze deutlich hervortritt, und der bei der Destillation mit Wasser-

[1]) Monatsh. f. Chem. 21 (1900), 571; Chem. Zentralbl. 1900, II. 637.

dampf zerstört wird. Das durch feine, suspendierte Flocken trübe Destillat riecht nicht mehr nach Anis, sondern hat denselben Geruch wie das im Fliegenpilz enthaltene Amanitol[1]).

3. Steinpilzöl.

Seinen angenehmen Geruch verdankt der Steinpilz, *Boletus edulis* Bull., einem ätherischen Öle. H. Haensel[2]) erhielt bei der Destillation von getrockneten Steinpilzen mit Wasserdampf 0,056 °/₀ eines dunkelbraunen Öles, das bei 34° schmilzt, leichtlöslich in Äther und schwerlöslich in Alkohol ist.

Familie: AGARICACEAE.

4. Fliegenpilzöl.

Das Petrolätherextrakt aus dem zerkleinerten Fliegenpilz, *Amanita muscaria* L. (Familie der *Agaricaceae*), enthält neben fettem ein ätherisches Öl von starkem, charakteristischem Geruch, wie er auch eßbaren Pilzen eigen ist[3]). Zellner[4]) erhielt bei der Destillation getrockneter Fliegenpilze mit Wasserdampf kleine Mengen eines von ihm Amanitol genannten, campherartigen Körpers vom Smp. 40°. Er bildet feine, weiße Flocken, ist neutral und hat einen eigentümlichen, fast an Petersilie erinnernden Geruch.

Familie: PARMELIACEAE.

5. Eichenmoosöl.

Unter dem Namen Eichenmoos, *Lichen quercinus viridis, Muscus arboreus, Muscus Acaciae,* auch *Mousse de chêne* oder *Mousse odorante,* wird in der Parfümerie die zu den Flechten gehörige *Evernia prunastri* L. (Familie der *Parmeliaceae*)

---

[1]) J. Zellner, Monatsh. f. Chem. 29 (1908), 53; Chem. Zentralbl. 1908, I. 1471. — Amanitol ist auch in dem sogenannten unechten Feuerschwamm, *Polyporus igniarius* Fr., enthalten. J. Zellner, Monatsh. f. Chem. 29 (1908), 1187.

[2]) Chem. Zentralbl. 1903, I. 1137.

[3]) W. Heinisch u. J. Zellner, Monatsh. f. Chem. 25 (1904), 537; Chem. Zentralbl. 1904, II. 909.

[4]) Monatsh. f. Chem. 26 (1905), 742; Chem. Zentralbl. 1905, II. 409.

gebraucht. Man verwendet den eigenartigen Riechstoff dieser Pflanze entweder in Form einer spirituösen Tinktur oder als „Essence concrète“[1]), die durch Extraktion der Flechte mit flüchtigen Lösungsmitteln gewonnen wird. Sie enthält ein flüchtiges Öl, das man gewinnt, wenn man das Extrakt mit Aceton behandelt, das Harze und Chlorophyll ungelöst läßt. Nach Verdunsten des Acetons bleibt ein Öl zurück, das nach der Destillation im Vakuum eine farblose Flüssigkeit von sehr angenehmem Geruch bildet. Sie besteht nach Gattefossé[2]) fast ganz aus einem Lichenol genannten, dem Carvacrol isomeren Phenol (?), das sich in 3%iger Sodalösung vollständig löst.

6. Isländisch Moosöl.

Die Isländisch Moos genannte Flechte *Cetraria islandica* L. gibt bei der Destillation 0,051% eines bräunlichen, beim Stehen Kristalle abscheidenden Öls[3]). $d_{15°}$ 0,8765; S. Z. 72; V. Z. 98; α_D inaktiv bis + 1°36′.

Abteilung: **Embryophyta asiphonogama.**

Familie: JUNGERMANNIACEAE.

7. Öl von Mastigobryum trilobatum.

Das Öl von *Mastigobryum trilobatum* L. (Familie der *Jungermanniaceae* oder Lebermoose) ist zuerst von C. E. J. Lohmann[4]), später von K. Müller[5]) in etwas größerer Menge dargestellt und von letzterem genauer untersucht worden.

Die Pflanze verlor beim Trocknen an der Luft 90% ihres Gewichtes und lieferte bei rationeller Wasserdampfdestillation

---

[1]) Seifensieder Ztg. 34 (1907), 393.

[2]) Parfum. moderne 4 (1911), 4.

[3]) H. Haensel, Apotheker Ztg. 17 (1903), 744.

[4]) Beitrag zur Chemie und Biologie der Lebermoose. Dissertation. Jena 1903, S. 22; Bericht von Schimmel & Co. April 1904, 110.

[5]) Zeitschr. f. physiol. Chem. 45 (1905), 299; Chem. Zentralbl. 1905, II. 768; Bericht von Schimmel & Co. April 1906, 113.

0,93% der Trockensubstanz an orangegelbem ätherischem Öl, das im Geruch dem Sandel- und Cedernholzöl ähnlich war, aber auch gleichzeitig an Tannenwaldduft erinnerte; $d_{15°}$ 0,945 bis 0,947 (eine mit schlechter Ausbeute destillierte Probe hatte $d_{15°}$ 0,975); $[\alpha]_D$ + 12,88° (an unverdünntem Öl bestimmt); V. Z. 5,4. Bei der Verseifung wurde eine bei 16° halbfeste Säuremasse gewonnen, die ein weißes, in Äther lösliches Bleisalz lieferte. Die Hauptmenge des Öls siedete bei 260 bis 270°. Das Destillat war von blaugrüner Farbe, $d_{20°}$ 0,946; $[\alpha]_D$ + 25,59°; es enthielt 87,06% C und 12,65% H. Bei der Oxydation dieser Hauptfraktion mit Chromsäure und Eisessig wurde ein Körper $C_{10}H_{16}O$ erhalten (Sdp. 260°), weshalb der Verfasser dem Ausgangsprodukt die Terpenformel $C_{10}H_{16}$ zuschreibt. Der Nachlauf des Öls (Sdp. 270 bis 285°) enthielt 5,4% Sauerstoff und hatte die spezifische Drehung $[\alpha]_D$ + 42,21° (in 3,9%iger alkoholischer Lösung bestimmt).

8. Öl von Leioscyphus Taylori.

Das bei 100° getrocknete und gepulverte Lebermoos, *Leioscyphus Taylori* Hook. (Familie der *Jungermanniaceae*), lieferte bei der Destillation mit Wasserdampf 1,6% dickflüssiges, blaugrünes ätherisches Öl[1]) von sehr intensivem, lang anhaftendem, eigenartigem Geruch und sehr unangenehmem Geschmack; $d_{20°}$ 0,978 und 0,986; $[\alpha]_D$ — 3,44° (bestimmt in 9,03%iger alkoholischer Lösung); V. Z. 11,4. Die Analysen der Fraktion vom Sdp. 260 bis 265°, d 0,937, $[\alpha]_D$ — 22°, stimmten auf einen Sesquiterpenalkohol $C_{15}H_{26}O$. Die Fraktion vom Sdp. 265 bis 278° scheint ein Sesquiterpen $C_{15}H_{24}$ zu enthalten. Die Fraktion vom Sdp. 280 bis 290° ($[\alpha]_{weiß}$ + 26,88°) enthält einen Sesquiterpenalkohol $C_{15}H_{24}O$. Feste Benzoylverbindungen konnten aus keinem der beiden Alkohole gewonnen werden.

9. Öl von Madotheca laevigata.

Madotheca laevigata Schrad. (Familie der *Jungermanniaceae*) lieferte im lufttrocknen Zustande 0,9% eines verhältnismäßig dünnflüssigen, angenehm riechenden, orangegelben Öls[1]); $d_{18°}$ 0,856; $[\alpha]_D$ + 72,74°; V. Z. 5,56. Der pfefferminzartige Geschmack des

---

[1]) K. Müller, Anm. 5 auf S. 3.

Mooses rührt nicht von dem ätherischen Öle her. Die Fraktion vom Sdp. 150 bis 160° (17 mm), $d_{15°}$ 0,968, $[\alpha]_D + 132,23°$, siedet bei Atmosphärendruck unter Zersetzung bei 280° und enthält einen Alkohol $C_{10}H_{18}O$.

10. Öl von Alicularia scalaris.

Das Öl[1]) von *Alicularia scalaris* Corda, Familie der *Jungermanniaceae*, ist citronengelb und erinnert im Geruch an Waldduft; $d_{18°}$ 0,965; $[\alpha]_D - 33,49°$[2]).

Familie: POLYPODIACEAE.

11. Wurmfarnöl.

Herkunft. Die Wurzel des Wurmfarns, *Nephrodium filix mas* Stremp. (*Aspidium filix mas* L.) (Familie der *Polypodiaceae*), verdankt ihre wurmwidrigen Eigenschaften zum Teil kleinen Mengen eines ätherischen Öls, das zuerst im Jahre 1851 von Bock[3]) durch Destillation mit Wasserdampf dargestellt worden ist. Die Ölausbeute ist je nach der Jahreszeit verschieden. Ehrenberg[4]) erhielt aus frisch gesammelter, lufttrockner Wurzel im Juni 0,025 und in den Monaten September bis November 0,04 bis 0,045% flüchtiges Öl.

Eigenschaften. Das ätherische Wurmfarnöl ist eine hellgelbe Flüssigkeit von intensivem Filixgeruch und aromatischem,

---

[1]) K. Müller, Anm. 5 auf S. 3.

[2]) Außer diesen sind von C. E. J. Lohmann (Anm. 4, S. 3) ätherische Öle aus folgenden Lebermoosen dargestellt worden: *Fimbriaria Blumeana, Pellia epiphylla, Metzgeria furcata, Fegatella conica, Marchantia polymorpha, Lunularia vulgaris, Targionia hypophylla, Aneura palmata, Madotheca platyphylla*. Die Ausbeuten schwankten zwischen 0,01 und 0,9% der Trockensubstanz. Der Geruch der Öle erinnerte an die betreffenden Moose. In Anbetracht der geringen Mengen — es handelte sich oft nur um einen Tropfen — konnte nur sehr wenig von der chemischen Natur ermittelt werden. Durch Analysen stellte der Verfasser das Verhältnis von Kohlenstoff zu Wasserstoff zu 1,51 bis 1,61 fest und leitete hieraus die Zugehörigkeit der Öle zur Terpenreihe ab.

[3]) Arch. der Pharm. 115 (1851), 262; Chem. Zentralbl. 1851, 497.

[4]) Arch. der Pharm. 231 (1893), 345.

hintennach brennendem Geschmack. Es ist leicht löslich in Äther und absolutem Alkohol. d 0,85 bis 0,86. Die Hauptmenge des Öls siedet zwischen 140 und 250°; oberhalb dieser Temperatur tritt Zersetzung ein, und es destillieren bis 350° dunkel gefärbte Produkte über.

Zusammensetzung. Wurmfarnöl enthält außer freien Fettsäuren (hauptsächlich Buttersäure) Hexyl- und Octyl-Ester der Fettsäurereihe von der Buttersäure aufwärts bis etwa zur Pelargonsäure.

12. Öl von Polypodium phymatodes.

Polypodium phymatodes L. (*Pleopeltis phymatodes* F. Moore) (Familie der *Polypodiaceae*) enthält ein ätherisches Öl[1]), das von den Südsee-Insulanern zum Parfümieren von Kokosnußöl gebraucht wird.

Familie: MARATTIACEAE.

13. Öl von Angiopteris evecta.

Der Farn *Angiopteris evecta* Hoffm. (Familie der *Marattiaceae*) enthält ein ätherisches Öl[2]), das auf den Südsee-Inseln zu demselben Zwecke wie das von *Polypodium phymatodes* (siehe dieses) angewandt wird.

Abteilung: **Embryophyta siphonogama.**

Familie: TAXACEAE.

14. Öl von Pherosphaera Fitzgeraldi.

Pherosphaera Fitzgeraldi F. v. M.[3]) kommt im Gebirge von Neusüdwales vor. Das im Februar aus den Blättern in einer Ausbeute von 0,108% destillierte Öl hatte eine citronengelbe

---

[1]) Maiden, Useful native plants of Australia. London, Sydney 1889, p. 282.

[2]) Maiden, *loc. cit.*, p. 253.

[3]) Baker u. Smith, A research on the pines of Australia. Sydney 1910, p. 410.

Farbe und besaß folgende Konstanten: $d_{15°}^{22°}$ 0,8705, α_D + 15,1°, $n_{D22°}$ 1,4841, V. Z. 2,4, = 0,84% Ester $CH_3COOC_{10}H_{17}$. Es gab keine klare Lösung mit 10 Vol. 90%igen Alkohols. Beim Verdampfen hinterblieb ein Rückstand, der kristallinisch erstarrte. Als Hauptbestandteil wurden im gut durchfraktionierten Öle Terpene gefunden; nachgewiesen wurden: d-α-Pinen (Nitrosochlorid, Smp. 108°) und Cadinen (Dichlorhydrat, Smp. 116°); wahrscheinlich sind auch Spuren von Limonen oder Dipenten zugegen. Ferner enthält das Öl einen aldehydartigen Körper, der nicht näher charakterisiert werden konnte.

15. Öl von Dacrydium Franklinii.

Das Vorkommen von *Dacrydium Franklinii* Hook.[1]) ist auf Tasmanien beschränkt, wo diese Conifere „Huon pine" genannt wird.

Aus den Blättern wurde 0,5% ätherisches Öl gewonnen: $d_{15°}^{17°}$ 0,8667, α_D + 20,5°, $n_{D25°}$ 1,4815, löslich im gleichen Volumen absoluten Alkohols u. m. In dem sorgfältig durchfraktionierten Öl wurden l-α-Pinen (Nitrosochlorid, Smp. 110 bis 111°) und d-Limonen (Tetrabromid, Smp. 104°) nachgewiesen. Als Hauptbestandteil enthält das Öl ein noch unbekanntes Terpen, das die Autoren „Dacryden" nennen. Das Dacryden siedet bei 165 bis 166° (korr.) ($d_{23°}$ 0,8524; α_D + 12,3°; $n_{D23°}$ 1,4749) und gibt ein Nitrosochlorid vom Smp. 120 bis 121°. Die Analyse stimmt auf die Formel $C_{10}H_{16}$: gef. C 88,14%, H 11,65%, berechnet C 88,24%, H 11,76%. Bei der Bromierung, die unter Bromwasserstoffentwicklung stattfand, bildete sich ein Körper, dessen Analyse auf ein Tribromprodukt deutete. Außerdem wurde noch die Anwesenheit von Methyleugenol, das durch die Oxydation zu Veratrumsäure (Smp. 178 bis 179°) als solches charakterisiert wurde, dargetan.

Das trockne Holz gab 0,56% Öl: ($d_{19°}$ 1,035; α_D + 1,4°; $n_{D23°}$ 1,5373; V. Z. 3,1 und[2]) $d_{15°}$ 1,0443; α_D + 0°6'; $n_{D20°}$ 1,53287; S. Z. 0,9; E. Z. 1,5) das größtenteils (zu etwa 97,5%)[2]) aus Methyleugenol (Smp. des Tribromids 77 bis 78°; Smp. der

[1]) Baker u. Smith, A research on the pines of Australia. Sydney 1910. p. 397.

[2]) Bericht von Schimmel & Co. Oktober 1910, 135.

Veratrumsäure 178 bis 179°) besteht. Eugenol ist nur in Spuren zugegen (Benzoyleugenol, Smp. 70°), und scheint manchmal in dem Öle zu fehlen[1]. Die hochsiedenden Fraktionen gaben die Farbreaktionen des Cadinens.

16. Öl von Phyllocladus rhomboidalis.

Das Vorkommen der „Celery top pine" genannten Conifere *Phyllocladus rhomboidalis* Rich.[2]) ist auf Tasmanien beschränkt. Die Blätter, oder richtiger die Phyllocladien, lieferten im Juli 0,215% ätherisches Öl: $d_{16°}$ 0,8892, α_D — 12,3°, $n_{D16°}$ 1,4903, V. Z. 1,5. Es löst sich schlecht in wasserhaltigem Alkohol, gibt aber mit 1 Vol. absoluten Alkohols eine klare Mischung. Der Gehalt des Öls an Alkoholen, denen auch vielleicht der aromatische Geruch zuzuschreiben ist, beträgt 1%. In den niedrig siedenden Fraktionen des Öls kommt l-α-Pinen vor (Nitrosochlorid, Smp. 108°; Nitrosopinen, Smp. 132°). Ferner enthält das Öl wahrscheinlich ein Sesquiterpen ($d_{24°}$ 0,9209; α_D + 3,4°; $n_{D28°}$ 1,5065), das in Chloroformlösung mit Schwefelsäure eine Rotfärbung gibt. Wird das in Chloroform gelöste Sesquiterpen mit Brom versetzt, so entsteht eine grüne Farbe, die zuerst in tiefgrün und schließlich in indigoblau übergeht. Der Destillationsrückstand enthält einen kristallinischen, farblosen Körper von den Eigenschaften: Smp. 95°, $[\alpha]_D$ + 16,06°. Durch die Analyse wurde die Formel $C_{20}H_{32}$ ermittelt, die durch die Molekulargewichtsbestimmung bestätigt wurde. Die Lösung in Chloroform gibt mit Schwefelsäure keine Färbung.

Baker und Smith denken sich den Kohlenwasserstoff aus zwei Molekülen Pinen entstanden und halten ihn für ein Diterpen, das sie Phyllocladen nennen. Phyllocladen wird von Kaliumbichromat kaum angegriffen, wohl aber von Chromsäure in essigsaurer Lösung. Mit konzentrierter Salpetersäure liefert es eine unscharf bei 115 bis 120° schmelzende Nitroverbindung. Es löst sich in konzentrierter Schwefelsäure. Mit neutraler Permanganatlösung reagiert es nicht. Brom wird in Eisessig zuerst addiert, wirkt aber schon sehr bald substituierend ein, so daß Phyllocladen gesättigter Natur zu sein scheint.

---

[1]) Baker u. Smith, *loc. cit.*

[2]) Dieselben, *loc. cit.* p. 416.

Familie: PINACEAE.

17. Kaurikopalöl.

Der Kaurikopal von *Agathis australis* Salisb. (*Dammara australis* Lamb.) enthält ein ätherisches Öl, das durch Destillation mit Wasserdampf entweder direkt oder nach Entfernung der Harzsäuren durch Alkali[1]) gewonnen werden kann.

Durch trockne Destillation erhielt O. Wallach[2]) 22 % eines Öles, das aus Isopren, aus einem bei 90° siedenden, sauerstoffhaltigen Körper und zu etwa 25 % aus d-α-Pinen (Nitrosopinen, Smp. 129 bis 130°; Nitrolpiperidin, Smp. 119°) bestand. In den um 175° siedenden Anteilen war Dipenten (Tetrabromid Smp. 125°) enthalten.

Ein von L. Schmölling[3]) durch trockene Destillation dargestelltes Öl war hellgelb, leicht beweglich und von angenehmem Geruch. $d_{18°}$ 0,8677, S. Z. 3,0, V. Z. 49, Jodzahl 288,9.

Bei längerem Aufbewahren an kühlem Ort hatten sich aus einem Kaurikopalöl lange, feine Kristallnadeln abgeschieden, die aus verdünntem Alkohol umkristallisiert den Schmelzpunkt 168° zeigten. Die Elementaranalyse führte zur Formel $C_9H_{18}O_2$[4]).

18. Manilakopalöl.

Der von *Agathis alba* Lam. stammende[5]) Manilakopal gibt sein ätherisches Öl bei der direkten Destillation mit Wasserdampf nur sehr schwer ab. Vollständiger gelingt es, wenn man nach A. Tschirch und M. Koch[6]) die Harzsäuren durch Alkali neutralisiert. Diese Autoren erhielten so aus weichem Manilakopal 6 %, aus hartem 5 % ätherisches Öl. G. F. Richmond[5]) erzielte aus Material von verschiedener Härte Ausbeuten, die von 1,3 bis 11,2 % schwankten. Er erhielt ein angenehm riechendes, citronengelbes Öl von den Eigenschaften: $d_{4°}^{30°}$ 0,865, $\alpha_{D30°}$ — 26,55°, $n_{D30°}$ 1,4648. Die Hauptmenge des Öls siedete bei 155 bis 165° und enthielt α-Pinen (Chlorhydrat, Smp. 124°).

---

[1]) A. Tschirch u. B. Niederstadt, Arch. der Pharm. 239 (1901), 308.
[2]) Liebigs Annalen 271 (1892), 308.
[3]) Chem. Ztg. 29 (1905), 955.
[4]) A. Tschirch u. M. Koch, Arch. der Pharm. 240 (1902), 228, Anm.
[5]) Philippine Journ. of Sc. 5 (1910), A, 185.
[6]) Arch. der Pharm. 240 (1902), 202.

Brooks[1]) hat ein Kopalöl untersucht, das er nicht durch Wasserdampfdestillation, sondern durch trockne Destillation in einer Ausbeute von ca. 6% gewonnen hatte. Von Einzelbestandteilen wurden nachgewiesen: d-Limonen (Tetrabromid, Smp. 104°), d-α-Pinen (Nitrolbenzylamin, Smp. 122 bis 123°), β-Pinen (Nopinsäure, Smp. 124 bis 125°) und Camphen (charakterisiert durch die Überführung in Isoborneol). Außerdem schließt der Autor wegen der niedrigen optischen Drehung des d-Limonens auf die Anwesenheit von Dipenten.

19. Öl von Agathis robusta.

Die an der Küste Queenslands vorkommende, „Queensland Kauri" oder „Dandathu pine" genannte Conifere *Agathis (Dammara) robusta* C. Moore[2]) liefert einen Harzbalsam, aus dem 11,64% ätherisches Öl gewonnen wurden von den Eigenschaften: $d_{15°}^{15°}$ 0,8629, α_D +20,2°, $n_{D16°}$ 1,4766. Bei der Fraktionierung wurde fast nur d-α-Pinen erhalten (Nitrosochlorid, Smp. 108°; Nitrolbenzylamin, Smp. 123 bis 124°). Das Öl ist praktisch identisch mit amerikanischem Terpentinöl und darf daher als ein vorzügliches Handelsprodukt betrachtet werden.

20. Öl von Araucaria Cunninghamii.

Die „Hoop", „Colonial" oder „Moreton bay pine" genannte *Araucaria Cunninghamii* Ait.[3]) kommt an der Nordküste Australiens, in Neusüdwales und Queensland vor. Das im November in einer Ausbeute von 0,005% destillierte Blätteröl zeigte folgende Konstanten: $d_{21°}$ 0,8974, $n_{D21°}$ 1,4977, V. Z. 4,4 = 1,54% Ester $CH_3COOC_{10}H_{17}$, nicht löslich in der zehnfachen Menge 90%igen Alkohols. Anscheinend besteht es aus hochsiedenden Terpenen. Der Milchsaft lieferte bei der Destillation 3,8% ätherisches Öl, das schwach nach Menthen roch: $d_{15°}^{22°}$ 0,8057, α_D +31,2°, $n_{D22°}$ 1,457. Nach etwa zehnmonatigem Stehen hatte

[1]) Philippine Journ. of Sc. 5 (1910), A, 203. — Über die bei der trocknen Destillation des Manilakopals entstehenden Produkte vgl. auch Tschirch und Koch *loc. cit.*, und L. Schmölling, Chem. Ztg. 29 (1905), 955.

[2]) Baker u. Smith, A research on the pines of Australia, Sydney 1910, p. 376.

[3]) *Ibidem* p. 318.

sich in der Flasche ein harziger Bodensatz gebildet, von dem das Öl abgehoben wurde. Dieses sott zwischen 154 und 155° (korr.): $d_{15°}$ 0,7929, $\alpha_D \pm 0$, $n_{D19°}$ 1,4437. Durch die Analyse wurde die Formel $C_{10}H_{20}$ festgestellt. Gefunden: C 85,77 %, H 14,15 %; berechnet für $C_{10}H_{20}$: C 85,71 %, H 14,29 %. Der Kohlenwasserstoff ist also ein Menthan. Wahrscheinlich hat das ursprüngliche Öl ein Menthen enthalten, aus dem sich beim Stehen das Menthan gebildet hat. Im Destillationswasser wurden noch Essigsäure und Buttersäure nachgewiesen.

21. Öl von Araucaria brasiliana.

Das bei der Verwundung aus älteren Stämmen von *Araucaria brasiliana* Lamb. ausfließende, wasserklare Gummiharz[1]), das in Brasilien unter dem Namen *Resina de pinheiro* bekannt ist, enthält etwa 6 % ätherisches Öl, über dessen Eigenschaften und Zusammensetzung nichts bekannt ist.

Die Öle der Abietineen.

Terpentinöl, Kienöl, Holzterpentinöl und Fichtennadelöle.

Als „Terpentinöl" im engeren Sinne bezeichnet man das aus dem Terpentin durch Destillation mit Wasser oder nicht überhitztem Dampf gewonnene Öl[2]), während man unter

---

[1]) Th. Peckolt, Pharm. Rundsch. (New York) 11 (1893), 133.

[2]) Die von M. Vèzes, Professor an der Universität Bordeaux, vorgeschlagene und vom Internationalen Kongreß zur Unterdrückung von Verfälschungen in Paris 1909 genehmigte Definition des Begriffs Terpentinöl lautet folgendermaßen:

„Terpentinöl ist ausschließlich das Produkt der Destillation der von verschiedenen Arten der Gattung *Pinus* herrührenden Harzsäfte (Destillation mit Wasser oder nicht überhitztem Wasserdampf).

Es ist eine farblose, manchmal leicht grünliche oder gelbliche, sehr dünne Flüssigkeit von charakteristischem Geruch.

Terpentinöl beginnt bei einem Druck von 760 mm Quecksilber bei einer Temperatur von 152 bis 156° zu sieden; bei der Destillation sollen unterhalb 164° mindestens 80 Gewichts % übergehen.

„Kienöl" das durch trockne Destillation der harzreichen Kieferwurzeln erhaltene ätherische Öl versteht, weshalb der manchmal auch für dieses Öl gebrauchte Name Terpentinöl streng genommen unrichtig ist. Eine Abart des Kienöls ist das in neuerer Zeit in den Vereinigten Staaten aus den Holzstümpfen der durch Anzapfen zu Grunde gegangenen Kiefern durch Wasserdampfdestillation (häufig mit überhitztem Dampf) gewonnene Öl. Es soll im folgenden als „Holzterpentinöl" bezeichnet werden. Die durch Wasserdampfdestillation aus den Nadeln oder Zapfen verschiedener Nadelgewächse erhaltenen aromatischen Destillate werden unter dem Sammelnamen „Fichtennadelöle" zusammengefaßt.

Hinsichtlich ihrer chemischen Zusammensetzung haben die Destillate des Terpentins, des Holzes, der Blätter und der Zapfen der Abietineen als charakteristischen Bestandteil das Pinen gemeinsam. Die eigentlichen Terpentinöle bestehen fast ausschließlich und die Kienöle zu einem größeren Teil aus diesem Kohlenwasserstoff[1]), während bei den sogenannten Fichtennadelölen der Pinengehalt vielfach gegen Camphen, Limonen oder sauerstoffhaltige Körper, vornehmlich Bornylacetat, zurücktritt.

Es soll neutral oder nur schwach sauer sein; die in 1 kg enthaltene Säuremenge muß durch 1,5 g reines Kali (KOH) neutralisiert werden können (d. h. also S. Z. nicht höher als 1,5).

Mineralöl und andre nicht von der Wasserdampfdestillation des Terpentins herrührende Produkte darf das Terpentinöl nicht enthalten. Es darf kleine Mengen Harzöl und Kolophonium, die von der Herstellung herrühren (sog. normale Verunreinigungen, „adultérants normaux") enthalten, und zwar nicht mehr als ...%. (Die Menge ist noch nicht endgültig festgestellt, wahrscheinlich wird 2,5% angenommen werden.)

Das von *Pinus maritima* gewonnene Terpentinöl (Frankreich, Spanien, Portugal) ist linksdrehend, $\alpha_D = -29$ bis $-33°$. Die bei $+25°$ bestimmte Dichte beträgt nicht unter 0,8575 (0,8655 bei 15°).

Das von *Pinus halepensis* gewonnene Öl (Griechenland, Algier, Provence) ist rechtsdrehend, $\alpha_D = +38$ bis $+41°$. $d_{25°}$ nicht unter 0,8550 (0,8630 bei 15°).

Das amerikanische Öl, das ohne Unterschied von verschiedenen *Pinus*-Arten (*P. palustris, P. heterophylla* u. a.) gewonnen wird, ist sowohl rechts- wie linksdrehend. Die Höhe der Drehung ist sehr verschieden, übersteigt aber niemals die oben für die europäischen Öle angegebenen Werte; seine Dichte ist nicht unter 0,8560 bei 25° (0,8640 bei 15°)."

[1]) Das aus dem Terpentin von *Pinus serotina* gewonnene Öl enthält hauptsächlich Limonen (siehe S. 97).

Eigentliche Terpentinöle.

Herkunft. Zur gewerbsmäßigen Herstellung von Terpentinöl werden fast ausschließlich Vertreter der Gattung *Pinus*, selten solche von *Abies*, *Picea* oder *Larix* herangezogen. Die hier in Betracht kommenden Pinaceen gedeihen hauptsächlich in der gemäßigten Zone in dichten Waldbeständen. Sie enthalten in schizogenen Sekretbehältern einen Terpentin genannten Harzbalsam. Durch künstlich dem Baume beigebrachte Verwundungen entsteht der sogenannte Harzfluß, eine pathologische Erscheinung, die den „Wundbalsam" in erheblichen Mengen liefert. Bei Verletzungen der Rinde und der äußersten Holzschicht fließt der Terpentin als klare oder trübe, dicke Flüssigkeit aus, die aus einer Lösung von Harz in ätherischem Öl besteht. An der Luft trocknet der Harzsaft zu einer körnig-kristallinischen, honigartigen oder auch trocknen, spröden Masse ein.

Bei der Destillation des Terpentins für sich oder mit Wasserdampf geht das Terpentinöl über, während Kolophonium im Rückstande bleibt, das durch Umschmelzen und Kolieren gereinigt wird.

Die Hauptproduktionsländer für die Erzeugnisse der Terpentinindustrie sind die Vereinigten Staaten von Nordamerika, Frankreich, Spanien, Rußland, Österreich und Griechenland. Für den Welthandel kommen zurzeit hauptsächlich das amerikanische und das französische Terpentinöl in Betracht; nicht unbedeutend sind neuerdings die Mengen, die von Spanien auf den Markt kommen, während Griechenland einstweilen nur wenig liefert. Das in den übrigen obengenannten Ländern erzeugte Terpentinöl wird wohl größtenteils im eigenen Lande verbraucht. Die zunehmende Verwendung des für viele Industrien und Gewerbe unersetzlichen Terpentinöls läßt befürchten, daß die bisher erschlossenen Produktionsgebiete auf die Dauer nicht ausreichen, den Konsum zu befriedigen. Man hat deshalb auch in andern Ländern mit großen Kiefernbeständen Versuche mit der Terpentingewinnung gemacht, z. B. in Algier[1]), Indien[2]),

[1]) Bull. de l'Office du Gouvern. de l'Algérie 14 (1908), 69 und 15 (1909), 50; Berichte von Schimmel & Co. Oktober 1908, 121 und April 1909, 85.

[2]) Chemist and Druggist 65 (1904), 582, 831; Chem. Ztg. 33 (1909), 808; Berichte von Schimmel & Co. April 1905, 78 und Oktober 1909, 111.

Mexico[1]), Texas[2]) und San Domingo[3]). Auf Sachalin[4]) sollen die Japaner beabsichtigen, die dortigen Coniferenwälder für die Erzeugung von Terpentinöl nutzbar zu machen.

Allgemeine Eigenschaften. Frisch destilliertes Terpentinöl ist eine farblose, leicht bewegliche Flüssigkeit von eigenartigem, je nach der Herkunft etwas verschiedenem Geruch. So erinnert das französische Öl an Wacholder und hat einen feineren und milderen Geruch als das mehr kolophoniumartig riechende amerikanische. Der scharfe Geruch des alten Terpentinöls soll durch einen Aldehyd $C_{10}H_{16}O_2$ verursacht werden[5]), dessen Entstehung auf den Luftsauerstoff zurückzuführen ist.

Terpentinöl ist schon bei gewöhnlicher Temperatur ziemlich leicht flüchtig. Beim Verdunsten verharzt ein Teil unter Sauerstoffaufnahme, und es bleibt eine zuerst klebrige, zähe Masse zurück, die beim weiteren Eintrocknen eine spröde, kolophonartige Beschaffenheit annimmt.

Das rohe Terpentinöl reagiert wegen seines Gehalts an freien Säuren (Harzsäuren, Ameisen- und Essigsäure) schwach sauer, weshalb es zu manchen Zwecken vor dem Gebrauche durch Rektifikation über Kalkmilch gereinigt werden muß. Bei ungenügendem Luftabschluß bilden sich aber bald wieder sauer reagierende Oxydationsprodukte.

PHARMAKOLOGISCHES. In physiologischer Hinsicht ist von Interesse, daß Terpentinöl beim Einnehmen, oder selbst beim Einatmen der Dämpfe, dem Harne einen eigentümlichen, veilchenartigen Geruch erteilt. Diese Eigenschaft besitzen alle Pinen enthaltenden Öle. Andre Terpene zeigen dieses Verhalten nicht. Längeres Einatmen von Terpentinöldämpfen erzeugt eine unangenehme, als „Malerkrankheit“ bekannte Nierenaffektion.

---

[1]) Oil, Paint and Drug Reporter 74 (1908), No. 9, S. 23; Bericht von Schimmel & Co. Oktober 1908, 121.

[2]) Nachrichten f. Handel u. Industrie 1908, No. 102, S. 7; Bericht von Schimmel & Co. Oktober 1908, 122.

[3]) Chem. Ztg. 33 (1909), 659; Bericht von Schimmel & Co. Oktober 1909, 112.

[4]) Oil, Paint and Drug Reporter 77 (1910), No. 6, S. 9; Bericht von Schimmel & Co. April 1910, 102.

[5]) Wird dieser Aldehyd durch Schütteln mit Natriumbisulfit-Lösung entfernt, so wird das Öl nach der Destillation im Kohlensäurestrome fast geruchlos, nimmt indessen bei Berührung mit der Luft den eigenartigen Geruch schnell wieder an. Schiff, Chem. Ztg. 20 (1896), 361.

Über eine Vergiftung durch Einatmen von Terpentinöldämpfen, bei welcher ein Arbeiter, der einen eisernen Kessel von innen mit einem Terpentinlack anzustreichen hatte, sein Leben verlor, berichtet A. Drescher[1]).

Als Antidot bei Karbolsäurevergiftungen ist Terpentinöl mit gutem Erfolge bei Pferden von Allen[2]) angewandt worden. Auch bei einem Menschen, der versehentlich Karbolsäure genommen hatte, war nach demselben Autor Terpentinöl von ausgezeichneter Gegenwirkung.

Bei Phosphorvergiftung wird als Gegenmittel „ozonisiertes" Terpentinöl gegeben. Dies entsteht, wenn man Terpentinöl längere Zeit der Einwirkung von Licht und Luft aussetzt; hierbei nimmt es Sauerstoff auf unter Bildung von Peroxyden, die den Sauerstoff leicht wieder abgeben (vgl. S. 27). Auf welche Weise das Terpentinöl bei Phosphorvergiftung wirkt, ist nicht bekannt. Auch ist noch nicht erwiesen, ob das sog. ozonisierte Öl besser wirkt als frisches[3]). Vielleicht sind die von A. Colson[4]) studierten Vorgänge, die sich beim Lösen des weißen Phosphors in Terpentinöl abspielen, geeignet, die bei der Entgiftung stattfindenden Reaktionen zu erklären.

In Finnland ist Terpentinöl eine sehr allgemein gebrauchte Volksarznei gegen katarrhalische und rheumatische Leiden. Auch zur Vertreibung von Eingeweidewürmern wird dort Terpentinöl (ein kleiner Eßlöffel voll) mit gutem Erfolg angewendet, doch sind so große Terpentinöldosen nicht zu empfehlen, da sie meist von schweren Nachwirkungen, wie starkem Rausch und Nierenreizungen, begleitet sind[5]).

Spezifisches Gewicht. Die Dichte des Terpentinöls bei 15° schwankt zwischen 0,858 und 0,877; sie liegt in der Regel zwischen 0,865 und 0,870. Dies bezieht sich aber nur auf normale, frisch destillierte Handelsöle, oder wenigstens auf solche, die in ge-

[1]) Concordia 13 (1906), 141; Bericht von Schimmel & Co. Oktober 1906, 78.

[2]) Am. Drug. and Pharm. Rec. 1904, 269; Apotheker Ztg. 19 (1904), 447; Bericht von Schimmel & Co. Oktober 1904, 89.

[3]) Vgl. hierüber R. Kobert, Lehrbuch der Intoxikationen. II. Aufl. 1906. II. Bd. S. 293 ff.

[4]) Compt. rend. 146 (1908), 71, 401, 817; Bericht von Schimmel & Co. Oktober 1908, 128.

[5]) E. Sundvik, Pharm. Zentralh. 45 (1904), 859.

schlossenen, ganz gefüllten Gefäßen aufbewahrt worden sind, bei denen also keine unzulässige Oxydation durch den Einfluß der Luft stattgefunden hat, wobei gleichzeitig das spezifische Gewicht erhöht sein würde. Letzteres ist auch der Fall, wenn durch fehlerhafte oder sorglose Destillation der im Handelsöle nie ganz fehlende Gehalt an Harzöl und Kolophonium („adultérants normaux")[1]) ungewöhnlich hoch geworden ist. Eine geringere als die oben angegebene Dichte würde auf eine Verfälschung, besonders auf Petroleumkohlenwasserstoffe hindeuten.

Die Dichte des Terpentinöls ändert sich nach Vèzes[2]) pro Grad Temperaturunterschied (vgl. Bd. I, S. 577) um 0,0008.

Drehungsvermögen. Das Drehungsvermögen, α_D, des Handelsterpentinöls schwankt innerhalb weiter Grenzen, und zwar von — 33 bis + 41°. Wenn auch diese Zahlen für die Beurteilung der Reinheit des Öls wertlos sind, so kann man doch die Herkunft des Öls an der Art und der Höhe der Drehung erkennen. Französische und spanische Terpentinöle drehen stark links, griechische und algerische stark rechts, während sich das amerikanische aus Ölen von verschiedenem Drehungsvermögen zusammensetzt, sodaß die auf den Markt kommende Ware bald links- und bald rechtsdrehend ist, allerdings meist weniger hoch drehend als die obengenannten Sorten. Die Grenzzahlen sind bei der Beschreibung der einzelnen Handelssorten aufgeführt.

Zu berücksichtigen ist, daß das Drehungsvermögen beim Altern des Öls abnimmt. Vgl. S. 27, Anm. 1.

Refraktion. Über den Brechungsindex, n_D, des Terpentinöls liegen nur wenige brauchbare Angaben vor. Er beträgt bei 15° etwa 1,470. Die Korrektion für 1° Temperaturunterschied beträgt nach Coste[3]) 0,00037. Alte, veränderte Terpentinöle zeigen eine höhere Brechung als frisch destillierte.

Anormale Refraktion weist auf Verfälschungen hin, und zwar wird der Brechungsindex durch Kienöl erhöht, durch Petroleumkohlenwasserstoffe erniedrigt. Letztere werden dadurch aufge-

---

[1]) Siehe S. 12, Anm. und S. 22.

[2]) Vèzes u. Mouline, Sur l'essai technique de l'essence de térébenthine des Landes. II. Serie. Bordeaux 1902. S. 5.

[3]) Analyst 33 (1908), 209 bis 230; Chem. Zentralbl. 1908, II. 731.

funden, daß man die Refraktion des in einzelne Fraktionen zerlegten Terpentinöls bestimmt. Vgl. S. 48.

Löslichkeit. Terpentinöl ist in absolutem Alkohol in jedem Verhältnis, in verdünntem aber ziemlich schwer löslich. Durch diese Eigenschaft wird seine Erkennung als Verfälschungsmittel anderer ätherischer Öle in vielen Fällen leicht gemacht. Die Löslichkeit des Terpentinöls in Alkohol verändert sich mit der Zeit sehr stark. Während sich bei den meisten ätherischen Ölen die Löslichkeit mit zunehmendem Alter vermindert, ist es bei Terpentinöl umgekehrt[1]). Zur klaren Lösung von frisch destilliertem oder rektifiziertem Terpentinöl ist mehr Alkohol erforderlich als bei altem, mit der Luft in Berührung gewesenem Öl. Der Grund für diese Erscheinung ist in der Bildung sauerstoffhaltiger, leicht löslicher Verbindungen zu suchen.

Löslichkeit einiger Terpentinöle in Alkohol von verschiedener Stärke nach Ledermann und Godeffroy[2]).

Terpentinölsorte	$d_{15°}$	Stärke des Alkohols in Volumprozenten 70	80	85	90	95
		davon sind zur Lösung Teile erforderlich:				
1. Französisches, roh . .	0,861	66	18	14	7	2
2. Französisches, rekt. .	0,86	80	17	12	6,7—7	2—2,4
3. Amerikanisches, roh .	0,862	56	20	12	5	2
4. Amerikanisches, rekt.	0,862	60—64	17—19	12—14	5—6	2,2
5. Österreichisches, roh .	0,865	—	—	—	6	—
6. Österreichisches, rekt.	0,862	—	—	13	8	3
7. Polnisches (Kienöl) . .	0,866	—	—	—	5	—
8. Russisches (Kienöl) . .	0,860	49	16	11	5,6	2

[1]) Ein normales amerikanisches Terpentinöl, das sich ursprünglich erst in 6 Teilen 90%igen Alkohols löste, gab nach siebenwöchigem Stehen schon mit 3 Teilen eine klare Lösung. Französisches Öl, das 4 Jahre in einer nicht ganz gefüllten Flasche gestanden hatte, löste sich sogar schon in 1 Teil 80%igen Alkohols klar auf. Vgl. auch die Angaben auf S. 27, Anm. 1.

[2]) Zeitschr. d. allg. österr. Apoth. Ver. 15 (1876), 381; Jahresber. f. d. Pharm. 1877, 394.

Wegen dieser Veränderlichkeit ist auf die Löslichkeit, wenn es sich um die Prüfung auf Reinheit handelt, wenig Wert zu legen. Im allgemeinen wird ein gutes Terpentinöl sich in 5 bis 8 T. 90%igen Alkohols klar auflösen.

Über die gegenseitige Löslichkeit von Terpentinöl und wäßrigem Alkohol hat M. Vèzes[1]) zusammen mit M. Mouline und R. Brédon Untersuchungen angestellt. Er ermittelte die Löslichkeitsverhältnisse für eine große Anzahl von Gemischen aus Terpentinöl und wäßrigem Alkohol verschiedener Konzentration. Die Ergebnisse sind in Tabellen zusammengestellt und durch Kurven veranschaulicht. Während Terpentinöl und absoluter Alkohol in jedem Verhältnis mischbar sind und sich auch bei starker Temperaturerniedrigung nicht trennen, können Lösungen von Terpentinöl und wäßrigem Alkohol nicht beliebig abgekühlt werden, ohne daß sie sich entmischen. Die Entmischungstemperatur ist abhängig von der Alkoholstärke, dem Mengenverhältnis zwischen Alkohol und Terpentinöl und von dem Druck, unter dem die Mischung steht; letzterer ist bei den in Rede stehenden Versuchen stets der normale und daher unberücksichtigt geblieben.

Will man aus den Gemischen die Bestandteile durch Wasserzusatz trennen, so muß man so viel Wasser zusetzen, daß der Alkohol 18,4 volum%ig wird; die obere Schicht besteht dann aus reinem Öl, die untere, die Alkoholschicht, enthält nur Spuren Öl, sodaß die Trennung als vollständig betrachtet werden kann.

Terpentinöl ist in Äther, Chloroform, Schwefelkohlenstoff, Benzol, Petroläther, Anilin (vgl. auch S. 35), absolutem Eisessig[2]) (vgl. auch S. 35), sowie in fetten Ölen fast in jedem Verhältnis löslich. Die Löslichkeitsverhältnisse von Terpentinöl und Dime-

[1]) Bull. Soc. chim. III. 31 (1904), 1043. — Procès-verbaux des séances de la Société des Sciences physiques et naturelles de Bordeaux (séances du 16 juin 1904, du 28 juin 1906, du 13 juin et du 24 octobre 1907); Bericht von Schimmel & Co. April 1905, 76; April 1907, 105; April 1908, 101.

[2]) Die Mischung gleicher Volumina Eisessig und Terpentinöl bleibt (bei 14,5 bis 16,5°) klar, wenn der Eisessig mindestens 99,5%ig ist, ist trübe oder trennt sich in zwei Schichten, wenn der Eisessig 98,9%ig oder darunter ist. P. W. Squire u. C. M. Caines, Pharmaceutical Journ. 68 (1902), 512.

thylsulfat sind von M. Dubroca[1]), die von Terpentinöl und Anilin von Queysanne[2]) sowie von Louïse[3]) studiert worden.

Beim Mischen des Terpentinöls mit anderen ätherischen Ölen treten manchmal Trübungen ein (vgl. hierüber Bd. I, Anmerkung 1 auf Seite 586). Terpentinöl ist selbst ein treffliches Lösungsmittel für Fette, Harze und die meisten Kautschukarten.

Siedeverhalten. Der Siedebeginn des Terpentinöls liegt etwas unterhalb 155°, der weitaus größte Teil, nämlich 75—80%, siedet zwischen 155 und 162°. Oberhalb 162° steigt das Thermometer schnell, und schließlich bleibt im Kolben eine dickflüssige, kolophoniumartig riechende Harzmasse zurück. Man kann die Anforderungen an das Siedeverhalten reinen Terpentinöls nach Vèzes[4]) auch folgendermaßen formulieren: Terpentinöl beginnt zu sieden (760 mm) zwischen 152 und 156°. Bei der Destillation sollen unterhalb 164° mindestens 80 Gewichtsprozent übergehen[5]). Über die bei den einzelnen Temperaturen übergehenden Mengen, sowie über die Drehung und das spezifische Gewicht der Fraktionen des rektifizierten amerikanischen Terpentinöls hat Kremers[6]) eingehende Mitteilungen gemacht.

Der Verlauf einer sorgfältig ausgeführten fraktionierten Destillation von amerikanischem und französischem Terpentinöl ist am besten aus zwei Tabellen zu ersehen, die von B. Ahlström und O. Aschan[7]) veröffentlicht worden sind. Sie zeigen nicht

---

[1]) Journ. de Chim. phys. 5 (1907), 463; Bericht von Schimmel & Co. April 1908, 101.

[2]) Sur la solubilité réciproque de l'essence de térébenthine et de l'aniline. Bordeaux 1909.

[3]) Compt. rend. 150 (1910), 526. Vgl. hierzu Vèzes, ibidem 698; P. E. Gallon, Sur la solubilité réciproque de l'essence de térébenthine dextrogyre et de l'aniline. Bordeaux 1911.

[4]) Sur la définition de l'essence de térébenthine commercialement pure. Bordeaux 1910, p. 7.

[5]) Coste [Analyst 33 (1908), 219 bis 230; Chem. Zentralbl. 1908, II. 731] fordert: Bei der Destillation von 100 ccm aus dem Ladenburgschen Fraktionskölbchen (Fassungsraum 180 ccm) unter Verwendung eines abgekürzten Anschützschen Thermometers sollen unter 155° nichts, zwischen 155 und 160° 70%, zwischen 155 und 180° 95% übergehen.

[6]) Pharm. Review 15 (1897), 7.

[7]) Berl. Berichte 39 (1906), 1443, 1444.

nur die in Temperaturintervallen von je 1° übergehenden Mengen, sondern auch die Dichte und das spezifische Drehungsvermögen der einzelnen Fraktionen.

AMERIKANISCHES TERPENTINÖL:				FRANZÖSISCHES TERPENTINÖL:			
Fraktion	$d_{4°}^{15°}$	$[\alpha]_D$	Ungefähre Menge in Grammen	Fraktion	$d_{4°}^{15°}$	$[\alpha]_D$	Ungefähre Menge in Grammen
153—155°	0,8635	+ 14,61°	64	153—155°	0,8637	— 42,30°	1005
155—156°	0,8643	+ 13,72°	323	155—156°	0,8654	— 40,51°	983
156—157°	0,8652	+ 10,67°	243	156—157°	0,8649	— 39,49°	757
157—158°	0,8663	+ 7,07°	92	157—158°	0,8663	— 37,38°	284
158—159	0,8655	+ 3,58°	225	158—159°	0,8674	— 35,14°	297
159—160°	0,8686	— 0,36°	275	159—160°	0,8692	— 31,94°	280
160—161°	0,8700	— 4,60°	217	160—161°	0,8702	— 29,89°	180
161—162°	0,8707	—	verloren gegangen	161—162°	0,8716	— 26,88°	123
162—163°	0,8715	— 10,58°	112	162—163°	0,8730	— 23,92°	58
163—164°	0,8722	— 13,38	49	163—173°	0,8842	— 18,34°	197
164—175°	0,8745	— 13,17°	134				

Bei alten, verharzten Terpentinölen liegt, wegen der in ihnen enthaltenen sauerstoffhaltigen Körper und polymeren Produkte, die Siedetemperatur beträchtlich höher. Ebenso unterscheiden sich die Kienöle dadurch, daß infolge ihres Gehalts an Dipenten, Sylvestren und anderen Bestandteilen ein größerer Bruchteil oberhalb 162° siedet.

Abdampfrückstand. Terpentinöl ist beim Verdampfen fast vollständig flüchtig, doch ist hierbei zu berücksichtigen, daß sowohl bei zu hoher Temperatur durch Zersetzung und Polymerisation ein anormaler Rückstand gefunden wird, als auch bei langsamer Verflüchtigung unter Anwendung zu geringer Wärme durch Oxydation ein nicht verdampfbarer Rest bleibt, der im ursprünglichen Öl nicht vorhanden war.

Bestimmt man den Abdampfrückstand des Terpentinöls in der üblichen Weise durch Erwärmen auf dem Wasserbade, so findet man zu hohe Werte, da sich das Öl gerade bei Wasserbadtemperatur am schnellsten oxydiert und nicht unbeträchtlich verharzt. Aus diesem Grunde bestimmt H. Herzfeld[1]) den

[1]) Chem. Revue Fett- u. Harzind. 1909, 174; Pharm. Zentralh. 51 (1910), 72.

Abdampfrückstand in der Nähe der Siedetemperatur des Öls, indem er eine Platinschale bis zum Rande in ein Sandbad einbettet, auf 155° erhitzt und bei dieser Temperatur langsam 5 ccm Öl zugibt. Nach dem Aufhören der Dampfentwicklung wird noch 1/4 Stunde weiter erhitzt. Die Resultate verschiedener Bestimmungen weichen nur wenig voneinander ab; sehr erheblich sind aber die Abweichungen der nach diesem Verfahren und der nach der Wasserbadmethode erhaltenen Zahlen.

Kollo[1]) änderte die Ausführungsform dieser Methode insofern ab, als er zur Vermeidung der Entzündung der sich plötzlich bildenden Terpentinöldämpfe die Platin- (oder Nickel)-schale in einen Blechring von etwa fingerdicker Breite steckt. Der Ring bewirkt eine stärkere Verdampfung an der Berührungsstelle; jeder Tropfen verdampft sofort, und man kommt rascher und sicherer zum Ziel. Die Schale soll aus dem Ring nur mit einem ganz schmalen Saum herausragen; sie wird bis zu dem Ring in das Sandbad eingebettet, auf 155° erhitzt und das Öl aus einem zweimal rechtwinklig umgebogenen, zur Spitze ausgezogenen Scheidetrichter ganz langsam zugegeben (100 Tropfen in der Minute).

H. Wolff[2]), der bei der bloßen Einbettung in Sand häufig ein Überkriechen der letzten Ölanteile beobachtet hat, vermeidet diesen Übelstand dadurch, daß er einen Blechzylinder von etwa 5 cm Höhe und einem den oberen Schalendurchmesser um 1 cm überragenden Durchmesser über die Schale stülpt und etwa 1/2 cm in den Sand einbettet.

Der so ermittelte Abdampfrückstand beträgt nicht mehr als 1%. Bei alten, sowie mit hochsiedenden Petroleumfraktionen verfälschten Ölen ist er höher. Über die weitere Untersuchung eines derartigen Öls siehe S. 34.

Entflammungspunkt. Als Entflammungspunkt des Terpentinöls wird 32°[3]) bis 35°[4]) bis 37,7°[5]) angegeben. Es ist zu be-

[1]) Pharm. Zentralh. 51 (1910), 154.

[2]) Farbenzeitung 16 (1911), 2746; Chem. Zentralbl. 1911, II. 1181.

[3]) Long, Chem. Zentralbl. 1892, II. 174. — Journ. analyt. and appl. Chemistry VI, No. 1; Journ. Parfum. et Savonn. 24 (1911), 113.

[4]) Vèzes, Sur la définition de l'essence de térébenthine commercialement pure. Bordeaux 1910, p. 2.

[5]) L. M. Nash, Analyst 36 (1911), 577; Chem. Zentralbl. 1912, I. 448.

rücksichtigen, daß der Entflammungspunkt je nach dem bei der Bestimmung verwendeten Apparat verschieden hoch ausfällt, und daß Angaben, bei denen der benutzte Apparat nicht bezeichnet ist, ziemlich wertlos sind. Offenbar beziehen sich die obigen Zahlen auf Bestimmungen in einem geschlossenen Apparat (Abels Petroleumprüfer, Apparat von Pensky-Martens). Der Flammpunkt des Terpentinöls, bestimmt in einem offenen Apparat, wie er beispielsweise für die Untersuchung von Schmierölen verwendet wird (Vgl. Lunge-Berl, Chemisch-technische Untersuchungsmethoden 6. Aufl. Berlin, Bd. III, S. 611) liegt bei etwa 41 bis 42°. Schlüsse aus dem Entflammungspunkt auf Reinheit des angewandten Terpentinöls sind vorläufig noch nicht zulässig, da ein größeres Beobachtungsmaterial fehlt. Jedenfalls wird aber der normale Entflammungspunkt durch Zusätze von Petroleum oder leichten Kohlenwasserstoffen erniedrigt.

Säuregehalt. Jedes aus Terpentin destillierte rohe Öl enthält normalerweise kleine Mengen Ameisensäure, Essigsäure und Harzöl. Letzteres rührt von der beginnenden pyrogenen Zersetzung her, die gegen Ende der Destillation stattfindet, wenn das zurückbleibende Kolophonium bis zu einem gewissen Punkte erhitzt wird. In dem übergegangenen Harzöl ist dann stets etwas Kolophonium[1]) enthalten. Diese Beimischungen (Harzöl + Kolophonium) werden von Vèzes[2]) als normale Verunreinigungen („adultérants normaux") bezeichnet. Ihre Gesamtmenge soll bei marktgängiger Ware nicht mehr als 2,5 % betragen, und die Säurezahl darf nicht höher sein als 1,5[3]). Da Kolophonium im Durchschnitt eine Säurezahl von 170[4]) besitzt, so entspricht die Säurezahl 1,5 einem Gehalt von 0,0088 g Kolophonium in 1 g Terpentinöl oder 8,8 g in 1 kg = 0,88 %.

Der höhere Säuregehalt, den man bei altem, verharztem Terpentinöl beobachtet, rührt von Ameisensäure her, die sich bei der Oxydation bildet.

[1]) Vgl. auch Vèzes u. Eustache, Sur un mode simple de dosage de la colophane dans l'essence de térébenthine et dans l'huile de résine. Bordeaux 1901.

[2]) Vèzes, Sur la définition de l'essence de térébenthine commercialement pure, Bordeaux 1910, p. 8.

[3]) *Ibidem* p. 9.

[4]) *Ibidem* p. 10.

Zusammensetzung. Durch die in Bd. I auf S. 101 erwähnte erste Elementaranalyse war nachgewiesen worden, daß Terpentinöl aus Kohlenwasserstoffen der Formel $C_{10}H_{16}$ besteht. Spätere Untersuchungen bestätigten diesen Befund; es ergab sich dabei, daß die Terpentinöle insofern ein verschiedenes physikalisches Verhalten zeigen, als ein Teil von ihnen den polarisierten Lichtstrahl nach links, ein anderer Teil nach rechts ablenkt. Berthelot[1]) bezeichnete den linksdrehenden Kohlenwasserstoff als Terebenten und den rechtsdrehenden als Australen. Wallach[2]) führte für die beiden Modifikationen den Namen α-Pinen ein und unterscheidet sie nach ihrem Drehungsvermögen als l-α- und d-α-Pinen.

Unter den Bestandteilen überwiegt das α-Pinen im Terpentinöl so sehr, daß man dieses Öl als ein mit einigen Prozenten anderer Terpene verunreinigtes α-Pinen bezeichnen kann. Das zweite, im Terpentinöl sicher nachgewiesene Terpen ist β-Pinen. Bei der Oxydation von französischem Terpentinöl mit Permanganat erhielt A. Baeyer[3]), neben der von α-Pinen herrührenden Pinonsäure, geringe Mengen (ca. 1%) einer bei 125° schmelzenden, isomeren Säure, die er Nopinsäure nannte. Ihre Entstehung führte er auf einen Kohlenwasserstoff, das Nopinen[4]) zurück, das von Wallach zum Unterschiede von α-Pinen als β-Pinen bezeichnet wurde. Erst nachdem diesem Forscher die Synthese dieses Terpens geglückt war[5]) und nachdem es von E. Gildemeister und H. Köhler[6]) in ziemlich reinem Zustande aus Ysopöl isoliert worden war, wußte man, daß β-Pinen in den von 163 bis 166° siedenden Fraktionen[7]) des Terpentinöls zu finden ist. Über seine Eigenschaften vgl. Bd. I, S. 314.

Nach den bisherigen Erfahrungen scheint das amerikanische Terpentinöl reicher an β-Pinen zu sein als das französische, jedenfalls enthält es aber nur Mengen von wenigen Prozenten. Zu bemerken ist, daß beide Terpentinöle dasselbe l-β-Pinen enthalten.

[1]) Compt. rend. 55 (1862), 496 u. 544. — Liebigs Annalen Suppl. II (1862/63), 226.
[2]) Liebigs Annalen 227 (1885), 300; 356 (1907), 227.
[3]) Berl. Berichte 29 (1896), 25.
[4]) Semmlers Pseudopinen. Berl. Berichte 33 (1900), 1458.
[5]) Liebigs Annalen 368 (1908), 1—19.
[6]) Wallach-Festschrift, Göttingen 1909, S. 414.
[7]) Vgl. auch Ahlström u. Aschan, Berl. Berichte 39 (1906), 1445.

Um β-Pinen im Terpentinöl nachzuweisen, oxydiert man es zu Nopinsäure, wie es in Band I, S. 315 beschrieben ist. Schimmel & Co.[1]) benutzten dazu die bei der Rektifikation des Terpentinöls zuletzt übergehenden Anteile. Aus einer Fraktion vom Sdp. 161,5 bis 162,5° bei 753 mm Druck ($d_{15°}$ 0,8690; α_D —0° 14'; $n_{D20°}$ 1,47322) wurden bei der Oxydation mit Permanganat bei Gegenwart von freiem Natriumhydroxyd aus 30 g durch Einengen der Oxydationslaugen 4,5 g (= 15%) nopinsaures Natrium erhalten. 30 g einer Fraktion vom Sdp. 164 bis 166° ($d_{15°}$ 0,8714; α_D —8° 23'; $n_{D20°}$ 1,47558) gaben bei gleicher Ausführung der Oxydation 7,5 g (= 25%) nopinsaures Natrium. Mit Wasserdampf wurden 12 g Öl mit folgenden Konstanten zurückerhalten: $d_{15°}$ 0,8724, α_D —10°59', $n_{D20°}$ 1,47714. Hieraus konnten durch Wiederholung der Oxydation noch reichliche Mengen des schwer löslichen Natriumsalzes erhalten werden. Die Fraktion vom Sdp. 164 bis 166° dürfte demnach zum größten Teil aus β-Pinen bestehen, wenn auch das spezifische Gewicht etwas zu hoch ist.

Da das α-Pinen zu den labilsten Terpenen gehört, so ist es nicht wunderbar, daß gewisse Umwandlungsprodukte des Pinens schon bei der Darstellung in das Terpentinöl gelangen. Wie oben erwähnt wurde, enthält das Öl kleine Mengen freier Säuren, wie Ameisen-, Essigsäure und Harzsäuren. Diese wirken bei höheren Temperaturen verändernd auf das Pinen ein, sodaß sowohl Dipenten wie polymere Terpene entstehen, die als stete Begleiter des Pinens im Terpentinöl angetroffen werden.

Gewisse Beobachtungen und Anzeichen deuten darauf hin, daß Camphen und Fenchen zu den normalen Bestandteilen des Terpentinöls gehören. Die Siedepunkte dieser beiden Terpene, die zwischen denen der beiden Pinene liegen, lassen eine Trennung und den einwandsfreien direkten Nachweis nicht zu. Immerhin kann, wie im Nachstehenden gezeigt wird, der indirekte Beweis für die Anwesenheit des Camphens als erbracht angesehen werden.

Armstrong und Tilden[2]) fanden Camphen in dem sogenannten Tereben, dem Einwirkungsprodukt von konzentrierter Schwefelsäure auf Terpentinöl. Sie nahmen an, daß das Camphen

---

[1]) Bericht von Schimmel & Co. April 1908, 100.

[2]) Berl. Berichte 12 (1879), 1753.

hierbei aus dem Pinen in analoger Weise, wie aus dem Pinenchlorhydrat entstehe, eine Möglichkeit, die nicht ohne weiteres von der Hand zu weisen ist. Power und Kleber[1]) halten es aber für wahrscheinlich, daß das Camphen schon ursprünglich im Terpentinöl enthalten ist und erst nach der Zerstörung und Entfernung des Pinens bemerkbar wird.

Bouchardat und Lafont[2]) erhitzten französisches Terpentinöl während 50 Stunden mit Benzoesäureanhydrid und isolierten aus dem Reaktionsprodukt Camphen sowie Ester des Isoborneols und des Fenchylalkohols.

Dieselben Forscher[3]) erhielten bei der Einwirkung von Schwefelsäure auf französisches Terpentinöl und darauf folgenden Behandlung mit alkoholischem Kali zwei Kalisalze der Zusammensetzung $C_{10}H_{17}NSO_2OK$, die beim Erwärmen mit Säuren sich in Links-Borneol und Kaliumhydrosulfat und Links-Fenchylalkohol und Kaliumhydrosulfat zersetzten. Die Bildung dieser beiden Salze weist zwar auf Camphen und Fenchen hin, doch braucht die Entstehung von Fenchylalkohol nicht notwendig durch ursprünglich vorhandenes Fenchen veranlaßt zu sein, vielmehr ist es wahrscheinlich, daß der Fenchylalkohol auf das β-Pinen zurückzuführen ist, das, wie Wallach[4]) gezeigt hat, außerordentlich leicht in Fenchen übergehen kann. Derselben Ansicht sind auch Barbier und Grignard[5]), die bei der Einwirkung von Eisessig und Benzolsulfosäure neben Terpineol (Umwandlungsprodukt des α-Pinens) Fenchylalkohol isolierten.

Während demnach Fenchen nicht zu den Bestandteilen des Terpentinöls zu rechnen ist, kann man das Vorhandensein von Camphen mit ziemlicher Sicherheit annehmen. Seine Gegenwart, und zwar der linksdrehenden Modifikation, wurde von Schimmel & Co.[6]) auf folgende Weise dargetan. Durch Behandeln der von 160 bis 161° siedenden Anteile eines amerikanischen Terpentinöls (spez. Gew. 0,869; α_D + 1°16′) mit Eisessig und Schwefelsäure nach dem Bertramschen Verfahren[7]) wurde

[1]) Pharm. Rundsch. (New York) 12 (1894), 16.
[2]) Compt. rend. 113 (1891), 551.
[3]) Compt. rend. 125 (1897), 111.
[4]) Liebigs Annalen 363 (1908), 1 bis 19.
[5]) Bull. Soc. chim. IV. 5 (1909), 512, 519.
[6]) Bericht von Schimmel & Co. Oktober 1897, 68.
[7]) Journ. f. prakt. Chem. II. 49 (1894), 1.

Isobornylacetat erhalten, das beim Verseifen Isoborneol lieferte (Phenylurethan, Smp. 138°). Da, wie durch besondere Versuche festgestellt wurde, weder reines, aus der Nitrosochloridverbindung abgeschiedenes α-Pinen, noch β-Pinen nach diesem Verfahren Isoborneol liefern, so ist die Bildung dieses Körpers auf Camphen zurückzuführen.

Das von Tilden[1]) vermutete Vorkommen von Cymol im Terpentinöl hat bisher noch nicht bewiesen werden können, ebensowenig die Gegenwart von Limonen in den bei der fraktionierten Destillation zuletzt übergehenden Anteilen[2]).

Ob das von Frankforter und Frary[3]) im Öle der „Western fir"[4]) gefundene Terpen Firpen als Bestandteil des normalen Terpentinöls anzusehen ist, ist zweifelhaft. Nach der Elementaranalyse und Molekulargewichtsbestimmung entspricht das Firpen der Formel $C_{10}H_{16}$. Im Geruch und in seinen chemischen und physikalischen Eigenschaften weicht es vom Pinen ab; seine Konstanten sind folgende: Sdp. 152 bis 153,5°, $d_{20°}$ 0,8598, $[\alpha]_D$ —47,2°, $n_{D20°}$ 1,47299. Das Firpenhydrochlorid schmilzt bei 130 bis 131°, hat also denselben Schmelzpunkt wie das Pinenhydrochlorid. Es ist aber flüchtiger und leichter löslich als dieses und hat einen etwas anderen Geruch. Der Hauptunterschied liegt jedoch in dem gänzlich verschiedenen Verhalten gegen Chlor. Während das Pinenhydrochlorid keine Neigung zur Bildung eines Dichlorhydrochlorids zeigt, liefert Firpenchlorhydrat leicht ein solches. Das Hydrobromid des Firpens schmilzt bei 102°, das Pinenhydrobromid bei 90°.

Pinen und Firpen verhalten sich gegen Nitrosylchlorid ebenfalls verschieden. Ersteres gibt bekanntlich ohne Schwierigkeit ein schön kristallisierendes Nitrosochlorid. Aus Firpen konnte dagegen mit Nitrosylchlorid kein kristallisierendes Nitrosochlorid erhalten werden.

---

[1]) Berl. Berichte 12 (1879), 1131.

[2]) Ahlström u. Aschan, Berl. Berichte 39 (1906), 1446.

[3]) Journ. Americ. chem. Soc. 28 (1906), 1461.

[4]) Was unter dieser Bezeichnung verstanden wird, konnte nicht ermittelt werden. „Western yellow pine" wird von A. L. Brower erwähnt, augenscheinlich als identisch mit „Longleaf pine" [Oil, Paint and Drug Reporter 75 (1909), No. 18, p. 28f.]. C. Mohr (The timber pines of the southern U. S. Washington 1897) führt dieses Synonym nicht auf.

Einfluß von Luft und Licht auf Terpentinöl. Es ist eine bekannte Erscheinung, daß sich Terpentinöl beim Stehen in offenen Gefäßen, besonders bei Gegenwart von Wasser, schnell verändert. Das Öl wird dickflüssig, das spezifische Gewicht, der Brechungsindex und der Siedepunkt erhöhen sich, das Drehungsvermögen vermindert sich, die Löslichkeit in 90%igem Alkohol nimmt zu, das anfangs neutrale Öl reagiert sauer, verharzt und wird, wie der technische Ausdruck lautet, „ranzig"[1]). Man bezeichnete früher ein solches Öl, weil es stark oxydierend wirkte, als ozonisiert.

Alle diese Veränderungen sind auf eine langsame Oxydation durch den Sauerstoff der Luft zurückzuführen. Schönbein[2]) hatte angenommen, daß sich das Öl bei diesem Vorgange mit Ozon belade, indem der Luftsauerstoff durch das Terpentinöl in die aktive Modifikation, das Ozon, übergeführt werde. Später wurde von Kingzett[3]), Bardsky[4]) und Papasogli[5]) nachge-

[1]) Ein normales amerikanisches Terpentinöl von 0,867 spez. Gew. zeigte nach 7wöchigem Stehen in einer geschlossenen, aber teilweise mit Luft gefüllten Flasche ein spez. Gew. von 0,897 und gab schon mit 3,5 Vol. 90%igen Alkohols eine klare Lösung, während das ursprüngliche Öl dafür 6 Vol. erforderte.

Eine andere Probe amerikanischen Öls hatte nach längerem Stehen das spez. Gew. 0,913 und löste sich schon in 3 Vol. 90%igen Alkohols klar auf.

Ein französisches Öl zeigte nach vierjähriger Aufbewahrung in einer nicht ganz gefüllten, aber dicht verkorkten Flasche folgende Veränderung:

	Ursprüngliches normales Öl	Dasselbe nach 4 Jahren
d . .	0,871	1,009
α_D	— 29° 55'	— 19° 18'

Während das ursprüngliche normale Öl zur klaren Mischung mit 80%igem Alkohol bis zu 20 Vol. bedurfte, löste sich das oxydierte Öl schon in 1 Vol. 80%igem, und in jedem Verhältnis in 90%igem Alkohol. Siehe S. 17, Anm. 1.

[2]) Liebigs Annalen 102 (1857), 133.

[3]) Journ. chem. Soc. 27 (1874), 511. — Pharmaceutical Journ. III. 5 (1874), 84. — *Ibidem* 6 (1875), 225. — *Ibidem* 7 (1876), 261. — *Ibidem* 9 (1879), 772 u. 811. — *Ibidem* 20 (1890), 868. — Chem. News 69 (1894), 143; vgl. auch Robbins, Pharmaceutical Journ. III. 9 (1879), 748, 792, 872.

[4]) Bardsky (Chem. Zentralbl. 1882, 803) fand in dem mit oxydiertem Terpentinöl durchgeschüttelten Wasser Wasserstoffsuperoxyd und, wie er glaubt, auch salpetrige Säure.

[5]) Nach Papasogli (Chem. Zentralbl. 1888, 1548) enthält Wasser, das längere Zeit mit Terpentinöl in Berührung gewesen ist, Wasserstoffsuperoxyd, Camphersäure (Smp. 176°), Ameisensäure, Essigsäure und eine mit Campholsäure isomere Säure $C_{10}H_{18}O_2$. In dem oxydierten Terpentinöl selbst soll Oxysylvinsäure enthalten sein.

wiesen, daß in solchem Terpentinöl kein Ozon[1]), wohl aber Wasserstoffsuperoxyd enthalten ist.

Neben Wasserstoffsuperoxyd finden sich in dem bei Gegenwart von Feuchtigkeit oxydierten Terpentinöl, wie Löw[2]) zuerst dargetan hat, noch andere Körper. Oxydiertes Terpentinöl scheidet nämlich aus Jodkalium Jod aus, ein Verhalten, das Wasserstoffsuperoxyd nicht zeigt. Diese Wirkung ist vielmehr, wie schon Kingzett[3]) angenommen hatte, auf organische Superoxyde zurückzuführen, die sich mit Wasser in der Weise umsetzen, daß schließlich Wasserstoffsuperoxyd entsteht, vermutlich indem sich als intermediäre Produkte Superoxydhydrate bilden.

Die Aufklärung dieser Vorgänge haben die Arbeiten von C. Engler[4]) gebracht. Dieser wies nach, daß bei Einwirkung von Luftsauerstoff oder reinem Sauerstoff auf Terpentinöl ein superoxydartiges Oxydationsprodukt, $C_{10}H_{16}O_4$, entsteht, das die eine Hälfte seines Sauerstoffs abgeben kann, während die andre Hälfte am Terpentinöl bleibt. Er konnte die schon früher von Berthelot[5]) gefundene Tatsache bestätigen, daß von 1 Mol. Terpentinöl 4 Atome Sauerstoff absorbiert werden, von denen sich 2 wieder leicht abspalten. Es ist aber bisher nicht gelungen, die Verbindungen $C_{10}H_{16}O_4$ oder $C_{10}H_{16}O_2$ zu isolieren.

Bei der Aktivierung von absolut trocknem Terpentinöl entsteht weder Wasserstoffsuperoxyd noch Ozon. Terpentinöl aktiviert den Sauerstoff am schnellsten bei 100°, über 100°

---

[1]) Obwohl die Richtigkeit dieser Untersuchungen nirgends angezweifelt ist, und also das Vorkommen von Wasserstoffsuperoxyd im oxydierten Terpentinöl als sichergestellt gelten kann, findet sich in vielen Lehrbüchern immer noch die Angabe, daß im alten Terpentinöl, sowie in ätherischen Ölen überhaupt, Ozon enthalten sei. Da aber Wasserstoffsuperoxyd und Ozon sich gegenseitig nach der Gleichung

$$O_3 + H_2O_2 = H_2O + 2\,O_2$$

zerstören (Schöne, Liebigs Annalen 196 [1879], 239), so ist die Gegenwart von Ozon ausgeschlossen. — Vgl. auch C. Harries, Chem. Ztg. 31 (1907), 804.

[2]) Zeitschr. f. Chem. II. 6 (1870), 609; Chem. Zentralbl. 1870, 821.

[3]) *Loc. cit.*

[4]) C. Engler u. J. Weißberg, Über Aktivierung des Sauerstoffs. Der aktive Sauerstoff des Terpentinöls. Berl. Berichte 31 (1898), 3046. C. Engler, Die Autoxydation des Terpentinöls. *Ibidem* 33 (1900), 1090.

[5]) Annal. de Chim. et Phys. III. 58 (1860), 435; Jahresber. d. Chem. 12 (1859), 58.

hinaus wird kein aktiver Sauerstoff mehr gebildet, sondern er wird zur Zerstörung, d. h. Oxydation des Terpentinöls verwendet. 1 ccm Terpentinöl vermag bei 100° 100 ccm Sauerstoff zu aktivieren.

Das bei Gegenwart oder Abschluß von Feuchtigkeit mit Sauerstoff beladene Terpentinöl ist imstande, diesen auf solche Körper zu übertragen, die durch den Luftsauerstoff nicht direkt oxydabel sind. So wird, wie bereits erwähnt, Jod aus Jodkalium ausgeschieden, ferner Indigolösung gebleicht und arsenige Säure zu Arsensäure oxydiert. Aktiviertes Terpentinöl behält seine Eigenschaften beim Aufbewahren im Dunkeln jahrelang bei.

Diese Oxydationsvorgänge und dieselben Veränderungen des Terpentinöls vollziehen sich schneller, wenn mit Wasserdampf gesättigte, erwärmte Luft durch das Öl geleitet wird.[1]).

Über die bei der Oxydation entstehenden Produkte herrscht noch wenig Klarheit.

Als sicher nachgewiesen können gelten Ameisensäure[2]), Essigsäure und Camphersäure $C_{10}H_{16}O_4$[3]), während das Vorkommen von Oxysylvinsäure zweifelhaft ist. Ferner ist in geringer Menge ein Aldehyd[4]) aufgefunden worden, dessen Zusammensetzung einem Camphersäurealdehyd $C_{10}H_{16}O_3$ entspricht. Er besitzt einen betäubenden Geruch und ist wahrscheinlich die Ursache des eigenartigen Geruchs des alten, „ranzigen" Terpentinöls.

Tschirch und Brüning[5]) wiesen in Terpentinöl, das durch Stehen in flachen Schalen an der Luft vollständig verharzt war, einen resenartigen Körper und wenig einer Resinolsäure nach,

---

[1]) Bei dieser Operation zeigte ein Terpentinöl von 0,864 spez. Gew. nach 44stündigem Durchleiten das spez. Gew. 0,949. Kingzett beobachtete dabei eine beträchtliche Erhöhung des Siedepunktes.

[2]) Der exakte Nachweis der Ameisensäure ist von Kingzett erst i. J. 1910 geführt worden. Journ. Soc. chem. Industry 29 (1910), 791. — Vgl. auch *ibidem* 31 (1912), 265.

[3]) Papasogli, Chem. Zentralbl. 1888, 1548.

[4]) Schiff, Chem. Ztg. 20 (1896), 361. Der Aldehyd scheint sich am reichlichsten bei der Aufbewahrung von Terpentinöl in nicht gefüllten, ungenügend verschlossenen Gefäßen im Tageslicht zu bilden. Die Menge des leicht zersetzlichen Aldehyds übersteigt nicht 1%. Er kann, wie schon erwähnt, durch Ausschütteln mit Natriumbisulfitlösung dem Terpentinöl entzogen werden.

Der Aldehyd verharzt beim Aussetzen an der Luft auf einem Uhrglase in wenigen Tagen, verliert dabei seinen betäubenden Geruch und reagiert nicht mehr mit Rosanilinsulfat.

[5]) Arch. der Pharm. 238 (1900), 645.

fanden aber keine eigentlichen Harzsäuren, wie Abietinsäure, Pimarsäure usw. Die Resene stehen nach Tschirch[1]) in Beziehung zu den Terpenen und sind wahrscheinlich als Oxypolyterpene anzusehen.

Bei der Einwirkung direkten Sonnenlichtes auf feuchtes Terpentinöl bei Gegenwart von Luft oder besser von Sauerstoff entsteht Pinolhydrat (Sobrerol), $C_{10}H_{18}O_2$, ein je nach den angewandten Lösungsmitteln in Blättchen oder Nadeln kristallisierender Körper, dessen inaktive Modifikation bei 131° schmilzt, während die aktiven Formen bei 150° schmelzen[2]).

Nachweis von Verfälschungen des Terpentinöls. Haben sich bei der Untersuchung des Terpentinöls irgend welche Abweichungen in Bezug auf spezifisches Gewicht, Löslichkeit, Siedeverhalten, Abdampfrückstand usw. ergeben, so ist durch eine weitere Prüfung zu ermitteln, ob eine Verfälschung vorliegt und welcher Art diese ist. Da die Zusatzmittel in der Regel eine von Terpentinöl verschiedene Aufnahmefähigkeit für Halogene besitzen werden, so gehört die Ermittlung der Jod- und Bromabsorption hierher. Obwohl die Meinungen über den Wert dieser beiden Bestimmungsmethoden, die sich ja in der Fettanalyse allgemeiner Beliebtheit erfreuen, noch sehr weit auseinandergehen, so seien sie doch der Vollständigkeit halber hier aufgeführt, besonders auch deshalb, weil die deutschen Zollbehörden neuerdings die Untersuchung des Terpentinöls auf seine Bromaufnahmefähigkeit fordern.

JODABSORPTION. Unter Jodzahl versteht man die Zahl, die ausdrückt, wieviel Teile Jod 100 Teile Terpentinöl zu absorbieren vermögen. Die Jodzahl 373 von Terpentinöl besagt also, daß 100 g Terpentinöl 373 g Jod aufnehmen. Wegen der Ausführung der Bestimmungen und der Herstellung der dazu notwendigen Lösungen sei auf die Werke verwiesen, in denen die Analyse der Fette behandelt wird, z. B. auf Lunge-Berls Chemisch-technische Untersuchungsmethoden. 6. Aufl. Bd. III, S. 671 ff.

---

[1]) Grundlinien einer physiologischen Chemie der pflanzlichen Sekrete. Arch. der Pharm. 245 (1907), 386.

[2]) Sobrero, Liebigs Annalen 80 (1851), 106. — Wallach, *ibidem* 259 1890), 313. — Armstrong u. Pope, Journ. chem. Soc. 59 (1891), 315; Chem. Zentralbl. 1891, II. 168.

Worstall[1]) läßt 0,1 g Öl mit 40 ccm Hübischer Jodlösung in einer mit Glasstopfen versehenen Flasche über Nacht stehen und titriert dann das überschüssige Jod zurück. Als Jodzahl wurde im Durchschnitt bei 55 reinen Terpentinölen 384 gefunden, während nach der Theorie bei Umwandlung von $C_{10}H_{16}$ in $C_{10}H_{16}J_4$ 373 zu erwarten wäre. Weitere Untersuchungen ergaben, daß die Jodaufnahme nach obiger Vorschrift in 4 bis 6 Stunden vollendet ist, und daß bei großem Überschuß und längerer Einwirkung der Jodlösung eine weitere Aufnahme durch sekundäre Reaktionen stattfindet.

Als Jodzahl von Harzspiritus wurde 185, als solche von Harzöl 97, von „Refined wood turpentine" 212, von „Water white" 328 festgestellt, während „Kerosene" und „Naphtha", also Petroleumkohlenwasserstoffe, wie zu erwarten, kein Jod addieren.

Geringe Zusätze von Petroleumdestillaten werden sich also schon durch Herabsetzen der Jodzahl zu erkennen geben; jedenfalls ist ein Terpentinöl, das unter obigen Bedingungen eine unter 370 liegende Jodzahl ergibt, nach Worstall als verdächtig zu beanstanden.

Mc. Gill[2]) bestätigte die Resultate Worstalls und setzt ebenfalls als untere Grenze für reines Terpentinöl die Jodzahl 370.

Hierzu ist zu bemerken, daß man bei Bestimmung der Jodzahl nur dann vergleichbare Werte enthält, wenn man unter ganz gleichen Bedingungen arbeitet.

So erhielt z. B. Harvey[3]), der Wijssche Lösung anwandte, zwischen 166 und 221 liegende Jodzahlen, was der Absorption von 2 J auf 1 Mol. $C_{10}H_{16}$ entsprechen würde. Nach Veitch und Donk[4]) hat echtes Terpentinöl eine Jodzahl nach Wijs von 350 bis 400.

Eingehendere Untersuchungen, die wegen der wenig miteinander übereinstimmenden Jodzahlen des Terpentinöls angestellt wurden, führten dann zu dem Ergebnis, daß die von dem Terpentinöl absorbierte Menge Halogen von der Dauer der Ein-

---

[1]) Journ. Soc. chem. Industry 23 (1904), 302; Chem. Zentralbl. 1904, I. 1676.

[2]) Journ. Soc. chem. Industry 26 (1907), 847; Chem. Zentralbl. 1907, II. 1124.

[3]) Journ. Soc. chem. Industry 23 (1904), 413; Chem. Zentralbl. 1904, II. 265. Vgl. auch F. W. Richardson u. E. F. Whitaker, Journ. Soc. chem. Industry 30 (1911), 115; Chem. Zentralbl. 1911, I. 1012.

[4]) U. S. Dept. of Agriculture, Bur. of Chemistry, Bull. No. 144, 1911, p. 22.

wirkung und dem Überschuß der angewandten Wijsschen Lösung abhängig ist.

BROMABSORPTION. Der Wert dieser Bestimmungsmethode wird von der einen Seite ebenso bestritten, wie er von der anderen verteidigt wird[1]), sodaß über ihn vorläufig ein abschließendes Urteil nicht gefällt werden kann.

Die Bromierung des Terpentinöls geschieht nach Vaubel[2]) folgendermaßen:

> „1 bis 2 g Terpentinöl werden in Chloroform gelöst, hierauf ca. 100 ccm Wasser, 5 g Bromkalium und 10 ccm Salzsäure oder entsprechende Mengen Schwefelsäure zugegeben und so viel einer titrierten Lösung von bromsaurem Kali zugefügt, bis bleibende Bromreaktion auftritt. Diese letztere ist einmal erkennbar an der lebhaften Färbung der Chloroformlösung, kann aber auch durch Tüpfeln auf Jodkaliumstärkepapier in der wäßrigen Lösung festgestellt werden."

Nach der Gleichung $C_{10}H_{16} + 4\,Br = C_{10}H_{16}Br_4$ würden 100 g Pinen 254 g Brom aufnehmen. Bei verschiedenen reinen Terpentinölen stellte Vaubel Bromaufnahmen von 220 bis 240 fest.

Die von der deutschen Zollbehörde gegebene Vorschrift zur Untersuchung der Bromaufnahmefähigkeit[3]) ist folgende:

> „Eine Mischung von 50 ccm Branntwein mit einem Weingeistgehalte von mindestens 98 Gewichtsteilen in 100 mit 5 ccm konzentrierter Salzsäure von der Dichte 1,124 wird in ein etwa 150 ccm fassendes Becherglas gebracht und mit 0,5 ccm des zu untersuchenden Öls, welche mit einer geeichten Pipette abzumessen sind, versetzt. Das Öl wird durch Umrühren mittels eines Glasstäbchens vollkommen gelöst.
>
> Sodann läßt man aus einer in halbe Kubikzentimeter oder kleinere Unterabteilungen geteilten Bürette von etwa

---

[1]) Vgl. Evers, Chem. Ztg. 23 (1899), 312. — Schreiber u. Zetzsche, *ibidem* 23 (1899), 686. — Böhme, Chem. Ztg. 30 (1906), 633. — Utz, Pharm. Zentralh. 49 (1908), 10. — Marcusson, Chem. Ztg. 33 (1909), 966, 978, 985. — Mansler, Annal. de la Chim. analyt. appl. 14 (1909), 417; Zeitschr. f. angew. Chem. 23 (1910), 46.

[2]) Pharm. Ztg. 51 (1906), 257.

[3]) 5. Nachtrag zu der Anleitung für die Zollabfertigung. Herausgegeben vom Reichsschatzamt. Berlin 1910, S. 56.

30 ccm Inhalt die unten beschriebene Bromsalzlösung unter fortwährendem Umrühren der Mischung einfließen.

Das durch die Salzsäure der Mischung freigemachte Brom wird anfangs von dem Terpentinöl augenblicklich gebunden; erst nachdem fast vier Fünftel der im ganzen erforderlichen Bromsalzlösung eingeflossen sind, fängt die Mischung an, sich gelb zu färben. Diese Färbung verschwindet aber, auch wenn sie sattcitronengelb war, schon nach wenigen Sekunden wieder. Wenn das Verschwinden der Bromfärbung etwa $^1/_2$ Minute beansprucht, läßt man nur noch je $^1/_2$ ccm aus der Bürette auf einmal ausfließen und beobachtet dabei stets die Zeitdauer bis zur völligen Entfärbung.

Hat die Entfärbung 1 Minute oder länger gedauert, so ist der Versuch als beendet anzusehen. Bei manchen weniger reinen Terpentinölen und Kienölen tritt eine dauernde Gelbfärbung schon vor Beendigung des Versuchs auf. In solchen Fällen prüft man, ob einige Tropfen der Flüssigkeit, die eine Minute nach dem letzten Zusatze von Bromsalzlösung zu entnehmen sind, in einer verdünnten Jodzinkstärkelösung (s. unten) sofort eine tiefblaue Färbung hervorrufen. Erst wenn dies der Fall ist, ist der Versuch als beendet anzusehen.

Sind 25 ccm oder mehr Bromsalzlösung verbraucht worden, so liegt mineralölfreies Terpentinöl vor. Bei einem Verbrauche von weniger als 25 ccm ist dies zweifelhaft. In diesem Falle muß die Probe nach der Vorschrift in nachstehender Ziffer 2 (d. h. mit rauchender Salpetersäure)[1]) von einem Chemiker untersucht werden."

Die zur Untersuchung erforderliche Bromsalzlösung wird hergestellt durch Auflösung eines Gemisches von 13,93 g reinem bromsauren Kalium und 50 g reinem Bromkalium in destilliertem Wasser und Auffüllen dieser Lösung in einem Meßkolben von 1000 ccm Raumgehalt bis zur Marke.

Die Jodzinkstärkelösung wird bereitet, indem man 4 bis 5 g Stärkemehl mit wenig Wasser zu einer milchigen Flüssigkeit zerreibt und diese in kleinen Mengen und unter Umrühren zu

[1]) Siehe S. 37.

einer siedenden Lösung von 20 g reinem Chlorzink in 100 ccm destilliertem Wasser zugibt. Man kocht, unter Ersatz des verdampften Wassers, bis die Stärke möglichst gelöst und die Flüssigkeit fast klar geworden ist. Darauf wird mit Wasser verdünnt, 2 g reines, trocknes Zinkjodid hinzugefügt, zu 1 l aufgefüllt und filtriert. Die klare Lösung ist in verschlossener Flasche, im Dunkeln aufbewahrt, haltbar. Vor Anstellung des Versuchs verdünnt man einen Raumteil dieser Lösung mit der zehnfachen Raummenge Wasser und gibt von dieser verdünnten Lösung je 3 bis 4 ccm in einzelne Reagensgläser, in denen die Prüfung auf freies Brom, wie in Vorstehendem angegeben, auszuführen ist.

NACHWEIS VON PETROLEUM. Es werden sowohl gewöhnliches Brennpetroleum („Kerosene"), wie auch leichtere und schwerere Erdölfraktionen als Verfälschungsmittel dem Terpentinöl zugesetzt. Petroleum und die leichten Fraktionen erkennt man an der Erniedrigung des spezifischen Gewichts, sowie an der Herabsetzung des Entflammungspunktes[1]). Die schweren Mineralölfraktionen sind mit Wasserdämpfen nicht flüchtig, bleiben daher bei der Rektifikation des Öls mit Wasserdampf als fluoreszierende, gegen konzentrierte Salpetersäure und Schwefelsäure beständige Masse im Rückstande.

Von amerikanischen Petroleumfraktionen, die zur Verfälschung benutzt werden können, führt J. H. Long[2]) folgende mit ihren spezifischen Gewichten an:

Gasoline	$d_{15°}$	0,6508
Gasoline	„	0,7001
Benzine	„	0,7306
Standard White	„	0,7999
Water White	„	0,7918
Head Light	„	0,7952
Mineral Seal	„	0,8293
Paraffinöl	„	0,8906

Als sogenannte Patent-Terpentinöle sind vielfach Gemische von Petroleum mit Terpentinöl oder Campheröl, oder auch nur aus Petroleumkohlenwasserstoffen bestehende Öle, unter ver-

---

[1]) Vgl. S. 22.

[2]) Journ. anal. and appl. Chemistry 6, No. 1; Journ. Parfum. et Savonn. 24 (1911), 112.

schiedenen Phantasienamen im Handel. Solche Bezeichnungen sind[1]): „Canadisches Terpentinöl, Patent-Turpentine, Turpintyne, Turpenteen, Larixolin, Paint-oil" und andere.

Mischungen von Terpentinöl und Petroleum unterscheiden sich nach Dunwody[2]) von reinem Terpentinöl durch die sehr verschiedene Löslichkeit in 99%iger Essigsäure. (Vgl. S. 18.) Absolute Essigsäure (von 99,5 bis 100%) mischt sich in allen Verhältnissen sowohl mit Petroleum wie mit Terpentinöl. Eine aus 99 ccm Eisessig und 1 ccm Wasser hergestellte Essigsäure gibt mit Terpentinöl im Verhältnis von 1:1 eine klare Lösung, nicht aber mit Petroleum. Zur vollständigen Lösung von Terpentinöl-Petroleumgemischen sind von dieser Essigsäure (99 + 1) folgende Mengen erforderlich:

Petroleum	1	2	3	4	5	7	8 ccm
Terpentinöl	9	8	7	6	5	3	2 „
Erfordern zur Lösung Essigsäure (99 + 1)	40	60	80	110	150	230	270 ccm

Conradson[3]) weist Petroleum im Terpentinöl auf folgende Weise nach: 50 ccm Öl werden auf dem Wasserbade bis auf 1 bis 2 ccm verdampft. Ist das Öl frei von Petroleum, so löst sich der Rückstand in 5 bis 10 ccm wasserfreiem Eisessig klar auf; bei 10 und mehr % Petroleum ist die Mischung trübe und teilt sich beim Stehen in zwei Schichten.

Die verschiedene Löslichkeit des Terpentinöls und Mineralöls in Anilin (vgl. S. 18) ließ früher die preußische Steuerbehörde zur Erkennung von Patent-Terpentinöl benutzen:

„In einem mit Glasstopfen versehenen Probezylinder von 50 ccm, der in ganze ccm geteilt ist, bringt man 10 ccm des Öls, setzt 10 ccm Anilin zu, verschließt mit dem Glasstopfen und schüttelt kräftig durch. Wenn nach etwa 5 Minuten die Flüssigkeit nicht vollkommen einheitlich aussieht, sondern zwei Schichten zeigt, liegt Patent-Terpentinöl vor."

Etwas andere Verhältnisse zum quantitativen Nachweis von Petroleum in Terpentinöl wählt H. C. Frey[4]). Er empfiehlt, 10 ccm des Öls in einem graduierten Rohr mit 30 ccm Anilin

[1]) Pharm. Zentralh. 33 (1892), 131.
[2]) Americ. Journ. Pharm. 62 (1890), 288.
[3]) Journ. Soc. chem. Industry 16 (1897), 519; Chem. Zentralbl. 1897, II. 449.
[4]) Journ. Americ. chem. Soc. 30 (1908), 420.

5 Minuten lang kräftig durchzuschütteln und das Gemisch sodann der Ruhe zu überlassen. Etwa vorhandenes Petroleum scheidet sich an der Oberfläche der Flüssigkeit ab und kann der Menge nach bestimmt werden. Es ist besonders darauf zu achten, daß das Anilin vollkommen wasserfrei ist. Um die Methode, die nach Frey vorzügliche Resultate geben soll, auf ihre Brauchbarkeit zu prüfen, haben Schimmel & Co.[1]) mit verschiedenen Mengen Petroleum versetztes Terpentinöl in der oben beschriebenen Weise auf den Petroleumgehalt untersucht und dabei folgende Resultate erhalten:

	$d_{15°}$	Abgeschiedene Ölmenge ccm	Abgeschiedene Ölmenge %
Terpentinöl + 5% Petroleum	—	—	—
„ + 10% „	0,8641	0,8	8
„ + 15% „	0,8605	2,2	22
„ + 20% „	0,8564	2,8	28
„ + 30% „	0,8493	4,2	42
„ + 50% „	0,8356	5,9	59

Mit dem Ablesen wartet man mindestens 24 Stunden, da bei einem Gehalt bis zu 15% Petroleum zunächst eine klare Lösung vorhanden ist, aus der sich nach vorheriger Trübung das Petroleum erst nach und nach abscheidet. Aus der Tabelle ist ersichtlich, daß das Petroleum bei einem Gehalt bis zu 5% nach der Freyschen Methode nicht nachzuweisen ist, erst zwischen 5 und 10% ist das der Fall, doch bleiben hier die gefundenen Zahlen hinter den tatsächlichen zurück; vereinzelt bleiben die Lösungen aber auch bei einem Petroleumgehalt des Öls bis zu 15% dauernd klar, so daß das Verfahren auch dann im Stich läßt. Umgekehrt werden zu hohe Werte gefunden, wenn der Petroleumgehalt größer ist, indem hier das Anilin nicht alles Terpentinöl aus seinem Gemisch mit Petroleum herausnimmt. Bei einem Gehalt von 15% dokumentiert sich die Verfälschung übrigens auch schon durch das spez. Gewicht, das bei Terpentinöl nicht unter 0,864 liegen soll. Wenn man nach diesen Beobachtungen auch nicht von vorzüglichen Resultaten reden

[1]) Bericht von Schimmel & Co. Oktober 1908, 126.

kann, so wird die Freysche Methode doch bei einem nicht zu geringen Petroleumzusatz für die Untersuchung von Nutzen sein können[1]).

Salpetersäureverfahren. Zur quantitativen Bestimmung des Petroleums oxydiert man das Terpentinöl mit rauchender Salpetersäure und wiegt das übrigbleibende, nicht angegriffene Mineralöl. Nach Burton[2]) läßt man zu 100 ccm Öl, das sich in einem geräumigen, mit Rückflußkühler versehenen Kolben befindet, aus einem Tropftrichter langsam und unter guter Kühlung 300 ccm rauchender Salpetersäure zutropfen, wäscht das zurückbleibende Öl mit heißem Wasser aus und wiegt es. Kontrollversuche mit Mischungen von bekanntem Petroleumgehalt ergaben, daß die Bestimmungen bei den höher siedenden Petroleumfraktionen genauer sind, da die leicht siedenden Mineralöle durch Salpetersäure etwas angegriffen werden. Es wurde bei Petroleum vom Sdp. 250° statt 35% 34,1%, bei solchem vom Sdp. 75° statt 20% 17,9% und statt 30% 28% gefunden. Ein ganz ähnliches Verfahren wird von Allen[3]) beschrieben, der statt 300 ccm rauchender Salpetersäure 400 ccm auf dieselbe Menge Öl anwendet.

Fig. 1.

Zu dieser Untersuchung ist von H. Herzfeld[4]) ein Apparat (Fig. 1) konstruiert worden, der auch erlaubt mit kleineren Materialmengen zu arbeiten. Zu 10 ccm Terpentinöl, die sich in dem unteren Gefäß befinden, läßt man aus dem Zylinder 15 ccm rauchende Salpetersäure unter Umschütteln zutropfen, wobei man den äußern Mantel mit der Wasserleitung verbindet und abkühlt. Nach Beendigung der Operation gießt man die Flüssig-

[1]) Nach H. S. Shrewsbury ist das Verfahren von Frey nur brauchbar, wenn der Gehalt an Petroleum zwischen 30 und 70% beträgt. Die innerhalb dieser Grenzen erhaltenen richtigen Werte sollen nur durch Fehlerausgleich zustande kommen. Analyst 36 (1911), 137; Chem. Zentralbl. 1911, I. 1560.

[2]) Americ. chem. Journ. 12 (1890), 102; Chem. Zentralbl. 1890, I. 882.

[3]) Zeitschr. f. öff. Chem. 8 (1902), 446; Chem. Zentralbl. 1903, I. 258.

[4]) Chem. Zentralbl. 1903, I. 258. Der Apparat wurde später von Herzfeld mit einem Thermometer versehen.

keit in den oberen graduierten Zylinder und liest die Menge des abgeschiedenen Mineralöls direkt ab. Soll das Mineralöl gewogen werden, so wäscht man es mehrere Male mit einigen ccm rauchender Salpetersäure und dann mit Wasser.

Marcusson und Winterfeld[1]) fanden es vorteilhaft, die Säure auf — 10° abzukühlen und in einem besonderen Apparat zu arbeiten, der im wesentlichen aus einem langhalsigen Rundkolben mit geteiltem Hals und, darin eingeschliffenen, genau 10 ccm fassenden Tropftrichter besteht. (Fig. 2.)

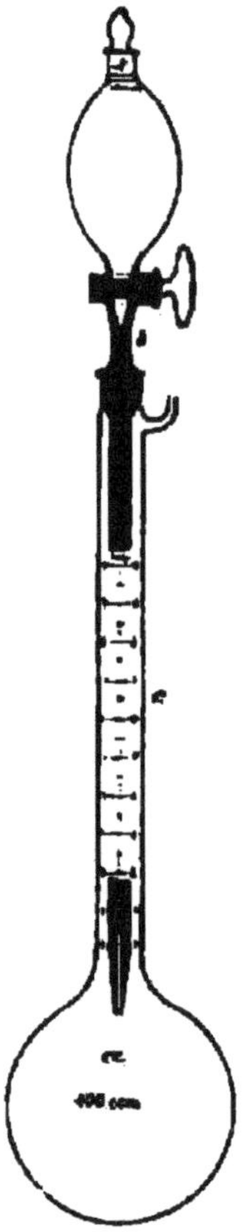

Ausführung: „Man füllt in das Kölbchen *a* 30 ccm rauchende Salpetersäure (spez. Gewicht 1,52) ein und kühlt diese auf — 10° ab. Zur Kühlung dient eine 15%ige Kochsalzlösung, welche sich in einem kleinen Blechtopf befindet und durch Einstellen in ein mit Eis-Viehsalzgemisch beschicktes Gefäß auf die erforderliche niedrige Temperatur gebracht wird. Jetzt setzt man den Tropftrichter *b* ein, füllt ihn bis zur Strichmarke *d* mit dem zu prüfenden Terpentinöl (10 ccm) und läßt dieses tropfenweise unter Umschütteln in die Salpetersäure einlaufen. Die Einlaufzeit beträgt ½ bis 1 Stunde, je nach dem Benzingehalt. Je größer dieser ist, um so schneller kann man einlaufen lassen.

Fig. 2.

Nach beendeter Reaktion läßt man das Produkt noch eine Viertelstunde in der Kochsalzlösung stehen und füllt dann nach Entfernen des Tropftrichters durch einen gewöhnlichen Glastrichter auf — 10° abgekühlte konzentrierte (nicht rauchende) Salpetersäure (d 1,4) solange ein, bis die unlöslich abgeschiedenen Anteile in das Meßrohr *c* gedrängt sind. Hier kann ihr Rauminhalt nach Erwärmung auf Zimmertemperatur unmittelbar abgelesen werden. Die Kugel *a* bleibt während der Ablesung in der Kochsalzlösung, damit die Salpetersäure nicht weitere Nebenreaktionen veranlaßt. Will man noch das spez. Gewicht und Siedeverhalten der salpetersäureunlöslichen Anteile bestimmen,

[1]) Chem. Ztg. 33 (1909), 987.

so kann man diese mit einer Pipette leicht herausziehen. Dabei benutzt man zum Ansaugen einen nicht zu kurzen Gummischlauch. Ist wenig Benzin zugegen, so kann man auch in 60 ccm Salpetersäure 20 ccm Öl einlaufen lassen[1])."

Ist eine ölige Abscheidung auf der Säure nicht bemerkbar, so war die Probe frei von Benzin.

Die Säure wird in 150 ccm Wasser gegossen und etwa 1/4 Std. unter einem Abzug auf dem Dampftisch erwärmt. War das Terpentinöl rein, so findet keine Ausscheidung statt, sind hingegen Petroleumkohlenwasserstoffe oder Benzin zugegen, so scheidet sich unter Trübung und Entwicklung roter Dämpfe ein Öl ab, das nach dem Erkalten der Lösung ausgeäthert wird. Die Ätherlösung wird erst mit Wasser, dann mit etwa 8%iger Kalilauge (aus 50 g Kalihydrat, 500 g Wasser, 50 ccm Alkohol), darauf wieder mit Wasser gewaschen, mit Chlorcalcium getrocknet und abgedunstet; zuletzt wird der Rückstand gewogen. Da durch die Behandlung mit Salpetersäure gewisse Bestandteile des Benzins von der Salpetersäure angegriffen und in wasserlösliche Form übergeführt werden, so ist die Menge des Zusatzmittels nicht ohne weiteres aus dem abgeschiedenen Öl zu ersehen, besonders auch weil die verschiedenen Benzin- und Petroleumsorten sich verschieden verhalten. Es herrscht über die Art der Berechnung unter den maßgebenden Analytikern noch keine Einigkeit, weshalb hier auf die Originalliteratur[2]) verwiesen werden muß.

Über die Untersuchung der salpetersauren Lösung auf Nitroprodukte (von Benzolkohlenwasserstoffen herrührend) s. S. 52.

S c h w e f e l s ä u r e v e r f a h r e n. Es mag gleich hier bemerkt werden, daß die Meinungsverschiedenheiten über diese Methode nicht geringer sind, als die über das Salpetersäureverfahren. Der Gedanke, die Beständigkeit von Petroleumkohlenwasserstoffen gegenüber starker Schwefelsäure zu benutzen, um ihre Gegen-

[1]) Das Terpentinöl wird von der Zollbehörde für rein angesehen, wenn die obere Schicht weniger als 0,2 ccm beträgt. Falls jedoch das untersuchte Terpentinöl einen 1,48 übersteigenden Brechungsexponenten (bei 17°) aufweist, so ist es erst dann als mineralölhaltig anzusehen, wenn die obere Schicht über 0,5 ccm beträgt. (Fünfter Nachtrag zu der Anleitung für die Zollabfertigung. Herausgegeben vom Reichsschatzamt. Berlin 1910, S. 57.)

[2]) M a r c u s s o n, Chem. Ztg. **33** (1909), 966, 978, 985; **34** (1910), 285; **36** (1912), 413, 421. — H e r z f e l d, *ibidem* **33** (1909), 1081; **34** (1910), 885.

wart im Terpentinöl nachzuweisen, rührt von Armstrong[1]) her. H. Herzfeld[2]) verbesserte das Verfahren, indem er auf die Behandlung mit konzentrierter Schwefelsäure eine zweite mit rauchender folgen ließ. Die oft wenig übereinstimmenden Resultate, die von verschiedenen Analytikern[3]) bei der Schwefelsäurebehandlung des Terpentinöls erhalten worden sind, werden von Eibner und Hue[4]) zum großen Teil darauf zurückgeführt, daß von den Untersuchern die Stärke der rauchenden Schwefelsäure, die im Handel sehr verschieden stark vorkommt, nicht genügend berücksichtigt, und daß nicht unter gleichen Versuchsbedingungen gearbeitet worden sei. Es wurden deshalb von ihnen die Bedingungen ermittelt, bei denen vergleichbare Zahlen erhalten werden, wenn gleichzeitig der von ihnen angewandte Apparat benutzt wird.

Die von Eibner und Hue benutzte Schüttelbürette (Fig. 3) besteht aus einem unteren, engen Teil, mit etwa 10 ccm Inhalt, der mit einer 1/10 ccm-Teilung von 7 ccm versehen ist. Der dickere, mittlere Teil faßt etwa 25 bis 30 ccm und besitzt zwei Glaswarzen, durch die das Durchrutschen durch die Klemme vermieden werden soll. Der obere, enge Teil ist mit der gleichen Teilung versehen wie der untere und hat als Abschluß einen Stopfen mit Loch im Schliff. Letzteres ist auf derselben Seite wie die Teilung angebracht. Der mittlere, dicke Teil hat den Zweck, die Flüssigkeit möglichst gut durchschütteln zu können. Im oberen Teil liest man die Größe des Rückstandes 6 Stunden nach Behandlung mit konzentrierter Schwefelsäure ab, im unteren Teil den 40 bis 50 Minuten nach Behandlung mit rauchender Schwefelsäure erhaltenen Rückstand.

---

[1]) Journ. Soc. chem. Industry 1 (1882), 478; Chem. Zentralbl. **1883**, 206.

[2]) Zeitschr. f. öff. Chem. 9 (1903), 454; Chem. Zentralbl. **1904**, I. 548.

[3]) Wilson, Zeitschr. f. angew. Chem. **1890**, 371. — Böhme, Chem. Ztg. **30** (1906), 633. — Mc. Candless, Journ. Americ. chem. Soc. **26** (1904), 981; Chem. Zentralbl. **1904**, II. 1074. — Marcusson, Chem. Ztg. Repert. **32** (1908), 325. — Coste, Analyst **33** (1908), 219; **34** (1909), 148; Chem. Zentralbl. **1908**, II. 731; **1909**, I. 1614. — Marcusson, Chem. Ztg. **33** (1909), 966, 978, 985; **34** (1910), 285. — Herzfeld, *ibidem* **33** (1909), 1081; **34** (1910), 885. — Nicolardot u. Clément, Bull. Soc. chim. IV. 7 (1910), 173. — Morrell, Journ. Soc. chem. Industry **29** (1910), 241. — Coste, Analyst **35** (1910), 112; Chem. Zentralbl. **1910**, I. 1297.

[4]) Chem. Ztg. **34** (1910), 643, 657.

Ausführung: „Man gibt zunächst mittels einer Bürette 15 ccm konzentrierte Schwefelsäure vom spezifischen Gewicht 1,84 in die Schüttelbürette; sodann läßt man nur je ½ ccm von dem zu untersuchenden Terpentinöl aus einer 10 ccm-Bürette zufließen; nach jedem halben ccm gibt man gleich den Stopfen wieder auf die Schüttelbürette und zwar so, daß das Loch offen steht, nimmt sie mit der rechten Hand am mittleren, dicken Teil und schüttelt gut durch, bis die Hauptreaktion vorbei ist; hierauf nimmt man die Bürette am oberen Teil und schüttelt nochmals, sie möglichst horizontal haltend, damit auch die im unteren Teil befindliche Schwefelsäure mit dem Terpentinöl in Berührung kommt. Dies wiederholt man, bis die 10 ccm Terpentinöl zugeflossen sind. Zuletzt dreht man den Stopfen so, daß das Loch geschlossen ist, und mischt die Flüssigkeit nochmals gut durch. Je nach der Größe des Benzingehalts beträgt die Einlaufzeit des Terpentinöls 15 bis 50 Minuten. Man läßt nun durch eine Bürette konzentrierte Schwefelsäure an den Wandungen in die Schüttelbürette fließen, bis sich das Niveau der Flüssigkeit ungefähr bei 2 ccm der oberen Teilung befindet. Nach 6 Stunden liest man den Rückstand ab; beträgt er nicht über 2 ccm, so liegt höchst wahrscheinlich reines Terpentinöl vor; man läßt die Polymerisationsprodukte bis auf den Rückstand möglichst gut abfließen; je nach der Größe des Rückstandes behandelt man diesen mit verschiedenen Mengen rauchender Schwefelsäure vom Anhydridgehalt von etwa 20%, laut Tabelle. Sind nur kleine Abweichungen vorhanden, so nimmt man den nächstliegenden Wert an; sind es größere, so hilft man sich durch Interpolieren. Die rauchende Schwefelsäure läßt man zu je 1 ccm zufließen. Nach jedesmaligem Zufließen wird der Stopfen aufgesetzt, sodaß das Loch offen ist. Man läßt dann die Flüssigkeit so gut wie möglich in den mittleren Teil des Apparates fließen, umfaßt darauf mit der linken Hand den

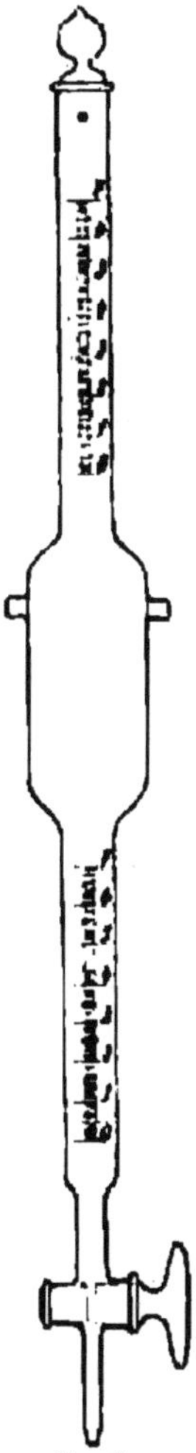

Fig. 3.

Apparat am unteren Teil und mit der rechten Hand den mittleren, dicken Teil und schüttelt die Flüssigkeit, die Bürette möglichst horizontal haltend, so kräftig wie möglich durch.

Hat die Wärmeentwicklung ziemlich aufgehört, so nimmt man die Bürette mit der rechten Hand am oberen Teil und schüttelt nochmals gut durch; sodann läßt man ein weiteres ccm Säure zufließen und verfährt in gleicher Weise. Ist die nötige Menge rauchender Schwefelsäure zugegeben, so schüttelt man die ganze Flüssigkeit nochmals gut durch, hängt die Bürette in die Klemme ein und liest nach 40 bis 45 Minuten den Rückstand ab. Reine Terpentinöle geben einen Rückstand von 0 bis 3% (0 bis 0,3 ccm). Beträgt der Rückstand über 4%, so liegt eine Verfälschung vor. Ist er größer, so kann die Menge der Beimengung direkt abgelesen werden; ccm × 10 = %."

Rückstand nach Behandlung mit 15 ccm konz. H_2SO_4		Menge der rauchenden H_2SO_4 (etwa 20% SO_3)	Rückstand nach Behandlung mit 15 ccm konz. H_2SO_4		Menge der rauchenden H_2SO_4 (etwa 20% SO_3)
%	ccm	ccm	%	ccm	ccm
5	2,04	7,0	40	4,65	2,2
10	2,41	5,8	45	5,03	1,8
15	2,78	5,2	50	5,40	1,5
20	3,16	4,6	55	5,78	1,2
25	3,53	4,0	60	6,16	0,7
30	3,90	3,4	65	6,50	—
35	4,28	2,8	70	7,00	—

P. van der Wielen[1]) schlägt folgende Änderung der Schwefelsäuremethode vor. Zu 80 ccm Schwefelsäure (d 1,698), die sich in einem ca. 1 l fassenden Kolben befinden, gibt er 20 ccm des zu prüfenden Öls und läßt die Mischung während einer Stunde unter häufigem Umschütteln stehen. Nach Zugabe von 300 ccm Wasser wird das nicht angegriffene Öl in eine Flasche mit graduiertem Halse überdestilliert. Von dem getrockneten überdestillierten Öl wird der Brechungsindex sowie die Entmischungstemperatur der Lösung in Anilin bestimmt. Auch die Refraktion des ursprünglichen Öls muß bekannt sein. Aus diesen Daten sowie aus der Menge des durch Schwefelsäure

[1]) Pharm. Weekblad 8 (1911), No. 35.

nicht polymerisierten Öls kann man nach van der Wielen mit Sicherheit auf einen Zusatz von Kohlenwasserstoffen [1]) schließen.

Mercuroacetatverfahren. Auf demselben Prinzip wie der Nachweis von Petroleum oder Benzin durch Salpetersäure oder Schwefelsäure beruht das Mercuroacetatverfahren von Nicolardot und Clément [2]). Die natürlichen Bestandteile des Terpentinöls werden wegoxydiert, während die nicht angegriffenen Mineralölbestandteile quantitativ bestimmt werden. Zur Bestimmung löst man 70 g Mercuroacetat in 150 ccm Essigsäure, gießt in einen Kolben 50 ccm des zu prüfenden Öls und erwärmt das Ganze 1/2 Stunde auf dem Wasserbad unter Anwendung eines Rückflußkühlers. Dann wird mit Wasserdampf destilliert und das Volumen des übergetriebenen Öls ermittelt. Da reines Terpentinöl hierbei völlig ohne flüchtigen Rückstand oxydiert wird, entspricht ein etwa flüchtiger Anteil einer Verfälschung. „White spirit" wird nicht vollständig übergetrieben, da ein Teil davon von den Quecksilberacetaten angegriffen wird, doch ist die Abweichung nur sehr gering.

NACHWEIS VON HARZÖL UND HARZESSENZ. Die bei der trocknen Destillation des Kolophoniums erhaltenen Destillate werden vielfach zur Verfälschung des Terpentinöls benutzt. Je nach der bei der Destillation angewandten Hitze, nach der Form oder Art der benutzten Apparate (Destillation über freiem Feuer, mit überhitztem Dampf, im Vakuum) werden ganz verschiedene Produkte erhalten, die sich durch Fraktionieren in Bestandteile von sehr verschiedenen Eigenschaften trennen lassen. Diese werden wiederum auf chemischem Wege durch Behandeln mit Alkalien und Säuren, durch Bleichen, Entfärben oder Durchblasen von Luft stark verändert. Die Nomenklatur der erhaltenen Produkte ist durchaus nicht einheitlich, und es ist schon aus diesem Grunde nicht zu verwundern, wenn über den Nachweis der Harzölprodukte die Meinungen der Analytiker auseinandergehen.

Im allgemeinen werden die niedrigst siedenden Bestandteile der Kolophoniumdestillate als Pinolin oder Harzgeist, Harzessenz, Terpentinessenz und Harzspiritus bezeichnet, während man unter

---

[1]) Unter Kohlenwasserstoffen scheinen hier Petroleumkohlenwasserstoffe verstanden zu werden.

[2]) Bull. Soc. chim. IV. 7 (1910), 173.

Harzöl die höher siedenden Produkte, die wieder in blondes, blaues, grünes Harzöl, Pechöl, Retinol, dickes Harzöl usw. unterschieden werden, versteht. Da das spezifische Gewicht der Harzöle von 0,945 bis 1,010 schwankt[1]), so kommt zur Terpentinölverfälschung hauptsächlich das leichtere Pinolin in Betracht.

Von Kohlenwasserstoffen ist bisher in der Harzessenz Cymol[2]) nachgewiesen worden, von Terpenen α-Pinen, Camphen und Dipenten[3]).

Ebenso schwankend wie der Begriff „Harzessenz" sind natürlich auch deren Eigenschaften. Eine Harzessenz von Kahlbaum hatte[4]): $d_{15°}$ 0,8656, $n_{D18°}$ 1,4826 (der Brechungsindex ist also höher als der des Terpentinöls). Von 118 bis 150° gingen 8%, von 150 bis 180° 51%, von 180 bis 220° 27%, von 220 bis 295° 10% über, der Destillationsrückstand betrug 10%.

Bei der Untersuchung einiger Harzdestillate im Laboratorium von Schimmel & Co. wurden folgende Zahlen erhalten:

	Harzöl, roh[5])	Harzessenz	Harzessenz nach Entfernung der Säuren und Phenole und Rektifikation mit Wasserdampf	Siedeverhalten der säure- und phenolfreien Harzessenz
$d_{15°}$	0,9789	0,8578	0,832	100—120° 6%
α_D	+39° 10'	+3° 30'	−0° 5'	120—130° 18%
$n_{D20°}$	1,53771	1,46703	1,45991	130—140° 15%
S. Z.	18,7	43,9	—	140—150° 13%
E. Z.	5,2	7,3	—	150—160° 10%
Löslichkeit	in 4,5 Vol. u. m. abs. Alkohols	in ca. 25 Vol. 80%igen Alkohols	in ca. 15 Vol. 80%igen Alkohols	160—170° 14% 170—180° 10% 180—190° 6%
	—	in ca. 7 Vol. 90%igen Alkohols	in ca. 3,5 Vol. 90%igen Alkohols	Rückstand 8% 100%

[1]) Bottler, Harze u. Harzindustrie. Hannover 1907, S. 208.

[2]) Kelbe, Liebigs Annalen 210 (1881), 10.

[3]) Wallach u. Rheindorff, Liebigs Annalen 271 (1892), 311. — Grimaldi, Chem. Ztg. 33 (1909), 1157.

[4]) R. Adan, Chem. Zentralbl. 1908, II. 1749.

[5]) Mit Wasserdampf gehen ca. 10% über: $d_{15°}$ 0,9237, α_D +21° 10'.

Das spezifische Drehungsvermögen, $[\alpha]_D$, von drei Sorten französischen Harzöls war nach Aignan[1]) folgendes:

1. Huile blanche de choix rectifiée — 36°,
2. Huile blanche fine rectifiée . . —16°,
3. Huile blanche rectifiée . . . . . —10°30.

Harzessenz hat nach Worstall[2]) eine Jodzahl von ca. 185, Harzöl eine solche von ca. 97, während die des Terpentinöls (siehe S. 31) über 370 beträgt.

Die Aufnahmefähigkeit für Brom soll nach Utz[3]) mit dem Grade der Reinigung abnehmen.

Da die Harzessenz gewöhnlich unter 155° siedende Anteile enthält (siehe oben), so sind solche durch fraktionierte Destillation zu isolieren. Der Nachweis der Harzessenz geschieht meist durch Farbreaktionen, die aber bei den einzelnen zur Verfälschung verwandten Produkten und in den Händen verschiedener Untersucher nicht immer übereinstimmende und zweifelsfreie Resultate geben. Da aber bessere Methoden fehlen, sollen die hauptsächlichsten Farbreaktionen hier aufgeführt werden.

Nach Herzfeld zeigt Pinolin Gelbgrünfärbung, wenn es mit einer wäßrigen Lösung von schwefliger Säure geschüttelt wird. Dieselbe Reaktion wird aber auch durch Kienöl hervorgerufen.

Um einen Zusatz von Pinolin zum Terpentinöl nachzuweisen, fraktioniert man nach Valenta[4]) das Öl und verwendet die unter 160° übergehenden Anteile zu folgenden Reaktionen: Sie geben, mit Essigsäureanhydrid und einem Tropfen Schwefelsäure versetzt, eine intensiv grüne Färbung; ferner zeigen diese Fraktionen, wenn man 1 Teil mit 1 bis 2 Teilen einer 6%igen Lösung von Jod in Chloroform oder Tetrachlorkohlenstoff versetzt und im Wasserbade oder vorsichtig über der Flamme eines Bunsenbrenners erwärmt, intensiv grüne bis olivgrüne Färbungen.

Zum Nachweis von Harzessenz (Pinolin), insbesondere ihrer bis 170° siedenden Anteile („Terpentinessenz") und ihrer Unter-

---

[1]) Die in der Originalabhandlung [Compt. rend. 109 (1889), 944] doppelt so hohen Drehungswinkel beziehen sich nach Vèzes und Mouline (Sur l'essai technique de l'essence de térébenthine des Landes. Bordeaux 1902, p. 2) auf Beobachtungen im 200 mm langen Rohr.

[2]) Journ. Soc. chem. Industry 23 (1904), 302; Chem. Zentralbl. 1904, I. 1676.

[3]) Chem. Rev. Fett- u. Harzind. 13 (1906), 161; Chem. Zentralbl. 1906, II. 636.

[4]) Chem. Ztg. 29 (1905), 807.

scheidung von ähnlichen Ölen, wie Terpentinöl, Kienöl, Campheröl oder Mineralöl, empfiehlt Grimaldi[1]) eine Farbreaktion, die auf der charakteristischen Grünfärbung beruht, die die Harzessenz oder ihre Fraktionen mit Zinn und konzentrierter Salzsäure geben. Zur Ausführung werden von 100 g der zu untersuchenden Substanz anfänglich fünfmal 3 ccm abdestilliert, dann werden Fraktionen von 5 zu 5°, bis 170° aufgefangen. Je 3 ccm sämtlicher Anteile werden ohne Umschwenken mit dem gleichen Volumen konzentrierter Salzsäure versetzt und ein reiskorngroßes Stückchen metallischen Zinns hinzugefügt, das Ganze im kochenden Wasserbad erhitzt, nach 5 Minuten umgeschüttelt und dann wieder 5 Minuten erhitzt. Je nach dem Gehalt an Harzessenz oder einem niedriger siedenden Körper gleichen Ursprungs entsteht mehr oder weniger schnell eine intensiv smaragdgrüne Färbung; ist die Reaktion schwächer, so ist es zu empfehlen, eine größere Menge Öl, etwa 200 bis 400 ccm, zur Untersuchung zu verwenden, die ersten Anteile in Fraktionen von je 30 ccm aufzufangen und erst diese, wie oben angegeben, weiter zu fraktionieren. Die andern Öle, Terpentin-, Kien-, Campher- und Mineralöl, geben mit Zinn und konzentrierter Salzsäure zwischen strohgelb und bräunlich schwankende Farben. Durch diese Reaktion sollen sich 5% Harzessenz in Gemischen mit Terpentinöl und 10% in Gemischen mit Kienöl erkennen lassen.

Diese Reaktion wird von Marcusson[2]) als brauchbar empfohlen.

Die Halphensche Reaktion, die Gelbgrünfärbung von Harzessenz nach dem Einleiten von Bromdämpfen in eine Tetrachlorkohlenstofflösung der Substanz bei Gegenwart von Phenol, wird nach Grimaldi[3]) ebenfalls bei Fraktionen des fraglichen Öls angewandt, die aber erst in sechs Anteilen von je 1 ccm, dann (wie oben) von 5 zu 5° aufgefangen werden. In pinolinhaltigen Ölen tritt eine zwischen Citronengelb und Saftgelb schwankende Färbung auf, die nach wenigen Minuten in Grün umschlägt und mit der Zeit bis zum Malachitgrün nachdunkeln kann. Die Färbung ist sehr intensiv und tritt schon mit einem einzigen

[1]) Chem. Ztg. 31 (1907), 1145.

[2]) *Ibidem* 33 (1909), 966.

[3]) *Ibidem* 31 (1907), 1145; 34 (1910), 721.

Tropfen Öl auf; Gegenwart von Alkohol oder Wasser stört das Gelingen nicht. Terpentinöl gibt mit dem genannten Reagens überhaupt keine Färbung, Kienöl, Harzöl, Campheröl usw. eine zwischen Rot und Violett die Mitte haltende Farbe.

Grimaldi führt die Reaktion wie folgt aus: In ein weißes Porzellanschälchen von 4 cm Durchmesser gibt man einen Tropfen der zu untersuchenden Substanz und 2 ccm eines Gemisches aus 1 ccm kristallisiertem, geschmolzenem Phenol und 2 ccm Tetrachlorkohlenstoff. Dann werden mittels Gummiballes aus einem besonderen, von Grimaldi angegebenen Glasapparat, der mit einer Lösung von 3 ccm Brom in 12 ccm Tetrachlorkohlenstoff beschickt ist, Bromdämpfe über das Schälchen gedrückt. Letzteres geschieht mit Hilfe einer an die Bromflasche angeschmolzenen trichterartigen Stürze, die sich eng an den Rand der Schale anschließt und so für gleichmäßige Verteilung der Dämpfe sorgt. Man läßt die Dämpfe solange einwirken, bis an den Wänden der Schale und auf der Oberfläche der Flüssigkeit eine Gelbfärbung auftritt, deren Tönung zwischen Citronen- und Saftgelb schwankt. Harzessenz vom Sdp. 170° gibt bei dieser Behandlung eine Gelbfärbung, die sehr bald in Grün bis Malachitgrün umschlägt; je nach dem Gehalt des untersuchten Öls an Harzessenz dauert das Auftreten dieser Grünfärbung verschieden lange, sodaß bei schwächerer Reaktion eine größere Menge Material, ähnlich wie bei der vorher beschriebenen Farbreaktion, verarbeitet werden muß, die man zuerst in Anteilen von 20 ccm, dann bei der wiederholten Fraktionierung in Anteilen von 1 ccm auffängt.

Wie auf S. 22 unter „Säuregehalt" bereits erwähnt, gehen bei der Destillation des Terpentinöls fast stets kleine Mengen Harzöl mit über. Dies ist bei primitiver Destillationsweise nicht zu vermeiden, weshalb ein mäßiger Gehalt an Harzöl geduldet werden muß.

Der Nachweis anormaler Mengen Harzöl geschieht nach einer von Vèzes[1]) angegebenen Methode, die auf der refraktometrischen Prüfung des in 5 gleiche Fraktionen zerlegten Terpentinöls beruht. Diese Untersuchungsweise gibt gleichzeitig Aufschluß über die Gegenwart direkter Verfälschungsmittel („adultérants anormaux"), wie Petroleumkohlenwasserstoffe, Schwefelkohlenstoff u. a.

[1]) Bull. Soc. chim. III. 29 (1903), 896.

Ausführung: 250 ccm Terpentinöl werden durch fraktionierte Destillation in fünf Teile zu je 50 ccm zerlegt, wovon vier Destillate sind, während der Destillationsrückstand die fünfte Fraktion bildet. Unter der Berücksichtigung, daß der Siedepunkt der Verfälschungsmittel von dem des Terpentinöls verschieden ist, kann die mittlere Fraktion 3 als reines Öl betrachtet werden, wogegen die Verfälschungsmittel in den äußersten Fraktionen zu finden sind. Man bestimmt unter gleichen physikalischen Bedingungen die Brechungsindices n_1, n_3 und n_5 der Fraktionen 1, 3 und 5 und schließt aus den Differenzen der gefundenen Werte, von denen $n_3 - n_1$ mit δ und $n_5 - n_3$ mit Δ bezeichnet werden, auf die Reinheit des Öles. Es hat sich durch systematisches Studium von δ und Δ an Gemischen von rektifiziertem Terpentinöl mit den praktisch möglichen Verfälschungsmitteln ergeben, daß bei ausschließlicher Anwesenheit von normalen Verunreinigungen δ ziemlich unverändert (ähnlich wie bei rektifiziertem Öl $0{,}0000 < \delta < 0{,}0010$) bleibt, während Δ mit dem Prozentgehalt X des Zusatzes wächst, und zwar entspricht diese Zunahme der Formel $\Delta = 0{,}0032 + 0{,}0037\,X$ (X = % Harzöl + Kolophonium). Durch Bestimmung der Säurezahl A ergibt sich der Prozentgehalt an Kolophonium C aus der Gleichung $C = \frac{A}{1{,}7}$, sodaß man aus der Differenz X — C den Prozentgehalt an Harzöl ersieht. Der Zusatz von Verfälschungsmitteln macht sich besonders durch Erniedrigung des Siedepunktes und durch die beträchtlich veränderten Differenzen δ und Δ bemerkbar. Reines Terpentinöl muß folgenden Anforderungen genügen:

δ soll sein zwischen 0,0000 und 0,0010,
$\Delta < 0{,}0125$ (entspr. 2,5% normalen Verunreinigungen),
$A < 1{,}5$[1]).

NACHWEIS VON KIENÖL. Der Nachweis des Kienöls im Terpentinöl wird meist dadurch geführt, daß man die durch die trockne Destillation in das Kienöl gelangten Nebenprodukte durch

[1]) In der in Anm. 1, S. 47 angeführten Abhandlung heißt es $A < 1{,}0$. Der zulässige Säuregehalt A ist später von Vèzes (Sur la définition de l'essence de térébenthine commercialement pure. Bordeaux 1910, p. 9) auf 1,5 erhöht worden.

Farbreaktionen kenntlich macht. Ein solches Verfahren führt nicht zum Ziel, wenn die übelriechenden Nebenprodukte durch sorgfältige Behandlung mit Chemikalien, worauf eine ganze Anzahl Patente[1]) erteilt ist, entfernt sind. Ein Erkennen der Verfälschung mit Kienöl ist nur dann möglich, wenn die physikalischen Eigenschaften des Gemisches stark verändert werden oder die chemische Zusammensetzung (vgl. Kienöl S. 108) erheblich von der des Terpentinöls abweicht.

Da Kienöl überwiegend aus höher siedenden Terpenen besteht, so wird durch seinen Zusatz die Siedetemperatur des Terpentinöls erhöht. Das spezifische Gewicht wird durch Kienöl nur unwesentlich nach oben beeinflußt. Der Brechungsindex ist ebenfalls etwas höher. Das Drehungsvermögen gibt bei der Beurteilung keinen Anhalt.

In Bezug auf die Farbreaktionen ist zu bemerken, daß in vielen Fällen Harzessenzen und Harzöle sich ähnlich wie Kienöl verhalten, was nicht zu verwundern ist, da sowohl im Kienöl wie in den Harzdestillaten die Produkte der trocknen Destillation der Terpentins enthalten sind.

Die Herzfeldsche Probe[2]) mit schwefliger Säure wird wie folgt ausgeführt: Man schüttelt das betreffende Öl in einem Reagensglase mit dem gleichen Volumen einer Lösung von schwefliger Säure; bei Gegenwart von Kienöl färbt sich die Ölschicht gelblichgrün. Angeblich kann man auf diese Weise noch einen Zusatz von 10% Kienöl zu Terpentinöl erkennen.

Ein anderer Nachweis von Kienöl in Terpentinöl wird von demselben Autor empfohlen. Man übergießt ein Stückchen Kalihydrat mit dem zu prüfenden Öl, wobei sich Kienöl durch eine

[1]) Die früher übliche Behandlung des rohen Kienöls mit Alkalien und darauf mit verdünnten Säuren reicht nicht aus, um Kienöl in genügender Weise von unangenehmen Bestandteilen zu befreien. Es werden nach den folgenden Patenten die so vorgereinigten Öle noch weiter behandelt: D. R. P. 170543 (Kaas), Behandlung mit alkohol. Alkali, darauf mit Schwefelsäure. — D. R. P. 170542 (Heber), Einwirkung von Permanganatlösung. — D. R. P. 180499 (A. Hesse), Destillation über Alkali- oder Erdalkalimetall. — D. R. P. 202254 (Pellnitz), Behandlung mit ozonhaltiger Luft nach Zusatz von Säuren, Destillation mit Kalk. — D. R. P. 204392 (Ahlers), Einwirkung von Zinkstaub. — D. R. P. 239546 u. Zus. P. (Schindelmeiser), Erhitzen mit Ammoniak mit oder ohne Cyanide.

[2]) Zeitschr. f. öff. Chem. 10 (1904), 382; Chem. Zentralbl. 1904, II. 1770.

sehr bald eintretende Braunfärbung des Kalihydrats zu erkennen gibt. H. Wolff[1]) hat diese Prüfungsart in der Weise modifiziert, daß er 0,5 bis 1 ccm Kalilauge (d 1,3) mit dem Öl schüttelt, die Mischung 2 bis 5 Minuten auf dem Wasserbade erwärmt und dann noch zur Trennung der Emulsion 3 ccm Wasser zusetzt. Kienöl ruft Braunfärbung der wäßrigen Schicht hervor, Terpentinöl gar keine oder nur geringe Färbung.

Wolff gibt noch zwei weitere Kienölreaktionen an:

5 ccm Öl werden mit 5 Tropfen Nitrobenzol aufgekocht und nach Zusatz von 2 ccm 25%iger Salzsäure nochmals 10 Sekunden lang im Sieden erhalten. Kienöl färbt sich dabei braun, die Salzsäure braun bis schwarz (Lyons Reaktion mit konz. Salzsäure). Terpentinöl gibt viel hellere Färbungen.

Fügt man zu einer Mischung von je 4 ccm Eisenchloridlösung (1 : 2500) und Ferricyankaliumlösung (1 : 500) 2 bis höchstens 10 Tropfen des zu prüfenden Öls und schüttelt das Ganze kräftig durch, so verursacht Kienöl sehr schnell eine starke Fällung von Berlinerblau, während Terpentinöl erst nach Stunden eine merkliche Ausscheidung hervorruft.

C. Piest[2]) schlägt für den gleichen Zweck folgende Reaktion vor: 5 ccm Essigsäureanhydrid werden mit 5 ccm Terpentinöl im Reagensglas geschüttelt und dann unter Schütteln und Kühlen mit 10 Tropfen konzentrierter Salzsäure versetzt. Nach dem vollständigen Abkühlen fügt man nochmals unter Schütteln 5 Tropfen konzentrierte Salzsäure hinzu, wobei sich die Flüssigkeit wieder erwärmt und eine klare Lösung entsteht. Terpentinöl bleibt dabei wasserhell, Kienöl wird schwarz.

Alte Terpentinöle sollen in allen Fällen erst vor der Prüfung destilliert werden.

Eine von Valenta[3]) angegebene Prüfungsweise ist die folgende: Wenn man gleiche Volumina 1%iger Goldchloridlösung und Terpentinöl in einer Proberöhre schüttelt, ins Wasserbad bringt, eine Minute darin erhitzt, dann die Proberöhre herausnimmt und schüttelt, so zeigen reine Terpentinöle nur in der Ölschicht eine Ausscheidung von Gold. Die Lösung selbst wird

[1]) Farben Ztg. 17 (1911), 21, 78; Chem. Ztg. Repert. 36 (1912), 64.

[2]) Chem. Ztg. 36 (1912), 198.

[3]) *Ibidem* 29 (1905), 807.

nicht entfärbt. Die Öle der Kienölgruppe, ob raffiniert oder nicht, desgleichen Pinolin entfärben die Goldlösung vollkommen; bei Pinolin tritt diese Entfärbung am schnellsten ein.

Um Kienöl von Terpentinöl zu unterscheiden, verwendet Utz[1]) folgende Reaktion: Man mischt gleiche Volumina des betreffenden Öls mit offizineller Zinnchlorürlösung. Während bei österreichischem Terpentinöl das Reagens gelb, das Öl farblos, bei griechischem das Reagens orange, das Öl gelb und bei amerikanischem Terpentinöl das Reagens orange, das Öl gelb wurde, färbte sich bei allen Sorten von Kienöl die Zinnchlorürlösung himbeerrot; das Öl blieb meistens gelb; in manchen Fällen färbte sich das Öl selbst auch himbeerrot. Bei einzelnen Sorten zeigte sich dann die bekannte Braun- oder Schwarzfärbung. Die Reaktion trat auch in Gemischen von Kienöl und Terpentinöl ein.

NACHWEIS VERSCHIEDENER KOHLENWASSERSTOFFE. Benzol und Homologe, Solventnaphtha, Schwerbenzol, alle diese Zusätze erniedrigen die Bromzahl (normal 220 bis 240) des Terpentinöls. Nach Herzfeld[2]) erkennt man solche Zusätze durch Behandeln von 10 ccm Öl mit 30 ccm konz. Schwefelsäure unter Wasserkühlung. Reine Öle sollen hierbei bis auf 1 ccm in Lösung gehen; bleibt ein größerer Rückstand, der aber bei nachfolgendem Schütteln mit rauchender Schwefelsäure fast völlig in Lösung geht, so soll die Gegenwart von Benzolkohlenwasserstoffen sehr wahrscheinlich sein. Nach Marcusson[3]) ist diese Methode sehr unscharf. In der Kälte werden allerdings Benzol und seine nächsten Homologen von konzentrierter Säure wenig angegriffen, doch tritt bei Anwesenheit größerer Mengen Terpentinöl leicht vollständige Sulfonierung ein, so daß keine größere Abscheidung als bei manchen reinen Ölen zurückbleibt. Herzfeld[4]) hält jedoch sein Verfahren für brauchbar, wenn man für gute Kühlung sorgt und weniger Schwefelsäure anwendet. Demgegenüber bleibt Marcusson[5]) bei nochmaliger Nachprüfung auf seinem Urteil bestehen. Die abweichenden Meinungen über

---

1) Chem. Zentralbl. **1905**, I. 1673.

2) Zeitschr. f. öff. Chem. **9** (1903), 454; Chem. Zentralbl. **1903**, I. 549.

3) Chem. Ztg. **33** (1909), 966.

4) *Ibidem* **33** (1909), 1081; **34** (1910), 885.

5) *Ibidem* **34** (1910), 285.

die Brauchbarkeit der Schwefelsäuremethode dürften sich vielleicht auch hier (vgl. S. 39) dadurch erklären, daß von den verschiedenen Analytikern verschieden starke Schwefelsäure bei ihren Versuchen verwendet wurde.

Als beste Methode zum Nachweis von Benzolkohlenwasserstoffen empfiehlt Marcusson[1]) das auf S. 37 beschriebene Salpetersäureverfahren, und zwar dient zur Prüfung auf Benzol, Toluol und Xylol etc. die bei dieser Bestimmung erhaltene salpetersaure Lösung, in der sich etwa vorhandene Benzolkohlenwasserstoffe als Nitroverbindungen wiederfinden.

> „Man gießt diese salpetersaure Lösung in einen mit 150 ccm Wasser beschickten ½ l-Meßkolben, dessen Hals eine 10 ccm umfassende Teilung (in $^1/_{10}$ ccm) aufweist, und erwärmt ¼ Stunde auf dem Wasserbade, um die Reaktionsprodukte des Terpentinöls möglichst vollkommen in wasserlösliche Form überzuführen. Nach dem Erkalten läßt man einige Stunden, nötigenfalls über Nacht, zur Klärung der Flüssigkeit stehen. Haben sich dann am Boden oder an der Oberfläche der Flüssigkeit schwere rotbraune Öltröpfchen (Nitroverbindungen) ausgeschieden, so waren Benzolkohlenwasserstoffe zugegen. Bemerkt man dagegen nur geringe harzige Massen, welche in der Regel an der Oberfläche schwimmen, so liegt ein Verdacht auf Gegenwart von Benzolkohlenwasserstoffen nicht vor.
>
> Zur annähernd quantitativen Bestimmung der Benzolkohlenwasserstoffe versetzt man das Reaktionsgemisch mit Schwefelsäure vom spezifischen Gewicht 1,6, bis die öligen Nitrokörper, infolge Vergrößerung des spezifischen Gewichts der wäßrigen Flüssigkeit, völlig an die Oberfläche getrieben und in den graduierten Teil des Meßkolbens gedrängt werden. Hier wird ihr Rauminhalt abgelesen; er bietet ohne weiteres ein Maß für den Gehalt der Probe an Benzolkohlenwasserstoffen."

Marcusson[2]) hat systematisch untersucht, welchen Einfluß Zusätze von 10% der verschiedenen Benzolkohlenwasserstoffe auf die Brechung des Terpentinöls haben, und inwieweit sich

---

[1]) Chem. Ztg. 36 (1912), 413, 421.

[2]) *Ibidem* 33 (1909), 967.

dieser Einfluß auch bei den einzelnen Fraktionen dieser Gemische äußert. Während bei reinen Ölen die Brechung der einzelnen Anteile stetig langsam ansteigt, findet bei den mit 10 % Benzolverbindungen versetzten Ölen ein mehr oder weniger scharf ausgeprägtes Abfallen der Brechung statt, dem nur bei Solventnaphtha zum Schluß ein starker Anstieg folgt.

Tetrachlorkohlenstoff, der wegen seiner höheren Dichte zum Verdecken des Benzinzusatzes zugesetzt wird, läßt sich nach Marcusson leicht durch die Beilsteinsche Kupferprobe nachweisen, auch durch die Abscheidung von Chlorkalium beim Kochen mit alkoholischem Kali sowie durch Fraktionierung. Zur quantitativen Bestimmung, neben Terpentinöl und Benzin, soll man den Chlorgehalt der Mischung nach Carius bestimmen; reiner Tetrachlorkohlenstoff enthält 92,2 % Cl.

Eine Verfälschung von Terpentinöl mit Kopalöl ist von Vaubel[1]) beobachtet worden.

Produktion und Handel. In Bezug auf Bedeutung und Wert der Produktion des Terpentinöls nehmen die Vereinigten Staaten von Nordamerika den ersten Rang ein. Diese Stellung wird durch folgende Zahlen veranschaulicht:

Produktion 1910 an Terpentinöl in Fässern zu 50 Gallonen (= rund 190 l oder 165 kg):

Jahr[2])	1910	1909	1908	1907	1906	1905
Anzahl	555 000	580 000	731 000	684 000	—	613 000
Wert ($)	17 680 000	12 654 000	14 112 000	18 283 000	—	15 170 000

Ausfuhr an Terpentinöl in Gallonen:

Jahr[2])	1910	1909	1908	1907	1906	1905
Anzahl	14 252 321	16 061 783	29 433 181	17 176 843	16 182 500	15 894 913
Wert ($)	9 627 428	7 779 728	8 301 747	10 314 610	10 320 926	8 902 101

Im Jahre 1890 betrug nach den statistischen Ermittlungen des Landwirtschaftlichen- und Forst-Departements der Vereinigten Staaten das für die Terpentinindustrie der Staaten benutzte Areal ungefähr 2 300 000 Acker Waldbestand.

[1]) Zeitschr. f. angew. Chem. 23 (1910), 1165.

[2]) Das amerikanische Erntejahr für Terpentinöl rechnet vom 1. April zum 31. März.

Vor etwa 40 Jahren kamen für die Terpentinölgewinnung und -Ausfuhr nur die Staaten Nord- und Süd-Carolina in Betracht. Seitdem aber hat sich die Industrie, nach Erschöpfung der Bäume in diesen Staaten, immer mehr nach Süden gewandt. So hat z. B. der ehemals bedeutende Ausfuhrplatz Charleston in Süd-Carolina ganz aufgehört Terpentinöl zu verschiffen und das Geschäft den beiden im Staate Georgia gelegenen Häfen Savannah und Brunswick überlassen müssen. Savannah ist der erste und bedeutendste Weltmarkt für Terpentinöl; hier sammeln sich alle Nachrichten über Produktion, Anfuhren, Verschiffungen und Verbrauch, und hier wird der jeweilige Weltpreis für Terpentinöl (in Cents pro Gallone) festgesetzt. Savannah allein verschifft allerdings nicht mehr, wie vor 12 Jahren, die reichliche Hälfte alles ausgeführten Öls, sondern nur noch etwa ein Drittel. Der Grund ist der, daß in den letzten Jahren auch die bis vor kurzem für unerschöpflich angesehenen Wälder des Staates Georgia langsam aber sicher in ihrem Ertrage zurückgehen und sich die Industrie noch weiter südwärts wendet, wo namentlich in den Staaten Florida und Alabama die Terpentingewinnung einen größeren Umfang angenommen hat. Naturgemäß machen die dortigen Hafenplätze der bisher überragenden Stellung von Savannah scharfe Konkurrenz[1]). In letzter Zeit sind Versuche unternommen worden, die fast unberührten Kiefernwälder der westlichen Staaten, namentlich Arizonas, auszubeuten, wozu die Forstverwaltung der Bundesregierung die ersten Schritte getan hat. Auch haben sich private Unternehmer in den letzten Jahren mit der Terpentinölgewinnung in Mexico (Siehe S. 85) befaßt, doch ist auch hier die Industrie noch in den allerersten Anfängen.

Die bedeutendsten europäischen Märkte für amerikanisches Terpentinöl sind London und Hamburg; auch Antwerpen führt nicht unbeträchtliche Mengen ein.

---

[1]) Nach den neuesten britischen Konsularberichten hat die Ausfuhr von Terpentinprodukten aus Charleston mindestens seit dem Jahr 1909 gänzlich aufgehört. In Savannah sind die Ausfuhrmengen von Terpentinöl in den letzten drei Jahren ungefähr stationär geblieben und betrugen 1909 5236774 Gall. im Werte von 2629464 $, 1910 4355122 Gall. im Werte von 2760193 $, 1911 5221316 Gall. im Werte von 3039232 $. Der Hafen Brunswick führte im Jahre 1911 245850 Gall. im Werte von 119725 $ aus. Ganz erheblich ist dagegen die Ausfuhr des Hafens Pensacola im Staate Florida gestiegen: von 1920723 Gall. (1910) im Werte von 253100 £ auf 4629519 Gall. (1911) im Werte von 424976 £. Die Ausfuhr des Jahres 1909 hatte den Wert von 167085 £.

Zufuhren von Terpentinöl in London, in engl. Tonnen zu 1016 kg.

Jahr	Insgesamt	V. St.	Frankreich	Span. u. Portug.	Rußl. u. Skandin.	Alle andern Länder
1911	24 006	18 181	1 183	260	4 344	38
1910	23 612	18 264	1 138	339	3 777	94
1909	22 169	18 298	1 020	69	2 752	30
1908	28 684	25 184	1 291	327	1 849	33
1907	25 515	19 593	989	—	4 910	23
1906	15 642	19 960	1 535	—	4 139	8

In Prozentzahlen ausgedrückt:

Jahr	V. St.	Frankreich	Rußland	Alle andern Länder
1911	75,73	4,93	18,10	1,24
1910	77,35	4,82	16,00	1,83
1909	82,54	4,60	12,41	0,45
1908	87,79	4,50	6,45	1,26
1907	76,78	3,88	19,24	0,10
1906	77,84	5,99	16,14	0,03

Zufuhren von Terpentinöl in Hamburg, in Fässern von 165 kg Netto-Inhalt[1]).

Jahr	Insgesamt	Amerikanisch	Französisch	Spanisch
1911	49 323	42 102	5 618	1 603
1910	54 727	47 754	6 293	732
1909	70 896	60 727	8 119	2 050
1908	75 611	65 821	5 523	4 267
1907	66 938	58 025	5 406	3 507
1906	70 741	—	—	—
1905	65 224	—	—	—

Zufuhr von griechischem Terpentinöl in Hamburg in Eisenfässern mit einem Netto-Inhalt von 400 bis 600 kg.

1911 . .	2 021
1910 .	1 734

[1]) Entspricht ungefähr den 50 Gallonen der amerikanischen Fässer.

Einfuhr von amerikanischem Terpentinöl nach Deutschland.

Die Zahlen sind Gallonen.

1910/11	1909/10	1908/09	1907/08	1906/07
2 124 544	2 732 203	3 199 332	3 487 411	2 481 103
1905/06	1904/05	1903/04	1902/03	1901/02
2 916 900	2 414 191	1 638 569	2 112 214	2 874 591

Da der Westen Deutschlands von Antwerpen aus mit Terpentinöl versorgt wird, auch vielleicht ein Teil des nach England gehenden Öls seinen Weg später nach Deutschland findet, so stellen jene Zahlen nicht die gesamte deutsche Terpentinöleinfuhr dar.

Aus der amtlichen deutschen Einfuhrstatistik ist nicht zu ersehen, wieviel Terpentinöl nach dem Deutschen Zollgebiet eingeführt wird, da Terpentinöl mit Fichtennadelöl und Harzgeist unter Nummer 353a des Zolltarifs zusammengefaßt wird.

Der Wert des amerikanischen Terpentinöls wird nicht allein durch Angebot und Nachfrage bestimmt, sondern außerdem vielfach durch spekulative Unternehmungen beeinflußt, und der Preis ist daher bedeutenden Schwankungen unterworfen. Namentlich in den letzten Jahren, wo einerseits Nachrichten über die drohende Erschöpfung der jetzigen Produktionsgebiete, andrerseits der gegenseitige Kampf der einzelnen Verkaufsvereinigungen die Marktlage in wechselndem Sinne beherrschten, sind Schwankungen zu verzeichnen gewesen wie seit dem Bürgerkriege nicht.

Am Schluß jedes Jahres betrug der Marktpreis [1]) in Savannah:

1911	1910	1909	1908	1907	1906
50 1/4	77	56	38 1/2	40 1/2	67 1/2

Der höchste, seit dem Sezessionskrieg erreichte Preis wurde Ende März 1911 mit der Parität von 107 notiert, wo also die gefürchtete „Dollargrenze" um 7 Cents überschritten wurde, um am Schluß des Jahres auf unter die Hälfte dieser Notierung zu sinken.

Von wesentlich geringerer Bedeutung für den Weltverbrauch ist die Gewinnung von Terpentinöl in Frankreich; immerhin ist

[1]) Ausgedrückt in Cents pro Gallone.

sie aber bedeutend genug, um den Bedarf des Landes selbst vollständig und allein zu decken und sogar einen relativ erheblichen Teil auszuführen, denn die Einfuhr von amerikanischem Terpentinöl ist durch den prohibitiv wirkenden Schutzzoll von Fr. 24.— bezw. 12.— pro 100 kg zur Unmöglichkeit geworden.

Ihren Sitz hat die Industrie in den Departements Landes und Gironde. Hauptmärkte sind Mont de Marsan, Dax, Bordeaux und Bayonne, letztere beiden als Ausfuhrhäfen von Bedeutung. Die vor 15 Jahren verhältnismäßig unbedeutende Ausfuhr, die 1896 1938 metr. Tonnen, 1897 1412 Tonnen betrug, ist in den letzten Jahren erheblich gestiegen und belief sich im

Jahre	1911 [1])	1910	1909	1908	1907	1906	1905	
auf	9 207	10 954	9 220	9 212	9 754	12 922	12 214	metr. Tonnen.

Von diesen Ausfuhrmengen ging durchschnittlich etwa 1/10 nach London.

Was die Qualität anbetrifft, so nimmt das französische Terpentinöl unter allen Handelssorten den ersten Rang ein und wird in der Technik vielfach dem amerikanischen Öl vorgezogen. Sein Marktwert ist in der Regel 5 % höher als der des amerikanischen Öls.

Von sonstigen Ländern, die für den Welthandel bedeutsame Mengen von Terpentinöl produzieren, ist neuerdings Spanien hervorzuheben. Die Produktion hat dort ihren Sitz an der Nordküste des Reiches in Bilbao und ruht in den Händen der Union resinera española. Den Geschäftsberichten dieser Aktiengesellschaft sind folgende Zahlen über Produktion und Verkauf von Terpentinöl entnommen:

Produktion von Terpentinöl in kg.

Jahr	1909	1908	1907	1906
Im eigenem Betrieb dest.	4 209 583	4 357 408	3 825 461	3 982 527
Angekauft	343 011	327 304	785 295	221 815
	4 552 594	4 684 712	4 610 756	4 204 342

Verkauf von Terpentinöl in kg.

	1909	1908	1907	1906
Ins Ausland	3 401 944	4 742 699	3 171 099	2 939 797
Im Inland	693 634	529 982	693 366	651 010

[1]) 11 Monate von 1911.

Nach einem englischen Konsulatsbericht betrug im Jahre 1910 die Produktion der Gesellschaft, die über einen Kiefernbestand von 54037 ha verfügt, 4728 metr. Tonnen, von denen 4266 t ins Ausland gingen und 705 t im Inland verkauft wurden. Auf dem Schienenweg über Irun wurden ausgeführt 1838 t, von denen rund 700 t nach der Schweiz gingen.

Unter den Terpentinölsorten, die in einigermaßen namhaften Mengen in den Handel gelangen, kommt ferner die Produktion Rußlands in Betracht, wobei aber berücksichtigt werden muß, daß ein erheblicher Teil des dort erzeugten „Terpentinöls" in Wahrheit durch trockne Destillation des Holzes gewonnenes Kienöl ist. Da die an sich schon spärliche russische Statistik diese beiden nicht trennt, so ist ihr nur sehr bedingter Wert beizumessen.

Die Ausfuhr an „Terpentinöl" aus Europäisch-Rußland betrug

1910: 12243 engl. Tonnen im Wert von 246753 £
1909: 12499 „ „ „ „ „ 206437 „

Im Jahre 1904 belief sich die Ausfuhr

an „Terpentin, roh" auf: . . 278000 Pud im Wert von 741000 Rbl.
an „Terpentin, destilliert" auf: 413000 „ „ „ „ 1132000 „

Die Ausfuhr an „Terpentinöl" betrug in den ersten sieben Monaten:

1910 . . . . 279000 Pud im Werte von 815000 Rbl.
1909 . . . . 223000 „ „ „ „ 618000 „
1908 . . . . 251000 „ „ „ „ 638000 „

Ausfuhr von Kienöl:

1906 . . 500000 Pud im Wert von 1300000 Rbl.

Als bestes gilt das nordrussische Produkt, ihm zunächst steht der Güte nach das sibirische und dann das polnische Terpentinöl[1]).

Der Handelswert des russischen Terpentinöls ist, der Qualität entsprechend, bedeutend geringer als der der vorstehenden Sorten. Das Öl steht überhaupt, was Qualität anbelangt, auf der niedrigsten Stufe aller im Verkehr befindlichen Sorten. Der

[1]) Chem. Industrie 31 (1908), 179.

russische Eingangszoll von 1,08 Rbl. Gold pro Pud = ℳ 24.40 pro dz Terpentinöl hat lediglich den Zweck und den Charakter eines Finanzzolles.

22. Amerikanisches Terpentinöl.

Oleum Terebinthinae Americanum. — Essence de Térébenthine Américaine. — American Oil (Spirits) of Turpentine.

Herkunft. Es sind hauptsächlich drei *Pinus*-Arten, aus denen die größten Nadelholzbestände der Südstaaten der Union bestehen, und die zur Terpentingewinnung benutzt werden: *Pinus palustris* Mill. (*Pinus australis* Mchx.), „Longleaf, long-leaved" auch „Southern pitch pine", die bei weitem für die Terpentingewinnung wichtigste amerikanische Kiefer, ferner *Pinus heterophylla* (Ell.) Sudw. (*Pinus cubensis* Grisebach; *P. Taeda* var. *heterophylla* Ell.), „Cuban pine, Swamp pine, Slash pine" und *Pinus echinata* Mill. (*P. mitis* Mchx.), „Short-leaved yellow pine".

Die früher größtenteils in den Staaten Virginia und den Küstenebenen von Nord- und Südcarolina betriebene Terpentinindustrie ist wegen der Erschöpfung der Wälder dort fast gänzlich verschwunden, sodaß sie heute als Produktionsgebiete kaum noch in Betracht kommen; das Schwergewicht der Erzeugung hat sich mehr südwärts, nach der Mississippimündung hin, verschoben. Hauptsächlich wird in den Staaten Georgia, Florida und Alabama produziert; es folgen Mississippi und Louisiana. In Texas verhalten sich die Waldeigentümer der Anzapfung ihrer Bäume gegenüber zurückhaltend, weil sie eine Verminderung des Wertes der Stämme als Bauholz befürchten[1]).

Gewinnung. Die Folgen der schonungslosen Ausbeutung der Wälder durch die Terpentingewinnung machten sich zu Anfang dieses Jahrhunderts in besorgniserregender Weise bemerkbar, und da man einsah, daß die ruinöse Art der Harzgewinnung die Wälder in absehbarer Zeit erschöpfen würde, sann man auf Mittel und Wege, wie dem abzuhelfen sei. Die damals allgemein übliche, später zu beschreibende „Box-Methode" der Terpentingewinnung hatte zur Folge, daß die Bäume nach 5 bis 6 Jahre langer Anzapfung keinen Terpentin mehr lieferten und abstarben;

[1]) G. B. Sudworth, Oil, Paint and Drug Reporter 75 (1909), No. 11, p. 10.

Fig. 4.
Anschlagen und Entrinden der Stämme (Box-System).

Fig. 5.
Entleeren der Harzbehälter (Box-System).

sie wurden, sich selbst überlassen, bald durch Windbruch umgestürzt oder durch Feuer zerstört.

Diese Umstände veranlaßten Dr. Charles Herty[1]) Versuche mit dem französischen System der Harzung, das eine größere Schonung der Bäume zuläßt, anzustellen[2]). Die Ergebnisse waren sehr befriedigend, besonders nach Anbringung einiger notwendiger Verbesserungen, sodaß man wohl allgemein in absehbarer Zeit zu diesem „Cup- and Gutter-System" übergehen wird. Im Jahre 1909 wurden nach Angaben des Sachverständigen für Terpentin- und Harzproduktion der Bundesforstverwaltung der Vereinigten Staaten, G. B. Sudworth[3]), schon $^1/_8$ der Wälder nach dem neuen, und $^7/_8$ nach dem alten Verfahren ausgebeutet.

DAS BOX-SYSTEM.

Der meistens von Negern ausgeführte Betrieb der „Turpentine farms" beginnt in den ersten trocknen Tagen des Frühlings, in der Regel im April. Etwa 1 bis $1^1/_2$ Fuß über dem Boden wird quer über den Stamm und nach innen zu geneigt verlaufend eine kerbförmige Höhlung als Harzbehälter („box") mittels einer schweren, scharfen Axt eingeschlagen. Die Länge eines solchen Behälters beträgt etwa 14 Zoll, die größte Tiefe 6 bis 7 Zoll, sodaß er mindestens ein Liter Terpentin aufzunehmen vermag. Bei sehr dicken Stämmen wird zuweilen auf der entgegengesetzten Seite des Stammes ein zweiter ebenso großer Behälter eingehauen.

Sobald im Frühling der Saft in den Bäumen zu strömen anfängt, wird mit dem Anritzen der Stämme in der Weise begonnen, daß die Rinde auf jeder Seite des eben beschriebenen Holzbehälters in einem nahezu 2 Zoll breiten Streifen bis zur Höhe von etwa 8 Zoll über ihm entfernt wird („cornering"). Hierauf wird die über dem Behälter und zwischen jenen bloßgelegten Streifen befindliche Fläche bis zum Splint mit der Axt entrindet

---

[1]) A new method of turpentine orcharding. Washington 1903.

[2]) Schon viel früher ist in den Vereinigten Staaten ein Verfahren von Schuler patentiert worden, bei dem, wie bei dem französichen System, irdene Töpfe zum Auffangen des Terpentins benutzt wurden. Ch. Mohr, The timber pines of the southern United States. Washington 1897, p. 71.

[3]) *Loc. cit.*

(„hacking, chipping"). Der Harzfluß erfolgt bald und je nach der Temperatur stärker oder schwächer, wobei sich der Terpentin langsam in den unteren Behälter ergießt. Je nach der Luftwärme und der Intensität der Bildung und Strömung des Saftes („bleeding") werden die über dem Behälter bloßgelegten Flächen etwa alle 1 bis 2 Wochen in der Weise erweitert, daß die Stammverwundung durch Ablösung eines Rindenstreifens, oder durch weitere Anhauung des Stammes oberhalb der ersten Bloßlegung des Splintholzes nach oben zu erweitert wird. (Fig. 4.) Diese Operation („chipping") wird solange das warme Wetter andauert, meistens bis Ende Oktober, fortgesetzt.

Die Behälter füllen sich anfangs und bei sehr warmer Temperatur durchschnittlich alle 2 bis 4 Wochen und werden alsdann mittels einer flachen Kelle in Holzeimer entleert (Fig. 5) und aus diesen in Fässer gesammelt. Kommt mit dem Eintritt der kühleren Jahreszeit die Harzabsonderung zum Stillstande, so werden die bloßgelegten Stammflächen, sowie die Behälter von dem noch anhängenden und festgetrockneten Harze („scrape") befreit und entweder der Vernarbung und Überwucherung mit neuer Rinde anheim gegeben, oder im nächsten Frühjahre von neuem angehauen und bearbeitet. Im ersteren Falle wird dieselbe Operation („bleeding") an anderen Stellen der Baumstämme im nächsten oder im dritten Frühjahr neu vollzogen.

Die „Turpentine farms" sind im Durchschnitt auf je eine kupferne Destillierblase mit einer Kapazität von etwa 800 Gallonen [1]), oder 20 Faß Terpentin angelegt. Für diesen Betrieb ist eine Strecke von 4000 Acker (= 1618 ha) Waldlandes von gutem Baumbestande erforderlich. Sie wird in 20 Parzellen eingeteilt, von denen jede ungefähr 10000 Baumstammbehälter („boxes") zur Harzlieferung enthält. Da je nach der Stammstärke der Bäume an vielen mehr als ein, zuweilen bis drei Behälter angebracht werden (bei völliger Raubwirtschaft zuweilen sogar vier), so verteilt sich obige Anzahl auf etwa 4 bis 5000 Bäume, die gewöhnlich ein Areal von 200 Acker einnehmen.

Die Ausbeute von 10000 Behältern beträgt bei rationeller Bewirtschaftung bei jedesmaligem Ausschöpfen 40 bis 50 Fässer Terpentin von je 280 Pfund.

---

[1]) 1 Gallone = 3,785 Liter.

Während der ersten Betriebsjahre und vor der durch übermäßige Anzapfung („bleeding") herbeigeführten Abnahme der Ertragsfähigkeit beträgt die durchschnittliche Ausbeute einer solchen „Turpentine farm" an Schöpfharz 270 Faß à 280 Pfund und an dem am Schlusse von den bloßgelegten Stammflächen abgekratztem Harze („scrape") etwa 70 Faß. Bei der Destillation wird von jedem Faß Schöpfharz ein Ertrag von 7 Gallonen, und vom „Scrape" von 3 Gallonen Terpentinöl gerechnet. Folglich beläuft sich der Gesamtertrag einer Farm auf etwa 2200 Gallonen oder 50 Faß („barrel") zu 50 Gallonen Terpentinöl, neben etwa 260 Faß Kolophonium.

Der während der ersten 2 bis 3 Monate eingesammelte Terpentin ist von nahezu weißer Farbe und liefert die feinste Handelsqualität (Jungfernharz, „Virgin dip"). Sie kommt unter der Marke W. W. („Water white"), die nächstbeste unter der Bezeichnung W. G. („Window glass") in den Markt. Weniger gute und minderwertige, je nach Färbung und Lichtdurchlässigkeit verschiedene Harzqualitäten späterer Ernten oder aus älterem Terpentin, haben die Bezeichnungen der Buchstaben des Alphabets, von N ab in aufsteigender Reihenfolge bis B.

Im zweiten Jahre des Betriebes ist die Ausbeute an Schöpfharz meistens um 10 Faß geringer als im ersten, während sich die des abgeschabten Harzes („scrape") bis auf 120 Faß steigert. Die Menge an Terpentinöl beträgt im zweiten Jahre etwa 40 Faß zu 50 Gallonen und an Kolophonium etwa 200 Faß. In Qualität ist das Öl dem erstjährigen durchaus gleich, das Kolophonium meistens aber etwas dunkelfarbiger. Im dritten Jahre vermindert sich der Ertrag an ausgeschöpftem Terpentin.

Bei fortgesetzter Benutzung der zuerst angebrachten Behälter und Splintbloßlegung und bei von Jahr zu Jahr erfolgter Vergrößerung der letzteren vermindert sich durch stärkere Verdunstung und größeren Einfluß der Luft die Qualität des Harzes. Die Ausbeute an Öl und die Qualität des Kolophoniums werden dadurch ebenfalls erheblich geringer.

DAS CUP- AND GUTTER-SYSTEM.

Die neue Methode kann als eine Kombination des „Box"-Systems mit dem in Frankreich allgemein gebräuchlichen Verfahren gelten. Zunächst tritt bei ihm an Stelle des Einhackens einer großen Höhlung in den Stamm ein becherartiges Gefäß („cup"), das an einem Nagel am Stamm aufgehängt wird. Wie beim „Box"-System wird auch hier zunächst mit dem Einhauen von Streifen in die Rinde und den Splint begonnen und bei fortschreitender Arbeit der über dem Gefäß befindliche Raum nach oben zu allmählich von Rinde entblößt. Um den ablaufenden Balsam in die darunter befindlichen irdenen Becher (Fig. 6)[1]) zu leiten, bedient man sich je zweier ca. 2 Zoll breiter und 6 bis 12 Zoll langer, rechtwinklig zu Rinnen gebogener Streifen („gutter") aus verzinktem Eisenblech. Diese werden in Rillen eingezogen, die mit einem Beil mit breiter Schneide so in den Stamm eingehauen werden, daß jeder der beiden Schnitte mit der Längsachse des Stammes einen Winkel von 60° bildet, beide also in einem nach oben offenen Winkel von 120° zueinander stehen. Die Rinnen liegen jedoch nicht in gleicher Höhe, sondern die eine etwa 1 bis 2 Zoll über der andern, so daß also der durch die obere fließende Terpentin in die zweite Rinne tropft und von dort in das darunter befindliche Gefäß gelangt. Mit dem Fortschreiten des Einhauens und Abschälens der Rinde nach oben zu werden Rinnen und Becher weiter nach oben verlegt. Natürlich können an dickeren und harzreicheren Stämmen mehrere solcher Gefäße rund um den Baum herum angebracht werden. Anfänglich wurde die den Terpentin absondernde Baumwunde nach oben durch 1 bis 1½ Zoll tiefe und ¼ bis ½ Zoll breite Streifen verlängert. Später ist eine besondere Hacke konstruiert worden, mit der man diese Streifen nur 3/16 bis ½ Zoll tief und 1/8 bis 3/16 Zoll breit anlegt, wodurch die Bäume noch mehr geschont werden.

Die Vorzüge des „Cup- and Gutter"-Systems vor der alten „Box"-Methode sind in erster Linie in der größeren Schonung der bereits sehr gelichteten Waldbestände zu erblicken. Während ein in Angriff genommener Kiefernwald früher in 4 bis 5 Jahren erschöpft war, können die Bäume nach dem neuen Verfahren 15 bis 20 Jahre lang angezapft werden und haben dann wegen der flacheren Verwundung einen höheren Wert als die bei der alten Methode durch die tiefen Behälter geschädigten Stämme.

---

[1]) Die Abbildungen Fig. 6 und 8 verdanke ich dem U. S. Department of Agriculture, Forest Service, in Washington.

Nach dem „Cup- and Gutter"-System können, was früher nicht möglich war, auch junge Bäume angezapft werden. Die abgeharzten Stämme sind weniger der Zerstörung durch Feuer ausgesetzt, weil sie an ihrem Fuße nicht mehr die mit dem sehr brennbaren Terpentin gefüllten Höhlungen enthalten, die sich immer entzündeten, wenn das auf dem Boden wachsende dürre Gras anbrannte, wobei natürlich der ganze Wald in Flammen aufging. Eine andere Gefahr war die des Windbruchs, weil die durch die tiefen Boxen geschwächten Baumstämme bei Stürmen leicht abbrachen.

Der aus den Verwundungen ausfließende Terpentin mußte früher bedeutend längere Strecken am Stamm entlang fließen, ehe er in seinem Behälter anlangte. Diese betrugen im ersten Jahre 15 Zoll, im zweiten 30, im dritten 45 und im vierten 60 Zoll. Infolgedessen wurde nicht nur der durch Verdampfung entstehende Verlust in jedem Jahre größer, sondern es verminderte sich auch der Wert des Harzes, da sich dieses durch die Berührung mit der Luft von Jahr zu Jahr dunkler färbte. Der nach dem neuen Verfahren erhaltene Terpentin gibt demnach auch eine höhere Ölausbeute, die 22 bis 25% beträgt, während früher nur 19 bis 20% bei der Destillation gewonnen wurden.

Das Verfahren hat indes den Nachteil[1]), daß die zum Auffangen des Balsams dienenden Becher oft von Schweinen und andern Tieren, die in den Wäldern ihre Nahrung suchen, herabgeworfen werden. Ferner gehen viele von den irdenen Bechern, auch bei sorgfältiger Behandlung, durch Bruch zugrunde, und schließlich entstehen erhebliche Verluste an Terpentinöl durch Verdunsten. Alle diese Nachteile, außerdem aber auch die Feuersgefahr, sollen sich beseitigen lassen durch Anwendung einer Abänderung, bei der das Sammelgefäß und die Zapfstelle an dem Baume luftdicht miteinander in Verbindung stehen. Dies wird dadurch erreicht, daß man ein nicht zu tiefes Loch von $2\,^{3}/_{4}$ Zoll Durchmesser in den Splint des Baumes bohrt; von der Mitte der Achse dieses Loches aus werden zwei $^{3}/_{4}$-zöllige Löcher einige Zoll tief schräg nach oben gebohrt. Durch Glätten der äußeren groben Rindenpartien um die zentrale Öffnung wird das Aufsetzen eines flachen Deckels auf diese ermöglicht; der

[1]) Scientific American 105 (1911), 383.

Fig. 6.

Auffangen des Terpentins (Cup- and Gutter-System).

Deckel steht durch eine hohle Stütze mit einem rechtwinklig dazu angeordneten andern Deckel in Verbindung, in den sich ein Glasgefäß von etwa $^1/_2$ l Inhalt luftdicht einschrauben läßt. Der Terpentin sammelt sich zuerst in den $^3/_4$-zölligen Löchern und fließt von da durch das breitere Loch und durch das Verbindungsrohr in das Glasgefäß.

Ein wenigstens zu Anfang ins Gewicht fallender Nachteil dürfte der wohl ganz wesentlich höhere Anschaffungspreis der Glasgefäße und der Metallteile sein, verglichen mit den einfachen Tonbechern und Blechstreifen.

DIE DESTILLATION DES TERPENTINS. Die Destillation des Terpentins geschieht, wie bereits erwähnt, auf den größeren „Turpentine farms" in Kupferblasen über freiem Feuer. Bei der Destillation wird, nach Anwärmung der Blase bis zum Schmelzen des Terpentins, durch ein am oberen Teile der hochstehenden Kühltonne abzweigendes Rohr Wasser in einem ununterbrochenen, dünnen Strahle in die Blase geleitet, und zwar bis zur Beendigung der jedesmaligen Destillation. Dann wird die Blase durch ein am Boden angebrachtes Abflußrohr entleert, und das geschmolzene Harz durch Drahtsiebe koliert und in die zum Versand bestimmten Fässer gefüllt.

Die Gesamtproduktion einer „Turpentine farm" von der auf S. 63 genannten Größe während der früher meistens nur 4 Jahre dauernden Betriebszeit beläuft sich durchschnittlich auf etwa 120000 Gallonen Terpentinöl und auf 5200 Faß Kübelharz bester Qualität, 4000 Faß zweiten Grades und 2400 Faß ordinärer Sorte sowie 1200 Faß schlechtester Qualität ohne Marktwert[1]).

Eigenschaften. Das spezifische Gewicht des amerikanischen Terpentinöls liegt in der Regel zwischen 0,865 und 0,870, es kommen jedoch sowohl leichtere (von 0,858), wie schwerere (bis 0,877)[2]) Öle vor. Frisch destilliertes oder rektifiziertes Öl ist meist leichter als rohes oder altes.

Bei der Destillation des Öls im Fraktionskölbchen gehen zwischen 155 und 163° etwa 85 % über[2]). Die Eigenschaften

---

[1]) Nach Dr. Carl Mohrs „Verbreitung der Terpentin liefernden *Pinus*-Arten im Süden der Vereinigten Staaten und über die Gewinnung und Verarbeitung des Terpentins". Pharm. Rundsch. (New York) 2 (1884), 163 u. 187.

[2]) E. Kremers, Pharm. Review 15 (1897), 8.

der einzelnen Fraktionen eines sorgfältig durch gebrochene Destillation getrennten amerikanischen Öls siehe S. 20.

Das amerikanische Handelsterpentinöl ist in der Regel rechtsdrehend, häufig aber auch linksdrehend. Armstrong[1]) beobachtete im Jahre 1884 an 28 Proben Terpentinöl aus Wilmington Drehungswinkel von $+13°33'$ bis $+14°17'$, an solchen aus Savannah von $+9°30'$ bis $+12°4'$. Zwei Ende des vorigen Jahrhunderts direkt aus Savannah gekommene Öle waren schwach

Fig. 7.
Ältere Terpentin-Destillations-Anlage.

linksdrehend, $\alpha_D -0°40'$ bis $-2°5'$. Dr. C. Kleber beobachtete an Ölen, die direkt aus demselben Hafen kamen, bis $-22°30'$[2]).

In der vom nordamerikanischen Ackerbaudepartment herausgegebenen Schrift[3]), die sich hauptsächlich mit Holzterpentinöl

[1]) Pharmaceutical Journ. III. 13 (1883), 584.

[2]) Privatmitteilung.

[3]) F. P. Veitch u. M. G. Donk, Wood turpentine, its production, refining, properties and uses. U. S. Dept. of Agriculture, Bur. of Chemistry, Bulletin No. 144, 1911. S. 22.

und Kienöl befaßt (siehe später) werden als Eigenschaften des reinen Terpentinöls angegeben:

$d_{20°}$ 0,8617 bis 0,8889, $\alpha_{D20°}$ —34,8° bis +29,6°, $n_{D20°}$ 1,4684 bis 1,4818, Siedebeginn (unkorr.) 154 bis 159°, bis 170° übergehend 73 bis 99 %, bis 185° übergehend 88 bis 99 %, Jodzahl nach Wijs 350 bis 400, S. Z. 0,140 bis 0,286, V. Z. 2,44 bis 8,60, Kolorimeterzahl (Lovibond) für gelb 0,7 bis 2,5, für rot 0,0 bis 0,5.

Die Verschiedenheit in der Drehungsrichtung des amerikanischen Terpentinöls rührt davon her, daß es aus verschiedenen *Pinus*-Arten destilliert wird, von denen *Pinus palustris* („Longleaf pine") rechtsdrehendes, *Pinus heterophylla* („Cuban" oder „Slash pine") linksdrehendes Öl liefert. Die Harzsäfte dieser beiden Spezies werden aber beim Sammeln unterschiedslos gemischt, was eine wechselnde Drehung der erhaltenen Öle bedingt. Im allgemeinen wird man eine Rechtsdrehung bei den amerikanischen Ölen beobachten, da *Pinus palustris* vorherrscht.

C. H. Herty[1]) hat sehr interessante Versuche über das Drehungsvermögen der Öle desselben Baumes während eines längeren Zeitraumes ausgeführt, zu denen auf einer Terpentinfarm in Florida 14 Bäume ausgewählt wurden, die zur einen Hälfte aus *Pinus palustris*, zur andern aus *Pinus heterophylla* bestanden. Es wurden drei Versuchsreihen ausgeführt. Zur ersten dienten drei Bäume jeder Art, und zwar ein kleiner junger, ein mittlerer und ein alter großer Baum. Zur zweiten Versuchsreihe wurden je zwei Bäume der beiden Spezies genommen, aus denen im vorhergehenden Jahre Terpentin gewonnen war, die aber nur halb so tief wie gewöhnlich angehauen waren, während zur dritten Versuchsreihe je zwei Bäume verwandt wurden, die im Jahre vorher in der üblichen Weise zur Terpentingewinnung angehauen worden waren.

Die Öle, die aus den zu Frühlingsanfang gesammelten Harzen gewonnen waren, wiesen eine große Verschiedenheit in der optischen Drehung auf. Mit zwei Ausnahmen zeigte sich, daß im allgemeinen *Pinus palustris* rechts- und *Pinus heterophylla* linksdrehendes Öl liefert. Im Laufe des Jahres wurden von jedem Baume noch sechs weitere Proben gesammelt, und es wurde gefunden, daß die Drehung in den meisten Fällen während des

[1]) Journ. Americ. chem. Soc. 30 (1908), 863.

Fig. 8.
Nordamerikanische Terpentin-Destillation.

Jahres konstant blieb. In drei Fällen wurde jedoch beobachtet, daß infolge unaufgeklärter biologischer Vorgänge Schwankungen im Drehungsvermögen auftraten. Gerade bei dem Baum, an dem die größten Schwankungen festgestellt wurden, hätte man das nicht erwarten sollen, da er durchaus gesund und kräftig war. Bei Bäumen derselben Art wurde außerdem ein verschiedener Sinn der Drehungsrichtung beobachtet, wofür auch jede Erklärung fehlt, denn die Bäume befanden sich unter gleichen klimatischen, Licht- und Bodenverhältnissen. Da das Siedeverhalten der Öle, die in der Hauptsache aus Pinen bestehen, keine Unterschiede zeigte, so schienen sie Gemische von d- und l-Pinen darzustellen. Der Sinn der Drehung wird durch das Überwiegen der einen oder anderen Modifikation bedingt.

Die Öle von *Pinus Taeda* L. („Loblolly pine“) und *P. echinata* Mill. („Shortleaf pine“) sind fast identisch mit den Ölen von *Pinus palustris* Mill. und *P. heterophylla* (Ell.) Sudworth. Ihr Hauptbestandteil ist α-Pinen[1]).

23. Französisches Terpentinöl.

Oleum Terebinthinae gallicum. — Essence de Térébenthine Française. — French oil of Turpentine.

Herkunft. Die im Südwesten Frankreichs zur Terpentingewinnung benutzte Kiefer ist die in den Dünenlandschaften „Landes“ große Wälder bildende *Pinus Pinaster* Sol. (*Pinus maritima* Poir.), die Seestrandkiefer oder Igelföhre, von den Franzosen „Pin maritime“ oder „Pin de Bordeaux“ genannt. Das für die Terpentinindustrie in Betracht kommende Gebiet bildet ein Dreieck, das begrenzt wird durch den atlantischen Ozean und die Flüsse Garonne und Adour. Die Kiefernwälder bedecken eine Fläche von 200000 ha im Departement de la Gironde, 500000 ha in den Landes und 50000 ha in Lot-et-Garonne[2]). Die Hauptstapelplätze für die Produkte Terpentin, Terpentinöl, Galipot und Kolophonium sind Mont de Marsan, Dax, Bordeaux und Bayonne.

---

[1]) Herty u. Stem, Zeitschr. f. angew. Chem. 21 (1908), 1374.

[2]) Vèzes, La gemme Landaise et son traitement. Bordeaux 1905. — La récolte et le traitement de la gemme du pin maritime. Bordeaux 1910.

Die früher auch in der Sologne betriebene Terpentingewinnung hörte auf, als im Winter 1879/80 die Waldungen größtenteils durch Frost zerstört wurden. Neuerdings soll jedoch wieder mit der Harzung begonnen worden sein[1]).

DIE TERPENTINGEWINNUNG[2]). Die Gewinnung des Terpentins geschicht in der Weise, daß man im Frühjahr beim Beginn der Saftzirkulation an der Basis der Baumstämme, nach Entfernung der Rinde, mit der Axt eine bis auf den Splint gehende Verwundung („Carre") anbringt. Diese wird etwa 4 cm lang, 9 cm breit und 1 cm tief angelegt. Darunter macht man mit einem besonderen Instrument einen gebogenen Einschnitt, in den ein Zinkblechstreifen („Crampon") eingeschlagen wird, unter den man mittels eines Nagels ein kleines Tongefäß so dicht anbringt, daß der ausquellende Balsam hineinfließen kann. Die Verwundungen werden je nach der Jahreszeit in allmählich wachsenden Zwischenräumen nach oben hin verlängert („Piquage"), indem der Arbeiter mit der Axt („Hachot") 1 bis 2 cm tiefe Einschnitte macht.

Der Harzbalsam („Gemme") fließt langsam in den Topf, wobei ein Teil unterwegs eintrocknet und die Wunde mit einer gelblich weißen Kruste, dem „Barras" oder „Galipot" bedeckt, der gesammelt und als solcher in den Handel gebracht wird. Die Töpfe werden alle 14 bis 20 Tage in größere Sammelgefäße („Escouarte") und Sammelgruben („Barcous") entleert, während das eingetrocknete Harz zweimal während der Kampagne, im Juni und November, abgekratzt wird.

Im zweiten Jahre und den nächstfolgenden wird die Wunde um etwa 75 cm nach oben verlängert, so daß die „Carre" am Ende des fünften Jahres fast 5 m lang ist. Der Topf, der bei der jedesmaligen Neuverwendung entsprechend höher gehängt wird, muß, wenn er vom Boden aus nicht mehr zu erreichen ist, von einer besonders konstruierten, einbeinigen Leiter (Fig. 9, S. 74) aus bedient werden.

Die zweite „Carre" wird rechts von der ersten angelegt, die dritte zwischen der zweiten und ersten, so daß sie von einander je um $^1/_3$ des Baumumfanges entfernt sind; häufig wird zwischen diesen dreien später noch je eine Verwundung angebracht.

[1]) Corps gras industriels 34 (1908), 178.

[2]) Vèzes, *loc. cit.* — Oesterle, Die Harzindustrie im Südwesten Frankreichs. Berichte d. deutsch. pharm. Ges. 11 (1901), 217.

Fig. 9.

Französische Methode der Terpentingewinnung.
Aus den Berichten von Roure-Bertrand Fils.

Fig. 10.

Moderne französische Terpentin-Destillationsanlage.
Aus den Berichten von Roure-Bertrand Fils.

Je nachdem die Harzung in schonender Weise oder ohne Rücksicht auf die Erhaltung der Bäume geschieht, unterscheidet man „Gemmage à vie" und „Gemmage à mort". Mit der Anzapfung der Bäume wird begonnen, wenn sie 15 Jahre alt sind, sie dauert bei einzelnen 45 Jahre, so daß die Bäume ein Alter von 60 Jahren erreichen können.

DIE DESTILLATION DES TERPENTINS. Die Destillationsstätten sind in den Landes sehr zahlreich, fast auf jedem Grundstück ist eine, aber außerhalb der Forsten, um Brände zu vermeiden. Sie sind in der Regel sehr primitiv, denn es gibt kaum 2 oder 3 modern eingerichtete Fabriken (Fig. 10, S. 75), die den großen Holzhändlern gehören[1]). Am gebräuchlichsten ist noch immer das alte Destillationsverfahren über freiem Feuer unter Einführung von Wasser. Die kupferne Blase hat einen flachen oder wenig gewölbten Boden und einen cylindrischen, 15 bis 20 cm hohen Seitenteil, an den ein kegelförmiges Stück aufgenietet ist, dessen unterer Durchmesser 1 m, der obere 75 cm beträgt; auf dem oberen Rande ist eine gut eingeschliffene Scheibe aufgelötet, auf die der Helm aufgesetzt wird. Am Boden der Blase befindet sich ein 10 cm weites Abflußrohr, durch das das nach der Destillation zurückbleibende Kolophonium abgelassen wird. Auf halber Höhe ist ein Rohr angebracht, durch das die Blase aus einem oberen Behälter mit dem durch Erwärmen verflüssigten Terpentin gefüllt wird. Der Fassungsraum der Blase beträgt etwa 300 l. Am höchsten Punkt des Helmes ist ein mit Hahn verschließbarer Trichter angebracht, durch den das zur Destillation notwendige Wasser fließt. Die Destillation dauert etwas über eine Stunde; man kann also an einem Tage 8 bis 10 Destillationen ausführen. Die Ausbeute beträgt etwa 20% Terpentinöl und 70% Kolophonium, während der Verlust von 10% auf die im Terpentin enthaltenen Verunreinigungen und Wasser zurückzuführen ist.

Die Verflüssigung und Kühlung der Dämpfe erfolgt durch eine kupferne, in einem Bottich mit fließendem Wasser umgebene Kühlschlange.

Wird der zur Destillation gelangende Terpentin ohne vorherige Reinigung verwendet („Distillation à cru") so ist die Ausbeute

[1]) R. Lienhart, Bull. Sciences pharmacol. 17 (1911), 161.

an Öl zwar etwas höher, das zurückbleibende Kolophonium ist aber nicht nur unrein, sondern auch dunkel gefärbt, so daß es nur zur Verarbeitung auf Harzöl zu verwenden ist. Diese geschieht durch trockne Destillation über freiem Feuer unter Zusatz von etwas Kalk. Will man ein helles, klares Kolophonium gewinnen, so ist der Harzbalsam vor der Destillation sorgfältig durch Schmelzen, Dekantieren und Filtrieren zu reinigen („Distillation à térébenthine").

Das primitive Destillationsverfahren über freiem Feuer ist vielfach schon durch Anwendung von direktem und indirektem, gespanntem oder überhitztem Dampf ersetzt. Die dafür veränderten Blasenkonstruktionen sind durch eine ganze Reihe von Patenten geschützt worden[1]). Sehr beachtenswert scheint ein neuerdings patentierter Apparat von Castets (Fr. Pat. No. 391 835, 1908) zu sein, der, unter Benutzung von Vakuum, eine kontinuierliche Verarbeitung von Terpentin zu Terpentinöl und Kolophonium gestattet.

Eigenschaften[2]). d_{15° 0,865 bis 0,875; α_D — 29 bis — 33°. Der Drehungswinkel wird beim Lagern des Öls, besonders bei sorgloser Aufbewahrung, kleiner[3]). Hierdurch erklären sich manche, von den obigen Zahlen abweichende Angaben.

Bei der Destillation gehen wenige Tropfen von 152 bis 155° über; etwa 85 bis 90% sieden zwischen 155 und 165°[4]).

24. Österreichisches (Neustädter) Terpentinöl.

Herkunft und Gewinnung. Die österreichische Terpentinindustrie wird hauptsächlich in Niederösterreich betrieben und umfaßt dort das Gebiet um Wiener Neustadt. Es beginnt südlich von Vöslau und reicht bis Neunkirchen im Süden und Hainfeld im Westen. Zur Terpentingewinnung, die nach der älteren amerikanischen Methode („Box-System") geschieht, dient die Schwarzkiefer oder -föhre *Pinus Laricio* Poir. (*P. Laricio* var. *β. austriaca* Endl.), die angezapft wird, wenn sie ein Alter von mindestens 50 Jahren erreicht hat.

---

[1]) Vèzes, La gemme Landaise, etc., p. 97.

[2]) Vgl. auch S. 11, Anm. 2.

[3]) Siehe S. 27. Vgl. Dubroca, Journ. de Chim. et Phys. 5 (1907), 468, und Polack, Étude des mélanges doubles formés par l'oxalate d'éthyle avec l'essence de térébenthine. Bordeaux 1910, p. 4.

[4]) Einzelheiten der fraktionierten Destillation eines französischen Terpentinöls finden sich auf S. 20.

Am Fuße des Stammes wird dicht über dem Boden eine nach innen zu geneigte Höhlung zur Ansammlung des auslaufenden Balsams eingeschlagen. Oberhalb dieser Höhlung (Schrot oder Grandel) wird die Rinde und ein Teil des Splintes mit einem gekrümmten Beil (Texel) nach und nach bis etwa 35 bis 45 cm Höhe abgeschlagen. Der Terpentin läuft aus dieser Wunde größtenteils in die Höhlung. Er führt den Namen Rinnpech und wird von Zeit zu Zeit ausgeschöpft. Ein Teil bleibt am Stamme haften, es wird nach beendeter Ernte abgescharrt und heißt „Scharrpech". Um das Vernarben der verwundeten Stelle des Baumes, die sich auf $^2/_3$ des Stammumfanges erstreckt, zu verhindern, wird in der Zeit der Harzernte, d. i. von Mitte März bis Ende September, wöchentlich zweimal ein kleiner Teil der Rinde abgehackt, so daß in 15 bis 20 Jahren $^2/_3$ des Stammumfanges bis zu einer Höhe von 5 bis 6 m entrindet sind. In den darauffolgenden 5 bis 10 Jahren wird die Hälfte des restlichen Drittels der Rinde in derselben Weise behandelt. Nach Ablauf von 25 bis 30 Jahren ist der Stamm bis auf $^1/_6$ des Umfanges bis zu einer Höhe von 5 bis 6 m, vom Schrot an gemessen, seiner Rinde beraubt und zur Harznutzung unbrauchbar geworden. Um den abfließenden Balsam auf dem längeren Wege nicht zu langsam ablaufen und eintrocknen zu lassen, macht man unterhalb der frischen Wundfläche aus angenagelten Holzspänen eine Rinne, durch die er in die untere Höhlung hineingeleitet wird. 100 Stämme geben etwa 300 kg Terpentin pro Jahr.

Die Destillation geschieht im allgemeinen noch auf die allerprimitivste Weise in kleinen kupfernen Destillierblasen, die durchschnittlich 75 kg Rohharz (gewöhnlich 2 Teile Rinnpech, 1 Teil Scharrpech) fassen, über freiem Feuer. Die Ausbeute an Terpentinöl beträgt durchschnittlich 16,5%, an Kolophonium 64%, der Rest setzt sich aus Harzrückständen (Pechgriefen), Wasser und Verunreinigungen zusammen.

Die jährliche Produktion an Terpentin in dem oben beschriebenen Gebiete betrug um das Jahr 1880 nach Stöger[1]) 5000 t; die jetzige Ausbeute wird auf 6000 t geschätzt. Die Anzahl der im Harzdistrikt gelegenen Öldestillationen beträgt etwa 16, wovon eine neben direktem Feuer auch Dampf verwendet.

---

[1]) Mitteil. a. d. forstl. Versuchswesen in Österreich 1881, 408; A. Tschirch u. G. Schmidt, Arch. der Pharm. 241 (1903), 570.

Eigenschaften. Über die Eigenschaften des österreichischen Terpentinöls gibt es nur sehr dürftige Literaturangaben. Fünf in neuester Zeit von Schimmel & Co. untersuchte Muster hatten folgende Eigenschaften: $d_{15°}$ 0,863 bis 0,867, α_D —36°30' bis —39°10'[1]), $n_{D20°}$ 1,46905 bis 1,47033. Löslich in 6 u. m. Vol. 90%igen Alkohols. Siedeverhalten im Ladenburgkölbchen (748 mm): 156 bis 158° 48%, 158 bis 160° 32%, 160 bis 165° 14%, 165 bis 175° 8%, Rückstand 10%.

25. Spanisches Terpentinöl.

Seit einer Reihe von Jahren tritt spanisches Terpentinöl als regelmäßiger Handelsartikel auf. Zu Anfang dieses Jahrhunderts vereinigten sich die bedeutendsten spanischen Terpentinproduzenten zu einer über 20 Betriebe verfügenden Gesellschaft mit dem Sitz in Bilbao. Die Produktion an Terpentinöl, die im Jahre 1898/99 1860000 kg betrug, war im Jahre 1905/6 schon auf 3600000 kg gestiegen. Von der letztgenannten Ziffer wurden 67% exportiert und 23% im Lande selbst verbraucht[2]). Das ausgeführte Öl geht in Tankwagen zunächst nach Antwerpen, von wo es weiter verteilt wird.

In Spanien wird zur Harzung hauptsächlich *Pinus Pinaster* Sol. benutzt. Im Einklang hiermit steht die Tatsache, daß die Eigenschaften des in Deutschland erhältlichen spanischen Terpentinöls[3]) vollständig mit denen des französischen übereinstimmen, was ohne weiteres auf dieselbe Stammpflanze hinweist.

Über das Öl der spanischen Aleppokiefer (*Pinus halepensis* Mill.) hat Fernandez[4]) gearbeitet. Während von verschiedenen Forschern bei den Destillaten aus *Pinus halepensis* Mill. gut

---

[1]) Eine früher von Schimmel & Co. untersuchte Probe hatte $d_{15°}$ 0,866, α_D + 3°46' und scheint demnach wohl kein österreichisches Öl gewesen zu sein, denn Ledermann u. Godeffroy (Jahresb. f. d. Pharm. 1877, 394) geben in Übereinstimmung mit den oben aufgeführten Eigenschaften ebenfalls Linksdrehung des Öls an.

[2]) Chemist and Druggist 71 (1907), 379. — Siehe auch S. 57.

[3]) Nach den Eigenschaften eines im Laboratorium von Schimmel & Co. untersuchten portugiesischen Öls ($d_{15°}$ 0,8661; α_D —32°35') zu schließen, stammt dieses von derselben Kiefer ab wie das spanische.

[4]) Vortrag vor der spanischen Gesellschaft für Physik und Chemie am 8. Nov. 1909; Chem. Ztg. 33 (1909), 1341.

übereinstimmende Eigenschaften und Konstanten beobachtet wurden, zeigte dieses Öl die ungewöhnliche Drehung $[\alpha]_D -8{,}73°$; Dichte und Brechung wiesen die normalen Werte, $d_{20°}$ 0,859, n_D 1,4654, auf. Demnach ist das untersuchte Öl nicht identisch mit Aleppoföhrenöl, andererseits auch nicht mit dem gewöhnlichen spanischen Terpentinöl.

26. Griechisches Terpentinöl.

Herkunft und Gewinnung. Wie das spanische Terpentinöl, so hat auch das griechische erst in den letzten Jahren eine gewisse Bedeutung für den Handel[1]) erlangt. Terpentin wird in allen Provinzen Griechenlands gewonnen und zwar ausschließlich aus der Aleppokiefer (*Pinus halepensis* Mill.), hauptsächlich auf die in Österreich gebräuchliche Art (s. S. 77), doch hat man neuerdings auch mit der französischen Methode angefangen. Im Jahre 1907 betrug die Ernte an Terpentin rund 7000 Tonnen.

Der Rohterpentin wird nur zum Teil direkt auf Terpentinöl und Kolophonium verarbeitet; hierbei werden 20 bis 26 % Öl und 70 % Kolophonium erhalten, während der Rest aus Wasser und mechanischen Beimengungen besteht. Der größte Teil des Öls wird aber nicht direkt aus Terpentin destilliert, sondern dieser wird zunächst den Mosten (bei Rotweinen nach Abzug von den Trestern) zugesetzt, einerseits um die Weine haltbarer zu machen, dann aber auch, um ihnen den beliebten harzigen Geschmack zu erteilen. Aus der harzhaltigen Weinhefe wird dann das Terpentinöl durch Destillation gewonnen, während der Rückstand auf Kolophonium und weinsauren Kalk weiterverarbeitet wird. Diese Herstellungsmethode erklärt den angenehmen, an Wein erinnernden Geruch des Öls[2]).

Eigenschaften. Das Öl enthält häufig noch kleine Mengen Alkohol, die das spezifische Gewicht und den Siedebeginn herabdrücken. $d_{15°}$ 0,8605 bis 0,8660; $\alpha_D +34$ bis $+41°$; $n_{D20°}$ 1,465 bis 1,474; löslich in 7 und mehr Vol. 90 %igen Alkohols. Bei der fraktionierten Destillation[3]) (bei 754 mm) gingen über: von

[1]) Vgl. S. 55.

[2]) Utz, Apotheker Ztg. 19 (1904), 678. — Tschirch u. Schulz, Arch. der Pharm. 245 (1907), 156.

[3]) Bericht von Schimmel & Co. Oktober 1905, 66. Vgl. auch J. Parry, Perfum. and Essent. Oil Record 2 (1911), 210.

152 bis 156° 6%, von 156 bis 157° 28%, von 157 bis 158° 10%, von 158 bis 159° 30%, von 159 bis 160° 16%, Rückstand 10%.

Zusammensetzung. Griechisches Terpentinöl besteht zum weitaus größten Teile aus d-α-Pinen von besonders hoher Drehung, sodaß man es mit Vorliebe als Ausgangsmaterial benutzt, wenn es gerade auf diese optische Eigenschaft ankommt. E. Gildemeister und H. Köhler[1]) isolierten aus dem griechischen Öle ein d-α-Pinen von folgenden Eigenschaften: Sdp. 156° (760 mm), $d_{15°}$ 0,8642, α_D +40,23°, $n_{D20°}$ 1,46565.

27. Russisches Terpentinöl.

Herkunft und Gewinnung.[2]) In den Gouvernements Archangelsk und Wologda bedecken die mit *Pinus silvestris* L. bestandenen Wälder eine Fläche von 1000000 ha. Die Harzung geschieht in Abteilungen und, um eine vollständige Erneuerung der Wälder zu gewährleisten, im Umlauf von ca. 60 bis 80 Jahren. Man bestimmt zur Harzung die Bäume, deren Durchmesser in Mannshöhe 25 cm nicht überschreitet und die nicht über 35 cm am Grunde des Stammes haben. Zunächst werden die Bäume von unten aus auf 1 m Höhe abgeschält, und zwar rings um den Stamm herum, sodass nur ein Streifen von etwa 5 cm Breite stehen bleibt, der „Riemen" („Courroie") genannt wird. Durch das Stehenlassen des Rindenstreifens wird die Saftströmung nicht unterbrochen und somit verhindert, daß der Baum abstirbt. Im folgenden Jahre wird die Entrindung um 1 m nach oben fortgesetzt und so fort während 5 Jahre. Im fünften Jahre entfernt man auch den „Riemen", worauf der Baum vertrocknet und eingeht. Infolge des in den dortigen Gegenden herrschenden kalten Klimas läuft der Terpentin nicht in flüssigem Zustande am Stamm herunter, wie dies in Amerika, Frankreich und Österreich der Fall ist; er kann deshalb nicht wie dort in am Stamme angebrachten Behältern gesammelt werden; man beschränkt sich darauf, in jedem Herbst die eingetrocknete, galipotähnliche Masse von der Wunde abzukratzen und sie in daruntergehaltenen Säcken

[1]) Wallach-Festschrift, Göttingen 1909. S. 429.

[2]) Nach M. Vèzes, L'Industrie résinière en Russie. Bordeaux 1902. Bearbeitet nach den bei Gelegenheit der Weltausstellung 1900 erfolgten Veröffentlichungen der Verwaltung der Kaiserlich russischen Apanagen.

aufzufangen. Das so gesammelte Harz ist bis zu 20% mit Holzstückchen verunreinigt. Im Durchschnitt liefert ein Baum nicht mehr als 50 g Galipot im Jahre, was, verglichen mit dem Ertragnis in den andern Ländern, kläglich genannt werden muß. Der jährliche Ertrag an Galipot in den obengenannten Gouvernements betrug zu Anfang dieses Jahrhunderts etwa 400 Tonnen.

Die zur Gewinnung von Terpentinöl aus dem abgekratzten Harz dienenden Destillationsanlagen werden im Walde errichtet. Sie enthalten je 1 bis 2 kupferne, mit einem Siebboden versehene Blasen von 2 bis 3 Tonnen Inhalt. Man heizt mit offenem Feuer und destilliert das Terpentinöl ohne Zusatz von Wasser direkt ab. Obwohl die gröbsten Verunreinigungen auf dem Siebboden zurückgehalten werden, ist das hinterbleibende Kolophonium, das noch heiß in Fässer gelassen wird, sehr unrein. Die sich auf dem Siebboden ansammelnden Holz- und Rindenstückchen („Croûtes") werden zur Pechfabrikation verwendet.

Das gewonnene Öl, das Harzterpentinöl („Essence de térébenthine de résine") heißt, zum Unterschied von dem durch trockne Destillation des Kienholzes erhaltenen Kienöl („Essence de térébenthine de four"), ist von brauner Farbe und hat einen unangenehmen Geruch, der nur entfernt an das mit Wasserdampf gewonnene Terpentinöl erinnert.

Die Destillation des Galipots liefert:

10% Harzterpentinöl
50% Kolophonium
40% Croûtes und Verlust.

Die Produktion an Terpentinöl im Gebiete der oben erwähnten beiden Gouvernements beträgt jährlich 40000 kg. Die nach der Harzung abgestorbenen Bäume werden gefällt, und das harzreiche Holz auf Kienöl verarbeitet.

Eigenschaften. Da im außerrussischen Handel auch das russische Kienöl in der Regel als russisches Terpentinöl bezeichnet zu werden pflegt, und somit beide Öle nicht auseinandergehalten werden, so kann nicht angegeben werden, ob und inwiefern sich das Terpentinöl vom Kienöl unterscheidet. Selbst die Anwesenheit von Brenzprodukten kann nicht als Unterscheidungsmerkmal gelten, da ja auch das russische Terpentinöl, wie oben gezeigt wurde, über freiem Feuer, ohne Wasserzusatz destilliert wird.

Zusammensetzung. In dem, wie ausdrücklich bemerkt wird, aus Harz destillierten, russischen Terpentinöl fand J. Schindelmeiser[1]) β-Pinen (Nopinsäure, Smp. 126°) Sylvestren und Dipenten. Außerdem kann das Vorkommen von d-α-Pinen als sicher angenommen werden.

Aus dem russischen Terpentinöl haben Zelinski und Alexandroff[2]) durch mehrmaliges Behandeln des Vorlaufs mit Permanganatlösung einen hochdrehenden Kohlenwasserstoff gewonnnen, $[\alpha]_D = -70°45'$, den sie für l-Pinen ansahen, obwohl er kein Nitrosochlorid lieferte. Schindelmeiser[3]) gelang es, aus dem sibirischen Tannennadelöl durch Ausfrieren des Vorlaufs ein stark linksdrehendes Camphen vom Smp. 40° zu isolieren, dessen molekulares Drehungsvermögen —94°30′ betrug, und dessen Chlorhydrat bei 150° schmolz. Schindelmeiser hält sein Camphen für identisch mit dem noch nicht reinen Kohlenwasserstoff von Zelinski und Alexandroff, es wäre demnach l-Camphen ein Bestandteil des russischen Terpentinöls.

Da in Rußland auch gelegentlich andre Pinaceen als *Pinus silvestris* L. zur Terpentingewinnung herangezogen werden und ihr Terpentinöl dem gewöhnlichen Handelsprodukt beigemischt werden dürfte, so ist eine Arbeit von W. Schkatelow[4]) von Interesse, der den Terpentin einiger Coniferen in den verschiedensten Gegenden Rußlands sorgfältig gesammelt und destilliert hat. Für die einzelnen Öle wurden folgende Eigenschaften gefunden:

Harzsaft aus	Ölausbeute	$[\alpha]_D$	d
Pinus silvestris[5])	15 bis 16%	+22° resp. +24°	0,867 (15°)
Pinus Abies (Abies excelsa) .	13,4%	—13,2°	0,873 (15°)
Larix sibirica	14,13%	—14,3°	0,870 (19°)
Pinus Cembra	6%[6])	+14,04°	0,865 (15°)
Pinus taurica (Pinus Laricio Pallasiana)	20%	—75,9°	0,861 (19°)
Abies sibirica	28%	—35,6°	0,8751 (19°)

[1]) Chem. Ztg. **32** (1908), 8.
[2]) *Ibidem* **26** (1902), 1224.
[3]) Chem. Ztg. Repert. **27** (1903), 73; Chem. Zentralbl. **1903**, I. 835.
[4]) Moniteur scientifique IV. **22** (1908), I. 217; Chem. Zentralbl. **1908**, I. 2097.
[5]) Im Original fehlen leider die bei den Abietineen so wichtigen Autornamen!
[6]) Ca. 30% des Öls gingen von 155 bis 156° über und hatten die optische Drehung $[\alpha]_D + 17°$.

In einer während des Druckes dieser Bogen in russischer Sprache erschienenen Abhandlung teilt J. Maisit[1]) mit, daß das russische Terpentinöl, dort „Schwefelterpentinöl" genannt, folgende Bestandteile enthält: kleine Mengen Aceton, ferner d-Pinen, Dipenten, l-Limonen, i-Sylvestren (Dichlorhydrat, Smp. 72 bis 73°, optisch inaktiv) und α-Terpineol.

28. Algerisches Terpentinöl.

Herkunft und Gewinnung. Zur Terpentingewinnung dient in Algerien, ebenso wie in Griechenland, die Aleppokiefer oder -föhre *Pinus halepensis* Mill. Seit dem Jahre 1905 sind in Algerien Versuche zur Harzgewinnung unternommen worden, die ergeben haben, daß dies auf dieselbe Weise möglich ist, wie es in Frankreich mit *Pinus Pinaster* Sol. geschieht. Die Anzahl der hierzu geeigneten Aleppokiefern wird auf 20 bis 30 Millionen geschätzt, von denen jede im Jahre 1½ l Terpentin zu liefern im Stande ist[2]). Die Regierung ließ im Jahre 1908 ca. 21000 Bäume im Departement Constantine[3]) und im Jahre 1909[4]) etwa 550 ha Wald im Departement Oran zur Terpentingewinnung versteigern.

Eigenschaften und Zusammensetzung. An 5 Ölen wurden folgende Konstanten beobachtet[5]): $d_{25°}$ 0,8552 bis 0,8568, $[\alpha]_D$ + 46,6 bis + 47,6°, n_D 1,4638 bis 1,4652. Bei der Fraktionierung gingen 80% der Öle zwischen 155 und 156° über, mit den Eigenschaften: $d_{25°}$ 0,8541 bis 0,8547, $[\alpha]_D$ + 47,4 bis 48,4°, n_D 1,4633 bis 1,4639. Diese Werte stimmen, mit Ausnahme der Dichte, sehr gut mit den von Tsakalotos[6]) bei griechischem Öl beobachteten Zahlen überein, ebenso auch hinsichtlich der Dichte mit den von andern Seiten für reines Pinen gefundenen Zahlen. Es dürften demnach etwa ⁴/₅ des genannten Öls aus reinem d-Pinen bestehen.

---

[1]) Die Harzungsversuche an der gemeinen Kiefer und der Fichte in Rußland und über das Terpentinöl aus dem Harze von *Pinus silvestris* L. Pharmaceutisches russisches Journ. 1912, No. 1 bis 6.

[2]) Bull. de l'Office du Gouvern. de l'Algérie 13 (1907), 100.

[3]) *Ibidem* 14 (1908), 69.

[4]) *Ibidem* 15 (1909), 50.

[5]) Vèzes, Bull. Soc. chim. IV. 5 (1909), 931.

[6]) Chem. Ztg. Repert. 32 (1908), 365.

29. Mexicanisches Terpentinöl.

Die drohende Erschöpfung der Terpentinwälder in den Vereinigten Staaten hat die Aufmerksamkeit der Amerikaner auf die reichen Kiefernbestände in Mexico gelenkt. Versuche, die in einem Terpentinbetriebe in Morelia im Staate Oaxaca mit modernen Methoden und Werkzeugen ausgeführt wurden, gaben sehr befriedigende Resultate und ermuntern zur Vergrößerung der bisherigen, in mäßigem Umfange betriebenen Industrie.

Für die Terpentingewinnung in Mexico ist es charakteristisch, daß die Bäume in Höhenlagen von 5000 bis 9000 Fuß gedeihen, während in den Vereinigten Staaten nur Höhen bis zu 1500 Fuß in Betracht kommen. Diese größeren Höhenlagen wirken in Mexico allerdings ungünstig auf die Saftabsonderung zur Nachtzeit ein, mit Ausnahme einiger Gegenden, wo der Saft das ganze Jahr hindurch fließen kann. Dafür dauert aber in Mexico die Saison länger, nämlich von Anfang Februar bis Anfang November, während sie sich in den Vereinigten Staaten nur auf die Zeit von April bis 1. November erstreckt. Eine Hauptschwierigkeit besteht in Mexico in den mangelhaften Eisenbahnverbindungen nach den Waldungen. Eine der wenigen Ausnahmen bilden die 3 Millionen Acker umfassenden Waldungen von Colonel W. C. Greene und Genossen, die an dem nach Madera im Staate Chihuahua führenden Schienenweg liegen, und deren Terpentindestillationen in der Gegend von Madera sich gut rentieren. Von diesen Terpentindestillationen sollen in Mexico im ganzen acht existieren, und zwar in den Staaten Michoacan, Chihuahua, Oaxaca und Durango[1]).

Der mexicanische Terpentin ist nach G. Weigel[2]) körnig-kristallinisch, schwach citronengelb und riecht limonenartig; S. Z. 107,54; V. Z. 115,12. Bei der Wasserdampfdestillation lieferte er ca. 14% Öl von angenehmem Aroma, $\alpha_D + 33° 40'$.

30. Indisches Terpentinöl.

Herkunft und Gewinnung. Der stetig zunehmende Verbrauch von Terpentinöl hat die englische Regierung bereits im Jahre 1888

[1]) Nachrichten f. Handel u. Industrie 1908, No. 141, S. 4. — Oil, Paint and Drug Reporter 74 (1908), No. 9, S. 23 (31. August).

[2]) Pharm. Zentralh. 47 (1906), 866.

veranlaßt, in Dehra Dun[1]) (Nordwestprovinzen) die dort häufig vorkommende Kiefer *Pinus longifolia* Roxb. zur Terpentingewinnung heranzuziehen. Da dieser Ort jedoch zu weit von der Bahn entfernt war, mußte hier die Produktion wieder aufgegeben werden[2]). Später wurden zwei weitere Destillationsstätten errichtet, und zwar 1895 in Naini Tal und 1899 in Nurpur, Distrikt Kangra, Provinz Punjab, die beide infolge ihrer günstigeren Lage einen besseren Nutzen gewährleisten. Die Terpentingewinnung erstreckt sich auf die ausgedehnten Kiefernwälder des Himalaya in den Nordwestprovinzen und in Punjab[3]).

Die gesamte Produktion an Öl von nur 50000 Gallonen ist bisher im Lande selbst verbraucht worden[4]); es ist noch nicht gelungen, den Weltmarkt für das Öl zu interessieren. Der Grund dafür ist vielleicht in der abweichenden Beschaffenheit des indischen Terpentinöls zu suchen, das wegen seines Gehalts an Sylvestren nicht für alle Zwecke in gleichem Maße geeignet ist, wie die übrigen Terpentinölsorten.

Nach einer Mitteilung der „Forest Administration in the United Provinces"[5]) betrug für den „Naini-Tal"-Distrikt der Gewinn für das Jahr 1911 85195 Rs., gegen 38705 Rs. für 1910. Die Terpentinproduktion soll in Zukunft bedeutend gesteigert werden. Die Bäume werden innerhalb 15 Jahre einmal angezapft, und zwar jedes Jahr 250000 Stück.

Der indische Terpentin ist nach F. Rabak[6]) weiß, undurchsichtig und von sehr klebriger, körniger Beschaffenheit, die wahrscheinlich durch ausgeschiedene Harzsäurekristalle bedingt ist. Der terpentinartige Geruch ist eigenartig angenehm, etwas an Limonen erinnernd. d 0,990; $[\alpha]_D -7°42'$; S. Z. 129; E. Z. 11. Die Ölausbeute beträgt 14 bis 20 %.

Nach R. S. Pearson[7]) werden auch *Pinus excelsa* Wall. und *P. Khasya* Royle in Indien geharzt.

[1]) Chemist and Druggist 65 (1904), 831.

[2]) Chem. Ztg. 33 (1909), 808.

[3]) Vgl. auch G. Watt, The commercial products of India. London 1909, p. 889.

[4]) Chemist and Druggist 77 (1910), 625.

[5]) The Indian Trade Journal 25 (1912), No. 314, S. 25.

[6]) Pharm. Review 23 (1905), 229.

[7]) Commercial guide to the forest economic products of India. Calcutta 1912, p. 139. Hier befindet sich auch eine Abbildung eines angezapften „Chir"-Baumes (*Pinus longifolia*).

Eigenschaften. Das indische Terpentinöl hat einen eigenartigen, angenehmen, etwas süßlichen Geruch. $d_{15°}$ 0,866[1]) bis 0,8734[2]); α_D + 0° 43′ bis + 3° 13′ und — 0° 45′ bis — 2° 10′[3]). Es beginnt bei der Destillation aus einem gewöhnlichen Kölbchen erst bei 165° zu sieden; die niedrigsten Anteile sind linksdrehend, die höheren rechtsdrehend.

Zusammensetzung. Neben sehr geringen Mengen von α-Pinen (Nitrolbenzylamin, Smp. 121 bis 122°) und β-Pinen (Nopinsäure, Smp. 125°) enthält das Öl ziemlich viel d-Sylvestren (Chlorhydrat, Smp. 71 bis 72°). In den hochsiedenden Fraktionen ist ein Sesquiterpen gefunden worden von folgenden Eigenschaften: $d_{15°}$ 0,9371, α_D + 37° 4′, $n_{D20°}$ 1,50252. Es lieferte ein in großen Nadeln kristallisierendes Chlorhydrat vom Smp. 59,5 bis 60,5°. Es gelang nicht, das Sesquiterpen mit irgend einem bekannten zu identifizieren[4]).

Von H. H. Robinson[5]) ist in dem Öle außer l-α-Pinen und Sylvestren noch Dipenten nachgewiesen. Wie Robinson meint, ist es nicht ausgeschlossen, daß das Sylvestren im Öl nicht als solches vorhanden ist, sondern daß das Öl einen Kohlenwasserstoff enthält, der bei der Behandlung mit Chlorwasserstoffsäure ein Sylvestrenderivat gibt, ebenso wie aus Pinen und trockner Salzsäure ein Hydrochlorid entsteht, das durch Abspaltung von Chlorwasserstoff Camphen liefert.

31. Burma-Terpentinöl.

Herkunft und Gewinnung. Die Destillate des Terpentins zweier in Burma einheimischer und dort sehr verbreiteter *Pinus*-Arten, *Pinus Khasya* Royle und *Pinus Merkusii* Jungh. et de Vriese, sind von Armstrong[6]) untersucht worden. Beide sind, abgesehen von ihrem Drehungsvermögen, in ihren Eigenschaften dem französischen Terpentinöl vollkommen gleich. Armstrong ist der Ansicht, daß Indien seinen ganzen Bedarf an Terpentinöl

[1]) Pharm. Review 23 (1905), 229.
[2]) Bericht von Schimmel & Co. April 1906, 66.
[3]) Bull. Imp. Inst. 9 (1911), 8.
[4]) Bericht von Schimmel & Co. April 1911, 116; Oktober 1911, 93.
[5]) Proceed. chem. Soc. 27 (1911), 247.
[6]) Pharmaceutical Journ. III. 21 (1891), 1151; 56 (1896), 370.

aus Burma würde decken können, wenn es gelänge dort eine Terpentinindustrie ins Leben zu rufen.

Der von *Pinus Merkusii* gewonnene Terpentin lieferte nahezu 19% Öl, dessen spez. Gewicht 0,8610, und dessen spez. Drehungsvermögen $[\alpha]_D + 31°45'$ betrug.

Der Terpentin von *Pinus Khasya* gab bei der Destillation 13% Öl vom spez. Gewicht 0,8627 und dem spez. Drehungsvermögen $[\alpha]_D + 36°28'$.

Unter der Leitung des Conservator of Forests von Ost-Bengalen und Assam sind dort vor einigen Jahren Versuche in kleinem Maßstabe zur Gewinnung des Terpentins von *Pinus Khasya* angestellt worden[1]). Die Ausbeute an Terpentin pro Baum betrug jedoch noch nicht 1 Unze, und der Versuch mußte somit als fehlgeschlagen bezeichnet werden. Man schreibt den Mißerfolg hauptsächlich der Jahreszeit zu, in der die Anzapfungen vorgenommen wurden.

Zusammensetzung. Im Burma-Terpentinöl haben Henderson und Eastburn[2]) d-α-Pinen durch Oxydation mit Mercuriacetat zu i-Pinolhydrat (Smp. 131°) nachgewiesen.

32. Japanisches Terpentinöl.

Aus japanischem Terpentin von *Pinus Thunbergii* hat M. Burchhardt[3]) 10% eines ätherischen Öls erhalten, das zur Reinigung fraktioniert destilliert wurde. Der größte Teil des Öls ging bei 165° über, die einzelnen Fraktionen siedeten zwischen 157 und 292°. Angaben über die physikalischen Konstanten des Öls fehlen[4]).

---

[1]) Chemist and Druggist 69 (1906), 961.

[2]) Journ. chem. Soc. 95 (1909), 1465.

[3]) Inaugural-Dissertation, Bern 1906, S. 22.

[4]) Auf Japanisch-Sachalin befinden sich große Wälder von *Abies sachalinensis* Masters und *Larix dahurica* Turcz. und andern zu Terpentingewinnung geeigneten Coniferen. Die japanische Regierung beabsichtigt dort die Erzeugung von Terpentinöl in großem Maßstabe aufzunehmen. (Oriental Druggist, Yokohama 8 (1909), No. 20 und 21, S. 2. — Oil, Paint and Drug Reporter 77 (1910), No. 6, S. 9. — Chem. Ztg. 34 (1910), 1326; 35 (1911), 468. — Chemist and Druggist 77 (1910), 638.)

33. Ostasiatisches Terpentinöl.

Ostasiatischer Terpentin unbekannter Abstammung ist von G. Weigel[1]) untersucht worden. Er zeigte zähflüssige Konsistenz, bräunlichgelbe Färbung und den charakteristischen Pinengeruch; S. Z. 145,45; V. Z. 149,38. Die Wasserdampfdestillation lieferte ca. 14,5% Öl: $\alpha_D + 39°9'$.

34. Philippinisches Terpentinöl.

Eine im Norden der philippinischen Insel Luzon, in der Provinz Benguet, vorkommende *Pinus*-Art, *P. insularis* Endl., die der amerikanischen *P. ponderosa* Dougl. und der indischen *P. Khasya* Royle sehr ähnlich ist, gibt nach Beobachtungen von Richmond[2]) einen wie kristallisierter Honig aussehenden, angenehm riechenden Balsam, aus dem mit Wasserdampf 23,4% wasserhelles Terpentinöl gewonnen wurden. Die Konstanten des Öls sind: $d_{30°}^{30°}$ 0,8593, $\alpha_{D30°}$ + 13 bis + 27°, $n_{D30°}$ 1,4656; 96% des Öls gingen zwischen 154 und 165,5° über. Das rückständige Harz war nach der Filtration (bei der nur 1% Verunreinigungen zurückblieben) sehr hell und von guter Beschaffenheit. Die Anzapfung geschah nach dem „Box"-Verfahren. Die Ausbeute dürfte sich nach der schonenderen „Cup- and Gutter"-Methode[3]) infolge Vermeidung größerer Verluste erhöhen.

Das Öl enthält d-α-Pinen (Nitrosochlorid; Nitrolbenzylamin) und β-Pinen (Nopinsäure, Smp. 121°)[4]).

35. Terpentinöl aus Rottannenterpentin.

Der sogenannte Juraterpentin wird im schweizerischen Jura von der Rottanne oder Fichte, *Picea excelsa* Lk. (*Pinus Picea* Duroi; *Picea vulgaris* Lk.), gewonnen[5]). Er enthält im frischen Zustande 32 bis 33% Öl, das durch Wasserdampfdestillation leicht daraus gewonnen werden kann, über dessen Eigenschaften aber nichts bekannt ist.

---

[1]) Pharm. Zentralh. 47 (1906), 866.

[2]) Philippine Journ. of sc. 4 (1909), A, 231.

[3]) Siehe unter Amerik. Terpentinöl, S. 64.

[4]) B. T. Brooks, Philippine Journ. of Sc. 5 (1910), A, 229.

[5]) Flückiger, Schweiz. Wochenschr. f. Chem. u. Pharm. 13 (1875), 371. — A. Tschirch u. E. Brüning, Arch. der Pharm. 238 (1900), 616.

Aus einem in der Nähe von Neapel ebenfalls von der Rottanne gewonnenen Terpentin, wurden bei einer Versuchs-Destillation 18,3 % eines Terpentinöls vom spez. Gewicht 0,866 erhalten. Die optische Drehung, α_D, betrug $+3°5'$ bei 18° und die Verseifungszahl 0. Das Öl besaß einen feinen Tannennadelgeruch[1]).

Aus siebenbürgischem, ebenfalls aus der Rottanne (vielleicht von einer Varietät) gewonnenem Terpentin erhielten A. Tschirch und M. Koch[2]) 30 % ätherisches Öl, dessen spez. Gewicht 0,870 betrug und dessen Siedetemperatur zwischen 175 und 180° lag.

Am besten untersucht ist das Öl, das O. Aschan[3]) durch Wasserdampfdestillation aus dem Terpentin der finnischen Rottanne in einer Ausbeute von 4,5 % erhielt. Der bei der Fraktionierung von 155 bis 160° übergehende Anteil (d 0.8657; $[\alpha]_D - 7,87°$) lieferte ein Chlorhydrat vom Smp. 125 bis 126° ($[\alpha]_D - 9,15°$), sowie ein Nitrosochlorid (Smp. 113 bis 114°), das in bekannter Weise in das bei 132 bis 133° schmelzende Nitrosopinen übergeführt wurde. Die Fraktion enthält demnach l-α-Pinen. Beim Behandeln der von 168 bis 173° ($\alpha_D - 19°20'$) und von 173 bis 178° ($\alpha_D - 23°28'$) siedenden Teile mit Salzsäuregas in ätherischer Lösung enstand Dipentendichlorhydrat (Smp. 50°). Berücksichtigt man die Linksdrehung, so bestehen die genannten Fraktionen zum Teil aus l-Limonen. Sylvestren war nicht nachweisbar.

B. Kuriloff[4]) untersuchte ein durch Wasserdampfdestillation aus Tannenharz in einer Ausbeute von 7,8 % erhaltenes Öl, von dem Drehungsvermögen, α_D, $-11,96°$ und der Dichte $d_{20°}$ 0,8635, und isolierte daraus eine bis 176,7° (772 mm) siedende Fraktion ($\alpha_D - 40,7°$), die ein Dichlorhydrat vom Smp. 48,5° gab, also aus l-Limonen (Links-Isoterpen) bestand.

Es mag dahingestellt bleiben, ob sich diese Untersuchung wirklich auf Fichtenterpentinöl bezieht, obwohl dies ziemlich wahrscheinlich ist. Die Überschrift zu der angeführten Abhandlung lautet: „Untersuchung der Terpene des Öls aus dem

---

[1]) Bericht von Schimmel & Co. Oktober 1896, 76.

[2]) Arch. der Pharm. 240 (1902), 284.

[3]) Berl. Berichte 39 (1906), 1447.

[4]) Journ. f. prakt. Chem. II. 45 (1892), 123.

Tannenharze *(Pinus Abies)*." Der Autorname, der gerade bei dieser Conifere von höchster Wichtigkeit ist, fehlt! *Pinus Abies* Duroi ist nämlich die Edeltanne, während *Pinus Abies* L. die Rottanne oder Fichte bezeichnet.

36. Terpentinöl aus Straßburger Terpentin.

Herkunft und Gewinnung. Der Terpentin der Weißtanne oder Edeltanne, *Abies alba* Mill. (*Abies pectinata* D. C.; *Pinus Picea* L.), befindet sich, wie bei der *Abies balsamea* Mill., in kleinen Harzbehältern zwischen der Rinde und dem Splint, die äußerlich sichtbar sind und als kleine Beulen erscheinen. Die Gewinnung des Balsams geschieht durch Anbohren, Anstechen, oder Öffnen der durch Hebung der Rinde erkennbaren Harzbehälter. Der auströpfelnde Balsam wird in kleinen Blechkannen aufgefangen. Die Ausbeute ist indessen immer nur gering, und die Gewinnung größerer Mengen von Balsam zeitraubend und mühevoll. Bis zur Mitte der 70er Jahre wurde Straßburger Terpentin noch bei Mutzig und Barr in den Vogesen gesammelt[1]). Jetzt hat dieser aromatische Terpentin nur noch historisches Interesse.

Eigenschaften und Zusammensetzung. Der linksdrehende Terpentin hat das spez. Gewicht 1,120[2]) und liefert 24% eines linksdrehenden, größtenteils von 162 bis 163° siedenden Öls vom spez. Gewicht 0,860 bis 0,861. Obwohl mit Chlorwasserstoff kein festes Chlorhydrat erhalten werden konnte[3]), so unterliegt es wohl keinem Zweifel, daß auch dieses Terpentinöl α-Pinen enthält.

37. Terpentinöl aus dem Terpentin von Abies cephalonica.

Die auf dem Berge Änos der griechischen Insel Cephalonia vorkommende *Abies cephalonica* Lk. liefert einen Harzbalsam, der in der dortigen Gegend als Volksheilmittel dient und sowohl innerlich (als Abführmittel) als auch äußerlich (gegen Hautkrankheiten) angewendet wird. E. J. Emmanuel[4]) hat aus ihm

[1]) Genaue Mitteilungen über die Art des Sammelns befinden sich in einer Abhandlung von A. Tschirch und G. Weigel im Arch. der Pharm. 238 (1900), 412.

[2]) Tschirch u. Weigel, *loc. cit.*, p. 413.

[3]) Flückiger, Jahresber. f. Pharm. 1869, 38 und Pharmacographia S. 615.

[4]) Arch. der Pharm. 250 (1912), 104.

17,4% eines farblosen ätherischen Öls abgeschieden, das unter gewöhnlichem Druck zwischen 89 (?) und 175° siedete und bei 15° das spez. Gewicht 0,9279 hatte. Die Drehung betrug —68° im 200 mm-Rohr, $n_{D18°}$ 1,4745.

38. Terpentinöl aus venetianischem oder Lärchen-Terpentin.

Herkunft und Gewinnung. Der venetianische Terpentin wird hauptsächlich im südlichen Tirol in der Gegend von Meran, Mals, Bozen, Kastelruth und Trient, sowie auch in Steiermark von der in den mitteleuropäischen Bergländern gedeihenden Lärche, *Larix decidua* Mill. (*Larix europaea* D. C.; *Pinus Larix* L.), gesammelt. Erfahrungsgemäß, wie auch botanisch von H. von Mohl im Jahre 1859 nachgewiesen[1]), enthält nur das Kernholz des Baumes reichlichere und größere schizogene Sekretbehälter, wenn diese auch in geringerer Anzahl in allen Teilen des äußeren Holzes und der Rinde vorkommen. Die Gewinnung des Lärchenterpentins geschieht daher insofern anders als bei den zuvor angeführten Terpentinarten, als die Baumstämme nicht an der äußeren Splintfläche angezapft, sondern im Frühling mit einem 2,5 bis 4 cm weiten Bohrer ein oder mehrere Löcher bis zur Mitte des Stammes eingebohrt werden. Man verstopft die Löcher mit einem Holzzapfen und öffnet sie erst im Herbste wieder, um den in der Höhlung angesammelten Balsam mit einem eisernen Löffel herauszunehmen. Das Loch wird dann wieder geschlossen, um im nächsten Sommer eine neue Ernte an Balsam zu geben.

Bei der Anbohrung des Stammes mit nur einem oder zwei Löchern beträgt die gewonnene Menge Balsam während jeden Sommers nur einige hundert Gramm, bleibt aber für viele Jahre gleich. Wird der Baum mit einer größeren Anzahl von Löchern versehen und ein freier Auslauf des Balsams zugelassen, so kann er mehrere Pfunde Balsam während eines Sommers liefern. In diesem Falle aber tritt nach einer Reihe von Jahren Erschöpfung der Bäume und beträchtliche Minderwertigkeit des Holzes ein, sodaß eine schonendere Bewirtschaftung der Waldbestände für die Terpentingewinnung die einträglichere Betriebsweise ist[2]).

---

[1]) Bot. Zeitung 17 (1859), 329, 377.

[2]) Wesseley, Die österreichischen Alpenländer und ihre Forste. 1853. S. 369. — A. Tschirch u. G. Weigel, Arch. der Pharm. 238 (1900), 387.

In der französischen Dauphiné und um Briançon soll der Balsam in derselben Weise gewonnen werden, nur werden die Löcher am Stamme der Reihe nach von unten nach oben zu gebohrt, und zum Ablaufe des Balsams wird ein kurzes Blech- oder Holzrohr in jedes Loch eingezwängt. Wenn der Balsamabfluß aufhört, wird die Öffnung durch einen Holzzapfen geschlossen und nach 2 bis 3 Wochen wieder geöffnet. Nach dieser erstmaligen Wiederöffnung soll der Ausfluß reichlicher sein als nach der ersten Anbohrung. Diese Anzapfung geschieht vom März bis zum September jeden Sommers. Kräftige Bäume geben 3 bis 4 kg Terpentin im Jahre. Nach 40 bis 50 Jahren sind bei dieser Bewirtschaftung die Bäume erschöpft[1]).

Da ein eigentlicher Bedarf an venetianischem Terpentinöl nicht besteht, so wird seine Destillation im Großen nicht betrieben. Die Ausbeute an Öl beträgt 13,5 bis 15%.

Eigenschaften[2]). $d_{15°}$ 0,865 bis 0,878; α_D — 8° 15′ bis — 11°[3]); $n_{D20°}$ 1,46924; S. Z. 0; E. Z. 5,9; löslich in 6 Vol. u. m. 90%igen Alkohols. Siedeverhalten im Ladenburgschen Kölbchen (753 mm) 157 bis 161° 60%, 161 bis 164° 20%, 164 bis 168° 6%, Rückstand 14%.

Zusammensetzung. Flückiger[4]) erhielt beim Sättigen der niedrigstsiedenden Anteile ein kristallisiertes Chlorhydrat $C_{10}H_{16}HCl$, woraus auf die Anwesenheit von α-Pinen geschlossen werden muß.

Rabak[5]) beschreibt einen Lärchenterpentin, den er aus in Nordamerika angepflanzten Exemplaren von *Larix decidua* auf folgende Weise gewonnen hatte: Bis ungefähr zur Mitte des Stammes wurden im April einige Löcher von einem Zoll Durchmesser gebohrt und mit einem Kork verschlossen. Im Oktober

[1]) G. Planchon u. E. Collin, Les drogues simples d'origine végétale. Paris 1895. Tome 1, p. 70.

[2]) Beobachtungen im Laboratorium von Schimmel & Co.

[3]) Der Terpentin selbst ist rechtsdrehend, und zwar beobachtete Flückiger für α_D + 9,5°, Schimmel & Co. + 29° 20′, demnach ist die Angabe von Pereira (Pharmaceutical Journ. I. 5 (1845), 71), der für den Terpentin Linksdrehung angibt, wohl unrichtig.

[4]) Neues Jahrb. f. Pharm. 31 (1869), 73; Jahresber. f. d. Pharm. 1869, 37.

[5]) Pharm. Review 23 (1905), 44.

desselben Jahres wurde dann der Terpentin gesammelt. Er war hellgelb, ziemlich dick, besaß das spez. Gewicht d_{23° 1,0004, α_D in 5%iger alkoholischer Lösung $+2°20'$ ($[\alpha]_D$ $+46°29'$) und hatte die Säurezahl 60. Durch Dampfdestillation wurden 13,5% ätherisches Öl vom spez. Gewicht d_{23° 0,867 und der optischen Drehung α_D $+2°16'$ erhalten. Der Hauptbestandteil des Öls ist α-Pinen (der Schmelzpunkt des Nitrolbenzylamins lag bei 121°).

39. Canadabalsamöl.

Herkunft und Gewinnung. Canadabalsam, in Nordamerika unter den Namen „Balsam of fir", „Balsam of Gilead" bekannt, wird hauptsächlich zur Einbettung mikroskopischer Präparate gebraucht. Er wird von der in Britisch Nordamerika und in den nördlichen und nordwestlichen Unionstaaten wachsenden Balsamtanne *Abies balsamea* Mill. (*Pinus balsamea* L.), hauptsächlich in den Laurentine-Bergen in der Provinz Quebec gewonnen. Außerdem soll dazu die etwas südlicher in den nördlichen Alleghanies wachsende „Double Balsam Fir", *Abies Fraseri* Lindl. und die Schierlingstanne „Hemlock Spruce", *Abies canadensis* Mchx. (*Tsuga canadensis* Carr.) benutzt werden[1]. Diese Tannen scheiden in Harz- oder Sekretbehältern, die zwischen Rinde und Splint liegen, den klaren Balsam ab. Das mühevolle Sammeln des Balsams geschieht von Mitte Juli bis Mitte August meistens von Abkömmlingen der Indianer, die während des Sommers in den Wäldern kampieren. Sie brauchen zum Abzapfen des honigartigen Balsams kleine, eiserne Kannen, deren Mündung in eine zugespitzte Lippe ausgezogen ist. Diese stechen sie in die an der Rinde und den dickeren Zweigen erkennbaren, mit Balsam gefüllten Anschwellungen. Der Harzsaft läuft dann langsam in die Kannen, die jeden Tag entleert und dann in einen neuen Harzbehälter gesteckt werden. Ein Mann vermag kaum mehr als ½ Gall. oder 1½ kg täglich zu sammeln, mit Beihilfe von Kindern indessen die doppelte Menge. Nach jeder Saison muß den angezapften Bäumen 1 bis 2 Jahre Ruhe gelassen werden, weil sonst die Harzansammlung ausbleibt oder zu gering ist. Der

[1] Der letztgenannte Baum bildet in den großen Waldgebieten längs des unteren St. Lorenzstromes und in Nova Scotia, New Brunswick und westlich bis Minnesota ausgedehnte Bestände.

Hauptausfuhrplatz für Canadabalsam ist Quebec. Die jährliche Produktion wird sehr verschieden angegeben, dürfte aber in den ergiebigsten Jahren 20000 kg nicht übertreffen[1]).

Der Balsam gibt bei der Destillation eine Ölausbeute von 16 bis 24 %.

Eigenschaften. Das genau wie Terpentinöl riechende Öl hat $d_{15°}$ 0,862 bis 0,865. Es ist im Gegensatz zu dem rechtsdrehenden Balsam linksdrehend[2]), α_D — 26°[3]) bis —36°, $n_{D20°}$ 1,4730 bis 1,4765 und siedet zwischen 160 und 167°.

Zusammensetzung. Den Hauptbestandteil des Öls bildet l-α-Pinen; Flückiger[4]) erhielt beim Sättigen des Öls mit Salzsäure ein Chlorhydrat $C_{10}H_{16}HCl$, und Emmerich[5]) ein Nitrosochlorid und aus diesem das bei 122° schmelzende Pinennitrolbenzylamin.

40. Oregonbalsamöl.

Herkunft. Ein dem Canadabalsam sehr ähnlicher Terpentin ist der Oregonbalsam, der in der pharmazeutischen Literatur zuerst im Jahre 1871[6]) erwähnt wird. Er wird hauptsächlich gewonnen aus der Douglasfichte, *Pseudotsuga Douglasii* Carr.[7]) (*Pseudotsuga mucronata* Sudworth; *Ps. taxifolia* Carr.; *Tsuga Douglasii* Carr.), einer im Felsengebirge und in den Bergen von Kalifornien und Oregon sehr verbreiteten Conifere. Die Beschaffenheit des Oregonbalsams gleicht der des Canadabalsams bis auf die dunklere Farbe; das spez. Gewicht liegt nach Rabak in der Nähe von 1 (0,993 bis 1,01). Der Balsam ist schwach links- oder rechtsdrehend (— 3° bis + 4°) und gibt bei der Wasserdampfdestillation 22 bis 25 % ätherisches Öl. Nach G. B. Frankforter[8]) ist der Terpentin bei 15° flüssig, bei 0° fest. $d_{20°}$ 0,9821, $[\alpha]_D$ — 8,82°, $n_{D20°}$ 1,51745.

---

[1]) Fred. Stearns, Americ. Journ. Pharm. 31 (1859), 29. — Wm. Saunders, Proceed. Americ. pharm. Ass. 25 (1877), 337; Pharmaceutical Journ. III. 8 (1878), 813.

[2]) Rabak, Pharm. Review 23 (1905), 48.

[3]) E. Dowzard, Chemist and Druggist 64 (1904), 439.

[4]) Flückiger, Jahresber. f. Pharm. 1869, 37 und Pharmacographia S. 613.

[5]) Americ. Journ. Pharm. 67 (1895), 135.

[6]) Rabak, Pharm. Review 22 (1904), 293.

[7]) Die zahlreichen Synonyma dieses Baumes finden sich bei Rabak, *loc. cit.*

[8]) Journ. Americ. chem. Soc. 28 (1906), 1467.

W. C. Blasdale[1]) erhielt aus dem Terpentin (von *Pseudotsuga taxifolia*) 9% Öl; d 0,8583; n_D 1,4754; α_D — 41° 21′; Siedetemperatur hauptsächlich zwischen 157 und 160°.

Auch die amerikanischen Tannen *Abies concolor* Lindl., *A. nobilis* Lindl. und *A. amabilis* Forb. liefern ähnlich beschaffene Terpentine. Die Eigenschaften des Balsams von *A. amabilis* sind nach Rabak[2]): $d_{23°}$ 0,969, Farbe hellgelb, optisch inaktiv; Ausbeute an Öl 40%.

Eigenschaften. Oregonbalsamöl ist nach Rabak eine angenehm, terpentinartig riechende Flüssigkeit, die in der Hauptsache zwischen 150 und 160° siedet. d 0,822 bis 0,882; α_D — 34 bis — 40°. Frankforter fand folgende Konstanten: $d_{20°}$ 0,8621, $[\alpha]_D$ — 47,2°, n_D 1,47299.

Das Öl von *A. amabilis* hat einen citronenartigen Geruch und siedet von etwa 160 bis 190°; $d_{22°}$ 0,85; α_D — 12° 17′.

Zusammensetzung. Die Hauptmenge des Oregonbalsamöls besteht nach Rabak aus l-α-Pinen (Nitrosochlorid, Smp. 106°; Nitrosopinen, Smp. 125°).

Das Öl von *A. amabilis* setzt sich nach demselben Autor aus mehreren Terpenen zusammen; die niedriger siedenden Anteile sind α-Pinen (wahrscheinlich l-) (Nitrolbenzylamin, Smp. 121°), die höher siedenden, wahrscheinlich l-Limonen (Nitrolbenzylamin, Smp. 97 statt 93°).

Destilliert man das Destillat der Douglasfichte (*Pseudotsuga Douglasii* Carr.) mit niedrig gespanntem Wasserdampf, bis alles Terpentinöl übergegangen ist, so hinterbleibt angeblich ein klares, dickflüssiges gelbes Öl („Fir Oil"), das nach Benson und Darrin[3]) folgende Konstanten hat: Smp. unter — 40°, $[\alpha]_{D20°}$ — 37,6°, $n_{D20°}$ 1,4818, Löslichkeit in 70%igem Alkohol 49 : 100, S. Z. 1,55, V. Z. 11,1, Jodzahl 185. Aus der Zusammensetzung und dem Verhalten bei der Fraktionierung und aus der glatten Bildung von Terpinhydrat bei der Behandlung mit 5%iger Schwefelsäure ziehen die Autoren den Schluß, daß mindestens ein Drittel des Öls aus Terpineol besteht.

---

[1]) Journ. Americ. chem. Soc. **23** (1901), 162. — Pharm. Review **25** (1907), 363.

[2]) Pharm. Review **23** (1905), 46.

[3]) Journ. Ind. Eng. Chem. **3** (1911), 818; Journ. Soc. chem. Industry **30** (1911), 1407.

41. Terpentinöl von Pinus resinosa.

G. B. Frankforter[1]) hat Terpentin sowohl nach der Box-Methode als auch durch Extraktion aus den verkienten Baumstümpfen der im Norden und Westen von Nordamerika sehr verbreiteten *Pinus resinosa* (Torr. ?) („Norway pine") hergestellt. Wenig kieniges Holz lieferte im Durchschnitt 6,2, Mittelware 8,6 % Terpentin. Stümpfe ergaben 19,4, kieniges Holz 39,1 und sehr kieniges sogar 42 % Terpentin. Die Konstanten waren d_{20° 0,8137 (Druckfehler ?); $[\alpha]_{D20^\circ}$ + 4°; n_D 1,47869; er enthielt 22,1 % Terpentinöl, 77,3 % Kolophonium und 0,6 % Wasser und wurde je nach dem Gehalt an Öl beim Stehenlassen in ein bis zwei Monaten halbfest oder fest.

Das Terpentinöl hatte folgende Eigenschaften: d_{20° 0,8636, $[\alpha]_D$ + 17,39°, n_{D20° 1,47127. Siedetemperatur 153 bis 154° (?). Vgl. auch unter Holzterpentinöl S. 103.

Das Öl von *Pinus ponderosa* Laws. = *P. resinosa* Torr. (*P. ponderosa* Dougl.) enthält nach E. Kremers[2]) ein Terpen (Chlorhydrat).

42. Terpentinöl von Pinus Murrayana.

Aus dem von lebenden Bäumen gesammelten Terpentin von *Pinus Murrayana* (Balf.) A. Murr. gewann W. C. Blasdale[3]) ein Öl von terpentinartigem Geruch, das bei der Destillation zwischen 158 und 160° überging; d 0,8640; α_D — 15° 23′; n_D 1,4765.

43. Terpentinöl von Abies concolor var. Lowiana.

Der Terpentin von *Abies concolor* var. *Lowiana* ist hellgelb und dem Canadabalsam ähnlich. Er gibt nach W. C. Blasdale[3]) 20 % Öl; Sdp. 155 bis 160°; d 0,8578; α_D — 7° 9′; n_D 1,4738.

44. Terpentinöl von Pinus serotina.

Aus dem Terpentin der „Pond pine", *Pinus serotina* Sudworth, haben Herty und W. S. Dickson[4]) ein Öl durch Destillation gewonnen. Es bildete eine klare, angenehm nach Limonen

[1]) Journ. Americ. chem. Soc. 28 (1906), 1467.
[2]) Pharm. Review 18 (1900), 168.
[3]) Journ. Americ. chem. Soc. 23 (1901), 162; Pharm. Review 25 (1907), 363.
[4]) Journ. Americ. chem. Soc. 30 (1908), 872.

riechende Flüssigkeit mit folgenden Konstanten: $d_{20°}$ 0,8478, $\alpha_{D20°}$ — 105°36′, $n_{D20°}$ 1,4734, S. Z. 0, V. Z. 1,54, Jodzahl 378, löslich bei 22,5° in 1,35 Teilen 95-, 4,80 Teilen 90-, 8,10 Teilen 85-, 16,20 Teilen 80- und 56 Teilen 70%igen Alkohols. Durch Fraktionieren wurde das Öl in folgende Anteile zerlegt: 27,4% vom Sdp. 172 bis 175° (α_D — 87°53′; $n_{D20°}$ 1,4716), 57,0% vom Sdp. 175 bis 180° (α_D — 92°21′; $n_{D20°}$ 1,4724), 8,4% vom Sdp. 180 bis 185° (α_D — 92°14′; $n_{D20°}$ 1,4744) und 7,2% über 185° siedende Anteile mit $n_{D20°}$ 1,5045. Eine bei gewöhnlichem Druck bei 175 bis 176° siedende Fraktion lieferte beim Bromieren reichliche Mengen von Limonentetrabromid, Smp. 103 bis 104°. Das Öl bestand also zum größten Teil aus l-Limonen.

45. Terpentinöl von Pinus Sabiniana.

Herkunft. Der Terpentin der in Kalifornien einheimischen und auf den westlichen Abhängen der Sierra Nevada wachsenden *Pinus Sabiniana* Douglas[1]) („Nut" oder „Digger pine", Nußfichte) liefert bei der Destillation ein von den übrigen Terpentinölen in seinen Eigenschaften und seiner Zusammensetzung gänzlich verschiedenes Öl.

Der Harzbalsam besteht aus einer zähen, eben noch fließenden, braungelben Masse mit grünlichem Schimmer und von nicht unangenehmem, an Pomeranzen erinnerndem Geruch. Er ist löslich in Alkohol, Äther, Benzol und teilweise löslich in Petroläther. S. Z. kalt 156; V. Z. heiß 179,05. Durch Wasserdampfdestillation erhielten Schimmel & Co.[2]) aus ihm 8,4% fast wasserhelles ätherisches Öl und 91,3% gelbes, sprödes Harz.

Eigenschaften. Das Öl ist dadurch ausgezeichnet, daß es (wie das von *Pinus Jeffreyi*) das niedrigste spezifische Gewicht von allen bekannten ätherischen Ölen besitzt. Schimmel & Co.[2]) ermittelten folgende Konstanten: $d_{15°}$ 0,6962, α_D — 0°9′; Siedeverhalten: 97 bis 98,5° 5%, 98,5 bis 99° 87%, über 99° 8%. Die Hauptfraktion vom Sdp. 98,5 bis 99° war optisch inaktiv, hatte $d_{15°}$ 0,6880 und stimmte in ihren Eigenschaften mit den von Thorpe für Heptan (siehe unten) angegebenen überein.

[1]) Synonyma und andre, besonders botanische Informationen finden sich bei E. Kremers, Pharm. Review 18 (1900), 165.

[2]) Bericht von Schimmel & Co. Oktober 1906, 63.

Die über 99° siedenden Anteile des Öls ließen sich durch Fraktionieren im Vakuum in 7 Fraktionen von wenig einheitlichen Siedepunkten, die bei 12 mm Druck zwischen 43 und 103° lagen, zerlegen. Alle Fraktionen mit Ausnahme der letzten, die rechts drehte, zeigten optische Linksdrehung. Die Fraktion, die in ihrem Siedepunkt den Terpenfraktionen entsprach, absorbierte lebhaft Brom unter geringer Bromwasserstoffentwicklung. Eine nähere Untersuchung der einzelnen Fraktionen wurde nicht vorgenommen.

Das Öl wurde zuerst in Kalifornien hergestellt, als während des Bürgerkrieges die Terpentingewinnung in den Südstaaten aufgehört hatte[1]). Es kam im Jahre 1868 in San Francisco unter dem Namen Abieten, Butte-Tine, Erasin, Aurantin oder Theolin als fleckenreinigendes Mittel an Stelle von Petroläther und Terpentinöl zur Verwendung.

Zusammensetzung. Das Öl wurde zuerst von W. T. Wenzell[2]) untersucht. Er fand, daß das in der Hauptmenge von 101 bis 105° siedende rohe Öl, fast ausschließlich aus einem Kohlenwasserstoff vom spez. Gewicht 0,694 bei 16,5° bestand, den er Abieten nannte.

Das Abieten ist beständig gegen Salzsäure, Schwefelsäure und Salpetersäure in der Kälte und ist nach Thorpe[3]) identisch mit Heptan. W. C. Blasdale[4]) konnte später diesen Befund bestätigen. Die Untersuchungen Venables[5]) über Heptan sind, wie Wenzell[1]) später nachwies, nicht mit dem Öl aus *Pinus Sabiniana,* sondern mit dem von *P. Jeffreyi* ausgeführt worden.

46. Terpentinöl von Pinus Jeffreyi.

Herkunft. *Pinus Jeffreyi* Murray ist, wie *P. Sabiniana,* in Kalifornien in der Sierra Nevada verbreitet, bewohnt aber dort größere Höhen als diese. Der Terpentin beider Kiefern ist sehr ähnlich und die Öle scheinen identisch zu sein. Das bei dem

[1]) W. T. Wenzell, Pharm. Review 22 (1904), 409.

[2]) Americ. Journ. Pharm. 44 (1872), 97; Chem. Zentralbl. 1872, 712. — Pharmaceutical Journ. III. 2 (1872), 789.

[3]) Journ. chem. Soc. 35 (1878), 296; Chem. Zentralbl. 1879, 565. — Liebigs Annalen 198 (1879), 364.

[4]) Journ. Americ. chem. Soc. 23 (1901), 162. — Chem. Zentralbl. 1901, I. 1143.

[5]) Berl. Berichte 13 (1880), 1649.

Öl von *Pinus Sabiniana* erwähnte Abieten scheint unterschiedslos aus beiden Arten gewonnen zu werden[1]).

Blasdale[2]) erhielt aus den Ausschwitzungen frisch gefällter Bäume 3°/₀ eines farblosen Öls, das nach Behandlung mit Schwefelsäure, Auswaschen und Trocknen größtenteils zwischen 96 und 98° siedete. d 0,6863; α_D 0; n_D 1,3905.

Zusammensetzung. Das Öl besteht, wie das von *P. Sabiniana,* hauptsächlich aus n-Heptan. Eine Untersuchung von E. P. Venable[3]) über das n-Heptan war nicht, wie er glaubte, mit dem Kohlenwasserstoff von *P. Sabiniana* ausgeführt, sondern, wie Wenzell später nachwies, mit Abieten von *P. Jeffreyi.*

Holzterpentinöle.

Der ständig zunehmende Verbrauch von Terpentinöl einerseits und das Verschwinden der zur Terpentingewinnung geeigneten Kiefernwälder andrerseits, hat, wie bereits auf S. 59 geschildert wurde, in den Vereinigten Staaten von Nordamerika Veranlassung gegeben, die Methoden der Harzung zu verbessern und dadurch die Ausbeute an Terpentin zu erhöhen. Eine Quelle zur Gewinnung eines technisch wertvollen Abfallproduktes aus den harzreichen, überall massenhaft vorhandenen Kieferstümpfen war lange Zeit nicht in zweckmäßiger und gewinnbringender Weise ausgenutzt worden. Zwar hatte man schon frühzeitig[4]) an einzelnen Orten angefangen Kienholz und die Abfälle der Sägemühlen durch trockne Destillation auf Kienöl, Teer, Holzessig und Pech zu verarbeiten, doch scheint diese Industrie wegen der früheren billigen Terpentinölpreise nie recht lohnend gewesen zu sein und hat keine weitere Ausbreitung gefunden. Erst in neuester Zeit hat das sogenannte Holzterpentinöl eine gewisse Bedeutung erlangt und ist Gegenstand einer aufblühenden Industrie geworden.

[1]) E. Kremers, Pharm. Review 18 (1900), 165. — W. T. Wenzell, *ibidem* 22 (1904), 408.

[2]) Journ. Americ. chem. Soc. 23 (1901), 162; Pharm. Review 25 (1907), 363.

[3]) Berl. Berichte 13 (1880), 1649.

[4]) C. Mohr, Pharm. Rundsch. (New York) 2 (1884), 163. — Die Beschreibung von modern eingerichteten Anlagen zur Verarbeitung der Sägemühlabfälle gibt J. E. Teeple in seinem Vortrag „Pine Products from Pine Woods". Seventh International Congress of Applied Chemistry, London 1909. Section IV A 1, p. 54.

Das Holzterpentinöl („Light wood oil, Oil of fir, Longleaf pine oil, Wood turpentine, Steamed wood turpentine, Stump turpentine"; niedriger siedende Fraktionen des Öls werden als „Wood spirits of turpentine"[1]), die höheren als „White" und „Yellow pine oil" bezeichnet) ist weder ein eigentliches Terpentinöl, noch ist es ein echtes Kienöl. Es wird zwar wie dieses aus dem Kien, d. h. aus den mit Harz und Öl durchtränkten Holz- und Wurzelteilen gewonnen, doch nicht durch trockne, sondern durch Wasserdampfdestillation. Deshalb fehlen im Holzterpentinöl die Brenzprodukte, d. h. diejenigen Bestandteile, deren Gegenwart beim Kienöl auf die Einwirkung der Hitze zurückzuführen ist, nämlich Phenole, Holzessig, Furfurol, Diacetyl usw. Aber auch vom Terpentinöl unterscheidet es sich wesentlich, sowohl in physikalischer, wie in chemischer Hinsicht. Es enthält eine ganze Anzahl sauerstoffhaltiger, im Terpentinöl gänzlich fehlender Körper, gegen welche die Terpene mehr zurücktreten; infolgedessen ist es spezifisch schwerer und dickflüssiger. Die Verschiedenheit in der chemischen Zusammensetzung ist wohl auf den in den abgestorbenen Wurzeln und Stümpfen vor sich gehenden Verkienungsprozeß zurückzuführen, durch den ein Aufbau von Alkoholen (Borneol, Terpineol, Fenchylalkohol), Ketonen (Campher), Oxyden (Cineol) und Phenoläthern (Methylchavicol) aus den im Terpentin enthaltenen Terpenen stattfindet. Teilweise vollzieht sich die Kienbildung wohl auch schon im lebenden Baume. Durch die Verwundung bilden sich in der Umgebung der Wundfläche eine große Anzahl von Harzgängen, die sich allmählich mit Harz verstopfen. Dieses Harz unterscheidet sich von dem sich absondernden Terpentin nur durch einen geringeren Ölgehalt. Durch die wiederholten Verwundungen wird schließlich der Teil des Stammes, der sich unterhalb der verwundeten Stellen befindet, vollständig von Harz durchtränkt. Bricht jetzt der Baum aus irgend einem Grunde (durch Windbruch oder infolge der Verwundungen), so bleibt das harzgesättigte Holz, „Light wood" genannt, bis zur Höhe der Zapfstellen, also etwa 10 bis 15 Fuß hoch, stehen; sein Harzgehalt schützt vor dem Verfaulen, das die saftreichen Teile schnell ergreift.

[1]) Bericht von Schimmel & Co. Oktober 1911, 90.

47. Amerikanisches Holzterpentinöl.

Gewinnung[1]). Schon im Jahre 1841 fing man an, das „Light wood", das übrigens sehr schwer ist und seinen Namen wohl der Verwendung zu Fackeln verdankt[2]), zu verwerten, indem man es der trocknen Destillation unterwarf. Man hoffte auf eine ebenso reichliche Ausbeute an Holzgeist, Essigsäure, Holzkohle, Gas und Teer, wie bei den Laubhölzern („Hard wood"); die Erfahrung lehrte aber, daß man sich in bezug auf die Ausbeuten an letztgenannten Produkten und zum Teil auch in ihrer Verwendbarkeit gründlich geirrt hatte. Verschiedene Modifikationen der Retorten, Änderungen der Apparatur und der Betriebsführung führten nicht zum Ziele, solange das Prinzip der Trockendestillation dem Verfahren zugrunde gelegt wurde. Mehr Erfolg hatten die schon zuerst 1865 ausgeführten, neuerdings wieder aufgenommenen Versuche, das Holz in Harzbädern zu erhitzen und Dampf einzublasen, doch hatte das Verfahren den Nachteil hoher Kosten und der Feuersgefahr, außerdem blieben auch die Ausbeuten hinter den erwarteten zurück. Dann wandte man sich dem Hullschen Verfahren (1864) zu, bei dem das zerkleinerte Holz in stehenden Retorten von unten mit überhitztem Dampf destilliert wurde. In der Praxis hat sich aber herausgestellt, daß der heiße Dampf sofort einen Teil des Holzes verkohlte und somit eine partielle Trockendestillation bewirkte, deren Produkte als Verunreinigungen des Terpentinöls mit übergehen; außerdem verwandte man nicht genügende Sorgfalt auf die gleichmäßige Überhitzung. Den meisten Erfolg verspricht man sich von der Anwendung nicht überhitzten Dampfes, die schon 1864 von Leffler zuerst angegeben, dann vergessen und neuerdings wieder von Krug der Vergessenheit entrissen wurde. Hierbei wird das Holzmaterial erst erschöpfend mit Dampf ausdestilliert, dann erst das Holz durch trockne Destillation oder sonstwie weiterverarbeitet. Großen Wert legt man bei den nach diesem Prinzip gebauten Anlagen auf die maschinelle Seite der Anlage, so z. B. die Füllung und Entleerung der Retorten, die richtige Dampfverteilung, die Bewegung des Holzes innerhalb der Retorte usw. Die Ausbeuten dieses Verfahrens betragen nach Teeple 6 bis 25 Gallonen

[1]) J. E. Teeple, Journ. Soc. chem. Industry 26 (1907), 811.

[2]) „Light wood" entspricht also unsrer Bezeichnung Kienholz.

Öl pro „Cord"[1]) Holz, im Durchschnitt 12 bis 15 Gallonen. Eine ausführliche Zusammenstellung der bisher bei der Gewinnung, Reinigung und Verwendung des Holzterpentinöls gemachten Erfahrungen ist vom Nordamerikanischen Ackerbauministerium im Jahre 1911 herausgegeben worden[2]). Auf den interessanten Inhalt dieser Schrift hier näher einzugehen, würde zu weit führen.

Im ganzen existierten in den Vereinigten Staaten im Jahre 1910 30 Anlagen, die sich mit der Destillation von Weichhölzern befaßten; in der Hauptsache wurden destilliert „Yellow pine", daneben geringere Mengen von „Norway pine" und Douglasfichte. Die Anlagen verarbeiteten insgesamt 192 442 cords Weichholz, gegen 115 310, 99 212 und 62 349 cords in den Jahren 1909 bis 1907 — ein Beweis für die zunehmende Bedeutung der Holzterpentinindustrie.

Eigenschaften. Als Holzterpentinöl trifft man im Handel Öle von sehr verschiedenen Eigenschaften, was darauf zurückzuführen ist, daß die leichter siedenden ersten, farblosen, hauptsächlich aus Terpenen bestehenden Anteile („Wood spirits of turpentine") für sich aufgefangen und von den höher siedenden, sauerstoffhaltigen („White" und „Yellow pine oil") gelben, getrennt gehalten werden[3]).

Ein bei einem Laboratoriumsversuch von W. H. Walker, E. W. Wiggins und E. C. Smith[4]) erhaltenes leichtes Öl („Clear oil") hatte das spez. Gewicht 0,865 bis 0,867; 80% davon siedeten unter 163°; ein gelbes Öl siedete zwischen 200 und 214°. Nach Teeple[5]) liegt das spez. Gewicht des „Wood spirit of turpentine" bei etwa 0,865, das des „Pine oil" zwischen 0,935 und 0,947, der Siedebeginn bei 206 bis 210°; 75% sollen zwischen 211 und 218° übergehen, und 50% zwischen 213 und 217°. An einem

[1]) 1 cord (Klafter) ist ein Raummaß 8×4×4 Fuß.

[2]) F. P. Veitch u. M. G. Donk, Wood turpentine, its production, refining, properties, and uses. U. S. Dept. of Agriculture, Bur. of Chemistry, Bulletin No. 144, 1911; Bericht von Schimmel & Co. April 1912, 120.

[3]) Ganz ähnliche Produkte werden auch bei der Destillation der Abfälle von den Sägemühlen erhalten. Vgl. Teeple, *loc. cit.*

[4]) Chemical Engineer (Philadelphia) 8 (1905), 78.

[5]) Journ. Americ. chem. Soc. 30 (1908), 412 und Seventh International Congress of Applied Chemistry, London 1910. Section IV. A. 1, p. 54.

Muster wurden von ihm folgende Konstanten bestimmt: $d_{15,5°}$ 0,945, $[\alpha]_D$ ca. —11°, n_D 1,483. Mit steigendem Siedepunkt nahm beim Fraktionieren auch der Wert für die Dichte zu, um bei 217° konstant zu bleiben (ca. 0,947). Die von Schimmel & Co. untersuchten Präparate von „Yellow pine oil" weichen in ihren Eigenschaften von den Zahlen Teeples mehr oder weniger ab. Die Dichte schwankte zwischen 0,941 und 0,954 bei 15°, die Drehung zwischen +6 und —5°. Eins dieser Öle hatte beispielsweise die Konstanten: $d_{15°}$ 0,946, α_D —0°54′, $n_{D20°}$ 1,48393, S. Z. 0,5, E. Z. 0,9, E. Z. nach Actlg. 186 (entsprechend 59,4% Alkohol $C_{10}H_{18}O$), löslich in 4 Vol. 60%igen, 2 Vol. 70%igen und 0,8 Vol. 80%igen Alkohols. Bei einem andern Öle (mit dem die unter „Zusammensetzung" besprochene Untersuchung ausgeführt worden war) wurde beobachtet: $d_{15°}$ 0,9536, α_D —3°26′, $n_{D20°}$ 1,48537, S. Z. 0, E. Z. 14,2 (entsprechend 4,9% Ester $C_{10}H_{17}OCOCH_3$), E. Z. nach Actlg. 161,4 (entsprechend 50,5% Alkohol $C_{10}H_{18}O$). Durch Acetylierung in Xylollösung wurde ein Gehalt von 58% Alkohol bestimmt. Der Siedepunkt der Hauptmenge lag zwischen 190 und 220° (5% gingen von 160 bis 190° über).

In der auf S. 103, Anm. 2 genannten, vom Ackerbauministerium herausgegebenen Schrift werden für das mit Dampf destillierte Holzterpentinöl folgende Konstanten aufgestellt: $d_{20°}$ 0,859 bis 0,915, $\alpha_{D20°}$ +16,5 bis +36,14°, $n_{D20°}$ 1,4673 bis 1,4755, Siedebeginn (unkorr.) 153 bis 177°, bis 170° übergehend 0 bis 95%, bis 185° 20 bis 98%, Jodzahl nach Wijs 300 bis 362, S. Z. 0,080 bis 0,312, V. Z. 1,06 bis 8,75, Kolorimeterzahl (Lovibond) für gelb 0,5 bis 10,0, für rot 0,2 bis 1,4.

Zusammensetzung. Walker, Wiggins und Smith[1]), die zuerst das Holzterpentinöl untersuchten, schlossen aus der Bildung eines bei 50° schmelzenden Chlorhydrats, das sie beim Einleiten von Chlorwasserstoff in die von 209 bis 211° siedende Fraktion erhielten, auf die Gegenwart von Terpineol. Teeple brachte den Beweis hierfür, indem er den Alkohol in Terpinhydrat (Smp. 118°), Terpineolnitrosochlorid (Smp. 101 bis 103°) und Terpineolnitrolpiperidid (Smp. 158 bis 159°) überführte.

---

[1]) *Loc. cit.*

Durch eine im Laboratorium von Schimmel & Co.[1]) ausgeführte Untersuchung wurde dargetan, daß das Öl außer Terpineol noch eine Reihe andrer, zum Teil in Abietineenölen bisher noch nicht beobachteter Bestandteile enthält.

Als Untersuchungsmaterial diente das Öl, dessen Konstanten oben unter „Eigenschaften" aufgeführt sind. Beim Fraktionieren schied sich l-α-Terpineol als fester Körper ab (Smp. 35°; $[\alpha]_D$ — 4°40′ in 25%iger alkoholischer Lösung; Smp. des Phenylurethans 111 bis 113°).

In der ersten Fraktion vom Sdp. 156 bis 160° (α_D + 10°20′) wurden nachgewiesen: α-Pinen (Nitrosochlorid, Smp. 105 bis 107°; Nitrolbenzylamin, Smp. 123°), β-Pinen (Oxydation zu Nopinsäure) und Camphen (das durch Hydratisierung nach Bertram und Walbaum entstandene Isoborneol hatte den Smp. 208 bis 209°).

Die Fraktionen vom Sdp. 170 bis 180° (α_D — 12°55′) bestanden in der Hauptsache aus l-Limonen und Dipenten. (Dipentenchlorhydrat, Smp. 48°; Tetrabromid, Smp. 122 bis 123°). Das aus der Fraktion vom Sdp. 175 bis 177° erhaltene Tetrabromid war ein Gemisch von Limonen- und Dipententetrabromid, die sich durch fraktionierte Kristallisation trennen ließen, und zwar bestand der bei 103 bis 106° schmelzende Anteil aus dem aktiven Tetrabromid (Limonentetrabromid), der schwerer lösliche Teil schmolz bei 120 bis 123° und war Dipententetrabromid.

Die Fraktionen vom Sdp. 174 bis 180° enthielten noch Cineol, das durch Schütteln mit Resorcinlösung in die Cineol-Resorcinverbindung übergeführt wurde. Das daraus abgeschiedene Cineol wurde durch die Jodolverbindung vom Smp. 110 bis 112° nachgewiesen.

In den Fraktionen vom Sdp. 178 bis 180° war eine kleine Menge γ-Terpinen enthalten. Der bei der Oxydation mit Permanganat entstandene Erythrit schmolz bei 232 bis 235°.

Bei den Versuchen, weitere Bestandteile kennen zu lernen, erwies sich die Anwesenheit von α-Terpineol als störend. Es wurde deshalb durch Schütteln mit verdünnter Schwefelsäure in Terpinhydrat übergeführt und durch Destillation mit Wasserdampf von den andern Bestandteilen getrennt, und das so erhaltene

[1]) Bericht von Schimmel & Co. April 1910, 102.

Öl wiederholt fraktioniert. So gelang es, neben Borneol noch Methylchavicol, einen bisher in den Ölen aus *Pinus*-Arten noch nicht beobachteten Körper, zu isolieren.

Die Rückstände der Kohlenwasserstoff-Fraktionen enthielten größere Mengen Borneol (Borneolphthalestersäure, Smp. 164°). Die Fraktionen vom Sdp. 210 bis 215° wurden mit 100%iger Ameisensäure zur Entfernung von Terpineol eine Stunde lang gekocht, und das durch Fraktionieren gereinigte Formiat des Borneols mit Kali verseift. Das sich in fester Form ausscheidende Borneol hatte, aus Petroläther umkristallisiert, den Schmelzpunkt 204° und war linksdrehend (Phenylurethan, Smp. 137 bis 139°; das Semicarbazon des durch Oxydation mit Chromsäure erhaltenen Camphers schmolz bei 237°).

In denselben Fraktionen, die Borneol enthielten, fand sich auch Methylchavicol. Nach Entfernung des Borneols mit Hilfe der Phthalestersäure siedete das rohe Methylchavicol ($d_{18°}$ 0,9710; α_D —0°27′; $n_{D20°}$ 1,51726) zwischen 73 und 74° (4 bis 5 mm) und bei 215° (758 mm). Bei der Oxydation mit Permanganat entstand Homoanissäure (Smp. 83 bis 84°) und Anissäure (Smp. 183 bis 184°). Durch Kochen mit alkoholischem Kali wurde Anethol (Sdp. 230 bis 233°; Smp. über 15°) erhalten.

Die jetzt folgenden Fraktionen besaßen einen muffigen, modrigen Geruch. Sie bestanden zum größten Teil aus i-Fenchylalkohol. Fenchon war nicht nachweisbar, dagegen wurde aus Fraktionen, aus denen der Fenchylalkohol entfernt war, mit Hilfe von Semicarbazidchlorhydrat in kleiner Menge ein Semicarbazon vom Smp. 233 bis 235° erhalten, das mit Camphersemicarbazon identisch war. Campher findet sich also nur in Spuren in dem Öle.

Der Nachweis des i-Fenchylalkohols (Sdp. 201 bis 204°, Smp. 33 bis 35°, bei schnellem Erwärmen 37 bis 38°) geschah durch die Phthalestersäure (Smp. 142 bis 143°). Das durch Oxydation mit Chromsäure aus dem Alkohol entstandene Keton (Sdp. 192 bis 193° bezw. 193 bis 194°; $d_{18°}$ 0,9501; $n_{D20°}$ 1,47021) war i-Fenchon. (Oxim, Smp. bei schnellem Erwärmen 159 bis 160°).

Durch diese Untersuchung ist festgestellt worden, daß neben l-α-Terpineol im „Yellow pine oil“ vorkommen: α- und β-Pinen, Camphen, l-Limonen, Dipenten, γ-Terpinen, Cineol, i-Fenchylalkohol, Campher, l-Borneol und Methylchavicol. Cineol, Fenchylalkohol, Campher und Methylchavicol sind zum ersten Male als Bestandteile eines Öls der Abietineen aufgefunden worden.

Kienöle.

Herkunft und Gewinnung. Kienöl wird seit dem Mittelalter in einzelnen mit größeren Kiefernwaldungen bestandenen Gegenden zusammen mit Holzessig als Nebenprodukt bei der Gewinnung von Teer und Holzkohle durch trockne Destillation des harzreichen Holzes der Wurzelstöcke der gemeinen Kiefer, *Pinus silvestris* L., dargestellt. In Rußland soll dazu auch *Pinus Ledebourii* Endl. (*Larix sibirica* Ledebour) verwendet werden[1]). Im kontinentalen Europa wird das meiste Kienöl im östlichen Deutschland, in Polen, in Finnland und andern Teilen des nördlichen Rußlands, sowie in Schweden gewonnen.

Das rohe Kienöl enthält teerige, empyreumatische Anteile und wurde früher nur durch Rektifikation über Kalkmilch oder nach ähnlichen Verfahren gereinigt. Seitdem man die Verunreinigungen besser kennen gelernt hat, behandelt man das Öl mit verdünnter Natronlauge, die das Diacetyl und dessen Homologe zu Chinonen der Benzolreihe kondensiert und außerdem die im Vorlauf enthaltenen schlecht riechenden Substanzen zerstört. Eine darauf folgende Behandlung mit mäßig konzentrierter Schwefelsäure verharzt Furfuran, Aldehyde und ungesättigte Verbindungen. Stärkere Schwefelsäure ist zu vermeiden, weil dadurch auch die Terpene angegriffen werden. Diese Reinigungsarten reichen aber nicht immer aus, weshalb noch eine ganze Anzahl patentierter Verfahren[2]) in Anwendung kommt.

Aber auch das auf das sorgfältigste behandelte Kienöl wird in seinen Eigenschaften niemals denen des Terpentinöls gleichkommen, weil seine chemische Zusammensetzung eine andre ist. Für manche Anwendungsarten ist dies ohne Bedeutung, für viele Zwecke, besonders für medizinische, kann aber das Terpentinöl durch Kienöl nicht ersetzt werden. Abgesehen von seinem Geruch

[1]) Tilden, Pharmaceutical Journ. III. 8 (1878), 539.
[2]) Siehe Anm. 1, S. 49.

unterscheidet sich Kienöl von Terpentinöl besonders durch seine sehr geringe Oxydationsfähigkeit, d. h. durch sein Unvermögen größere Mengen von Sauerstoff aufzunehmen.

Eigenschaften. Die physikalischen Konstanten sind ziemlich verschieden, je nachdem man rohes, oberflächlich gereinigtes oder von Beimengungen vollständig befreites Kienöl in Händen hat. Rohes oder schlecht gereinigtes Öl hat einen ausgesprochen empyreumatischen Geruch, der von Phenolen herrührt, die man durch Ausschütteln mit Natronlauge entfernen kann; aber auch das sorgfältig gereinigte Öl riecht stets von Terpentinöl deutlich verschieden.

Das spez. Gewicht schwankt beim gereinigten Öle von 0,860 bis 0,875, beim rohen ist es niedriger; $\alpha_D + 4$ bis $+16°$; $n_{D20°}$ 1,469 bis 1,480; bei der Destillation geht von 155 bis 162° in der Regel nur ein kleinerer Bruchteil über, während die Hauptmenge von 162 bis 170° oder noch höher siedet.

Von Terpentinöl unterscheidet sich also Kienöl durch sein abweichendes Siedeverhalten. Dies wird bedingt durch den geringeren Gehalt an Pinen und das Überwiegen höher siedender Terpene wie Sylvestren[1]) und Dipenten. Der Nachweis des Kienöls kann daher auf chemischem Wege durch Isolierung und Identifizierung des für Kienöl charakteristischen Dipentens und des Sylvestrens geführt werden[2]). Meist werden zur Kennzeichnung des Kienöls die auf S. 49 beschriebenen Farbreaktionen von Herzfeld, Valenta und Utz genügen.

Zusammensetzung. Die verschiedenen Kienölsorten haben im allgemeinen alle die gleiche Zusammensetzung. Die Bestandteile sind: d-α-Pinen, β-Pinen, d-Sylvestren, Limonen, Cymol und Sesquiterpene. Außer diesen Kohlenwasserstoffen sind

---

[1]) Um zu ermitteln, ob Sylvestren und Dipenten als ursprünglich in den *Pinus*-Arten vorhandene Bestandteile, oder als Umwandlungsprodukte bei der Destillation anzusehen sind, destillierten Aschan und Hjelt (Chem. Ztg. 18 (1894), 1566) das Stammholz der Kiefer mit Wasserdampf. In dem Öle wurde Pinen und Sylvestren, aber kein Dipenten gefunden. Es scheint daher Sylvestren ein normaler Bestandteil der Kiefer zu sein, während das besonders im Kienöle enthaltene Dipenten ein aus dem Pinen durch Wärmeeinfluß gebildetes Isomerisationsprodukt sein dürfte.

[2]) Sylvestren kommt auch im russischen, sowie im indischen Terpentinöl vor.

im Rohöl eine Anzahl sauerstoffhaltiger Körper enthalten, die ihre Entstehung der bei der trocknen Destillation angewandten Hitze verdanken und als Zersetzungsprodukte des Holzes, des Holzsaftes und vielleicht auch der ätherischen Öle anzusehen sind. Es sind dies: Essigsäure, Aceton, Methylalkohol[1]), Furfuran, Sylvan (α-Methylfurfuran), α-α_1-Dimethylfurfuran, Benzol, Toluol, m-Xylol, Furfurol, Diacetyl, Acetylpropionyl (wahrscheinlich), Isobuttersäuremethylester[2]), Phenol (Benzophenol), Guajacol und Phlorol (nicht sicher).

Verfälschungen. Kienöl ist eins der billigsten ätherischen Öle, das häufig zu Verfälschungen benutzt, seltener selbst verfälscht wird. So sind beispielsweise Beimengungen von Petroleum (Sundvik, *loc. cit.*) und von Harzessenz beobachtet worden.

48. Deutsches Kienöl.

Gewinnung. Die Teerschwelerei wird in Deutschland nur noch in der Gegend von Torgau (Provinz Sachsen) und in der Lausitz betrieben; die Gewinnung von Holzkohle, Teer und Pech ist dabei der Hauptzweck. Während man die gefällten Kiefernstämme zu Brettern oder Brennholz verarbeitet, werden die harzreichen Wurzeln nach Entfernung des Splints, der als Feuerungsmaterial dient, in den Teerschwelereien der trocknen Destillation unterworfen. Dies geschieht[3]) in einem aus feuerfesten Ziegelsteinen gemauerten, zuckerhutförmig gestalteten Ofen, der durch eine die Außenwände umströmende Holzfeuerung geheizt wird. In dem nach der Mitte zu gesenkten Boden des Ofens ist ein etwas weites Rohr angebracht, durch das die gesamten flüssigen Destillationsprodukte in eine gemauerte Grube abfließen. Durch eine seitwärts angebrachte Abzweigung dieses Rohres werden die leichter flüchtigen, wäßrigen und ätherischen Destillationsprodukte durch eine Kühlvorrichtung kondensiert und in eine größere Florentiner Flasche geleitet, in der das leichtere Öl von dem schwereren Holzessig getrennt wird.

[1]) E. Sundvik, Über das durch trockne Destillation dargestellte Terpentinöl (Kienöl). Festschrift für O. Hammarsten. Upsala 1906.

[2]) O. Aschan, Über den Vorlauf des finnländischen Terpentinöls (Kienöls). Zeitschr. f. angew. Chem. 20 (1907), 1811.

[3]) Nach eigner Anschauung einer größeren Teerdestillation in der Nähe von Torgau.

Das rohe Kienöl wird durch Rektifikation über Kalkmilch und Holzkohle gereinigt und wird alsdann zur Herstellung von Eisenlack, zur Reinigung von Lettern und Druckplatten und zur Bereitung oder Verdünnung billiger Ölfarben usw. verwendet.

Eigenschaften. Das deutsche Kienöl hat einen terpentinartigen, brenzligen Geruch, eine hellgelbe Farbe, das spez. Gewicht 0,865 bis 0,870, und ein Drehungsvermögen α_D von +9 bis +22°. Bei der fraktionierten Destillation eines normalen Kienöls gingen über: von 160 bis 165° 21,6%, von 165 bis 170° 50,4%, von 170 bis 175° 15,2%, von 175 bis 180° 6,4%, Rückstand 6,4%.

Bestandteile. Deutsches Kienöl enthält d-Pinen, d-Sylvestren und Dipenten und weicht in seiner Zusammensetzung nicht vom russischen, polnischen oder schwedischen Kienöl ab.

49. Russisches oder Polnisches Kienöl.

Herkunft und Gewinnung[1]. Kienöl ist auch in Rußland nur ein Nebenprodukt bei der trocknen Destillation des Holzes in den Schwelereibetrieben. Diese sind in Rußland sehr verbreitet und wohl überall dort anzutreffen, wo größere Kieferwaldungen sind. Ihren Hauptsitz hat die Holzkohlen- und Teergewinnung in Archangelsk, Wologda, Kostroma, Wjatka, Nischnij-Nowgorod und Twer[2].

In den beiden zuerst genannten Gouvernements läßt man, wie bei der Beschreibung des russischen Terpentinöls auf S. 81 dargetan worden ist, die Kiefern (*Pinus silvestris* L.), nachdem sie zur Gewinnung des Galipots gedient haben, absterben und unterwirft das zerkleinerte Kienholz der trocknen Destillation, die in Öfen von 2 bis 7 cbm Inhalt ausgeführt wird. Ein kupfernes, mit einer Kühlvorrichtung verbundenes Rohr leitet die Kienöldämpfe ab und kondensiert sie. 1 cbm Holz gibt bei diesem Verfahren 60 bis 70 kg Teer und 6 bis 8 kg Kienöl. Das dabei entstehende essigsäurehaltige Wasser läßt man weglaufen; die zurückbleibende Holzkohle dient zum Heizen der Apparate.

---

[1] M. Vèzes, L'Industrie résinière en Russie. Bordeaux 1902. — Kowalewski, Die Produktivkräfte Rußlands. Deutsche Übersetzung. Leipzig 1898, S. 254, 255.

[2] Chem. Industrie 34 (1911), 158.

Das so erhaltene Kienöl, „Térébenthine de Four" („Essence jaune de Four") genannt, ist braun von Farbe, stark mit Zersetzungsprodukten verunreinigt und riecht sehr unangenehm, weshalb es durch Rektifikation gereinigt werden muß. Dies geschieht, indem man in die mit dem Rohöl unter Zusatz von Kalk gefüllte Blase Wasserdampf einleitet. Auf diese Weise erhält man 75 bis 78% gereinigtes, hellgrünes Öl, das, nochmals mit Kalk rektifiziert, ein farbloses Öl („Essence de Térébenthine blanche rectifiée") gibt.

Während man in den Gouvernements Archangelsk und Wologda das von den Kiefern nach ihrer Verwundung ausgeschwitzte Harz auf Terpentinöl und das Kienholz auf Kienöl verarbeitet, läßt man in Kostroma den Terpentin auf dem Baume und destilliert ihn gleichzeitig mit dem Holze, und zwar nacheinander in zwei verschiedenen Apparaten, im ersten mit gelinder, im zweiten mit stärkerer Hitze. Der erste Apparat ist ein aus Backsteinen hergestellter Ofen, der 10 cbm Holz aufnehmen kann. Die Erhitzungsprodukte werden durch hölzerne Röhren abgeleitet, die in einen kupfernen Schlangenkühler übergehen. Die Destillation dauert 5 Tage; das gewonnene Kienöl ist mit vielen Zersetzungsprodukten verunreinigt. Das bei dieser Destillation zurückbleibende Holz wird zur Gewinnung von Teer in eisernen Retorten, die in einen Herd eingemauert sind, ziemlich hoch erhitzt; das Destillat wird in einer aus Mauersteinen aufgeführten Kammer gesammelt.

In Polen[1]) hat die Kienölgewinnung den Charakter der Hausindustrie und wird in primitiver Weise in Öfen, die aus Lehm hergestellt sind (Erdöfen), betrieben.

Das rohe Kienöl der kleineren Produzenten findet in Polen meistens lokalen Absatz; die größeren Schwelereien, die auch das Rohöl benachbarter kleinerer Betriebsstätten aufkaufen, reinigen das Öl durch Rektifikation über Kalkmilch und frisch gebrannter Kohle. Der Holzessig wird größtenteils auf essigsauren Kalk verarbeitet.

[1]) In Russisch-Polen befanden sich im Jahre 1896 nach einer Privatmitteilung von Herrn Prof. Dr. G. Wagner in Warschau, besonders in den Gouvernements Lublin, Lomsha und Suwalki nahezu 100 Teerdestillationen, von denen jede im Durchschnitt etwa 1500 bis 2500 Kilo Kienöl produzierte.

Eigenschaften. Das spez. Gewicht des russischen Kienöls ist 0,862 bis 0,872, das Drehungsvermögen α_D + 15° 25′ bis + 24°[1]). Es siedet von 155 bis 180°[2]). Bei der fraktionierten Destillation eines normalen russischen Kienöls erhielt Tilden[3]) bei 160 bis 171° 10%, bei 171 bis 172° 63% und bei 172 bis 185° 24% Destillat.

Zusammensetzung. Polnisches Kienöl ist im Jahre 1877 von Tilden und 1887 von Flawitzky[4]) untersucht worden. Es wurden darin gefunden: d-Pinen, ein bei 171 bis 172° siedendes Terpen, das Tilden für identisch mit Sylvestren hielt, obwohl es ihm nicht gelang, das bei 72° schmelzende Chlorhydrat zu erhalten, und Cymol, dessen Nachweis unter Anwendung von Brom und Schwefelsäure erfolgte[5]). Wallach bestätigte später die Anwesenheit von α-Pinen[6]); er wies ferner Sylvestren in der bei 170 bis 180° siedenden Fraktion durch Darstellung des bei 72° schmelzenden Chlorhydrats nach. Auch fand er in den bei 180° siedenden Anteilen Dipenten (Dipententetrabromid) und ein Terpen, das ein flüssiges Bromadditionsprodukt lieferte (Terpinen?).

J. Schindelmeiser[7]) wies in der Pinenfraktion β-Pinen (Nopinsäure, Smp. 126°) nach. Das russische Kienöl enthält nach demselben Autor außer Sylvestren und Dipenten noch Toluol, Cymol, einen scharf riechenden chinonartigen Körper sowie gesättigte Kohlenwasserstoffe der Methanreihe; einer von diesen vom Siedepunkt 98 bis 99° ist wahrscheinlich Heptan. In den höchstsiedenden Anteilen findet sich ein Sesquiterpen, das nach Schindelmeiser identisch ist mit dem optisch inaktiven Kohlenwasserstoff, der das Cadinen im Kadeöl begleitet.

[1]) Vgl. Armstrong, Pharmaceutical Journ. III. 13 (1883), 586.

[2]) Wallach, Liebigs Annalen 230 (1885), 245. — Tilden, Journ. chem. Soc. 33 (1878), 80 und Pharmaceutical Journ. III. 8 (1877), 447.

[3]) *Loc. cit.*, S. 107, Anm. 1.

[4]) Berl. Berichte 20 (1887), 1956.

[5]) Bei Gegenwart von Terpenen ist dies indessen nicht ohne weiteres beweiskräftig.

[6]) Liebigs Annalen 230 (1885), 246.

[7]) Chem. Ztg. 32 (1908), 8.

50. Schwedisches Kienöl.

Eigenschaften. Das schwedische Kienöl hat dieselben Eigenschaften wie die übrigen durch trockne Destillation aus Kiefernstümpfen gewonnenen Öle. Die bisher nur an wenigen Proben beobachteten Konstanten sind folgende: $d_{15°}$ 0,863 bis 0,871, α_D + 6°30′ bis + 17°45′. Ein untersuchtes Muster enthielt etwa 1% Phenole.

Zusammensetzung. Nach einer Untersuchung von Atterberg[1]) enthält das Öl d-α-Pinen vom Siedepunkt 156,5 bis 157,5° (Pinenchlorhydrat, Smp. 131°), und ein bis dahin nicht bekanntes, bei 173 bis 175° siedendes Terpen, das von Atterberg durch ein bei 72 bis 73° schmelzendes Dichlorhydrat gekennzeichnet und Sylvestren genannt wurde.

Eine Mitteilung von J. Kondakow und J. Schindelmeiser[2]) über die Kohlenwasserstoffe des schwedischen Terpentinöls dürfte, da über eine Terpentinindustrie in Schweden nichts bekannt ist, ebenfalls auf Kienöl zu beziehen sein. Die Genannten fanden außer Sylvestren und Dipenten einen nicht mit Chlorwasserstoff reagierenden Kohlenwasserstoff vom Sdp. 174 bis 176° ($\alpha_D \pm 0°$; $d_{18°}$ 0,854; n_D 1,49013), der bei der Oxydation mit Permanganat Oxyisopropylbenzoesäure (Smp. 155°) lieferte. Da außerdem die Cymolsulfonsäure durch ihr Baryumsalz identifiziert wurde, war der Kohlenwasserstoff als p-Cymol anzusprechen. Aus demselben Öl wurde ein noch nicht charakterisierter Kohlenwasserstoff vom Siedepunkt 145° herausfraktioniert.

51. Finnländisches Kienöl.

Herkunft und Gewinnung. Da es in der finnischen Sprache einen Unterschied zwischen den Bezeichnungen für Terpentinöl und Kienöl nicht gibt, und da im Lande nur Kienöl erzeugt wird, so ist dieses stets gemeint, wenn von Terpentinöl die Rede ist. Das Kienöl wird aus den Kiefern- und Fichtenstämmen[3]) als

---

[1]) Berl. Berichte 10 (1877), 1202. Vgl. Wallach, Liebigs Annalen 230 (1885), 240.

[2]) Chem. Ztg. 30 (1906), 722.

[3]) Die Wälder Finnlands bestehen zu 77% aus Kiefern und zu 12% aus Fichten.

Nebenprodukt bei der Holzteergewinnung erhalten, und zwar in nicht unbedeutenden Mengen, besonders, seitdem geschlossene, eiserne Teeröfen allgemein in Gebrauch sind.

Eigenschaften. E. Sundvik[1]) fand bei 13 Proben guter finnischer Handelsware folgende Eigenschaften: $d_{15°}$ 0,860 bis 0,875, α_D + 8,45 bis + 15,22°, n_D 1,4699 bis 1,473.

Zusammensetzung. Mit der Untersuchung der Terpene von zwei Sorten des finnländischen Kienöls haben sich O. Aschan und E. Hjelt[2]) beschäftigt.

1. Öl aus Südfinnland. Nach fünfmal wiederholter Fraktionierung lagen folgende Hauptfraktionen vor: 1) 155 bis 160° 7,1%, 2) 160 bis 165° 30,2%, 3) 165 bis 170° 22,6%, 4) 170 bis 175° 20,1%.

Die erste Fraktion bestand aus α-Pinen (Chlorhydrat, Smp. 123 bis 124°; Nitrosochlorid; Nitrosopinen). In dem von 170 bis 174° siedenden Teile wurde Sylvestren (Dichlorhydrat, Smp. 72°) und Dipenten (Dichlorhydrat, Smp. 49 bis 50°) nachgewiesen.

2. Ein Öl aus Nordfinnland unterschied sich von ersterem durch die relativ größere Menge höher siedender Anteile. Die Fraktionen zwischen 160 und 165°, sowie von 165 bis 170° waren unbedeutend, während die von 170 bis 174° 32,2% und von 174 bis 178° 21,2% betrugen. In den niedrigeren Anteilen wurde Pinen gefunden, während die höheren hauptsächlich aus Dipenten bestanden. Sylvestren, obgleich wohl in geringer Menge vorhanden, konnte nicht nachgewiesen werden.

Über das Destillat des harzreichen Holzes mit Wasserdampf, das dargestellt wurde, um zu entscheiden, ob Sylvestren und Dipenten normale Bestandteile oder durch Hitze entstandene Umlagerungsprodukte sind, ist auf S. 108, Anmerkung 1 berichtet worden.

Unsere Kenntnis der das finnische Kienöl verunreinigenden Nebenbestandteile verdanken wir zwei ausführlichen Arbeiten von E. Sundvik[1]) und von O. Aschan[3]). Die hierbei gefundenen Körper sind bereits auf S. 108 und 109 aufgeführt worden.

---

[1]) Festschrift für O. Hammarsten. Upsala 1906.

[2]) Chem. Ztg. 18 (1894), 1566, 1699, 1800.

[3]) Zeitschr. f. angew. Chem. 20 (1907), 1811.

52. Amerikanisches Kienöl.

Herkunft und Gewinnung[1]). Die älteste Methode der Verwertung des Kienholzes in den Vereinigten Staaten, die trockne Destillation, wird auch heutigen Tages noch vielfach angewandt. Die dazu benutzten zylindrischen Retorten sind horizontal aufgestellt; ihre Größe schwankt zwischen ³/₄ und 5 Cords Inhalt, und beträgt gewöhnlich 1 bis 2 Cords[2]). Die Verarbeitung einer Füllung dauert in der Regel 24 bis 48 Stunden, bei den größten jedoch bis zu 5 Tagen. Das Kienöl, das zu Anfang der Destillation übergeht, wird unter Zugabe von Alkali aus einer kupfernen Blase rektifiziert. Zuerst destilliert eine scharf und unangenehm riechende Flüssigkeit vom spez. Gewicht 0,840 über; dann folgt eine Fraktion von d 0,865 mit denselben Eigenschaften wie Holzterpentinöl, hierauf ein wahrscheinlich aus Dipenten und etwas Sylvestren bestehendes Öl; das spez. Gewicht der letzten Anteile, die terpineolhaltig zu sein scheinen, steigt bis 0,930. Es ist dies bemerkenswert, da bei den europäischen Kienölen (von *Pinus silvestris*) derartige schwere Bestandteile nicht beobachtet worden sind.

Das amerikanische Kienöl wird meist im rohen Zustande zu Desinfektionsmitteln oder als minderwertige Sorte Holzterpentinöl verwendet.

Eigenschaften. Zwei amerikanische, wahrscheinlich aus Georgia stammende Kienöle sind von E. Kremers[3]) untersucht worden. Beide besaßen einen schwach empyreumatischen Geruch und färbten sich nach dem Schütteln mit 5%iger Natronlauge dunkel. d 0,856 und 0,860; $\alpha_D + 13°40'$ und $+13°42'$. Bei der fraktionierten Destillation ging die Hauptmenge beim Siedepunkt des Pinens über. Der Geruch und die verminderte Drehung der höher siedenden Fraktionen deuten auf Dipenten hin.

Das Ackerbaudepartement der Vereinigten Staaten gibt für gereinigtes amerikanisches Kienöl folgende Konstanten an[4]):

[1]) J. E. Teeple, Pine products from pine woods. Seventh International Congress of Applied Chemistry. Section IV. A. 1, p. 60. — Journ. Soc. chem. Industry 26 (1907), 811.

[2]) 1 Cord = 8 × 8 × 4 Fuß.

[3]) Pharm. Review 22 (1904), 150.

[4]) F. P. Veitch u. M. G. Donk, Wood turpentine, its production, refining, properties and uses. U. S. Dept. of Agriculture, Bur. of Chemistry, Bulletin No. 144, 1911; Bericht von Schimmel & Co. April 1912, 122.

$d_{20°}$ 0,857 bis 0,898, $\alpha_{D20°}$ +34,4° bis +77,6°, $n_{D20°}$ 1,4666 bis 1,4810, Siedebeginn (unkorr.) 150 bis 166°, bis 170° übergehend 0 bis 93%, bis 185° übergehend 61 bis 97%, Jodzahl nach Wijs 300 bis 398, S. Z. 0,028 bis 0,246, V. Z. 0,65 bis 4,32, Kolorimeterzahl (Lovibond) für gelb 0,4 bis 4,5, für rot 0,0 bis 0,8.

Die Fichtennadelöle.

(Destillate von Nadeln und Zapfen der Abietineen.)

Die wohlriechenden, aus frischen Blättern und jungen Zweigen sowie aus den einjährigen Fruchtzapfen der Tannen, Fichten, Kiefern und Lärchen destillierten Öle bezeichnet man mit dem nicht ganz zutreffenden Kollektivnamen Fichtennadelöle.

Ebensowenig korrekt ist im allgemeinen auch die Bezeichnung der einzelnen zum praktischen Gebrauch bestimmten Öle dieser Gruppe in den Preislisten der Fabrikanten und Händler, sodaß aus dem Namen die botanische Abstammung nicht immer sicher zu ersehen ist. Da einmal eingebürgerte, wenn auch falsche Namen, nur schwer zu beseitigen sind, so dürften sich auch diese noch einige Zeit halten. Es bedarf wohl keiner besonderen Erwähnung, daß im folgenden nur die richtigen Bezeichnungen Anwendung finden.

An diesen Verhältnissen ist teilweise die Verwirrung schuld, die sowohl in der lateinischen wie deutschen Nomenklatur der Nadelgewächse herrscht. Aus diesem Grunde sind auch die älteren auf Coniferenöle bezüglichen Literaturangaben mit Vorsicht aufzunehmen.

Wegen ihres balsamischen und erfrischenden Tannenduftes haben diese Öle zur Herstellung von verschiedenen Tannenduft-Essenzen zur Zerstäubung in Wohn- und Krankenzimmern und zur Bereitung aromatischer Bäder in der feineren Parfümerie und Seifenindustrie vielfache Verwendung gefunden und sind in neuerer Zeit gangbare Handelsartikel geworden.

Die Fichtennadelöle, besonders die billigeren, sind häufig mit Terpentinöl verfälscht. Da Pinen ein normaler Bestandteil auch dieser Öle ist, so zeigt sein Vorhandensein nicht ohne weiteres eine Verfälschung an. Der Nachweis eines beträchtlicheren Zusatzes von Terpentinöl läßt sich indessen durch fraktionierte Destillation führen, indem man alsdann die Mengen, welche von einem verdächtigen Öle innerhalb bestimmter Temperaturgrenzen übergehen, mit denen eines echten Öles vergleicht. Bei den mit Terpentinöl versetzten Ölen sind die bei 160° oder unterhalb 170° überdestillierenden Mengen weit größer als bei reinen Ölen.

Als Anhaltspunkte für eine solche Untersuchung sind bei den wichtigeren der nachstehend besprochenen Öle quantitativ durchgeführte fraktionierte Destillationen angeführt. Auch ist bei der Prüfung das optische Drehungsvermögen von weit größerer Bedeutung als das spezifische Gewicht, das bei diesen Destillaten

Fig. 11.
Alte Thüringer Fichtennadelöl-Destillation.

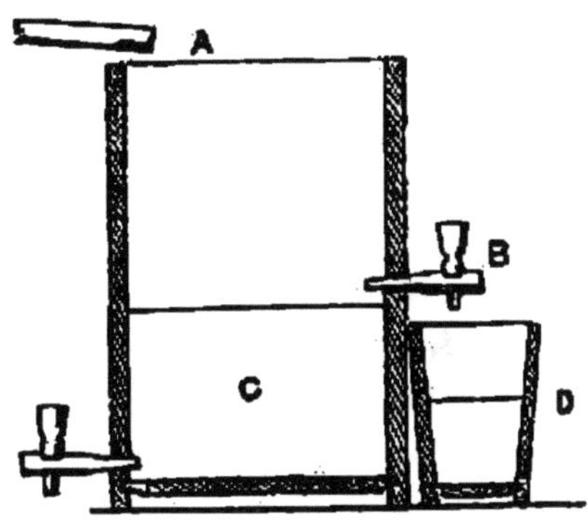

Fig. 12.
Gefäß zum Auffangen des Destillats und Trennen des Öls vom Wasser.

meistens nur unerhebliche Unterschiede zeigt. Dagegen ist die Verseifungszahl bei den terpentinölhaltigen Ölen stets geringer als bei den echten und gibt im allgemeinen gute Auskunft über die normale Beschaffenheit der Fichtennadelöle.

53. Edeltannennadelöl.

Dieses Öl wird durch Destillation aus den Nadeln und Zweigspitzen der *Abies alba* Mill. (*Abies pectinata* D. C.; *Abies excelsa* Lk.), Edeltanne, Weißtanne oder Silbertanne, hauptsächlich in der Schweiz, Tirol (im Pustertale), Niederösterreich und Steiermark, gelegentlich auch in Thüringen und im Schwarzwald, gewonnen. Die Ausbeute beträgt aus unzerkleinertem Material 0,2 bis 0,3 %. Schimmel & Co.[1]) erhielten aus zerkleinerten Nadeln 0,56 % Öl.

Eigenschaften[2]). Das Edeltannennadelöl ist eine farblose, sehr angenehm, balsamisch riechende Flüssigkeit. Das spezifische Gewicht ist je nach der Herkunft verschieden. Bei den Tiroler und Schweizer Ölen liegt $d_{15°}$ zwischen 0,867 und 0,875, während die Öle aus Nieder- und Oberösterreich häufig schwerer sind, bis 0,886; α_D —34 bis —60°, nur ganz ausnahmsweise bis —64°, vielleicht sind aber derartige Öle mit Zapfenölen vermischt. $n_{D20°}$ 1,473 bis 1,474, bei den Ölen mit hohem spez. Gew. bis 1,476. S. Z. meist nicht vorhanden, oder bis 2,0. Bornylacetat 4,5 bis 11 %. Lösl. in 4 bis 7 Vol. 90 %igen Alkohols u. m., zuweilen mit geringer Trübung. Bei der Destillation gehen bis zu 170° 8 % und von 170 bis 185° 55 % über. Oberhalb dieser Temperatur tritt eine teilweise durch den Zerfall des Bornylacetats bedingte Zersetzung unter Abspaltung von Essigsäure ein.

Zusammensetzung. Als Bestandteile des Edeltannennadelöles ermittelten Bertram und Walbaum[3]) folgende: l-α-Pinen (Pinennitrolbenzylamin, Smp. 122 bis 123°), l-Limonen (Tetrabromid, Smp. 104°), l-Bornylacetat[4]) und ein noch nicht näher bestimmtes Sesquiterpen. Von der allergrößten Wichtigkeit für den Geruch sind geringe Mengen von Laurinaldehyd, die von Schimmel & Co.[5]) in dem Öle nachgewiesen worden sind (Semicarbazon, Smp. 101,5 bis 102,5°). Außerdem scheinen noch Spuren von Decylaldehyd vorhanden zu sein.[5])

Nach O. Aschan[6]) ist in den niedrigst siedenden Anteilen Santen, C_9H_{14}, enthalten (Blaufärbung durch Nitrosylchlorid).

54. Edeltannenzapfen- oder Templinöl.

Herkunft und Gewinnung. Edeltannenzapfenöl wird in der Schweiz im Kanton Bern, z. B. im Emmental und in einigen

[1]) Bericht von Schimmel & Co. April 1906, 32.
[2]) Bericht von Schimmel & Co. Oktober 1892, 21; April 1908, 29.
[3]) Arch. der Pharm. 231 (1893), 291.
[4]) Vgl. auch Hirschsohn, Pharm. Zeitschr. f. Russland 31 (1892), 593.
[5]) Bericht von Schimmel & Co. April 1901, 48.
[6]) Berl. Berichte 40 (1907), 4919.

Gegenden des Oberlandes sowie im Thüringer Walde aus den im August und September gesammelten einjährigen Fruchtzapfen der Edeltanne durch Dampfdestillation gewonnen.

In der Schweiz[1]) werden die im September gepflückten Tannenzapfen mit einem hölzernen Hammer zerschlagen, damit die Samen frei werden, wodurch die Ausbeute an Öl bedeutend erhöht wird, und in gewöhnlichen kupfernen Blasen mit Wasser destilliert. Die Blase steht auf direktem Holzfeuer; der Kühler besteht aus einer in einem Holzbottich befindlichen Schlange. Das Destillat wird in altmodischen „Scheidgläsern" aufgefangen; es sind dies 3 bis 4 Liter haltende, heberartige und stark gebauchte Glasgefäße, die unten durch einen mit einem Lappen umwickelten Holzstöpsel verschlossen werden. Von Zeit zu Zeit läßt man durch Emporziehen des Stöpsels das Wasser abfließen und trennt es von dem darüber schwimmenden Tannenzapfenöl. Aus einer Blasenfüllung von ca. 60 kg Tannenzapfen gewinnt man ca. 400 g Öl, jedoch ist die Ausbeute je nach Standort und Witterung verschieden. Wenn man mit dem Wasserzusatz unvorsichtig ist oder zu wenig Wasser aufgießt oder zu lange destilliert, erhält man ein Öl minderwertiger Qualität mit brenzligem Geruch.

Eigenschaften. Das Edeltannenzapfenöl ist ein farbloses, angenehm balsamisch riechendes, etwas an Citronen und Pomeranzen erinnerndes Öl, vom spez. Gewicht 0,851 bis 0,870 und dem Drehungswinkel α_D —60 bis —84°. Thüringer Öle zeigen manchmal auch eine niedrigere Drehung, was vielleicht auf Anwesenheit von Fichtenzapfenöl zurückzuführen ist. Der Estergehalt (auf Bornylacetat berechnet) beträgt 0 bis 6%. Das Öl gibt mit 5 bis 8 Vol. 90%igen Alkohols eine klare, seltener schwach getrübte Lösung. Es zeichnet sich durch einen hohen Gehalt an l-Limonen aus; je stärker die Linksdrehung und je niedriger das spez. Gewicht des Öles ist, desto reicher an Limonen ist es.

Bei der Destillation gehen 11% von 150 bis 170° und 37% von 170 bis 185° über. Oberhalb dieser Temperatur findet teilweise Zersetzung unter Abspaltung von Essigsäure statt.

Zusammensetzung. Von älteren Untersuchungen des Templin-

[1]) Lüdy, Schweiz. Wochenschr. f. Chem. u. Pharm. 45 (1907), 818.

Fig. 13.
Sammeln der Zapfen, „Brecher“ und „Leser“.

Fig. 14.
Größerer Destillierapparat.

Edeltannenzapfendestillation in der Schweiz.

Fig. 15.
Destillierapparat.

Fig. 16.
Inneres einer sogenannten „Brennhütte".

Edeltannenzapfendestillation in der Schweiz.

öles sind die von Flückiger[1]) und von Berthelot[2]) zu erwähnen; diese Gelehrten studierten besonders die Einwirkung von starken Säuren auf das Öl und erhielten unter anderem Terpinhydrat, ein Terpen-Monochlorhydrat und ein Terpen-Dichlorhydrat, deren Entstehung in den später gefundenen Terpenen Pinen und Limonen ihre Erklärung findet.

Später untersuchte Wallach[3]) ein als „Fichtennadelöl" bezeichnetes Templinöl und ermittelte als Hauptbestandteile Pinen und l-Limonen. Bertram und Walbaum[4]) wiesen nach, daß dieses Pinen ebenfalls links drehte, und daß das Templinöl größtenteils aus l-α-Pinen und l-Limonen besteht; sie fanden außerdem einen in nur geringer Menge anwesenden Ester, dessen Natur nicht genügend ermittelt werden konnte.

Schimmel & Co.[5]) stellten später fest, daß verestertes Borneol (wahrscheinlich Bornylacetat) in dem Öle vorkommt (Smp. des sauren Phthalsäureesters 164°). Daneben scheint noch ein anderer Alkohol (Sdp. 190 bis 197°; $d_{18°}$ 0,9013) und ein Sesquiterpen im Öle vorhanden zu sein.

Wegen des hohen Gehalts an l-Limonen ist das Edeltannenzapfenöl das ergiebigste Material für die Gewinnung dieses Kohlenwasserstoffs.

55. Edeltannensamenöl.

Während die Samen der Edeltanne sonst nur zusammen mit den Zapfen verarbeitet werden, haben Schimmel & Co.[6]) die Edeltannensamen auch einmal für sich destilliert. Da die Zapfen ihr Öl in der Hauptsache den in ihnen enthaltenen Samen verdanken, so war anzunehmen, daß die Ölausbeute sehr hoch sein, und daß das Destillat mit dem gewöhnlichen Zapfenöl vollkommen übereinstimmen würde. Beides traf zu, nur mußten die Samen in zerquetschtem Zustande in die Blase kommen, da sie unzerkleinert noch nicht ⅓ des in ihnen vorhandenen Öls abgeben.

[1]) Vierteljahrsschr. f. prakt. Pharm. 5 (1856), 1; Jahresber. d. Chem. 1855, 642.

[2]) Journ. de Pharm. et Chim. III. 29 (1856), 38; Chem. Zentralbl. 1856, 139.

[3]) Liebigs Annalen 227 (1885), 287.

[4]) Arch. der Pharm. 231 (1893), 293.

[5]) Bericht von Schimmel & Co. April 1909, 47.

[6]) Bericht von Schimmel & Co. Oktober 1912, 62.

Während nämlich die ganzen Samen nur 2,3 % Öl lieferten, gaben die zerquetschten zwischen 12 und 13 %. Die Konstanten waren die des Zapfenöls und bewegten sich innerhalb folgender Grenzen: $d_{15°}$ 0,8629 bis 0,8668, α_D — 68° 14′ bis — 76° 38′, $n_{D20°}$ 1,47636 bis 1,47812, S. Z. 0,5 bis 1,8, E. Z. 0,9 bis 3,7, entsprechend 0,3 bis 1,3 % Bornylacetat; löslich in 5 bis 7 Vol. u. m. 90 %igen Alkohols. Der Sitz des Öls ist bei den Edeltannensamen zwischen Schale und Kern.

56. Fichten- oder Rottannennadelöl.

Herkunft. Das eigentliche Fichtennadelöl wird aus den frischen Nadeln und jungen Zweigspitzen der *Picea excelsa* Lk. (*Picea vulgaris* Lk.), der Fichte oder Rottanne („Norway Spruce") durch Dampfdestillation erhalten, wird aber, soweit bekannt, zu Handelszwecken nirgends dargestellt. Die Ausbeute beträgt 0,15 [1]) bis 0,25 %.

Eigenschaften. Der Geruch des farblosen Öls ist ebenso angenehm aromatisch wie der des Edeltannen-Nadel- und -Zapfenöls. Es hat das spez. Gewicht 0,880 bis 0,888 und das Drehungsvermögen α_D — 21° 40′ bis — 37°. Bei der fraktionierten Destillation des Öls erhielten Bertram und Walbaum [2]) bei 160 bis 170° 20 %, und bei 170 bis 185° 50 % Destillat; oberhalb dieser Temperatur trat Zersetzung ein. Umney [3]) erhielt bei 163 bis 173° 41 %, bei 173 bis 176° 16 %, bei 176 bis 185° 13 %, bei 185 bis 220° 14 % Destillat und 16 % Rückstand.

Der Gehalt an Bornylacetat beträgt 8,3 bis 9,8 %.

Zusammensetzung. Die von 160 bis 170° siedende Fraktion des Fichtennadelöls enthält l-α-Pinen (Nitrolbenzylamin, Smp. 122 bis 123°; Nitrosopinen, Smp. 132°). Das bei 170 bis 175° übergehende Destillat besteht aus einem Gemisch von l-Phellandren (Nitrit, Smp. 101°) und Dipenten (Dichlorhydrat, Smp. 50°). In den höher siedenden Anteilen ist l-Bornylacetat und Cadinen (Dichlorhydrat, Smp. 118°) gefunden worden [4]).

---

[1]) Bertram u. Walbaum, Arch. der Pharm. 231 (1893), 295.
[2]) *Ibidem* 296.
[3]) Pharmaceutical Journ. 55 (1895), 162.
[4]) Bertram u. Walbaum, *loc. cit.* 296.

In den niedrigst siedenden Anteilen des deutschen und schwedischen Fichtennadelöls ist nach O. Aschan[1]) Santen, C_9H_{14}, enthalten. (Blaufärbung durch Nitrosylchlorid.)

Aus den Knospen der Fichte ist von H. Haensel[2]) ein Öl in einer Ausbeute von 0,288°/₀ vom spez. Gewicht 0,9338 bei 15° erhalten worden.

57. Fichtenzapfenöl.

Aus einjährigen, thüringischen Fruchtzapfen der Fichte oder Rottanne, *Picea excelsa* Lk., erhielten Schimmel & Co.[3]) ein Destillat, das im rektifizierten Zustande folgende Eigenschaften hatte: $d_{15°}$ 0,8743, α_D — 19° 15′, S. Z. 1,8, E. Z. 3,9, = 1,4°/₀ Ester, berechnet auf Bornylacetat; löslich in 7 Vol. u. m. 90°/₀igen Alkohols. Das Öl war von grünlichgelber Farbe und hatte, im Gegensatz zu den übrigen Coniferenölen, einen etwas faden, dumpfigen Geruch.

58. Latschenkiefer- oder Krummholzöl.

Herkunft und Gewinnung. Das Latschenkiefer- oder Krummholzöl wird durch Dampfdestillation der frischen Nadeln, Zweigspitzen und jüngeren Äste der *Pinus montana* Mill. (*Pinus Pumilio* Haenke; *Pinus Mughus* Scop.), Latschen- oder Zwergkiefer, Legföhre, Krummholz, hauptsächlich in den österreichischen Alpenländern und besonders in Tirol (Pustertal, Imst, Fernpaß, Kalkbachtal, Ampezzotal, Val Popena), im südlichen Niederösterreich und an der nördlichen Grenze Steiermarks, sowie in der Tatra in der Nähe des grünen Sees gewonnen. Die dort erhaltene Ölausbeute wird mit 0,4 bis 0,45°/₀ angegeben. Es werden aber häufig wegen unzweckmäßiger Destillationseinrichtungen niedrigere Ausbeuten erhalten. Bei einer versuchsweisen Destillation frischer, aus Siebenbürgen und Ungarn bezogener Zweigspitzen in Leipzig wurde von ersteren 0,26°/₀[4]), von letzteren 0,68 bis 0,71°/₀[5]) Öl gewonnen; junges Latschenkieferholz ohne Nadeln gab 0,27°/₀ Ausbeute[5]). Feinzerschnittenes, aus Steier-

[1]) Berl. Berichte 40 (1907), 4919.

[2]) Pharm. Ztg. 48 (1903), 574.

[3]) Bericht von Schimmel & Co. April 1907, 44.

[4]) Bericht von Schimmel & Co. Oktober 1893, 19.

[5]) *Ibidem* Oktober 1896, 76.

Fig. 17.
Latschenkieferöldestillation im südlichen Tirol.

Fig. 18.
Inneres einer Latschenkieferöldestillation.

mark stammendes Material[1]) gab 0,41 % Öl, während in Miltitz bei der Destillation von Latschenkieferspitzen aus Innsbruck von Schimmel & Co. 0,58 % erhalten wurden.

Eigenschaften. Das Latschenkieferöl hat einen angenehmen, balsamischen Geruch; es ist farblos und hat das spez. Gewicht 0,863 bis 0,875, bei Tiroler Ölen bis 0,860 herab. Ein höheres spez. Gewicht als 0,871 ist häufig die Folge von Sauerstoffaufnahme (Verharzung). Die erwähnten, in Leipzig versuchsweise destillierten Öle, die nicht als normal gelten können, weil das Destillationsmaterial auf dem langen Transporte etwas ausgetrocknet war, hatten teilweise ein höheres spez. Gewicht, und zwar bis zu 0,892. Der Drehungswinkel des normalen Öls beträgt —4°30′ bis —9°; bei Tiroler Ölen in einigen Fällen bis —15°20′; $n_{D20°}$ 1,475 bis 1,480; S. Z. bis 1,0; Estergehalt (Bornylacetat) 3 bis 8 %; löslich in 4,5 bis 8 Vol. 90 %igen Alkohols, bisweilen mit geringer Trübung.

Bei der fraktionierten Destillation ging von 160 bis 170° nichts, von 170 bis 185° 70 % über[2]). Bei einem von Umney[3]) destillierten Öle siedeten von 155 bis 165° 2 %; von 165 bis 180° 59 %; von 180 bis 200° 21 % und oberhalb 200° 18 %.

Zusammensetzung[4]). Das Latschenkieferöl enthält in dem niedrigst siedenden Teil sehr wenig l-α-Pinen[5]) (Pinennitrolbenzylamin, Smp. 122 bis 123°); in den darauf folgenden Fraktionen sind l-Phellandren (Nitrit, Smp. 102°), Sylvestren[6]) (Dichlorhydrat, Smp. 72°) und Bornylacetat und in den schwerst flüchtigen Anteilen Cadinen (Dichlorhydrat, Smp. 118°) enthalten.

Einige neue sauerstoffhaltige Bestandteile sind von E. Böcker und A. Hahn[7]) in dem Öl gefunden worden. Sie untersuchten

---

[1]) Bericht von Schimmel & Co. April 1908, 31.

[2]) Bertram u. Walbaum, Arch. der Pharm. 231 (1893), 297.

[3]) Pharmaceutical Journ. 55 (1895), 163.

[4]) Bertram u. Walbaum, *loc. cit.* 297. — Siehe auch Buchner, Liebigs Annalen 116 (1860), 323.

[5]) Zuerst von Atterberg aufgefunden und als Terebenten beschrieben. Berl. Berichte 14 (1881), 2531.

[6]) Sylvestren wurde schon von Atterberg in diesem Öle vermutet.

[7]) Journ. f. prakt. Chem. II. 83 (1911), 489.

ein von Terpenen und Sesquiterpenen befreites Öl (Sdp. 85 bis 178° bei 13 mm), das sie in verschiedene Fraktionen zerlegten. Aus einem von 148 bis 160° siedenden Anteil (α_D — 14° 15′; V. Z. 53) wurde eine feste Bisulfitverbindung gewonnen, aus der eine schwach balsamisch riechende Flüssigkeit von der elementaren Zusammensetzung $C_{15}H_{26}O$ regeneriert wurde. Der Körper ist vermutlich ein Aldehyd, denn er gibt mit fuchsinschwefliger Säure Rotfärbung. Wie aus dem Verhalten gegenüber Brom-Eisessig hervorging, enthält die Verbindung wahrscheinlich eine Doppelbindung.

Aus einem Anteil vom Sdp. 127 bis 148° (13 mm) erhielten dieselben Autoren eine Bisulfitverbindung, die sich sehr schwer zerlegen ließ. Es enstand dabei ein linksdrehender Körper $C_{15}H_{24}O$, der 2 Doppelbindungen enthält und ketonartiger Natur zu sein scheint.

Schließlich wurde ein bei 87 bis 95° (14 mm) siedender Anteil ($d_{15°}$ 0,9288; α_D — 18° 15′; V. Z. 65) mit Natriumbisulfit behandelt und auf diese Weise ein leicht flüchtiges Öl isoliert, das das eigenartige Aroma des Latschenkieferöls besitzt. Die Eigenschaften dieses interessanten Körpers sind: Sdp. 216 bis 217° (754 mm), $d_{15°}$ 0,9314, $d_{20°}$ 0,9288, α_D — 15° 0′, n_D 1,46459. Er besitzt die Zusammensetzung $C_{10}H_{16}O$. In Hinsicht auf die hohe Dichte und den hohen Siedepunkt halten es Böcker und Hahn für wahrscheinlich, daß die neue Verbindung, die sie Pumilon nennen, cyclischer Natur ist. Sie reagierte weder mit fuchsinschwefliger Säure, noch mit ammoniakalischer Silberlösung; mit Kaliumpermanganat wurde ein Gemisch zweier Säuren erhalten, so daß der Körper ein Keton zu sein scheint. Das Pumilon ist gesättigt, es liefert ein Semicarbazon vom Smp. 116 bis 117° und ist nur in geringer Menge, ca. 1 bis 2 %, im ursprünglichen Öl enthalten.

Verfälschung. Ein Latschenkieferöl, das durch seinen niedrigen Preis auffiel, erwies sich bei näherer Untersuchung im Laboratorium von Schimmel & Co.[1]) als verfälscht, und zwar war es mit amerikanischem Terpentinöl verschnitten worden, wie aus nachstehendem Untersuchungsergebnis zu schließen ist: $d_{15°}$ 0,8682; α_D + 6° 43′; E. Z. 1,69 = 0,59 % Bornylacetat; lösl. in

---

[1]) Bericht von Schimmel & Co. Oktober 1905, 31.

7 Vol. 90%igen Alkohols und mehr. Bei der Destillation (753 mm) gingen über: bis 160° 34%, von 160 bis 165° 36%, von 165 bis 170° 13%, von 170 bis 175° 3%, von 175 bis 190° 6%, Rückstand 8%. Bei reinem Latschenkieferöl geht, wenn es auf dieselbe Weise fraktioniert destilliert wird, bis 160° fast nichts über.

59. Kiefernadelöl.

Herkunft. Die Öle der Nadeln der Kiefer oder Föhre, *Pinus silvestris* L., haben je nach ihrer geographischen Herkunft verschiedene Eigenschaften. Sie sollen deshalb nach ihren Ursprungsländern getrennt behandelt werden.

DEUTSCHES KIEFERNADELÖL. Das mehrmals probeweise aus den Nadeln der Kiefer destillierte Öl hat, trotzdem sein balsamischer Geruch dem der andern Nadeldestillate und besonders dem des Latschenkieferöls nur wenig nachsteht, in der Parfümerie und Seifenindustrie keinen Eingang gefunden, so daß es gewerbsmäßig niemals dauernd gewonnen worden ist. Gelegentlich ist das Öl jedoch als Nebenprodukt bei der Darstellung von Kiefernadelextrakt erhalten worden.

Im Monat Juli von Schimmel & Co. destillierte, frische Kiefernadeln gaben 0,55%[1]) und im Dezember destillierte, 0,45% ätherisches Öl[2]).

Dieselbe Firma hat später noch einmal im Mai und Juni gesammelte Zweige destilliert und dabei gleichzeitig Versuche gemacht, inwieweit die Art der Destillation auf die erhaltenen Produkte von Einfluß ist. Das Material wurde einmal trocken und das zweite Mal eingeweicht mit Wasserdampf destilliert; auch die in verschiedenen Zeiten übergehenden Fraktionen sowie die Wasseröle wurden jedesmal für sich untersucht und endlich diese zusammengehörigen Teilöle nach dem Zusammengießen mit einem in einem durchgehenden Destillationsversuch erhaltenen Gesamtöl verglichen, worüber die nachstehende Tabelle eine Übersicht gibt[3]).

---

[1]) Bericht von Schimmel & Co. Oktober 1896, 76.

[2]) Bertram u. Walbaum, Arch. der Pharm. 231 (1893), 300; M. Tröger u. A. Beutin, *ibidem* 242 (1904), 521.

[3]) Bericht von Schimmel & Co. April 1910, 61.

	Öl %	$d_{15°}$	α_D	$n_{D20°}$	S. Z.	E. Z.	E. Z. nach Actlg.	Ester %	Ges. Borneol %
1. Trockne Dampfdestillation.									
a) nach 3 Stdn. erhalten	0,189	0,8721	+5°36'	1,47568	1,8	6,3		2,2	
b) „ weit. 4 Stdn. „	0,1	0,8797	+3°45'	1,47917	2,8	2,3		0,8	
c) durch Kohobation „	0,0075	0,8913	+1°56'	1,48306	4,1	10,9		3,8	
d) a, b und c vereinigt	0,2965	0,8755	+5°	1,47715	2,6	5,6	18,6	1,9	5,2
2. Wasser- und Dampfdestillation.									
I.									
a) nach 3 Stdn. erhalten	0,173	0,8773	+5°31'	1,47811	0,9	6,5		2,3	
b) „ weit. 4 Stdn. „	0,152	0,8882	+5°50'	1,48180	3,6	5,6		1,9	
c) a und b vereinigt . .	0,325	0,8824	+5°41'	1,47996	2,4	6,0		2,1	
II.									
Gesamtdestillat nach im ganzen 7 Stunden		0,8822	+3°10'	1,47899	2,8	9,3	26,0	3,3	7,3

Eigenschaften[1]). Kiefernadelöl hat das spez. Gewicht 0,865 bis 0,886 und das Drehungsvermögen α_D +5 bis +10°. Zwei österreichische Öle wurden schwach linksdrehend (bis −1°55') gefunden. Bei der fraktionierten Destillation gingen von 160 bis 170° 10% und von 170 bis 185° 46% über. Das Öl gibt mit 7 bis 10 Vol. 90%igen Alkohols eine klare Lösung. Estergehalt 1 bis 3,5% (auf Bornylacetat berechnet). Estergehalt nach Actlg. 15,1%[2]).

Zusammensetzung. Das deutsche Kiefernadelöl enthält wie die früher angeführten Nadelöle α-Pinen, aber abweichend von diesen die rechtsdrehende Modifikation[1])[2]) (Nitrolbenzylamin, Smp. 122 bis 123°). Es enthält ferner d-Sylvestren. Das aus diesem hergestellte Dichlorhydrat schmolz anfangs unter 50° und gewann erst durch mehrmaliges Umkristallisieren einen konstanten Schmelzpunkt von 72°. Danach wäre auch ein Gehalt von Dipenten in dem Öle anzunehmen, da dessen Dichlorhydrat nach Wallach den Schmelzpunkt des Sylvestrendihydrochlorids beträchtlich herabdrückt.

Die durch Verseifung des Öls erhaltene Lauge enthält Essigsäure, die in dem Öle an einen noch nicht näher bestimmten Alkohol (wahrscheinlich Borneol oder Terpineol) gebunden ist. In den höchst siedenden Fraktionen wurde Cadinen (Dichlorhydrat, Smp. 118°) gefunden.

---

[1]) Bertram u. Walbaum, *loc. cit.* 300; Bericht von Schimmel & Co Oktober 18[illegible], 76.

[2]) M. Tröger u. A. Beutin, Arch. der Pharm. 242 (1904), 521.

Aus Kiefersprossen (männlichen und weiblichen Blüten) destillierte H. Haensel[1]) ein Öl von den Eigenschaften: $d_{15°}$ 0,8839, α_D — 22°, V. Z. 19,5, V. Z. nach Actlg. 58, Sdp. 160 bis 210°.

SCHWEDISCHES KIEFERNADELÖL wird im Distrikte Jönköping in Schweden aus Kiefernadeln durch Dampfdestillation gewonnen und kommt unter dem Namen „Schwedisches Fichtennadelöl" in den Handel. Es findet für hygienische und arzneiliche Zwecke, zu Inhalationen bei Lungenkrankenheiten, als Zusatz zu Bädern und zum Zerstäuben in Krankenzimmern Verwendung.

Eigenschaften. Das schwedische Kiefernadelöl stimmt in seinen allgemeinen Eigenschaften und seiner Zusammensetzung mit dem deutschen Öle überein. Es hat das spez. Gewicht 0,872, das Drehungsvermögen + 10° 40′ und gibt bei der Destillation von 160 bis 170° 44 °/₀ und von 170 bis 185° 40 °/₀ Destillat. Es enthält d-α-Pinen (Nitrolbenzylamin, Smp. 122 bis 123°), d-Sylvestren (Dichlorhydrat, Smp. 72°), und geringe Anteile eines Esters (3,5 °/₀, auf Bornylacetat berechnet), dessen Natur noch nicht festgestellt worden ist, der aber dem Geruche nach Bornylacetat zu sein scheint[2]).

ENGLISCHES KIEFERNADELÖL. Von dem deutschen und schwedischen Kiefernadelöl unterscheidet sich das englische durch seine Links-Drehung.

Umney[3]) destillierte zu verschiedenen Jahreszeiten die Nadeln der Kiefer, *Pinus silvestris* L. („Scotch fir"), und erhielt im Juni 0,5, im Dezember 0,133 °/₀ ätherisches Öl vom spez. Gewicht 0,885 bis 0,889 und dem Drehungswinkel α_D — 7,75 bis — 19°. Der Estergehalt (auf Bornylacetat berechnet) betrug 2,9 bis 3,5 °/₀. Die fraktionierte Destillation der beiden Öle gab folgendes Resultat:

	Destilliertes Öl im Juni	Destilliertes Öl im Dezember
157 bis 167°	8 °/₀	13 °/₀
167 „ 177°	27 °/₀	24 °/₀
177 „ 187°	20 °/₀	9 °/₀
187 „ 197°	3 °/₀	6 °/₀
197 „ 240°	7 °/₀	7 °/₀
240 „ 252°	6 °/₀	4 °/₀
Rückstand	29 °/₀	37 °/₀.

[1]) Apotheker Ztg. 20 (1905), 396.

[2]) Bertram u. Walbaum, Arch. der Pharm. 231 (1893), 299.

[3]) Pharmaceutical Journ. 55 (1895), 161, 542.

Zusammensetzung. Die niedrigst siedende Fraktion drehte 13° (100 mm-Rohr) nach links und besaß alle Eigenschaften von l-α-Pinen. Die von 171 bis 175° übergegangene Fraktion war schwach rechtsdrehend (+ 0,75°), entsprach in ihrem Verhalten dem Dipenten[1]) und gab mit Eisessig und Schwefelsäure die charakteristische violette Sylvestren-Reaktion.

Es ist daher wohl anzunehmen, daß das englische Kiefernadelöl, bis auf die entgegengesetzte optische Drehung, ebenso zusammengesetzt ist wie das deutsche und schwedische Öl.

60. Sibirisches Fichtennadelöl.

Herkunft und Gewinnung. Das Öl wird aus den Nadeln und jungen Zweigspitzen der sibirischen Edeltanne, *Abies sibirica* Ledeb. (*Abies Pichta* [Fisch.] Forb.) im nordöstlichen Rußland gewonnen. Das Hauptproduktionsgebiet liegt im Gouvernement Wjatka, während Sibirien selbst, das wegen der hohen Transportkosten nicht konkurrieren kann, nur geringe Mengen liefert. Die Destillation geschieht im Sommer und im Herbste. Die erzeugten Ölmengen sind sehr bedeutend und übertreffen die sämtlicher Fichtennadelöle zusammengenommen bei weitem.

Streng genommen ist die Bezeichnung „Sibirisches Fichtennadelöl" unrichtig, da die sibirische Fichte, *Picea obovata* Ledeb. dieses Öl nicht liefert. Es ist dies einer der vielen Fälle, wo die Handelsbezeichnung eines Coniferenöls mit der botanischen Herkunft in Widerspruch steht.

Eigenschaften. $d_{15°}$ 0,905 bis 0,925; α_D — 37 bis — 43°; $n_{D20°}$ 1,470 bis 1,472; Estergehalt (Bornylacetat) 29 bis 40%; S. Z. bis 2,5. Löslich in 10 bis 14 Vol. 80%igen Alkohols, meist mit geringer Trübung, und in 0,5 bis 1 Vol. 90%igen Alkohols klar; nur in ganz vereinzelten Fällen Opaleszenz.

Zusammensetzung. In den niedrigst, unterhalb 145° siedenden Anteilen ist ein Kohlenwasserstoff C_9H_{14} enthalten (3 bis 4% des Öls), den O. Aschan[2]) als Santen erkannte. Er hatte

[1]) Derivate dieses Kohlenwasserstoffs sind offenbar nicht dargestellt worden; ebensowenig gelang es Umney das Sylvestrendichlorhydrat zu erhalten.

[2]) Berl. Berichte 40 (1907), 4918.

folgende Konstanten: Sdp. 140°, $d_{15°}$ 0,8698, $n_{D 19,3°}$ 1,46960, inaktiv. Das Nitrosochlorid schmolz bei 109 bis 111°, das Nitrosit bei 124 bis 125°.

Wie in den Nadelölen fast aller Coniferen, findet sich auch im sibirischen Fichtennadelöl Pinen, und zwar sowohl l-α-Pinen[1]) (Nitrolbenzylamin, Smp. 122 bis 123°) wie β-Pinen[2]).

Ein weiterer Bestandteil ist l-Camphen (ca. 10%), das durch Fraktionieren in fester Form erhalten werden kann. Über seinen Schmelzpunkt gehen die Angaben der einzelnen Beobachter auseinander. P. Golubew, der dies Terpen in dem Öle entdeckte, fand zuerst den Schmelzpunkt 30°[3]), später 40 bis 41°[4]) und 50°[5]). J. Schindelmeiser[6]) beobachtete den Smp. 40°, O. Wallach[7]) fand für den gereinigten Kohlenwasserstoff den Schmelzpunkt 39°. Auf Grund einer eingehenden vergleichenden Untersuchung kam er zu dem Schluß, daß das künstliche und das natürliche Camphen zwei physikalisch isomere Modifikationen darstellen.

Die Gegenwart von α-Phellandren (Nitrit, Smp. 106 bis 107°) und Dipenten (Dibromhydrat, Smp. 64°; Dichlorhydrat, Smp. 49°; Tetrabromid) wurde von Schindelmeiser[8]) bewiesen. Beide Terpene zusammen machen etwa 5,4% des Öls aus.

Etwa 30 bis 40% des Öls bestehen aus l-Bornylacetat[9]). Außerdem scheint noch der Essigester eines anderen Terpenalkohols, vielleicht des Terpineols zugegen zu sein[1]).

Aus den höchstsiedenden Anteilen gelang es O. Wallach und E. Grosse[10]) ein Sesquiterpen zu isolieren, dessen Trichlorhydrat bei 79 bis 80° schmilzt. Es ist identisch mit Bisabolen (siehe Bd. I, S. 345).

[1]) Bericht von Schimmel & Co. Oktober 1898, 76.

[2]) E. Gildemeister u. H. Köhler, Wallach-Festschrift, Göttingen 1909, S. 418.

[3]) Journ. russ. phys. chem. Ges. 20 (1888), 477; Chem. Zentralbl. 1903, I. 835.

[4]) Chem. Zentralbl. 1905, I. 95.

[5]) *Ibidem* 1910, I. 30. Vgl. auch Chem. Ztg. 32 (1908), 922.

[6]) Chem. Zentralbl. 1903, I. 835.

[7]) Nachr. K. Ges. Wiss. Göttingen 1907, Sitzung vom 20. Juli.

[8]) Apotheker Ztg. 19 (1904), 815. — Chem. Ztg. 31 (1907), 759.

[9]) Hirschsohn, Pharm. Ztschr. f. Rußland 30 (1892), 593; Chem. Zentralbl. 1892, II. 793.

[10]) Liebigs Annalen 368 (1909), 19.

61. Aleppokiefernadelöl.

E. Belloni[1]) erhielt bei der Destillation der in Südfrankreich gesammelten frischen Knospen von der Aleppokiefer oder -föhre (*Pinus halepensis* Mill.; *Pinus maritima* Mill.) 0,681%, bei Verwendung getrockneter Knospen 0,517% eines hellgrünen ätherischen Öls von aromatischem Geschmack und charakteristischem Fichtennadelgeruch sowie folgenden Konstanten:

A. Öl aus frischen Knospen: $d_{15°}$ 0,8810, α_D — 23° 46', $[\alpha]_{D15°}$ — 26,518°, S. Z. 0, E. Z. 7,9, Ester 2,77% (berechnet als $C_{10}H_{17}O \cdot CO \cdot CH_3$), gebundener Alkohol 2,13%.

B. Öl aus trocknen Knospen: $d_{15°}$ 0,8963, α_D — 20° 15', $[\alpha]_{D15°}$ — 22,355°, S. Z. 5,43, E. Z. 8,27, Ester 2,92% (berechnet als $C_{10}H_{17}O \cdot CO \cdot CH_3$), freier Alkohol 11,9%, gebundener Alkohol 2,28%, Gesamtalkohol 14,18%.

Die Öle sind in 80%igem Alkohol unlöslich, löslich in 10 Volumen 90%igen Alkohols; mit 95%igem und stärkerem Alkohol sind sie mischbar.

Bei der fraktionierten Destillation im Ladenburgschen Kolben gingen über von Öl A: zwischen 155 und 170° 58% (α_D — 27° 50'), zwischen 170 und 190° 20% (α_D — 31° 40'), Rückstand 20%. Von Öl B destillierten von 155 bis 170° 42% (α_D — 26° 42'), von 170 bis 190° 20% (α_D — 29° 34'), Rückstand 37%.

Das Öl enthält keine Aldehyde; die freie Säure des aus trocknen Knospen gewonnenen Öls besteht hauptsächlich aus Caprylsäure (etwa 1,396%). An der Esterbildung scheinen nur niedere Fettsäuren beteiligt zu sein, wahrscheinlich Essigsäure, Propionsäure, Caprylsäure und Laurinsäure. Die Hauptmenge des Öls besteht aus l-α-Pinen mit folgenden Konstanten: Sdp. 155 bis 157°, $d_{15°}$ 0,8618, $[\alpha]_{D15°}$ — 29° 30'. (Nitrosochlorid, Smp. 103°; Nitrolpiperidid, Smp. 118°). Phellandren und Sylvestren waren in der von 170 bis 190° übergehenden Fraktion nicht nachweisbar, wohl aber wahrscheinlich Limonen oder Dipenten. Als alkoholischen Bestandteil fand Belloni[2]) l-Borneol vom Smp. 205°, und zwar mit Hilfe des Phthalsäureanhydridverfahrens.

---

[1]) „Sull' essenza di gemme di *Pinus maritima* Mill." Milano 1905. Annuario della Soc. chim. di Milano 11 (1905), fascic. 6; Chem. Zentralbl. 1906, I. 360.

[2]) Boll. Chim. Farm. 45 (1906), 185; Chem. Zentralbl. 1906, I. 1552.

Im Öle aus den Nadeln der Aleppoföhre Algeriens gelang es E. Grimal[1]) Phenyläthylalkohol nachzuweisen, der bisher nur im Neroli- und Rosenöl aufgefunden war. Grimal hatte die zwischen 120 und 135° (10 mm) übergehende Fraktion des Öls verseift und die mit Äther ausgeschüttelten alkoholischen Bestandteile fraktioniert. Die hierbei von 95 bis 98° (8 mm) übergehenden Anteile lieferten nach Behandlung mit Phthalsäureanhydrid und Verseifen des entstandenen Esters eine sehr aromatisch riechende Flüssigkeit, die bei gewöhnlichem Druck zwischen 218 und 220° überdestillierte und folgende Konstanten hatte: $d_{18°}$ 1,0187, $\alpha_D \pm 0$, $n_{D18°}$ 1,52673. Durch die Elementaranalyse, sein Verhalten bei der Oxydation und sein Phenylurethan wurde der Alkohol als Phenyläthylalkohol charakterisiert.

62. Zirbelkiefernadelöl.

Aus den Nadeln (ohne Zweige) der Arve, Zirbelkiefer oder sibirischen Ceder, *Pinus Cembra* L., erhielt F. Flawitzky[2]) bei der Destillation mit Wasserdampf 0,88 % ätherisches Öl. Es hat das Drehungsvermögen $\alpha_D + 29,1°$ und besteht hauptsächlich aus d-α-Pinen (Chlorhydrat, Smp. 125°). Die um 156° siedende Fraktion hat das hohe spez. Drehungsvermögen $[\alpha]_D + 45,04°$.

63. Öl aus den Fruchtzapfen von Abies Reginae Amaliae.

Die in den Wäldern Arkadiens wachsende Tanne *Abies Reginae Amaliae* Heldr. (*Abies cephalonica* Lk.) enthält in ihren Früchten eine so große Menge ätherischen Öls, daß es beim Zusammendrücken derselben herausquillt. Bei der Destillation der zerquetschten Früchte sind über 16 % ätherischen Öls erhalten worden.[3])

Eigenschaften und Zusammensetzung. Das spez. Gewicht des Öls ist 0,868, sein Drehungswinkel —5°; es beginnt bei 156° zu sieden, die Siedetemperatur bleibt längere Zeit bei 170° konstant und steigt schließlich bis auf 192°.

Das Öl besteht, wie aus der Elementaranalyse hervorging, zum größten Teil aus Terpenen $C_{10}H_{16}$.

[1]) Compt. rend. **144** (1907), 434.

[2]) Journ. f. prakt. Chem. II. **45** (1892), 115.

[3]) Buchner u. Thiel, Journ. f. prakt. Chem. **92** (1864), 109.

64. Schwarzkiefernadelöl.

Zwei der Firma Schimmel & Co.[1]) übersandte, angeblich aus den Nadeln von *Pinus Laricio* Poir. stammende Destillate verhielten sich folgendermaßen:

a) $d_{15°}$ 0,8646; α_D + 8° 17′; E. Z. 2,9 = 1,0% Bornylacetat; löslich in 8 bis 9 Vol. u. m. 90%igen Alkohols.

b) $d_{15°}$ 0,8701; α_D + 3° 29′; E. Z. 9,8 = 3,4% Bornylacetat; löslich in 8 Vol. 90%igen Alkohols.

Die beiden Öle waren farblos und von angenehmem, balsamischem Geruch.

65. Hemlock- oder Spruce-Tannennadelöl.

Das ätherische Öl der jungen Zweigspitzen der durch ganz Nordamerika von Canada bis Alabama und westlich bis zur Pacificküste verbreiteten Spruce-, Hemlock- oder Schierlings-Tanne (*Abies canadensis* Michx.; *Tsuga canadensis* Carr.) ist häufig das Destillat nicht nur dieser, sondern auch zum Teil oder völlig das der jungen Zweige der ebenso verbreiteten weißen (*Picea alba* Lk.) und schwarzen (*Picea nigra* Lk.) Tanne. Bei der Einsammlung der Nadeln oder jungen Zweigspitzen dieser einander sehr ähnlichen, große Waldbestände bildenden Tannen dürfte schwerlich eine genaue Sonderung stattfinden, so daß das diesen drei Tannenarten entnommene Material oftmals wohl in allen zufälligen Mischungen gemeinsam zur Destillation gelangt. Auch kommen die Öle dieser drei Tannenarten in der Annahme der Identität unter dem gemeinsamen Namen „Hemlock-" oder „Spruce-oil" in den Handel. Da diese Öle in ihren Eigenschaften und in ihren Bestandteilen nicht nur qualitativ, sondern auch quantitativ nahezu identisch sind, so hat die gemeinsame Verwendung auch keinen Nachteil.

Eigenschaften und Zusammensetzung. Das Hemlock- oder Spruce-Tannenöl ist farblos, von angenehm balsamischem Geruch, vom spez. Gewicht 0,907 bis 0,913[2]) und dem Drehungswinkel

[1]) Bericht von Schimmel & Co. April 1906, 32.

[2]) Hanson u. Babcock (Journ. Americ. chem. Soc. 28 (1906), 1198) fanden bei aus Nadeln und Zweigen destillierten Ölen für $d_{15°}$ 0,9238 bis 0,9273.

α_D —20°54'[1]) bis —23°55'[2]). Bei der fraktionierten Destillation wurden erhalten: von 150 bis 170° 11%, von 170 bis 185° 37% Öl. Oberhalb dieser Temperatur trat Zersetzung unter Abspaltung von Essigsäure ein.

Das Hemlocköl enthält l-α-Pinen (Nitrolbenzylamin, Smp. 122 bis 123°), 36% l-Bornylacetat und nicht näher bestimmte Sesquiterpene.

C. G. Hunkel[3]) untersuchte ein im September aus selbst gesammelten frischen Zweigspitzen der *Abies canadensis* Michx. destilliertes Öl. Es hatte das spez. Gewicht 0,9288 bei 20°, das spez. Drehungsvermögen $[\alpha]_{D20°}$ — 18,399° und enthielt 51,5 bis 52% l-Bornylacetat. Durch Darstellung des Nitrolbenzylamins (Smp. 122°) wurde l-α-Pinen nachgewiesen.

66. Schwarzfichtennadelöl.

Das schon beim vorigen Öle erwähnte Schwarzfichtenöl aus den Nadeln und jungen Zweigspitzen der nordamerikanischen *Picea nigra* Lk. ist mit dem Hemlocktannenöl nahezu identisch. Das spez. Gewicht ist 0,9228 bei 20°, der Drehungswinkel $\alpha_{D20°}$ — 36,367°. Bei der fraktionierten Destillation geht das Öl von 160 bis 230° über, die Hauptfraktion von 212 bis 230°. Es enthält 48,85% Bornylacetat[4]).

67. Balsamtannennadelöl.

Die frischen Zweigspitzen und jungen Zapfen der nordamerikanischen Balsamtanne *Abies balsamea* Mill. („Balm of Gilead fir") geben bei der Destillation mit Wasserdämpfen ein den vorigen Ölen sehr ähnliches Produkt.

Eigenschaften und Zusammensetzung. $d_{20°}$ 0,8881; $\alpha_{D20°}$ — 28,91°. Bei der fraktionierten Destillation gehen über: bis 160° 1,5%, von 160 bis 170° 47,7%, von 170 bis 185° 29,2%, von 185 bis 210° 16,2%; als Rückstand bleiben 5,4%.

Balsamtannenöl enthält 17,6% Bornylacetat. Die zwischen 160 und 165° siedende, linksdrehende Fraktion gab ein Nitroso-

---

[1]) Bertram u. Walbaum, Arch. der Pharm. 231 (1893), 294.
[2]) Power, Descriptive catalogue of essential oils. New York 1894, p. 58.
[3]) Pharm. Review 14 (1896), 35.
[4]) Kremers, Pharm. Rundsch. 13 (1895), 135.

chlorid vom Smp. 101°; obwohl die erhaltene Menge zu gering war, um weitere Derivate daraus darzustellen, kann man wohl l-α-Pinen als Bestandteil des Öls annehmen[1]).

68. Weymouthkiefernadelöl.

Aus jungen Trieben der Weymouthkiefer, *Pinus Strobus* L. („White pine"), die im Januar in Wisconsin gesammelt waren, erhielt E. Kremers[2]) 0,09% ätherisches Öl, das von 155 bis 285° siedete. In der ersten, von 155 bis 170° siedenden Fraktion, die 30% des Öls ausmachte, war α-Pinen enthalten (Nitrosochlorid, Smp. 105 bis 106°).

Später untersuchten J. Tröger und A. Beutin[3]) ein aus jungen Frühjahrstrieben in Blankenburg a. H. dargestelltes Öl von folgenden Eigenschaften: $d_{18°}$ 0,9012, $n_{D20°}$ 1,48274, Drehung im 200 mm-Rohr —39,7°, Estergehalt 8,6% (auf $C_{10}H_{17}O \cdot COCH_3$ berechnet); Estergehalt nach Actlg. 15,25%, entsprechend 5,2% freiem Alkohol im ursprünglichen Öl. Von 30 g Öl gingen bei 24 mm Druck 19 g bis 70° über, die bei Luftdruck von 154 bis 170° siedeten. Außer l-α-Pinen (Nitrolbenzylamin, Smp. 122°) ließen sich in dieser Fraktion keine Terpene nachweisen. Der über 70° siedende Anteil hatte einen Gehalt von 23,5% Ester. Im acetylierten Öle konnte der Estergehalt durch Fraktionieren bis zu 57,6% angereichert werden. Versuche, den Alkohol zu isolieren, führten zu keinem Resultat.

69. Douglasfichtennadelöl.

Die Douglasfichte („Red fir"), die zu den verbreitetsten und wertvollsten Bäumen Nordamerikas und der großen Coniferenwaldungen im Nordwesten der Vereinigten Staaten gehört, hat die folgenden botanischen Bezeichnungen: *Pseudotsuga mucronata* Sudworth, *P. Douglasii* Carr., *P. Douglasii taxifolia* Carr., *P. Douglasii denudata* Carr., *P. Lindleyana* Carr., *P. taxifolia* Britton, *P. Douglasii* var. *glauca* Mayr, *P. taxifolia* var. *elongata* Lemmon, *Pinus taxifolia* Lambert, *P. Douglasii* D. Don, *P. canadensis* B. Hooker, *P. Douglasii* var. *taxifolia* Antoine,

[1]) Hunkel, Americ. Journ. Pharm. 67 (1895), 9.

[2]) Pharm. Review 17 (1899), 507.

[3]) Arch. der Pharm. 242 (1904), 528.

P. Douglasii var. *brevibracteata* Antoine, *Abies taxifolia* Poir., *A. mucronata* Raf., *A. mucronata* var. *palustris* Raf., *A. Douglasii* Lindl., *A. Douglasii* var. *taxifolia* Loudon, *Picea Douglasii* Lk., *Picea Douglasii* Bertrand, *Tsuga Douglasii* Carr., *T. Douglasii fastigeata* Carr., *T. Lindleyana* Roezl.

Das aus den frischen Nadeln und Zweigen von kleinen Bäumen und von Unterholz in einer Ausbeute von 0,8 bis 1 % erhaltene gelbgrüne, limonenartig riechende Öl ist von J. W. Brandel in Gemeinschaft mit M. Sweet[1]) untersucht worden: $d_{22°}$ 0,8680, α_D — 62,5°, S. Z. 0, V. Z. 86,6, entsprechend 30,3 % Bornylacetat, V. Z. nach Actlg. 92,1 (34,6 % Bornylacetat und 27,10 % freies Borneol). Eine Fraktionierung des Öls zeigte, daß es hauptsächlich aus Terpenen bestand. Die niederen, pinenartig riechenden Fraktionen gaben kein Nitrosochlorid. Die bei 175 bis 176° siedende Fraktion roch limonenähnlich, ein Tetrabromid konnte aber daraus, jedenfalls wegen der geringen Menge, nicht erhalten werden. Die Fraktionen, die zwischen 161 und 169° siedeten, bildeten die Hauptmenge des Öls und enthielten Camphen, Smp. 47°. Der Destillationsrückstand (Sdp. über 190°) wurde verseift, worauf der Hauptteil zwischen 180 und 205° siedete. Wie die Oxydation zu Campher (Smp. 171°; Oxim, Smp. 113°) zeigte, war darin Borneol enthalten.

70. Nadelöl von Pinus ponderosa.

Das Öl der Nadeln von *Pinus ponderosa* („Yellow Oregon pine") wird an der Pacificküste als Nebenprodukt bei der Fabrikation der sogenannten Waldwolle, die zu Matratzen verwendet wird, gewonnen[2]). Die Ausbeute an Öl beträgt 0,5 %. Angaben über die Eigenschaften des Öls fehlen.

71. Einige seltenere amerikanische Fichtennadelöle.

Die Öle aus den Nadeln oder den Zapfen und Zweigen einiger amerikanischer Coniferen, deren einwandfreie Identifizierung aber nicht möglich ist, da die Autornamen bei den botanischen Be-

---

[1]) Pharm. Review 26 (1908), 326.
[2]) Scientific American 84 (1901), 344; Pharm. Review 25 (1907), 364.

zeichnungen fehlen, sind von R. E. Hanson und E. N. Babcock[1]) dargestellt und untersucht worden.

Picea Mariana[2]), „Black spruce". Die Ausbeute an Nadelöl betrug 0,57%; $d_{19°}$ 0,9274.

Picea canadensis[3]), „Cat spruce". Von dieser Art wurden Nadeln und Zapfen destilliert. Erstere lieferten 0,103% Öl; $d_{15°}$ 0,9216; 25,7% Ester, berechnet als Bornylacetat. Der Geruch des Öles läßt auf die Anwesenheit von Limonen oder Dipenten schließen. Die Zapfen ergaben 0,25% eines gelben, gleichfalls limonenartig riechenden Öls; $d_{15°}$ 0,899 (einige Zeit nach der Destillation).

Picea rubens[4]), „Red spruce". Auch von dieser Art wurde das Öl der Nadeln und Zapfen untersucht. Die Ausbeute an Nadelöl betrug 0,204%; $d_{18°}$ 0,9539; 66,2% Bornylacetat; 7,76% freies Borneol. Der Geruch des Zapfenöls war terpentinölartig, die Ausbeute betrug 0,38%; $d_{18°}$ 0,860.

Pinus rigida (Mill.?), „Pitch pine". 12 kg Blätter und Zweige lieferten nur 0,2 ccm eines gelben, außerordentlich stechend riechenden Öls, das zu einer Untersuchung nicht ausreichte.

Pinus resinosa (Sol.?), „Red pine", „Norway pine". Auch die von diesem Öl erhaltene Menge war für eine chemische Untersuchung zu gering, die Ausbeute betrug nur 0,001%. Die Färbung des Öls war bräunlich rot, der Geruch stechend und unangenehm.

Über das von denselben Autoren beschriebene amerikanische Lärchennadelöl siehe Seite 140.

Aus den Zweigen und Nadeln von Coniferen aus dem Staate Colorado hat J. Swenholt[5]) durch Destillation mit gespanntem Wasserdampf verschiedene Öle erhalten.

Das Öl von *Picea Engelmanni* („Engelmann spruce") roch deutlich nach Campher. Die Konstanten waren: d 0,8950, $\alpha_D + 3°51'$ ($1°55'38''$ im 5-cm-Rohr), V. Z. 24,15, entsprechend 8,5% Bornylacetat.

---

[1]) Journ. Americ. chem. Soc. 28 (1906), 1198.

[2]) *Picea Mariana* Prel. = *Picea nigra* Lk.

[3]) *Picea canadensis* Lk. = *Tsuga canadensis* Carr.

[4]) *Picea rubens* Sarg. = *P. rubra* Lk.

[5]) Midland Drugg. and Pharm. Review 43 (1909), 611.

Das Öl von *Pinus Murrayana* („Lodge pole pine") hatte einen angenehmen Geruch, der nicht an Terpentinöl erinnerte. V. Z. 51,87, entsprechend 18 % Bornylacetat.

Öl von *Pinus edulis*. Das Öl roch gleichfalls angenehm, nicht terpentinähnlich. Konstanten: d 0,8653, $\alpha_D - 7°13'$ ($-3°36'58''$ im 5-cm-Rohr), V. Z. 17,55, entsprechend 6 % Bornylacetat.

Wahrscheinlich ist im Kohobationswasser des Öls Ameisensäure enthalten.

Öl von *Pinus flexilis:* d 0,8670, $\alpha_D + 9°$ ($+4°0'28''$ im 5-cm-Rohr), V. Z. 43,14, entsprechend 15 % Bornylacetat.

72. Öl von Pinus excelsa.

Ein Schimmel & Co.[1]) unter dem Namen „Oil of pine cone" aus Indien zugegangenes Destillat aus den Fruchtzapfen der dort als „Indian blue pine" bekannten *Pinus excelsa* Wall. war von blaßgelber Farbe und hatte folgende Konstanten: $d_{15°}$ 0,8757, $\alpha_D - 32°45'$, $n_{D20°}$ 1,47352, S. Z. 0,5, E. Z. 5,6 entsprechend 2,0 % Bornylacetat, lösl. in 5 Vol. u. m. 90 %igen Alkohols.

73. Lärchennadelöle.

Die Nadeln der europäischen Lärche, *Larix decidua* Mill. (*Larix europaea* D. C.) geben bei der Destillation nur 0,22 % Öl vom spez. Gewicht 0,878; $\alpha_D + 0°22'$[2]). Es löst sich in 5 und mehr Teilen 90 %igen Alkohols. V. Z. 23,3, V. Z. nach Actlg. 46.

Bei der fraktionierten Destillation gingen über: Von 160 bis 165° 30 % ($\alpha_D + 4°15'$), von 165 bis 170° 24 %, von 170 bis 180° 16 %, von 180 bis 190° 8 %, von 190 bis 200° 4 %, von 200 bis 230° 9 %; Rückstand 9 %.

Das Öl der amerikanischen Lärche, *Larix pendula* Salisb. (*Larix americana* Michx.) ist von R. E. Hanson und E. N. Babcock[3]) dargestellt worden. Die Ausbeute des aus Nadeln und Zweigen destillierten Öls betrug 0,149 %; $d_{18°}$ 0,8816; Estergehalt 15,1 % (berechnet auf Bornylacetat). Die fraktionierte Destillation lieferte folgendes Resultat. Es gingen über: von 155 bis

[1]) Bericht von Schimmel & Co. April 1911, 125.

[2]) *Ibidem* Oktober 1897, 66.

[3]) Journ. Americ. chem. Soc. 28 (1906), 1198

170° 20,0 %, von 170 bis 180° 38,4 %, von 180 bis 190° 11,2 %, von 190 bis 200° 9,2 %, von 200 bis 240° 14,8 %, Rückstand 6,4 %.

Bei wiederholter Fraktionierung ließ sich ein Anteil isolieren, der zwischen 155 und 162° siedete und in dem α-Pinen nachgewiesen wurde (Nitrosochlorid, Smp. 108°). Die Verfasser folgern aus ihren Untersuchungen, daß das Öl aus etwa 15,1 % Estern und im übrigen zum großen Teil aus Pinen besteht.

74. Libanon-Cedernöl[1]).

Echtes Cedernholz von *Cedrus Libani* Barr. (*Pinus Cedrus* L.; *Abies Cedrus* Poir.; *Larix Cedrus* Mill.) gibt bei der Destillation[2]) etwa 3,5 % citronengelbes Öl von angenehm balsamischem, gleichzeitig an Methylheptenon und Thujon erinnerndem Geruch mit folgenden Konstanten: $d_{15°}$ 0,940 bis 0,947, α_D +68 bis +86°, $n_{D20°}$ 1,5125 bis 1,5134, S. Z. 0,5 bis 1,5, E. Z. 2 bis 3,0, E. Z. nach Actlg. 19,8; lösl. in 5 bis 6 Vol. 95 %igen Alkohols. Seine Siedetemperatur liegt in der Hauptsache zwischen 270 und 290°, und zwar gingen aus einem gewöhnlichen Fraktionierkölbchen bei 754 mm Druck über: zwischen 270 und 275° 30, zwischen 275 und 280° 40, zwischen 280 und 285° 14 und zwischen 285 und 290° 6 %; der Destillationsrückstand betrug 10 %.

75. Atlas-Cedernöl.

Herkunft und Gewinnung. Das Atlas-Cedernöl wird in Algier aus dem Holze der der Libanonceder nahe verwandten Atlasceder, *Cedrus atlantica* Manetti gewonnen[3]); Ausbeute 3 bis 5 %. Das Öl, das der Fabrikant als „Libanol-Boisse" bezeichnet, wird als Arzneimittel bei Bronchitis, Tuberkulose, Blennorrhöe sowie bei Hautkrankheiten verwendet.

Eigenschaften[4]). Dickliche, hellbraune, balsamisch riechende Flüssigkeit. $d_{15°}$ 0,950 bis 0,968; α_D +46 bis +62°; $n_{D20°}$ 1,512

[1]) Das in der vorigen Auflage dieses Buches auf S. 359 als Libanon-Cedernöl beschriebene Öl stammt, wie die spätere mikroskopische Untersuchung des Holzes lehrte, von einer *Juniperus*-Art.

[2]) Bericht von Schimmel & Co. Oktober 1909, 130.

[3]) Dr. Trabut, Sur l'huile de Cèdre de l'Atlas. Bull. Sciences pharmacol. 1900, 262; Bericht von Schimmel & Co. April 1901, 61; April 1902, 11; Oktober 1902, 25.

[4]) Beobachtungen im Laboratorium von Schimmel & Co.

bis 1,517; S. Z. bis 2,0; E. Z. 3 bis 11; E. Z. nach Actlg. 30 bis 46, entsprechend 12 bis 19% $C_{15}H_{26}O$[1]); lösl. in 1 bis 10 Vol. 90%igen Alkohols; die Löslichkeit steigt mit dem Gehalt an Sesquiterpenalkohol.

Zusammensetzung. Nach E. Grimal[2]) gehen bei der Destillation 80% des Öls zwischen 270 und 295° über. Es wurden in den zuerst übergehenden Anteilen kleine Mengen von Aceton nachgewiesen und ca. 5% einer zwischen 180 bis 215° siedenden Fraktion gewonnen, die ein Keton $C_9H_{14}O$ enthielt. Dieses lieferte ein Semicarbazon vom Smp. 159 bis 160° und ein flüssiges Oxim, das beim Bromieren ein bei 132 bis 133° schmelzendes Dibromid gab.

Ferner wurde aus den höher siedenden Teilen des Öls als Hauptbestandteil d-Cadinen erhalten von folgenden Eigenschaften: Sdp. 273 bis 275°, d 0,9224, $[\alpha]_{D20°} + 48° 7'$, $n_{D20°}$ 1,5107. Das aus ihm dargestellte Chlorhydrat hatte den Smp. 117 bis 118°, $[\alpha]_{D20°} + 25° 40'$. Das aus dem Chlorhydrat mit Natriumacetat in Eisessiglösung regenerierte Cadinen zeigte folgende Konstanten: Sdp. 274 bis 275°, d 0,9212, $[\alpha]_{D20°} + 47° 55'$, $n_{D20°}$ 1,5094. Das Bromhydrat schmolz bei 124 bis 125°.

76. Sequoiaöl.

G. Lunge und Th. Steinkauler[3]) erhielten bei der Destillation der Nadeln des in Zürich kultivierten kalifornischen Riesenbaumes *Sequoia gigantea* Torr. (*Wellingtonia gigantea* Lindl.) ein ätherisches Öl, das bei gewöhnlicher Temperatur zum Teil erstarrte und hauptsächlich aus einem um 155° siedenden Kohlenwasserstoff $C_{10}H_{16}$ bestand; spez. Gewicht 0,8522, $[\alpha]_j + 23,8°$. Beim Einleiten von trockner Salzsäure entstand ein aus weißen Nadeln bestehendes Chlorhydrat (wahrscheinlich Pinenchlorhydrat).

Die zwischen 227 und 230° überdestillierende Fraktion hatte das spez. Gewicht 1,045, den Drehungswinkel + 6° und erinnerte im Geruch an Pfefferminzöl. Aus der Elementaranalyse berechnete sich dafür die Formel $C_{19}H_{30}O_2$. Zwischen 280 und

[1]) Vgl. auch Chemist and Druggist 61 (1902), 236.

[2]) Compt. rend. 135 (1902), 582 und 1057.

[3]) Berl. Berichte 13 (1880), 1656; 14 (1881), 2202.

290° ging eine kleine Menge eines schweren, gelben Öls von brenzlig-aromatischem Geruch über.

Ferner ist in dem Öle ein geruchloser, in kleinen Blättchen kristallisierender, bei 105° schmelzender, zwischen 290 und 300° (unkorr.) siedender, „Sequojen" genannter Kohlenwasserstoff enthalten. Sequojen ist wahrscheinlich nach der Formel $C_{13}H_{10}$ zusammengesetzt und isomer mit Fluoren.

---

77. Öl von Athrotaxis selaginoides.

Athrotaxis selaginoides Don.[1]) kommt in Tasmanien vor und wird dort als „King William pine" bezeichnet. Die Blätter wurden im Juli destilliert und lieferten 0,076 % ätherisches Öl von den Eigenschaften: $d_{16°}^{16°}$ 0,8765, $\alpha_D + 74{,}8°$, $n_{D16°}$ 1,4905, E. Z. 8,6 = 3 % Ester $CH_3COOC_{10}H_{17}$. Das Öl war schwer löslich in gewöhnlichem Alkohol, löste sich aber in absolutem Alkohol in jedem Verhältnis. Bei der Destillation zeigte sich, daß es fast nur aus d-Limonen ($[\alpha]_D + 112{,}2°$; Smp. des Tetrabromids 104°) bestand. Pinen und vielleicht auch Cadinen schienen in Spuren anwesend zu sein, ebenso ein Phenol, möglicherweise Carvacrol.

78. Öl von Cryptomeria japonica.

Herkunft. Das Holz der japanischen Ceder, *Cryptomeria japonica* Don. (*Cupressus japonica* L.), verdankt seinen angenehmen Geruch einem ätherischen Öl, das sich in einer Ausbeute von etwa 1,5 %[1]) durch Wasserdampfdestillation gewinnen läßt.

Eigenschaften. Gelbes Öl; d 0,9453; $[\alpha]_D - 23° 1'$; S. Z. 0; E. Z. 3,88[2]).

Zusammensetzung. Nach C. Kimoto[3]) enthält das Öl einen „Sugiol" genannten Körper $C_{30}H_{48}O$(?) vom Sdp. 264° und dem

[1]) Baker u. Smith, A research on the pines of Australia, Sydney 1910, p. 303.

[2]) Kimura Journ. of the pharm. Soc. of Japan 1905, 189; Berichte d. deutsch. pharm. Ges. 19 (1909), 372.

[3]) Bull. Coll. Agric. (Tokio) 4 (1902), 403; Chem. Ztg. Rep. 26 (1902), 175.

spez. Gewicht 0,935. K. Keimatsu[1]) fand in dem Öle ein dem Cadinen nahestehendes rechtsdrehendes Sesquiterpen, Crypten, das 2 Moleküle Halogenwasserstoff aufnimmt und 2 Äthylenbindungen enthält, ferner ein mehratomiges Phenol, das ein Dibromprodukt $C_{11}H_{14}Br_2O_3$ liefert.

Ein von H. Kimura[2]) untersuchtes Öl siedete in der Hauptsache zwischen 150 und 160° (17 mm) und enthielt Cadinen (Chlorwasserstoffverbindung, Smp. 117 bis 118°), sowie ein anderes Sesquiterpen, das mit Salzsäuregas nur flüssige Additionsprodukte bildet und als Suginen bezeichnet wird. Aus der Chlorwasserstoffverbindung regeneriert, zeigt Suginen die Konstanten: d 0,918, $[\alpha]_D - 10° 34'$. Außerdem befindet sich im Öl ein Sesquiterpenalkohol, der, aus der Kaliumverbindung abgeschieden, folgende Eigenschaften besitzt: Sdp. 162 bis 163° (10 mm), d 0,964, $[\alpha]_D - 37° 5'$, und den Kimura Cryptomeriol nennt. Bei der Reinigung über die Xanthogenverbindung scheint sich der Körper in einen bei 135 bis 136° schmelzenden Alkohol, das Isocryptomeriol, umzuwandeln. Das Öl soll ca. 40 % Alkohole und 60 % Sesquiterpene enthalten. Ältere Öle enthalten angeblich mehr Alkohole als frische.

79. Öl von Taxodium mexicanum.

Die mexicanische Sumpfcypresse (*Taxodium mexicanum* Carr.; *T. Montezumae* Decne.; *T. mucronatum* Ten.), ein in Mexico „Sabino" genannter Baum, findet sich dort in Höhen von 1600 bis 2300 m. Er ist nicht sehr verbreitet, bildet aber da, wo er vorkommt, große Wälder[3]). Ein vom Instituto Médico Nacional in Mexico nach Deutschland gesandtes Öl ist von Schimmel & Co. untersucht worden[4]). Das wahrscheinlich aus den Blättern gewonnene Destillat war von hellbrauner Farbe und

[1]) Journ. of the Pharm. Soc. of Japan 1905, 189; Bericht von Schimmel & Co. April 1906, 14.

[2]) Kimura, Journ. of the pharm. Soc. of Japan 1905, 189; Berichte d. deutsch. pharm. Ges. 19 (1909), 372.

[3]) Hierzu gehört auch die berühmte „Cypresse des Montezuma", die auf dem Gottesacker von Santa Maria del Tule bei Oaxaca steht und bei 40 m Höhe einen Stammumfang von 30 m haben soll. Ihr Alter wurde von de Candolle auf 6000, von Humboldt auf 4000 Jahre geschätzt.

[4]) Bericht von Schimmel & Co. April 1909, 99.

ähnelte im Geruch dem Terpentinöl, dem es in bezug auf die Zusammensetzung nahe stehen dürfte. $d_{15°}$ 0,8685; α_D — 10°20′; $n_{D20°}$ 1,46931; S. Z. 0,5; E. Z. 5,7; löslich in 5,4 Vol. u. m. 90%igen Alkohols.

80. Öl von Taxodium distichum.

ÖL DES HOLZES. Aus dem Sägemehl der virginischen Sumpfcypresse *Taxodium distichum* Rich., „Southern cypress", hat A. F. Odell[1]) durch Behandlung mit 95%igem Alkohol einen Auszug gewonnen, der bei der Destillation unter Minderdruck (35 mm) eine Fraktion vom Sdp. 180 bis 190° und eine vom Sdp. 217 bis 222° lieferte. Aus dem ersten Anteil wurde ein Körper isoliert von den Eigenschaften: Sdp. 182 bis 185° (35 mm), $d\frac{20°}{4°}$ 0,9469, α_D rechts, $n_{D20°}$ 1,5040. Die elementare Zusammensetzung war $C_{12}H_{20}O$; die Mol.-Ref. (gefunden 56,29, berechnet 53,16) deutete auf die Anwesenheit von 2 Doppelbindungen, was durch die Addition von 4 Atomen Brom bestätigt wurde. Der Autor vermutet in der neuen Verbindung einen aliphatischen Aldehyd, den er Cypral nennt. Das Cypral gibt die charakteristischen Aldehydreaktionen mit Silbernitrat und fuchsinschwefliger Säure.

Der höher siedende Anteil des alkoholischen Extraktes enthielt ein bisher noch unbekanntes Sesquiterpen, das Odell als Cypressen bezeichnet, und das folgende Konstanten zeigt: Sdp. 218 bis 220° (35 mm), 295 bis 300° (778 mm), $d\frac{18°}{4°}$ 0,9647, $[\alpha]_{D20°}$ + 6,53°, $n_{D22°}$ 1,5240. Die Mol.-Refr. wurde zu 64,66 gefunden (berechnet 62,55), was auf die Anwesenheit von einer Doppelbindung deutet. Dementsprechend addierte das Sesquiterpen 2 Atome Brom. Mit mäßig konzentrierter Salpetersäure liefert Cypressen ein gelbes amorphes Oxydationsprodukt, mit konzentrierter Schwefelsäure entsteht deutliche Rotfärbung.

ÖL DER ZAPFEN. Derselbe Autor[2]) hat auch das Öl der Zapfen hergestellt und untersucht. Die im September destillierten Zapfen enthielten 1% grünlichgelben, nach Pinen riechenden Öls, die später im Jahre gesammelten lieferten 1,5 bis 2% Öl, das dunkler gefärbt war und mehr citronenartig roch. d 0,86 und

[1]) Journ. Americ. chem. Soc. 33 (1911), 755.
[2]) *Ibidem* 34 (1912), 824.

0,850; α_D + 18,0 und + 35,5°; Alkoholgehalt 2,5%. Das Öl enthielt ca. 85% d-α-Pinen (Sdp. 156 bis 157°; $d_{4°}^{19°}$ 0,8616; $[\alpha]_D$ + 30,8°; $n_{D20°}$ 1,4655; Nitrosochlorid, Smp. 103°) und 5% d-Limonen (Sdp. 175 bis 180°; $d_{4°}^{19°}$ 0,9567; $[\alpha]_{D20°}$ + 98,3°; $n_{D20°}$ 1,4748; Tetrabromid, Smp. 104°; Nitrosochlorid, Smp. 105°), sowie 2% einer rechtsdrehenden Fraktion, die wahrscheinlich einen Pseudoterpenalkohol enthält, wie aus der Bildung eines flockigen Niederschlags auf Zusatz von Beckmannscher Mischung hervorging. Ferner enthielt das Destillat 3% Carvon ($d_{4°}^{15°}$ 0,960; $n_{D20°}$ 1,500; Semicarbazon, Smp. 162 bis 163°), sowie 3% eines rechtsdrehenden tricyclischen, wahrscheinlich mit dem Cypressen aus dem Holzöl identischen Sesquiterpens, von folgenden Eigenschaften: $d_{4°}^{19°}$ 0,9335, $n_{D20°}$ 1,5039.

81. Öl von Actinostrobus pyramidalis.

Die Blätter des stellenweise in Westaustralien anzutreffenden Baumes *Actinostrobus pyramidalis* Miq. (*Callitris actinostrobus* F. v. M.)[1]), lieferten bei der Destillation im Juli 0,256% ätherisches Öl von folgenden Eigenschaften: $d_{15°}$ 0,8726, α_D + 40,9°, $n_{D19°}$ 1,4736, V. Z. 21,6 = 7,6% Ester $CH_3COOC_{10}H_{17}$, V. Z. kalt 19,81 = 6,93% Ester $CH_3COOC_{10}H_{17}$, löslich in 4 Vol. 90%igen Alkohols.

Bei der Destillation erwies sich das Öl als ein Terpenöl, das fast nur d-α-Pinen, welches durch die üblichen Derivate gekennzeichnet wurde, enthielt. Limonen scheint fast vollständig zu fehlen. Außerdem kommt im Öle Geranylacetat vor; das Geraniol wurde durch Oxydation zu Citral nachgewiesen.

82. Sandarakharzöl.

Herkunft und Gewinnung. Durch Destillation von afrikanischem Sandarak von *Callitris quadrivalvis* Vent. (*Thuja articulata* Desf.) mit Wasserdampf, erhält man 0,26[2]) bis 1%[3]) ätherisches Öl. Th. A. Henry[4]) stellte das Öl dar, indem er das Harz in

---

[1]) Baker u. Smith, A research on the pines of Australia. Sydney 1910, p. 291.

[2]) H. Haensel, Pharm. Ztg. 48 (1903), 574.

[3]) Tschirch u. Balzer, Arch. der Pharm. 234 (1896), 311.

[4]) Journ. chem. Soc. 79 (1901), 1149.

Alkohol löste, die Lösung mit Kali schwach alkalisch machte und die nach Abdestillieren des Alkohols zurückbleibenden Kalisalze mit Äther ausschüttelte.

Eigenschaften. Goldgelbe Flüssigkeit; $d_{15°}$ 0,8781; $\alpha_{D20°}$ +67° 60′.

Zusammensetzung[1]). Die von 152 bis 159° siedende Fraktion enthält d-α-Pinen (Nitrosochlorid, Smp. 103°; Nitrolpiperidin, Smp. 118°) und einen Kohlenwasserstoff, der von 270 bis 280° siedet ($d_{15°}$ 0,9386; α_D + 51° 42′; n_D 1,5215) und anscheinend zu den Diterpenen gehört.

83. Sandarakholzöl.

Durch Destillation von Sägespänen des Holzes von *Callitris quadrivalvis* erhielt E. Grimal[2]) 2 % eines rotbraunen ätherischen Öls von phenolartigem Geruch. Es ist in allen Verhältnissen in 80 %igem Alkohol löslich, dreht in alkoholischer Lösung nach links und hat das spez. Gewicht 0,991 bei 15°. Unter Hinterlassung eines Harzrückstandes siedet es zwischen 230 und 306°. Es enthält ungefähr 5 % Phenole, die aus Carvacrol (Phenylurethan, Smp. 141°) und Hydrothymochinon (Oxydation zu Thymochinon) bestehen. Außerdem wurde in den nicht mit Alkali reagierenden Anteilen Thymochinon (Isonitrosothymol, Smp. 161°; Mononitrothymol, Smp. 137°) nachgewiesen.

Australische Callitrisöle.

Viele australische *Callitris*-Arten liefern Nutzhölzer, die gegen die Angriffe der Termiten (sogenannte weiße Ameisen) sehr widerstandsfähig sind, was wahrscheinlich durch den Gehalt an einem anscheinend noch unbekannten Phenol, das R. T. Baker und H. G. Smith[3]) Callitrol (siehe auch S. 150) nennen, verursacht wird.

[1]) Journ. chem. Soc. 79 (1901), 1149.

[2]) Compt. rend. 139 (1904), 927.

[3]) A research on the pines of Australia, Sydney 1910. p. 60.

Verschiedene Arten sondern auch ein Harz ab von ähnlichen Eigenschaften wie das afrikanische Sandarak (von *Callitris quadrivalvis*). Da man noch keine rationelle Gewinnungsweise kennt, so ist das Einsammeln des Harzes bei den jetzigen Preisen nicht lohnend.

Bei der Besprechung der einzelnen Öle sind die *Callitris*-Arten in Gruppen eingeteilt, deren botanische Merkmale mit dem Vorkommen von d-Limonen, l-Limonen und Pinen zusammenfallen.

84. Öl von Callitris robusta.

Die Blätter der in Westaustralien vorkommenden *Callitris robusta* R. Br.[1]) (*C. Preissii* Miq.; *C. Suissii* Preiss; *Frenela robusta* A. Cunn.) lieferten bei der Destillation im Juli in einer Ausbeute von 0,261 % ein Öl von folgenden Eigenschaften: $d_{15°}$ 0,8825, $\alpha_D + 10,3°$, $n_{D19°}$ 1,4752, V. Z. 49,59 = 17,35 % Ester $CH_3COOC_{10}H_{17}$; löslich in 10 Vol. 80%igen Alkohols. Nach sorgfältigem Durchfraktionieren isolierten die Autoren aus dem Öl ziemlich viel d-α-Pinen, ferner d-Bornylacetat und Geranylacetat. Vermutlich enthält das Öl geringe Mengen Limonen und Dipenten; wahrscheinlich ist auch ein Sesquiterpen anwesend.

Das Öl der Früchte, das in einer Ausbeute von 0,363 % gewonnen wurde, zeigte: $d\frac{18°}{15°}$ 0,877, $\alpha_D - 17,9°$, $n_{D18°}$ 1,4774, V. Z. 16,8 = 5,88 % Ester $CH_3COOC_{10}H_{17}$.

85. Öl von Callitris verrucosa.

Der unter dem Namen „Cypress" oder „Turpentine pine" bekannte Baum *Callitris verrucosa* R. Br.[2]) (*Frenela verrucosa* A. Cunn.) bewohnt hauptsächlich Neusüdwales, er ist aber auch im Innern Australiens und in Westaustralien angetroffen worden.

Das Öl der Blätter (0,331 % Ausbeute im September, 0,266 % im Dezember) hatte folgende Konstanten: $d_{23°}$ 0,8591 und 0,8596, $\alpha_D + 44,2$ und $+ 47,5°$, $n_{D19°}$ 1,4809 und $n_{D20°}$ 1,4809, V. Z. 8,93 und 10,87, E. Z. nach Actlg. 21,27; unlöslich in 10 Vol. 90%igen Alkohols.

---

[1]) Baker u. Smith, *loc. cit.* p. 89.

[2]) Baker u. Smith, *loc. cit.* p. 101.

In dem sorgfältig fraktionierten Öl wurden als Bestandteile gefunden: d-α-Pinen (Nitrolbenzylamin, Smp. 122 bis 123°), d- und l-Limonen und Dipenten. Das Limonen- und Dipententetrabromid wurde aus einer Fraktion vom Siedepunkt 170 bis 180° ($d_{23°}$ 0,8624; α_D + 51,7°) erhalten. Das Öl enthält auch eine geringe Menge Geranyl- und d-Bornylacetat sowie wenig freies Borneol und außerdem dasselbe Sesquiterpen, das im Öl von *Callitris robusta* gefunden wurde.

Das im Dezember in einer Ausbeute von 0,44 % destillierte Öl der Früchte hatte: $d_{22°}$ 0,8608, α_D + 0,3°, $n_{D19°}$ 1,4738, V. Z. 5,1 = 1,78 % Ester $CH_3COOC_{10}H_{17}$.

Das ätherische Öl des australischen Sandarakharzes von *Callitris verrucosa* enthält nach Th. A. Henry[1]) d-α-Pinen.

86. Öl von Callitris propinqua.

Die „Cypress pine" genannte *Callitris propinqua* R. Br.[2]) (*Frenela Moorei* Parlat.) findet sich in Neusüdwales, Südaustralien und auf der Känguruh-Insel.

Das im Mai in einer Ausbeute von 0,41 % destillierte Blätteröl zeigte: $d\frac{19°}{15°}$ 0,8662, α_D + 32,4°, $n_{D19°}$ 1,4752, V. Z. heiß 34,88, V. Z. kalt 25,27. Es gab keine klare Lösung mit 10 Vol. 90 %igen Alkohols.

Die Bestandteile dieses Öls sind beinahe identisch mit denen des Öls von *Callitris glauca.*

Ein aus Zweigen mit Früchten destilliertes Öl (Ausbeute 0,326 % im März) zeigte: $d\frac{20°}{15°}$ 0,8709, α_D + 20,5°, $n_{D19°}$ 1,4749, V. Z. 32,24.

87. Öl von Callitris glauca.

Callitris glauca R. Br.[3]) (*C. Preissii* Miq.; *C. Huegelii* ined.; *Frenela crassivalvis* Miq.; *F. canescens* Parlat.; *F. Gulielmi* Parlat.) ist unter dem Namen „White", „Cypress" oder „Murray river pine" bekannt; sie wächst auf dem ganzen australischen Kontinent, bleibt aber immer in einiger Entfernung von der Küste.

---

[1]) Journ. chem. Soc. 79 (1901), 1161, 1163.

[2]) Baker u. Smith, *loc. cit.* p. 112.

[3]) Baker u. Smith, *loc. cit.* p. 63 u. 118. Vgl. auch Roy. Soc. New South Wales, Abstract of Proceedings, August 1908, 3; Journ. Soc. chem. Industry 27 (1908), 1039.

Das Holz gibt bei der Destillation mit Wasserdampf 0,82 % eines ätherischen Öls, das im rohen Zustande eine halbfeste Masse ist. Beim Pressen durch ein Tuch bleibt die größte Menge einer festen Substanz als Kuchen zurück. Der flüssige Anteil hat $d_{16°}$ 0,9854, er löst sich im gleichen Vol. 70%igen Alkohols, auf Zusatz von mehr als 3 Vol. entsteht Trübung, mit 80%igem Alkohol ist er zunächst klar mischbar, die verdünnte Lösung zeigt aber auch hier schwache Trübung. Durch wiederholte Fraktionierung wurde ein zwischen 250 und 252° siedender Anteil abgesondert ($d_{18°}$ 0,9266; $n_{D18°}$ 1,4926; unlöslich in 90%igem Alkohol), der hauptsächlich aus Sesquiterpenen zu bestehen scheint. Ferner enthält das Öl freie Säuren, Ester, sowie ein Phenol, Callitrol, das einige Farbreaktionen gibt. So entsteht z. B. Rotfärbung, wenn die essigsaure Lösung mit Schwefelsäure versetzt wird. Die Zusammensetzung des Callitrols konnte noch nicht festgestellt werden. Der oben erwähnte feste Bestandteil kristallisiert aus Alkohol in hexagonalen Prismen, schmilzt bei 91° und besteht, wie aus der Elementaranalyse hervorgeht, aus Guajol, $C_{15}H_{26}O$; $[\alpha]-29°$ (in 5%iger alkoholischer Lösung).

Das Blätteröl, das in Geruch und Eigenschaften mit den besseren Fichtennadelölen des Handels übereinstimmt, wurde in einer Ausbeute von 0,532 (im Dezember) bis 0,635 % (im März) gewonnen und zeigte die Konstanten: $d_{16°}$ 0,8813, $\alpha_D + 27,9°$, $n_{D16°}$ 1,4771, Estergehalt heiß 13,82 %, kalt 6,26 %, berechnet auf Ester $CH_3COOC_{10}H_{17}$. Das frisch destillierte Öl löst sich in 1 bis 10 Vol. 90%igen Alkohols, altes öfters nicht in 10 Vol. In den einzelnen Fraktionen des Öls wurden nachgewiesen: d-α-Pinen (Nitrosopinen, Smp. 132°), d-Limonen (Tetrabromid, Smp. 116°)[1]), Dipenten, d-Bornylacetat, freies d-Borneol und in der Verseifungslauge außer Essigsäure vielleicht auch Buttersäure.

88. Öl von Callitris arenosa.

Callitris arenosa A. Cunn.[2]) (*Frenela robusta* A. Cunn. var. *microcarpa* Benth.; *F. Moorei* Parlat.; *F. arenosa* A. Cunn.;

---

[1]) Aus dem hohen Schmelzpunkt des Limonentetrabromids schließen die Autoren bei diesem Öl, wie auch bei einigen andern, auf die Anwesenheit von Dipenten.

[2]) Baker u. Smith, *loc. cit.* p. 157.

F. microcarpa A. Cunn.; *F. columellaris* F. v. M.) kommt an einzelnen Stellen in Neusüdwales sowie in Queensland vor und wird, wie viele andre *Callitris*-Arten, „Cypress pine" genannt.

Das in einer Ausbeute von 0,249 (im Januar) bis 0,402 % (im September) gewonnene Öl der Blätter hatte die Konstanten: $d_{20°}$ 0,8491, $\alpha_D + 35,8°$, $n_{D20°}$ 1,4760 und $d_{20°}$ 0,8452, $\alpha_D + 18,9°$, $n_{D20°}$ 1,4764. Es ist schwach citronengelb gefärbt und löst sich nicht in der 10-fachen Menge 90%igen Alkohols. Bei der Fraktionierung zeigte sich, daß es zu ungefähr 85 % aus d- und l-Limonen sowie Dipenten bestand. Der Schmelzpunkt des Tetrabromids war bei der fraktionierten Kristallisation 115 bis 116° und 121 bis 122°. Im Hochsommer enthält das Öl mehr l-Limonen als im Winter, eine Erscheinung, die auch bei andern *Callitris*-Arten beobachtet wurde. Außerdem scheinen im Öle geringe Mengen Bornyl- und Geranylacetat vorzukommen.

89. Öl von Callitris intratropica.

Das Vorkommen von *Callitris intratropica* Benth. et Hook.[1]) (*Frenela intratropica* F. v. Muell.; *F. robusta* A. Cunn. var. *microcarpa* Benth.) scheint auf den nördlichen Teil Australiens und auf die Nordwestküste beschränkt zu sein. Wie die vorige Art, wird auch diese „Cypress pine" genannt.

Das Öl der Blätter wurde in einer Ausbeute von 0,11 % (im November) destilliert: $d_{22°}$ 0,8481 bis 0,8570, $\alpha_D - 21,6°$, $n_{D18°}$ 1,4768, Estergehalt 3,81 bis 4,75 % (berechnet für Ester $CH_3COOC_{10}H_{17}$), unlöslich in 10 Vol. 90%igen Alkohols. Im gut durchfraktionierten Öle wurden nachgewiesen: α-Pinen, l-Limonen, Dipenten, Borneol und Geraniol, diese beiden wahrscheinlich als Acetate. Die Hauptmenge des Öls besteht aus Terpenen.

Das Öl des Holzes enthält Callitrol und Guajol. Das Holz enthält so viel Guajol, daß es häufig an der frischen Schnittfläche kristallinisch zu Tage tritt.

90. Öl von Callitris gracilis.

Die „Cypress" oder „Mountain pine" genannte *Callitris gracilis* R. T. Baker[2]) ist nur in der Umgebung von Rylstone (Neusüdwales) bekannt.

[1]) Baker u. Smith, *loc. cit.* p. 172.
[2]) Baker u. Smith, *loc. cit.* p. 181.

Bei der Destillation der Blätter wurden 0,723 % ätherisches Öl erhalten von den Eigenschaften: $d_{15°}^{20°}$ 0,8683, α_D + 8,7°, $n_{D20°}$ 1,4752, Estergehalt 12,1 %, berechnet auf Ester $CH_3COOC_{10}H_{17}$, löslich in 10 Vol. 90 %igen Alkohols. Nach wiederholter Destillation wurden im Öle nachgewiesen: d-α-Pinen (Nitrosochlorid, Smp. 107 bis 108°; Nitrosopinen, Smp. 131 bis 132°), l-Limonen, d-Bornylacetat und sehr wahrscheinlich α-Terpineol (Nachweis durch Schütteln mit Jodwasserstoffsäure, wobei sich Dipentendihydrojodid vom Smp. 78° bildete), anscheinend als Butyrat. Von Säuren wurden in den Verseifungslaugen Essigsäure und Buttersäure aufgefunden. Ferner enthielt das Öl wahrscheinlich Geraniol, sowie ein mit Callitrol verwandtes Phenol.

91. Öl von Callitris calcarata.

Callitris calcarata R. Br.[1]) (*C. sphaeroidalis* Slotsky; *C. fruticosa* R. Br.; *Frenela calcarata* A. Cunn.; *F. Endlicheri* Parlat.; *F. fruticosa* Endl.; *F. pyramidalis* A. Cunn.; *F. ericoides* Hort.; *F. australis* Endl.; *Cupressus australis* Persoon; *Juniperus ericoides* Noisette) ist in den östlichen Staaten Australiens als „Black", „Red" oder „Mountain pine" weit verbreitet.

Das Öl der Blätter (Ausbeute 0,162 % im April, 0,168 % im März) hatte: $d_{17°}$ 0,8863[2]) bis 0,8949, α_D — 4,5° bis + 11,7°, $n_{D16°}$ 1,4747 bis 1,4760, Estergehalt heiß 38,6 bis 46,58 %, kalt 27,08 bis 39,4 %, berechnet als Ester $CH_3COOC_{10}H_{17}$. Es löste sich im gleichen Vol. 80 %igen Alkohols, auf Zusatz von mehr entstand Trübung. Im sorgfältig durchfraktionierten Öle wurde als Hauptbestandteil Geranylacetat neben d-Bornylacetat nachgewiesen. Von Säuren war in den Verseifungslaugen außer Essigsäure vielleicht auch Buttersäure enthalten. Das Geraniol wurde durch Oxydation zu Citral (Naphthocinchoninsäureverbindung) gekennzeichnet. Weitere Bestandteile sind: d-α-Pinen, Dipenten, d- und l-Limonen. Auch diese Art enthält im Hochsommer mehr l-Limonen als im Winter.

Öl der Zweige und Früchte. Dieses Öl (Ausbeute 0,164 % im Dezember) hatte: $d_{15°}^{23°}$ 0,8803, α_D — 4,5°, $n_{D16°}$ 1,4752, V. Z. 110,38 = 38,6 % Ester $CH_3COOC_{10}H_{17}$. In den einzelnen Frak-

[1]) Baker u. Smith, *loc. cit.* p. 192.

[2]) Auf 17° umgerechnet.

tionen wurden gefunden: d-Borneol (als Acetat?), Geraniol, resp. Geranylacetat, l-Limonen, Dipenten (Tetrabromid, Smp. 118°) und in der Verseifungslauge Essigsäure.

Auch das Öl der Früchte wurde gewonnen, die Ausbeute betrug im Dezember 0,229 %. Es ist praktisch identisch mit dem Öl der Blätter: $d_{15°}^{22°}$ 0,8797, $\alpha_D + 2,15°$, $n_{D22°}$ 1,4744, V. Z. (heiß) 95,35 = 33,37 % Ester $CH_3COOC_{10}H_{17}$ (kalt 31,18 %). Geraniol wurde auch hier durch die Oxydation zu Citral nachgewiesen.

92. Öl von Callitris rhomboidea.

Callitris rhomboidea R. Br.[1]) (*C.* (?) *cupressiformis* Vent.; *C. arenosa* Sweet; *Frenela rhomboidea* Endl.; *F. Ventenatii* (Mirb.); *F. arenosa* A. Cunn.; *F. triquetra* Spach; *F. attenuata* A. Cunn.; *Cupressus australis* Desf.; *Thuja australis* Poir.; *T. articulata* Tenore) wird ebenfalls „Cypress pine" genannt; sie findet sich stellenweise in Queensland und Neusüdwales.

Die Ausbeute an Blätteröl betrug im Januar 0,0335 %: $d_{15°}^{22°}$ 0,8826, $\alpha_D - 19,2°$, $n_{D23°}$ 1,4747, Estergehalt heiß 30,43 %, kalt 29,78 %, berechnet auf Ester $CH_3COOC_{10}H_{17}$. Löslich in 7 Vol. 80 %igen Alkohols. Borneol war kaum im Öl enthalten. Die Ester bestanden fast nur aus Geranylacetat. Wahrscheinlich sind α-Pinen, l-Limonen und Dipenten anwesend.

93. Öl von Callitris Tasmanica.

Callitris Tasmanica Baker et Smith[2]) (*Frenela rhomboidea* R. Br. var. *Tasmanica* Benth.) kommt in Tasmanien, sowie an einzelnen Stellen in Victoria und Neusüdwales vor. Sie wird in Tasmanien „Oyster bay pine" genannt.

Aus den Blättern wurde Öl in einer Ausbeute von 0,14 % (im März) und 0,208 % (im Juni) destilliert von den Eigenschaften: $d_{15°}$ 0,8976 und $d_{23°}$ 0,9036, $\alpha_D + 1,0°$ und $-5,8°$, $n_{D23°}$ 1,4738 und $n_{D15°}$ 1,4739, Estergehalt heiß 59,95 und 62,75 %, kalt 59,91 und 62,2 % Ester $CH_3COOC_{10}H_{17}$; unlöslich in 10 Vol. 70 %igen, löslich in 1 Vol. 80 %igen Alkohols u. m. Es besteht zu ca. 70 % aus Geranylacetat und freiem Geraniol. Bei der

[1]) Baker u. Smith, *loc. cit.* p. 220.

[2]) Baker u. Smith, *loc. cit.* p. 233.

Fraktionierung wurden folgende Bestandteile gefunden: d-α-Pinen, wahrscheinlich mit l-α-Pinen gemischt, ($d_{15°}^{20°}$ 0,857; α_D + 9,9°; $n_{D24°}$ 1,4706; Nitrosochlorid, Smp. 107 bis 108°; Benzylamin, Smp. 122 bis 123°), l-Limonen, Dipenten (Tetrabromid, Smp. 118°). In den Verseifungslaugen wurde nur Essigsäure gefunden. Außerdem enthält das Öl eine kleine Menge Phenol, das wahrscheinlich mit dem aus dem Öle von *Callitris gracilis* identisch ist.

94. Öl von Callitris Drummondii.

Callitris Drummondii Benth. et Hook. fil.[1]) (*Frenela Drummondii* Parlat.), die ebenso wie *C. arenosa, C. glauca, C. intratropica* und *C. gracilis* den Namen „Cypress pine" führt, wächst in Westaustralien.

Das im Juni gewonnene Blätteröl (Ausbeute 0,547%) zeigte folgende Eigenschaften: $d_{17°}$ 0,8591, α_D + 42,2°, $n_{D19°}$ 1,4739, 1,85% Ester $CH_3COOC_{10}H_{17}$. In den einzelnen Fraktionen wurden nachgewiesen: d-α-Pinen (Nitrosochlorid, Smp. 108°; Nitrosopinen, Smp. 132°), d-Limonen und Dipenten, sowie Borneol und Geraniol als Ester, wahrscheinlich als Acetate. Das Öl enthielt mehr als 90% Pinen.

Das Öl der Früchte ist fast identisch mit dem der Blätter: $d_{15°}$ 0,8663, α_D + 45,1°, $n_{D19°}$ 1,4798, Estergehalt 2,4% (berechnet als $CH_3COOC_{10}H_{17}$).

95. Öl von Callitris Muelleri.

Callitris Muelleri Benth. et Hook. fil.[2]) (*Frenela fruticosa* A. Cunn.; *F. Muelleri* Parlat.) ist unter dem Namen „Illawarra pine" bekannt und kommt in Neusüdwales an einzelnen Stellen vor.

Das Öl der Blätter wurde im September in einer Ausbeute von 0,103% gewonnen: $d_{24°}$ 0,8582, α_D — 4,7°, $n_{D20°}$ 1,4749, Estergehalt 2,76%, berechnet als $CH_3COOC_{10}H_{17}$. Das fast nur aus Terpenen bestehende, ähnlich wie Terpentinöl riechende Öl war in 10 Vol. 90%igen Alkohols unlöslich. Es wurden darin nachgewiesen: d- und l-α-Pinen, sowie d- und l-Limonen.

Die Früchte führen kein ätherisches Öl.

---

[1]) Baker u. Smith, *loc. cit.* p. 253.
[2]) Baker u. Smith, *loc. cit.* p. 262.

96. Öl von Callitris oblonga.

Das Vorkommen von *Callitris oblonga* Rich.[1]), (*C. Gunnii* Hook.; *Frenela australis* R. Br.; *F. Gunnii* Endl.; *F. variabilis* Carr.; *F. macrostachya* Gord.) beschränkt sich auf Tasmanien, wo sie „Native cypress" genannt wird.

Die Blätter lieferten im Juni 0,054 % ätherisches Öl von den Eigenschaften: $d_{16°}$ 0,8735, $\alpha_D + 38{,}1°$, $n_{D16°}$ 1,4783, Estergehalt heiß 6,05 %, kalt 5,6 %, berechnet auf $CH_3COOC_{10}H_{17}$. Das in 10 Vol. 90 %igen Alkohols unlösliche Öl besteht, wie sich bei der Fraktionierung zeigte, hauptsächlich aus d-α-Pinen (Sdp. 155 bis 156°, charakterisiert durch das Nitrosochlorid) und enthält wahrscheinlich Limonen und vielleicht auch ein Sesquiterpen oder eine ähnliche Verbindung.

97. Öl von Callitris Macleayana.

Callitris Macleayana F. v. M.[2]) (*C. Parlatorei* F. v. M.; *Frenela Macleayana* Parlat.; *Octoclinis Macleayana* F. v. M.; *Leichhardtia Macleayana* Shep.) wird in Neusüdwales „Stringybark" oder „Port Macquarie pine" genannt.

Das im Oktober destillierte Blätteröl (Ausbeute 0,172 %) hatte die folgenden Eigenschaften: $d_{15°}^{20°}$ 0,8484, $\alpha_D + 42{,}5°$, $n_{D20°}$ 1,4791, Estergehalt heiß 3,5 %, kalt 3,2 %, berechnet als $CH_3COOC_{10}H_{17}$. Es löste sich nicht in 10 Vol. 90 %igen Alkohols. Durch sorgfältige Fraktionierung wurden folgende Bestandteile gefunden: d-α-Pinen (Nitrosochlorid, Smp. 107 bis 108°), d-Limonen (Tetrabromid, Smp. 117 bis 118°), Dipenten (?), sowie ein Kohlenwasserstoff, dessen Geruch und Eigenschaften auf ein d-Menthen hinweisen: Sdp. 162 bis 165°, $d_{22°}$ 0,837, $\alpha_D + 58{,}7°$, $n_{D22°}$ 1,4703. Außerdem scheint das Öl Cadinen ($d_{22°}$ 0,9203; $n_{D22°}$ 1,5052) zu enthalten, denn es gab die Farbreaktion mit Chloroform und Schwefelsäure; ein Dichlorhydrat wurde aber nicht erhalten.

Öl des Holzes. Ausbeute 0,558 %. Es stellt eine halbfeste, tief rot gefärbte Flüssigkeit dar, deren kristallinischer Bestandteil aus Guajol besteht.

[1]) Baker u. Smith, *loc. cit.* p. 271.
[2]) Baker u. Smith, *loc. cit.* p. 278.

98. Thujaöl.

Oleum Thujae. — Essence de Thuya. — Oil of Thuja.

Herkunft und Gewinnung. Das Thujaöl wird durch Destillation der Blätter und Zweigenden des Lebensbaumes *(Arbor vitae)*, *Thuja occidentalis* L. (in Nordamerika „Weiße Ceder oder Sumpfceder" genannt) mit Wasserdampf gewonnen. Die Ausbeute schwankt, wie E. Jahns[1]) berichtet, je nach der Jahreszeit zwischen 0,4 und 0,65 %. Sie ist am größten im Frühjahr (März) und nimmt gegen den Sommer (Juni) zu stark ab. Die geringe Menge des für den Konsum nötigen Öls wird hauptsächlich in Nordamerika destilliert, wo die Blätter und Zweige nach Ayer[2]) bis 1 % Öl enthalten sollen. Das Öl wird besonders in den nördlichen und östlichen Gegenden von Vermont destilliert. Die Bäume, die die Sonne von allen Seiten zu bestrahlen vermag, sind die besten. Die Destillationseinrichtungen sind oft nur sehr primitiver Art. Die wichtigste Obliegenheit bei dem ganzen Prozeß bildet das Packen der Zweige und Blätter in die Blasen, da beim Destillieren möglichst keine Lücken sein dürfen. Je größer der Dampfdruck ist, um so bessere Ausbeuten erhält man. Zuweilen ist das Thujablätteröl wasserklar, manchmal, wenn die Bäume sehr im Schatten gestanden haben, auch dunkelfarbig. Kaltes Wetter beeinträchtigt den Ölgehalt der Blätter nicht, wohl aber den des Holzes.

Das Öl von *Thuja occidentalis* wird trotz seiner ganz andern Eigenschaften oft mit dem von *Juniperus virginiana* L., der roten Ceder, verwechselt.

Eigenschaften. Thujaöl ist farblos oder gelb bis grüngelb gefärbt, dünnflüssig und hat einen charakteristischen, starken, campherartigen, an Rainfarn erinnernden Geruch und einen bitteren Geschmack. $d_{15°}$ 0,915 bis 0,935; α_D —5 bis —14°; S. Z. 0,6; E. Z. 20,6; E. Z. nach Actlg. 41,1 (eine Beobachtung). Es löst sich in 3 bis 4 Teilen 70 %igen Alkohols klar auf und siedet von 160 bis 250°, wobei die Hauptmenge zwischen 180 und 205° übergeht. Im Destillationsvorlauf findet sich eine sauer

[1]) Arch. der Pharm. 221 (1883), 749, Anm.

[2]) Oil, Paint and Drug Reporter Juni 1908, 17.

reagierende Flüssigkeit, die neben wenig Ameisensäure im wesentlichen aus Essigsäure besteht[1]).

Zusammensetzung. Das Thujaöl wurde zuerst von Schweizer[2]) i. J. 1843, jedoch ohne besonderes Ergebnis, untersucht. Erfolgreicher war Jahns[3]), dem es gelang, das Öl durch fraktionierte Destillation in drei Bestandteile zu zerlegen. Er erhielt eine rechtsdrehende bei 156 bis 161° destillierende Terpenfraktion, ein rechtsdrehendes bei 195 bis 197° siedendes Öl sowie ein linksdrehendes vom Sdp. 197 bis 199°. Diese beiden letzten Fraktionen waren sauerstoffhaltig, entsprachen der Formel $C_{10}H_{16}O$ und wurden, da sie nur optisch isomer zu sein schienen, als l- und d-Thujol bezeichnet.

Die späteren Untersuchungen Wallachs[4]) klärten die Zusammensetzung des Thujaöls vollständig auf. Die Identität des um 160° siedenden Terpens mit d-α-Pinen (Nitrosochlorid), wurde festgestellt. In der bis 190° siedenden Fraktion ist ein Körper enthalten, der durch Kali unter Bildung von Kaliumacetat angegriffen wird und wahrscheinlich ein Essigsäureester ist. Der von 190 bis 200° siedende Anteil enthält zwei chemisch ganz verschiedene Ketone der Formel $C_{10}H_{16}O$, l-Fenchon und d-Thujon.

Aus den um 220° siedenden Bestandteilen des Thujaöls erhielt Wallach[5]) ein bei 93 bis 94° schmelzendes inaktives Oxim, das sich als Derivat des Carvotanacetons[6]) erwies. Da Semmler[7]) gefunden hat, daß Thujon beim Erhitzen auf höhere Temperatur in Carvotanaceton übergeht, so ist es wahrscheinlich, daß das Carvotanaceton als solches nicht im natürlichen Thujaöl enthalten ist, sondern erst bei der fraktionierten Destillation aus dem Thujon entsteht.

Später fand Wallach[8]) gelegentlich der Darstellung des Semicarbazons aus l-Fenchon des Thujaöls, daß dieses Fenchon, das zur Entfernung des Thujons mit Salpetersäure behandelt

---

[1]) Jahns, *loc. cit.*

[2]) Journ. f. prakt. Chem. **30** (1843), 376. — Liebigs Annalen **52** (1844), 398.

[3]) *Loc. cit.*

[4]) Liebigs Annalen **272** (1892), 99.

[5]) Liebigs Annalen **275** (1893), 182.

[6]) Wallach, Liebigs Annalen **279** (1894), 384.

[7]) Berl. Berichte **27** (1894), 895.

[8]) Liebigs Annalen **353** (1907), 213.

worden war, einen Gehalt an l-Campher aufwies. Die durch diese Entdeckung veranlaßte erneute Untersuchung des Thujaöls ergab, daß darin kein Campher, wohl aber l-Borneol oder Ester des l-Borneols enthalten sind, die bei der Herausarbeitung des Fenchons auf die übliche Weise unter Benutzung von Oxydationsmitteln in l-Campher übergehen.

99. Thujawurzelöl.

Das Öl aus der Wurzel von *Thuja orientalis* L. hat eine tiefbraune Farbe, einen thymochinonähnlichen Geruch und das spez. Gewicht 0,979. Die Ausbeute an Öl beträgt 2,75 %[1]).

100. Öl von Thuja plicata.

Herkunft. Der amerikanische Lebensbaum oder die Washington-Ceder führt eine ganze Anzahl synonymer botanischer Bezeichnungen, und zwar: *Thuja plicata* Lamb. non Don, *Th. gigantea* Nutt., *Th. Menziesii* Dougl., *Th. Douglasii* Nutt. und *Th. Lobii* hort. oder richtiger *Th. Lobbi* hort. nach Lobb, der den Baum 1853 aus dem westlichen Nordamerika in Europa eingeführt hat.

ÖL DER BLÄTTER UND ZWEIGE.

Eigenschaften und Zusammensetzung. W. C. Blasdale[2]) hat durch Wasserdampfdestillation der lufttrockenen Blätter des an der pacifischen Küste Nordamerikas einheimischen Lebensbaums („Pacific arbor vitae"), der auch unter dem Namen „Red cedar" oder „Canoe cedar" allgemein bekannt ist, 2,8 % eines ätherischen Öls von terpenartigem Geruch und folgenden Konstanten gewonnen: $d_{15°}$ 0,8997, $\alpha_D + 1° 45'$, n_D 1,4575, Sdp. 150 bis 225°. Außer Thujon, das aus einer Fraktion vom Sdp. 198 bis 200° ($d_{15°}$ 0,9142; $\alpha_D - 0° 52'$; n_D 1,4532) in der üblichen Weise isoliert und charakterisiert wurde, konnten in den andern Anteilen des Öls keine weiteren Bestandteile nachgewiesen werden.

Das Material, das J. W. Brandel und A. H. Dewey[3]) zur Ölgewinnung verwendeten, war von J. C. Frye als von *Thuja plicata* = *Th. gigantea* = *Th. Menziesii* herrührend bestimmt

1) Bericht von Schimmel & Co. April 1892, 43.

2) Journ. Americ. chem. Soc. 29 (1907), 539.

3) Pharm. Review 26 (1908), 248.

worden. Blätter und Zweige gaben bei der Wasserdampfdestillation 0,8 bis 1,4% eines hellgelben, schwach stechend, campherähnlich riechenden Öls. $d_{25°}$ 0,9305; $\alpha_{D 25°}$ —6,9°; S. Z. 0,518; V. Z. 5,7; E. Z. nach Actlg. 6,2; lösl. in jedem Verhältnis in 70%igem Alkohol. Über 75% des Öls destillierten zwischen 190 und 203°, und es war auffallend, daß jede Fraktion des ursprünglich linksdrehenden Öls nach dem Fraktionieren Rechtsdrehung zeigte. Terpene waren nur etwa 3% im Öle enthalten, davon konnte α-Pinen in geringer Menge durch das bei 103° schmelzende Nitrosochlorid nachgewiesen werden. Cymol wurde nicht festgestellt, denn die von 175 bis 180° siedende Fraktion gab bei der Oxydation nur kleine Mengen einer bei 121° schmelzenden Säure. Besonders in den von 200 bis 203° siedenden Anteilen war Thujon enthalten, das durch das bei 120 bis 121° schmelzende Tribromid und nach Regenerierung aus der Bisulfitverbindung durch den Sdp. 203° charakterisiert wurde. Nach dem Entfernen des Thujons konnte in der Hauptfraktion noch die Gegenwart von Fenchon durch Darstellung des Oxims vom Smp. 164° erkannt werden, besonders in den von 190 bis 197,5° überdestillierenden Anteilen. Der oberhalb 220° siedende Rückstand gab eine hohe Verseifungszahl und enthielt zweifellos viel Borneolester, da bei der Oxydation mit Salpetersäure Campher erhalten wurde. Das mit Natrium und Alkohol reduzierte Öl gab nach dem Acetylieren eine E. Z. 96,83, was einem Gehalt von ca. 28,5% Alkoholen entspricht.

Die Blätter, die Schimmel & Co.[1]) destillierten, waren von Prof. Heckel in Marseille eingesandt und als von *Thuja Lobii* abstammend bezeichnet worden.

Das in einer Ausbeute von 1,32% gewonnene Öl war von hellgelber Farbe und kräftigem Thujongeruch und war, wie das von Blasdale beschriebene Öl rechtsdrehend; $d_{15°}$ 0,9056; α_D +5° 4′; $n_{D20°}$ 1,45721; S. Z. 0,8; E. Z. 16,9; in 70%igem Alkohol nur mit Opalescenz löslich (etwa 1:8), klar dagegen in 1,2 Vol. u. m. 80%igen Alkohols. Das aus dem Öle mit Hilfe von Semicarbazid abgeschiedene Thujon erwies sich als identisch mit l-α-Thujon; das Semicarbazon schmolz nach zweimaligem Umkristallisieren aus Alkohol bei 185 bis 186°, die

[1]) Bericht von Schimmel & Co. April 1909, 87.

Drehung des daraus mit Phthalsäureanhydrid regenerierten Thujons betrug $\alpha_D - 5° 12'$.

Endlich haben auch R. E. Rose und C. Livingston[1]) aus den Blättern und Zweigen dieser Ceder in einer Ausbeute von 1% ein hellgelbes Öl destilliert von den Eigenschaften: $d_{20°}$ 0,913, $[\alpha]_{D20°} - 4,77°$, $n_{D20°}$ 1,4552, S. Z. 0,518, E. Z. 2,28, E. Z. nach Actlg. 8,8. Es löste sich in jedem Verhältnis in 70%igem Alkohol. 85% des Öls siedeten zwischen 100 und 110° (40 mm) und bestanden aus α-Thujon (Smp. des Tribromids 121 bis 122°; Smp. des Semicarbazons 186 bis 188°). Ferner enthielt das Öl 3 bis 5% d-α-Pinen, das durch seine Konstanten sowie durch die Darstellung seines Nitrosochlorids gekennzeichnet wurde. Außerdem wiesen die Autoren in dem Produkt 1 bis 3% d-Tanacetylalkohol nach. Der Alkohol wurde durch seine Konstanten (Sdp. 210 bis 220°; $d_{28°}$ 0,9266; $[\alpha]_{D28°} + 29,8°$; $n_{D28°}$ 1,46207) charakterisiert. Er scheint als Acetat in dem Öl anwesend zu sein. Fenchon wurde nicht gefunden.

ÖL DES HOLZES.

Bei der Destillation von zu Spänen zerkleinertem Holz mit Wasserdampf erhielt Blasdale[2]) durch Ausschütteln des Destillats mit Äther weiße, bei 80° schmelzende Kristalle, die den charakteristischen, stechenden Geruch des Holzes hatten und denen die Molekularformel $C_{10}H_{12}O_2$ zukommen dürfte.

101. Cypressenöl.

Oleum Cupressi. — Essence de Cyprès. — Oil of Cypress.

Herkunft und Gewinnung. Cypressenöl wird aus den Blättern und jungen Zweigen von *Cupressus sempervirens* L. (*C. fastigiata* D. C.) destilliert. Die Ausbeute beträgt je nach der Jahreszeit, der Frische des Materials und der Art der Destillation 0,2 bis 1,2%.

Eigenschaften. Cypressenöl ist eine gelbliche, angenehm nach Cypressen riechende Flüssigkeit, die nach dem Verdunsten einen deutlich an Ladanum erinnernden, ambraähnlichen Geruch hinterläßt. Die physikalischen Eigenschaften der in Deutschland destillierten Öle weichen von den in Südfrankreich gewonnenen ziem-

---

[1]) Journ. Americ. chem. Soc. 34 (1912), 201.

[2]) *Loc. cit.*

lich stark ab, und zwar sind die deutschen Destillate schwerer als die französischen. Dieser Unterschied mag zum Teil auf den mehr oder weniger frischen Zustand des Materials zurückzuführen sein, er liegt aber wohl hauptsächlich an der Verschiedenheit der Destillationsarten.

Deutsche Destillate zeigten: $d_{15°}$ 0,88 bis 0,90, $\alpha_D + 4$ bis $+18°$, $n_{D20°}$ 1,474 bis 1,480, S. Z. 1,5 bis 3,0, E. Z. 13 bis 22, E. Z. nach Actlg. 36 bis 51; löslich in 2 bis 7 Vol. 90%igen Alkohols u. m., gelegentlich mit geringer Trübung.

Bei französischen Ölen wurde beobachtet: $d_{15°}$ 0,868 bis 0,884, $\alpha_D + 12$ bis $+31°$, $n_{D20°}$ um 1,471 bis 1,476, S. Z. bis 2, E. Z. 3 bis 14, E. Z. nach Actlg. 9 bis 32; löslich in 4 bis 7 Vol. 90%igen Alkohols, zuweilen mit geringer Trübung.

Ein algerisches Öl hatte die Eigenschaften: $d_{15°}$ 0,8764, $\alpha_D + 22° 18'$; nicht klar löslich in 10 Vol. 90%igen Alkohols.

Zusammensetzung. Durch eine eingehende Untersuchung im Laboratorium von Schimmel & Co.[1]) sind in dem Öle eine ganze Reihe von Bestandteilen aufgefunden worden.

Das verarbeitete Öl hatte folgende physikalischen Eigenschaften: $d_{15°}$ 0,8922, $\alpha_D + 16° 5'$, $n_{D20°}$ 1,47416, V. Z. 25,3, E. Z. nach Actlg. 50,5. Diese Werte entsprechen einem Gehalt von 8,8% an Estern $C_{10}H_{17}OCOCH_3$ und von 14,4% an Alkoholen $C_{10}H_{18}O$. In 10 Teilen 90%igen Alkohols war das Öl nicht klar löslich.

Furfurol. Die ersten Tropfen gingen bei der Destillation im Vakuum bei 44° (10 mm) über und gaben mit einer Lösung von salzsaurem Anilin in Anilin die Purpurfärbung, die für Furfurol charakteristisch ist.

d-α-Pinen. Dieses Terpen, das schon früher[2]) in dem Öle nachgewiesen war, wurde nochmals in Anteilen identifiziert, die alle Eigenschaften des Pinens ($d_{15°}$ 0,8587; $\alpha_D + 28° 4'$) hatten. (Nitrosochlorid, Smp. 102 bis 103°; Benzylaminderivat, Smp. 122 bis 123°.)

d-Camphen, war mit Hilfe der Isoborneolreaktion in allen zwischen 160 und 170° destillierenden Fraktionen, die den größten Teil des Öles ausmachen, nachweisbar. Camphen gehört demnach zu dessen Hauptbestandteilen. Das aus dem Isobornyl-

---

[1]) Bericht von Schimmel & Co. April 1904, 32; Oktober 1904, 19; April 1910, 36.
[2]) *Ibidem* Oktober 1894, 71.

acetat bei der Verseifung entstandene rohe Isoborneol besaß einen kräftigen, moderigen Nebengeruch, der vielleicht einer geringen Beimengung von Isofenchylalkohol, der als solcher nicht isoliert werden konnte, zuzuschreiben war. Danach ist es nicht unwahrscheinlich, daß auch Fenchen, das bei der Behandlung mit Eisessig-Schwefelsäure — analog dem Camphen — Isofenchylalkohol liefert, im Cypressenöl enthalten ist. Das mehrere Male aus Petroläther gereinigte und sublimierte Isoborneol schmolz bei 206 bis 207°.

Reaktionen auf Limonen, Dipenten und Phellandren wurden mit den zwischen 170 und 180° siedenden Ölanteilen ohne Erfolg ausgeführt.

d-Sylvestren. Smp. des Dichlorhydrats 72°. Das aus Essigester umkristallisierte Bromid bildete flache, farblose Prismen vom Smp. 134 bis 135°.

Cymol ist nur in geringer Menge im Cypressenöl vertreten. Zu seiner Isolierung diente ein Anteil vom Sdp. 174 bis 180°. Oxydation mit 5%iger Permanganatlösung führte zur p-Oxyisopropylbenzoesäure vom Smp. 155 bis 156°. Kochen mit konzentrierter Salzsäure bewirkte ihre Umwandlung zur Propenylbenzoesäure vom Smp. 160 bis 161°.

Keton. Die bei 80 bis 90° (3 bis 4 mm) siedende Fraktion enthält ein nicht näher definiertes Keton von eigenartigem, sowohl dem Menthon als auch dem Thujon verwandtem Geruch. Smp. des Semicarbazons 177 bis 178°.

Sabinol (?). Ein von 70 bis 74° (3 bis 4 mm) im Vakuum und von 208 bis 212° bei Luftdruck siedender Anteil hatte die Eigenschaften des Sabinols. $d_{18°}$ 0,9433; $\alpha_D + 14° 8'$. Bei der Oxydation entstand ein Gemisch einer bei 250° noch nicht schmelzenden, und einer zwischen 130 bis 140° schmelzenden Säure. Das Oxydationsprodukt des Sabinols, die α-Tanacetogendicarbonsäure, schmilzt bei 140°.

Alkohol. Wenige Tropfen eines sehr angenehm nach Rosen riechenden Alkohols wurden erhalten, als der Anteil vom Sdp. 90 bis 95° (4 mm) in Benzollösung bei Wasserbadtemperatur mit Phthalsäureanhydrid behandelt wurde. Er bildete ein Phenylurethan vom Smp. 142 bis 144°[1]).

---

[1]) Bericht von Schimmel & Co. Oktober 1904, 21.

Ester des Terpineols. Die oberhalb 95° (3 bis 4 mm) siedenden Fraktionen waren ziemlich reich an Estern. Die V. Z. eines durch wiederholte Fraktionierung erhaltenen Öls vom Sdp. 96 bis 98° (4 mm) war 191,0, entsprechend einem Estergehalt von 66,85% $C_{10}H_{17}OCOCH_3$. Die Verseifung mit alkoholischem Kali ergab d-α-Terpineol vom Smp. 35°. $d_{18°}$ 0,938; $\alpha_{D20°}$ +36°32′; das Terpinylphenylurethan schmolz bei 112°. Die Säuren der einzelnen Esterfraktionen waren Essigsäure, Valeriansäure und eine zwischen 210 und 260° siedende Säure, die in langen, seidenartigen, bei 129° schmelzenden Nadeln kristallisiert.

Freies Terpineol wurde im Cypressenöl nicht gefunden.

Sesquiterpen. Die hochsiedenden Anteile enthalten neben ziemlichen Mengen Cypressencamphers, der durch Ausfrieren und Herauslösen mit verdünntem Alkohol entfernt werden kann, l-Cadinen, das durch Darstellung des bei 117 bis 118° schmelzenden Dichlorhydrats nachgewiesen wurde[1]).

Cedrol. Der bereits erwähnte Cypressencampher findet sich in den oberhalb 135° (5 mm) destillierenden Anteilen. Durch 5- bis 6-maliges Umkristallisieren aus verdünntem Alkohol und etwa noch zweimaliges Reinigen aus Petroläther wird er frei von Geruch erhalten. Er kristallisiert rhombisch (0,98844 : 1 : 0,71772; vorzügliche Spaltbarkeit nach {001}, weniger deutlich nach {110})[2]), schmilzt bei 86 bis 87°, und siedet von 290 bis 292°. Seine Zusammensetzung ist die eines Sesquiterpenalkohols (Elementaranalyse, Molekulargewichtsbestimmung nach der Methode von E. Beckmann). Auf Grund einer falschen Bestimmung des Drehungsvermögens hatte man den Cypressencampher anfangs für die inaktive Modifikation des Cederncamphers oder Cedrols gehalten. Später[3]) stellte es sich heraus, daß der Cypressencampher rechts dreht ($[\alpha]_D$ + 10°8′ in 10%iger Chloroformlösung) und bei Behandlung mit wasserabspaltenden Mitteln ein linksdrehendes (α_D — 85°77′) Sesquiterpen liefert, sich somit durch nichts von Cedrol (Bd. I, S. 419) unterscheidet und also mit diesem identisch ist.

Der Destillationsrückstand des Cypressenöls bildet ein zähes, braunes Harz von ladanum- oder ambraähnlichem Geruch.

---

[1]) Bericht von Schimmel & Co. Oktober 1904, 20.
[2]) C. Blaß, Chem. Zentralbl. 1910, II. 872.
[3]) Bericht von Schimmel & Co. April 1910, 36.

Bei der Kohobation der Destillationswässer des Cypressenöls erhält man ein leicht flüchtiges, gelb gefärbtes Destillat, in dem Methylalkohol (saurer Oxalsäureester), Diacetyl (Monophenylhydrazon) und Furfurol (Phenylhydrazon; Semicarbazon, Smp. 197°) nachgewiesen wurden[1]).

Medizinische Verwendung. Über die Anwendung von Cypressenöl als Mittel gegen Keuchhusten sind von O. Soltmann[2]) im Leipziger Kinderkrankenhaus Untersuchungen in großem Maßstabe mit bestem Erfolg ausgeführt worden. Die keuchhustenkranken Kinder werden in der Weise behandelt, daß von einer alkoholischen Lösung des Cypressenöls, im Verhältnis von 1 Teil Öl auf 4 Teile Alkohol, viermal täglich etwas auf Oberbett, Kopfkissen und Leibwäsche der Kinder aufgeträufelt wird.

102. Öl der Cypressenfrüchte.

Ein aus Früchten von *Cupressus sempervirens* L. in Südfrankreich destilliertes Öl hatte folgende Eigenschaften: $d_{15°}$ 0,8686, α_D + 30° 48′, S. Z. 0, E. Z. 6,74, E. Z. nach Actlg. 11,78, löslich in 6 Vol. u. m. 90%igen Alkohols[3]).

Bei der Destillation der von den Samen befreiten Zapfen erhielten Roure-Bertrand Fils[4]) 0,415% hellbernsteingelbes ätherisches Öl von den Eigenschaften: $d_{15°}$ 0,8734, α_D + 29° 52′, S. Z. 1,0, V. Z. 9,8, E. Z. nach Actlg. 21,0, lösl. in 4 Vol. u. m. 90%igen Alkohols.

Die Samen enthalten kein ätherisches Öl.

103. Öl von Cupressus Lambertiana.

Die Blätter des in den Gärten der Riviera oft anzutreffenden Baumes *Cupressus Lambertiana* Carr. (*C. macrocarpa* Hartw.) geben bei der Destillation etwa 0,1% Öl. $d_{15°}$ 0,8656; α_D + 31° 53′; S. Z. 1,5; E. Z. 13,9; E. Z. nach Actlg. 50,82; trübe löslich in 9 bis 10 Vol. 80%igen Alkohols, klar löslich in 0,5 Vol. u. m. 90%igen

[1]) Bericht von Schimmel & Co. April 1903, 23.

[2]) Keuchhusten und Cypressenöl. Therapie der Gegenwart, März 1904. — Vgl. auch H. Winterseel, Das Cypressenöl. Inaug. Dissert. d. med. Fakultät Bonn 1908.

[3]) Bericht von Schimmel & Co. April 1905, 17.

[4]) Berichte von Roure-Bertrand Fils April 1912, 25.

Alkohols. Der Geruch des gelbgrünen Öls hat Melissencharakter, was wahrscheinlich durch die Gegenwart von Citronellal bedingt ist. Beim Ausschütteln mit Natriumbisulfit konnten in der Tat aldehydische Bestandteile nachgewiesen werden, doch war deren Menge zu gering, um ihre Identität festzustellen. Die nichtaldehydischen Anteile riechen pfefferähnlich und enthalten möglicherweise Cymol[1]).

104. Öl von Cupressus lusitanica.

Cupressus lusitanica Mill. (*C. glauca* Lamk.; *C. pendula* l'Hérit.; *C. Uhdeana* Gord.; *C. sinensis* Hort.) wird in Portugal, Spanien und Italien in Gärten gezogen und soll 1683 nach Frankreich gebracht worden sein. Aus 400 kg Zweigen erhielten Roure-Bertrand Fils[2]) 1 kg (0,25%) Öl von den Eigenschaften: d_{15° 0,8723, $\alpha_D + 9° 10'$, S. Z. 1,05, V. Z. 9,8, V. Z. nach Actlg. 26,6; lösl. in 3 u. m. Vol. 90%igen Alkohol.

105. Hinokiöl.

Das weiße Holz des in Japan kultivierten Hinokibaumes *Chamaecyparis obtusa* Endl. (*Retinospora obtusa* Sieb. et Zucc.) wird zum Bau der Shintô-Tempel sowie zur Anfertigung von Lackwaren gebraucht[3]). Das aus den Blättern destillierte Öl riecht ähnlich wie Sadebaum- oder Thujaöl. Auffallend ist seine außerordentlich niedrige Siedetemperatur. Etwa die Hälfte geht bei der Destillation zwischen 110 und 160° über, das Übrige siedet zwischen 160 und 210°[4]).

106. Öl von Chamaecyparis Lawsoniana.

Das Öl der in deutschen Gärten häufig anzutreffenden *Chamaecyparis Lawsoniana* Parl. (*Cupressus Lawsoniana* A. Murr.) ist von Schimmel & Co.[5]) destilliert worden. Das Destillationsmaterial war aus Holstein gekommen und gab ca. 1% citronen-

[1]) Bericht von Schimmel & Co. April 1905, 84.
[2]) Berichte von Roure-Bertrand Fils April 1912, 8, 25.
[3]) Rein, Japan. Leipzig 1896. Bd. 2, S. 277.
[4]) Bericht von Schimmel & Co. April 1889, 44.
[5]) Bericht von Schimmel & Co. Oktober 1910, 134.

gelbes Öl mit einem an Sadebaum- und an Cypressenöl erinnernden Geruch. Die sonstigen Eigenschaften waren: d_{15° 0,9308, $\alpha_D + 23°48'$, n_{D20° 1,48844, S. Z. 3,7, E. Z. 61,6, E. Z. nach Actlg. 78,8, löslich im halben Vol. 90 %igen Alkohols, mit 1 bis 3 Vol. vorübergehend trübe. Mit Bisulfit ließen sich geringe Mengen eines Aldehyds binden, der, dem Geruch nach zu urteilen, vielleicht Laurinaldehyd ist.

107. Wacholderbeeröl.

Oleum Juniperi. — Essence de Genièvre. — Oil of Juniper.

Herkunft und Gewinnung. *Juniperus communis* L., der gemeine Wacholder, ist durch ganz Europa verbreitet, besonders im nördlichen Teil, wo er Heiden und Kieferwälder bevorzugt, außerdem in den mittel- und süddeutschen Gebirgen, in den Alpen, den Appenninen und Pyrenäen bis 1500 m hoch und darüber; er findet sich ferner in größeren Beständen in Ungarn zwischen Donau und Theiß, besonders im Waagtal, den kleinen Karpaten, der hohen Tatra, den Waldkarpaten, auch in den Ostkarpaten (Siebenbürgen) sowie in Bosnien. Die sogenannten Wacholderbeeren sind die Beerenzapfen, die im zweiten Jahre, im reifen Zustande gesammelt werden.

Die Destillation des Wacholderbeeröls geht meist Hand in Hand mit der Darstellung des Wacholderbeersafts. Nachdem die zerquetschten Beeren mit Dampf destilliert worden sind, wird die in der Blase zurückbleibende Masse mit heißem Wasser ausgelaugt. Die wäßrige Flüssigkeit wird dann im Vakuum zur Extraktdicke eingedampft und kommt als Wacholderbeersaft, *Succus*[1]) oder *Roob Juniperi*, in den Handel. Die Ausbeute an Öl und an Saft ist in den verschiedenen Jahren sehr ungleich. Ebenso ist die Beschaffenheit des Saftes sehr verschieden. Dieser ist in einzelnen Jahren so reich an Zucker, daß er zu einer ziemlich festen Masse erstarrt.

Im Durchschnitt liefern italienische Beeren 1 bis 1,5, französische und bosnische 2, bayrische 1 bis 1,2 und ungarische 0,8 bis 1 % Öl. Einen geringeren Ölgehalt, 0,6 bis 0,9 %, haben

---

[1]) Der so gewonnene Wacholderbeersaft entspricht aber nicht dem *Succus Juniperi* des deutschen Arzneibuches, da die Bereitungsweise dieses eine derartige ist, daß ein, wenn auch nur geringer Teil des Öls in dem Extrakt verbleibt.

ostpreußische, polnische, thüringische und fränkische Wacholderbeeren. Eine Destillation schwedischer Beeren gab nur 0,5% Ausbeute; russische Beeren geben noch weniger.

Nicht unbeträchtliche Mengen Wacholderbeeröl kommen aus dem ungarischen Komitat Trentschin (Trencsin) in den Handel. Dieses ungarische Öl ist erfahrungsmäßig von geringerer Qualität und nicht von normaler Beschaffenheit. Es wird als Nebenprodukt bei der Destillation des Wacholderbranntweins (Borowiczka) erhalten. Die Jahresproduktion an Wacholderöl in Ungarn schätzt A. Ströcker[1]) auf etwa 30000 kg, was entschieden zu hoch sein dürfte.

Das Wacholderbeeröl wird hauptsächlich zur Darstellung von Wacholderbranntweinen (Steinhäger, *Gin*, *Genièvre*) und Likören gebraucht, findet aber auch noch in beschränkter Weise arzneiliche Verwendung, besonders in der Veterinärpraxis.

Eigenschaften. Wacholderbeeröl ist dünnflüssig, farblos oder blaßgrünlich. Altes Öl ist dickflüssiger, reagiert sauer und riecht mehr oder weniger ranzig. Frisches Öl besitzt einen an Terpentinöl erinnernden, eigenartigen Geruch und einen balsamischen, brennenden, etwas bitterlichen Geschmack. In seinen physikalischen Konstanten zeigt das Öl je nach seiner Herkunft und Gewinnungsweise beträchtliche Schwankungen. Das spez. Gewicht liegt zwischen 0,865 bis 0,882 und beträgt bei normalem Öle meistens 0,867 bis 0,875[2]). Das Öl ist in der Regel linksdrehend bis —11°, selten inaktiv, hin und wieder aber auch schwach rechtsdrehend[3]); $n_{D20°}$ 1,479 bis 1,484; S. Z. bis 3,0; E. Z. 2 bis 8; E. Z. nach Actlg. 18 bis 23. In Alkohol, besonders

[1]) Pharm. Post 38 (1905), 236.

[2]) Umney u. Bennett geben als spez. Gewicht des englischen Öls 0,870 bis 0,900 an. Chemist and Druggist 71 (1907), 171.

[3]) Zwei aus Rußland stammende Öle drehten +7° 17' und +7° 50'; ein aus Nadeln und Beeren destilliertes, ebenfalls russisches Öl drehte +8° 46' (Bericht von Schimmel & Co. April 1907, 108), woraus zu schließen ist, daß die beiden andern Öle ebenfalls z. T. Nadeldestillate waren, und daß möglicherweise die Rechtsdrehung immer auf die Anwesenheit von Nadelöl zurückzuführen ist. Jedenfalls scheint die russische Herkunft der Beeren die Rechtsdrehung nicht veranlaßt zu haben, denn ein Destillat aus russischen Beeren (Ausbeute 0,48%) hatte folgende Eigenschaften: $d_{15°}$ 0,8818, α_D —0° 32', $n_{D20°}$ 1,48112, S. Z. 1,8, E. Z. 5,6, löslich in 6 Vol. 90%igen Alkohols mit geringer Trübung.

in schwächerem, ist Wacholderöl verhältnismäßig wenig löslich. Zur Lösung von 1 T. Öl sind 5 bis 10 T. von 90%igem Alkohol erforderlich, bei manchen Ölen ist aber eine klare Lösung mit 90%igem Alkohol überhaupt nicht zu erzielen; frisch destillierte Öle sind meist klar löslich, ältere gewöhnlich nicht ohne Trübung.

Das vorerwähnte ungarische Öl hat das spez. Gewicht 0,860 bis 0,880, das optische Drehungsvermögen bis —18°45′[1]). In seiner Löslichkeit in Alkohol verhält es sich dem deutschen gleich.

Sogenanntes extrastarkes Wacholderöl, welches durch fraktionierte Destillation oder durch Ausschütteln des Öls mit Alkohol von verschiedener Stärke hergestellt wird, verliert seine ursprünglich größere Löslichkeit beim Stehen innerhalb kurzer Zeit.

Zusammensetzung. Die zwischen 156 und 159° siedende Fraktion des Wacholderbeeröls enthält α-Pinen[2]) (Nitrosochlorid, Smp. 109 bis 110°; Nitrolbenzylamin, Smp. 123 bis 124°)[3]) aber kein β-Pinen[4]). In der Fraktion vom Sdp. 161° ($d_{15°}$ 0,8697; α_D + 2° 32′) ist Camphen[5]) nachgewiesen worden. Das durch Hydratisieren nach Bertram und Walbaum dargestellte Isoborneol schmolz trotz mehrfachen Umkristallisierens aus Petroläther bei 205 bis 206°; $[\alpha]_D$ — 6° 28′ in einer 17,8%igen alkoholischen Lösung. Bei der näheren Untersuchung zeigte es sich dann, daß hier ein Gemisch gleicher Teile von Borneol und Isoborneol vorlag. Zur Bestimmung des vorhandenen Isoborneols wurde es in den Methyläther übergeführt und die Methylzahl bestimmt. Das Borneol wurde durch die Tschugaeffsche Salpetersäureprobe[6]) sowie durch die von A. Hesse[7]) modifizierte Methylätherreaktion von Bertram und Walbaum nachgewiesen.

---

[1]) Bei einzelnen Ölen wurde mehrfach eine noch höhere Drehung, bis —21°20′, beobachtet. Nach Angabe des Lieferanten sollten diese Öle von bosnischen Beeren stammen. Eine daraufhin ausgeführte Destillation von bosnischen Beeren ergab ein schwach linksdrehendes (α_D — 0° 35′) Öl, weshalb der Verdacht einer Verfälschung der oben erwähnten Öle nicht entkräftigt worden ist.

[2]) Wallach, Liebigs Annalen 227 (1885), 288.

[3]) Bericht von Schimmel & Co. Oktober 1910, 128.

[4]) Vgl. H. Haensel, Chem. Zentralbl. 1908, II. 1437.

[5]) Bericht von Schimmel & Co. Oktober 1910, 128.

[6]) Chem. Ztg. 26 (1902), 1224.

[7]) Berl. Berichte 39 (1906), 1141.

Eine ebenfalls im Laboratorium von Schimmel & Co.[1]) vorgenommene Untersuchung hat ergeben, daß ein großer Teil der sauerstoffhaltigen Verbindungen aus Terpinenol besteht. Um die sauerstoffhaltigen Teile zu gewinnen, wurde das Öl wiederholt mit 70%igem Alkohol ausgeschüttelt und der in dem alkoholischen Auszug befindliche Bestandteil nach dem Abdestillieren des Lösungsmittels als ein Öl von angenehmem Wacholdergeruch und folgenden Konstanten erhalten: $d_{15°}$ 0,9300, α_D — 3° 44', E. Z. 21,8, E. Z. nach Actlg. 136, entsprechend 41,65% Alkohol $C_{10}H_{18}O$; Alkoholgehalt, bestimmt in dem mit Xylol verdünnten Öle, 56,2% $C_{10}H_{18}O$. Beim Fraktionieren bei 8 mm Druck gingen 70% zwischen 86 und 110° über, während 30% von 110 bis 155° destillierten. Aus der Hauptfraktion ließ sich durch wiederholtes Fraktionieren ein Teil abscheiden, der im wesentlichen aus Terpinenol-4 bestand und folgende Eigenschaften aufwies: Sdp. 93 bis 95° (8 mm), 215 bis 220° (750 mm), $d_{15°}$ 0,9400, α_D + 13° 6'. Bei der Oxydation dieser Fraktion mit verdünnter Kaliumpermanganatlösung unter Kühlung entstand das von Wallach[2]) aus Terpinenol-4 erhaltene Glycerin, 1,2,4-Trioxyterpan vom Smp. 114 bis 116°. Die Identifizierung dieses Glycerins wurde noch durch Überführung in Carvenon (Semicarbazon, Smp. 202°) vervollständigt (vgl. Bd. I, S. 400).

Außer Terpinenol, aber in weit geringerer Menge als dieses, findet sich im Wacholderbeeröl noch ein anderer Alkohol von folgenden Eigenschaften: Sdp. 105 bis 110° (8 mm), 218 bis 226° (gewöhnlicher Druck), $d_{15°}$ 0,9476, α_D —4° 30', $n_{D22°}$ 1,48248. Er verbindet sich leicht mit Phthalsäureanhydrid[3]) und wurde in Form des sauren Phthalesters aus den zwischen 95 und 130° siedenden Fraktionen isoliert. Sein Geruch erinnert an Geraniol und Borneol, und es ist wahrscheinlich, daß kein einheitlicher Körper, sondern ein Gemenge verschiedener Alkohole vorliegt. Schließlich enthält das Wacholderbeeröl noch Körper von besonders charakteristischem Geruch, die in kleiner Menge hauptsächlich in der zwischen 72 und 88° (8 mm) siedenden Fraktion anzutreffen sind.

---

[1]) Bericht von Schimmel & Co. Oktober 1909, 120.

[2]) Liebigs Annalen 362 (1908), 278.

[3]) Wie H. Haensel gezeigt hat, sind in den höher siedenden Fraktionen mit Phthalsäureanhydrid geringe Mengen eines primären Alkohols $C_{10}H_{18}O$ nachweisbar (Chem. Zentralbl. 1908, II. 1437).

Ein schon länger bekannter Bestandteil ist **Cadinen**[1]), das in der Fraktion vom Sdp. 260 bis 275° nachgewiesen worden ist (Dichlorhydrat, Smp. 118°).

In dem Nachlauf eines Wacholderbeeröls, das längere Zeit an einem kühlen Orte gestanden hatte, wurde eine Abscheidung beobachtet; nach mehrmaligem Umkristallisieren aus Alkohol wurden feine, nadelförmige Kristalle vom Schmelzpunkt 165 bis 166° erhalten[2]). Derartige Kristallgebilde sind schon früher beobachtet und in der älteren Literatur[3]) mehrfach als Wacholdercampher, Wacholderbeer-Stearopten und Wacholderbeerenhydrat beschrieben worden[4]).

108. Wacholdernadelöl.

R. E. Hanson und E. N. Babcock[5]) destillierten Anfang Mai die von Beeren befreiten Blätter und Zweige von *Juniperus communis* L. und erhielten ein hellgelbes Öl in einer Ausbeute von 0,15 bis 0,18 % ($d_{20°}$ 0,8531), das einen charakteristischen Wacholdergeruch hatte.

109. Wacholderholzöl.

Das sogenannte Wacholderholzöl, das nur noch in der Veterinärpraxis und zu Hausmitteln für äußerlichen Gebrauch Verwendung findet, ist meistens ein über Wacholderholz oder -zweige destilliertes Terpentinöl, oder ein mit diesem mehr oder weniger verschnittenes Wacholderbeeröl. Dem entsprechen auch die Eigenschaften des im Handel befindlichen „Wacholderholzöles".

Ein Muster eines als echtes Wacholderholzöl bezeichneten Öls hatte dieselben Eigenschaften wie Wacholderbeeröl: $d_{15°}$ 0,8692, α_D −21° 2′, $n_{D20°}$ 1,47111, S. Z. 0,9, E. Z. 6,7; lösl. in 7 Vol. u. m. 90 %igen Alkohols mit geringer Trübung.

---

[1]) Bericht von Schimmel & Co. April 1890, 43.

[2]) Bericht von Schimmel & Co. Oktober 1895, 46.

[3]) Von früheren Arbeiten über das Wacholderbeeröl seien hier erwähnt die von Blanchet, Liebigs Annalen 7 (1833), 167; Dumas, Liebigs Annalen 15 (1835), 159; Soubeiran u. Capitaine, Liebigs Annalen 34 (1840), 324.

[4]) Blanchet, *loc. cit.*; die von Zaubzer [Repert. f. d. Pharm. 22 (1825), 415] beobachtete kristallinische Abscheidung war nach Buchner (*ibidem* 425) verschieden vom Terpentincampher oder Terpinhydrat.

[5]) Journ. Americ. chem. Soc. 28 (1906), 1201.

110. Wacholderbeeröl von Juniperus Oxycedrus.

ÖL DER FRÜCHTE. Ein mehr terpentinartig und nur schwach nach Wacholder riechendes Öl enthalten die rotbraunen Früchte des in den Mittelmeerländern verbreiteten *Juniperus Oxycedrus* L. Die Beeren geben bei der Destillation eine Ausbeute von 1,3[1]) bis 1,5[2]) %. Das Öl hat das spez. Gewicht 0,851[1]) bis 0,854[2]); α_D — 4° 40'[2]) bis — 8° 30'[1]); es ist nicht klar löslich in 10 Teilen 95 %igen Alkohols.

ÖL DER ZWEIGSPITZEN. Das aus den frischen Zweigspitzen desselben Strauches in Spanien gewonnene Öl ähnelt im Geruch den feineren Fichtennadelölen[3]).

111. Cedernöl aus Haiti.

Ein der Firma Schimmel & Co.[4]) aus Haiti übersandtes Cedernholz, über dessen botanische Herkunft Genaueres nicht in Erfahrung gebracht werden konnte, das aber dem mikroskopischen Befunde nach von einer Conifere stammte, lieferte bei der Destillation in einer Ausbeute von 4,33 % ein Öl von citronengelber Farbe und dem Geruch des gewöhnlichen von *Juniperus virginiana* L. gewonnenen Cedernöls. Von letzterem unterschied es sich aber durch sein höheres spez. Gewicht ($d_{15°}$ 0,9612), die geringere Drehung (α_D — 14° 58') und den größeren Gehalt an alkoholischen Bestandteilen (E. Z. nach Actlg. 64,0). Die Säurezahl betrug 2,7, die Esterzahl 5,0. Das Öl war nicht völlig löslich in 10 Vol. 90 %igen Alkohols, löste sich aber in jedem Verhältnis in 95 %igem Alkohol.

112. Cedernholzöl.

Oleum Ligni Cedri. — Essence de Bois de Cèdre. — Oil of Red Cedar Wood.

Herkunft und Gewinnung. Das Holz der durch die ganzen Vereinigten Staaten von Nordamerika verbreiteten virginischen Ceder („Red cedar"), *Juniperus virginiana* L., eines Strauches

[1]) Haensel, Apotheker Ztg. 13 (1898), 510.

[2]) Beobachtung in der Fabrik von Schimmel & Co.

[3]) Bericht von Schimmel & Co. Oktober 1889, 54.

[4]) Bericht von Schimmel & Co. April 1906, 10.

oder bis zu 15 m hohen Baumes, wird seit langer Zeit zur Anfertigung von Zigarrenkisten, Bleistiften und kleineren Holzschmucksachen verwendet. Die in Georgia und Florida bestehenden Forsten, die früher das meiste Holz lieferten, sind beinahe erschöpft. Jetzt ist Tennessee das Hauptproduktionsgebiet, und der bedeutendste Markt für Cedernholz ist Nashville. Daselbst werden auch Sägemehl und andere Abfälle, sowie die sogenannten „Knots“, die besonders ölreich sein sollen, zur Destillation benutzt.

Das dort als Nebenprodukt in den Trockenkammern der Bleistiftfabriken gewonnene Öl ist aber minderwertig. Diese Kammern sind so eingerichtet, daß die entweichenden Cedernholzöldämpfe bei ihrem Austritt verdichtet werden können. Hierbei bleiben die hoch siedenden Bestandteile im Holze zurück und nur die leicht flüchtigen Anteile werden erhalten. Infolgedessen ist dieses Öl dünnflüssiger und im Geruch weniger fein und nachhaltig als das normale, und ist für Parfümeriezwecke unbrauchbar.

In Deutschland werden die bei der Bleistiftfabrikation abfallenden Holzspäne zur Destillation benutzt und aus diesen eine Ölausbeute von 2,5 bis 4,5 % erhalten. Die zurückbleibenden Späne werden von den Pelzfärbereien zum Zurichten der Felle verwendet.

Eigenschaften. Cedernholzöl ist nahezu farblos, etwas dickflüssig und manchmal mit Kristallen von Cederncampher durchsetzt. Es hat einen milden, eigenartigen, lange anhaftenden Geruch. Werden die Öldämpfe eingeatmet, so nimmt der Urin Veilchengeruch an. $d_{15°}$ 0,943 bis 0,961; α_D —25 bis —42°; $n_{D20°}$ um 1,504; S. Z. bis etwa 1; E. Z. bis 6,5; E. Z. nach Actlg. 26 bis 42. In Alkohol ist das Öl verhältnismäßig schwer löslich, denn 1 Vol. Öl erfordert zur Lösung 10 bis 20 Vol. 90 %igen und bis 6 Vol. 95 %igen Alkohols.

Amerikanische, wahrscheinlich aus den Trockenkammern der Bleistiftfabriken (s. oben) stammende Öle hatten folgende Eigenschaften: $d_{15°}$ 0,940 bis 0,944, α_D —40 bis —46° 22′, V. Z. 2 bis 4, E. Z. nach Actlg. 14 bis 18; lösl. in 5 bis 6 Vol. 95 %igen Alkohols.

Zusammensetzung. Der interessanteste Bestandteil des Öls, Cedrol (siehe Band I, S. 419) oder Cederncampher, wurde zuerst von Walter[1]) untersucht, der durch Behandeln mit Phosphorsäureanhydrid einen Kohlenwasserstoff, Cedren, erhielt. Die von ihm für den Cederncampher aufgestellte Formel $C_{16}H_{28}O$ erklärte Gerhardt[2]) für unwahrscheinlich und setzte dafür $C_{15}H_{26}O$.

Mit dem flüssigen Bestandteil des Öls beschäftigten sich Chapman und Burgess[3]). Sie stellten Cedren durch fraktionierte Destillation des Öls dar (Sdp. 261 bis 262°; d 0,9359; α_D —60°) und verglichen es mit dem durch Wasserabspaltung aus der von 301 bis 306° siedenden Fraktion des Sandelholzöls erhaltenen Kohlenwasserstoff, der nach Chapoteauts[4]) Ansicht mit jenem identisch sein sollte. Chapman und Burgess kamen aber zu dem Schluß, daß beide Kohlenwasserstoffe zwar sehr ähnlich, aber nicht gleich seien.

Rousset[5]) erhielt bei seiner Untersuchung des Cedernholzöls folgende Resultate: Cedren (durch Fraktionieren aus dem Öle gewonnen, also natürliches Cedren) ist ein Sesquiterpen $C_{15}H_{24}$ (vgl. Bd. I, S. 357); es siedet unter 10 mm Druck bei 131 bis 132°; $[\alpha]_D$ — 47° 54′. Durch Oxydation des Cedrens mit Chromsäure in Eisessiglösung entstand ein flüssiges Keton, das Cedron, dem Rousset die Zusammensetzung $C_{15}H_{24}O$ zuschrieb. Durch Reduktion erhielt er den Alkohol $C_{15}H_{26}O$, Isocedrol. Isomer mit diesem ist der Cederncampher oder das Cedrol (Smp. 84°). Wird Cedrol im zugeschmolzenen Rohre mit Essigsäureanhydrid erhitzt, so wird nur ein Teil in den Essigsäureester umgewandelt, ein andrer geht unter Wasserabspaltung in ein Sesquiterpen über. Beim Behandeln mit Benzoylchlorid erhält man aus Cedrol keinen Ester, sondern nur den Kohlenwasserstoff $C_{15}H_{24}$. Da bei der Oxydation weder ein Keton, noch ein Aldehyd entsteht, so ist Cedrol als ein tertiärer Alkohol anzusehen.

Das Cedrol ist übrigens nicht immer im Cedernöl enthalten. Im Laboratorium von Schimmel & Co. ist jahrelang vergebens nach diesem Körper gesucht worden. Er scheint sich zu bilden, wenn Cedernspäne vor der Destillation längere Zeit an der (feuchten?) Luft liegen.

---

[1]) Liebigs Annalen 39 (1841), 247.

[2]) Gerhardt, Lehrbuch der organischen Chemie. Bd. 4, S. 378.

[3]) Proceed. chem. Soc. No. 168 (1896), 140.

[4]) Bull. Soc. chim. II. 37 (1882), 303; Chem. Zentralbl. 1882, 396.

[5]) Bull. Soc. chim. III. 17 (1897), 485.

Die neuen Untersuchungen F. W. Semmlers, die er zusammen mit seinen Schülern A. Hoffmann[1]), F. Risse[2]), K. E. Spornitz[3]) und E. W. Mayer[4]) ausführte, ergaben Resultate, die zum Teil von den oben erwähnten abweichen.

Zunächst wurde das natürliche Cedren zum Gegenstande des Studiums gemacht. Hierüber ist bereits im I. Bande auf S. 357 und 358 berichtet worden. Nachzutragen ist folgendes. Bei der Oxydation des natürlichen Cedrens (Sdp. 123 bis 124° bei 12 mm) mit Ozon entstanden von indifferenten Produkten ein Keton (unbestimmt ob $C_{14}H_{21}O$ oder $C_{14}H_{22}O$) und der Ketoaldehyd $C_{15}H_{24}O_2$. Von sauren Oxydationsprodukten wurde eine Säure $C_{15}H_{24}O_3$, die Cedrenketosäure, isoliert, deren Methylester die Konstanten: Sdp. 165 bis 170° (10 mm), $d_{20°}$ 1,0509, $\alpha_{D20°}$ − 32° 24′, n_D 1,4882 hatte. Bei der Oxydation mit 27%iger Salpetersäure liefert die Cedrenketosäure eine Säure $C_{14}H_{22}O_4$ (Smp. 182,5°), die Cedrendicarbonsäure, deren Dimethylester folgende Daten aufweist: Sdp. 179 bis 183° (13 mm), $d_{20°}$ 1,0778, α_D —31° 36′, n_D 1,48084.

Daß die Cedrenketosäure $C_{15}H_{24}O_3$ eine Methylketosäure ist, die zu der Dicarbonsäure $C_{14}H_{22}O_4$ in einfacher Beziehung steht, wurde dadurch bestätigt, daß sie bei der Oxydation mit alkalischer Bromlösung die Dicarbonsäure gibt.

Die bereits angeschnittene Frage nach der Identität des natürlichen mit dem künstlichen Cedren ist von Semmler durch Vergleichung der bei beiden Kohlenwasserstoffen entstehenden Oxydationsprodukte gelöst worden.

Das künstliche Cedren wurde durch ¼stündiges Erhitzen von Cedrol (Smp. 79 bis 80°) mit der gleichen Gewichtsmenge 100%iger Ameisensäure dargestellt[5]). Es hatte den Sdp. 112 bis 113° (7 mm) und α_D —85°. Bei der Oxydation des Kohlenwasserstoffs mit Ozon in Eisessiglösung entstand die Cedrenketosäure, die durch Überführung in den Methylester (Sdp. 166 bis 168° bei 11 mm; $d_{10°}$ 1,0501; α_D − 35°; n_D 1,48482) gekennzeichnet wurde.

---

[1]) Berl. Berichte 40 (1907), 3521.
[2]) *Ibidem* 45 (1912), 355.
[3]) *Ibidem* 1553.
[4]) *Ibidem* 786.
[5]) *Ibidem* 1554.

Auch die aus künstlichem Cedren dargestellte Cedrendicarbonsäure erwies sich als identisch mit der Cedrendicarbonsäure aus natürlichem Cedren. Die zusammen verriebenen Präparate zeigten keine Schmelzpunktserniedrigung.

Durch diese Versuche ist bewiesen, daß im natürlichen Cedren das stark drehende künstliche Cedren vorkommt; wahrscheinlich wird das natürliche Produkt, wegen seines höheren Siedepunktes, noch andere isomere Sesquiterpene enthalten; vielleicht ist etwas semicyclisches Cedren als Beimengung anzunehmen.

Semmler[1]) ist es auch gelungen, im Cedernholzöl einen neuen sauerstoffhaltigen Bestandteil aufzufinden, den er Cedrenol genannt hat. Cedrenol ist ein primärer Sesquiterpenalkohol. Er findet sich in den bei 152 bis 170° (7 mm) ($\alpha_{D20°}$ + 17,5°) siedenden Anteilen des Öls, aus denen er durch Erwärmen mit Phthalsäureanhydrid in Benzollösung isoliert werden kann. Der über das Acetat gereinigte Alkohol besitzt folgende Eigenschaften: Sdp. 166 bis 169° (9,5 mm), $d_{20°}$ 1,0083, $\alpha_{D20°}$ ± 0°, $n_{D20°}$ 1,5212. Das Acetat stellt eine farblose Flüssigkeit dar vom Sdp. 165 bis 169° (9,5 mm): $d_{20°}$ 1,0168, α_D — 2°, $n_{D20°}$ 1,5021. Das Cedrenylchlorid siedet bei 150 bis 165° (10 mm); $d_{20°}$ 1,001. Durch Erhitzen mit Natrium und Alkohol liefert das Chlorid einen Oxyäthyläther und einen Kohlenwasserstoff, der sich als identisch mit Cedren erwies, wie aus der Oxydation zu Cedrenketosäure und zu Cedrendicarbonsäure hervorging. Das Cedrenol steht zum Cedren in derselben Beziehung wie die beiden primären Alkohole der Santalolreihe zu den Sesquiterpenen $C_{15}H_{24}$, den Santalenen, und wie das Myrtenol und der Gingergrasalkohol zu Pinen und zu Limonen. Die primäre CH_2OH-Gruppe im Cedrenmolekül steht an derselben Stelle, wo sich sowohl im Cedren, als auch im Cedrol die CH_3-Gruppe befindet. Demnach verhält sich das Cedren zum Cedrol und zum Cedrenol folgendermaßen:

$(C_{12}H_{20})$ C:CH CH_3	$(C_{12}H_{20})$ C(OH)·CH_2 CH_3	$(C_{12}H_{20})$ C:CH CH_2OH
Cedren, $C_{15}H_{24}$.	Cedrol, $C_{15}H_{26}O$.	Cedrenol, $C_{15}H_{24}O$.

[1]) Berl. Berichte 45 (1912), 786.

Außer dem Cedrenol haben Semmler und Mayer[1]) noch einen gesättigten Alkohol, das Pseudocedrol, im Cedernöl nachgewiesen. Der Alkohol ist in den zwischen 145 und 155° (10 mm) siedenden Fraktionen, aus denen das Cedrenol durch Erwärmen mit Phthalsäureanhydrid entfernt war, enthalten. Er siedet bei 147 bis 152° (9 mm), bildet ein zähflüssiges Öl von der Zusammensetzung $C_{15}H_{26}O$ und zeigt die Konstanten: $d_{20°}$ 0,9964, $\alpha_{D20°}$ + 21,5°, $n_{D20°}$ 1,5131. Er ist tertiärer Natur, denn durch Erhitzen mit Zinkstaub im Bombenrohr auf 225 bis 235° wurde ihm der Sauerstoff entzogen unter Bildung des zugehörigen gesättigten Kohlenwasserstoffes, des Dihydrocedrens, in diesem Falle verunreinigt mit etwa 50% Cedren. Zur Reindarstellung des Dihydrocedrens wurde in das Kohlenwasserstoffgemisch in Chloroformlösung solange Ozon eingeleitet, bis sich Brom nicht mehr entfärbte. Das Dihydrocedren siedet bei 109 bis 112° (10 mm): $d_{20°}$ 0,907, α_D + 37°, n_D 1,4882. Es unterscheidet sich in seinen physikalischen Eigenschaften vom Dihydrocedren, das durch Reduktion von Cedren mit Platin und Wasserstoff erhalten war und das folgende Daten aufwies: Sdp. 122 bis 123° (10 mm), $d_{20°}$ 0,9204, $\alpha_{D20°}$ + 2°, $n_{D20°}$ 1,4929. Bei der Einwirkung von Ameisensäure auf Pseudocedrol resultierte Cedren, das durch die Darstellung der Cedrenketosäure und der Cedrendicarbonsäure gekennzeichnet wurde.

Cedrol und Pseudocedrol sind chemisch identisch und physikalisch isomer.

Prüfung und Nachweis. Verfälschungen des Cedernöls sind bis jetzt noch nicht beobachtet worden. Häufig aber wird dieses billige Öl zum Verfälschen anderer Öle benutzt, wozu es sich wegen seines schwachen Geruches vorzüglich eignet. Es wird erkannt durch sein hohes spezifisches Gewicht, seinen hohen Siedepunkt, seine starke Linksdrehung sowie durch seine relative Schwerlöslichkeit in Alkohol. Auf chemischem Wege kann das Cedren leicht und sicher in Cedrenketosäure und in Cedrendicarbonsäure übergeführt und so eine Verfälschung mit Cedernöl nachgewiesen werden. Man oxydiert die entsprechende Fraktion des zu untersuchenden Öls (Sdp. um 123 bis 124° bei 12 mm

---

[1]) Berl. Berichte 45 (1912), 1384.

oder um 263 bis 264° bei Luftdruck) mit Kaliumpermanganat oder Ozon und führt die entstehende Cedrenketosäure $C_{15}H_{24}O_3$ (siehe auch Bd. I, S. 358) durch weitere Oxydation mit alkalischer Bromlösung oder mit Salpetersäure in die bei 182,5° schmelzende Cedrendicarbonsäure über[1]).

113. Cedernblätteröl.

Oleum Foliorum Cedri. — Essence des Feuilles de Cèdre. — Oil of Cedar Leaves.

Herkunft. Das Cedernblätteröl des amerikanischen Handels ist, nach den Beobachtungen im Laboratorium von Fritzsche Bros.[2]), niemals das, was es eigentlich sein sollte, nämlich das Öl der Blätter vom *Juniperus virginiana* L. Dies kommt zum Teil daher, daß man in Nordamerika mit „Ceder" zwei ganz verschiedene Bäume bezeichnet, und zwar *Juniperus virginiana* und *Thuja occidentalis.* Man unterscheidet diese zwar an und für sich als „Red cedar" und „White cedar", die Ölproduzenten kümmern sich aber nicht um den Unterschied und verwenden zur Destillation die Blätter beider Spezies, häufig auch zusammen mit denen anderer Coniferen. Es kann daher nicht Wunder nehmen, daß die Cedernblätteröle des Handels in ihren Eigenschaften beträchtliche Verschiedenheiten aufweisen.

Wirklich echtes Cedernblätteröl wird nur sehr selten destilliert. Die Ausbeute betrug in einem Falle[3]) 0,2 %.

Eigenschaften. $d_{15°}$ 0,887[3]) bis 0,900[4]); $\alpha_D + 59°25'$; V. Z. 10,9; E. Z. nach Actlg. 39,1. Nicht löslich in 10 Vol. 80%igen Alkohols. Der Geruch war angenehm, etwas süßlich. Bei der fraktionierten Destillation ging der größere Teil bis 180° über.

Die spezifischen Gewichte einer Anzahl Handelsöle lagen zwischen 0,863 und 0,920, die Drehungswinkel zwischen $-3°40'$ und $-24°10'$. Ein Teil dieser Öle war löslich in 4 oder 5 Vol. 70%igen Alkohols, ein andrer nicht. Alle diese Handelsöle hatten einen mehr oder weniger thujaähnlichen Geruch.

---

[1]) Semmler u. Risse, Berl. Berichte 45 (1912), 355.

[2]) Bericht von Schimmel & Co. April 1898, 13.

[3]) In der Fabrik von Fritzsche Bros. in Garfield, N. J. dargestellt. Vgl. Bericht von Schimmel & Co. April 1894, 56.

[4]) Hanson u. Babcock, Journ. Americ. chem. Soc. 28 (1906), 1201.

Zusammensetzung[1]). Die niedrigst siedenden Anteile scheinen α-Pinen zu enthalten (Nitrosochlorid). Eine Fraktion (Sdp. 173 bis 176°; $\alpha_D + 89°$) bestand aus fast reinem d-Limonen (Tetrabromid, Smp. 104 bis 105°). Die höher siedenden Fraktionen enthielten Borneol (Smp. 103 bis 104°), teils frei, teils als Ester (Valeriansäure?), die zuletzt übergehenden Anteile Cadinen (Chlorhydrat).

114. Öl von Juniperus chinensis.

Nach Untersuchungen von H. Kondo[2]) scheint das ätherische Öl von *Juniperus chinensis* in chemischer Beziehung dem von *Juniperus virginiana* sehr ähnlich zu sein. Die aus dem Öl isolierten Bestandteile Cedrol und Cedren waren mit den aus *J. virginiana* isolierten chemisch identisch; in ihren physikalischen Eigenschaften zeigten sich jedoch größere Abweichungen.

115. Ostafrikanisches Cedernholzöl.

Juniperus procera Hochst. ist ein in den Gebirgen Abessiniens und Usambaras sowie am Kilimandjaro und Kenia vorkommender Baum, der in Höhen von 1500 bis 3000 m wächst und in Usambara ausgedehnte Waldungen bildet. Dem anatomischen Bau nach zeigt das Holz große Ähnlichkeit mit dem von *Juniperus virginiana*.

Aus den Sägespänen des zur Bleistiftfabrikation dienenden Holzes erhielten Schimmel & Co.[3]) 3,2% Öl von dunkelgelbbrauner Farbe und deutlich an Vetiver erinnerndem Geruch und von den Eigenschaften: $d_{15°}$ 0,9876, $n_{D20°}$ 1,50893, S. Z. 14,9, E. Z. 8,4, E. Z. nach Actlg. 70. Da das Öl zu dunkel war, wurde die Drehung einer Lösung von gleichen Volumen Alkohol und Öl bestimmt und diese in einem 20 mm-Rohr zu —3°43′ gefunden, was für das ursprüngliche Öl eine Drehung von —37°10′ im 100 mm-Rohr bedeuten würde. Das Öl löste sich in 1,6 Vol. u. m. 80%igen Alkohols und im halben Vol. u. m. 90%igen Alkohols.

Aus den zerkleinerten Brettchen wurde in einer Ausbeute von 3,24% ein Öl erhalten, das bei gewöhnlicher Temperatur

[1]) Bericht von Schimmel & Co. April 1898, 14.

[2]) Journ. of the pharm. Soc. of Japan 1907, 236; Bericht von Schimmel & Co. Oktober 1907, 41.

[3]) Bericht von Schimmel & Co. Oktober 1911, 105.

eine halbfeste, von Kristallen durchsetzte Masse darstellte. Das von den Kristallen abgesaugte Öl hatte die Eigenschaften: $d_{15°}$ 1,0289, $n_{D20°}$ 1,51011, S. Z. 27,06, E. Z. 7,93, E. Z. nach Actlg. 89,6. Auch hier war es nicht möglich, die Drehung des ursprünglichen Produkts zu bestimmen; mit dem gleichen Volumen Alkohol verdünnt, zeigte das Öl die Drehung —3° 15′ im 20 mm-Rohr (= —32° 30′ für das ursprüngliche Öl im 100 mm-Rohr). Es löste sich in 2 Vol. u. m. 80%igen und im halben Vol. 90%igen Alkohols. Die Kristalle bestanden aus Cederncampher. Aus Alkohol umkristallisiert, schmolzen sie bei 86 bis 87° und zeigten die spez. Drehung +10,12° (2,5517 g Subst. zu 25 ccm in Chloroform gelöst). Das Phenylurethan schmolz bei 106,5°.

116. Sadebaumöl.

Oleum Sabinae. — Essence de Sabine. — Oil of Savin.

Herkunft. Der Sadebaum, *Juniperus Sabina* L., ist ein in den Gebirgen Zentral- und Südeuropas wild wachsender, häufig auch kultivierter, manchmal baumartiger[1]) Strauch.

Gewinnung. Das Öl wird durch Dampfdestillation der Blätter und Zweigenden *(Summitates Sabinae)* dargestellt. Die Ausbeute an Öl ist je nach der Sammelzeit und der Frische des Materials verschieden und schwankt zwischen 3 und 5%[2]). Die zur Ölgewinnung verwendeten Blätter kommen hauptsächlich aus Tirol. Auch in Südfrankreich wird Sadebaumöl destilliert, doch dienen dort meist Zweige und Blätter nahe verwandter *Juniperus*-Arten (*J. phoenicea* u. *J. thurifera* var. *gallica)* als Destillationsmaterial[3]). Dementsprechend sind die Konstanten der französischen Öle auch andre, sodaß man früher annahm, es seien mit Terpentinöl verfälschte echte Sadebaumöle.

[1]) P. Guigues, *Une forêt de sabines dans les Hautes-Alpes.* Bull. Sciences pharmacol. 9 (1902), 33.

[2]) Über abnorm niedrige Ausbeuten aus frischen und getrockneten Zweigenden siehe E. F. Ziegelmann, Pharm. Review 23 (1905), 22.

[3]) E. Perrot u. Mongin, *A propos de la Sabine et des espèces botaniques de Juniperus fournissant la drogue commerciale.* Bull. Sciences pharmacol. 9 (1902), 38. Es wird festgestellt, daß die in Frankreich im Handel als Sadebaum vorkommende Droge ein Gemenge der Zweigspitzen von *Juniperus Sabina*, *J. phoenicea* und *J. thurifera* var. *gallica* ist, worunter *J. phoenicea* den bei weitem größten Teil ausmacht. Ähnliche Verhältnisse liegen bei der Gewinnung des französischen Sadebaumöls vor.

Eigenschaften. Sadebaumöl ist eine farblose oder gelbliche Flüssigkeit von unangenehmem, narkotischem Geruch und bitterem, stechendem, campherartigem Geschmack. $d_{15°}$ 0,907 bis 0,930; α_D + 38 bis 62°[1]); $n_{D20°}$ 1,473 bis 1,479; S. Z. bis 3; E. Z. 107 bis 138; E. Z. nach Actlg. 127 bis 154. Es löst sich in ½ und mehr Teilen 90%igen Alkohols, von 80%igem sind zur Lösung 5 bis 15 Vol. erforderlich, es wird hiermit aber nicht immer eine ganz klare Lösung erzielt. Bei wiederholter fraktionierter Destillation werden 25 bis 30% unter 175° siedender Anteile erhalten[2]).

Zusammensetzung. Über die bei der Destillation zuerst übergehenden Kohlenwasserstoffe ist man lange Zeit im unklaren gewesen. Aus den Resultaten einer im Jahre 1835 von Dumas[3]) veröffentlichten Untersuchung müßte man auf die Gegenwart von Pinen oder Camphen schließen. Dumas sonderte nämlich ein bei 155 bis 161° siedendes Öl ab, das nach der Formel $C_{10}H_{16}$ zusammengesetzt war. Grünling[4]) erhielt bei der Oxydation des um 161° siedenden Terpens Terephthalsäure und Terebinsäure, was auf Pinen hinweist. Fromm[5]) gewann aus Sadebaumöl ca. 25% einer unterhalb 165° siedenden Terpenfraktion, es gelang ihm aber nicht, Pinen oder ein anderes bestimmtes Terpen daraus abzuscheiden. Da es zum Nachweis von Verfälschungen wichtig war zu wissen, ob Pinen in dem Öle enthalten sei, wurden von Schimmel & Co.[6]) die unterhalb 160° siedenden Anteile für sich fraktioniert und schließlich aus 25 kg Öl nur 13 g Kohlenwasserstoff vom Siedepunkt des Pinens erhalten, der aber zum Teil aus Sabinen bestand und die für Pinen charakteristischen Reaktionen nicht zeigte. Hieraus ging hervor, daß Sadebaumöl höchstens Spuren von Pinen enthält und daß die alten Untersuchungen von Dumas und von Grünling entweder mit einem mit Terpentinöl verfälschten Öl oder dem Öl einer anderen *Juniperus*-Art (siehe oben) ausgeführt worden sind.

[1]) Bei einem englischen Öl beobachteten Umney u. Bennett für α_D + 68°.

[2]) Berl. Berichte 33 (1900), 1192 und 1463.

[3]) Liebigs Annalen 15 (1835), 159.

[4]) Beiträge zur Kenntnis der Terpene. Inaug. Diss., Straßburg 1879, S. 27. — S. a. Levy, Berl. Berichte 18 (1885), 3206.

[5]) Berl. Berichte 33 (1900), 1192.

[6]) Bericht von Schimmel & Co. April 1908, 84.

Der Nachweis, daß wirklich ganz kleine Mengen α-Pinen im Sadebaumöl enthalten sind, gelang J. W. Agnew und R. B. Croad[1]), die bei der Oxydation der bis 160° siedenden Fraktion mit Mercuriacetat ein Gemisch von Pinolhydrat (Smp. 131°; Dibromid, Smp. 131 bis 132°; Pinoldibromid, Smp. 94°) und 8-Oxycarvotanaceton (Semicarbazon, Smp. 175°) erhielten[2]).

Im Jahre 1900 entdeckte Semmler[3]) im Sadebaumöl ein neues, zwischen 162 und 165° siedendes Terpen, das Sabinen, $C_{10}H_{16}$ (siehe Bd. I, S. 316), das er zu Sabinenglykol (Smp. 54°) und Sabinensäure (Smp. 57°) oxydierte. Während bisher nur rechtsdrehendes Sabinen im Sadebaumöl nachgewiesen ist (vgl. Bd. I, S. 316), fanden Agnew u. Croad l-Sabinen. In der von 170 bis 180° siedenden Fraktion wiesen Schimmel & Co.[4]) α-Terpinen (Nitrosit, Smp. 156°) nach.

Der wichtigste Bestandteil des Öls ist ein Alkohol $C_{10}H_{16}O$, der von E. Fromm[5]) zuerst isoliert und Sabinol genannt worden ist. Er ist teils frei in dem Öle enthalten, teils an Säuren gebunden, unter denen die Essigsäure (Silbersalz)[6]) bei weitem überwiegt; die höher siedenden Säuren sind nach Fromm[7]) ein Gemisch einer bei 255° siedenden, flüssigen, zweibasischen Säure, die vielleicht der Formel $C_{20}H_{28}O_5$ entspricht und einer bei etwa 260° siedenden festen Säure $C_{14}H_{10}O_8$ vom Smp. 181°.

Sabinol (siehe Bd. I, S. 407) hat das spezifische Gewicht 0,950 bei 15° und siedet von 210 bis 213° (Sdp. 77 bis 78° bei 3 mm)[8]); es geht bei der Oxydation mit Permanganat in die α-Tanacetogendicarbonsäure (Smp. 140°) über. Das Sabinolacetat zeichnet sich durch eine sehr hohe Drehung aus; ein Sabinol von $\alpha_D + 6°$ gab ein Acetat (Sdp. 81 bis 82° bei 3 mm; $d_{15°}$ 0,972) von $\alpha_D + 79°$[8]).

Die über 220° siedende Fraktion enthält einen sich mit Bisulfit verbindenden Anteil, der im Geruch an Cuminaldehyd erinnert und von 127 bis 129° (20 mm) siedet. Der Körper

[1]) Analyst 37 (1912), 295.

[2]) Vgl. Henderson u. Agnew, Journ. chem. Soc. 95 (1909), 289, und Henderson u. Eastburn, *ibidem* 1465.

[3]) Berl. Berichte 33 (1900), 1463.

[4]) Bericht von Schimmel & Co. April 1911, 101.

[5]) Berl. Berichte 31 (1898), 2025.

[6]) Bericht von Schimmel & Co. Oktober 1895, 40.

[7]) Berl. Berichte 33 (1900), 1210.

[8]) Elze, Chem. Ztg. 34 (1910), 767.

($d_{15°}$ 0,9163; α_D + 11° 40'), über dessen Zusammensetzung nichts bekannt ist, gibt ein bei 40 bis 45° schmelzendes Phenylhydrazon und ein Oxim vom Smp. 85°[1]).

In einer zwischen 220 und 237° siedenden Fraktion fanden Schimmel & Co.[2]) Citronellol (phthalestersaures Silber, Smp. 126 bis 127°); in einem Nachlauf war nach F. Elze[3]) Geraniol (Diphenylurethan, Smp. 82°) und Dihydrocuminalkohol (Naphthylurethan, Smp. 146 bis 147°) enthalten.

In den höchstsiedenden Fraktionen des Sadebaumöls wies Wallach[4]) Cadinen nach.

Die Kohobationswässer der Sadebaumöldestillation enthalten nach Schimmel & Co.[5]) Methylalkohol, Furfurol und Diacetyl. In den Vorläufen des Öls fand Elze[3]) geringe Mengen n-Decylaldehyd (Semicarbazon, Smp. 102°; n-Caprinsäure, Smp. 31°).

Prüfung. Das Hauptverfälschungsmittel des Sadebaumöls ist das Öl von *Juniperus phoenicea*[6]) (und auch wohl von *J. thurifera* var. *gallica*). Dies Öl verhält sich in seinen physikalischen Eigenschaften wie ein Gemisch von Sadebaumöl mit französischem Terpentinöl.

Beigemischtes Öl von *J. phoenicea* ist ebenso wie französisches Terpentinöl zu erkennen durch die Erniedrigung des spezifischen Gewichts, die Verkleinerung oder Umkehr des Drehungswinkels nach links, durch die Erniedrigung der Verseifungszahl und durch die Verminderung der Löslichkeit in Alkohol. In beiden Fällen wird der exakte Nachweis der Verfälschung durch Isolierung und Kennzeichnung von Pinen geführt, das, wie erwähnt, im reinen Sadebaumöl nur in Spuren vorhanden ist.

117. Öl der Blätter von Juniperus phoenicea.

Herkunft. Es ist zuerst von J. C. Umney und C. T. Bennett[6]) nachgewiesen worden, daß das französische Sadebaumöl des

[1]) Bericht von Schimmel & Co. April 1900, 40.
[2]) *Ibidem* Oktober 1907, 80.
[3]) Chem. Ztg. 34 (1910), 767.
[4]) Liebigs Annalen 238 (1887), 82.
[5]) Bericht von Schimmel & Co. Oktober 1900, 59 und April 1908, 71.
[6]) Umney u. Bennett, Pharmaceutical Journ. 75 (1905), 827.

Handels nicht das Destillat von *Juniperus Sabina* ist, sondern in der Hauptsache aus den Zweigenden des dem Sadebaum äußerst ähnlichen *Juniperus phoenicea* L. gewonnen wird. Dieser Strauch wird in Südfrankreich vom Volke als „Sabine“ bezeichnet. J. Rodié[1]) erhielt bei der Destillation von teilweise blühenden Zweigenden ohne Beeren 0,45 bis 0,5 % Öl.

Eigenschaften. Der Geruch des Öls ähnelt mehr dem des Wacholderbeeröls als dem des Sadebaumöls. Die von Rodié sowie von Schimmel & Co.[2]) beobachteten Konstanten sind folgende: d_{15° 0,863 bis 0,872, $\alpha_D + 2°$ bis $+ 7° 20'$, E. Z. 0 bis 2,1, E. Z. nach Actlg. 4,7 bis 11. Löslich in 5 bis 6,5 Vol. und mehr 90 %igen Alkohols. Etwas abweichend waren die Eigenschaften des von Umney und Bennett[3]) untersuchten Öls, nämlich: d_{15° 0,892, $\alpha_D + 4° 30'$, E. Z. 26 (9 % Acetat), E. Z. nach Actlg. 60 (17 % Alkohol $C_{10}H_{18}O$). Hiernach hat es den Anschein, als ob bei der Darstellung dieses Öls geringe Mengen echten Sadebaums mitdestilliert worden wären.

Zusammensetzung. Nach Rodié besteht das Öl zu über 90 % aus Terpenen, unter denen das von Umney und Bennett zuerst nachgewiesene α-Pinen (Nitrosochlorid, Smp. 107°; Chlorhydrat, Smp. 125°) die Hauptmenge ausmacht. Daneben sind von Rodié festgestellt sehr kleine Mengen (ca. 0,1 %) l-Camphen (Isoborneol, Smp. 212°) sowie Phellandren (Nitrit, Smp. 101°). Über 180° siedeten nur 6,5 % des Öls; sie bildeten eine braunrote, dicke Flüssigkeit von eigenartigem, an Wacholder erinnerndem Geruch; d_{15° 0,946; $\alpha_D - 1° 10'$; E. Z. 18,2, entsprechend 6,37 % Ester $CH_3COOC_{10}H_{17}$; E. Z. nach Actlg. 85,4, entsprechend 25,17 % Alkohol $C_{10}H_{18}O$; von diesem sind 5,03 % in gebundenem und 20,14 % in freiem Zustande vorhanden. Mit Bisulfitlösung isolierte Rodié[4]) kleine Mengen eines Aldehyds, dessen Identifizierung ihm jedoch nicht gelang. Dieser Körper, der ungefähr 0,0166 % des Öles von *J. phoenicea* ausmacht und im Öl anderer Wacholderarten zu fehlen scheint, ist dem Geruch nach vermutlich ein neuer Aldehyd; seine Naphthocinchoninsäure zersetzt

[1]) Bull. Soc. chim. III. 35 (1906), 922.
[2]) Bericht von Schimmel & Co. April 1907, 95.
[3]) Pharmaceutical Journ. 75 (1905), 827.
[4]) Bull. Soc. chim. IV. 1 (1907), 493.

sich, ohne zu schmelzen, bei 275 bis 276°; das Oxim ist flüssig. In den Verseifungslaugen stellte Rodié die Gegenwart von Essigsäure fest. Von wasserunlöslichen Säuren konnte Capronsäure in der Fraktion von 190 bis 210° (732 mm) nachgewiesen werden.

118. Öl der Beeren von Juniperus phoenicea.

Eine aus Smyrna bezogene Handelssorte roter Wacholderbeeren, wahrscheinlich von *Juniperus phoenicea* L. herstammend, gab bei der Destillation eine Ausbeute von 1 % Öl vom spez. Gewicht 0,859 und dem Drehungswinkel α_D — 4° 55′ bei 16°. Das Öl stimmt in allen Eigenschaften mit dem aus den Beeren von *Juniperus communis* L. gewonnenen Öle überein[1]).

119. Öl von Juniperus thurifera.

Der in Südfrankreich verbreitete Strauch *Juniperus thurifera* var. *gallica* De Coincy ist wegen seiner Ähnlichkeit leicht mit *J. Sabina* zu verwechseln und dürfte ebenso wie *J. phoenicea* mit zur Darstellung von Sadebaumöl verwendet werden[2]).

Das Öl ist so gut wie unbekannt. Eine kleine Probe, die Schimmel & Co. von Herrn Professor Dr. P. Guigues in Beirut erhalten hatten, hatte einen angenehmen, aromatischen Geruch, der schwach an Sadebaum erinnerte. $d_{15°}$ 0,9246; α_D zwischen +1 und 2°.

120. Öl einer Juniperus-Art (Kaju garu).

Van Romburgh hatte aus dem „*Kaju garu*" („*Kajoe garoe*"[3]), wohlriechendes Holz) von Makassar, dessen botanische

[1]) Bericht von Schimmel & Co. Oktober 1895, 45.

[2]) Holmes, Pharmaceutical Journ. 75 (1905), 830. — P. Guigues, Bull. Sciences pharmacol. 9 (1902), 33. — Bericht von Schimmel & Co. Oktober 1906, 70 und April 1907, 94.

[3]) Mit „*Kaju garu*" wird auch das Holz von *Gonostylus Miquelianus* oder *Aquilaria Moskowskii* bezeichnet. Nach de Clercq (Nieuw plantkundig woordenboek voor Nederlandsch Indië, Amsterdam 1909, S. 170) ist „*Kajoe gaharoe*" der malaiische Namen für *Aquilaria malaccensis* Lam. (*Kajoe* = Holz). Das Holz wird von den Eingeborenen mit oder ohne Zusatz von Weihrauch verbrannt. Für *Aquilaria malaccensis* gibt es noch viele andere Bezeichnungen, die aber anscheinend auch vielfach für *Gonostylus Miquelianus* benutzt werden.

Abstammung unbekannt war, durch Dampfdestillation ein mit festen Kristallen durchsetztes Öl erhalten, das von P. A. A. F. Eyken[1]) näher untersucht worden ist. Nach Abpressen und Reinigung gaben sich die Kristalle durch ihren Schmelzpunkt 93°, durch die Analyse, die optische Drehung $[\alpha]_D - 30°$ sowie durch die Molekularrefraktion als Guajol zu erkennen; ein Vergleich mit Guajol aus Guajakholzöl bestätigte die Identität. In den flüssigen Anteilen des Öles wurden freie Säuren, vorzugsweise Ameisen- und Essigsäure, aufgefunden. Eyken stellte sich das Öl auch selbst durch Destillation des Holzes dar, in dem er eine Conifere, möglicherweise eine *Juniperus*-Art, vermutete. Das Öl (Ausbeute 1,3 %) wurde bald fest, enthielt jedoch im Gegensatz zu dem erstuntersuchten Öl keine unter dem Siedepunkt des Guajols übergehenden Fraktionen; auch blieben die höher als Guajol siedenden Anteile flüssig und erschwerten so dessen Herausarbeiten. Trotz der Unterschiede hält Eyken beide Öle für identisch und führt die Abweichungen darauf zurück, daß das eine Öl mehrere Jahre gelagert hatte, das andere aber ein frisches Destillat war.

Dasselbe Holz ist später von W. G. Boorsma[2]) untersucht worden. Es zeigte die gewöhnliche Struktur eines *Juniperus*-Holzes, doch fehlt eine nähere Kenntnis seiner Abstammung. Das durch Destillation mit Wasserdampf von Öl befreite Holz lieferte durch Extraktion mit Äther 5 % einer mit aromatischem Rauch brennenden, amorphen Masse.

Ein anderes von *Juniperus*-Arten oder anderen Coniferen stammendes Riechholz ist das „*Kaju kasturi*"[3]). Der Kern ist rötlich bis dunkelrot, daß äußere Holz weiß. Bei der Destillation lieferte das rote Holz ein hellgelbes Öl von guajolartigem Geruch, das Boorsma aber nicht zur Kristallisation bringen konnte, weshalb er es für guajolfrei hält.

---

[1]) Recueil trav. chim. des P.-B. 25 (1906), 40, 44; Chem. Zentralbl. 1906, I. 841.

[2]) Bulletin du Département de l'Agriculture aux Indes Néerlandaises (Pharmacologie III.) 1907, Nr. 7, S. 37.

[3]) Nach de Clercq (*loc. cit.* S. 344) ist „*Kajoe kastoeri*" die malaiische Bezeichnung für das Holz von *Xanthophyllum adenopodum* Miq. *(Polygalaceae).*

Familie: PANDANACEAE.

121. Pandanusöl.

In Indien, Arabien und Persien werden die Blüten von *Pandanus odoratissimus* L. (Fam. der *Pandanaceae*) wegen ihres Wohlgeruchs und ihrer vermeintlichen medizinischen Wirksamkeit hoch geschätzt[1]). Die mohammedanischen Ärzte wenden eine wäßrige Abkochung der zerstoßenen Stengel gegen verschiedene Krankheiten an. Bei den Hindus gilt das wäßrige Destillat der Blüten als Schutzmittel gegen die Pocken. Soll das destillierte Wasser als Parfüm verwendet werden, so wird es auch mit Rosenwasser unter Zusatz von Sandelholzöl dargestellt. Ein durch Mazeration der Blüten mit Sesamöl hergestelltes wohlriechendes Öl ist ebenfalls viel in Gebrauch.

Das ätherische Öl hat nach Holmes[2]) einen sehr angenehmen, ausgesprochen honigartigen Geruch. Über die sonstigen Eigenschaften des Öls ist nichts bekannt.

Familie: GRAMINEAE.

Cymbopogonöle (Andropogonöle).

122. Palmarosaöl.

Oleum Palmarosae seu Geranii indicum. — Essence de Géranium des Indes. — Oil of Palmarosa. — Oil of East Indian Geranium.

Herkunft. Palmarosaöl, auch indisches Grasöl, Rusaöl, indisches oder türkisches Geraniumöl[3]) genannt, wird aus den

---

[1]) Dymock, Warden and Hooper, Pharmacographia indica. Part IV, p. 535.

[2]) Pharmaceutical Journ. III. 10 (1880), 635.

[3]) Die unrichtige Bezeichnung „türkisches Geraniumöl", die man jetzt wohl ziemlich allgemein hat fallen lassen, stammt aus früherer Zeit, wo das Öl noch über Konstantinopel auf den europäischen Markt kam. Von Bombay aus ging es zu Schiff nach den Häfen des roten Meeres und gelangte von diesen auf dem Landwege über Arabien nach Konstantinopel, wo es, auf besondere Weise präpariert, im großen Maßstabe zur Verfälschung des Rosenöls dient (siehe auch S. 196).

oberirdischen Teilen des von O. Stapf[1]) *Cymbopogon Martini* Stapf genannten Rusa- oder Geraniumgrases gewonnen. Die zahlreichen Synonyma dieser Pflanze sind: *Cymbopogon Martinianus* Schult., *Andropogon Martini* Roxb., *A. pachnodes* Trin., *A. Calamus aromaticus* Royle, *A. nardoides*, *α*, Nees, *A. Schoenanthus* Flück. et Hanb., non L., *A. Schoenanthus* var. *genuinus* Hack., *A. Schoenanthus* var. *Martini* Hook. f. Der für das Gras gebräuchliche volkstümliche Name „*Rusa*" ist wahrscheinlich auf die im Herbst braunrote Färbung der Rispen zurückzuführen.

Cymbopogon Martini kommt in zwei Varietäten, in Indien „*Motia*" und „*Sofia*" genannt, vor, die morphologisch keine Unterschiede erkennen lassen, wenn man einzelne getrocknete Exemplare miteinander vergleicht (Stapf)[2]), die sich aber nach J. H. Burkill[3]) im Freien an dem verschiedenen Habitus unterscheiden lassen. Die größten Verschiedenheiten dieser Abarten liegen in der Zusammensetzung ihrer ätherischen Öle, und zwar liefert Motia (= Perle, kostbar) das Palmarosaöl und Sofia (= minderwertig) das Gingergrasöl. Burkill hält es für angebracht, die beiden Varietäten als *Cymbopogon Martini* var. *Motia*, und *C. M.* var. *Sofia* zu bezeichnen.

Das Rusagras findet sich nach Stapf von den Radschmahalbergen (am Knie des Ganges) bis zur afghanischen Grenze und von der subtropischen Zone des Himalaya bis zum zwölften Breitengrade, mit Ausnahme der Wüste und der Steppenregion vom Punjab, der äußeren Abhänge der Westghats und augenscheinlich eines größeren Teils von Nord-Karnatik.

Nach Forsyth beginnt das Gras gegen Ende August zu knospen und blüht dann bis Ende Oktober. Während dieser Periode, und zwar zu Beginn der Blütezeit, muß die Destillation ausgeführt werden, da die Ausbeute an Öl später bedeutend zurückgeht und außerdem auch dessen Qualität ganz minderwertig wird.

Was die für jede der beiden Grasvarietäten günstigsten Vegetationsbedingungen anbetrifft, so hat Burkill gefunden, daß

---

[1]) Kew Bull. 1906, 335.

[2]) Bericht von Schimmel & Co. April 1907, 50.

[3]) J. H. Burkill, First notes on *Cymbopogon Martini* Stapf. Journal of the Asiatic Society of Bengal, March 1909, Vol. V, No. 3 (N. S.); Bericht von Schimmel & Co. Oktober 1909, 85.

Motia am besten auf trocknem Boden gedeiht, am Fuße der Berge oder an mäßig hohen, nach Süden gelegenen, wenig bewaldeten Abhängen. Sofia dagegen beansprucht Feuchtigkeit und wächst vorzugsweise da, wo diese durch reichliche Tau- und Nebelbildung gewährleistet ist. Sie bevorzugt höher gelegene, bewaldete Stellen bis zum Gipfel der Hügel, findet sich aber auch auf niedrigeren Abhängen mit Ausnahme der nach Süden gelegenen. Ein sehr günstiger Platz für Sofia sind die Teakbaumwälder (*Tectona grandis* L., ostind. Eiche), wo infolge schneller Wasserverdunstung in der Nacht eine starke Abkühlung der Luft und dadurch reichliche Taubildung stattfindet. Außerdem aber gilt für Motia wie Sofia in gleicher Weise, daß sie schließlich in jeder Höhenlage vorkommen können, wenn die sonstigen Bedingungen vorteilhaft sind.

Über die Verteilung der beiden Gräser auf die einzelnen Gegenden konnte Burkill feststellen, daß Motia und Sofia, allerdings in verschiedener Höhenlage, gleichzeitig bei Asirgarh, Chandni und im Melghatgebiet vorkommen, während er in Deogaon und Belkhera, westlich und nordöstlich von Ellichpur, einem wichtigen Handelsplatz für Palmarosaöl, sowie in Dhamangaon fast ausschließlich Motia und erst weiter im Gebirge mehr und mehr Sofia antraf; anderseits fand er jenseits der Wasserscheide im Sipnatal bis zum Tapti hin nur Sofia.

Die Unterschiede zwischen Motia und Sofia wechseln mit der Gegend, je nachdem die eine oder andere Pflanze günstigere Entwicklungsverhältnisse vorfindet. Sie werden daher von den Grassammlern verschieden angegeben. Beispielsweise ist Motia in der Gegend von Asirgarh und Chandni von geraderem und höherem Wuchse (6 bis 8 Fuß) als Sofia (3 bis 4 Fuß), das hier außerdem dichte, büschelige Ähren trägt. Im Melghatgebiet ist dagegen Sofia die größere Grasart. Mit der Höhe nimmt die Breite ihrer Blätter und die Intensität der Farbe zu. Charakteristisch für Sofia ist, daß es im Gegensatz zu Motia zahlreiche wurzelständige Blätter hat. Auch zeigte sich, daß Sofiablätter mit den Blattscheiden einen andern Winkel bilden als Motiablätter. Von Interesse ist auch die Beobachtung Burkills, daß an verschiedenen Orten Gräser vorkamen, die weder Motia noch Sofia waren und die er als Kreuzungsformen anspricht. Er hält es aber für verfrüht, darüber jetzt schon Endgültiges zu sagen, bevor das Studium von *C. Martini*, wovon voraussichtlich noch andere Varietäten vorkommen, abgeschlossen ist.

Gewinnung[1]). Die Gebiete, in denen die Ölgewinnung betrieben wird, sind, wenn man die weite Verbreitung des Grases berücksichtigt, nur beschränkt. In der Präsidentschaft Bombay wird Palmarosaöl hauptsächlich im Distrikt Khandesh, und zwar in der Umgebung der Ortschaften Pimpalner, Akrani, Nandurbar, Shahada und Taloda destilliert. In der Provinz Berar liefern das Öl die Distrikte Nagpur, Jabalpur, Akola, Buldana, Ellichpur, Basim, Wunn und Amraoti. Der Hauptmarkt für die Provinz Berar ist die Stadt Ellichpur. Öldestillationen gibt es auch in Radschputana, z. B. in Ajmere, und in den britischen Zentralprovinzen in den Distrikten Nimar, Hoshangabad, Betul, Mandla und Seoni. Der Nimar-Distrikt war von jeher ein wichtiges Zentrum, nach dem das Öl direkt als Nimar-Öl bezeichnet wurde.

Die Ölgewinnung wird seit 80 Jahren in derselben Weise ausgeführt wie heute. Über den Betrieb der Öldestillation im Distrikt Amraoti macht J. H. Burkill[2]) interessante, auf eigenen Beobachtungen beruhende Angaben. In der Nähe von Ellichpur werden die Forstländereien, auf denen *Cymbopogon Martini* var. *Motia* wächst, an wohlhabende Persönlichkeiten, meist Mohammedaner, verpachtet. Das Land wird von diesen stückweise an Leute weiterverpachtet, die mit den Destillationsgeräten in bestimmte Täler des Melghatgebietes ziehen und dort Dorfleute anwerben, die teils zu einem bestimmten Lohnsatz pro 100 eingebrachter Bündel die Grasspitzen einsammeln, teils ihnen im Freien am Ufer der Bäche bei der Errichtung der Destillationsanlage behilflich sind. Zuerst wird eine Anzahl von Öfen in einer Reihe aus Steinen aufgebaut, und in diesen Blasen (teils eiserne, teils kupferne) aufgestellt, meist 3 bis 4 in einer Reihe. Die Kupferblasen sind meist etwas kleiner als die eisernen und von bauchig-runder Form; letztere sind zylindrisch und zusammengenietet und etwa $2^1/_2$ Fuß im Durchmesser. Oben gehen sie schwach konisch zu; durch die Mitte des Deckels führt ein im Winkel zusammengesetztes Bambusrohr für das entweichende

[1]) Vgl. David Hooper, Chemist and Druggist 70 (1907), 207 sowie G. Watt, The commercial products of India, London 1908, p. 452.

[2]) Bericht von Schimmel & Co. Oktober 1909, 83.

Destillat. Die einmal auf die Feuerung aufgesetzte Blase wird niemals heruntergenommen. Durch das Winkelstück des Bambusrohres, das von Anfang bis zum Ende mit Schnur umwickelt ist, und in seinem längeren Teil etwa 6 Fuß mißt, ist ein Dorn aus Bambus getrieben. Die Vorlagen sind für gewöhnlich langhalsige, meist kupferne, unten mehr als 1 Fuß im Durchmesser messende Behälter, deren Höhe (ohne Hals) ihre Weite übertrifft. Manche Vorlagen sind ohne Hals; die Öffnung ist dann durch das mit einem Tuchlappen umwickelte Bambusrohr verschlossen. Sie werden bis an den Hals in fließendes Wasser gestellt, in der Weise, daß in den Bach (der meist zur Erhöhung des Wasserstandes unterhalb abgedämmt wird) ein hölzernes Rahmenwerk eingebaut wird, in dessen Zwischenräume die Vorlagen eingesetzt werden, wo sie mit Hilfe von zwei zu beiden Seiten des Halses festgeknüpften, unter den Querbalken des Gerüstes angebrachten Pflöcken festgehalten werden. Steine, die rund um die Vorlagen aufgelegt werden, sorgen weiter für vollständige Umspülung mit fließendem Wasser.

Die Arbeitsweise ist wie folgt. Angenommen, die Blase sei gerade von einer Füllung entleert worden und stünde offen, ohne Deckel, mit ausgelöschtem Feuer. Auf dem Steinbau um die Feuerung steht ein Arbeiter, der die Höhe des in der Blase befindlichen Wassers mit einem Stabe mißt. Das Wasser ist braun gefärbt und enthält von den früheren Füllungen her beträchtliche Mengen von Tannin. Der Arbeiter gibt in die Blase so viel frisches Wasser, daß (bei einer großen Blase) die Höhe 10 bis 12 Zoll beträgt, und packt dann das Gras hinein, wobei er durch Festtreten möglichst viel Material hineinzuschaffen sucht. Die Blasen sind verschieden groß; die größeren unter ihnen fassen etwa 200 Bündel Gras (je zu ungefähr 300 Stengeln), die kleineren fassen halb so viel. Nunmehr wird der Deckel aufgesetzt und die Fugen mit einem Kleister aus Udidmehl (*Phaseolus Mungo* L.) und einer Lehmpackung verschmiert. Das Bambusrohr wird in die Öffnung des Deckels eingesetzt und in gleicher Weise verkittet. Sodann wird das Feuer unter der Blase entzündet, der Blaseninhalt zum Kochen gebracht und 2 bis 3 Stunden im Kochen gehalten; je nach den Abmachungen zwischen dem Besitzer und seinen Leuten werden in 24 Stunden 5 bis 6 Füllungen destilliert. Das Bambusrohr taucht etwa 6 Zoll tief in die Vorlagen ein. Nach einiger Zeit gibt der Dampf beim Durchstreichen durch die zunehmende Menge des Destillats einen von den Arbeitern als „tit-tit“ bezeichneten Ton von sich; mit der Zeit wird der Ton tiefer, und wenn das Geräusch etwa wie „bul-bul“ klingt, wissen sie, daß die Destillation beendigt werden kann. Sie entfernen das Feuer, gießen kaltes Wasser auf die Blase, heben das Bambusrohr und den Deckel heraus und nehmen die

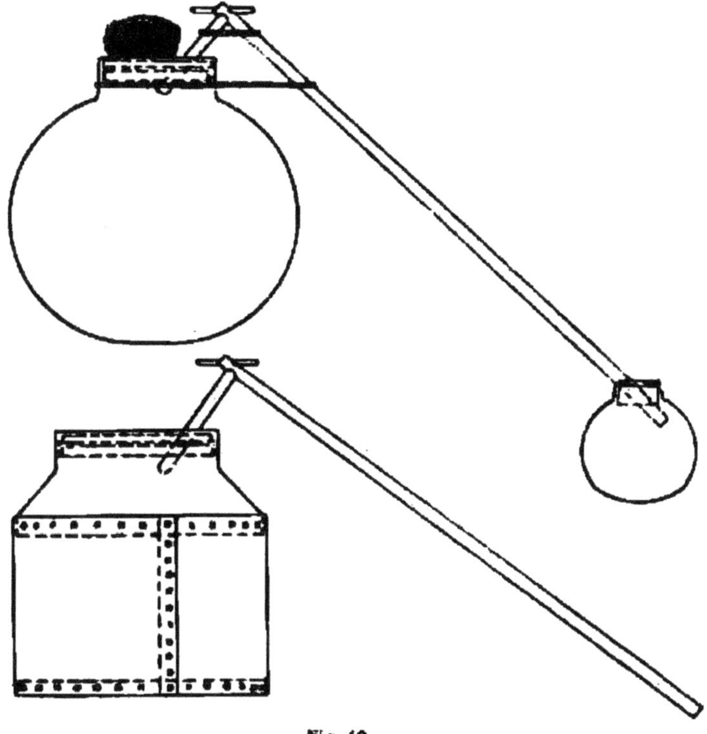

Fig. 19.
Kupferne (oben) und eiserne (unten) Destillierblase für Palmarosaöl.

Vorlage aus dem Wasser. Während einige Leute das ausdestillierte Gras aus der Blase schaffen, schöpft der Besitzer mit einem Löffel das Öl aus der Vorlage und scheidet es mit Hilfe eines Blechtrichters von etwa mitgeschöpftem Wasser. Bei einigen Destillationen wird neuerdings zur Klärung des Öls Limettensaft verwendet.

Aus 3 großen Blasen erhält man etwa $1^1/_2$ Pints (rund 0,85 l) Öl, das beim Stehen gewöhnlich einen Niederschlag von Kupfer-

Fig. 20.

Destillation von Palmarosaöl in der Nähe von Ellichpur (Vorderindien).

Fig. 21.

Fig. 22.

Palmarosadestillation in Khandesh (Vorderindien).

salzen abscheidet. Alles Öl jeder kleinen Anlage wird miteinander gemischt und dem nächsten Handelsplatze zugeführt.

Alle paar Tage wird in die Blasen etwa $^1/_2$ Pfd. Kochsalz gegeben.

Die Abbildungen in Fig. 21 und 22 zeigen die in dem westlich von Amraoti gelegenen Bezirk Khandesh[1]) gebräuchlichen Destillationsanlagen. Es ist dort üblich, ein Dach über den Blasen zu errichten und ein großes Stück Holz als Verschluß zu benutzen. Die Arbeitsweise ist dieselbe wie die oben beschriebene; während aber in Amraoti öfters etwas Kochsalz in die Blasen getan wird, geschieht das in Khandesh nur sehr selten, außerdem erstreckt sich hier die Destillations periode auf einen längeren Zeitraum. Destilliert wird in Khandesh sowohl Palmarosa- als auch Gingergras, ersteres in den niedriger gelegenen Gegenden, letzteres auf dem Akrani-Plateau. In den mittleren Höhenlagen wird gewechselt; zunächst destilliert man das verfügbare Palmarosagras, dann das Gingergras.

Eigenschaften. Palmarosaöl ist farblos oder hellgelb, bisweilen auch von Kupfer grün gefärbt, und hat einen angenehmen, an Rosen erinnernden Geruch. Sein spez. Gewicht beträgt 0,887 bis 0,90. Das optische Verhalten ist wechselnd, indem ein Teil der Öle schwach nach rechts, ein andrer schwach nach links dreht oder inaktiv ist. α_D von $+6$ bis $-3°$, meist zwischen $+1$ und $-2°$; $n_{D20°}$ 1,472 bis 1,476; S. Z. 0,5 bis 3,0; E. Z. 12 bis 48; E. Z. nach Actlg. 226 bis 274, entsprechend 74,8 bis 94,8% Gesamtgeraniol. In 1,5 bis 3 und mehr Teilen 70%igen Alkohols löst sich das Öl klar auf; in ganz vereinzelten Fällen ist Opaleszenz bis Trübung beobachtet worden. Öle mit höherem Geraniolgehalt lösen sich schon in 3 bis 4 Vol. 60%igen Alkohols und mehr.

Prüfung. Palmarosaöl kommt vielfach verfälscht in den Handel. Von fremden Zusätzen sind gefunden worden: Gurjunbalsamöl, Cedernöl, Terpentinöl, Petroleum (Kerosen, Paraffinöl) und Kokosnussöl.[2]) Sie alle verraten sich durch ihre Unlöslich-

---

[1]) Eine Beschreibung der Öldestillation in Khandesh findet sich in der Pharmacographia indica von Dymock, Warden und Hooper. Part. VI, p. 558; vgl. Arch. der Pharm. 234 (1896), 321.

[2]) Bericht von Schimmel & Co. April 1888, 22; April 1889, 20; Oktober 1890, 23.

keit in 70%igem Alkohol. Mit Kokosöl versetzte Öle werden in der Regel beim Einstellen in eine Kältemischung fest. Petroleum und Terpentinöl verringern das spezifische Gewicht, während fettes Öl es erhö. In zweifelhaften Fällen ist es ratsam, eine Acetylierung vorzunehmen. Öle von geringerem Gesamtgeraniolgehalt als 75% sind zu beanstanden.

Eine Verfälschung mit Alkohol, im Verein mit einem andern Zusatzmittel (Citronellölfraktion) ist von Schimmel & Co.[1]) beobachtet worden.

Zusammensetzung. Die älteren Angaben über die botanische Abstammung und die physikalischen Eigenschaften des Palmarosaöls sind so widersprechend, daß es zweifelhaft erscheinen muß, ob die Autoren wirklich Palmarosaöl in den Händen hatten.[2])

Die erste Untersuchung mit einwandsfreiem Material führte O. Jacobsen[3]) aus. Er stellte fest, daß die Hauptmenge des Öls aus einem von 232 bis 233° siedenden Alkohol $C_{10}H_{18}O$, dem er den Namen Geraniol gab, besteht. Ferner entdeckte er die für die Reindarstellung des Geraniols so wertvoll gewordene Verbindung mit Chlorcalcium, die durch Wasser leicht wieder in ihre Bestandteile zerlegt werden kann. Semmler[4]) bestätigte später die Richtigkeit der Formel $C_{10}H_{18}O$ und erkannte die Zugehörigkeit des Geraniols zu den aliphatischen Verbindungen. Hiermit wurde das Geraniol der erste Repräsentant der neuen, für die ätherischen Öle so wichtigen Körperklasse der aliphatischen Terpenalkohole.

[1]) Bericht von Schimmel & Co. April 1907, 47.

[2]) J. Stenhouse (Liebigs Annalen 50 [1844], 157) berichtet über eine Untersuchung des ostindischen Grasöls von *Andropogon Iwarancusa*, dessen Geruch dem Rosenöl, dessen Geschmack dem Citronenöl ähnlich war; bei der Destillation lieferte es einen bei 170° siedenden Kohlenwasserstoff $C_{10}H_{16}$. Es kann wohl als ziemlich sicher angenommen werden, daß dieses Grasöl nicht Palmarosaöl, sondern Citronellöl von *Andropogon Nardus* L. war, dessen Stammpflanze auch als *Andropogon Iwarancusa* Roxb. bezeichnet wird. Citronellöl enthält nämlich ein bei 160° siedendes Terpen (Camphen), während im Palmarosaöl so niedrig siedende Bestandteile fehlen.

J. H. Gladstone (Journ. chem. Soc. 17 [1864], 1 ff; Jahresb. f. Chemie 1863, 548) beschreibt ein indisches Geraniumöl vom spez. Gewicht 0,943 bei 21°, das er mit dem ostindischen Grasöl von *Andropogon Iwarancusa* für identisch hielt. Was für ein Öl dies in Wirklichkeit gewesen ist, kann man aus den Angaben dieses Autors nicht ersehen.

[3]) Liebigs Annalen 157 (1871), 232.

[4]) Berl. Berichte 23 (1890), 1098.

Die Menge des im Palmarosaöl enthaltenen Geraniols beträgt 75 bis 95%. Hiervon ist der größte Teil frei, und etwa 3 bis 13% als Ester vorhanden, dessen sauren Komponenten, wie von E. Gildemeister und K. Stephan[1]) durch die Analyse der Silbersalze festgestellt wurde, Essigsäure und n-Capronsäure zu etwa gleichen Teilen bilden.

Terpene enthält das Palmarosaöl nur sehr wenig, und zwar ca. 1% Dipenten (Tetrabromid, Smp. 125°; Nitrolbenzylamin, Smp. 109 bis 110°). Von Methylheptenon (Semicarbazon, Smp. 135°)[2]) sind ebenfalls Spuren zugegen.

Außer Geraniol wollen Flatau und Labbé[3]) noch einen zweiten Alkohol, nämlich Citronellol gefunden haben. Wie Schimmel & Co.[4]) nachwiesen, ist diese Angabe jedoch unrichtig, ebenso wie die Behauptung derselben Autoren[5]), nach der im Palmarosaöl eine gesättigte Fettsäure $C_{14}H_{28}O_2$ vom Smp. 28° anwesend sein soll. Reines Palmarosaöl enthält aber nach den Untersuchungen von Schimmel & Co.[6]) keine derartige Säure, und es läßt sich der Befund der französischen Chemiker nur dadurch erklären, daß sie ein mit Kokosfett oder einem anderen fetten Öl verfälschtes Öl untersuchten. Die Säure $C_{14}H_{28}O_2$ ist also kein Bestandteil des Palmarosaöls, sondern des Verfälschungsmittels.

Nach Elze[7]) kommt im Palmarosaöl auch Farnesol (vgl. Bd. I, S. 416) vor.

Produktion und Handel. Sitz des Handels und der Ausfuhr ist hauptsächlich Bombay, und das dortige Öl geht meistens nach Europa. Früher wurde es nach den Hafenplätzen des Roten Meeres gebracht und weiter über Land transportiert, in erster Linie über Kairo nach Konstantinopel und von dort nach Europa. Aus diesem Grunde wurde das Öl früher, ohne jede Berechtigung, „türkisches Geraniumöl" genannt. Gegenwärtig wird das Palmarosaöl von Bombay direkt nach Europa ausgeführt. In Bombay

[1]) Arch. der Pharm. 234 (1896), 328.

[2]) Bericht von Schimmel & Co. April 1905, 39.

[3]) Compt. rend. 126 (1898), 1725. — Bull. Soc. chim. III. 19 (1898), 633.

[4]) Bericht von Schimmel & Co. Oktober 1898, 67.

[5]) Compt. rend. 126 (1898), 1726.

[6]) Bericht von Schimmel & Co. Oktober 1898, 29.

[7]) Chem. Ztg. 34 (1910), 857.

geschieht die Klassifizierung und das Umfüllen in große verzinnte kupferne „Ramièren" oder „Töpfe", früher von 100 bis 200 lbs., jetzt meist von 250 lbs. Nettoinhalt, die mit starken Tauen umbunden und nicht weiter in Kisten verpackt werden (Fig. 23). Schätzungsweise soll sich die Ausfuhr aus Bombay

Fig. 23.

Kupferne Versandgefäße für Palmarosa- und Gingergrasöl.

jährlich auf 50000 lbs. belaufen; da aber im Jahre 1902/3 die tatsächliche Ausfuhr 125595 lbs. betrug, kann sich erstere Zahl nur auf die Produktion von Bombay und den Zentralprovinzen beziehen, und der Rest käme dann auf die in neuerer Zeit stark zunehmende Produktion der südlichen Provinzen.

Die Ausfuhr an ätherischen Ölen aus Bombay (hauptsächlich Palmarosaöl neben etwa einem Viertel Gingergrasöl) betrug:

1896/97	. . .	8 199	Gallonen im Werte von	149 553 Rupien
1897/98	. . .	10 776	„ „ „ „	209 691 „
1898/99	. . .	16 000	„ „ „ „	404 140 „
1899/00	. . .	10 400	„ „ „ „	278 005 „
1900/01	. . .	12 834	„ „ „ „	341 670 „
1901/02	. . .	19 641	„ „ „ „	610 783 „
1902/03	. . .	18 872	„ „ „ „	523 630 „
1903/04	. . .	20 680	„ „ „ „	538 774 „
1904/05	. . .	18 742	„ „ „ „	465 209 „
1905/06	. . .	23 436	„ „ „ „	551 425 „

Für den Konsum kamen früher hauptsächlich England, Ägypten und die Türkei in Betracht; gegenwärtig sind die Haupteinfuhrländer, nach ihrer Einfuhrmenge geordnet, Deutschland, Frankreich, England und die Vereinigten Staaten Nordamerikas.

123. Gingergrasöl.

Essence de Gingergrass. — Gingergrass Oil.

Herkunft und Gewinnung. Noch vor nicht allzulanger Zeit[1]) hielt man Gingergrasöl für eine geringe Sorte von Palmarosaöl, besonders da es in derselben Verpackung und ebenfalls von Bombay in den Handel kommt. Es war meist mit größeren Mengen Terpentin- oder Mineralöl verfälscht, Zusätze, die sich durch ihre Schwerlöslichkeit in Alkohol, besonders in verdünntem, zu erkennen gaben. Gelegentlich wurden aber auch Gingergrasöle beobachtet, die augenscheinlich nicht verfälscht waren, die sich in 70%igem Alkohol klar auflösten und die einen von Palmarosaöl deutlich verschiedenen Geruch besaßen[2]). Bei der Untersuchung[3]) eines derartigen Öls wurde eine von der des Palmarosaöls stark abweichende Zusammensetzung gefunden, sodaß auch die Annahme, daß Gingergrasöl nur eine geringe Qualität des Palmarosaöls darstelle, nicht mehr aufrecht erhalten werden konnte. Den Bemühungen von J. H. Burkill ist es gelungen, die Frage nach der Herkunft des Gingergrasöls zu klären, indem er die aus den Varietäten von *Cymbopogon Martini* Stapf „*Motia*" und „*Sofia*" destillierten Öle an Schimmel & Co. einsandte, die das aus Sofia gewonnene Öl als Gingergrasöl, das aus

[1]) Gildemeister und Hoffmann, Die ätherischen Öle. I. Aufl. S. 366.
[2]) E. Gildemeister u. K. Stephan, Arch. der Pharm. 234 (1896), 326.
[3]) H. Walbaum u. O. Hüthig, Journ. f. prakt. Chem. II. 71 (1905), 459.

Motia hergestellte als Palmarosaöl erkannten[1]). Damit war festgestellt, daß das Gingergrasöl von *Cymbopogon Martini* Stapf var. *Sofia* abstammt. (Vgl. auch unter Palmarosaöl S. 187.)

Die Darstellung des Gingergrasöls ist genau dieselbe wie die des Palmarosaöls. Bei diesem Öl ist auch die Verbreitung der beiden Grasvarietäten ausführlich besprochen worden. Die Ausbeute betrug bei einem auf Java destillierten Öl 0,1%[2]).

Eigenschaften. $d_{15°}$ 0,90 bis 0,953; α_D + 54°[3]) bis − 30°; $n_{D20°}$ 1,478 bis 1,493; S. Z. bis 6,2; E. Z. 8 bis 29 (in einem Falle wurde E. Z. 54,5 beobachtet[4]); E. Z. nach Actlg. 120 bis 200. Löslich in 2 bis 3 Vol. 70%igen Alkohols, bei weiterem Alkoholzusatz meist Opaleszenz bis Trübung; löslich in 0,5 bis 1,5 Vol. 80%igen Alkohols u. m., wobei in ganz vereinzelten Fällen gleichfalls geringe Opalescenz eintritt.

Zusammensetzung. Unsre Kenntnis von der Zusammensetzung dieses Öls beruht auf einer von H. Walbaum und O. Hüthig im Laboratorium von Schimmel & Co.[5]) ausgeführten Untersuchung. Von Terpenen sind vorhanden: d-α-Phellandren[6]) (Nitrit, Smp. 120°), Dipenten (Tetrabromid, Smp. 125°; α-Dipentennitrolpiperidin, Smp. 153°) und d-Limonen (α-Limonennitrolpiperidin, Smp. 93°; α-Limonennitrolbenzylamin, Smp. 93°). In den zwischen 80 und 90° siedenden Fraktionen ist ein im Geruch an Heptylaldehyd und Citronellal erinnernder Aldehyd $C_{10}H_{16}O$ vorhanden, dessen Eigenschaften und Derivate in Bd. I, S. 450 beschrieben sind. Seine Menge ist gering und wird auf nur 0,2% geschätzt. Ein etwas höher als der Aldehyd siedender Bestandteil ist das durch sein Semicarbazon vom Smp. 153 bis 154° gekennzeichnete i-Carvon.

Die Hauptmenge des Öles bilden, wie aus den hohen Acetylierungszahlen hervorgeht, alkoholische Bestandteile. Sie finden sich in den von 85 bis 95° (5 mm) siedenden Ölanteilen und

[1]) Bericht von Schimmel & Co. April 1907, 50.

[2]) Jaarb. dep. landb. in Ned.-Indië, Batavia 1910, 49.

[3]) Ein auf Java destilliertes Öl hatte α_D + 46° 5′ (Anm. 2).

[4]) Bericht von Schimmel & Co. Oktober 1912, 65.

[5]) *Ibidem* April 1904, 52; Oktober 1904, 41; April 1905, 34; (siehe auch Anm. 3 vorige Seite).

[6]) Phellandren war schon von Gildemeister u. Stephan (Anm. 2 vorige Seite) aufgefunden worden.

bestehen aus einem Gemisch von Geraniol (Oxydation zu Citral; Diphenylurethan, Smp. 82°) und einem Dihydrocuminalkohol (Eigenschaften und Derivate siehe Bd. I, S. 391) dessen Geruch gleichzeitig an Linalool und Terpineol erinnert, und der durch das bei 146 bis 147° schmelzende Dihydrocuminylnaphthylurethan[1]) gekennzeichnet werden kann.

Die Konstitution des aus Gingergrasöl gewonnenen Dihydrocuminalkohols, der nach F. W. Semmler und B. Zaar[2]) mit dem aus dem Perillaaldehyd gewonnenen Perillaalkohol identisch ist, wird durch die folgende Formel ausgedrückt:

```
       C·CH₂·OH
      //   \
   HC       CH₂
    |        |
   H₂C      CH₂
      \    /
        CH
        |
    H₂C:C·CH₃
```

Verfälschungen. Gingergrasöl ist ein so beliebtes Objekt für Fälscher, daß zeitweise reine Öle überhaupt nicht aufzutreiben sind. Die Öle werden meist mit Terpentinöl, Mineralöl oder Gurjunbalsamöl versetzt. Alle diese Zusätze verraten sich durch Verminderung der Löslichkeit, sowie durch Änderung der Dichte. Gurjunbalsamöl[3]) beeinflußt außerdem noch die optische Drehung sehr stark.

Lemongrasöle.

124. Ostindisches Lemongrasöl.

Malabar-, Travancore- oder Kotschin-Lemongrasöl. — Oleum Andropogonis citrati. — Essence de Lemongrass. — Essence de Verveine des Indes. — Oil of Lemongrass.

Herkunft und Gewinnung. Über die botanische Herkunft der das Lemongrasöl des Handels liefernden Pflanze hat lange Zeit

---

[1]) Bericht von Schimmel & Co. Oktober 1906, 33.

[2]) Berl. Berichte 44 (1911), 460.

[3]) Bericht von Schimmel & Co. April 1906, 53.

eine weitgehende Unsicherheit und Verwirrung geherrscht, bis durch die auf S. 226 erwähnten dankenswerten Arbeiten von O. Stapf[1]) Klarheit geschaffen worden ist. Es war seit längerer Zeit bekannt, daß sich die an der Malabarküste destillierten Öle von manchen anderen, z. B. den in Westindien, Brasilien, Ceylon, Java und vielen anderen Orten gewonnenen, durch ihre bessere Löslichkeit in 70%igem Alkohol und häufig auch durch ihren höheren Citralgehalt unterschieden. Dies hat nach Stapf seinen Grund darin, daß beide Öle von verschiedenen Arten der Gattung *Cymbopogon* herrühren. Während das ostindische Öl, das Lemongrasöl des Handels, von *Cymbopogon flexuosus* Stapf abstammt, ist die Mutterpflanze der schwerlöslichen Öle *C. citratus* Stapf.[2])

Cymbopogon flexuosus Stapf (*Andropogon flexuosus* Nees ex Steud.; *A. Nardus* var. *flexuosus* Hack.), Malabar- oder Kotschingras, ist im Tinnevelly-Distrikt und in Travancore verbreitet, und zwar kam es früher dort nur wild vor. Erst in den letzten Jahren sind dort größere Strecken mit dem Grase bepflanzt worden, als die wildwachsenden Pflanzen dem gesteigerten Ölbedarf nicht mehr genügen konnten.[3]) Der Destillationsbetrieb breitete sich auch weiter nach Norden aus, so daß jetzt auch in Malabar größere Mengen Öl hergestellt werden. Da das Gras[4]) ziemlich viel Feuchtigkeit nötig hat, jedoch an Orten, wo das Regenwasser stehen bleibt, nicht gut gedeiht, so

[1]) Kew Bull. 1906, 297.

[2]) Durch Versuche, die J. F. Jowitt in Bandarawela (Ceylon) mit dem Anbau dieser beiden Lemongrasarten gemacht hat, ist die Stapfsche Annahme auch experimentell bestätigt worden. Die von Jowitt aus den kultivierten Gräsern gewonnenen Öle wurden im Imperial Institute in London von S. S. Pickles (Circulars and Agricultural Journal of the Royal Botanic Gardens, Ceylon. Bd. V, Nr. 12, November 1910, 137. Vgl. auch Bull. Imp. Inst. 8 [1910], 144) untersucht, und das zugehörige Pflanzenmaterial von Stapf nochmals genau auf seine botanische Identität hin geprüft. Es ergab sich, daß die Destillate von *C. citratus* selbst in 10 Vol. 90%igen Alkohols nicht klar löslich waren, während *C. flexuosus* ein in 2,2 Vol. u. m. 70%igen Alkohols lösliches Öl geliefert hatte.

[3]) Vgl. auch D. Hooper, Chemist and Druggist 70 (1907), 208.

[4]) Die folgende Beschreibung ist von Herrn Werner Reinhart, in Firma Gebr. Volkart in Winterthur, der eine Reise in die Distrikte der Lemongrasöl-Industrie machte, der Firma Schimmel & Co. freundlichst zur Verfügung gestellt worden. Bericht von Schimmel & Co. Oktober 1910, 63.

findet man die Kulturen meistens auf den niedrigen, den Ghats vorgelagerten Höhenzügen. Die für die Öldestillation wichtigsten Gebiete sind: das Hinterland von Anjengo, dann die hügeligen Ufer des Periyar-Flusses in Travancore und die Plantagendistrikte Peermade in Travancore und Nellampatty im Kotschin-Staat. Auch auf der Ostseite der Ghats und in den Palni Hills wird an vereinzelten Orten Lemongrasöl destilliert. Die Produktion, die zur Zeit des hohen Preisstandes von Lemongrasöl stark vergrößert wurde, ist später infolge der durch die Überproduktion eingetretenen Preisreaktion merklich eingeschränkt worden, indem hauptsächlich die mit teureren Einrichtungen und Arbeitskräften arbeitenden Groß-Plantagenbetriebe die Destillation einstellten. In einigen Gegenden, wie z. B. in Wynaad, wirkte auch der geringe Aldehydgehalt der erhaltenen Öle entmutigend auf die Produktion. Für die eingeborenen Bauern dagegen scheint die Destillation selbst bei einem Preisstande von 2 d. für die Unze noch rentabel zu sein.

Die Öldestillation beginnt kurz nach dem Einsetzen der Regenzeit, d. h. etwa Anfang Juli, und erstreckt sich je nach dem Verlauf des Monsuns, der dem Südwest-Monsun folgt, bis in den Januar hinein. Da der Nordost-Monsun an der Westküste jedoch in der Regel sehr spärlich ausfällt und oft gänzlich ausbleibt, so muß die Destillation infolge der eintretenden Dürre gewöhnlich schon Anfang Januar beendigt werden. Die Kulturen oder das dürre Gras brennt man dann ab, da die Asche einen guten Dünger bildet. In den Niederungen, d. h. da, wo künstliche Bewässerung möglich ist, muß das Lemongras schon im Dezember dem Anbau von Winterprodukten (hauptsächlich Reis) weichen.

Eine Eingeborenen-Destillationsanlage, wie sie auf Seite 203, Figur 24 abgebildet ist, bleibt gewöhnlich das ganze Jahr an Ort und Stelle. Sie ist stets von einem auf Bambusstangen ruhenden Strohdach überdeckt. Ein Kupferzylinder von etwa 6 Fuß Höhe und 3 Fuß Durchmesser steht auf einer ca. 1 Fuß hohen, aus Steinen gebildeten Feuerung; sie besitzt keinen speziellen Rauchabzug, die Luft hat vielmehr von allen Seiten durch die lose in einem Kreise aufgestellten Steine Zutritt. Etwa auf halber Höhe hat der Zylinder eine seitliche, mit einem Deckel verschließbare Öffnung, durch die das Gras eingefüllt und entleert wird. Nach oben zu ist die Blase durch einen abhebbaren

Helm verschlossen, von dem aus ein kupfernes Übersteigrohr in die Kühlschlange führt, die in einem etwa 6 Fuß hohen hölzernen Bottich ruht. Von einem Brunnen her wird Wasser durch eine Holzrinne in das Kühlfaß geleitet. Als Vorlage dient ein nach dem Prinzip der Florentiner Flasche konstruiertes Gefäß

Fig. 24.

Destillation von Lemongrasöl in der Nähe von Alwaye (Travancore).

mit dem Unterschied, daß dieses ein niedriger, aber sehr weiter, oben unbedeckter Zylinder ist, wie Fig. 25 zeigt.

Auf diese Weise wird eine große Oberfläche geschaffen, auf der sich das Öl ansammeln kann, das ab und zu mit einem Löffel abgeschöpft wird, während das gleichzeitig überdestillierende Wasser durch ein seitlich, nahe über dem Boden im spitzen Winkel abgehendes, aufwärts gerichtetes Rohr abfließt. Dieses aromatisierte Wasser wird nicht, wie sonst üblich, zur Destillation neuer Grasmengen verwendet, sondern einfach ablaufen gelassen.

Zur Destillation werden die frisch eingesammelten Grasspitzen in kleinen Bündeln durch die seitliche Öffnung der Blase sowie von oben eingefüllt, bis zu $^3/_4$ der Höhe der Blase. Zu einer solchen Füllung bedarf es etwa 1000 Bündel mit einem Gewicht von zusammen etwa 750 lbs. Dann wird bis zu $^1/_4$ der Höhe Wasser zugegeben (ungefähr 40 Gallonen). Nachdem die seitliche Öffnung verschlossen, der Helm aufgesetzt und alle Fugen gut mit Kuhmist verstrichen sind, wird Feuer unter der Blase angezündet. Die Destillation einer Füllung dauert 5 bis 6 Stunden und gibt eine Ausbeute von 1 bis $1^1/_2$ Flaschen zu 22 Unzen. Das Öl bleibt einige Zeit in den Flaschen, wo es sich von etwa mitgeschöpftem Wasser sowie von Niederschlägen (Kupfersalzen) trennen kann, und wird dann erst im Verschiffungshafen in verzinkte Eisentrommeln abgefüllt.

Fig. 25.

Versuche, Lemongras in anderen Ländern anzubauen, sind meist mit der weniger geeigneten Grasart *Cymbopogon citratus* Stapf (Siehe S. 211) ausgeführt worden, von der das minderwertige westindische Öl stammt.

Nach F. Watts und H. A. Tempany[1]) haben sich die botanischen Stationen auf den Leeward Islands mit Kulturversuchen des echten Kotschingrases von *Cymbopogon flexuosus* beschäftigt, um die Gewinnung eines dem Malabaröl in jeder Beziehung gleichwertigen Lemongrasöls zu ermöglichen. Das Gras gedeiht dort gut, und wenn vier Probedestillate aus auf Antigua und Montserrat gebautem Kotschingras noch nicht den erwünschten höheren Citralgehalt hatten (sie enthielten 53, 63, 64 und 68 %), so bringen das Watts und Tempany mit dem noch nicht genügenden Reifezustand der Gräser in Verbindung, da Versuche an „westindischem“ Gras gezeigt haben, daß mit der Reife sowohl die Ausbeute an Öl als auch dessen Citralgehalt zunehmen. 72,5 kg eines in Antigua gebauten, drei Monate alten Grases gaben bei

[1]) West Indian Bulletin 9 (1908), 267; Bericht von Schimmel & Co April 1909, 59.

der Destillation 139 ccm Öl mit 58% Citral, während die gleiche Menge eines 1 Jahr alten Grases 206 ccm Öl mit 69% Citral lieferte. Es sollen durch weitere Versuche die für die Ernte von Kotschingras günstigsten Bedingungen festgestellt werden. Aus den bisherigen Resultaten der botanischen Versuchsstation ergibt sich, daß im Jahre 2 bis 3 Schnitte vorgenommen werden können, und daß jeder Schnitt von einem Acker etwa 6000 bis 8000 lbs. Gras gibt. Die Ausbeute wurde zu 0,2 bis 0,26% ermittelt.

Gleiche Versuche hatten auf Barbados[1]) zu sehr günstigen Resultaten geführt; ein vom dortigen Regierungslaboratorium aus Kotschinsamen gezogenes Lemongras lieferte ein leicht lösliches, sehr citralreiches Öl.

Zusammensetzung. Die chemische Zusammensetzung des Lemongrasöls war bis zum Jahre 1888 gänzlich unbekannt, als im Laboratorium von Schimmel & Co.[2]) als Hauptbestandteil ein Aldehyd $C_{10}H_{16}O$ entdeckt wurde, dem wegen seines kräftigen Citronengeruchs der Name Citral (Eigenschaften siehe Bd. I, S. 425) gegeben wurde. Drei Jahre später beschrieb F. D. Dodge[3]) denselben Körper als Citriodoraldehyd. Er hat den Aldehyd jedoch nicht in reinem Zustande in Händen gehabt, da er ihn als schwach rechtsdrehenden, bei 225° siedenden Körper beschreibt.

Da Barbier und Bouveault[4]) durch Einwirkung von Semicarbazid auf Lemongrasöl drei verschiedene Semicarbazone[5]) vom Smp. 171°, 160° und 135° erhielten, kamen sie zu der Annahme, daß das Citral des Lemongrasöls aus drei isomeren Aldehyden bestehe. Tiemann[6]) wies nach, daß das Semicarbazon vom Smp. 135° ein Gemenge der beiden anderen ist, was Bouveault[7])

[1]) Bericht von Schimmel & Co. Oktober 1908, 76.

[2]) *Ibidem* Oktober 1888, 17.

[3]) Americ. chem. Journ. 12 (1890), 553; Berl. Berichte 24 (1891), 90 Ref.; Chem. Zentralbl. 1891, I. 88.

[4]) Compt. rend. 121 (1895), 1159.

[5]) Die Entstehung verschiedener Semicarbazone aus dem Citral wurde zuerst von Wallach beobachtet. Berl. Berichte 28 (1895), 1957; vergl. auch Tiemann u. Semmler, Berl. Berichte 28 (1895), 2133 und Tiemann, Berl. Berichte 31 (1898), 821.

[6]) Berl. Berichte 32 (1899), 115. — Chem. Ztg. 22 (1898), 1086.

[7]) Bull. Soc. chim. III. 21 (1899), 419.

später bestätigte; es handelte sich also nicht um isomere Aldehyde, sondern um isomere Semicarbazone.

Auch W. Stiehl[1]) nahm im Lemongrasöl drei verschiedene Aldehyde der Formel $C_{10}H_{16}O$ an, Citral (Geranial), Citriodoraldehyd und Allolemonal. Nach Schimmel & Co.[2]) entspricht dieser Citriodoraldehyd nach seiner Darstellungsweise dem Citral des Handels. Da aber dieses, wie Semmler[3]) seinerzeit gezeigt hat, identisch mit dem Geranial aus Geraniol ist, so sind auch Citral und Citriodoraldehyd Stiehls identische Körper. Doebner[4]) fand ferner, daß das von Stiehl hergestellte „Allolemonal" zu ungefähr gleichen Teilen aus Citral und nicht aldehydischen Körpern bestand.

Aus den Untersuchungen Tiemanns[5]), geht hervor, daß die Hauptmasse der Aldehyde des Lemongrasöls Citral ist. Seine ursprüngliche Ansicht von der Einheitlichkeit des Citrals mußte Tiemann dahin abändern, daß er zwei raumisomere Citrale, a und b (Bd. I, S. 426, 430), annahm, die sich leicht ineinander umwandeln.

Außer Citral enthält das Lemongrasöl vielleicht geringe Mengen von Citronellal[6]). Ferner haben Schimmel & Co.[7]) noch Spuren eines dem Citral isomeren Aldehyds $C_{10}H_{16}O$ (Sdp. 68° bei 6 mm; $d_{15°}$ 0,9081; α_D +0°50′; $n_{D20°}$ 1,45641), dessen Semicarbazon bei 188 bis 189° schmilzt, nachgewiesen. Durch Oxydation mit feuchtem Silberoxyd wurde eine Säure $C_{10}H_{16}O_2$ (Sdp. 130° bei 9 mm) erhalten. Ein weiterer aldehydischer Bestandteil des Lemongrasöls, der ebenfalls nur in geringer Menge vorhanden ist, ist n-Decylaldehyd (Semicarbazon, Smp. 102°), der bei der Oxydation in n-Caprinsäure übergeführt wurde.[8])

Im Vorlauf des Lemongrasöls fanden Barbier u. Bouveault[9]) Methylheptenon, das aber nach ihrer Meinung verschieden war von dem von Wallach[10]) aus Cineolsäure erhaltenen Körper. Wie

---

[1]) Journ. f. prakt. Chem. II. 58 (1898), 51; 59 (1899), 497.

[2]) Bericht von Schimmel & Co. Oktober 1898, 66.

[3]) Berl. Berichte 24 (1891), 203. — Vgl. auch *ibidem* 31 (1898), 3001.

[4]) *Ibidem* 31 (1898), 3195.

[5]) *Ibidem* 31 (1898), 3278, 3297, 3324; 32 (1899), 107, 115; 33 (1900), 877.

[6]) Doebner, Berl. Berichte 31 (1898), 1891.

[7]) Bericht von Schimmel & Co. Oktober 1905, 42.

[8]) *Ibidem* 43.

[9]) Compt. rend. 118 (1894), 983.

[10]) Liebigs Annalen 258 (1890), 319 ff.

Schimmel & Co.[1]) nachwiesen, ist aber das aus dem Lemongrasöl isolierte Methylheptenon mit dem von Wallach und von Tiemann und Semmler[2]) beschriebenen Keton identisch.

Der dem Citral zugehörige Alkohol Geraniol[3]) (Diphenylurethan, Smp. 82°) ist in den höchst siedenden Anteilen des Öls teils frei, teils als Ester enthalten und durch seine Chlorcalciumverbindung abgeschieden worden.

Als wahrscheinlich kann die Gegenwart von Linalool[3]) in den Anteilen vom Sdp. 198 bis 200° angesehen werden.

Ein Terpen vom Sdp. 175°, (α_D —5°48'), das ein flüssiges Bromid bildete, aus dem sich kleine Mengen fester Substanz vom Smp. 85° ausschieden, ist von Barbier und Bouveault in einigen Ölen beobachtet worden, in anderen wieder nicht, und ist wahrscheinlich nur durch Verfälschung in das Lemongrasöl hineingekommen.

Nach Stiehl[4]) enthält das Lemongrasöl Dipenten und vielleicht auch Limonen.

Eigenschaften. Lemongrasöl hat, wie sein Name andeutet, einen intensiv citronenartigen Geruch und Geschmack. Es bildet eine rötlichgelbe bis braunrote, leichtbewegliche Flüssigkeit vom spez. Gewicht 0,899 bis 0,905; ausnahmsweise ist bei sonst guten Ölen eine Dichte bis hinunter zu 0,895 und hinauf bis 0,910 beobachtet worden. α_D + 1°25' bis —5°; $n_{D20°}$ 1,483 bis 1,488; löslich in 1,5 bis 3 Vol. 70%igen Alkohols; in vereinzelten Fällen trat geringe Opalescenz oder Trübung, meist infolge von Paraffinabscheidung, ein.

Maßgebend für die Güte eines Öls ist sein Gehalt an dem wichtigsten Bestandteil, dem Citral. Man bestimmt das Citral entweder nach der Bisulfitmethode (Bd. I, S. 602) oder nach der Sulfitmethode (Bd. I, S. 604). Nach der ersten werden außer dem Citral auch die andern Aldehyde des Lemongrasöls sowie ein Teil des Methylheptenons mitbestimmt. Man erhält deshalb dabei höhere Werte als nach der Sulfitmethode.

---

[1]) Bericht von Schimmel & Co. Oktober 1894, 32. Vergl. auch Tiemann u. Semmler, Berl. Berichte 28 (1895), 2126, Anm.

[2]) Berl. Berichte 26 (1893), 2721.

[3]) Bericht von Schimmel & Co. Oktober 1894, 32; April 1899, 73.

[4]) *Loc. cit.*

Der Aldehydgehalt von normalen Ölen beträgt 70 bis 85 % nach der Bestimmung mit Bisulfit und 65 bis 80 %, wenn man die Sulfitmethode anwendet. Bei Analysen oder bei Käufen mit garantiertem Gehalt ist daher stets anzugeben, nach welchem Verfahren der Aldehydgehalt festgestellt worden ist. Bestimmt man bei demselben Öl nach den beiden Methoden, so gibt die Bisulfitmethode um 2 bis 5,5 % höhere Zahlen[1]). Bei längerem Lagern der Öle scheint der Citralgehalt zurückzugehen[2]).

Verfälschungen. Obwohl Verfälschungen des Lemongrasöls nicht allzu häufig vorkommen, so sind doch hin und wieder ungehörige Zusätze beobachtet worden. Petroleum und Kokosfett geben sich durch die unvollständige Löslichkeit zu erkennen. Letzteres bleibt bei der Destillation des Öls mit Wasserdampf zurück und kann dann leicht als solches erkannt werden[3]). Schwieriger ist der Nachweis von Citronellöl, das Parry[4]) sowie Schimmel & Co.[5]) gefunden haben. Die mit Citronellöl versetzten Öle hatten einen auffallend niedrigen Aldehydgehalt, und in den vom Citral befreiten Anteilen war der Geruch nach Citronellöl deutlich wahrnehmbar.

Leichter konnte in einem Falle von Parry[6]) eine Verfälschung mit Aceton festgestellt werden. Das betreffende Öl war durch sein niedriges spezifisches Gewicht aufgefallen, hatte dabei aber einen scheinbaren Citralgehalt von 76 %. Durch fraktionierte Destillation wurde Aceton abgeschieden, das, da es sich ebenfalls mit Bisulfit verbindet, den Citralgehalt scheinbar erhöht.

Produktion und Handel. Hauptproduktionsland für Lemongrasöl ist das südliche Ostindien und zwar die südlich von Kotschin gelegene Landschaft Travancore mit dem Hauptstapelplatz Trivandrum. Hauptverschiffungshafen ist indes Kotschin, auch Calicut und Quilon führen Lemongrasöl aus[7]). Die nachfolgende

---

1) Bericht von Schimmel & Co. Oktober 1908, 76.

2) *Ibidem* Oktober 1909, 65.

3) *Ibidem* Oktober 1905, 42.

4) Chemist and Druggist 66 (1905), 140.

5) Bericht von Schimmel & Co. April 1907, 75.

6) Chemist and Druggist 62 (1903), 768.

7) Watt, The commercial products of India. London 1908. S. 458. — Hooper, Chemist and Druggist 70 (1907), 208.

Kurventafel veranschaulicht, mit Ausnahme des Jahres 1889/90, die Ausfuhrmengen vom Anfang bis zur Gegenwart.

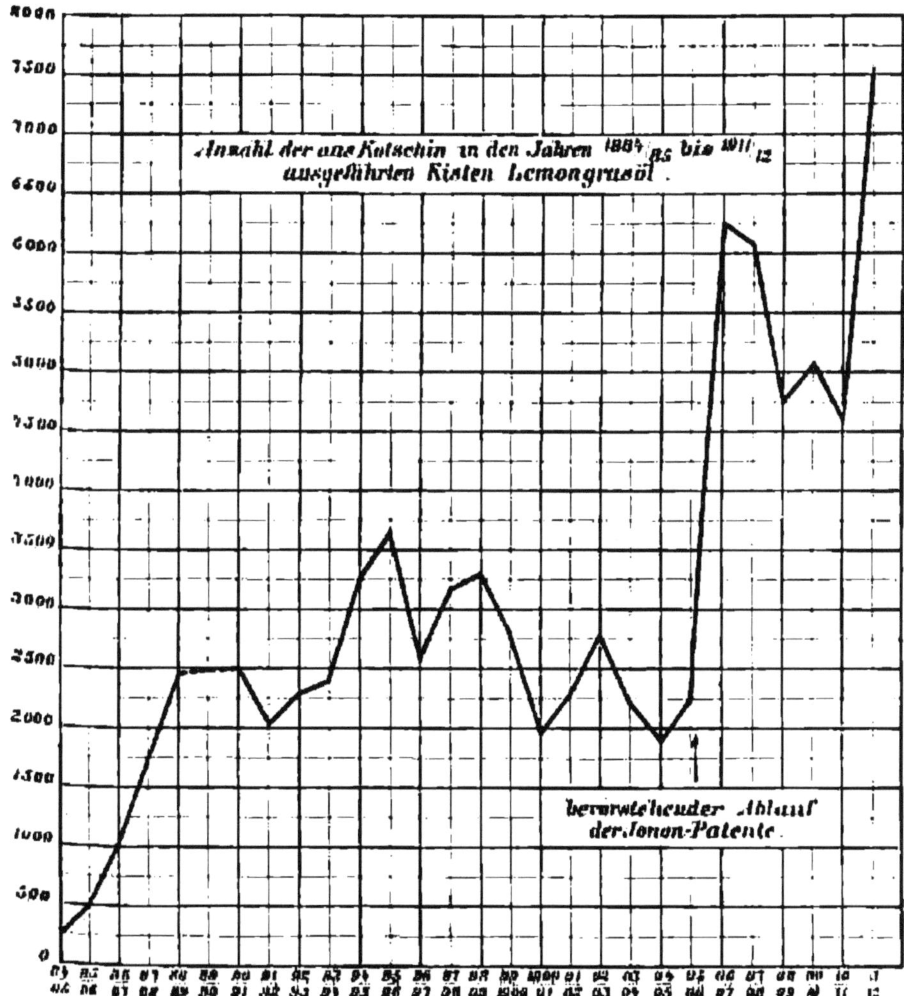

Während die Ausfuhr i. J. 1884 nur 228 Kisten zu 12 Flaschen mit je 22 Unzen (zusammen etwa $7^1/_4$ kg) Inhalt betrug, ist sie, wie aus der nachstehenden Tabelle ersichtlich ist, in den späteren Jahren ganz bedeutend gestiegen. Die plötzlich einsetzende Steigerung um das Jahr 1906 dürfte wohl in Zusammenhang mit dem bevorstehenden Ablauf der Jonon-Patente stehen. Es wurden ausgeführt, und gingen nach den angeführten Häfen (Kisten):

Jahr	Ins-gesamt	London	Liver-pool	Havre	Mar-seille	Bremen	Ham-burg	Neu-york	Ant-werpen	Asiat. Häfen[1]
1899/00	2792	—	—	—	—	—	—	—	—	—
1900/01	1933	—	—	—	—	—	—	—	—	—
1901/02	2322	—	—	—	—	—	—	—	—	—
1902/03	2806	—	—	—	—	—	—	—	—	—
1903/04	2220	—	—	—	—	—	—	—	—	—
1904/05	1882	246	—	76	375	—	252	115	21	797
1905/06	2269	190	—	100	200	—	—	331	—	1230
1906/07	6240	609	—	1268	1734	—	1923	351	130	225
1907/08	6081	1650	540	904	1876	199	561	301	50	—
1908/09	4755	663	860	213	1638	—	215	1166	—	—
1909/10	5089	846	100	794	1791	101	1148	309	—	—
1910/11	4622	676	—	1158	1538	250	765	235	—	—
1911/12	7563	681	—	1343	3491	183	893	972	—	—

Auch auf Ceylon wird etwas Lemongrasöl destilliert, aber nur ganz vereinzelt und in kaum nennenswertem Umfange. Statistische Aufzeichnungen darüber sind nicht vorhanden.

In den Straits Settlements wird die Darstellung von Lemongrasöl ebenfalls kaum noch betrieben; sie betrug 1903 nur noch 200 Gallonen (rd. 900 l) jährlich[2]).

125. Westindisches Lemongrasöl.

Herkunft. Die Bezeichnung „Westindisches Lemongrasöl" wurde seinerzeit gewählt, um dieses Öl, dessen botanische Abstammung noch unbekannt war, von dem Lemongrasöl des Handels zu unterscheiden. Es waren häufiger Öle aus Westindien angeboten worden, die fast nur durch ihre schlechtere Löslichkeit in Alkohol, besonders in verdünntem, von dem ostindischen Öl abwichen. Erst später wurde durch O. Stapf[3]) festgestellt, daß beide Öle von verschiedenen Pflanzen abstammen, daß aber die Stammpflanze des westindischen in Ostindien fast noch verbreiteter ist, als die des Handelsöls. Deshalb ist der Name „Westindisches Öl" streng genommen nicht berechtigt, er mag aber bestehen bleiben, da er schon ziemlich eingebürgert ist.

[1]) Bombay u. andre Häfen, wahrscheinlich weiter nach Europa.

[2]) Bull. Imp. Inst. 3 (1903), 13.

[3]) Kew Bull. 1906, 297.

Die Pflanze, aus der das hier zu besprechende Öl gewonnen wird, ist *Cymbopogon citratus* Stapf (*Andropogon citratus* D. C.; *A. Schoenanthus* L.; *A. citriodorum* Desf.; *A. Roxburghii* Nees; *A. ceriferus* Hack.; *A. Nardus* var. *ceriferus* Hack.; *Schoenanthum amboinicum* Rumph.), Lemongras, malaiisch „*Sereh betoel*". Im Gegensatz zu dem Malabargras kommt *C. citratus* nach Stapf nur im kultivierten Zustande[1]) vor. Man trifft es in den meisten tropischen Ländern an, besonders auf Ceylon und den Straits Settlements, ferner in Nieder-Burma und Canton, auf Java, in Tongkin, Afrika, Mexico, Brasilien, Westindien, Franz.-Guyana, auf Mauritius, Madagaskar, Guinea usw. Auf der malaiischen Halbinsel, besonders bei Singapore, wird das Gras in größtem Maßstabe kultiviert, und zwar, außer zur Ölgewinnung, hauptsächlich für Küchenzwecke.

Das Gras kommt sehr selten zur Blüte und ist deshalb von den Sammlern wenig oder gar nicht beachtet worden; hieraus erklärt es sich, daß es trotz seiner weiten Verbreitung botanisch noch nicht genügend charakterisiert ist.

Lemongrasöle, aus deren Verhalten zu schließen war[2]), daß sie von *Cymbopogon citratus* herrührten, sind sehr oft untersucht worden. Sie stammten aus folgenden Ländern und Inseln: S. Thomé[3]), Brasilien[4]), Westindien[5]), Mexico[6]), Kamerun[7]), Java[8]), Amani[9]), Ceylon[10])[11]), Cochinchina[12]), Seychellen[13]), Neu-

[1]) Nach Tschirch, Handbuch der Pharmakognosie, Bd. II, S. 819, kommt das Gras auf Java in wildem Zustande vor, ebenso nach Bacon (siehe S. 214) auf den Philippinen.

[2]) Vgl. Anm. 2 auf S. 201.

[3]) Berichte d. deutsch. pharm. Ges. 7 (1897), 501; 8 (1898), 23.

[4]) Bericht von Schimmel & Co. April 1896, 68.

[5]) *Ibidem* April 1902, 40; Oktober 1902, 52; April 1903, 45.

[6]) *Ibidem* Oktober 1903, 45.

[7]) Berichte d. deutsch. pharm. Ges. 13 (1903), 86; Bericht von Schimmel & Co. Oktober 1903, 46; Oktober 1904, 52.

[8]) Bericht von Schimmel & Co. Oktober 1904, 53. — Journ. d'Agriculture tropicale 5 (1905), 42; Bericht von Schimmel & Co. Oktober 1905, 43.

[9]) Bericht von Schimmel & Co. April 1905, 85.

[10]) Chemist and Druggist 68 (1906), 355; Bericht von Schimmel & Co. April 1906, 44; April 1911, 79.

[11]) Bull. Imp. Inst. 9 (1911), 339; Bericht von Schimmel & Co. April 1912, 82, 83.

[12]) Bericht von Schimmel & Co. Oktober 1906, 48.

[13]) Bull. Imp. Inst. 6 (1908), 108; Bericht von Schimmel & Co. Oktober 1908, 76.

Guinea[1]), Uganda[2])[3]), Philippinen[3]), Bengalen[4]), ferner Kongostaat, Westafrika, Tongkin und Bermuda[5]).

Über Kulturversuche des westindischen Lemongrases liegen verschiedene Berichte vor, die hier auszugsweise wiedergegeben werden sollen.

In Porto Alegre[6]) in Brasilien ist ein Öl aus kultivierten Pflanzen gewonnen worden, von denen in regnerischen Jahren vier Schnitte geerntet werden können, in trocknen aber nicht mehr als drei. Die Ausbeute aus frischem Grase betrug je nach der Jahreszeit 0,24 bis 0,4 %.

In der „Times of Malaya"[7]) wurde vor einiger Zeit empfohlen, an Stelle von Citronellgras, Lemongras anzupflanzen, da dieses einen besseren Ertrag gibt. Für die Kultur von Lemongras ist ein sandiger Ton am besten, doch gedeiht es auch vortrefflich in einem gut drainierten, rein sandigen Boden. Es liebt eine gewisse Menge von Feuchtigkeit, verträgt aber andauernde Nässe nicht, Regen und Sonnenschein müssen daher im richtigen Verhältnis zueinander stehen, wenn auf einen guten Ertrag gerechnet werden soll. Im dritten Jahre, und zwar in der kühlen Jahreszeit kann man mit der Ernte beginnen, und es kann während dieser Zeit wenigstens ein zweimaliger Schnitt vorgenommen werden. Die Destillation hat dem Schneiden unmittelbar zu folgen und wird in der gewöhnlichen primitiven Weise in kupfernen Blasen vorgenommen. Unter normalen Verhältnissen ist auf einen Jahresertrag von 8000 Unzen Öl für den Acker zu rechnen.

Über die bei der Kultur von Lemongras in den Versuchsstationen Ceylons gesammelten Erfahrungen berichten Wright und Bamber.[8]) Während früher der Anbau von *Andropogon citratus* D. C. auf den südlichen Teil der Insel beschränkt war,

[1]) Berichte d. deutsch. pharm. Ges. 19 (1909), 25; Bericht von Schimmel & Co. April 1909, 60; April 1910, 68.

[2]) Bericht von Schimmel & Co. April 1909, 60.

[3]) Philippine Journ. of Sc. 4 (1909), A, 111; Bericht von Schimmel & Co. Oktober 1909, 67.

[4]) *Ibidem* Oktober 1909, 66; Oktober 1910, 63.

[5]) Bull. Imp. Inst. 9 (1911), 339; Bericht von Schimmel & Co. April 1912, 82, 83.

[6]) Bericht von Schimmel & Co. April 1896, 68.

[7]) Kew Bull. 1906, 364; Bericht von Schimmel & Co. April 1907, 76.

[8]) Bull. Imp. Inst. 5 (1907), 300; Bericht von Schimmel & Co. April 1908, 63.

hat man Lemongras jetzt auch mit Erfolg in Peradeniya angebaut, in einer Gegend von 1600 Fuß Höhe mit jährlichem Regenfall von 82 Zoll und mittlerer Jahrestemperatur von 75,5° F. Der Boden ist ein glimmerartiger Lehm, arm an organischer Substanz und Stickstoff; er enthält Magnesia und Kali in großer Menge, aber keinen Kalk und wenig Phosphorsäure.

Die Kultur ist sehr einfach. Büschel des ungeschnittenen Grases werden in Ableger geteilt und diese in 2 bis 3 Fuß voneinander entfernte Löcher gepflanzt. Das Gras wächst schnell und kann 6 bis 9 Monate nach dem Pflanzen und dann dreimal in jedem folgenden Jahr geschnitten werden. Die Stümpfe erfordern alle 3 Jahre ein Umpflanzen, da das Lemongras den Boden sehr erschöpft. 10000 lbs. Lemongras enthalten ca. 65 lbs. Kali, 12 lbs. Stickstoff, 12 lbs. Kalk und 9 lbs. Phosphorsäure. Das ausdestillierte Kraut wird als Feuerungsmaterial benutzt und die Asche als Düngemittel verwertet. Das Gras wird gewöhnlich in frischem Zustande destilliert. Die Destillation dauert 4 bis 5 Stunden. 496 lbs. frisches Lemongras geben 1 lb. Rohöl (0,2 %); die jährliche Ausbeute für 1 Acker beträgt ca. 20 lbs. Rohöl.

Über den Ölgehalt der in verschiedenen Entwicklungsstadien befindlichen einzelnen Teile von *Andropogon citratus* hat A. W. K. de Jong[1]) Untersuchungen angestellt, um die für Ernte und Destillation günstigste Zeit zu ermitteln. Danach enthalten die Blätter das meiste Öl, und zwar ist seine Menge stets relativ am größten im zuletzt gebildeten Blatt, während mit dem Alter des Blattes der Ölgehalt fortdauernd abnimmt. Der Citralgehalt des Öles wird mit dem Alter des Blattes ein wenig höher, von 77 bis 79 % bei den jüngsten, bis zu 83 % bei den ältesten Blättern. Die Blattscheiden enthalten auch Öl, aber bedeutend weniger als die Blätter selbst. Auch in den Wurzeln von *Andropogon citratus* findet sich ätherisches Öl, allerdings nicht in den dünnen Faserwurzeln, wohl aber in den dicken Knollen und zwar in den jüngeren mehr (ca. 0,5 %) als in den älteren (ca. 0,35 %). De Jong empfiehlt daher, auch die Wurzeln mit zu destillieren. (Über die Eigenschaften dieses Wurzelöls s. S. 216). Es soll nicht ratsam sein, mit dem Schnitt länger zu warten als bis sich 4 oder 5 Blätter gebildet haben.

---

[1]) Teysmannia 1907, Nr. 8; Bericht von Schimmel & Co. Oktober 1908, 75.

Nach P. Serre[1]) wird Lemongrasöl auf Java, hauptsächlich in Tjitjoeroek, Kediri und Tjiaoei fabriziert, die Ölausbeute beträgt etwa 0,33 %.

Destillationsversuche mit Lemongras sind auch von einer der agrikulturchemischen Versuchsstationen in Cochinchina[2]) ausgeführt worden. Dabei ergab sich, daß der Ölgehalt während der trocknen Jahreszeit erheblich größer ist als während der Regenzeit, und daß das nach den Spitzen zu gelegene Drittel der Blätter sehr viel aromatischer war als die übrigen zwei Drittel. Aus stark getrockneten Blättern, die 70 % ihres ursprünglichen Gewichts verloren hatten, wurden 8 bis 8,5 % Öl erhalten, während unmittelbar nach der Ernte destillierte Blätter in der Regenzeit 2 % und in der trocknen Jahreszeit 5,5 % gaben.

Nach einer Mitteilung des Imperial Institute[3]), sind auf den Seychellen Anbauversuche mit Lemongras gemacht worden, das zum Teil vor langer Zeit von Mauritius, zum Teil erst 1903 von Ceylon eingeführt worden war. Die erstere Grasart lieferte 0,23, die letztere 0,34 % Öl.

Nach R. F. Bacon[4]) wird auf den Philippinen eine Lemongrasöl liefernde Grasart, die nach der Beschaffenheit des daraus gewonnenen Öles als *Andropogon citratus* D. C. angesprochen wird, nur in geringem Umfange angebaut, obwohl sie überall auf der Inselgruppe teils als Gartenpflanze, teils wild vorkommt; besonders reichlich wächst sie auf dem Hochland der Provinz Benguet. In der Tagalensprache wird das Ölgras mit dem Namen bezeichnet, den der erste Erforscher der Pflanze, der spanische Jesuit Juan Eusebius Nürnberg ihm im Jahre 1635 beilegte: *„tanglat"*, richtiger geschrieben *„tañglad"*. Andere einheimische Bezeichnungen sind *„salai"* und *„balyoco"*; der spanische Name ist *„Paja de Meca"*. Eine Destillation des Grases zu Handelszwecken findet zur Zeit nicht statt. Bacon hebt richtig hervor, daß ein Anbau von Lemongras unter den gegenwärtigen Marktverhält-

---

[1]) Journ. d'Agriculture tropicale 5 (1905), 42; Bericht von Schimmel & Co. Oktober 1905, 43.

[2]) Bull. de la Chambre d'Agriculture de la Cochinchine 11 (1908), Nr. 98, S. 218; Bericht von Schimmel & Co. Oktober 1908, 76.

[3]) Bull. Imp. Inst. 6 (1908), 108; Bericht von Schimmel & Co. Oktober 1908, 76.

[4]) Philippine Journ. of Sc. 4 (1909), A, 111.

nissen nicht lohnend sein würde, trotz des schnellen und reichlichen Ertrages, und empfiehlt ihn nur als Zwischenkultur, bis andere Anpflanzungen genügende Erträge abwürfen. Die Destillation eines 5 Monate alten Grases, 2 Tage nach dem Schnitt ausgeführt, ergab 0,2 % Öl mit den Eigenschaften: $d_{4^\circ}^{30^\circ}$ 0,894, α_{D30° +8,1°, n_{D30° 1,4857, Citralgehalt 79 %, Schimmels Test haltend, d. h. wohl löslich in 1 bis 2 Vol. und in 10 Vol. 80-prozentigen Alkohols (es scheint eine Verwechselung mit Citronellöl vorzuliegen). Dieselben Pflanzen, nach 4 weiteren Monaten geschnitten, lieferten 0,2 % Öl mit den Konstanten: $d_{4^\circ}^{30^\circ}$ 0,8841, α_{D30° +2,1°, n_{D30° 1,4765, Citralgehalt 77 %. 7 Monate altes Gras einer anderen Pflanzung gab, sofort nach dem Schnitt destilliert, 0,21 % Öl mit den Konstanten: $d_{4^\circ}^{30^\circ}$ 0,891, α_{D30° +7,76°, n_{D30° 1,4812, Citralgehalt 78 %. Auf Grund der bei den Anbauversuchen geernteten Grasmenge und der Ölausbeute berechnet Bacon pro Hektar einen Ertrag von 240 bis 300 kg Öl, in der Voraussetzung, daß drei Schnitte jährlich vorgenommen werden. Da der Anbau den Boden ziemlich erschöpft, muß nach 3 Jahren eine Umpflanzung stattfinden.

Zusammensetzung. Von den Bestandteilen des westindischen Lemongrasöls kennt man nur den wichtigsten, das Citral. Ob andre Aldehyde als Citral zugegen sind, ist noch nicht erwiesen, ebensowenig kennt man die Substanzen, die die schwere Löslichkeit des Öls bedingen. Bei der fraktionierten Destillation verhält sich das westindische Öl anders als das ostindische. Nach einer Untersuchung von Umney und Bennett[1]) enthält das erstere Öl mehr niedrig siedende Anteile als das letztere; denn während das ostindische erst oberhalb 210° zu sieden begann, waren von dem westindischen Öle bis zu dieser Temperatur schon 23 % übergegangen. Ferner ergab eine vergleichende Destillation bei vermindertem Druck, wobei die Öle in Fraktionen von je 20 % der angewandten Menge zerlegt wurden, erhebliche Unterschiede der entsprechenden Fraktionen, indem beim westindischen Öle nur inaktive Fraktionen erhalten wurden, während die des ostindischen zwischen — 12 und — 2° drehten.

Bemerkenswert ist, daß die ersten 20 % des westindischen Öls eine Dichte von 0,821 (gegenüber 0,882 beim ostindischen)

[1]) Chemist and Druggist 70 (1907), 138.

besaßen, was auf ein olefinisches Terpen hinweist. Hiermit in Einklang steht die Eigenschaft des Öls, sich im frisch destillierten Zustand in 2 Vol. 70 %igen Alkohols klar zu lösen, aber diese Löslichkeit schon nach einigen Tagen zu verlieren[1]). Ein ähnliches Verhalten zeigt bekanntlich Bayöl, bei dem die Änderung der Löslichkeit auf Polymerisation des in ihm enthaltenen Myrcens zurückgeführt wird.

Eigenschaften. $d_{15°}$ 0,870 bis 0,912; α_D —1° bis +0°12'. $n_{D20°}$ 1,482 bis 1,489. Die Löslichkeit ist je nach dem Alter und der Aufbewahrungsweise verschieden. Alte Öle sind nicht klar löslich in 70 %igem Alkohol[2]); einzelne lösen sich in mehreren Vol. 80 %igem Alkohol, doch trübt sich die Lösung bei Mehrzusatz von Alkohol. Die Löslichkeit in 90 %igem Alkohol ist ähnlich. Manche Öle sind in jedem Verhältnis trübe mischbar mit absolutem Alkohol, andere geben damit klare Lösungen.

Der Citralgehalt (nach der Bisulfitmethode bestimmt) schwankt zwischen 53 und 83 %.

126. Wurzelöl von Cymbopogon citratus.

In Buitenzorg[3]) wurden aus den Wurzelknollen und aus den Rhizomen von *Andropogon citratus* ätherische Öle destilliert, deren Eigenschaften in folgender Tabelle zusammengestellt sind:

	Öl aus den Wurzelknollen	Öl aus den Rhizomen
Ausbeute	ca 0,2 %	0,2 %
$d_{20°}$	—	0,94
α_D	— 1°40'	— 3°40'
Citralgehalt	82 %	11 %

[1]) De Jong, Teysmannia 1907, Nr. 8; Bericht von Schimmel & Co. Oktober 1908, 75. — Watts u. Tempany, West Indian Bulletin 9 (1908), 265; Bericht von Schimmel & Co. April 1909, 58.

[2]) Nur ganz frisch destillierte Öle sind löslich (siehe Zusammensetzung), doch nimmt die Löslichkeit schon nach einigen Tagen ab, und nach längerer Zeit gibt das Öl nur noch eine stark getrübte Lösung, aus der es sich beim Stehen zum Teil wieder abscheidet. Ein Oxydationsvorgang ist nach De Jong (Teysmannia 1907, Nr. 8; Bericht von Schimmel & Co. Oktober 1908, 75) ausgeschlossen, da die Erscheinung auch eintritt, wenn das Öl unter Luftabschluß aufbewahrt wird. Verschiedene Versuche, die Veränderung zu verhindern, waren ohne Erfolg; es ergab sich, daß sie beim Erwärmen des Öls auf 100° schnell eintritt.

[3]) Jaarb. dep. Landb. in Ned.-Indië, Batavia, 1909, 64.

127. Nordbengalisches Lemongrasöl.

Ein von J. H. Burkill (Kalkutta) in Nordbengalen destilliertes Öl verhielt sich wie westindisches Lemongrasöl, weshalb als dessen Stammpflanze *Cymbopogon citratus* Stapf vermutet wurde[1]). Nachträglich ist die Grasart aber als *Cymbopogon pendulus* Stapf bestimmt worden[2]).

Das Gras stammte aus dem Jalpaiguri-Distrikt (nördliches Bengalen) und war zum Teil an Ort und Stelle (Muster I), zum Teil in Kalkutta (Muster II) destilliert worden[1]).

I. $d_{15°}$ 0,8954; α_D — 0°28'; Aldehydgehalt 90 % (Bisulfitmethode) und 84 % (Sulfitmethode).

II. $d_{15°}$ 0,8924; α_D — 0°49'; Aldehydgehalt 87 % (Bisulfitmethode) und 82 % (Sulfitmethode).

Beide Öle lösten sich nicht in 70 %igem Alkohol, sondern erst in 0,9 Vol. 80 %igem Alkohol, doch trat bei weiterem Zusatz Trübung ein. Ähnlich verhielten sie sich gegenüber 90 %igem und selbst absolutem Alkohol, wo die anfangs klaren Lösungen beim Verdünnen stark opalisierten.

Versuche über den Einfluß der Erntezeit, des Wachstumstadiums und des Destillationsmaterials auf die Eigenschaften des Öls sind an nordbengalischen Ölen von Burkill ausgeführt worden[3]).

Die Öle waren aus Gras von derselben Gegend (Jalpaiguri-Distrikt) zu verschiedenen Zeiten gewonnen worden. Burkill hatte im Juli noch nicht blühendes Gras sofort an Ort und Stelle (Ia) und dann in Kalkutta (Ib), ferner zwei Monate später, im September, ebenfalls noch nicht blühendes Gras (II) destilliert, und endlich von einem zur Blütezeit geschnittenen Gras einmal nur die Blüten (III) und dann nur die Blätter (IV) verarbeitet, so daß sich bei etwaiger Verschiedenheit der Destillate Rückschlüsse auf die Beschaffenheit der Lemongrasöle je nach den verschiedenen Vegetationsstadien der Pflanzen hätten ziehen lassen. Es ergaben sich aber weder zwischen dem Blüten- und Blätteröl bemerkenswerte Unterschiede, noch war eine wesentliche Abweichung gegen die Öle aus nicht blühendem Kraut

[1]) Bericht von Schimmel & Co. Oktober 1909, 66.
[2]) *Ibidem* Oktober 1911, 59.
[3]) *Ibidem* April 1910, 67.

oder dieser untereinander festzustellen. Das Blätteröl ist im Vergleich mit dem Blütenöle etwas schwerer und aldehydreicher, doch berechtigen die wenigen Untersuchungen noch nicht zu endgültigen Schlußfolgerungen. In der nachstehenden Tabelle sind diese Öle zusammengestellt.

Nr.	Herkunft, Beschaffenheit und Erntezeit des Grases	$d_{15°}$	α_D	Aldehydgehalt mit $NaHSO_3$	Aldehydgehalt mit Na_2SO_3
	A. Nichtblühende Jalpaiguripflanzen				
I.	Julischnitt.				
	a) In Jalpaiguri destilliert	0,8954	—0° 28′	90,0 %	84,0 %
	b) In Kalkutta destilliert	0,8924	—0° 49′	87,0 %	82,0 %
II.	Septemberschnitt.				
	In Jalpaiguri destilliert	0,8925	—0° 53′	85,5 %	83,0 %
	B. Blühende Jalpaiguripflanzen				
III.	Nur Blüten	0,8897	—1° 15′	83,0 %	79,0 %
IV.	Nur Blätter	0,8916	—1° 5′	86,0 %	81,0 %

Alle fünf Öle lösten sich selbst in 90%igem Alkohol nur anfangs klar, beim Verdünnen wurde die Lösung stark opalisierend.

Ein auf den Philippinen gewonnenes, offenbar dem Lemongrasöl nahestehendes Öl einer noch unbekannten *Andropogon*-Art wird von B. T. Brooks[1]) beschrieben. Es hatte die Konstanten: $d_{30°}^{30°}$ 0,8777, $\alpha \pm 0°$, $n_{D30°}$ 1,4868 und enthielt ca. 72% Citral (Semicarbazon, Smp. 155 bis 160°) und 12% Geraniol, das mit Hilfe der Chlorcalciumverbindung isoliert wurde.

128. Vetiveröl.

Oleum Andropogonis muricati. — Essence de Vétiver. — Oil of Vetiver.

Herkunft und Gewinnung. Vetiveröl wird durch Destillation der Vetiverwurzel gewonnen. Die Stammpflanze ist *Vetiveria zizanioides* Stapf (*Andropogon muricatus* Retz.; *A. squarrosus* Hack.; *Vetiveria muricata* Griseb. u. a.)[2]), Vetivergras, „*Vettiver*", auf Java „*Akar wangi*" in Indien „*Cus-Cus*" oder „*Khas Khas*" genannt, ein Name, der wahrscheinlich hindustanischen Ursprungs ist und „aromatische Wurzel" bedeutet.

[1]) Philippine Journ. of Sc. 6 (1911), A, 351.

[2]) Kew. Bull. 1906, 346.

Die Wurzel fand schon in frühen Zeiten Verwendung zur Herstellung von kunstvoll geflochtenen Körben, Decken und Matten, die über Türen und Fenstern aufgehängt wurden und bei heißem Wetter, häufig mit Wasser besprengt, die Luft angenehm kühlten und parfümierten.

Vetivergras kommt sowohl wild wie kultiviert vor und ist wegen seiner Wurzel, die mannigfache Verwendung findet, sehr geschätzt. Im wilden Zustande ist es in ganz Vorderindien und auf Ceylon verbreitet und findet sich hier besonders an Flußufern und in reichem Marschboden bis zu Höhen von 600 m. Gelegentlich wird es angepflanzt, z. B. in Radschputana und Chutia-Nagpur. In den malaiischen Gebieten kommt Vetiver nur kultiviert oder zufällig verwildert vor, ebenso in Westindien[1]), Brasilien[2]), auf Réunion und Java.

Nach Bacon[3]) findet sich Vetiver auch auf den Philippinen, wo die Wurzeln von den Eingeborenen *„Moras"* oder *„Raiz Moras"* genannt werden. Angebaut wird die Wurzel ferner auf Martinique[4]), den Seychellen, in Amani[5]) und in Momba.

Die beste Grassorte findet sich in der Nähe von Tutikorin, das noch heute der bedeutendste Ausfuhrhafen für Vetiverwurzel ist. Der Anbau erfolgt gewöhnlich in der Weise, daß die Büschel geteilt und in lockeren Boden verpflanzt werden. Auf den Philippinen[3]) wird der Ertrag eines Hektars an Wurzeln auf 18000 kg angegeben; der Ölgehalt scheint bis zur Blüte des Grases zuzunehmen, so daß es sich empfehlen würde, innerhalb der ersten 3 Monate die Wurzeln zu ernten und zu destillieren. Die Vermehrung der Pflanzen geschieht dort ebenfalls durch Wurzelteilung; eine Vermehrung durch Aussaat wurde nicht versucht.

Kulturversuche, die man in Buitenzorg mit der *Akar wangi*-Pflanze, der in Java vorkommenden, nicht blühenden Varietät von *Andropogon muricatus*, angestellt hat[6]), haben gezeigt, daß der

---

[1]) Dymock, Warden and Hooper, Pharmacographia indica. Part. VI, p. 571, und Sawer, Odorographia. Vol. I, p. 309.

[2]) Peckolt, Katalog zur National-Ausstellung in Rio 1866. S. 22 u. 48. — Pharm. Rundschau 12 (1894), 110.

[3]) Philippine Journ. of Sc. 4 (1909), A, 118.

[4]) Berichte von Roure-Bertrand Fils, April 1908, 24.

[5]) Bericht von Schimmel & Co. April 1905, 85; April 1907, 108.

[6]) Jaarb. dep. landb. in Ned.-Indië, Batavia 1910, 48.

Anbau im Schatten die Wurzelproduktion anscheinend ungünstig beeinflußt, während das wiederholte Beschneiden der Pflanze günstig darauf einwirken soll.

Die Wurzel ist rötlich und oft mit großen Mengen eines roten Sandes verunreinigt. Vielfach findet man im Handel Wurzeln von sehr blasser Farbe, die bei der Destillation nur ganz niedrige Ausbeuten geben. Die früher ausgesprochene Vermutung[1]), daß es sich hier um halb ausdestillierte Wurzeln handle, hat weniger Wahrscheinlichkeit für sich als die Ansicht von G. Watt[2]), der annimmt, daß diese Wurzeln eine zeitlang als Matten gedient haben, die zur Kühlung der Wohnungen häufig mit Wasser besprengt werden, und aus denen beim Trocknen das ätherische Öl größtenteils mit verdunstet ist.

Da die Destillation wegen der Schwerflüchtigkeit und der zähen Beschaffenheit des Öls sehr schwierig ist, so wird sie meist in Europa ausgeführt. In Indien geschieht sie häufig unter Zusatz von Sandelholz oder Sandelholzöl. Dieses Öl kommt auch nur selten zum Export. In den letzten Jahrzehnten sind aber größere Ölmengen von Réunion aus auf den Markt gekommen. Das dort erzeugte Vetiveröl ist jedoch von etwas anderer Beschaffenheit als das in Europa destillierte, was einerseits an der frischeren Beschaffenheit der auf Réunion verarbeiteten Wurzel liegt, andrerseits mit der Art der Destillation[3]) zusammenhängt.

In Europa wird aus den trocknen Wurzeln je nach ihrer Güte 0,4 bis 1%, in seltenen Fällen sogar bis über 2%[4]) Öl gewonnen.

Bacon[5]) erhielt aus frischen, zerquetschten, philippinischen Wurzeln 1,09%, aus unzerquetschten, frischen nur 0,3% Öl.

Eigenschaften. Man hat zu unterscheiden zwischen den zähflüssigen, dunkelblonden bis dunkelbraunen, spezifisch schweren Ölen aus trockner Wurzel und den weniger dickflüssigen und leichteren Ölen aus frischer Wurzel; zu letzteren gehört bei-

[1]) 1. Auflage dieses Buches, S. 371.

[2]) G. Watt, Commercial products of India. London 1908, p. 1106.

[3]) E. Theulier, Bull. Soc. chim. III. 25 (1901), 454.

[4]) Bericht von Schimmel & Co. April 1907, 108.

[5]) *Loc. cit.*

spielsweise das Réunion-Vetiveröl, das aber, weil es nicht so intensiv und nachhaltig riecht, weniger geschätzt, und deshalb auch niedriger bezahlt wird als das Öl aus trockner Wurzel.

Die Eigenschaften des in Europa, also aus trockner Wurzel hergestellten Öls sind: $d_{15°}$ 1,015 bis 1,04, α_D + 25 bis + 37°, $n_{D20°}$ 1,522 bis 1,527, S. Z. 27 bis 65, E. Z. 9,8 bis 23, E. Z. nach Actlg. 130 bis 158. Löslich in 1 bis 2 Vol. 80%igen Alkohols, bei weiterem Zusatz bisweilen Trübung.

Bei Réunion-Ölen sind folgende Zahlen gefunden worden: $d_{15°}$ 0,990 bis 1,020, α_D + 22 bis + 37°, $n_{D20°}$ 1,515 bis 1,527, S. Z. 4,5 bis 17, E. Z. 5 bis 20, E. Z. nach Actlg. 124 bis 145. Löslich in 1 bis 2 Vol. 80%igen Alkohols, bei weiterem Zusatz bisweilen Trübung.

Ein auf den Fidschi-Inseln[1]) gewonnenes Destillat war von dunkelgrüner Farbe und zeigte folgende Konstanten: $d_{15°}^{15°}$ 1,0298, V. Z. 35,3, löslich in 80%igem Alkohol zunächst klar, von 2,5 Volumen ab Trübung. Von den Seychellen stammende Wurzeln gaben eine Gesamtausbeute von 0,482% Öl, wovon 0,072% aus den Destillationswässern abgeschieden worden waren. Die Prüfung des bei der Destillation direkt erhaltenen Öls (0,41%) ergab folgendes Resultat: $d_{15°}$ 1,0282, $\alpha_{D20°}$ + 27°, S. Z. 55,9, V. Z. 67,3, E. Z. 11,4, löslich in 1 Volumen 80%igen Alkohols und mehr. Das Öl war von tief goldbrauner Farbe und zäher Konsistenz. Das Wasseröl war von ähnlichen Eigenschaften, aber von etwas schwächerem Geruch als das Hauptöl.

Zusammensetzung. Die Angaben über die Bestandteile des Vetiveröls weichen stark voneinander ab und sind nicht immer miteinander in Einklang zu bringen. Es erklärt sich dies durch die Schwierigkeiten der Untersuchung, die durch den hohen Siedepunkt und die zähflüssige Beschaffenheit des Öles bedingt sind. Hinzu kommt noch der Umstand, daß man bisher von keinem der wichtigeren Bestandteile gut definierte, kristallinische Derivate hat erhalten können.

E. Theulier[2]) hat sich darauf beschränkt, die Eigenschaften zweier in Grasse und auf Réunion destillierter Öle miteinander zu vergleichen, das Siedeverhalten im Vakuum unter 25 mm

[1]) Bull. Imp. Inst. 10 (1912), 32.

[2]) Bull. Soc. chim. III. 25 (1901), 454.

Druck festzustellen und die Eigenschaften der korrespondierenden Fraktionen zu untersuchen.

Nach Franz Fritzsche & Co.[1]) soll das Vetiveröl Ketone enthalten, die mit Hilfe ihrer nicht kristallisierenden Semicarbazone und Oxime von den übrigen Bestandteilen getrennt werden können. Die Ketone (Vetiron oder Vetiveron) sollen ein Gemenge von mehreren Isomeren sein, die zwischen 149 und 154° (10 mm) sieden. $d_{15°}$ ungefähr 0,990. Die Analyse ergab die Bruttoformel $C_{13}H_{22}O$. Neben den Ketonen finden sich nach den Angaben derselben Firma[2]) in dem Öle zwei Alkohole (Vetirole oder Vetiverole), die als Phthalestersäuren isoliert werden können. Der eine siedet bei 150 bis 155° (10 mm), $d_{15°}$ 0,980; seine Bruttoformel ist $C_9H_{14}O$. Der andere Alkohol von der Zusammensetzung $C_{11}H_{18}O$ siedet bei 174 bis 176° (10 mm), $d_{15°}$ 1,02.

P. Genvresse und G. Langlois[3]) haben im Vetiveröl zwei Verbindungen nachgewiesen, die aber für den Geruch des Öles nicht von Bedeutung sind. Die beiden zur Untersuchung dienenden Öle stammten aus Réunion und aus Grasse. Beide Öle besaßen dieselben Bestandteile, nur in verschiedenen Verhältnissen, und zwar enthielt das Réunion-Öl bedeutend mehr Sesquiterpen. Das neutrale Réunion-Öl hatte das spezifische Gewicht 0,993 (20°), die optische Drehung + 23° 43′ (in alkoholischer Lösung); bei dem Grasser Öl, das sauer reagierte, war das spezifische Gewicht 1,012 (20°), das Drehungsvermögen + 27° 9′. Bei der Wasserdampf-Destillation ging nur ⅓ des Gesamtöles über, wovon der eine Teil spezifisch leichter, der andere schwerer als Wasser war. Ersteren bildet hauptsächlich ein Sesquiterpen $C_{15}H_{24}$, das Vetiven, eine farblose und geruchlose Flüssigkeit vom Sdp. 262 bis 263° (740 mm), 135° (15 mm), vom spezifischen Gewicht 0,932 (20°) und mit der optischen Drehung + 18° 19′. Unter Blaufärbung absorbiert es 4 Atome Brom, ohne fest zu werden. Der schwerere Anteil des Öles besteht im wesentlichen aus einem Sesquiterpenalkohol $C_{15}H_{24}O$, dem Vetivenol, einem dicklichen, hellgelben, geruchlosen Körper mit folgenden physikalischen Konstanten: Sdp. 169 bis 170° (15 mm), $d_{20°}$ 1,011, α_D + 53° 43′ (in alkoholischer Lösung). Der Alkohol

[1]) D.R.P. 142415 (1902).

[2]) D.R.P. 142416 (1902).

[3]) Compt. rend. 135 (1902), 1059.

bildet bei der Behandlung mit Essigsäureanhydrid ein Acetat; wasserfreie Oxalsäure wirkt auf ihn unter Bildung des obenerwähnten Sesquiterpens, des Vetivens, ein. Im Destillationsrückstand ist neben dem Vetivenol eine Säure, $C_{15}H_{24}O_4$, oder ein Säuregemenge enthalten, eine weiße, zähflüssige, sich an der Luft bräunende Masse, die ein lösliches Kalisalz liefert. Der Träger des charakteristischen Vetiveröl-Geruches ist nach Ansicht von Genvresse und Langlois ein Ester dieser Säure und des Vetivenols, der schon durch Wasser sehr leicht verseift wird. Hierbei ist zu bemerken, daß Schimmel & Co.[1]) bei einem Vetiveröl, das längere Zeit in einem Zinkgefäße aufbewahrt worden war, Kristalle von palmitinsaurem Zink beobachtet haben, woraus zu schließen ist, daß Palmitinsäure ein Bestandteil des Vetiveröls ist.

Auch Bacon[2]) hat sich mit den Säuren des Vetiveröls beschäftigt. Von ihm wurden aus 100 g des Öles durch Verseifung 19 g Säuregemisch von fettsäureähnlichem Geruch erhalten, das nach zweimaliger Vakuumdestillation in einer Ausbeute von 40% eine hellgelbe, dickflüssige, nach Ölsäure riechende, unter 4 mm Druck bei 200 bis 205° siedende Säure lieferte. Die Analysenzahlen der Säure und ihres Natriumsalzes führten zur Formel $C_{15}H_{24}O_2$.

Genvresse und Langlois[2]) schreiben, wie bereits erwähnt, dem Ester der Säure $C_{15}H_{24}O_4$ mit dem Alkohol Vetivenol $C_{15}H_{26}O$ den typischen Vetivergeruch zu. Dies konnte Bacon nicht bestätigen, denn gerade die bei der Verseifung übrigbleibenden neutralen Öle zeigten nach seinen Versuchen starken Vetivergeruch, der sich bei der Fraktionierung dieser Anteile in den mittleren und höheren Fraktionen (Sdp. 137 bis 140° und 140 bis 145°, bei 12 bis 15 mm) sowie in dem halbfesten teerigen Rückstand fand, nicht aber in der niedrigsiedenden Fraktion (Sdp. 125 bis 133°). Aus einer anderen Probe Vetiveröl erhielt Bacon bei der Verseifung große Mengen Benzoesäure.

Nach den neuesten Untersuchungen von F. W. Semmler, F. Risse und F. Schröter[3]) sind die von Genvresse und

---

[1]) Bericht von Schimmel & Co. April 1899, 50.

[2]) *Loc. cit.*

[3]) Berl. Berichte 45 (1912), 2347.

Langlois aufgestellten Formeln unrichtig, das Vetivenol hat vielmehr die Zusammensetzung $C_{15}H_{24}O$ und die Säure die Formel $C_{15}H_{22}O_2$.

Untersucht wurde ein von Schimmel & Co. destilliertes Öl von den Eigenschaften: $d_{20°}$ 1,0239, $\alpha_D + 31°$, $n_{D20°}$ 1,52552. 400 g dieses Öls wurden zunächst bei 12 mm in folgende vier Fraktionen zerlegt:

A. Sdp. 129 bis 175°, 23%,
B. Sdp. 170 bis 190°, 34%,
C. Sdp. 190 bis 250°, 8%,
D. Sdp. 250 bis 300°, 30%.

Fraktion D spaltete sich durch weiteres Destillieren in folgende zwei Anteile:

a) Sdp. 138 bis 260° (13 mm), 28%,
b) Sdp. 260 bis 298° (13 mm), 62%.

Nach der Analyse bestand die Fraktion D, b aus einem Ester $C_{30}H_{44}O_2$ der Säure $C_{15}H_{22}O_2$ und des Alkohols $C_{15}H_{24}O$. Der freie Alkohol besitzt die Eigenschaften: Sdp. 170 bis 174° (13 mm), $d_{20°}$ 1,0209, $\alpha_D + 34°30'$, n_D 1,52437, Mol.-Refr. gef. 65,94, ber. f. $C_{15}H_{24}O/^{-}$ 66,00. Vetivenol kann also nur ein tricyclischer, einfach ungesättigter Alkohol sein. Die Säure $C_{15}H_{22}O_2$ siedet bei 202 bis 205° (13 mm), sie ist tricyclisch und wird von den Autoren Vetivensäure genannt. Der Siedepunkt des Methylesters liegt bei 170 bis 173° (18 mm): $d_{20°}$ 1,0372, $\alpha_D + 42°12'$, n_D 1,50573, Mol.-Refr. gef. 71,05, ber. f. $C_{16}H_{24}O_2/^{-}$ 71,31.

Die Anteile A und B lieferten beim mehrmaligen Destillieren im Vakuum eine Fraktion vom Sdp. 173 bis 180° (13 mm), der Vetivenol durch Behandlung mit Phthalsäureanhydrid entzogen wurde. Es scheint also, daß es ein primärer Alkohol ist. Das tricyclische Vetivenol läßt sich mit Wasserstoff bei Gegenwart von Platin zum tricyclischen Dihydrovetivenol, $C_{15}H_{26}O$, reduzieren: Sdp. 176 bis 179° (17 mm), $d_{20°}$ 1,0055, $\alpha_D + 31°$, n_D 1,51354. Vetivenol (tricycl.) bildet ein Acetat vom Sdp. 180 bis 184° (19 mm), $d_{20°}$ 1,0218, $\alpha_D + 28°48'$, n_D 1,50433, Mol.-Refr. gef. 75,91, ber. f. $C_{17}H_{26}O_2/^{-}$ 75,61.

Beim Verseifen der Fraktion C entstand ein Öl, aus dem durch wiederholte Destillation ein Anteil abgesondert wurde vom Sdp. 178 bis 185° (19 mm), $d_{20°}$ 1,0137, $\alpha_D + 52°12'$, n_D 1,52822,

Mol.-Refr. gef. 66,81, ber. f. $C_{15}H_{24}O/$ 66,00, ber. f. $C_{15}H_{24}O/_{2}^{=}$ 67,71. Demnach liegt hier ein Gemisch des bi- und tricyclischen Vetivenols vor. Die Säure der Fraktion C erwies sich als Vetivensäure. Auch die Fraktionen A und B enthielten ein primäres bicyclisches Vetivenol, das mit dem der Fraktion C identisch sein dürfte. Das tricyclische Vetivenol war gleichfalls in diesen Anteilen enthalten.

Durch wiederholtes Fraktionieren im Vakuum, zuletzt über Natrium, ließen sich aus der Fraktion A zwei Kohlenwasserstoffe gewinnen:

I. Sdp. 123 bis 130° (16 mm), $d_{20°}$ 0,9355, $\alpha_D + 2°16'$, n_D 1,51126, Mol.-Refr. gef. 65,32, ber. f. $C_{15}H_{24}/^{=}$ 64,45, ber. f. $C_{15}H_{24}/_{2}^{=}$ 66,15.

II. Sdp. 137 bis 140° (16 mm), $d_{20°}$ 0,9321, $\alpha_D - 10°12'$, n_D 1,51896, Mol.-Refr. gef. 66,42, ber. f. $C_{15}H_{24}/^{=}$ 64,45, ber. f. $C_{15}H_{24}/_{2}^{=}$ 66,15.

Nach den Molekularrefraktionen müßte Fraktion I im wesentlichen ein tricyclischer, einfach ungesättigter Kohlenwasserstoff sein, während II als der bicyclische, zweifach ungesättigte Kohlenwasserstoff anzusprechen wäre. Sie gehören wahrscheinlich zu den Vetivenolen $C_{15}H_{24}O$, wie die Santalene zu den Santalolen und sind als bi- und tricyclisches Vetiven zu unterscheiden.

Die Untersuchung des Réunion-Vetiveröls ($d_{20°}$ 0,9916 und 0,9982; $\alpha_D + 24°6'$ und $+ 31°$; n_D 1,52429 und 1,52517) führte zu etwas anderen Ergebnissen. Der hochsiedende Bestandteil, das vetivensaure Vetivenol findet sich in diesem Produkte nicht oder in kaum nachweisbarer Menge. Wie das von Schimmel & Co. destillierte Öl enthält das Réunion-Öl tricyclisches und bicyclisches Vetiven. Auch das tricyclische und bicyclische Vetivenol kommen in dem Öle vor.

Das Vetivenol aus Réunion-Öl (Sdp. 161 bis 164° bei 9 mm) bildet bei der Umsetzung mit Phosphorpentachlorid in einer Lösung von Petroläther ein Chlorid vom Sdp. 140 bis 147° (10 mm) ($d_{20°}$ 0,9679; $\alpha_D - 24°$; n_D 1,52640), aus dem sich durch Reduktion mit Natrium und Alkohol ein künstliches Vetiven gewinnen ließ: Sdp. 121 bis 127° (9 mm), $d_{20°}$ 0,9296, $\alpha_D - 25°48'$, n_D 1,51491, Mol.-Refr. gef. 66,1, ber. f. $C_{15}H_{24}/_{2}^{=}$ 66,15. Ein anderes Resultat erhielt Semmler, als er das Chlorid, das gleichfalls mit Hilfe von Phosphorpentachlorid dargestellt wurde, ohne vorherige Destillation im Vakuum mit Natrium und Alkohol reduzierte;

nachdem der entstandene Kohlenwasserstoff zuerst über Natrium destilliert und sodann längere Zeit mit einer 3%igen Permanganatlösung geschüttelt war, wies er folgende Daten auf: Sdp. 123 bis 129° (10 mm), $d_{20°}$ 0,9288, α_D + 6°12', n_D 1,50682, Mol.-Refr. gef. 63,88, ber. f. $C_{15}H_{24}/^{-}$ 64,45. Inwieweit die künstlichen Vetivene mit den natürlichen identisch sind, müssen weitere Untersuchungen zeigen.

Die Reduktion des rohen Vetivenols des Réunion-Öls mit Wasserstoff bei Gegenwart von fein verteiltem Platin, führte anscheinend zu tricycl. Dihydrovetivenol und bicycl. Tetrahydrovetivenol. Ein geringer Teil des Vetivenols war dabei zu einem Kohlenwasserstoff reduziert worden.

In den Destillationswässern des Vetiveröls sind Methylalkohol, Furfurol und Diacetyl (Monophenylhydrazon, Smp. 133 bis 134°; Hydrazoxim, Smp. 158°; Dimethylbishydrazimethylen, Smp. 158°; Trimethylglyoxalin) nachgewiesen worden[1]).

Citronellöle.

Botanische Herkunft. Citronellöl wird aus dem Grase von *Cymbopogon Nardus* Rendle destilliert. Der Name *Nardus* rührt daher, daß verschiedene Botaniker diese Pflanze für die „*Nardus Indica*" der Alten hielten. Linné hatte sie ursprünglich *Andropogon Nardus* benannt, die Bezeichnung *Cymbopogon Nardus* ist neuerdings wieder von O. Stapf[2]) eingeführt worden. Von anderer Seite wurde das Gras auch mit dem alten *Calamus aromaticus*[3]) in Verbindung gebracht. Nicolaus Grimm, der am Ende des 17. Jahrhunderts als Arzt in Colombo lebte, nannte das Gras *Arundo Indica odorata*. Er wußte, daß es in Mengen in der Nähe von Colombo wuchs, und daß daraus ein ätherisches Öl destilliert wurde. In der Folgezeit ist das Citronellgras oft mit Lemongras verwechselt worden.

---

[1]) Bericht von Schimmel & Co. April 1900, 46.

[2]) The Oil Grasses of India and Ceylon. Kew Bull. 1906, 297; Bericht von Schimmel & Co. April 1907, 20.

[3]) Nach Royle kommt dieser Name dem Palmarosagras, *Cymbopogon Martini* Stapf zu; er schlug daher für dieses die Bezeichnung *Andropogon Calamus aromaticus* vor (vgl. Stapf, *loc. cit.* p. 336).

Mit Ausnahme von Ceylon, wo es auch wild vorkommen soll[1]), findet sich Citronellgras nur im kultivierten Zustande, und zwar wird es besonders im südlichen Teile von Ceylon, auf der Halbinsel Malakka und auf Java angebaut; diese Länder liefern die Citronellöle des Handels. In neuerer Zeit sind Anbauversuche in Westindien, auf den Seychellen und den Südseeinseln gemacht worden. Auch im tropischen Ostafrika soll das Gras häufig vorkommen[2]).

Die Mutterpflanze der Citronellgräser ist wahrscheinlich das auf Ceylon vorkommende wilde Managras, *Cymbopogon confertiflorus* Stapf.

Citronellgras wird zur Gewinnung des Handelsöls in zwei Varietäten gebaut: *„Maha Pengiri" (Maha Pangiri)*[3]) und *„Lenabatu" (Lana Batu)*. Die erstere Sorte wird auch als „altes Citronellgras" oder „Winters Gras" bezeichnet, da sie auf Ceylon nur von Winter, einem bekannten Citronellöl-Destillateur in Baddagama, zeitweilig angebaut worden ist, während ihre hauptsächliche Kultur auf die Halbinsel Malakka und vor allem auf Java entfällt. Dieses Gras kommt nach Jowitt[4]) auch wild auf Ceylon vor und bildet neben dem Managras eine besondere Abart für sich; durch Kreuzung[5]) mit letzterem ist daraus vielleicht die dritte Varietät, das Lenabatugras, hervorgegangen. Morphologisch sind Maha Pengiri und Lenabatu nach Stapfs Beobachtungen nicht voneinander zu unterscheiden, doch zeigen sich Unterschiede im Habitus der beiden Pflanzen und besonders in den darin enthaltenen ätherischen Ölen. Aus diesem Grunde werden denn auch die beiden Varietäten botanisch unterschieden, und zwar heißt die Maha Pengiri-Art *Cymbopogon Winterianus* Jowitt (*Andropogon Nardus Java* de Jong), die Lenabatu-Art *C. Nardus* Rendle, *lenabatu* (*A. Nardus Ceylon* de Jong).

Das Maha Pengiri-Gras wird nur wenig auf Ceylon gebaut; es liefert das Java-Citronellöl.

[1]) J. F. Jowitt, Annals of the Royal Botanic Gardens, Peradeniya, Bd. IV, Teil IV, Dezember 1908, S. 185.

[2]) A. Moller, Berichte d. deutsch. pharm. Ges. 7 (1897), 501.

[3]) *Maha* bedeutet groß und unter *Pangiri* versteht man den Öldampf, der beim Pressen von Orangen- oder Citronenschalen auftritt.

[4]) *Loc. cit.*

[5]) Vgl. auch Bull. Imp. Inst. 10 (1912), 299.

Die Lenabatu-Varietät, die auch als „neues Citronellgras" bezeichnet wird und die Hauptmenge des Ceylon-Citronellgrases bildet, liefert das gewöhnliche, als Ceylon-Citronellöl bekannte Handelsprodukt.

129. Ceylon-Citronellöl.

Kultur. Ein zusammenfassendes Referat über die Citronellölindustrie auf Ceylon von B. Samaraweera[1]), das auf einer Versammlung der Landwirtschaftlichen Gesellschaft Ceylons von A. Jayasuriya verlesen wurde, enthält wertvolle Angaben über die Kultur des Grases. Das Maha Pengiri-Gras (vgl. S. 227) liefert ein an aromatischen Substanzen reiches Öl in guter Ausbeute; die Pflanze erfordert aber einen verhältnismäßig fetten Boden und viel Pflege und muß häufig verpflanzt werden. Das „Lenabatu" gibt ein weniger aromatisches Öl in geringerer Ausbeute und von geringerem Wert; dafür gedeiht aber die Pflanze auf magerem Boden und erfordert kein Umpflanzen. Da die Hauptmenge des auf Ceylon gewonnenen Öles von „Lenabuta" stammt, ist es erklärlich, daß das Ceylon-Citronellöl geringeren Handelswert besitzt als das Java- und Singapore-Citronellöl. Eine Änderung hierin kann nur eintreten, wenn auf Ceylon „Maha Pengiri" angepflanzt wird.

Für die Kulturen wird ein nicht zu dichtes Pflanzen empfohlen, etwa 15000 Pflanzen auf dem Acker[2]); dem Entwässern und Düngen des Bodens, sowie dem Jäten des Unkrauts ist mehr Beachtung zu schenken. Da es vorkommt, daß zur Zeit der Reisernte Pflanzungen von Citronellgras ganz oder teilweise verderben, weil billige Arbeitskräfte fehlen, ist es ratsam, Mähmaschinen einzuführen, um die Produktionskosten zu vermindern. Zur Destillation wird nicht das frisch geschnittene Gras verwendet, das ein unangenehm riechendes Öl liefert, sondern gut getrocknetes, welches Öl von angenehmem Geruch gibt; beim Trocknen muß eine Gärung oder Fäulnis sorgfältig vermieden werden. Auf den Plantagen werden 4 oder nur 3 Schnitte jährlich gemacht; letzteres ist vorzuziehen. Die Ausbeute an Öl wächst bis zum

[1]) Oil, Paint and Drug Reporter 70 (1906), 25. — The Times of Ceylon vom 3. April 1906; Bericht von Schimmel & Co. Oktober 1906, 16; April 1907, 27.

[2]) 1 Acker, acre = 40,467 Ar.

Fig. 20.
Anpflanzung von Maha Pengiri-Gras auf Ceylon.

dritten Jahre der Pflanzungen und beträgt jährlich etwa 71 Pfund 3 Unzen vom Acker. Nach dem dritten Jahre fällt die Ölausbeute ständig, obgleich das Gras sehr gut steht.

Von besonderem Einfluß auf Citronellgras sind auch die meteorologischen Verhältnisse. In den weniger hoch gelegenen Gegenden erhält man ein gutes Öl und eine größere Ausbeute, als die gleiche Pflanze in höheren Gegenden liefern würde.

Die Kultur des Citronellgrases wird auf Ceylon ausschließlich in der Süd-Provinz betrieben[1]) und erstreckt sich hier der Hauptsache nach auf die Gebiete zwischen dem Gin Ganga nordwestlich und dem Walawi Ganga östlich. Das Gras findet man auf den Hügelabhängen angepflanzt. Die einzelnen Grasbüschel wachsen etwa 1 m hoch in geringen, unregelmäßigen Zwischenräumen voneinander. Nach Aussage kompetenter Händler dürften heute zwischen 40000 und 50000 Acker mit Citronellgras bepflanzt sein.

Die Pflanzen bedürfen wenig oder gar keiner Pflege, vorausgesetzt, daß durch regelmäßiges Ernten das Samentreiben verhindert wird, da sonst die Büschel zu dicht wachsen und im Innern gelb werden und verderben. Man unterscheidet im allgemeinen zwei Erntezeiten. Die erste und Hauptsaison fällt in die Monate Juli und August, die zweite in die Monate Dezember bis Februar. Den Ertrag schätzt man auf 16—20 Flaschen (zu 22 Unzen) vom Acker für die Sommer-, und 5—10 Flaschen für die Winterernte. Genaue Angaben lassen sich hierüber kaum machen, denn die Ausbeute hängt natürlich auch wesentlich vom Wetter, und vom Alter und der Lage der Anpflanzungen ab. So z. B. soll eine Kultur, selbst bei günstigsten Witterungs- und Bodenverhältnissen immer weniger Öl geben, je älter sie wird. Hat eine Plantage die Altersgrenze von 15 Jahren erreicht, so sind Neupflanzungen nötig, wenn sie rentieren soll.

Gewinnung. Die Destillationsanlagen sind stets am Fuße von Hügelketten gelegen, wo Wasser von möglichst niedriger Temperatur in genügender Menge vorhanden ist.

Die Konstruktion der Anlage ist in den meisten Fällen durchaus nicht primitiv, wie aus der folgenden Schilderung hervorgeht, und es ist zu bewundern, wie weit es die Eingeborenen,

---

[1]) Vgl. Bericht von Schimmel & Co. Oktober 1889, 11.

Fig. 27.

Citronellöl-Destillationsanlage auf Ceylon.

denn zu ihnen zählt die Mehrzahl der Produzenten, gebracht haben. Unter einem langen Sonnenschutzdache befindet sich ein regulärer Dampfkessel mit Sicherheitsventil und Wasserstandzeiger, der auf solidem Fundamente ruht. Daneben stehen auf einem Podium zwei eiserne, meist 6 bis 7 Fuß hohe zylindrische Destillierblasen von 3 bis 4 Fuß Durchmesser mit einem gemeinsamen, auswechselbaren Helm, davor ein großes Holzfaß mit der Kühlschlange und darunter in die Erde eingelassen ein Wasserbassin. Ein weiterer Behälter, der zur Aufnahme des Destillats dient und unter Schloß und Riegel noch unterhalb des letzterwähnten Wasserbassins liegt, vervollständigt die Anlage, die in nachstehenden beiden Skizzen (Fig. 28 u. Fig. 29, S. 233), wiedergegeben wird.

Die Destillierweise ist eine direkte Dampfdestillation ohne Wasserzusatz. Das durch die Kühlschlange genügend vorgewärmte Kühlwasser wird zum Speisen des Kessels verwendet, während das untere in die Erde eingelassene Bassin, durch das die Kühlschlange ebenfalls in mehreren Windungen geleitet ist, dazu dient, eine völlige Abkühlung zu erzielen. Merkwürdig ist, daß das Destillat, so wie es den Kühler verläßt, also ungetrennt, im verschlossenen Behälter aufbewahrt wird. Nach Ablauf einer bestimmten Zeit besucht der Besitzer selbst seine verschiedenen Anlagen, um das Öl abzuschöpfen. Das Destillationswasser läßt man einfach ablaufen, sobald man Raum für neues haben muß.

Eine Füllung trocknen Grases, denn nur solches wird zur Destillation verwendet, wird in ungefähr 6 Stunden destilliert.

Als Brennmaterial wird das ausdestillierte und an der Sonne getrocknete Gras verwendet. Die Süd-Provinz der Insel ist äußerst arm an Holz, aus diesem Grunde muß auch mit dem Eintreten der Regenzeit die Destillation eingestellt werden, denn dann kann das ausdestillierte Gras nicht mehr getrocknet werden.

Ein Apparat von 7 Fuß Höhe und 4½ Fuß Durchmesser liefert ungefähr 16 bis 20 Flaschen zu 22 Unzen an einem Tage, also 360 bis 440 Unzen. Das Material wird nie gewogen, man füllt einfach den Apparat und fängt dann an zu destillieren. Genauere Ausbeuteziffern sind daher nicht zu erhalten.

Außer den oben geschilderten Dampfdestillier-Apparaten sollen in einigen Gegenden auch Apparate mit direkter Feuerung in Betrieb sein, jedenfalls wird aber weitaus die größte Menge

Citronellöl heute durch Dampfdestillation gewonnen. Wird über freiem Feuer destilliert, so ist natürlich auch ein Zusatz von Wasser notwendig. Noch ist zu bemerken, daß das Gras vor

Aufriß.

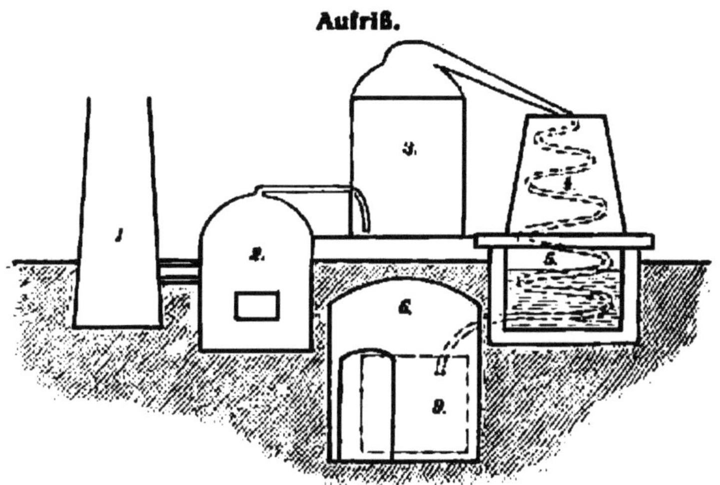

Fig. 28.

Grundriß.

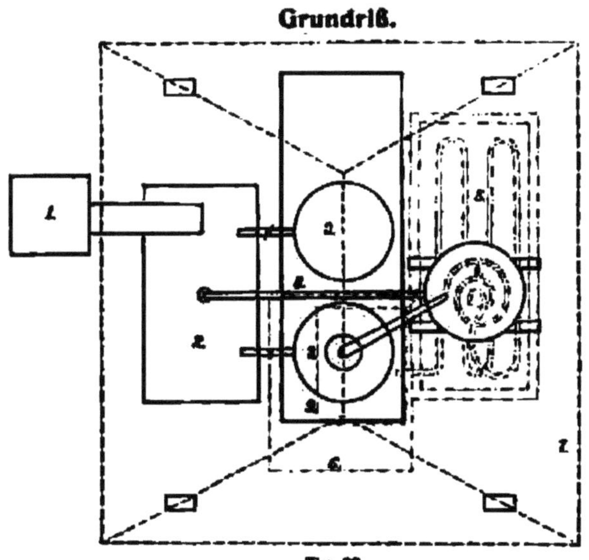

Fig. 29.

1. Schornstein. 2. Dampfkessel. 3. Destillierblasen. 4. Kühler. 5. Wasserkühlbassin. 6. Verschlossener Wasserraum zur Aufbewahrung des Destillats. 7. Schutzdach. 8. Kesselspeiserohr. 9. Behälter zur Aufbewahrung des Destillats.

der Destillation nicht besonders getrocknet wird; doch ist es nie feucht, wenn es in den Apparat kommt, weil von dem Momente, wo es geschnitten wird, bis zum Beginn der Destillation meist mehrere Stunden verstreichen, was bei einer Hitze von ca. 65 bis 70° C. an der Sonne genügt, um dem Grase einen guten Teil seiner Feuchtigkeit zu entziehen.

Die vorstehend geschilderten Produktionsdistrikte werden durch die beigefügte Karte näher veranschaulicht. Die Zahl der auf Ceylon in Gang befindlichen Destillierapparate wird auf 500 bis 600 geschätzt.

Nach einer Schätzung von N. Wickremaratne[1]) liefert ein Acker bei viermaligem Schnitt im Jahre insgesamt 18000 Pfd. (engl.) Gras und bei guter Beschaffenheit des Grases 68 Pfd. Öl.

Statistisches. Die Ausfuhren von Citronellöl aus Ceylon betrugen in den Jahren

1905	1 282 471	engl. Pfd.
1906	1 107 655	„ „
1907	1 230 159	„ „
1908	1 276 965	„ „
1909	1 512 084	„ „
1910	1 747 934	„ „
1911	1 524 275	„ „

Über die seit dem Jahre 1892 bis 1912 von Ceylon ausgeführten Ölmengen und die Schwankungen der Preise innerhalb dieser Zeit gibt die beigefügte Kurventafel Aufschluß.

Zusammensetzung. Ceylon-Citronellöl ist ein sehr kompliziertes Gemisch von Kohlenwasserstoffen und sauerstoffhaltigen Bestandteilen. Von Terpenen enthält es etwa 10 bis 15°/o.

In den von 157 bis 164° siedenden Anteilen findet sich Camphen[2]). Beim Einleiten von Salzsäure in die ätherische Lösung dieser Fraktion erhält man neben flüssigen Produkten ein festes Chlorid, aus dem beim Erhitzen mit Wasser unter Druck auf 100° glatt Camphen entsteht. Beim Behandeln derselben Fraktion mit Eisessig und Schwefelsäure entsteht Isoborneol (Smp. 212°[3])). Werden die von 158 bis 162° übergehenden Anteile mit Mercuri-

---

[1]) Tropical Agriculturist April 1911; Chemist and Druggist 79 (1911), 443.
[2]) Bertram u. Walbaum, Journ. f. prakt. Chem. II. 49 (1894), 16.
[3]) Bericht von Schimmel & Co. Oktober 1899, 12.

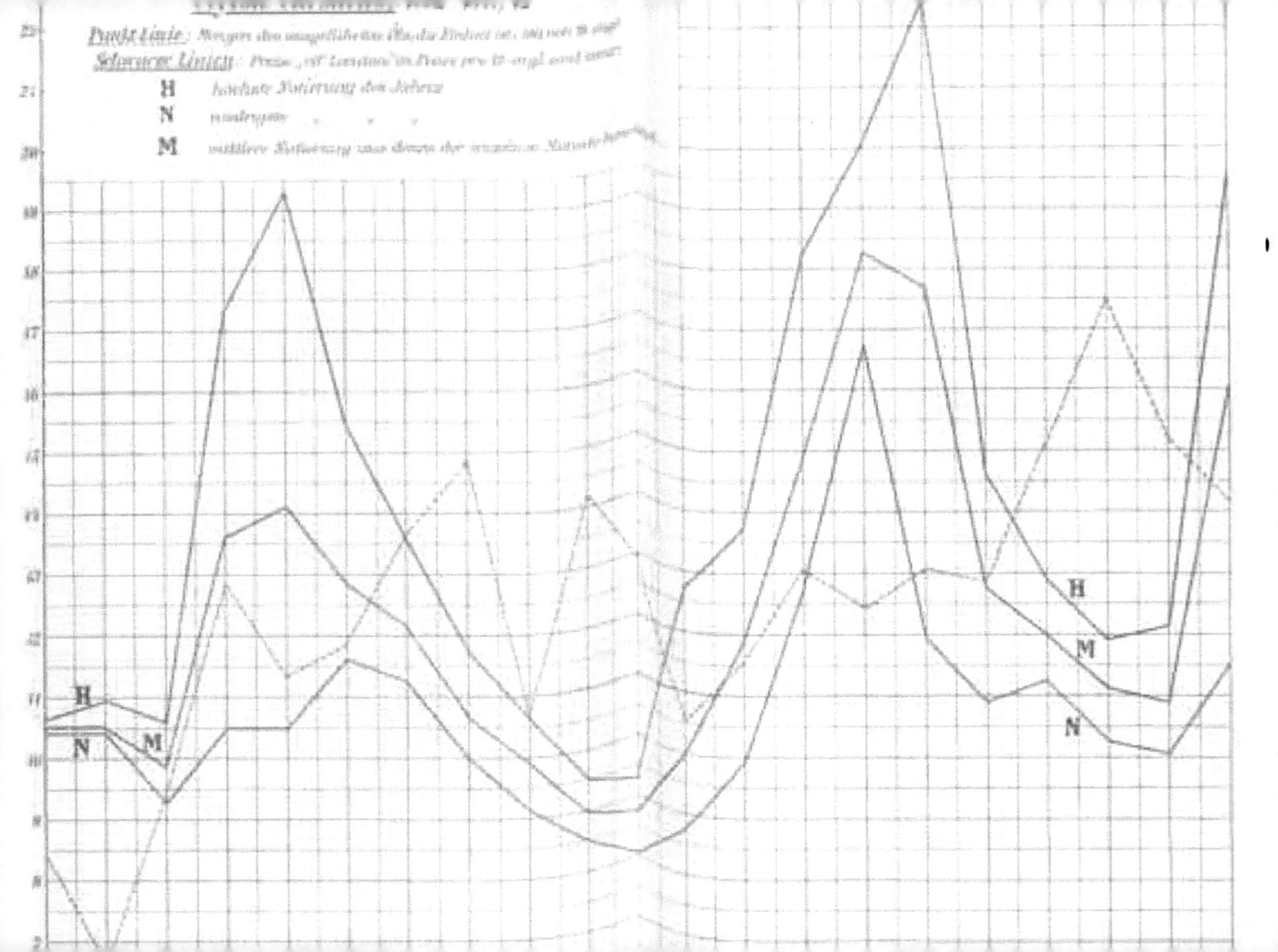

Punkt Linie:
Schwarze Linien:
H
N
M
22
21
20
19
18
17
16
15
14
13
12
11
10
9
8
7

acetat[1]) oxydiert, so bildet sich eine Quecksilberverbindung, die, durch Schwefelwasserstoff zersetzt, festes Camphen liefert[2]). Später ist es Schimmel & Co.[3]) gelungen, festes Camphen direkt durch Fraktionieren aus dem Öle abzuscheiden. Die bei 160 bis 163° siedenden Anteile lieferten, wie auch die bei 164 bis 168° siedenden, bei der Oxydation mit Permanganat in alkalischer Lösung Camphencamphersäure vom Smp. 142°. Das bei der Oxydation nicht veränderte Öl wurde bei der Wasserdampfdestillation im Kühler fest und zeigte nach dem Reinigen aus Alkohol alle Eigenschaften des gewöhnlichen Camphens. Es schmolz bei 49 bis 50°; $[\alpha]_D$ betrug —173°22′ in 10,2%iger Chloroformlösung. Da die niedrigst siedenden Fraktionen weder α- und β-Pinen noch Sabinen enthalten, so muß angenommen werden, daß sie in größerer Menge noch ein andres Terpen, vielleicht ein isomeres Camphen, einschließen, das unter Umständen in Derivate des gewöhnlichen Camphens übergeht.

Von Terpenen sind außerdem noch nachgewiesen Dipenten (Tetrabromid, Smp. 124[4]) bis 125°[5])) und l-Limonen[3]) (Tetrabromid; Nitrolbenzylaminderivat, Smp. 92 bis 93°). Beim Fraktionieren sind ferner Terpengemenge von sehr niedrigem spezifischem Gewicht beobachtet worden, was auf Anwesenheit eines neuen Terpens schließen läßt; seine Isolierung ist aber bisher noch nicht gelungen[3]).

Von den sauerstoffhaltigen Bestandteilen ist zunächst das im Vorlauf spurenweise vorhandene Methylheptenon (Semicarbazon, Smp. 134 bis 135°) zu erwähnen.

Der an der Hervorbringung des Citronellgeruchs am stärksten beteiligte, daher für das Citronellöl charakteristische Bestandteil ist das Citronellal. Es ist ein Aldehyd der Formel $C_{10}H_{18}O$, der, obwohl nur zu 6 bis 10% im Öle enthalten, doch zuerst die Aufmerksamkeit der Forscher auf sich lenkte. Wegen der Unbeständigkeit des Aldehyds haben sich im Laufe der Zeit der Name sowie die Ansichten über die Zusammensetzung des Citronellals mehrfach geändert.

[1]) L. Balbiano u. V. Paolini, Berl. Berichte 35 (1902), 2995.
[2]) Bericht von Schimmel & Co. April 1908, 85.
[3]) *Ibidem* April 1912, 40.
[4]) Bertram u. Walbaum, Journ. f. prakt. Chem. II. 49 (1894), 16.
[5]) Bericht von Schimmel & Co. Oktober 1899, 15.

J. H. Gladstone[1]) fand den Siedepunkt des „Citronellols", wie er den Körper nannte, bei 199 bis 205° und stellte die Formel $C_{10}H_{16}O$ auf. C. R. A. Wright[2]) gibt als Siedepunkt 210° an. Die von ihm ausgeführte Elementaranalyse stimmt auf $C_{10}H_{18}O$. Kremers[3]) isolierte durch Ausschütteln mit Alkalibisulfit und Abscheiden durch Säuren einen ganz unkonstant siedenden Aldehyd, den er für Heptylaldehyd ansah. Schimmel & Co.[4]) nannten den aus der Bisulfitverbindung durch Soda regenerierten, von 205 bis 210° siedenden Körper „Citronellon", ließen es jedoch unentschieden, ob er der Klasse der Ketone oder der Aldehyde zuzuzählen sei. Für die letztere Ansicht sprach sich Dodge[5]) aus, ohne jedoch den Beweis für die Aldehydnatur des „Citronella-Aldehyds" zu führen. Diesen erbrachte Semmler[6]), indem er das „Citronellon" durch Oxydation in eine Säure mit einer gleichen Anzahl von Kohlenstoffatomen, die Citronellasäure, $C_{10}H_{18}O_2$, überführte, weshalb man jetzt den Körper mit dem rationelleren, seine chemische Natur bezeichnenden Namen „Citronellal" belegt. Das Citronellal des Citronellöls ist rechtsdrehend. Eigenschaften und Verbindungen s. Bd. I, S. 432.

Gleichzeitig mit dem Citronellal geht bei der fraktionierten Destillation ein in der Vorlage erstarrender Körper über, der aus l-Borneol[7]) (Phenylurethan, Smp. 138°) besteht. Daneben findet sich ein linaloolartig riechender Körper, der zwar bei der Oxy-

---

[1]) Journ. chem. Soc. 25 (1872), 1 ff. — Pharmaceutical Journ. III. 2 (1872). 746; Jahresb. f. Chemie 1872, 815.

[2]) Pharmaceutical Journ. III. 5 (1874), 233. Gladstone ebenso wie Wright geben irrtümlicher Weise als Stammpflanze des Citronellöls *Andropogon Schoenanthus* an. Aus ihren Arbeiten geht aber mit genügender Sicherheit hervor, daß sie wirklich Citronellöl in Händen hatten und nicht das Öl von *A. Schoenanthus.* Umgekehrt bezieht sich die „Untersuchung des Öls von *Andropogon Iwarancusa*" von Stenhouse (Liebigs Annalen 50 [1844], 157), das von ihm als ostindisches Grasöl bezeichnet wird, nicht etwa auf das Palmarosaöl, sondern aller Wahrscheinlichkeit nach auf Citronellöl. Vgl. „Über Palmarosaöl" von E. Gildemeister und K. Stephan. Arch. der Pharm. 234 (1896), 323.

[3]) Proceed. Americ. pharm. Ass. 35 (1887), 571; Chem. Zentralbl. 1888, 898.

[4]) Bericht von Schimmel & Co. Oktober 1888, 17.

[5]) Dodge stellte die richtige Formel $C_{10}H_{18}O$ auf. Americ. chem. Journ. 11 (1889), 456 ff.; Chem. Zentralbl. 1890, I. 127.

[6]) Berl. Berichte 26 (1893), 2254.

[7]) Bericht von Schimmel & Co. April 1912, 43.

Die Citronella-Distrikte
auf
CEYLON.
Maßstab 1 : 740 000.
Kilometer
Eisenbahn
Straßen u. Wege
Telegraph
Dampferlinie
Die Citronella Öl Produktion auf Ceylon
INDISCHER OZEAN
WESTERN PROVINCE
PROVINCE OF SABARAGAMUA
PROVINCE OF UVA
SOUTHERN PROVINCE
Galle District
Matara District
Hambantota District
Bentota
Ambalangoda
Hikkaduwa
Baddagama
Gintota
PT. DE GALLE
Matara
Tangalla
Weligama
Dickwella
80° Östl. Länge von Greenwich
Longitude East of Greenwich 81°

dation Citral (Citrylidencyanessigsäure, Smp. 120 bis 121°) liefert, der aber, entgegen einer früheren Annahme[1]), kein Linalool zu sein scheint.

In einer möglichst von Borneol befreiten Fraktion vom Sdp. 218 bis 230° ist es gelungen, Nerol (Tetrabromid, Smp. 116 bis 118°)[2]), allerdings in untergeordneter Menge, nachzuweisen. Die nun folgende Fraktion, die einen bedeutenden Teil des Öls ausmacht, besteht aus Geraniol[3]). Man kann diesen Alkohol durch Behandeln der entsprechenden Anteile mit Chlorcalcium und Zersetzen des gereinigten Chlorcalcium-Geraniols mit Wasser rein erhalten. Destilliert man weiter, so geht ein Öl über, das aus einem Gemisch von Estern des d-Citronellols und Geraniols besteht. Citronellol (Silbersalz der Phthalestersäure, Smp. 125 bis 126°) kommt nicht frei, sondern an Essigsäure und wahrscheinlich auch an n-Buttersäure gebunden vor. Geraniol ist als Acetat zugegen[3]).

Methyleugenol[4]) ist in den höchst siedenden Anteilen enthalten und durch Oxydation mit Kaliumpermanganat zu Veratrumsäure (Smp. 179°) und Überführung in Methylisoeugenol (Dibromid, Smp. 102°) nachgewiesen worden.

Schüttelt man die bereits erwähnten höchst siedenden Anteile zur Entfernung des Methyleugenols wiederholt mit 70%igem Alkohol aus und destilliert das Zurückbleibende nochmals, so erhält man schließlich zwei Fraktionen, die der Hauptsache nach aus zwei rechtsdrehenden Sesquiterpenen bestehen[5]). Das niedriger siedende, das aber noch nicht ganz frei von Sauerstoff war, hatte folgende Eigenschaften: Sdp. 157° (15 mm), $d_{15°}$ 0,8643, $\alpha_D + 1°28'$, $n_{D15°}$ 1,51849. Bei gewöhnlichem Druck siedet der Körper bei 270 bis 280° unter starker Zersetzung. Verdünnte Permanganatlösung lieferte beim Schütteln in der Kälte nur Kohlensäure, Oxalsäure und einen glykolartigen, in Wasser löslichen Körper. Der Geruch des Sesquiterpens ist eigenartig und erinnert an den des Cedernholzes. Die Hydratation mit Eisessig-Schwefelsäure (0,1%ig) lieferte ein Produkt, das eine Verseifungszahl von nur

[1]) Bericht von Schimmel & Co. Oktober 1899, 17.
[2]) *Ibidem* April 1912, 40 bis 45.
[3]) *Ibidem* Oktober 1893, 12.
[4]) *Ibidem* Oktober 1896, 17; Oktober 1899, 18.
[5]) *Ibidem* Oktober 1899, 19.

43,6 zeigte und, da es stark verharzt erschien, zu einer weiteren Untersuchung nicht einlud. An der Luft findet schon nach einem Tag eine Verharzung zu einer syrupdicken Flüssigkeit statt, die nicht einmal in 10 Vol. 95%igen Alkohols löslich ist.

Das ganze Verhalten sowie das niedrige spezifische Gewicht des Sesquiterpens lassen einen aliphatischen Kohlenwasserstoff (s. Bd. I, S. 344) vermuten.

Aus der höher siedenden Fraktion wurde durch sorgfältiges Fraktionieren unter vermindertem Druck ein zweites Sesquiterpen erhalten, das folgende Eigenschaften zeigte: Sdp. bei 760 mm 272 bis 275°, bei 16 mm 170 bis 172°, $d_{18°}$ 0,912, $\alpha_D + 5°50'$. Bei der geringen Differenz der Siedepunkte (etwa 8°) gelang es nicht, diesen Körper frei von dem leichten Sesquiterpen zu erhalten.

Es mag noch erwähnt werden, daß Schimmel & Co. eine Beobachtung gemacht haben, die auf die Anwesenheit von Thujylalkohol hindeutet. Bei der Oxydation der linaloolähnlich riechenden Fraktion (s. S. 236) mit Chromsäure entstand neben Citral ein thujonartig riechender Körper, der ein bei 179 bis 182° schmelzendes Semicarbazon gab. (Über den Schmelzpunkt der Thujonsemicarbazone s. Bd. I, S. 481.) Der Versuch, den von 202 bis 210° siedenden, nach Thujylalkohol riechenden Anteil mit Permanganat zur Thujaketonsäure zu oxydieren, war erfolglos[1]).

Eigenschaften. In ihren physikalischen Eigenschaften unterscheiden sich die Öle der beiden Citronellgräser sehr erheblich voneinander. Das die Hauptmasse des Handelsöls bildende Ceylon-Citronellöl (Lenabatuöl) ist eine gelbe bis gelbbraune, manchmal durch Kupfer grün gefärbte Flüssigkeit. Oft werden ursprünglich braune Öle durch Stehen an der Luft grün; dies tritt nicht ein, wenn man das Kupfer durch Schütteln mit verdünnten wäßrigen Säuren entfernt[2]). Der Geruch des Öls ist eigenartig und sehr anhaftend; häufig wird er als melissenartig bezeichnet, was aber unzutreffend ist, da die Melisse nach Citral und nicht nach Citronellal, dem Träger des Citronellgeruchs, riecht. Das spezifische Gewicht liegt zwischen 0,900 und 0,920, nur ausnahmsweise ist es bei reinen Ölen niedriger, bis herab zu 0,898; $\alpha_D - 7$ bis $- 22°$; $n_{D20°}$ 1,479 bis 1,494; Gehalt an sog.

[1]) Bericht von Schimmel & Co. April 1912, 43.

[2]) Umney, Pharmaceutical Journ. III. 21 (1891), 922.

Gesamtgeraniol (Geraniol + Citronellal)[1]) bei guten Ölen nicht unter 57%. Das Öl gibt mit 1 bis 2 Vol. 80%igen Alkohols eine klare Lösung, die auch bei Zusatz bis zu 10 Vol. klar bleibt oder nur eine leichte Opalescenz zeigt, doch kommt es im letzteren Falle, selbst bei längerem Stehen in verschlossenen Gefäßen, nie zur Abscheidung von Tröpfchen.

Eine bestimmte Verseifungszahl gibt Citronellöl nicht, da man wegen der langsamen Zersetzung des Citronellals durch das Alkali je nach der Dauer des Kochens verschiedene Resultate erhält.

Prüfung. Die Qualität eines Citronellöls läßt sich am besten durch quantitative Bestimmung der acetylierbaren Bestandteile, Geraniol, Nerol, Citronellol, Borneol und Citronellal, beurteilen, die man hier unter dem Namen Gesamtgeraniol zusammenfaßt. Je höher der Gehalt an diesem, um so wertvoller ist das Öl. Ganz korrekt ist bei Citronellöl die Bezeichnung Gesamtgeraniol nicht, denn, wie gesagt, treten beim Acetylieren neben Geraniol auch andere Alkohole sowie das Citronellal in Reaktion, das sich beim Kochen mit Essigsäureanhydrid quantitativ in Isopulegylacetat umlagert; außerdem werden dabei auch die als Ester im ursprünglichen Öl vorhandenen Alkohole mitbestimmt. Immerhin hat sich der Ausdruck vollkommen eingebürgert und kann der Einfachheit halber in der Praxis beibehalten werden. Die Ausführung der Bestimmung ist im ersten Bande dieses Werkes (S. 598) genau beschrieben worden, sie soll aber hier nochmals angegeben werden, da gerade bei Citronellöl nach einem streng zu befolgenden Schema gearbeitet werden muß, wenn die Resultate dem wirklich vorhandenen Gehalt an sogenanntem Gesamtgeraniol entsprechen und miteinander vergleichbar sein sollen.

Je 10 ccm Citronellöl und Essigsäureanhydrid werden unter Zusatz von 2 g geschmolzenem Natriumacetat und einigen Siedesteinchen in einem Acetylierungskölbchen 2 Stunden auf dem Sandbade in gleichmäßigem Sieden erhalten. Nach dem Erkalten setzt man zu dem Kolbeninhalt etwas Wasser und erwärmt unter mehrmaligem Umschütteln ¼ Stunde auf dem Wasserbade, um das überschüssige Essigsäureanhydrid zu zersetzen, scheidet das Öl sodann im Scheidetrichter ab und wäscht so lange mit Wasser oder besser Kochsalzlösung aus, bis die Reaktion neutral

[1]) Vgl. Bericht von Schimmel & Co. Oktober 1912, 42.

ist. Von dem mit wasserfreiem schwefelsaurem Natron getrockneten acetylierten Öl werden 1,5 bis 2 g mit 20 ccm Halbnormal-Kalilauge verseift, nachdem man vorher die etwa noch vorhandene freie Säure sorgfältig neutralisiert hat. Die Dauer der Verseifung muß mindestens eine Stunde betragen, die der Acetylierung aber 2 Stunden, da man sonst um 1 bis 5% und noch mehr[1]) zu niedrige Werte erhält. Aus dem gleichen Grunde ist ein längeres Acetylieren zu vermeiden. Die Methode ist von Schimmel & Co. an Gemischen von bekanntem Geraniol- und Citronellalgehalt auf ihre Zuverlässigkeit hin geprüft worden.

Zur gesonderten Bestimmung der hier kurz als Geraniol bezeichneten primären Alkohole haben Schimmel & Co.[2]) ein Verfahren ausgearbeitet, das auf dem verschiedenen Verhalten von Geraniol und Citronellal zu Phthalsäureanhydrid beruht; während ersteres mit dem Phthalsäureanhydrid leicht unter Bildung eines sauren Esters reagiert, findet mit dem Citronellal keine Umsetzung statt. Man verfährt dabei folgendermaßen: Etwa 2 g Phthalsäureanhydrid und 2 g des zu untersuchenden Öles werden mit 2 ccm Benzol 2 Stunden in einem Kolben, wie er zu Acetylierungen benutzt wird, auf dem Wasserbade erwärmt, dann erkalten gelassen und mit 60 ccm wäßriger Halbnormal-Kalilauge 10 Minuten geschüttelt. Der Kolben ist hierbei mit einem eingeschliffenen Glasstopfen verschlossen. Nach dieser Zeit ist alles Anhydrid in neutrales phthalsaures Kali und der saure Geraniolester in sein Kalisalz übergeführt worden. Nun wird das überschüssige Alkali mit Halbnormal-Schwefelsäure zurücktitriert. Zieht man von der Menge Alkali, die der eingewogenen Phthalsäure entspricht, die für den Versuch verbrauchte Menge ab, so erfährt man, wieviel Alkali dem an Phthalsäure gegangenen Geraniol äquivalent ist, woraus sich der Prozentgehalt an Geraniol berechnen läßt. Schimmel & Co. fanden nach dieser Methode bei mehreren Ceylon-Ölen zwischen 29,6 und 34,4% Geraniol.

Da im Citronellöl neben Geraniol noch andre Alkohole teils frei, teils verestert vorkommen, die zwar bei der Acetylierung, nicht aber beim Behandeln des Öls mit Phthalsäureanhydrid in

[1]) Bericht von Schimmel & Co. April 1910, 158. Vgl. auch A. W. K. de Jong. *Andropogon Nardus* Java. Teysmannia 1908, 1.

[2]) Bericht von Schimmel & Co. Oktober 1899, 20. Vgl. auch *ibidem* Oktober 1912, 39.

Reaktion treten, so ist es klar, daß sich der Citronellalgehalt nicht aus der Differenz von Gesamtgeraniol und Geraniol ergibt, sondern auf besondre Weise bestimmt werden muß. Hierzu sind verschiedene Verfahren empfohlen worden, von denen an erster Stelle das von J. Dupont und L. Labaune[1]) angeführt werden soll. Es beruht darauf, daß man zunächst das Citronellal in das Oxim überführt, hierauf das Öl acetyliert und dann die Esterzahl des acetylierten Öls bestimmt. Beim Erhitzen des oximierten Öls mit Essigsäureanhydrid geht das Citronellaloxim in Citronellsäurenitril über, und dieses ist auch in der Hitze gegen das Alkali beständig, sodaß durch die Verseifung nur die Menge der vorhandenen Ester festgestellt wird. Man verfährt folgendermaßen: 10 g Citronellöl werden zunächst bei gewöhnlicher Temperatur (15 bis 18°) 2 Stunden mit einer Hydroxylaminlösung[2]) geschüttelt. Das oximierte Öl wird wieder getrocknet und hierauf acetyliert. Aus der Esterzahl des acetylierten Öls ergibt sich dann der Gehalt an Alkohol $C_{10}H_{18}O$ und durch Subtraktion vom sog. Gesamtgeraniol der an Citronellal. Da die Mol.-Gewichte von Citronellal (154) und Citronellsäurenitril (151) nahezu übereinstimmen, so kann bei der Berechnung die Umwandlung des Citronellals unberücksichtigt bleiben.

Dupont und Labaune haben nach dieser „Oximierungsmethode" bei einem Ceylon-Citronellöl 17,2% Citronellal ermittelt und Schimmel & Co.[3]) an zwei Ölen 6,5 und 6,7%.

C. Kleber[4]) schlägt für die Citronellalbestimmung eine ursprünglich zur Bestimmung von Citral im Citronenöl ausgearbeitete Methode vor, bei der er den Aldehyd mit Phenylhydrazin in Reaktion treten läßt. Er gibt folgende Vorschrift: 5 g Ceylon-Öl oder 2 g Java-Öl wiegt man genau in eine Flasche, setzt 20 ccm einer frisch bereiteten 5%igen alkoholischen Phenyl-

[1]) Berichte von Roure-Bertrand Fils, April 1912, 3. Die Autoren empfehlen ihre Methode zur direkten Bestimmung des Geraniols, tatsächlich werden aber dabei sämtliche im Citronellöl vorhandenen Alkohole bestimmt, sodaß man sich dadurch unter Berücksichtigung des Gesamtgeraniols über den Citronellalgehalt unterrichten kann.

[2]) Hydroxylaminlösung: Man löst 10 g Hydroxylaminchlorhydrat und 12 g Kaliumcarbonat in je 25 g Wasser, vermischt die Lösungen und filtriert.

[3]) Bericht von Schimmel & Co. Oktober 1912, 38.

[4]) Americ. Perfumer 6 (1912), 284; Bericht von Schimmel & Co. April 1912, 64.

hydrazinlösung hinzu, verschließt die Flasche und läßt sie sodann eine halbe Stunde bei ca. 35° stehen. Hierauf fügt man so viel Halbnormal-Salzsäure hinzu, wie zur Neutralisation der angewandten Phenylhydrazinlösung erforderlich ist, was man vorher durch einen besonderen Versuch festgestellt hat. Die Mischung wird in einen Scheidetrichter gebracht, die Flasche mit 20 ccm Wasser nachgespült und das Ganze tüchtig durchgeschüttelt. Sobald sich die beiden Schichten getrennt haben, läßt man die untere in einen Erlenmeyerkolben ab, wäscht den Rückstand mit 5 ccm Wasser nach und titriert sodann den Gesamtinhalt des Erlenmeyerkolbens mit Halbnormal-Natronlauge. Als Indikator dient Äthylorange, und zwar wird in allen Fällen auf den bräunlichen Farbenton titriert, der der Rosafärbung vorangeht. Da jeder ccm Halbnormal-Natronlauge 0,077 g Citronellal entspricht, so läßt sich aus dem Verbrauch der Natronlauge der Citronellalgehalt des Öls berechnen.

Schimmel & Co. führen die Bestimmung etwas anders aus: 1 g Ceylon-Öl oder 0,5 g Java-Öl (genau gewogen) werden mit 10 ccm einer frisch bereiteten 2%igen alkoholischen Phenylhydrazinlösung gemischt und 1 Stunde lang[1]) in einer mit Glasstopfen verschlossenen Flasche von ca. 50 ccm Inhalt der Ruhe überlassen. Sodann fügt man 20 ccm Zehntelnormal-Salzsäure hinzu und mischt die Flüssigkeit durch gelindes Umschwenken. Nach Zusatz von 10 ccm Benzol[2]) wird kräftig durchgeschüttelt, die Mischung in einen Scheidetrichter gegossen und die nach kurzer Zeit der Ruhe sich gut abscheidende, 30 ccm betragende, saure Schicht durch ein kleines Filter filtriert.

20 ccm dieses Filtrats werden nach Zusatz von 10 Tropfen Äthylorangelösung (1:2000) mit Zehntelnormal-Kalilauge bis zur deutlichen Gelbfärbung titriert und hieraus die für 30 ccm Filtrat erforderlichen ccm Zehntelnormal-Kalilauge berechnet. Zur Ermittlung des Wertes der Phenylhydrazinlösung wird in gleicher Weise ein blinder Versuch ohne Öl ausgeführt. Ergibt sich für

[1]) Nach den Erfahrungen, die Schimmel & Co. bis jetzt mit der Methode gemacht haben, ist es event. empfehlenswert, die Einwirkungsdauer auf 1½ Stunden zu erhöhen. Bericht von Schimmel & Co. Oktober 1912, 40.

[2]) Das Ausschütteln mit Benzol hat den Zweck, die auf Zusatz der Salzsäure trübe gewordene Lösung wieder zu klären, da sich dann beim Titrieren der Farbenumschlag besser erkennen läßt.

30 ccm Filtrat im ersteren Falle ein Verbrauch von a und im letzteren von b ccm Zehntelnormal-Kalilauge, so ist die in der angewandten Ölmenge (s Gramm) enthaltene Menge Citronellal äquivalent a— b ccm Zehntelnormal-Kalilauge. Da nun 1 ccm Zehntelnormal-Kalilauge 0,0154 g Citronellal entspricht, so ergibt sich der Prozentgehalt des Öls an Citronellal aus folgender Formel:

$$\frac{(a-b) \cdot 1{,}54}{s}$$

Kleber gibt für Ceylonöl 7 bis 9 % Citronellal an, Schimmel & Co. fanden zwischen 7,5 und 10 %.

Auch nach einem von V. Boulez[1]) angegebenen Verfahren läßt sich der Citronellalgehalt eines Citronellöls ermitteln, aber, wie Schimmel & Co. festgestellt haben, nur dann, wenn er nicht zu groß ist. Es ist daher nur für Ceylon-Citronellöl anwendbar: 25 oder 50 g Öl werden in einem Erlenmeyerkolben mit 100 oder 200 g einer mit neutralem Sulfit gesättigten Bisulfitlösung geschüttelt und 2 bis 3 Stunden stehen gelassen, bis die Bindung des Aldehyds vollständig ist. Darauf werden 100 oder 200 g Wasser zugegeben und im Wasserbad mehrere Stunden am Rückflußkühler unter öfterem Umschütteln erhitzt, bis eine vollkommene Trennung zwischen der Ölschicht und der als Sulfonsäure gelösten Aldehydverbindung erfolgt ist. Das abgeschiedene Öl wird im Scheidetrichter getrennt und gewogen. Aus dem Gewichtsverlust erfährt man die in dem ursprünglichen Citronellöl vorhandene Menge Citronellal, während man durch die Acetylierung des nicht gelösten Anteils den Gehalt an alkoholischen Bestandteilen feststellen kann.

Für Java-Citronellöle ist die Methode nicht geeignet, da sich infolge des höheren Citronellalgehalts dieser Öle von dem nicht mit Bisulfit reagierenden Ölanteil so viel in der Bisulfitlauge löst, daß viel zu hohe Resultate erhalten werden[2]).

Boulez fand bei einem Ceylon-Citronellöl 18 % Citronellal, während Schimmel & Co. in zwei Fällen 6,0 und 7,0 % ermittelten. Zu bemerken ist, daß die von Dupont und Labaune sowie von Boulez einerseits und die von Schimmel & Co.

---

[1]) Bull. Soc. chim. IV. 11 (1912), 915. — Bericht von Schimmel & Co. Oktober 1912, 40.

[2]) Bericht von Schimmel & Co. Oktober 1912, 41.

anderseits gefundenen Werte erheblich voneinander abweichen. Ob das an den Bestimmungen liegt oder ob bei Ceylon-Citronellöl derartige Unterschiede im Citronellalgehalt wirklich vorkommen, muß vorläufig unentschieden bleiben, da nach den Methoden noch zu wenig gearbeitet worden ist.

Die Ermittlung des Citronellals durch Formylierung (Bd. I, S. 599) gibt keine befriedigenden Resultate[1]), weshalb ich diese Bestimmungsart nicht weiter empfehlen möchte.

Obgleich die Feststellung des Gesamtgeraniols der beste Wertmesser für Citronellöl ist, so bietet die Ausführung für den Laien doch Schwierigkeiten, die ihrer allgemeinen Anwendbarkeit im Handelsverkehr hinderlich sind. Hier hat sich daher eine unter dem Namen „Schimmels Test"[2]) bekannte Löslichkeitsprobe eingebürgert, die ohne besondere Vorkenntnisse mühelos ausgeführt werden kann und zur schnellen Orientierung über die ungefähre Beschaffenheit eines Citronellöles recht brauchbar ist. Nach diesem Test soll sich das Öl bei 20° in 1 bis 2 Vol. 80%igen Alkohols klar lösen und auch bei Zusatz bis zu 10 Vol. Lösungsmittel eine klare oder höchstens schwach opalisierende Lösung geben, aus der sich selbst nach mehrstündigem Stehen kein Öl abscheiden darf. Bei dem Alkoholzusatz vermeidet man zweckmäßig ein stärkeres Schütteln, da nicht in Lösung gegangenes Öl sonst so fein suspendiert wird, daß seine Abscheidung erst nach sehr langer Zeit stattfindet, was die Beobachtung erschwert.

Diese Prüfung richtet sich in der Hauptsache gegen eine Verfälschung des Citronellöls mit fettem Öl oder Petroleum, die beide in 80%igem Alkohol unlöslich sind und von denen besonders das letztere ein bei Citronellöl sehr beliebter Zusatz ist.

Mit fettem Öl verfälschtes Citronellöl ist in 80%igem Alkohol überhaupt nicht klar löslich, während ein mit Petroleum versetztes Öl mit 1 bis 2 Teilen 80%igen Alkohols meist eine klare Lösung gibt, die sich bei weiterem Zusatz des Lösungsmittels trübt. Außerdem setzt sich fettes Öl nach längerem Stehen am Boden, Petroleum aber an der Oberfläche der Flüssigkeit ab. Der strikte Nachweis einer derartigen Verfälschung ist im ersten Bande S. 634 und 635 beschrieben.

---

[1]) Bericht von Schimmel & Co. Oktober 1912, 39.

[2]) *Ibidem* Oktober 1889, 22; April 1890, 16.

Zum Nachweis geringerer Zusätze von Petroleum, die auf die eben beschriebene Weise unentdeckt bleiben, haben Schimmel & Co.[1]) einen „verschärften Schimmels Test" empfohlen, der darin besteht, daß man dem Öl 5% russisches oder auch amerikanisches[2]) Petroleum zusetzt und nunmehr sein Verhalten gegen 80%igen Alkohol prüft. Reines Citronellöl gibt unter diesen Umständen ebenfalls mit 1 bis 2 Vol. 80%igen Alkohols eine klare Lösung, die auch bei Zusatz von 10 Vol. Lösungsmittel klar bleibt oder höchstens schwache Opalescenz zeigt; auch hier dürfen sich beim Stehen keine Öltröpfchen abscheiden.

Es ist natürlich, daß eine derartige Probe nur allgemeine Anhaltspunkte über die Qualität eines Öles geben kann und manches zu wünschen übrig läßt. Sie hat aber den Vorzug leichter Ausführbarkeit und wird daher im Handel mit Citronellöl trotz aller Anfeindungen voraussichtlich auch weiterhin eine Rolle spielen. Bis jetzt ist es wenigstens nicht gelungen, diese Probe durch eine ebenso einfache, aber bessere zu ersetzen. Einen Versuch hierzu hat vor einigen Jahren M. K. Bamber[3]) gemacht, der ein Prüfungsverfahren veröffentlichte, das sehr viel zuverlässiger sein sollte als Schimmels Test und das außerdem die Möglichkeit bieten sollte, die Menge des (in Alkohol unlöslichen) Verfälschungsmittels zu bestimmen. Die Ausführung dieser unter dem Namen „Bambers Test" bekannten Methode ist folgende:

Eine Mischung von genau 2 ccm reinen, säurefreien Kokosnußöls und 2 ccm Citronellöl wird bei 29 bis 30° eine Minute lang mit 20 ccm Alkohol von 83 Gewichtsprozenten ($d\frac{30°}{15°}$ 0,8273) in einem mit entsprechender Teilung versehenen Glaszylinder durchgeschüttelt und sodann ½ bis 1 Minute lang zentrifugiert. Reines Citronellöl geht hierbei, nach Bambers Angaben, vollständig in den Alkohol über, während das Kokosöl quantitativ zurückbleibt. Enthält das Citronellöl aber ein in Alkohol unlösliches Verfälschungsmittel, so wird auch dieses ausgeschieden und es findet eine entsprechende Volumenzunahme des Kokosöls statt, woraus die Menge des Verfälschungsmittels unmittelbar ersehen werden kann.

---

[1]) Bericht von Schimmel & Co. April 1904, 29; April 1910, 32.

[2]) *Ibidem* April 1911, 46.

[3]) Proceed. chem. Soc. 19 (1903). 292.

Schimmel & Co.[1]) haben diese Methode auf ihre Brauchbarkeit hin geprüft und gefunden, daß sie zwar für die qualitative Beurteilung eines Citronellöls im allgemeinen gute Dienste leistet, in Bezug auf die quantitative Bestimmung des Verfälschungsmittels aber versagt. Außerdem zeigte sich, daß auch unverfälschte Öle diese Probe nicht immer hielten, was ein offenbarer Nachteil ist. Hierzu kommt noch, daß Bambers Test an die Exaktheit des Arbeitens viel höhere Anforderungen stellt als Schimmels Test und daß die ganze Apparatur sehr viel umständlicher ist. Bambers Test hat sich denn auch nicht eingeführt.

Verfälschungen. Verfälscht wird Ceylon-Citronellöl, wie gesagt, hauptsächlich mit fettem Öl und Petroleum, dann und wann kommt aber auch ein mit Alkohol versetztes Öl vor. Letzterer Zusatz gibt sich u. a. an der Erniedrigung des spez. Gewichts zu erkennen, sowie daran, daß das Öl beim Schütteln mit Wasser eine Volumenabnahme erfährt. Da Alkohol bei der Acetylierung als Geraniol mitbestimmt wird, so tritt eine scheinbare Erhöhung des sog. Gesamtgeraniols ein; den wirklichen Gehalt an letzterem findet man erst, wenn man den Alkohol durch mehrmaliges Durchschütteln des Öles mit Wasser vor dem Acetylieren entfernt hat. Über den Nachweis von Alkohol finden sich nähere Angaben im ersten Bande (S. 633) dieses Werkes. Als weiteres Verfälschungsmittel sind noch Citronenölterpene beobachtet worden[2]).

130. Java-Citronellöl.

Kultur. Über die botanische Herkunft des javanischen Citronellgrases ist das Notwendige bereits auf S. 227 gesagt. Seine Kultur bespricht S. Smith[3]) auf Grund eines Besuches einer der dortigen großen Plantagen. Wird das Gras auf gutem, fruchtbarem Boden gepflanzt und hat es tüchtig Regen bekommen, so wächst es schnell und gibt eine gute Ernte, die sich bei einem viermaligen Schnitt im Jahre auf etwa 4,8 tons für den Acker beläuft, woraus sich für 10 Acker bei einem Ölgehalt des Grases

[1]) Bericht von Schimmel & Co. April 1904, 27.

[2]) *Ibidem* Oktober 1905, 17.

[3]) Agricultural News 5, 335; Kew Bull. 1906, 363; Bericht von Schimmel & Co. April 1907, 19.

von 0,5 % eine Ölmenge von 4,8 cwt. im Werte von etwa £ 46 16 s ergibt. Das Gras muß nach etwa 12 Jahren wieder neu angepflanzt werden.

Ähnlich wie bei Lemongras[1]) hat de Jong[2]) auch bei Java-Citronellgras *(Sereh wangi)* Versuche über den Ölgehalt der in verschiedenen Entwicklungsstadien befindlichen Pflanzenteile angestellt, um die für die Ölgewinnung günstigste Zeit zu ermitteln. Das Ergebnis war ganz dasselbe wie bei Lemongras: mit dem Alter des Blattes nimmt der Ölgehalt ab; Blattscheiden und Wurzeln enthalten bedeutend weniger Öl als die Blätter. De Jong hält es auch hier für das beste, das Gras zu schneiden, wenn sich vier bis fünf Blätter entwickelt haben. Bemerkenswert ist der gegenüber Lemongras höhere Ölgehalt des Citronellgrases; es wurden durchgehends drei- bis viermal so große Ölmengen erhalten. Was die Eigenschaften der Öle verschieden alter Blätter betrifft, so zeigen Drehungsvermögen und Gehalt an sog. Gesamtgeraniol (s. S. 239) nur unbedeutende Unterschiede. Die Drehung schwankt unregelmäßig, bei Blättern verschiedener Altersklassen wurden Werte von —2°7′ bis —7°36′ beobachtet. Beim Gesamtgeraniolgehalt ist vom jüngsten zum ältesten Blatt zunächst ein Ansteigen und dann wieder ein Zurückgehen zu beobachten; der niedrigste Wert betrug 85,5 %, der höchste 93,3 %. Die von de Jong untersuchten Öle lösten sich in drei Teilen 80 %igen Alkohols, bei mehr als vier Teilen Lösungsmittel trat Trübung ein.

Im Botanischen Garten von Salatiga (südöstlich von Buitenzorg, Java) sind nach A. J. Ultée[3]) verschiedene Ölgräser, besonders Citronellgras, kultiviert worden. Da Salatiga wesentlich höher liegt als Buitenzorg, so schien es Ultée erwünscht, festzustellen, ob dieser Höhenunterschied von Einfluß auf die Beschaffenheit der Öle ist. Er gewann bei der Destillation 0,66 % eines fast farblosen Öles, das folgende Konstanten zeigte: $d_{29°}$ 0,8721, α_D —3°15′, Gesamtgeraniol 92,75 %, löslich in 1,5 Vol. u. m. 80 %igen Alkohols. Das Öl zeichnete sich vor den in Buitenzorg gewonnenen Destillaten vor allem durch seine bessere Löslichkeit aus, denn diese gaben nach de Jong erst mit drei Teilen

[1]) Siehe S. 213.

[2]) Teysmannia 1908; Bericht von Schimmel & Co. April 1909, 32.

[3]) Cultuurgids, Orgaan van het Algemeen-Proefstation op Java 11 (1909), 404; Bericht von Schimmel & Co. April 1910, 33.

80%igen Alkohols eine klare Lösung, die bei Zusatz von mehr als vier Teilen Alkohol wieder trübe wurde. Da Ultée nur 0,66% Öl erhalten hatte, während die Ausbeuten in Buitenzorg zwischen 0,5 und 0,9% betrugen, so wurden in Salatiga Versuche darüber angestellt, ob der Ölgehalt des Grases vielleicht durch eine entsprechende Düngung vermehrt werden könnte. Von vier Versuchsfeldern wurden zu diesem Zwecke drei mit verschieden zusammengesetztem, künstlichem Dünger behandelt; nach Verlauf von etwa 10 Wochen wurde das Gras der einzelnen Felder geschnitten und sodann gleiche Mengen des Grases in genau derselben Weise destilliert. Die erhaltenen Ausbeuten schwankten zwischen 0,6 und 0,65%, woraus hervorgeht, daß die Düngung ohne Einfluß auf den Ölgehalt des Grases geblieben war.

Über Versuchspflanzungen von Citronellgras der *Mahapangiri*-Varietät befinden sich in dem Verwaltungsbericht der königlichen Botanischen Gärten auf Ceylon von 1904 sehr interessante Mitteilungen[1]). Von einem im Juli 1902 bepflanzten Terrain von 1 Acker sind geerntet worden:

im März 1904	10809¼ lbs.	Ölausbeute ca. 48 lbs.
„ August 1904	8511 „	„ „ 36 „
Total 1904	19320¼ lbs.	Ölausbeute ca. 84 lbs.

Es gaben somit rund 230 lbs. Gras 1 lb. reines Citronellöl. Eine andere Pflanzung ergab innerhalb 6 Monaten 16038 lbs. Gras vom Acker mit 60 lbs. Ölertrag, eine dritte, im Juni gepflanzt, lieferte im Dezember 9765 lbs. frisches Gras mit 49½ lbs. Ölertrag vom Acker.

Gewinnung. Gelegentlich eines Berichtes über seine im Auftrage des „Directeur de l'Agriculture en Cochinchine" ausgeführte Reise auf der Malaiischen Halbinsel macht Carle[2]) auch einige Mitteilungen über die Kultur von Citronellgras *(Mahapangiri)* und die Gewinnung des Öles im Distrikt von Johore. Die Destillationsanlage, die Carle besuchte, war in einem schräg an einer Böschung angebauten Schuppen eingerichtet. Ein Dampfkessel, der eine Maschine von 20 Pferdekräften versorgen konnte, lieferte den Dampf für die Destillation und zum Betrieb einer Pumpe

[1]) Bericht von Schimmel & Co. Oktober 1905, 16.

[2]) Bulletin de la Chambre d'Agriculture de la Cochinchine 10 (1907), Septemberheft, S. 18; Bericht von Schimmel & Co. April 1908, 29.

Fig. 30.
Citronellgras-Pflanzung und -Destillation auf Java.

für das Kühlwasser. Es waren zwei Destillationsblasen vorhanden, von denen jede 150 kg Citronellgras aufnehmen konnte. Der Kühler bestand aus einem 2 cbm großen, innen mit Zink ausgeschlagenen Kasten, in dem sich die Kühlschlange befand, welche auf der einen Seite herauskommend über einer Florentiner Flasche endigte, die das Öl aufnehmen sollte. Aus beiden Blasen destilliert man gleichzeitig; bei einer Destillation von 300 kg Citronellgras, die etwa 2 Stunden erfordert, erhält man ungefähr 2 kg Öl = 0,67 %. Man rechnet, daß 1 ha jährlich ungefähr 25000 bis 30000 kg Citronellgras liefert, das etwa 180 bis 200 l Öl gibt. Bei einem Preise von 3 Frs. pro kg würde sich also eine Bruttoeinnahme von 500 bis 600 Frs. ergeben, von der an Spesen usw. 350 bis 380 Frs. abzuziehen wären, sodaß vom ha ein Reingewinn von 150 bis 200 Frs. verbleiben würde.

Eine weitere, etwas größere Destillationsanlage besuchte Carle[1]) im Weichbilde von Singapore. Die Anlage war ähnlich wie die in Johore; die Zahl der Blasen betrug 16, die in zwei Batterien aufgestellt waren, von denen die eine ausschließlich der Citronellöldestillation, die andere der Patchouliöldestillation diente. Eine Anlage, die eine Maschine von 30 Pferdekräften speisen konnte, lieferte den notwendigen Dampf abwechselnd für die eine oder die andere Batterie und für eine Pumpe für das Kühlwasser. Der Fassungsraum der Blasen war derselbe wie in Johore. Man destilliert Citronellgras, jede Füllung zu 150 kg, auch hier 2 Stunden. Die mittlere Ausbeute an Citronellöl beträgt 0,65 bis 0,7 %. Das sehr fruchtbare Terrain erlaubt jährlich fünf Schnitte zu machen und gibt etwa 40000 kg Citronellgras (280 l Citronellöl). Die Kosten der Kultur und Destillation betragen etwa 500 Frs., sodaß hier ein Ertrag von 340 Frs. verbleibt.

Zusammensetzung. Das Java-Citronellöl hat eine ähnliche Zusammensetzung wie das Ceylon-Öl. Die wichtigsten Bestandteile, Citronellal, Geraniol und Citronellol sind bei beiden Ölen dieselben[2]), nur ist das Mengenverhältnis verschieden, und zwar so, daß gerade diese für die Parfümerie wertvollen Anteile im

[1]) Bulletin de la Chambre d'Agriculture de la Cochinchine 10 (1907) Septemberheft, S. 36; Bericht von Schimmel & Co. April 1908, 29.

[2]) Bericht von Schimmel & Co. April 1900, 11.

Java-Öl viel reichlicher vertreten sind; infolgedessen besitzt es einen viel intensiveren Geruch als das Ceylon-Öl. Das Citronellol des Java-Citronellöls ist die rechtsdrehende Modifikation[1]). Der Gehalt an Methyleugenol[2]) ist im Java-Öl sehr niedrig. Er beträgt weniger als 1%, während das Ceylon-Öl über 8% davon enthält. Auch Citral[3]) (Naphthocinchoninsäure, Smp. 197 bis 198° ist ein Bestandteil des Java-Citronellöls. Sein Gehalt berechnet sich auf nur etwa 0,2%. Ob die Kohlenwasserstoffe bei beiden Ölen dieselben sind, ist noch nicht festgestellt.

Nach J. Dupont und L. Labaune[4]) sollen auch Isoamylalkohol und Isovaleraldehyd im Java-Citronellöl vorkommen, doch sagen sie nichts Näheres über den Nachweis der beiden Verbindungen.

Eigenschaften. Das Java- oder Singapore-Citronellöl zeichnet sich durch einen wesentlich feineren Geruch aus und bildet daher die wertvollere Citronellölsorte. Es ist farblos bis blaßgelb, hat ein spez. Gewicht von 0,885 bis 0,901 bei 15° und zeigt eine schwache, gewöhnlich 3° nicht übersteigende Linksdrehung. In den letzten Jahren wurden auch schwach rechtsdrehende Öle beobachtet (α_D bis + 1°47'), doch gehören diese zu den seltenen Ausnahmen[5]). Der Brechungsindex $n_{D20°}$ schwankt von 1,465 bis 1,472. Das Öl löst sich klar in 1 bis 2 Vol. u. m. 80%igen Alkohols, nur selten zeigt die verdünnte Lösung Opalescenz.

Der Gehalt an acetylierbaren Bestandteilen (sog. Gesamt-Geraniol) ist hier erheblich größer als beim Ceylon-Citronellöl und beträgt bei guten Ölen nicht unter 85%. Voraussetzung dabei ist, daß die Acetylierung unter den bei Ceylon-Citronellöl angegebenen Bedingungen (S. 239) ausgeführt wird. Auch die gesonderte Bestimmung des Geraniols und Citronellals ist dieselbe wie beim Ceylon-Öl. Mit Hilfe von Phthalsäureanhydrid ermittelten Schimmel & Co.[6]) bei mehreren Java-Citronellölen zwischen 26,6 und 38,2% Geraniol. Bei einem Öl mit 83,8% Gesamtgeraniol und 26,6% Geraniol wurden nach der Phenyl-

[1]) Bericht von Schimmel & Co. April 1902, 14.

[2]) *Ibidem* April 1900, 13.

[3]) *Ibidem* April 1910, 29.

[4]) Berichte von Roure-Bertrand Fils April 1912, 8.

[5]) Bericht von Schimmel & Co. April 1908, 28. — Jaarb. dep. landb. in Ned.-Indië, Batavia 1907, 67.

[6]) Bericht von Schimmel & Co. April 1900, 12; Oktober 1912, 40.

hydrazinmethode je nach der Reaktionsdauer 36,4 und 41,3 % Citronellal gefunden und nach der Oximierungsmethode 46,6 und 43,5 %[1]). Durch Formylieren stellten sie an mehreren anderen Ölen Citronellalgehalte von 23 bis 35 % fest, letztere Zahlen dürften aber wohl etwas zu niedrig sein.

131. Citronellöle verschiedener Herkunft.

Bei der großen kommerziellen Bedeutung, die dem Citronellöl zukommt, ist es erklärlich, daß vielfach Anbauversuche mit Citronellgras gemacht worden sind, und zwar, wie aus den Eigenschaften der dabei erhaltenen Öle zu schließen ist, in der Hauptsache mit *Maha Pengiri*-Gras.

An erster Stelle möchten wir hier die in unseren deutschen Kolonien in der Südsee, besonders Deutsch-Neuguinea, gemachten Versuche erwähnen. Die dort destillierten Öle gleichen dem Java-Citronellöl, wie aus dem Verhalten zweier von Schimmel & Co. untersuchter Muster hervorgeht: $d_{15°}$ 0,8819, α_D — 0° 46′, $n_{D20°}$ 1,46278, Gesamtgeraniol 85,9 % und $d_{15°}$ 0,8964, α_D — 1° 20′, Gesamtgeraniol 78 %. Dieses günstige Ergebnis soll bereits zur Gewinnung des Öls im Großen geführt haben[2]), doch ist hiervon im Handel noch nichts zu spüren.

Ein dem Javaöl ebenfalls gleichwertiges Öl wird auf der Malaiischen Halbinsel gewonnen. Ein solches beschreibt B. J. Eaton[3]). Es war blaßgelb und löste sich in 1 Vol. u. m. 80 %igen Alkohols. $d_{15,5°}$ 0,8890. Der Gehalt an Gesamtgeraniol betrug 82,4 %, wovon auf Geraniol 27,7 % und auf Citronellal 54,7 % (?) entfielen.

Dasselbe gilt von einem von der Insel Jamaica stammenden Öl. Es verhielt sich folgendermaßen: $d_{15°}$ 0,8947, α_D — 4° 16′, $n_{D20°}$ 1,47098, Gesamtgeraniol 86,4 %, löslich in 1,2 Vol. u. m. 80 %igen Alkohols, die verdünnte Lösung zeigt nach einiger Zeit geringe Opalescenz.

Auf den Seychellen hat man nach Angabe des Imperial Institute in London[4]) 1903 mit Kulturversuchen von Ceylon-

[1]) Bericht von Schimmel & Co. Oktober 1912, 43.

[2]) P. Preuß, Berichte d. deutsch. pharm. Ges. 19 (1909), 25.

[3]) Agric. Bull. of the Straits and Fed. Malay States 1909, Nr. 4, p. 142; Chemist and Druggist 75 (1909), 21.

[4]) Bull. Imp. Inst. 6 (1908), 109.

Citronellgras begonnen und ein dem Ceylon-Öl ebenbürtiges Produkt erhalten. Die bei einer Probedestillation erhaltene Ölausbeute betrug 0,39%; $d_{18°}$ 0,910; α_D — 12° 49′.

132. Managrasöl.

Herkunft. Die Mutterpflanze des Citronellgrases ist nach O. Stapf[1]) wahrscheinlich das Managras, von dem es zwei Varietäten, *Cymbopogon Nardus* var. *Linnaei* (typicus) und *C. Nardus* var. *confertiflorus* gibt. In Ceylon macht der Eingeborene noch weitere Unterschiede und hat für die einzelnen Spielarten eine Reihe Namen, die Stapf aber sämtlich auf die beiden genannten Varietäten zurückführt. Die Öle dieser beiden Grasarten haben nun keine für die einzelne Varietät charakteristischen Merkmale, vielmehr wechseln Ausbeuten und Eigenschaften bei beiden gleich unregelmäßig, was wahrscheinlich mit der Kultur und der Düngung sowie mit der Jahreszeit, in der die Öle gewonnen werden, zusammenhängt.

Gewinnung. Von beiden Varietäten sind von J. F. Jowitt[1]) in Bandarawela auf Ceylon Versuche mit dem Anbau und der Destillation gemacht worden. Die dabei erhaltenen Öle wurden im Imperial Institute in London von S. S. Pickles[1]) untersucht. Die Ausbeuten betrugen zwischen 0,06 und 0,45%, besonders niedrig waren sie bei den im Mai destillierten Gräsern, in den darauf folgenden Monaten meist größer.

Eigenschaften. 1. Öl von *C. Nardus* var. *Linnaei:* $d_{18°}$ 0,894 bis 0,926, $\alpha_D + 4°54'$ bis $-6°32'$, Gesamtgeraniol 43,5 bis 64,7%. 2. Öl von *C. Nardus* var. *confertiflorus:* $d_{18°}$ 0,900 bis 0,929, $\alpha_D + 12°12'$ bis $-2°11'$, Gesamtgeraniol 39,1 bis 64,2%.

Alle Öle waren hell- bis dunkelgelb und rochen mit wenigen Ausnahmen angenehm citronellartig, aber meist etwas stechend. Sie gaben mit 1 bis 1,4 Vol. 80%igen Alkohols eine klare Lösung, die bei Zusatz von 10 Vol. Lösungsmittel mehr oder weniger deutliche Opalescenz, in zwei Fällen auch leichte Trübung zeigte; nur bei einem einzigen Öl blieb die Lösung auch in der Verdünnung klar. Neben dem Gehalt an Gesamtgeraniol wurde noch

[1]) J. F. Jowitt, Cymbopogon Grass Oils in Ceylon. Circulars and Agricultural Journal of the Royal Botanic Gardens, Ceylon. 5 (1910), No. 12, S. 115. Vgl. auch S. S. Pickles, Bull. Imp. Inst. 8 (1910), 144.

das Geraniol gesondert nach der Phthalsäureanhydridmethode bestimmt. Dabei ergab sich, daß der Geraniolgehalt bei diesen beiden Grasölen ebenso schwankte wie die sonstigen Eigenschaften.

133. Java lemon olie.

Anhangweise mag hier noch ein Öl erwähnt sein, von dem der Firma Schimmel & Co.[1]) wiederholt unter dem Namen „Java lemon olie" Muster zugegangen sind. Über die Stammpflanze hatte sich nichts ermitteln lassen, doch handelt es sich dabei offenbar um eine *Andropogon*-Art, und zwar vielleicht um das wilde Managras (siehe oben), denn die Öle konnten noch am ehesten als eine Art Citronellöl angesprochen werden, wenn sie auch im Geruch davon etwas verschieden waren. Die Konstanten bewegten sich innerhalb folgender Grenzen: $d_{15°}$ 0,8809 bis 0,8914, $\alpha_D + 10° 6'$ bis $+ 14° 52'$, $n_{D20°}$ 1,46466 bis 1,46684, Gesamtgeraniol 49,1 bis 50,9 %. Die Öle waren leicht löslich in 80 %igem Alkohol (ca. 1 Vol.), beim Verdünnen der konzentrierten Lösung trat aber stets Trübung ein.

Von besonderem Interesse ist, daß diese Öle l-Citronellal enthalten, das noch in keinem andern ätherischen Öl angetroffen worden ist. Der aus einem der Öle mit Bisulfitlösung abgeschiedene Aldehyd hatte folgende Eigenschaften: Sdp. 205 bis 208°, $d_{15°}$ 0,8567, $\alpha_D - 3°$, $n_{D20°}$ 1,44791, Smp. des Semicarbazons 74°. Weitere Bestandteile sind Cineol und wahrscheinlich auch Limonen oder ein Gemisch von Limonen und Dipenten.

134. Kamelgrasöl.

Herkunft. Das Kamelgras, *Cymbopogon Schoenanthus* Spreng. (*Andropogon Schoenanthus* L.; *A. laniger* Desf.; *A. Iwarancusa* subsp. *laniger* Hook. f.)[2]), war schon in frühester Zeit bekannt und fand vielfache Anwendung zu medizinischen und kosmetischen Zwecken. In den alten Pharmakopöen und Kräuterbüchern wird es als *Herba Schoenanthi* geführt, doch waren auch noch andre Namen dafür in Gebrauch, wie beispielsweise *Juncus odoratus* und *Foenum*[3]) oder *Palea camelorum*. Der

[1]) Bericht von Schimmel & Co. April 1908, 21.

[2]) O. Stapf, Kew Bull. 1906, 303.

[3]) Flückiger and Hanbury, Pharmacographia II. Edit., p. 728.

vielfach dafür gebrauchte arabische Name ist *Izkhir*. Als charakteristische Wüstenpflanze, die mit einem Minimum von Wasser auskommen kann, ist es über Nordafrika und Arabien verbreitet, außerdem findet es sich in der persischen Provinz Kirman, wo es in Höhen bis zu 2000 m und darüber anzutreffen ist, und von Südwest-Afghanistan und Nordwest-Belutschistan bis nach Panjab. In den Wüsten bildet es die Hauptnahrung der Kamele. Bei der Destillation des trocknen Grases, wie es in den indischen Bazaren feilgeboten wird, erhielt Dymock[1]) 1 % Öl.

Eigenschaften und Zusammensetzung. Dymock beobachtete das spez. Gewicht 0,905 bei 29,5° und den Drehungswinkel $\alpha_D - 4°$. Schimmel & Co.[2]) fanden das spez. Gewicht 0,915 bei 15° und den Drehungswinkel $\alpha_D + 34° 38'$. Das Kamelgrasöl erinnert im Geruch an Elemiöl, was bei seinem Gehalt an Phellandren[2]) erklärlich ist. Bei der Destillation geht das Öl von 170 bis 250° über.

135. Delftgrasöl.

Das durch seinen anis- oder fenchelartigen Geruch ausgezeichnete Delftgras, *Cymbopogon polyneuros* Stapf (*Andropogon polyneuros* Steud.; *A. versicolor* Nees; *A. Schoenanthus* var. *versicolor* Hack.; *A. nardoides β minor* Nees ex Steud.)[3]), findet sich im südwestlichen Teil von Vorderindien, besonders in den Nil-giris und ersetzt hier *C. Martini*. Außerdem kommt es auf Ceylon vor, und zwar vorzugsweise in größeren Höhen (bis zu 1500 m), ferner auf der Insel Delft in der Adamstraße, wo es den Namen „Delftgras" führt und ein gutes Pferdefutter bildet. Das Öl ist zuerst im Jahre 1902 in Utakamand destilliert und in einer Ausbeute von 0,25 % erhalten worden. Später sind nach einer vom Imperial Institute[4]) in London veröffentlichten Untersuchung vier Ölproben von Jowitt in Bandarawela (Ceylon) aus dieser Grasart destilliert worden. Die Ausbeuten an Öl bewegten sich zwischen 0,20 und 0,34 %. Die Eigenschaften

[1]) Dymock, Warden and Hooper, Pharmacographia indica, Part VI, p. 564.

[2]) Bericht von Schimmel & Co. April 1892, 44.

[3]) O. Stapf, Kew Bull. 1906, 345.

[4]) Bull. Imp. Inst. 8 (1910), 144; 10 (1912), 30.

hat S. S. Pickles in London bestimmt. Die Destillate waren von gelber bis rötlichbrauner Farbe und eigentümlich süßlichem Geruch, der aber ganz verschieden war von dem des Citronell- und Lemongrasöls: $d_{15°}$ 0,936 bis 0,951, $\alpha_D + 30°53'$ bis $+ 55°15'$. Alle vier Öle lösten sich in 1 Vol. 80 %igen Alkohols, bei 10 Vol. trat Opalescenz bis Trübung ein. Der Gehalt an acetylierbaren Bestandteilen („Gesamtalkoholen") betrug zwischen 38,7 und 51,8 %, berechnet auf $C_{10}H_{18}O$, doch ist nichts darüber festgestellt worden, ob wirklich alkoholische Verbindungen in den Ölen vorkommen. Nähere Angaben über die Zusammensetzung der Öle fehlen.

136. Öl von Cymbopogon coloratus.

Cymbopogon coloratus Stapf (*Andropogon coloratus* Nees; *A. Nardus* var. *coloratus* Hook. f.) ist vom Tinnevelly-Distrikt bis zum Anamalaigebirge sowie in der Landschaft Karnatik (Präsidentschaft Madras) verbreitet und gehört zu den Citronengräsern des Malabar-Distrikts. Von *C. flexuosus* unterscheidet es sich u. a. dadurch, das es viel kleiner ist[1]).

Von diesem Grase ist auf den Fidschi-Inseln ein Öl durch Destillation erhalten worden[2]), das wie ein Gemisch von Lemongras- und Java-Citronellöl roch. Es hatte die Dichte 0,920 und enthielt 42 % mit Bisulfit reagierender Anteile, sowie 15 % Geraniol; mit 70 %igem Alkohol gab das Öl, dessen Ausbeute nicht angegeben ist, keine klare Lösung. Auf den Fidschi-Inseln führt das Öl den Namen „Lemongrasöl". Später[3]) sind noch drei weitere Destillate beschrieben worden. Alle hatten einen gleichzeitig an Citronell- und Lemongrasöl erinnernden Geruch, die Farbe wechselte von goldgelb bis braun, ein rektifiziertes Öl war von etwas hellerer Farbe. Die weitere Untersuchung ergab bei den Rohölen das folgende Resultat: $d_{15°}$ 0,9155 bis 0,920, $\alpha_D - 7°43'$ bis $- 8°40'$, Geraniol 15,6 %, Citronellal 45,7 bis 49,5 %, mit Bisulfit reagierende Anteile 42,0 bis 43,5 %. Die Öle lösten sich klar in 1 Volumen und mehr 80 %igen Alkohols; in 70 %igem Alkohol waren sie entweder überhaupt nicht löslich oder die im

[1]) O. Stapf, Kew Bull. 1906, 321.

[2]) Bull. Imp. Inst. 8 (1910), 145.

[3]) *Ibidem* 10 (1912), 27.

Verhältnis 1:3 klare Lösung trübte sich bei weiterem Alkoholzusatz. Die gleiche Löslichkeit zeigte das rektifizierte Öl, das sich im übrigen folgendermaßen verhielt: $d_{15°}$ 0,9111, α_D — 10° 42′, mit Bisulfit reagierende Anteile 42 %.

137. Öl von Cymbopogon caesius.

Das Kamakshigras[1]) von *Cymbopogon caesius* Stapf (*Andropogon caesius*, α et β, Nees; *A. Schoenanthus* var. *caesius* Hack.), ist sehr nahe verwandt mit *C. Martini*, aber immerhin ausreichend von ihm unterschieden, nur da, wo sich beide Arten begegnen, treten Übergangsformen auf. *C. caesius* wächst in dem größeren Teil des Karnatik, wo es ziemlich gemein ist. Es ersetzt *C. Martini* im südöstlichen Vorderindien.

Über das Öl findet sich eine Notiz im Administration Report of the Government Botanic Gardens and Parks, the Nil-giris, for 1901, S. 5. Das zur Destillation verwandte Gras stammte aus Arni, im Nord-Arcot-Distrikt, Präsidentschaft Madras, wo es in großer Menge vorkommt. Die Ölausbeute aus dem Ende Dezember frisch geschnittenen Gras betrug 0,431 %. Ein andrer Posten, der Ende April im ganz trockenen Zustande destilliert worden war, lieferte 0,711 % Öl. Über die Eigenschaften der Öle liegen keine Angaben vor.

138. Öl von Cymbopogon sennaarensis.

Dem Imperial Institute in London war aus dem Sudan ein Öl übersandt worden, das von *Cymbopogon Iwarancusa* stammen sollte[2]). Die nähere Untersuchung des Grases hat nun als Stammpflanze *Cymbopogon sennaarensis* Chiov. ergeben[3]). Das poleiartig riechende Kraut gab bei der Destillation 1,005 % Öl von folgenden Eigenschaften: $d_{15°}$ 0,9383, $\alpha_{D20°}$ + 34° 14′, Gesamtalkohol 17,3 %. Mit Natriumbisulfit reagierten 26 bis 27 %. Der Hauptbestandteil des Öles ist ein Keton, das im Geruch und den sonstigen Eigenschaften dem Pulegon ähnlich ist; ferner enthält es ein stark rechtsdrehendes Terpen und andre, höher siedende Verbindungen.

---

[1]) O. Stapf, Kew Bull. 1906, 341.
[2]) Bull. Imp. Inst. 8 (1910), 145.
[3]) *Ibidem* 10 (1912), 31.

139. Öl von Andropogon odoratus.

Andropogon odoratus Lisb.[1]), eine Grasart, die an der Westküste von Vorderindien den Eingeborenen als Hausmittel dient, gibt bei der Destillation ebensoviel Öl wie das Palmarosagras.

Eigenschaften. Nach Dymock[2]) ist das Öl von Sherry-Farbe, hat das spez. Gewicht 0,931 bei 31° und das Drehungsvermögen α_D — 22,75°.

Ein aus frischem Grase destilliertes Öl hatte einen ähnlichen Geruch wie Fichtennadelöl, das spez. Gewicht 0,915 und das Drehungsvermögen α_D — 23° 10′[3]).

Auf Java destilliertes Gras, das vielleicht von *Andropogon odoratus* (ein Autorname ist nicht genannt) stammt, lieferte 0,35 °/₀ Öl. $d_{26°}$ 0,914; α_D — 31° 10′[4]).

140. Öl von Andropogon Schoenanthus subspec. nervatus.

Schimmel & Co.[5]) erhielten durch das Kolonialwirtschaftliche Komitee in Berlin einen kleinen Posten aus dem Sudan stammendes Gras, für das Dr. Gießler, Kustos am botanischen Institut in Leipzig, als Stammpflanze *Andropogon Schoenanthus* subspec. *nervatus* Hack. erkannte. Es wurde daraus 1,9 °/₀ eines bräunlichen Öls gewonnen, das zwar gewisse Ähnlichkeit mit den gewöhnlichen Gingergrasdestillaten zeigte, aber wegen seines schwachen Geruchs nicht mit diesen konkurrieren könnte. Seine Konstanten waren folgende: $d_{15°}$ 0,9405, α_D + 26° 22′, $n_{D20°}$ 1,49469, S. Z. 4,6, E. Z. 9,3, E. Z. nach Actlg. 99,1, löslich in 0,5 und mehr Vol. 80 °/₀ igen Alkohols; aus der verdünnten Lösung schied sich Paraffin aus.

141. Öl von Andropogon intermedius.

Im Botanischen Institut von Buitenzorg[6]) ist ein Öl von *Andropogon intermedius* (R. Br.?) gewonnen worden, das das spez. Gewicht 0,889 (26°) und die Drehung α_D — 21° 52′ hatte.

Ein zweites Muster, das ebenfalls dort destilliert war[7]) (Ausbeute 0,03 °/₀), hatte die Eigenschaften: $d_{26°}$ 0,919, α_D — 15° 30′.

---

[1]) O. Stapf, Kew Bull. 1906, 349.
[2]) Dymock, Warden and Hooper, Pharmacographia indica, Part VI, p. 571.
[3]) Bericht von Schimmel & Co. April 1892, 44.
[4]) Jaarb. dep. landb. in Ned.-Indië, Batavia 1910, 49.
[5]) Bericht von Schimmel & Co. April 1911, 19; Oktober 1911, 17.
[6]) Jaarb. dep. landb. in Ned.-Indië, Batavia 1907, 67.
[7]) *Ibidem* 1910, 48.

142. Andropogonöle von unbekannten Spezies.

Ein von einer im Botanischen Garten in Buitenzorg (Java) angepflanzten *Andropogon*-Art stammendes Öl ist von Schimmel & Co.[1]) untersucht worden. Es zeigte im Aussehen und Geruch Ähnlichkeit mit Palmarosaöl, hatte aber einen sehr viel niedrigeren Geraniolgehalt. $d_{15°}$ 0,9411; α_D —3° 16′; S. Z. 1,9; E. Z. 24,9; E. Z. nach Actlg. 144,5 entsprechend 44,6% Gesamtgeraniol. Das Öl war in Alkohol nur unvollkommen löslich, indem sich die zunächst in 2,3 Vol. 70%igen Alkohols klare Lösung bei weiterem Zusatz trübte, und indem selbst bei Verwendung von 90%igem Alkohol die verdünnte Lösung trübe war. Diese schlechte Löslichkeit sowie das sehr hohe spezifische Gewicht des Öls sind wahrscheinlich auf Verharzung zurückzuführen, da sich das mit Wasserdampf rektifizierte Öl klar in 1,7 Vol. u. m. 70%igen Alkohols löste.

Offenbar von der gleichen *Andropogon*-Art stammt ein Öl, das im Buitenzorger Jahresbericht von 1906 auf S. 46 erwähnt ist. $d_{20°}$ 0,991 (!); $\alpha_{D26°}$ —2° 50′; V. Z. 18,7; V. Z. nach Actlg. 157.

Schimmel & Co.[2]) haben noch ein zweites, aus Buitenzorg erhaltenes Öl untersucht, das aus einer neuen, ebenfalls unbekannten *Andropogon*-Art stammt, vielleicht von derselben Pflanze wie ein im Bericht[3]) des dortigen Instituts erwähntes. Das Öl war blaßgelb und hatte einen eigenartigen, gleichzeitig an Fettaldehyd und Geraniol oder Methylheptenon erinnernden Geruch; $d_{15°}$ 0,9961; α_D — 2°; $n_{D20°}$ 1,51236; S. Z. 3,6; E. Z. 7,3; löslich in 1 Vol. 80%igen Alkohols, bei Zusatz von 3 Vol. u. m. trat Trübung ein. Das Öl reagierte mit Natriumbisulfit; das Reaktionsprodukt lieferte beim Zerlegen mit Sodalösung einen Fettaldehyd, der möglicherweise mit Decylaldehyd identisch ist, wegen der zu geringen Menge aber nicht näher untersucht werden konnte.

143. Mumutaöl.

Schimmel & Co.[4]) erhielten aus Samoa die Wurzelknollen des Mumutagrases, einer *Andropogon*-Art, aus denen sie bei der

---

[1]) Bericht von Schimmel & Co. Oktober 1908, 58.
[2]) *Ibidem* April 1909, 17.
[3]) Anm. 6, S. 258.
[4]) Bericht von Schimmel & Co. Oktober 1908, 145. Vgl. auch O. Thiele, Chem. Ztg. 31 (1907), 629.

Dampfdestillation 1,05 % eines braunen ätherischen Öles gewannen, das einen an Vetiveröl erinnernden Geruch besaß. Seine Konstanten waren: $d_{15°}$ 0,9845, $\alpha_D + 41°50'$, $n_{D20°}$ 1,51505, S. Z. 0,9, E. Z. 13,8, E. Z. nach Actlg. 65,2; nicht löslich in 10 Vol. 80 %igen Alkohols, löslich in 1 Vol. 85 %igen Alkohols u. m., und in jedem Verhältnis in 90 %igem Alkohol.

Familie: PALMAE.

144. Palmettoöl.

Oil of Saw Palmetto.

Herkunft. Das Palmettoöl wird aus den Beeren der in den südlichen Vereinigten Staaten, besonders in Florida wachsenden Palme *Sabal serrulata* R. et Sch. gewonnen. Es scheint zuerst von C. C. Sherrard[1]) aus dem mit Chloroform dargestellten Extrakt der Beeren (Ausbeute an Öl 0,54 %) erhalten zu sein. Im Jahre 1895 stellte Coblentz[2]) das Öl, das auch schon 1890 in größerer Menge von J. U. Lloyd[3]) gewonnen worden war, durch Wasserdampfdestillation dar.

Gewinnung. Das Öl wird aus den frischen Beeren in einer Ausbeute von ca. 1,2 % durch Destillation erhalten; trockne Beeren liefern kein Öl.[4]) Auch läßt es sich durch Auspressen der Früchte gewinnen; das Öl sammelt sich auf der Oberfläche des Saftes an und läßt sich leicht abheben. (P. L. Sherman und C. H. Briggs)[5]).

Eigenschaften. Das destillierte Öl hat einen angenehmen Geruch mit unangenehmem Beigeruch. Das von Lloyd i. J. 1890 dargestellte Öl hatte im Jahre 1900 die Dichte 0,8682 (bei 20°), nach der Destillation unter Minderdruck waren die Eigenschaften: Sdp. 60 bis 170° (18 mm), $d_{20°}^{20°}$ 0,8679, $n_{D20°}$ 1,41233; $\alpha_D \pm 0°$. (Schreiner)[4]).

Aus zwei aus dem Preßsaft gewonnenen Ölen (d 0,8651 und 0,8775) wurden bei der Destillation mit Wasserdampf 4 bis 5 %

---

[1]) Proceed. Americ. pharm. Ass. 42 (1894), 312.

[2]) Proceed. New Jersey pharm. Ass. 1895, 63.

[3]) Privatmitteilung an Prof. Kremers.

[4]) O. Schreiner, Pharm. Review 18 (1900), 220.

[5]) Pharmaceutical Archives 2 (1899), 101.

eines bräunlich gefärbten Öls von der Dichte 0,8650 und 0,8653 erhalten.

Zusammensetzung. Sherman und Briggs[1]) untersuchten ein Öl, das sie durch Auspressen der in Alkohol konservierten Beeren gewonnen hatten. Es siedete bei 70 bis 270° (16 mm) und bestand zu etwa 63 % aus freien Fettsäuren (Capron-, Capryl-, Caprin-, Laurin-, Palmitin- und Ölsäure) sowie zu ca. 37 % aus den Äthylestern dieser Säuren. Das aus dem Fruchtfleisch gewonnene Öl enthielt keine Glyceride, diese, sowie Stearinsäure wurden aber in dem Öl aus den Samen gefunden. Den genannten Estern verdankt das Öl seinen obstartigen Geruch.

Da das Palmettoöl viel freie Säuren enthält, liegt die Vermutung nahe, daß sich die Äthylester während der Aufbewahrung der Früchte im Alkohol gebildet haben.[2]) Diese Vermutung wird noch durch die Beobachtung, daß die trocknen Beeren kein Öl enthalten, bestätigt.

145. Ätherisches Kokosnußöl.

Herkunft und Gewinnung. Um das rohe fette Kokosnußöl von *Cocos nucifera* L. (Familie der *Palmae*) genießbar zu machen, muß es von übelriechenden Bestandteilen, die hauptsächlich aus Fettsäuren bestehen, befreit und nach Entfernung dieser Säuren mit gespanntem Wasserdampf behandelt werden. Im Destillat findet sich neben mitgerissenem fettem Öl ein ätherisches Öl von unangenehmem Geruch, das A. Haller und A. Lassieur[3]) näher untersucht haben.

Eigenschaften. Das Öl drehte $+0°28'$ im 200 mm-Rohr, es enthielt 0,7 % Säuren (auf Capronsäure berechnet) und 12 % Alkohole (auf Methylnonylcarbinol berechnet), sowie Spuren eines Aldehyds.

Zusammensetzung. Durch Behandlung mit Phthalsäureanhydrid wurden die Alkohole von den übrigen Bestandteilen getrennt und aus dem Alkoholgemisch zwei Anteile vom Sdp. 190 bis 195° (I) und 228 bis 233° (II) abgesondert.

Der Anteil I bildete eine stark riechende Flüssigkeit von folgenden Eigenschaften: $d_{4°}^{22°}$ 0,823, $\alpha_D + 2°$, $n_{D21°}$ 1,4249, Mol.-

[1]) *Loc. cit.*

[2]) Schreiner, *loc. cit.*

[3]) Compt. rend. 150 (1910), 1013; 151 (1910), 697.

Refr. 44,8, berechnet für $C_9H_{20}O$ 45,0. Die Analysen stimmten ebenfalls auf die Formel $C_9H_{20}O$. Bei der Oxydation mit Chromsäuregemisch entstand Methylheptylketon, sodaß der Alkohol d-Methylheptylcarbinol, $CH_3CH(OH)C_7H_{15}$, war, dessen optischer Antipode im Rautenöl vorkommt. Die Unterschiede in der Drehung (Methylheptylcarbinol aus Rautenöl dreht —7°28′) sind wahrscheinlich auf eine durch die Behandlung mit Phthalsäureanhydrid verursachte Inversion zurückzuführen.

In der Fraktion II war ein Alkohol enthalten von den Eigenschaften: $d_{15°}^{20°}$ 0,827, α_D + 1° 10′, $n_{D20°}$ 1,4336, Mol.-Refr. 54,1, ber. f. $C_{11}H_{24}O$ 54,2. Die Analysen deuteten auf die Formel $C_{11}H_{24}O$ hin. Die Oxydation mit Chromsäuremischung führte zu einem Keton (Semicarbazon, Smp. 120 bis 122°). Demnach ist der Alkohol $C_{11}H_{24}O$ d-Methylnonylcarbinol, $CH_3CH(OH)C_9H_{19}$, und das Semicarbazon Methylnonylketonsemicarbazon. Auch von diesem Alkohol kommt der optische Antipode (α_D —6° 12′) im Rautenöl vor.

Von nichtalkoholischen Bestandteilen wurden nachgewiesen: Methylheptylketon (Semicarbazon, Smp. 119 bis 120°), Methyl-n-nonylketon (Oxim, Smp. 44 bis 45°; Semicarbazon, Smp. 122°) und Methylundecylketon. Aus dem Semicarbazon (Smp. 121 bis 122°) freigemacht, bildete letzteres eine weiße Masse vom Smp. 29°. Die Eigenschaften stimmen mit denen des synthetischen Produktes (Smp. 28°; Sdp. 263°)[1]) gut überein.

Haller und Lassieur sind der Ansicht, daß die im ätherischen Kokosnußöl befindlichen Ketone und Alkohole aus einem in der Kopra vorkommenden, noch unbekannten Körper unter dem Einfluß eines Enzyms entstehen.

Familie: ARACEAE.

146. Calmusöl.

Oleum Calami. — Essence de Calamus. — Oil of Calamus.

Herkunft und Gewinnung. Die Wurzel des durch fast ganz Europa, Asien und Nordamerika verbreiteten *Acorus Calamus* L. (Familie der *Araceae*) enthält in ihrem äußeren Rindengewebe sowie im inneren Grundgewebe zahlreiche Zellen, die mit einem ätherischen Öle gefüllt sind.

[1]) Krafft, Berl. Berichte 12 (1879), 1667.

Bei der Dampfdestillation gibt die 70 bis 75% Wasser enthaltende frische Wurzel ungefähr 0,8%, die ungeschält getrocknete etwa 1,5 bis 3,5% ätherisches Öl. Calmusschalen (Wurzelrinde) sowohl wie die geschälten Wurzeln geben, wenn sie getrocknet und für sich destilliert werden, geringere Ausbeuten als die getrocknete ungeschälte Wurzel, was daran liegt, daß beim Schälen die Wurzeln in dünnere Streifen zerschnitten werden, die beim Austrocknen durch Verflüchtigung oder Verharzung mehr ätherisches Öl verlieren, als wenn die Wurzel im ganzen Zustande getrocknet wird. Ein Calmusöl von geringer Qualität und etwas abweichenden Eigenschaften wird in Galizien destilliert.

Zusammensetzung. Das Calmusöl ist in früherer Zeit verschiedentlich, jedoch ohne nennenswerten Erfolg, untersucht worden[1]). Von A. Kurbatow[2]) wurde die Anwesenheit von 5% eines bei 158 bis 159° siedenden Terpens, das mit trockenem Chlorwasserstoffgas eine bei 63° schmelzende Verbindung gab, festgestellt. Trotz des niedrigen Schmelzpunktes — Pinenchlorhydrat schmilzt in reinem Zustande bei 125° — ist es wohl wahrscheinlich, daß dies Terpen identisch mit Pinen ist.

Die höher siedenden Anteile des Öls sind von H. Thoms und R. Beckstroem[3]) untersucht worden. Als Material diente ihnen dazu eine in der Hauptmenge zwischen 272 und 340° siedende Fraktion von $d_{20°}$ 1,0254 und α_D — 0,34°. Durch Behandeln mit 2%iger Sodalösung wurden daraus n-Heptylsäure (Amid, Smp. 96°), Palmitinsäure (Smp. 32°) und eine ungesättigte Säure, durch Ausschütteln mit 2%iger Kalilauge Eugenol (Benzoyleugenol, Smp. 70,5 bis 71°) isoliert.

Darauf wurde das Öl mit Bisulfitlösung ausgeschüttelt, aus der dann eine charakteristisch nach Calmus riechende Flüssigkeit abgeschieden wurde; aus ihr kristallisierten beim Stehen

---

[1]) T. Martius, Liebigs Annalen 4 (1832), 264 u. 266. — Schnedermann, *ibidem* 41 (1842), 374. — I. H. Gladstone, Journ. chem. Soc. 17 (1864), 1 ff.; Jahrb. f. Chem. 1863, 546, 547.

[2]) Berl. Berichte 6 (1873), 1210. — Liebigs Annalen 173 (1874), 4. Die älteren Angaben sind mit Vorsicht aufzunehmen; sie beziehen sich teilweise, wie z. B. bei der Gladstoneschen *(loc. cit.)* Untersuchung, auf offenbar verfälschte Öle.

[3]) Berl. Berichte 34 (1901), 1021. — 35 (1902), 3187. — Berichte d. deutsch. pharm. Ges. 12 (1902), 257.

lange, bei 114° schmelzende Nadeln von Asarylaldehyd (Oxim, Smp. 137°) oder 2,4,5-Trimethoxybenzaldehyd aus.

Nachdem so freie Säuren, Phenole und Aldehyde entfernt waren, wurde das Öl verseift. In der Verseifungslauge fanden sich Palmitinsäure und Essigsäure. Als darauf das Öl fraktioniert wurde, schied sich ein Körper $C_{15}H_{26}O_2$ in bei 128° schmelzenden Kristallen ab. Er ist identisch mit dem schon vorher von Schimmel & Co.[1]) sowie von H. von Soden und W. Rojahn[2]) im Calmusöl aufgefundenen, und als Calmuscampher bezeichneten festen Körper. Thoms und Beckstroem nannten ihn Calameon.

Calameon bildet glänzende Kristalle, die der bisphenoidischen (rhombisch-hemiedrischen) Klasse des rhombischen Systems angehören; $[\alpha]_{D20°}$ —8,94° in 5,04%iger alkoholischer Lösung. Durch Einwirkung von Brom bilden sich aus dem Calameon Verbindungen der Formeln $C_{15}H_{21}Br$, $C_{15}H_{20}Br_2$ und $C_{15}H_{18}Br_4$. Mit Salzsäure liefert es ein bei 119° schmelzendes Additionsprodukt. Es bildet ein Benzoat vom Smp. 155°. Beim Erhitzen des Calameons mit 50%iger Schwefelsäure entsteht ein Kohlenwasserstoff $C_{15}H_{22}$, Calamen. Dieses liefert beim Behandeln mit Brom eine Verbindung $C_{15}H_{21}Br$, mit Salzsäure ein kristallisiertes, bei 108° schmelzendes Chlorhydrat, bei der Oxydation mit Permanganat neben Essigsäure und Oxalsäure eine Säure vom Smp. 196°.

Calameon wird durch Kaliumpermanganat bei gewöhnlicher Temperatur zu einer einbasischen Säure $C_{15}H_{24}O_4 + H_2O$, der ein Molekül Kristallwasser enthaltenden, bei 153° schmelzenden Calameonsäure oxydiert; diese wird durch Erhitzen bis auf ihren Schmelzpunkt wasserfrei und schmilzt dann bei 138°.

Da das Calameon weder ein Alkohol, Aldehyd, Keton, noch eine Säure oder ein Phenolester ist, so muß der Sauerstoff mit je einer Affinität an zwei verschiedene Kohlenstoffatome gebunden sein und innerhalb eines cyclischen Ringes stehen. Es ist also dem Cineol analog konstituiert.

Aus der Mutterlauge der Kristalle gewannen Thoms und Beckstroem noch in reichlicher Menge einen zweiten, gut kristallisierenden Bestandteil, der bei 61° schmolz und sich als Asaron erwies.

[1]) Bericht von Schimmel & Co. Oktober 1899, 8.
[2]) Pharm. Ztg. 46 (1901), 243.

Die Konstitution des Calameons ließ vermuten, daß es sich, ähnlich wie Cineol, mit Phosphorsäure oder Arsensäure verbinden würde. Diese Annahme wurde aber nicht bestätigt. Beim Behandeln einer Fraktion vom Sdp. 150 bis 155° (10 mm) mit 90%iger Arsensäure erhielten Thoms und Beckstroem eine weiße, plastische Masse, eine Arsenverbindung, aus der beim Behandeln mit Wasser ein Körper vom Smp. 173 bis 184° gewonnen wurde, der nach Elementaranalyse und Molekulargewichtsbestimmung als ein Polymeres des Asarons anzusehen ist. Zur Kontrolle wurde aus reinem Asaron durch Einwirkung von 90%iger Arsensäure derselbe Körper von den gleichen Eigenschaften dargestellt. Das als „Parasaron" bezeichnete Produkt ist nicht zum Asarylaldehyd oxydierbar. Im Vakuum destilliert, liefert es zum großen Teil Asaron.

Außer den aufgeführten Bestandteilen enthält das Calmusöl noch zwei Kohlenwasserstoffe der Formel $C_{15}H_{22}$. Der aus den mittleren Fraktionen erhaltene siedet bei 146° (19 mm), hat das spez. Gewicht $d_{18°}$ 0,9330 und ist rechtsdrehend, $[\alpha]_{D18°}$ + 34,83°. Der Kohlenwasserstoff aus den höheren Fraktionen (Sdp. 151° bei 22 mm; $d_{12°}$ 0,9336) ist linksdrehend, $[\alpha]_{D12°}$ — 13,38°. Feste Derivate der Kohlenwasserstoffe sind nicht erhalten worden, sondern nur ein flüssiges Chlorwasserstoff-Additionsprodukt.

Nach Kurbatow[1]) soll sich in dem Öle in der von 250 bis 255° siedenden Fraktion ein Sesquiterpen $C_{15}H_{24}$ befinden, ($d_{14°}$ 0,932), das nach Behandeln mit Natrium bei 255 bis 258° siedet und sich nicht mit Salzsäure verbindet. Bei noch höherer Temperatur geht ein Öl von tiefblauer Farbe über[2]).

Eigenschaften. Das Calmusöl ist von etwas dickflüssiger Konsistenz und gelber bis braungelber Farbe, von campherartigem, aromatischem Geruch und entsprechendem, bitterlich brennendem, gewürzhaftem Geschmack. $d_{15°}$ 0,959 bis 0,970; α_D + 9 bis + 31°; $n_{D20°}$ 1,5028 bis 1,5078; S. Z. bis zu 2,5; V. Z. 6 bis 20; E. Z. nach Actlg. 32 bis 50. Methylzahl (2 Bestimmungen[3])) 15,3 bis 16. Calmusöl ist mit 90%igem Alkohol in nahezu jedem Verhältnis klar mischbar, in verdünnterem Alkohol aber ziemlich schwer

[1]) *Loc. cit.*

[2]) Flückiger, Pharmakognosie. 1891, S. 352.

[3]) R. Beckstroem, Berichte d. deutsch. pharm. Ges. 12 (1902), 266.

löslich. Von 80%igem Alkohol sind etwa 15 Vol., von 50%igem etwa 1000 Vol. zur klaren Lösung erforderlich.

Japanisches Calmusöl. Nach Untersuchungen von Y. Asahina[1]) scheint die japanische Calmuspflanze mit dem europäischen *Acorus Calamus* L. identisch zu sein. Nach Holmes[2]) ist es aber nicht ausgeschlossen, daß als Stammpflanze der in Japan häufige *Acorus spurius* Schott in Betracht kommt, dessen Rhizom von dem von *Acorus Calamus* L. kaum verschieden sein soll. Die Ölausbeute beträgt bis 5%. Die Eigenschaften des japanischen Öls sind folgende: $d_{15°}$ 0,973 bis 0,992, $\alpha_D + 7°20'$ bis $+25°20'$. Löslich in 1 Vol. 90%igen, in 6 bis 10 Vol. 80%igen, und in etwa 500 Vol. 50%igen Alkohols[3]). V. Z. bis 3,9; E. Z. nach Actlg. 17,0 (1 Bestimmung). Methoxylgehalt (1 Bestimmung[1])) 9,3%.

Nach Asahina[1]) geht bei der fraktionierten Destillation die Hauptmenge des Öles zwischen 250 und 280° über. Eine eingehendere Untersuchung ergab, daß das Öl kein Terpen der Formel $C_{10}H_{16}$ enthielt. Mit Sicherheit wurde Methyleugenol nachgewiesen, denn das Hauptdestillat des Öls lieferte bei der Oxydation Veratrumsäure. Da das Destillat stark optisch aktiv war, bedeutend mehr Kohlenstoff enthielt, als sich für Methyleugenol ergibt, und sich bei Zusatz von Essigsäure und Schwefelsäure grün färbte, schließt Asahina auf gleichzeitiges Vorhandensein eines Sesquiterpens.

Javanisches Calmusöl. Ein von Dr. Carthaus in Java destilliertes Calmusöl ist vom Botanischen Institut in Buitenzorg[4]) untersucht worden. Es hatte folgende Konstanten: $d_{26°}$ 1,06, $\alpha_D + 0°52'$, V. Z. 9.

Zwei aus derselben Quelle stammende Calmusöle, die sich ähnlich verhielten, sind von Schimmel & Co.[5]) beschrieben worden. Die Konstanten des einen waren $d_{15°}$ 1,0783, $\alpha_D + 0°53'$, $n_{D20°}$ 1,55043, E. Z. 12; die des anderen $d_{15°}$ 1,0771, $\alpha_D + 0°51'$,

---

[1]) Apotheker Ztg. 21 (1906), 987.
[2]) Pharmaceutical Journ. III. 10 (1879), 102.
[3]) Bericht von Schimmel & Co. April 1889, 7.
[4]) Jaarb. dep. landb. in Ned.-Indië, Batavia 1907, 67.
[5]) Bericht von Schimmel & Co. April 1909, 21.

$n_{D20°}$ 1,55065. Von dem gewöhnlichen Calmusöl unterscheiden sich diese Öle durch das höhere spezifische Gewicht, die viel geringere Drehung und den stärkeren Brechungsindex. Auch lösen sich die javanischen Öle unter schwacher Paraffinabscheidung schon in 1 bis 1,5 Vol. 70%igen Alkohols.

147. Calmuskrautöl.

Die frischen, grünen Teile der Calmuspflanze, *Acorus Calamus* L., geben bei der Destillation mit Wasserdampf ein Öl, das dem aus der Wurzel gewonnenen sehr ähnlich ist. $d_{15°}$ 0,964; $\alpha_D + 20° 44'$[1]).

Familie: LILIACEAE.

148. Sabadillsamenöl.

Das ätherische Sabadillsamenöl[2]) gewinnt man durch Destillation der zerkleinerten Samen von *Sabadilla officinalis* Br. (*Schoenocaulon officinale* A. Gray, Familie der *Liliaceae*) oder des durch Benzinextraktion erhaltenen Fettes, wie es bei der Darstellung des Veratrins abfällt. Die Ausbeute beträgt aus frischen Samen etwa 0,32%, aus alten, abgelagerten dagegen viel weniger. Das spez. Gewicht des Öles liegt zwischen 0,902 und 0,928. Bei der Destillation geht die Hauptmenge von 190 bis 250° über, wobei starke Zersetzung der anwesenden Ester stattfindet.

Nach dem Verseifen siedet der Hauptanteil zwischen 220 und 250°, $[\alpha]_D - 9° 10'$. Aus den Verseifungslaugen wurde Oxymyristinsäure, $C_{14}H_{28}O_3$ vom Smp. 51°, und die bei 179 bis 180° schmelzende Veratrumsäure, $C_9H_{10}O_4$ erhalten. Diese Säuren sind im ursprünglichen Öle wahrscheinlich als Methyl- und Aethylester vorhanden. Daneben sind auch niedere aliphatische Aldehyde aufgefunden worden.

149. Aloeöl.

Die Aloe verdankt ihren schwachen, aber charakteristischen Geruch einer minimalen Menge von ätherischem Öl.

[1]) Bericht von Schimmel & Co. April 1897, Tabelle im Anhang S. 8.
[2]) E. Opitz, Arch. der Pharm. 229 (1891), 265.

T. u. H. Smith & Co. in London erhielten bei der Destillation von 500 Pfd. Barbados-Aloe (von *Aloe vulgaris* Lam.; *A. barbadensis* Mill.; *A. vera* L.; Familie der *Liliaceae*) 2 Fluid-Drachmen Aloeöl. Es ist eine hellgelbe bewegliche Flüssigkeit vom spez. Gewicht 0,863, die von 266 bis 271° siedet[1]).

150. Xanthorrhoeaharzöle.

Bei der Destillation des australischen gelben Xanthorrhoeaharzes (Acaroidharz; „Yellow grass tree gum") von *Xanthorrhoea hastilis* R. Br. (Familie der *Liliaceae*) erhielten Schimmel & Co.[2]) 0,37 % eines gelben Öls von storaxähnlichem Geruch. $d_{15°}$ 0,937; α_D — 3° 14'; S. Z. 4,9; E. Z. 69,4. Die freie Säure wurde durch Ausschütteln mit verdünnter Natronlauge isoliert und durch ihren Smp. 133° als Zimtsäure erkannt. Aus der Verseifungslauge wurde ebenfalls Zimtsäure abgeschieden und zwar in nicht unbedeutender Menge, denn 200 g Öl lieferten etwa 40 g aus Wasser umkristallisierte Zimtsäure.

Das verseifte Öl siedete zwischen 145 und 240°. Aus den zuerst übergehenden Anteilen des Destillats ließ sich eine Fraktion vom Sdp. 145 bis 150° und den Eigenschaften des Styrols gewinnen. (Styroldibromid, Smp. 74 bis 75°).

Aus dem roten Acaroidharz, das von *Xanthorrhoea australis* R. Br. und einigen andern *Xanthorrhoea*-Arten abgeleitet wird, wurden 0,33 % eines rotbraunen, wohlriechenden, im Geruch an Tolu- und Perubalsam erinnernden Öles[3]) gewonnen. $d_{20°}$ 0,9600; α_D inaktiv; S. Z. 47,6; E. Z. 37,5. Es enthält Zimtsäure, frei und als Ester, sowie Styrol.

151. Knoblauchöl.

Durch Destillation der ganzen Knoblauchpflanze, *Allium sativum* L., (Familie der *Liliaceae*) erhält man 0,005 bis 0,009 % Öl[4]) von gelber Farbe und intensivem, höchst unangenehmem Knoblauchgeruch. $d_{15°}$ 1,046 bis 1,057; α_D inaktiv.

[1]) Pharmaceutical Journ. III. 10 (1880), 613.
[2]) Bericht von Schimmel & Co. Oktober 1897, 66.
[3]) H. Haensel, Chem. Zentralbl. 1908, I. 1837.
[4]) Bericht von Schimmel & Co. Oktober 1889, 52; Oktober 1890, 25.

Auf Grund einer im Jahre 1844 ausgeführten chemischen Untersuchung war T. Wertheim[1]) zu der Überzeugung gelangt, daß das Knoblauchöl im wesentlichen aus Allylsulfid $(C_3H_5)_2S$ bestehe, eine Ansicht, die sich fast 50 Jahre lang behauptet hat und die, ohne ein einziges Mal nachgeprüft zu werden, in alle Lehrbücher übergegangen ist.

Als Semmler[2]) im Jahre 1892 die Untersuchung wiederholte, stellte es sich heraus, daß Knoblauchöl keine Spur von Allylsulfid[3]) enthält. Die Analyse des Öls ergab neben Kohlenstoff und Wasserstoff die Anwesenheit von Schwefel[4]), während Sauerstoff und Stickstoff fehlten.

Da sich das Öl bei der Destillation unter gewöhnlichem Druck zersetzt, so mußte es im Vakuum fraktioniert werden, wobei es unter 16 mm Druck von 65 bis 125° überging. Semmler isolierte folgende Körper:

1. Ein Disulfid $C_6H_{12}S_2$ (ca. 6%) vom Sdp. 66 bis 69° bei 16 mm, das seiner Zusammensetzung nach wahrscheinlich $C_3H_5S \cdot SC_3H_7$, also Allyl-propyldisulfid ist.
2. Ein Disulfid $C_6H_{10}S_2$ (60%) bildet den Hauptbestandteil und ist der Träger des reinen Knoblauchgeruchs. Sdp. 79 bis 81° (16 mm); $d_{14,8°}$ 1,0237. Seine Konstitution ist wahrscheinlich: $C_3H_5S \cdot SC_3H_5$.
3. Ein Körper $C_6H_{10}S_3$ (20%). Sdp. 112 bis 122° (16 mm); $d_{15°}$ 1,0845; Konstitutionsformel: $C_3H_5S \cdot S \cdot SC_3H_5$.

Das im Destillationsrückstande verbleibende Öl weist einen noch höheren Schwefelgehalt auf und hat möglicherweise die Zusammensetzung $C_6H_{10}S_4$.

Da Allylsulfid unter 15,5 mm Druck bei 36 bis 38° siedet, die ersten Anteile des Knoblauchöls aber erst bei 60 bis 65°

---

[1]) Liebigs Annalen 51 (1844), 289.

[2]) Arch. der Pharm. 230 (1892), 434.

[3]) Hiermit werden natürlich auch die Angaben über die anderen Öle hinfällig, die angeblich Knoblauchöl resp. Allylsulfid enthalten sollen, wie die Öle von *Thlaspi arvense* L. und *Alliaria officinalis* L.

[4]) Eine interessante Zusammenstellung über das Vorkommen schwefelhaltiger Öle im Pflanzenreich ist von C. Hartwich (Apotheker Ztg. 17 [1902], 339) gemacht worden. Darin sind nicht nur solche Öle aufgenommen, in denen Schwefel wirklich nachgewiesen ist, sondern auch solche, deren knoblauchartiger Geruch auf die Gegenwart von Schwefel schließen läßt.

übergehen, so ist die Anwesenheit von Allylsulfid in dem Öle völlig ausgeschlossen.

Ebensowenig war ein Sesquiterpen in dem von Semmler untersuchten Öle enthalten[1]).

152. Zwiebelöl.

Die Küchenzwiebel *Allium Cepa* L. verdankt ihren scharfen anhaftenden Geruch einem ätherischen Öle, das man bei der Destillation der ganzen Pflanze in einer Ausbeute von 0,046 % erhält[2]).

Es ist von dunkelbrauner Farbe und ziemlich dünnflüssig. $d_{8,7°}$ 1,0410[3]) oder $d_{10°}$ 1,036[3]); α_D — 5°.

Ein von H. Haensel[4]) aus Küchenzwiebeln (0,015 %) gewonnenes Öl war konkret; $d_{55°}$ 0,9960; α_D —3° 40'; schwer löslich in den üblichen Lösungsmitteln.

Zwiebelöl[5]) zersetzt sich beim Destillieren unter gewöhnlichem Druck, bei 10 mm Druck geht es fast vollständig von 64 bis 125° über.

Nach Semmler[3]) ist der Hauptbestandteil ein Disulfid $C_6H_{12}S_2$ (Sdp. 75 bis 83° bei 10 mm; $d_{12°}$ 1,0234), das durch Reduktion mit Zinkstaub in den Körper $C_6H_{12}S$ (Sdp. 130°) übergeht. Durch nascierenden Wasserstoff entsteht aus $C_6H_{12}S_2$ das Disulfid $C_6H_{14}S_2$ (Sdp. 68 bis 69° bei 10 mm).

Im Zwiebelöl ist auch noch ein höheres Sulfid mit denselben Radikalen enthalten, das durch Zinkstaub zur Verbindung $C_6H_{12}S$ reduziert wird. Schließlich findet sich in dem Öl noch ein weiterer schwefelhaltiger Körper, der möglicherweise mit einer der höher siedenden Verbindungen des Asafoetidaöls identisch ist.

Allylsulfid oder Terpene sind im Zwiebelöl ebensowenig wie im Knoblauchöl vorhanden.

---

[1]) Die Angabe im Jahresber. d. Chem. 1876, 398, daß Beckett und Wright [Journ. chem. Soc. 1 (1876), 1] im Knoblauchöl ein Sesquiterpen gefunden hätten, beruht nach Parry, The chemistry of essential oils. London, 2. Ed. 1903, p. 191 auf einem Übersetzungsfehler, indem *Oil of cloves* als Knoblauchöl wiedergegeben worden ist.

[2]) Bericht von Schimmel & Co. April 1889, 44.

[3]) Semmler, Arch. der Pharm. 230 (1892), 443.

[4]) Apotheker Ztg. 18 (1903), 268.

[5]) W. D. Kooper, (Zeitschr. Untersuch. d. Nahrungs- u. Genußm. 19 [1910], 569), fand im frischen Preßsaft der gewöhnlichen Zwiebel Rhodanwasserstoffsäure, sowie Schwefelcyanallyl. Formaldehyd, Acetaldehyd oder Acrolein konnten nicht nachgewiesen werden.

153. Bärlauchöl.

Sämtliche Teile des Bärlauchs, *Allium ursinum* L., Blätter, Blüten und Zwiebeln riechen äußerst penetrant knoblauchartig.

Bei der Destillation der ganzen Pflanze erhält man 0,007 % eines stark lichtbrechenden Öls von dunkelbrauner Farbe und einem zwar knoblauchähnlichen, aber doch deutlich davon verschiedenen Geruch. Der Geschmack ist brennend scharf; $d_{15°}$ 1,015.

Das Öl siedet fast ganz zwischen 95 und 106°. Es besteht nach Semmler[1]) hauptsächlich aus Vinylsulfid $(C_2H_3)_2S$ (Sdp. 101°; d 0,9125). Die Konstitution des Vinylsulfids wird durch die Formel:

```
    H   H      H   H
    |   |  S   |   |
H—C=C ⁄ ⁀ \ C=C—H
```

ausgedrückt.

Daneben finden sich im Bärlauchöl noch Polysulfide des Radikals Vinyl sowie in ganz geringer Menge ein Mercaptan und ein nicht näher untersuchter Aldehyd.

154. Hyazinthenöl.

Ein ätherisches Öl aus Hyazinthen (*Hyacinthus orientalis* L., Familie der *Liliaceae*) ist von Spalteholz in Haarlem dargestellt worden.[2]) Die Blüten wurden sofort nach dem Abpflücken in Zinkgefäße gebracht, worin man sie während einiger Minuten mit Benzol, das durch Ausfrieren gereinigt war, in Berührnng ließ. Nachdem das Benzol abgelassen und die Hyazinthen nochmals mit dem Extraktionsmittel nachgewaschen waren (auf diese Weise wurden 281 kg Blüten mit 200 l Benzol behandelt), wurde die Lösung bei 30° unter vermindertem Druck auf 2 l eingedampft. Sodann wurden die Fette und das Wachs mit verdünntem Alkohol ausgefällt, die Lösung filtriert und weiter im Vakuum eingedampft. Das nunmehr zurückbleibende Öl (60,5 g = 0,016 %) roch im konzentrierten Zustande unangenehm und scharf, erst bei sehr starker Verdünnung hatte es den natürlichen Hyazinthenduft.

---

[1]) Liebigs Annalen 241 (1887), 90.

[2]) C. J. Enklaar, Chem. Weekblad 7 (1910), 1.

Beim Schütteln mit Kalilauge konnte Spalteholz in der alkalischen Flüssigkeit Schwefelwasserstoff nachweisen. Für die chemische Untersuchung wurden Enklaar 10 g des Öls überlassen, wovon er 7,7 g verarbeitete. Er befreite zuerst das Rohprodukt von fettem Öl und Harz durch Ausfrieren der Petrolätherlösung bei —20° und erhielt auf diese Weise 3,6 g reines Öl, die bei der Destillation unter 10 mm Druck in drei Fraktionen zerlegt wurden: I. Sdp. bis 90° 0,6 g; II. 92 bis 94° 1,3 g; III. 94 bis 150° 1,7 g.

Fraktion I enthielt einen sehr flüchtigen, unangenehm riechenden Körper, der nicht näher untersucht wurde. In Fraktion II fand Enklaar eine bisher unbekannte Verbindung, die aus Kohlenstoff, Wasserstoff und Sauerstoff zusammengesetzt war und folgende Konstanten zeigte: Sdp. 205 bis 206° (760 mm), 92 bis 94° (10 mm), $d_{16°}$ 0,907, α_D +1° 52', $n_{D18°}$ 1,4914. Fraktion III enthielt Benzylbenzoat und vielleicht auch freien Benzylalkohol sowie veresterten Zimtalkohol; eigentümlicherweise roch die aus der Alkalilauge freigemachte Benzoesäure deutlich nach Vanillin. Außerdem befand sich in dieser Fraktion ein stickstofffreier, fluorescierender, basischer Körper von narkotischem Geruch, der durch Säuren rot und durch Alkalien gelb gefärbt wurde. In seinen Eigenschaften erinnerte er an Oxoniumverbindungen. Anthranilsäuremethylester oder Methylanthranilsäuremethylester konnten nicht nachgewiesen werden, denn beim Erwärmen mit Trinitrobenzol, das mit diesen Körpern ein schwer lösliches Additionsprodukt liefert, entstand nur eine rötliche Färbung.

Das Hyazinthenwachs kristallisiert aus Alkohol in farblosen Blättchen, die den Blumengeruch hartnäckig festzuhalten vermögen.

155. Spargelwurzelöl.

Aus den trocknen Wurzeln des Spargels, *Asparagus officinalis* L. (Familie der *Liliaceae*) erhielt H. Haensel[1]) 0,0108 % eines dunkelbraunen, intensiv säuerlich riechenden Öls. $d_{28°}$ 0,8777; S. Z. 33; E. Z. 68. Es enthält Palmitinsäure.

[1]) Chem. Zentralbl. 1909, II. 1557.

156. Maiglöckchenblätteröl.

Die Blätter von *Convallaria majalis* L. (Familie der *Liliaceae*) geben bei der Destillation mit Wasserdampf 0,058% grünlichbraunes, angenehm riechendes ätherisches Öl[1]), das bei 40,5° schmilzt. Es beginnt bei 120° zu sieden. Durch Abpressen und Lösen wurden glänzende, weiße Kristalle vom Smp. 61° und der Zusammensetzung $C_{20}H_4O_8$ (?) erhalten.

Familie: AMARYLLIDACEAE.

157. Öl von Buphane disticha.

Nach F. Tutin[2]) liefert der alkoholische Auszug der Zwiebel der in Südafrika wachsenden Amaryllidacee *Buphane disticha* Herb. in geringer Ausbeute ein ätherisches Öl, das Furfurol und eine nach Baldrian riechende Säure enthält.

158. Tuberosenöl.

Herkunft und Gewinnung. Die wohlriechenden Blüten der in Mittelamerika einheimischen, in Südfrankreich vielfach kultivierten[3]) Tuberose, *Polianthes tuberosa* L. (Familie der *Amaryllidaceae*) geben bei der Destillation mit Wasserdampf kein ätherisches Öl, sondern nur ein widerlich riechendes Produkt. Um den Riechstoff möglichst vollständig zu gewinnen, muß man das in Südfrankreich schon lange zu diesem Zwecke benutzte Enfleurageverfahren (S. Bd. I, S. 273) anwenden. Nach A. Hesse,[4]) dem wir sehr interessante vergleichende Versuche hierüber verdanken, gaben 1000 kg Tuberosenblüten bei der Enfleurage 801 g ätherisches Öl an das Fett ab; aus den von dem Fett abgenommenen Blüten wurden dann durch Extraktion und darauf folgende Destillation mit Dampf noch 78 g Öl erhalten, während die Extraktion (S. Bd. I, S. 261) derselben Blütenmenge nur 56 g (zu Anfang der Ernte sogar nur 36 g) Öl gaben, wozu noch 10 g, durch Destillation der extrahierten Blüten erhalten, hinzukamen. Die

---

[1]) H. Haensel, Chem. Zentralbl. 1901, II. 419.

[2]) Journ. chem. Soc. 99 (1911), 1241.

[3]) Vgl. L. Mazuyer, Production et culture de Tubéreuse. Journ. Parfum. et Savonn. 21 (1908), 195.

[4]) Berl. Berichte 36 (1903), 1459.

Enfleurage ergibt die 13-fache Ausbeute der Extraktion, die Tuberosenblüten entwickeln also bei der Enfleurage noch 12mal soviel ätherisches Öl wie ursprünglich in den Blüten enthalten war.

Eigenschaften. Das von Hesse nach dem Extraktionsverfahren mit Petroläther dargestellte Tuberosenblütenöl hatte folgende Eigenschaften: $d_{15°}$ 1,007, α_D —3°45', S. Z. 22, V. Z. 224; es enthielt 1,13% Anthranilsäuremethylester. Das von verschiedenen Darstellungen herrührende, aus dem Enfleuragefett gewonnene ätherische Öl verhielt sich folgendermaßen: $d_{15°}$ 1,009 bis 1,035, α_D (1 Bestimmung) — 2°30', S. Z. (1 Bestimmung) 32,7, V. Z. 243 bis 280, Gehalt an Anthranilsäuremethylester 3,2 bis 5,4%. Das oben erwähnte Öl, das durch Extraktion und Wasserdampfdestillation der bei der Enfleurage zurückbleibenden Abfallblüten gewonnen war, zeigte die Konstanten: $d_{15°}$ 1,043, α_D — 3°21', V. Z. 225,4; Gehalt an Anthranilsäuremethylester 2%.

Zusammensetzung. Tuberosenblütenöl ist zuerst von A. Verley[1]) untersucht worden. Er hatte aus ihm etwa 10% einer von ihm Tuberon genannten Verbindung isoliert, die ein Keton der Formel $C_{13}H_{20}O$ sein sollte. Schimmel & Co.[2]) versuchten ohne Erfolg aus der entsprechenden Fraktion eines aus Blütenextrakt (Essence concrète) gewonnenen Öls ein Keton abzuscheiden. Bei der Permanganat-Oxydation dieses Öls, in dem wegen seiner blauen Fluorescenz Anthranilsäuremethylester vermutet wurde, blieb ein ziemlich leicht flüchtiges Öl unangegriffen, das beim Verseifen Benzoesäure (Smp. 122°; Analyse des Silbersalzes) gab, und das infolgedessen für Benzoesäuremethylester angesprochen wurde.

Hesse,[3]) der mit grösseren Ölmengen arbeitete, konnte den Anthranilsäuremethylester bestimmt nachweisen und durch Oxydation des Öls mit Kaliumpermanganatlösung den beständigen Ester der Benzoesäure isolieren.

Das von Kaliumpermanganat nicht angegriffene Estergemisch destillierte von 199 bis 240°, aus ihm ließen sich durch Verseifung Benzoesäure und Benzylalkohol gewinnen. Demnach ist ein Teil der Ester jedenfalls Benzylbenzoat; ob daneben auch ein Teil der Benzoesäure an Methylalkohol gebunden ist, wie

---

[1]) Bull. Soc. chim. III. 21 (1899), 307.

[2]) Bericht von Schimmel & Co. April 1903, 74.

[3]) *Loc. cit.*

Schimmel & Co. vermuteten, bezweifelt Hesse und hält seine Menge für jedenfalls sehr gering.

Es bleibt immerhin auffallend, daß das durch Oxydation isolierte Estergemisch verhältnismäßig leicht flüchtig ist. Hesse gibt den Siedepunkt der ersten Hälfte des Gemisches von unter 199 bis 240° an, während die andere Hälfte über 240° siedet. Der Siedepunkt des Benzylbenzoats liegt aber bei 324°. Hiernach sind doch auch niedriger siedende Ester vorhanden, und die Gegenwart von Benzoesäuremethylester (Sdp. 199 bis 200°) wäre demnach nicht ausgeschlossen.

Ferner konnte Hesse durch Behandlung des Öls mit Phthalsäureanhydrid einen Alkohol isolieren, der nach seinem Sdp. 206 bis 214° und sonstigem Verhalten jedenfalls zum größten Teil aus Benzylalkohol besteht. Demnach ist dieser Alkohol auch im freien Zustande im Tuberosenblütenöl enthalten.

In dem Pomadenöl ist von Hesse noch das Vorkommen von Salicylsäuremethylester festgestellt worden, der im Extraktöl nicht nachweisbar war.

Familie: IRIDACEAE.

159. Safranöl.

Durch Destillation des aus den Narben von *Crocus sativus* L. (Familie der *Iridaceae*) bestehenden Safrans mit Wasser im Kohlensäurestrom erhielt R. Kayser[1]) eine geringe Menge eines kaum gelblich gefärbten dünnflüssigen Öls von intensivem Safrangeruch, das sehr leicht Sauerstoff aus der Luft absorbierte, wobei es sich verdickte und eine bräunliche Farbe annahm. Die Elementaranalyse gab auf die Formel $C_{10}H_{16}$, also auf ein Terpen stimmende Zahlen.

Dasselbe Öl entstand auch durch Erwärmen der wäßrigen Lösung des im Safran enthaltenen Safranbitters oder Picrocrocins. Hierbei wird, wie Kayser annimmt, das Picrocrocin in Crocose und Safranterpen gespalten.

$$\underset{\text{Picrocrocin}}{C_{38}H_{66}O_{17}} + \underset{\text{Wasser}}{H_2O} = \underset{\text{Crocose}}{3C_6H_{12}O_6} + \underset{\text{Terpen}}{2C_{10}H_{16}}$$

[1]) Berl. Berichte 17 (1884), 2228.

Nach A. Hilger[1]) geht beim Destillieren des Safrans mit Wasserdampf fast gar kein ätherisches Öl über; erst nach Zusatz von Schwefelsäure erhält man ein solches. Der im Safran enthaltene Farbstoff, das Carotin (ein Phytosterinester der Palmitin- und Stearinsäure), zersetzt sich hierbei zu Glucose und ätherischem Öl, das aus Terpen und einem Körper $C_{10}H_{18}O$ besteht. In den niedrigsiedenden Anteilen fanden sich Pinen und Cineol.

160. Irisöl.

Oleum Iridis. — Essence d'Iris concrète. Beurre de Violettes. — Oil of Orris.

Herkunft und Gewinnung. Drei Arten der den *Iridaceae* angehörenden Gattung *Iris* (Schwertlilie), *Iris germanica* L., *Iris pallida* Lam. und *Iris florentina* L. enthalten in ihren Wurzelstöcken ein wohlriechendes ätherisches Öl.

Der Anbau der Schwertlilie, besonders der ersten beiden Arten[2]) für Handelszwecke, geschieht hauptsächlich in der Provinz Florenz. Der Sitz der Kultur befindet sich in den Gemeinden Greve, Dicomano, Pelago, Regello, Bagno a Ripoli, Pontassieve, Galluzzo, S. Casciano in Val di Pesa und Montespertoli; die allerbeste Wurzel wird in den Ortschaften S. Polo und Castellina, zur Gemeinde Greve gehörend, angebaut. Allmählich sind auch in anderen, Florenz benachbarten Provinzen nicht unbeträchtliche Kulturen entstanden, deren Produkt der Florentiner Qualität entspricht. So in Arezzo, Castelfranco di Sopra und Lore Ciuffenna, sämtlich in der Provinz Arezzo, in Grosseto, in der Provinz gleichen Namens, in Faenza, Provinz Ravenna und in Terni, Provinz Perugia.

Die Iriswurzel wird auf den Hügeln und an Bergabhängen — niemals im Tale — zumeist in großen sonnigen Waldblößen oder streifenweise zwischen Weingeländen, selten auf ausgedehnten Feldern, gepflanzt. Sie gedeiht besonders auf steinigem, möglichst

---

[1]) Chem. Ztg. 23 (1899), 854; Chem. Zentralbl. 1900, II. 576. Ältere Literatur über Crocusöl: Dehne, Crells Chem. Journ. 3 (1780), 11. — Aschoff, Berl. Jahrb. 1818, 51. — Henry, Journ. de Pharm. 7 (1821), 400. — B. Quadrat, Journ. f. prakt. Chem. 56 (1852), 68. — B. Weiss, *ibidem* 101 (1867), 65. — W. W. Stoddart, Pharmaceutical Journ. III. 7 (1876), 238.

[2]) Nach H. Blin (Parfum. moderne 3 [1910], 13) wird hauptsächlich die Varietät „Clio" von *Iris pallida* angebaut.

trockenem Boden[1]). Gewöhnlich wird die Wurzel nach 3 Jahren geerntet, doch schneidet man sie, wenn der Preis hoch ist, häufig schon nach 2 Jahren aus. Die frisch abgeschnittenen Rhizome werden erst in Wasser gelegt, um das Abhäuten zu erleichtern, und dann auf Terrassen ausgebreitet und getrocknet, was etwa 14 Tage beansprucht. Nach dem Trocknen werden die Wurzelstöcke durch Drechseln zu den bekannten, den Kindern während des Zahnens zum Kauen gegebenen „Veilchenwurzeln" verarbeitet; auch werden davon Rosenkränze in großer Menge hergestellt. Das Veilchenwurzelpulver wird zur Herstellung von Sachets verwendet. Die unansehnlicheren Wurzelstücke, sowie die Bruchstücke und Abfälle beim Schälen und Zerschneiden der getrockneten Wurzeln kommen als Material für die Destillation des Irisöles in den Handel.

Die Hauptausfuhrplätze für italienische oder Florentiner Veilchenwurzel sind Livorno, Verona und Triest.

Zur Destillation gelangt fast ausschließlich die Florentiner Ware. Geringer an Qualität und wohl selten nur zu Destillationszwecken verwendet wird die Veroneser, von *Iris germanica* stammende Wurzel. Noch schlechter ist die marokkanische oder Mogador-Iriswurzel, die ebenfalls *Iris germanica* zur Stammpflanze hat; sie ist dunkler an Farbe und von schwachem Geruch. Um ihr ein helleres Ansehen zu geben, wird die Wurzel manchmal mit schwefliger Säure gebleicht, wodurch sie natürlich zur Fabrikation von ätherischem Öl unbrauchbar wird.

Zuweilen sind indische Wurzeln[2]) an den Londoner Markt gekommen, haben sich aber wegen ihrer schlechten Beschaffenheit — wesentlich wohl infolge unrichtiger Sammlungs- und Behandlungsweise — bisher für Destillationszwecke als unbrauchbar erwiesen.

Bei der Dampfdestillation gibt die Veilchenwurzel nur 0,1 bis 0,2% ätherisches Öl. Die Destillation ist wegen des starken Aufschäumens der Flüssigkeit, wesentlich durch den hohen Stärkemehlgehalt der Wurzel herbeigeführt, schwierig und zeitraubend,

---

[1]) Nähere Beschreibung der Kultur siehe U. Somma, Staz. sperim. agrar. ital. 34 (1901), 417. — G. L. Mazuyer, Americ. Perfumer 6 (1911), 31. — Daily Consular and Trade Report v. 1. Juni 1911; Bericht von Schimmel & Co. Oktober 1911, 52.

[2]) Bericht von Schimmel & Co. Oktober 1890, 45.

Man hat zur Erleichterung der Destillation einen Zusatz von Schwefelsäure empfohlen, wodurch die Irisstärke teilweise in Zucker umgewandelt wird. Dies Verfahren hat sich aber, weil es den Geruch des Öles beeinträchtigt, nicht bewährt.

Zusammensetzung. Die Hauptmasse des Irisöles, etwa 85%, bildet die völlig geruchlose Myristinsäure[1]). Der den veilchenartigen Geruch bedingende Körper ist das Iron, ein Keton der Formel $C_{13}H_{20}O$[2]). Außer diesen beiden Bestandteilen sind in dem Öle noch geringe Mengen von Myristinsäuremethylester, von Ölsäure und deren Estern anwesend.

Zur Gewinnung des Irons aus dem Irisöl entfernt man nach Tiemann und Krüger[2]) zunächst die Myristinsäure durch verdünnte Kalilauge, schüttelt diese mit Äther aus und destilliert das Ätherextrakt mit Wasserdampf.

Im Rückstande verbleiben Iregenin, Iridinsäure und Ester der Myristin- und Ölsäure, während Myristinsäuremethylester, Ölsäure und einer ihrer Ester mit dem Iron überdestillieren. Bei der wiederholten Dampfdestillation des ersten Destillats geht das Iron zuerst über, wodurch es von den genannten anderen Bestandteilen einigermaßen getrennt werden kann.

Zur Reinigung wird das Iron alsdann mit Phenylhydrazin in sein Phenylhydrazon übergeführt und aus diesem mit Schwefelsäure abgeschieden. Um ganz reines Iron zu erhalten, wird das kristallisierende Ironoxim dargestellt und dieses durch verdünnte Säure zerlegt.

Iron hat nach Tiemann und Krüger das spez. Gewicht 0,939 bei 20°, siedet im Vakuum bei 144° (16 mm) und dreht das polarisierte Licht in 100 mm langer Schicht ungefähr 40° nach rechts. In Wasser ist es fast unlöslich, aber leicht löslich in Alkohol, Äther, Chloroform, Benzol und Ligroin. Näheres über die Konstitution siehe Bd. I, S. 487, wo auch Konstanten und Derivate angegeben sind.

Der Geruch des reinen Irons ist scharf und im konzentrierten Zustande anscheinend völlig verschieden von dem der Veilchen.

---

[1]) F. A. Flückiger, Arch. der Pharm. 208 (1876), 481. Von älteren Angaben vgl. Vogel, Journ. de Pharm. III. 1 (1815), 483, Trommsdorffs Journ. der Pharm. 24 II. (1815), 64, Dumas, Journ. de Pharm. II. 21 (1835), 191 und Liebigs Annalen 15 (1835), 158.

[2]) Berl. Berichte 26 (1893), 2675.

Der Veilchengeruch tritt aber in deutlicher Weise hervor, wenn Iron in einer großen Menge Alkohol gelöst wird und dieser dann an der Luft verdunstet.

Eine im Laboratorium von Schimmel & Co.[1]) ausgeführte Untersuchung erstreckte sich hauptsächlich auf die leichter als Iron flüchtigen Bestandteile des flüssigen Irisöls, also auf den schlecht riechenden Vorlauf, der bei Darstellung des flüssigen Irisöles entfernt wird. Das verarbeitete Öl (etwa 100 g) ging zwischen 40 und 92° (5 mm) über. Es war von goldgelber Farbe und roch unangenehm basisch, etwas an Skatol erinnernd. Der nach häufigem Fraktionieren zwischen 160 und 170° siedende Teil enthielt Furfurol (Rotfärbung mit einer Lösung von salzsaurem Anilin in Anilin). Geruch sowie sonstige Eigenschaften einer der nächst höheren Fraktionen vom Sdp. 171 bis 173° sprachen für die Anwesenheit eines Terpens, das jedoch nicht näher charakterisiert werden konnte (d_{18° 0,8611; $\alpha_D + 10°40'$).

Bei der Behandlung einer von 45 bis 46° (10 mm) überdestillierenden Fraktion mit Bisulfitlauge entstand eine feste Verbindung, die beim Zersetzen einen Aldehyd lieferte, der bei der Oxydation Benzoesäure vom Smp. 122 bis 123° gab, also aus Benzaldehyd bestand.

Eine gegen 60° (5 mm) siedende Fraktion lieferte in geringer Menge ein bei 100 bis 101° schmelzendes Semicarbazon des n-Decylaldehyds.

Die zwischen 65 und 90° (4 mm) siedenden Anteile reagierten ebenfalls mit Natriumbisulfit. Der aus der reinen Bisulfitverbindung regenerierte Aldehyd destillierte bei 80° (5 mm). Sein Semicarbazon (Smp. 167 bis 168°) gab bei der Elementaranalyse Werte, die auf das Semicarbazon eines Nonylaldehyds hinwiesen. Das nach der Beckmannschen Methode der Gefrierpunktserniedrigung in Benzol bestimmte Molekulargewicht wurde damit übereinstimmend zu 192,5 gefunden (berechnet 199). Die Oxydation des Aldehyds mit feuchtem Silberoxyd ergab eine ölige, fettsäureartig riechende Säure, die bei starker Kälte zu blättrigen Kristallen erstarrte, wenig über 0° aber wieder schmolz. Sie sott im Vakuum bei 128° (4 mm), unter Atmosphärendruck bei 253 bis 254°. Die Analyse des wenig lichtbeständigen

---

[1]) Bericht von Schimmel & Co. April 1907, 53.

Silbersalzes deutete auf eine Nonylsäure hin. Das Zinksalz der aus dem Silbersalz regenerierten Säure schmolz bei 127 bis 128°, das Kupfersalz wenig oberhalb 200°. Somit ist der fragliche Aldehyd ein Nonylaldehyd, der bei der Oxydation in eine Nonylsäure übergeht, deren Eigenschaften und Salze eine große Übereinstimmung mit denen der Pelargonsäure zeigen.

Ein aus den aldehydfreien Fraktionen durch fraktionierte Destillation isoliertes Öl vom Sdp. 73 bis 75° (4 mm) schied bei niederer Temperatur reichliche Mengen blättriger Kristalle von Naphthalin (Elementaranalyse; Smp. 80 bis 80,5°) ab.

Die Fraktion vom Sdp. 65 bis 71° (4 mm) enthielt ein Keton von minzigem Geruch; die Analyse des bei 217 bis 218° schmelzenden Semicarbazons ließ ein Keton der Formel $C_{10}H_{18}O$ vermuten. Außerdem enthielt das Öl Spuren einer Base, eines Phenols und eines mit Phthalsäure reagierenden Alkohols.

Schließlich wurde festgestellt, daß der Ölsäurealdehyd, der nach Tiemanns und Krügers Angaben im durch Extraktion gewonnenen Irisöl vorkommen soll, keinen Bestandteil des destillierten Öles bildet. Der Ölsäurealdehyd $C_{18}H_{34}O$ war bisher in der chemischen Literatur nicht bekannt. Der zum Vergleich durch Destillation eines Gemenges von ölsaurem und ameisensaurem Kalk dargestellte, durch die Bisulfitverbindung gereinigte Aldehyd hatte folgende Eigenschaften: Sdp. 168 bis 169° (3 bis 4 mm), $d_{18°}$ 0,8513, $n_{D20°}$ 1,45571. Sein Geruch ist ziemlich schwach und gleicht dem der höheren Fettaldehyde. Beim Abkühlen erstarrt der Aldehyd zu einer wachsartigen Masse. Sein Semicarbazon schmilzt bei 87 bis 89°.

Bei der Prüfung der höchstsiedenden Teile des Irisöls — verwendet wurde dazu eine zwischen 140 und 180° (3 bis 4 mm) destillierende Fraktion — entstand keine Doppelverbindung mit Bisulfit. Demnach ist der Ölsäurealdehyd kein Bestandteil des destillierten Irisöls.

In den Kohobationswässern der Irisöldestillation sind folgende Verbindungen nachgewiesen worden:[1]) Acetaldehyd (Sdp. 51 bis 57°; Reduktion von ammoniakalischer Silberlösung), Methylalkohol (Oxalsäuredimethylester, Smp. 54°), Diacetyl (Osazon, Smp. 242°) und Furfurol (Semicarbazon, Smp. 197°).

---

[1]) Bericht von Schimmel & Co. Oktober 1908, 62.

Eigenschaften. Irisöl bildet eine bei gewöhnlicher Temperatur gelblich weiße oder gelbe Masse von ziemlich harter Beschaffenheit und starkem, an die trockne Veilchenwurzel erinnerndem Geruch; es schmilzt bei ungefähr 40 bis 50° zu einer gelben bis gelbbraunen Flüssigkeit.[1])

Irisöl ist schwach rechtsdrehend. Die Säurezahl, ungefähr 204 bis 236, entspricht einem Gehalt von 83 bis 96 % Myristinsäure, die Esterzahl beträgt 2 bis 10.

Das von Schimmel & Co. hergestellte flüssige Irisöl[2]), das nur die wohlriechenden Bestandteile des Öls enthält, hat folgende Konstanten: $d_{15°}$ 0,93 bis 0,94, α_D + 14 bis + 30°, $n_{D20°}$ um 1,495, S. Z. 1 bis 8, E. Z. 20 bis 40; löslich in 1 bis 1,5 Vol. 80 %igem Alkohol und mehr.

Verfälschungen. Als Irisöl wird im Handel zuweilen ein flüssiges oder halbflüssiges Öl angetroffen, welches durch Destillation von Iriswurzeln mit Cedern- oder anderen Ölen, gewonnen wird, oder das lediglich ein Gemenge von derartigen Ölen mit etwas Irisöl ist.

Ein solches Öl hatte folgende Eigenschaften[3]): $d_{15,5°}$ 0,9489, α_D — 28,25°, Erstp. — 5°. Bei einem anderen[4]) wurde gefunden: $d_{15°}$ 0,9452, α_D — 21° 14', nicht löslich in 80 %igem Alkohol. Bei beiden spielt, wie man aus der Linksdrehung ersieht, ein anderes, stark linksdrehendes Öl, wie Cedernöl oder Gurjunbalsamöl, eine gewisse Rolle.

Ein Gemenge von 97,5 T. Acetanilid mit 2,5 T. Irisöl wurde vor Jahren als „Irisol" zu enormem Preise in den Handel gebracht.

Statistisches. Der Export[5]) von Iriswurzeln aus Livorno betrug in den letzten 10 Jahren:

Von	September	1902	bis	August	1903	840	Tons,
„	„	1903	„	„	1904	820	„
„	„	1904	„	„	1905	500	„
„	„	1905	„	„	1906	920	„
„	„	1906	„	„	1907	550	„
„	„	1907	„	„	1908	525	„
„	„	1908	„	„	1909	755	„
„	„	1909	„	„	1910	760	„
„	„	1910	„	„	1911	560	„
„	„	1911	„	„	1912	690	„

[1]) Um jede nachteilige Überhitzung zu vermeiden, schmilzt man das Öl durch Einstellen der Flasche in warmes Wasser von etwa 60°.

[2]) Bericht von Schimmel & Co. April 1901, 36.

[3]) *Ibidem* April 1900, 30.

[4]) *Ibidem* April 1908, 56.

[5]) *Ibidem* Oktober 1912, 68.

161. Öl von Iris versicolor.

Das Öl der in Nordamerika wachsenden *Iris versicolor* L. wurde von F. B. Power und A. H. Salway[1]) in einer Ausbeute von 0,025 % aus trocknen Wurzeln gewonnen. Es ist gelb, von etwas unangenehmem, scharfem Geruch: $d_{20°}^{20°}$ 0,9410, $\alpha \pm 0$. Von Bestandteilen wurde nur Furfurol nachgewiesen.

Familie: ZINGIBERACEAE.

162. Curcumaöl.

Herkunft und Gewinnung. Die in Südasien einheimische Curcumapflanze, *Curcuma longa* L. (Familie der *Zingiberaceae*), wird wegen des in ihrer Wurzel enthaltenen gelben Farbstoffs in Indien und dem südlichen und östlichen China angebaut. Bei der Destillation mit Wasserdampf gibt die Curcumawurzel 3 bis 5,5 % ätherisches Öl.

Eigenschaften. Curcumaöl ist eine orangegelbe, etwas fluorescierende, schwach nach Curcuma riechende Flüssigkeit vom spez. Gewicht 0,942 bis 0,961. Die Drehungsrichtung des Öls ist verschieden. Ein Öl aus alter Wurzel unbekannter Herkunft hatte $\alpha_D + 22° 2'$, ein aus Wurzel von Madras gewonnenes $-23°$. Als die Drehung nach 7, bezw. 4 Jahren nachgeprüft wurde, zeigte das erste Öl $\alpha_D + 34° 15'$, das zweite $-18° 55'$; es war also bei beiden Ölen eine starke Drehungszunahme nach rechts festzustellen. S. Z. 1,6 bis 3,1; E. Z. 7,8 bis 16; E. Z. nach Actlg. 30 bis 53. Mit ½ bis 1 Vol. 90 %igen Alkohols gibt es eine klare Lösung, die sich bei weiterem Alkoholzusatz zuweilen milchig trübt.

Ein von F. Bacon[2]) auf den Philippinen in einer Ausbeute von 2,4 % gewonnenes Curcumaöl löste sich in 75 %igem oder stärkerem Alkohol in jedem Verhältnis; $d_{30°}^{30°}$ 0,930; $\alpha_{D30°}$ 8,6° (+?); $n_{D30°}$ 1,5030; E. Z. 81.

Zusammensetzung. Nach Bolley, Suida und Daube[3]) beginnt Curcumaöl bei ca. 220° zu destillieren und gerät bei 250°

[1]) Americ. Journ. Pharm. 83 (1911), 2.
[2]) Philippine Journ. of Sc. 5 (1910), A, 262.
[3]) Journ. f. prakt. Chem. 103 (1868), 474.

in volles Sieden; später tritt Zersetzung ein. Beim Zufügen von Schwefelammonium zu dem bei 230 bis 250° Übergegangenen schieden sich Kristalle aus, die von den genannten Autoren für Schwefelwasserstoffcarvon gehalten wurden. F. A. Flückiger[1]) erhielt mit keiner Fraktion des Öls eine Schwefelwasserstoffverbindung, woraus hervorgeht, daß es kein Carvon enthält.

Durch Extraktion der mit Wasser ausgekochten und wieder getrockneten Wurzel mit Schwefelkohlenstoff erhielt J. Kachler[2]) 8 % eines dickflüssigen Öls, das sich nicht verseifen ließ.

C. L. Jackson und A. E. Menke[3]) sowie Jackson und W. H. Warren[4]) gingen ebenfalls von einem Öl aus, das nicht durch Destillation mit Wasserdampf, sondern durch Extraktion mit Ligroin gewonnen war. Ihr Hauptprodukt war deshalb stets mit Petroleumkohlenwasserstoffen verunreinigt. Sie isolierten durch wiederholte Destillation im Vakuum als Hauptbestandteil einen Alkohol, den sie Turmerol nannten und dem nach den Analysen die Formel $C_{13}H_{18}O$ oder $C_{14}H_{20}O$ zukommt; er hatte folgende Eigenschaften: Sdp. 158 bis 163° (11 bis 12 mm), $d_{4°}^{24°}$ 0,9561, $[\alpha]_D + 24,58°$. Mit Salzsäure oder Phosphortrichlorid wurde ein Chlorid und mit Natrium eine Natriumverbindung erhalten, die sich mit Isobutyljodid zu einem Äther umsetzte. Bei der Oxydation mit verdünnter Salpetersäure entstand Paratoluylsäure (Smp. 178°), mit Kaliumpermanganatlösung Terephthalsäure.

Anders verläuft die Oxydation bei Anwendung von Chromsäure. Ivanow-Gajevsky[5]) erhielt hierbei aus der von 280 bis 290° siedenden Fraktion Valerian- und Capronsäure.

Die neuesten Untersuchungen sind von H. Rupe[6]) zusammen mit E. Luksch[7]), A. Steinbach und J. Bürgin ausgeführt worden. Es ist ihnen nicht gelungen, das Turmerol rein darzustellen, auch war es ihnen nicht möglich, die von Jackson beschriebenen Verbindungen dieses Körpers mit Natrium, oder das Chlorid oder einen Ester zu erhalten. Stets konnte nach

---

[1]) Berl. Berichte 9 (1876), 470.
[2]) *Ibidem* 3 (1870), 713.
[3]) Americ. chem. Journ. 4 (1882), 368; Pharmaceutical Journ. III. 13 (1883), 839; Chem. Zentralbl. 1883, 438.
[4]) Americ. chem. Journ. 18 (1896), 111; Chem. Zentralbl. 1896, I. 757.
[5]) Berl. Berichte 5 (1872), 1102.
[6]) *Ibidem* 40 (1907), 4909; 42 (1909), 2515; 44 (1911), 584, 1218.
[7]) E. Luksch, Über Curcumaöl. Inaug. Dissert., Basel 1906.

der Behandlung mit Natrium, Salzsäure oder Phosphortrichlorid das später beschriebene Curcumon isoliert werden, das aber in dem ursprünglichen Öl nicht enthalten war. Behandelt man den Hauptbestandteil des Curcumaöls, der nach mehrmaligem Fraktionieren von 155 bis 158° (11 mm) übergeht, mit Lauge oder Säure, so entsteht ein Keton $C_{13}H_{18}O$, das Curcumon, ein Isomeres des Turmerols. Zur Darstellung dieses Körpers kann man auch von dem Öl selbst ausgehen, indem man 100 g Curcumaöl mit dem gleichen Vol. Alkohol und 30%iger Kalilauge 3 Stunden am Rückflußkühler kocht. Nach dem Erkalten verdünnt man mit Wasser und extrahiert 3 bis 4 mal mit Äther. Die Ätherlösung wäscht man mit verdünnter Phosphorsäure und trocknet sie über Pottasche. Das rohe, von 115 bis 130° (10 mm) siedende Keton wird über die Bisulfitverbindung gereinigt.

Curcumon ist ein farbloses, nicht ganz leichtflüssiges Öl von scharfem, ingwerartigem Geruch und hat folgende Konstanten: Sdp. 119 bis 122° (8 bis 11 mm), $d_{20°}$ 0,9566, $[\alpha]_{D20°}$ +80,55°, n_D 1,50526, Mol.-Refr. gef. 58,98, ber. 58,93. Von Derivaten sind dargestellt worden, das Oxim, Sdp. 159° (11 mm), Phenylhydrazon, Smp. 92°, p-Bromphenylhydrazon, Smp. 71°, Benzylidencurcumon, Smp. 106°, Piperonalcurcumon, Smp. 113° und das Kondensationsprodukt mit Anisaldehyd vom Smp. 77 bis 78°.

Bei der Oxydation des Curcumons mit Kaliumpermanganat enstanden Terephthalsäure (Smp. des Methylesters 140°), p-Tolylmethylketon (Semicarbazon, Smp. 204 bis 205° beim sehr langsamen Erwärmen) und p-Acetylbenzoesäure (Benzylidenverbindung, Smp. 232 bis 233°). Mit unterbromiger Säure bildete sich außer Bromoform eine mit Wasserdampf flüchtige Säure, die über das Calciumsalz gereinigt wurde. Sie zeigte die Konstanten: Smp. 33 bis 34°, Sdp. 168 bis 170° (12 mm), $[\alpha]_{D20°}$ +31,15° (9,9%ige Lösung in Alkohol). Die Säure, Curcumasäure, hat die Zusammensetzung $C_{12}H_{16}O_2$, und ist aus dem Curcumon $C_{13}H_{18}O$ durch Oxydation der Gruppe $COCH_3$ zu COOH entstanden. Wie durch die Synthesen der γ-Methyl-γ-p-tolylbuttersäure und der p-Tolylmethyläthylessigsäure nachgewiesen worden ist, sind diese nicht identisch mit der Curcumasäure.

In dem Rückstande der Wasserdampfdestillation der Curcumasäure war eine kleine Menge einer Säure enthalten, die nach der Regenerierung aus dem Calciumsalz in großen, glänzenden

Nadeln vom Smp. 150 bis 151° kristallisierte. Sie ist wahrscheinlich eine Oxycurcumasäure. Beim Erwärmen mit Permanganatlösung liefert sie Terephthalsäure.

Aus der Curcumasäure entsteht bei der Oxydation mit Kaliumpermanganat das mit Wasserdampf flüchtige p-Tolylmethylketon (Smp. des Semicarbazons 204 bis 205°). Im Rückstand von der Wasserdampfdestillation wurde eine Dicarbonsäure $C_{12}H_{14}O_4$ vom Smp. 226 bis 228° nachgewiesen.

Die niedrigst siedenden Anteile des Curcumaöls bestehen aus d-α-Phellandren[1]) (Nitrit, Smp. 108°[2])).

163. Zitwerwurzelöl.

Oleum Zedoariae. — Essence de Zédoaire. — Oil of Zedoary.

Herkunft und Gewinnung. Die Wurzelstöcke der zur Familie der *Zingiberaceae* gehörenden *Curcuma Zedoaria* Roscoe (*Curcuma Zerumbet* Roxb.) kommen hauptsächlich von Ceylon über Bombay in den Handel. Die Pflanze wird dort seit langer Zeit kultiviert, weil ihre Blätter von einem Teile der Bevölkerung als beliebtes Küchengemüse gebraucht werden.[3])

Die trockne Wurzel gibt bei der Destillation 1 bis 1½% Öl. R. F. Bacon[4]) erhielt, augenscheinlich aus frischer, bei Manila gewachsener Wurzel nur ca. 0,1%.

Eigenschaften. Zitwerwurzelöl ist eine etwas dickliche, ölige Flüssigkeit. Seine Farbe, in dünner Schicht grünlich, ist in dicker Schicht im auffallenden Licht grünschwarz, im durchfallenden rötlich schimmernd. Der Geruch erinnert an Ingweröl, ist jedoch von diesem durch einen campherartigen Nebengeruch, der durch Cineol hervorgerufen wird, verschieden. $d_{15°}$ 0,982 bis 1,01; α_D + 8 bis + 17°; $n_{D20°}$ 1,50233 bis 1,50556; S. Z. 0,3 bis 2,4; E. Z. 16 bis 21; E. Z. nach Actlg. 56 bis 66; lösl. in 1½ bis 2 Vol. 80%igen Alkohols.

Zusammensetzung. Die niedrigstsiedenden Anteile, die nur einen kleinen Bruchteil der Gesamtmenge des Öls ausmachen, enthalten Cineol (Bromwasserstoff-Verbindung)[5]).

[1]) Bericht von Schimmel & Co. Oktober 1890, 17.

[2]) Luksch, *loc. cit.*

[3]) Flückiger, Pharmakognosie S. 369. — Dymock, Materia medica of Western India. Bombay und London 1885, p. 772.

[4]) Philippine Journ. of Sc. 5 (1910), A, 261.

[5]) Bericht von Schimmel & Co. Oktober 1890, 53.

H. Haensel[1]) beobachtete Kristalle von Smp. 142,5°, die sich aus „schwerem Zitwerwurzelöl“ ($d_{15°}$ 1,0322; $\alpha_{D20°}$ + 20°) abgeschieden hatten. Der Körper (Analyse: C 76,3 %, H 9,8 %, O 13,9 %) drehte in alkoholischer Lösung stark rechts und war weder Säure, noch Aldehyd, noch Keton.

Der Sesquiterpenalkohol, den Bacon[2]) aus den von 140 bis 166° (7 mm) siedenden Anteilen dieses Öls isoliert hat, besitzt einen kräftigen, ziemlich angenehmen Geruch, der das charakteristische Aroma des Zitwerwurzelöls verursacht. Er ist durch ein großes Kristallisationsvermögen ausgezeichnet; sehr häufig wurden aus Alkohol Kristalle von mehreren Zentimetern Länge erhalten. Der Schmelzpunkt liegt bei 67°, der Siedepunkt läßt sich nicht bestimmen, denn schon unterhalb der Siedetemperatur fängt der Alkohol an zu sublimieren; $d_{30°}^{30°}$ 1,01; $\alpha_D \pm 0$. Mit konzentrierter Schwefelsäure entsteht zuerst Rotfärbung, sodann findet Verkohlung statt. Mit heißer konzentrierter Salpetersäure bildet sich ein farb- und geruchloser fester Körper, der sich in 10 %iger Natronlauge mit roter Farbe löst und von Säuren wieder ausgefällt wird. Wird die Lösung in Petroläther mit Phosphorpentachlorid versetzt, so findet keine Reaktion statt, diese setzt erst nach Zugabe eines Tropfens konzentrierter Ameisensäure ein unter Bildung eines harten Harzes.

164. Hedychiumöl.

Das Öl der Blüten der in Java angebauten Pflanze *Hedychium coronarium* L. var. *maximum* Eichler (Familie der *Zingiberaceae*) hat einen lieblichen und feinen, aber nur sehr schwachen Geruch. Spez. Gewicht 0,869; α_D — 0° 28′[3]).

T. Peckolt[4]) erhielt aus den Blüten der in Brasilien gewachsenen Pflanze 0,023 bis 0,029 % Öl; $d_{15°}$ 0,869.

165. Öl von Kaempferia rotunda.

Kaempferia rotunda L. (Familie der *Zingiberaceae*) lieferte früher das *Rhizoma Zedoariae rotundae* der Apotheken. Bei

[1]) Jahresb. f. Pharm. 1900, 338. — Pharm. Ztg. 44 (1899), 752.
[2]) Philippine Journ. of Sc. 5 (1910), A, 261.
[3]) Bericht von Schimmel & Co. April 1894, 58.
[4]) Pharm. Rundsch. (New York) 11 (1893), 287.

der Destillation gibt die Wurzel 0,2% Öl[1]) von hellgelber Farbe und angenehmem, zuerst campherartigem, später entschieden estragonähnlichem Geruch. Das spez. Gewicht des frischen Öls schwankt von 0,886 bis 0,894[1]) bei 26°. Ein anderes, jedenfalls schon älteres Öl hatte das spez. Gewicht 0,945[2]) bei 15° und a_D + 13° 4′ bis 14°. Bei der Destillation siedete die Hälfte unter 200°, die andere Hälfte größtenteils bei 240°[1]). Das Öl enthält Cineol[2]).

166. Öl von Kaempferia Galanga.

Kaempferia Galanga L., die in Java von den Eingeborenen für medizinische Zwecke und zum Küchengebrauch angebaut wird, enthält in ihrem Rhizom ein flüchtiges Öl, das von P. van Romburgh[3]) untersucht worden ist. Bei der Destillation der als „Kentjoer" oder „Tjekoer" bekannten Wurzel mit Wasserdampf ging zuerst ein auf Wasser schwimmendes Öl über, während die später destillierenden Anteile darin untersanken und teilweise zu einer kristallinischen Masse erstarrten. Durch Umkristallisieren aus Alkohol wurden sehr große, durchsichtige, glänzende Kristalle vom Smp. 50° erhalten, die aus dem Äthylester der p-Methoxyzimtsäure bestanden.

Bei der Untersuchung der flüssigen Anteile des Öls erhielt derselbe Autor[4]) eine von 155 bis 165° (30 mm) siedende Fraktion, die aus Zimtsäureäthylester bestand. Dieser Körper, der fast den vierten Teil des Öls ausmacht, war nur schwierig von einer fast gleich siedenden Substanz zu befreien. Schließlich gelang die Trennung durch Behandeln des Gemisches mit 80%igem Alkohol, in dem sich die Hauptmenge des Esters löste. Der übrigbleibende Teil wurde durch Kochen mit Kali, Behandeln mit einer Lösung von Brom in Chloroform und Schütteln mit konzentrierter Schwefelsäure gereinigt. Auf diese Weise erhielt van Romburgh eine inaktive, farb- und geruchlose Flüssigkeit

[1]) Verslag van 's Lands Plantentuin, Buitenzorg 1893, 55.

[2]) Bericht von Schimmel & Co. April 1894, 57.

[3]) On the crystallised constituent of the essential oil of *Kaempferia Galanga* L. Koninklijke Akademie van Wetenschappen te Amsterdam. Reprinted from: Proceedings of the Meeting of Saturday May 26th, 1900.

[4]) On some further constituents of the essential oil of *Kaempferia Galanga* L. Koninklijke Akademie van Wetenschappen te Amsterdam. May 1902, 618.

vom Sdp. 267,5° (738 mm) und d_{28° 0,766, die beim Abkühlen vollständig erstarrte. Durch Analyse und Molekulargewichtsbestimmung wurde die Formel $C_{15}H_{32}$ ermittelt. Der einzige bisher bekannte Kohlenwasserstoff dieser Zusammensetzung ist das von Krafft beschriebene Pentadekan, dessen Eigenschaften mit dem gefundenen Körper so gut übereinstimmen, daß an der Identität beider nicht gezweifelt werden kann. Mehr als die Hälfte des flüssigen Anteils des Kaempferiaöls besteht aus diesem Paraffin.

Ein anderes aus Java stammendes Öl hatte d_{26° 1,0174; α_{D26° —16°; n_{D26° 1,54284. Es löste sich in 1 Vol. 80%igem Alkohol, bei Mehrzusatz entstand starke Opalescenz.

167. Galgantöl.

Oleum Galangae. — Essence de Galanga. — Oil of Galangal.

Herkunft und Gewinnung. Die der Familie der *Zingiberaceae* angehörende *Alpinia officinarum* Hance ist ursprünglich auf der chinesischen Insel Hai-nan einheimisch und wird jetzt dort, auf der ihr gegenüberliegenden Halbinsel Lei-tschou und den benachbarten Küsten, sowie auch in Siam kultiviert. Sie ist als *Rhizoma Galangae* officinell. Bei der Destillation der zerkleinerten Wurzel mit Wasserdampf erhält man 0,5 bis 1% ätherisches Öl.

Eigenschaften. Galgantöl bildet eine grünlichgelbe, nicht sehr dünne Flüssigkeit von campherartigem Geruch und anfangs schwach bitterem, später etwas kühlendem Geschmack.

Das spez. Gewicht liegt zwischen 0,915 und 0,921, der Drehungswinkel zwischen —1°30′ und —5°30′. n_{D20° 1,476 bis 1,482; S. Z. bis 2; E. Z. etwa 14; E. Z. nach Actlg. 40 bis 45. Mit ½ und mehr Vol. 90%igen Alkohols läßt es sich mischen, von 80%igem Alkohol sind 10 bis 25 Vol. zur klaren Lösung erforderlich.

Zusammensetzung. Die niedrigst siedenden Anteile bestehen nach Schindelmeiser[1]) aus d-α-Pinen (Nitrosochlorid; Nitrolpiperidid). Ein weiterer Bestandteil, dem das Öl seinen campherartigen Geruch verdankt, ist Cineol (Bromwasserstoffverbindung)[2]). Durch Ausschütteln des Öls mit Natronlauge isolierte P. K. Horst[3])

[1]) Chem. Ztg. 26 (1902), 308.

[2]) Bericht von Schimmel & Co. April 1890, 21.

[3]) Pharm. Zeitschr. f. Rußland 39 (1900), 378.

etwa 25% Eugenol (Benzoyleugenol, Smp. 69 bis 70,5°). Aus der zwischen 230 und 240° siedenden Fraktion des Öls ($d_{20°}$ 0,932; $\alpha_{D20°}$ — 27° 12′; $n_{D20°}$ 1,4922) hat Schindelmeiser[1]) ein dickflüssiges, bei 145 bis 150° (10 mm) siedendes Hydrochlorid gewonnen, das beim Abkühlen erstarrte und nach vielfachem Umkristallisieren aus Alkohol und Wasser den Schmelzpunkt 51° aufwies. Eine Chlorbestimmung führte zur Formel $C_{15}H_{24} \cdot 2HCl$. Da bisher von keinem Sesquiterpen ein Dichlorhydrat von dem angegebenen Schmelzpunkt bekannt ist, scheint ein neuer Kohlenwasserstoff vorzuliegen. In den höher siedenden Anteilen (Sdp. 274 bis 276°) wird Cadinen vermutet.

168. Öl von Alpinia Galanga.

Die früher als *Rhizoma* s. *Radix Galangae majoris* in den Handel gekommene Wurzel von *Alpinia Galanga* Willd. gibt bei der Destillation eine Ausbeute von 0,04% (frische Wurzel) Öl. Ein von A. J. Ultée in Salatiga (Java) stammendes Muster von citronengelber Farbe und von eigentümlichem, kräftig gewürzigem Geruch hatte nach einer Untersuchung im Laboratorium von Schimmel & Co.[2]) folgende Eigenschaften: $d_{15°}$ 0,9847, α_D + 4° 20′, $n_{D20°}$ 1,51638, S. Z. 1,8, E. Z. 145,6, löslich in 1 Vol. 80%igen Alkohols, bei Zusatz von 3 Vol. trat Opalescenz ein.

Ein zweites Öl ist von Ultée[3]) selbst untersucht worden. Es hatte die Konstanten: $d_{20°}$ 0,968, $\alpha_{27,5°}$ ca. + 6°. Das Öl enthielt 48% Zimtsäuremethylester (Smp. 34°), der Cineolgehalt (Sdp. des Cineols 175 bis 177°; Smp. der Jodolverbindung 112°) dürfte etwa 20 bis 30% betragen. Ferner wurden ein terpentinähnlich riechender Kohlenwasserstoff vom Sdp. 151 bis 161° ($d_{26°}$ 0,8566; $\alpha_{27°}$ + 14,90°), wahrscheinlich d-Pinen, sowie Campher (Smp. 170 bis 175°) gefunden.

Auch aus den Blättern von *Alpinia Galanga* läßt sich, aber nur in geringer Ausbeute, ein ätherisches Öl gewinnen, das höchst wahrscheinlich Zimtsäuremethylester enthält, denn es lieferte nach der Verseifung Zimtsäure[3]).

---

[1]) Chem. Ztg. 26 (1902), 308.

[2]) Bericht von Schimmel & Co. Oktober 1910, 138.

[3]) Mededeelingen van het Algemeen-Proefstation op Java te Salatiga II. Serie Nr. 45; (Abdruck aus Cultuurgids 1910, II. Lfr. 8); Bericht von Schimmel & Co. April 1911, 19.

169. Öl von Alpinia malaccensis.

Der frische Wurzelstock der auf Java wildwachsenden *Alpinia malaccensis* Roscoe *(Ladja goah)* liefert bei der Destillation etwa 0,25 % Öl von angenehmem Geruch. Sein spez. Gewicht schwankt zwischen 1,039 und 1,047 bei 27°. Es dreht das polarisierte Licht im 200 mm langen Rohre zwischen 0,25 und 1,5° nach rechts.

Das Öl wird bei geringer Abkühlung größtenteils fest, wobei sich prächtige lange Nadeln abscheiden. Die Kristalle bestehen, wie die Untersuchung zeigte, aus Zimtsäuremethylester.

Ein Öl vom Erstp. 25,5° hatte die V. Z. 279,5 = 80,5 % Zimtsäuremethylester. Es löste sich in 1 Vol. 80 %igen Alkohols klar auf[1]); ein anderes Öl hatte folgende Konstanten: $d_{15°}$ 1,0493, α_D —0° 20′, $n_{D20°}$ 1,54768, Erstp. 19,6°, S. Z. 1,8, E. Z. 256,0 = 74,1 % Zimtsäuremethylester; löslich in 1 Vol. 80 %igem Alkohol, von 2 Vol. ab Paraffinabscheidung. (Beobachtung im Laboratorium von Schimmel & Co.).

Auch das Öl der Blätter ist von P. van Romburgh[2]) hergestellt und untersucht worden. Aus 700 Kilo frischen Blättern wurden 1100 ccm = 0,16 % Öl erhalten. $d_{26°}$ 1,02; α_D + 6,5°. Beim Behandeln des Öls mit Natronlauge werden etwa 25 % nicht angegriffen und man erhält eine flüchtige, größtenteils zwischen 160 und 170° siedende Verbindung. Diese kann man auch von dem etwa 75 % betragenden Methylcinnamat durch Destillation mit Wasserdampf trennen, das dann ziemlich rein im Rückstand bleibt und beim Abkühlen schön kristallisiert.

Der von 158 bis 160° siedende Anteil ($d_{26°}$ 0,857; α_D + 21° 50′) besteht aus d-α-Pinen (Nitrosochlorid, Smp. 108°; Nitrolpiperidid, Smp. 118 bis 119°).

170. Öl von Alpinia nutans.

Alpinia nutans Roscoe enthält in seiner Wurzel ein ätherisches Öl[3]). $d_{26°}$ 0,95. Ein großer Teil geht bei der Destillation unter 230°

[1]) P. van Romburgh, Koninklijke Akademie van Wetenschappen te Amsterdam 1898, 550.

[2]) *Ibidem* 1900, 445.

[3]) Verslag 's Lands Plantentuin te Buitenzorg 1897, 36.

über. Aus der von 255 bis 265° siedenden Fraktion wurde durch Verseifen mit methylalkoholischem Kali eine bei 134° schmelzende Säure — wahrscheinlich Zimtsäure — erhalten.

171. Ingweröl.

Oleum Zingiberis. — Essence de Gingembre. Oil of Ginger.

Herkunft und Gewinnung. *Zingiber officinale* Roscoe (*Amomum Zingiber* L.) ist ursprünglich im südlichen Asien einheimisch und wird wegen seines gewürzigen Rhizoms dort und auf den Inseln des südasiatischen Archipels, ferner in Japan, Westindien und in Afrika kultiviert. Ingwer wird hauptsächlich exportiert aus folgenden Ländern (nach der Höhe der Ausfuhr geordnet)[1]: China, Indien, Japan, Jamaica, Sierra Leone. Neuerdings ist auch die Kultur in Ostafrika aufgenommen worden, über die Prof. Dr. Zimmermann[2]) folgende Mitteilungen macht:

An die Fruchtbarkeit des Bodens stellt der Ingwer ziemlich hohe Anforderungen; dieser darf nicht zu fest und nicht sumpfig sein. Sandiger Lehmboden, der auch kalkhaltig ist, ist für die Ingwerkultur am günstigsten. Die Anzucht geschieht ausschließlich aus Stücken von Wurzelstöcken, die an trocknen Orten aufbewahrt und kurz vor der Aussaat in 3 bis 5 cm lange Stücke, von denen jedes mindestens ein Auge enthalten muß, zerschnitten werden. Die Anlage der Felder ist ähnlich wie bei einem Kartoffelfeld, und zwar besitzen die Kämme zweckmäßig eine Breite von 30 cm, die Furchen eine solche von 70 cm. Auf den Kämmen werden die Knollenstücke in Abständen von 25 bis 30 cm in 7 bis 10 cm tiefe Löcher ausgelegt, die dann gut mit Erde aufgefüllt werden, weil in Höhlungen liegende Knollen leicht faulen sollen.

Die Ernte beginnt, wenn die oberirdischen Teile verwelken, was im allgemeinen nach 9 bis 11 Monaten der Fall ist; die Knollen werden dann aus dem Boden herausgenommen. Die weitere Verarbeitung beginnt in allen Fällen damit, daß von den sorgfältig gewaschenen Knollen alle Wurzeln abgeschnitten werden.

[1]) Statistische Angaben über den Ingwerhandel siehe Bull. Imp. Inst. 10 (1912), 118; Bericht von Schimmel & Co. Oktober 1912, 66.

[2]) Mitteilungen aus dem Biologisch-Landwirtschaftlichen Institut Amani. 2. Juli 1904. Nr. 28. Sonderabdruck aus der „Usambara Post".

Dann ist die Behandlung eine verschiedene, je nachdem man getrockneten oder präservierten Ingwer bereiten will. Bei dem getrockneten kann man ferner wieder zwischen geschältem oder weißem und ungeschältem oder schwarzem Ingwer unterscheiden.

Bei Bereitung des geschälten Ingwers darf nur eine möglichst dünne Haut entfernt werden, da die aromatischen Bestandteile dicht unter der Epidermis abgelagert sind. Nach dem Schälen kommen die Knollen sofort wieder in reines Wasser, worin man sie über Nacht stehen läßt, um sie dann zu trocknen. Da beim geschälten Ingwer auf eine helle, möglichst weiße Farbe Gewicht gelegt wird, hat man versucht, die Farbe der Ingwerknollen durch chemische Mittel (Chlorkalk, Gips) zu verbessern, wovon aber dringend abzuraten ist.

Der ungeschälte Ingwer wird nach dem sorgfältigen Reinigen sofort getrocknet.

Der Ertrag eines Ingwerfeldes beläuft sich auf ca. 1100 bis 1700 kg pro ha; ausnahmsweise sollen 2200 kg pro ha geerntet sein. Die Ingwerpflanzen saugen den Boden sehr stark aus, so daß eine wiederholte Kultur auf demselben Boden nur bei starker Düngung möglich ist.

Getrockneter Ingwer gibt bei der Destillation im Durchschnitt 2 bis 3% ätherisches Öl. Einzelne Sorten geben weniger, so z. B. wurde aus japanischem Ingwer nur 1,23% erhalten. Ein Jamaica-Ingwer gab 1,072%[1]) und ein Kotschin-Ingwer 1,5%[2]) Ausbeute.

Eigenschaften. Ingweröl hat den aromatischen, nicht sehr kräftigen, aber anhaftenden Geruch des Ingwers, ohne jedoch seinen scharfen Geschmack zu besitzen. Es ist von grünlichgelber Farbe und etwas dickflüssig. $d_{15°}$ 0,877 bis 0,886, es sind jedoch auch einzelne leichtere und schwerere Öle beobachtet worden; α_D —28 bis —50°, es scheinen aber auch niedrigere Drehungen vorzukommen; S. Z. bis 2; E. Z. 0 bis 15; E. Z. nach Actlg. 33 bis 42. Ingweröl ist sehr schwer löslich in Alkohol: von 95%igem sind bis 7 Vol. erforderlich, dabei ist die Lösung nicht immer klar; in 90%igem Alkohol sind die Öle manchmal überhaupt nicht vollständig löslich.

---

[1]) H. Haensel, Pharm. Ztg. 48 (1903), 58.

[2]) H. Haensel, Apotheker Ztg. 20 (1905), 396.

Abweichend von dem aus afrikanischem oder aus Jamaica-Ingwer destillierten Öl verhielt sich ein Destillat aus japanischer Wurzel, das aber insofern als nicht ganz normales Öl zu betrachten ist, als es bei einer Probedestillation aus nur wenigen Kilo Ingwer gewonnen worden war. Es hatte das hohe spez. Gewicht 0,894 und war im Gegensatz zu der sonst stets beobachteten Linksdrehung rechtsdrehend, $\alpha_D + 9°40'$; es löste sich schon in 2 Vol. 90%igen Alkohols auf und gab keine Phellandrenreaktion.

Übrigens besaß ein anderes in Japan dargestelltes Ingweröl[1]) keine anderen Eigenschaften als die gewöhnlichen Öle. $d_{15°}$ 0,883; $\alpha_D - 26°52'$. Mit Natriumnitrit und Eisessig gab es eine deutliche Phellandrenreaktion.

Ein auf den Philippinen destilliertes und in einer Ausbeute von 0,072% (wahrscheinlich aus frischer Wurzel) erhaltenes Öl zeigte, wie R. F. Bacon[2]) mitteilt, folgende Eigenschaften: $d_{30°}^{30°}$ 0,8850, $\alpha_{D30°}$ 5,9° (+?), $n_{D30°}$ 1,4830, V. Z. 14. Das hellgelbe Öl löste sich in der zweifachen Menge 90%igen Alkohols u. m.

Zusammensetzung.[3]) In den niedrigst siedenden Anteilen des Ingweröls finden sich Terpene. Die Fraktion vom Sdp. 155 bis 165° hat ein dem Öl selbst entgegengesetztes Drehungsvermögen (+ 63°13') und besteht aus d-Camphen.[4]) Durch Behandeln mit Essigsäure und Schwefelsäure entsteht ein Acetat, das beim Verseifen Isoborneol, Smp. 212°, gibt, dessen Bromalverbindung bei 71° schmilzt. Das um 170° siedende Destillat enthält β-Phellandren[4]), es gibt ein bei 102° schmelzendes Nitrit.

Nicht unwesentlich für das Aroma des Öls sind drei von Schimmel & Co.[5]) nachgewiesene sauerstoffhaltige Bestandteile, nämlich Cineol, Citral und Borneol. Eine Fraktion, die bei Atmosphärendruck von 170 bis 175° destillierte, schied auf Zusatz von Jodol in reichlicher Menge die Jodolverbindung des Cineols (Smp. 112°) aus.

---

[1]) Bericht von Schimmel & Co. Oktober 1898, 46.

[2]) Philippine Journ. of Sc. 5 (1910), A, 259.

[3]) Die älteren Untersuchungen des Ingweröls brachten keine Aufklärungen über die Zusammensetzung. Papousek, Sitzungsberichte der Akademie der Wissenschaften zu Wien 9 (1852), 315; Liebigs Annalen 84 (1852), 352. — J. C. Thresh, Pharmaceutical Journ. III. 12 (1881), 243.

[4]) Bertram u. Walbaum, Journ. f. prakt. Chem. II. 49 (1894), 18.

[5]) Bericht von Schimmel & Co. Oktober 1905, 34.

Eine zwischen 90 und 105° bei 5 mm siedende Fraktion erstarrte und lieferte beim Absaugen Kristalle vom Geruch des Borneols, die nach dem Umkristallisieren aus Petroläther bei 204° schmolzen. Weitere Mengen Borneol sowie eine kleinere Menge eines nach Geraniol riechenden Alkohols ließen sich durch Erwärmen des flüssig gebliebenen Anteils der Fraktion mit Phthalsäureanhydrid in Benzollösung gewinnen. Die aus den Phthalestersäuren durch Verseifen mit alkoholischem Kali erhaltenen Alkohole blieben zum Teil flüssig; es muß also außer Borneol noch ein andrer Alkohol, vielleicht Geraniol, zugegen sein. Die freie Bornylphthalestersäure schmolz nach dem Umkristallisieren aus Benzol und Petroläther bei 164°. In den Fraktionen vom Sdp. 90 bis 122° (5 mm) fand sich außerdem noch Citral, das durch Schütteln mit Natriumbisulfitlauge in Form seiner festen Bisulfitverbindung abgeschieden und nach Zerlegung mit Sodalösung in die bei 179° schmelzende Citryl-β-naphthocinchoninsäure übergeführt wurde.

Durch Fraktionieren des verseiften Ingweröls haben H. von Soden und W. Rojahn[1]) ein neues Sesquiterpen erhalten, das sie Zingiberen nennen und das folgende Eigenschaften hat: $d_{15°}$ 0,872, α_D — 69°. Unter Luftdruck siedet es nicht ganz unzersetzt bei 269 bis 270°, unter 14 mm bei 134°. Die Elementaranalyse gab auf $C_{15}H_{24}$ stimmende Zahlen.

O. Schreiner und E. Kremers[2]) stellten verschiedene charakteristische Derivate des Zingiberens dar, die im I. Bande, S. 346 beschrieben sind.

Aus dem Vorlauf des Ingweröls isolierten v. Soden und Rojahn mit Bisulfit einen Aldehyd, zu dessen genauerer Untersuchung die Menge jedoch zu gering war.

F. D. Dodge[3]) fand im Öl des Jamaica-Ingwers ebenfalls geringe Mengen eines Aldehyds, der wahrscheinlich als n-Decylaldehyd anzusehen ist.

---

[1]) Pharm. Ztg. 45 (1900), 414.

[2]) Pharmaceutical Archives 4 (1901), 63.

[3]) Chem. Ztg. 36 (1912), 1217.

172. Öl von Gastrochilus pandurata.

Das Rhizom von *Gastrochilus pandurata* Ridl.[1]), Familie der *Zingiberaceae*, wird nach Mitteilungen von Dr. A. J. Ultée in Salatiga auf Java von den Eingeborenen als Medikament und Gewürz gebraucht und führt den Namen *„temu-kuntji"*. Bei der Destillation gibt es 0,1 bis 0,37 % eines fast farblosen Öls, das im Geruch große Ähnlichkeit mit Esdragon- und Basilicumöl hat. $d_{18°}$ 0,8746; $\alpha_D + 10°24'$; $n_{D20°}$ 1,48957; S. Z. 0; E. Z. 17,3; unvollkommen löslich in 10 Vol. 80%igen Alkohols, mit 90%igem Alkohol ist das Öl klar mischbar.

173. Malabar- oder Ceylon-Malabar-Cardamomenöl.

Oleum Cardamomi. — Essence de Cardamome. — Oil of Cardamom.

Herkunft und Gewinnung. Die offizinellen Malabar-Cardamomen von *Elettaria Cardamomum* Maton (var. *α minor*) wurden bis zum Anfang dieses Jahrhunderts nur selten zur Gewinnung des ätherischen Öls benutzt.

Jetzt wird diese Sorte, die früher nur von der Malabarküste kam, auch auf Ceylon kultiviert und im Handel als Ceylon-Malabar-Cardamomen bezeichnet. Exportiert werden teils die ganzen Früchte, teils die Samen, letztere als „Ceylon cardamom seeds". Die Malabar-Cardamomen geben bei der Destillation eine Ölausbeute von 3,5 bis 7 %. Zu bemerken ist, daß das Ceylon-Cardamomenöl des Handels jetzt ausschließlich aus den Ceylon-Malabar-Cardamomen hergestellt wird[2]).

Kultur[3]). Die Cardamomenfrüchte werden, sowohl von den wild- oder halbwildwachsenden, als auch von kultivierten Pflanzen gewonnen. In den schattenreichen Waldgegenden von Canara, Kotschin und Travancore wächst die Cardamomenpflanze in einer Höhe von 2500 bis 5000 Fuß. Sie gedeiht am besten in einem feuchten, fetten, lehmigen Boden in geschützter Lage. Diese Be-

[1]) Bericht von Schimmel & Co. Oktober 1910, 138.

[2]) *Ibidem* Oktober 1901, 13 und Oktober 1910, 29.

[3]) Nach Chemist and Druggist 80 (1912), 367. Vgl. auch Flückiger, Pharmakognosie III. Aufl., Berlin 1891, S. 898, G. Watt, The commercial products of India. London 1908, p. 514 und Oil, Paint and Drug Reporter 76 (1909), Nr. 12, S. 28 D; Bericht von Schimmel & Co. April 1910, 26.

dingungen werden sowohl in den Betel- und Pfefferpflanzungen von Mysore und Canara, wie in den Cardamomengärten Ceylons erfüllt.

Im Coorg-Walddistrikt (Mysore) werden im Februar oder März Cardamomengärten angelegt, einfach dadurch, daß der Wald abgeholzt wird, wobei zwischen den einzelnen Gärten ein 20 bis 30 Yards breiter Waldstreifen unberührt bleibt. Der Aberglaube spielt hier eine große Rolle, sodaß das Abholzen nur an bestimmten Tagen stattfinden darf und zwar vor 9 Uhr morgens. Ferner glauben die Eingeborenen, daß die Anwesenheit von Ebenholz- und Muskatnußbäumen, sowie von Pfefferpflanzen die Entwicklung der Cardamomenpflanzen günstig beeinflußt. Vom fünften Jahre an kann geerntet werden, und nach weiteren sieben Jahren fangen die Pflanzen an zu kränkeln. Dann werden einige der zur Umzäunung der Felder gehörigen Bäume gefällt, und die umstürzenden Stämme vernichten eine große Zahl Cardamomenstengel, wodurch die Rhizome veranlaßt werden, neue Sprossen zu treiben. Die Anpflanzung bleibt nun noch acht Jahre ertragsfähig und muß dann von neuem angelegt werden.

Viel ordnungsmäßiger verfährt man in Ceylon. Am meisten werden die Cardamomen angebaut in Matala, Medamahanwara und Hewahata. Von dem zur Anpflanzung bestimmten Boden wird das Unterholz entfernt, worauf Löcher gegraben werden, die 1,5 bis 2 Fuß weit, 12 bis 15 Zoll tief und 7 Fuß voneinander entfernt sind, während der Abstand zwischen den einzelnen Reihen gleichfalls 7 Fuß beträgt. Die Wurzelstöcke dürfen nicht zu tief gepflanzt werden, da sie sonst leicht faulen. In letzter Zeit werden die Cardamomenpflanzen immer mehr aus Samen gezogen, und zwar wird die Mysore-Varietät am häufigsten durch Sämlinge fortgepflanzt. Merkwürdigerweise kommen von den Samen nur wenige auf. In Ceylon tragen die Cardamomenpflanzen fast das ganze Jahr hindurch Blüten; die Ernte fängt Ende August an und dauert bis April. Die Früchte werden vorsichtig an der Sonne oder bei regnerischem Wetter auf künstlichem Wege getrocknet. In Maschinen werden sie von den Blütenstielen und Blütenresten befreit, sodann sortiert und manchmal sogar mit Schwefeldämpfen behandelt.

Über den Anbau der Cardamomen auf Ceylon und deren Ausfuhr von dort während der letzten zehn Jahre gibt die folgende Tabelle Auskunft.

Jahr	Bebaute Fläche in Acker	Ausfuhr in engl. Pfund	Jahr	Bebaute Fläche in Acker	Ausfuhr in engl. Pfund
1901	8621	559 704	1907	8451	789 495
1902	9746	615 922	1908	8350	715 418
1903	9500	909 418	1909	7738	824 008
1904	9300	995 680	1910	7426	639 007
1905	8870	874 625	1911	7300	564 819
1906	8744	732 136			

Ein großer Markt für diese Droge ist Kalkutta; der jährliche Verbrauch in Indien und Burma wird auf 1 000 000 Pfund geschätzt.

Eigenschaften. Angenehm gewürzhaft nach Cardamomen riechende Flüssigkeit. $d_{15°}$ 0,923 bis 0,944; α_D + 24 bis + 41°; $n_{D20°}$ 1,462 bis 1,467; S. Z. bis 4,0; E. Z. 94 bis 150; löslich in 2 bis 5 Vol. 70%igen Alkohols und mehr[1]).

Zusammensetzung. In einem alten Malabar-Cardamomenöl fanden Dumas und Péligot[2]) prismatische, aus Terpinhydrat bestehende Kristalle. Diese verdankten zweifelsohne dem später in dem Öle nachgewiesenen Terpineol ihre Entstehung. Die hohe Verseifungszahl des Öls wird nach Schimmel & Co.[3]) durch Terpinylacetat bedingt. Die Analyse des Silbersalzes der aus der Verseifungslauge gewonnenen Säure stimmte auf essigsaures Silber. Aus dem verseiften Öle wurde durch fraktionierte Destillation im Vakuum (150 bis 164° bei 14 mm) kristallisiertes d-α-Terpineol gewonnen; Smp. 35 bis 37°; α_D + 81° 37′ (im überschmolzenen Zustande). Zur Identifizierung des Terpineols wurden dargestellt: das Dipentendijodhydrat (Smp. 78 bis 79°), das Terpinylphenylurethan (Smp. 112 bis 113°), ebenfalls optisch aktiv, ($[\alpha]_D$ in 10%iger alkoholischer Lösung + 33° 58′ bei 20°), und das Terpineolnitrosochlorid. Aus diesem entstand ein Piperidid,

---

[1]) Aus der ebenfalls auf Ceylon kultivierten Varietät, die als Ceylon-Mysore-Cardamom bezeichnet wird, erhielt E. J. Parry (Pharmaceutical Journ. 63 [1899], 105) bei der Destillation 2,6% Öl, das im Geruch von dem Malabaröl kaum zu unterscheiden war. Es hatte die Konstanten: $d_{15,5°}$ 0,9418, α_D + 46° 39′.

[2]) Annal. de Chim. et Phys. II. 57 (1834), 335.

[3]) Bericht von Schimmel & Co. Oktober 1897, 9. — Wallach, Liebigs Annalen 360 (1908), 90.

dessen Schmelzpunkt bei 151 bis 152° lag, also um 8° niedriger, als der des inaktiven Terpineolnitrolpiperidids.

In der niedrigst siedenden Fraktion wurde Cineol gefunden und durch das bei 112 bis 113° schmelzende Cineoljodol nachgewiesen.

Terpinen enthält das Malabar-Cardamomenöl nicht, wohl aber nach E. J. Parry[1]), Limonen.

174. Öl aus langen Ceylon-Cardamomen.

Herkunft und Gewinnung. Das Cardamomenöl des Handels wurde bis Ende des vorigen Jahrhunderts nicht von den offizinellen Malabar-Cardamomen von *Elettaria Cardamomum* Maton gewonnen, sondern von den langen Ceylon-Cardamomen, einer Abart der zuerst genannten, die von Flückiger[2]) als *Elettaria Cardamomum* var. β bezeichnet wird. Früher hielt man sie für eine besondere Spezies, die den Namen *Elettaria major* Smith führte. Diese Cardamomen wachsen in den Wäldern der inneren und südlichen Provinzen Ceylons wild, werden aber auch auf der Insel kultiviert.

Zur Destillation verwendet man die Früchte im gemahlenen Zustande und erhält daraus 4 bis 6 % Öl. Bei einer Destillation der Samen und Schalen für sich gaben erstere 4, letztere 0,2 % Öl.

Eigenschaften. Das Öl der langen Ceylon-Cardamomen ist hellgelb, etwas dickflüssig, hat den starken aromatischen Geruch der Cardamomen und einen angenehmen, kühlenden Geschmack. Das spez. Gewicht liegt zwischen 0,895 und 0,906; $\alpha_D + 12$ bis $+15°$; V. Z. 25 bis 70. Das Öl löst sich in 1 bis 2 und mehr Vol. 80 %igen Alkohols klar auf; mit 70 %igem Alkohol gibt es trübe Mischungen.

Das obenerwähnte Öl der Samen hatte folgende Eigenschaften: $d_{15°}$ 0,908, $\alpha_D + 13° 14'$, das der Schalen: $d_{15°}$ 0,908, $\alpha_D - 9° 48'$.

Zusammensetzung. Eine außerordentlich sorgfältig ausgeführte Untersuchung des Öls von E. Weber[3]) führte zur Entdeckung

[1]) Pharmaceutical Journ. 63 (1899), 105.

[2]) Pharmacographia, II. Aufl., S. 644.

[3]) Liebigs Annalen 238 (1887), 98.

des bis dahin unbekannten Terpens Terpinen sowie eines isomeren Terpineols.

Die niedrigst siedenden Anteile bestehen nach Wallach[1]) aus einem Gemenge von Kohlenwasserstoffen, aus denen sich eine von 165 bis 167° siedende Fraktion (d 0,846) herausarbeiten ließ, die mit Salzsäure das bei 52° schmelzende Terpinendichlorhydrat lieferte. Das dieser Verbindung zugrunde liegende Terpen war Sabinen, da es sich durch Oxydation in Sabinensäure vom Smp. 56 bis 57° überführen ließ.

Als Weber in die von 170 bis 178° siedende Fraktion Salzsäure einleitete, entstand das bei 52° schmelzende Dichlorhydrat des Terpinens, $C_{10}H_{16}2HCl$. Das bei 155° schmelzende Terpinennitrosit bildete sich bei der entsprechenden Behandlung der von 178 bis 182° siedenden Anteile.

Aus der Fraktion vom Sdp. 205 bis 220° erhielt Weber mit Salzsäure ein bei 52° schmelzendes Hydrochlorid, und durch Schütteln mit konzentrierter Jodwasserstoffsäure ein Hydrojodid vom Smp. 76°. Er glaubte deshalb zunächst, das damals allein bekannte α-Terpineol in Händen zu haben; Dipententetrabromid und das Phenylterpinylurethan konnte er trotz wiederholter Versuche nicht darstellen. Wie Wallach später feststellte, ist im Cardamomenöl nicht das gewöhnliche α-Terpineol, sondern das isomere Terpinenol-4 (s. Bd. I, S. 399) enthalten, das er außer durch die oben erwähnten Verbindungen noch durch das bei 59° schmelzende Dihydrobromid sowie durch das bei der Oxydation entstehende Glycerin $C_{10}H_{17}(OH)_3$ vom Smp. 128 bis 129° charakterisierte.

Während der Destillation wurde durch Weber Abspaltung von Wasser, sowie von Ameisen- und Essigsäure beobachtet, was auf Ester des Terpinenols schließen läßt, deren Menge nicht ganz unbedeutend ist und, wie aus den Verseifungszahlen hervorgeht (vgl. Eigenschaften), ca. 8 bis 24% beträgt.

Aus dem Destillationsrückstand schied sich ein fester Körper ab, der nach dem Umkristallisieren aus Alkohol silberweiße, glänzende, leichte Blättchen vom Smp. 60 bis 61° bildete.

[1]) Liebigs Annalen 350 (1906), 168. — Nachr. K. Ges. Wiss. Göttingen 1907, Sitzung vom 20. Juli.

175. Siam-Cardamomenöl.

Herkunft. Die Samen der Siam-Cardamomen von *Amomum Cardamomum* L. tauchen von Zeit zu Zeit auf dem Londoner Markt auf, wo sie wegen ihres campherartigen Geruchs als „Camphor seeds" bezeichnet werden. Bei der Destillation erhielten Schimmel & Co.[1]) 2,4 % Öl.

Eigenschaften. Dieses Öl bildet bei gewöhnlicher Temperatur eine halbfeste, nach Campher und Borneol riechende Masse. Um die kristallinischen Abscheidungen wieder in Lösung zu bringen, mußte man das Öl auf 42° erwärmen, bei welcher Temperatur das spez. Gewicht 0,905 und der Drehungswinkel + 38° 4′ betrug.

Die V. Z. war 18,8 und nach Actlg. 77,2 (entsprechend 22,5 % Borneol im ursprünglichen Öl). Löslich ist das Öl in 1,2 Vol. 80 %igen Alkohols.

Zusammensetzung. Zur Trennung des Stearoptens wurde das Öl in Eis gestellt und mit der Zentrifuge abgeschleudert, wobei 800 g Öl 100 g Kristalle ergaben, die in heißem Petroläther gelöst wurden. Aus der Lösung schieden sich beim Erkalten ca. 40 g fast reines Borneol ab, das nach der Reinigung (Überführen in den Benzoylester) bei 204° schmolz und in 10 %iger alkoholischer Lösung das spezifische Drehungsvermögen $[\alpha]_{D20°}$ + 42° 55′ zeigte.

Die Petroläthermutterlauge hinterließ beim Verdunsten eine krümelige Masse, die nach dem Umkristallisieren aus 80 %igem Alkohol bei 176 bis 178° schmolz und alle Eigenschaften des Camphers besaß. Der Schmelzpunkt des Oxims lag bei 118°. Das Rotationsvermögen wurde in alkoholischer Lösung bestimmt, $[\alpha]_D$ + 45° 17′ bei 20°.

Die kristallinischen Abscheidungen des Siam-Cardamomenöls[2]) bestehen demnach aus einem Gemenge von d-Borneol und d-Campher, und zwar sind beide Körper zu annähernd gleichen Teilen vorhanden.

---

[1]) Bericht von Schimmel & Co. Oktober 1897, 9.

[2]) Von dem Öl aus Siam-Cardamomen und nicht aus dem der Ceylon-Cardamomen rührte wahrscheinlich der Campher her, den Flückiger in der Pharmacographia II. Aufl. auf S. 647 erwähnt.

176. Öl von Amomum Mala.

Herkunft. Die zerkleinerten Früchte (Samen und Schale) von *Amomum Mala* K. Schum., einer in den Wäldern Deutsch-Ostafrikas sehr verbreiteten Zingiberacee sind im Biologisch-landwirtschaftlichen Institut in Amani destilliert worden[1]). Hierbei wurden 0,76 % eines bräunlichgelben Öls erhalten.

Eigenschaften und Zusammensetzung. $d_{15°}$ 0,9016; α_D — 10° 54′; S. Z. 3,5; E. Z. 1,7; E. Z. nach Actlg. 67,05; trübe löslich in 1 bis 1,5 Vol. u. m. 80 %igen Alkohols.

Das Öl destillierte bei 7 mm zwischen 51° und 100° über. Wie die Untersuchung ergab, enthält es ziemlich viel Cineol (Smp. der Jodolverbindung 112°) und auch Terpineol.

177. Paradieskörneröl.

Herkunft. Die Samen der an der Küste des tropischen Westafrikas einheimischen Zingiberacee *Amomum Melegueta* Roscoe wurden früher vielfach als Gewürz verwendet und waren in den Apotheken als *Grana Paradisi, Semina Cardamomi majoris* oder *Piper Melegueta* bekannt. Die Pflanze ist vom Kongo bis zur Sierra Leone verbreitet, und ein Teil dieses Küstengebiets führt nach der Droge den Namen Pfeffer- oder Melegueta-Küste. Bei der Destillation der Paradieskörner wurden bei einem Laboratoriumsversuch 0,3 %[2]), bei einer Darstellung in größerem Maßstabe 0,75 % Öl[3]) erhalten.

Eigenschaften. Das Paradieskörneröl ist eine gelbliche Flüssigkeit von gewürzhaftem, aber wenig charakteristischem Geruch. $d_{15°}$ 0,894[4]); α_D —3° 58′. Das Öl beginnt bei 236° zu sieden, die Hauptmenge geht von 257 bis 258° über. Die Elementaranalyse dieser Fraktion stimmte auf $C_{20}H_{32}O$.

---

[1]) Bericht von Schimmel & Co. April 1905, 85.

[2]) Flückiger and Hanbury, Pharmacographia II. Ed., p. 653.

[3]) Bericht von Schimmel & Co. Oktober 1897, 10.

[4]) Bei Flückiger (*loc. cit.*) wird das spez. Gewicht 0,825 angegeben, was wohl auf einem Druckfehler beruhen dürfte.

178. Bengal-Cardamomenöl.

Herkunft. Die Bengal-Cardamomen von *Amomum aromaticum* Roxb.[1]) geben bei der Destillation 1,12 % ätherisches Öl.

Eigenschaften. Bengal-Cardamomenöl[2]) ist hellgelb gefärbt, besitzt einen ausgesprochenen Geruch nach Cineol und hat das spez. Gewicht 0,920 bei 15°; α_D — 12° 41'. In einem und mehreren Vol. 80 %igen Alkohols ist es klar löslich.

Bei der Destillation geht bis 220° die Hauptmenge über, während im Kolben ein verhältnismäßig großer Rückstand bleibt.

Zusammensetzung. Der einzige bekannte Bestandteil des Öls ist Cineol. Seine Gegenwart wurde durch Darstellung des Bromwasserstoffadditionsprodukts, Abscheidung des reinen bei 175 bis 176° siedenden Cineols vom spez. Gewicht 0,924 und Überführung dieses in Cineolsäure (Smp. 197°) nachgewiesen.

Da dem Bengal-Cardamomenöl der charakteristische Cardamomen-Geruch fehlt, kann es nicht die Stelle des Ceylon-Cardamomenöls vertreten und ist deshalb praktisch ohne Bedeutung.

179. Öl von Aframomum angustifolium.

Aframomum angustifolium K. Schum.[3]) ist eine in Deutsch-Ostafrika heimische Cardamomenart, die auch auf Madagaskar und den Seychellen vorkommt. Aus den Samen dieser Pflanze, die ihnen aus Usambara zugeschickt worden waren, erhielten Schimmel & Co.[4]) bei der Destillation 4,5 % farbloses Öl mit folgenden Eigenschaften: $d_{15°}$ 0,9017, α_D — 16° 50', $n_{D20°}$ 1,46911, S. Z. 0,4, E. Z. 4,2, lösl. in 6 Vol. u. m. 80 %igen Alkohols.

Im Geruch kann das Öl mit dem Ceylon-Cardamomenöl nicht konkurrieren, denn es erinnert wegen seines starken Cineol-

[1]) Die Bengal-Cardamomen stammen nach E. M. Holmes von *Amomum aromaticum* Roxb. und nicht, wie Flückiger in der Pharmacographia angibt, von *Amomum subulatum* Roxb.

[2]) Bericht von Schimmel & Co. April 1897, 48.

[3]) Nach der Monographie von K. Schumann, Zingiberaceae (in Englers Pflanzenreich, Heft 20), sind Synonyma dieser Pflanze: *Amomum angustifolium* Sonnerat, *A. madagascariense* Lam., *A. nemorosum* Boj., *A. sansibaricum* Werth. Diese Nomenklatur stimmt nicht ganz mit dem Index Kewensis überein, doch ist letzterer für den vorliegenden Fall nicht mehr maßgebend.

[4]) Bericht von Schimmel & Co. April 1912, 132.

gehaltes mehr an Cajeputöl. Die zur Verfügung stehende Ölmenge war so klein, daß über die Zusammensetzung nichts Genaueres festgestellt werden konnte.

180. Kamerun-Cardamomenöl.

Als Kamerun-Cardamomen scheinen die Früchte mehrerer nahe verwandter *Aframomum*-Arten in den Handel gekommen zu sein. Sadebecks[1]) (Kulturgewächse der deutschen Kolonien, Jena 1899, S. 171) Angabe, daß die Stammpflanze der Kamerun-Cardamomen *Amomum angustifolium* Sonnerat sei, trifft nicht zu. Dasselbe gilt von einer im Pharmaceutical Journal (III. 2 [1872], 642) enthaltenen Notiz von D. Hanbury über Cardamomen des tropischen Westafrika, wonach *Amomum Daniellii* Hook. f. und *A. angustifolium* Sonnerat identisch sein sollen.

Nach der Monographie der *Zingiberaceae* von K. Schumann (Englers Pflanzenreich Heft 20) wurde die früher als *Amomum angustifolium* Bak. vereinigte Art in *Aframomum Daniellii* K. Schum. (*Amomum Daniellii* Hook. f.) und *Aframomum Hanburyi* K. Schum. getrennt.

Zu der ersteren Art gehören die von Schimmel & Co. destillierten Kamerun-Cardamomen, während sich die von H. Haensel zur Ölgewinnung benutzten und von W. Busse (Arbeiten aus dem Kais. Gesundheitsamt 14 [1898], 139) beschriebenen Kamerun-Cardamomen wahrscheinlich von *Aframomum Hanburyi* ableiten.

Kamerun-Cardamomenöl von Schimmel & Co.[2]). Ausbeute 2,33%; $d_{15°}$ 0,907; α_D —20°34'. Löslich in 7 bis 8 Vol. 80%igen Alkohols. Es enthält Cineol (Jodol-Reaktion).

Kamerun-Cardamomenöl von H. Haensel[3]). Ausbeute 1,6%; $d_{15°}$ 0,9071; α_D —23,5°; $n_{D18°}$ 1,4675.

181. Korarima-Cardamomenöl.

Die Korarima-Cardamomen, früher als *Cardamomum majus* bezeichnet, haben die Größe und Gestalt einer kleinen Feige; sie kommen aus den südlich von Abessinien gelegenen Ländern, gelangen aber selten in den europäischen Handel. Die Stammpflanze dieser Cardamomensorte ist *Amomum Korarima* Pereira.

[1]) Bericht von Schimmel & Co. April 1912, 133.
[2]) *Ibidem* Oktober 1897, 10.
[3]) W. Busse, *loc. cit.*

Von ihr sind bisher nur Samen und Früchte bekannt. Ob eine besondere Spezies hier gerechtfertigt ist, oder ob die Früchte zu einer bereits anderweitig beschriebenen Art von *Aframomum* gehören, ist noch ungewiß[1]).

Das Öl der Früchte ist zuerst im Jahre 1877 von Schimmel & Co.[2]) destilliert und in einer Ausbeute von 2,13% erhalten worden.

H. Haensel[3]) erhielt bei der Destillation 1,72% Öl; $d_{18°}$ 0,903; α_D —6,82°; V. Z. 50; V. Z. nach Actlg. 107; löslich in 1 Vol. 80%igen und in 17 Vol. 70%igen Alkohols.

182. Cardamomenwurzelöl.

Aus Cardamomenwurzeln, die Schimmel & Co.[4]) aus Indo-China erhalten hatten und deren botanische Herkunft nicht festgestellt werden konnte, wurden bei der Destillation 0,64% eines citronengelben Öls von eigentümlichem, gewürzigem Geruch erhalten, der mit dem des Samenöls keine Ähnlichkeit hatte. Seine Konstanten waren: $d_{18°}$ 0,9066, α_D —32° 57', $n_{D20°}$ 1,48151. S. Z. 3,7, E. Z. 87,9, E. Z. nach Actlg. 96,7. Das Öl löste sich in 0,5 Vol. 95%igen Alkohols, bei weiterem Zusatz trat alsbald Trübung ein, die erst bei 4 Vol. Lösungsmittel wieder verschwand. Bei der fraktionierten Destillation unter vermindertem Druck (5 mm) wurden folgende Fraktionen erhalten:

1.		bis	35°	5,4%	α_D — 0° 10'
2.	35	„	40°	8,7%	α_D — 0° 32'
3.	40	„	100°	5,4%	α_D — 17° 5'
4.	100	„	110°	10,6%	α_D — 31° 10'
5.	110	„	115°	44,2%	α_D — 45°
6.	115	„	145°	6,4%	α_D — 33° 14'
7.	Rückstand			19,3%	α_D — 39° 15'.

Die Fraktionen 1 und 2 enthielten Cineol, das durch seine Doppelverbindung mit Resorcin identifiziert werden konnte. Aus den Fraktionen 4 und 5 ließ sich durch ein nochmaliges Fraktionieren ein bei 5 mm zwischen 117 und 120° siedender Anteil abscheiden, der, in trockner ätherischer Lösung bei — 18° mit

[1]) Vgl. K. Schumann, Zingiberaceae in Englers Pflanzenreich, Heft 20.
[2]) Bericht von Schimmel & Co. Januar 1878, 8.
[3]) Pharm. Ztg. 50 (1905), 929; Chem. Zentralbl. 1905, II. 1792.
[4]) Bericht von Schimmel & Co. Oktober 1911, 104.

Salzsäuregas gesättigt, eine Chlorwasserstoffverbindung lieferte, die nach dem Umkristallisieren aus Methylalkohol bei 79 bis 80° schmolz. Das Chlorhydrat war inaktiv, eine Chlorbestimmung ergab folgendes Resulat:

0,4306 g Sbst.: 0,5928 g AgCl

	Gefunden	Berechnet f. $C_{15}H_{24} \cdot 3HCl$
Cl	34,06%	33,9%.

Die Vermutung, daß es sich hier um das Chlorhydrat des Bisabolens handle, wurde durch die weitere Untersuchung bestätigt. Mit Natriumacetat und Eisessig wurde daraus ein Sesquiterpen abgespaltet, das nach zweimaligem Fraktionieren folgende Konstanten zeigte: Sdp. 265 bis 267° (757 mm), $d_{15°}$ 0,8748, $\alpha_D \pm 0°$, $n_{D20°}$ 1,49063. Mit Salzsäuregas gab dieser Kohlenwasserstoff wieder das Trichlorhydrat vom Smp. 79 bis 80°.

Der beim Destillieren des Cardamomenwurzelöls verbliebene Rückstand wurde bei ca. 15° durch ausgeschiedenes Paraffin fest, letzteres zeigte nach dem Umkristallisieren aus Alkohol den Smp. 62 bis 63°.

Im Cardamomenwurzelöl wurden somit Cineol, Bisabolen und ein Paraffin nachgewiesen; Bisabolen ist der Hauptbestandteil.

Familie: ORCHIDACEAE.

183. Öl von Orchis militaris.

Crouzel[1]) erhielt durch Ausziehen von *Orchis militaris* L. mit Äther oder Alkohol eine kleine Menge Öl von gelblicher Farbe und lieblichem, kräftigem Geruch. Durch Wasserdampfdestillation ist das Öl nicht gewinnbar.

184. Vanilleöl.

Herkunft und Gewinnung. Von den Aromastoffen der Vanille ist das Vanillin, von dem gute Vanillesorten etwa 2% enthalten, das wichtigste. Aber nicht nach dem Vanillingehalt allein läßt sich der Wert der Vanille beurteilen, vielmehr sind die das Vanillin begleitenden aromatischen Bestandteile für den Charakter des Vanillearomas von großer Bedeutung.

---

[1]) Apotheker Ztg. 16 (1901), 6.

Zusammensetzung. W. Busse[1]) vermutet, daß in den Früchten einiger geringerer Vanillearten, den sogenannten Vanillons, sowie in denen der in Tahiti kultivierten *Vanilla planifolia* Andr. (Familie der *Orchidaceae*) außer Vanillin noch Piperonal vorkomme, was aber nicht bewiesen worden ist.

Um die in der Tahiti-Vanille außer Vanillin enthaltenen Aromastoffe kennen zu lernen, stellte H. Walbaum[2]) das ätherische Extrakt aus 9,2 Kilo dieser Vanille dar und gewann aus ihm, nach Entfernung des Vanillins mit Natronlauge, durch Wasserdampfdestillation 7 g eines hellbraunen Öls von angenehmem, charakteristischem Geruch. Der Siedepunkt des Öls, das schwerer als Wasser war, lag zwischen 105 und 118° (6 mm). 6 g davon destillierten ungefähr bei dem Siedepunkt des Anisalkohols, 115 bis 118° (6 mm). Künstlicher Anisalkohol, aus Anisaldehyd dargestellt, zeigte bei 5 mm Druck den Siedepunkt 117 bis 118°. Die Fraktion 115 bis 118° des Vanilleöls enthielt neben Anisalkohol etwas Anisaldehyd, dessen Semicarbazon den Schmelzpunkt 204° besaß. Mit Phenylisocyanat lieferte die Fraktion ein Urethan vom Smp. 93°, das mit dem Urethan aus künstlichem Anisalkohol identisch war. Bei der Oxydation der Fraktion mit Permanganatlösung entstand Anissäure, Smp. 180°. Ferner wurde freie Anissäure in dem alkalischen Auszug des Extrakts nachgewiesen. Piperonal dagegen konnte nicht aufgefunden werden. Ob Anisalkohol und Anisaldehyd auch Bestandteile des Aromas der wertvolleren Bourbon-Vanille sind, ist noch nicht festgestellt.

Familie: PIPERACEAE.

185. Pfefferöl.

Oleum Piperis. — Essence de Poivre. — Oil of Black Pepper.

Herkunft. Die unreif gepflückten und getrockneten Beerenfrüchte des ursprünglich im südlichen Indien einheimischen Kletterstrauches, *Piper nigrum* L. (Familie der *Piperaceae*), bilden den

---

[1]) Arbeiten a. d. Kaiserl. Ges. Amt 15 (1898 bis 1899), 107.

[2]) Über das Vorkommen von Anisalkohol und Anisaldehyd in der Tahiti-Vanille. Wallach-Festschrift. Göttingen 1909. S. 649; Bericht von Schimmel & Co. Oktober 1909, 140.

schwarzen Pfeffer, während der weiße Pfeffer aus den ausgereiften Beeren, bei denen die äußere Fruchthülle entfernt ist, besteht. Der Pfeffer wird kultiviert in Südindien, auf vielen Inseln des indischen Archipels, auf den Philippinen und in Westindien.

Darstellung. Der schwarze Pfeffer enthält 1 bis 2,3% ätherisches Öl, das durch Destillation mit Wasserdampf aus dem zerkleinerten Material gewonnen wird. Bemerkenswert ist hierbei die auch bei einigen anderen Ölen, z. B. Ingweröl, Pimentöl und Cubebenöl zu beobachtende Ammoniakentwicklung.

Auch der weiße Pfeffer, sowie die bei seiner Zubereitung abfallenden Pfefferschalen enthalten ätherisches Öl[1]). Ob dieses in seinen Eigenschaften mit dem des schwarzen Pfeffers übereinstimmt, ist nicht bekannt.

Eigenschaften. Eine farblose bis gelbgrüne Flüssigkeit von mehr oder weniger ausgesprochenem Phellandrengeruch und mildem, durchaus nicht scharfem Geschmack. $d_{15°}$ 0,87 bis 0,916. Den polarisierten Lichtstrahl dreht es entweder nach links oder nach rechts. α_D — 10 bis + 3°; $n_{D20°}$ 1,489 bis 1,499. In Alkohol ist das Pfefferöl ziemlich schwer löslich, da meist etwa 10 bis 15 Vol. 90%igen oder 3 bis 10 Vol. 95%igen Alkohols zur klaren Lösung erforderlich sind. Wegen des großen Phellandrengehalts des Öls gelingt häufig die Phellandrenreaktion mit Natriumnitrit und Eisessig ohne vorhergegangene Fraktionierung.

Zusammensetzung. Wie schon aus den ersten Analysen[2]) hervorgeht, ist Pfefferöl nahezu sauerstofffrei. Bestätigt wurde diese Tatsache durch die Untersuchung von L. A. Eberhardt[3]), der bei der Elementaranalyse des Öls 87,26% Kohlenstoff und 10,81% Wasserstoff fand. Die letzten Fraktionen des von 170 bis 310° überdestillierenden Öls waren grün gefärbt. Das Destillat von der Siedetemperatur 169,5 bis 171° besaß die Zusammensetzung eines Terpens. Das um 176° siedende Öl gab bei der Behandlung mit Alkohol und Säure Terpinhydrat.

[1]) Lucä (Trommsdorffs Taschenbuch für Chemiker und Pharmaceuten 1822, 81) erhielt aus weißem Pfeffer 1,61% Öl.

[2]) Eine von Dumas (Liebigs Annalen 15 [1835], 159) ausgeführte Analyse des Öls stimmte auf $C_{10}H_{16}$; vergl. auch Soubeiran u. Capitaine, Liebigs Annalen 34 (1840), 326.

[3]) Arch. der Pharm. 225 (1887), 515.

Schimmel & Co. fanden später Phellandren im Pfefferöl[1]). Aus der Linksdrehung (α_D — 10°) der Fraktion, die zur Darstellung des Nitrits diente, geht hervor, daß im Pfefferöl l-Phellandren enthalten ist.

Die Bildung des Dipententetrabromids beweist, daß die von Eberhardt untersuchte Fraktion vom Sdp. 176 bis 180° Dipenten enthielt. Zweifelhaft ist aber, ob Dipenten ein Bestandteil des ursprünglichen Pfefferöls ist, oder ob es sich erst durch das wiederholte Fraktionieren aus dem Phellandren bildete[2]).

Unentschieden muß auch die Frage bleiben, welchem Terpen das Terpinhydrat in diesem Falle seine Entstehung verdankt. Daß sich Dipenten in Terpinhydrat verwandeln kann, ist bekannt, ob aber Terpinhydrat sich unter geeigneten Bedingungen auch aus Phellandren bilden kann, darüber existieren noch keine Untersuchungen.

O. Schreiner und E. Kremers[3]) isolierten aus dem Pfefferöl ein Sesquiterpen, dessen physikalische Konstanten mit denen des Caryophyllens übereinstimmten. Der Beweis für die Identität mit diesem wurde durch Darstellung des bei 43° schmelzenden Nitrosits geführt.

In den höchstsiedenden Anteilen fand H. Haensel[4]) einen Körper vom Smp. 138°.

186. Pfefferöl aus langem Pfeffer.

Herkunft. Als langer Pfeffer sind die in dicht gedrängten Ährenspindeln stehenden Beeren von zwei Arten der Gattung *Piper* oder *Chavica*, von *Piper officinarum* DC. (*Chavica officinarum* Miq.) und *Piper longum* L. (*Chavica Roxburghii* Miq.) bekannt. Die erstere Art wächst auf den Inseln des indischen Archipels, die letztere ebendort sowie auf den Philippinen, im südlichen Indien, Bengalen, Malabar und auf Ceylon. Die Fruchtstände werden vor der Reife gesammelt und getrocknet.

[1]) Bericht von Schimmel & Co. Oktober 1890, 39.

[2]) Wallach sagt hierüber (Liebigs Annalen 287 [1895], 372): Phellandrenhaltige Materialien dürfen nicht, oder wenigstens keineswegs wiederholt, bei gewöhnlichem Drucke fraktioniert werden, da das Phellandren bei dieser Behandlung schon eine Veränderung erleidet.

[3]) Pharmaceutical Archives 4 (1901), 61.

[4]) Pharm. Ztg. 50 (1905), 412.

Gewinnung und Eigenschaften. Der lange Pfeffer gibt bei der Destillation 1% eines dicklichen, gelbgrünen Öls vom spez. Gewicht 0,861 bei 15°. Es destilliert von 250 bis 300°, schmeckt mild wie Pfefferöl und erinnert im Geruch an Ingwer[1]).

187. Öl von Piper ovatum.

Die Blätter von *Piper ovatum* Vahl enthalten neben anderen Bestandteilen ein Terpen[2]).

188. Aschantipfefferöl.

Der Aschantipfeffer — die Früchte von *Piper Clusii* C. DC. — enthält nach Herlant[3]) 11,5% ätherisches Öl.

189. Cubebenöl.

Oleum Cubebarum. — Essence de Cubèbe. — Oil of Cubebs.

Herkunft. Die Beerenfrüchte des der Familie der *Piperaceae* angehörenden kletternden Strauches *Piper Cubeba* L. (*Cubeba officinalis* Miq.) kommen meistens von Batavia und Singapore aus in den Handel. Der Strauch ist auf den großen Sundainseln einheimisch und wird dort sowie auf Ceylon und andern tropischen Inseln angebaut.

Die Cubeben des Handels sind, wie mehrfache Untersuchungen[4]) gezeigt haben, häufig mit ähnlich aussehenden Früchten verfälscht; oft werden auch die Früchte nahe verwandter Arten oder Varietäten als Cubeben ausgegeben, und nicht selten

---

[1]) Bericht von Schimmel & Co. April 1890, 48. Vgl. auch J. Dulong, Journ. de Pharm. II. 11 (1825), 59. — Trommsdorffs Neues Journ. d. Pharm. 11, I. (1825), 104.

[2]) W. R. Dunstan u. H. Garnett, Chem. News 71 (1895), 33; Jahresb. d. Pharm. 1895, 142.

[3]) Acad. Roy. de Méd. de Belgique, 1894, 115; Pharmaceutical Journ. III. 25 (1895), 643; Jahresb. d. Pharm. 1895, 142.

[4]) C. E. Sage, Chemist and Druggist 67 (1905), 797. — J. C. Umney und H. V. Potter, *ibidem* 80 (1912), 331, 443. — Perfum. and Essent. Oil Record 3 (1912), 64. — J. Small, Pharmaceutical Journ. 88 (1912), 639. — E. M. Holmes, Perfum. and Essent. Oil Record 3 (1912), 125.

sind Stengel der Ware in beträchtlicher Menge beigemischt. Als Unterscheidungsmerkmal der echten Cubeben von den falschen wird die Schwefelsäureprobe empfohlen. Befeuchtet man die in einer Porzellanschale zerquetschte Beere mit etwas konzentrierter Schwefelsäure, so zeigt sich bei echten Cubeben alsbald eine schön rosenrote Färbung, bei unechten dagegen eine gelblichbraune. Die Unterschiede sollen noch besser an dem Ätherextrakt der Früchte zu beobachten sein, das überdies bei den echten größer ist (20 bis 25 %) als bei den falschen (nur etwa 15 %).

Echte Cubeben sind nach Holmes die Varietäten *Piper Cubeba* var. *Rinoe katoentjar* und *P. C.* var. *Rinoe tjaroeloek*, zu den unechten gehören die giftige var. *Rinoe badak*, die sich durch ihren macisartigen Geruch von den echten unterscheidet. *Piper ribesioides* Wall., *P. crassipes* Korth., *P. Lowong* Blume, *P. venosum* C. DC. und *P. mollissimum* Blume, ferner *Tetranthera citrata* Nees, *Bridelia tomentosa* und *Rhamnus*-Arten. Die Früchte von *Piper mollissimum* sind in Java unter dem Namen *Keboe*-Cubeben bekannt. Die Beeren von *P. ribesioides* haben einen etwas stechenden, die von *P. crassipes* einen cajeputähnlichen Geruch.

Darstellung. Zerkleinerte Cubeben geben bei der Destillation mit Wasserdampf 10 bis 18 % ätherisches Öl. Während des Destillierens findet eine starke Ammoniakentwicklung statt, deren Grund ebensowenig wie bei Ingwer, Pfeffer, Piment und anderen Drogen aufgeklärt ist.

Eigenschaften. Cubebenöl ist etwas dickflüssig, hellgrün bis blaugrün und nur dann farblos, wenn die bei der Destillation zuletzt übergehenden blauen Anteile dem Destillat nicht zugemischt werden. Es besitzt den charakteristischen Cubebengeruch und einen warmen, campherartigen, zuletzt kratzenden Geschmack. Das spez. Gewicht liegt zwischen 0,915 und 0,930; α_D —25 bis —43°; $n_{D20°}$ 1,4938 bis 1,4958.

Die Löslichkeit in 90 %igem Alkohol ist sehr verschieden, einige Öle lösen sich in gleichen Teilen (vermutlich solche aus alten Cubeben), bei andern sind bis zu 10 Vol. dieses Alkohols zur Lösung erforderlich, die in einzelnen Fällen überhaupt nicht ganz klar wird.

Das Öl siedet[1]) in der Hauptmenge von 250 bis 280°. Eine quantitativ durchgeführte fraktionierte Destillation[2]) hatte folgendes Resultat:

1. von 175 bis 250° 9,2%, 2. von 250 bis 260° 26,8%, 3. von 260 bis 270° 47,6%, 4. von 270 bis 280° 7,2%, oberhalb 280° 9,2%.

Die von Schimmel & Co. bei der Destillation aus einem einfachen Kolben (745 mm) erhaltenen Fraktionen waren folgende: 1. 205 bis 225° 4%, 2. 225 bis 250° 14%, 3. 250 bis 260° 16%, 4. 260 bis 265° 22%, 5. 265 bis 275° 24%, 6. 275 bis 280° 5%, 7. Rückstand 15%.

Öle aus alten Cubeben, die den weiter unten beschriebenen Cubebencampher enthalten, sind etwas schwerer als die normalen und durch ihr Verhalten gegen Kalium zu erkennen. Legt man ein Stückchen blankes Kalium oder Natrium in diese, so verliert das Metall seinen Glanz und überzieht sich mit einer Kruste, während die aus frischen Cubeben destillierten Öle das Metall nicht angreifen[3]).

Zusammensetzung. Aus diesem Verhalten gegen Kalium geht hervor, daß die letztgenannten Öle ziemlich sauerstofffrei sind und nur aus Terpenen und Sesquiterpenen bestehen, während die Vereinigung mit dem Metall dem Cubebencampher zuzuschreiben ist.

Aus den niedrigst siedenden Anteilen des Cubebenöls kann man durch systematisches Fraktionieren eine kleine Menge eines von 158 bis 163° siedenden, linksdrehenden Terpens[4]) (α_D — 35,5°) abtrennen, das vermutlich Pinen oder Camphen ist. Außerdem enthält das unter 200° übergehende Destillat Dipenten[5]) (Dichlorhydrat, Smp. 48 bis 49°).

Wie schon erwähnt, destilliert die Hauptmasse des Öls zwischen 250 und 280° und besteht aus zwei linksdrehenden Sesquiterpenen[5]).

[1]) Öle, die Cubebencampher enthalten, zersetzen sich bei der Destillation teilweise unter Wasserabspaltung. E. Schaer u. G. Wyss, Arch. der Pharm. 206 (1875), 322.

[2]) J. C. Umney, Pharmaceutical Journ. III. 25 (1895), 951.

[3]) E. A. Schmidt, Arch. der Pharm. 191 (1870), 23.

[4]) Oglialoro, Gazz. chim. ital. 5 (1875), 467; Berl. Berichte 8 (1875), 1357.

[5]) Wallach, Liebigs Annalen 238 (1887), 78ff.

Das eine, vom Sdp. 262 bis 263°, hat das geringere Rotationsvermögen, verbindet sich nicht mit Salzsäure und ist noch nicht näher untersucht worden.

Das zweite gibt mit Salzsäure ein kristallisierendes, bei 118° schmelzendes Dichlorhydrat[1]) und ist identisch mit Cadinen.

Cubebencampher[2]) ist ein Sesquiterpenhydrat, wahrscheinlich ein Alkohol von der Zusammensetzung[3]) $C_{15}H_{24}H_2O$. Er ist optisch linksdrehend, kristallisiert rhombisch, schmilzt nach den verschiedenen Autoren bei 65[4]), 67[5]) oder 70°[6]), und ist ziemlich unbeständig, indem er schon beim Aufbewahren über Schwefelsäure in seine Komponenten Sesquiterpen und Wasser zerfällt[4]). Er siedet unter teilweiser Wasserabspaltung bei 148°[7]). Vollständig tritt diese Spaltung beim längeren Erhitzen auf 200 bis 250° ein. Das sich hierbei bildende Sesquiterpen ist noch nicht näher untersucht worden.

Der Umstand, daß Cubebencampher nur in alten Cubeben angetroffen wird, läßt vermuten, daß er sich in ihnen beim Liegen an feuchter Luft durch Wasseraufnahme aus dem ätherischen Öle bildet.

190. Öl von falschen Cubeben.

Aus falschen Cubeben[8]), die sich durch einen auffallenden Macisgeruch auszeichneten und aus den Früchten einer unbekannten Varietät von *Piper* bestanden, erhielten J. C. Umney

[1]) Zuerst von Soubeiran u. Capitaine (Liebigs Annalen 34 [1840], 323) erhalten und als Sesquiterpendichlorhydrat erkannt, später von Schmidt, Schaer u. Wyss, sowie von Wallach (*loc. cit.*) untersucht und beschrieben.

[2]) Der Cubebencampher wurde wohl zuerst von Teschemacher zu Anfang dieses Jahrhunderts beobachtet. Später beschäftigten sich mit ihm C. Müller, Liebigs Annalen 2 (1832), 90, Blanchet u. Sell, *Ibidem* 6 (1833), 294, Winckler, *Ibidem* 8 (1833), 203, E. A. Schmidt, Arch. der Pharm. 191 (1870), 23; Berl. Berichte 10 (1877), 188 sowie E. Schaer u. G. Wyss, Arch. der Pharm. 206 (1875), 316.

[3]) Schmidt, Schaer u. Wyss, *loc. cit.*

[4]) Schmidt, *loc. cit.*

[5]) Schaer u. Wyss, *loc. cit.*

[6]) Winckler, *loc. cit.*

[7]) Auffallend ist dieser für ein Sesquiterpen außerordentlich niedrige Siedepunkt, der vielleicht durch die beim Sieden stattfindende Zersetzung zu erklären ist.

[8]) Siehe Anm. 4 auf S. 309.

und H. V. Potter[1]) 4% eines Öls von deutlichem Geruch nach Macis: d 0,894, $\alpha_D + 16°$, V. Z. 0, E. Z. nach Actlg. 56,1. Zum Vergleich destillierte echte Cubeben lieferten mehr als doppelt so viel Öl vom spezifischen Gewicht 0,917 und der Drehung — 43°.

Ein großer Unterschied zwischen den beiden Destillaten zeigte sich ferner im Siedeverhalten. Das aus den falschen Cubeben begann schon unterhalb 160° zu sieden und ging zur Hälfte bis 200° über und weitere 30% zwischen 200 und 270°. Das Öl aus echten Cubeben enthielt dagegen nur 5% unterhalb 200° siedender Anteile und ging zu 85% zwischen 200 und 257° über.

191. Öl von Piper Lowong.

Aus den ebenfalls als „falsche Cubeben" bekannten Früchten von *Piper Lowong* Bl. erhielt K. Peinemann[2]) durch Destillation mit Wasserdampf 12,4% eines fast farblosen Öls vom spez. Gewicht 0,865.

Es ließ sich durch Destillation in 2 Hauptfraktionen teilen, siedete aber weder unter gewöhnlichem Druck noch im Vakuum unzersetzt.

Fr. 1. 40% des Öls betragend. Von 165 bis 175° siedend, wasserhell. $d_{20°}$ 0,854; $\alpha_D + 22°$.

Fr. 2. 34% des Öls. Siedete von 230 bis 255°. d 0,9218; optisch inaktiv; stark gelb gefärbt.

Bei 270° ging ein Öl von blaugrüner Farbe über.

Aus einer im Vakuum (17 mm) zwischen 110 und 148° siedenden Fraktion schied sich beim Stehen eine kleine Menge Kristalle ab, die nach dem Umkristallisieren aus Chloroform bei 164° schmolzen[3]). Eine Elementaranalyse gab auf die ziemlich unwahrscheinliche Formel $C_{10}H_{18}2H_2O$ stimmende Resultate.

192. Öl von Piper Volkensii.

Die Blätter der in beträchtlichen Mengen in den feuchten Wäldern Usambaras vorkommenden Pflanze *Piper Volkensii* C. DC.

[1]) Perfum. and Essent. Oil Record 3 (1912), 64.

[2]) Arch. der Pharm. 234 (1896), 238.

[3]) Möglicherweise ist dieser Körper identisch mit dem im Wacholderbeeröl aufgefundenen Stearopten von dem gleichen Schmelzpunkt.

lieferten nach R. Schmidt und K. Weilinger[1]) 0,3% ätherisches Öl von hellbrauner Farbe und kräftigem, angenehmem Geruch und nachstehenden Eigenschaften: Sdp. 90 bis 175° (12 mm), $d_{20°}$ 0,934, α_D —8° 24', n_D 1,5017, Estergehalt (Geranylacetat) 6%, Gehalt an freien Alkoholen $C_{10}H_{18}O$ 14%. Durch Phthalsäureanhydrid wurden dem Öl 4% eines primären Alkohols (vielleicht Citronellol) entzogen. Die Hauptfraktion (70%) des verseiften Öles siedete bei 135 bis 148° (15 mm) und addierte Brom unter Bildung eines Bromids $C_{11}H_{12}O_3Br_2$ (Smp. 122°), das durch Reduktion mit Zinkstaub und Eisessig in den Körper $C_{11}H_{12}O_3$ zurückverwandelt wurde. Da dieses Produkt 14,1% Methoxyl enthält, glauben die Verfasser es möglicherweise mit einem methoxylierten Safrol zu tun zu haben. Daneben ließ sich in der Hauptfraktion das von Burgess und Page im Limettöl gefundene Sesquiterpen Limen (identisch mit Bisabolen; s. Bd. I, S. 345) nachweisen. Wie dieses addiert das gefundene Sesquiterpen 3 Moleküle Salzsäure (Smp. des Chlorhydrats 79 bis 80°) und 6 Atome Brom (Smp. des Bromids 154°).

193. Maticoöl.

Oleum foliorum Matico. — Essence de Matico. — Oil of Matico.

Herkunft. Als Stammpflanze der Maticoblätter wird der in Südamerika einheimische Maticobaum, *Piper angustifolium* Ruiz et Pavon (*Artanthe elongata* Miq.) bezeichnet. Da der Name *Matico* einer ganzen Anzahl von Pflanzen beigelegt wird, deren Blätter kaum von den echten zu unterscheiden sind, so ist es nicht zu verwundern, daß Verwechslungen häufig sind, und daß echte Ware manchmal überhaupt nicht zu haben ist. Die seit einer Reihe von Jahren importierten Maticoblätter unterscheiden sich bei oberflächlicher Besichtigung zwar wenig von den früher im Handel befindlichen, weichen aber beträchtlich in bezug auf ihren Gehalt an ätherischem Öl und dessen Eigenschaften ab. Dies hat seinen Grund darin, daß gegenwärtig überhaupt kaum einheitliche, d. h. von einer einzigen Pflanze abstammende Maticoblätter zu haben sind. Auf Veranlassung von Prof. H. Thoms[2]) in Dahlem-Berlin haben die Professoren Gilg in Dahlem-Berlin

[1]) Berl. Berichte 39 (1906), 656.

[2]) Arch. der Pharm. 247 (1909), 591 (mit 7 Abbildungen).

und Casimir de Candolle in Genf das Pflanzenmaterial eingehend untersucht und festgestellt, daß als Bestandteile der Handelsdroge die Blätter folgender Pflanzen in Betracht kommen:

Piper angustifolium Ruiz et Pavon.
Piper camphoricum C. DC.
Piper lineatum Ruiz et Pavon.
Piper angustifolium var. *Ossanum* C. DC.
Piper acutifolium Ruiz et Pavon var. *subverbascifolium.*
Piper mollicomum Kunth.
Piper asperifolium Ruiz et Pavon.

Die Ausbeute, die bei der Destillation dieses verschiedenen Blättermaterials erhalten worden ist, liegt zwischen 0,3 und 6 %.

Eigenschaften der Handelsöle. Das in früheren Jahren dargestellte Maticoöl hatte ein spez. Gewicht von 0,93 bis 0,99 und war schwach rechtsdrehend. Es stellte eine etwas dickliche, mehr oder weniger dunkelgefärbte Flüssigkeit dar, deren Geruch an Cubeben und Minze erinnerte.

Das neuerdings erhaltene Maticoöl ist gelbbraun und schwankt in seinen Eigenschaften, wie dies bei der Verschiedenheit der Herkunft der verarbeiteten Blätter erklärlich ist, bedeutend. $d_{15°}$ 0,940 bis 1,135; α_D —27° 28' bis +5° 34'; $n_{D20°}$ 1,496 bis 1,529. S. Z bis 4; E. Z. 2,5 bis 5,1; E. Z. nach Actlg. 26 bis 47. Die Löslichkeit ist ebenfalls sehr verschieden; oft löst sich das Öl schon in 3 Vol. 80 %igen Alkohols, mitunter sind aber bis zu 25 Vol. und noch mehr davon erforderlich; manchmal erfolgt Lösung mit 0,3 Vol. 90 %igem Alkohol, manchmal erst mit 6 Vol. und auch dann noch zuweilen mit Trübung.

Die Eigenschaften der Öle mit bestimmter botanischer Herkunft siehe S. 318.

Zusammensetzung der Handelsöle. Der von Flückiger[1]) entdeckte Maticocampher, der einzige bekannte Bestandteil des alten[2]) Maticoöls, wurde erhalten, indem man von dem Öl die unter 200° siedenden Anteile abdestillierte, worauf der Campher

[1]) Berl. Berichte 16 (1883), 2841.

[2]) Ob das „alte" Maticoöl, aus dem sich der Maticocampher abgeschieden hat, aus echten Maticoblättern von *Piper angustifolium* Ruiz et Pavon destilliert war, muß dahingestellt bleiben.

sich aus dem Rückstande in bis 2 cm langen, und 5 mm dicken hexagonalen Säulen ausschied. Häufig kristallisierte er auch freiwillig in der Kälte aus dem Öle aus.

Der im reinen Zustande geruch- und geschmacklose Maticocampher ist in Alkohol, Äther, Chloroform, Benzol und Petroläther leicht löslich. Der Schmelzpunkt der der trapezoëdrisch-tetartoëdrischen Abteilung des hexagonalen Systems angehörigen Kristalle[1]) liegt bei 94°. Optisch aktiv[2]), besitzt der in Chloroform gelöste Maticocampher das spezifische Drehungsvermögen $[\alpha]_D$ —28,73° bei 15°, im geschmolzenen Zustand auf 15° berechnet $[\alpha]_D$ —29,17°. Das spezifische Drehungsvermögen der Kristalle ist ungefähr acht mal so stark und beträgt auf 100 mm Plattendicke bezogen —240°.

Auf Grund einer Elementaranalyse hielt K. Kügler[3]) die Identität des Maticocamphers mit Äthylcampher $C_{10}H_{15}(C_2H_5)O$ für möglich. Dies ist aber nicht der Fall, denn wie H. Thoms[4]) nachgewiesen hat, ist der Maticocampher ein Sesquiterpenalkohol $C_{15}H_{26}O$, der beim Kochen mit 25 %iger Schwefelsäure ein blaues Sesquiterpen $C_{15}H_{24}$ abspaltet.

Das neue Maticoöl enthält keinen Maticocampher. Aus einem von Schimmel & Co.[5]) destillierten Öle ($d_{15°}$ 1,077; α_D —0° 25′) schied sich ein, nach mehrmaligem Umkristallisieren aus Petroläther, bei 62° schmelzender Körper ab, der sich als Asaron erwies. (Dibromid, Smp. 85 bis 86°; Asarylsäure, Smp. 144°). Bei der Oxydation des Öls mit Permanganat wurde eine bei 174° schmelzende Säure (Veratrumsäure?) erhalten, was auf Methyleugenol hinzudeuten schien. Wahrscheinlicher aber ist es, daß hier ein Gemisch der weiter unten erwähnten isomeren Apiolsäuren vorlag.

Bei der Untersuchung der „schweren Anteile" des Maticoöls glaubten E. Fromm und K. van Emster[6]) als Hauptbestandteil einen ungesättigten Phenoläther, „Maticoäther", isoliert zu haben, dem die Formel eines Methylbutenyl-dimethoxy-methylendioxy-

[1]) Hintze, Tschermaks Mineralogische Mitteilungen 1874, 227.
[2]) H. Traube, Zeitschrift f. Krystallographie 22 (1893), 47.
[3]) Berl. Berichte 16 (1883), 2841.
[4]) Arbeiten aus dem pharmazeutischen Institut der Universität Berlin 2 (1905), 125.
[5]) Bericht von Schimmel & Co. Oktober 1898, 37.
[6]) Berl. Berichte 35 (1902), 4347.

benzols zugeschrieben wurde. Bei der Oxydation lieferte der Maticoäther einen Aldehyd und weiterhin eine Säure.

Thoms[1]) nahm später die Untersuchung des schweren Maticoöls auf und fand darin, außer dem Maticoäther, einen bei — 18° erstarrenden Kohlenwasserstoff und einen weiteren Phenoläther. Der sogenannte Maticoäther setzt sich, wie Thoms beweisen konnte, aus zwei Apiolen zusammen, und zwar aus dem Petersilienapiol in kleinerer Menge und dem Dillapiol (Siehe Bd. I., S. 509 und 510) als Hauptbestandteil. Dementsprechend traten bei der Oxydation zwei isomere Apiolsäuren vom Smp. 175 bzw. 151° auf. Die Identifizierung des Petersilienapiols geschah durch Reduktion des isomerisierten Phenoläthers mit Natrium und Alkohol, Methylierung des hierbei gewonnenen Phenols und Nitrierung des so gebildeten Äthers; das Nitroprodukt erwies sich als identisch mit dem früher erhaltenen 1-Propyl-2,3,5-trimethoxy-4-nitrobenzol.

Ein von Schimmel & Co. im Jahre 1907 aus peruanischen Maticoblättern destilliertes Öl mit den Eigenschaften: d_{20° 0,948, α_D — 16° 40′, ist ebenfalls von H. Thoms[2]) untersucht worden. Es war frei von Ketonen, enthielt 0,1 % Phenole und 0,7 % Säuren (hauptsächlich Palmitinsäure). Vielleicht kommen in dem Öle Limonen und Dillapiol vor, doch ließen sich sichere Beweise hierfür nicht erbringen. In einer Fraktion vom Sdp. 136 bis 140° (14 mm) ist ein Sesquiterpen enthalten, das dem Cadinen und Caryophyllen sehr nahe steht und, nach der Molekularrefraktion zu urteilen, in die Gruppe der bicyclischen Sesquiterpene gehört. Seine Eigenschaften sind: Sdp. 138 bis 139° (17 mm), d 0,914, n_{D21° 1,512537, n_{C21° 1,50808 (rote H-Linie), Mol.-Refr. 66,52.

Ein anderes Öl, das in einer Ausbeute von 0,4 % aus Blättern, die Thoms von einer Hamburger Firma bezogen hatte, destilliert worden war, zeigte ganz andere Eigenschaften: d 0,9185, α_D — 4° 55′. Das Öl enthielt 0,8 % Phenole, 4 % Säuren (hauptsächlich Palmitinsäure) und eine kleine Menge Aldehyde sowie Dill-

[1]) Arch. der Pharm. 242 (1904), 328. — Die Blätter, aus denen das Öl, das zu dieser Untersuchung diente, von Schimmel & Co. gewonnen war, waren nach Feststellung von Prof. Gilg echte Maticoblätter von *Piper angustifolium* Ruiz et Pavon.

[2]) *Ibidem* 247 (1909), 591.

apiol. Eine Untersuchung des Blattmaterials ergab, daß die von Schimmel & Co. destillierten Blätter und die von Thoms aus Hamburg bezogenen durchaus verschieden waren, auch waren die Blätter unter sich nicht einheitlich.

Eigenschaften und Zusammensetzung von Maticoölen bestimmter botanischer Herkunft.

194. Öl von Piper angustifolium.

Aus Maticoblättern, die von Gilg und C. de Candolle als unzweifelhaft echt und von *Piper angustifolium* Ruiz et Pavon stammend erkannt waren, haben Schimmel & Co. ein Öl destilliert, das von Thoms[1]) untersucht worden ist. Nach mehrtägigem Stehen schied sich eine größere Menge Kristalle aus, die sich durch den Schmelzpunkt 60 bis 61° als Asaron zu erkennen gaben. Aus den ersten Anteilen wurden etwa 10 % nicht näher charakterisierter Terpene herausgearbeitet, ferner aus der bei 70 bis 71° (13 mm) siedenden Fraktion mittels konzentrierter Arsensäurelösung Cineol. Die höher siedenden Anteile zeigten steigenden Methoxylgehalt und lieferten noch erhebliche Mengen von Asaron, während es auf keine Weise gelang, die beiden oben erwähnten isomeren Apiole nachzuweisen.

195. Öl von Piper angustifolium var. Ossanum.

Das Öl von *Piper angustifolium* var. *Ossanum* C. DC. (Ausbeute 0,87 %) enthält nach H. Thoms[2]) nur Spuren Phenoläther. Bei der Destillation im Vakuum schied sich ein Camphergemisch ab, das bei 195° schmolz und vermutlich aus Campher und Borneol bestand.

196. Öl von Piper camphoriferum[2]).

Die bis dahin noch unbekannte Art *Piper camphoriferum* C. DC. ist von C. de Candolle 1909 beschrieben worden. Das von H. Thoms in einer Ausbeute von 1,11 % destillierte Öl

[1]) Vortrag, gehalten auf der 76. Vers. D. Naturf. u. Ärzte zu Breslau: Pharm. Ztg. 49 (1904), 811. — Arbeiten aus dem pharmazeutischen Institut der Universität Berlin 2 (1905), 121.

[2]) H. Thoms, Über Maticoblätter und Maticoöle. Apotheker Ztg. 24 (1909), 411. Arch. der Pharm. 247 (1909), 591.

hatte folgende Eigenschaften: d_{20° 0,9500, $\alpha_D + 19^\circ 21'$. Ein Drittel des Öls ließ sich im Vakuum bei 25 mm Druck bis 115° überdestillieren. In diesen Fraktionen konnten d-Campher (Oxim, Smp. 118 bis 119°) und Borneol (Phenylurethan, Smp. 138°) nachgewiesen werden. Außerdem fanden sich in dem Öl noch Terpene, Säuren und Phenole sowie ein Sesquiterpenalkohol (Analyse) mit den Eigenschaften: $\alpha_D + 5^\circ$, n_D 1,50208.

197. Öl von Piper lineatum.

Aus den Blättern von *Piper lineatum* Ruiz et Pavon erhielt H. Thoms[1]) 0,44 % ätherisches Öl (9,5 g); es siedete hauptsächlich zwischen 140 und 160° (15 mm) und besteht wohl großenteils aus Sesquiterpenen. Der Hauptanteil hatte folgende Konstanten: d 0,958, $\alpha_D + 8^\circ 45'$. Campher und Phenoläther konnten nicht nachgewiesen werden.

198. Öl von Piper acutifolium Ruiz et Pavon var. subverbascifolium.

Eine neue Blättersorte, die vor einigen Jahren auf dem Hamburger Markt erschienen und als von *Piper Mandoni* DC. abstammend bezeichnet worden war, bestand nach H. Thoms[1]) zum größten Teil aus Blättern von *Piper acutifolium* Ruiz et Pavon var. *subverbascifolium*, vermischt mit einzelnen Blättern von *Piper mollicomum* Kunth. und *Piper asperifolium* Ruiz et Pavon. Aus ihr wurde in einer Ausbeute von 0,8 % ein Öl mit folgenden Konstanten destilliert: d_{20° 1,10, $\alpha_D + 0^\circ 24'$, $[\alpha]_D + 0^\circ 21{,}8'$, Methoxylgehalt 21,8 bis 22,1 %, Gehalt an Säuren + Phenolen 1,5 %. Das von Säuren und Phenolen befreite Öl lieferte bei der Destillation im Vakuum die Fraktionen:

				Methoxylgehalt
I.	Sdp. 70 bis 148°	15 mm	5 g	0 %
II.	Sdp. 148 bis 153°	15 mm	11 g	15,6 %
III.	Sdp. 153 bis 155°	15 mm	35 g	22,5 %
IV.	Sdp. 155 bis 158°	15 mm	43 g	26,3 %
Rückstand			2 g	

In Fraktion I wurde Pinen durch das Nitrosochlorid charakterisiert. Fraktion II siedete nach wiederholtem Destillieren

[1]) Anm. 2, S. 318.

über Natrium bei 147 bis 149° (12 mm) und bestand zum größten Teil aus Sesquiterpen. In Fraktion III wurde nach dem Destillieren über Natrium Dillisoapiol (Smp. 44 bis 45°) nachgewiesen. Fraktion IV enthielt Dillapiol, charakterisiert als Tribromdillapiol (Smp. 110°).

Dieselben Blätter waren auch von Schimmel & Co. destilliert, und das Öl, sowie ein Muster der Blätter Prof. Thoms zur Verfügung gestellt worden[1]). Das Blattmaterial war dasselbe, nur mit dem Unterschiede, daß die Blattbasis auf beiden Seiten abgerundet war und herzförmige Gestalt besaß. Prof. C. de Candolle ist der Ansicht, daß hier die unteren Blätter noch nicht blühender Exemplare von *Piper acutifolium* Ruiz et Pavon var. *subverbascifolium* vorliegen[2]).

Als Konstanten wurden gefunden: $d_{20°}$ 0,939, α_D + 0° 24', $[\alpha]_D$ + 0° 25,5'. Das Öl enthielt 1% Säuren und Phenole und sehr viel Sesquiterpene. Der Methoxylgehalt war 4,2%.

Das Öl (200 g) wurde in folgende Fraktionen zerlegt:

I.	Sdp. 50 bis 150°	80 mm	50 g
II.	Sdp. 130 bis 155°	22 mm	100 g
III.	Sdp. 155 bis 165°	22 mm	30 g
IV.	Sdp. 165 bis 175°	22 mm	7 g
Rückstand			4 g

In Fraktion I wurde Pinen nachgewiesen und durch das Nitrosochlorid charakterisiert. Dillapiol, das nur in Spuren anwesend war, ließ sich durch das Bromderivat nachweisen.

Die im Vakuum bei 117 bis 119° (11 mm) siedenden Anteile (n_D 1,4714) bestanden nach der Elementaranalyse aus einem Alkohol $C_{10}H_{16}O$, der den starken Geruch dieses Maticoöls bedingt. Ein weiterer Bestandteil, der ca. 55% des Öls ausmachte, ist ein Sesquiterpen von den Eigenschaften: $d_{20°}$ 0,916, α_D —10° 50', n_D 1,50542.

199. Öl von Artanthe geniculata.

Die Blätter von *Artanthe geniculata* Miq. (*Piper geniculatum* Sw.), eines als „unechte Jaborandi" in Brasilien bekannten

[1]) Bericht von Schimmel & Co. April 1909, 68; Oktober 1909, 77.

[2]) H. Thoms, Apotheker Ztg. 24 (1909), 412. — Arch. der Pharm. 247 (1909), 247.

Strauches, liefern kleine Mengen eines hellgrünen ätherischen Öls von gewürzhaftem, etwas minzähnlichem Geruch und scharf brennendem Geschmack[1]).

200. Betelöl.

Oleum foliorum Betle. — Essence de Bétel. — Oil of Betle Leaves.

Herkunft. Der im ganzen malaiischen Archipel, sowie im südlichen China verbreitete uralte Gebrauch des Betelkauens besteht darin, daß ein Betelblatt (*Sirih*) von *Piper Betle* L. (*Chavica Betle* Miq.) zusammen mit Kalk, etwas Gambier (von *Uncaria Gambir* Roxb.) und einem Stück Pinangnuß (von *Areca Catechu* L.) gekaut wird[2]). Die Betelblätter verdanken ihren gewürzhaft brennenden Geschmack einem ätherischen Öle, das zwar wiederholt dargestellt und untersucht worden ist, irgend eine nennenswerte praktische Verwendung aber noch nicht gefunden hat[3]).

Eigenschaften. Betelöl ist eine hellgelbe bis dunkelbraune Flüssigkeit von aromatischem, etwas kreosotartigem, an Tee erinnerndem Geruch und brennend scharfem Geschmack. Das spez. Gewicht schwankt zwischen 0,958 und 1,057, und zwar sind die aus frischen Blättern destillierten Öle leichter und heller an Farbe als die aus getrocknetem Material gewonnenen.

Das Drehungsvermögen konnte nur an 6 Ölen ermittelt werden. Von diesen waren 4 linksdrehend (α_D bis $-1°55'$) und 2 rechtsdrehend (α_D bis $+2°53'$).

Die alkoholische Lösung des Betelöls gibt mit Eisenchlorid eine grüne bis blaugrüne Färbung.

Herkunft, Ausbeute, physikalische Eigenschaften und Zusammensetzung der bisher untersuchten Betelöle sind aus der folgenden Zusammenstellung zu ersehen.

---

[1]) T. Peckolt, Pharm. Rundsch. (New York) 12 (1894), 286.

[2]) Die Einzelheiten des Betelkauens und die Bestandteile der „Betelapotheke", die fast jede malaiische Familie besitzt, sind von A. Tschirch in seinem Buche „Indische Heil- und Nutzpflanzen" (Berlin 1892) auf Seite 138 beschrieben.

[3]) Über den Anbau der Betelpflanze siehe H. Gilbert, Journ. d'Agriculture tropicale 11 (1911), 227; Bericht von Schimmel & Co. Oktober 1911, 19.

	Herkunft, Destillationsmaterial und Ausbeute	Spezif. Gewicht	α_D	Bestandteile
I.	Siam[1]). Auf heißen Platten getrocknete Blätter. Ausbeute 0,6 %.	1,024 bei 15°	—	Betelphenol, Cadinen.
II.	Siam[1]). An der Sonne getrocknete Blätter. Ausbeute 0,9 %.	1,020 bei 15°	—	
III.	Manila[2]). Frische Blätter. Ausbeute 0,127 %.	1,044 bei 15°	—	Betelphenol.
IV.	Java[3]). Frische Blätter.	0,959 bei 27°	— 1° 45′	Chavicol, Betelphenol, Sesquiterpen.
V.	Java[4]). (Wahrscheinlich frische Blätter.)	0,958 bei 15°	+ 2° 53′	Nicht untersucht.
VI.	Bombay[5]). Frische Blätter.	0,9404 bei 28°	Schwach linksdrehend	
VII.	Manila.	1,0566 bei 15°	— 1° 10′	55 % Phenole; lösl. i. 3 Vol. 70 % Alk.
VIII.	Manila.	1,0551 bei 15°, $n_{D20°}$ 1,52146	+ 0° 40′	52 % Phenole; lösl. i. 1,7 Vol. 70 % Alk.
IX.	Java[6]).	1,0325 bei 15°	— 1° 55′	Betelphenol, Allylbrenzcatechin, Cineol, Eugenolmethyläther, Caryophyllen.

Zusammensetzung. Von den beiden im Betelöl aufgefundenen Phenolen, Betelphenol und Chavicol, ist nur das erstere in

[1]) J. Bertram u. E. Gildemeister, Journ. f. prakt. Chem. II. 39 (1889), 349. — Bericht von Schimmel & Co. April 1888, 8; April 1889, 6; Oktober 1889, 6; April 1890, 6; Oktober 1891, 5.

[2]) Bericht von Schimmel & Co. April 1891, 5 und Oktober 1891, 5.

[3]) J. F. Eykman, Berl. Berichte 22 (1889), 2736.

[4]) Bericht von Schimmel & Co. Oktober 1888, 45.

[5]) D. S. Kemp, Pharmaceutical Journ. III. 20 (1890), 749.

[6]) Bericht von Schimmel & Co. Oktober 1907, 13.

allen Ölen enthalten und ist deshalb als der charakteristische Bestandteil des Öls anzusehen. Chavicol, das nur im Javaöl nachgewiesen worden ist, kommt im Manila- und Siambetelöl nicht vor.

Betelphenol[1]) (Chavibetol), $C_{10}H_{12}O_2$ (vgl. Bd. I. S. 499) ist ein dem ihm isomeren Eugenol ähnlich zusammengesetzter Körper, der dieselben Seitenketten, nur in anderer Anordnung enthält.

Es ist eine stark lichtbrechende Flüssigkeit von eigentümlichem, nicht unangenehmem, anhaftendem Betelgeruch, der von dem des nahe verwandten Eugenols stark abweicht. Das Betelphenol siedet, wenn es rein ist, ohne bemerkenswerte Zersetzung bei 254 bis 255°, (von 131 bis 132° bei 12 bis 13 mm, 107 bis 109° bei 4 mm) und hat das spez. Gewicht 1,067 bis 1,069 bei 15°; $n_{D20°}$ 1,54134. Mit Eisenchlorid gibt es in alkoholischer (nicht in wäßriger) Lösung eine intensiv blaugrüne Färbung.

Zum Nachweis des Betelphenols dient die in Blättchen kristallisierende, bei 49 bis 50° schmelzende Benzoylverbindung. Acetylbetelphenol siedet bei 275 bis 277°, schmilzt bei — 5° und geht bei der Oxydation mit Permanganat in Acetisovanillinsäure vom Smp. 207° über.

Chavicol[2]), ebenfalls ein Phenol, ist in dem von Eykman auf Java destillierten Betelöl sicher nachgewiesen worden. Chavicol oder Paraoxyallylbenzol (vergl. Bd. I, S. 493) siedet bei 237° und hat das spez. Gewicht 1,041 bei 13°. Seine wäßrige Lösung wird durch Eisenchlorid intensiv blau, die alkoholische kaum blau gefärbt.

In einem von de Vrij auf Java dargestellten Öle wurde im Laboratorium von Schimmel & Co.[3]) neben Betelphenol ein zweites Phenol gefunden, das wahrscheinlich mit Chavicol identisch ist; die in langen Nadeln kristallisierende Benzoylverbindung schmolz bei 72 bis 73°.

Ein anderes, aus frischen Blättern auf Manila destilliertes Öl, das im Laboratorium von Schimmel & Co.[4]) untersucht wurde, enthielt außer Betelphenol kein anderes Phenol. Das aus dem

[1]) Bertram u. Gildemeister, *loc. cit.*

[2]) Eykman, *loc. cit.*

[3]) Bericht von Schimmel & Co. April 1890, 7.

[4]) *Ibidem* Oktober 1891, 5.

Öl mit Natronlauge abgeschiedene Phenol siedete ganz einheitlich zwischen 128 und 129° (11 mm) und lieferte ausschließlich die in Blättchen kristallisierende, bei 50° schmelzende Benzoylverbindung des Betelphenols.

Ein weiterer Bestandteil ist das Cadinen $C_{15}H_{24}$. Nachgewiesen wurde dieser Kohlenwasserstoff durch sein bei 118° schmelzendes Dichlorhydrat nur im Siambetelöl[1]).

In den aus frischen Blättern gewonnenen Java-Ölen ist eine ansehnliche Menge niedrig siedender Bestandteile, deren Zusammensetzung noch nicht aufgeklärt ist, enthalten. Es gelang Eykman[2]) nicht, aus der von 173 bis 190° siedenden Fraktion ein reines Terpen von konstantem Siedepunkt abzuscheiden und mit einem der bekannten zu identifizieren. Wahrscheinlich sind mehrere Terpene vorhanden, jedoch kein Pinen. Die von 173 bis 175° siedenden Anteile ($d_{18°}$ 0,848; α_D —5° 20') gaben weder ein festes Bromid noch ein kristallinisches Chlorhydrat. In der Fraktion 190 bis 220° befinden sich Körper von Menthageruch (Menthon oder Menthol?).

Bei dem aus getrockneten Siamblättern destillierten Öl fehlte die niedrigsiedende Fraktion ganz, denn unter 200° gingen nur wenige Tropfen über. Läßt sich die Abwesenheit der Terpene in diesem Öl hinreichend durch die Beschaffenheit des Ausgangsmaterials erklären, so kann man den Grund für das Fehlen des Chavicols im Siam- und Manilaöl einerseits und das Vorkommen dieses Körpers in Javaöl anderseits, vielleicht in den verschiedenen klimatischen oder Bodenverhältnissen der Produktionsländer suchen.

Ein neues, sonst noch in keinem Öl aufgefundenes Phenol ist von Schimmel & Co.[3]) in einem javanischen Betelöl nachgewiesen worden. Zur Untersuchung diente das auf S. 322 unter IX aufgeführte Öl. Beim Fraktionieren der mit Natronlauge abgeschiedenen Phenole ging bei 137 bis 139° (4 mm) ein Körper über, der beim Abkühlen erstarrte und aus bei 48 bis 49° schmelzendem Allylbrenzcatechin (Elementaranalyse) bestand; über seine Eigenschaften und Derivate siehe Bd. I, S. 498.

---

[1]) Bertram u. Gildemeister, *loc. cit.*

[2]) *Loc. cit.*

[3]) Bericht von Schimmel & Co. Oktober 1907, 13.

Dasselbe Öl enthielt noch ein bei 155 bis 162° siedendes, linksdrehendes, nicht näher charakterisiertes Terpen, Cineol (Jodolverbindung, Smp. 112°), Eugenolmethyläther (Veratrumsäure, Smp. 179°) und Caryophyllen (Nitrosat, Smp. 158°). Eine Fraktion von den Eigenschaften des Cadinens wurde bei diesem Öl nicht beobachtet.

201. Kissipfefferöl.

Die Samen des in Französisch-Guinea vorkommenden Kissipfeffers von *Piper Famechoni* Heck. geben nach A. Barillé[1]) bei der Extraktion mit Äther 4,47 % eines angenehm riechenden ätherischen Öls, das in der Hauptsache von 255 bis 260° siedet.

202. Öl von Potomorphe umbellata.

In den frischen Blättern von *Potomorphe umbellata* Miq. (*Piper umbellatum* L., Familie der *Piperaceae*) sind 0,05 % eines pfefferartig riechenden und schmeckenden ätherischen Öls gefunden worden[2]).

203. Öl von Ottonia Anisum.

Aus 12 Kilo der lufttrocknen Wurzel von *Ottonia Anisum* Spreng. (*O. Jaborandi* Vell.; *Serronia Jaborandi* Guill., Familie der *Piperaceae*), wilde Jaborandi, wurden 10,54 g (= 0,088 %) eines dickflüssigen ätherischen Öls vom spez. Gewicht 1,0356 erhalten. Es besitzt einen eigentümlichen, etwas pfefferähnlichen Geruch und einen stark brennenden, die Zunge lähmenden Geschmack[3]).

Familie: SALICACEAE.

204. Pappelknospenöl.

Herkunft. Aus den Blattknospen der Schwarzpappel, *Populus nigra* L. (Familie der *Salicaceae*), die früher in den Apotheken

[1]) Compt. rend. 134 (1902), 1512. — Journ. de Pharm. et Chim. VI. 16 (1902), 106.

[2]) T. Peckolt, Pharm. Rundsch. (New York) 12 (1894), 241.

[3]) T. Peckolt, *Ibidem* 287.

als *Oculi Populi* zur Bereitung von Salben Verwendung fanden, erhält man durch Destillation mit Wasserdampf etwa 0,5 % ätherisches Öl.

Eigenschaften. Pappelknospenöl ist von blaßgelber bis hellbrauner Farbe und angenehmem, etwas an Kamillen erinnerndem Geruch. Es ist unlöslich in 70 bis 90 %igem Alkohol, gibt aber mit 1/2 und mehr Vol. 95 %igen Alkohols manchmal eine klare Lösung; mitunter sind 3,5 bis 10 Vol. 95 %igen Alkohols dazu erforderlich, und selbst dann erfolgt noch flockige Abscheidung von Paraffinen. Das spez. Gewicht ist 0,890 bis 0,905, der Drehungswinkel α_D + 1° 54'[1]) bis + 6°, S. Z. 2 bis 11; E. Z. 8 bis 14; E. Z. nach Actlg. 18 bis 53[2]).

Zusammensetzung. Pappelknospenöl destilliert von 255 bis 265°[1]) und besteht nach J. Piccard[3]) in der Hauptsache aus einem von 260 bis 261° siedenden Kohlenwasserstoff $(C_5H_8)x$, den er auf Grund einer Dampfdichtebestimmung nach Dumas für ein Diterpen $C_{20}H_{32}$ ansah.

Durch eine neuere, von F. Fichter und E. Katz[4]) ausgeführte Untersuchung ist festgestellt worden, daß die Hauptmasse des Öls aus einer von 263 bis 269° siedenden Fraktion besteht, deren Dampfdichte nach dem Verfahren von Victor Meyer mit dem Lungeschen Gasvolumeter auf ein Sesquiterpen, $C_{15}H_{24}$, stimmende Zahlen lieferte. Bei den zur Charakterisierung unternommenen Versuchen wurden Verbindungen (Nitrosochlorid; Nitrolpiperidin; Nitrolbenzylamin; Nitrosat usw.) erhalten, die keinen Zweifel aufkommen lassen, daß es sich um Humulenderivate handelt.

Nun hat E. Deußen[5]) nachgewiesen, daß das Humulen identisch mit α-Caryophyllen ist, und es ist deshalb dieser Kohlenwasserstoff auch als Bestandteil des Pappelknospenöls anzusehen.

Außerdem muß in ihm noch ein zweites Sesquiterpen enthalten sein, da die Ausbeuten an den oben aufgeführten Derivaten bei Verwendung der entsprechenden Fraktion aus Hopfenöl

---

[1]) Bericht von Schimmel & Co. April 1887, 86.

[2]) *Ibidem* Oktober 1908, 95; Oktober 1912, 89.

[3]) Berl. Berichte 6 (1873), 890 und 7 (1874), 1486.

[4]) *Ibidem* 32 (1899), 3183.

[5]) Journ. f. prakt. Chem. II. 83 (1911), 483.

besser sind als aus Pappelknospenöl; auch ist die Rechtsdrehung des Pappelöl-Sesquiterpens wohl auf eine Verunreinigung des α-Caryophyllens mit einem optisch rechtsdrehenden Kohlenwasserstoff zurückzuführen.

Das Pappelöl enthält außerdem noch ca. 0,5 % Paraffine vom Smp. 53 bis 68°, die wahrscheinlich nach der Formel $C_{24}H_{50}$ zusammengesetzt sind.

Der den angenehmen Geruch des Öls bedingende Körper ging bei der fraktionierten Destillation mit den niedrigst siedenden Anteilen über.

Familie: MYRICACEAE.

205. Gagelblätteröl.

Bei der Destillation der frischen Blätter von *Myrica Gale* L. (Familie der *Myricaceae*) erhielt Rabenhorst[1]) 0,65 % eines bräunlichgelben Öls vom spez. Gewicht 0,876, das bei 17,5° teilweise, und bei 12,5° vollständig zu einer kristallinischen Masse erstarrte. G. Laloue[2]) destillierte französische, aus der Gegend von Nantes stammende Zweige der Pflanze mit Wasser. Hierbei erhielt er (bezogen auf frische Zweige) 0,0369 % sich auf dem Wasser abscheidendes Öl und durch Ausschütteln des Kohobationswassers noch 0,0083 %, also zusammen 0,045 % Öl. Das direkt abgeschiedene Öl war grünlichgelb gefärbt, hatte einen myrtenähnlichen Geruch und zeigte die Konstanten: $d_{20°}$ 0,8984, $\alpha_{D20°}$ — 5° 16′, S. Z. 3,48, E. Z. 15,5, E. Z. nach Actlg. 50,23. Löslich im halben Volumen 90 %igen Alkohols, von 5 Volumen an Trübung, unlöslich in 80 %igem Alkohol. Beim Abkühlen trübte sich das Öl bei + 5°, wurde bei — 5° vollständig opak, blieb aber noch dünnflüssig und änderte bei — 17° weder Aussehen noch Konsistenz.

Das Öl ist von Chevalier[3]) auf seine pharmakologische Wirkung geprüft worden, wobei sich zeigte, daß es ziemlich stark giftig wirkt, sodaß die Verwendung der Blätter von *Myrica Gale* als Emmenagogum und als Abortivum, wie das in West-

---

[1]) Repert. Pharm. 60 (1837), 214. — Gmelin, Organ. Chemie, IV. Aufl. Bd. 7, S. 335.

[2]) Berichte von Roure-Bertrand Fils April 1910, 61. — Bull. Sciences pharm. 68 (1910), 253.

[3]) Bull. Sciences pharm. 68 (1910), 738.

Frankreich geschieht, nicht ohne Gefahr ist. Die tödliche Menge betrug beim Meerschweinchen bei intraperitonealer Einverleibung 1 ccm pro kg Körpergewicht, ein Hund starb nach einer Dosis von 12 g pro kg Körpergewicht unter Erscheinungen der totalen Paralyse.

Ein von S. S. Pickles[1]) aus einem Gemisch von frischen Blättern und Zweigen in einer Ausbeute von 0,076 % destilliertes, blaßgelbes Öl zeigte die Konstanten: $d_{15°}$ 0,915, α_D —5° 17′, S. Z. 7,0, E. Z. 24,7, während ein aus halbtrocknem, beinahe reinem Blättermaterial gewonnenes Destillat (Ausbeute 0,203 %) folgende Eigenschaften hatte: $d_{15°}$ 0,912, α_D —11° 26′, S. Z. 4,0, E. Z. 19,2, E. Z. nach Actlg. 56,4.

Das Blätteröl enthielt ca. 0,75 % eines Paraffins $C_{29}H_{60}$ vom Smp. 63 bis 64°, das sich in der Kälte auf Zusatz von Methylalkohol ausschied. Durch Behandlung mit Sodalösung isolierte Pickles aus dem Öl ca. 2,5 % Fettsäuren, hauptsächlich Palmitinsäure (Smp. 62°). Weitere Bestandteile sind Cineol (Jodolverbindung, Smp. 112 bis 114°) und Dipenten (Tetrabromid, Smp. 124 bis 125°). Von Cineol und Terpenen enthält das Öl etwa 50 %. Außer Estern von hochmolekularen Fettsäuren findet sich in dem Öl wahrscheinlich ein Gemisch von hochsiedenden Alkoholen und Sesquiterpenen vor, das Pickles nicht weiter untersucht hat, da ihm zu wenig Material zur Verfügung stand.

206. Gagelkätzchenöl.

Aus Gagelkätzchen hat C. J. Enklaar[2]) 0,4 bis 0,6 % ätherisches Öl destilliert ($d_{15°}$ 0,899; α_D — 5° 36′). Die niedrigst siedenden Anteile (Sdp. 162 bis 163° bei 760 mm; $d_{15°}$ 0,862; α_D — 25° 34′) enthielten Pinen; es war aber Enklaar nicht möglich zu entscheiden, ob α- oder β-Pinen vorlag. Ein Nitrosochlorid wurde nicht erhalten, bei der Oxydation mit Kaliumpermanganat entstand eine Säure vom Smp. 102 bis 103°, vielleicht i-Pinonsäure oder verunreinigte l-Nopinsäure. d-α-Phellandren scheint ebenfalls im Öle anwesend zu sein (Smp. des Nitrits 112 bis 113°). Cineol wies Enklaar durch die Darstellung des Hydrobromids und der Jodolverbindung (Smp. 114°) nach. Unter den hochsiedenden

[1]) Journ. chem. Soc. 99 (1911), 1764.

[2]) Chem. Weekblad 9 (1912), No. 11.

Bestandteilen des Gagelkätzchenöls befindet sich ein Sesquiterpen, (Sdp. 150 bis 152° bei 17 mm, 263 bis 265° bei 760 mm; $d_{15°}$ 0,928; α_D — 4° 30'), vielleicht Caryophyllen. Schließlich kommt in den hochsiedenden Anteilen ein schwer flüchtiger, fester Körper vor, der aus Alkohol in schönen, langen Nadeln kristallisiert und den angenehmen der Pflanze eigentümlichen Geruch besitzt.

207. Wachsmyrtenöl.

Die Wachsmyrte, *Myrica cerifera* L., ein 1 bis 3 m hoher Strauch, der in Nordamerika unter dem Namen „Bayberry" bekannt ist, enthält in ihren Blättern 0,021 % ätherisches Öl[1]) von grünlicher Farbe und sehr angenehmem, aromatisch gewürzigem Geruch. Spez. Gewicht 0,886; α_D 5° 5'.

Ein von F. Rabak[2]) destilliertes Wachsmyrtenöl zeigte die Konstanten: d 0,9168, $[\alpha]_D$ — 1,5°, $n_{D20°}$ 1,4945, S. Z. 3,5, E. Z. 21, E. Z. nach Actlg. 58. Das Öl löste sich im halben Volumen 90 %igen Alkohols, die Lösung trübte sich auf Zusatz von 2 oder mehr Vol.; in 80 %igem Alkohol war es unlöslich. Die Ausbeute betrug 0,015 % (auf frisches Kraut berechnet?).

208. Comptoniaöl.

Die getrockneten Blätter von *Myrica asplenifolia* Endl. (*Comptonia asplenifolia* Ait.), in Nordamerika „Sweet Fern" genannt, liefern bei der Destillation ca. 0,08 % ätherisches Öl. Es hat einen kräftig gewürzhaften, zimtähnlichen Geruch. Spez. Gewicht 0,926. Beim Abkühlen durch eine Kältemischung erstarrt das Öl[3]).

Familie: JUGLANDACEAE.

209. Walnußblätteröl.

Der aromatische Geruch der frischen Blätter von *Juglans regia* L. (Familie der *Juglandaceae*) ist auf einen Gehalt an ätherischem Öl zurückzuführen. Bei der Destillation geben frische,

[1]) Bericht von Schimmel & Co. Oktober 1894, 73. — Vgl. auch Hambright, Americ. Journ. Pharm. 35 (1863), 193.

[2]) Midland Drugg. and pharm. Review 45 (1911), 484.

[3]) Bericht von Schimmel & Co. Oktober 1890, 50.

deutsche Walnußblätter 0,012[1]) bis 0,029 %[2]) eines angenehm tee- und ambraartig riechenden, gelbgrünen bis braunen Öls, das beim Abkühlen Paraffin abscheidet oder fest wird. d_{30° 0,9037[1]) bis 0,9137[2]); α_D inaktiv[2]); S. Z. 9,3[2]) bis 16,8; E. Z. 18,4[1]) bis 27[2]). Löslich in 90%igem Alkohol unter Abscheidung von Paraffin, das nach mehrmaligem Umkristallisieren aus Alkohol bei 61 bis 62° schmilzt.

Etwas anders, besonders in bezug auf die optische Drehung verhielt sich ein von Schimmel & Co.[3]) in Barrême (Südfrankreich) destilliertes Öl, bei dem einmal das in der Vorlage direkt abgeschiedene Destillat für sich untersucht wurde, sodann das durch Ausäthern des Destillationswassers gewonnene und endlich das durch Zusammengießen beider erhaltene Gesamtöl.

	Ausbeute	d_{15°	α_D	n_{D20°	S. Z.	E. Z.	E. Z. nach Actlg.
83% Hauptöl .	0,0072%	0,9174	—17°36'	1,49177	3,7	9,3	—
17% Wasseröl	0,0015%	0,9231	—16°12'	1,49366	4,7	9,7	—
100% Gesamtöl	0,0087%	0,9185	17° 0'	1,49215	—	—	98,5

Familie: BETULACEAE.

210. Birkenrindenöl (Wintergrünöl).

Oleum Betulae lentae. — Essence de Betula. — Oil of Sweet Birch.

Herkunft und Gewinnung. Die der Familie der *Betulaceae* angehörende *Betula lenta* L. („Cherry birch" auch „Sweet" oder „Black birch") ist ein 15 bis 20 m hoher Baum, der auf gutem Waldboden durch das gesamte südliche Canada und die nördlichen Vereinigten Staaten, westwärts bis Minnesota und Kansas und südwärts bis Georgia und Alabama wächst.

Das Öl wird hauptsächlich in den Counties Ashe, Watanga und Mitchell im Nordwesten, aber auch im Südosten des Staates Tennessee destilliert. Auf einem Acker Land stehen gewöhnlich 10 bis 20 Bäume, die der Destillateur manchmal für 10 Cts. das

[1]) H. Haensel, Chem. Zentralbl. 1907, II. 1620.

[2]) Bericht von Schimmel & Co. Oktober 1890, 49.

[3]) *Ibidem* April 1912, 127.

Stück kauft. Die Bäume, die einen Durchmesser von 12 bis 24 Zoll haben, werden gefällt, wenn sie im Saft stehen, und von der Rinde befreit. Der in Schneidemaschinen zerkleinerten Rinde wird oft etwas Wintergrünkraut, dort „Mountain tee" genannt, beigefügt. Mitunter werden auch Zweige zur Destillation verwendet.

Die Destillierblase ist primitivster Art. Sie besteht aus hölzernen Brettern, ist etwa 2½ Fuß weit, 3 Fuß tief und 7 bis 8 Fuß lang. Der Boden besteht aus galvanisiertem Eisen und ist mit entsprechender Dichtung angenagelt. Das Ganze steht auf einem gemauerten Fundament, das gleichzeitig als Feuerraum dient. Die Rinde liegt auf Latten, die etwa 4 Zoll über dem Boden angebracht sind. Eiserne Rohre von 1 Zoll im Durchmesser verbinden die Destillierblase mit dem Kühltrog, der von einem Bach gespeist wird. Als Vorlage dient eine blecherne Konservenbüchse, die in einem größeren Behälter steht. Das überfließende ölhaltige Wasser wird der Destillierblase durch ein besonderes Rohr wieder zugeführt.

Die Hauptproduktionszeit ist von Mai bis Ende September.

Der Destillateur verkauft sein Öl, sobald er davon 2 bis 10 Pfund fertig hat, gewöhnlich an den nächsten Landkaufmann. Mitunter geht er auch weiter, um einen besseren Preis zu erzielen. Diese Aufkäufer versenden das Öl entweder direkt nach New York oder verkaufen es an Kräuterhändler.

Das Öl kommt von Wilkesborro (North Carolina), Lenoir, Elk Park, Marion (Virginia) zum Versand, beträchtliche Mengen auch von Abingdon im Staate Virginia und Johnson City im Staate Tennessee[1]).

Schon W. Procter[2]) hat erkannt, daß das ätherische Öl in der Rinde nicht fertig gebildet vorhanden ist, sondern durch Wechselwirkung zweier Stoffe unter dem Einfluß von Wasser entsteht, ähnlich wie die Bildung des ätherischen Öls der bitteren Mandeln, des Senfs und anderer stattfindet. Nach späteren Untersuchungen sind diese das Ferment Betulase[3]) und das mit

---

[1]) Bericht von Schimmel & Co. Oktober 1900, 68.

[2]) Americ. Journ. Pharm. 15 (1843), 241.

[3]) A. Schneegans, Journ. d. Pharm. v. Elsaß-Lothr. 23 (1896), Nr. 17; Chem. Zentralbl. 1897, I. 326.

1 Mol. Wasser kristallisierende Gaultherin[1]). Dieses wird in Zucker und Salicylsäuremethylester gespalten:

$$\underset{\text{Gaultherin}}{C_{14}H_{18}O_8} + \underset{\text{Wasser}}{H_2O} = \underset{\text{Salicylsäuremethylester}}{C_6H_4\begin{smallmatrix}OH\\COOCH_3\end{smallmatrix}} + \underset{\text{Traubenzucker.}}{C_6H_{12}O_6}$$

Auf diese Tatsache ist bei der Gewinnung Rücksicht zu nehmen. Nach Kennedy[2]) gilt eine der Destillation vorausgehende zwölfstündige Mazeration des Destilliermaterials als unerläßlich für eine gute Ausbeute an Öl. Diese beträgt für jede Tonne zu 2240 Pfund Birkenrinde ungefähr 5 Pfund Öl = 0,23 %, von der gleichen Gewichtsmenge Wintergrün aber etwa 18 Pfund Öl = 0,83 %. Bei rationell geleiteter Destillation können jedoch bis 0,6 % aus der Rinde erhalten werden.

Zur Feststellung der günstigsten Bedingungen für die Gewinnung des Öls sind von E. F. Ziegelmann[3]) Versuche angestellt worden. Beim Arbeiten mit kleinen Mengen erhielt er die besten Ausbeuten, und zwar von 0,62 % nach zwölfstündiger Mazeration bei Zimmertemperatur. Durch längeres Stehenlassen wurde die Ausbeute nicht beeinflußt; geschah dies jedoch bei 40 bis 50°, so wurde sie etwas geringer; bei Destillation ohne Mazeration war die Ausbeute bedeutend kleiner. Bei Verarbeitung größerer Mengen lieferte Birkenrinde eine Ausbeute von 0,306 %; durch Kohobieren wurde aus den Destillationswässern noch 0,076 % Öl gewonnen.

Eigenschaften. Da Birkenrindenöl und Wintergrünöl praktisch fast dieselben Eigenschaften haben, so wurden früher beide Öle häufig nicht auseinander gehalten, auch wurden Birkenrinde und Wintergrünkraut sehr oft zusammen destilliert. Neuerdings müssen sie in den Vereinigten Staaten nach dem „Pure Food and Drugs Act" von 1906 streng auseinander gehalten werden, da die Bezeichnung Wintergrünöl für Birkenrindenöl als eine Verletzung des Gesetzes angesehen wird.

Birkenrindenöl ist eine farblose oder gelbliche, manchmal durch Spuren von Eisen rötlich gefärbte Flüssigkeit. Im Geruch und Geschmack ist es von reinem Methylsalicylat kaum zu unter-

---

[1]) A. Schneegans u. J. E. Gerock, Arch. der Pharm. 232 (1894), 437.

[2]) Americ. Journ. Pharm. 54 (1882), 49.

[3]) Pharm. Review 23 (1905), 83.

scheiden; es ist jedoch im Geruch von dem Öle von *Gaultheria procumbens* deutlich verschieden. Das spez. Gewicht liegt zwischen 1,180 und 1,188[1]). Birkenöl ist im Gegensatz zu dem schwach linksdrehenden Gaultheriaöl optisch inaktiv. Mit dem 5 bis 8 fachen Volumen 70%igen Alkohols gibt es bei gewöhnlicher Temperatur eine klare Lösung. Es löst sich in mäßig konzentrierter Kalilauge sofort zu leicht löslichem Estersalz, aus dem man es durch Säuren unverändert wieder abscheiden kann; das mit Natronlauge entstehende Estersalz ist dagegen schwer löslich. Beim Erwärmen mit überschüssigem Alkali werden beide Estersalze verseift.

Mit Birkenrindenöl geschütteltes Wasser gibt mit Eisenchlorid eine tief violette Färbung. Bei der Destillation über freiem Feuer geht das Birkenrindenöl von 218 bis 221° über.

Zusammensetzung. Da, wie bereits erwähnt, früher im Handel durchaus kein Unterschied zwischen Birkenrindenöl und Gaultheriaöl gemacht wurde (und auch heute noch vielfach nicht), so ist es zweifelhaft, ob die Salicylsäure von A. Cahours[2]) in einem Birkenrindenöl oder einem Gaultheriaöl entdeckt worden ist. Jedenfalls kann man aber als sicher annehmen, daß Procter die beiden Öle scharf auseinander gehalten hat. Sicher ist ferner, daß Cahours ein stark verfälschtes Öl in Händen hatte, denn er fand 10% eines bei 160° siedenden Terpens (wohl Terpentinöl), „Gaultherilen". Aus den neueren, an unzweifelhaft echten Ölen gemachten Untersuchungen geht aber hervor, daß Terpene in keinem der beiden Öle vorkommen.

Nach F. B. Power und C. Kleber[3]) besteht das Birkenrindenöl zu 99,8%[4]) aus Methylsalicylat[5]). Schüttelt man das mit Äther

---

[1]) Ziegelmann hat bei selbst dargestellten Ölen die Dichten d_{15° 1,1578 bis 1,1786 (d_{25° 1,1502 bis 1,171) beobachtet, was wahrscheinlich auf irgend einen außergewöhnlichen Umstand bei der Darstellung zurückzuführen ist. Derartig niedrige spezifische Gewichte kommen bei der Gewinnung im Großen niemals vor.

[2]) Ann. de Chim. et Phys. III. 10 (1844), 327. — Liebigs Annalen 48 (1843), 60 u. 52 (1844), 327.

[3]) Pharm. Rundsch. (New York) 13 (1895), 228.

[4]) Ziegelmann (*loc. cit.*) fand bei selbst dargestellten Ölen nur 90,2 bis 97,83% Ester, ein Befund, der aber vermutlich auf unvollständige Verseifung zurückzuführen ist.

[5]) Die Behauptung von H. Trimble u. H. J. M. Schröter (Americ. Journ. Pharm. 61 [1889], 398 und 67 [1895], 561), daß im Gaultheriaöl und im Birkenöl

verdünnte Öl wiederholt mit einer 7½% Kali enthaltenden Lauge durch, so geht das Methylsalicylat als Kaliummethylsalicylat in die wäßrige Lösung und kann leicht von den anderen in Äther gelösten Bestandteilen getrennt werden.

Die nach Verdunsten des Äthers zurückbleibende, halbfeste Masse wird durch Wasserdampfdestillation in zwei Bestandteile zerlegt. Der nicht flüchtige Rückstand erstarrt beim Erkalten. Er ist in Äther leicht, in Alkohol schwerer löslich, kristallisiert in Blättchen, ist beständig gegen Schwefelsäure und Salpetersäure und besteht aus einem Paraffin, das nach der Elementaranalyse und nach seinem bei 65,5° liegenden Schmelzpunkt als Triacontan, $C_{30}H_{62}$, anzusehen ist. Der mit Wasserdampf flüchtige Teil ist leicht löslich in 80%igem Alkohol, siedet bei 230 bis 235° (unter 25 mm Druck bei ca. 135°) und ist nach der Formel $C_{14}H_{24}O_2$ zusammengesetzt. Dieser Körper ist ein Ester, der beim Verseifen in seine Komponenten, den Alkohol $C_8H_{16}O$ und die Säure $C_6H_{10}O_2$ zerfällt.

Prüfung. Da Birkenrinden- und Wintergrünöl die schwersten aller bekannten ätherischen Öle sind, so hat die Gegenwart fremder Öle sowie von Petroleum stets eine Erniedrigung des spez. Gewichts zur Folge. Auch wird durch die meisten Verfälschungsmittel die Löslichkeit in 70%igem Alkohol vermindert oder aufgehoben. Einen bequemen Nachweis von Verfälschungen ermöglicht die Eigenschaft des Methylsalicylats, mit Kali ein wasserlösliches Salz ($C_6H_4[OK]COOCH_3$) zu bilden. Man verfährt dabei zweckmäßig folgendermaßen: 1 ccm des zu prüfenden Birkenrinden- oder Wintergrünöls wird in einem geräumigen Probierzylinder mit 10 ccm einer 5%igen Kalilauge übergossen und gut damit durchgeschüttelt. Es entsteht, wenn das Öl rein war, eine klare, farblose oder schwach gelbliche Flüssigkeit. Bei Gegenwart fremder Öle oder von Petroleum, Chloroform usw. wird die Mischung getrübt erscheinen, und es werden sich nach ruhigem Stehen Tropfen an der Oberfläche oder am Grunde der Flüssigkeit abscheiden. Auf diese Weise lassen sich 5% fremder, nichtphenolischer Bestandteile sichtbar machen. Da der Geruch

---

Benzoesäure, Äthylalkohol, und ein Sesquiterpen $C_{15}H_{24}$ enthalten seien, ist, wie Power (Pharm. Rundsch. [New York] 7 [1889], 283), sowie Power u. Kleber (*Ibidem* 13 [1895], 228), nachgewiesen haben, falsch.

des Methylsalicylats bei der Verseifung vollständig verschwindet, so kann die Art der Verfälschung meistens durch den Geruch des verseiften Öles erkannt werden.

Der Gehalt an Methylsalicylat kann entweder durch Abscheiden und Wägen der Salicylsäure, oder titrimetrisch bestimmt werden.

Zur quantitativen Gewichtsbestimmung[1]) werden 1,5 bis 2 g des Öls in einem Kölbchen von 50 ccm Inhalt mit einem geringen Überschuß von konz. Natronlauge verseift. Hierauf bringt man die Flüssigkeit in einen Scheidetrichter, versetzt mit Salzsäure im Überschuß und schüttelt die freigemachte Salicylsäure mit Äther aus. Um Spuren von Kochsalz aus der Ätherlösung zu entfernen, schüttelt man diese mit Wasser durch und verdampft sie in einer tarierten Schale auf dem Wasserbade. Die zurückbleibende Salicylsäure wägt man, nachdem man sie bis zum konstanten Gewicht über Schwefelsäure getrocknet hat.

Diese Bestimmung setzt ein reines Öl voraus, denn fremde Zusätze, wie etwa Sassafrasöl, würden mit in die ätherische Lösung gehen und teilweise mit der Salicylsäure beim Verdampfen zurückbleiben und mit gewogen werden.

Die Menge der Salicylsäure kann man auch nach der Methode von J. Messinger und G. Vortmann[2]) ermitteln. Sie beruht darauf, daß Salicylsäure bei Gegenwart von viel Alkali durch eine Jodlösung von bekanntem Gehalt in Dijodsalicylsäure umgewandelt wird. Die Menge des nicht verbrauchten Jods wird durch Titration mit volumetrischer Thiosulfatlösung zurückgemessen. Die Reaktion verläuft nach der Gleichung:

$$C_6H_4(OH)COOK + 3KOH + 6J = C_6H_2J_2(OJ)COOK + 3KJ + 3H_2O$$

Die Anwendung dieses Verfahrens auf Wintergrünöl wird von E. Kremers und M. James[3]) befürwortet.

Eine gewogene Menge des Öls verseift man mit Normal-Kalilauge und sorgt dafür, daß auf 1 Mol. Methylsalicylat mindestens 7 Mol. Kaliumhydroxyd kommen. Dann verdünnt man

---

[1]) B. H. Ewing, Proceed. Americ. Pharm. Assoc. 40 (1892), 196.

[2]) Berl. Berichte 22 (1889), 2321 und 23 (1890), 2755. Über die Brauchbarkeit der Methode vgl. W. Fresenius u. L. Grünhut, Ztschr. f. analyt. Chem. 38 (1899), 292 sowie J. Messinger, Journ. f. prakt. Chem. II. 61 (1900), 237.

[3]) *Loc. cit.*

die Flüssigkeit mit Wasser genau auf 250 oder 500 ccm. Von dieser Lösung bringt man 5 oder 10 ccm in ein Kölbchen und erwärmt auf etwa 60°. Nunmehr fügt man so lange $^1/_{10}$ Normal-Jodlösung hinzu, bis eine entschieden gelbe Farbe bestehen bleibt. Beim Schütteln entsteht ein tief rot gefärbter Niederschlag. Nach dem Abkühlen wird die Lösung mit verdünnter Schwefelsäure angesäuert und mit Wasser auf 250 oder 500 ccm verdünnt. In einem aliquoten Teile des Filtrats, etwa in 100 ccm, wird der Überschuß des Jods durch Titrieren mit $^1/_{10}$ Normal-Thiosulfatlösung bestimmt.

$$\frac{\text{1 Mol. Methylsalicylat}}{\text{6 Atome Jod}} = \frac{151{,}64}{759{,}2} = 0{,}19974314.$$

Durch Multiplikation der gefundenen Jodmenge mit dem Faktor 0,19974314 findet man die entsprechende Menge Methylsalicylat, woraus sich der Prozentgehalt im Öle leicht berechnen läßt.

Am einfachsten orientiert man sich über den Gehalt des Öls an Methylsalicylat durch die Bestimmung der Esterzahl, aus der sich dann leicht der Gehalt an Ester berechnen läßt (vgl. Bd. I, S. 593)[1]. Zu beachten ist hierbei, daß man das Öl mit einem großen Überschuß von Alkali (30 ccm alkoholische Halbnormal-Kalilauge auf etwa 1,5 g Öl) 2 Stunden lang kochen muß, da sonst leicht zu niedrige Resultate erhalten werden.

Ein gutes Öl enthält mindestens 98 % Methylsalicylat.

211. Birkenknospenöl.

Herkunft und Gewinnung. Die harzigen Blattknospen der Weißbirke, *Betula alba* L., enthalten eine verhältnismäßig große Menge eines angenehm balsamisch riechenden Öls, das zuerst von H. Haensel[2]) dargestellt worden ist. Die Knospen geben bei der Destillation eine Ausbeute von 4 bis 6,5 %.

Eigenschaften[3]). Birkenknospenöl ist eine gelbe, etwas dickliche Flüssigkeit, die bisweilen schon bei Zimmertemperatur von ausgeschiedenen Paraffinkristallen durchsetzt ist. Beim Abkühlen

---

[1]) Vgl. hierzu auch E. Kremers u. Marta M. James, Pharm. Review 16 (1898), 130.

[2]) Chem. Zentralbl. 1902, II. 1208.

[3]) Vgl. Bericht von Schimmel & Co. Oktober 1905, 13 u. Oktober 1909, 21.

des Öls scheiden sich zunächst Kristalle von Paraffin ab, schließlich erstarrt das Ganze zu einer festen Masse. d_{15}. 0,962 bis 0,979; α_D — 2 bis — 14°; S. Z. 1 bis 4; E. Z. 35 bis 75; E. Z. nach Actlg. 140 bis 180. Löslich in 1 bis 2 Vol. 80%igen und 0,25 Vol. 90%igen Alkohols, manchmal klar, oft aber unter Paraffinabscheidung, die bei Mehrzusatz des Lösungsmittels immer eintritt.

Zusammensetzung. Nach H. von Soden und F. Elze[1]) enthält das Öl einen Sesquiterpenalkohol, den sie Betulol genannt haben. Zur Isolierung des Betulols diente der saure Phthalsäureester, der sich leicht beim Erwärmen des Öls in Benzollösung mit Phthalsäureanhydrid bildet. Das aus der Phthalsäureverbindung durch Verseifen mit alkoholischem Kali gewonnene reine Betulol zeigte folgende Konstanten:

Sdp. 138 bis 140° bei 4 mm, 284 bis 288° bei 743 mm unter teilweiser Zersetzung; $d_{15°}$ 0,975; α_D — 35°; in 3 Teilen 70%igen Alkohols ist es löslich; seine Zusammensetzung ist wahrscheinlich $C_{15}H_{24}O$.

Beim Kochen mit Essigsäureanhydrid wird das Betulol quantitativ acetyliert. Das Acetat siedet bei 142 bis 144° (4 mm) und hat $d_{15°}$ 0,986. Der Gehalt des untersuchten Öls an freiem Betulol betrug etwa 47%.

Ein andres Öl enthielt 73,2% Gesamtbetulol, davon waren 29,6% verestert und 47,1% frei. Das veresterte Betulol ist zum Teil an Essigsäure gebunden, zum Teil vielleicht an Ameisensäure[2]).

212. Birkenblätteröl.

H. Haensel[3]) erhielt bei der Destillation der Birkenblätter von *Betula alba* L. 0,04 bis 0,049% Öl, das bei höherer Temperatur flüssig, bei niederer fest ist. $d_{60°}$ 0,9074 und $d_{80°}$ 0,8683; S. Z. 99 und 30; V. Z. 146,7 und 111; optisch inaktiv. Es enthält ein in Blättchen (aus heißem Alkohol) kristallisierendes, bei 49,5 bis 50° schmelzendes Paraffin.

[1]) Berl. Berichte 38 (1905), 1636.
[2]) H. Haensel, Chem. Zentralbl. 1909, II. 1556.
[3]) Apotheker Ztg. 19 (1904), 854. — Chem. Zentralbl. 1908, I. 1837.

213. Weißbirkenrindenöl.

Wie die Knospen und Blätter der Weißbirke, *Betula alba* L., so enthält auch die Rinde ein ätherisches Öl, das in einer Ausbeute von 0,052% daraus gewonnen worden ist[1]). Es riecht ähnlich dem Knospenöl, ist braun von Farbe und wird bei Abkühlung durch Kristallausscheidung trübe. $d_{22°}$ 0,8953 und $d_{30°}$ 0,9003; α_D —12,08°; S. Z. 13,3 und 9,1; E. Z. 11,5 und 11,4; E. Z. nach Actlg. 56,9 und 36,5. Es enthält Palmitinsäure und ein wahrscheinlich monocyclisches Sesquiterpen von folgenden Eigenschaften: Sdp. 255 bis 256 (744 mm), $d_{20°}$ 0,8844, α_D —0,5°. Es addiert in ätherischer Lösung 1 Mol. Salzsäure. Das dunkelgefärbte, flüssige Chlorhydrat ($d_{20°}$ 0,9753) gibt beim Kochen mit entwässertem Natriumacetat einen bei 258 bis 260° (747 mm) siedenden Kohlenwasserstoff vom spezifischen Gewicht 0,8898 bei 20°.

214. Haselnußblätteröl.

Die Blätter des Haselnußstrauchs, *Corylus Avellana* L. (Familie der *Betulaceae*), enthalten ein gewürzhaft riechendes ätherisches Öl, das in einer Ausbeute von 0,0425% (trockne Blätter) daraus gewonnen worden ist[2]). $d_{28°}$ 0,8844; S. Z. 60,4; E. Z. 24,6; E. Z. nach Actlg. 158. Es beginnt bei + 30° zu erstarren und enthält 18% Palmitinsäure und ein bei 49 bis 50 schmelzendes Paraffin.

Familie: ULMACEAE.

215. Öl von Celtis reticulosa.

Das Holz von *Celtis reticulosa* Miq. (Familie der *Ulmaceae*) wird unter die Riechhölzer Javas[3]) gerechnet, weil es als Bestandteil von Räucherungsgemischen und Schminken Verwen-

[1]) H. Haensel, Chem. Zentralbl. 1907, II. 1620, und 1908, II. 1436.

[2]) H. Haensel, Apotheker Ztg. 24 (1909), 283.

[3]) W. R. Dunstan, Pharmaceutical Journ. III. 19 (1889), 1010; Berl. Berichte 22 (1889), 441, Ref.

dung findet. Der Geruch des skatolhaltigen, harten, gelben, braun bis schwarz moirierten Holzes ist jedoch keineswegs angenehm, worauf auch die einheimische Bezeichnung *„kaju tai"* (Dreckholz) hindeutet. Der Skatolgehalt ist von Dunstan und von Greshoff[1]) nachgewiesen worden. Der Fäkalgeruch nimmt jedoch beim Trocknen stark ab. In einem solchen alten Holze konnte W. G. Boorsma[2]) Skatol nicht nachweisen. Die widrig riechenden Extrakte mit Petroläther und Äther gaben keine Skatol- und Indolreaktionen, doch lieferte das alkoholische Extrakt einen stickstoffhaltigen Körper, der vielleicht zu dem Skatol in Beziehung steht.

Im Stammholz kommt nach C. A. Herter[3]) auch Indol vor. Der Gehalt an Skatol, das sich im Holze der Zweige, Rinde und Wurzeln nicht findet, betrug 0,01 %.

Familie: MORACEAE.

216. Hopfenöl.

Oleum Humuli Lupuli. — Essence de Houblon. — Oil of Hops.

Herkunft und Gewinnung. Hopfenöl wird durch Destillation sowohl der den Hopfen darstellenden weiblichen Blütenkätzchen als auch der „Lupulin" genannten Drüsenhaare von *Humulus Lupulus* L. (Familie der *Moraceae*) gewonnen. Die Ausbeute beträgt beim Hopfen 0,5 bis über 1 %, beim Lupulin bis 3 % Öl. Letzteres ist jedoch von weniger angenehmem Geruch und deshalb minderwertig. Die Destillationswässer — besonders die des Lupulins — sind stark sauer und enthalten Baldriansäure (Personne) und wahrscheinlich auch Buttersäure (Ossipoff).

Zur Destillation ist ungeschwefelter Hopfen zu verwenden, da sonst das Destillat schwefelhaltig und übelriechend wird.

---

[1]) Mededeelingen uit 's Lands Plantentuin 25 (1898), 175.

[2]) Bulletin du Département de l'Agriculture aux Indes Néerlandaises 1907, Nr. 7, 32. Pharmacologie III. Boorsma nennt als Stammpflanze *Celtis reticulata* Miq., während im Index Kewensis aufgeführt sind *Celtis reticulosa* Miq. = *C. cinnamomea* Lindl. = *C. reticulata* Torr.

[3]) Journ. biol. Chem. 5 (1909), 489; Apotheker Ztg. 24 (1909), 885.

Eigenschaften. Hopfenöl ist ein hellgelbes bis rotbraunes dünnflüssiges, sich bei längerem Stehen verdickendes Liquidum von aromatischem Geruch und nicht bitterem Geschmack. $d_{15°}$ 0,855[1]) bis 0,893; α_D fast inaktiv oder schwach links- oder rechtsdrehend; $n_{D20°}$ 1,4852 bis 1,4914; S. Z. 0,5 bis 10; E. Z. 15 bis 40; E. Z. nach Actlg. (1 Bestimmung) 74,0. In Alkohol ist das Öl sehr schwer löslich, und besonders ältere Öle geben selbst mit 95 %igem Alkohol keine klaren Lösungen, was wahrscheinlich auf Polymerisationsprodukte des im Öle enthaltenen Myrcens zurückzuführen ist.

Zusammensetzung. Obwohl Hopfenöl schon früher häufig Gegenstand der chemischen Untersuchung[2]) gewesen ist, so war durch sie auch nicht ein einziger Bestandteil isoliert und erkannt worden. Erst durch die neueren Arbeiten sind eine Anzahl von Kohlenwasserstoffen und sauerstoffhaltigen Körpern in dem Öl nachgewiesen worden.

In der niedrigst siedenden Fraktion war von A. C. Chapman[3]) neben Dipenten ein leichter, myrcenähnlicher Kohlenwasserstoff, der der Reihe der olefinischen Terpene angehörte, gefunden worden. Er lieferte bei der Hydratation nach Bertram und Walbaum einen lavendelartig riechenden Ester.

Wie F. W. Semmler und W. Mayer[4]) später nachwiesen, besteht dieser Kohlenwasserstoff wirklich aus Myrcen, das durch Überführung in Dihydromyrcen und dessen bei 87 bis 88° schmelzendes Tetrabromid, sowie durch die Umwandlung in Myrcenol als solches gekennzeichnet wurde.

In den mittleren Fraktionen fand Chapman[5]) Linalool, ferner eine flüchtige Säure $C_9H_{18}O_2$ in Esterform, wahrscheinlich Isononylsäure. Vermutet wurde die Anwesenheit eines Geranylesters.

---

[1]) A. C. Chapman (Journ. chem. Soc. 83 [1903], 505. — Pharm. Review 21 [1903], 155) beobachtete an einem Öle $d\frac{18°}{18°}$ 0,8403.

[2]) Payen u. Chevallier, Journ. de Pharm. 8 (1822), 214 u. 533. — R. Wagner, Journ. f. prakt. Chem. 58 (1853), 351. — J. Personne, Compt. rend. 38 (1854), 309. — G. Kühnemann, Berl. Berichte 10 (1877), 2231; Chem. Zentralbl. 1878, 573. — J. Ossipoff, Journ. f. prakt. Chem. II. 28 (1883), 447; 34 (1886), 238.

[3]) Journ. chem. Soc. 83 (1903), 505.

[4]) Berl. Berichte 44 (1911), 2009.

[5]) Journ. chem. Soc. 83 (1903), 505.

Fast zwei Drittel des Hopfenöls bestehen aus einem bei 263 bis 266° siedenden Sesquiterpen vom spez. Gewicht 0,900 bei 15°. Durch Fraktionieren erhält man es entweder schwach links- oder rechtsdrehend, im ganz reinen Zustande wird es daher wohl inaktiv sein. Von diesem Sesquiterpen hatte Chapman[1]) Derivate erhalten, die denen des Caryophyllens zwar ähnlich waren, aber doch nicht ganz mit ihnen übereinstimmten. Er glaubte deshalb einen neuen Kohlenwasserstoff in Händen zu haben, den er Humulen nannte.

E. Deußen[2]) gelang es, besonders durch Darstellung des Nitrosochlorids und des Nitrosats, den Nachweis zu führen, daß Humulen in der Hauptsache aus i-α-Caryophyllen besteht, dem eine kleine Menge β-Caryophyllen[3]) beigemischt ist.

Bei der Oxydation des Hopfenöls mit Chromsäuregemisch erhielt Chapman[4]) neben flüchtigen Säuren (Essigsäure und Homologe) Bernsteinsäure und asymmetrische Dimethylbernsteinsäure.

Verfälschung. Als Verfälschungsmittel für Hopfenöl wird Copaivabalsam- und Gurjunbalsamöl angegeben. Beides ist nicht schwer nachzuweisen. Ein Zusatz von Gurjunbalsam ist einmal von Schimmel & Co.[5]) aufgefunden worden. Das betreffende Öl hatte eine Dichte von 0,9189 (15°) und eine Drehung von —40°40'; auch die Löslichkeit war schlechter als man sonst bei Hopfenöl beobachtet. Von Interesse sind ferner die Unterschiede, die bei der Destillation zutage traten: reines Öl gab hierbei nur sehr schwach aktive Fraktionen, bei dem verfälschten Öl wurden dagegen Fraktionen mit Drehungen bis zu —86°50' erhalten.

Aus dem angeführten Verhalten sowie aus der, wenn auch nur schwachen, grünlichen Fluorescenz des Öls war mit Sicherheit zu schließen, daß es mit Gurjunbalsam verfälscht war, und zwar ganz erheblich.

[1]) Journ. chem. Soc. 67 (1895), 54 u. 780.
[2]) Journ. f. prakt. Chem. II. 83 (1911), 483.
[3]) E. Deußen, Liebigs Annalen 388 (1912), 149.
[4]) Journ. chem. Soc. 83 (1903), 505.
[5]) Bericht von Schimmel & Co. April 1905, 41.

217. Hanföl.

Die verschiedenen Angaben über Zusammensetzung und Eigenschaften des Hanföls weichen ziemlich stark voneinander ab. Hierbei ist zu berücksichtigen, daß die Untersuchungen zum Teil am gewöhnlichen Hanf, *Cannabis sativa* L. (Familie der *Moraceae*) gemacht worden sind, teils an dem indischen Hanf, der botanisch vom gemeinen Hanf nicht zu unterscheiden und nur dadurch verschieden ist, daß er eine eigentümlich berauschende Wirkung, den Haschischrausch, hervorruft.

L. Valente[1]) untersuchte ein Hanföl, das aus italienischer *Cannabis sativa* gewonnen war. Es bestand hauptsächlich aus einem Sesquiterpen $C_{15}H_{24}$ vom Sdp. 256 bis 258°, dem spez. Gewicht 0,9299 bei 0° und dem spez. Drehungsvermögen $[\alpha_D]$ — 10,81°. Salzsäure gab damit ein festes Chlorhydrat. Dasselbe Sesquiterpen ist im Öl der männlichen Pflanze von *Cannabis gigantea* enthalten.

Nach Personne[2]) ist das Öl von *Cannabis indica* eine ölige Flüssigkeit, leichter als Wasser, die bei 12 bis 15° zu einer butterartigen Masse erstarrt. Es besteht aus zwei Kohlenwasserstoffen und zwar aus dem flüssigen bei 235 bis 240° siedenden Cannaben $C_{18}H_{20}$ und aus dem aus Alkohol in fettglänzenden Schüppchen kristallisierenden „Cannabenhydrat", dessen Analyse auf $C_{12}H_{24}$ stimmt.

Bei der Dampfdestillation der weiblichen, blühenden, indischen Hanfpflanze erhielt G. Vignolo[3]) ein leicht bewegliches, zwischen 248 und 268° siedendes, bei Abkühlung auf —18° nicht fest werdendes Öl von aromatischem Geruch. Beim Sieden über Natrium blieb im Rückstand ein noch nicht näher untersuchtes Stearopten, während ein Sesquiterpen (Sdp. 256°; $d_{18,5°}$ 0,897) überging. Die Formel $C_{15}H_{24}$ wurde durch Elementaranalyse und Dampfdichtebestimmung festgestellt. Ein kristallisiertes Chlorhydrat konnte aus dem Kohlenwasserstoff nicht gewonnen werden.

[1]) Gazz. chim. ital. 10 (1880), 540 u. 11 (1881), 191; Berl. Berichte 13 (1880), 2431 u. 14 (1881), 1717.

[2]) Journ. de Pharm. et Chim. III. 31 (1857), 48.

[3]) Gazz. chim. ital. 25, I. (1895), 110.

Schimmel & Co.[1]) destillierten nicht blühendes Kraut von *Cannabis indica* und erhielten 0,1 % eines narkotisch, aber nicht unangenehm riechenden, dünnflüssigen Öls, welches bei 0° nicht butterartig erstarrte. Das spez. Gewicht war 0,932.

Ob das im Öle enthaltene Sesquiterpen mit einem der bekannten identisch ist, läßt sich nach den dürftigen Literaturangaben nicht entscheiden. Das Cannabenhydrat Personnes ist möglicherweise nichts anderes als eins der in ätherischen Ölen so häufig vorkommenden Paraffine.

Der wirksame Bestandteil des Haschischs ist nach S. Fränkel[2]) und M. Czerkis[3]) ein phenolartiger Körper $C_{21}H_{29}O.OH$, das Cannabinol, der aus dem Petrolätherextrakt durch Destillation im Vakuum (Sdp. 230° bei 0,1 mm) isoliert wurde. Ob das Cannabinol mit Wasserdämpfen flüchtig, und demnach in dem ätherischen Öl enthalten ist, weiß man nicht.

Familie: URTICACEAE.

218. Pileaöl.

Herkunft. Ein auf der Insel Réunion destilliertes Öl einer noch nicht benannten Spezies der Gattung *Pilea* (Familie der *Urticaceae*) ist zuerst von Schimmel & Co.[4]) beschrieben worden.

Eigenschaften. Das wasserhelle bis grünliche, sehr dünnflüssige Öl, von dem bisher 2 Muster untersucht worden sind, hat einen terpenartigen, nicht unangenehmen Geruch. $d_{15°}$ 0,8533 und 0,8520; $\alpha_D + 33°53'$ und $+ 58°20'$; $n_{D20°}$ 1,46862 und 1,46902; E. Z. 5,1 und 7,7; E. Z. nach Actlg. 24,2 und 34,4; löslich in ca. 5 Vol. 90 %igen Alkohols u. m. mit leichter Trübung. Bei der fraktionierten Destillation ging das Öl bei 748 mm Luftdruck folgendermaßen über: 1) 158 bis 159° 6 %; 2) 159 bis 160° 35 %;

---

1) Bericht von Schimmel & Co. Oktober 1895, 57.

2) Arch. f. experiment. Patholog. u. Pharmakolog. 49 (1903), 266; Chem. Zentralbl. 1903, II. 199.

3) Liebigs Annalen 351 (1907), 467. — Apotheker Ztg. 24 (1909), 742.

4) Bericht von Schimmel & Co. Oktober 1906, 84 und April 1907, 113.

3) 160 bis 161° 10%; 4) 161 bis 161,5° 10%; 5) 161,5 bis 163° 10%; 6) 163 bis 165° 10%; 7) 165 bis 168° 7%; 8) 168 bis 174° 2%; 9) 174 bis 194° 8%. Rückstand (gelb, zersetzt) 2%.

Zusammensetzung. Das Öl enthält α-Pinen und Sabinen. Der zwischen 157 und 158° siedende Anteil ($d_{15°}$ 0,8545; α_D +14°35′; $n_{D20°}$ 1,46684) diente zur Darstellung einer Nitrosochloridverbindung, die, mit Benzylamin in Reaktion gebracht, das bei 122° schmelzende Pinennitrolbenzylamin gab [1]).

In der Fraktion vom Sdp. 167 bis 168° hat Semmler [2]) Sabinen ($d_{20°}$ 0,8402; α_D +61°20′; n_D 1,46954) gefunden. Die Identität mit Sabinen ging aus der Bildung des Sabinenglykols (Sdp. 150 bis 154° bei 9 mm Druck; $d_{20°}$ 1,0332; n_D 1,48519; Mol.-Refr. gefunden 47,17, berechnet f. $C_{10}H_{18}O_2$ 46,97) bei der Oxydation der erwähnten Fraktion mit Kaliumpermanganat hervor.

Familie: SANTALACEAE.

219. Sandelholzöl.

Ostindisches Sandelholzöl. — Oleum ligni Santali. — Essence de Santal. — Oil of Sandal Wood.

Herkunft. *Santalum album* L. (Familie der *Santalaceae*), ein 6 bis 10 m hoher Baum, ist in den Gebirgen Indiens einheimisch und wächst dort wild oder kultiviert im südöstlichen Asien an trocknen, offenen Stellen und Plätzen, seltner in Wäldern [3]). Da er zu den Wurzelparasiten gehört, so ist bei der Anlage der Kulturen darauf Rücksicht zu nehmen [4]). Die parasitäre Lebensweise beginnt schon wenige Monate nach der Keimung, indem die Sandelwurzeln zunächst in die Wurzeln von Gräsern, Kräutern und kleinen Sträuchern, später auch in die von Bäumen echte

[1]) Bericht von Schimmel & Co. *loc. cit.*

[2]) Berl. Berichte 40 (1907), 2963.

[3]) E. M. Holmes, Pharmaceutical Journ. III. 16 (1886), 819. — A. Petersen, *ibid.* 757. — W. Kirkby, *ibidem* 857. — J. C. Sawer, Odorographia. Vol. I, p. 315.

[4]) A. Zimmermann, Mitteilungen aus dem Biologisch-Landwirtschaftlichen Institut Amani. 21. Mai 1904. Nr. 25. Sonderabdruck aus der „Usambara Post."

Fig. 31.
Sandelholzkoti in Bangalore.

Haustorien treiben[1]). Die jungen Pflanzen werden daher zweckmäßig mit je einem anderen jungen Pflänzchen zusammen in aus Bambusblattscheiden gefertigte Körbchen gepflanzt und später am besten in gemischten Beständen kultiviert. Die Ernte findet am vorteilhaftesten im 27. bis 30. Jahre statt, indem die Bäume gefällt und die dickeren Wurzeln ausgegraben werden. Das Holz wird entrindet, gespaltet und sortiert, wobei namentlich auch die Farbe zu berücksichtigen ist, da angeblich der Ölgehalt des Holzes im allgemeinen um so größer ist, je dunkler es gefärbt ist. Ebenso soll das Holz der auf felsigem, bergigem und trocknem Boden gewachsenen Bäume härter und ölreicher sein, als das der in fruchtbarem Boden gezogenen[2]).

Das Gebiet in Vorderindien, in dem das Holz hauptsächlich gewonnen wird, bildet einen etwa 240 englische Meilen langen und 16 Meilen breiten Streifen, der sich nördlich und nordwestlich vom Nilgirigebirge durch Maisur (Mysore) erstreckt. Der Sandelbaum wächst dort von der Meeresküste an bis zu Höhen von über 1000 m. Das gesamte Areal der Sandelholzpflanzungen ist etwa 5450 englische Quadratmeilen groß[3]). Sieben achtel hiervon entfallen auf Maisur (Mysore), das übrige verteilt sich hauptsächlich auf Kurg (Coorg) und einige Distrikte der Präsidentschaften Bombay und Madras. In den Distrikten Kolar und Chitaldrug ist Sandelholz rar und von geringer Qualität, ebenso in Teilen von Tumkur und Bangalore. Gänzlich fehlt es in den Hochlanden, die die Provinz von Osten und Süden begrenzen. In Vorderindien ist der Sandelbaum Staatseigentum, das Holz des Stammes und der Wurzeln wird von der Regierung in be-

[1]) Ein Verzeichnis von Pflanzen, auf denen der Sandelbaum schmarotzt, findet sich bei D. Brandis, Indian Forester, Jan. 1903. Referiert in Rev. cultures coloniales 14 (1904), 47. — M. Rama Rao (Indian Forest Records 2 [1911], Lfg. 4. Referiert in Bull. Imp. Inst. 10 [1912], 325), nennt nicht weniger als 144 Arten, auf deren Wurzeln die Haustorien des Sandelbaumes gefunden wurden. Außerdem hat er eine Liste von 252 Gewächsen zusammengestellt, in deren Gesellschaft der Sandelbaum vorkommt.

[2]) Vgl. Puran Singh, Forest Bulletin Nr. 6. Kalkutta 1911; Bericht von Schimmel & Co. Oktober 1912, 102.

[3]) J. L. Pigot, Conservator of Forests in Mysore: Mysore Sandalwood. Broschüre zur Ausstellung der brit. Kolonialregierung in Paris, 1900; Bericht von Schimmel & Co. April 1900, 41.

sonderen Lagerhäusern aufgestapelt und von Zeit zu Zeit in Auktionen verkauft[1].)

Die vollständig ausgewachsenen Bäume oder die abgestorbenen[2]) werden ausgegraben und nach den Lagerhäusern, „Kotis" genannt, gebracht, wo man sie von der Rinde und dem Splint befreit und in Wurzel-, Stamm- und Zweigholz sortiert. Nach der 1898 eingeführten neuen Klassifikation bestehen jetzt 18 verschiedene Verkaufssorten[3]) vom besten Stammholz bis herunter zu Abfällen („chips") und Sägemehl („sawdust").

1. Knüppel erster Klasse *(Vilayat Budh)*	Völlig gesunde Knüppel, die nicht weniger als 20 lbs. wiegen und von denen nicht mehr als 112 Stück auf die Tonne kommen.
2. Knüppel zweiter Klasse *(China Budh)*	Etwas weniger gute Knüppel, die nicht weniger als 10 lbs. wiegen und von denen nicht mehr als 224 Stück auf die Tonne kommen.
3. Knüppel dritter Klasse *(Panjam)*	Knüppel mit kleinen Knoten, Spalten und kleinen Höhlungen, die nicht weniger als 5 lbs. wiegen und von denen nicht mehr als 448 auf die Tonne kommen.
4. *Ghotla* (kurze Knüppel)	Kurze unbeschädigte Stücke, ohne bestimmtes Gewicht und Stückzahl.
5. *Ghat badala*	Knüppel mit Knoten, Spalten und kleinen Höhlungen an beiden Enden, die nicht weniger als 10 lbs. wiegen und von denen nicht mehr als 240 Stück auf die Tonne kommen.
6. *Bagaradad*	Feste gute Stücke ohne bestimmte Abmessung, Zahl und Gewicht. NB. Knüppel 5ter und 6ter Klasse werden nicht gehobelt oder an den Endflächen abgerundet.

[1]) Vgl. auch: R. G. Pearson, Commercial guide to the forest economic products of India. Calcutta 1912, p. 89, 90 u. 122.

[2]) Eine bisher unerforschte Krankheit „Spike disease" brachte zu Anfang dieses Jahrhunderts eine große Anzahl von Bäumen zum Absterben. Näheres darüber in: „Selections from reports and notes on spike disease in Sandal". Cola Lodge 1906; Berichte von Schimmel & Co. Oktober 1902, 79; April 1903, 71; Oktober 1905, 63; April 1906, 60; April 1907, 97.

[3]) Bericht von Schimmel & Co. Oktober 1898, 44.

7. Wurzeln erster Klasse	Stücke nicht unter 15 lbs., von denen nicht mehr als 150 Stück auf die Tonne kommen.
8. Wurzeln zweiter Klasse	Stücke nicht unter 5 lbs., von denen nicht mehr als 448 Stück auf die Tonne kommen.
9. Wurzeln dritter Klasse	Kleine Wurzeln und Nebenwurzeln, unter 5 lbs. Gewicht.
10. *Jugpokal* erster Klasse oder *Badala*	Hohle Stücke nicht unter 7 lbs., von denen nicht mehr als 320 Stück auf die Tonne kommen.
11. *Jugpokal* zweiter Klasse	Hohle Stücke nicht unter 3 lbs.
12. *Ain Bagar*	Gute, gebrochene und hohle Stücke, nicht unter 1 lb.
13. *Cheria* (große *Chilta*)	Kernholzstücke und Späne, nicht unter 0,5 lb.
14. *Ain Chilta*	Stücke und kleine Späne von Kernholz.
15. *Hatri Chilta*	Kernholzspäne und -hobelspäne, die beim Hobeln von Knüppeln mit *Hatri* oder *Randha* (indische Werkzeuge) erhalten sind.
16. *Milwa Chilta*	Stücke und Späne, die Kernholz und Splintholz in angemessener Menge enthalten.
17. *Basola Bukni*	Kleine Kernholz- und Splintholzspäne.
18. Sägemehl oder Pulver	Wird beim Sägen des Sandelholzes erhalten.

Gegenwärtig bestehen zehn Kotis, und zwar an folgenden Plätzen:

Hunsur,	Tirthahalli,
Seringapatam,	Shimoga,
Bangalore,	Sagar,
Hassan,	Tarikere,
Chikmagalur,	Fraserpet.

Die ersten neun liegen in Maisur, die letztgenannte in Kurg. Die Lagerhäuser in Seringapatam, Bangalore, Shimoga und Tarikere liegen an der Eisenbahn in direkter Verbindung mit Bombay, Madras, Marmugoa usw., die übrigen sind alle in geringen Ent-

Fig. 32.

Sandelbaum (*Santalum album* L.).

fernungen von den Bahnen gelegen, durch gute Straßen auch mit der Küste verbunden.

Die Holzvorräte werden im November und Dezember, abwechselnd nach den verschiedenen Kotis, in die öffentlichen Auktionen gebracht. Unverkauftes Holz kann durch private Abkommen nach der Auktion gekauft werden, aber meist nur zu höheren Preisen. Fast alles verkaufte Holz nimmt seinen Weg mit der Bahn nach Bombay oder nach den Häfen der indischen Westküste: Goa, Hanovar, Kundapur, Mangalore usw. Von da wandert es nach Europa, China und andern Teilen von Indien.

Auch im östlichen Java sowie auf den Sandelholzinseln Sumba (Soemba oder Tjendana) und Timor wird Sandelholz gewonnen. Diese Sorte gelangt über Macassar (auf Celebes) als Macassar-Sandelholz in den Handel. Es ist zwar im allgemeinen etwas ärmer an Öl, doch steht die Qualität des Öls kaum hinter der des ostindischen zurück. Neuerdings wird auch von Neukaledonien Sandelholz exportiert, es stammt jedoch nicht von *Santalum album* L., sondern von *S. austro-caledonicum* Vieillard ab (s. S. 363).

Das beste Sandelholz wird in Indien, besonders in Kanara zu künstlerischen Schnitzereien verwendet, und zur Anfertigung von Götterbildern, Schränken, Arbeitstischen, Spazierstöcken, Truhen und anderen Gegenständen benutzt. Auch im religiösen Kultus spielt das Holz, besonders als Räucherungsmittel, eine große Rolle. Das meiste Holz aber dient zu Destillationszwecken.

Gewinnung. Die Destillation von Sandelholzöl hat in Indien früher eine größere Rolle gespielt als gegenwärtig. Bis 1860 wurde sie in Maisur ausgeübt, jetzt wird sie noch an der Westküste Indiens betrieben, in Süd-Kanara, besonders im Udipi-Distrikt, wo sich die alte Industrie in stetem Rückgange befindet.

Die Öl-Industrie des südlichen Indiens hat nach einem Bericht des Herrn Werner Reinhart von der Firma Gebr. Volkart, der die Destillationsanlagen durch persönliche Anschauung kennt[1]), ihren Sitz hauptsächlich in der Gegend nordöstlich von Karkul bis an den Fuß der Ghats hin. Der Destillier-Apparat besteht aus einem kugelförmigen, mit kreisrunder Öffnung versehenen Tongefäß von ungefähr 2½ Fuß Höhe und etwa 6½ Fuß Umfang. Ein Helmaufsatz existiert nicht, die Blase wird, wenn gefüllt, einfach

[1]) Bericht von Schimmel & Co. Oktober 1910, 94.

mit einem Tondeckel verschlossen, in dessen Mitte ein gebogenes Kupferrohr von ca. 5½ Fuß Länge eingesetzt wird. Das Rohr mündet in eine kupferne Vorlage, die in einem mit Wasser gefüllten porösen Tonbecken ruht. Zur Destillation wird das Holz in Späne zerkleinert und je 50 Pfund in die Blase eingefüllt. Dann wird Wasser zugegeben und die Destillation einer Füllung einen ganzen Monat lang Tag und Nacht ununterbrochen fortgesetzt. Wasser wird etwa 15 mal innerhalb 24 Stunden in die Blase nachgefüllt und zwar das angewärmte Wasser des Kühlgefäßes. Die Ölausbeute wird wie folgt angegeben:

für Wurzeln . . . ca. 4,34%
„ Jugpokals . . . „ 3,47%
„ Ain Chiltas . . „ 2,60%

Das Öl gelangt zum Teil nach Udipi, zum Teil auch nach Mangalore an den Markt. Der letztere Platz ist der wichtigere, und nach lokalen Aussagen soll im Jahre 1909 die Ausfuhr von diesem Hafen einen Wert von Rs. 150000 (?) betragen haben, worunter wohl aber ohne Zweifel auch Maisur-Destillate, die auch nach Mangalore gelangen, figurieren. Fast alles Öl geht auf Dampfern nach Bombay, von wo es dann wieder nach dem persischen Golf und nach China exportiert wird.

Es dürfte ohne weiteres klar sein, daß bei dem geschilderten primitiven Destillationsverfahren keine wirklich guten Sandelöle zu erhalten sind. Infolge der langen Destillationsdauer müssen notwendigerweise Zersetzungsprodukte auftreten, die die Qualität der Öle beeinträchtigen und Farbe wie Geruch in gleicher Weise ungünstig beeinflussen. Die Anomalie der indischen Öle kommt außerdem auch in den Konstanten (vgl. unten) zum Ausdruck.

Auch im Norden von Indien wird Sandelholzöl gewonnen und zwar in Kanauj[1]) (Kanouj), einer Stadt in Audh (Oudh) zwischen Cawnpur und Allahabad. In Lucknow und Jaunpur, wo sie früher betrieben wurde, hat die Destillation ganz aufgehört. Kanauj ist das Zentrum der altindischen Parfümerie-Industrie, wo die verschiedenen indischen *„attars"*, d. h. Blumengerüche auf Basis von Sandelholzöl, gewonnen werden.

Durch vollkommenere Zerkleinerung des Holzes sowie durch verbesserte Destillationsapparate erhält man in Europa höhere

[1]) Vgl. Watt, Commercial products of India. London 1908, p. 977.

Ausbeuten als bei dem primitiven Verfahren in Indien, nämlich bis über 6 % Öl, das sich durch helle Farbe und angenehmen Geruch vorteilhaft von dem durch Brenzprodukte verunreinigten indischen Destillat unterscheidet.

Zusammensetzung. Über 90 % des Sandelholzöls bestehen aus Santalol, einem Gemisch zweier isomerer Alkohole, denen das Öl seine medizinische Wirkung verdankt. Neben ihm spielen die übrigen Bestandteile nur eine untergeordnete Rolle, sie sind aber deshalb interessant, weil sie zum Teil offenbar im genetischen Zusammenhang mit dem Hauptbestandteil stehen.

1. Isovaleraldehyd, findet sich in den Vorläufen neben andern, zwischen 50 und 130° siedenden Aldehyden. Nachgewiesen wurde der Isovaleraldehyd in der durch Bisulfit abgeschiedenen Aldehydfraktion vom Sdp. 90 bis 95° durch das bei 49 bis 53° schmelzende Thiosemicarbazon[1]).

2. Santen, C_9H_{14}. Bemerkenswert ist, daß dieser Kohlenwasserstoff das nächst niedrige Homologe der Terpene darstellt. Er (Vgl. Bd. I, S. 304) ist im Öle von F. Müller[2]) entdeckt worden. Ein von Schimmel & Co.[1]) durch Fraktionieren erhaltenes, sehr reines Santen hatte die Eigenschaften: Sdp. 140 bis 141° (770 mm), $d_{15°}$ 0,869, α_D —0° 16′, $n_{D20°}$ 1,46436.

3. Kohlenwasserstoff $C_{11}H_{16}$ (Nortricycloeksantalan?). Dieser von Schimmel & Co.[3]) in den Vorläufen des Öls gefundene Kohlenwasserstoff siedete nach dem Destillieren über Natrium bei 183° und hatte folgende Eigenschaften: $d_{15°}$ 0,9133, $d_{20°}$ 0,9092, α_D —23° 55′, $n_{D20°}$ 1,47860, Mol.-Refr. gef. 46,74, berechn. für $C_{11}H_{16}$ 46,40, für $C_{11}H_{16}/_1$ 48,11. Die Elementaranalyse gab auf die Formel $C_{11}H_{16}$, also auf ein Homoterpen, stimmende Werte. Der Kohlenwasserstoff, von dem genügende Mengen fester Derivate noch nicht erhalten worden sind, ist bei gewöhnlicher Temperatur gegen Permanganat beständig, also vollständig gesättigt, und augenscheinlich identisch mit Semmlers Nortricycloeksantalan. Dieser Forscher[4]) hatte bei seinen, die Konstitution der Santalole und der Eksantalreihe betreffenden Arbeiten

[1]) Bericht von Schimmel & Co. Oktober 1910, 98.
[2]) Arch. der Pharm. 238 (1900), 366.
[3]) Bericht von Schimmel & Co. Oktober 1910, 102.
[4]) Berl. Berichte 40 (1907), 1124.

aus der Tricycloeksantalsäure durch Kohlensäureabspaltung einen als Nortricycloeksantalan bezeichneten Kohlenwasserstoff erhalten, dem er auf Grund seiner Entstehung die Formel $C_{10}H_{16}$ zuschrieb. Aus neueren Arbeiten Semmlers[1]) hat sich aber ergeben, daß die Tricycloeksantalsäure zwölf Kohlenstoffatome besitzt, demnach muß nun auch dem Nortricycloeksantalan die Formel $C_{11}H_{16}$ zukommen, worauf auch Semmlers Analysen stimmen.

4. Santenon, $C_9H_{14}O$. F. Müller[2]) hatte im Sandelölvorlauf ein Keton gefunden, dessen Semicarbazon bei 224° schmolz. Nach Schimmel & Co.[3]) ist das Keton identisch mit dem von Semmler[4]) aus Teresantalsäure erhaltenen π-Norcampher, und dem von Aschan[5]) aus Santen dargestellten Santenon. Das aus Sandelholzöl erhaltene, durch Fraktionieren gereinigte, nach Campher und Cineol riechende Keton hat folgende Eigenschaften: Smp. 48 bis 52°, Sdp. 193 bis 195°, $[\alpha]_D - 4°40'$ in 18,9%iger alkoholischer Lösung. Es bildet ein flüssiges, bei 110 bis 113° (6 mm) siedendes Oxim.

5. Santenonalkohol (π-Norisoborneol). Die von Santenon befreiten Fraktionen enthalten einen Alkohol, den man mit Hilfe von Phthalsäureanhydrid isolieren kann[6]). Es entsteht eine flüssige Phthalestersäure, deren schwer lösliches Silbersalz höher als bei 230° schmilzt.

Der durch Verseifen der Phthalestersäure erhaltene, nach Borneol und Campher riechende, feste Alkohol siedet zwischen 196 und 198°. Smp. ca. 58 bis 62°. Sein Phenylurethan ist flüssig. Durch Oxydation mit Chromsäure entsteht Santenon.

6. Teresantalol, $C_{10}H_{16}O$. Aus den santalonhaltigen Fraktionen vom Sdp. 210 bis 220° erhielten Schimmel & Co.[7]) durch Erhitzen mit Phthalsäureanhydrid eine Phthalestersäure, die durch Verseifen einen Alkohol lieferte. Aus Petroläther umkristallisiert, schmolz der durch ein enormes Kristallisationsvermögen (zentimeterlange, gut ausgebildete Prismen) ausge-

---

[1]) Berl. Berichte 43 (1910), 1722.
[2]) Arch. der Pharm. 238 (1900), 372.
[3]) Bericht von Schimmel & Co. Oktober 1910, 98.
[4]) Berl. Berichte 40 (1907), 4465; 41 (1908), 125.
[5]) *Ibidem* 40 (1907), 4918.
[6]) Bericht von Schimmel & Co. Oktober 1910, 100.
[7]) *Ibidem* Oktober 1910, 106; April 1911, 104.

zeichnete Alkohol bei 111 bis 112°; durch Sublimieren (lange, dünne Nadeln) gewonnen, hatte er den Smp. 112 bis 114°. Die Elementaranalyse stimmte auf die Formel $C_{10}H_{16}O$. Durch Vergleich mit dem von Semmler, durch Reduktion von Teresantalsäureester, erhaltenen Teresantalol wurde die Identität beider Körper festgestellt.

7. Nortricycloeksantalal, $C_{11}H_{16}O$. Beim Behandeln der höher als Santenon siedenden Fraktion mit Bisulfit erhält man eine schleimige, in Wasser leicht lösliche Verbindung[1]), aus der beim Kochen mit Soda ein Aldehyd $C_{11}H_{16}O$ abgeschieden wird, der einen würzigen Geruch und folgende Konstanten hat: Sdp. 86 bis 87° (6 mm), 222 bis 224° (761 mm), $d_{20°}$ 0,9938, α_D — 38° 48', $n_{D20°}$ 1,48393, Mol.-Refr. gef. 47,20, berechnet für $C_{11}H_{16}O$ 46,409, für $C_{11}H_{16}O/_1$ 48,142.

Der Aldehyd ist identisch mit dem von Semmler und Zaar[2]) als Abbauprodukt des Tricycloeksantalals erhaltenen Nortricycloeksantalal. Sein Semicarbazon schmilzt bei 223 bis 224°, das flüssige Oxim siedet bei 135 bis 137° (7 mm). Durch Oxydation mit ammoniakalischer Silbernitratlösung wird das Nortricycloeksantalal in die Nortricycloeksantalsäure übergeführt (Smp. 91 bis 93°; $[\alpha]_D$ — 33° 17' in 13,8 %iger alkoholischer Lösung). Aus dem Enolacetat des Aldehyds entsteht bei der Behandlung mit Permanganat Teresantalsäure (Smp. 154 bis 156°).

Man kann den Aldehyd in geringer Menge auch durch Ausschütteln des normalen Sandelholzöls mit Bisulfitlösung isolieren und durch sein Semicarbazon nachweisen.

8. Santalon, $C_{11}H_{16}O$. Das zweite im Sandelholzölvorlauf vorkommende Keton ist das Santalon. Es siedet nach F. Müller[3]) bei 214 bis 215° (88 bis 89° bei 15 mm (?)); $d_{15°}$ 0,9906; α_D — 62°. Schimmel & Co.[4]) fanden folgende Konstanten: Sdp. 213 bis 216°, $d_{15°}$ 0,9909, α_D — 41° 32', $n_{D20°}$ 1,50021.

Das Santalonsemicarbazon schmilzt bei 174 bis 176°, das Santalonoxim, aus dem sich mit verdünnter Schwefelsäure kein Santalon zurückgewinnen läßt, bei 74,5 bis 75,5°.

[1]) Bericht von Schimmel & Co. Oktober 1910, 103.

[2]) Berl. Berichte 43 (1910), 1890.

[3]) Arch. der Pharm. 238 (1900), 373.

[4]) Bericht von Schimmel & Co. Oktober 1910, 105.

9. Keton, $C_{11}H_{16}O$. Neben dem Santalon findet sich in denselben Fraktionen noch ein, wahrscheinlich isomeres Keton, dessen schwerlösliches Semicarbazon bei 208 bis 209° und dessen Oxim bei 97 bis 99° schmilzt.

10. Santalen, $C_{15}H_{24}$. Auf das Vorkommen von Sesquiterpen im Sandelholzöl haben zuerst H. von Soden und F. Müller[1]) hingewiesen. M. Guerbet[2]) zeigte, daß zwei Sesquiterpene vorhanden sind, die er als α- und β-Santalen bezeichnete. Die Eigenschaften und Verbindungen beider sind im I. Bande, S. 353 beschrieben. Es bleiben nur noch die Konstanten der beiden Kohlenwasserstoffe nachzutragen, die inzwischen von Schimmel & Co.[3]) genauer festgestellt worden sind.

α-Santalen: Sdp. 252° (753 mm) und 118° (7 mm), $d_{15°}$ 0,9132, α_D —3°34′, $n_{D18°}$ 1,49205. Mol.-Refr. 64,87, berechn. f. $C_{15}H_{24}/\overline{}_1$ 64,45.

β-Santalen: Sdp. 125 bis 126° (7 mm), $d_{20°}$ 0,8940, α_D —41°3′, $n_{D20°}$ 1,49460. Mol.-Refr. 66,53, berechn. f. $C_{15}H_{24}/\overline{}_2$ 66,16.

Bei dem Versuch, Santalen mit Hilfe von Eisessig-Schwefelsäure zu hydratisieren, erhielten von Soden und Müller[1]) kleine Mengen eines Sesquiterpenalkohols von kräftigem Cedernholzölgeruch (Sdp. 160 bis 165° bei 7 mm; $d_{15°}$ 0,978; α_D inaktiv).

Schimmel & Co. benutzten zur Hydratisierung Fraktionen, die nach ihren Molekular-Refraktionen zum größten Teil aus dem tricyclischen α-Santalen bestanden und erhielten einen nach Cedernholz riechenden Alkohol in einer Ausbeute von ca. 5 bis 10%. Sdp. 154 bis 157° (5 bis 6 mm); $d_{15°}$ 0,9787; $d_{20°}$ 0,9753; $n_{D20°}$ 1,51725; Mol.-Refr. gefunden 68,81; berechnet für $C_{15}H_{26}O/\overline{}_1$ 68,07.

Mit konz. Ameisensäure spaltete der Alkohol schon bei Handwärme leicht Wasser ab. Mit Chromsäure ließ er sich nicht oxydieren. Es ist demnach wohl wahrscheinlich, daß in ihm ein tertiärer Alkohol vorliegt.

Der bei der Hydratisierung nicht in den Alkohol übergeführte Kohlenwasserstoff besaß andre Eigenschaften als der angewandte.

Angewandtes Santalen	Zurückgewonnener Kohlenwasserstoff
$d_{20°}$ 0,9034, α_D — 9°13′	$d_{20°}$ 0,8973, α_D — 1°15′.

[1]) Pharm. Ztg. 44 (1899), 258. — Arch. der Pharm. 238 (1900), 363.
[2]) Compt. rend. 130 (1900), 417.
[3]) Bericht von Schimmel & Co. Oktober 1910, 107.

11. Santalol, $C_{15}H_{24}O$. Santalol ist nicht nur quantitativ der Hauptbestandteil des Sandelholzöls, da es über 90% davon enthält, es ist auch der wichtigste Bestandteil, da die medizinische Wirkung des Öls auf ihm beruht. Santalol ist kein einheitlicher Körper, was man nach den Untersuchungen P. Chapoteauts[1]) hätte annehmen müssen, sondern es läßt sich, worauf Schimmel & Co.[2]) zuerst hinwiesen, durch fraktionierte Destillation in zwei Isomere zerlegen, die man als α- und β-Santalol bezeichnet. Auch ist die von Chapoteaut und später von Guerbet[3]) dem Santalol zugeschriebene Formel $C_{15}H_{26}O$ unrichtig[4]); die Acetylierung und die Analysen[5]) der durch die weiter unten beschriebene Phthalsäureverbindung gereinigten Alkohole haben die Zusammensetzung $C_{15}H_{24}O$ bewiesen.

Über die Eigenschaften und Derivate der Santalole siehe Bd. I, S. 417. Nachzutragen sind noch die Konstanten der beiden von Schimmel & Co.[6]) aus den Phthalsäureestern abgeschiedenen und sorgfältig fraktionierten Santalole.

α-Santalol: Sdp. 148° (4,5 mm), $d_{15°}$ 0,9788, α_D + 1° 13', $n_{D20°}$ 1,49915, Mol.-Refr. gefunden 66,23, berechnet für $C_{15}H_{24}O/_1$ 65,93.

β-Santalol: Sdp. 158 bis 158,5° (5 mm), $d_{15°}$ 0,9728, α_D — 41° 47', $n_{D20°}$ 1,50910, Mol.-Refr. gefunden 67,77, berechnet für $C_{15}H_{24}O/\overline{2}$ 67,64.

Semmler[7]) erteilt auf Grund seiner umfangreichen Arbeiten dem α-Santalol die nebenstehende Konstitutionsformel zu, aus der auch die Beziehung zum α-Santalen hervorgeht.

Um zu reinem Santalol zu gelangen, verfährt man wie folgt[8]):

100 Gramm ostindisches Sandelholzöl werden mit dem gleichen Gewicht Phthalsäureanhydrid und Benzol eine Stunde lang auf

---

[1]) Bull. Soc. chim. II. 37 (1882), 303; Chem. Zentralbl. 1882, 396.

[2]) Bericht von Schimmel & Co. April 1899, 43.

[3]) Compt. rend. 130 (1900), 417 u. 1324. — Bull. Soc. chim. 23 (1900), 540 u. 542.

[4]) Bericht von Schimmel & Co. April 1900, 44.

[5]) von Soden, Arch. der Pharm. 238 (1900), 353.

[6]) Bericht von Schimmel & Co. Oktober 1910, 107.

[7]) Berl. Berichte 40 (1907), 1120, 1124; 41 (1908), 1488; 42 (1909), 584; 43 (1910), 1893.

[8]) Bericht von Schimmel & Co. April 1899, 43.

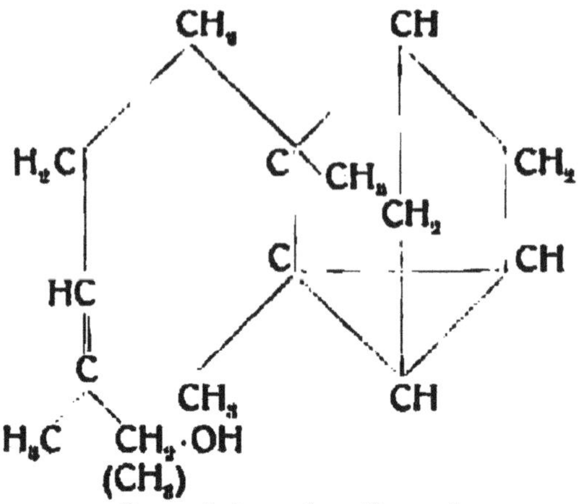

α-Santalol und α-Santalen.

dem Wasserbade auf 80° erwärmt, die gebildeten sauren Ester durch Schütteln mit Sodalösung an Alkali gebunden und in viel Wasser gelöst, worauf die wäßrige Lösung zur Entfernung der nichtalkoholischen Bestandteile drei Mal mit Äther ausgeschüttelt wird. Die sauren Ester werden durch Zusatz von mehr als der berechneten Menge verdünnter Schwefelsäure wieder abgeschieden, dann abgehoben, mit alkoholischer Kalilauge verseift, und das in Freiheit gesetzte Santalol durch Waschen mit Wasser von dem überschüssigen Alkali und Alkohol befreit.

12. Santalal, $C_{15}H_{22}O$. Nach Chapoteaut[1]) und Guerbet[2]) kommt der zu Santalol gehörige Aldehyd ebenfalls im Sandelholzöl vor. Er hat einen starken pfefferartigen Geruch und siedet nach Guerbet bei 180° (40 mm). Sein in kleinen Nadeln kristallisierendes Semicarbazon schmilzt bei 212°.

Da die neueren Untersuchungen das Vorkommen eines Aldehyds von den obigen Eigenschaften im Sandelholzöl nicht bestätigen, so sind diese Angaben mit Vorsicht zu behandeln. Das von Guerbet erhaltene Semicarbazon ist möglicher Weise ein unreines Derivat des Nortricycloeksantalals gewesen, das im reinen Zustande bei 223 bis 224° schmilzt.

A. C. Chapman und H. E. Burgess[3]) bezeichnen die von 301 bis 306° siedende Fraktion des Sandelholzöls, die sie mit

[1]) *Loc. cit.*

[2]) *Loc. cit.*

[3]) Proceed. chem. Soc. Nr. 168 (1896), 140.

Permanganat zu Santalensäure, $C_{13}H_{20}O_2$[1]) oxydierten, als Santalal. In einer zweiten Abhandlung nennt Chapman[2]) dieselbe Fraktion ohne weitere Erklärung Santalol. Es müssen ihm wohl inzwischen Zweifel an der Aldehydnatur des Körpers gekommen sein. Als Santalal bezeichnen Semmler und Bode[1]) den zu Santalol gehörigen Aldehyd $C_{15}H_{22}O$, den sie durch Oxydation des Alkohols mit Chromsäure in Eisessiglösung erhielten und der aus dem Semicarbazon (Smp. ca. 230°) regeneriert, folgende Eigenschaften besitzt: Sdp. 152 bis 155° (10 mm), $d_{20°}$ 0,995, α_D + 13 bis 14°, n_D 1,51066, Mol.-Refr. gefunden 65,6, berechnet f. $C_{15}H_{22}O$ 64,63.

13. Teresantalsäure, $C_{10}H_{14}O_2$. Die sauren Komponenten des Sandelholzöls sind teils in freiem, teils in verestertem Zustande in ihm enthalten. Die in gut ausgebildeten Prismen kristallisierende Teresantalsäure siedet nach F. Müller[3]) bei ca. 150° (11 mm), schmilzt bei 157° und hat $[\alpha]_D$ — 70° 24′ in 25%iger alkoholischer Lösung[4]). Sie kommt hauptsächlich frei (ca. 0,5%) in dem Öle vor und kann ihm durch Ausschütteln mit verdünnter Natronlauge entzogen werden. Nach den Untersuchungen von F. W. Semmler und K. Bartelt[4]) ist die Teresantalsäure tricyclisch.

14. Santalsäure, $C_{15}H_{22}O_2$ ist die zweite Säure, die nach Guerbet[5]) im Sandelholzöle enthalten ist. Sie wird als dicke, farblose Flüssigkeit von schwach sauren Eigenschaften beschrieben. Sdp. 210 bis 212° (20 mm).

Semmler und Bode[6]) erhielten durch Verseifen des aus α-Santalal erhaltenen Nitrils eine Säure $C_{15}H_{22}O_2$, die sie Santalsäure nennen, vom Sdp. 192 bis 195° (9 mm). Es ist nicht festgestellt, ob sie mit der oben genannten identisch ist.

Nach F. Müller sind in den Verseifungslaugen des Sandelholzöls noch eine oder sogar noch mehrere Säuren enthalten, die noch nicht untersucht sind.

---

[1]) Semmler u. Bode (Berl. Berichte 40 [1907], 1124, vgl. auch *ibidem* 43 [1910], 1722) erhielten bei der Oxydation mit Permanganat Dioxydihydrosantalol, $C_{15}H_{26}O_3$ und Tricycloeksantalsäure $C_{11}H_{16}O_2$ (Smp. 71 bis 72°).

[2]) Journ. chem. Soc. 79 (1901), 134.

[3]) Arch. der Pharm. 238 (1900), 374.

[4]) Berl. Berichte 40 (1907), 3101.

[5]) *Loc. cit.*

[6]) Berl. Berichte 40 (1907), 1129.

Außer diesen Bestandteilen enthält das Sandelholzöl nach von Soden und Müller[1]) stark und unangenehm riechende Phenole sowie fruchtartig riechende Lactone. Als wahrscheinlich wird die Anwesenheit von freiem und verestertem Borneol hingestellt. Vielleicht hat der borneolartige Geruch des später aufgefundenen Santenonalkohols (π-Norisoborneol) zu dieser Vermutung Veranlassung gegeben.

Eigenschaften. Ostindisches Sandelholzöl ist eine ziemlich dicke, blaßgelbe bis gelbe Flüssigkeit von eigentümlichem, schwachem, aber sehr lange anhaftendem Geruch und nicht angenehmem, harzigem, kratzendem Geschmack. $d_{15°}$ 0,974 bis 0,985; α_D — 16 bis — 20° 45′, ausnahmsweise sind auch niedrigere Drehungen beobachtet worden; $n_{D20°}$ 1,505 bis 1,508; S. Z. 0,5 bis 8,0[2]); E. Z. 3 bis 17; E. Z. nach Actlg. nicht unter 196, entsprechend einem Santalolgehalt von mindestens 90 %; der Wert des Öls steigt mit dem Santalolgehalt, der bei guten Ölen 94 % und darüber beträgt.

Zur Lösung des Sandelöls sind 3 bis 5 Vol. 70-, 5 bis 6 Vol. 69 und 6 bis 7 Vol. 68 %igen Alkohols erforderlich; die Lösung muß in allen Fällen bei weiterem Alkoholzusatz klar bleiben, eine etwaige Trübung ist aber nicht unbedingt ein Zeichen für eine Verfälschung, sondern kann auch durch Zersetzungs- oder Verharzungsprodukte verursacht sein, die bei unzweckmäßiger Destillationsführung entstehen. Auch mit dem Alter und durch den Einfluß von Licht und Luft büßt Sandelöl an Löslichkeitsvermögen ein und gibt dann in den obigen Verhältnissen nur noch trübe Mischungen.

Da manche Pharmakopöen eine Löslichkeit 1:5 in einem verdünnten Weingeist fordern, dessen Stärke von 68 bis 70 % schwanken darf, so mag darauf hingewiesen sein, daß diese Forderung nur dann erfüllt wird, wenn der Weingeist den oberen zulässigen Alkoholgehalt aufweist.

Wie bereits erwähnt, zeichnen sich die in Indien destillierten Öle durch dunkle Farbe, brenzligen, durch Zersetzungsprodukte

---

[1]) Pharm. Ztg. 44 (1899), 259.

[2]) Bei der Wasserdestillation (Vgl. von Rechenberg, Theorie der Gewinnung und Trennung der ätherischen Öle. Miltitz bei Leipzig 1910, S. 286) steigt die Säurezahl des Öls. Durch Rektifikation und Wegnahme des Vorlaufs, in dem sich die Teresantalsäure befindet, sinkt die S. Z.

bedingten Geruch und abnorm hohes spezifisches Gewicht[1]) aus, Eigenschaften, die von dem unrationellen und rohen Destillationsverfahren herrühren.

Ein von Schimmel & Co.[1]) untersuchtes, in Indien destilliertes Öl verhielt sich folgendermaßen: $d_{15°}$ 0,9898, α_D — 8°, S. Z. 3,7, E. Z. 7,1, E. Z. nach Actlg. 205,3 = 95,4 % Gesamtsantalol ($C_{15}H_{24}O$), nicht löslich in 70 %igem Alkohol, löslich in 1 Vol. u. m. 80 %igen Alkohols. Bezeichnend dafür, daß das Öl durch Zersetzungsprodukte verunreinigt ist, war vor allem sein außerordentlich hohes spezifisches Gewicht[2]), das bei guten Ölen niemals 0,985 übersteigt, und ferner der höchst unangenehme, tranige Nebengeruch, der auch durch Rektifizieren des Öls nicht zu beseitigen war. Ein weiterer Nachteil war die ungenügende Löslichkeit. Auch die außerordentlich niedrige Drehung ist auffallend. Nach alledem war das Öl trotz seines hohen Santalolgehaltes minderwertig.

Bei den folgenden Sandelölen, die aus Holz destilliert waren, das nicht aus Vorderindien, Macassar oder Timor stammte, sind bei sonst ziemlich normalen Eigenschaften Abweichungen besonders in der optischen Drehung beobachtet worden. Es war nicht sicher festzustellen, ob die Stammpflanze dieser Hölzer *Santalum album* oder eine nahe verwandte Art ist.

ÖL AUS HOLZ VON DEN NEUEN HEBRIDEN.

$d_{15°}$ 0,9675; α_D — 1° 2′; $n_{D20°}$ 1,50893; S. Z. 1,8; E. Z. 3,6; E. Z. nach Actlg. 199,8 = 92,4 % Santalol. Löslich in 3,5 Vol. 70 %igen Alkohols u. m.

ÖL AUS TAHITI-HOLZ[3])

$d_{15°}$ 0,9748; α_D — 8° 29′; $n_{D20°}$ 1,50848; S. Z. 2,0; E. Z. 5,1; E. Z. nach Actlg. 203,6 = 94,4 % Santalol. Löslich in 4 bis 4,5 Vol. 70 %igen Alkohols u. m.

[1]) Bericht von Schimmel & Co. Oktober 1910, 95.

[2]) Hohes spezifisches Gewicht ist auch früher schon bei indischen Ölen beobachtet worden (Chemist and Druggist vom 26. Mai 1894). Der Grund dafür ist in der langen Berührung des Öls mit dem heißen Wasser zu suchen. Conroy hat nachgewiesen, daß durch zehntägiges Erwärmen von Sandelholzöl mit Wasser auf 50° das spezifische Gewicht von 0,975 auf 0,989 stieg. (Chemist and Druggist vom 19. August 1893).

[3]) Wahrscheinlich von *Santalum Freycinetianum* Gaud. herrührend.

ÖL AUS SANDELHOLZ VON THURSDAY ISLAND.

$d_{15°}$ 0,9635 bis 0,9687; α_D — 27° 10′ bis — 37° 30′; $n_{D20°}$ 1,504 bis 1,507; S. Z. bis 2,0; E. Z. 5,6 bis 12,5; E. Z. nach Actlg. 196,7 bis 202,6 = 90,6 bis 93,8 % Santalol. Löslich in 4 bis 5 Vol. u. m. 70 %igen Alkohols.

Über die Eigenschaften des Öls aus neukaledonischem Sandelholz siehe S. 363.

Prüfung. Bei den relativ geringen Schwankungen, denen die physikalischen Konstanten des Sandelholzöls unterworfen sind, lassen sich Zusätze jeder Art durch die Bestimmung des spez. Gewichts, des Drehungsvermögens und der Löslichkeit in 70 %igem Alkohol leicht und sicher nachweisen. Das Hauptverfälschungsmittel, das Cedernholzöl[1]), ist durch die Erhöhung des Drehungswinkels und Verminderung des spez. Gewichts und der Löslichkeit zu erkennen. Fast dieselben Veränderungen werden durch Copaivabalsam- und Gurjunbalsamöl hervorgerufen, nur wird durch Copaivabalsamöl die Drehung gewöhnlich etwas erniedrigt. Westindisches Sandelholzöl, das auch bisweilen zum Verfälschen benutzt wird, dreht rechts und ist außerordentlich schwer in verdünntem Alkohol löslich.

Daß Sandelholzöl recht häufig verfälscht wird, geht aus einer Mitteilung von Schimmel & Co.[2]) hervor, nach der von 6 dem Londoner Markt entnommenen Proben keine einzige den garantierten Santalolgehalt aufwies. Besonders oft enthält das in Kapseln[3]) in den Handel kommende Öl ungehörige Zusätze wie Ricinusöl[4]). In einem Falle wurde Terpineol[5]) in einem Öle gefunden, in einem andern Guajakholzöl und ein Benzoesäureester[6]).

Das in Indien destillierte Sandelholzöl soll manchmal mit Ricinusöl oder dem fetten Öl der Samen des Sandelholzbaumes, das als Lampenöl Verwendung findet, vermischt werden. Auch

[1]) Vgl. Bericht von Schimmel & Co. April 1912, 109.

[2]) *Ibidem* Oktober 1910, 96.

[3]) R. Peter, Pharm. Ztg. 48 (1903), 573. — P. Runge, *ibidem* 49 (1904), 671. — G. Wendt, *ibidem* 50 (1905), 898. — E. J. Parry, Chemist and Druggist 68 (1906), 951.

[4]) Bericht von Schimmel & Co. April 1905, 73.

[5]) E. J. Parry, Chemist and Druggist 68 (1906), 211.

[6]) Bericht von Schimmel & Co. Oktober 1911, 82.

sollen Zusätze von Sesamöl, Paraffinöl und Leinöl dort nicht selten vorkommen.

Das beste Mittel, sich von der Reinheit eines Sandelholzöls zu überzeugen oder die Menge eines Verfälschungsmittels festzustellen, ist die Bestimmung des Santalolgehalts. Gute Öle enthalten meist 94 bis 98%, niemals aber unter 90% Santalol.

Parry[1]) hatte zuerst vorgeschlagen, das Santalol durch Erhitzen mit Essigsäure in einem geschlossenen Gefäß auf 150° in seinen Ester überzuführen und diesen durch alkoholische Kalilauge zu verseifen. Nach Schimmel & Co.[2]) ist es jedoch zweckmäßiger, die Alkoholbestimmungen in ätherischen Ölen mit Essigsäureanhydrid auszuführen.

Hierzu verfährt man folgendermaßen[3]):

10 ccm Sandelholzöl werden in einem Acetylierungskölbchen mit dem gleichen Volumen Essigsäureanhydrid vermischt und nach Zusatz von etwa 2 g geschmolzenem Natriumacetat und einigen Siedesteinchen 1 Stunde lang in gelindem Sieden erhalten. Nach dem Erkalten setzt man zu dem Kolbeninhalt etwas Wasser und erwärmt unter mehrmaligem Umschütteln 1/4 Stunde auf dem Wasserbade, um das überschüssige Essigsäureanhydrid zu zersetzen. Man läßt abermals erkalten, trennt das Öl im Scheidetrichter von der wäßrigen Flüssigkeit und wäscht mit Wasser oder besser mit Kochsalzlösung bis zur neutralen Reaktion. Von dem mit wasserfreiem Natriumsulfat getrockneten, acetylierten Öl werden 1,5 bis 2 g mit 20 ccm alkoholischer Halbnormal-Kalilauge verseift, nachdem man vorher die etwa noch vorhandene freie Säure sorgfältig neutralisiert hat; durch Titration mit Halbnormal-Schwefelsäure wird der Verbrauch an Kali bestimmt.

Der Gehalt an Santalol $C_{15}H_{24}O$[4]) wird dann durch die nachstehende Formel[5]) ermittelt:

$$P = \frac{a \cdot 11}{s - a \cdot 0{,}021}$$

---

[1]) Pharmaceutical Journ. 55 (1895), 118.

[2]) Bericht von Schimmel & Co. Oktober 1895, 41.

[3]) Siehe auch Bd. I, S. 594.

[4]) Häufig wird der Santalolgehalt von Fabrikanten ätherischer Öle noch nach der falschen Formel $C_{15}H_{26}O$ garantiert, wodurch ein um etwa 1% höherer Gehalt vorgetäuscht wird.

[5]) Siehe auch die Tabellen am Schluß des I. Bandes S. 638 bis 661.

Hierbei ist P = Santalolgehalt im ursprünglichen Öl,

a = Anzahl der verbrauchten ccm Halbnormal-Kalilauge,

s = Menge des zur Verseifung verwendeten acetylierten Öls in Grammen.

Häufig wird schon die Prüfung der physikalischen Eigenschaften genügen, um ein reines Öl von einem verfälschten zu unterscheiden. Auf alle Fälle können aber Verfälschungen ganz sicher durch eine Bestimmung des Santalolgehalts, die jetzt auch von den neueren Pharmakopöen eingeführt ist, erkannt werden. Es ist deshalb unnötig, auf die durchaus unwissenschaftlichen und leicht irreführenden Farbreaktionen, die immer noch gelegentlich empfohlen werden[1]), zurückzugreifen.

220. Neukaledonisches Sandelholzöl.

Herkunft. Das Holz des in Neukaledonien einheimischen *Santalum austro-caledonicum* Vieillard gibt bei der Destillation ein Öl, das dem von *Santalum album* sehr ähnlich ist und ebenso wie dieses als Hauptbestandteil Santalol enthält. Im Jahre 1906 wurden aus Neukaledonien 194206 und im Jahre 1907 141602 kg von diesem Holze ausgeführt[2]).

Eigenschaften. Dickflüssiges Öl von intensiv gelber Farbe. $d_{15°}$ 0,9647 bis 0,978; $\alpha_D + 6°29'$ bis $-21°42'$[3]); $n_{D20°}$ 1,5062; S. Z. 0,9 bis 6,4; E. Z. 3,2 bis 5,4; E. Z. nach Actlg. 196,5 bis 206,7 = 90,5 bis 96,2 % Santalol; löslich in 2[3]) bis 4,5 Vol. 70 %igen Alkohols und mehr.

221. Fidschi Sandelholzöl.

Das von den Fidschi-Inseln stammende Holz von *Santalum Yasi* Seem.[4]) war auf der Kolonial-Ausstellung von South-Kensington im Jahre 1886 ausgestellt. Es gab bei der Destillation 6½ % ätherisches Öl von schwachem und wenig feinem

[1]) Bericht von Schimmel & Co. April 1904, 85.

[2]) Zeitschr. f. angew. Chem. 21 (1908), 1571.

[3]) H. Haensel, Chem. Zentralbl. 1909, II. 1557.

[4]) E. M. Holmes, Pharmaceutical Journ. III. 16 (1886), 820. — A. Petersen, *ibidem* p. 757.

Geruch, weshalb es für Parfümeriezwecke unbrauchbar ist[1]). Spez. Gewicht 0,9768; α_D —25,5°[2]).

222. Westaustralisches Sandelholzöl.

Das Holz von *Fusanus spicatus* R. Br. (*Santalum cygnorum* Miq.) wird von Fremantle (Westaustralien) aus verschifft und kommt in Singapur als „Swan River Sandal Wood" auf den Markt. Es wird in Indien und China als Surrogat des indischen Sandelholzes von *Santalum album* gebraucht. Zur Darstellung des Öls kommen nach E. J. Parry[3]) wenigstens noch drei nahe verwandte Spezies in Betracht, nämlich *Santalum lanceolatum, S. acuminatum* und *S. persicarium*. Das Holz enthält 2% Öl von unangenehm harzigem Geruch. $d_{15°}$ 0,953[4]) bis 0,965[5]); α_D + 5° 20′.

Westaustralisches Sandelholzöl hat demnach ganz andre Eigenschaften und auch wohl eine andre Zusammensetzung als das ostindische Sandelholzöl und kann deshalb niemals als Ersatz für dieses dienen.

Das Öl wurde bereits im Jahre 1875 von der Firma Schimmel & Co. in Leipzig dargestellt; später hat man die Destillation des Öls in Fremantle aufgenommen[5]).

Parry[3]) fand Verseifungszahlen von 1,1 bis 1,6. Nach dem Acetylieren erhielt er beim Verseifen Zahlen, die einem scheinbaren Gehalt an Santalol von 75% entsprachen. Ob der Alkohol des westaustralischen Sandelholzöls identisch mit Santalol ist, muß jedoch erst durch besondere Untersuchungen festgestellt werden.

223. Südaustralisches Sandelholzöl.

Fusanus acuminatus R. Br. (*Santalum Preissianum* Miq.; *S. acuminatum* A. DC.; *S. cognatum* Miq.; *S. lanceolatum* Schlecht.), in Australien „Quandong" genannt, trägt eßbare Früchte, die die Bezeichnung „Native Peaches" führen[6]). Das Holz des

[1]) Bericht von Schimmel & Co. April 1888, 39.

[2]) Mc. Ewan, Pharmaceutical Journ. III. 18 (1888), 661.

[3]) Notes on Santal Wood Oil. Bristol 1898, p. 9.

[4]) Bericht von Schimmel & Co. Oktober 1888, 36 und April 1891, 43.

[5]) Bericht von Schimmel & Co. Oktober 1898, 45.

[6]) F. von Müller, Select Extra-Tropical Plants. IX. Aufl. Melbourne 1895, S. 491.

Baumes ist dunkelbraun, von ungemein dichtem, zähem Gefüge und außerordentlich hart und schwer. Es enthält 5% eines dickflüssigen, kirschroten Öls vom spez. Gewicht 1,022 bei 15°. Der Geruch ist angenehm balsamisch mit rosenähnlichem Beigeruch. Beim Stehen scheiden sich aus dem Öl Kristalle ab, die nach dem Umkristallisieren farblose, bei 104 bis 105° schmelzende Prismen bilden[1]).

Zusammensetzung. Der kristallinische Bestandteil des Öles ist von A. Berkenheim untersucht worden[2]). Dieser fand den Schmelzpunkt bei 101 bis 103° und stellte die Formel $C_{15}H_{24}O_2$ auf. Der Körper ist ein Alkohol, dessen Essigester bei 68,5 bis 69,5° schmelzende, hexagonale Tafeln bildet. Mit Phosphortrichlorid entsteht ein Derivat $C_{15}H_{23}OCl$ vom Smp. 119 bis 120,5°; Phosphorpentachlorid wirkt auf den Alkohol nicht ein. Der mit Hilfe der Natriumverbindung des Alkohols darstellbare Methyläther ist flüssig. Durch Kaliumpermanganat wird der Alkohol zu der ebenfalls flüssigen Säure $C_7H_{11}O_2$ oxydiert.

224. Osyrisöl.

Aus einem sogenannten ostafrikanischen Sandelholz, das, wie durch die botanische Untersuchung festgestellt wurde, von einer *Osyris*-Art, wahrscheinlich *tenuifolia* Engl.[3]) abstammte, erhielten Schimmel & Co.[4]) bei der Destillation mit Wasserdampf 4,86% eines hellbraunen Öls, dessen Geruch etwas an Vetiveröl und gleichzeitig auch an Gurjunbalsam erinnerte, der von dem des ostindischen Sandelöls aber jedenfalls ganz verschieden war. $d_{15°}$ 0,9477; α_D —42° 50'; $n_{D20°}$ 1,52191. Die Esterzahl war 11,1, und nach der Actlg. 72,8, woraus sich ein Gehalt an Sesquiterpenalkohol von 30,5% ergeben würde, berechnet auf $C_{15}H_{26}O$. Das Öl ist relativ schwer löslich, denn zur Lösung von 1 Vol. sind 7 bis 8 Vol. 90%igen Alkohols erforderlich.

[1]) Bericht von Schimmel & Co. April 1891, 49 und Oktober 1891, 34.

[2]) Journ. russ. phys. chem. Ges. 24 (1892), 688; Chem. Zentralbl. 1893, I. 986.

[3]) Vgl. hierzu A. Engler u. G. Volkens, Über das wohlriechende ostafrikanische Sandelholz (*Osyris tenuifolia* Engl.). Notizblatt des Königl. botan. Gartens und Museums zu Berlin. Nr. 9. Ausgegeben am 7. VIII. 1897.

[4]) Bericht von Schimmel & Co. Oktober 1908, 111.

Zwei Öle aus afrikanischem Sandelholz, über deren botanische Herkunft aber nichts gesagt wird, werden von H. Haensel[1]) beschrieben; bei der Ähnlichkeit der Eigenschaften ist die gleiche Abstammung mit dem Osyrisöle nicht unwahrscheinlich. $d_{20°}$ 0,9589 und 0,9630; α_D — 40,6 und — 60,96°; S. Z. 1,7, V. Z. 17,9 und 8,1; V. Z. nach Actlg. 88,3 und 68,6. Sie enthalten ein Sesquiterpen (Sdp. 263,5 bis 265° bei 447 mm; $d_{20°}$ 0,9243; α_D — 32,91°) und einen Sesquiterpenalkohol (Sdp. 186 bis 188° bei 25 mm).

225. Afrikanisches Sandelholzöl.

Die botanische Abstammung dieses Öls ist nicht bekannt. Das als Sandelholz bezeichnete Holz, aus dem das Öl destilliert wurde, war von dunkelbrauner Farbe, ungemein hart und zäh und war von Tamatave (Madagaskar) über Sansibar nach Europa gekommen. Es lieferte bei der Destillation 3% eines rubinroten Öls von der Konsistenz des ostindischen Sandelholzöls. Das spez. Gewicht betrug 0,969, der Geruch ähnelte dem des westindischen Sandelholzöls[2]).

Das Holz ist vielleicht identisch mit dem von *Osyris tenuifolia* Engl. (siehe oben) oder mit dem im nördlichen Madagaskar unter dem Namen *„Hasoranto"* vorkommenden Holz, das ähnliche Eigenschaften wie Sandelholz besitzen soll[3]).

Familie: ARISTOLOCHIACEAE.

226. Haselwurzöl.

Oleum Asari europaei. — Essence d'Asaret. — Oil of Asarum Europaeum.

Herkunft und Eigenschaften. Die Wurzel des in schattigen Laubwäldern Europas, Sibiriens und des Kaukasus wachsenden *Asarum europaeum* L. (Familie der *Aristolochiaceae*) gibt bei der Destillation ca. 1% eines dicken, schweren, in Wasser untersinkenden Öls von brauner Farbe, kräftig aromatischem Geruch und pfefferartig brennendem Geschmack. Oft erstarrt das Öl

[1]) Chem. Zentralbl. 1906, II. 1496 und 1909, I. 1477.

[2]) Bericht von Schimmel & Co. April 1891, 49.

[3]) J. C. Sawer, Odorographia. London, 1892. Vol. 1, p. 325.

zum Teil bald nach der Destillation, manchmal setzen sich aber erst nach längerem Stehen Kristalle von Asaron ab. Das spez. Gewicht des Asarumöls liegt zwischen 1,018 und 1,068; der Drehungswinkel ist wegen der dunklen Farbe bisher nicht bestimmt worden.

Zusammensetzung. Die Ausscheidung eines festen Körpers aus dem Haselwurzöl wurde zuerst im Jahre 1814 von Görz[1]) beobachtet. J. L. Lassaigne und H. Feneulle[2]) scheinen das durch Destillation der Wurzel mit Wasser erhaltene Stearopten für Campher gehalten zu haben. Weitere Mitteilungen darüber rühren von Gräger[3]) her sowie von Blanchet und Sell[4]), die die erste Elementaranalyse des Asarumcamphers ausführten. C. Schmidt[5]) beschäftigte sich hauptsächlich mit den kristallographischen Eigenschaften des Körpers, dem er den noch heute gebräuchlichen Namen „Asaron" gab.

B. Rizza und A. Butlerow[6]) erkannten, daß im Asaron 3 Methoxylgruppen enthalten sind, und stellten die Formel $C_{12}H_{16}O_3$ auf, die sich auch später als richtig erwies. Hingegen befürworteten T. Poleck und F. Staats[7]), zuerst die Formel $C_8H_{10}O_2$, später $C_{10}H_{13}O_3$ und zuletzt $C_{13}H_{18}O_3$.

Die relative Stellung der drei Methoxylgruppen im Molekül wurde durch W. Will[8]) ermittelt, der zeigte, daß das Asaron ein Oxyhydrochinonderivat ist. Aus der später von L. Gattermann und F. Eggers[9]) ausgeführten Synthese geht hervor, daß dem Asaron die Formel

$$C_6H_2 \begin{cases} C_3H_5^{[1]} \\ OCH_3^{[2]} \\ OCH_3^{[4]} \\ OCH_3^{[5]} \end{cases}$$

zukommt.

---

1) Pfaff, System der Materia Medica III. (1814), 230.

2) Journ. de Pharm. 6 (1820), 561 ff. — Trommsdorffs Neues Journ. der Pharm. 5 II. (1821), 71.

3) J. N. Gräger, *Dissertatio de Asaro Europaeo.* Götting. 1830.

4) Liebigs Annalen 6 (1833), 296.

5) *Ibidem* 53 (1845), 156.

6) Berl. Berichte 17 (1884), 1159. — Journ. russ. phys. chem. Ges. 19 (1887), I. 1; Berl. Berichte 20 (1887), 222, Referate.

7) Berl. Berichte 17 (1884), 1415. — Chem. Ztg. 9 (1885), 1465; Jahresb. f. Pharm. 1885, 331. — Tagebl. der 59. Versammlung deutscher Naturforscher 1886, 127; Jahresb. f. Pharm. 1886, 233.

8) Berl. Berichte 21 (1888), 614.

9) *Ibidem* 32 (1899), 289.

Über die Atomlagerung innerhalb der C_3H_5-Gruppe stellte J. F. Eykman[1]) Beobachtungen an und kam auf Grund des Brechungsindex, sowie des Dispersionsvermögens zu der Überzeugung, daß das Asaron eine Propenyl- und keine Allylverbindung sei.

Die Eigenschaften und Derivate des Asarons sind in Bd. I, S. 506 beschrieben.

Durch Destillation der das Asaron begleitenden Anteile des Asarumöls isolierte A. S. F. Petersen[2]) eine linksdrehende, von 162 bis 165° siedende Fraktion, die l-Pinen enthielt. Sie gab beim direkten Bromieren ein flüssiges Monobromid und nach dem Erhitzen auf 250° das bei 122° schmelzende Dipententetrabromid.

Die höher siedenden Bestandteile des Öls gingen hauptsächlich um 250° herum über und waren nach der Formel $C_{11}H_{14}O_2$ zusammengesetzt. Mit Natriumnitrit und Eisessig wurde ein bei 118° schmelzendes Nitrit erhalten. Beim Erhitzen mit Jodwasserstoff wurde Jodmethyl abgespaltet, bei der Oxydation mit Kaliumpermanganat bildete sich Veratrumsäure. Auf Grund dieses Verhaltens sah Petersen den bei 250° siedenden Körper für Methyleugenol an.

Mittmann[3]) ist jedoch der Ansicht, daß hier nicht Methyleugenol, sondern Methylisoeugenol vorliegt, und zwar auf Grund von Vergleichen, die er mit synthetischem, aus Bayöl-Eugenol dargestelltem, sowie im Bayöl natürlich vorkommendem Eugenolmethyläther anstellte. Da aber das Phenol des Bayöls, aus dem Mittmann den Methyläther gewann, wie sich später herausstellte, ein Gemenge von Eugenol mit Chavicol ist, so kann der Methyläther Mittmanns kein reiner Körper gewesen sein und es sind die darauf gegründeten Schlüsse wertlos. Es muß also vorläufig dahingestellt bleiben, ob im Asarumöl Eugenolmethyläther oder Isoeugenolmethyläther enthalten ist.

Die höchstsiedende Fraktion des Öls ist durch einen nicht näher untersuchten Körper grün gefärbt.

---

[1]) Berl. Berichte 22 (1889), 3172.

[2]) Arch. der Pharm. 226 (1888), 89. — Berl. Berichte 21 (1888), 1057.

[3]) Arch. der Pharm. 227 (1889), 543.

227. Canadisches Schlangenwurzelöl.

Oleum Asari canadensis. — Essence de Serpentaire du Canada. — Oil of Canada Snake Root.

Herkunft und Gewinnung. *Asarum canadense* L. ist in den Vereinigten Staaten unter den volkstümlichen Bezeichnungen „Canada Snake-root, Wild Ginger, Canadian Asarabacca" bekannt. Die Wurzel enthält ein wohlriechendes ätherisches Öl, das in Nordamerika in der Parfümerie vielfach Verwendung findet. Bei der Destillation geben trockne Wurzeln 3 bis 4,5 %, die Wurzelfasern, die weniger reich an Öl sind, 1 bis 3 % Öl.

Eigenschaften. Das Öl hat eine gelbe bis gelbbraune Farbe und einen starken, angenehmen, aromatischen Geruch und Geschmack. Die Eigenschaften der aus den Wurzelfasern gewonnenen Öle weisen geringe Unterschiede gegenüber den aus den Wurzeln erhaltenen auf[1]). Die Konstanten von zwei aus zerkleinerter Wurzel mit Fasern destillierten Ölen waren folgende:

1. $d_{15°}$ 0,9508, α_D — 22° 0′, $n_{D20°}$ 1,48537, S. Z. 3,7, E. Z. 115,9, E. Z. nach Actlg. 140,1, löslich in 2,7 Vol. u. m. 70 %igen Alkohols.

2. $d_{15°}$ 0,9519, α_D — 10° 30′, $n_{D20°}$ 1,48987, S. Z. 4,7, E. Z. 74,7, E. Z. nach Actlg. 125,0, löslich in 2,5 Vol. u. m. 70 %igen Alkohols.

Das aus den Wurzeln ohne Fasern gewonnene Öl hatte folgende Eigenschaften:

1. $d_{15°}$ 0,9516, α_D — 2° 50′, $n_{D20°}$ 1,48508, S. Z. 3,7, E. Z. 117,6, E. Z. nach Actlg. 137,2, löslich in 2,3 Vol. u. m. 70 %igen Alkohols.

2. $d_{15°}$ 0,9520, α_D — 10° 42′, $n_{D20°}$ 1,48863, S. Z. 3,1, E. Z. 86,1, E. Z. nach Actlg. 125,8, löslich in 2,3 Vol. u. m. 70 %igen Alkohols.

Ein aus den Fasern der Schlangenwurzel gewonnenes Öl hatte die Eigenschaften: $d_{15°}$ 0,9659, α_D — 39° 40′, $n_{D20°}$ 1,50280, S. Z. 2,2, E. Z. 39,2, E. Z. nach Actlg. 110,2; nicht löslich in 10 Vol. 70 %igen Alkohols, löslich in 0,9 Vol. u. m. 80 %igen Alkohols.

Zwei normale Destillate (Handelsöle) hatten $d_{15°}$ 0,9593 und 0,952; α_D — 1° 42′ und — 3° 24′.

Ein Destillat aus trockner Wurzel mit Kraut begann bei 20° zu erstarren und hatte: $d_{20°}$ 1,0446, $d_{25°}$ 1,0406; es löste sich in 0,5 Vol. 80 %igen und in 2 Vol. 70 %igen Alkohols; die letztere Lösung schied bei Zusatz von 8 Vol. Alkohol derselben Stärke Kristalle ab.

---

[1]) Bericht von Schimmel & Co. April 1908, 94 und April 1909, 84.

Zusammensetzung. Nachdem das Öl von F. B. Power[1]) bereits im Jahre 1880 untersucht worden war, wurde es i. J. 1902 von demselben Autor zusammen mit F. B. Lees[2]) einer nochmaligen genauen Untersuchung unterworfen. Als Bestandteile des Öls sind nunmehr aufgefunden: 1. ein Phenol $C_9H_{12}O_2$[3]). 2. α-Pinen (Nitrolpiperidid, Smp. 118 bis 119°), offenbar ein Gemenge der beiden optisch aktiven Modifikationen. 3. d-Linalool (Oxydation zu Citral; Naphthocinchoninsäure, Smp. 195 bis 198°). Dieser Alkohol war bei der ersten Untersuchung als Asarol bezeichnet worden. 4. l-Borneol (Oxydation zu Campher; Oxim, Smp. 115 bis 116°). 5. l-α-Terpineol (Dipentendijodhydrat, Smp. 80°; Oxydation zum Ketolacton $C_{10}H_{16}O_3$, Smp. 62°). 6. Geraniol (Diphenylurethan, Smp. 81 bis 82°). 7. Methyleugenol (Oxydation zu Veratrumsäure; Bromeugenolmethylätherdibromid, Smp. 78 bis 79°). 8. Ein blaues Öl von unbestimmter Zusammensetzung, das aus sauerstoffhaltigen Verbindungen mit alkoholischem Charakter besteht. 9. Ein Lacton $C_{14}H_{20}O_2$. 10. Palmitinsäure. 11. Essigsäure und 12. ein Gemisch höherer und niederer Fettsäuren.

Der Gehalt an Eugenolmethyläther im ursprünglichen Öl, ermittelt nach dem Zeiselschen Verfahren, belief sich auf 36,9%, der Gehalt an Estern (berechnet als $C_2H_3O_2 \cdot C_{10}H_{17}$) auf 27,5%. Der Gesamtgehalt an Alkoholen $C_{10}H_{18}O$ wurde zu 34,9% bestimmt, woraus sich ergibt, daß etwa 13,3% Alkohole nicht verestert vorhanden sind. Da das Öl ferner ungefähr 2% Pinen enthält, so würden die hochsiedenden Bestandteile, das blaue Öl usw. etwas weniger als 20% ausmachen.

228. Öl von Asarum arifolium.

Herkunft und Gewinnung[4]). Die Blätter und noch mehr die Wurzeln der amerikanischen Pflanze *Asarum arifolium* Michx. enthalten ein ätherisches Öl, das bei der Destillation mit Wasserdampf in einer Ausbeute von 7 bis 7,5% erhalten wird.

[1]) On the constituents of the rhizome of Asarum canadense L., Dissertation, Straßburg 1880. — Proceed. Americ. Pharm. Ass. 28 (1880), 464. — Pharm. Rundsch. (New York) 6 (1888), 101.

[2]) Journ. chem. Soc. 81 (1902), 59.

[3]) Nach einer Mitteilung des Herrn Dr. C. Kleber in Clifton N. J. enthält das Öl Eugenol, das durch das Benzoat identifiziert wurde.

[4]) Arch. der Pharm. 240 (1902), 371.

Eigenschaften[1]. Farbloses, bitter schmeckendes Öl von angenehm aromatischem, an Sassafras erinnerndem Geruch. d 1,0585 bis 1,0609; α_D — 2° 55′ bis — 3° 7′; $n_{D20°}$ 1,531065 bis 1,531875.

Zusammensetzung. Nach E. R. Miller[1]) ist der Hauptbestandteil des Öls Safrol (α-Homopiperonylsäure, Smp. 127 bis 128°; Piperonylsäure, Smp. 227 bis 228°). Ferner wurden nachgewiesen l-α-Pinen (Nitrolpiperidid, Smp. 118 bis 119°), Eugenol (Benzoyleugenol, Smp. 69 bis 70°), in geringer Menge ein zweites Phenol, das mit Eisenchlorid eine grüne Farbreaktion gibt, Methyleugenol (Tribromid, Smp. 78 bis 79°), Methylisoeugenol (Dibromid, Smp. 99 bis 101°) und Asaron (Smp. 62 bis 63°).

229. Öl von Asarum Blumei.

Nach Y. Asahina[2]) ist die chinesische Droge *To-ko* das getrocknete ganze Kraut (mit Wurzeln und Rhizom) von *Asarum Blumei* Duch.; es enthält 1,4 % ätherisches Öl von gelblicher Farbe und sassafrasähnlichem Geruch; $d_{15°}$ 1,0788; $[\alpha]_D$ + 5° 3′; S. Z. und V. Z. 0. Von Bestandteilen wurden Eugenol, Safrol und ein terpenartiger Körper nachgewiesen. Die im Handel unter dem Namen *Sai-sin* oder *Si-sin* vorkommende Droge, als deren Stammpflanze *Asarum Sieboldi* angegeben wird, stammt nach Asahina ebenfalls von *A. Blumei* Duch. und ist also mit *To-ko* identisch.

230. Virginisches Schlangenwurzelöl.

Herkunft und Gewinnung. Die Wurzeln von *Aristolochia Serpentaria* L. sowohl wie *A. reticulata* Nutt. sind in Nordamerika offizinell und als *Serpentaria* der *U. S. Pharmacopoeia* einverleibt. Wie sich die Wurzeln der beiden Pflanzen in ihrem Äußern und in ihren Wirkungen gleichen, so sind auch die aus ihnen dargestellten Öle ähnlich.

Die Wurzel von *Aristolochia Serpentaria* L. gibt bei der Destillation 1 bis 2 % hellbraunes Öl von baldrianähnlichem, auch an Ingwer erinnerndem Geruch. $d_{15°}$ 0,961 bis 0,990; α_D + 21 bis

[1]) Arch. der Pharm. 240 (1902), 371.

[2]) Journ. of the pharm. Soc. of Japan 1907, 361; Bericht von Schimmel & Co. Oktober 1907, 12.

+ 26°; $n_{D20°}$ 1,4972 bis 1,4980; S. Z. 2 bis 3; E. Z. 65 bis 80; E. Z. nach Actlg. 105 bis 115. Löslich in 15 bis 20 Vol. 80%igen und in 0,5 Vol. u. m. 90%igen Alkohols.

Als wesentlichster Bestandteil ist in dem Öle von M. Spica[1]) Borneol nachgewiesen worden.

Bei der Destillation kleiner Mengen der Wurzel von *Aristolochia reticulata* Nutt. erhielt J. C. Peacock[2]) nur 0,61 bis 0,94% Öl von goldgelber Farbe und campher- und baldrianartigem Geruch. $d_{15°}$ 0,974 bis 0,978; α_D — 4°.

Das Öl enthielt ein bei 157° siedendes Terpen, vielleicht Pinen, ferner Borneol, das als Ester an eine nicht näher bestimmte Säure (vielleicht Tiglinsäure?) gebunden ist.

231. Osterluzeiöl.

Das Öl aus der Wurzel von *Aristolochia Clematitis* L. wurde von Winckler[3]) und von Frickhinger[4]) dargestellt. Ersterer erhielt aus der trocknen Wurzel 0,4% Öl. Walz[5]) destillierte die ganze Pflanze und gewann dabei ein goldgelbes, dickflüssiges, sauer reagierendes Öl vom spez. Gewicht 0,903.

232. Micania Guacoöl.

Die aus Südamerika stammende Droge *Micania Guaco*[6]) stammt entweder von *Aristolochia Sellowiana* Duch. oder von *A. macroura* Gom. und soll nach dem Vorschlag von O. Tunmann vorläufig als *Rhizoma Aristolochiae Paraguay* bezeichnet werden. Sie enthält etwa 1% eines hellgelben Öls von angenehmem minzartigem Geruch und brennendem, kühlendem Geschmack. $d_{15°}$ 0,853; α_D — 9° 35′; S. Z. 4,06; V. Z. 16,25. Beim Destillieren ging die Hauptmenge bei 240° (760 mm) oder 160 bis 170° (65 mm) über. Das Öl enthält eine kristallinische Säure, ein kristallinisches Phenol, einen Ester und einen terpenartigen Körper.

[1]) Gazz. chim. ital. 17 (1887), 313; Jahresb. für Pharm. 1887, 45.
[2]) Americ. Journ. Pharm. 63 (1891), 257.
[3]) Jahrb. f. prakt. Pharm. 19 (1849), 71.
[4]) Repertorium f. d. Pharm. III. 7 (1851), 1.
[5]) Jahrb. f. prakt. Pharm. 26 (1853), 65.
[6]) Handelsbericht von Gehe & Co. 1910, 150.

Familie: POLYGONACEAE.

233. Rhaponticumöl.

Die zerkleinerte Wurzel von *Rheum Rhaponticum* L. (Familie der *Polygonaceae*) gibt bei der Destillation 0,0041% eines intensiv gelben, konkreten Öls vom Smp. 25,5°. Es enthält Chrysophansäure vom Smp. 158°[1]).

234. Knöterichöl.

Bei der Untersuchung der Bestandteile des in Rußland als Volksheilmittel viel gebrauchten Krautes des pfirsichblättrigen Knöterichs, *Polygonum Persicaria* L., hat P. Horst[2]) 0,053% ätherisches Öl gefunden. Es bestand zum größten Teil aus einem Gemenge flüchtiger Fettsäuren, von denen Essigsäure und Buttersäure in Form ihrer Silbersalze isoliert wurden. Der übrige Teil des ätherischen Öls enthielt eine kristallinische, campherartige Substanz, das Persicariol, und einen flüssigen Körper.

Familie: CHENOPODIACEAE.

235. Amerikanisches Wurmsamenöl.

Oleum Chenopodii anthelmintici. — Essence de semen-contra d'Amérique; Essence d'Ansérine vermifuge. — Oil of American Wormseed.

Herkunft. Das Öl wird in der Gegend von Baltimore aus der ganzen, wildwachsenden oder kultivierten[3]) Pflanze von *Chenopodium ambrosioides* L. var. *anthelminticum* Gray (American Wormseed), Familie der *Chenopodiaceae*, destilliert[4]).

Gewinnung. Das Zentrum der Destillation ist Westminster in Maryland. Die Öldestillation ist wegen der labilen Natur des Ascaridols, des Hauptbestandteils des Öls, mit Schwierigkeiten

[1]) H. Haensel, Apotheker Ztg. 17 (1902), 498.

[2]) Chem. Ztg. 25 (1901), 1055.

[3]) Angaben über den Anbau der Pflanze finden sich in: Cultivation and Collection of Medicinal Plants, The Chemists' and Druggists' Diary 1908, 234.

[4]) Americ. Journ. Pharm. 22 (1850), 304 u. 26 (1854), 503.

verknüpft. Vor mehreren Jahren verschlechterte sich die Qualität der Handelsöle merklich, d. h. die Öle wurden spezifisch leichter und die Löslichkeit in 70%igem Alkohol nahm ab, während gleichzeitig ihr Gehalt an Ascaridol zurückging. Durch Versuche, die von **Schimmel** & Co.[1]) unternommen wurden, gelang es, die Ursache hierfür aufzufinden. Man stellte fest, daß sich Ascaridol bei längerem Kochen mit Wasser unter Bildung von Bestandteilen zersetzt, die spezifisch leichter und gleichzeitig schwerer löslich in 70%igem Alkohol sind. Die Konstanten eines normalen Öls vor und nach dem Kochen mit Wasser waren folgende:

	normales Öl:	nach zweistündigem Kochen mit Wasser:
d_{15°	0,9878	0,9632
α_D	$-4°28'$	$-5°44'$
	löslich in 3 Vol. 70%igen Alkohols	nicht löslich in 70%igem Alkohol

Aus den unter Berücksichtigung dieses Umstandes unternommenen, mehrfach abgeänderten Destillationsversuchen ging hervor, daß man, um zu einem normalen Öl zu gelangen, die Destillationszeit möglichst verkürzen muß, also nicht zu große Blasen wählen soll, und daß man, um eine bessere Trennung von Öl und Wasser zu bewirken, den Kühler warm bis heiß gehen lassen muß. Das so erhaltene Destillationswasser, das nur wenig Öl enthält, läßt man am besten weglaufen. Verwendet man es zur nächsten Destillation wieder, so wird das in ihm enthaltene Ascaridol durch die Hitze zum Teil zersetzt und verschlechtert das übergehende Öl, dessen Dichte es erniedrigt. Auch ist es vorteilhaft, möglichst geräumige Vorlagen zum Auffangen des Öls zu nehmen, damit das Öl Zeit hat sich von dem Wasser zu trennen.

Die Ausbeute ist, wie nach dem oben Gesagten erklärlich ist, je nach der Art der Blasen und der Destillationsführung stark verschieden; unter günstigen Bedingungen geben die Samen 0,6 bis 1%, die Blätter bis 0,35% Öl.

Eigenschaften. Der Geruch des farblosen oder gelblichen Öls ist stark durchdringend, widerlich, campherartig, der Geschmack bitterlich und brennend. Das spez. Gewicht guter

---

[1]) Bericht von Schimmel & Co. April 1908, 108.

Fig. 33.
Destillation von amerikanischem Wurmsamenöl in Maryland.

Handelsöle liegt zwischen 0,965 und 0,990 und darüber; α_D — 4 bis — 8° 50'. Löslich in 3 bis 10 Vol. 70 %igen Alkohols[1]).

Minderwertige Öle haben $d_{15°}$ 0,93[2]) bis 0,965 und lösen sich nicht klar in 70 %igem Alkohol. Manchmal ist aber auch eine Verfälschung mit Terpentinöl die Ursache der schlechten Löslichkeit und des niedrigen spezifischen Gewichts. Der Nachweis kann durch fraktionierte Destillation geführt werden; das Terpentinöl findet sich in den ersten, unter 170° siedenden Anteilen. Bei reinen Ölen geht unterhalb 170° nichts über. Wird das Öl mit Essigsäureanhydrid und Natriumacetat gekocht, so erhält man von dem Produkt eine ziemlich hohe E. Z. (etwa 280), die aber als analytische Konstante nicht in Betracht kommen kann, da während der Acetylierung tiefgreifende Veränderungen des Öls stattfinden[2]).

Zusammensetzung. Eine im Jahre 1854 ausgeführte Arbeit[3]) hat zur Kenntnis der Zusammensetzung des Öls wenig beigetragen. Erst durch eine von Schimmel & Co. im Jahre 1908 angestellte Untersuchung[4]) wurden verschiedene bekannte Körper isoliert und die Zusammensetzung des Hauptbestandteils des Öls, des Ascaridols $C_{10}H_{16}O_2$, ermittelt.

Die niedrigsten von 172° an siedenden Anteile des Öls bestehen aus p-Cymol (p-Oxyisopropylbenzoesäure; p-Propenylbenzoesäure, Smp. 159 bis 160°), dem kleine Mengen eines Terpens, wahrscheinlich Sylvestrens (Sylvestrenreaktion) beigemischt sind. In der der Hauptfraktion vorangehenden Zwischenfraktion wurden Spuren von d-Campher (Semicarbazon, Smp. 236°; Oxim, Smp. 118°) nachgewiesen.

Der wichtigste Bestandteil des Öls, das Ascaridol[5]) $C_{10}H_{16}O_2$, hat einen widerlichen betäubenden Geruch und unangenehmen Geschmack. $d_{15°}$ 1,0079; α_D — 4° 14'; $n_{D20°}$ 1,4731. Sdp. 83° (4 bis

---

[1]) Die von Schimmel & Co. in ihrem Bericht April 1894, 56 erwähnten Öle (Samenöl, $d_{15°}$ 0,900; α_D — 18° 55'; Blätteröl, $d_{15°}$ 0,879; α_D — 32° 55'; beide nicht löslich in 70 %igem Alkohol) scheinen unter den oben geschilderten ungünstigen Destillationsbedingungen gewonnen worden zu sein und können nicht als normale Destillate angesehen werden.

[2]) E. Kremers, Pharm. Review 25 (1907), 155.

[3]) Garrigues, Americ. Journ. Pharm. 26 (1854), 405.

[4]) Bericht von Schimmel & Co. April 1908, 112.

[5]) So genannt wegen seiner Wirksamkeit gegen Ascariden.

5 mm), unter gewöhnlichem Druck ist der Körper nicht destillierbar, er zersetzt sich schon ehe er seinen Siedepunkt erreicht unter explosionsartiger Heftigkeit[1]), die häufig von einer Feuererscheinung begleitet ist.

E. K. Nelson[2]) ging bei seinen Versuchen, die Konstitution festzustellen, von einem Ascaridol mit folgenden Eigenschaften aus: Sdp. 96 bis 97° (8 mm), $d_{20°}$ 0,9985, $\alpha_D + 0,7°$, $n_{D20°}$ 1,4719.

Bei der Einwirkung gesättigter Ferrosulfatlösung bei gewöhnlicher Temperatur wird das Ascaridol, wie Nelson gefunden hat, unter starker Wärmeentwicklung und Bildung eines brennbaren Gases zersetzt. Als Reaktionsprodukt tritt hierbei Isopropylalkohol auf, der aus dem zähflüssigen Umwandlungsprodukt durch Wasserdampfdestillation abgeschieden und durch Oxydation mit Chromsäure zu Aceton (Dibenzylidenaceton, Smp. 111 bis 112°) als solcher erkannt wurde. Unterhalb 35° verläuft die Reaktion glatt und ohne Zersetzung. Unter diesen Bedingungen addiert Ascaridol die Elemente des Wassers und geht in ein Glykol $C_{10}H_{18}O_3$ über, das beim Benzoylieren nach Schotten-Baumann ein festes Benzoat vom Smp. 136 bis 137° gibt. Aus diesem Ester resultiert bei der Verseifung das reine Glykol als farb- und geruchloses, zähes Öl vom Sdp. 271 bis 272°, das bei längerem Stehen im Vakuum feste Kristalle vom Smp. 62,5 bis 64° absetzt. Das Glykol $C_{10}H_{18}O_3$ hat folgende Konstanten: $d_{20°}$ 1,0981, $\alpha_D \pm 0$, $n_{D20°}$ 1,4796, Mol.-Refr. 48,63 (ber. 48,65). Daß der Körper $C_{10}H_{18}O_3$ noch eine zweite OH-Gruppe hat, beweist die Bildung eines Dibenzoats, das entsteht, wenn das Glykol zwei Stunden lang mit Benzoesäureanhydrid auf 150° erhitzt wird. Der Ester kristallisiert aus Alkohol in Nadeln vom Smp. 116,5 bis 117,5°.

Mit Ätzkali geschmolzen oder mit Natrium gekocht, wird das Glykol z. T. in eine an der Luft sich grünviolett färbende Verbindung übergeführt. Nach dem Ansäuern und Versetzen mit Eisenchlorid geht mit Wasserdampf eine Substanz über, die Ätzkalilösung unter Violettfärbung aus ihrer Ätherlösung aufnimmt. Durch Ansäuern wurden daraus in geringer Menge orangegelbe Kristalle vom Smp. 164 bis 166°, offenbar α-Oxythymochinon,

[1]) Schon von E. Kremers (*loc. cit.*) beobachtet.

[2]) Journ. Americ. chem. Soc. 33 (1911), 1404.

erhalten, die mit konzentrierter Schwefelsäure eine purpurrote Färbung gaben. Ihr Anilinderivat kristallisierte in dunkelvioletten Nadeln.

Bei der Oxydation des Glykols mit neutraler Permanganatlösung entsteht neben einem Gemenge flüchtiger Säuren (Essigsäure, Buttersäure?) eine in Wasser schwer lösliche, zweibasische Säure $C_{10}H_{18}O_6$ vom Smp. 116,5 bis 117°, die Ascaridolsäure; ihr Silbersalz ist in Wasser fast unlöslich. Wie aus ihrem Verhalten gegen Acetanhydrid, Hydroxylamin oder Semicarbazid hervorgeht, enthält ihr Molekül keine Hydroxyl- oder Ketongruppe. Ebenso ist es nach ihrem Verhalten bei der Titration ausgeschlossen, daß sie ein Anhydrid oder Lacton ist. Beim Erhitzen über ihren Schmelzpunkt hinaus scheint sich Methylheptenon[1]) zu bilden. Das Glykol gibt beim Oxydieren noch eine andre feste Säure, die bei 186 bis 187° schmilzt und zweibasisch ist. Nelson teilt ihr vorläufig die Formel $C_{10}H_{18}O_6$ zu.

Aus den vorstehenden Ergebnissen schließt Nelson, daß das Ascaridol ein Peroxyd folgender Konstitution ist:

```
        H3C   CH3
            \ /
            CH
            |
            CH
           /  \
      HC /      \ CH
        | \O     |
        |    O   |
      H2C \     / C
            \  /
            CH
            |
            CH3
```

Zu einer abweichenden Ansicht über die Konstitution des Ascaridols kam O. Wallach[2]), der bei seiner fast gleichzeitigen Untersuchung einen ganz andern Weg einschlug.

In Wasser suspendiertes Ascaridol nimmt bei Gegenwart von kolloidalem Palladium mit beispielloser Geschwindigkeit 4 Atome

---

[1]) Schimmel & Co. hatten die Bildung von Methylheptenon bei der Destillation der Säure $C_{10}H_{18}O_6$ zweifellos festgestellt.

[2]) Liebigs Annalen 392 (1912), 59.

Wasserstoff auf, sodaß, um die bei der Reduktion eintretende Erwärmung nicht zu stark werden zu lassen, die Wasserstoffzufuhr reguliert werden muß. Dabei entstehen zwei leicht zu trennende Produkte, ein mit Wasserdampf leicht flüchtiges Öl und ein schwerer übergehender fester Körper, den man, nachdem die Hauptmenge des flüchtigen Körpers übergegangen ist, am besten durch Extrahieren des Rückstandes mit Chloroform gewinnt. Das feste Reduktionsprodukt stellt ein neues Terpin, 1, 4-Terpin (Terpinenterpin) dar. Es bildet große, bei 116 bis 117° schmelzende Prismen. Dieses Terpin kann in zwei sterisch isomeren Modifikationen bestehen, von denen eine bei 137° schmelzende schon vor einigen Jahren von Wallach[1]) beschrieben wurde. In dem Produkt vom Smp. 116 bis 117° würde also die zweite Form vorliegen. Als Hauptprodukt entsteht beim Erwärmen des 1,4-Terpins mit Oxalsäure 1,4-Cineol[2]) (Sdp. 172°; $d_{18°}$ 0,9010; $n_{D18°}$ 1,4479), das beim Vermischen mit Bromwasserstoff-Eisessig Terpinendibromhydrat (Smp. 58 bis 59°) liefert. Beim andauernden Erwärmen mit Kaliumpermanganat wurde nicht eine der Cineolsäure entsprechende Säure erhalten, sondern eine schwer lösliche, bei 157° schmelzende, von geringerem Sauerstoffgehalt. Bei der Zerlegung des 1,4-Terpins mit Oxalsäure entsteht neben viel 1,4-Cineol eine kleine Menge eines ungesättigten Alkohols. In reinem Zustande läßt sich dieser Alkohol nicht gewinnen, dagegen war es möglich, sein Oxydationsprodukt zu identifizieren. Zu diesem Zwecke wurde das mit Wasserdampf abdestillierte Spaltungsprodukt des Terpins mit 1%iger Kaliumpermanganatlösung bei 0° oxydiert. Das vorhandene 1,4-Cineol wurde mit Wasserdampf abgeblasen. In dem Rückstande war ein Glycerol enthalten, das beim Erwärmen mit verdünnter Schwefelsäure unter Bildung von Cymol und einem Keton, Δ^1-Menthenon-3, zerfiel. Damit war die ursprüngliche Anwesenheit von Δ^2-Menthenol-1 nachgewiesen. Die beiden existenzmöglichen Terpinenole liefern bei weitergehender Oxydation α, α'-Dioxy-α-methyl-α'-isopropyladipinsäure, die durch Überführen in das Dilacton leicht nachzuweisen ist. Tatsächlich gelang es, bei der entsprechenden Behandlung der Oxydationslaugen ein bei 72° schmelzendes

[1]) Berl. Berichte 40 (1907), 577.

[2]) Liebigs Annalen 356 (1907), 197.

Dilacton $C_{10}H_{14}O_4$ zu isolieren. Damit ist das Vorhandensein eines Terpinenols in dem mit Oxalsäure aus dem Terpin erhaltenen Reaktionsprodukt bewiesen und das Terpin als eine Verbindung der Terpinenreihe charakterisiert.

Das bei der Reduktion des Ascaridols neben Terpin entstehende Öl enthält gesättigte und ungesättigte Anteile. Deshalb wurde das Produkt bei Gegenwart von Palladium weiter reduziert und der letzte Rest ungesättigter Substanz mit Kaliumpermanganat entfernt. Es bildet sich ein Alkohol $C_{10}H_{19}OH$ (Sdp. 207 bis 208°; $d_{19°}$ 0,9080; n_D 1,4656), aus dem beim Erwärmen mit Chlorzink ein Kohlenwasserstoff entsteht vom Sdp. 173,5 bis 175,5° ($d_{19°}$ 0,821; $n_{D19°}$ 1,4558; Mol.-Refr. gef. 45,67, ber. für $C_{10}H_{18}$ / = 45,63). Die Zahlen stimmen gut mit den für ein Menthen zu erwartenden überein. Wahrscheinlich liegt aber ein Gemenge vor.

Die mitgeteilten Tatsachen rechtfertigen die Annahme, daß Ascaridol unter Aufnahme von 4 Wasserstoffatomen ein 1,4-Terpin (II) liefert. Falls bei der Reduktion zu 1,4-Terpin keine Umlagerung eingetreten ist, ergibt sich für das Ascaridol die Formel I.

Wallach vermutet, daß die von Nelson aus Ascaridol erhaltene Säure $C_{10}H_{16}O_5$ vom Smp. 186 bis 187° in Wirklichkeit die Zusammensetzung $C_{10}H_{18}O_6$ hat, und daß sie identisch mit α,α'-Dioxy-α-methyl-α'-isopropyladipinsäure ist. Die von Nelson für Ascaridol und das Ascaridolglykol aufgestellten Formeln hält Wallach für wenig wahrscheinlich.

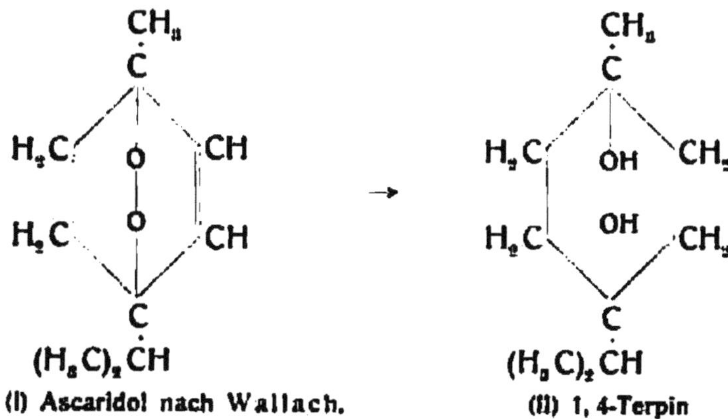

(I) Ascaridol nach Wallach. (II) 1, 4-Terpin

Um das Ascaridol annährend quantitativ zu bestimmen, haben Schimmel & Co.[1]) mehrere Öle von stark abweichenden physikalischen Konstanten fraktioniert und sind dabei zu folgenden Resultaten gekommen: Normales amerikanisches Öl ($d_{15°}$ 0,9708) enthielt 62 bis 65% Ascaridol und etwa 22% Cymol. Leichtes Öl ($d_{15°}$ 0,9426) enthielt nur 45 bis 50% Ascaridol, dagegen ca. 38% Kohlenwasserstoffe. Der hohe Gehalt an letzteren erklärt die Schwerlöslichkeit. Ein Öl eigner Destillation enthielt 65 bis 70% Ascaridol und nur ca. 20% Kohlenwasserstoffe (Cymol). Trotz des hohen Gehaltes an leichtlöslichem Hauptbestandteil war dieses Öl schwer löslich, was sich durch einen relativ hohen, etwa 12,5% betragenden harzigen Destillationsrückstand erklärt, der bei den vorher genannten Ölen nur etwa 4% und 6% ausmachte.

Eine Beobachtung, die bei der Oxydation des durch fraktionierte Destillation erhaltenen Ascaridols gemacht wurde, läßt auf die Anwesenheit von Safrol im amerikanischen Wurmsamenöl schließen. Die bei der Permanganatbehandlung (siehe oben) erhaltenen Säuren hinterließen nämlich bei der Vakuumdestillation einen Rückstand, aus dem Homopiperonylsäure (Smp. 127 bis 128°) und Piperonylsäure (Smp. 226 bis 228°) isoliert werden konnten.

Physiologische Wirkung. Das amerikanische Wurmsamenöl wird in Nordamerika mit großem Erfolg als Anthelminticum benutzt. Nach H. Brüning[2]) werden Ascariden (Spulwürmer) in mit Ascaridol oder Wurmsamenöl versetztem Wasser oder Kochsalz- oder Ringerlösung bei 38° C. schon nach kurzer Zeit leblos, während sich die Kontrolltierchen noch lange Zeit hin- und herbewegen. Innerhalb zweier Stunden tritt selbst noch in Lösungen

[1]) Bericht von Schimmel & Co. April 1908, 118.

[2]) H. Brüning, Zur Behandlung der Ascaridiasis. Medizinische Klinik 1906, Nr. 29. Weitere Literatur: H. Brüning, Ztschr. f. exp. Patholog. u. Therap. 3 (1906), 564. — Derselbe, Zentralbl. f. d. ges. Therapie 24 (1906), 659. — Derselbe, Deutsche Medizinische Wochenschrift 1907 Nr. 11. — F. Thelen, Klinische Erfahrungen über das amerikanische Wurmsamenöl als Antiascaridiacum bei Kindern. Inaug. Dissert., Rostock 1907. — Münch. med. Wochenschr. 57 (1910), 1643. — H. Brüning, Arch. f. Schiffs- u. Tropenhygiene 14 (1910), 733. — W. Salant, Journ. of Pharmacology and experim. Therap. 2 (1911) 391; Referat in Therap. Monatsh. 25 (1911), 498. — H. Brüning, Zeitschr. f. experiment. Pathologie u. Therapie 11 (1912), 154.

von 1:5000 eine lähmende, narkotisierende Wirkung ein, jedoch werden solche Tiere durch Übertragen in nicht vergiftete Flüssigkeiten in kurzer Zeit wieder beweglich. Brüning hält nach seinen sehr umfangreichen experimentellen Studien und nach einer Reihe glücklich verlaufener Wurmkuren an Patienten das amerikanische Wurmsamenöl für ein Anthelminticum, das dem Santonin bezüglich der Wirkung ebenbürtig, wenn nicht überlegen ist. Die Dosis für Kinder ist, je nach dem Alter, vormittags dreimal 8 bis 15 Tropfen (mit Hilfe eines Tropfglases abgemessen = 0,5 bis 1,0 g reines Öl) in Zuckerwasser verrührt und hinterher ein Abführmittel in Gestalt von Rizinusöl, *Pulv. Curellae* oder dergl., und zwar in einstündigen Pausen.

Nach W. Salant[1]) bewirkt amerikanisches Wurmsamenöl bei Katzen nach vorübergehender Erregung allgemeine Lähmung und Koma. Nach einer intrastomachal einverleibten Dosis von 0,2 ccm pro kg Körpergewicht tritt der Tod am Ende des ersten Tages bis nach 48 Stunden ein; der wirksame Bestandteil des Öls, das Ascaridol, hat eine etwa zweimal so starke Wirkung; es erniedrigt den Blutdruck.

236. Öl von Chenopodium ambrosioides L.

Die Samen des dem *Chenopodium ambrosioides* L. var. *anthelminticum* Gray nahe verwandten *C. ambrosioides* L. werden in Brasilien vom Volke als wurmtötendes Mittel verwendet. Sie enthalten nach T. Peckolt[2]) ein ätherisches Öl von stark aromatischem Geruch, bitterlich brennendem Geschmack und dem spez. Gewicht 0,943.

Die Blätter dieser Pflanze, die früher als *Hb. Chenopodii ambrosioidis seu Botryos americanae* offizinell waren, gaben bei der Destillation 0,25 % eines widerlich campherartig, narkotisch und nach Trimethylamin riechenden Öls vom spez. Gewicht 0,901[3]).

[1]) Journ. of Pharmacology and experimental Therapeutics 2 (1911), 391; Therap. Monatsh. 25 (1911), 498.

[2]) Pharm. Rundsch. (New York) 13 (1895), 89.

[3]) Bericht von Schimmel & Co. April 1891, 49.

237. Öl von Camphorosma monspeliaca.

Aus dem Kraute von *Camphorosma monspeliaca* L. (Familie der *Chenopodiaceae*), das früher als *Herba Camphoratae* offizinell war, kann man nach Cassan[1]) durch Wasserdampfdestillation ein ätherisches Öl in einer Ausbeute von etwa 0,2% gewinnen. Es ist grüngelb, riecht nach bittern Mandeln und erstarrt bei +4°. $d_{17°}$ 0,970; $n_{D18°}$ 1,3724.

Familie: CARYOPHYLLACEAE.

238. Herniariaöl.

Aus dem trocknen, blühenden Kraut von *Herniaria glabra* L. (Familie der *Caryophyllaceae*), das früher als *Herba Herniariae* offizinell war, erhielt H. Haensel[2]) bei der Destillation ein festes, bei 36° schmelzendes Öl in einer Ausbeute von 0,585%.

Familie: RANUNCULACEAE.

239. Öl von Paeonia Moutan.

Herkunft und Gewinnung. Die Wurzelrinde von *Paeonia Moutan* Sims (Familie der *Ranunculaceae*), einer in Japan und China vielfach angewandten Droge, enthält auf der Innenseite sowie auf dem Bruch prismatische, weiße, aus Päonol bestehende Kriställchen, die man durch Destillation mit Wasserdampf oder bequemer durch Extrahieren mit Äther gewinnen kann. Das Rohöl reinigt man, indem man die ätherische Lösung mit Sodalösung, von der nur die Verunreinigungen aufgenommen werden, ausschüttelt, dann das Päonol an Natronlauge bindet, und daraus durch Schwefelsäure wieder in Freiheit setzt.

Nach W. Will[3]) beträgt die Ausbeute 3 bis 4%, während Schimmel & Co. aus der Wurzel durch Wasserdampfdestillation nur etwa 0,4% Öl erhielten.

---

[1]) Thèse, Montpellier 1901.

[2]) Apotheker Ztg. 16 (1901), 281.

[3]) Berl. Berichte 19 (1886), 1776.

Eigenschaften. Das durch Destillation gewonnene Öl besteht bei gewöhnlicher Temperatur aus einer gelblichen, festen, von einer braunen Flüssigkeit durchtränkten Masse, die gegen 40° schmilzt. $d_{15°}$ (überschmolzen) 1,1502; α_D inaktiv; $n_{D20°}$ (überschmolzen) 1,56460; S. Z. 12,6; E. Z. 24,5; E. Z. nach Actlg. 220,7; nicht völlig löslich in 10 Vol. 70%igen Alkohols, löslich in 1 Vol. 80%igen Alkohols und mehr.

Zusammensetzung. Das Päonol ist zuerst von Martin und Jagi[1]) isoliert worden. Diese Chemiker sahen den Körper auf Grund einer Elementaranalyse und der Untersuchung seiner Calciumverbindung für eine der Caprinsäure nahestehende Fettsäure an. Nach W. N. Nagai[2]) ist das Päonol ein aromatisch riechender, in farblosen, glänzenden, bei 50° schmelzenden Nadeln kristallisierender Körper von der Zusammensetzung $C_9H_{10}O_3$[3]). Es ist wenig in kaltem, leicht in heißem Wasser, Alkohol, Äther, Benzol, Chloroform und Schwefelkohlenstoff löslich. Eisenchlorid färbt die wäßrige oder alkoholische Lösung rotviolett. Wäßrige kaustische Alkalien lösen das Päonol und bilden damit gut kristallisierende Salze.

Päonol ist, wie von Nagai ermittelt worden ist, seiner Konstitution nach p-Methoxy-o-oxyphenylmethylketon: $C_6H_3\begin{matrix}OCH_3 & [1]\\ OH & [3]\\ COCH_3 & [4]\end{matrix}$

Beim Schmelzen des Päonols mit Kali oder durch Kochen mit Jodwasserstoffsäure entsteht Resacetophenon $C_6H_3 \cdot OH^{[1]} \cdot OH^{[3]} \cdot COCH_3^{[4]}$, Smp. 142°. Acetylpäonol, Smp. 46,5°, wird durch Permanganat zu p-Methoxysalicylsäure $C_6H_3OCH_3^{[1]} \cdot OH^{[3]} \cdot COOH^{[4]}$ oxydiert. Das Oxim des Päonols bildet feine Nadeln, das Phenylhydrazon schwach gelbe, bei 170° schmelzende Nadeln[3]).

Tahara[4]) stellte das Päonol durch Methylierung von Resacetophenon synthetisch dar.

---

[1]) Arch. der Pharm. 213 (1878), 335.

[2]) Berl. Berichte 24 (1891), 2847.

[3]) Tiemann, Berl. Berichte 24 (1891), 2854, fand den Smp. des reinen Päonols bei 48°. Weitere Derivate des Päonols sind beschrieben: *Ibidem* 25 (1892), 1284 und 29 (1896), 1754.

[4]) Berl. Berichte 24 (1891), 2459.

240. Schwarzkümmelöl.

Das Öl der Samen des Schwarzkümmels, *Nigella sativa* L. (Familie der *Ranunculaceae*) (Ausbeute 1,4 %) ist von gelblicher Farbe, fluoresciert nicht und hat einen unangenehmen Geruch. $d_{15°}$ 0,875 bis 0,877; α_D + 1° 26′ bis + 2° 20′; $n_{D20°}$ 1,48364 bis 1,48441; S. Z. 0 bis 0,5; E. Z. 1 bis 6; E. Z. nach Actlg. 15 bis 25. Löslich in 4,5 u. m. Vol. 90 %igen Alkohols. Es siedet zwischen 170 und 260°[1]).

241. Nigellaöl von Nigella damascena.

Herkunft, Gewinnung und Eigenschaften. Die manchmal auch Schwarzkümmel genannten Samen von *Nigella damascena* L. geben bei der Destillation 0,4 bis 0,5 % eines prachtvoll blau fluorescierenden Öls, das den angenehmen Geruch und Geschmack der Walderdbeeren besitzt. $d_{15°}$ 0,895 bis 0,915[2]); α_D + 1° 4′ bis − 7,8°[2]); $n_{D20°}$ 1,5582[2]). In 90 %igem Alkohol ist das Öl nur unvollkommen, in absolutem Alkohol jedoch in jedem Verhältnis löslich.

Zusammensetzung. Der wichtigste Bestandteil des Nigellaöls[3]), durch den auch seine charakteristische Fluorescenz hervorgerufen wird, ist das Alkaloid Damascenin, $C_{10}H_{13}O_3N$, das zuerst von A. Schneider[4]) dargestellt worden ist. Es kann in einer Ausbeute von 9 % erhalten werden durch Ausschütteln des Öls mit Weinsäure und Zerlegung des weinsauren Salzes mit Soda[5]), oder dadurch, daß man den zerkleinerten Samen mit verdünnter Salzsäure auslaugt, die saure Lösung mit Soda übersättigt und mit Petroläther extrahiert. Aus der Petrolätherlösung wird das

---

[1]) Bericht von Schimmel & Co. April 1895, 74.

[2]) H. Haensel, Apotheker Ztg. 15 (1911), 28.

[3]) Die früheren Arbeiten widersprechen sich vielfach, was daher kommt, daß den Untersuchungen teilweise Samen von *Nigella damascena* L., teilweise solche von *Nigella sativa* L. zu Grunde gelegen haben. — H. G. Greenish, Pharmaceutical Journ. III. 12 (1882), 681. — Reinsch, Jahrbuch f. prakt. Pharm. II. 4 (1841), 385; Pharm. Zentralbl. 1842, 314. — Flückiger, *ibidem* III. 2 (1854), 161.

[4]) Pharm. Zentralh. 31 (1890), 173 und 191. Vgl. auch die Inaug. Dissertation desselben Verfassers, Erlangen 1890.

[5]) Bericht von Schimmel & Co. Oktober 1890, 40.

Chlorhydrat der Base durch Ausschütteln mit Salzsäure in reinem Zustande erhalten. 18 Kilo Samen lieferten auf diese Weise 110 g salzsaures Salz[1]).

Das reine Damascenin siedet unter geringer Zersetzung bei 270° (750 mm)[2]) oder im Vakuum bei 157° (10 mm), erstarrt in der Kälte und schmilzt bei 26°. Es gibt nach A. Schneider mit Säuren kristallisierende Salze. Mit Platinchlorid, Goldchlorid und Quecksilberchlorid entstehen kristallinische Doppelverbindungen. Die Alkaloidreagentien geben mit dem Damascenin charakteristische Fällungen; so erzeugt Jod-Kaliumjodid einen purpurbraunen, Kaliumwismutjodid einen braunen Niederschlag. Kaliumquecksilberjodid und Phosphormolybdänsäure geben weiße Niederschläge.

Die Frage nach der Konstitution des Damascenins ist in der Folgezeit von Schimmel & Co.[3]), H. Pommerehne[4]) und O. Keller[5]) behandelt worden. Es gelang aber erst A. J. Ewins[2]) die Formel des Körpers und seine Konstitution durch die Synthese zu beweisen und darzutun, daß Damascenin der Methylester der 2-Methylamino-3-methoxybenzoesäure ist.

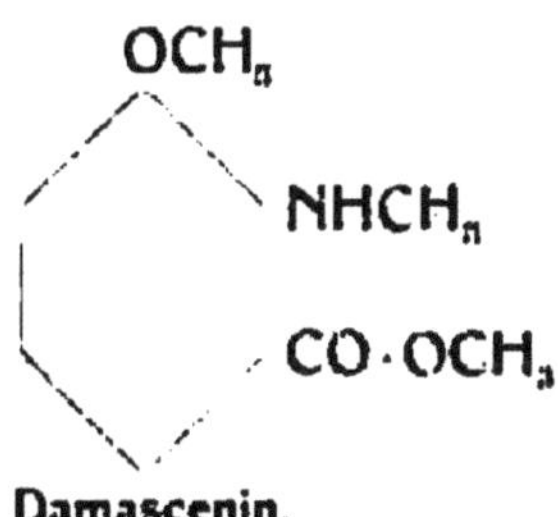

Damascenin.

Der synthetische Aufbau des Körpers gelang auf folgende Weise: m-Oxybenzoesäure wurde mit Hilfe von Dimethylsulfat in m-Methoxybenzoesäure übergeführt, die beim Nitrieren ein Gemisch von Nitroprodukten lieferte, aus denen sich die 2-Nitro-3-methoxybenzoesäure ohne Schwierigkeiten gewinnen ließ. Diese wurde zur 2-Amino-3-methoxybenzoesäure reduziert, welche beim

---

1) Arch. der Pharm. 237 (1899), 475.

2) Journ. chem. Soc. 101 (1912), 544.

3) *Loc. cit.*

4) Arch. der Pharm. 238 (1900), 546; 239 (1901), 34; 242 (1904), 295.

5) *Ibidem* 242 (1904), 299; 246 (1908), 1.

Erhitzen mit Methyljodid im Einschmelzrohr das Hydrojodid der 2-Methylamino-3-methoxybenzoesäure gab. Es wurde durch Erwärmen mit frisch gefälltem Silberchlorid in das entsprechende Hydrochlorid (Smp. 210 bis 211°) übergeführt, das mit dem Hydrochlorid der Damasceninsäure identisch ist. Durch Einleiten von Chlorwasserstoff in die methylalkoholische Lösung des Hydrochlorids bildete sich das Hydrochlorid eines Methylesters, aus dem durch Salzsäureabspaltung Methyl-2-methylamino-3-methoxybenzoat, das Damascenin (Smp. 23 bis 24°), entstand. Mit dem Naturprodukt gemischt, gibt das synthetische Damascenin keine Schmelzpunktserniedrigung.

OH		OCH_3		OCH_3		OCH_3		OCH_3
	→		→	NO_2	→	NH_2	→	$NHCH_3$
CO_2H		CO_2H		CO_2H		CO_2H		CO_2H
m-Oxybenzoesäure								Damasceninsäure

Auch die Samen andrer *Nigella*-Arten sind von O. Keller[1]) auf Alkaloide untersucht worden. Er glaubte in den Samen von *Nigella aristata* neben Damascenin ein neues Alkaloid, Methyldamascenin, gefunden zu haben. Nach Ewins ist dies jedoch ein Irrtum, und das Methyldamascenin Kellers $C_{10}H_{13}O_3N$ ist nichts andres als das in *Nigella damascena* enthaltene Damascenin, dem, wie Ewins bewiesen hat, die obige Formel zukommt. Die Versuche Kellers aus dem Samen von *Nigella sativa, N. arvensis, N. orientalis, N. hispanica, N. Garidella, N. integrifolia* und *N. diversifolia,* durch Extraktion mit verdünnter Salzsäure Alkaloide zu isolieren, fielen negativ aus.

242. Öl von Ranunculus Ficaria.

Das trockne Kraut (mit wenig Blüten) von *Ranunculus Ficaria* L. (Familie der *Ranunculaceae*) gibt bei der Destillation[2]) 0,02 % eines dunkelbraunen Öls von tabakartigem Geruch. $d_{24°}$ 0,9101; Sdp. 150 bis 310°. Es enthält Palmitinsäure, Smp. 61°.

[1]) *Loc. cit.*

[2]) H. Haensel, Apotheker Ztg. 24 (1909), 774.

Familie: MENISPERMACEAE.

243. Colombowurzelöl.

Aus der offizinellen Colombowurzel von *Jathrorrhiza palmata* Miers (Familie der *Menispermaceae*), hat H. Haensel[1]) ein ätherisches Öl gewonnen. Ausbeute 0,00568%; Farbe dunkelbraun; $d_{18°}$ 0,9307; α_D, soweit die dunkle Farbe erkennen ließ, inaktiv; S. Z. 24; V. Z. 54; leicht löslich in 96%igem, schwerer, und unter Abscheidung von braunen Flocken in 80%igem Alkohol.

Familie: MAGNOLIACEAE.

244. Öl von Magnolia glauca.

Die Blätter des nordamerikanischen Strauches *Magnolia glauca* L. *(Magnoliaceae)* enthalten nach F. Rabak[2]) 0,05% blaßgelbes ätherisches Öl: $d_{28°}$ 0,9240, $[\alpha]_D$ + 3,96°, $n_{D23°}$ 1,4992, S. Z. 1,8, E. Z. 13, E. Z. nach Actlg. 28, trübe löslich in 3½ Vol. 90%igen Alkohols, unlöslich in 80%igem Alkohol.

245. Kobuschiöl.

Herkunft und Eigenschaften[3])[4])[5]). Das aus den frischen Blättern und Zweigen des im Innern Japans vorkommenden Kobuschibaumes, *Magnolia Kobus* DC. (Familie der *Magnoliaceae*), in einer Ausbeute von etwa 0,45% gewonnene Öl ist von hellgelber Farbe und hat folgende Eigenschaften: $d_{15°}$ 0,9432 bis 0,9642, α_D —1°6′ bis —1°32′, S. Z. 0,7 bis 1,5, E. Z. 4,3 bis 8,87; löslich in 1,2 bis 10 Vol. 80%igen Alkohols, die stark verdünnte Lösung zeigt Opalescenz; klar löslich in 0,5 bis 1 Vol. 90%igen Alkohols.

---

[1]) Apotheker Ztg. 19 (1904), 46.

[2]) Midland Drugg. and pharm. Review 45 (1911), 486.

[3]) Bericht von Schimmel & Co. Oktober 1908, 81.

[4]) E. Charabot u. G. Laloue, Compt. rend. 146 (1908), 183; Bull. Soc. chim. IV. 3 (1908), 381.

[5]) Bericht von Schimmel & Co. April 1908, 56.

Zusammensetzung. Das zwischen 190 und 230° siedende Öl enthält Cineol[2]) (Resorcinverbindung) etwa 15% Citral[1])[2])[3]) und 16% Anethol[3]) (Anissäure, Smp. 184°; Anetholdibromid, Smp. 66 bis 67°). Wahrscheinlich ist auch Methylchavicol zugegen, da die dafür in Betracht kommende Fraktion zunächst nicht zum Erstarren gebracht werden konnte, was aber nach zweistündigem Sieden mit starker Kalilauge (Umlagerung zu Anethol) leicht zu erreichen war[3]). Hingegen ist Safrol, dessen Gegenwart man anfangs vermutet hatte[1]), kein Bestandteil des Öls.

Ein von Y. Asahina und H. Nakamura[4]) untersuchtes Kobuschiöl, das in der japanischen Provinz Shizuoka aus jüngsten Zweigen gewonnen worden war, unterscheidet sich z. T. beträchtlich von den oben beschriebenen Ölen. Es war hellgelb und von citralähnlichem Geruch. $d_{15°}$ 0,892; $\alpha_D + 6°8'$; S. Z. 4,3; V. Z. 19,1; E. Z. nach Actlg. 56,48; löslich in 1,4 Vol. 85%igen Alkohols, bei weiterem Zusatz des Lösungsmittels Opalescenz. Von Bestandteilen wurden nachgewiesen: Citral (6 bis 7%; α-Citryl-β-naphthocinchoninsäure, Smp. 197 bis 200°), Eugenol (Benzoylverbindung, Smp. 69°), Cineol (Cineoljodol, Smp. 112 bis 113°; Cineolsäure, Smp. 195°) und als Hauptbestandteil Methylchavicol, das bei der Oxydation mit Kaliumpermanganat Homoanissäure (Smp. 84 bis 85°) und Anissäure (Smp. 184°) lieferte. Vielleicht ist auch Pinen in dem Öl enthalten, da die zwischen 150 und 160° siedende Fraktion Spuren eines Nitrosochlorids lieferte, das aber wegen der geringen Menge nicht näher charakterisiert werden konnte. Von Säuren wurden ermittelt Caprinsäure (Silbersalz, 38,52% Ag) und Ölsäure (Silbersalz, 27,54% Ag). Bemerkenswert ist, daß das von Asahina und Nakamura untersuchte Öl kein Anethol, wohl aber Eugenol enthielt, das in den früher untersuchten Ölen fehlte.

[1]) Bericht von Schimmel & Co. Oktober 1903, 81.

[2]) E. Charabot u. G. Laloue, Compt. rend. 146 (1908), 183; Bull. Soc. chim. IV. 3 (1908), 381.

[3]) Bericht von Schimmel & Co. April 1908, 56.

[4]) Journ. of the Pharm. Soc. of Japan Nr. 322 Dez. 1908, Tokio; Bericht von Schimmel & Co. April 1909, 53.

246. Magnoliaöl.

Ein aus Japan stammendes, als Magnoliaöl[1]) bezeichnetes Öl, über dessen Herkunft nichts Näheres ermittelt werden konnte, war dünnflüssig und hellgelb und hatte folgende Eigenschaften: $d_{15°}$ 0,9100; α_D + 14° 10′; löslich in ca. 7 u. m. Vol. 80%igen Alkohols mit minimaler Trübung. Von Bestandteilen sind Cineol und Phellandren nachgewiesen worden; wahrscheinlich enthält das Öl auch Linalool und Terpineol. Nach diesem Untersuchungsergebnis ist es wohl ausgeschlossen, daß das Magnoliaöl mit dem Kobuschiöl von *Magnolia Kobus* DC. identisch ist.

247. Champacablütenöl.

ECHTES CHAMPACABLÜTENÖL[2]).

Der durch gelbe Blüten ausgezeichnete echte Champacabaum, *Michelia Champaca* L. (Familie der *Magnoliaceae*) findet sich im ganzen tropischen Asien, besonders auf Java und den Philippinen; er kommt aber nicht so häufig vor, daß man aus den außerordentlich wohlriechenden Blüten den Riechstoff in größerem Maßstabe gewinnen könnte. Versuche, das ätherische Öl durch Wasserdampfdestillation darzustellen, sind gescheitert, einmal wegen der zu geringen Ausbeute und zweitens weil das so erhaltene Öl im Geruch den Blüten nur sehr wenig ähnlich ist.

Dagegen führte, wie R. F. Bacon[3]) mitteilt, die Mazeration der Blüten mit Paraffinöl, das 24 Stunden mit diesen stehengelassen und dann noch neunmal zum Ausziehen frischer Blütenmengen verwendet wurde, nach der Behandlung mit starkem Alkohol zu einem Öl von sehr gutem und sehr kräftigem Geruch. Später beschreibt derselbe Gelehrte[4]) ein Produkt, das in einer Ausbeute von 0,2% erhalten worden war (die Art der Herstellung wird nicht angegeben), und das beim Stehen eine beträchtliche Menge von Kristallen abschied. Das von ihnen durch Filtrieren befreite Öl wurde nach längerem Stehen halbfest durch Ausscheidung

[1]) Bericht von Schimmel & Co. Oktober 1907, 101.

[2]) Das fälschlich unter dem Namen Champacaholzöl in den Handel gebrachte Guajakholzöl von *Bulnesia Sarmienti* (Siehe dieses) hat mit dem echten Champacaöl nichts gemein. Bericht von Schimmel & Co. April 1898, 33.

[3]) Philippine Journ. of Sc. 4 (1909), A, 131.

[4]) *Ibidem* 5 (1910), 262.

einer amorphen Masse (wahrscheinlich verharztes Öl), die auf Zugabe von 70%igem Alkohol als brauner geruchloser Körper isoliert werden konnte. Die abfiltrierte Flüssigkeit wurde im Vakuum bei 40° eingedampft, bis sich ein braunes Öl abgeschieden hatte, das einen sehr feinen Champacageruch besaß. Auf diese Weise wurden Öle erhalten von den Eigenschaften: $d_{30°}^{30°}$ 0,9543 bis 1,020, $n_{D30°}$ 1,4550 bis 1,4830, V. Z. 160 bis 180. Die optische Drehung konnte nicht bestimmt werden, weil das Öl zu dunkel war. Es löste sich in 70- oder höherprozentigem Alkohol und reagierte neutral.

Bei der Verseifung verliert das Champacablütenöl fast vollständig seinen charakteristischen Geruch. Aus 50 g Öl wurden 1,5 g = 3% Phenole, hauptsächlich Isoeugenol, (Smp. der Benzoylverbindung 103°) erhalten. Ferner enthielt das Öl 15 g = 30% Säuren (die aber bei 40 mm nicht unter 140° siedeten, so daß keine Methyläthylessigsäure dabei war) und 23 g = 46% neutrale, nach Bayöl riechende Körper.

Von B. T. Brooks[1]) ebenfalls in Manila dargestellte Öle hatten die Eigenschaften: $d_{30°}^{30°}$ 0,904 bis 0,9107, $n_{D30°}$ 1,4640 bis 1,4688, E. Z. 124 bis 146, E. Z. nach Actlg. 199. Sie ließen sich nicht im Vakuum fraktionieren, da sie dabei verharzten. Brooks fand in dem Öl Cincol (Smp. der Jodolverbindung 112 bis 114°); vielleicht enthielt es auch p-Kresolmethyläther, doch war es nicht möglich, diesen nachzuweisen. Durch Schütteln des Öls mit Natriumbisulfitlösung wurde Benzaldehyd isoliert (Smp. des Phenylhydrazons 149 bis 151°). Wahrscheinlich kommt daneben noch ein andrer Aldehyd vor, der nicht näher untersucht wurde. Von Alkoholen fand Brooks Benzylalkohol, den er durch Oxydation zu Benzaldehyd kennzeichnete, sowie Phenyläthylalkohol. Von Säuren wurde in der Verseifungslauge Benzoesäure festgestellt. Der Benzaldehydgehalt des Öls beträgt ca. 6%; Benzoesäure enthält es nur 0,5%, doch vermutet Brooks, daß diese erst durch Oxydation des Benzaldehyds oder Benzylalkohols entstanden ist.

In den Champacablüten kommt eine kristallinische Substanz vom Smp. 165 bis 166° vor, für die Bacon die empirische Formel $C_{16}H_{30}O_5$ aufgestellt hat. Im Gegensatz zu den Beobachtungen

[1]) Philippine Journ. of Sc. 6 (1911), A, 333. — Journ. Americ. chem. Soc. 33 (1911), 1763.

Bacons fand Brooks, daß die Substanz quantitativ mit Bisulfitlösung reagiert; sie läßt sich aber nicht aus der Bisulfitverbindung wiedergewinnen und ist ein Keton (Phenylhydrazon, Smp. 161°; Semicarbazon, Smp. 205 bis 206°).

HANDELSÖLE.

Aus den oben angeführten Untersuchungen von Bacon und von Brooks geht hervor, daß das früher in den Handel[1]) gebrachte „Champacaöl" entweder das Destillat eines Gemisches von Ylang-Ylangblüten mit Champacablüten gewesen ist, oder daß bei der Destillation zum mindesten neben den echten, gelben Blüten, die weißen von *Michelia longifolia* Blume ausgiebigst mit verwendet worden sind.

Ein von Schimmel & Co.[2]) auf seine Bestandteile untersuchtes Champacaöl, das nach Angabe des Fabrikanten auf Java vorwiegend das Öl der weißen Blüten mit wenig der gelben Blüten war, hatte folgende Eigenschaften[3]): $d_{15°}$ 0,8861, α_D —11°10', S. Z. 10,0, E. Z. 21,6, E. Z. nach Actlg. 150,1; löslich in 2 Vol. 70°/₀igen Alkohols, bei Zusatz von 4 Vol. und mehr starke Trübung; löslich in 1 Vol. 80°/₀igen Alkohols und mehr, bei mehr als 7 Vol. Opalescenz (Paraffinabscheidung). Das Öl war von hellbrauner Farbe und zeigte, besonders in alkoholischer Lösung, minimale bläuliche Fluorescenz. Es enthielt etwa 60°/₀ l-Linalool (Phenylurethan, Smp. 65 bis 66°) und kleine Mengen Geraniol (Diphenylurethan, Smp. 80 bis 81°). Die von 248 bis 255° siedende Fraktion bestand, wie aus der Entstehung von Veratrumsäure (Smp. 179 bis 180°; Analyse des Silbersalzes) bei der Oxydation geschlossen wurde, aus Eugenolmethyläther. Von Terpenen waren nur Spuren anwesend. Im Vorlauf fanden sich Ester der Methyläthylessigsäure (Sdp. der freien Säure 176 bis 177°; α_D — 16°40'), und zwar augenscheinlich die Ester des Methyl- und Äthylalkohols. Nicht unwahrscheinlich ist es, daß auch die übrigen höher siedenden Alkohole des Öls (Linalool und Geraniol) zum Teil an Methyläthylessigsäure gebunden im Öl enthalten waren. Ferner ließ sich feststellen, daß die Säure

[1]) Bericht von Schimmel & Co. April 1882, 7; April 1894, 58; Oktober 1894, 10; April 1897, 11.

[2]) *Ibidem* Oktober 1907, 18.

[3]) *Ibidem* Oktober 1908, 15.

auch in freiem Zustande in dem Öle vorkommt, denn beim Ausschütteln von 250 g Öl mit 5%iger Kalilauge wurde außer einer kleinen Menge eines nicht näher untersuchten Phenols Methyläthylessigsäure erhalten.

Die in früheren Fällen im Champacaöl nachgewiesene Benzoesäure, die vermutlich von mitdestillierten Ylang-Ylangblüten herrührte, wurde in diesem Öl nicht angetroffen.

Nach Elze[1]) enthält Champacaöl auch Nerol (Diphenylurethan, Smp. 50 bis 50,5°). In was für einem Öl dieser Alkohol gefunden ist, ist aus der Veröffentlichung nicht ersichtlich.

248. Öl von Michelia longifolia.

Das aus frischen Blüten des auf Java wachsenden Baumes *Michelia longifolia* Blume gewonnene Destillat ist nach Schimmel & Co.[2]) ein fast wasserhelles, sehr flüchtiges, im Geruch lebhaft an Basilicum erinnerndes Öl. d_{18° 0,883; α_D —12°50′.

Brooks[3]) erhielt aus diesen Blüten (die Art der Gewinnung ist nicht angegeben) ein dunkel gefärbtes Produkt von folgenden Eigenschaften: d 0,897, n_{D30° 1,4470, E. Z. 180,0. Es enthält Linalool (charakterisiert durch den Siedepunkt und die Oxydation zu Citral), Methyleugenol (Oxydation zu Veratrumsäure, Smp. 179 bis 180°), Methyläthylessigsäure (Silbersalz), Essigsäure, sowie Spuren eines nach Thymol riechenden Phenols.

249. Sternanisöl.

Oleum Anisi stellati. — Essence de Badiane[4]). — Oil of Star Anise.

Herkunft. Die verschiedenen *Illicium*-Arten sind im mittleren und südlichen Ost-Asien, in Japan und dem Inselreiche der chinesischen und indischen Meere einheimisch. Bei der Ähnlichkeit der Früchte der verschiedenen Arten der Gattung *Illicium*

[1]) Chem. Ztg. 34 (1910), 857.

[2]) Bericht von Schimmel & Co. April 1894, 59.

[3]) Philippine Journ. of Sc. 6 (1911), A, 342. — Journ. Americ. chem. Soc. 33 (1911), 1763.

[4]) Sternanis wurde in Europa anfangs Anis de la Chine, de la Sibérie, *Foeniculum sinense, Badian* genannt. Der letztere Name, von der arabischen Bezeichnung „*Bâdiyân*" für Fenchel wurde von Pierre Pomet, dem Verfasser der im Jahre 1694 veröffentlichten Histoire générale des drogues (livre 1, p. 43), angewendet und blieb lange in Gebrauch.

sind die Angaben über die Herkunft und die Arten, von denen die in den Handel gelangenden Früchte herstammen, bis in die Neuzeit widersprechend gewesen. Linné nannte den der Familie der *Magnoliaceae* angehörenden Baum zuerst *Badanifera anisata,*[1]) später *Illicium anisatum*[2]). Eine in Japan, besonders in buddhistischen Tempelhainen kultivierte Art wurde im Jahre 1690 von Kämpfer[3]), im Jahre 1781 von Thunberg[4]) und nochmals im Jahre 1825 von Fr. von Siebold[5]) beschrieben und von diesem *Illicium japonicum* genannt, welche Bezeichnung er im Jahre 1837 in *Illicium religiosum* änderte. Jos. Hooker, Sohn[6]), wies im Jahre 1886 nach, daß der offizinelle Sternanis nicht der von Linné als *Illicium anisatum* bezeichneten Spezies entstamme, sondern einer andern, die er *Illicium verum* nannte.

Illicium verum Hooker f. ist ein immergrüner Baum, der 7 bis 8 (Radisson[7])), nach andren Angaben (Eberhardt[8])) 10 bis 15 m hoch wird und der wegen seiner weißen Rinde an eine Birke erinnert. Man vermehrt den Sternanisbaum, der erst nach 16 bis 17 Jahren ein volles Erträgnis liefert, durch Samen. Dreimal im Jahre können die als Sternanis bekannten Früchte geerntet werden, aber nur alle 3 Jahre pflegt die Ernte reichlich auszufallen, was zum Teil wohl auf die schlechte Behandlung der Bäume beim Pflücken zurückzuführen ist. Ein Baum soll im Mittel 30 bis 35 kg, oder sogar 45 kg[8]) Früchte liefern.

Gewinnung. Der Anbau des Sternanisbaums geschieht zur Gewinnung der Früchte vornehmlich in den südöstlichen Provinzen Chinas und den angrenzenden Teilen Tongkins. Ein Teil der Früchte wird getrocknet und kommt in diesem Zustande in den Handel, ein andrer wird im frischen Zustand an Ort und Stelle auf Öl

---

[1]) Linné, Materia medica e regno vegetabile. Stockholm 1750, Lib. 1, p. 180.

[2]) Linné, Species plantarum. Stockholm 1753, p. 664.

[3]) Kämpfer, Amoenitates exoticae. Lemgo 1712, p. 880.

[4]) Thunberg, Flora japonica. Leipzig 1784, p. 235.

[5]) Het gezag van Kämpfer, Thunberg, Linnaeus en anderen, omtrent den botanischen oorsprong van den steranijs des Handels. Leiden 1837, p. 19. — Rein, Japan 1886, Bd. 2, S. 160 u. 307.

[6]) Botanical Magazine. July 1888. — Watt's Dictionary of India. Kalkutta 1890. Vol. 4, p. 330. — E. M. Holmes, Americ. Journ. Pharm. 60 (1888), 503.

[7]) Culture, Distillation et Commerce de la Badiane. Rev. des cult. colon. 5 (1899), 65, 138.

[8]) Ph. Eberhardt, L'Anis étoilé au Tonkin. La Nature, 25. mai 1907: Journ. de Pharm. et Chim., VI. 26 (1907), Renseign. et Nouvelles XLII.

verarbeitet. In Tongkin sind die Hauptplätze der Öldestillation in den Gegenden von Dong-Dang mit Langson (siehe die Abbildung Fig. 36, S. 399), Vinh-Rat, Halung, Nacham und Thatkhe. In China sind die Produktionsgebiete die Provinzen Kwantung

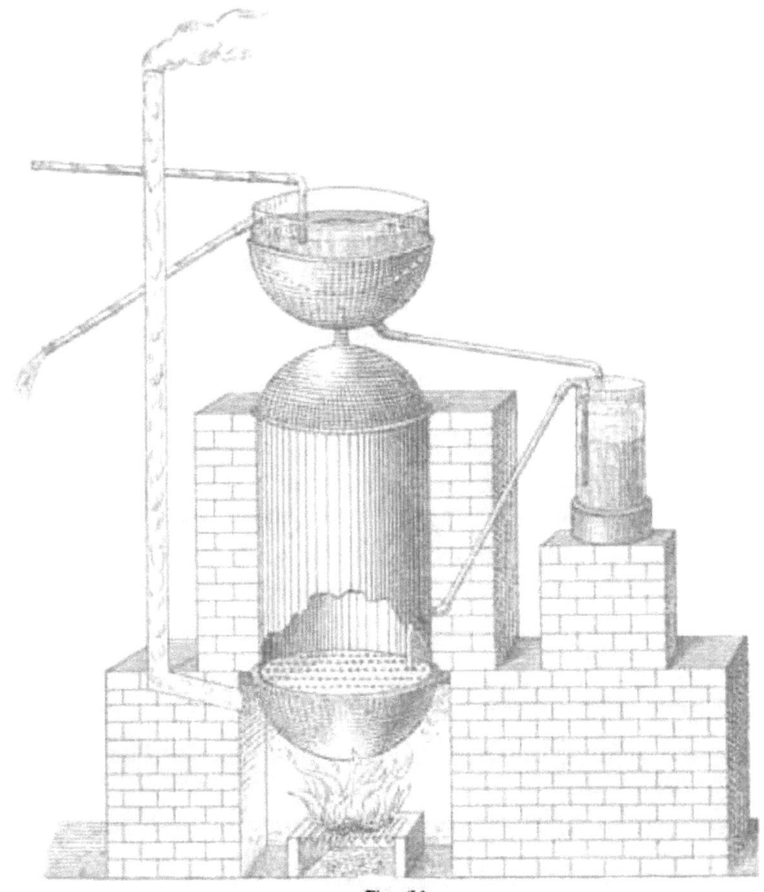

Fig. 34.

Tongkinesischer Destillierapparat für Sternanisöl.

und Kwangsi mit den Fabrikationszentren Ping-Siang, Lung-Tschou (Lungchow, Long-Tcheou) und Pe-Se (identisch mit Pac-Sé[1]), Pak-se[2]), Po-sê, Pos-Seh[3]), Po-Seh?).

[1]) Bericht von Schimmel & Co. Oktober 1911, 87.

[2]) *Ibidem* April 1904, 87.

[3]) *Ibidem* Oktober 1898, 47.

Das tongkinesische Öl wird wegen seines häufig höheren Erstarrungspunktes mehr geschätzt als das chinesische; besonders schlecht ist das aus dem Pe-Se-Distrikt kommende Öl; es zeichnet sich unvorteilhaft durch einen sehr niedrigen Erstarrungspunkt aus und scheint teilweise das Destillat aus Blättern zu sein.

Die Destillation der Sternanisfrüchte wird gegenwärtig noch in primitiver Weise betrieben. Nach englischen [1]) und französischen Berichten ist das Verfahren in Tongkin das gleiche wie in den chinesischen Provinzen.

Der Destillierapparat (Fig. 34) besteht aus einem starken, dicht schließenden Holzfaß, oder einem eisernen Zylinder, dessen unterer Boden vielfach durchlöchert ist. Dieser ruht auf einem halbkugelartig geformten oder flachen, eisernen Kessel, der auf einem gemauerten Herd über freiem Feuer befestigt ist. Der obere Teil des Fasses oder Zylinders ist derart konstruiert, daß die Füllung und Entleerung von dort aus geschieht und daß bei dichtem Verschluß die entweichenden Dämpfe durch eine zentrale Öffnung mit röhrenförmigem Ansatz in den darüber befindlichen Kondensator gelangen. Dieser ist meistens ein glasierter Steingutkessel, auf dem als dicht schließender Deckel ein flacher Eisenblechkessel ruht. Durch diesen strömt mittels eines oberen Einflußrohres von Bambus und eines heberartigen Abflußrohres kaltes Quellwasser.

Das Destillierfaß oder der Zylinder wird mit zerkleinertem Sternanis gefüllt. Wenn alle Verschlüsse genügend dicht gemacht sind, wird in dem am Boden des Fasses stehenden Kessel Wasser durch freies Feuer erhitzt. Nach völliger Erhitzung des Gesamtinhalts des Zylinders treten die mit Öl gesättigten Wasserdämpfe durch die obere Mündung des Zylinders in den Kondensator, in dem sie durch die obere flache oder halbkugelförmige Wandung des als Deckel auf dem Kondensator ruhenden Kessels abgekühlt und verdichtet werden. Das niedertröpfelnde Destillat fließt sogleich durch ein an der Basis des Kondensators eingefügtes Abzugsrohr in ein meistens hölzernes, mit Zinn bekleidetes Bassin aus.

---

[1]) Decennial Reports on the trade, navigation and industries of the ports open to foreign commerce in China and Corea. Statistical series No. 6, 1882 to 1891. Published by the Inspector General of Customs. Shanghai 1893, 659.

Ein wesentlicher Unterschied zwischen den in den benachbarten chinesischen Provinzen und in Tongkin gebrauchten Destilliergeräten besteht nicht, nur ist die Konstruktion der Gefäße zur Aufnahme des Destillats etwas verschieden. In China sind diese zweiteilig und durch einen in gewisser Höhe angebrachten Abflußkanal fließt das leichtere oben schwimmende Öl in die zweite Abteilung ab, während einem Überfließen des Wassers durch einen einfachen Heber vorgebeugt wird. (Fig. 35).

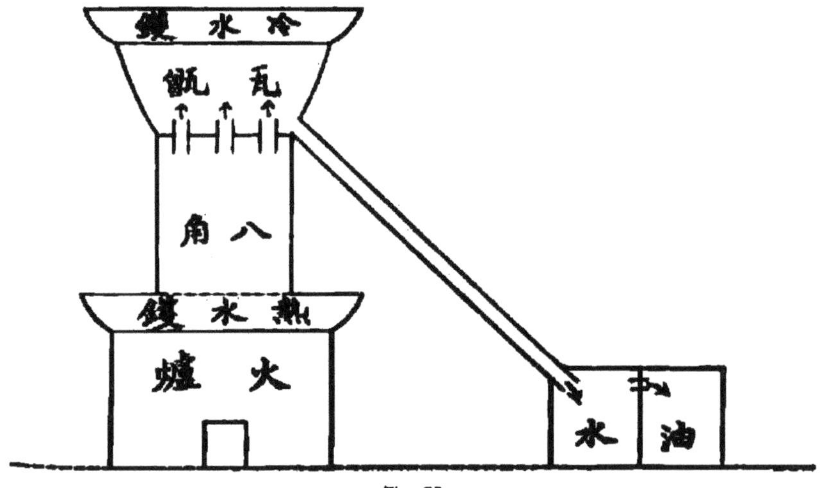

Fig. 35.
Chinesischer Destillierapparat für Sternanisöl.

In Tongkin benutzt man eine Art Florentiner Flasche und läßt das Wasser durch ein geneigtes Rohr in das Destillierfaß zurücklaufen.

Die Destilliergefäße enthalten in der Regel 3 Piculs = 180 kg Sternanis. Die Destillation erfordert ungefähr eine 45stündige[1] Feuerung. Die Ausbeute an Öl beträgt, auf frische Früchte berechnet, 3 bis 3½ % (Radisson), nach einer andren Quelle (Eberhardt) aber nur 1,56 bis 1,75 %.

Der Versand des Öls geschieht in Bleikanistern von 7,5 kg Inhalt, von denen je 4 Stück in eine Kiste gepackt werden.

Zusammensetzung. Anethol ist der wichtigste und wertvollste Bestandteil des Sternanisöls. Aus der Erstarrungspunkts-

[1] Die Destillationsart wird kritisiert durch von Rechenberg, Theorie der Gewinnung und Trennung der ätherischen Öle. Miltitz bei Leipzig 1910, S. 458.

bestimmung ist zu ersehen, ob ein Öl relativ reich an Anethol ist; eine genauere quantitative Bestimmungsmethode dieses Körpers gibt es nicht. Da man aus gutem Sternanisöl 85 bis 90% reines Anethol durch wiederholtes Ausfrieren gewinnen kann, so dürfte der wirkliche Gehalt noch etwas höher sein. Das Anethol wurde im Sternanisöl zuerst von A. Cahours[1]) erkannt, der die Identität der Stearoptene des Fenchel-, Anis- und Sternanisöls feststellte. J. Persoz[2]) gewann kurze Zeit später durch Oxydation des Öls mit Chromsäure Anissäure, die er mit dem Namen Badiansäure bezeichnete. Über Eigenschaften und Verbindungen des Anethols siehe Bd. I, S. 495.

Die nicht aus Anethol bestehenden Anteile (10 bis 15%) sind ein Gemisch von nicht weniger als einem Dutzend verschiedener Substanzen. Die niedrigste von 157 bis 175° siedende Fraktion enthält mehrere Terpene.

1. d-α-Pinen. Sdp. 155 bis 158°; α_D + 24° 31′. (Pinennitrolbenzylamin, Smp. 122 bis 125°[3])).

2. Die zwischen 163 und 168° siedenden Anteile hatten einen ausgesprochen terpentinartigen Geruch und die Konstanten: $d_{15°}$ 0,8551, α_D + 14° 7′, $n_{D20°}$ 1,47343. Wiederholte Prüfung auf β-Pinen und Sabinen durch Oxydation mit Permanganat in alkalischer Lösung gab ein negatives Resultat[4]).

3. Phellandren. In einer Fraktion vom Sdp. 170 bis 176°, α_D — 5° 40′ wiesen Schimmel & Co.[5]) im Jahre 1893 l-α-Phellandren (Nitrit, Smp. 102°) nach. Später[6]) wurde in einer ähnlichen Fraktion neben α- auch l-β-Phellandren (Tetrahydrocuminaldehyd, Semicarbazon, Smp. 202 bis 205°, Cuminsäure, Smp. 113 bis 115°) gefunden. Bei einer dritten Untersuchung[7]) wurde die Gegenwart von d-β-Phellandren festgestellt. Es kommen also diese drei Phellandrene vor, wahrscheinlich alle gleichzeitig, nur scheint jeweils die eine oder andere Modifikation zu überwiegen.

---

[1]) Compt. rend. 12 (1841), 1213. — Liebigs Annalen 35 (1840), 313.

[2]) Compt. rend. 13 (1841), 433. — Liebigs Annalen 44 (1842), 311.

[3]) Bericht von Schimmel & Co. April 1893, 57; April 1910, 99; Oktober 1911, 86.

[4]) *Ibidem* Oktober 1911, 86.

[5]) *Ibidem* April 1893, 56.

[6]) *Ibidem* April 1910, 99, 100.

[7]) *Ibidem* Oktober 1911, 86.

Fig. 36.

Pflanzung von Sternanisbäumen in der Umgegend von Langson (Tongkin).

4. p-Cymol[1]) (Oxyisopropylbenzoesäure, Smp. 156 bis 157°; p-Propenylbenzoesäure, Smp. 159 bis 160°).

5. Cineol[1]) (Jodolverbindung, Smp. 110 bis 111°).

6. Dipenten[2]) (Tetrabromid, Smp. 124°; Nitrolpiperidin, Smp. 153).

7. l-Limonen[2]) (Tetrabromid, Smp. 102 bis 103°).

8. α-Terpineol. Die Fraktionen vom Sdp. 216 bis 218° oder 218 bis 224° sollen nach E. J. Tardy[3]) Terpineol enthalten. Bewiesen war diese Annahme aber nicht. Beim Einleiten von Salzsäure in zwei von 215 bis 218° und von 218 bis 220° siedende Fraktionen[1]) entstand in guter Ausbeute Dipentendihydrochlorid vom Smp. 47 bis 48°, mit Nitrosylchlorid in geringer Ausbeute ein Nitrosochlorid vom Smp. 113°. Mit Phenylisocyanat wurde ein Urethan vom Smp. 110 bis 111° erhalten, das mit Terpinylphenylurethan vom Smp. 111 bis 112° keine Schmelzpunktsdepression gab. Durch Oxydation mit verdünnter Permanganatlösung wurde das Terpineol in das entsprechende Glycerin übergeführt, das mit Chromsäure in das Ketolacton vom Smp. 62 bis 63° überging, dessen Semicarbazon bei 200° schmolz.

9. Methylchavicol (p-Methoxyallylbenzol)[4]). Befreit man Sternanisöl durch oft wiederholtes Ausfrieren so weit vom Anethol, daß im Kältegemisch keine Kristallabscheidung mehr stattfindet, so erhält man ein dünnflüssiges Öl, das durch Kochen mit alkoholischem Kali (Eykmans Verfahren) stark verändert wird. Die Siedetemperatur steigt, der Brechungsindex wird erhöht und beim Abkühlen scheiden sich von neuem große Mengen von Anethol ab, das aus ursprünglich vorhandenem Methylchavicol durch die Kalibehandlung gebildet wurde.

10. Hydrochinonäthyläther, $C_6H_4\langle{}^{OH}_{OC_2H_5}$, ist nur spurenweise vorhanden und kann durch Ausschütteln sehr großer Mengen von Sternanisöl mit Alkalilauge gewonnen werden. Er bildet im reinen Zustande farblose perlmutterglänzende Blättchen vom Smp. 64°.

---

[1]) Bericht von Schimmel & Co. April 1910, 99, 100.

[2]) *Ibidem* Oktober 1911, 86.

[3]) Tardy, Étude analytique sur quelques essences du genre anisique. Thèse Paris (1902), p. 22; Bericht Oktober 1902, 83.

[4]) Bericht von Schimmel & Co. Oktober 1895, 6.

11. Safrol. Das Vorkommen dieses Körpers war von F. Oswald[1]) dadurch wahrscheinlich gemacht, daß er bei der Oxydation mit Permanganat einen bei 35 bis 36° schmelzenden, nach Piperonal riechenden Körper erhielt. Schimmel & Co.[2]) bewiesen die Identität dieses Körpers durch Überführen in das bei 224 bis 225° schmelzende Piperonalsemicarbazon.

12. Anisketon. Nach Tardy[3]) enthält das Sternanisöl einen bei 263° siedenden (d 1,095), Anisketon (acétone anisique) genannten Körper der Formel $C_6H_4<^{OCH_3}_{CH_2 \cdot CO \cdot CH_3}$, dessen Oxim bei 72°, dessen Semicarbazon bei 182° schmilzt. Das Anisketon verbindet sich mit Bisulfit und gibt bei der Oxydation in schwach alkalischer Permanganatlösung Essigsäure und Anissäure.

13. Die höchst siedenden Fraktionen bestehen aus einem bei 272 bis 275° siedenden Sesquiterpen, α_D —5°[3]).

Zwei weitere erst durch Oxydation an der Luft entstandene Substanzen, die stets im Sternanisöl, wie in jedem anetholhaltigen Öle auftreten, sind Anisaldehyd und Anissäure. Sie finden sich um so reichlicher, je älter das Öl ist.

Eigenschaften. Sternanisöl ist eine farblose oder gelbliche, stark lichtbrechende, infolge ihres Anetholgehalts in der Kälte erstarrende Flüssigkeit von anisartigem Geruch und intensiv süßem Geschmack. $d_{20°}$ 0,98 bis 0,99; α_D schwach links, bis —2°, in einigen Fällen schwach rechts[4]), bis +0°36'; $n_{D20°}$ 1,553 bis 1,556; Erstarrungspunkt +15 bis +18°, meist um +16°, ausnahmsweise bis zu +14° herunter[5]); löslich in 1,5 bis 3 Vol. und mehr 90%igen Alkohols.

---

[1]) Arch. der Pharm. 229 (1891), 86.

[2]) Bericht von Schimmel & Co. April 1910, 101.

[3]) Anm. 3, S. 400.

[4]) Die Rechtsdrehung entsteht wahrscheinlich durch Zumischung des rechtsdrehenden Blätteröls (siehe S. 406).

[5]) Ab und zu tauchen im Handel Öle auf, die, obwohl sie einen niedrigeren Erstarrungspunkt besitzen, unverfälscht sind. Die Eigenschaften von fünf derartigen Ölen waren folgende: $d_{15°}$ 0,988 bis 0,998, α_D +0° 11' bis +0° 32', Erstp. +8,75 bis 13,75°; sämtlich löslich in 1,5 Vol. 90%igen Alkohols. Diese als Blumenöle bezeichneten Öle werden jedoch nicht, wie man vermuten könnte, von den Blüten des Sternanisbaumes gewonnen, sondern angeblich von den unreifen Früchten, die, um das Reifen und Gedeihen der übrigen Früchte zu erleichtern, abgepflückt werden. Möglicherweise sind

Sternanisöl kann unter Umständen, besonders in geschlossenen Gefäßen und bei langsamem Erkalten, bedeutend unter seinen Erstarrungspunkt abgekühlt werden, ohne daß es fest wird, und vermag dann lange Zeit im flüssigen Zustande zu verbleiben. Das Erstarren wird gewöhnlich durch eine äußere Anregung, beispielsweise durch Hineinfallen eines Stäubchens oder durch eine Erschütterung eingeleitet und geht um so schneller vor sich, je stärker das Öl unterkühlt war. Am sichersten wird überkaltetes Öl durch Einführung von etwas festem Anethol, oder durch Kratzen mit einem Glasstab an der inneren Gefäßwand zum Kristallisieren gebracht.

Bemerkenswert ist, daß Öl, welches durch längeres Aufbewahren in halbgefüllten Flaschen oder durch häufigeres Auftauen, viel mit Luft in Berührung ist, die Fähigkeit zu erstarren, wegen der teilweisen Umwandlung des Anethols in Anisaldehyd und Anissäure, allmählich verliert.

Zur Unterscheidung des Sternanisöls von Anisöl ist eine Farbreaktion[1]) mit alkoholischer Salzsäure empfohlen worden, die jedoch keine zuverlässigen Resultate gibt. Sternanisöl soll mit diesem Reagens eine gelbliche bis bräunliche Färbung geben, während Anisöl je nach der Konzentration der Salzsäure blau oder rötlich gefärbt werden soll.

Prüfung. Zum Nachweis von Verfälschungen und zur Prüfung auf den normalen Anetholgehalt sind die Bestimmungen des spez. Gewichts, der Löslichkeit und des Erstarrungspunktes notwendig.

Früher sind Verfälschungen niemals beobachtet worden, gelegentlich aber verfallen die Chinesen darauf, dem Öl Petroleum, andere Mineralöle oder fettes Öl[2]) zuzusetzen. Hierdurch wird das spez. Gewicht und der Erstarrungspunkt herabgesetzt und die Löslichkeit in 90%igem Alkohol beeinträchtigt. Während

---

diese Öle weiter nichts als Sternanisblätteröle (siehe S. 406). Es ist wohl selbstverständlich, daß solche „Blumenöle" minderwertig sind und nicht als marktfähig angesehen werden können (Bericht von Schimmel & Co. Oktober 1898, 47).

[1]) Eykman, Mitteil. d. deutsch. Gesellsch. f. Natur- und Völkerkunde Ostasiens. 23 (1881). — J. C. Umney, Pharmaceutical Journ. III. 19 (1889), 647. — P. W. Squire, *ibidem* III. 24 (1893), 104. — Umney, *ibidem* III. 25 (1894/95), 947.

[2]) Bericht von Schimmel & Co. Oktober 1912, 107.

reines Öl mit 3 Vol. 90%igen Alkohols eine vollständige Lösung gibt, die auch bei weiterem Alkoholzusatz klar bleibt, erzielt man mit petroleumhaltigem Öl nur eine trübe Mischung, aus der sich bei längerem Stehen das Petroleum in Form von Tropfen abscheidet.

Zur Isolierung des Petroleums destilliert man das Öl mit Wasserdampf, fängt die zuerst übergehenden Anteile getrennt auf und behandelt sie mit konzentrierter Schwefelsäure und nachher mit starker Salpetersäure. Das ätherische Öl wird hierbei zerstört, während das Petroleum fast unverändert bleibt und durch sein allgemeines Verhalten erkannt werden kann. Hochsiedende Mineralölfraktionen sind mit Wasserdampf nicht flüchtig und werden sich deshalb in dem bei der Dampfdestillation bleibenden Rückstande finden.

Inwieweit die Eigenschaften des Sternanisöls durch einen Zusatz von 5 und 10% Petroleum verändert werden, ergibt sich aus der folgenden Tabelle[1]):

	$d_{15°}$	Erstarrungspunkt	Löslichkeit in 90%igem Alkohol
Reines Öl	0,986	+ 18°	1:2,2 und mehr
Dasselbe mit 5% Petroleum	0,978	+ 16,25°	nicht klar löslich in 10 Vol. 90%igen Alkohols
Dasselbe mit 10% Petroleum	0,970	+ 14,75°	

Hieraus geht hervor, daß Verfälschungen mit Petroleum leichter durch das spez. Gewicht und die Löslichkeit erkannt werden, als dies durch den Erstarrungspunkt möglich ist. Deshalb muß unter allen Umständen verlangt werden, daß die Öle auch in Bezug auf Löslichkeit und spez. Gewicht den unter „Eigenschaften" aufgestellten Anforderungen entsprechen, selbst wenn der Erstarrungspunkt noch den Ansprüchen genügen sollte.

Zuweilen sind Öle beobachtet worden, deren niedriger Anetholgehalt zunächst eine Verfälschung vermuten ließ, und zwar glaubte man[2]), daß ihnen eine Campherölfraktion zugesetzt sei.

[1]) Bericht von Schimmel & Co. April 1897, 42.

[2]) E. J. Parry, Chemist and Druggist 77 (1910), 687. — J. C. Umney, Perfum. and Essent. Oil Record 1 (1910), 236. — H. R. Jensen, Pharmaceutical Journ. 85 (1910), 759.

Vergleichende Versuche[1]) zeigten aber, daß Öle mit genau denselben Eigenschaften wie die verdächtigen erhalten werden, wenn man dem normalen Sternanisöl einen Teil seines Anethols durch Ausfrieren entzieht.

Andrerseits können unverfälschte Öle mit normalem Verhalten in Bezug auf spezifisches Gewicht und Löslichkeit wegen ihres geringeren Anetholgehalts minderwertig sein. Da das Öl um so wertvoller ist, je anetholreicher es ist, und da der Erstarrungspunkt mit vermehrtem Anetholgehalt steigt, so ist der Erstarrungspunkt als direkter Wertmesser für die Qualität des Öls anzusehen.

BESTIMMUNG DES ERSTARRUNGSPUNKTES. Die Ausführung dieser Bestimmung ist in Band I, S. 581 beschrieben. Bei der Probeentnahme muß darauf geachtet werden, daß der Inhalt des Kanisters vollständig geschmolzen und gut durcheinander gerührt ist[2]).

Um stets gleiche Resultate zu erhalten, muß man darauf sehen, daß die Erstarrung eingeleitet wird, wenn das Thermometer + 10° zeigt.

Der Schmelzpunkt eines Sternanisöls würde zu seiner Beurteilung von gleichem Werte sein wie der Erstarrungspunkt. Da aber die Schmelzpunktsbestimmung beim Sternanisöl nicht annähernd so genau ausgeführt werden kann, so ist der Erstarrungspunktsbestimmung der Vorzug zu geben.

Der Erstarrungspunkt eines guten Sternanisöls soll nicht unter 15° liegen. Das von Tongkin kommende Öl hat meist einen höheren Erstarrungspunkt.

Produktion und Handel. Die Produktion von Sternanis beschränkt sich auf die an der Grenze von Tongkin gelegenen chinesischen Distrikte Lungtschou (Provinz Kwang-si), Pe-se (Provinz Kwang-tung) und auf die Umgegend von Lang-son in der französischen Kolonie Tongkin. Ausfuhrhafen für den chinesischen Sternanis ist Wutschou, am Si-kiang oberhalb Canton ge-

[1]) Bericht von Schimmel & Co. April 1911, 108.

[2]) Nicht ganz klare Öle lassen sich nur schwierig unter ihren Erstarrungspunkt abkühlen, da die in ihnen suspendierten festen Teilchen Veranlassung zur Kristallisation geben, sobald die Temperatur wenige Grade unter den Erstarrungspunkt gesunken ist.

legen[1]), für den tongkinesischen Sternanis Haiphong in Tongkin. Über den Ertrag der chinesischen Bezirke finden sich in den letzten Jahren keine statistischen Angaben; in den 90er Jahren des vorigen Jahrhunderts schwankte er bedeutend und betrug beispielsweise 1895 nur 1922 Piculs (zu je 60 kg), 1892 dagegen 16138 Piculs. Die Hauptmenge wird über Wutschou nach Hongkong ausgeführt, welcher Platz Weltmarkt für Sternanis ist. Die Ausfuhr betrug:

1908:	14337 cwt.	i. W. v.	33836 £
1909:	8188 „	„	24532 „
1910:	12465 „	„	38685 „
1911:	15314 „	„	33476 „

Ein noch größeres Quantum als ausgeführt wird, findet in den Produktionsgebieten zur Destillation von Sternanisöl Verwendung. Die in den chinesischen Bezirken gewonnenen Mengen[2]), die sich schätzungsweise auf 2000 Piculs (= 4000 Kisten zu je 30 kg netto Inhalt) belaufen, nehmen ihren Weg nach Wutschou und wieder weiter nach Hongkong, das auch für das Öl Weltmarkt ist. Die in den letzten Jahren etwa 6 bis 800 Piculs betragende tongkinesische Produktion geht zum Teil nach China, zum Teil mittels Bahn und Dampfer nach Haiphong, von wo es, durch besondere Zollverhältnisse begünstigt, zum größten Teil dem Mutterlande Frankreich zugeführt wird. Die Ausfuhr von Tongkin-Sternanisöl betrug[3]):

1908:	29000 kg	i. W. v.	17950 £
1909:	50000 „	„ „ „	22437 „

Im Mittel der letzten 12 Jahre wurden nach Hamburg jährlich 36171 kg eingeführt; hiervon gingen aber etwa 6000 kg wieder ins Ausland. Nach Deutschland kamen seewärts über Hamburg[4]):

[1]) Der chinesische Hafen Pak-hoi, über den früher fast ausschließlich Sternanis und -öl verschifft wurde, scheint seinen gesamten Handel in diesen Artikeln an Wutschou abgetreten zu haben.

[2]) Die chinesische Zollstatistik faßt Cassiaöl und Sternanisöl zusammen, sodaß ohne Kenntnis des beiderseitigen Mengenverhältnisses, das ganz verschieden angegeben wird, eine detaillierte Zahlenangabe zwecklos erscheint.

[3]) Bericht von Schimmel & Co. April 1911, 108.

[4]) Tunmann, Apotheker. Ztg. 26 (1911), 370.

1897	28120 kg Sternanisöl		1904	52400 kg Sternanisöl[2])	
1898	22320 „ „		1905	40165 „ „	
1899	17110 „ „		1906	33640 „ „	
1900	24990 „ „		1907	36920 „ „	
1901	25500 „ „		1908	89920 „ „	
1902	33330 „ „		1909	63470 „ „	
1903	30000 „ „ [1])				

250. Sternanisblätteröl.

Im Verlauf von Untersuchungen, die Ph. Eberhardt[3]) anstellte, um die Kultur der Sternanisbäume in Tongkin ertragreicher zu gestalten, beschäftigte er sich auch mit der inneren Morphologie des Baumes und fand, daß die Mesophyllzellen der Blätter ebenso reich an Öl waren wie die Pericarpzellen der Früchte, in denen das ätherische Öl besonders abgelagert ist. Bei einem Destillationsversuch erhielt Eberhardt aus 1 kg Blätter 200 Tropfen (also etwa 1 %) eines stark riechenden Öls. Es wurde bei 13° fest, hatte also einen etwas niedrigeren Erstarrungspunkt als das aus den Früchten gewonnene, das bei 16 bis 18° erstarrt.

Nach einer Mitteilung von J. L. Simon[4]) wird in China Öl aus Blättern und Zweigenden des Sternanisbaums schon seit längerer Zeit im Pe-Se-Distrikt hergestellt. J. C. Umney[5]) untersuchte derartige Blätteröle und fand folgende Konstanten: $d_{15,5°}$ 0,9878, $\alpha_D + 1°$. Sie erstarrten erst bei verhältnismäßig niedriger Temperatur (der Erstarrungspunkt wurde von Umney nicht genau bestimmt). Ein Vergleich des Destillationsverhaltens dieses Öls mit normalem Sternanisöl ergab bemerkenswerte Unterschiede:

	Sternanisöl	Blätteröl
Unter 225° . . .	20 %	10 %
225 bis 230°	65 %	60 %
Oberhalb 230° . .	15 %	30 %

[1]) Wert: 257670 ℳ

[2]) „ 460710 „

[3]) Compt. rend. 142 (1906), 407.

[4]) Chemist and Druggist 53 (1898), 875.

[5]) *Ibidem* 54 (1899), 323.

Das Blätteröl enthielt hiernach weniger Anethol, hingegen mehr hochsiedende Anteile, besonders Anisaldehyd; ob nun gerade letzterer charakteristisch für Blätteröl ist, mag dahingestellt bleiben, da das untersuchte Öl zufällig durch den Luftsauerstoff oxydiert gewesen sein kann.

Bemerkenswert ist die Rechtsdrehung des Blätteröls; man kann deshalb vermuten, daß die schlechten, als Blumenöle bezeichneten Sternanisöle, von denen früher[1]) die Rede war, entweder ganz oder teilweise aus Blätteröl bestanden haben.

251. Japanisches Sternanisöl.

Öl der Früchte.

Die giftigen Früchte des japanischen Sternanisbaumes *Illicium religiosum* Sieb. enthalten ca. 1% (bezogen auf trockne Früchte)[2]) eines ätherischen Öls von widerwärtigem Geruch[3]), der mit dem des wahren Sternanisöls nichts gemein hat. $d_{15°}$ 0,984[4]) bis 0,985[5]); α_D −0° 50'[5]) bis −4° 5'[2]); S. Z. 1,8[5]); E. Z. 12,9[4]); löslich in 5 bis 6 Vol. 80%igen Alkohols unter Paraffinabscheidung[5]).

Tardy[6]) extrahierte die getrockneten und pulverisierten Früchte mit Petroläther und erhielt nach Abdestillieren des Lösungsmittels ein Öl, dessen Menge 0,4% der angewandten Früchte betrug. Es enthielt Eugenol, das sich in Vanillin überführen ließ. Aus den niedrig siedenden Fraktionen des von Lauge nicht aufgenommenen Öls erhielt Tardy zwei Terpenchlorhydrate. Die Fraktion von 170 bis 177° bestand größtenteils aus Cineol, das in das Bromid übergeführt und daraus regeneriert wurde. Die Fraktion von 220 bis 230° ergab bei der Oxydation eine geringe Menge Anissäure, woraus auf die Anwesenheit von Anethol oder Methylchavicol geschlossen wurde. Die Oxydation der Fraktion von 230 bis 235° lieferte Piperonylsäure vom Smp. 228°, was auf das Vorhandensein von Safrol hindeutet. Die höheren

---

[1]) Anm. 5 auf S. 401.

[2]) Bericht von Schimmel & Co. Oktober 1893, Tabelle, S. 39.

[3]) *Ibidem* September 1885, 29.

[4]) *Ibidem* Oktober 1893, 46.

[5]) *Ibidem* April 1909, 52.

[6]) E. J. Tardy, Étude analytique sur quelques essences du genre anisique. Thèse, Paris 1902, p. 42.

Fraktionen enthielten hauptsächlich Sesquiterpen. Der beträchtliche Destillationsrückstand ergab beim Verseifen Palmitinsäure vom Smp. 62°.

Ein von Schimmel & Co.[1]) untersuchtes Öl erstarrte bei —18° unter Abscheidung von Safrol; es enthielt außerdem Cineol (Resorcinverbindung); in der höher siedenden Fraktion vermutlich Linalool, dagegen schien Anethol fast ganz zu fehlen.

ÖL DER BLÄTTER.

Das Öl der Blätter des japanischen Sternanisbaumes ist von J. F. Eykman[2]) untersucht worden. Dieser erhielt bei der Destillation der Blätter 0,44% ätherisches Öl vom spez. Gewicht 1,006 bei 16,5° und dem spez. Drehungsvermögen $[\alpha]_D$ —8° 6'. Es enthält ein von 173 bis 176° siedendes Terpen (d 0,855; α_D —22,5°) und 25% flüssiges Anethol, (Methylchavicol?), welches bei 174° schmelzende Nitroanissäure liefert.

Nach einer zweiten Abhandlung desselben Autors[3]) besteht das aus Blättern und grünen Früchten erhaltene Öl aus Eugenol, aus einem von 168 bis 172° siedenden Terpen „Shikimen" (d 0,865), und aus „Shikimol" oder Safrol.

Bemerkenswert ist, daß Eykman an diesem „Shikimol" die Konstitution des Safrols $C_6H_3 \begin{matrix} C_3H_5 \\ O \\ O \end{matrix} CH_2$ feststellte.

252. Wintersrindenöl.

Die echte Wintersrinde von *Drimys Winteri* Forst. (Familie der *Magnoliaceae*) enthält nach P. N. Arata und F. Canzoneri[4]) 0,64% eines rechtsdrehenden ätherischen Öls. Es besteht in der Hauptsache aus einem bei 260 bis 265° siedenden Kohlenwasserstoff, „Winteren", der nach Ansicht der Autoren ein Triterpen ist. Dem Siedepunkt nach kommt aber hier nur ein Sesquiterpen in Frage.

---

[1]) Bericht von Schimmel & Co. April 1909, 52.

[2]) Mitteilungen d. deutsch. Gesellsch. für Natur- u. Völkerkunde Ostasiens 23 (1881); Berl. Berichte 14 (1881), 1720.

[3]) Recueil trav. chim. des P.-B. 4 (1885), 32; Berl. Berichte 18 (1885), 281. Referate.

[4]) Jahresb. f. Pharm. 1889, 70.

Familie: ANONACEAE.

253. Ylang-Ylangöl und Canangaöl.

Oleum Anonae. — Oleum Canangae. — Essence d' Ylang-Ylang. — Essence de Cananga. — Oil of Ylang-Ylang. — Oil of Cananga.

Herkunft[1]). *Cananga odorata* Hook. f. et Thomson (*Uvaria axillaris* Roxb.; *U. farcta* Wall.; *U. odorata* Lam.; *U. Cananga* Vahl; *Unona odorata* Dun.; *U. odoratissima* Blanco; *U. leptopetala* DC., Familie der *Anonaceae*), der Ylang-Ylangbaum, ist durch das ganze tropische Ostasien verbreitet. Der bis 20 m hohe Baum[1]) heißt in Manila *Ylang-Ylang*, in den meisten philippinischen Provinzen *Alangilang*. Dieses Wort bedeutet etwas lose hängendes, flatterndes, weil die Blüten sowohl, wie auch die Zweige der älteren Bäume schlaff herabhängen und sich beim Winde leicht bewegen. In den Molukken und auf Java wird der Baum *Tsjampa* oder *Kananga* genannt, woraus Rumph die Bezeichnung für das Genus *Cananga* ableitete. In Burma hat der Baum den Namen *Kadapanam*.

In der europäischen Literatur wurde der Ylang-Ylangbaum zuerst von dem englischen Botaniker John Ray[2]) als *Arbor Saguisan* beschrieben, kurze Zeit später von Rumph[3]), der auch eine mangelhafte Abbildung der Pflanze lieferte, als *Cananga*. Lamarck[4]) nannte sie *Uvaria* oder *Unona odorata*, Roxburgh[5]) lernte den Baum, der von Sumatra nach dem botanischen Garten von Kalkutta verpflanzt worden war, im Jahre 1797 kennen. Die erste richtige Abbildung des Blüten- und Fruchtstandes veröffentlichte Blume[6]) im Jahre 1829.

---

[1]) Herrn A. Loher in Manila bin ich für seine wertvollen Auskünfte über den Ylang-Ylangbaum zu großem Dank verpflichtet.

[2]) John Ray, *Historia plantarum, Supplementum tomi* I *et* 2. *Historia stirpium insulae Luzonensis et Philippinarum a* Georgio Josepho Camello. London 1704, p. 83.

[3]) Rumphius, *Herbarium Amboinense, Amboinsch Kruidboek*. Amsterdam 1750, Cap. 19, fol. 195, Tab. 65.

[4]) Jean Baptiste de Lamarck, Encyclopédie méthodique. Dictionnaire de botanique. 1783. p. 595. — Junghuhn, Java. Leipzig 1852, S. 166.

[5]) William Roxburgh, *Flora indica*. 1832. Vol. II. p. 661.

[6]) Carl Ludwig Blume, *Flora Javae*. Bruxellis 1828—1829. fol. 29, Tab. 9 und 14. B.

Nach **Blume** sind die Blüten des wildwachsenden Baumes fast geruchlos; deshalb wird alles Öl des Handels, Ylang-Ylang- wie Canangaöl fast ausschließlich von kultivierten Bäumen gewonnen. Die Unterschiede in der Qualität der beiden Öle sind zum Teil durch die Verschiedenheit ihrer Gewinnung, zum Teil aber sicher auch durch die verschiedene Feinheit des Geruchs der Blüten in den einzelnen Gegenden bedingt. So sollen beispielsweise die Blüten des Baumes in Java einen sehr viel weniger feinen Geruch besitzen als in Manila, obwohl sich die Pflanzen durch kein einziges botanisches Merkmal voneinander unterscheiden, wie denn auch keine Kulturvarietäten von *Cananga odorata* bekannt sind. Die Ursachen der Unterschiede der Öle von Java und den Philippinen müssen daher in anderen Verhältnissen, wie Klima, Boden sowie auch in der Destillationsart zu suchen sein.

Der Ylang-Ylangbaum blüht in Manila fast das ganze Jahr, doch sind zwei Hauptperioden vorhanden, die jedoch sehr von Regen und Taifunen abhängig sind, und zwar dauert die eine von März bis Mai, die zweite von Juli bis Oktober.

Die reifen Blüten, die allein zur Darstellung eines guten Öls verwendet werden dürfen, sind gelb, die unreifen grün, letztere liefern ein weniger gut riechendes, an Terpenen reicheres, und deshalb spezifisch leichteres Öl[1]).

Der köstliche Wohlgeruch der Blüte und des daraus gewonnenen Öls hat vielfach Anpflanzungen des Baumes außerhalb der Philippinen zur Folge gehabt; es kommen aber von diesen Kulturstätten für den Ölhandel nur Java[1])[2]) und Réunion[3]) in Betracht. Versuche zur Öldarstellung sind ferner gemacht worden in Cochinchina (Bangkok)[4]), Madagaskar[5]), Nossi Bé[6]), auf den Seychellen[7]), auf Mayotta und den übrigen Comoren[8]).

[1]) Bericht von Schimmel & Co. April 1909, 9.

[2]) *Ibidem* April 1909, 26; April 1911, 39.

[3]) **Flacourt**, Rev. cultures coloniales 13 (1903), 366; 14 (1904), 16; Bericht von Schimmel & Co. April 1904, 91; April 1909, 93; Oktober 1911, 103; Berichte von Roure-Bertrand Fils April 1911, 36.

[4]) Bericht von Schimmel & Co. April 1904, 15; April 1908, 118.

[5]) *Ibidem* Oktober 1908, 140; Oktober 1911, 101.

[6]) *Ibidem* Oktober 1909, 124.

[7]) Bull. Imp. Inst. 6 (1908), 110.

[8]) Berichte von Roure-Bertrand Fils April 1910, 66.

in Amani[1]), auf Neuguinea[2]) und Jamaica. Samoa[3]) endlich hat getrocknete Blüten geliefert, aus denen aber ein brauchbares Öl nicht erhalten werden konnte.

Kultur. Flacourt[4]) gibt über die Kultur von Ylang-Ylangbäumen auf Réunion ausführliche Anleitung. Um die Bäume aus den Samen zu ziehen, müssen die den reifen, fleischigen Beeren entnommenen Samen sorgfältig durch mehrmaliges Waschen von jeder Spur Fruchtfleisch befreit und unmittelbar nach der letzten Waschung ins Samenbeet gesetzt werden, das auf fettem, reichlich gedüngtem Boden angelegt werden kann. Die Keimpflänzchen zeigen sich nach 40 bis 60 Tagen und werden 1 bis $1^1/_2$ Monat später in Baumschulen verpflanzt, die an schattigem Ort angelegt sein müssen.

Diesem Verpflanzen in Baumschulen zieht man auf Réunion meistens ein Verfahren vor, das darin besteht, die jungen Keimpflänzchen einzeln in Gefäße von Becherform, sog. „tentes", einzusetzen, die aus Blättern von *Pandanus utilis* leicht hergestellt werden können. Die auf die eine oder die andere Art umgesetzten Pflanzen brauchen ungefähr zwei Monate, um eine Höhe von etwa 25 bis 30 cm zu erreichen und sich genügend zu entwickeln und sind in diesem Stadium am besten zum Verpflanzen in die Plantagen geeignet. Während der nächsten zwei Jahre müssen die Pflanzungen sorgsam gepflegt werden und bringen noch nichts ein. Vom dritten Jahre an beginnt die Blütezeit der Bäume und es läßt sich der Ertrag immerhin schon auf 150 bis 200 Franken für ein Hektar bewerten. Nur muß man dafür sorgen, daß die Bäume nicht höher als 2,5 bis 3 m werden. Dies erreicht man durch Abschneiden der Gipfel und erzielt damit gleichzeitig eine kräftige Entwicklung der Seitenzweige und reichliche Blütenbildung, so daß der Ertrag sehr lohnend wird.

Die Blütezeit der Ylang-Ylangbäume beginnt auf Réunion im Januar oder Februar, jedoch kann man erst von Mai bis August auf eine regelmäßige Blüte rechnen. Die in frischem

[1]) Der Pflanzer, Ratgeber f. trop. Landwirtschaft 4 (1908), 257; Bericht von Schimmel & Co. April 1909, 92; Oktober 1911, 101.

[2]) Berichte der deutsch. pharm. Ges. 19 (1909), 25.

[3]) Bericht von Schimmel & Co. Oktober 1890, 48.

[4]) Rev. cultures coloniales 13 (1903), 366; 14 (1904), 16.

Zustande destillierten Blüten geben die Öle besserer Qualität. 50 bis 64 kg frisch gepflückter Blüten geben 1 kg Öl, also 1,56 bis 2,0 %. Von einem Hektar einer nach Flacourt angelegten Plantage kann man jährlich 3 bis 4 kg Öl gewinnen.

Gewinnung. Bei der Destillation der Blüten gehen zuerst neben Spuren von Terpenen die flüchtigeren sauerstoff- und esterreichen Anteile über; diese sind die Träger des Wohlgeruchs, während der bei höherer Temperatur übergehende Teil überwiegend aus Sesquiterpen besteht. Bei der Destillation wird auf Luzon und manchmal auch auf Java das erste Destillat für sich gewonnen und als Ylang-Ylangöl in den Handel gebracht, während das später Übergehende oder auch das nichtgetrennte Gesamtdestillat als Canangaöl bezeichnet wird.

Das Sammeln und die Destillation der Blüten erfordert wegen der Feinheit des Wohlgeruchs Sachkenntnis und große Sorgfalt. Es ist daher bisher nur wenigen Destillateuren gelungen ein durchweg vorzügliches Ylang-Ylangöl von stets gleicher Beschaffenheit und Güte zu erzeugen.

Über die Einrichtung der in Manila gebräuchlichen Apparate ist wenig bekannt. Das erste Erfordernis zur Herstellung eines feinen Öls ist die Verwendung völlig reifer und frischer Blüten. Man erhält nach R. F. Bacon[1]) aus etwa 350 bis 400 kg Blüten 1 kg erstklassiges Öl und außerdem noch $^{3}/_{4}$ kg solches von zweiter Güte.

Das in der Provinz, z. B. in Camarins, Mindoro und Albay erzeugte Öl gilt allgemein in Manila als minderwertig, was aber nur auf die primitive Art der Darstellung zurückzuführen ist. Die Blüten stehen denen aus der Manilaer Gegend meist durchaus nicht nach, und einige Manilaer Firmen destillieren auch in der Provinz ein Öl, für das sie die gleichen hohen Preise erzielen wie für ihr anderes Produkt. Außerdem hat der Destillateur in der Provinz den großen Vorteil, daß er infolge der geringeren Konkurrenz imstande ist, die Blüten billiger einzukaufen und minderwertiges Blütenmaterial zurückzuweisen. Durch Aufstellung moderner Apparate und Anwendung rationeller Destillationsmethoden würde die Ylang-Ylangölindustrie auch in der Provinz einen mächtigen Aufschwung nehmen können[1]).

---

[1]) Philippine Journ. of Sc. 3 (1908), A, 65 ff.; Bericht von Schimmel & Co. Oktober 1908, 133 bis 140.

Fig. 37.
Canangablüten-Destillation auf Java.

Die Gewinnung des Canangaöls auf Java beschreibt A. W. K. de Jong[1]): Da die Fabriken nicht bei den Anpflanzungen gelegen sind, werden die Blüten angefahren. Der Destillierapparat, der zur Aufnahme der vor der Destillation zerstampften Blüten bestimmt ist, besteht aus einem Kupferkessel, der mit einem Tubus zum Nachfüllen von Wasser während der Destillation versehen ist und mit Hilfe eines kupfernen Helmes mit dem Kühler verbunden wird. Das kupferne Kühlrohr von ca. 15 cm Durchmesser geht in schräger Richtung durch einen großen irdenen Topf, in dem sich das Kühlwasser befindet, das nicht durch Zufluß aufgefrischt, sondern nur, wenn nötig, wieder ergänzt wird. An Stelle der Florentiner Flaschen benutzt man zum Auffangen des Destillats Weinflaschen, die am Boden eine kleine Öffnung haben und so in ein mit Wasser gefülltes Kupferbecken gestellt werden, daß ein Teil der Flasche über den Rand des Beckens herausragt; das Becken stellt man in eine irdene Schüssel, die zur Aufnahme des während der Destillation aus dem Kupferbecken überfließenden Wassers bestimmt ist; letzteres wird in die Blase zurückgegeben. Eine Partie Blüten wird ununterbrochen zwei Tage lang destilliert, wobei die Kühlung am zweiten Tag nur eine unvollkommene ist.

Nach diesem unrationellen Verfahren, dessen Fehler durch C. von Rechenberg[2]) eingehend besprochen sind, kann nur ein sehr minderwertiges Öl erhalten werden.

Zusammensetzung. Obwohl Ylang-Ylangöl, wie erwähnt, hauptsächlich aus den niedriger siedenden, esterreichen Fraktionen besteht, während im Canangaöl das Sesquiterpen vorherrscht, so sind zwar quantitative, aber keine qualitativen Unterschiede zwischen beiden Ölen vorhanden.

Die erste Untersuchung des Ylang-Ylangöls wurde 1873 von H. Gal[3]) ausgeführt, der in dem Öl in Form von Ester vorhandene Benzoesäure nachwies, die er aus der Verseifungslauge durch Säure abschied. Später zeigte A. Reychler[4]), daß sich daneben auch Essigsäure, ebenfalls als Ester findet.

---

[1]) Teysmannia 1908, 578. Batavia; Bericht von Schimmel & Co. April 1909, 26.

[2]) Gewinnung und Trennung der ätherischen Öle. Miltitz b. Leipzig 1910, S. 450.

[3]) Compt. rend. 76 (1873), 1482.

[4]) Bull. Soc. chim. III. 11 (1894), 407, 576 u. 1045; 13 (1895), 140.

Von alkoholischen Bestandteilen, die wohl teilweise an die beiden Säuren gebunden sein dürften, sind nachgewiesen worden l-Linalool[1]) (Sdp. 196 bis 198°; $d_{20°}$ 0,874; α_D —16°25′) und Geraniol[1]) (Sdp. 230°; $d_{20°}$ 0,885), das mit Hilfe der Chlorcalciumverbindung aus der entsprechenden Fraktion abgeschieden wurde. An dem charakteristischen Geruch des Öls ist neben diesen beiden Alkoholen der bei 175° siedende p-Kresolmethyläther[1]), $CH_3 \cdot C_6H_4 \cdot OCH_3$ (Anissäure, Smp. 178°), beteiligt.

Die hochsiedenden Fraktionen enthalten das besonders im Canangaöl reichlich vertretene Cadinen[1]) (Dichlorhydrat, Smp. 117°). Begleitet wird dieses Sesquiterpen von einem in geruchlosen, farblosen Nadeln kristallisierenden, bei 180° schmelzenden Körper[2]), der allem Anschein nach in die Klasse der Sesquiterpenhydrate gehört. Weitere Untersuchungen, die die Grundlage für ein später in den Handel gebrachtes künstliches Ylang-Ylangöl[3]) bildeten, sind von Schimmel & Co. ausgeführt worden. Sie fanden, daß in den niedrigst siedenden Anteilen d-α-Pinen[4]) (Nitrolbenzylamin, Smp. 123°) vorhanden ist.

Eine wichtige Rolle als Geruchsträger spielen verschiedene Phenole[5]), und zwar Eugenol (Benzoat, Smp. 70 bis 71°), Isoeugenol[6]) (Benzoat, Smp. 103 bis 104°; Acetat, Smp. 79 bis 80°) und wahrscheinlich auch Kreosol[6]). Eugenol ist nicht nur als solches, sondern auch als Eugenolmethyläther[7]) (Veratrumsäure, Smp. 180°) nachgewiesen worden.

Von Säuren ist außer den bereits genannten — Essigsäure und Benzoesäure (Smp. 122°)[8]) — noch Salicylsäure[9]) gefunden worden, die teils mit Methylalkohol (Methyljodid)[8]), teils mit Benzylalkohol (Phenylurethan, Smp. 78°)[8]) verestert, wertvolle Bestandteile des Öls bilden. Es sind also vorhanden: Benzoesäuremethylester, Salicylsäuremethylester[9]),

[1]) Bull. Soc. chim. III. 11 (1894), 407, 576 u. 1045; 13 (1895), 140.
[2]) Compt. rend. 76 (1873), 1482.
[3]) D. R.-P. 142859.
[4]) Bericht von Schimmel & Co. Oktober 1901, 58.
[5]) F. A. Flückiger, Arch. der Pharm. 218 (1881), 24.
[6]) Bericht von Schimmel & Co. Oktober 1901, 57 u. 58.
[7]) *Ibidem* April 1903, 79.
[8]) *Ibidem* April 1902, 64.
[9]) *Ibidem* April 1900, 48.

Benzylacetat, Benzylbenzoat und außerdem noch freier Benzylalkohol[1]).

Von Bestandteilen, deren Vorkommen als sehr wahrscheinlich angenommen werden muß, für die aber ein exakter Nachweis noch nicht erbracht ist, sind zu nennen: Anthranilsäuremethylester, der die schwache Fluorescenz des Öls bedingt, und Kreosol (3-Methyläther des Homobrenzcatechins)[2]). G. Darzens[3]) wies in der Verseifungslauge des Ylang-Ylangöls ebenfalls Methylalkohol sowie Kresol (Benzoat, Smp. 70 bis 71°) nach, von dem er annimmt, daß es im ursprünglichen Öl als Acetyl-p-kresol enthalten ist.

R. F. Bacon[4]) stellte als weitere Bestandteile des Öls Ameisensäure und Safrol oder Isosafrol fest. Eine sichere Entscheidung, welcher Phenoläther zugegen ist, liegt nicht vor; da bei der Oxydation mit Kaliumbichromat Heliotropingeruch auftrat, dürfte Isosafrol in Frage kommen. Im Gegensatz zu Flückiger[5]) erhielt Bacon bei keinem Öl mit Eisenchlorid eine starke Farbreaktion und zieht daraus den Schluß, daß eventuell beim Altern der Öle eine Hydrolyse der vorhandenen Phenoläther eintreten kann. Mit fuchsinschwefliger Säure entstand dagegen die für Aldehyde charakteristische Farbreaktion, trotzdem gelang es nicht, mit Phenylhydrazin oder Bisulfit aldehydische Bestandteile zu isolieren, so daß diese höchstens in Spuren[6]) vorhanden sein können. Möglicherweise können in dem Öl auch kleine Mengen Valeriansäure vorkommen.

Aus dem Java-Canangaöl sind von Elze[7]) Nerol (Diphenylurethan, Smp. 50 bis 50,5°) in einer Menge von etwa 0,2% und ca. 0,3% Farnesol (Sdp. 145 bis 146°; $d_{18°}$ 0,895; α_D inaktiv) durch die Phthalestersäure isoliert worden.

Eigenschaften. Wie in dem Abschnitt „Gewinnung" auf S. 412 beschrieben worden ist, werden bei der Darstellung der feineren

[1]) Bericht von Schimmel & Co. April 1902, 64.

[2]) *Ibidem* Oktober 1901, 57.

[3]) Bull. Soc. chim. III. 27 (1902), 83.

[4]) Philippine Journ. of Sc. 3 (1908), A, 65.

[5]) Arch. der Pharm. 218 (1881), 24.

[6]) Diese Reaktionen sind wahrscheinlich auf kleine Mengen von Benzaldehyd zurückzuführen.

[7]) Chem. Ztg. 34 (1910), 857.

Sorten von Ylang-Ylangöl die zuerst übergehenden, besser riechenden Bestandteile des Öls für sich aufgefangen; da diese Trennung allein nach dem Geruch erfolgt, so ist es nicht zu verwundern, daß die Produkte sehr verschieden ausfallen, und daß infolgedessen auch die physikalischen Konstanten innerhalb sehr weiter Grenzen schwanken. Es ist daher häufig nicht möglich, ein Öl allein nach seinen physikalischen Eigenschaften in eine der beiden Sorten, die im Handel als Ylang-Ylangöl und Canangaöl unterschieden werden, einzureihen.

EIGENSCHAFTEN DES YLANG-YLANGÖLS.

Im Laboratorium von Schimmel & Co. wurde für Manilaöle beobachtet: $d_{15°}$ 0,930 bis 0,945, α_D — 37 bis — 57°, $n_{D20°}$ 1,491 bis 1,500, S. Z. bis 1,8, E. Z. 75 bis 120, E. Z. nach Actlg. 145 bis 160.

In Alkohol ist das Öl schwer löslich; es gibt gewöhnlich mit ½ bis 2 Volumen 90%igen Alkohols eine klare Auflösung, die sich aber bei weiterem Alkoholzusatz in der Regel wieder trübt. Ähnlich ist auch das Verhalten gegen 95%igen Alkohol. Mit Eisenchlorid gibt die alkoholische Lösung des Öls eine mehr oder weniger starke, violette Farbreaktion.

Bacon[1]) stellte an 23 Proben von Manilaölen folgende Grenzwerte fest: $d_{4°}^{30°}$ 0,911 bis 0,958, $\alpha_{D30°}$ — 27 bis — 49,7°, $n_{D30°}$ 1,4747 bis 1,4940, E. Z. 90 bis 150, einmal 169. Er schließt aus seinen Beobachtungen, daß die Esterzahl meist 100 u. m., n_D selten über 1,4900 und α_D selten über — 45° beträgt, und gewöhnlich zwischen — 32 und — 45° liegt. Im allgemeinen kann man sagen, daß Öle mit niedriger Esterzahl minderwertig sind, während eine hohe Esterzahl auf ein gutes Öl schließen läßt. Die übrigen Eigenschaften wechseln, spezifisches Gewicht, optische Drehung und Brechungsindex sind unabhängig von der Esterzahl bald höher, bald niedriger und lassen demgemäß kein Urteil über die Qualität des Öls zu; hohes spezifisches Gewicht und hoher Estergehalt werden allerdings auch meist einen hohen Brechungsindex zur Folge haben, und derartige Öle dürften als besonders gut zu betrachten sein.

[1]) *Loc. cit.* und Philippine Journ. of. Sc. 5 (1910), A, 265.

Das Ylang-Ylangöl von Réunion steht an Qualität weit hinter dem Manilaöl zurück[1]). Seine physikalischen Konstanten sind aber, soweit die bisherigen nicht sehr zahlreichen Beobachtungen einen Schluß zulassen, nicht wesentlich von denen des Manilaöls verschieden[2]).

d_{15° 0,932 bis 0,952; α_D —34 bis —64°; E. Z. 96 bis 134. Ein aus früherer Zeit[3]) stammendes Öl hatte die hohe Dichte 0,974 bei 15°.

Bei Ölen andrer Herkunft, die aber für den Handel noch nicht in Betracht kommen, sind folgende Konstanten festgestellt:

Jamaica[4]) (aus dem botanischen Garten Kingston): d_{15° 0,9407, α_D — 38°6′, n_{D20° 1,50510, S. Z. 1,0, E. Z. 57,6.

Madagaskar[5]): d_{15° 0,9577, α_D — 49°55′, n_{D20° 1,51254, S. Z. 1,8, E. Z. 113,2, E. Z. nach Actlg. 160,2.

Nossi-Bé[6]): d_{15° 0,9622 bis 0,9737, α_D — 39°15′ bis — 43°14′, n_{D20° 1,50689 bis 1,50974, S. Z. 0,9 bis 1,4, E. Z. 134,5 bis 159,1, löslich in 0,5 bis 1 Vol. 90%igem Alkohol, bei weiterem Zusatz Trübung.

Seychellen[4])[7]): d_{15° 0,9201, α_D — 29°6′, n_{D20° 1,49157, S. Z. 1,8, E. Z. 40,2, ferner d_{15° 0,924, α_D — 18°46′ und d_{15° 0,958, α_D — 45°27′.

Amani[8]): An einem Öl aus frischen Blüten, also einem normaler Weise gewonnenen, wurde bestimmt: d_{15° 0,9366, α_D — 17°0′, n_{D20° 1,48451, S. Z. 1,1, E. Z. 136,3; löslich mit Opalescenz in 8 Vol. u. m. 70%igen Alkohols.

Mayotta[9]): d_{15° 0,9324 bis 0,9651, α_D — 4°4′ bis — 53°56′, n_{D20° 1,48451, S. Z. 1 bis 1,4, E. Z. 129,7 bis 136,3, E. Z. nach Actlg. 167 bis 180,8.

---

[1]) Roure-Bertrand Fils sagen in ihrem Bericht Oktober 1910, 63: „Es wäre unendlich vorteilhafter, wenn weniger, aber besser fabriziert würde".

[2]) Vgl. auch Berichte von Roure-Bertrand Fils April 1910, 67; E. Tassilly, Bull. Sciences pharmacol. 17 (1910), 1; Bericht von Schimmel & Co. April 1910, 122.

[3]) Bericht von Schimmel & Co. Oktober 1900, 47.

[4]) Beobachtung im Laboratorium von Schimmel & Co.

[5]) Bericht von Schimmel & Co. Oktober 1908, 140.

[6]) Beobachtungen im Laboratorium von Schimmel & Co.

[7]) Bull. Imp. Inst. 6 (1908), 110; Bericht von Schimmel & Co. Oktober 1908, 140.

[8]) Bericht von Schimmel & Co. Oktober 1911, 101.

[9]) Berichte von Roure-Bertrand Fils April 1910, 66; Oktober 1911, 43.

Erwähnenswert ist noch, daß Bacon[1]) Versuche angestellt hat, durch Extraktion mit Hilfe verschiedener flüchtiger Lösungsmittel Ylang-Ylangöl zu gewinnen, wobei er mit Petroläther die besten Ergebnisse erhielt. Die Ausbeute betrug 0,7 bis 1 %; es resultierte ein sehr dunkles, ziemliche Mengen Harz enthaltendes Öl, das unverdünnt nicht außergewöhnlich angenehm oder auch nur stark roch, aber in starker Verdünnung den Blumengeruch deutlich hervortreten ließ. Die Konstanten dieses Öls waren: $d_{4°}^{30°}$ 0,940, $n_{D30°}$ 1,4920, E. Z. 135, E. Z. nach Actlg. 208. Wie ersichtlich, stimmen diese Eigenschaften überein mit denen der erstklassigen destillierten Öle; der etwas verschiedene Geruch des Extraktöls (das übrigens den Vorzug haben soll, nicht synthetisch nachgebildet werden zu können und daher bedeutend höhere Preise als destilliertes Öl holen könnte) wird der Anwesenheit geringer Mengen durch Wärme leicht zersetzlicher unbekannter Verbindungen zugeschrieben. Schüttelte man das Extraktöl mit Wasser, so schieden sich nicht unbedeutende Mengen Harz ab, die den charakteristischen Blütengeruch aufwiesen, während das Öl im Geruch nunmehr an p-Kresolmethyläther erinnerte.

EIGENSCHAFTEN DES CANANGAÖLS.

Wie bereits erwähnt, versteht man unter Canangaöl sowohl die bei der Darstellung des Ylang-Ylangöls abfallenden, höheren Fraktionen (Manila) wie auch das bei der Destillation der Blüten erhaltene Gesamtdestillat (Java). Es ist daher begreiflich, daß die Eigenschaften noch stärker schwanken als beim Ylang-Ylangöl. $d_{15°}$ 0,906 bis 0,950; α_D —17 bis —55°; $n_{D20°}$ 1,495 bis 1,510; S. Z. bis 2,0; E. Z. 10 bis 35. In 90 %igem Alkohol löst sich Canangaöl meist nicht vollständig; in 95 %igem ist es zunächst klar löslich, bei Zusatz von mehr als 1 bis 2 Vol. erfolgt aber gewöhnlich Trübung.

Bei 36 Proben von Manila-Ylang-Ylangölen zweiter Sorte beobachtete Bacon[2]): $d_{4°}^{30°}$ 0,896 bis 0,942, $\alpha_{D30°}$ —27,4 bis —87°, $n_{D30°}$ 1,4788 bis 1,5082, E. Z. 42 bis 94, E. Z. nach Actlg. 96 bis 141. Getrocknete Canangablüten von Samoa[3]), die dort *„Mosoi"* ge-

[1]) Philippine Journ. of Sc. 4 (1909), A, 127.

[2]) *Loc. cit.*

[3]) Bericht von Schimmel & Co. Oktober 1890, 48.

nannt werden, lieferten bei der Destillation 1% Öl, das zwar im Geruch von dem aus frischen Blüten destillierten Öl abwich, aber doch denselben Charakter hatte. Es enthielt, wie das gewöhnliche Canangaöl, Benzoesäure; $d_{18°}$ 0,922.

Die Destillate fallen verschieden aus, je nachdem man grüne (unreife) oder gelbe (reife) Blüten destilliert. Versuche in dieser Richtung wurden in der Stadtapotheke in Samarang ausgeführt[1]).

1. Öl aus grünen Blüten: $d_{18°}$ 0,930, α_D —19° 21′, V. Z. 24,31; unlöslich in 10 Vol. 95%igen Alkohols.

2. Öl aus gelben Blüten: $d_{18°}$ 0,956, α_D —25° 11′. Löslichkeit wie bei 1. Es enthielt 12% Eugenol.

Öl aus Bangkok[2]). Aus frischen und getrockneten Blüten destilliert: $d_{15°}$ 0,920, α_D —51° 40′, $n_{D20°}$ 1,50510, S. Z. 1,82, E. Z. 34,17.

Öl von den Seychellen[3]): $d_{18°}$ 0,954, α_D —43° 10′.

Verfälschungen. Verfälschungen mit Kokosfett sind bei Canangaölen mehrfach beobachtet worden[4]). Ein solcher Zusatz ist leicht zu erkennen. Zwar werden durch ihn spez. Gewicht und Drehungsvermögen nur wenig beeinflußt, dagegen wird die Verseifungszahl bedeutend erhöht und die Löslichkeit in 95%igem Alkohol aufgehoben. Kokosöl kann auch ohne Schwierigkeiten erkannt werden, wenn man eine Probe des verdächtigen Öls in eine Kältemischung (bestehend aus Eisstückchen und Kochsalz) stellt. Während reine Öle flüssig bleiben, erstarrt bei Gegenwart größerer Mengen von Kokosfett die Masse butterartig.

Geringe Mengen Fett, sowie in der Kälte nicht erstarrende Öle bleiben bei der Destillation mit Wasserdampf im Rückstande und können dort nachgewiesen werden. Zu bemerken ist, daß auch unverfälschte Öle einen Destillationsrückstand bis zu 5% hinterlassen. Es sind daher zur annähernd quantitativen Bestimmung des zugesetzten Fettes oder Öls von dem gefundenen Rückstand 5% abzuziehen. Vgl. auch Bd. I, S. 634.

Als weitere Verfälschungsmittel, die auf den Philippinen hin und wieder Verwendung finden, werden von Bacon Terpentinöl, Alkohol und Petroleum genannt.

[1]) Bericht von Schimmel & Co. April 1899, 9.
[2]) *Ibidem* April 1904, 15.
[3]) Bull. Imp. Inst. 6 (1908), 111.
[4]) Bericht von Schimmel & Co. Oktober 1897, 8; April 1905, 12.

Das Terpentinöl wird zu diesem Zwecke schon über die Blüten gespritzt und dann mit ausdestilliert. Da Pinen ein normaler, wenn auch geringer Bestandteil des Öls ist, so ist der Nachweis einer solchen Verfälschung, wenn nicht größere Mengen von Terpentinöl genommen sind, kaum möglich. Das Vorhandensein von Terpenen im Ylang-Ylangöl scheint aber auch auf der Verwendung unreifer Blüten zu beruhen. In 100 ccm eines Öls, das aus sehr guten Blüten destilliert war, konnte Bacon nämlich Pinen oder andre Terpene nicht nachweisen, durch Destillation unreifer Blüten wurde dagegen ein Öl erhalten, dessen Geruch terpentin- und bananenähnlich war und das zweifellos Terpene enthielt. Ein zur Verfälschung von Ylang-Ylangöl bestimmtes Terpentinöl erwies sich als ein sorgfältig gereinigtes rechtsdrehendes Produkt, das mit einer Spur Pfefferminzöl versetzt war. Ein Zusatz von nennenswerten Mengen Terpentinöl verleiht dem Ylang-Ylangöl einen scharfen, herben Geruch, außerdem werden Dichte, Drehung und Brechungsindex erniedrigt. Wenn beim Fraktionieren von 100 ccm Öl bei 10 mm Druck mehr als 1 ccm unter 65° siedende Anteile erhalten werden, so kann man sicher einen Zusatz von Terpentinöl oder einem andern niedrig siedenden Körper annehmen. Der Pinennachweis wird dann in bekannter Weise durch das Nitrosochlorid ausgeführt.

Über den Nachweis von Alkohol und Petroleum siehe Bd. I, S. 633 und 635.

Physiologische Wirkung. P. Kettenhofen[1]) hat die Wirkungen des Ylang-Ylangöls auf Mikroorganismen, auf farblose Blutzellen, auf Kaltblüter, auf Warmblüter, den Einfluß auf die Atemgröße und den Blutdruck und die Wirkung bei normaler und gesteigerter Reflexerregbarkeit untersucht und ist dabei zu folgenden Resultaten gekommen. Das Ylang-Ylangöl schädigt oder tötet Mikroorganismen und verhütet Fäulnis und Gärung infolge seiner lähmenden Einwirkung auf das Protoplasma der Fäulnis- und Verwesungsfermente. Farblosen Blutzellen gegenüber ist die Wirkung analog; die Zellen werden gelähmt und an der Auswanderung aus der Blutbahn gehindert, wodurch eine beginnende Eiterung unterdrückt wird. Im Organismus des Kaltblüters erzeugt Ylang-

[1]) Inaug. Dissert. Bonn 1906.

Ylangöl schon bei geringer Gabe eine allgemeine Lähmung, die bei gesteigerten Dosen zum Tode führt. Beim Warmblüter tritt zwar eine vorübergehende Herabsetzung der Funktionen ein, jedoch ohne erheblichen Schaden für den Organismus. Puls- und Atemfrequenz werden geringer, Atem und Blutdruck schwächer; die Tiere zeigen etwas apathisches Verhalten. Bei einer durch Krampfgifte gesteigerten Reflexerregbarkeit wird diese durch Gaben von Ylang-Ylangöl gemildert und die Krämpfe werden aufgehoben. Wollte man diese Resultate auf den Menschen übertragen, so dürften nach Kettenhofen bei nicht allzu starken Gaben, abgesehen von den erwähnten, keine Symptome einer ernsteren Erkrankung hervorgerufen werden. Die normale Reflexerregbarkeit wird zunächst herabgesetzt und bei genügend hohen Gaben des Öls ganz aufgehoben.

Bei der Behandlung der Malaria könnte es als Ersatz für Chinin angewandt werden, wo dieses nicht vertragen wird oder aus bestimmten Gründen nicht gegeben werden kann.

Produktion und Handel. Nach der amtlichen amerikanischen Statistik betrug der Wert des aus Manila ausgeführten Ylang-Ylangöls in den Fiskaljahren[1])

1902/3	103789 £
1903/4	103247 „
1904/5	100349 „
1905	93918 „
1906	99009 „
1908	181638 „

In den folgenden Jahren nahm die Ausfuhr, nach englischen Konsulatsberichten, langsam ab bis zur normalen Höhe. Die in der amerikanischen Statistik enthaltenen Gewichtsangaben des ausgeführten Ylang-Ylangöls sind Bruttogewichte und geben kein richtiges Bild, da bei diesem Öl das Reingewicht etwa den zehnten Teil des Rohgewichts ausmacht.

---

[1]) Aus den Quellen ist nicht zu ersehen, ob die drei letzten Jahre Kalenderjahre sind oder Fiskaljahre, die vom 1. 7. bis 30. 6. laufen.

Aus Réunion wurden, nach französischen Statistiken, ausgeführt:

1906	118 kg	i. W. v. 51630 Fr.
1907	523 „	im jährl. Durchschnitt:
1908	1126 „	1237 kg i. W. v. 418437 Fr.
1909	1792 „	
1910	2373 „	i. W. v. 579094 Fr.

Über Gewinnung und Ausfuhr von Java-Canangaöl stehen keine Zahlenangaben zur Verfügung.

254. Öl von Monodora Myristica.

Die von den Eingeborenen der Westküste Afrikas als Gewürz und Arznei geschätzten Samen von *Monodora Myristica* Dunal (Familie der *Anonaceae*) enthalten neben Fett ein ätherisches Öl, das bei der Destillation mit Wasserdampf in einer Ausbeute von 5,3[1]) bis 7 %[2]) erhalten wird. Es besitzt eine gelbe Farbe, fluoresciert grüngelb und riecht sehr angenehm. Ein von H. Thoms[2]) dargestelltes Öl hatte $d_{20°}$ 0,896, $[\alpha]_D$ — 64,96°. Das von freien Säuren und den in sehr geringer Menge vorhandenen Phenolen befreite Öl wurde im Vakuum fraktioniert. Die Terpenfraktion ($d_{20°}$ 0,842) bestand in der Hauptmenge aus l-Limonen (Sdp. 74 bis 76° bei 16 mm; α_D — 105,68°; Nitrosochlorid, Smp. 103 bis 105°). In der dritten Fraktion, die 20 % des Öls ausmachte und die bei 110 bis 116° (bei 16 mm) siedete, konnte ein Körper $C_{10}H_{16}O$ nachgewiesen werden, der nach H. Thoms wahrscheinlich mit Myristicol[2]) identisch ist.

Ein von Schimmel & Co.[1]) destilliertes Öl hatte folgende Eigenschaften: $d_{15°}$ 0,859, α_D — 117° 40′, S. Z. 1,36, E. Z. 3,4, E. Z. nach Actlg. 27,11. Löslich in ungefähr 4 Volumen 90 %igen Alkohols und mehr.

Es bestand der Hauptsache nach aus Phellandren. Der Schmelzpunkt des aus Essigäther umkristallisierten Nitrits wurde zu 114 bis 115° gefunden.

---

[1]) Bericht von Schimmel & Co. April 1904, 65.

[2]) Berichte d. deutsch. pharm. Ges. 14 (1904), 24. — Spätere Untersuchungen haben ergeben, daß das Myristicol des Muskatnußöls (siehe S. 428) kein einheitlicher Körper ist, sondern aus einem Gemisch dreier Alkohole besteht.

255. Öl von Monodora grandiflora.

Aus den Samen der in Afrika wildwachsenden *Monodora grandiflora* (Autor?) (Familie der *Anonaceae*) erhielt R. Leimbach[1]) bei der Destillation etwa 30% Öl von folgenden Konstanten: $d_{18°}$ 0,8574, α_D — 46° 15', S. Z. 3,9, V. Z. 7 bis 12. Löslich in 3½ Vol. 90 %igen Alkohols. Es ist eine leicht bewegliche, hellgelb gefärbte Flüssigkeit, die nach Cymol riecht und einen anfangs aromatischen, später bitteren Geschmack hat.

In den niedrigst siedenden Fraktionen wurde l-Phellandren (Nitrosit, Smp. 108 bis 110°) nachgewiesen; außerdem kommt darin sehr wahrscheinlich Camphen in geringer Menge vor. In den Anteilen vom Sdp. 70 bis 85° (20 mm) wurde p-Cymol festgestellt und durch die Oxydation zu Oxyisopropylbenzoesäure charakterisiert. Die höchst siedenden Anteile des Öls enthalten Palmitinsäure und sehr wahrscheinlich etwas Carvacrol; den Hauptbestandteil bildet aber eine Verbindung $C_{10}H_{14}O$, ein hellgelbes Öl vom Sdp. 130 bis 154° (30 mm) ($d_{18°}$ 0,9351; α_D —9° 14'), das zum Teil den aromatischen Geruch des ätherischen Öles bedingt. Außerdem enthalten sie noch ein nicht näher charakterisiertes Sesquiterpen (Sdp. 260 bis 270°; $d_{15°}$ 0,9138; α_D +24°; $n_{D19°}$ 1,50513) und einen festen Körper unbekannter Zusammensetzung vom Smp. 160 bis 163°.

Familie: *MYRISTICACEAE.*

256. Macis- und Muskatnußöl.

Oleum Macidis. Oleum Nucis moschati. — Essence de Macis. Essence de Muscade. — Oil of Mace. Oil of Nutmeg.

Herkunft. Der zur Familie der *Myristicaceae* gehörende, bis zu 20 m hohe Muskatnußbaum, *Myristica fragrans* Houtt. (*Myristica officinalis* L. fil.; *M. moschata* Thbg.; *M. aromatica* Lam.), ist auf den Molukken, insbesondere den Bandainseln sowie auf den Sundainseln einheimisch, und ist durch Kultur[2]) dort und in

[1]) Wallach-Festschrift, Göttingen 1909, Vandenhoeck & Ruprecht, S. 502.

[2]) Die Kultur der Muskatbäume auf Java beschreibt Gillavry in Rev. cult. coloniales 14 (1904), 342; Bericht von Schimmel & Co. Oktober 1904, 62.

andern Weltgegenden z. B. in Brasilien und Westindien weit verbreitet. Die von dem indischen Archipel kommenden Früchte sind die beliebtesten. Die Hauptstapelplätze für ihre Ausfuhr sind zurzeit Batavia und Singapore.

Zur Destillation werden meist beschädigte oder unansehnliche Muskatnüsse, die sich zum Gebrauch als Gewürz weniger eignen, verwendet. Die Ölausbeute beträgt 7 bis 15%. Selten wird der als Macis oder Muskatblüte bekannte Samenmantel, aus dem man 4 bis 15% Öl gewinnt, zur Destillation benutzt. Zwischen Muskatnuß- und Macisöl wird im Handel kein Unterschied gemacht.

Eigenschaften des Muskatnußöls. Muskatnußöl ist eine dünne, farblose, im Alter sich durch Sauerstoffaufnahme verdickende Flüssigkeit von charakteristischem Muskatgeruch und gewürzhaftem Geschmack. Das spez. Gewicht fällt je nach der Beschaffenheit des Destillationsmaterials sehr verschieden aus und bewegt sich zwischen 0,865 und 0,925; α_D + 8 bis + 30°; $n_{D20°}$ 1,479 bis 1,488; löslich in 0,5 bis 3 Vol. 90%igen Alkohols. Bei der Destillation im Fraktionskölbchen gehen bis 180° ungefähr 60% über. Gutes Öl hinterläßt beim Verdunsten auf dem Wasserbade nur einen ganz unbedeutenden Rückstand. Bei der Prüfung muß berücksichtigt werden, daß Muskatnußöl ziemlich langsam verdampft. Wie Schimmel & Co. an eigenen Destillaten beobachtet haben, sind bei Verwendung von 5 g Öl 12 bis 15 Stunden bis zur Gewichtskonstanz des Rückstandes, der dann 1 bis 1½% beträgt, notwendig.

Die Eigenschaften eines Öls, das de Jong[1]) aus frischen Muskatnüssen gewonnen hatte, waren folgende: $d_{28°}$ 0,940, $\alpha_{D28°}$ + 10°20′, Siedeverhalten: 155 bis 175° 9,5%, 175 bis 200° 3%, 200 bis 250° 22%, 250 bis 280° 27,0%.

Eigenschaften des Macisöls. Macisöl ist in allen seinen Eigenschaften dem Muskatnußöl sehr ähnlich und nicht von ihm zu unterscheiden. Es ist fast farblos oder von gelblicher, später rötlichgelber Farbe; es hat einen angenehmen, kräftigen Macisgeruch, der bei alten Ölen unangenehm und terpentinartig wird, und einen anfangs milden, später scharfen, aromatischen Geschmack.

---

[1]) Teysmania, Batavia 1907, Nr. 8; Bericht von Schimmel & Co. Oktober 1908, 91.

$d_{15°}$ 0,890 bis 0,930; α_D + 10° bis + 22°. Das Öl ist in 2 bis 3 Vol. 90 %igen Alkohols klar löslich.

Ein von de Jong[1]) aus frischer Muskatblüte destilliertes Öl verhielt sich wie folgt: $d_{26°}$ 0,942; $\alpha_{D26°}$ + 7°; beim Sieden gingen 30,5 % zwischen 155 und 180° über, 15 % zwischen 180 und 200°, 20 % zwischen 200 und 250° und 27,5 % zwischen 250 und 285°.

Zusammensetzung. Da wegen der großen Ähnlichkeit von Macis- und Muskatnußöl im Handel kein Unterschied zwischen beiden gemacht wird, und sich infolgedessen der wahre Ursprung der einzelnen zu den Untersuchungen verwandten Öle jetzt nicht mehr feststellen läßt, so ist es zweckmäßiger, Macis- und Muskatnußöl zusammen zu besprechen, was unbedenklich geschehen kann, da sich eine Verschiedenheit in ihrer Zusammensetzung bis jetzt nicht ergeben hat[2]).

Obwohl über diese Öle zahlreiche ältere Untersuchungen[3]) vorliegen, so ist erst durch die Forschungen der neueren und neusten Zeit, besonders durch O. Wallach[4]), F. W. Semmler[5]), H. Thoms[6]), F. B. Power und A. H. Salway[7]), Schimmel & Co.[8]) Klarheit über ihre Zusammensetzung erhalten worden.

Die Bestandteile des Öls sind, nach ihren Siedepunkten geordnet, folgende:

---

[1]) Teysmannia 1907, Nr. 8; Bericht von Schimmel & Co. Oktober 1908, 91.

[2]) K. T. Koller erklärt beide Öle für identisch (N. Jahrb. Pharm. 23 [1864], 136; Vierteljahrsschr. f. Pharm. 13, 507; Jahresb. f. Chem. 1864, 536).

[3]) John, Chemische Schriften 6 (1821), 61; Journ. f. Chem. u. Phys. von Schweigger u. Meinecke 33 (1821), 250. — G. J. Mulder, Journ. f. prakt. Chem. 17 (1839), 102 und Liebigs Annalen 31 (1839), 71. — C. Schacht, Arch. der Pharm. 162 (1862), 106. — J. Cloëz, Compt. rend. 58 (1864), 133. — J. H. Gladstone, Journ. chem. Soc. 25 (1872), 1; Jahresb. f. Chem. 1872, 816. — C. R. A. Wright, Journ. chem. Soc. 26 (1873), 549; Jahresb. f. Chem. 1873, 369. — Pharmaceutical Journ. III. 4 (1873), 311.

[4]) Liebigs Annalen 227 (1885), 288 und 252 (1889), 105.

[5]) Berl. Berichte 23 (1890), 1803; 24 (1891), 3818.

[6]) *Ibidem* 36 (1903), 3446.

[7]) Journ. chem. Soc. 91 (1907), 2037. Das Öl, das P. u. S. in Händen hatten, war speziell zu dieser Untersuchung aus ungekalkten Ceylon-Muskatnüssen destilliert worden und hatte die Eigenschaften: $d_{15°}$ 0,8690, α_D + 38° 4', S. Z. 0,81, E. Z. 3,15, löslich in 3 Teilen 90 %igen Alkohols.

[8]) Bericht von Schimmel & Co. April 1910, 75.

1. α-Pinen. Das Terpen wurde von Wallach[1]) in der niedrigst siedenden Fraktion gefunden (Nitrolbenzylamin, Smp. 123°). Es ist als fast inaktives Gemenge von d- und l-α-Pinen vorhanden. Schacht hatte das Pinen, das er „Macen" nannte, schon 1862 isoliert und daraus die feste Chlorwasserstoffverbindung (Pinenchlorhydrat) dargestellt.

2. Camphen wurde zuerst von Power und Salway durch Überführung in Isoborneol (Smp. 207 bis 212°; Phenylurethan, Smp. 138°) nachgewiesen.

3. β-Pinen ist nur in geringer Menge vorhanden (Nopinsäure, Smp. 126 bis 128°)[3]).

4. Dipenten (Tetrabromid, Smp. 124 bis 125°)[1])[3])[2]).

5. p-Cymol. Wright hatte Cymol mit Hilfe von konz. Schwefelsäure nachgewiesen. Da dies Verfahren bei Gegenwart von Terpenen unzulässig ist, war der Beweis für Cymol erst durch die von Schimmel & Co.[2]) erfolgte Darstellung der p-Oxyisopropylbenzoesäure (Smp. 155 bis 156°) aus der unvorbehandelten Fraktion geliefert.

6. d-Linalool (Oxydation zu Citral, α-Citrylnaphthocinchoninsäure, Smp. 200°)[3]).

7. Terpinenol-4. Der in der Fraktion 205 bis 215° vorkommende Alkohol gibt beim Erwärmen mit konz. Ameisensäure Terpinen (Dihydrochlorid, Smp. 50 bis 52°), und durch Oxydation mit verd. Permanganatlösung ein Glycerin vom Smp. 112 bis 115°, das beim Kochen unter Wasserabspaltung p-Cymol und Carvenon liefert, womit der ursprüngliche Alkohol als Terpinenol-4 (s. Bd. I, S. 399) identifiziert ist[2]). Mit diesem Befunde stimmt auch eine Beobachtung von Power und Salway überein, die bei der Oxydation entsprechender Anteile mit Chromsäuremischung ein Diketon erhalten haben, dessen Dioxim bei 140° schmolz. Das auf diese Weise aus Terpinenol-4 entstehende Diketon ist identisch mit ω-Dimethylacetonylaceton, das Wallach[4]) bei der weiteren Oxydation des oben erwähnten Glycerins aus Terpinenol-4, über

---

[1]) Liebigs Annalen 227 (1885), 288 und 252 (1889), 105.

[2]) Bericht von Schimmel & Co. April 1910, 75.

[3]) Anm. 7, S. 426.

[4]) Terpene und Campher, Leipzig 1909, S. 486. Bericht von Schimmel & Co. Oktober 1908, 186.

die α, α'-Dioxy-α-methyl-α'-isopropyladipinsäure erhalten hat und dessen Dioxim bei 137° schmilzt.

8. Borneol. In den unter 7 erwähnten Oxydationslaugen der von 205 bis 215° siedenden Anteile fanden Power und Salway Campher (Semicarbazon, Smp. 238°), dessen Entstehung wahrscheinlich auf ursprünglich vorhandenes Borneol zurückzuführen ist.

9. α-Terpineol (Dipentendijodhydrat, Smp. 80°; Oxydation zum Ketolacton $C_{10}H_{16}O_3$, Smp. 62 bis 63°)[1].

Es steht nunmehr fest, daß der von Wright[2]) als Myristicol beschriebene Alkohol vom Sdp. 212 bezw. 212 bis 218° ein Gemenge von α-Terpineol, Borneol und Terpinenol-4 gewesen ist.

10. Geraniol[1]) (Diphenylurethan, Smp. 81 bis 82°).

11. Safrol[1]) (Oxydation zu Piperonal, Smp. 34 bis 35°).

12. Ein nach Citral riechender, nur durch seine bei 248° schmelzende β-Naphthocinchoninsäure gekennzeichneter Aldehyd.

13. Myristicin[3]), $C_{11}H_{12}O_3$, 4-Allyl-6-methoxy-1,2-methylendioxybenzol, ist in den höchst siedenden Anteilen des Öls enthalten. Der Körper, dem nach Wright[4]) die Formel $C_{10}H_{18}O_2$ zukommen sollte, und der von Semmler[5]) ursprünglich als ein Butenylderivat $C_{12}H_{14}O_3$ angesprochen worden war, hat nach Thoms[6]) die Zusammensetzung $C_{11}H_{12}O_3$. Die Konstitutionsformel, die Eigenschaften und Derivate dieses interessanten Phenoläthers finden sich in Bd. I, S. 508.

In den Verseifungslaugen des Öls sind folgende Säuren aufgefunden worden:

14. Ameisensäure (Ba-Salz)[1]).

15. Essigsäure (Ba-Salz)[1]).

16. Buttersäure[1]).

17. Caprylsäure (n-Octylsäure) (Ag-Salz)[1]).

18. Eine nicht flüchtige, in Wasser unlösliche Monocarbonsäure $C_{12}H_{17}OCO_2H$, Smp. 84 bis 85°[1]).

---

[1]) Anm. 7, S. 426.

[2]) *Loc. cit.*

[3]) Ist nicht zu verwechseln mit dem „Myristicin" genannten Stearopten von John und von Mulder, das bisweilen aus alten Ölen auskristallisiert, und das, wie Flückiger (Pharmaceutical Journ. III. 5 [1874], 136) nachwies, aus Myristinsäure besteht.

[4]) Anm. 3, S. 426.

[5]) Berl. Berichte 23 (1890), 1803; 24 (1891), 3818.

[6]) *Ibidem* 36 (1903), 3446.

19. Myristinsäure, Smp. 54°, findet sich, frei und verestert, je nach der Dauer der Destillation bald mehr, bald weniger in dem Öle und scheidet sich unter Umständen kristallinisch ab (vgl. Anm. 3 auf S. 428) oder bleibt beim Verdunsten des Öls zurück.

Von Phenolen fanden Power und Salway[1]):

20. Eugenol (Benzoat, Smp. 69°; Diphenylurethan, Smp. 107 bis 108°).

21. Isoeugenol (Benzoat, Smp. 105°).

Was die quantitative Zusammensetzung anlangt, so geben Power und Salway bei dem von ihnen untersuchten Muskatnußöl folgende Mengenverhältnisse an:

Eugenol und Isoeugenol (ca. 0,2%), d-Pinen und d-Camphen (ca. 80%), Dipenten (ca. 8%), d-Linalool, d-Borneol, i-Terpineol und Geraniol (ca. 6%), geringe Mengen eines neuen Alkohols, (Terpinenol-4), Spuren eines citralähnlichen Aldehyds, Safrol (ca. 0,6%), Myristicin (ca. 4%), Myristinsäure frei (ca. 0,3%) und in geringer Menge als Ester, ferner verestert kleine Mengen von Ameisen-, Essig-, Butter-, Octyl- und einer neuen Monocarbonsäure $C_{13}H_{13}O_3$.

Diese Zahlen können natürlich, wie auch Power und Salway selbst betonen, keinen Anspruch auf allgemeine Gültigkeit machen, da sie je nach der Beschaffenheit des verwendeten Materials beträchtlichen Schwankungen unterworfen sind. Aus dem sehr niedrigen spezifischen Gewicht und der ausnahmsweise starken Drehung des von Power und Salway untersuchten Öls ist zu entnehmen, daß sie ein ganz besonders terpenreiches Öl verarbeitet haben; bei vielen Muskatnußölen dürfte der Gehalt an sauerstoffhaltigen Bestandteilen größer sein, als oben angegeben ist.

Physiologische Wirkung. Nach Genuß größerer Mengen von Muskatnüssen sind mehrfach toxische Wirkungen beobachtet worden, die nach Versuchen von Power und Salway[2]) zweifellos auf das ätherische Öl und besonders auf das Myristicin zurückzuführen sind, dessen Giftigkeit bereits früher von F. Jürß[3]) experimentell nachgewiesen worden war.

---

[1]) Anm. 7, S. 426.

[2]) Chemical examination and physiological action of nutmeg. Americ. Journ. Pharm. 80 (1908), 563.

[3]) Über Myristicin und einige ihm nahestehende Substanzen. Bericht von Schimmel & Co. April 1904, 157.

257. Muskatrindenöl.

Aus der Rinde des Muskatbaumes, *Myristica fragrans* Houtt., ist in Buitenzorg[1]) in einer Ausbeute von 0,14°/₀ ein Öl destilliert worden von der Dichte 0,871 (26°) und der Drehung — 12° 14′ im 10 cm-Rohr. V. Z. 14; E. Z. nach Actlg. 37,5. Es enthält keine Aldehyde.

258. Muskatblätteröl.

Das Öl der Blätter von *Myristica fragrans* Houtt. ($d_{27°}$ 0,861 bis 0,863) siedet hauptsächlich bei 165°[2]) und enthält nach P. van Romburgh[3]) α-Pinen (Nitrosochlorid, Smp. 108°).

Familie: MONIMIACEAE.

259. Paracotorindenöl.

Herkunft. Als Paracotorinde ist die aus Bolivien stammende Rinde einer unbekannten Monimiacee im Handel[4]). Das als Nebenprodukt bei der Cotoindarstellung gewonnene Öl ist zuerst von J. Jobst und O. Hesse[5]), später von O. Wallach und T. Rheindorff[6]) untersucht worden.

Eigenschaften. Paracotorindenöl ist eine leicht bewegliche, farblose, äußerst angenehm riechende Flüssigkeit. Spez. Gewicht 0,9275; α_D — 2,12°[6]).

Zusammensetzung. 1. Die Fraktion vom Sdp. 160° (d 0,8727; $[\alpha]_D$ + 9,34°) ist nach Jobst und Hesse ein Kohlenwasserstoff $C_{10}H_{16}$, der α-Paracoten genannt wurde.

2. Fraktion vom Sdp. 170 bis 172° (d 0,8846; $[\alpha]_D$ — 0,63°). Die Analyse dieses als β-Paracoten bezeichneten Kohlenwasserstoffs stimmte auf die Formel $C_{11}H_{18}$.

---

[1]) Jaarb. dep. Landb. In Ned.-Indië, Batavia 1909, 64; 1910, 49.

[2]) Verslag 's Lands plantentuin, Buitenzorg, 1895, S. 38.

[3]) Koninklijke Akademie van Wetenschappen te Amsterdam 1900, 446.

[4]) Möller (Anatomie der Baumrinden) ist der Ansicht, daß es die Rinde einer Monimiacee sei, während Vogl (Kommentar zur österreich. Pharmakopöe) glaubt, daß sie von einer Lauracee abstamme.

[5]) Liebigs Annalen 199 (1879), 75.

[6]) *Ibidem* 271 (1892), 300.

Diese beiden Fraktionen, die augenscheinlich aus nicht ganz reinen Terpenen bestanden, fehlten in dem von Wallach und Rheindorff untersuchten Öle fast ganz.

3. Die Hauptmenge des Paracotorindenöls besteht aus linksdrehendem Cadinen[1]) (Dibromhydrat, Smp. 121°; Dichlorhydrat, Smp. 118°).

4. Das nach dem Einleiten von Bromwasserstoff und Entfernen der kristallinischen Verbindung übrigbleibende Öl enthält Methyleugenol (Bromid, Smp. 78°; Veratrumsäure, Smp. 179 bis 180°).

Nach Wallach sind die von Jobst und Hesse im Paracotorindenöl angenommenen drei Verbindungen α-, β- und γ-Paracotol, denen die Formeln $C_{18}H_{24}O$ und $C_{28}H_{24}O_2$ zugeschrieben werden, keine einheitlichen Körper, sondern wesentlich Gemenge von linksdrehendem Sesquiterpen und inaktivem Methyleugenol. Bezüglich des α-Paracotols ist allerdings die Möglichkeit nicht ausgeschlossen, daß in diesem ein natürlich vorkommendes Hydrat des Cadinens zu suchen ist. Die Formel der Verbindung wäre dann aber nicht $C_{18}H_{24}O$, sondern $C_{15}H_{26}O$ zu schreiben.

260. Cotorindenöl.

Eine Rinde, die ebenso wie die echte Cotorinde aus Bolivien kommt, und als neue Cotorinde[2]) bezeichnet wird, und deren Abstammung unbekannt ist, enthält nach O. Hesse[3]) Benzoesäuremethylester. Der angenehme Geruch der Rinde wird durch diesen Ester bedingt.

261. Boldoblätteröl.

Trockne Boldoblätter von dem in Chile einheimischen, wohlriechenden Baume *Peumus Boldus* Mol. (Familie der *Monimiaceae*)[4]) geben bei der Destillation etwa 2% eines cymolartig und nach Baltimore-Wurmsamen riechenden Öls.

---

[1]) Liebigs Annalen 271 (1892), 300.

[2]) Die Rinde von *Cryptocaria pretiosa* wird auch neue Cotorinde genannt.

[3]) Journ. f. prakt. Chem. II. 72 (1905), 243.

[4]) Die echten Boldoblätter werden oft mit denen von *Cryptocaria Peumus* Nees verwechselt. F. W. Neger, Pharm. Zentralh. 42 (1901), 461.

Eigenschaften. d_{15° 0,915 bis 0,9567; α_D — 1°40′ bis + 0°28′; n_{D20° 1,47928; S. Z. 2,4; E. Z. 11,2; löslich in 8 bis 9 Vol. 70 %igen Alkohols, manchmal mit geringer Trübung infolge von Paraffinabscheidung.

Zusammensetzung. Schimmel & Co.[1]) wiesen in dem Öl nach: p-Cymol (p-Oxyisopropylbenzoesäure, Smp. 154 bis 156°; p-Isopropenylbenzoesäure, Smp. 253 bis 255°), Cineol (Jodolverbindung, Smp. 119 bis 120°) und Ascaridol, $C_{10}H_{16}O_2$. Über die Eigenschaften und die Konstitution dieses Körpers siehe unter Baltimore-Wurmsamenöl, S. 376. Cymol und Cineol machten ungefähr 30 %, Ascaridol 40 bis 45 % des Öls aus; daneben sind vorhanden ein um 170° siedendes, nicht näher gekennzeichnetes Terpen und Spuren eines Phenols, das in alkoholischer Lösung mit Eisenchlorid eine schmutziggrüne Färbung gibt.

Von ganz anderen Eigenschaften, andrer Zusammensetzung und deshalb wohl auch von verschiedener Herkunft war ein Öl, das von E. Tardy[2]) hergestellt und untersucht worden ist. Ausbeute fast 2 %. d 0,876; α_D — 6°30′. Die Bestandteile dieses Öls waren: α-Pinen (Chlorhydrat, Smp. 125°), Dipenten (Dichlorhydrat, Smp. 50°), Terpineol, Cuminaldehyd, Eugenol, Sesquiterpene und Essigsäureester.

262. Laurelblätteröl.

Die stark riechenden Blätter des in Chile „Laurel" genannten Baumes *Laurelia aromatica* Juss. (*Laurelia sempervirens* Tul.), Familie der *Monimiaceae*, werden in seiner Heimat als Küchengewürz verwendet. Wahrscheinlich stammte von dieser Pflanze ein Öl, das Schimmel & Co.[3]) i. J. 1889 unter der Bezeichnung *Essencia de Hojas de Laurel* aus Süd-Chile zugeschickt worden war. Seine Eigenschaften waren: d_{15° 1,063, Sdp. 185 bis 236°; die Hauptmenge ging von 230 bis 236° über, wurde im Kältegemisch fest und bestand größtenteils aus Safrol.

---

[1]) Bericht von Schimmel & Co. April 1888, 43; Oktober 1907, 16.

[2]) Journ. de Pharm. et Chim. VI. 19 (1904), 132.

[3]) Bericht von Schimmel & Co. April 1890, 49.

263. Atherospermaöle.

Die Rinde von *Atherosperma moschatum* Lab. (Familie der *Monimiaceae*) gibt bei der Destillation 1% ätherisches Öl[1]). Wegen seines sassafrasähnlichen Geruchs führt der Baum auch den Namen Sassafras von Victoria oder „Australian Sassafras". Nach J. H. Gladstone[2]) hat das Öl eine gelbbraune Farbe und das spez. Gewicht 1,0386 bei 20°; Opt. Drehung in einem 10 Zoll langen Rohr +7°. Es fängt bei 221° an zu sieden und destilliert bei 224° fast vollständig über. Das Öl enthält wahrscheinlich Safrol[3]).

Die Blätter derselben Pflanze sind von M. E. Scott[4]) einige Tage nach dem Sammeln destilliert worden und lieferten 1,7 bis 2,65% Öl. Die zuerst übergehenden Anteile (etwa 30%) waren leichter, der Rest war schwerer als Wasser. Das gelbliche Rohprodukt roch deutlich nach Sassafras und hatte die Eigenschaften: d 1,027, $[\alpha]_D$ +7,5°, n_D 1,5211. Von Bestandteilen wurden ermittelt: 15 bis 20% α-Pinen (Sdp. 157 bis 158°; Hydrochlorid, Smp. 130°; Nitrosochlorid, Smp. 103°), 15 bis 20% d-Campher (Smp. 174,5 bis 176°; $[\alpha]_D$ +40,66°), 50 bis 60% Methyleugenol (Sdp. 251,7° bei 755 mm; Bromderivat, Smp. ca. 75°) und 5 bis 10% Safrol (Smp. 8 bis 12°; Sdp. 233°).

264. Öl von Citrosma oligandra.

Der wegen seines unangenehmen Geruchs in Brasilien *„Negra Mina"*, *„Catinga de negra"* oder *„Catingueira"* genannte, zur Familie der *Monimiaceae* gehörige Baum, *Citrosma oligandra* Jul. (*Siparuna obovata* A. DC.) hat bockartig riechende Blätter, die bei der Destillation 0,54% ätherisches Öl geben. Es ist hellgelb, grünlich schillernd und hat einen dem Bergamottöl entfernt ähnlichen Geruch. Spez. Gewicht 0,899[5]).

---

[1]) J. H. Maiden, Useful native plants of Australia. London and Sydney 1889, p. 254.

[2]) Journ. chem. Soc. 17 (1864), 5; Jahresb. f. Chem. 1863, 545. — Chem. News 24 (1871), 283.

[3]) Flückiger, Pharmaceutical Journ. III. 17 (1887), 989.

[4]) Journ. chem. Soc. 101 (1912), 1612.

[5]) T. Peckolt, Berichte d. deutsch. pharm. Ges. 6 (1896), 93.

265. Öl von Citrosma cujabana.

Citrosma cujabana Mart. (*Siparuna cujabana* A. DC.) heißt in Brasilien „*Limoeiro domato*" und „*Limoeiro bravo*" oder wilder Limonenbaum. Die frischen Blätter geben 0,18, die frischen Zweige 0,07, die frische Rinde 0,22% ätherisches Öl. Dieses ist dünnflüssig, von angenehmem, einer Mischung von Bergamott- und Citronenöl ähnlichem Geruch. Spez. Gewicht 0,894[1]).

266. Öl von Citrosma Apiosyce.

Citrosma Apiosyce Mart. (*Siparuna Apiosyce* A. DC.) wird in Brasilien entweder „*Limoeiro bravo*" oder „*Cidreira Melisse*" oder „*Café bravo*", wilder Kaffeebaum, genannt. Alle Teile des Strauches, besonders die Blätter und unreifen Früchte riechen stark nach Melisse oder Citrone. Aus den frischen Blättern erhielt Peckolt 0,14 und aus den Zweigen 0,06% ätherisches Öl[1]).

Familie: LAURACEAE.

267. Ceylon-Zimtöl.

Oleum Cinnamomi zeylanici. — Essence de Cannelle de Ceylan. — Oil of Cinnamon.

Herkunft und Gewinnung. Die zur Familie der *Lauraceae* gehörende Gattung *Cinnamomum* besteht aus immergrünen aromatischen Bäumen oder Sträuchern und weist verschiedene Arten auf, die viel benutzte ätherische Öle liefern. Der Ceylon-Zimtstrauch, *Cinnamomum zeylanicum* Nees, enthält in seinen oberirdischen wie unterirdischen Teilen flüchtiges Öl. Während beim Cassiazimtstrauch, *Cinnamomum Cassia* Blume, die aus den einzelnen Teilen der Pflanze gewonnenen Öle fast identisch sind, ist beim Ceylon-Zimtstrauch das Öl der Rinde von dem der Blätter und der Wurzeln durchaus verschieden.

Cinnamomum zeylanicum ist ein in den Wäldern Ceylons einheimischer Baum. Die ursprünglich von dem wildwachsenden Baum gesammelte Rinde wird jetzt in der Hauptsache von den

---

[1]) T. Peckolt, Berichte d. deutsch. pharm. Ges. 6 (1896), 93.

in Zimtgärten kultivierten, strauchartig gezogenen Pflanzen gewonnen [1]).

Zur Destillation des Öls verwendet man die beim Schälen abfallenden Späne und Bruch, welche als „Chips" seit dem Jahre 1867 exportiert werden. Die Gewinnung des Öls aus den Chips wurde in Deutschland im Jahre 1872 von der Firma Schimmel & Co. in Leipzig eingeführt. Die Ölausbeute aus den Chips beträgt 0,5 bis 1%, wobei zu bemerken ist, das sowohl Ausbeute wie Eigenschaften des Öls sehr stark von der Destillationsart abhängig sind [2]).

Das auf Ceylon gewonnene Zimtöl ist fast nie das reine Destillat der Rinde. Es enthält gewöhnlich sehr viel Öl der Blätter, die gleich mit destilliert werden. Vielfach wird aber auch das fertige Rindenöl erst nachträglich mit dem billigeren und minderwertigen Blätteröl verfälscht.

In neuerer Zeit wird auf den Seychellen sehr viel Zimtrinde, und zwar ebenfalls von *Cinnamomum zeylanicum* Nees gewonnen, die aber in großen, dicken Stücken in den Handel kommt und die Stammrinde der dort wild wachsenden Bäume darstellt [3]). Im Durchschnitt liefert ein Baum 20 lbs. Rinde; von besonders großen Exemplaren soll man aber bis 100 lbs. ernten können.

Auf den Seychellen wird auch Öl aus der Rinde destilliert, das aber [4]) gegenüber dem reinen Ceylon-Zimtöl (d. h. dem ohne Blätter destillierten) wegen seines weniger angenehmen Geruchs als minderwertig bezeichnet werden muß. (Siehe auch unter Eigenschaften und Zusammensetzung.)

Eigenschaften. Ceylon-Zimtöl ist eine hellgelbe Flüssigkeit von dem angenehmen, feinen Geruch des Ceylon-Zimts und gewürzhaftem, süßem, brennendem Geschmack.

$d_{15°}$ 1,023 bis 1,040; α_D schwach links, bis $-1°$, selten höher; $n_{D20°}$ 1,581 bis 1,591. Aldehydgehalt 65 bis 76%; Eugenolgehalt, mit 3%iger Natronlauge bestimmt, 4, gewöhnlich 6 bis 10%, löslich in 2 bis 3 Vol. u. m. 70%igen Alkohols.

---

[1]) Die Kultur, Gewinnung und Verpackung des Ceylon-Zimts ist eingehend beschrieben in A. Tschirchs Indische Heil- und Nutzpflanzen. Berlin 1892, S. 86. — Vgl. auch: Der Pflanzer 8 (1912), 611.

[2]) Vgl. Bericht von Schimmel & Co. April 1909, 94; Oktober 1910, 132.

[3]) Brit. and Colon. Druggist 54 (1908), 152; Bericht von Schimmel & Co. April 1909, 95.

[4]) Bull. Imp. Inst. 6 (1908), 111. — Bericht von Schimmel & Co. Okt. 1908, 141.

Bei 5 Seychellen-Zimtölen, die am Produktionsorte selbst hergestellt waren, wurden folgende Konstanten[1]) ermittelt: $d_{15°}$ 0,943 bis 0,967, α_D —2°30′ bis —5°10′, $n_{D20°}$ 1,52843 bis 1,53271, Aldehydgehalt 21,7 bis 35%, Eugenolgehalt 6 bis 15%, nicht klar löslich in 10 Vol. 70%igen Alkohols, löslich in 0,6 bis 5 Vol. 80%igen Alkohols, bei weiterem Zusatz Opalescenz.

Zusammensetzung. Bereits R. Blanchet[2]) hatte die Beobachtung gemacht, daß sich bei der Destillation des ceylonischen Zimts zwei Öle in der Vorlage abschieden, von denen eins leichter, das andre schwerer als Wasser war, während chinesischer Zimt nur schweres Öl lieferte. Die älteren Chemiker beschäftigten sich nur mit dem schweren Anteil, und J. Dumas und E. Péligot[3]) stellten fest, daß, wie beim Cassiaöl, so auch beim Ceylon-Zimtöl Zimtaldehyd den Hauptbestandteil bildet. Daß das schwere Öl des Ceylon-Zimts auch noch Eugenol enthält, wurde erst später entdeckt. Die Menge des Eugenols im Rindenöl ist im Gegensatz zum Blätteröl gering, sie beträgt nur etwa 4 bis 10%.

Sämtliche andern bisher bekannten und im folgenden beschriebenen Bestandteile des Öls sind im Laboratorium von Schimmel & Co. aufgefunden worden.

Methyl-n-amylketon[4]). Bei der Behandlung der bei der fraktionierten Destillation bis 163° übergehenden Anteile mit Bisulfit wurde eine kristallinische Doppelverbindung erhalten, aus der reines Methyl-n-amylketon abgeschieden wurde. (Semicarbazon, Smp. 122 bis 123°; vgl. Bd. I, S. 451.)

Furfurol[4]), nachgewiesen durch die charakteristische Reaktion mit salzsaurem Anilin.

l-α-Pinen[4]) (Nitrosochlorid, Smp. 102 bis 103°; Nitrolbenzylamin, Smp. 122 bis 123°).

l-Phellandren. Die Fraktion vom Sdp. 170 bis 174° (α_D —5°4′) lieferte ein bei 102°[5]) schmelzendes Nitrit, dessen Schmelzpunkt durch wiederholtes Umkristallisieren aus Essig-

[1]) Bericht von Schimmel & Co. Oktober 1908, 141.

[2]) Liebigs Annalen 7 (1833), 163.

[3]) Ann. de Chim. et Phys. 57 (1834), 305. Liebigs Annalen 14 (1835), 50.

[4]) Bericht von Schimmel & Co. April 1902, 65. — H. Walbaum u. O. Hüthig, Journ. f. prakt. Chem. II. 66 (1902), 47.

[5]) Bericht von Schimmel & Co. Oktober 1892, 47.

äther und Methylalkohol nicht über 103 bis 104° ($[\alpha]_D + 11° 39'$) gebracht werden konnte[1]). Es ist hieraus zu schließen, daß das Phellandren des Ceylon-Zimtöls aus einem Gemisch von l-α- und β-Phellandren besteht, in dem letzteres vorwiegt.

Cymol[1]) (p-Oxyisopropylbenzoesäure, Smp. 154 bis 156°; Propenylbenzoesäure, Smp. 161 bis 162°).

Benzaldehyd[1]) (Phenylhydrazon, Smp. 156; Semicarbazon, Smp. 213 bis 214°).

Nonylaldehyd[1]) (Oxydation zu Pelargonsäure, Silberbestimmung).

Hydrozimtaldehyd (Phenylpropylaldehyd)[1]). Die Charakterisierung dieses bisher in der Natur noch nicht aufgefundenen Körpers konnte, da er noch mit dem oben erwähnten Nonylaldehyd vermengt war, nur durch Darstellung seines bei 126° schmelzenden Semicarbazons, das beim Erwärmen mit verd. Schwefelsäure den Geruch des Phenylpropylaldehyds entwickelte, geführt werden. Der Schmelzpunkt des Semicarbazons des synthetischen Phenylpropylaldehyds wurde bei 130 bis 131° gefunden.

Cuminaldehyd[1]) (Semicarbazon, Smp. 201 bis 202°; Cuminsäure, Smp. 114 bis 116°).

l-Linalool[1]) (Oxydation zu Citral; Citryl-β-naphthocinchoninsäure, Smp. 197°).

Linalylisobutyrat[1]) ist wahrscheinlich zugegen. Beim Verseifen der innerhalb 80 und 111° (6 bis 7 mm) siedenden, mit Bisulfit behandelten Fraktionen, die im Mittel die Verseifungszahl 20,4 gaben, wurde neben einer stechend riechenden (vielleicht Ameisensäure), eine Säure von deutlichem Johannisbrotgeruch isoliert. Jedoch stimmte der Silbergehalt ihres Silbersalzes nicht auf den für isobuttersaures Silber berechneten Wert, was wohl auf beigemengtes Silberformiat oder -acetat zurückgeführt werden muß.

Eugenol[1]) (Benzoat, Smp. 69 bis 70°).

Caryophyllen[1]) ist in der höchstsiedenden Fraktion enthalten (Caryophyllenalkohol, Smp. 95°; Phenylurethan, Smp. 136 bis 137°).

Das Seychellen-Zimtöl ist ähnlich zusammengesetzt wie das Ceylon-Öl; es unterscheidet sich von ihm nur durch das

---

[1]) Anm. 4, S. 436.

Vorhandensein von Campher. Ein Öl mit den Eigenschaften: $d_{15°}$ 0,9670, α_D —4° 44', Aldehydgehalt 32%, ist von Schimmel & Co.[1]) untersucht worden. Gefunden wurde: Zimtaldehyd (Semicarbazon, Smp. 211°), Eugenol (Benzoat, Smp. 69 bis 70°), l-β-Phellandren (Nitrit, Smp. 103°), Cymol (p-Oxyisopropylbenzoesäure, Smp. 156 bis 157°; Propenylbenzoesäure, Smp. 255 bis 260°) und Campher (Oxim, Smp. 116 bis 118°).

In einem Vorlauf von Seychellen-Zimtöl wurden von Schimmel & Co.[2]) ferner nachgewiesen: In geringen Mengen ein unterhalb 155° siedender Kohlenwasserstoff, dessen Nitrosochlorid sich momentan bei 86 bis 87° zersetzte, Camphen (Isoborneol, Smp. 209 bis 210°), β-Pinen (Nopinsäure, Smp. 125 bis 126°), Spuren von l-Limonen (Nitrosochlorid, Smp. 103 bis 104°; Nitrolpiperidid, Smp. 93°), Benzaldehyd (Semicarbazon, Smp. 212 bis 214°), Linalool (Phenylurethan, Smp. 59 bis 62°) und ganz geringe Mengen eines höheren, nach Nonylaldehyd riechenden Aldehyds.

Verfälschungen und Prüfung. Ceylon-Zimtöl wird sehr häufig mit dem viel billigeren Zimtblätteröl verfälscht. Von Ceylon scheinen reine Rindenöle überhaupt nicht in den Handel zu kommen, denn alle bisher daraufhin untersuchten Öle dieser Herkunft enthielten erhebliche Quantitäten Blätteröl. Es läßt sich natürlich nicht entscheiden, ob das Blätteröl dem fertigen Rindenöl beigemischt wird, oder ob, was sogar wahrscheinlicher ist, die Blätter mit den Rindenabfällen zusammen destilliert werden.

Da durch die Beimischung von Blätteröl der Eugenolgehalt bedeutend erhöht und der Zimtaldehydgehalt in demselben Maße erniedrigt wird, so ist seine Erkennung nicht schwierig. Man hat nur nötig diese beiden Substanzen annähernd quantitativ zu bestimmen.

Nach Feststellung des spez. Gewichts, das durch größere Zusätze von Blätteröl erhöht wird, ermittelt man den Aldehydgehalt in der bekannten Weise. Beträgt dieser weniger als 65 oder mehr als 76%, so ist das Öl verdächtig. Hat das Öl weniger als 65%, so bestimmt man in dem vom Aldehyd be-

---

[1]) Bericht von Schimmel & Co. Oktober 1908, 142.

[2]) *Ibidem* April 1918.

freiten Öl das Eugenol, wozu man verschiedene Wege einschlagen kann. Die genauesten Resultate erhält man nach der allerdings etwas umständlichen Methode von Thoms, bei der das Eugenol als Benzoyleugenol zur Wägung gebracht wird (S. Bd. I, S. 616). Es genügt aber, den Phenolgehalt durch Schütteln mit dreiprozentiger Lauge zu bestimmen, wie es Bd. I, S. 611 angegeben ist. Der Gehalt an Eugenol beträgt bei reinem Öl gewöhnlich nicht über 10%. Wird mehr gefunden, so weist dies meist auf eine Verfälschung mit Blätteröl hin.

Wie sehr die Verhältnisse in Bezug auf Verfälschung mit Blätteröl im argen liegen, geht aus den Veröffentlichungen von Umney[1]) und Schimmel & Co.[2]) hervor, in denen im ganzen sieben Öle aufgeführt werden, die als direkt von Ceylon importiert in London gekauft worden waren. Sämtliche Öle waren stark mit Blätteröl verfälscht, drei enthielten mindestens 30% davon, die vier übrigen nicht weniger als 50%.

Die zuletzt genannten vier Öle hatten folgende Eigenschaften:

	Spez. Gew.	α_D	Gehalt an Zimtaldehyd	Gehalt an Eugenol (nach Thoms)
1.	1,039	—0° 55′	29%	41,9%
2.	1,040	—0° 28′	28%	39,1%
3.	1,041	—0° 57′	29%	47,7%
4.	1,049	—0° 22′	24%	45,7%

Die mit Cassiaöl verfälschten Ceylon-Zimtöle haben ein höheres spez. Gewicht und in der Regel auch einen höheren Zimtaldehydgehalt. Öle mit über 76% Aldehyd sind verdächtig, jedenfalls aber minderwertig. Denn der Zimtaldehyd ist beim Ceylon-Zimtöl nicht der den Wert bestimmende Bestandteil, wie beim Cassiaöl, sondern hier sind gerade die nicht aldehydischen Bestandteile die wertvolleren, was daraus hervorgeht, daß Ceylon-Zimtöl trotz seines kleineren Aldehydgehalts mit dem mehrfachen Preise des Cassiaöls bezahlt wird.[3])

Statistisches. Ceylon-Zimtöl wird von Ceylon nur in verhältnismäßig unbedeutenden Mengen ausgeführt. Beträchtlich sind

[1]) Pharmaceutical Journ. III. 25 (1895), 949.

[2]) Bericht von Schimmel & Co. Oktober 1895, 48.

[3]) Vgl. aber hierzu *ibidem* Oktober 1910, 133.

jedoch die Quantitäten Rinde, die von den hauptsächlich zur Destillation benutzten, als „Chips" bezeichneten Abfällen jährlich zur Ausfuhr kommen.

Es wurden ausgeführt an Chips:

im Jahre 1896	808502	lbs.
1897	1067051	„
1898	1414165	„
1899	1829127	„
1900	1863406	„
1901	1521149	„
1902	1763679	„
1903	2253269	„
1904	2135220	„
1905	2235395	„
1906	2531614	„
1907	2835936	„
1908	2785824	„
1909	2941578	„
1910	3022858	„
1911	2644598	„

Vergleichsweise sei die Menge der in den beiden letzten Jahren ausgeführten Zimtstangen („Quills") erwähnt: 1910: 3283202 lbs., 1911: 3128542 lbs.

Der Preis von Abfällen beträgt für den englischen Zentner (= 112 engl. lbs. = 50,8 kg) im Mittel 40 bis 45 sh., während „Quills" 4 bis 5 mal so hoch im Preise stehen.

268. Zimtblätteröl.

Oleum foliorum Cinnamomi. — Essence de Feuilles de Cannelle de Ceylan. — Oil of Cinnamon Leaves.

Herkunft. Das Öl aus den Blättern des echten Zimtstrauches, *Cinnamomum zeylanicum* Nees, wurde eine Zeitlang im Handel als Zimtwurzelöl bezeichnet. Als im Jahre 1892 Schimmel & Co. fanden, daß ein von ihnen selbst destilliertes Öl aus ceylonischen Zimtblättern (Ausbeute 1,8%) in allen seinen Eigenschaften mit dem sogenannten Zimtwurzelöl übereinstimmte, konnte diese irrige Bezeichnung nicht mehr aufrecht erhalten werden. Zwei Öle mit der richtigen Bezeichnung „Zimtblätteröl", die dem eignen Destillat in jeder Beziehung glichen, hatte die Firma vorher von den Seychellen und vom botanischen Garten in Buitenzorg auf Java erhalten[1]).

Als Zimtblätteröl wurde zur damaligen Zeit ein dickes, zähes Öl von der Konsistenz des westindischen Sandelholzöls exportiert, das seitdem aus dem Handel verschwunden ist und über dessen Herkunft man gänzlich im unklaren ist.

Eigenschaften. Zimtblätteröl ist hell von Farbe, ziemlich dünnflüssig, und riecht nach Nelken und Zimt. $d_{15°}$ 1,044 bis 1,065; α_D — 0° 15′ bis +2° 20′ (meistens rechts); 1,531 bis 1,540; Eugenolgehalt 65 bis 95 %; Aldehydgehalt bis 2,5 %. Mit 1 bis 3 Vol. 70 %igen Alkohols gibt es klare Lösungen, die sich aber manchmal trüben, sobald man mehr Alkohol zugibt.

Mehrere von den Seychellen stammende Öle verhielten sich folgendermaßen: $d_{15°}$ 1,0206 bis 1,0604, α_D — 1° 43′ bis +0° 27′, Phenolgehalt 78 bis 94 %, Aldehydgehalt (bei einem Öl mit 78 % Eugenol bestimmt) ca. 5 %, löslich in 1 bis 1,5 Vol. 70 %igen Alkohols und mehr.

Zusammensetzung. J. Stenhouse[2]) fand, daß Zimtblätteröl große Mengen von Eugenol (70 bis 90 %) enthält. E. Schaer[3]) bestätigte später die Angabe. In dem oben erwähnten selbst destillierten Öl wiesen Schimmel & Co. Zimtaldehyd (0,1 %) nach.

Eine eingehende Untersuchung führte J. Weber[4]) an zwei verschiedenen Ölen aus. Das erste, auf den Seychellen hergestellt, hatte $d_{18,5°}$ 1,0552 und enthielt Eugenol (Benzoyleugenol, Smp. 69 bis 70°), Zimtaldehyd (Phenylhydrazon, Smp. 167°) und nicht näher bestimmte Terpene.

Das andre, von der Firma Schimmel & Co. noch unter dem irrtümlichen Namen Zimtwurzelöl bezogen, war ebenfalls Blätteröl. $d_{19°}$ 1,041. Seine Zusammensetzung war von der des vorhergehenden etwas verschieden. Weber wies darin nach: Eugenol, Safrol (Piperonylsäure, Smp. 226 bis 227°), Terpene

[1]) Bericht von Schimmel & Co. April 1892, 45 u. Oktober 1892, 47.
[2]) Liebigs Annalen 95 (1855), 103.
[3]) Arch. der Pharm. 220 (1882), 492.
[4]) *Ibidem* 230 (1892), 232.

und Benzaldehyd (Phenylhydrazon, Smp. 150 bis 151°), Zimtaldehyd jedoch nicht.

Stenhouse hatte in dem Öl Benzoesäure gefunden, die wahrscheinlich an einen Alkohol gebunden ist. Die späteren Forscher erwähnen diesen Bestandteil nicht. Ob der von Weber nachgewiesene Benzaldehyd ursprünglich in dem Öl enthalten war, oder ob er nur ein Oxydationsprodukt des Zimtaldehyds ist, mag dahingestellt bleiben.

Schimmel & Co.[1]) fanden in dem Öl l-Linalool (Oxydation zu Citral, Citryl-β-naphthocinchoninsäure, Smp. 198°) sowie Safrol.

269. Zimtwurzelöl.

Das Öl der Wurzelrinde des Ceylon-Zimtstrauchs ist eine fast farblose, stark nach Campher riechende Flüssigkeit. Beim Stehen scheidet sich schon bei mittlerer Temperatur ein Teil des Camphers,[2]) der mit gewöhnlichem Lauraceencampher identisch ist, aus. Diese Tatsache ist lange bekannt und wurde schon von Trommsdorff[3]) sowie von Dumas und Péligot[4]) erwähnt. Ein weiterer Bestandteil des Öls ist Zimtaldehyd[5]).

Die neueste Untersuchung rührt von A. A. L. Pilgrim[6]) her. Die Eigenschaften des aus frischer Wurzelrinde destillierten Öls waren: $d_{16°}$ 0,99366 und $\alpha_D + 50,2°$ (?). Als Bestandteile wurden festgestellt: Pinen, Dipenten, Phellandren, Cineol, Campher, Eugenol, Safrol, Caryophyllen und Borneol.

In *Cinnamomum zeylanicum* haben wir das interessante Beispiel einer Pflanze, die in Wurzeln, Blättern und Rinde ganz verschieden zusammengesetzte Öle enthält. Im Wurzelöl findet sich Campher als charakteristischer Bestandteil, das Öl der Blätter enthält hauptsächlich Eugenol, während in dem Rindenöl Zimtaldehyd vorwiegt.

[1]) Bericht von Schimmel & Co. Oktober 1902, 86.
[2]) *Ibidem* Oktober 1892, 46.
[3]) Trommsdorffs Handbuch der Pharmacie. 1827, p. 666.
[4]) Liebigs Annalen 14 (1835), 50.
[5]) Holmes, Pharmaceutical Journ. III. 20 (1890), 749.
[6]) Pharm. Weekblad 46 (1909), 50; Chem. Zentralbl. 1909, I, 534.

270. Cassiaöl.

Chinesisches Zimtöl. Zimtblütenöl. — Oleum Cinnamomi Cassiae. — Essence de Cannelle de Chine. — Oil of Cassia.

Herkunft und Gewinnung. Obwohl die Pflanze, die das Cassiaöl liefert, *Cinnamomum Cassia* Blume, schon ziemlich früh sicher bekannt ist, herrschte über den Pflanzenteil, aus dem das Öl gewonnen wird, bis vor nicht langer Zeit völlige Unklarheit. Man glaubte beispielsweise, daß das Öl aus den unreifen Früchten, die im Handel die Bezeichnung *Flores cassiae* führen, hergestellt werde und nannte es „Zimtblütenöl". Erst im Jahre 1881[1]) wurde bekannt, daß bei In-lin, nördlich von Pak-hoi, die Blätter des Cassiastrauchs auf Öl verarbeitet würden. Das Öl sollte jedoch dicker, dunkler und weniger gut riechend sein als das Cassiaöl. Auch H. Schroeter[2]) erwähnt bei der Beschreibung seiner im Jahre 1886 unternommenen Reise in die Cassiadistrikte die Gewinnung von Öl aus Blättern. Man nahm damals aber noch an, daß aus den Blättern nur wenig und minderwertiges Öl erzeugt würde. Um die Eigenschaften des Blätteröls kennen zu lernen, verschafften sich Schimmel & Co. mit Hilfe der Herren Melchers & Co. in Canton nicht nur die Blätter, sondern auch alle bei der Ölbereitung etwa in Frage kommenden Teile des Cassiastrauchs[3]). Bei der Destillation lieferten Rinde, Blüten, Blütenstiele, Zweige und Blätter in Eigenschaften und Aldehydgehalt ziemlich gleiche Öle. Da aber Rinde, Blüten und Blütenteile wegen ihres zu hohen Preises ausgeschlossen sind, so können für die Gewinnung des Cassiaöls des Handels nur Blätter und Zweige in Betracht kommen. Tatsächlich werden abgesehen vielleicht von Rindenabfällen, nur die Blätter zur Destillation verwendet, wie bei Gelegenheit einer von O. Struckmeyer im Auftrage der Firma Siemssen & Co. in Hongkong im Jahre 1895 ausgeführten Reise[4]) in die Cassiadistrikte festgestellt wurde.

---

[1]) Deutsches Handels-Archiv vom 2. Sept. 1881, 262.

[2]) H. Schroeter, Bericht über eine Reise nach Kwang-si. Im Herbst 1886 unternommen. Hongkong 1887.

[3]) Bericht von Schimmel & Co. Oktober 1892, 12.

[4]) *Ibidem* Oktober 1896, 11.

Die Destillationen befinden sich in wasserreichen Tälern der Provinzen Kwang-si und Kwang-tung, an Stellen, wo genügend Kühlwasser zur Verfügung steht.

Die dort gebräuchlichen Destillierapparate[1]) (Fig. 38) bestehen in einem Backsteinofen mit eingemauerter eiserner Pfanne,

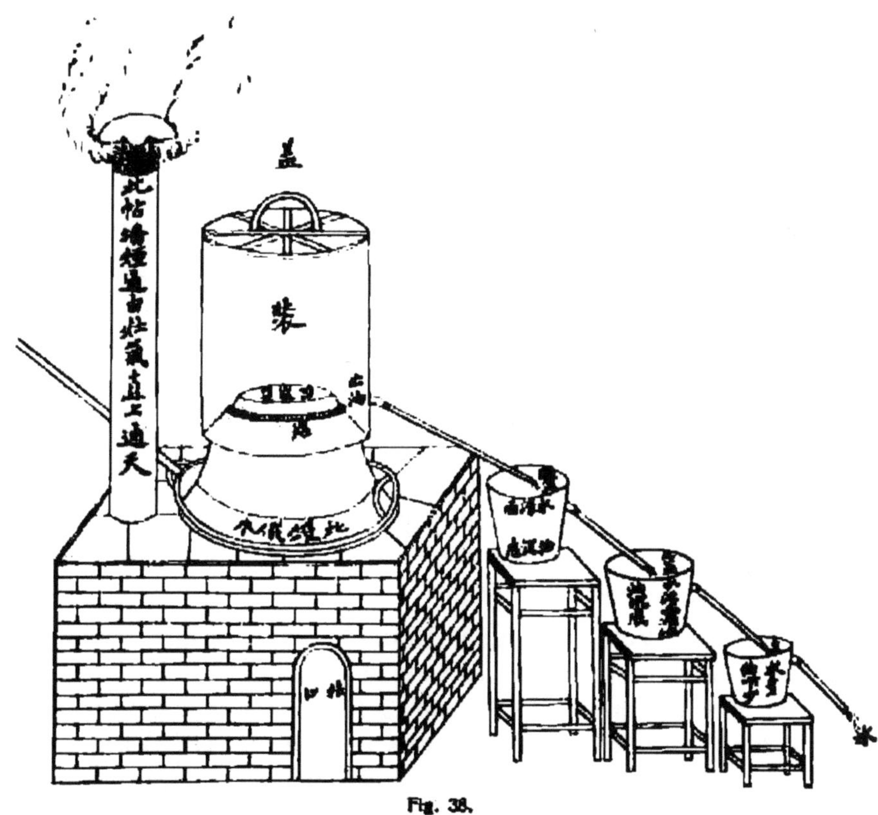

Fig. 38.

Chinesischer Destillierapparat für Cassiaöl.

auf der ein hölzerner, innen mit Eisenblech bekleideter, oben offner Zylinder ruht. Die obere Öffnung des mit Cassia-Zweigen und Blättern und mit Wasser etwa zur Hälfte gefüllten Zylinders wird während der Destillation mit einem eigentümlich geformten Helm aus Eisenblech verschlossen. Die Dichtung geschieht durch dazwischen gepreßte, nasse Tücher. Der Helm hat innen

[1]) Bericht von Schimmel & Co. April 1893, 11 und Oktober 1896, 13.

am unteren Rande eine Rinne, in der sich das an den abgekühlten Wandungen abscheidende Destillat ansammelt, das dann durch ein Rohr zu den Vorlagen geleitet wird. Die Kühlung geschieht von außen. Das aus der inneren Rinne ablaufende Destillat fließt in kaskadenförmig aufgestellte Vorlagen, in denen sich das schwere Öl auf dem Boden ansammelt. Das schließlich ablaufende Wasser wird zur nächsten Destillation benutzt.

Der Versand des Cassiaöls geschieht in Bleikanistern von 7,5 kg Inhalt, von denen je 4 in eine Kiste verpackt werden. Die Zwischenräume werden mit Reisspelzen dicht ausgefüllt.

Die Etiketten der Kanister sind seit langem in Form und Farbe unverändert beibehalten worden.

Eigenschaften. Chinesisches Zimtöl oder Cassiaöl ist, wenn rein und unverfälscht, ein ziemlich dünnflüssiges, gelbes bis bräunliches Öl von starkem Lichtbrechungsvermögen. Sein Geruch ist zimtartig, der Geschmack brennend und intensiv süß, ohne den unangenehm kratzenden Nachgeschmack, der sich bei den mit Kolophonium verfälschten Ölen bemerkbar macht. $d_{15°}$ 1,055 bis 1,070. Da das spez. Gewicht des Zimtaldehyds dem der andern im Öle enthaltenen Bestandteile fast gleich ist, so kommen Unterschiede im Aldehydgehalt durch die Dichte nicht zum Ausdruck. α_D — 1 bis + 6°; $n_{D20°}$ 1,602 bis 1,606; S. Z. 6 bis 15, ausnahmsweise bis 20.

In 1 bis 2 Vol. 80 %igen Alkohols ist Cassiaöl leicht löslich. Sein Verhalten gegen 70 %igen Alkohol ist insofern verschieden, als die meisten Öle mit 2 bis 3 Vol. dieses Lösungsmittels klare, andre, sonst gute Öle aber opalisierend trübe Lösungen geben, ein Verhalten, das möglicherweise auf das häufig im Öle enthaltene zimtsaure Blei zurückzuführen ist.

Das Öl siedet unter teilweiser Zersetzung und Abspaltung von Essigsäure zwischen 240 und 260°. Im Kolben bleiben 6 bis 8 % als dicker, breiartiger Destillationsrückstand. Näheres hierüber siehe unter Prüfung.

Mischt man kleine Mengen (4 Tropfen) Cassiaöl, unter Kühlung mit Eiswasser, mit ebensoviel Salpetersäure, so vereinigen sich beide Flüssigkeiten zu einer Kristallmasse. Diese Reaktion, die früher das Deutsche Arzneibuch als Identitätsreaktion anführte, beruht auf der Bildung eines kristallinischen, losen Additionsprodukts von Zimtaldehyd und Salpetersäure, das durch Wasser wieder in seine Komponenten zerlegt wird. Zur Prüfung auf Reinheit kann die Reaktion nicht verwertet werden, da auch bei stark verfälschten Ölen die Kristallbildung eintritt. Zu bemerken ist, daß bei der Ausführung dieser Probe gut abgekühlt werden muß, da bei starker Selbsterhitzung des Gemisches nur ölige Produkte entstehen.

Der wichtigste, für den Wert des Öls Ausschlag gebende Bestandteil ist der Zimtaldehyd, von dem gute Öle 75 bis 90 % enthalten.

Rektifiziertes Cassiaöl hat $d_{15°}$ 1,053 bis 1,065. Da es kein zimtsaures Blei enthält, löst es sich in 2 Vol. 70 %igen Alkohols klar auf.

Zusammensetzung. Cassiaöl sowohl wie Ceylon-Zimtöl haben beide denselben Hauptbestandteil, den Zimtaldehyd. Den Chemikern, die sich in der ersten Hälfte des vorigen Jahrhunderts mit der Untersuchung der Zimtöle beschäftigten, waren die durch Nebenbestandteile hervorgerufenen Verschiedenheiten des chinesischen und ceylonischen Zimtöls bekannt. Blanchet[1]) hebt z. B. hervor, daß Cassiaöl einen viel schärferen Geruch besitzt als das Ceylon-Zimtöl. Auch Dumas und Péligot[2]) wiesen auf die verschiedenen Sorten von Zimtöl hin. Bei ihren an selbstdestillierten Ölen ausgeführten Untersuchungen, deren Einzelheiten hier aufzuzählen zu weit führen würde, kamen sie zu der wichtigen Erkenntnis, daß sich die aus dem Öl durch Oxydation entstehende Zimtsäure zum Zimtöl oder Cinnamylwasserstoff, wie Benzoesäure zum Bittermandelöl oder Benzoylwasserstoff verhalte. Sie erkannten mit andern Worten, daß Zimtöl hauptsächlichlich aus dem Aldehyd der Zimtsäure, dem Zimtaldehyd besteht.

Dieselben Forscher entdeckten auch den oben beschriebenen unbeständigen Körper, $C_9H_8ONO_3H$, der sich durch Anlagerung von Salpetersäure an Zimtaldehyd beim Zusammenbringen beider Komponenten in der Kälte bildet und sich durch seine Kristallisationsfähigkeit auszeichnet.

---

[1]) Liebigs Annalen 7 (1833), 164.

[2]) Ann. de Chim. et Phys. 57 (1834), 305; Liebigs Annalen 12 (1834), 24; 13 (1835), 76; 14 (1835), 50.

Von andern Untersuchungen aus derselben Zeit sind noch die von Mulder[1]) und Bertagnini[2]) zu nennen.

Bertagnini studierte die aus Zimtaldehyd mit sauren schwefligsauren Alkalien entstehenden Verbindungen, deren Zusammensetzung später von F. Heusler[3]) endgültig festgestellt worden ist.

Eigenschaften und Derivate des Zimtaldehyds sind im 1. Bd. S. 441 beschrieben worden.

Ein nur selten als kristallinische Abscheidung aus altem Cassiaöl beobachteter Körper ist das von F. Rochleder zusammen mit H. Hlasiwetz und R. Schwarz[4]) entdeckte „Cassiastearopten". Seine Konstitution wurde im Jahre 1895 von J. Bertram und R. Kürsten ermittelt[5]). Das Stearopten, das die Veranlassung zu dieser Untersuchung gab, war aus dem Rektifikationsnachlauf eines Cassiaöls auskristallisiert. Es bildet im reinen Zustande gut ausgebildete, sechseckige, gelb gefärbte, bei 45 bis 46° schmelzende Platten, von sehr anhaftendem, nicht angenehmem Geruch, und ist identisch mit Methylorthocumaraldehyd $C_6H_4\langle{OCH_3 \atop CH:CH.CHO}$, einem Körper, den man durch Kondensation von Methylsalicylaldehyd und Acetaldehyd synthetisch darstellen kann.

Von wesentlichem, aber nicht gerade sehr günstigem Einfluß auf Geruch und Geschmack des Cassiaöls ist der Essigsäurezimtester, der 1889 von Schimmel & Co.[6]) in dem Öle aufgefunden wurde. Er siedet zwischen 135 und 140° (11 mm) und besitzt einen nicht angenehmen Geruch und einen kratzenden Geschmack.

Neben diesem Ester scheint in geringer Menge noch ein zweiter zugegen zu sein, nämlich der Essigsäure-Phenyl-

---

[1]) Liebigs Annalen 34 (1840), 147. — Journ. f. prakt. Chem. 15 (1838), 307; 17 (1839), 303 und 18 (1839), 385.

[2]) Liebigs Annalen 85 (1853), 271.

[3]) Berl. Berichte 24 (1891), 1805.

[4]) Rochleder u. Schwarz, Ber. d. Academ. d. Wissensch. zu Wien mathem. phys. Kl., Juni 1850, 1. *Ibidem* Bd. 12, 190 bis 199; Pharm., Zentralbl. 1851, 46; 1854, 701.

[5]) Journ. f. prakt. Chem. II. 51 (1895), 316.

[6]) Bericht von Schimmel & Co. Oktober 1889, 19.

propylester, wie aus dem Siedepunkt eines nach dem Verseifen den Zimtalkohol begleitenden Alkohols geschlossen worden ist.

Wegen der leichten Oxydierbarkeit des Zimtaldehyds enthält Cassiaöl auch stets freie Zimtsäure, doch ist ihre Menge geringer, als man nach der Veränderlichkeit des ganz reinen Aldehyds annehmen könnte, denn sie beträgt nur ungefähr 1 %[1]).

Die freie Zimtsäure hat die sehr unangenehme Eigenschaft, daß sie die aus Blei bestehenden Kanister, in denen das Öl versandt wird, angreift und das Öl deutlich bleihaltig macht. Ein in einem Cassiaöl von Hirschsohn[2]) beobachtetes kristallinisches Sediment bestand aus zimtsaurem Blei. Infolge dieser Wahrnehmung untersuchte er eine Reihe von Handelsölen und fand von 12 Proben 11 bleihaltig. Der Nachweis von Blei geschieht durch Schütteln einiger Tropfen Öl mit Schwefelwasserstoffwasser, wodurch sich bei einem bleihaltigen Öl die Tropfen je nach dem Bleigehalt rot bis schwarz färben.

Es sollte, wenn Cassiaöl zu medizinischen oder Genußzwecken gebraucht wird, nur das bleifreie rektifizierte Öl zur Anwendung kommen.

Verfälschungen und ihr Nachweis. Cassiaöl wurde früher nur mit fettem Öl, Cedernholzöl oder Gurjunbalsamöl verfälscht. Der Nachweis dieser Zusätze war sehr einfach, da sie das spez. Gewicht erniedrigten und die Löslichkeit in 80 %igem Alkohol aufhoben. Cedernöl und Gurjunbalsamöl waren außerdem noch durch ihre starke Linksdrehung durch den Polarisationsapparat leicht zu ermitteln. Weniger einfach war die Erkennung einer Fälschung, die in Macao und Hongkong betrieben wurde und Ende der 80er

[1]) Offenbar wirkt der Essigsäurezimtester in hohem Grade konservierend, was folgender Versuch beweist. Ein sehr altes Cassiaöl von 77,7 % Aldehydgehalt wurde in einer flachen, mit durchlöchertem Filtrierpapier bedeckten Schale 1 Jahr lang an einem Orte aufbewahrt, wo Wärme, Licht und Luft ungehinderten Zutritt hatten. Nach Ablauf dieser Zeit war der Zimtsäuregehalt des Öls von ursprünglich 0,7 % auf 8,5 % gestiegen. Eine eigentliche Verharzung hatte dabei nicht stattgefunden, denn der Destillationsrückstand (vgl. unter Prüfung) betrug gegen Ende des Versuchs nur wenig mehr als im Anfang. Reiner Zimtaldehyd würde sich unter gleichen Verhältnissen sehr bald in einen Klumpen von Zimtsäure verwandelt haben. (Bericht von Schimmel & Co. Oktober 1890, 10.)

[2]) Pharm. Zeitschr. f. Rußland 30 (1891), 790.

Jahre in hoher Blüte stand. Sie bestand in dem Zusatz von Kolophonium und Petroleum. Anfangs mochten die Chinesen wohl nur Kolophonium angewandt haben, weil aber größere Harzzusätze das Öl zu sehr verdickten und auch das spez. Gewicht erhöhten, so wurden diese Fehler durch Petroleum wieder ausgeglichen. Da durch diese Fälschung das spez. Gewicht und merkwürdigerweise auch die Löslichkeit in 80%igem Alkohol nicht beeinflußt wurde, so blieb sie längere Zeit verborgen, und erst der Umstand, daß der Harzzusatz allmählich zu reichlich geworden war, führte zur Entdeckung. Die damaligen Handelsöle hatten einen höchst unangenehmen Geruch, dunkelbraune Farbe und dicke, lackartige Konsistenz. Ihr wenig süßer Geschmack machte schnell einem ekelhaften, lange anhaltenden, kratzenden Gefühl im Munde Platz. Bei der Rektifikation mit Wasserdampf blieben bis 40% einer harten Harzmasse in der Destillierblase zurück; das Destillat bildete in der Florentiner Flasche zwei Schichten, von denen die eine im Wasser untersank, die andre darauf schwamm. Die leichte bestand, wie die Untersuchung zeigte, aus Petroleum.

Das Bedürfnis, die Verfälschung im kleinen schnell nachzuweisen, führte zur Destillationsprobe von Schimmel & Co.[1]) Sie besteht darin, daß man ein gewogenes oder gemessenes Quantum Öl in einem Kölbchen über freiem Feuer destilliert und den kolophoniumhaltigen Rückstand durch Wägung bestimmt. Die Ausführung geschieht auf folgende Weise: In ein tariertes Fraktionskölbchen von 100 ccm Inhalt (Bd. I, S. 583, Fig. 70), dessen Seitenrohr nicht zu hoch angeschmolzen ist, wägt man 50 g Cassiaöl. Nachdem das Kölbchen mit einem 1 m langen Kühlrohr verbunden worden ist, destilliert man den Inhalt über einer Bunsenflamme oder einer Spirituslampe ab. Anfangs entweicht etwas Wasser mit prasselndem Geräusch, dann steigt das Thermometer schnell auf 240° und die Hauptmenge geht zwischen 240 und 260° über. Das Ende der Destillation wird durch das Auftreten weißer, von der Zersetzung des Rückstandes herrührender Dämpfe angezeigt. Das Thermometer zeigt dann 280 bis 290°.

Nach dem Erkalten wägt man den Kolben mit dem Destillationsrückstand, der bei guten Ölen von dicker, zäher, brei-

[1]) Bericht von Schimmel & Co. Oktober 1889, 15.

artiger Beschaffenheit ist und 6 bis 8, höchstens 10 % des angewandten Öls ausmacht. Der Rückstand kolophonhaltiger Öle ist hart, spröde, glasartig und zerbrechlich, und seine Menge ist dem Kolophoniumgehalt entsprechend größer.

Anstatt das Öl zur Untersuchung abzuwiegen, kann man auch 50 ccm davon mit einer Pipette abmessen und das Destillat in einem graduierten Zylinder auffangen. Zieht man die Anzahl der übergegangenen ccm von 50 ab, so erhält man den Rückstand hinreichend genau.

Das Petroleum wird im Destillat nachgewiesen. Dieses ist bei reinen Ölen in 70 und 80 %igem Alkohol klar löslich; bei Gegenwart von Petroleum wird aber keine vollständige Lösung[1]) erzielt; die anfangs milchige Flüssigkeit klärt sich beim Stehen, und das oben schwimmende Petroleum kann abgeschöpft und durch sein Verhalten gegen Schwefelsäure und Salpetersäure erkannt werden. (Vgl. Bd. I, S. 635).

Um Cassiaöl ohne größeren Substanzverlust auf Kolophonium zu prüfen, läßt H. Gilbert[2]) die Rückstandsbestimmung auf einem Uhrglase vornehmen, das mit einigen Grammen des Öls im Trockenschränkchen bei einer Temperatur von 110 bis 120° bis zum konstanten Gewicht erwärmt wird.

Auch gibt die Bestimmung der Säurezahl nach Gilbert brauchbare Resultate, um Kolophonium nachzuweisen. Ein Öl mit einem Verdampfungsrückstand von 6 % hatte die S. Z. 13. Nachdem darin 20 % Kolophonium (S. Z. 150) aufgelöst war, stieg die S. Z. auf 40. Ein Cassiaöl mit 28 % Rückstand hatte die S. Z. 47.

Nach Hirschsohn[3]) eignet sich alkoholische Bleiacetatlösung durch ihre Eigenschaft, mit Kolophoniumlösungen Niederschläge zu bilden, auch zur Erkennung dieses Harzes in Cassiaöl. Zu dem Zwecke setzt man zu einer Lösung von 1 Vol. Cassiaöl in 3 Vol. 70 %igen Alkohols tropfenweise bis zu einem halben Vol. einer bei Zimmertemperatur gesättigten (frisch bereiteten)

---

[1]) Wie vorher erwähnt wurde, löst sich Cassiaöl, das Petroleum neben dem Kolophoniumzusatz enthält, in 80 %igem Alkohol auf, während reinem Cassiaöl zugesetztes Petroleum von 80 %igem Alkohol als Öltropfen abgeschieden wird.

[2]) Chem. Ztg. 13 (1889), 1406.

[3]) Pharm. Zeitschr. f. Rußl. 29 (1890), 255.

Lösung von Bleiacetat in 70%igem Alkohol hinzu. Entsteht hierbei ein Niederschlag, so ist das Öl mit Kolophonium verfälscht. Auf diese Weise sollen noch 5% Kolophonium erkannt werden können.

Aldehydbestimmung. Da die Güte des Cassiaöls von seinem Gehalt an Zimtaldehyd abhängt, so ist die Bestimmung dieses Körpers für die Wertbemessung von größter Wichtigkeit. Die Ausführung der von Schimmel & Co.[1]) angegebenen und jetzt im Handel allgemein gebräuchlichen[2]) Bisulfitmethode ist im I. Bande, S. 602 beschrieben.

Genau genommen erhält man nach diesem Verfahren Volum- und nicht Gewichtsprozente. Da jedoch die spez. Gewichte der aldehydischen wie nicht aldehydischen Bestandteile beim Cassiaöl fast genau gleich sind, so sind Gewichts- und Volumprozente praktisch identisch.

Der bei der Aldehydbestimmung in Betracht kommende chemische Vorgang verläuft folgendermaßen[3]): Zunächst bildet sich durch Einwirkung von 1 Mol. Zimtaldehyd auf 1 Mol. Natriumbisulfit das normale, in Wasser nicht lösliche Doppelsalz.

$$\underset{\text{Zimtaldehyd}}{C_6H_5\cdot CH:CH\cdot CHO} + \underset{\text{Natriumbisulfit}}{NaHSO_3} = \underset{\text{zimtaldehydschwefligsaures Natron}}{C_6H_5CH:CH\cdot CHO\cdot NaHSO_3}$$

Diese Doppelverbindung zerfällt beim Kochen mit Wasser, indem aus 2 Molekülen je ein Molekül Zimtaldehyd und sulfozimtaldehydschwefligsaures Natron entstehen.

$$\underset{\text{zimtaldehydschwefligsaures Natron}}{2C_6H_5\cdot CH:CH\cdot CHO\cdot NaHSO_3} = \underset{\text{Zimtaldehyd}}{C_6H_5\cdot CH:CH\cdot CHO} \cdot +$$

$$\underset{\text{sulfozimtaldehydschwefligsaures Natron.}}{C_6H_5CH_2\cdot CH(SO_3Na)\cdot CHO\cdot NaHSO_3}$$

Um den gesamten Aldehyd in diese wasserlösliche Verbindung überzuführen, muß man also einen Überschuß von Natriumbisulfit (2 Mol.) anwenden.

---

[1]) Bericht von Schimmel & Co. Oktober 1890, 12.

[2]) Bei der Beschreibung seiner Reise in die Cassiadistrikte erwähnt O. Struckmeyer, daß er im Innern Chinas auf einer Cassiaplantage in der Nähe von Lotingtschou die von Schimmel & Co. empfohlenen Gerätschaften zur Aldehydbestimmung gefunden habe. Bericht von Schimmel & Co. Oktober 1896, 12.

[3]) F. Heusler, Berl. Berichte 24 (1891), 1805; Bericht von Schimmel & Co. April 1890, 13.

Die Salze der sulfozimtaldehydschwefligen Säure sind in Wasser leicht löslich und beim Kochen beständig. Sie zerfallen erst bei der trocknen Destillation oder beim Erhitzen mit Natronlauge oder Schwefelsäure.

Gut geeignet zur Bestimmung des Zimtaldehyds ist auch die im I. Bande, S. 604 beschriebene Sulfitmethode.

Der Aldehydgehalt eines guten Cassiaöls beträgt mindestens 80%, ist aber nur in seltenen Fällen höher als 90%. Es sind jedoch auch schon Öle aus China gekommen, die nur 35 bis 50% Aldehyd enthielten, bei denen aber eine Verfälschung nicht nachweisbar war. Nach Angabe der Chinesen waren diese Öle aus jungen Blättern destilliert worden, eine Behauptung, deren Richtigkeit sich natürlich nicht kontrollieren läßt.

Von Ölen mit einem Aldehydgehalt unter 40% nimmt man entweder nur 5 ccm zur Bestimmung oder man benutzt Kölbchen, deren Hals etwas über 10 ccm faßt und eine Einteilung von 0 bis 10 trägt.

DIE AUS DEN EINZELNEN TEILEN DES CASSIASTRAUCHS GEWONNENEN ÖLE.

Sämtliche Teile des Cassiastrauchs liefern Öle von hohem Aldehydgehalt[1]). Die, wenn auch nur geringen Verschiedenheiten der spez. Gewichte deuten jedoch darauf hin, daß die nichtaldehydischen Bestandteile teilweise abweichend zusammengesetzt sein müssen. Für die Cassiaölgewinnung kommen, wie bereits erwähnt, nur die Blätter und Zweige in Betracht, da die Rinde und die sogenannten Blüten zu hoch im Preise stehen, während Blütenstengel nicht in genügenden Mengen aufzutreiben sind. Nicht ausgeschlossen ist natürlich, daß gelegentlich auch alle diese Pflanzenteile mitdestilliert werden.

1. Öl der Cassiarinde, der *Cassia lignea* des Handels. Ausbeute 1,2%; $d_{15°}$ 1,035; Aldehydgehalt 88,9%.

2. Öl der sogenannten Zimtblüten, der *Flores Cassiae* des Handels. Ausbeute 1,9%; $d_{15°}$ 1,026; Aldehydgehalt 80,4%.

3. Öl der Blütenstengel. Ausbeute 1,7%; $d_{15°}$ 1,046; Aldehydgehalt 92%.

[1]) Bericht von Schimmel & Co. Oktober 1892, 12.

4. Öl der Blätter. Ausbeute 0,54%; $d_{18°}$ 1,056; Aldehydgehalt 93%.

5. Öl der Zweige. Ausbeute 0,2%; $d_{18°}$ 1,045; Aldehydgehalt 90%.

6. Öl aus einem Gemisch von Blättern, Blattstielen und jungen Zweigen. Ausbeute 0,77%; $d_{18°}$ 1,55; Aldehydgehalt 93%.

7. Das Öl der Wurzelrinde enthält gleichfalls Zimtaldehyd[1]).

Da das Öl des Handels aus demselben Material wie Nr. 6 destilliert wird, so müßte es sich in seinen Eigenschaften diesem nähern. Daß die Handelsöle diese Qualität aber niemals erreichen, liegt wohl an der rohen, in China üblichen Bereitungsweise über freiem Feuer.

Produktion und Handel. Das wichtige Gewürz Cassia, zum Unterschied von andern Zimtsorten im Handel gewöhnlich *Cassia lignea* genannt, wird auf einem verhältnismäßig beschränkten Gebiete in den chinesischen Provinzen Kwang-si und Kwang-tung gewonnen. Die Cassiagebiete befinden sich zwischen dem 110. und 112. Grad östlicher Länge, sie werden begrenzt im Norden vom Si-kiang oder Westfluß und erstrecken sich im Süden bis 23° 3′ nördlicher Breite. Die hauptsächlichsten Pflanzungen sind in der Umgegend von Tai-wo, Yung und Sih-leong am Sangkiang, außerdem bei Lotingtschou am Lintanfluß.

Im Handel genießt die Tai-wo-Ware den Vorzug. Die erzeugte Menge Cassia schwankt zwischen 50000 und 80000 Piculs oder 3000000 bis 4800000 Kilo im Jahr. Hauptmärkte sind Canton und Hongkong. Von letzterem Platz wurden im Jahre 1896 54032 Piculs verschifft.

Die Destillation des Cassiaöls findet innerhalb der obengenannten Gebiete statt. Als Material dienen die bei der Gewinnung der *Cassia lignea* abfallenden Blätter, Blattstiele und Zweige des Cassia-Strauches. Während die Cassia-Rinde in Dschonken auf dem natürlichen Wasserweg, dem Si-kiang, nach Canton gelangt, wird das Cassiaöl infolge des hohen Zolles, den die Likinstationen auf dem Wege nach Canton auf diesen Artikel erheben, in den bekannten Bleigefäßen über die Berge nach Pak-hoi und von da zu Schiff nach Hongkong, dem Haupt-

[1]) Verslag 's Lands Plantentuin te Buitenzorg 1895, 39.

stapelplatz, geschafft. Angeblich wird jetzt der gesamte Cassiahandel von einem Ring chinesischer Kaufleute der Provinz Kwang-tung beherrscht, die auch die Ausfuhr von *Cassia lignea* in der Hand haben. Welche Mengen Cassiaöl gewonnen werden, läßt sich nicht genau angeben; auch die zur Ausfuhr gelangenden Mengen lassen sich nur schätzen, da die chinesische Ausfuhrstatistik, wie auf S. 405, Anm. 2 erwähnt, Cassiaöl und Sternanisöl zusammenfaßt. Von amerikanischer Seite wurde die jährliche Erzeugung in Kwang-tung und Kwang-si auf 200000 bis 260000 lbs. geschätzt; in ganz China soll sich i. J. 1907 die Gewinnung auf 1577000 lbs. i. W. von $ 560400 Gold belaufen haben. Im Ganzen wurden im Jahre 1911 für £ 28964.— Cassiaöl exportiert, davon ungefähr die Hälfte über Hongkong. Welchen Weg die andre Hälfte nimmt, ist nicht gesagt; daß ein andrer Verschiffungshafen in Frage kommt, ist neu. Im Jahre 1911 sollen Hongkong 2200 Kisten zu je 30 kg Netto-Inhalt passiert haben, gegen 1400 Kisten im Jahre 1910. Der Wert des 1911 nach den Vereinigten Staaten verschifften Cassiaöls betrug £ 5560.—, gegen £ 4880.— im Jahre vorher.

Für den Wert des Artikels ist infolge des Vorgehens der Firma Schimmel & Co. der Gehalt an Zimtaldehyd maßgebend. Die bedeutenderen Firmen in Hongkong sind auf die Bestimmung des Gehalts eingerichtet und haben sich durch mehrjährige Übung darin eine große Sicherheit angeeignet.

Die Wertschwankungen der besten Handelsqualität Cassiaöl mit 80 bis 85 % Aldehydgehalt mögen aus der nachstehenden Zusammenstellung entnommen werden. (Notierung am 1. September jedes Jahrs.)

1886 . . .	M. 7.—	für 1 kg	1900 . . .	M. 9.10	für 1 kg
1887 . . .	„ 5.80	„ „	1901 . . .	„ 7.70	„ „
1888 . . .	„ 7.10	„ „	1902 . . .	„ 6.30	„ „
1889 . . .	„ 9.—	„ „	1903 . . .	„ 7.20	„ „
1890 . . .	„ 8.80	„ „	1904 . . .	„ 7.40	„ „
1891 . . .	„ 8.60	„ „	1905 . . .	„ 7.—	„ „
1892 . . .	„ 7.70	„ „	1906 . . .	„ 10.15	„ „
1893 . . .	„ 7.40	„ „	1907 . . .	„ 12.60	„ „
1894 . . .	„ 7.60	„ „	1908 . . .	„ 10.90	„ „
1895 . . .	„ 12.—	„ „	1909 . . .	„ 7.90	„ „
1896 . . .	„ 17.—	„ „	1910 . . .	„ 6.95	„ „
1897 . . .	„ 14.40	„ „	1911 . . .	„ 7.55	„ „
1898 . . .	„ 13.40	„ „	1912 . . .	„ 8.30	„ „
1899 . . .	„ 11.50	„ „			

271. Japanisches Zimtöl.

Die verschiedenen Teile von *Cinnamomum Loureirii* Nees [1]) werden in Japan als Zimt benutzt. Der „*Nikkei*" genannte Baum findet sich in den heißesten Gegenden Japans, nämlich in den Provinzen Tosa und Kii. Sowohl aus den ober- als auch aus den unterirdischen Teilen der Pflanze sind ätherische Öle hergestellt und untersucht worden.

1. ÖL AUS BLÄTTERN UND JUNGEN ZWEIGEN.

Das in einer Ausbeute von etwa 0,2% gewonnene Öl ist von hellgelber Farbe und besitzt einen angenehmen, an Citral und Ceylon-Zimtöl erinnernden Geruch. Die Eigenschaften eines von Schimmel & Co.[2]) untersuchten Öls waren folgende: $d_{18°}$ 0,9005, $\alpha_D - 8°45'$, S. Z. 3,01, E. Z. 18,6, löslich in 2 bis 2,5 Vol. u. m. 70%igen Alkohols mit Opalescenz, klar löslich im gleichen Volumen u. m. 80%igen Alkohols. Das Öl enthielt 27% Aldehyde, größtenteils Citral (Smp. der α-Citryl-β-naphthocinchoninsäure 199°). Beim Fraktionieren der nicht aldehydischen Anteile wurden Cineol und Linalool ($d_{18°}$ 0,8724; $\alpha_D - 17°$; $n_{D20°}$ 1,46387) gefunden; von letzterer Verbindung dürften wenigstens 40% in dem Öl enthalten sein.

Im Öl der Blätter fand K. Keimatsu[3]) neben Citral auch Eugenol.

2. ÖL DER STÄMME.

Es enthält nach K. Keimatsu[3]) als Hauptbestandteil Zimtaldehyd, neben geringen Mengen Eugenol.

3. ÖL DER WURZELN.

Bei der Destillation der Wurzelrinde „*Komaki*" erhielt Shimoyama[4]) 1,17% eines leicht gelblichen, stark licht-

---

[1]) Der in Tongkin und Annam gewonnene Zimt, der nach früheren Angaben (Vgl. Cayla, Journ. d'Agriculture tropicale 9 [1909], 164; Bericht von Schimmel & Co. Oktober 1909, 128) von *C. Loureirii* abstammen sollte, kommt nach E. Perrot und P. Eberhardt (Bull. Sciences pharmacol. 16 [1909], Nr. 10 u. 11; Bericht von Schimmel & Co. April 1910, 27) von Varietäten von *Cinnamomum obtusifolium* Nees her.

[2]) Bericht von Schimmel & Co. Oktober 1904, 100.

[3]) Journ. pharm. Soc. of Japan 1906, 105; Apotheker Ztg. 21 (1906), 306.

[4]) Mitt. der med. Fak. Tokio, Bd. III. Nr. 1; Apotheker Ztg. 11 (1896), 537.

brechenden Öls von $d_{15°}$ 0,982. Wie das echte Zimtöl enthält es Zimtaldehyd. Der mit Kaliumbisulfit nicht reagierende Teil riecht nach Lavendel, siedet bei 175 bis 176°, enthält, wie aus der Analyse hervorgeht, 87,78% C und 11,33% H und besteht demnach aus einem Terpen.

Keimatsu[1]) wies darin außerdem nach: Camphen, Cineol und Linalool.

272. Öle der Rinde von Cinnamomum Kiamis.

Aus der sogenannten Massoirinde von *Cinnamomum Kiamis* Nees (*C. Burmanni* Blume) destillierte Bonastre[2]) ein Öl, das sich in ein leichtes und ein schweres Öl teilte und einen Campher abschied. Das leichte Öl war fast farblos, dünnflüssig, ähnlich wie Sassafras riechend; das schwere Öl war dickflüssiger und weniger flüchtig, roch schwächer und schmeckte stark nach Sassafras. Der Massoicampher, ebenfalls schwerer als Wasser, bestand aus einem weißen, sich weich anfühlenden, geruchlosen und fast geschmacklosen Pulver, das sich in heißem Weingeist und in Äther löste.

Schimmel & Co.[3]) erhielten aus zwei von Timor und Celebes stammenden Rinden bei der Destillation 0,5% eines bräunlichgelben Öls von ähnlichem, aber weniger feinem Geruch wie Ceylon-Zimtöl. Auch in den Konstanten waren Unterschiede von letzterem vorhanden: $d_{15°}$ 1,0198, $\alpha_D - 1°50'$, $n_{D20°}$ 1,58282, löslich in 0,8 u. m. Vol. 80%igen Alkohols, nicht klar löslich in 10 Vol. 70%igen Alkohols. Der Gehalt an Zimtaldehyd wurde mit neutralem Natriumsulfit zu 77% gefunden, während eine Bestimmung mit Bisulfit ca. 80% ergab, doch war das Resultat im letzteren Falle sehr ungenau, wahrscheinlich infolge der gleichzeitigen Gegenwart von andern Aldehyden, deren Bisulfitverbindungen sich aus der Lösung wieder ausschieden und ein genaues Ablesen verhinderten. Eine außerdem noch mit 3%iger Natronlauge vorgenommene Phenolbestimmung ergab einen Phenolgehalt von ca. 11%. Beim Schütteln mit der Natron-

---

[1]) Journ. pharm. Soc. of. Japan 1906, 105; Apotheker Ztg. 21 (1906), 306.

[2]) Journ. de Pharm. 15 (1829), 204.

[3]) Bericht von Schimmel & Co. Oktober 1911, 105.

lauge hatte sich ein Teil des Öls emulgiert, sodaß auch hier ein genaues Ablesen der nicht in Reaktion getretenen Ölanteile unmöglich wurde; der angegebene Wert ist daher nur annähernd richtig.

273. Culilawanöl.

Das Öl der Culilawanrinde von *Cinnamomum Culilawan* Blume wurde zuerst im Jahre 1824 von Schloß[1]) dargestellt, der es als ein nach Nelken- und Cajeputöl riechendes Öl beschreibt.

Die Ölausbeute beträgt 4 %. $d_{18°}$ 1,051; löslich in 3 und mehr Vol. 70 %igen Alkohols[2]).

Der Hauptbestandteil[2]) ist Eugenol (Benzoyleugenol, Smp. 70 bis 71°), und zwar wurden davon in einem Öle nach dem Thomsschen Verfahren ca. 62 % ermittelt. Ein zweiter, bei 249 bis 252° siedender Anteil ist Methyleugenol (Monobrommethyleugenoldibromid, Smp. 78 bis 79°; Veratrumsäure, Smp. 179 bis 180°). Die von 100 bis 125° (10 mm) siedende Fraktion enthält möglicherweise Terpineol.

274. Öl von Cinnamomum Wightii.

Die Rinde des in den gebirgigen Gegenden des südlichen Indiens wachsenden *Cinnamomum Wightii* Meißn. gab bei der Destillation 0,3 % Öl, das von 130 bis 170° siedete und dessen spez. Gewicht 1,010 bei 15° betrug.

Als Stammpflanze dieser Rinde war zuerst fälschlich *Michelia nilagirica* genannt worden[3]).

275. Öl von Cinnamomum Oliveri.

Aus der Rinde des in Australien „Black, Brown" oder „White Sassafras" genannten Baumes, *Cinnamomum Oliveri* Bail., erhielt R. T. Baker[4]) bei der Destillation mit Wasserdampf 0,75 bis 1 % Öl von goldgelber Farbe und sehr angenehmem Ge-

[1]) Trommsdorffs Neues Journ. der Pharm. 8, II (1824), 106.

[2]) E. Gildemeister u. K. Stephan, Arch. der Pharm. 235 (1897), 583.

[3]) Bericht von Schimmel & Co. Oktober 1887, 36 und April 1888, 46.

[4]) Proceed. Linnean Soc. of N. S. W. 1897, Part 2, p. 275; Pharm. Ztg. 42 (1897), 859.

ruch. d 1,001; α_D + 22 bis + 22,3°. Bei der Destillation ging das Öl zwischen 213 bis 253° über; 54% siedeten zwischen 230 und 253°.

Die niedrigst siedende Fraktion gab die Jodol-Cineol-Reaktion. Mit Lauge wurde eine kleine Menge eines Eisenchlorid blau färbenden Phenols — vermutlich Eugenol — isoliert. Bisulfit entzog dem Öle ca. 2% eines nach Zimt riechenden Aldehyds, der wahrscheinlich mit Zimtaldehyd identisch ist.

Beim Abkühlen auf — 12° schieden sich aus dem Öl Kristalle aus, die jedoch bald nachdem das Öl aus der Kältemischung genommen war, wieder schmolzen (Safrol?).

Die Blätter dieses früher irrtümlich als *Beilschmiedia obtusifolia* bezeichneten Baumes geben bei der Destillation (Ausbeute 770 Unzen aus einer Tonne) ein ausgesprochen nach Sassafras riechendes Öl[1]), das nach Baker[2]) ziemlich viel Campher enthält[3]).

Die Rinde von *Beilschmiedia obtusifolia* ist nach demselben Autor[4]) geruchlos.

---

[1]) Bericht von Schimmel & Co. April 1887, 38.

[2]) Journ. Soc. chem. Industry 20 (1901), 169.

[3]) Die *Cinnamomum*-Arten Australiens sind von R. T. Baker in Bd. 13 der „Australasian association for the advancement of science" (1. Mai 1912) beschrieben worden. Baker gründet seine Klassifizierung nicht allein auf morphologische Merkmale, sondern auch auf die Anatomie der Rinden und die Chemie des Holzes und der aus den Blättern und den Rinden gewonnenen Öle. Als bedeutsames und praktisch wichtiges Unterscheidungsmerkmal fand Baker, daß in ähnlicher Weise wie vor Jahren von ihm und Smith bei den einzelnen *Eucalyptus*-Arten beobachtet wurde, auch bei den *Cinnamomum*-Arten Beziehungen zwischen dem Verlauf der Blattnerven und der chemischen Zusammensetzung des ätherischen Öls der Blätter bestehen. Bei den bisher in Europa und Australien untersuchten *Cinnamomum*-Arten wurde festgestellt, daß die campherhaltigen unter ihnen fiedernervige Blätter besitzen, während handnervige Blätter ein campherfreies Öl liefern. Die Bedeutung dieses Unterschiedes liegt auf der Hand. In seinen *Cinnamomum*-Bäumen hat Australien eine noch ungenützte einheimische Quelle für Campher. So wurde aus den Blättern von *C. Oliveri* eine hohe Campherausbeute erhalten, auch das Holz enthält diesen Körper; das aus der Rinde destillierte Öl harrt noch der Untersuchung. *C. Laubatii* (s. Anm. 1, S. 460), eine noch wenig gekannte Spezies, und einige andre Arten scheinen ebenfalls campherhaltig zu sein. Die bisherigen Ergebnisse haben Veranlassung gegeben, *Cinnamomum*-Bäume an der Nordküste zur Campher- und Ölgewinnung anzubauen, man hat aber bisher nichts darüber gehört, wie dieser Versuch ausgefallen ist. Bericht von Schimmel & Co. April 1911, 38.

[4]) Pharmaceutical Journ. 63 (1899), 330 u. 326.

276. Öl von Cinnamomum pedatinervium.

Die Rinde des auf den Fidschi-Inseln heimischen Baumes[1]) *Cinnamomum pedatinervium* Meißn. gibt nach E. Goulding[2]) bei der Destillation mit Wasserdampf 0,92% eines gelblichbraunen Öles von angenehm würzigem Geruch. $[\alpha]_D - 4,96°$; $n_{D15°}$ 1,4963. Unter gewöhnlichem Druck destillierte es von 180 bis 255°. V. Z. 4,4. Nach dem Acetylieren des Öles war die V. Z. auf 115,8 gestiegen, woraus sich ergibt, daß das Öl etwa 30,75% freie Alkohole der Formel $C_{10}H_{18}O$ enthält. Aus dem Resultat einer Methoxylbestimmung ließ sich der Gehalt von 1,16% OCH_3 berechnen.

Der Hauptbestandteil, ca. 50% des Öls ist Safrol (Piperonal; Piperonylsäure; Safrol-α-nitrosit[3]), Smp. 129 bis 130°). 30% bestehen aus Linalool (Citral, Citryl-β-naphthocinchoninsäure), 1% aus Eugenol (Benzoyleugenol, Smp. 70°) und ca. 3% wahrscheinlich aus Eugenolmethyläther. Außerdem sind 10 bis 20% unbekannte, zwischen 167 und 172° siedende Terpene, die ein flüssiges Dibromid lieferten, vorhanden.

277. Öl von Cinnamomum Tamala.

Neben andern *Cinnamomum*-Arten liefert *Cinnamomum Tamala* Nees et Eberm., ein im südlichen Asien weitverbreiteter, mittelgroßer Baum, den sog. Mutterzimt, *Cassia lignea, Xylocassia*, auch Holzcassia oder im Kleinhandel schlechtweg Cassia genannt. Die Blätter des Baumes finden noch heute in Ostindien medizinisch Verwendung, kamen auch früher als schmale *Folia Malabathri* in den Handel, sind aber jetzt obsolet geworden. Sie enthalten ein ätherisches Öl, das von J. H. Burkill in Kalkutta destilliert und von Schimmel & Co.[4]) untersucht worden ist. Das Öl war citronengelb und von nelkenartigem, dabei schwach pfeffrigem Geruch. Es hatte folgende Konstanten: $d_{15°}$ 1,0257, $\alpha_D + 16°37'$, $n_{D20°}$ 1,52596, Phenolgehalt 78%, löslich in 1,2 und

---

[1]) Der Baum ist von Berthold Seemann in seiner Flora Vitiensis p. 202 beschrieben.

[2]) The constituents of the volatile oil of the bark of *Cinnamomum pedatinervium* of Fiji. Dissertation, London 1903.

[3]) A. Angeli u. E. Rimini, Gazz. chim. ital. 25 II. (1895), 200.

[4]) Bericht von Schimmel & Co. April 1910, 124.

mehr Volumen 70%igen Alkohols. Die Phenole bestanden aus Eugenol (Benzoylverbindung, Smp. 69°); das phenolfreie Öl hatte die hohe optische Drehung $\alpha_D + 66° 40'$ und gab ein festes Nitrit, das nach dem Umkristallisieren aus Essigäther bei 113 bis 114° schmolz. Es lag demnach d-α-Phellandren vor. Seinem hohen Eugenolgehalt nach kommt es dem gewöhnlichen Ceylon-Zimtblätteröl sehr nahe.

Nach Baker[1]) enthalten die Blätter Campher.

278. Öl von Cinnamomum mindanaense.

Die mit *Cinnamomum zeylanicum* nahe verwandte Art *C. mindanaense* Elmer ist in der Umgebung von Mindanao (Philippinen) ziemlich häufig[2]). Die Rinde lieferte 0,4% ätherisches Öl von den Eigenschaften: $d_{30°}^{30°}$ 0,960, $\alpha_{D30°}$ 7,9° (+?), $n_{D30°}$ 1,5300; der Aldehydgehalt betrug ca. 60%.

279. Öl von Cinnamomum Parthenoxylon.

Aus 15,82 kg des Holzes von *Cinnamomum Parthenoxylon* Meißn. wurden in Buitenzorg[3]) 124 ccm Öl gewonnen, das schwerer als Wasser war und, wie van Romburgh feststellte, in der Hauptsache aus Safrol bestand. Das Holz wird in Java *Selasian*-Holz genannt.

Ein von de Jong[4]) in Buitenzorg hergestelltes Muster dieses Öls hatte folgende Konstanten: $d_{15°}$ 1,0799, $\alpha_D + 1°22'$, $n_{D20°}$ 1,53229, löslich in 2,6 Vol. u. m. 90%igen Alkohols. Es war von blaßgelber Farbe und zeigte ausgesprochenen Safrolgeruch. Die Rinde dieser *Cinnamomum*-Art enthält nach de Jong kein ätherisches Öl.

In einem früheren Buitenzorger Jahresbericht[5]) wurde ein gleichfalls aus dem Holz gewonnenes Öl beschrieben, das die Dichte 1,074 (bei 28°) zeigte und auch zum größten Teile aus Safrol bestand. Das Safrol wurde durch Überführung in Isosafrol, das

[1]) Bericht von Schimmel & Co. April 1911, 39. Baker spricht von *Cinnamomum Lauhatii*; nach dem Index Kewensis ist *C. Lauhatii* F. v. Müll. = *C. Tamala* Nees et Eberm.

[2]) R. F. Bacon, Philippine Journ. of Sc. 5 (1910), A, 257; Bericht von Schimmel & Co. April 1911, 42.

[3]) Jaarb. dep. Landb. in Ned.-Indië, Batavia 1909, 64.

[4]) Bericht von Schimmel & Co. April 1911, 42.

[5]) Verslag 's Lands Plantentuin te Buitenzorg 1895, 39.

das charakteristische Nitrit lieferte, gekennzeichnet. Aus dem Safrol entstand bei der Oxydation Piperonylsäure und ihr bei 126° schmelzendes Homologes.

Ein drittes, ebenfalls in Buitenzorg aus Sägespänen destilliertes Öl hatte die Eigenschaften[1]): d 1,067, α_D + 1° 3', V. Z. 8,4, E. Z. nach Actlg. 11,8.

280. Öl von Cinnamomum glanduliferum.

ÖL DER BLÄTTER.

Aus den Blättern von *Cinnamomum glanduliferum* Meißn. (Nepal Sassafras; Nepal camphor tree), einer in den Distrikten südlich des Himalaja wachsenden Lauracee, hat R. S. Pearson in Dehra Dun einen Campher gewonnen, der als identisch mit der japanischen Handelsware anzusehen ist. Das an Schimmel & Co.[2]) übersandte Rohprodukt hatte den Schmelzpunkt 175°, der nach dem Umkristallisieren aus verdünntem Alkohol auf 176° stieg. Die spezifische Drehung des gereinigten Camphers betrug in 55,55%iger alkoholischer Lösung (90%ig.) $[\alpha]_D$ + 46,32°; in einer 43,91%igen Xylollösung war sie $[\alpha]_D$ + 49,12° und fiel nach zehntägigem Stehen der Lösung auf $[\alpha]_D$ + 48,72°. Das Oxim schmolz bei 118° und zeigte, wie zu erwarten, umgekehrte Drehungsrichtung, war also linksdrehend. Durch Kochen mit Essigsäureanhydrid ließ sich ein alkoholischer Bestandteil, etwa Borneol, nicht nachweisen, das Rohprodukt bestand also lediglich aus d-Campher.

Die Blätter eines in Cannes in der Villa Rothschild befindlichen Baumes, der, wie die spätere Untersuchung[3]) lehrte, *Cinnamomum glanduliferum* Meissn. war, hatten bei der Destillation ein ätherisches Öl gegeben (Ausbeute 0,52 %), das sich durch einen ausgesprochenen Cardamomengeruch auszeichnete. $d_{15°}$ 0,9058 und 0,9031; α_D — 26° 12' und — 24° 57'; S. Z. 0,34 und 0,9; E. Z. 8,82 und 18,4; E. Z. nach Actlg. 46,9 und 55,3; löslich in 1 bis 1,5 u. m. Vol. 80%igen Alkohols.

---

[1]) Jaarb. dep. Landb. in Ned.-Indië, Batavia 1910, 49.

[2]) Bericht von Schimmel & Co. Oktober 1910, 135.

[3]) *Ibidem* April 1905, 84. An dieser Stelle wird als Stammpflanze irrtümlicher Weise *Laurus Camphora* angegeben. Vgl. auch *Ibidem* April 1918.

Das an erster Stelle aufgeführte Öl ist auch auf seine Bestandteile untersucht worden. Es siedete bei 4 mm zwischen 35 und 95°. In den niedrigst siedenden Anteilen wurde Pinen (Smp. des Nitrolbenzylamins 123°) nachgewiesen; das Vorhandensein von Camphen ist wahrscheinlich, doch gelang dessen Nachweis — durch Überführung in Isoborneol — nicht mit Sicherheit. Weiterhin enthielt das Öl große Mengen Cineol (Smp. der Jodolverbindung 112°).

Aus den bei 4 mm oberhalb 76° übergegangenen Ölanteilen wurde durch mehrmals wiederholtes Fraktionieren im Vakuum eine zwischen 85 und 86° (5 mm) siedende Hauptfraktion (α_D —58° 23′) erhalten, die etwa 10% der angewandten Ölmenge ausmachte und, wie die weitere Untersuchung ergab, aus l-α-Terpineol bestand, das durch sein Phenylurethan (Smp. 113°) sowie durch das Nitrosochlorid (Smp. 112°) näher charakterisiert wurde. Durch Impfen der stark abgekühlten Fraktion mit festem Terpineol und längeres Stehenlassen in der Kälte wurde Terpineol vom Smp. 35° erhalten. Es ist bemerkenswert, daß in diesem Öl kein Campher enthalten war, während das von Pearson gewonnene Produkt fast ganz daraus bestand.

ÖL DES HOLZES.

Das Öl des Holzes dieser Pflanze ist von S. S. Pickles[1]) dargestellt worden. Das Destillationsmaterial bestand aus kurzen, von der Rinde befreiten Holzstücken. Aus dem Holzmehl wurden 2,95% Öl gewonnen, berechnet auf das nicht zerkleinerte Holz. Auf das Holzmehl bezogen, betrug die Ausbeute 4,16%, also bedeutend mehr, was davon herrührt, daß das Holz während des Zerkleinerungsprozesses Feuchtigkeit verloren hatte. Das Öl bildet eine blaßgelbe Flüssigkeit, die deutlich nach Safrol und gleichzeitig nach Anis riecht: $d_{18°}^{18°}$ 1,1033, $\alpha_{D20°}$ — 0° 4′, V. Z. 2,8, E. Z. nach Actlg. 7,0, lösl. in 5 Vol. u. m. 80%igen und im halben Vol. 90%igen Alkohols. Terpene, Säuren, Alkohole, Ester, Aldehyde und Ketone sind nicht oder nur in sehr geringen Mengen anwesend. Die Hauptmenge des Öls siedet zwischen 245 und 280° und enthält sehr viel Safrol. Dieses hatte die Eigenschaften: Smp. 9°, $d_{18°}$ 1,1059, $\alpha_D \pm 0$. Es wurde durch die Oxy-

[1]) Journ. chem. Soc. 101 (1912), 1433. — Bull. Imp. Inst. 10 (1912), 298.

dation zu Piperonal (Smp. 37°) und durch das α-Nitrosit (Smp. 130 bis 131°) gekennzeichnet. In einer Fraktion vom Sdp. 152 bis 157° (12 mm) fand Pickles Myristicin, das er in Dibrommyristicindibromid (Smp. 129°) und Dibrommyristicin (Smp. 52°) überführte. Die myristicinhaltige Fraktion wurde mit alkoholischem Kali erhitzt, um die Allylgruppe in die Propenylgruppe umzuwandeln. Sodann wurde die Fraktion mit Kaliumpermanganat oxydiert, wobei Myristicinaldehyd (Smp. 130°) und Myristicinsäure (Smp. 212,3°) sowie Trimethylgallussäure (Smp. 167 bis 168°) entstanden. Die Trimethylgallussäure deutet auf die Anwesenheit von Isoelemicin in der mit Kali behandelten myristicinhaltigen Fraktion. Man darf also annehmen, daß das ursprüngliche Öl Elemicin enthält. Die übrigen Bestandteile des Öls sind freie Palmitinsäure (Smp. 62,5°), ein phenolartiger Körper und ein Gemisch von Estern der niedrig-molekularen Fettsäuren.

281. Öl von Cinnamomum Mercadoi.

Cinnamomum Mercadoi Vid. ist nach Bacon[1]) auf den Philippinen weit verbreitet. Der tagalische Name des Baumes ist *Calingag.* 25 kg Rinde eines Baumes in der Gegend von Lamao, Provinz Bataan, lieferten nach dem Mahlen 260 g = 1,04 % eines hellgelben, nach Sassafras riechenden Öls mit den Konstanten: $d_{4^\circ}^{30^\circ}$ 1,0461, α_{D30° + 4°, n_{D30° 1,5270. Aldehyde konnten weder mit Bisulfit noch mit Phenylhydrazin nachgewiesen werden. Bei der Vakuumfraktionierung unter 10 mm Druck wurden folgende Anteile erhalten: Fr. 1 (77 g): Sdp. 119 bis 124°, n_{D30° 1,5333; Fr. 2 (9,2 g): Sdp. 124 bis 130°, n_{D30° 1,5320; Rückstand: 11,5 g, n_{D30° 1,5278. Fraktion 1 hatte nach nochmaliger Destillation bei gewöhnlichem Druck nachstehende Eigenschaften: Sdp. 235 bis 238° (760 mm), $d_{4^\circ}^{30^\circ}$ 1,0631, α_{D30° + 0,9°, n_{D30° 1,5335. Oxydation mittels Chromsäure führte zu Piperonylsäure, Smp. 227°; Erhitzen mit alkoholischem Kali und nachfolgende Permanganatoxydation lieferte Piperonal. Hiernach ergibt sich, daß das Öl dieser *Cinnamomum*-Art große Mengen von Safrol enthält.

[1]) Philippine Journ. of Sc. 4 (1909), A, 114.

282. Öl von Cinnamomum pedunculatum.

Das ätherische Öl der Stammrinde von dem in Japan als „*Yabunikkei*" bekannten *Cinnamomum pedunculatum* Presl. (Nees) (*C. japonicum* Sieb.) haben Keimazu und Asahina[1]) untersucht. Das vom gewöhnlichen Zimtöl ganz verschiedene Öl hatte folgende Eigenschaften: d 0,917, $[\alpha]_D - 280,54'$ ($-4°40'$?), S. Z. 0, V. Z. 0, V. Z. nach Actlg. 84,6. Das Öl ist reich an α-Phellandren (Nitrit, Smp. 110°) und enthält außerdem eine kleine Menge Eugenol (Benzoylverbindung, Smp. 69°), sowie Methyleugenol (Veratrumsäure, Smp. 179°).

Ein von Schimmel & Co.[2]) untersuchtes Öl hatte eine hellgelbe Farbe und die Konstanten: $d_{15°}$ 0,9316, $\alpha_D - 14°32'$; nicht völlig löslich in 10 Vol. 70 %igen Alkohols, löslich in 1,2 Vol. u. m. 80 %igen Alkohols. Das Öl enthält ca. 6 % Phenole, die einen kresolartigen Geruch besitzen; die Nichtphenole enthalten Phellandren und wahrscheinlich Linalool.

283. Öl von Cinnamomum Sintok.

Aus der Stammrinde von *Cinnamomum Sintok* Blume[3]) ist durch Destillation in guter Ausbeute ein nach Gewürznelken und Muskatnuß riechendes Öl von $d_{27,5°}$ 1,008 erhalten worden. Nach Entfernung von 13 % Eugenol (Benzoylverbindung) siedete der Rest, eine farblose, nach Muskatnuß riechende Flüssigkeit, bei 250°.

Das Öl der Wurzelrinde hat einen mehr campherartigen Geruch.

284. Lawangöl.

Eine aus Niederl.-Indien unter dem Namen „*Lawang*" ausgeführte Rinde lieferte E. W. Mann[4]) 0,5 % eines nach Muskatnuß, Sassafras und Nelken riechenden Öls von folgenden Eigenschaften: $d_{15,5°}$ 1,0104, $\alpha_{D20°} - 6,97°$, $n_{D20°}$ 1,5095, S. Z. 1,15,

[1]) The Oriental Druggist 1 (1906), Nr. 3. Yokohama; Bericht von Schimmel & Co. April 1907, 112.

[2]) Bericht von Schimmel & Co. Oktober 1907, 20.

[3]) Verslag 's Lands plantentuin te Buitenzorg 1895, 39. Hinter dem Pflanzennamen steht ein Fragezeichen, was wohl andeuten soll, daß die botanische Bestimmung nicht ganz sicher ist.

[4]) Pharmaceutical Journ. 89 (1912), 145.

E. Z. 41,87, V. Z. nach Actlg. 121,91. Lösl. in 2 Vol. 80 %igen Alkohols. Beim Erwärmen mit metallischem Natrium reagierte das Öl heftig unter Bildung einer halbfesten Masse. Sie wurde mit Äther ausgezogen, wobei eine Substanz in Lösung ging, die sich an der Luft blau färbte. Der in Äther unlösliche Teil löste sich leicht in Wasser. Aus der wäßrigen Lösung fiel beim Ansäuern ein weißer Körper aus, der aus Alkohol umkristallisiert, bei 51 bis 52° schmolz. Die Natur dieser Verbindung ist noch unbekannt.

Über die botanische Abstammung der Rinde weiß Mann nichts Bestimmtes mitzuteilen. Er erwähnt nur, daß sie, wie Holmes glaubt, wahrscheinlich von einer *Cinnamomum-* oder *Litsea*-Art stammt. Schimmel & Co.[1]) vermuteten als Stammpflanze *Cinnamomum iners* Reinw., denn für diese gibt de Clercq[2]) den malaiischen Namen *Lawang* an.

Diese Annahme ist aber durch die botanisch-pharmakognostische Untersuchung der Rinde nicht bestätigt worden. Denn obwohl die Abstammung von einer *Cinnamomum*-Art als sicher anzunehmen ist, scheint wegen der Anordnung der Steinzellen eine andre Spezies als *C. iners* vorzuliegen.

285. Campheröl.

Essence de Camphre. — Oil of Camphor.

Herkunft. Der Campherlorbeer, *Cinnamomum Camphora* Nees et Ebermayer (*Laurus Camphora* L., Familie der *Lauraceae*), ist ein stattlicher Waldbaum, dessen Heimat das südliche China, Formosa und Japan ist.

Auf Formosa, dem jetzigen Hauptproduktionslande für Campher und Campheröl, wächst der Campherbaum nicht in geschlossenen Beständen, er findet sich vielmehr immer nur in einzelnen Exemplaren; dies gilt besonders von den großen, zur Destillation geeigneten Bäumen, deren Umfang, am Fuße gemessen, oft 7 bis 12 m beträgt. Die Holzmenge, die ein solcher Riese liefert, reicht hin, eine der alten chinesischen Destillationsanlagen, wie sie jetzt noch ab und zu in Gebrauch sind, auf

[1]) Bericht von Schimmel & Co. Oktober 1912, 79.

[2]) Nieuw plantkundig woordenboek voor Nederlandsch-Indië. Amsterdam 1909, S. 199.

mehrere Jahre mit Material zur Camphergewinnung zu versorgen. Dabei pflegen die Campherarbeiter am liebsten nur die unteren 3 bis 4 m des Baumes zu verwenden, die oberen Teile des Stammes, ebenso wie Zweige und Blätter, die weniger reich an Campher sind, läßt man einfach verfaulen[1]). Neuerdings dürfen auf Formosa Bäume, die unter 50 Jahre alt sind, nicht gefällt werden. Da sich die Bestände an wildwachsenden Bäumen bereits sehr zu lichten beginnen, ist man in Japan und Formosa eifrig bestrebt, die Lücken durch Anpflanzungen auszufüllen. Angeregt durch die hohen Campherpreise in den letzten Jahren, hat man angefangen, auch in allen für den Anbau geeignet scheinenden Weltteilen Kulturen von Campherbäumen anzulegen. Sie sind indessen noch zu jung, als daß man ein Urteil über die Aussichten abgeben könnte. Mehr oder weniger ausführliche Berichte über derartige Versuche beziehen sich auf folgende Länder: Ceylon[2]), Vorderindien[3]), Hinterindien[4]) (Annam, Burma, Assam), Vereinigte Malaienstaaten, Quelpart[5]), Ostafrika[6]),

[1]) Interessante Einzelheiten über die gesamte Campherindustrie auf Formosa finden sich in dem sehr ausführlichen Werk: „The island of Formosa" von James W. Davidson, London and New York 1903. p. 397 bis 443.

[2]) Bericht von Schimmel & Co. April 1906, 38; *Ibidem* Oktober 1906, 38. — Chemist and Druggist 69 (1906), 536; Bericht von Schimmel & Co. April 1907, 61. — Journ. d'Agriculture tropicale 7 (1907), 58; Bericht von Schimmel & Co. April 1907, 65. — J. K. Nock, Circul. and Agric. Journ. of the Roy. bot. Gardens Ceylon, 4 (1907), Nr. 3; Bericht von Schimmel & Co. Oktober 1907, 47; April 1908, 20. — Oil, Paint and Drug Reporter 74 (1908), Nro 23, S. 52; Bericht von Schimmel & Co. April 1909, 21. — Diplomatic and Consular Reports Nro. 4240, Juni 1909; Bericht von Schimmel & Co. Oktober 1909, 23.

[3]) Bericht von Schimmel & Co. Oktober 1906, 38. — Chemist and Druggist 70 (1907), 540; Bericht von Schimmel & Co. Oktober 1907, 47.

[4]) C. Crévost, Journ. d'Agriculture tropicale 6 (1906), 105; Bericht von Schimmel & Co. Oktober 1906, 39. — Nachrichten f. Handel u. Industrie 1908, Nr. 45, S. 5; Bericht von Schimmel & Co. Oktober 1908, 27. — Journ. Soc. chem. Industry 26 (1907), 889; Bericht von Schimmel & Co. Oktober 1907, 47. — Journ. d'Agriculture tropicale 10 (1910), 8; Bericht von Schimmel & Co. April 1910, 25. — Agricultural Bulletin of the S., and F. M. S. Aug. 1909; Bericht von Schimmel & Co. April 1911, 37.

[5]) Bericht von Schimmel & Co. April 1907, 60. — Journ. d'Agriculture tropicale 8 (1908), 96; Bericht von Schimmel & Co. Oktober 1908, 27.

[6]) Usambara-Post, 9. Jan. 1904, Nr. 9; Bericht von Schimmel & Co. Oktober 1904, 48. — Bericht von Schimmel & Co. Oktober 1906, 40. — Der

Algerien[1]) und Südfrankreich, Nordamerika[2]) (Texas, Florida, Michigan, Kalifornien), Westindien[3]) und endlich Italien[4]), dessen Klima man für den Anbau des Campherbaumes noch für geeignet hält.

Die Vermehrung des Campherbaumes geschieht am besten durch Samen, wobei zu berücksichtigen ist, daß diese nicht länger als 5 Monate keimfähig bleiben. Empfohlen wird auch die Anzucht durch Absenker oder Wurzelstücke[5]).

Die Bildung des Öls in den einzelnen Organen der Pflanze ist von A. Tschirch und Homi Shirasawa[6]) teils an lebendem, teils an totem Material eingehend studiert worden. Nach dieser Untersuchung ist der Campher das Umwandlungsprodukt eines ätherischen Öls, das in besonderen Ölzellen gebildet wird. Solche Zellen finden sich in allen Teilen des Baumes; sie entstehen schon sehr frühzeitig während der Entwicklung der Organe, enthalten aber zunächst noch kein ätherisches Öl. Dieses bildet sich vielmehr erst allmählich und besitzt dann eine gelbe Farbe, die es lange behält. Später, und zwar oft erst Jahre lang nach der Entstehung des Sekretes, wird das gelbe Öl farblos; es ist nunmehr sehr viel leichter flüchtig als im ersten Stadium. Außer-

---

Pflanzer 2 (1906), 333; Bericht von Schimmel & Co. April 1907, 64. — Chemist and Druggist 70 (1907), 974; Bericht von Schimmel & Co. Oktober 1907, 48. — Der Pflanzer 8 (1907), 317; Bericht von Schimmel & Co. April 1908, 23. — Seifenfabrikant 28 (1908), 280; Bericht von Schimmel & Co. Oktober 1908, 27. — Der Pflanzer 6 (1910), 86; Bericht von Schimmel & Co. Oktober 1910, 26. — Chemist and Druggist 79 (1911), 18; Bericht von Schimmel & Co. Oktober 1911, 24.

[1]) Journ. de Pharm. et Chim. VI. 25 (1907), 182; Bericht von Schimmel & Co. April 1907, 66. — Bull. Sciences pharmacol. 14 (1907), 259. — Journ. d'Agriculture tropicale 7 (1907), 335; Bericht von Schimmel & Co. April 1908, 21.

[2]) Bericht von Schimmel & Co. Oktober 1906, 38. — *Ibidem* April 1907, 62. — Oil, Paint and Drug Reporter 71 (1907), 25; Bericht von Schimmel & Co. Oktober 1907, 48. — Chemist and Druggist 72 (1908), 915; Bericht von Schimmel & Co. Oktober 1908, 27. — Journ. d'Agriculture tropicale 8 (1908), 360; Bericht von Schimmel & Co. April 1909, 22. — Oil, Paint and Drug Reporter 79 (1911), Nr. 22, S. 41; Bericht von Schimmel & Co. Oktober 1911, 23.

[3]) West Indian Bulletin 9 (1908), 275; Bericht von Schimmel & Co. April 1909, 24.

[4]) I. Giglioli, La canfora italiana. Rom 1908 (300 Seiten); Bericht von Schimmel & Co. Oktober 1908, 28.

[5]) J. K. Nock, Circult. and Agricult. Journ. of the Roy. bot. Gardens Ceylon 4 (1907), Nr. 3, S. 13; Bericht von Schimmel & Co. Oktober 1907, 47; April 1908, 20.

[6]) Arch. der Pharm. 240 (1902), 257.

dem hat es jetzt die Fähigkeit zu kristallisieren erlangt; es scheiden sich daher in den Zellen oft unregelmäßige, helle Kristallmassen ab, die aus Campher bestehen. Das in den Ölzellen gebildete, sehr leicht flüchtige, farblose Öl durchdringt nun offenbar den ganzen Holzkörper und sein Dampf gelangt daher auch in dessen Höhlen und Spalten. Hier sind die Bedingungen der Kristallisation besonders günstig, und so findet man denn vornehmlich in den Spalten des Holzkörpers reichliche Kristallabscheidungen von Campher. Sie sind aber nicht an dieser Stelle gebildet, sondern befinden sich an sekundärer Lagerstätte; denn die Campherbildung selbst erfolgt nur in den Ölzellen.

Die Zahl der Ölzellen ist von klimatischen Verhältnissen und vom Standort abhängig; im Treibhause des Berner botanischen Gartens gezogene Exemplare des Campherbaums enthielten z. B. erheblich weniger Ölzellen als solche, die von Java stammten. Besonders auffallend zeigte sich das bei den Blattstielen, die beim Campherbaum, wie bei den übrigen Lauraceen, die an Ölzellen reichsten Organe sind.

Der Campher findet sich in älteren Bäumen auskristallisiert in Spalten des Stammes, hauptsächlich aber gelöst in einem die ganze Pflanze durchdringenden ätherischen Öle. Am reichlichsten ist dieses in den unterirdischen Wurzelstämmen vorhanden, minder reichlich im Stamme und noch weniger in den Ästen, Zweigen und Blättern. Auch ist der Gehalt an Campheröl in verschiedenen Höhen der Bäume ungleich und nimmt nach oben zu ab. Je älter die Bäume sind und je dichter deren Holz ist, desto höher ist der Camphergehalt.

Das Verhältnis von festem Campher und Campheröl scheint mit dem Alter der Bäume, mit der Jahreszeit und der Temperatur zu schwanken. Jüngere Bäume geben bei der Destillation mehr Campheröl und weniger Campher. Dasselbe ist der Fall bei höherer Temperatur, so daß die Ausbeute an Öl im Sommer größer als im Winter ist. Auch löst sich bei Sommertemperatur mehr Campher im Öl als im Winter.

Die in den einzelnen Pflanzenteilen enthaltenen Ölmengen sind von Professor Moriya[1]) vom College of Agriculture der Imperial University bestimmt worden.

---

[1]) J. W. Davidson, The island of Formosa. London and New York 1903. 425.

Es enthalten:

Zweige	2,21 %
Äste	3,70 %
Oberer Stammteil	3,84 %
Unterer Stammteil	4,23 %
Oberer Teil der Wurzelstümpfe	5,49 %
Unterer Teil der Wurzelstümpfe	5,74 %
Wurzel	4,46 %[1])

Im Durchschnitt also 4,22 %. Es geht hieraus hervor, daß die unteren Teile des Baumes reicher an Öl sind, als die oberen. Ferner wurde festgestellt, daß der Baum im Winter mehr Campher, im Sommer mehr Öl liefert.

Über die Ausbeute aus Blättern, die in der obigen Aufstellung nicht genannt sind, existiert eine große Anzahl von Angaben, die zwischen 0,23 und 3 % schwanken. Sie sind aber nicht ohne weiteres vergleichbar, weil sie sich zum Teil auf den auf verschiedene Weise abgeschiedenen Campher, zum Teil auf Öl beziehen und sollen deshalb hier nicht alle einzeln aufgeführt werden.

Schimmel & Co.[2]) erzielten bei der Destillation **getrockneter** Blätter eine Ausbeute von 1,8 %. Das Öl bildete eine mit Campherkristallen durchsetzte Flüssigkeit. D. Hooper[3]) berichtet über eine Ausbeute von 1 %, als er frische Blätter aus dem Regierungsgarten von Utakamand (Vorderindien) verarbeitete. V. Lommel[4]) destillierte in größerem Maßstabe frisches, kleingeschnittenes Material, aus Zweigen und Blättern bestehend, und erhielt dabei 1,2 % Öl, das reich an Campher war.

Später macht derselbe Autor[5]) interessante Mitteilungen über die Destillation von getrockneten Campherblättern. Zuerst berichtet er über die Destillation von Blättern, die in einem kleinen Chinawalde, kurz bevor die ersten Regenfälle eintraten, zum Trocknen ausgebreitet, jedoch nicht ganz trocken geworden waren. Die Ausbeute an Campher war so gering, daß sie nicht be-

---

[1]) Schimmel & Co. bestimmten den Ölgehalt der Wurzeln zu 4 %; Bericht von Schimmel & Co. Oktober 1892, 11.

[2]) *Ibidem* Oktober 1892, 11.

[3]) Pharmaceutical Journ. 56 (1896), 21.

[4]) Der Pflanzer 6 (1910), 86; Bericht von Schimmel & Co. Oktober 1910, 26.

[5]) Der Pflanzer 7 (1911), 441.

rechnet und der Versuch als mißlungen betrachtet wurde. Für eine spätere Destillation wurde eine Anpflanzung mäßig beschnitten, wobei sich herausstellte, daß auf dem Boden, zwischen den einzelnen Hecken, eine Menge abgefallener trockner Blätter lag. Diese wurden zuerst destilliert und lieferten nur 0,06 % Rohcampher und 0,19 % Campheröl, sodaß sie bei dem längeren Liegen und Eintrocknen, wobei sie der abwechselnden Wirkung von Regen und Sonne ausgesetzt waren, fast alle flüchtige Substanz verloren hatten.

Sodann wurden die frischen Blätter unter dem Schatten von angepflanzten Chinabäumen auf dem gesäuberten Boden getrocknet. Nach ca. 14 Tagen waren sie soweit trocken, daß sie sich ohne Mühe von den Zweigen abstreifen und, in Säcken gesammelt, nach der Destillationsanlage transportieren ließen. Dieser Versuch lieferte recht günstige Resultate, die Ausbeute betrug 1,55 % Rohcampher und 0,49 % Campheröl und hätte sicher noch besser sein können, wenn nicht während der Destillation einmal das Kühlwasser heiß geworden wäre, wodurch nicht unbedeutende Mengen Campher verloren gingen.

Da man nach den bisherigen Erfahrungen mit ziemlicher Sicherheit annehmen kann, daß die Bäume zweimal jährlich beschnitten werden können, darf man von einer 5jährigen Pflanzung eine Jahresernte von 9354 kg trockner Blätter pro Hektar erwarten, was ca. 145 kg Campher und ca. 46 kg Campheröl entsprechen würde.

Auch in Jamaica sind Versuche mit der Destillation von Campherblättern angestellt worden. H. W. Emerson und E. R. Weidlein[1]) haben gefunden, daß dort für die Ölgewinnung die Blätter mit gutem Erfolg verwendet werden können. Aus 56,940 kg grünen Blättern erhielten sie 1353,8 g = 2,35 % Destillat (1,32 % Campher, 0,54 % Campheröl und 0,49 % Wasser), aus 67 kg trocknen Blättern gewannen sie 1719,5 g = 2,54 % Destillat, das zu 1,57 % aus Campher, zu 0,46 % aus Campheröl und zu 0,51 % aus Wasser bestand; die grünen Zweige lieferten 0,58 % Campher und 0,26 % Campheröl, die trocknen Zweige enthielten 0,54 % Campher, und das Holz ergab bei der Destillation 0,61 % Campher.

---

[1]) Journ. Ind. Eng. Chem. 4 (1912), 33; Journ. Soc. chem. Industry 31 (1912), 149.

Ziemlich ausgedehnte Versuche über die Camphergewinnung in den Föderierten Malaiischen Schutzstaaten, werden von B. J. Eaton[1]) beschrieben, wobei hauptsächlich Blätter zur Anwendung kamen.

Die Campheranbauversuche in den Malaiischen Staaten wurden im Jahre 1904 in Batu-Tiga, Selangor, begonnen. Zu diesem Zweck hatte man Samen aus Yokohama bezogen. Die Pflanzen gediehen vorzüglich und 1909 wurde der erste Campher destilliert. Das Destillationsmaterial bestand aus Sprossen von 5jährigen Bäumen; das Resultat der Versuche geht aus folgender Zusammenstellung hervor:

Material	Ausbeute auf frisches Material berechnet
Zerkleinerte grüne Blätter	1,17 bis 1,22%
Dünne grüne Stämme	0,06 „ 0,45%
Modrige Blätter	1,25 „ 1,47%
Frische Blätter und Stämme	1,25 „ 1,58%
Lufttrockne Blätter	1,10 „ 1,16%
„ modrige Blätter	1,54%

In allen Fällen bestand das Destillat aus Campher mit sehr wenig Öl.

Die Versuche wurden in großem Maßstabe mit einem größeren Apparat wiederholt. Als Destillationsmaterial dienten die Teile eines ganzen 5jährigen Baumes.

Material	Ausbeute in %
Blätter	1,00
Stämme von weniger als 1,3 cm Durchmesser	0,22
„ „ mehr „ 1,3 „ „	0,61
Wurzeln	1,10

Die Destillate bestanden in der Hauptsache aus Campher, nur die Wurzeln lieferten ein Öl, das gleichzeitig nach Campher und Citronen roch. Später wurden noch zahlreiche andre Versuche ausgeführt mit zum Teil abgeänderten Apparaten. Sie werden alle von Eaton genau beschrieben, während er von den Apparaten verschiedene Abbildungen bringt.

---

[1]) Camphor from *Cinnamomum Camphora* (The Japanese camphor tree), cultivation and preparation in the Federated Malay States. Department of Agriculture. Bulletin Nr. 15. Februar 1912.

Auch auf Java hat man Campherblätter versuchsweise destilliert[1]). Aus 3560 kg frischen (?) Blättern wurden 31,15 kg Campher und 14,1 Liter Öl erhalten. 376 kg Äste (wohl ohne Blätter) lieferten nur eine Spur Öl. Die Dämpfe wurden in einen Kasten aus galvanisiertem Eisen geleitet, der innen 3 zylinderförmige, mit Wasser gefüllte Kühlgefäße enthielt. Außerdem waren der Boden und die Wände von Kühlwasser umspült. Im Boden des Kastens war ein Hahn zum Ablassen des Kondenswassers enthalten. Nach beendeter Destillation wurden die Kühlgefäße aus dem Kasten herausgenommen und der ausdestillierte Campher gesammelt.

Der bessern Übersicht wegen sind die Ergebnisse der hauptsächlichsten Versuche der Camphergewinnung aus Blättern in nachstehender Tabelle zusammengestellt.

Destillation ausgeführt in	Destillation ausgeführt von	Material	Ausbeute in %	Eigenschaften des Destillats
Leipzig	Schimmel & Co.	trockne Blätter	1,8	—
Ceylon	Willis u. Bamber	Blätter u. kleine Stämme	1,0	—
Indien	Hooper	—	1	Das Destillat enthielt 10 bis 75% Campher
Deutsch-Ostafrika	Lommel	Äste u. dünne Zweige	0,06 bis 1,5	Campher und Öl
		Schößlinge	0,22	Campher und Öl
		trockne Blätter	1,55	Campher
			0,49	Öl
Jamaica	Duncan	Holz	0,61	Rohcampher
		Zweige	0,05	Rohcampher
		grüne Blätter	2,37	Rohcampher
		trockne Blätter	2,52	Rohcampher
		abgestorbene Blätter	1,39	Rohcampher
Jamaica	Emerson u. Weidlein	grüne Blätter	1,32	Campher
			0,54	Öl
		trockne Blätter	1,57	Campher
			0,46	Öl
		grüne Zweige	0,58	Campher
			0,26	Öl
		trockne Zweige	0,54	Campher
		Holz	0,61	Campher

[1]) A. W. K. de Jong, Teysmannia, Batavia 1912, Nr. 2, S. 125; Bericht von Schimmel & Co. Oktober 1912, 28.

Destillation ausgeführt in	von	Material	Ausbeute in %	Eigenschaften des Destillats
West-Indien	Watts u. Tempany	Holz	0,5	Campher und Öl
		Blätter und Zweige	0,5	
		Blätter und Zweige	0,7	
Italien	Giglioli	grüne Blätter	1,2 bis 1,5	Campher
		trockne Blätter	2,4 bis 3,0	
		Zweige	0,02 bis 0,25	
Nord-Amerika	Hood u. True	abgefallene Blätter	2	Campher und Öl
		Bäume von schattigen Standorten	0,7	
		Bäume v. unfruchtbaren schattigen Standorten	2,77	
Malaiische Staaten	Eaton	grüne Blätter	1,17 bis 1,22	Campher und sehr wenig Öl
		dünne grüne Stämme	0,06 bis 0,45	
		modrige Blätter	1,25 bis 1,47	
		frische Blätter und Stämme	1,25 bis 1,58	
		lufttrockne Blätter	1,10 bis 1,16	

Das Öl der Blätter scheint eine andre Zusammensetzung zu haben als das der übrigen Teile des Baumes, wenigstens ist das Fehlen des Safrols im Blätteröl mehrfach mit Sicherheit nachgewiesen worden[1]). Ein aus Blättern und Zweigen in Amani destilliertes Öl (Ausbeute 1 bis 1,3%) enthielt zwar ziemliche Mengen Campher, aber gleichfalls kein Safrol[2]). Ob dieser technisch wichtige Körper stets im Blätteröl fehlt, müssen weitere Untersuchungen zeigen.

Gewinnung. Die weitaus größte Menge von Campher und Campheröl erzeugt gegenwärtig Formosa. An zweiter Stelle steht Japan und an dritter China, das zwar zu Zeiten hoher Campherpreise bedeutende Quantitäten geliefert hat, augenblicklich aber seine Produktion selbst verbraucht oder höchstens nach Indien ausführt, also für den europäischen und amerikanischen Markt nicht in Betracht kommt.

Die Art der Camphergewinnung steht in Japan auf einer technisch höheren Stufe als die früher auf Formosa und jetzt

[1]) Vgl. z. B. Bericht von Schimmel & Co. Oktober 1906, 40.

[2]) Beobachtungen im Laboratorium von Schimmel & Co.

noch in China übliche. Sie wird von Grassmann[1]) in höchst anschaulicher und gründlicher Weise wie folgt, beschrieben:

Auf einer vorher geebneten Fläche, in der Regel an einem Berghange mit einem zuleitungsfähigen Wasserlauf in der Nähe, wird aus rauhen Steinen ein Ofen in einer Höhe von etwa 1 m und einer inneren Weite von 0,70 m aufgeführt. Die Heizöffnung ist ziemlich klein, 0,40 bei 0,30 m und etwas überdacht. Auf diesem Dache werden die bereits destillierten Späne (Fig. 39b) getrocknet, um dann als Feuerungsmaterial benutzt zu werden. Auf diese Öfen wird ein flacher Kessel mit einem durchlöcherten, starken hölzernen Deckel (Fig. 40b) gesetzt und darauf ein Faß oder Bottich gestellt. Dieser hat die Gestalt eines abgestutzten Kegels

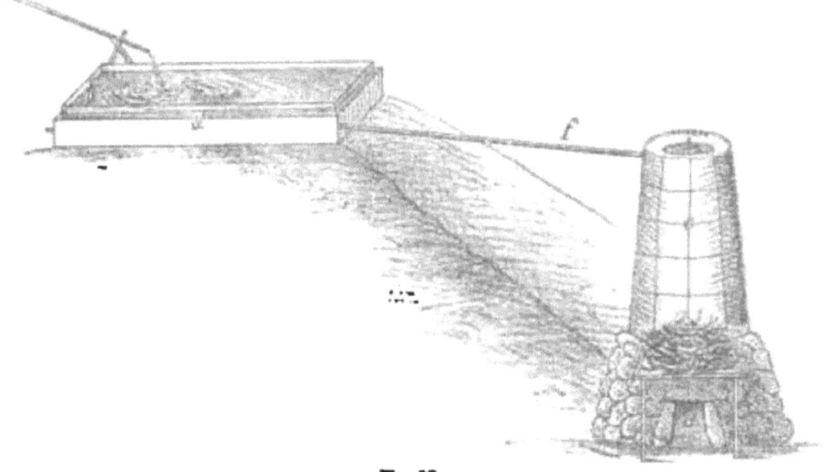

Fig. 39.

(Fig. 39c) und ist 1,15 m hoch; der obere Durchmesser beträgt 0,30, der untere 0,87 m. Der durchlöcherte Deckel des Kessels paßt genau als unterer Boden in den Bottich. Seitlich an letzterem und unmittelbar über dem Deckel befindet sich eine gut verschließbare, rechteckige Öffnung von 0,30 m Höhe und 0,25 m Breite (Fig. 40e). Der obere Boden des Bottichs besteht ebenfalls aus einem abnehmbaren, gut schließenden Deckel, mit einer durch einen Zapfen verschließbaren Öffnung. Der Bottich wird mit einer 0,15 m dicken Lehmwand umgeben, die durch ein Bambusgeflecht fest- und zusammengehalten wird. Nahe dem

[1]) D. E. Grassmann, Der Campherbaum. Mitteilungen der Deutschen Gesellschaft für Natur- u. Völkerkunde Ostasiens, Tokio, 6 (1895), 277 bis 328.

oberen, abnehmbaren Boden des Bottichs ist in ihm eine Bambusröhre (f) luftdicht eingesetzt, die ungefähr horizontal in einen 2 m entfernten, an dem anliegenden Berghang in geeigneter Lage über dem Ofen und Bottich angebrachten Kühlapparat führt. Dieser Apparat (Fig. 41) besteht in seiner einfachsten Form aus zwei übereinander oder vielmehr schachtelartig ineinander gesetzten Kästen oder Trögen, von denen der obere zur Kondensation des Camphers, der untere zur Aufnahme des Kühlwassers dient. Der obere Kasten ist 1,60 m lang, 0,90 m breit und 0,42 m hoch. Auf seinem nach oben gekehrten Boden steht ebenfalls Kühlungswasser, die Seitenwände müssen daher 10 bis 12 cm hoch über den Boden übergreifen. Die Campherdämpfe treten

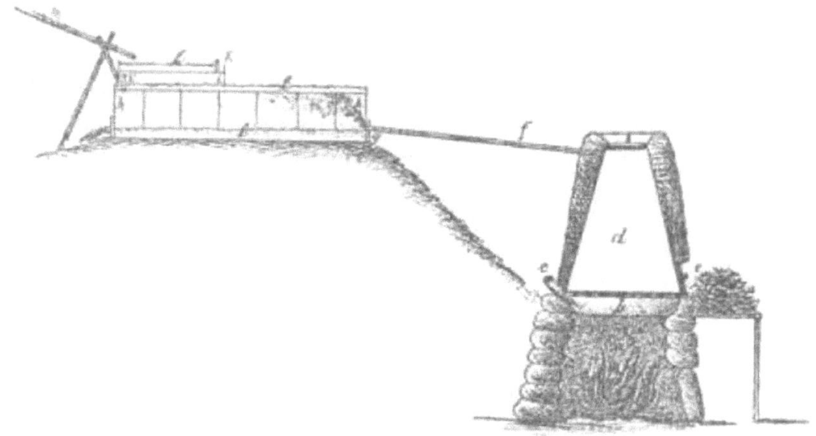

Fig. 40.

über dem Wasser in den Kasten ein; Versuche, die Dämpfe durch das Wasser zu leiten, haben sich nicht bewährt. Durch je 18,5 cm von einander abstehende Querwände wird dieser Kondensationskasten in Abteilungen geteilt. Oben an der Decke des Kastens ist jede Querwand, die eine in der rechten Ecke, die andre in der linken usf. mit einer Öffnung von quadratischem Querschnitt versehen, durch welche die Campherdämpfe in Schlangenwindungen streichen. Aus dem letzten Fache mündet ein kleines, mit Stroh leicht verschlossenes Bambusrohr ins Freie und gestattet den Dämpfen Austritt. Ein in der oberen Kastenwand eingesetztes Rohr erlaubt den Abfluß des Wassers vom Boden (= Decke) des oberen Kastens in den unteren. Der obere

Kasten wird mit seiner offnen Seite nach unten in den etwas längeren und weiteren, aber niedrigeren, unteren Kasten so eingestellt, daß das in letzterem befindliche Wasser den oberen Kasten bis zur halben Höhe seiner Seitenwände (etwa 20 cm hoch) von allen Seiten umgibt. Ein seitliches Ausflußrohr aus dem unteren Troge läßt das überschüssige Wasser ablaufen. Auf den oberen Kasten wird fortwährend frisches Kühlwasser geleitet. Um rasche Erwärmung des auf dem Kondensationskasten und im unteren Kasten stehenden Wassers zu verhindern, wird ein leichtes Schutzdach von Brettern über dem Kühlapparat angebracht.

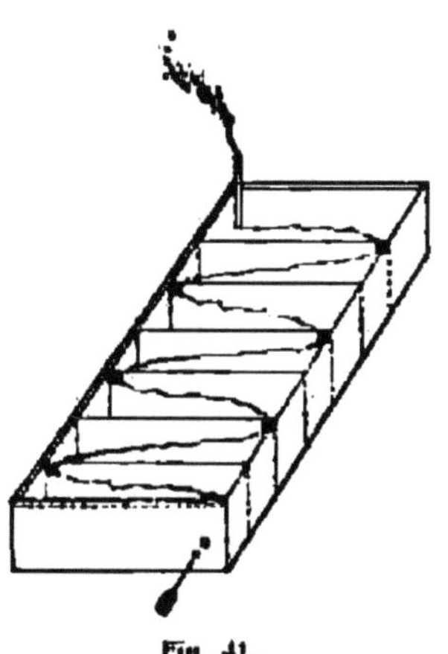
Fig. 41.

Häufig trifft man auf dem oberen Kasten noch einen kleineren von 0,80 m Länge, 0,54 m Breite und 0,25 m Höhe. Dieser Kasten steht ebenfalls mit der unteren offnen Seite 10 cm tief im Wasser und hat einen über den Boden übergreifenden Rand, so daß das zugeleitete Kühlwasser 5 cm hoch darauf stehen bleibt. Ein aus der letzten Abteilung (Fig. 40h) des großen Kastens führendes Rohr (Fig. 40k) leitet die Dämpfe in den kleinen Kasten über, um hier den etwa noch mitgeführten Campher zu kondensieren. Ein kleines Rohr in diesem Kasten läßt die Dämpfe in das Freie entweichen.

An Geräten sind bei dieser Art der Camphergewinnung in Gebrauch: eine hölzerne Schaufel, von der Gestalt eines etwas hohlen Schiffsruders, zum Einbringen der bereits destillierten Späne in den Ofen und ein eiserner Schürhaken zum Ausziehen der Glut und Asche aus dem Ofen. Zum Schutz des Ofens und des Bottichs wird über beide ein Stroh- oder Binsendach und überdies zur Abhaltung des Luftzugs und Regens gegen die Windseite (Talseite) hin eine Wand von Strohmatten errichtet.

Die Gewinnung des Camphers geschieht in folgender Weise: Nach Füllung des Kessels mit Wasser werden die Campherspäne durch die obere Öffnung in den Bottich gebracht, alle Spalten und Risse sorgfältig verstopft und verdichtet, so daß die Dämpfe nicht austreten können. Es darf nur ein mäßiges Feuer unterhalten werden. Während der Destillation wird wiederholt durch das Zuleitungsrohr (Fig. 40c) Wasser in den Kessel eingeführt. Die sich durch Erhitzen des Wassers bildenden Dämpfe treten aus dem Kessel durch den durchlöcherten Deckel in den Bottich (Fig. 40d), erhitzen hier die Campherholzspäne und entführen den Campher durch die oben in den Bottich eingefügte Bambusröhre (Fig. 40f) in den Kühlapparat, wo die Campherdämpfe kondensiert werden. Im Anfang des Destillationsprozesses findet sich im Kühlapparat nur Campheröl, erst später fester Campher. Der meiste Campher kondensiert sich hinter der 3., 4. und 5. Abteilung des siebenteiligen Kastens. Der Bottich faßt 112,5 kg Späne, und diese Quantität kann in 24 Stunden verarbeitet werden. Die ausdestillierten Späne werden aus der seitlichen Öffnung des Bottichs (Fig. 40e) herausgenommen, worauf dieser wieder mit frischen Spänen gefüllt wird. Jede Woche wird der Kühlkasten geöffnet und der darin enthaltene Campher mit dem Campheröl herausgenommen.

Bei der Camphergewinnung erhält man zunächst eine körnig kristallinische Masse, welche auf dem Wasser im Kühlapparate schwimmt und etwa aussieht wie ein zusammenbackendes Gemisch von Schnee und Eis, das wenigstens in den ersten Abteilungen des Kastens durch Beimengung von Campheröl eine mehr oder minder gelbbraune Färbung zeigt. An den nicht unter Wasser stehenden Wänden und an der Decke des Kastens setzen sich rein weiße Campherkristalle ab. Oben auf dem Wasser und vermischt mit dem körnig festen Campher schwimmt das gelbliche bis bräunlichschwarze Campheröl.

Dieser Destillierapparat scheint sich unter den gegebenen Verhältnissen gut bewährt zu haben, jedenfalls ist er bedeutend besser, als die früher auf Formosa übliche alte chinesische Destillationseinrichtung, die seit der Besetzung der Insel durch die Japaner immer mehr verschwindet und durch den japanischen Apparat ersetzt wird. Die nachstehende Beschreibung einer solchen ist ebenso wie die dazu gehörige Abbildung (Fig. 42) dem bereits erwähnten Buche von Davidson[1]) entnommen.

Ein roh erbauter Schuppen von 2,1 × 3 m Grundfläche beherbergt 10 einzelne Destillationsapparate; eine solche Anlage

---

[1]) Vgl. Anm. 1 auf S. 466.

wird „Stove" genannt. In dem aus gestampfter Erde hergestellten Boden sind 10 Feuerlöcher (A Fig. 42) ausgegraben, auf die eine runde eiserne Pfanne (B) von 38 cm Durchmesser paßt und die zur Aufnahme von Wasser bestimmt ist. Das Feuerloch hat keinen Schornstein, der Rauch entweicht an der Stelle, wo das Brennholz eingeführt wird. Nachdem die Pfanne mit einem durchlochten Brett überdeckt ist, wird darüber ein aus Holzstäben verfertigter, oben konisch zulaufender, auch Retorte genannter

Fig. 42
Chinesischer Destillationsapparat, früher auf Formosa üblich.

Zylinder (C) befestigt. Er ist 0,5 m hoch, hat am unteren Ende einen Durchmesser von 0,3 m und am oberen einen solchen von 0,17 m; auf die Pfanne wird er mit Lehmkitt aufgedichtet. Um die Pfanne herum hat man ein Lattengerüst errichtet, das mit Erde ausgefüllt wird und die Retorten vor Abkühlung durch die Luft schützt. Über die Retorten werden irdene Töpfe (D), 0,43 m hoch und 0,35 m im Durchmesser, gestülpt, in denen sich der gewonnene Campher ansammelt, und der Destillationsapparat ist fertig.

Gewöhnlich bedient ein Mann mit seiner Familie eine solche Anlage, morgens und nachmittags zieht er mit Korb und Axt in den Wald, um Campherholzstücke von einem bestimmten Baum, der in der Regel nicht weiter als 1,5 km vom Destillationsort entfernt ist, zu holen. Nach 3 Stunden kehrt er mit etwa 36 kg Holzstücken von 7 bis 10 cm Länge zurück, die vor ihrer Füllung in die Retorte noch weiter zerkleinert werden, und zwar geschieht dies mit einer hölzernen Keule (Club), die an der einen Seite sägeförmige Einschnitte hat. Auf eine Füllung kommen 5,5 bis 6 kg Späne.

Nachdem alle Pfannen mit Wasser gefüllt sind, werden die Feuer angezündet, die während der ganzen Nacht langsam brennen; am andern Morgen nimmt man die Späne heraus und ersetzt sie zum Teil durch neue, wobei die noch nicht ganz erschöpften Späne zu unterst zu liegen kommen. Zweimal täglich wird eine solche Füllung gewechselt. Der langsam durch das Holz streichende Wasserdampf nimmt die Campherdämpfe mit fort, die sich an den kühleren Wänden der Tontöpfe niederschlagen. Nach 10 Tagen hebt man die Töpfe ab und nimmt den Campher, der sich als schneeweiße Masse an der Innenseite angesetzt hat, mit der Hand weg. Die Menge des in jedem Topf enthaltenen Camphers beträgt zwischen 2,5 und 4 kg.

Wie aus der Beschreibung hervorgeht, hat man es hier mehr mit einer Sublimation mit Wasserdampf als mit einer eigentlichen Destillation zu tun, denn Campheröl wird nach diesem Verfahren überhaupt nicht gewonnen. Der erhaltene Rohcampher enthält aber immerhin eine gewisse Menge Öl beigemischt, das sich am Boden der zur Verpackung für den Seetransport dienenden, „Tubes" genannten, tonnenartigen Gefäße ansammelt und den unteren Campherschichten eine schmierige Beschaffenheit verleiht.

Campher und Campheröl, letzteres aus den neueren japanischen Destillationsanlagen stammend, werden aus dem Innern von Kulis in Säcken, Kisten und Blechbüchsen nach einem der 6 Campherämter[1]) gebracht, die sich auf Formosa an folgenden Plätzen befinden: Taipeh, Teckcham (Shinchiku), Maoli (Bioritsu), Taichu, Linkipo und Lotong (Rato).

---

[1]) Bericht von Schimmel & Co. Oktober 1900, 9.

Die Gewinnung des Camphers auf Formosa ist mit großen Gefahren und erheblichen Schwierigkeiten verknüpft. Die im Innern hausenden, wilden Eingeborenen, die noch im Besitz der Campherwälder sind, betrachten die zur Camphergewinnung ausziehenden Arbeiter als ihre Todfeinde. Ihnen stellen sie nach, wo sie können, überfallen sie, schneiden ihnen die Köpfe ab und führen diese als Trophäen heim. Das ungesunde Klima und die Undurchdringlichkeit der Wälder sind die besten Bundesgenossen dieser Kopfjäger im Kampfe mit den Japanern, deren Vordringen infolge dieser widrigen Umstände nur langsame Fortschritte macht[1]).

Zusammensetzung. Campheröl ist ein außerordentlich kompliziertes Gemenge von Kohlenwasserstoffen und sauerstoffhaltigen Körpern, die in chemischer Hinsicht den verschiedensten Gruppen angehören. Vertreten sind die Aldehyde mit Acetaldehyd, die Ketone mit Campher und Menthenon, die Alkohole mit Terpinenol, Terpineol, Borneol und Citronellol, die Phenole und Phenoläther mit Eugenol, Carvacrol und Safrol, die Oxyde mit Cineol, die Terpene mit Pinen, Camphen, Fenchen, Phellandren, Dipenten und Limonen, die Sesquiterpene mit Bisabolen und Cadinen, die Säuren mit Caprylsäure.

Nach ihren Siedepunkten geordnet treten die Bestandteile in folgender Reihenfolge auf:

1. Acetaldehyd. Dieser Körper, der wohl in keinem ätherischen Öl ganz fehlt, macht sich immer da, wo große Massen eines Öls rektifiziert werden, stark bemerkbar. Er geht zum Teil mit dem ersten Destillationswasser weg, findet sich aber auch in der ersten Terpenfraktion gelöst.

2. d-α-Pinen wurde in der unter 160° siedenden Fraktion gefunden (Nitrosochlorid; Nitrosopinen, Smp. 130°[2]); Nitrolbenzylamin, Smp. 124°[3])).

---

[1]) Ein näheres Eingehen auf die bewegte Geschichte der Campher-Industrie auf Formosa würde zu weit führen, es sei daher hier nur auf ein anziehend geschriebenes Buch von Adolf Fischer, Streifzüge durch Formosa, Berlin 1900, verwiesen, das ebenso wie das noch ausführlichere Werk von Davidson viele Einzelheiten über Campher und Campherproduktion bringt.

[2]) Bericht von Schimmel & Co. April 1889, 8.

[3]) *Ibidem* Oktober 1908, 40.

Yoshida[1]) erhielt aus dem Öl eine stark linksdrehende Fraktion, $[\alpha]_j$ —71,1°, von den Eigenschaften des l-α-Pinens (Chlorhydrat; Nitrosochlorid; Nitrosopinen). Da die niedrigst siedenden Anteile des Campheröls sonst immer rechts drehen, so fällt die von Yoshida beobachtete Linksdrehung auf und läßt vermuten, daß das untersuchte Öl kein normales Destillat gewesen ist.

3. Camphen. Auf das Vorkommen dieses Terpens im Campheröl haben zuerst J. Bertram und H. Walbaum[2]) hingewiesen. Der Nachweis, der ihnen aber noch nicht einwandfrei gelungen war, wurde erst später geführt durch Darstellung von Isoborneol (Smp. 210°; Camphen, Smp. 50°; Campher, Smp. 176°; Campheroxim, Smp. 118°[3])).

4. d-Fenchen (Isofenchylalkohol, oxydiert zu Isofenchon, Semicarbazon, Smp. 220 bis 222°)[4]).

5. β-Pinen (Nopinsäure; Nopinon, Semicarbazon, Smp. 187 bis 189°[4])).

6. Phellandren[5]) ist in so kleiner Menge vorhanden, daß sein Nachweis durch das bei 102° schmelzende Nitrit Schwierigkeiten bereitete.

7. Cineol macht 5 bis 6% des Campheröls aus. Es ist zuerst mit Hülfe der Bromwasserstoffverbindung[6]) aus dem Öl abgeschieden und später durch die Jodolverbindung[7]) nachgewiesen worden.

8. Dipenten wurde von Wallach[8]) aufgefunden (Tetrabromid, Smp. 123°; Nitrolpiperidin, Smp. 150 bis 152°)[9]). Unreines Dipentendichlorhydrat, Smp. 42° statt 49°, hatte schon A. Lallemand[10]) durch Einleiten von Salzsäure in die bei 180° siedende Fraktion des Campheröls erhalten.

9. d-Limonen (β-Limonennitrolpiperidin, Smp. 110 bis 111°)[11]).

---

[1]) Journ. chem. Soc. 47 (1885), 779; Berl. Berichte 18 (1885), 550. Referate.
[2]) Journ. f. prakt. Chem. II. 49 (1894), 19.
[3]) Bericht von Schimmel & Co. Oktober 1903, 41.
[4]) Beobachtung im Laboratorium von Schimmel & Co.
[5]) Bericht von Schimmel & Co. April 1889, 8.
[6]) *Ibidem* Oktober 1888, 8.
[7]) *Ibidem* Oktober 1903, 41.
[8]) Liebigs Annalen 227 (1885), 296.
[9]) Bericht von Schimmel & Co. April 1908, 23.
[10]) Liebigs Annalen 114 (1860), 196.
[11]) Bericht von Schimmel & Co. April 1908, 23.

10. Borneol (Smp. 203°; Phthalestersäure; Campher, Smp. 176°; Semicarbazon, Smp. 236°; Oxim, Smp. 118 bis 119°)[1]).

11. Campher, der technisch wichtigste Bestandteil des Öls, scheidet sich reichlich in der Vorlage ab, wenn das Thermometer bei der Destillation auf 200° gestiegen ist.

12. Terpinenol-1 (Terpinendichlorhydrat, Smp. 50 bis 52°; Glycerin, Smp. 113 bis 115°; Δ^1-Menthenon-3, Semicarbazon, Smp. 224 bis 225°)[2]).

13. α-Terpineol (Smp. 35°; Phenylurethan, Smp. 112°; Nitrolpiperidin, Smp. 158 bis 159°)[3]).

14. Citronellol (Sdp. 225 bis 227°; Phthalestersäure; Oxydation zu Citronellal, Smp. der Naphthocinchoninsäure 225°)[3]).

15. Safrol, nächst dem Campher der wertvollste unter den im Campheröl enthaltenen Verbindungen, wurde im Jahre 1885 im Laboratorium von Schimmel & Co. von J. Bertram im Öl aufgefunden und wird seit der Zeit von dieser Firma im Großen daraus gewonnen[4]).

16. Δ^1-Menthenon-3 (Semicarbazon, Smp. 224 bis 226°; Oxaminooxim, Smp. 166°)[2]). Derselbe Körper ist von Schimmel & Co.[5]) im japanischen Pfefferminzöl entdeckt worden.

17. Carvacrol. Beim Ausschütteln des Öls mit Natronlauge erhält man, außer den weiter unten besprochenen Säuren, ein Gemisch mehrerer Phenole, unter denen sich Carvacrol befindet (Phenylurethan, Smp. 136°). Daneben ist noch ein zweites, etwas höher siedendes Phenol vorhanden, dessen Phenylurethan zwischen 85 und 95° schmilzt[6]).

18. Cuminalkohol. Beim Erwärmen der höher siedenden Anteile des Campheröls mit Phthalsäureanhydrid und Verseifen der erhaltenen Verbindung ist ein von 240 bis 248° siedender Alkohol (d_{15° 0,9634; n_{D20° 1,49038) vom Geruch des Cuminalkohols erhalten worden. Daß tatsächlich dieser Alkohol vorlag, wurde durch seine Überführung in Cuminaldehyd durch Oxydation mit

[1]) Bericht von Schimmel & Co. April 1904, 58.
[2]) Beobachtung im Laboratorium von Schimmel & Co.
[3]) Bericht von Schimmel & Co. April 1888, 9; April 1889, 8; Oktober 1903, 39.
[4]) *Ibidem* September 1885, 7.
[5]) *Ibidem* Oktober 1910, 79.
[6]) *Ibidem* Oktober 1902, 21.

Chromsäure und Eisessig bewiesen. Der auf diese Weise erhaltene Aldehyd gab das bei 210 bis 212° schmelzende Semicarbazon. Durch Oxydation mit Silberoxyd entstand Cuminsäure vom Smp. 111 bis 113°[1]).

19. Eugenol ist das am längsten im Campheröl bekannte Phenol; es wurde bereits im Jahre 1886 darin entdeckt[2]).

20. Bisabolen. Das bei 79 bis 80° schmelzende Trichlorhydrat dieses Sesquiterpens wird erhalten, wenn man die zwischen 97 und 116° (5 bis 6 mm) siedenden, vorher von Phenolen befreiten Anteile des Campheröls mit Salzsäure sättigt[3]).

21. Cadinen. Durch Einleiten von Chlorwasserstoff in die von 260 bis 270° siedende Fraktion ist in guter Ausbeute das bei 117° schmelzende Cadinendichlorhydrat[4]) erhalten worden.

22. Caprylsäure. Gelegentlich der Untersuchung der im Campheröl vorkommenden Phenole wurden aus der Lauge in geringer Menge Carbonsäuren der Fettsäurereihe isoliert, unter denen Caprylsäure (Erstp. + 15°; Sdp. 113 bis 114° bei 4 mm; Analyse des Kalk- und Silbersalzes[5])) als solche erkannt wurde.

23. Säure $C_9H_{16}O_2$, kann durch ihr lösliches Kalksalz von der Caprylsäure getrennt werden. Sie siedet bei 114 bis 115° (4 mm), ist bei gewöhnlicher Temperatur flüssig und scheint der Ölsäurereihe anzugehören.[5])

24. Blaues Öl. Die zuletzt übergehenden, bei etwa 280 bis 300° (142 bis 155° bei 6 mm) siedenden Anteile vom spez. Gewicht 0,95 bis 0,96 (α_D + 32°) bestehen in der Hauptsache aus einem Körper alkoholischer Natur[6]), denn nach dem Kochen mit Essigsäureanhydrid hat das erhaltene Produkt eine ziemlich hohe E. Z. Beim Erwärmen des Alkohols mit konz. Ameisensäure spaltet sich ein Kohlenwasserstoff ($d_{15°}$ etwa 0,918; α_D etwa —22°; $n_{D20°}$ etwa 1,512) ab, der größtenteils von 265 bis 268° siedet und Salzsäure addiert, ohne dabei ein festes Derivat zu bilden[6]).

---

[1]) Beobachtung im Laboratorium von Schimmel & Co.

[2]) Bericht von Schimmel & Co. April 1886, 5.

[3]) *Ibidem* Oktober 1909, 24.

[4]) *Ibidem* April 1889, 9.

[5]) *Ibidem* Oktober 1902, 21.

[6]) *Ibidem* Oktober 1902, 15.

Es ist notwendig, hier einige Worte über das sogenannte „Camphorogenol", das von 212 bis 213° siedet und angeblich die Formel $C_{10}H_{16}O_2$ besitzt, zu sagen. Nach Yoshida[1]) soll es sich bei längerem Kochen unter Abscheidung von Campher polymerisieren, durch Einwirkung von verdünnter Salpetersäure, Essigsäureanhydrid oder Benzoesäure soll es Campher bilden und beim Erwärmen mit Natrium und Alkohol in Borneol übergehen.

Ein Körper mit diesen Eigenschaften kommt nun tatsächlich im Campheröl nicht vor, und das „Camphorogenol" ist weiter nichts als eine hauptsächlich aus Campher und Terpineol bestehende Fraktion, die sich gegen Reagentien wie das „Camphorogenol" verhält.[2]) Beim Kochen zersetzt sich ein Teil des Terpineols in Terpene und Wasser, und der in Terpenen weniger lösliche Campher scheidet sich teilweise aus. Wird durch Salpetersäure das Terpineol wegoxydiert, so bleibt der schwer angreifbare Campher zurück, und beim Behandeln mit Natrium muß der bereits vorhandene Campher zu Borneol reduziert werden.

Eigenschaften. Normales Campheröl, d. h. das Öl mit allen seinen Bestandteilen, wie es durch Destillation des Campherholzes gewonnen wird, bildet eine breiartige Masse, oder mehr oder weniger mit Campher durchsetzte Flüssigkeit. Gewöhnlich bezeichnet man aber als Campheröl das nach dem Abfiltrieren und Abpressen des Camphers übrigbleibende Öl. So kam es Mitte der achtziger Jahre in den Handel und enthielt noch große Mengen Campher aufgelöst, den man durch Fraktionieren und Abkühlen gewinnen konnte. Jetzt werden diese Operationen schon in Japan ausgeführt, denn das gegenwärtig von dort ausgeführte Campheröl ist fast frei von Campher.

Man unterscheidet 3 Sorten Öl, die in ihren Bestandteilen stark von einander abweichen. Den Maßstab für ihre Bewertung bildet das spezifische Gewicht.

1. Campher-Rohöl.[3]) Es ist das nach Entfernung des auskristallisierten Camphers zurückbleibende Öl, eine hellgelbe

---

[1]) Anm. 1 auf S. 481.

[2]) Bericht von Schimmel & Co. April 1888, 9.

[3]) Nakazo Sugiyama, Journ. pharm. Soc. of Japan 1902, Nr. 242; Bericht von Schimmel & Co. Oktober 1902, 16.

bis braungelbe Flüssigkeit vom spez. Gewicht 0,95 bis 0,995. Es wird in Japan fraktioniert und zerlegt in: Weißöl, Rotöl und Campher.

2. Campherweißöl, Weißes Campheröl. Besteht aus den niedrigst siedenden Bestandteilen und enthält fast nur Terpene sowie etwas Cineol. d_{15}. 0,87 bis 0,91.

3. Campherrotöl, Rotes oder Schwarzes Campheröl. Ist das höher als Campher siedende Öl und enthält Safrol, Phenole und Sesquiterpene. d_{15}. meist von 1,000 bis 1,035.

Das normale Öl sowohl, wie die einzelnen Fraktionen sind rechtsdrehend. Alle Fraktionen riechen nach Campher, doch tritt dieser Geruch beim sogenannten schwarzen Öl stark hinter den des Safrols zurück.

Die unter 2. und 3. genannten Öle werden in Europa und Nordamerika durch fraktionierte Destillation weiter in ihre Bestandteile zerlegt, wobei als Hauptprodukt Safrol gewonnen wird. Die dabei abfallenden Produkte kommen in den Handel als leichtes (niedrigst siedende), schweres (hoch siedende) und blaues Campheröl (höchst siedende Anteile).

Die Eigenschaften der so bezeichneten Produkte sind wechselnd, da sie vom Rohmaterial und der Arbeitsweise abhängig sind.

Das leichte Campheröl, das als Ersatz für Terpentinöl in der Lackfabrikation sowie in der Druckerei zum Reinigen von Typen, Platten und Walzen benutzt wird, hat ein ungefähr zwischen 0,86 und 0,900 schwankendes spez. Gewicht. Die Siedetemperatur liegt zwischen 175 und 200° oder darüber; der Entflammungspunkt ist höher als der des Terpentinöls und bewegt sich zwischen 45 und 60°.

Schweres Campheröl wird ebenfalls in der Lackfabrikation, ferner zum Parfümieren billiger Seifen, besonders Schmierseife, von Wichse und Hufschmiere sowie zum Verdecken des strengen Geruchs von Mineralölen, Wagenfetten und Schmierölen benutzt. d_{15}. um 0,95 herum; Siedetemperatur etwa 270 bis 300°.

Blaues Campheröl wird zu ähnlichen Zwecken wie das vorhergehende verwendet. d_{15}. etwa 0,95 bis 0,96; Siedetemperatur um 300°.

Was die Eigenschaften der aus Campherblättern destillierten Öle, von denen auf S. 469 die Rede war, anbetrifft, so war ein von Schimmel & Co.[1]) aus trocknen Blättern gewonnenes Öl bei gewöhnlicher Temperatur ganz von ausgeschiedenem Campher durchsetzt und siedete von 170 bis 270°. Zwei von D. Hooper[2]) aus frischen Blättern in Indien dargestellte Öle verhielten sich folgendermaßen: 1. $d_{15°}$ 0,9322, $\alpha_D + 4° 32'$; Camphergehalt 10 bis 15%. 2. d 0,9314, $\alpha_D + 27°$; Campher gehalt 75%. Zwei ebenfalls aus frischen Blättern in Amani gewonnene Öle hatten nach den Untersuchungen von Schimmel & Co.[3]) die Eigenschaften: 1. $d_{15°}$ 0,9236, $\alpha_D + 39° 20'$. Das Öl stellte das Filtrat des freiwillig Campher abscheidenden Originalöls dar; es enthielt kein Safrol. Camphergehalt, durch Destillation bestimmt (siehe unten) 75%. 2. $d_{15°}$ 0,9203; $\alpha_D + 39° 42'$.

Ein aus Campherwurzeln[4]) destilliertes Öl war bei gewöhnlicher Temperatur durch Campherausscheidung fest, $d_{45°}$ (bei welcher Temperatur alles geschmolzen war) 0,957.

Bestimmung des Camphers im Campheröl. Da es keine Methode gibt, die gestattet, den in einem ätherischen Öl enthaltenen Campher genau zu bestimmen[5]), so ist man auf technische Bestimmungsweisen angewiesen, die der Camphergewinnung im Großen nachgebildet sind, d. h. die auf einer direkten Isolierung des Camphers durch fraktionierte Destillation beruhen. Wenn auch die Ergebnisse je nach der größeren oder geringeren Vollkommenheit der Fraktioniereinrichtung verschieden ausfallen werden, so dürfte doch nach dem von H. Löhr[6]) angegebenen Verfahren eine für technische Zwecke genügende Genauigkeit erreicht werden.

Ist das zu untersuchende Öl, von dem man mindestens 300 g zur Bestimmung anwendet, sehr campherreich, so wird es zunächst im Kältegemisch ausgefroren und der ausgeschiedene Campher, wie weiter unten angegeben, behandelt. Jetzt wird das

[1]) Bericht von Schimmel & Co. Oktober 1892, 11.

[2]) Pharmaceutical Journ. 56 (1896), 21.

[3]) Bericht von Schimmel & Co. Oktober 1906, 40; Oktober 1910, 28.

[4]) *Ibidem* Oktober 1892, 11. — Siehe auch S. 469.

[5]) Die von Hartley (Journ. chem. Soc. 93 [1908], 961; Bericht von Schimmel & Co. Oktober 1908, 32) vorgeschlagene spektroskopische Methode hat vorläufig nur theoretisches Interesse.

[6]) Chem. Ztg. 25 (1901), 292.

Campher- und Pfefferminz- Produktion in Japan (1912).
CHINA
RUSSLAND
SACHALIN
JESSO
(HOKKAIDO)
TAIWAN
(FORMOSA)
KOREA
Japanisches Meer
HONDO
Sado
SCHIKOKU
KIUSCHIU
Großer Ocean

Öl destilliert und in drei Fraktionen, bis 195°, 195 bis 220° und über 220°, getrennt aufgefangen. Die erste und dritte Fraktion enthält keinen Campher, die zweite wird eine Stunde lang in einer Kältemischung gut abgekühlt und der ausgeschiedene Campher vor der Wasserluftpumpe scharf abgesaugt. Um den Campher vollständiger von noch anhängendem Öl zu befreien, schlägt man ihn in ein geeignetes Filtriertuch, packt dieses in Filtrierpapier, bringt das Ganze unter eine Presse und läßt es zunächst eine halbe Stunde liegen; dann packt man den Campherkuchen nochmals zwischen frisches Filtrierpapier und läßt ihn abermals eine viertel Stunde unter der Presse liegen, sammelt dann den Campher und wägt. Das nach dem Ausfrieren des Camphers abgesaugte Öl wird nun von neuem der fraktionierten Destillation unterworfen und die Fraktion 205 bis 220° wieder herausgenommen, die wiederum so behandelt wird, wie nach der ersten Destillation, nur preßt man jetzt nur einmal und zwar 20 Minuten lang ab. Zur vollständigen Isolierung des Camphers sind 5 Destillationen notwendig, bei denen man jedesmal die Fraktionen 205 bis 220° gesondert auffängt und auf die angegebene Weise den Campher isoliert.

Produktion und Handel. Bis etwa Mitte der neunziger Jahre des vorigen Jahrhunderts war Japan fast das einzige Land, das den Weltmarkt mit Campher und Campheröl versorgte. Hier sind es die zwischen Formosa und Japan liegenden Riukiu-Inseln, ferner die Inseln Kiuschiu, Tsuschima und Schikoku; auf der Hauptinsel Honschiu (Hondo) hauptsächlich die Bezirke Totomi, Suruga, Idzu und Kii[1]). Als nach dem japanisch-chinesischen Kriege die chinesische Insel Formosa (Taiwan) in japanischen Besitz übergegangen war, war es eine der ersten Handlungen der neuen Regierung, die dortigen reichen Campherwälder planvoll auszubeuten. Zur Deckung der hohen Kosten, die hierdurch verursacht wurden, und angesichts der steigenden Nachfrage erklärte die Regierung die Camphergewinnung als Staatsmonopol, und zwar in Altjapan i. J. 1899, auf Formosa i. J. 1903. Zur Überwachung der Produktion wurden eine Reihe von sog. Campherämtern eingesetzt, in Altjapan in Nagasaki, Kobe, Kagoschima, Kumamoto, Fukuoka, auf Formosa in Taipeh, Schiuchiku, Bioritsu,

[1]) Vgl. die beigegebene Karte.

Taichu und Bato. Die Erzeuger sind gehalten, ihre gesamte Ware zu einem festgesetzten Preise an die Ämter zu verkaufen, die durch Agenten den Rohcampher an in- oder ausländische Raffinerien weiter verkaufen, auch das Öl nach Entziehung des darin enthaltenen Camphers, entweder roh oder fraktioniert, absetzen. Bis 1909 war die englische Firma Samuel, Samuel & Co. mit dem Verkauf der Monopolerzeugnisse beauftragt, von da ab die japanische Firma Mitsui & Co. Die hohen Preise, die um die Mitte des abgelaufenen Jahrzehnts die Monopolverwaltung forderte, und die den Marktpreis bis auf das Dreifache des normalen Standes trieben, gab Veranlassung zur Erschließung einer Reihe von neuen Quellen. Zunächst warf sich die Industrie auf die Synthese des Camphers, die kurz vorher in technisch befriedigender Weise gelungen war und bei den hohen Preisen auch Gewinn versprach; dann sah man sich nach andern natürlichen Quellen um, namentlich in China, wo die südlichen Provinzen Fokien, Tschekiang, Kwangtung, Kwangsi, Kiangsi, Szetschuan, Hupeh und Hunan nicht unbeträchtliche Mengen Campher auf den Markt brachten. Mit dem Sinken der Weltmarktpreise sanken allerdings diese Zufuhren wieder.

Das über die Produktion und Ausfuhr von Campher und Campheröl vorliegende statistische Material ist bei der Bedeutung beider Artikel für so mancherlei Gewerbezweige sehr reichlich und bei der Zurückhaltung der Japaner, die sich augenscheinlich nicht gern in die Karten sehen lassen, nicht frei von Widersprüchen zwischen den amtlichen japanischen Ziffern und den Angaben verschiedener amtlicher europäischer Vertreter (Konsuln, Handelssachverständiger). Nachstehend sind die wichtigsten Werte wiedergegeben, die über Erzeugung und Ausfuhr der beiden Artikel in den einzelnen Gebieten ein ungefähres Bild geben.

PRODUKTION VON CAMPHER.

	Altjapan (ohne Formosa)	Aus Öl (in Kobe).
1900	2190175 lbs.[1])	—
1901	2669272 „	1635257 lbs.[1])
1902	3396908 „	1513795 „
1903	2948585 „	1613851 „
1904	900000 „	1979137 „
1905	1226607 „	

[1]) Zeitschr. f. angew. Chem. 19 (1906), 261; Bericht von Schimmel & Co. April 1906, 40.

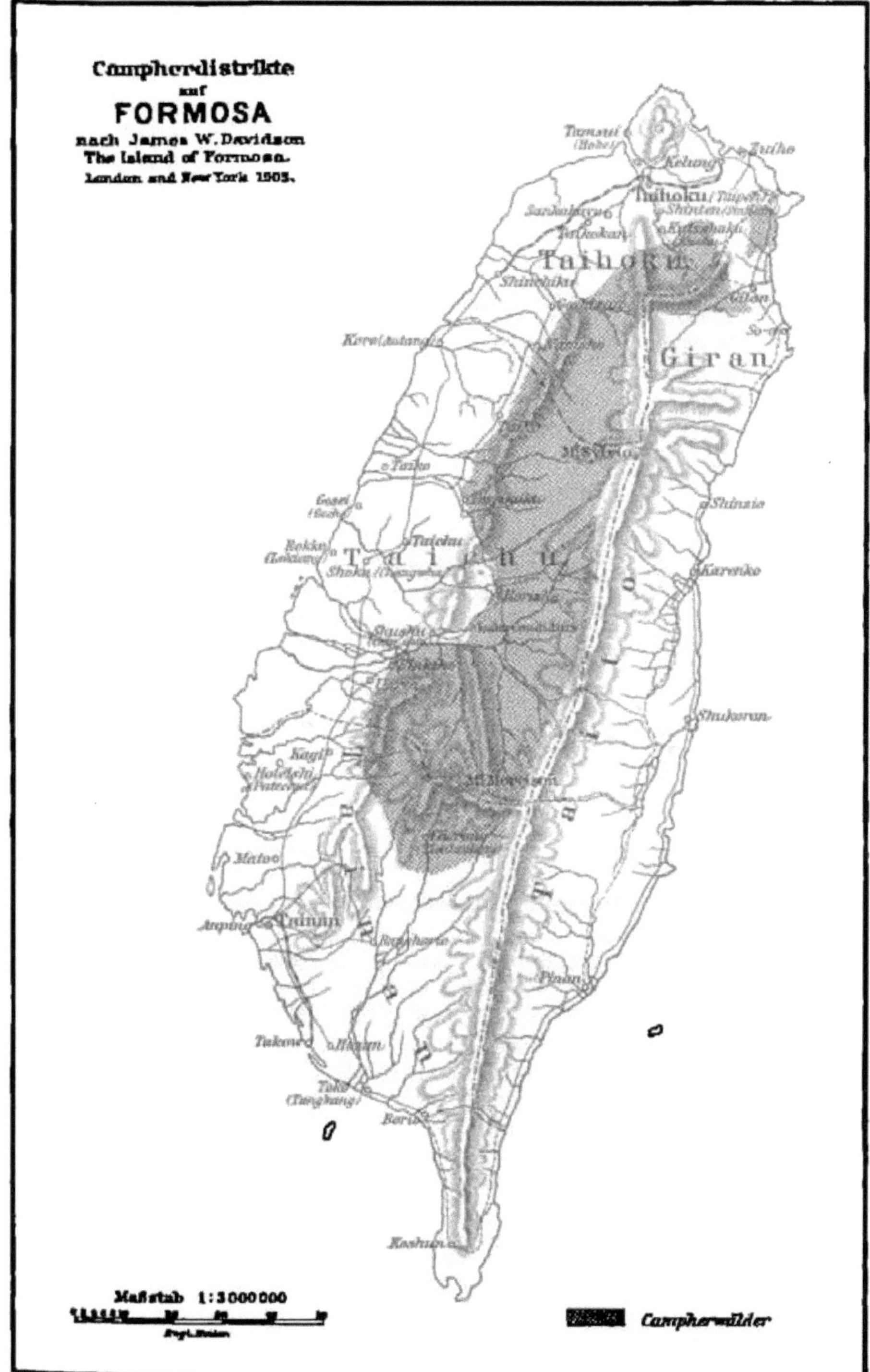
Campherdistrikte
auf
FORMOSA
nach James W. Davidson
The Island of Formosa.
London and New York 1903.
Maßstab 1:3000000
Campherwälder
Taihoku
Giran
Keelung
Shinchiku
Taichu
Shinzio
Karenko
Tainan
Anping
Pinan
Kagi
Matoo
Takow
Kashun

Fig. 43.

PRODUKTION VON CAMPHER. (Fortsetzung.)

1906	687300 kg[2])		
1907	733537 „	9156 Piculs[6])	7000 Piculs[4])
1908	951454 „	12009 „	8000 „
1909	1354455 Kin i. W. v. 798489 Yen[3])	11504 „	8000 „
1910			10000 „
1911			11000 „

Formosa.

1896	—			1904	3540953 Kin[5])	4519923 lbs.[1])
1897	1534596 Kin[5])			1905	2865117 „	4800000 „
1898	2064406 „			1906	3252408 „	4040838 „ [6])
1899	1819227 „			1907	3914598 „ [7])	5388918 „
1900	3479179 „	4511184 lbs.[1])		1908	3834970 „	
1901	3667887 „	4725348 „		1909	3537712 „	
1902	3148742 „	3676060 „		1910	4864704 „	
1903	3595814 „	4071628 „				

			„Alle 3 Sorten" (A, BB, B).
1907	2847251 kg[2])	35000 Piculs[4])	46675 Piculs[7])
1908	3603027 „	35000 „	47948 „
1909		35000 „	60349 „
1910		53000 „	
1911		45000 „	

China.

1904	2219 Piculs[8])
1905	5363 „
1906	—

---

[1]) Zeitschr. für angew. Chem. 19 (1906), 261; Bericht von Schimmel & Co. April 1906, 40.

[2]) Nachrichten f. Handel u. Industrie 1910, Nr. 28; Bericht von Schimmel & Co. April 1910, 20.

[3]) 9. Finanz- u. wirtsch. Jahrb. f. Japan (1909); Bericht von Schimmel & Co. April 1912, 30. — 1 Picul = 100 Kin = 60,4 kg.

[4]) Nachrichten f. Handel u. Industrie 1912, Nr. 73, S. 6; Bericht von Schimmel & Co. Oktober 1912, 25.

[5]) 6. Finanz- u. wirtsch. Jahrb. f. Japan (1906); Bericht von Schimmel & Co. April 1907, 58; 10. Finanz- u. wirtsch. Jahrb. f. Japan (1910).

[6]) Board of Trade Journal v. 4. VI. 1908; Bericht von Schimmel & Co. Oktober 1908, 24.

[7]) Diplomatic and Consular Reports Nr. 4768, August 1911; Bericht von Schimmel & Co. April 1912, 31.

[8]) Deutsches Hand. Arch. Februar 1911, S. 137; Bericht von Schimmel & Co. April 1911, 34.

[9]) Oriental Physician and Druggist, Yokohama 1 (1907), Nr. 16; Bericht von Schimmel & Co. Oktober 1907, 47. — Wahrscheinlich sind die Ziffern für 1904/1905 Ausfuhrziffern!

PRODUKTION VON CAMPHER. (Fortsetzung).

1907	27198 „	im Werte von 2168047 Haikwan Taels[1])
1908	15246 „	„ „ „ 1005297 „ „

PRODUKTION VON CAMPHERÖL.

Altjapan.

1907	9000 Piculs[2])
1908	10000 „
1909	11000 „
1910	16000 „
1911	18000 „

Formosa.

1896	—	1904	2805809 Kin[3])	
1897	683603 Kin[3])	1905	2373788 „	
1898	1120979 „	1906	2986023 „	
1899	1369887 „	1907	4180894 „	41000 Piculs[2])
1900	2632108 „	1908	4446823 „	44000 „
1901	2587186 „	1909		38000 „
1902	2388135 „	1910		58000 „
1903	2678794 „	1911		56000 „

Gesamtjapan.

1894	68360 To[4]) im Werte von	23015 Yen[5])
1895	82687 „ „ „ „	40923 „
1896	89417 „ „ „ „	93483 „
1897	175166 „ „ „ „	181535 „
1898	103686 „ „ „ „	82450 „
1899	20492 „ „ „ „	51363 „
1900	9797 „ „ „ „	79612 „
1901	42695 „ „ „ „	195853 „

[1]) Nachrichten f. Handel u. Industrie 1910, Nr. 75, S. 3; Bericht von Schimmel & Co. Oktober 1910, 25. — 1 Haikwan Tael = (1907) 3,33 ℳ, (1908) 2,74 ℳ, (1909) 2,66 ℳ, (1910) 2,76 ℳ, (1911) 2,75 ℳ.

[2]) Nachrichten f. Handel u. Industrie 1912, Nr. 73, S. 6; Bericht von Schimmel & Co. Oktober 1912, 75.

[3]) 6. u. 9. Finanz- u. wirtsch. Jahrb. f. Japan, 1906 u. 1909; Bericht von Schimmel & Co. April 1907, 58.

[4]) 1 To = 18,04 L.

[5]) 6.—9. Finanz- u. wirtsch. Jahrb. f. Japan, 1906 bis 1909; Bericht von Schimmel & Co. April 1907, 58; Oktober 1908, 75; Oktober 1910, 22. Die Zahlen für 1894 bis 1897 umfassen nur die Ausfuhr, da Produktionsziffern fehlen.

PRODUCTION VON CAMPHERÖL. (Fortsetzung.)

1902	26875	To im Werte von	158052	„		
1903	14496	„ „ „ „	129826	„		
1904	714370	„ „ „ „	202191	„	34346 Piculs [1])	3434689 Kin [2])
1905	652549	„ „ „ „	189729	„	34175 „	3417531 „
1906	843895	„ „ „ „	264836	„	34833 „	3484387 „
1907	958106	„ „ „ „	315885	„		

Über die Produktion Chinas an Campheröl stehen keine Zahlen zur Verfügung.

AUSFUHR VON CAMPHER.

Altjapan.

1868	468154	Kin im Werte von	77097	Yen [2])	(Billigster Preis, 13 Yen pro 100 Kin!)
1873	650969	„ „ „ „	88721	„	
1878	1567598	„ „ „ „	238166	„	
1883	5008413	„ „ „ „	869127	„	
1888	6478094	„ „ „ „	1130596	„	
1893	3064005	„ „ „ „	1308611	„ [4])	
1894		„ „ „	1023956	„	
1895		„ „ „	1526832	„	
1896		„ „ „	1119196	„	
1897		„ „ „	1318292	„	
1898	2608241	„ „ „ „	1174574	„	
1899		„ „ „	1754496	„	
1900		„ „ „	3070701	„ [5])	
1901	4165757	„ „ „ „	3904974	„	
1902	3953211	„ „ „ „	3404833	„	
1903	3985360	„ „ „ „	3537844	„	
1904	3140800	„ „ „ „	3168197	„	
1905	2284794	„ „ „ „	2566233	„	

---

[1]) Berichte über Handel u. Industrie 10 (1907), 605; Bericht von Schimmel & Co. Oktober 1907, 42.

[2]) Deutsche Japan-Post, Yokohama 5 (1907), 8; Bericht von Schimmel & Co. April 1907, 64.

[3]) Toyo Keisai; Chemist and Druggist 73 (1908), 560; Bericht von Schimmel & Co. Oktober 1908, 25.

[4]) 8. Finanz- u. wirtsch. Jahrb. f. Japan 1908; Bericht von Schimmel & Co. Oktober 1908, 23.

[5]) Deutsche Japan-Post, Yokohama, 5 (1907), 8; Bericht von Schimmel & Co. April 1907, 64. — Berichte über Handel u. Industrie 10 (1907), 605; Bericht von Schimmel & Co. Oktober 1907, 42. — Nachrichten f. Handel u. Industrie 1909, Nr. 46, S. 3; Bericht von Schimmel & Co. Oktober 1909, 22. — 9. Finanz- u. wirtsch. Jahrb. f. Japan 1909; Bericht von Schimmel & Co. Oktober 1910, 23. — Deutsches Hand. Arch. Februar 1911; Bericht von Schimmel & Co. April 1911, 32.

AUSFUHR VON CAMPHER. (Fortsetzung.)

1906	2656581 Kin im Werte von	3632785	"
1907	3057657 " " " "	5026858	"
1908	1807565 " " " "	2063410	"
1909	4050700 " " " "	3469368	"
1910		2964369	"[1])

1904	31418 Piculs[2])
1905	22847 "
1906	26565 "
1907	30577 "[3])
1908	18075 "
1909	40507 "
1910	32751 "
1911	34410 "

Formosa. Ausfuhr nach Japan und nach dem Ausland.

1899		im Werte von	1935001	Yen[4])
1902		" " "	3718549	"
1903		" " "	3537844	"
1904		" " "	3057293	"
1905	2923117 Kin	" " "	2683523	"
1906	2789394 "	" " "	2822871	"
1907	3090950 "	" " "	3567449	"
1908	2073550 "	" " "	2218706	"
1909	4366783 lbs.	" " "	302600	£[5])
1910	6486272 "	" " "	404112	"
1911	5613718 "	" " "	354165	"[6])

Ausfuhr nach Japan.

1907	8261 Piculs[5])
1908	4025 "
1909	— "
1910	263 "
1911	45 "

---

[1]) 11. Finanz- u. wirtsch. Jahrb. f. Japan 1911; Bericht von Schimmel & Co. April 1912, 31.

[2]) Anm. 5, S. 492.

[3]) Nachrichten f. Handel u. Industrie 1912, Nr. 73, S. 6; Bericht von Schimmel & Co. Oktober 1912, 26.

[4]) 6. Finanz- u. wirtsch. Jahrb. f. Japan 1906; Bericht von Schimmel & Co. April 1907, 58. — Deutsches Hand. Arch. Jan. 1907, II. Teil, S. 35; Bericht von Schimmel & Co. April 1907, 59. — Nachrichten f. Handel u. Industrie 1909, Nr. 46, S. 3; Bericht von Schimmel & Co. Oktober 1909, 22.

[5]) Diplomatic and Consular Reports Nr. 4768 u. 4769, August 1911; Bericht von Schimmel & Co. Oktober 1911, 22.

[6]) Diplomatic and Consular Reports Nr. 4996, September 1912. — Von der Ausfuhr von 1911 ging der relativ größte Teil, 2374666 lbs., nach Deutschland.

AUSFUHR VON CAMPHER. (Fortsetzung).

Nach dem Ausland.

1904	24034 Piculs im Werte von	2199320	Yen[1])
1905	22430 „ „ „ „	2052933	„
1906	21774 „ „ „ „	2222729	„
1907	22648 „[2]); 4121566 lbs.[4]) =	2619143	„[3])
1908	16710 „ ; — =	1710493	„
1909	50030 „ im Werte von	4377818	„
1910	48384 „ „ „ „	4932750	„
1911	42058 „ ; 5607766 lbs. i. W. v.	353536	£[2])

Ausfuhr von Rohcampher aus Formosa[6]).

1906	4060881 Kin im Werte von	4086004	Yen
1907	5349250 „ „ „ „	6247915	„
1908	3061136 „ „ „ „	3321034	„
1909	8107550 „ „ „ „	7115234	„

Ausfuhr von raffiniertem Campher dorther[6]).

1907	1405671 Kin im Werte von	1292877	Yen
1909	1532470 „ „ „ „	1460151	„

Gesamtjapan.

1900	6469220	lbs.[7])
1901	6717319	„
1902	9328399	„
1903	8965568	„
1904	7372343	„

China.

Ausfuhr aus Gesamtchina.

1903	2185 Piculs im Werte von	118263	Haikwan Taels[8])
1904	2219 „ „ „ „	116708	„ „
1905	5363 „ „ „ „	363868	„ „

[1]) Berichte über Handel u. Industrie 10 (1907), 605; Bericht von Schimmel & Co. Oktober 1907, 42.

[2]) Diplomatic and Consular Reports Nr. 4768, August 1911; Bericht von Schimmel & Co. April 1912, 31.

[3]) Nachrichten f. Handel u. Industrie 1912, Nr. 73, S. 6; Bericht von Schimmel & Co. Oktober 1912, 26.

[4]) Board of Trade Journal v. 4. VI. 1908; Bericht von Schimmel & Co. Oktober 1908, 24.

[5]) Anm. 6, S. 493.

[6]) 9. Finanz- u. wirtsch. Jahrb. f. Japan 1909; Bericht von Schimmel & Co. Oktober 1910, 23.

[7]) Zeitschr. f. angew. Chem. 19 (1906), 261; Bericht von Schimmel & Co. April 1906, 40.

[8]) Bericht Journ. Nr. 3938 des Vereins z. W. d. I. d. chem. Ind. (Abschrift IV. 12326; Schanghai, 19. X. 1909). — 1 Haikwan Tael = (1907) 3,33 ℳ, (1908) 2,74 ℳ, (1909) 2,66 ℳ, (1910) 2,76 ℳ, (1911) 2,75 ℳ.

AUSFUHR VON CAMPHER. (Fortsetzung.)

1906	14828 Piculs	im Werte von 1310791	Haikwan Taels
1907	25789 „	„ „ „ 2077475	„ „ [1])
1908	13072 „	„ „ „ 850135	„ „
1909	9759 „	„ „ „ 680827	„ „
1910	5597 „	„ „ „ 391100	„ „
1911	3361 „	„ „ „ 31832 £[2])	(Menge: 4001 engl. Ztr.)

Ausfuhr aus einzelnen Häfen.

Futschou.

(aus der campherreichsten Provinz Fo-kien).

1905	4805 cwt.	im Werte von 43039 £[3])
1906	13588 „	„ „ „ 185852 „
1907	23231 „	„ „ „ 271433 „ [4])
1908	9644 „	„ „ „ 69302 „
1909	4686 „	
1910	1161 „	

Futschou und Amoy.

1907	19711 Piculs[2])
1908	8257 „
1909	3945 „
1910	1005 „
1911	576 „ (davon 559 Piculs über Futschou.)

Hankau.

1906	372 Piculs	im Werte von 18600	Haikwan Taels[5])
1907	1300 „	„ „ „ 78300	„ „
1908	213 „	„ „ „ 11408	„ „

Schanghai.

1907	4647 Piculs[6])
1908	4064 „
1909	4889 „
1910	4410 „

AUSFUHR VON CAMPHERÖL.

Altjapan.

1907	18706 Piculs[7])	
1908	12599 „	im Werte von 212947 Yen[8])
1909	12727 „	„ „ „ 230319 „
1910	16869 „	„ „ „ 31600 £[9])
1911	17417 „	

[1]) Nachrichten f. Handel u. Industrie 1910, Nr. 75, S. 3 u. 1912, Nr. 58, S. 5; Bericht von Schimmel & Co. Oktober 1910, 25; Oktober 1912, 27.

[2]) Diplomatic and Consular Reports Nr. 4979, 1912.

[3]) *Ibidem* Nr. 3913, August 1907; Bericht von Schimmel & Co. Oktober 1907, 46.

[4]) Diplomatic and Consular Reports Nr. 4379, November 1909; Bericht von Schimmel & Co. April 1910, 24.

[5]) Chem. Industrie 32 (1909), 521; Bericht von Schimmel & Co. April 1910, 25.

[6]) Journ. d'Agriculture tropicale 11 (1911), 319; Bericht von Schimmel & Co. April 1912, 32. — Nachrichten f. Handel u. Industrie 1912, Nr. 58, S. 5 u. Nr. 63, S. 3.

[7]) Nachrichten f. Handel u. Industrie 1912, Nr. 73, S. 6; Bericht von Schimmel & Co. Oktober 1912, 26.

[8]) Deutsches Hand. Arch. Februar 1911; Bericht von Schimmel & Co. April 1911, 36.

[9]) Diplomatic and Consular Reports Nr. 4768, August 1911; Bericht von Schimmel & Co. April 1912, 31.

AUSFUHR VON CAMPHERÖL (Fortsetzung.)

Formosa (nach Japan).

1907	41950 Piculs[1])			
1908	45193 „			
1909	36394 „ ;	4932573 lbs.	im Werte von	164454 £[2])
1910	58766 „ ;	7835519 „	„ „ „	206449 „
1911	52008 „ ;	6934445 „	„ „ „	235585 „

Wert der Ausfuhr:

1899	1075558 Yen[3])
1902	921536 „
1904	1235684 „
1905	2579782 Kin im Werte von 1156454 Yen

Gesamtjapan.

1901	1561970	Kin im Werte von	239933	Yen[4])
1902	630985	„ „ „ „	92488	„
1903	1400921	„ „ „ „	181919	„
1904	1189921	„ „ „ „	189124	„
1905	1264184	„ „ „ „	216122	„[5])
1906	769279	„ „ „ „	132502	„ (Verbot der Ausfuhr von weißem Öl!)
1907	—		—	
1908	12599 Piculs	„ „ „	212947	„[6])
1909	12727	„ „ „ „	230319	„

China.

Ausfuhr über Futschou.

1903	624	cwt. im Werte von	993	£[7])
1904	744	„ „ „ „	1380	„
1905	349	„ „ „ „	600	„
1906	3796	„ „ „ „	8344	„
1907	10345	„ „ „ „	20805	„[8])
1908	99	„ „ „ „	119	„

Ausfuhr über Kiukiang.

1908	2705	cwt. im Werte von	11722	£[9])
1909	2924	„ „ „ „	9034	„
1910	3555	„ „ „ „	8243	„

[1]) Anm. 7. S. 495.

[2]) Diplomatic and Consular Reports Nr. 4996, September 1912.

[3]) Deutsches Hand. Arch. Januar 1907, II. Teil, S. 35; Bericht von Schimmel & Co. April 1907, 59, 60.

[4]) Deutsche Japan-Post, Yokohama 5 (1907), 8; Bericht von Schimmel & Co. April 1907, 64.

[5]) Berichte über Handel u. Industrie 10 (1907), 605; Bericht von Schimmel & Co. Oktober 1907, 43.

[6]) Deutsches Hand. Arch. Februar 1911, 137; Bericht von Schimmel & Co. April 1911, 32.

[7]) Diplomatic and Consular Reports Nr. 3913, August 1907; Bericht von Schimmel & Co. April 1908, 20.

[8]) Diplomatic and Consular Reports Nr. 4379, November 1909; Bericht von Schimmel & Co. April 1910, 24.

[9]) Diplomatic und Consular Reports Nr. 4723, S. 11.

286. Öl der Blätter von Cinnamomum Camphora × C. glanduliferum.

Ein in der Villa Flora in Cannes wachsender Campherbaum wurde durch die botanische Untersuchung als ein Bastard zwischen *Cinnamomum Camphora* Nees et Eberm. und *C. glanduliferum* Meißn. erkannt.

Das aus den Blättern gewonnene Öl[1]) stellte eine bei gewöhnlicher Temperatur dickflüssige, von Campher durchsetzte Masse dar, aus der durch Abkühlen und Abpressen 60% Campher gewonnen wurden. Das übrigbleibende Öl hatte die Eigenschaften: $d_{15°}$ 1,0465, α_D + 34° 24', S. Z. 1, E. Z. 23,3, E. Z. nach Actlg. 46,2; löslich in 0,8 Vol. 80%igen Alkohols; nicht völlig klar löslich in 10 Vol. 70%igen Alkohols.

Safrol war nicht in dem Öl enthalten.

287. Öl von Persea gratissima.

Persea gratissima Gärtn., ein im tropischen Amerika einheimischer Baum, wird jetzt überall in den Tropen wegen seiner eßbaren, *Avocato* oder *Agnacate* genannten Früchte angebaut. Er gedeiht selbst noch in Norditalien und Südfrankreich. Rinde und Blätter enthalten ein esdragonartig riechendes ätherisches Öl.

Öl der Rinde.

Unter der Bezeichnung „Anisrinde" erhielten Schimmel & Co. im Jahre 1891 eine Rinde aus Madagaskar[2]), deren Äußeres der Massoirinde glich, deren Geruch jedoch davon sehr verschieden war. Erst später[3]) wurde festgestellt, daß die Rinde von *Persea gratissima* abstammt.

Das daraus in einer Ausbeute von 3,5% erhaltene Öl ist in der ersten Auflage dieses Buches noch als Anisrindenöl beschrieben worden. Es hat einen anisartigen Geruch, jedoch nicht süßen Geschmack. $d_{15°}$ 0,969; α_D — 0° 46'. Nachgewiesen wurde neben geringen Mengen Anethol als Hauptbestandteil Methylchavicol, und zwar wurde das natürliche Vorkommen dieses von Eykman auf chemischem Wege dargestellten Körpers zum ersten Male bei diesem Öl beobachtet.

[1]) Bericht von Schimmel & Co. April 1913.
[2]) *Ibidem* April 1892, 40.
[3]) *Ibidem* Oktober 1910, 17.

Öl der Blätter.

Das Perseablätteröl ist bisher zweimal dargestellt worden und zwar aus Blättern aus dem botanischen Garten in Genua[1]) und aus Cannes[2]). Bei dem schwach gelblichgrün gefärbten, im Geruch und Geschmack dem Esdragonöl ungemein ähnlichen Öl wurden folgende Konstanten beobachtet: 1. $d_{15°}$ 0,9607, $\alpha_D + 1° 50'$, $n_{D16°}$ 1,5164. 2. $d_{15°}$ 0,956, $\alpha_D + 2° 22'$, $n_{D20°}$ 1,51389, E. Z. 3,8, E. Z. nach Actlg. 18,9; löslich in 6 Vol. 80%igen Alkohols mit leichter Trübung unter Paraffinabscheidung, klar löslich in ca. ½ Vol. 90%igen Alkohols u. m.

Der charakteristische Hauptbestandteil des Öls ist Methylchavicol, dessen Gegenwart durch Überführen in Anethol und Oxydation zu Homoanissäure (Smp. 84 bis 85°) dargetan wurde[3]). Im Vorlauf ist d-α-Pinen (Nitrolbenzylamin, Smp. 123°)[4]) enthalten, und aus dem Destillationsrückstand konnte durch Behandeln mit 80%igem Alkohol ein in seidenglänzenden Nadeln kristallisierendes, bei 53 bis 54° schmelzendes Paraffin isoliert werden[4]).

288. Öl von Persea pubescens.

Persea pubescens (Pursh.) Sarg (*P. carolinensis* Nees), eine im mittleren Teil Nordamerikas einheimische Lauracee, wird gewöhnlich „swamp red bay" oder einfach „swamp bay" genannt. Die Blätter liefern, wie F. Rabak[5]) mitteilt, 0,2% Öl von den Eigenschaften: $d_{25°}$ 0,9272, $\alpha_D + 22,4°$, $n_{D25°}$ 1,4695, S. Z. 2,8, E. Z. 14,5, E. Z. nach Actlg. 64; lösl. in ½ Vol. 80%igen Alkohols, auf Zusatz von 5 Vol. oder mehr trübt sich die Lösung. Von freien Säuren fand Rabak nur Buttersäure; in verestertem Zustande enthielt das Öl außer Buttersäure Valeriansäure und ein wenig Önanthsäure. Ferner wurden als Bestandteile nachgewiesen: 21% d-Campher (Smp. des Semicarbazons 237 bis 239°; Smp. des Oxims 117 bis 118°), 19,8% Cineol (Smp. des Hydrobromids 55 bis 57°) und vielleicht eine geringe Menge Borneol und Formaldehyd.

---

[1]) Bericht von Schimmel & Co. Oktober 1894, 71.

[2]) *Ibidem* Oktober 1906, 55.

[3]) *Ibidem* Oktober 1894, 71; Oktober 1906, 55.

[4]) *Ibidem* Oktober 1906, 55.

[5]) U. S. Dep. of Agriculture, Bureau of Plant Industry, Bull. Nr. 235 (1912), S. 29.

289. Cayenne-Linaloeöl.

Essence de Bois de Rose femelle. — Essence d'Azélia. — Oil of Bois de Rose femelle de Cayenne.

Herkunft. Das Linaloeholz von Französisch-Guayana, oder Cayenne-Linaloeholz heißt bei den Eingeborenen „*Likari kanali*," bei den französischen Kolonisten „Bois de rose mâle". Es wird ferner als „Bois de rose," „Sarsaffras," „Bois de rose femelle", „Bois jaune," „Bois de citron de Cayenne," „Cèdre jaune" oder „Copahu" bezeichnet. Zweifellos werden diese Namen aber zum Teil für aromatische Hölzer verschiedener botanischer Herkunft gebraucht.

Das stark riechende Holz, das bei der Destillation das Cayenne-Linaloeöl gibt, ist hart und schwer, sehr leicht spaltbar, auf frischen Flächen gelb, auf älteren von rötlicher Farbe. Es wird von Cayenne in berindeten Scheiten, deren Größe auf mächtige Bäume schließen läßt, exportiert.

Die Stammpflanze des Cayenne-Linaloeholzes ist noch nicht ganz sicher ermittelt, doch kann nach J. Moeller[1]) *Ocotea caudata* Mez. (*Licaria guianensis* Aubl.), ein zur Familie der *Lauraceae* gehöriger Baum, mit ziemlicher Wahrscheinlichkeit dafür angesehen werden.

E. M. Holmes[2]), der in einer Abhandlung die teilweise recht widersprechenden Angaben früherer Autoren zusammenstellt, ist der Ansicht, daß „Bois de Rose femelle" nicht, wie Möller angibt, von *Ocotea caudata,* sondern von *Protium (Icica) altissimum* March (Familie der *Burseraceae*) stammt. Das Holz von *Ocotea caudata* (*Licaria guianensis* nach Aublet, Plantes de Guiane Française, S. 313) wird in Cayenne „Bois de Rose mâle" genannt. Die Eingeborenen bezeichnen die jungen Bäume als „*Licari kanali*", halten aber die alten Exemplare für andere Pflanzen und nennen sie „*Sarsaffras*". Aus den Ausführungen von Holmes geht aber nicht hervor, welches der beiden Hölzer jetzt das Öl des Handels liefert.

Die weiten Wälder, die zwischen den Flüssen Maroni und Oyapock in Französisch-Guayana liegen, liefern augenblick-

---

[1]) Pharm. Post 29 (1896), Heft 46 bis 48. — Jahrbuch des Kgl. bot. Gartens zu Berlin 1889, 378.

[2]) Perfum. and Essent. Oil Record 1 (1910), 32.

lich die Hauptmenge des Holzes, das von Negern geschlagen und auf dem Rücken nach dem nächsten Fluß transportiert wird, um von dort nach der Küste verschifft zu werden. Ursprünglich ging sämtliches Holz nach Europa, später wurden einige Fabriken im Lande selbst errichtet, in denen nur Cayenne-Linaloeöl dargestellt wurde. Trotzdem gelangen immer noch von Zeit zu Zeit größere Holztransporte nach Europa. Häufig wird beim Schlagen der Bäume nicht der günstigste Zeitpunkt wahrgenommen, bei dem das Holz am ölreichsten ist, oder es wird unnötig lange der abwechselnden Einwirkung der Sonne und des Regens ausgesetzt, wodurch der Ölgehalt bedeutend zurückgeht[1]. Infolgedessen schwankt die Ausbeute sehr stark; sie liegt zwischen 0,6 und 1,6 %[2] und beträgt gewöhnlich etwa 1 %.[3]

Eigenschaften. Angenehm nach Linalool riechende Flüssigkeit. $d_{15°}$ 0,870 bis 0,880; α_D — 10 bis — 19°; $n_{D20°}$ 1,461 bis 1,463; S. Z. bis 1,3; E. Z. bis 6,3. Gehalt an Alkohol $C_{10}H_{18}O$, bestimmt nach 7stündigem Acetylieren in Xylollösung (1 = 5) 90 bis 97 %; löslich in 1,5 bis 2 Vol. u. m. 70 %igen und in ca. 4 Vol. u. m. 60 %igen Alkohols.

Zusammensetzung. Cayenne-Linaloeöl enthält mehr als 80 % l-Linalool. Dieser Alkohol ist zuerst von H. Morin[4] aufgefunden und als Licareol bezeichnet worden. P. Barbier[5], der anfänglich Linalool und Licareol für verschiedene Alkohole hielt, überzeugte sich später von der Identität beider[6]. Nach Theulier[7] soll sich das Cayenne-Linaloeöl von dem mexicanischen durch das Fehlen von Methylheptenon, Terpineol und Geraniol unterscheiden. Es ist jedoch Schimmel & Co.[8] gelungen, in dem vorher verseiften Öl etwa 5 % Terpineol und etwa 1 % Geraniol (Diphenylurethan, Smp. 80 bis 81,5°) nach-

[1] P. Jeancard, Parfum. moderne 5 (1911), 53.
[2] E. Theulier, Rev. gén. de Chim. 3 (1900), 262.
[3] Roure-Bertrand Fils, Perfum. and Essent. Oil Record 1 (1910), 33.
[4] Compt. rend. 92 (1881), 998 u. 94 (1882), 733. — Ann. de Chim. et Phys. V. 25 (1882), 427.
[5] Compt. rend. 114 (1892), 674 u. 116 (1893), 883.
[6] *Ibidem* 121 (1895), 168.
[7] Rev. gén. de Chim. 3 (1900), 262.
[8] Bericht von Schimmel & Co. April 1909, 64.

zuweisen. Nach Roure-Bertrand Fils[1]) ist aber auch Methylheptenon und außerdem Nerol (etwa 1,2%) vorhanden.

Als wenig wichtige Nebenbestandteile sind anzusehen die im Vorlauf vorkommenden Körper Cineol (Jodolverbindung, Smp. 110 bis 111°)[2]) und Dipenten (Tetrabromid, Smp. 124 bis 125°; Dihydrochlorid, Smp. 47 bis 48°)[2]). Im Destillationswasser ist enthalten: Furfurol (Sdp. 159 bis 161°; Phenylhydrazon, Smp. 96 bis 98°; Semicarbazon, Smp. 196°)[2]) und ein bei 90 bis 95° siedender, heftig zum Husten reizender Aldehyd, wahrscheinlich Isovaleraldehyd[2]).

Im Vorlauf scheint auch noch ein aliphatisches Terpen vorhanden zu sein. Seine Isolierung durch Fraktionieren war nicht möglich; durch Einwirkung von Eisessig-Schwefelsäure wurde in einer Ausbeute von etwa 10% ein Ester gewonnen, dessen Alkohol nach dem Verseifen bei 210 bis 215° sott und $d_{15°}$ 0,915 hatte. Der Alkohol verharzte sehr leicht und erinnerte in seinem Geruch an Linalool und Terpineol. Da in der zur Hydratation benutzten Fraktion vom Sdp. 168 bis 170° weder Sabinen noch Camphen, Fenchen oder Pinen nachzuweisen waren, so ist die Annahme, daß der Alkohol aus einem aliphatischen Terpen entstanden ist, wohl nicht ganz unbegründet[2]).

Barbier[3]) hatte bei der Behandlung der Linaloolfraktion mit Essigsäureanhydrid Anteile erhalten, die nach Dimethylheptenylacetat rochen, und glaubte deshalb, daß Dimethylheptenol ein Bestandteil des Öles sei. Schimmel & Co.[4]) waren aber der Ansicht, daß der Alkohol Barbiers Methylheptenol gewesen und vielleicht als Zersetzungsprodukt des Linalools anzusehen sei. Später konnten sie[5]) direkt nachweisen, daß Methylheptenol in kleinen Mengen im Vorlauf enthalten ist. Die untersuchte Fraktion hatte $d_{15°}$ 0,8655 und α_D −11°40′. Der durch seine Phthalestersäure isolierte Alkohol wurde durch Oxydation zu Methylheptenon, dessen Semicarbazon bei 137 bis 138° schmolz, näher charakterisiert.

---

[1]) Berichte von Roure-Bertrand Fils Oktober 1909, 45.

[2]) Bericht von Schimmel & Co. April 1912, 84.

[3]) Compt. rend. 126 (1898), 1423.

[4]) Bericht von Schimmel & Co. Oktober 1898, 68.

[5]) *Ibidem* Oktober 1911, 60.

290. Öl von Ocotea usambarensis.

Öl der Rinde.

Aus der Rinde von *Ocotea usambarensis* Engl., einem Baume, der auch als „Ibean Camphor Tree" bezeichnet worden ist, ist im Kaiserlichen Biologisch-Landwirtschaftlichen Institut in Amani (Deutsch-Ostafrika) ein Öl destilliert worden, das von R. Schmidt und K. Weilinger[1]) untersucht worden ist.

Die Rinde des in den Urwäldern in ziemlicher Menge vorkommenden, zu den *Lauraceae* gehörigen Baumes lieferte 0,15 % ätherisches Öl von folgenden Eigenschaften: Sdp. 50 bis 160° (10 mm), $d_{20°}$ 0,913, $\alpha_{D20°}$ — 11° 12', n_D 1,476, S. Z. 1,2, E. Z. 12,5; Gehalt an freien Alkoholen ($C_{10}H_{18}O$) 4,5 %; frei von Stickstoff und Schwefel. Durch Ausschütteln des Öls mit Kalilauge wurden 0,3 % eines nicht näher charakterisierten Phenols und mittels Bisulfitlauge 1 % Myristinaldehyd gewonnen, der durch sein Semicarbazon (Smp. 100 bis 101°) und durch die Oxydation zu Myristinsäure identifiziert wurde. Durch Ausschütteln des Öls mit Hydrazinbenzolsulfosäure wurde eine sehr geringe Menge eines Ketons erhalten, dessen Semicarbazon bei 197° schmolz. Ferner enthielt das Öl 40 % Cineol (Jodolverbindung), 40 % l-Terpineol (Sdp. 100 bis 110° bei 12 mm; $d_{20°}$ 0,922; α_D - 37° 6'; n_D 1,484), das durch Überführung in Dipentendichlorhydrat (Smp. 46°) nachgewiesen wurde, und 10 % Sesquiterpen $C_{15}H_{24}$ (Sdp. 136 bis 142° bei 12 mm; $d_{20°}$ 0,915; α_D + 7° 46'; n_D 1,505), dessen Dichlorhydrat (Smp. 116 bis 117°) mit Cadinendichlorhydrat nicht identisch ist.

Öl des Holzes.

Im Imperial Institute[2]) in London ist eine Reihe von Mustern des Holzes untersucht worden und zwar Splintholz, das einen schwachen Geruch nach Eucalyptusöl besaß, Äste und Zweige, die, frisch gebrochen, ebenfalls jenen Geruch, aber stärker aufwiesen, sodann Zweige, die aus den Stümpfen gekappter Bäume nach einigen Jahren hervorgesproßt waren. Nach der Dampfdestillation gab jedes der drei Muster flüchtiges Öl mit den folgenden Eigenschaften:

---

[1]) Berl. Berichte 39 (1906), 652.

[2]) Bull. Imp. Inst. 9 (1911), 340.

	Öl aus		
	Splintholz	Ästen und Zweigen	Zweigen aus Stümpfen
Ausbeute	0,4%	0,52%	0,14%
$d_{15°}$	0,9641	0,9681	0,9327
a_D	−7° 30'	−7° 30'	−0° 28'
V. Z.	30,1	30,1	13,3
Lösl. in 80%igem Alkohol	in 1,1 Vol.	in 1,1 Vol.	Auch in 10 Vol. unlöslich

Die zwei zuerst aufgeführten Ölmuster waren hellgelb und erinnerten im Geruch an Eucalyptusöl. Sie enthielten verhältnismäßig nur wenig Cineol, und Campher konnte darin nicht nachgewiesen werden. Das Öl aus den Schößlingen war dünnflüssiger als die beiden andern, denen es in Geruch und Farbe ähnlich war; aus dem stärkeren Geruch wurde auf einen höheren Gehalt an Cineol geschlossen, zu dessen Bestimmung das Ölmuster aber zu klein war.

291. Ocoteaöl oder Lorbeeröl von Guayana.

Ein als „Laurel Oil" bezeichnetes Ol aus Demerara (Britisch-Guayana) wurde von Stenhouse[1]) untersucht. Nach Christison soll es von einem Baum der Gattung *Ocotea* gewonnen werden, indem man nahe an der Wurzel Einschnitte macht, und dadurch die unter der Rinde liegenden Ölbehälter öffnet. Das ausfließende Öl stellt eine gelbliche, angenehm nach Terpentinöl riechende, von 149,5 bis 162,5° siedende Flüssigkeit vom spez. Gewicht 0,864 bei 13,3° dar. Beim Stehenlassen des Öls mit Alkohol und verdünnter Salpetersäure erhielt Stenhouse Kristalle, die nach dem Umkristallisieren weiße, rhombische Prismen von Smp. 150° bildeten.

Das Öl scheint aus Pinen zu bestehen, und die durch verdünnte Salpetersäure erhaltenen Kristalle dürften Terpinhydrat gewesen sein. Allerdings steht mit dieser Annahme der Schmelzpunkt von 150°[2]) nicht in Übereinstimmung, da Terpinhydrat schon bei 116 bis 117° schmilzt.

[1]) Philos. Magaz. and Journ. of Science 20 (1842), 273 u. 25 (1844), 200. — Liebigs Annalen 44 (1842), 309 u. 50 (1844), 155. Vgl. auch Hancock, Bull. des sciences, math. phys. et chim. févr. 1825, p. 125; Trommsdorffs Neues Journ. der Pharm. 11, I. (1825), 171.

[2]) Bei Gmelin, Organ. Chem. IV. Aufl. Bd. 7, S. 282 wird der Smp. des von Stenhouse erhaltenen Körpers zu 125° angegeben.

292. Venezuela-Campherholzöl.

Als venezuelanisches Campherholz erhielten Fritzsche Brothers in New York von Professor H. H. Rusby[1]), vom New York College of Pharmacy, ein Holz, dessen botanischer Ursprung nicht festgestellt ist, das aber wahrscheinlich von einer Spezies der Gattung *Nectandra* oder *Ocotea* (Familie der *Lauraceae*) herkommt. Das starke Klötze bildende Holz, das bei einer botanischen Forschungsreise am unteren Orinoco gesammelt worden war, ist ziemlich weich und leicht spaltbar, hat ein seidenglänzendes Aussehen, ist oft von dunkleren Längs- und Querstreifen durchzogen und besitzt einen schwachen, etwas borneolartigen Geruch.

Durch Destillation des zerkleinerten Holzes wurde 1,15 % hellgelbes Öl von dem ungewöhnlich hohen spez. Gewicht 1,155 und dem Drehungswinkel $\alpha_D + 2°40'$ erhalten[2]). Das Öl hat einen schwachen, an das Öl von *Asarum canadense* erinnernden Geruch und erstarrt bei gewöhnlicher Temperatur zu einer kristallinischen Masse, die abgesaugt und umkristallisiert, schöne, farblose Prismen vom Smp. 28,5° bildet. In konzentrierter Schwefelsäure löst sich der Körper mit blutroter Farbe. Durch Kochen mit alkoholischem Kali verwandelt er sich in eine aus Alkohol in schönen Tafeln kristallisierende, bei 55 bis 56° schmelzende Verbindung. Dieses Verhalten läßt erkennen, daß der kristallinische Bestandteil, der etwa 90 % des Öls ausmacht, aus Apiol besteht. Durch genaueren Vergleich seiner Eigenschaften erwies er sich in jeder Beziehung als identisch mit dem gewöhnlichen Petersilienapiol.

293. Kalifornisches Lorbeeröl.

Herkunft. Alle Teile des kalifornischen Lorbeerbaumes, *Umbellularia californica* Nutt. (*Oreodaphne californica* Nees; *Tetranthera californica* Hook. et Arn.; Mountain Laurel, California Bay tree)[3]) enthalten ätherisches Öl, vornehmlich aber die Blätter, die bei der Destillation eine Ausbeute von 2,4[4]) bis 5,17 %[5]) geben.

[1]) Vgl. Rusby, Botany of Venezuela, Pharmaceutical Journ. 57 (1896), 292.

[2]) Bericht von Schimmel & Co. April 1897, 52.

[3]) Vgl. W. Busse, Über die Blätter des kalifornischen Lorbeers. Berichte d. deutsch. pharm. Ges. 6 (1896), 56.

[4]) J. M. Stillman, Berl. Berichte 13 (1880), 630.

[5]) Bericht von Schimmel & Co. Oktober 1908, 79.

Eigenschaften. Öl von hellgelber Farbe und stechend aromatischem, an Muskat und Cardamomen erinnerndem Geruch. Zu stark eingeatmet greift es die Schleimhäute heftig an und reizt zu Tränen. Der Geschmack ist warm und campherartig. $d_{15°}$ 0,936 bis 0,948; α_D —22 bis —24°; S. Z. 4,7; E. Z. 5,5; E. Z. nach Actlg. 50,8 (S. Z., E. Z. und E. Z. nach Actlg. je 1 Bestimmung); löslich in 1,5 bis 2,2 Vol. 70%igen Alkohols.

Zusammensetzung. Ältere Untersuchungen sind von J. P. Heaney[1]) und von Stillman[2]) ausgeführt worden, doch verdanken wir unsre jetzige Kenntnis der Zusammensetzung des Öls den Forschungen von F. B. Power und F. H. Lees[3]). Nach ihnen enthält das Öl, außer Spuren von Ameisensäure und höheren Fettsäuren in freiem Zustande, geringe Mengen Eugenol (Benzoyleugenol, Smp. 69 bis 70°), l-α-Pinen (Nitrolpiperidin, Smp. 119 bis 120°; Nitrolbenzylamin, Smp. 124 bis 125°), Cineol[4]) (Jodolverbindung, Smp. 115°) sehr wenig Safrol (Piperonal, Smp. 35°), Methyleugenol (Bromeugenolmethylätherdibromid, Smp. 78 bis 79°; Veratrumsäure, Smp. 177°) und endlich als Hauptbestandteil Umbellulon, das im Öl in Mengen von 40 bis 60% zugegen ist.

Umbellulon, $C_{10}H_{14}O$, ist ein Keton, das im reinen Zustand (aus dem Semicarbazid-Semicarbazon regeneriert) folgende Eigenschaften hat: $d_{20°}$ 0,950[5]), α_D —36° 30′[5]), n_D 1,48325[5]), Sdp. 219 bis 220° (749 mm)[3]), Sdp. 92,5 bis 93° (10 mm[5])). Es bildet ein Semicarbazid-Semicarbazon (Smp. über 200°) und ein normales Monosemicarbazon, das je nach der Art des Erhitzens zwischen 240 und 243° schmilzt. Umbellulon gibt ein festes, bei 119° schmelzendes Dibromid; durch Oxydation entsteht Umbellulonsäure, $C_9H_{14}O_3$, Smp. 102°, eine ungesättigte Ketosäure, die bei der Destillation zum Teil in ein ungesättigtes Lacton $C_9H_{12}O_2$, Sdp. 218 bis 221°, übergeht.

Auf Grund der Resultate, die Power und Lees[3]), Lees[6]) sowie F. Tutin[7]) bei der Darstellung zahlreicher Verbindungen,

[1]) Americ. Journ. Pharm. 47 (1875), 105. — Pharmaceutical Journ. III. 5 (1875), 791.
[2]) Berl. Berichte 13 (1880), 630.
[3]) Journ. chem. Soc. 85 (1904), 629.
[4]) Bericht von Schimmel & Co. Oktober 1898, Tabelle im Anhang, 27.
[5]) F. W. Semmler, Berl. Berichte 40 (1907), 5017 u. 41 (1908), 3988.
[6]) Journ. chem. Soc. 85 (1904), 644.
[7]) *Ibidem* 89 (1906), 1104; 91 (1907), 271, 275; 93 (1908), 252.

bei der Einwirkung von Brom auf Umbellulon und bei der Oxydation mit Kaliumpermanganat erhalten hatten, stellte Tutin folgende Formel für das Keton auf:

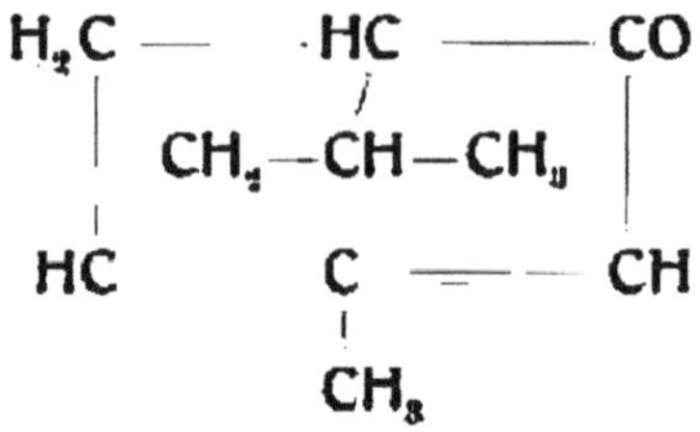

```
H2C —— HC —————— CO
|       /          |
|  CH3—CH—CH3      |
|                  |
HC      C ═══════ CH
        |
        CH3
```

Semmler[1]) reduzierte Umbellulon mit Natrium zu Dihydroumbellulol $C_{10}H_{18}O$, das mit Chromsäure zu β-Dihydroumbellulon $C_{10}H_{16}O$ oxydiert wurde. Die Benzylidenverbindung dieses Ketons gab bei der Oxydation mit Permanganat Homotanacetondicarbonsäure. Hieraus folgert Semmler, daß in dem Dihydroumbellulon dieselbe Anordnung der Kohlenstoffatome besteht, wie im Tanaceton. Während aber beim Tanaceton die Ketogruppe in Carvonstellung steht, muß sie sich beim Dihydroumbellulon in Menthonstellung befinden. Ein weiterer Beweis für die Atomgruppierung ist die von Semmler ausgeführte quantitative Umwandlung des Umbellulons in Thymol, die eintrat, als er das Keton im Einschmelzrohr 18 Stunden lang auf 280° erhitzte. Diese Vorgänge werden durch folgende Formelbilder veranschaulicht.

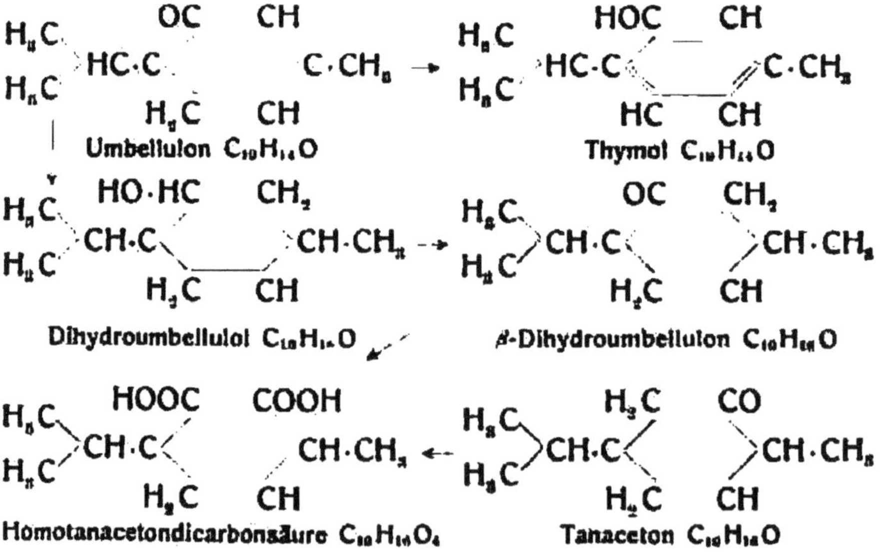

```
          OC     CH                         HOC ── CH
H3C                                  H3C
   >HC·C          C·CH3   →             >HC·C          C·CH3
H3C                                  H3C
          H2C    CH                         HC     CH
 |   Umbellulon C10H14O                    Thymol C10H14O
 ↓
H3C       HO·HC   CH2                H3C        OC    CH2
   >CH·C           CH·CH3  →            >CH·C           >CH·CH3
H3C                                  H3C
          H2C    CH                         H2C    CH
Dihydroumbellulol C10H18O   ↙        β-Dihydroumbellulon C10H16O

H3C       HOOC    COOH               H3C        H2C    CO
   >CH·C<          CH·CH3  ←            >CH·C<          >CH·CH3
H3C                                  H3C
          H2C    CH                         H2C    CH
Homotanacetondicarbonsäure C10H16O4       Tanaceton C10H16O
```

[1]) Berl. Berichte 40 (1907), 5017 u. 41 (1908), 3988.

294. Pichurimbohnenöl.

Das flüchtige Öl der Samenlappen von *Nectandra Puchury-major* Nees und *Nectandra Puchury-minor* Nees, der Pichurimbohnen des Drogenhandels, wurde zuerst im Jahre 1799 von Robes[1]) und im Jahre 1825 von Bonastre[2]) dargestellt.

Untersucht wurde es im Jahre 1853 von A. Müller[3]). Wegen des Stärkegehalts der Bohnen führte er, um die Kleisterbildung zu verhüten, die Destillation unter Zusatz von Schwefelsäure aus und erhielt 0,7 °/₀ ätherisches Öl von gelbgrünlicher Farbe und dem eigentümlichen Pichurimgeruch.

Bei wiederholter Fraktionierung des von 180 bis 270° überdestillierenden Öls erhielt Müller einen bei 150° fast konstant siedenden Kohlenwasserstoff (Pinen?). Die von 165 bis 170° übergehende Fraktion besaß Orangengeruch und scheint ebenfalls ein Terpen gewesen zu sein. Von 255 bis 256° ging ein Öl von tief indigblauer Farbe über. Aus dem noch höher siedenden Teile schieden sich Kristalle ab, die aus Pichurimfettsäure (Laurinsäure) bestanden.

Da die Pichurimbohnen ausgesprochen nach Safrol riechen, so ist dieser Körper höchst wahrscheinlich ein Bestandteil des ätherischen Pichurimbohnenöls.

295. Caparrapiöl.

Unter dem Namen „Caparrapiöl" ist nach F. J. Tapia[4]) in Columbien das Öl der Lauracee *Nectandra Caparrapi* schon seit längerer Zeit bekannt. Der das Öl liefernde Baum wird im Volksmunde *„Canelo"* genannt, wahrscheinlich wegen des zimtartigen Geruchs seiner Rinde. Die Gewinnungsweise des Öls entspricht etwa der beim Terpentin gebräuchlichen. Am Fuße des Stammes wird ein breiter und tiefer Einschnitt gemacht, aus dem das Öl ausfließt, das als Ersatzmittel für Copaivabalsam Anwendung findet.

Das Öl kommt mehr oder weniger gefärbt in den Handel, je nachdem bei der Gewinnung zur Entfernung des vorhandenen

---

[1]) Berl. Jahrb. d. Pharm. 5 (1800), 60.

[2]) *Ibidem* 27 (1825), 160. — Repert. f. d. Pharm. I. 21 (1825), 201.

[3]) Journ. f. prakt. Chem. 58 (1853), 463.

[4]) Bull. Soc. chim. III. 19 (1898), 638.

Wassers Wärme angewendet wurde oder nicht; es enthält eine einbasische, bei 84,5° schmelzende Säure $C_{15}H_{26}O_3$, die nur aus den hellen Ölen in kristallisiertem Zustande erhalten werden kann. Das säurefreie Öl besteht zum großen Teile aus einem Sesquiterpenalkohol $C_{15}H_{26}O$, dem Caparrapiol, das durch wasserentziehende Mittel in den Kohlenwasserstoff $C_{15}H_{24}$, Caparrapen, übergeht. Sowohl der Alkohol als auch der Kohlenwasserstoff werden leicht polymerisiert, besonders unter dem Einfluße von Wärme, sodaß bei der Destillation mit Wasserdampf ungefähr $^3/_4$ des angewandten Öls verharzt zurückbleiben.

296. Nelkenzimtöl.

Die Rinde des in Brasilien wachsenden Baumes *Dicypellium caryophyllatum* Nees (*Persea caryophyllata* Mart.) wurde früher in den Apotheken als *Cortex caryophyllatus* verwendet. Sie führte auch den Namen *Cassia caryophyllata,* Nelkenrinde, Nelkenzimt[1]), Nelkencassie und Nelkenholz.

J. B. Trommsdorff[2]) erhielt bei der Destillation der gepulverten Rinde 4 % eines hellgelben, in Wasser untersinkenden, nach Gewürznelken riechenden Öls.

Mit Kali, Natron und Ammoniak ging das Öl kristallinische Verbindungen ein, aus denen es auf Zusatz von Schwefelsäure unverändert wieder abgeschieden wurde. Dies Verhalten, sowie der Geruch und die Schwere machen es höchst wahrscheinlich, daß das Nelkenzimtöl dasselbe Phenol wie Nelkenöl, nämlich Eugenol, enthält.

297. Massoirindenöl.

Herkunft. Die Massoirinden des Handels leiten sich von verschiedenen Stammpflanzen ab. Die echte Massoirinde stammt von *Massoia aromatica* Beccari (*Sassafras Goesianum* T. et B.). Ihre Heimat ist Neu-Guinea. Als weitere Stammpflanze gilt *Cinnamomum xanthoneuron* Blume, die ebenfalls in Neu-Guinea vorkommt. Neuerdings[3]) wird sie für identisch mit *M. aromatica*

[1]) Als Nelkenzimtöl wurde eine Zeit lang das Öl der Blätter des Ceylon-Zimtstrauchs (s. S. 440) bezeichnet.

[2]) Trommsdorffs Neues Journ. d. Pharm. 23, I. (1831), 7.

[3]) J. Wiesner, Die Rohstoffe des Pflanzenreichs. II. Aufl. Leipzig 1900. Bd. I, S. 778.

angesehen, was nach dem *Index Kewensis* nicht der Fall ist. Massoirinde wird auch von *Cinnamomum Burmanni* Blume (*C. Kiamis* Nees) gewonnen. Endlich kommen noch Massoirinden in den Handel, die mit der Rinde von *Cinnamomum Culilawan* Blume übereinstimmen, als deren Heimat Niederländisch-Indien gilt.

Die botanische Abstammung der aus Deutsch-Neuguinea stammenden Rinde, aus der Schimmel & Co. ihr i. J. 1888 zuerst in den Handel gebrachtes Massoiöl destillierten, ist unbekannt. E. M. Holmes[1]) kam beim Vergleich derselben mit der echten Massoirinde von *Massoia aromatica* Beccari zu dem Schluß, daß beide nicht identisch seien, daß vielmehr die Rinde von Schimmel & Co. der *Cortex Culilabani Papuanus* der Hanburyschen Sammlung, deren botanische Herkunft ebenfalls unbekannt ist, sehr ähnlich sei.

Im Gegensatz hierzu steht die Ansicht von N. Wender[2]), der sich folgendermaßen äußert: „Ihrem anatomischen Baue nach ist die Massoirinde (nämlich die von Schimmel & Co.) unzweifelhaft eine Lauracee und stimmt in ihrem sonstigen Verhalten am besten mit der Rinde von *Sassafras Goesianum* oder *Massoia aromatica* überein."

Nach den anatomischen Angaben von Pfister[3]) soll es indes unmöglich sein, daß diese Rinde zu *Massoia aromatica* gehört.

Eigenschaften. Die Massoirinde von Deutsch-Neuguinea gibt bei der Destillation 6 bis 8 % eines angenehm nach Gewürznelken und Muskatnuß riechenden Öls. $d_{15°}$ 1,04 bis 1,065.

Zusammensetzung. Nach Schimmel & Co.[4]) besteht das Öl hauptsächlich aus Eugenol (70 bis 75 %) und Safrol. Außer diesen beiden Körpern isolierte E. F. R. Woy[5]) noch einen um 172° siedenden Anteil, in dem er ein neues Terpen, „Massoien" gefunden zu haben glaubte. O. Wallach[6]) wies jedoch nach, daß

---

[1]) Pharmaceutical Journ. III. 19 (1888), 465 u. 761.

[2]) Zeitschr. d. allg. österr. Apoth. Ver. 29 (1891), 2.

[3]) Forsch.-Ber. üb. Lebensmittel u. i. Bezieh. z. Hyg. 1 (1894), 13.

[4]) Bericht von Schimmel & Co. Oktober 1888, 42.

[5]) Arch. der Pharm. 228 (1890), 22 und 687.

[6]) Liebigs Annalen 258 (1890), 340. — Arch. der Pharm. 229 (1891), 116.

das sogenannte Massoien aus einem Gemenge von mindestens drei Terpenen bestand. Es sind dies α-Pinen (Pinennitrolbenzylamin, Smp. 123°; Nitrosopinen, Smp. 133°), Limonen (Limonennitrolbenzylamin, Smp. 93°) und Dipenten (Tetrabromid, Smp. 123°).

298. Sassafrasöl.

Oleum Sassafras. — Essence de Sassafras. — Oil of Sassafras.

Herkunft und Geschichte. Der zur Familie der *Lauraceae* gehörende Sassafrasbaum, *Sassafras officinale* Nees, ist über den nordamerikanischen Kontinent von Canada bis Florida und Alabama und westwärts bis Kansas[1]) und dem nördlichen Mexico sehr verbreitet. Er erreicht in den Südstaaten oft eine Höhe bis zu 15 m mit zuweilen 1/3 m Stammdicke.

Die ältere Rinde und das Holz sind, entgegen vielfachen älteren Angaben, geruchlos, die grünen Teile des Baumes riechen beim Zerreiben schwach aromatisch, indessen nicht nach Safrol. Das Holz jüngerer Stämme enthält Ölzellen, die später wieder verschwinden. Reicher daran ist das Wurzelholz, besonders aber die Wurzelrinde.

Die Destillation des Sassafrasöls, die zu Anfang des vorigen Jahrhunderts begann, ist, wie die des Wintergrünöls und des Birkenrindenöls, bis in die neuere Zeit in einfachster Weise vollzogen worden[2]). Die Destillierblase bestand aus einem Faß von derbem Eichenholz, dessen Boden vielfach durchbohrt war. Das Faß wurde in einen konisch geformten, eisernen Kessel fest eingesetzt. Die dem durchlöcherten Boden gegenüberstehende, obere Seite wurde so hergerichtet, daß sie sich zur Füllung des Fasses mit Sassafrasrinde abnehmen und dann wieder dicht darauf befestigen ließ. In ein in diesem Deckel angebrachtes Bohrloch wurde, wenn das Faß fest mit Rinde vollgepackt war, ein zweimal rechtwinklig gebogenes Eisenrohr befestigt. Sein langer

[1]) R. J. Brown, Medicinal Flora of Kansas. — Proceed. Americ. Pharm. Ass. 29 (1881), 446.

[2]) W. Procter jr., Proceed. Americ. pharm. Ass. 14 (1866), 211 bis 222. — Americ. Druggist 1887, 45. — New Remedies (New York) 1888, 224. — Oil, Paint and Drug Reporter, 14. Sept. 1891. — Pharmaceutical Journ. III. 22 (1891), 491.

Fig. 43.

Eine kleinere Sassafrasdestillation in Virginia.

niederwärts gebogener Schenkel ging durch eine Kühltonne, die mit kaltem Quellwasser gespeist wurde. Der Kessel wurde bis nahe an den durchlöcherten Boden des Fasses mit Wasser gefüllt und dieses unter Ersatz des verdampfenden Wassers so lange gekocht, bis die Rinde völlig erschöpft war.

Diese Destillationsweise ging nur langsam von statten, wurde aber auf den Farmen oder in deren Nähe von den Landbesitzern selbst ausgeführt und die Herstellungskosten bestanden lediglich in den billigen Gerätschaften und der Arbeitszeit.

In neuerer Zeit geschieht dieser Betrieb in rationellerer Weise. Die Wurzeln werden ungeschält in etwa 1 m langen Scheiten eingeliefert, und dann auf einer, meistens durch Wasserkraft getriebenen Sägemühle in dünne Scheiben zerschnitten, die durch einen Trichter direkt in den aus 3 Zoll dicken Kieferplanken gefertigten Destillierbehälter fallen. Dieser ist 4 bis 5 Fuß hoch und 12 Fuß im Quadrat und wird durch eiserne Reifen zusammengehalten. An der Seitenwand des Behälters befindet sich oben und unten je eine fest schließende Tür zum Füllen und Entleeren. Der in einem Dampfkessel erzeugte Dampf tritt durch ein am Boden angebrachtes Rohr ein und durchströmt das auf einen Siebboden gelagerte Wurzelholz. Die mit Öl beladenen Dämpfe werden durch einen Schlangenkühler kondensiert und das Destillat wird in einer großen, bis zu 20 Gallonen haltenden Kupferflasche aufgefangen. Die Vorlage hat etwa 2 Zoll über dem Boden einen Abzugshahn, durch den das sich absondernde Sassafrasöl von Zeit zu Zeit abgezogen wird. Nach Erschöpfung des Holzes wird der Kasten entleert, das Holz an der Sonne getrocknet und als Feuerungsmaterial unter dem Dampfkessel verwertet.

Ein derartiger Destillierkasten faßt ungefähr 20000 Pfund Holz und die Destillation dieser Menge dauert etwa 48 bis 50 Stunden.

Die Wurzelrinde gibt 6 bis 9 %, das Wurzelholz etwas weniger als 1 % Öl.

Die Destillation des Sassafrasöls hat bis zur Mitte des vorigen Jahrhunderts hauptsächlich in den Staaten Pennsylvania, Maryland und Virginia stattgefunden, und die Städte Baltimore und Richmond waren die bedeutendsten Stapelplätze des Sassafrasölhandels. Zu Anfang des Bürgerkrieges im Jahre 1860 sollen von Baltimore aus allein jährlich bis zu 50000 Pfund Sassafrasöl in den Handel

Fig. 44.

Sassafras-Schneidemühle und -Destillation in Lexington (Virginia).

gelangt sein[1]). Seit den sechziger Jahren ist das Öl auch in den Staaten New Jersey, New York, Ohio, Indiana, Tennessee, Kentucky[2]) und in den Neu-England-Staaten in beträchtlichen Mengen destilliert worden, bis durch die Ausrottung der Bäume in vielen Teilen dieser Staaten die Destillationsunternehmungen unergiebig geworden sind.

Eigenschaften. Sassafrasöl ist eine gelbe oder rötlichgelbe, nach Safrol riechende Flüssigkeit von aromatischem Geschmack. $d_{15°}$ 1,070 bis 1,080; α_D + 2 bis + 4°; $n_{D20°}$ um 1,530; S. Z. 0; E. Z. 1 bis 2; in jedem Verhältnis in 95 %igem Alkohol und in 1 bis 2 Vol. 90 %igem Alkohol löslich. Ein von Schimmel & Co.[3]) destilliertes Öl (Ausbeute 3,25 %) hatte folgende Eigenschaften: $d_{15°}$ 1,075, α_D + 2° 14', $n_{D20°}$ 1,52885, S. Z. 0, E. Z. 1,9, lösl. in 1,8 Vol. u. m. 90 %igen Alkohols. 100 ccm Öl wurden aus einem gewöhnlichen Kolben destilliert und in Fraktionen von je 10 ccm aufgefangen:

		$d_{15°}$	α_D
1.	208 bis 216°	1,0066	+ 5° 40'
2.	216 „ 221°	1,0546	+ 4° 36'
3.	221 „ 225°	1,0764	+ 3° 55'
4.	225 „ 225°	1,0830	+ 2° 57'
5.	225 „ 226°	1,0877	+ 2° 5'
6.	226 „ 227°	1,0916	+ 1° 30'
7.	227 „ 228°	1,0930	+ 0° 45'
8.	228 „ 229°	1,0942	+ 0° 12'
9.	229 „ 234°	1,0905	— 0° 19'
10.	Rückstand	1,0770	

Zusammensetzung. Den Geruch und die wichtigsten Eigenschaften verdankt das Sassafrasöl seinem Hauptbestandteil, dem Safrol, $C_{10}H_{10}O_2$. Dieser Körper wurde im Jahre 1821 von Binder[4]) beobachtet, als er sich aus einem Öl kristallinisch

[1]) Alpheus P. Sharp, Americ. Journ. Pharm. 35 (1863), 13. — W. Procter, *ibidem* 33 (1861), 1 u. 38 (1866), 484.

[2]) F. Rabak, Americ. Perfumer 5 (1910), 220.

[3]) Bericht von Schimmel & Co. April 1906, 62.

[4]) Buchners Repertorium f. d. Pharm. 11 (1821), 346.

Fig. 45.
Ausgraben der Sassafraswurzeln.

abgeschieden hatte. Die späteren Forscher[1]) beschränkten sich zunächst darauf, die Einwirkung von Agentien wie Chlor, Brom usw. auf das Öl oder auf das in ihm enthaltene Safrol zu studieren. Bei der Gelegenheit entdeckte Faltin[2]) einen neuen Bestandteil des Öls, den gewöhnlichen Campher[3]), als er das mit Chlor gesättigte Öl durch Kalk neutralisierte und darauf mit Wasserdampf destillierte.

Den Namen Safrol führten E. Grimaux und J. Ruotte[4]) ein und ermittelten die Zusammensetzung dieses Körpers als $C_{10}H_{10}O_2$. Ferner isolierten sie aus dem Öl eine der Formel $C_{10}H_{16}$ entsprechende Fraktion vom Sdp. 155 bis 157° und nannten den Kohlenwasserstoff Safren. Sie beobachteten außerdem ein nach Nelken riechendes Phenol, das mit Eisenchlorid eine grüne Färbung gab und dessen Identität mit Eugenol später von Pomeranz[5]) festgestellt wurde.

Vollständige Klarheit über die Zusammensetzung des Sassafrasöls brachte erst eine von Power und Kleber[6]) an einem selbstdestillierten Öl ausgeführte Untersuchung.

Das aus lufttrockner Wurzelrinde in einer Ausbeute von 7,4 % erhaltene Öl hatte $d_{15°}$ 1,075 und $\alpha_D + 3° 16'$. Nachdem der größte Teil des Safrols durch Ausfrieren entfernt war, wurde aus dem übrigbleibenden Öl das Eugenol (Benzoyleugenol, Smp. 69°) mit Lauge ausgeschüttelt. Das von Safrol und Eugenol befreite Öl wurde nun fraktioniert. Der von 155 bis 160° siedende Teil erwies sich als α-Pinen (Nitrolbenzylamin, Smp. 123°), der von der Siedetemperatur 160 bis 175° enthielt, wie durch das Nitrit nachgewiesen wurde, Phellandren. Das sogenannte „Safren" von Grimaux und Ruotte ist demnach nichts anderes als Pinen.

---

[1]) Bonastre, Journ. de Pharm. et Chim. II. 14 (1828), 645; Trommsdorffs Neues Journal der Pharm. 19, I. (1829), 210. — Saint-Èvre, Annal. de Chim. et Phys. III. 12 (1844), 107. — Compt. rend. 18 (1844), 705; Liebigs Annalen 52 (1844), 396.

[2]) Liebigs Annalen 87 (1853), 376.

[3]) Die von G. R. Pancoast und W. A. Pearson (Americ. Journ. Pharm. 80 (1908), 219) aufgestellte Behauptung, Sassafrasöl enthalte keinen Campher, beruht auf mangelnder Literaturkenntnis.

[4]) Compt. rend. 68 (1869), 928.

[5]) Monatsh. f. Chem. 11 (1890), 101; Chem. Zentralbl. 1890, II. 62.

[6]) Pharm. Review 14 (1896), 101.

Aus der folgenden Fraktion schied sich **Campher** (Campheroxim, Smp. 115°) aus, und zwar die gewöhnliche rechtsdrehende Modifikation. Bei einer quantitativen Bestimmung durch Überführung in Borneol und Acetylieren dieses Alkohols wurde die Menge des in diesem Sassafrasöl enthaltenen Camphers zu 6,8 % gefunden. Der von 260 bis 270° siedende Teil enthält wahrscheinlich ein Sesquiterpen.

Nach dieser Untersuchung setzt sich das Sassafrasöl aus den folgenden Bestandteilen zusammen: Safrol 80,0 %, Pinen und Phellandren 10,0 %, d-Campher 6,8 %, Eugenol 0,5 %, hochsiedende Anteile, Sesquiterpen und Rückstand 3,0 % = 100,3 %.

Verfälschung. Sassafrasöl wird in Amerika sehr häufig durch Campheröl verfälscht, und es dürfte ein wirklich reines Öl nur selten im Handel angetroffen werden. Da im Campheröl sämtliche Bestandteile des Sassafrasöls enthalten sind, so ist sein Nachweis außerordentlich schwierig, und nur dann sicher zu erbringen, wenn die physikalischen Eigenschaften, besonders das spez. Gewicht und das Siedeverhalten stark abweichen. Als „Artificial Sassafras Oil" werden Campherölfraktionen von einem dem Sassafrasöl entsprechendem spez. Gewicht verkauft.

299. Sassafrasblätteröl.

Soviel bekannt ist, ist das Öl der Blätter des Sassafrasbaumes bisher nur ein einziges Mal dargestellt worden. Power und Kleber[1]) erhielten bei der Destillation der frischen Blätter 0,028 % eines außerordentlich angenehm nach Citronen riechenden Öls von $d_{18°}$ 0,872 und $\alpha_D + 6° 25'$.

Die niedrigst siedende Fraktion besteht aus einem Gemenge von α-Pinen (Nitrolbenzylamin) und Myrcen. Dieses, ein Vertreter der in manchen ätherischen Ölen, z. B. im Bayöl, Hopfenöl, Origanumöl und Rosmarinöl beobachteten olefinischen Terpene, wurde durch das Bertramsche Verfahren hydratisiert. Der entstehende Alkohol war nach seinem Geruch und Siedepunkt Linalool. Zur weiteren Bestätigung diente das durch Oxydation erhaltene Citral und dessen Kondensationsprodukt mit Naphthylamin und Brenztraubensäure. Das dritte Terpen des Sassafrasblätteröls

[1]) Pharm. Review 14 (1896), 103 ff.

ist Phellandren (Nitrit). Ferner wurden nachgewiesen ein Paraffin vom Smp. 58° und ein Sesquiterpen.

Von sauerstoffhaltigen Körpern enthält das Sassafrasblätteröl Citral (Citryl-β-naphthocinchoninsäure) sowie die beiden isomeren Alkohole Linalool und Geraniol und zwar sowohl frei, als auch als Essig- und Valeriansäureester.

300. Trawasblätteröl.

Die Blätter der in Java vorkommenden Lauracee *Litsea odorifera* Valeton werden dort *Trawas*blätter genannt und als Volksheilmittel verkauft. Sie liefern nach van Romburgh[1]) ein ätherisches Öl von den Eigenschaften: d_{18° 0,836 bis 0,846, α_D —0°10′ bis —7° (im 200 mm-Rohr). Der Hauptteil des Öls siedete bei 233° (120 bis 125° bei 10 mm). Mit Semicarbazid bildete sich ein Semicarbazon vom Smp. 116°, aus dem ein Keton regeneriert wurde. Letzteres behandelte van Romburgh mit Kaliumpermanganat und erhielt auf diese Weise ein Keton vom Smp. 12° (Sdp. 234°; d_{17° 0,829; Smp. des Semicarbazons 124°), das sich als Methylnonylketon erwies. Aus der Oxydationsflüssigkeit wurde eine Säure $C_{10}H_{18}O_3$ vom Smp. 49°, die 2-Ketodecylsäure, isoliert, die bei der Oxydation mit Chromsäure und Schwefelsäure Suberonsäure lieferte, während die Oxydation mit Natriumhypobromit zu Azelainsäure und Tetrabromkohlenstoff führte. Das im Öle enthaltene ungesättigte Keton muß also Nonylen-1-methylketon sein. Da sich das aus dem ursprünglichen Öl erhaltene Semicarbazon nicht durch Umkristallisieren in seine Bestandteile zerlegen ließ, wurde das daraus regenerierte Ketongemisch mit einer methylalkoholischen Bromlösung bromiert, wobei fast nur das ungesättigte Keton reagierte. Nachdem das gesättigte Keton abdestilliert war, ging das Dibromid bei 204° (15 mm) über. Diesem wurde mit Zinkstaub und Alkohol das Brom entzogen, wobei ein Keton resultierte vom Smp. — 7°; Sdp. 235°; $d_{11,5^\circ}$ 0,848; Mol.-Refr. 52,47, ber. f. $C_{10}H_{20}O$ ⁞ 52,51.

In ähnlicher Weise wurden die Alkohole des Trawasöls getrennt; sie erwiesen sich als l-Methyl-n-nonylcarbinol

[1]) Koninkl. Akad. Wetensch. Amsterdam, Sitzung vom 28. 10. 1911, S. 325; Bericht von Schimmel & Co. April 1912, 126.

(α_D — 5° 40′) und Undecen-1-ol-10 (Sdp. 233°; d_{10}. 0,835). Das Methylnonylcarbinol wurde durch Oxydation zu Methyl-n-nonylketon gekennzeichnet, das Undecenol lieferte bei der Oxydation mit Chromsäure und Schwefelsäure ein Keton, dessen Semicarbazon bei 113° schmolz, und gab bei der Oxydation mit Kaliumpermanganat 2-Ketodecylsäure.

Vier im Laboratorium von Schimmel & Co. untersuchte, als „*Trawas olie*"[1]) bezeichnete Öle verhielten sich wie folgt: d_{15}. 0,9084 bis 0,9222, α_D — 18°7′ bis — 20°54′, n_{D20}. 1,46377 bis 1,46506; löslich in 1 Vol. u. m. 80%igen Alkohols; die verdünnte Lösung zeigte geringe Opalescenz. Ein wesentlicher Bestandteil ist Cineol[2]), was schon am Geruch der Öle zu erkennen war; im übrigen erinnerte dieser an Cardamomen.

301. Tetrantheraöl.

Herkunft. Früchte, Blätter und Rinde des im Himalaya und im Indischen Archipel, besonders auf Java (wo er *Ki-Lemolo* heißt) verbreiteten Strauches *Tetranthera polyantha* var. *citrata* Nees (Familie der *Lauraceae*) haben einen starken aromatischen Geruch, der durch ätherisches Öl bedingt wird.

Öl der Früchte.

Die zuweilen als „Citronellfrüchte" bezeichneten Früchte genießen in Indien den Ruf einer Panacee und geben bei der Destillation 3,9 bis 5,5% eines ungemein kräftig, dem Verbenaöl ähnlich riechenden Öles, das deshalb auch als Java-Verbenaöl bezeichnet wird. d_{15}. 0,885 bis 0,896; α_D + 6 bis + 13°; Aldehydgehalt mit Bisulfit bestimmt 79 bis 86%, mit Sulfit bestimmt 64 bis 75%. Das Öl enthält Citral[3]), ist aber frei von Citronellal[4]). Außerdem sind etwa 19% Alkohol zugegen, wahrscheinlich Geraniol, und 2% Ester[4]).

---

[1]) Nach de Clercq (Nieuw plantkundig woordenboek voor Nederlandsch-Indië, Amsterdam 1909, S. 310) ist *Trawas* auch die javanische Bezeichnung für den Farn *Polypodium quercifolium* L. und vielleicht auch für die getrockneten Blätter von *Tetranthera brawas* Bl.

[2]) Bericht von Schimmel & Co. April 1912, 126.

[3]) *Ibidem* Oktober 1888, 44. Das in diesem Bericht angegebene spez. Gewicht 0,980 beruht wahrscheinlich auf einem Druckfehler und muß heißen 0,890. Bei zwei später erhaltenen Destillaten wurde 0,894 und 0,896 gefunden.

[4]) Compt. rend. 146 (1908), 349. — Bull. Soc. chim. IV. 3 (1908), 383. — Berichte von Roure-Bertrand Fils Oktober 1907, 20.

ÖL DER RINDE.

Ausbeute 0,13[1]) bis 0,81%[2]); $d_{15°}$ 0,866 bis 0,906[3]); α_D +10 bis +21°; E. Z. nach Actlg. 230 bis 252. Wie aus dem zwischen 220 und 225° liegenden Schmelzpunkt der Naphthocinchoninsäure von Schimmel & Co.[3]) geschlossen wurde, bestehen die Aldehyde des Öls aus einem Gemenge von Citral und Citronellal. E. Charabot und G. Laloue[4]) bestätigen dies. Sie fanden in einem Öl 8% Citral, 10% Citronellal, 56,5% Alkohole $C_{10}H_{18}O$ (Geraniol?) und 2,4% Ester.

ÖL DER BLÄTTER.

Ausbeute 5,4%[3]); $d_{15°}$ 0,899 bis 0,904; α_D −12 bis −16°. Es enthält Cineol (Jodolverbindung, Smp. 111°)[3]), ein Öl enthielt davon, nach der Phosphorsäuremethode bestimmt, 21,2%[4]), ein andres 35%, die aus der festen Resorcinverbindung abgeschieden waren[2]); Citral ist ebenfalls zugegen (Naphthocinchoninsäure, Smp. 198 bis 200°)[3]), aber kein Citronellal. Zweimal[4])[3]) wurden 6% Aldehyd aufgefunden (Sulfitmethode), einmal[1]) 22% Aldehyd. Ferner sind bei einem Öl durch Acetylierung 21,2% Alkohol $C_{10}H_{18}O$ (Geraniol?) nachgewiesen worden[4]).

302. Öl von Cryptocaria moschata.

Cryptocaria moschata Nees et Mart., ein 10 bis 15 m hoher Baum Brasiliens, ist dort unter dem Volksnamen *Nos moscado do Brasil*, brasilianische Muskatnuß bekannt. Die reifen Früchte sind etwas kleiner als Muskatnüsse und riechen stark aromatisch, ähnlich einer Mischung von Lorbeer, Sassafras, Cajeput und Muskatnuß.

Zehn Kilo der zerstoßenen, von der Fleischhülle befreiten Früchte lieferten bei der Destillation mit Wasser 37 g ätherisches Öl[5]). Dieses ist dünnflüssig, von gelblichbrauner Farbe, von durchdringendem, aromatischem Geruch und brennend gewürzhaftem Geschmack. $d_{15°}$ 0,917. In 90%igem Alkohol ist es in allen Verhältnissen löslich.

---

[1]) Jaarboek dep. Landb. in Ned.-Indië, Batavia 1907, 67.

[2]) Bericht von Schimmel & Co. April 1909, 87.

[3]) *Ibidem* April 1905, 87.

[4]) Anm. 4, S. 519.

[5]) T. Peckolt, Pharm. Review 14 (1896), 248.

303. Öl von Cryptocaria pretiosa.

Der in Nordbrasilien einheimische Mispellorbeer, *Cryptocaria pretiosa* Mart. (*Mespilodaphne pretiosa* Nees et Mart.; *Ocotea pretiosa* Benth. et Hook.)[1]), Familie der *Lauraceae*, ist ein 5 bis 15 m hoher Baum, der unter dem Namen *Pao pretiosa*, *Casca pretiosa*, *Canelila*, der berühmte Zimt des Orinoco, und *Pereirora* bekannt ist. Die aus Zweigen, Rinde und Holz bestehende Droge wird als *Priprioca* bezeichnet[2]). Alle Teile der Pflanze enthalten reichliche Mengen ätherisches Öl.

ÖL DER RINDE.

Die Rinde besteht aus meterlangen, rinnenförmigen, 6 bis 8 cm breiten, bis 1 cm dicken Stücken. Ihr Geruch und Geschmack sind angenehm aromatisch, zimtartig.

Bei der Destillation liefert die Rinde 0,83[3]) bis 1,16% Öl von kräftigem, zimtähnlichem Geruch und dem spez. Gewicht 1,118[4]) bis 1,120[3]). Obwohl der Geruch auf Zimtaldehyd hinweist, so scheint dieser Körper doch nicht in dem Öl enthalten zu sein, da beim Schütteln mit Natriumbisulfitlösung sich keine kristallinische Ausscheidung bildet[4]). Das Verhalten des Öls gegen Kalilauge deutet auf die Anwesenheit eines Lactons hin.[3])

C. Hartwich[5]) erhielt aus der als neue Cotorinde[6]) bezeichneten Rinde 1,2% Öl; d 1,108; α_D —2° 40′; wegen des zimtartigen Geruchs wurde mit Bisulfit geschüttelt, das aber nicht reagierte. Von Kalilauge wurden 90% des Öls aufgenommen.

ÖL DER ZWEIGE UND BLÄTTER.

Das aus Zweigen und Blättern hergestellte Öl hat einen angenehmen, an Linaloeöl erinnernden Geruch. $d_{15°}$ 0,8912; α_D + 7° 20′; $n_{D20°}$ 1,469; S. Z. 1,4; V. Z. 13,3; V. Z. nach Actlg. 165,2; lösl. in 1¼ Vol. 70%igem und in jedem Verhältnis in 80%igem Alkohol. Das Öl scheint hauptsächlich aus Linalool zu bestehen.[7])

---

[1]) T. Peckolt, Pharm. Review 14 (1896), 248.

[2]) Bericht von Roure-Bertrand Fils Oktober 1910, 3. Der an dieser Stelle veröffentlichten, eingehenden botanisch-anatomischen Untersuchung der Pflanze von E. G. und A. Camus sind 4 Tafeln beigegeben. — G. Laloue, Bull. Soc. chim. IV. 11 (1912), 602.

[3]) Bericht von Schimmel & Co. April 1913, 74.

[4]) *Ibidem* April 1898, 63.

[5]) Arch. der Pharm. 237 (1899), 430.

[6]) Siehe auch S. 431.

[7]) Bericht von Roure-Bertrand Fils Oktober 1910, 19.

ÖL DES HOLZES[1].

Bei der Destillation schied sich das Öl in einen schwereren und einen leichteren Teil. Das Gesamtöl hatte folgende Eigenschaften: $d_{15°}$ 0,9808, $\alpha_D + 7° 12'$, $n_{D20°}$ 1,519, S. Z. 2,1, V. Z. 128,1, V. Z. nach Actlg. 219,8. Das Öl enthält große Mengen von Estern, wahrscheinlich des Geraniols und Linalools. Die beim Verseifen erhaltenen Säuren bestanden zum Teil aus Benzoesäure (Smp. 119 bis 120°).[2])

304. Kuromojiöl.

Oleum Kuromoji. — Essence de Kuro moji. Oil of Kuro-moji.

Herkunft. *Lindera sericea* Bl. (Familie der *Lauraceae*) ist ein in allen Gebirgen Japans verbreiteter Strauch[3]). Seine sämtlichen Teile enthalten ein ätherisches Öl, in geringer Menge selbst das Holz, das allgemein zur Herstellung von Zahnstochern benutzt wird.

BLÄTTERÖL.

Das Öl, das 1889 von Schimmel & Co. in Leipzig in den Handel eingeführt wurde, wird aus den Blättern und jungen Trieben gewonnen. Die Destillation wird nur im kleinen von Bauern betrieben, die sich darauf beschränken, die auf ihrem Eigentum wachsenden Sträucher zu verarbeiten.

Eigenschaften. Kuromojiblätteröl ist von dunkelgelber Farbe und feinem, aromatischem, balsamischem Geruch. d 0,890 bis 0,905; $\alpha_D - 0° 4'$.

Zusammensetzung. Nach W. Kwasnik[4]) enthält das Öl zwei Terpene und zwei sauerstoffhaltige Körper, nämlich d-Limonen (Tetrabromid, Smp. 104°), Dipenten (Tetrabromid, Smp. 124°), Terpineol (Terpinylphenylurethan, Smp. 109,5°) und das in ätherischen Ölen so selten vorkommende l-Carvon (Schwefelwasserstoffverbindung, Smp. 214°).

---

[1]) Bericht von Roure-Bertrand Fils Oktober 1910, 19.

[2]) *Ibidem* 20.

[3]) Der Strauch ist schon 1712 in Kämpfers Amoenitates exoticae als *Kuro nohji* beschrieben worden. Die Abbildung eines Zweiges findet sich im Chemist and Druggist 47 (1895), 502.

[4]) Arch. der Pharm. 230 (1892), 265.

KUROMOJIÖL AUS EINEM ANDERN PFLANZENTEIL ALS AUS BLÄTTERN DESTILLIERT.

Ein ebenfalls als Kuromojiöl bezeichnetes Destillat, das, wie man wegen seiner abweichenden Beschaffenheit annehmen muß, aus andern Pflanzenteilen destilliert worden war, ist zweimal von Schimmel & Co.[1]) beschrieben worden.

Eigenschaften. Blaßgelbes Öl von feinem corianderartigem Aroma. $d_{15°}$ 0,8947 u. 0,8942; α_D — 14° 29′ u. — 22° 26′; E. Z. 29,87 u. 27,3.

Zusammensetzung. Das Öl ist ganz anders zusammengesetzt als das der Blätter. Es enthält neben linksdrehenden Terpenen Cineol (Jodolverbindung), i-Linalool (Phenylurethan, Smp. 62 bis 63°; Oxydation zu Citral, Citryl-β-naphthocinchoninsäure, Smp. 196 bis 197°) und Geraniol (Diphenylurethan, Smp. 81,8°), das hauptsächlich als Essigester vorhanden ist.

305. Benzoelorbeer-(Spicewood-)öl.

Der unter den Namen „Spicewood", „Spicebush" und „Feverbush" in Nordamerika bekannte Benzoelorbeer-Strauch *Benzoin odoriferum* Nees (*Laurus Benzoin* L.; *Lindera Benzoin* Meißn.) enthält in allen seinen Teilen, besonders in der Rinde und den Beeren ätherisches Öl[2]). In ihrer Heimat wird die Rinde als Hausmittel angewendet.

ÖL DER RINDE UND DER ZWEIGE.

Es ist speziell als „Spicewood Oil" von Fritzsche Brothers in New York im Jahre 1885 in den Handel gebracht; es riecht nach Wintergrün, hat das spez. Gewicht 0,923, siedet zwischen 170 und 300° und besteht aus Kohlenwasserstoffen und etwa 9 bis 10 % Salicylsäuremethylester. Durch Behandeln mit Natronlauge wurden aus 200 g Öl 16 g Salicylsäure isoliert.

ÖL DER BEEREN.

Die Beeren enthalten 4 bis 5 % eines aromatisch gewürzhaft und campherartig riechenden Öls, das von 160 bis 270° siedet und das spez. Gewicht 0,850 bis 0,855 besitzt.

[1]) Bericht von Schimmel & Co. April 1904, 98 und April 1907, 67.

[2]) *Ibidem* Oktober 1885, 27 und Oktober 1890, 49.

ÖL DER BLÄTTER.

Der Ölgehalt der Blätter beträgt ungefähr 0,3 %. Der Geruch des Öls ist höchst angenehm lavendelartig. Spez. Gewicht 0,888.

306. Lorbeerblätteröl.

Oleum Lauri foliorum. — Essence de Laurier. — Oil of Laurel Leaves.

Herkunft. Das Lorbeeröl des Handels wird aus den Blättern des Lorbeerbaumes, *Laurus nobilis* L., destilliert. Die Ausbeute an Öl beträgt je nach der Güte der Blätter 1 bis 3 %.

Eigenschaften. Lorbeerblätteröl ist eine hellgelbe, angenehm, im ersten Moment cajeputölartig, später etwas süßlich riechende Flüssigkeit. $d_{15°}$ 0,915 bis 0,932; α_D —15 bis —18°; $n_{D20°}$ 1,467 bis 1,477; S. Z. bis 3,0; E. Z. 28 bis 50; E. Z. nach Actlg. 58 bis 78 (2 Bestimmungen); löslich in 1 bis 3 Vol. 80 %igen Alkohols; manche Öle, besonders französische, lösen sich schon in 3 bis 10 Vol. 70 %igen Alkohols. Außer den in Frankreich und Deutschland destillierten erscheinen auch Öle anderer Herkunft auf dem Markte. Namentlich wird von den Küsten und Inseln des Mittelmeers und aus Palästina zum Teil ganz brauchbares Öl angeboten. In der nachstehenden Tabelle sind die Eigenschaften verschiedener Öle zusammengestellt:[1])

	$d_{15°}$	α_D	$n_{D20°}$	S.Z.	E.Z.	E.Z.n. Actlg.	Löslich
Deutsch u. Französisch	0,915 bis 0,932	—15° bis —18°	1,467 bis 1,477	bis 3,0	28 bis 50	58,3 bis 77,7	in 1 bis 3 Vol. 80 % Alk., manche (bes. französ.) in 3 bis 10 Vol. 70 % Alk.
Fiume . . .	0,9281	-13°52'	1,47156	1,0	31,9		in 2,5 Vol. 70 % Alk. u. m.
Korfu	0,9177 bis 0,9211	—16° 40' bis —21° 40'	1,46862 bis 1,47107	bis 1,5	29,8 bis 43,8	36,2 bis 83,5	in 1 bis 2 Vol. 80 % Alk., meist in 3 bis 6 Vol. 70 % Alk.
Cypern . . .	0,934 bis 0,944	— 4° 40' bis — 5° 40'	1,466 bis 1,474	bis 1,8	22 bis 25	62 bis 96	in 2 bis 3 Vol. 70 % Alk. u. m.
Palästina . .	0,916 bis 0,924	—14° bis —21°	1,465 bis 1,469	bis 2,2	21 bis 49	43,2 bis 81,4	in 1 bis 2 Vol. 80 % Alk., einige in 4 bis 7 Vol. 70 % Alk.
Kleinasien .	0,9268	—15° 50'	1,46575	0,8	34,8	60,1	in 1 Vol. 80 % Alk. u. m.
Dalmatien .	0,9268	—14° 36'	1,46813	0,5	29,9	68,6	in 2,5 Vol. 70 % Alk. u. m.[2])
Syrien . . .	0,9161	—14° 20'	—	—	—	—	in 1 Vol. 80 % Alk. u. m.[3])

[1]) Bericht von Schimmel & Co. April 1909, 65.

[2]) *Ibidem* Oktober 1911, 60.

[3]) Berichte von Roure-Bertrand Fils April 1911, 25.

Zusammensetzung. Wie zuerst von Wallach[1]) gezeigt worden ist, enthält die niedrigst siedende Fraktion α-Pinen (Nitrolpiperidin, Smp. 118°) und zwar die linksdrehende Modifikation[2]), und wahrscheinlich auch Phellandren[2]). Von sauerstoffhaltigen Bestandteilen sind nachgewiesen: Cineol[1]), l-Linalool (Phenylurethan, Smp. 65°; Oxydation zu Citral)[3]), Geraniol (Diphenylurethan, Smp. 83°; Oxydation zu Citral, Citryl-β-naphthocinchoninsäure, Smp. 197°)[4]), Eugenol (Benzoyleugenol, Smp. 70°)[4]) und Methyleugenol (Veratrumsäure, Smp. 178°)[5]). Die höchstsiedenden Anteile scheinen nicht näher untersuchte Sesquiterpene und Sesquiterpenalkohole[4]) zu enthalten.

Die saure Reaktion des Öls wird durch Essigsäure, Isobuttersäure und Isovaleriansäure[4]) hervorgerufen. Die Ester setzen sich zusammen aus den Alkoholen Linalool und Geraniol sowie dem Phenol Eugenol einerseits und einem Säuregemisch andrerseits, in dem von Thoms und Molle nachgewiesen worden sind: Essigsäure, Valeriansäure, Capronsäure und eine bei 146 bis 147° schmelzende Säure $C_{10}H_{14}O_2$.

Was nun die quantitative Zusammensetzung des Öls anbetrifft, so fanden Thoms und Molle: freies Eugenol ca. 1,7 %, verestertes Eugenol ca. 0,4 %, Cineol 50 %; die Säure $C_{10}H_{14}O_2$ machte 0,07 % des Öls aus, die höheren Fettsäuren waren im Verhältnis von 40 % Valeriansäure zu 60 % Capronsäure vorhanden.

307. Lorbeeröl aus Beeren.

Herkunft. Das durch Auspressen der Früchte des Lorbeerbaums erhaltene Öl ist ein Gemisch von fettem mit etwa 2,5 % flüchtigem Öl[6]). Es ist in den Apotheken unter der Bezeichnung *Oleum Lauri expressum* in Gebrauch. Das ätherische Öl findet praktisch keine Verwendung und ist nur hin und wieder zu wissenschaftlichen Zwecken dargestellt worden. Die Ausbeute aus den Beeren beträgt etwa 1 %.

---

[1]) Liebigs Annalen 252 (1889), 96.

[2]) H. Haensel, Chem. Zentralbl. 1908, I. 1837.

[3]) Bericht von Schimmel & Co. April 1906, 45.

[4]) H. Thoms und B. Molle, Arch. der Pharm. 242 (1904), 161; Arbeiten aus dem pharmazeut. Institut Berlin 1 (1903), 95.

[5]) Bericht von Schimmel & Co. April 1899, 31.

[6]) H. Matthes und H. Sander, Arch. der Pharm. 246 (1908), 165.

Eigenschaften. Das Öl der Beeren ist etwas dickflüssiger und riecht weniger fein und angenehm als das der Blätter. Infolge seines Gehalts an Laurinsäure erstarrt es bisweilen bei Temperaturen, die oberhalb 0° liegen. $d_{15°}$ 0,915 bis 0,935. Der bei einem einzigen Öl bestimmte Drehungswinkel betrug — 14° 10'. Dasselbe Öl war unlöslich in 80%igem, löste sich aber in ½ und mehr Teilen 90%igen Alkohols klar auf.

Zusammensetzung[1]. In den untersten Fraktionen des Beerenöls sind dieselben Bestandteile[2]) wie im Blätteröl enthalten, und zwar sehr wenig α-Pinen (Nitrolbenzylamin, Smp. 122 bis 123°) und viel Cineol (Cineolhydrobromid). Das in dem Öl angenommene Lauren[3]) hat sich als Gemisch dieser beiden Körper herausgestellt. Der um 250° siedende Teil vom spez. Gewicht 0,925 und α_D — 7,2° ist nach der Formel $C_{15}H_{24}$ zusammengesetzt und demnach ein Sesquiterpen[4]).

Ein weiterer Bestandteil des Lorbeerbeerenöls, der sich je nach der Destillationsdauer mehr oder weniger reichlich vorfinden wird, ist die Laurinsäure. Sie wird durch Ausschütteln mit Lauge dem Öl entzogen und schmilzt im reinen Zustande bei 43°[5]). Außer diesen Körpern enthält das Lorbeerbeerenöl Ketone und alkoholartige Substanzen, die mit Natrium feste Verbindungen eingehen. Aus diesen durch Wasser in Freiheit gesetzt, bilden sie ein zähflüssiges bei 20 mm Druck zwischen 71 und 184° übergehendes Öl.

Die Behauptung Gladstones[6]), daß Eugenol im ätherischen Öl der Lorbeeren enthalten sei, ist durch die Untersuchungen von Blas und Müller nicht bestätigt worden. Obwohl Gladstone sein Öl als Bayöl aus den Beeren von *Laurus nobilis* bezeichnet, so ist doch nicht ausgeschlossen, ja sogar wahrscheinlich, daß er wirkliches, zum größten Teil aus Eugenol bestehendes Bayöl in Händen hatte[7]).

[1]) Die ersten Untersuchungen wurden von Bonastre (Journ. de Pharm. 10 [1824], 36 und 11 [1825], 3; Repert. f. d. Pharm. I, 17 [1824], 190) und von Brandes (Arch. der Pharm. 72 [1840], 160) ausgeführt.

[2]) Wallach, Liebigs Annalen 252 (1889), 97. — J. W. Brühl u. F. Müller, Berl. Berichte 25 (1892), 547.

[3]) Brühl, Berl. Berichte 21 (1888), 157.

[4]) C. Blas, Liebigs Annalen 134 (1865), 1.

[5]) Brühl und Müller, *loc. cit.*

[6]) Journ. chem. Soc. II. 2 (1864), 1; Jahresb. f. Chem. 1863, 545.

[7]) Daß in England die Verwechslung der Bezeichnungen von Bayöl und Lorbeeröl ziemlich häufig ist, geht aus einer Abhandlung von Ashton (Chemist and Druggist 2. Juli 1892) hervor.

308. Guayana-Sandelholzöl.

Aus einer Partie Sandelholz aus Guayana, über dessen botanische Abstammung nichts Näheres zu ermitteln war, haben P. Jeancard und C. Satie[1]) mehrere Öle destilliert, deren Konstanten sich innerhalb folgender Grenzen bewegten: $d_{15°}$ 0,9630 bis 1,0122, α + 0° 30′ bis — 6°, V. Z. 13 bis 65, E. Z. nach Actlg. 65 bis 117, lösl. in 1,5 bis 12 Vol. 75%igen und in 0,8 bis 1,1 Vol. 80%igen Alkohols. Die Öle enthielten 59 bis 80% einer Fraktion vom Sdp. 155 bis 160° (20 mm) ($d_{20°}$ 1,024 bis 1,037; α — 4° 20′ bis — 6°; lösl. in 1,8 Vol. 70%igen Alkohols).

Die Eigenschaften des Öls sind von der Beschaffenheit des Ausgangsmaterials in hohem Maße abhängig, deshalb wurden aus Zweigen (I), aus Stammholz (II) und aus Stücken ohne Rinde (III) Öle dargestellt, deren Konstanten hier tabellarisch wiedergegeben sind.

	I	II	III
$d_{15°}$	0,9665	0,9806	0,9968
α	— 6° 16′	0	+ 0° 30′
Löslichkeit in 85%igem Alkohol	0,4	0,4	0,3
„ „ 80% „ „	1	1	0,9
„ „ 75% „ „	1,7	10,8	20
V. Z.	44,1	46,9	13,3
E. Z. nach Actlg.	92,4	96,6	65,8
Gehalt an Fraktion v. Sdp. 155 bis 160° (20 mm)	44%	51,4%	49,8%
Gehalt an Fraktion v. Sdp. 160 bis 165° (20 mm)	9,4%	12,6%	24%

Die Fraktion vom Sdp. 155 bis 160° (20 mm) enthielt einen Bestandteil vom Sdp. 155 bis 159° (20 mm); ($d_{25°}$ 1,0378; α — 6°; lösl. in 1,6 Vol. 70%igen, in 2,7 Vol. 65%igen und in 6,5 Vol. 60%igen Alkohols), den Jeancard und Satie Maroniol nennen und der wahrscheinlich ein tertiärer Alkohol ist. Auf die gewöhnliche Weise läßt sich der Alkohol nicht acetylieren; beim Erhitzen mit Acetanhydrid in Xylollösung wurde nach einer Stunde eine Verseifungszahl von 147, nach drei Stunden eine solche von 168 und nach fünf Stunden eine solche von 189 beobachtet.

---

[1]) Perfum. and Essent. Oil Record 2 (1911), 79.

Im Jahre 1910 haben Schimmel & Co.[1]) ebenfalls Guayana-Sandelholzöl destilliert. Wie Dr. Gießler; Kustos am botanischen Institut der Universität Leipzig, festgestellt hatte, gehörte das Holz zu der Familie der *Lauraceae* und stammte wahrscheinlich von drei Arten der Gattung *Acrodiclidium* oder *Ocotea*. Die Konstanten der Öle waren folgende:

	I	II	III
Ausbeute	3,28 %	2,48 %	4,14 %
$d_{15°}$	1,0036	0,9570	0,9990
α_D	—4° 26′	—0° 46	—0° 44′
S. Z.	1,9	3,7	0,9
E. Z.	10,6	68,8	2,4
E. Z. nach Actlg. . . .	72,9	113,3	54,1
Lösl. in 80 %igem Alkohol	1 Vol. u. m.	2 Vol. u. m.	1 Vol. u. m.

309. Schiuöl.

Herkunft. Seit einiger Zeit wird von Japan aus unter der Bezeichnung Schiuöl (Shiu oil) ein linaloolreiches Öl als Ersatz für Linaloeöl angeboten, das auf Formosa gewonnen wird und von einer Abart des Campherbaumes abstammen soll. Augenscheinlich handelt es sich hier um ein Öl, das bereits im Jahre 1903 von K. Keimazu[2]) untersucht worden ist. Nach diesem Autor scheint es zweifellos, daß die das Öl liefernde Pflanze zu den Lauraceen gehört. Das Öl wird in Zentralformosa von Eingeborenen gewonnen, die es zum Teil mit Campheröl vermischt in den Handel bringen. Sie nennen es *„Schú-Yu"*, übelriechendes Öl; da dieser Name aber nicht recht zutrifft, so bezeichnete es Schimoyama nach seinem Produktionsort Aupin, als *„Oleum apopinense"* oder Apopinöl.

Im Jahre 1912 ist unter dem Titel „Shiu oil" eine mit Illustrationen ausgestattete Broschüre von K. Nagay in japanischer Sprache erschienen. Da sie bisher nicht übersetzt ist, kann über ihren Inhalt nichts mitgeteilt werden.

---

[1]) Bericht von Schimmel & Co. Oktober 1911, 80.

[2]) Journ. of the pharm. Soc. of Japan Nr. 253, März 1903; Nr. 258, August 1903. Ein von T. Kumagai angefertigter Auszug der Abhandlung befindet sich im Bericht von Schimmel & Co. Oktober 1903, 9 und April 1904, 9.

Eigenschaften. Das oben erwähnte, von Keimazu untersuchte Öl hatte folgende Konstanten: $d_{15°}$ 0,9279, α_D + 17° 6′ bis + 17° 19′. Ganz verschieden davon waren die Eigenschaften von 8 Mustern Schiuöl, die in den letzten Jahren von Japan aus nach Europa gekommen sind. $d_{15°}$ 0,870 bis 0,8952; α_D — 0° 51′ bis — 15° 30′; S. Z. bis 0,6; E. Z. 0,5 bis 28; Gehalt an $C_{10}H_{18}O$ 65,5 bis 90%, durch Actlg. des mit 4 Vol. Xylol verdünnten Öls bestimmt; löslich in 1,8 bis 10 Vol. 70%igen Alkohols.

Es bestehen zwei Möglichkeiten, durch die diese stark von einander abweichenden Zahlen zu erklären sind. Entweder ist das Öl, das Keimazu in Händen hatte, von den Eingeborenen stark mit Campheröl verfälscht gewesen, und ein Teil der gefundenen Bestandteile wie Campher, Eugenol, Safrol und Cineol entstammen dem Verfälschungsmittel, oder die später untersuchten Proben waren keine normalen Öle, sondern Fraktionen, in denen das Linalool stark angereichert war[1]).

Zusammensetzung. Keimazu hat in seinem Öl folgende Bestandteile nachgewiesen: 1. Formaldehyd (Rimini-Vitalische Reaktion). 2. d-α-Pinen (Nitrolpiperidin, Smp. 118 bis 119°). 3. Cineol (Bromwasserstoffverbindung, Smp. 53 bis 54°; Cineoljodol, Smp. 120°). 4. Dipenten (Tetrabromid, Smp. 124 bis 125°). 5. Apopinol. Keimazu hat aus dem Öl einen Anteil herausfraktioniert, der bei der Oxydation Citral (Elementaranalyse; Naphthocinchoninsäure, Smp. 200 bis 202°) gab. Da das Acetat des Alkohols einen von dem des Lynalilacetats abweichenden Geruch besaß, glaubte er einen neuen Alkohol vor sich zu haben, den er Apopinol nannte. Es unterliegt aber wohl keinem Zweifel, daß er ein unreines Linalool in Händen hatte. 6. d-Campher (Smp. 176°; Oxim, Smp. 117 bis 118°). 7. Eugenol (Benzoat, Smp. 69°). 8. Safrol (Sdp. 230 bis 232°; Smp. + 8 bis + 10°; Oxydation zu Homopiperonylsäure, Smp. 127 bis 128°; Isosafrol, Oxydation zu Piperonal, Smp. 37°).

Familie: PAPAVERACEAE.

310. Schöllkrautöl.

Aus trockenem Schöllkraut, *Chelidonium majus* L. (Familie der *Papaveraceae*), erhielt H. Haensel[2]) bei der Destillation

[1]) Vgl. auch Perfum. and Essent. Oil Record 3 (1912), 111, 124, 239.
[2]) Apotheker Ztg. 23 (1908), 279. — Chem. Zentralbl. 1908, II. 1837.

mit Wasserdampf 0,013% eines braunen, angenehm riechenden Öls, das in der Kälte erstarrte und sich in 45 T. 90%igen Spiritus auflöste. $d_{60°}$ 0,9374.

Familie: CRUCIFERAE.

Die aus Cruciferen gewonnenen ätherischen Öle sind durchgehends nicht als solche in den Pflanzenteilen fertig gebildet vorhanden. Sie entstehen erst durch einen Gärungsprozeß, bei dem die Glucoside durch ein in denselben Organen anwesendes Ferment gespalten werden, und zwar in Traubenzucker (Glucose) und Senföle, die als Ester der Isothiocyansäure (siehe unter Senföl S. 542) anzusehen sind. Der Sitz der Senfölglucoside befindet sich nach L. Guignard[1]) in den parenchymatischen Geweben, besonders in der Rinde sowie im Embryo der Samen. Das Ferment, meist Myrosin, ist in besondern „Myrosinzellen" abgelagert, die über alle Gewebe, auch über die Samenschalen verteilt sind. Ob bei allen Cruciferen dasselbe Ferment vorkommt, ist nicht nachgewiesen; jedenfalls vermögen die in Cruciferen enthaltenen Fermente die Glucoside dieser Familie zu spalten.

Die Wirkung der Fermente oder Enzyme ist nach T. Bokorny[2]) an eine bestimmte Temperatur gebunden; 75° heißes Wasser tötet das Myrosin in einer Viertelstunde, eine Eigenschaft, die bei der Darstellung der ätherischen Öle wohl zu beachten ist. Außerdem werden die Enzyme durch gewisse Substanzen wie Formaldehyd, 1%ige Schwefelsäure, 0,1%ige Lösung von Sublimat oder Silbernitrat unwirksam gemacht. An Stelle des zerstörten Ferments der eigenen Pflanze kann man das wasserlösliche Ferment des zerkleinerten, weißen Senfs benutzen, um die Glucosidspaltung zu bewerkstelligen.

Die Senfölglucoside sind als solche noch nicht alle im reinen Zustande isoliert worden; in manchen Fällen hat man aus der Beschaffenheit des Endprodukts auf die Art des Glucosids geschlossen.

---

[1]) Compt. rend. 111 (1890), 249.

[2]) Chem. Ztg. 24 (1900), 771, 817, 832.

Am längsten bekannt und am besten untersucht ist das Sinigrin, das Glucosid des schwarzen Senfs. Es kommt außerdem vor in *Thlaspi arvense* L., *Cochlearia Armoracia* L., *Sisymbrium Alliaria* Scop. und *Brassica Rapa* L. Glucotropaeolin (spaltbar in Benzylsenföl) findet sich in *Lepidium sativum* L. und dem zur Familie der *Tropaeolaceae* gehörigen *Tropaeolum majus* L. Glucocochlearin (sek. Butylsenföl liefernd) enthalten *Cochlearia officinalis* L. und *Cardamine amara* L. Gluconasturtiin (Phenyläthylsenföl abspaltend) findet sich in *Nasturtium officinale* R. Br., in *Barbaraea praecox*, in *Brassica Rapa* var. *rapifera* Metzg. und wahrscheinlich auch in *Reseda odorata* (Familie der *Resedaceae*). Das Glucosid von *Brassica Napus* L. hat man Gluconapin (gibt Crotonylsenföl) genannt. Senfölartige Verbindungen, die jedenfalls auch auf Glucoside zurückzuführen sind, liefern *Iberis amara* L., *Capsella bursa pastoris* Mönch., *Sisymbrium officinale* Scop., *Matthiola annua* R. Br. und andere [1]).

311. Kressenöl.

Kressenöl ist zuerst im Jahre 1846 von F. Pless [2]) dargestellt worden. Er konstatierte, daß das Kraut und die Samen von *Lepidium ruderale* L., sowie die Samen von *Lepidium sativum* L. und *Lepidium campestre* R. Br. (Familie der *Cruciferae*) bei der Destillation schwefelhaltige, in Wasser untersinkende Öle liefern. Er glaubte, daß im Kraut das Öl fertig gebildet sei, daß es aus dem Samen aber erst durch die Einwirkung des Wassers entstehe. Aus dem Kraute werden, je nachdem man es zerkleinert oder unzerkleinert anwendet, ganz verschiedene Öle erhalten.

Von A. W. Hofmann [3]), der die erste wissenschaftliche Untersuchung ausführte, wurde das (nicht zerkleinerte!) Kraut von *Lepidium sativum* L. (Gartenkresse) unmittelbar nach dem

---

[1]) Vgl. das Kapitel „Die Senföle" in F. Czapek, Biochemie der Pflanzen, Jena 1905, II. Bd., S. 232. — H. ter Meulen, Recueil trav. chim. des P.-B. 19 (1900), 33 und 24 (1905), 444. — A. Oliva, Vergleichende anatomische und entwicklungsgeschichtliche Untersuchungen über die Cruciferensamen. Zeitschr. d. allg. österr. Apoth. Ver. 43 (1905), 1001, 1033, 1073, 1109, 1141, 1169, 1197, 1225, 1253, 1281, 1309, 1343.

[2]) Liebigs Annalen 58 (1846), 39.

[3]) Berl. Berichte 7 (1874), 1293.

Abblühen in einem Holzbottich[1]) mit Wasserdampf destilliert. Da das gesamte Öl im Destillationswasser gelöst war, so wurde es diesem durch Ausschütteln mit Benzol entzogen. Die Ausbeute betrug 0,115%. Das hellgelbe Rohöl wurde bei der Rektifikation farblos. Drei Viertel des Öls siedeten bei 231,5°, dem Siedepunkt des Phenylessigsäurenitrils oder Benzylcyanids, $C_6H_5.CH_2.CN$. Die Identität des Öls mit diesem Körper wurde durch die Überführung in die bei 77° schmelzende Phenylessigsäure und durch die Analyse des Silbersalzes dieser Säure bewiesen. Die ersten Fraktionen des Öls enthielten eine kleine Menge einer schwefelhaltigen Verbindung von nicht ermittelter Zusammensetzung.

Der Umstand, daß das Kressenkraut beim Zerreiben einen ausgesprochenen Senfölgeruch von sich gibt, macht es nach J. Gadamer[2]) wahrscheinlich, daß sich die Untersuchung von A. W. Hofmann nicht auf das eigentliche Öl der Kresse bezieht, sondern auf ein Zersetzungsprodukt, genau so, wie es bei dem Öl von *Tropaeolum majus* der Fall ist. Wird das Kressenkraut vor der Destillation nicht auf das sorgfältigste zerkleinert, so kann das in ihm enthaltene Ferment nicht zu dem in andern Zellen abgelagerten Glucosid gelangen, sondern wird vorher durch die Hitze abgetötet und kann die Spaltung in Benzylsenföl und Traubenzucker nicht herbeiführen. Es findet vielmehr eine direkte Einwirkung des heißen Wassers auf das Glucosid statt, unter Bildung des von Hofmann gefundenen Benzylcyanids[3]).

Die Samen der Gartenkresse enthalten augenscheinlich denselben Körper, der die Veranlassung zur Bildung des Öls des

---

[1]) Bei der Destillation dieses und ähnlicher schwefelhaltiger Öle sind kupferne Gefäße zu vermeiden, da sonst eine teilweise Zersetzung unter Bildung von Schwefelkupfer stattfindet.

[2]) Arch. der Pharm. 237 (1899), 508.

[3]) H. ter Meulen (Recueil trav. chim. des P.-B. 19 [1900], 42) ist der Ansicht, daß bei A. W. Hofmann nicht die mangelnde Zerkleinerung, wie Gadamer annimmt, sondern die, durch die größere in Arbeit genommene Krautmenge bedingte längere Destillationsdauer Schuld an dem anormalen Destillationsergebnis gewesen sei. Nun braucht die Verarbeitung eines größeren Quantums nicht längere Zeit zu beanspruchen als die eines kleineren, wenn nur die Größenverhältnisse der Apparate und die Dampfmenge entsprechend sind. Die Destillation dauert aber, wenn nicht zerkleinert wird, viel länger, und so kommen beide Auffassungen praktisch auf dasselbe hinaus.

Krautes gibt. Unterwirft man, wie Gadamer[1]) gezeigt hat, den gemahlenen Samen nach mehrstündigem Stehen mit Wasser und etwas weißem Senfsamen der Destillation mit Wasserdampf, so scheidet sich in dem Destillat ein schwach gelblich gefärbtes Öl ab, das sich im Geruch nicht von dem aus Benzylsenföl bestehenden Öl der Kapuzinerkresse (von *Tropaeolum majus*) unterscheidet. Beim Behandeln mit alkoholischem Ammoniak scheiden sich die bei 162° schmelzenden Kristalle des Benzylsulfoharnstoffs ab. Das Kressensamenöl besteht demnach zum Teil aus Benzylsenföl, das seine Entstehung einem Glucosid, dem Glucotropaeolin[2]) verdankt, das durch das im weißen Senfsamen enthaltenen Ferment Myrosin gespalten wird. Wegen seiner geringen Kristallisationsfähigkeit konnte das Glucotropaeolin aus dem Kressensamen bisher nicht isoliert werden.

Frisches Kraut von *Lepidium latifolium* L.[3]) liefert bei der Destillation ein in Wasser untersinkendes, schwefelhaltiges Öl.

312. Öl von Thlaspi arvense.

Nach F. Pless[4]) erhält man ein Öl, wenn man Kraut oder Samen von *Thlaspi arvense* L., mit kaltem Wasser übergießt und nach einiger Zeit destilliert. Es ist farblos, von eigentümlichem, durchdringendem Geruch und lauchartigem Geschmack, zugleich an Knoblauch und Senföl erinnernd.

Sättigt man das Öl mit Ammoniak und destilliert mit Wasser ab, so bleibt im Rückstand Thiosinamin (Smp. 72°) zurück.

Das Destillat gab mit Platinchlorid dieselbe Doppelverbindung, die T. Wertheim[5]) aus dem Knoblauchöl erhalten hatte, weshalb Pless diesen Anteil für Knoblauchöl oder Allylsulfid erklärte.

Da nun Semmler[6]) gezeigt hat, daß die Angaben Wertheims irrtümlich sind, und daß Knoblauchöl aus einer ganzen Anzahl verschiedener Sulfide besteht, unter denen sich aber Allylsulfid

---

[1]) *Loc. cit.* 508.

[2]) Vgl. Kapuzinerkressenöl.

[3]) Steudel, Dissert. de Acredine nonnull. Vegetabil. Tübingen 1805.

[4]) Liebigs Annalen 58 (1846), 36.

[5]) *Ibidem* 51 (1844), 298.

[6]) Arch. der Pharm. 230 (1892), 434.

nicht befindet, so ist auch das Vorkommen dieses Körpers im Öl von *Thlaspi arvense* höchst unwahrscheinlich.

Die Bildung von Thiosinamin muß als Beweis für die Anwesenheit von Allylsenföl angesehen werden.

313. Löffelkrautöl.

Oleum Cochleariae. — Essence de Cochléaria. — Oil of Spoonwort.

Herkunft. Das der Familie der *Cruciferae* angehörende Löffelkraut, *Cochlearia officinalis* L., gedeiht wild in der Nähe der Meeresgestade der nördlichen Kontinente und auf einzelnen Höhengebieten der mitteleuropäischen Alpen, wird aber als Nutzpflanze vielfach mit Erfolg[1]) kultiviert.

Gewinnung. Zur Erzielung guter Ausbeuten ist es unbedingt notwendig, vor der Destillation das Kraut auf das sorgfältigste zu zerkleinern und mit Wasser angerührt über Nacht stehen zu lassen, damit das zu spaltende Glucosid mit dem in andern Zellen abgelagerten Ferment in innige Berührung kommt.[2]) Man kann sowohl trocknes wie frisches Kraut verwenden; im ersteren Falle muß man etwas zerkleinerten, weißen Senf zusetzen, weil beim Trocknen das im Kraut enthaltene Ferment unwirksam wird. Bei frischem Kraut ist ein solcher Zusatz nicht erforderlich, weil, wie Schimmel & Co.[3]) gezeigt haben, durch ihn eine Vermehrung der Ausbeute nicht erreicht wird. Die Ausbeute aus trocknem Kraut beträgt 0,175[3]) bis 0,305%[2]) (auf frisches Kraut berechnet entspricht dies 0,0173 und 0,030%), aus nicht blühendem frischem 0,03 bis 0,04, aus blühendem, frischem Kraut bis 0,048%.

Auch aus den Samen kann nach Zusatz von weißem Senf bei der Destillation ein Öl gewonnen werden, das in seiner Zusammensetzung mit dem Krautöl übereinstimmt[4]).

Eigenschaften. Öl von scharfem, senfölähnlichem, nicht unangenehmem Geruch. $d_{15°}$ 0,933 bis 0,950; $\alpha_D + 52$ bis $+ 56°$; löslich in 3 bis 10 Vol. 80%igen Alkohols, zuweilen mit geringer

---

[1]) E. Lücker, Apotheker Ztg. 21 (1906), 1006.

[2]) J. Gadamer, Arch. der Pharm. 237 (1899), 92.

[3]) Bericht von Schimmel & Co. April 1900, 31.

[4]) W. Urban, Arch. der Pharm. 241 (1903), 691.

Opalescenz, und in 1 Vol. 90%igen Alkohols u. m. Gehalt an Butylsenföl 87 bis 98%. (Die Bestimmungsmethode siehe unten).

Bei der Destillation gingen von 42,8 g über: von 150 bis 154° 6,3 g, von 154 bis 156° 12,2 g, von 156 bis 158° 10,0 g, von 158 bis 162° 12,0 g. Rückstand 2 g. Das spez. Gewicht dieser Fraktionen schwankte von 0,941 bis 0,943, der Drehungswinkel von +51,41 bis +62,78°[1]).

Zusammensetzung. Simon[2]) gibt als Siedepunkt des Öls 156 bis 159° an. Er fand, daß es Schwefel enthält und mit Ammoniak eine dem Thiosinamin ähnliche Verbindung liefert.

Geiseler[3]) hielt das Öl für stickstofffrei und sauerstoffhaltig. Er betrachtete es als Oxysulfid des Allyls.

A. W. Hofmann[4]) ermittelte die Zusammensetzung des Löffelkrautöls. Bei der Destillation des zerstoßenen, mit Wasser zu einem Brei angerührten frischen Krautes wurden 0,034% eines von 158 bis 165° siedenden Öls erhalten. Das nach mehrmaligem Fraktionieren zwischen 161 und 163° Siedende gab bei der Analyse auf ein Butylsenföl stimmende Werte.

Durch Vergleichung des natürlichen Öls mit dem synthetischen Produkt stellte Hofmann fest, daß Löffelkrautöl mit dem Isosulfocyanat des sekundären Butylalkohols identisch ist. Das sekundäre Butylsenföl hat die Strukturformel $\begin{matrix} CH_3 \\ CH_3 \cdot CH_2 \end{matrix} > CH \cdot N : C : S$. Es ist eine farblose Flüssigkeit (d_{12} 0,944; Sdp. 159,5°) von dem charakteristischen Geruch des Cochleariaöls. Beim Erhitzen mit Ammoniak auf 100° bildet es einen bei 136 bis 137° schmelzenden, optisch aktiven Sulfoharnstoff.

Außer diesem Senföl enthält das Löffelkrautöl, wie Gadamer[5]) festgestellt hat, noch geringe Mengen andrer Bestandteile; während nämlich die beiden ersten, bis 156° übergehenden Fraktionen (s. unter Eigenschaften) nach der quantitativen Bestimmung reines Benzylsenföl darstellen, ist den letzten Anteilen ein höhersiedender Körper beigemengt, der eine niedrigere Dichte und ein

---

[1]) Gadamer, *loc. cit.*

[2]) Poggend. Annalen 50 (1840), 377.

[3]) Otto Geiseler, De Cochlearia officinali ejusque oleo dissertatio. Berol. 1857.

[4]) Berl. Berichte 2 (1869), 102; 7 (1874), 508.

[5]) *Loc. cit.*

höheres Drehungsvermögen besitzt, nach Curaçaoschalen riecht und, wie Gadamer vermutet, aus Limonen besteht.

Nach Moreigne[1]) ist im Löffelkrautöl Raphanol enthalten.

Um Löffelkrautspiritus darzustellen löst man 0,7 g natürliches Löffelkrautöl in einem Liter verdünntem Spiritus auf.

Zur Gewinnung dieses Spiritus aus trocknem Kraut gibt Gadamer folgende Vorschrift: Vier Teile getrocknetes Löffelkraut[2]), ein Teil grobgestoßner weißer Senf, vierzig Teile Wasser, fünfzehn Teile Weingeist (90%). Das kleingeschnittene Kraut wird mit dem weißen Senfmehl und Wasser 3 Stunden in einer gläsernen Retorte stehen gelassen und alsdann nach Zusatz des Spiritus destilliert, bis 20 Teile übergegangen sind.

Die Prüfung auf den Gehalt an Löffelkrautöl läßt Gadamer[3]) auf folgende Weise ausführen:

50 g Löffelkrautspiritus werden in einem Meßkolben von 100 ccm Inhalt mit 10 ccm 1/10-n-Silbernitratlösung und 5 ccm Ammoniakflüssigkeit versetzt und wohlverschlossen 24 Stunden stehen gelassen. Nach dem Auffüllen zur Marke dürfen 50 ccm des klaren Filtrats, nach Zusatz von 4 ccm Salpetersäure und einigen Tropfen schwefelsaurer Eisenoxydlösung, nicht mehr als 2,5 ccm 1/10-n-Rhodanammonlösung bis zur eintretenden Rotfärbung verbrauchen.

Danach würden von dem in 50 g Löffelkrautspiritus enthaltenen Senföl zum mindesten 5 ccm 1/10-n-Silbernitratlösung in Schwefelsilber übergeführt werden müssen. Da nun nach der Gleichung:
$C_4H_9NCS + 3NH_3 + 2AgNO_3 = Ag_2S + N{:}C \cdot NHC_4H_9(NH_4 \cdot NO_3)_2$
einem Molekül Butylsenföl (= 115) zwei Moleküle Silbernitrat (= 340) entsprechen, wird 1 ccm 1/10-n-Silbernitrat (= 0,017 g $AgNO_3$) 0,00575 g Butylsenföl gleichwertig sein. 0,00575 g mit 5 multipliziert, wird also den Gehalt an Butylsenföl in 50 g Löffelkrautspiritus oder mit 10 multipliziert, direkt den Prozentgehalt ergeben müssen. Als Mindestgehalt wäre demnach 0,0575% gefordert.

Auch aus Löffelkrautsamen kann man nach W. Urban[4]) Löffelkrautspiritus herstellen.

---

[1]) Siehe unter Rettichöl S. 549.

[2]) Über die Darstellung aus frischem Kraut vgl. E. Lücker, Apotheker Ztg. 21 (1906), 1006.

[3]) *Loc. cit.* 107.

[4]) Arch. der Pharm. 241 (1903), 691.

314. Meerrettichöl.

Das den scharfen Geschmack des Meerrettichs, der Wurzel von *Cochlearia Armoracia* L., bedingende Öl ist, wie durch die Versuche J. Gadamers[1]) höchst wahrscheinlich gemacht wurde, auf die Gegenwart von Sinigrin zurückzuführen, das beim Zerreiben der wasserreichen Wurzel durch ein anwesendes Ferment unter Abspaltung von Senföl zersetzt wird. Durch Destillation der Wurzel in gläsernen Gefäßen wird eine Ölausbeute von ca. 0,05 % erzielt.

Das rohe Öl ist hellgelb, von der Konsistenz des Zimtöls, das rektifizierte farblos. d 1,01. Der Geruch ist durchdringend, zu Tränen reizend und von dem des Senföls nicht zu unterscheiden. Wie dieses verursacht das Meerrettichöl, wenn es auf die Haut gebracht wird, heftiges Brennen und zieht Blasen.

Meerrettichöl ist schwefelhaltig. Auf Grund der Elementaranalysen des Öls selbst, wie der daraus hergestellten Thiosinaminverbindung schließt Hubatka[2]), daß das Öl dieselbe Zusammensetzung wie Senföl besitzt. Die Angaben Hubatkas sind später durch G. Sani bestätigt worden[3]).

Beim jahrelangen Aufbewahren eines Öls mit Wasser in einem geschlossenen Gefäße war das Öl verschwunden, und an seiner Stelle hatten sich silberglänzende, zuerst nach Meerrettich, später nach Pfefferminze und dann nach Campher riechende, spießförmige Kristalle gebildet[4]).

315. Lauchhederichöl.

Aus den Wurzeln des Lauchhederichs, *Alliaria officinalis* Andr. (*Sisymbrium Alliaria* Scop.), erhielt T. Wertheim[5]) bei der Destillation 0,033 % Öl, das von Senföl nicht zu unterscheiden war, und wie dieses Thiosinamin vom Smp. 74° lieferte.

Das Kraut enthält, dem Geruch nach zu schließen, denselben Bestandteil wie Knoblauchöl.

Das Öl der Samen besteht nach F. Pless[6]) zu etwa $^{9}/_{10}$ aus gewöhnlichem Senföl und zu $^{1}/_{10}$ aus Knoblauchöl.

---

[1]) Arch. der Pharm. 235 (1897), 577.
[2]) Liebigs Annalen 47 (1843), 153.
[3]) Accad. Linc. 1892; Bericht von Schimmel & Co. April 1894, 50.
[4]) Einhof, Neues Berlinisches Jahrbuch 5 (1807), 365.
[5]) Liebigs Annalen 52 (1844), 52.
[6]) *Ibidem* 58 (1846), 38.

316. Öl von Eruca sativa.

Nach S. Hals und J. F. Gram[1]) geben die Samen von *Eruca sativa* Lam. nach der Behandlung mit Wasser und darauf folgender Destillation ein flüchtiges Öl, das Stickstoff und Schwefel enthält und von den Senfölen der Rapsarten verschieden ist.

Die Entstehung des Öls ist auf Fermentwirkung zurückzuführen, da es sich nicht bildet, wenn das Ferment durch siedendes Wasser abgetötet wird.

317. Senföl.

Oleum Sinapis. — Essence de Moutarde. — Oil of Mustard.

Herkunft. Als schwarzen Senf bezeichnet man die Samen der zur Familie der *Cruciferae* gehörenden Senfpflanzen, *Brassica nigra* Koch (*Sinapis nigra* L.) und *Brassica juncea* Hooker fil. et Thomson (*Sinapis juncea* L.). *Brassica nigra* gehört dem europäisch-asiatischen Florengebiete an und wird zur Gewinnung des Samens in den meisten Kulturländern, hauptsächlich aber in Holland, Apulien und der Levante kultiviert, während *Brassica juncea* in noch größerer Menge in Sarepta, im russischen Gouvernement Saratow, in Ostindien und in Nordamerika angebaut wird[2]). Der bei weitem größte Teil der Samen wird zur Bereitung des Speisesenfs (Mostrich), der kleinere, für arzneiliche Zwecke und zur Destillation des Senföls gebraucht.

Die Senfsaat des Handels ist häufig ein Gemisch von Samen verschiedener Spezies und manchmal auch noch mit Unkrautsamen verunreinigt. Da die Bestimmung der Stammpflanzen oft wünschenswert ist, so sei hier auf eine sehr ausführliche Arbeit von C. Hartwich und A. Vuillemin[3]) verwiesen, in der außer einer ausführlichen Literaturübersicht über alle hier in Betracht kommenden Fragen, die anatomischen Verhältnisse der einzelnen Samen eingehend behandelt werden. Besonders hingewiesen sei auf eine Bestimmungstabelle für die einzelnen Spezies und auf die mikroskopischen Bilder des Baus der Samenschalen.

[1]) Landw. Vers. Stat. 70 (1909), 307; Chem. Zentralbl. 1909, II. 138.

[2]) Über die Mengen des in Hamburg in den Jahren 1897 bis 1909 eingeführten Senfsamens und über deren Herkunft gibt die handelsstatistische und -geographische Abhandlung von O. Tunmann interessante Aufschlüsse. Apotheker Ztg. 26 (1911), 580.

[3]) Apotheker Ztg. 20 (1905), 162, 175, 188, 199.

Darstellung. Das Senföl ist in dem Samen nicht als solches enthalten, sondern wird erst durch einen Gärungsprozeß gebildet. Die gemahlenen Senfsamen[1]) werden zunächst durch Pressen unter hydraulischem Druck möglichst vom fetten Öl befreit, worauf man die zerkleinerten Preßkuchen mit lauwarmem Wasser anrührt und eine Zeitlang der Gärung überläßt. Nach deren Vollendung wird das gebildete Öl durch Wasserdämpfe abgetrieben. Die Ausbeute beträgt 0,5 bis über 1% des ursprünglichen Samens.

Bei einer 70° übersteigenden Temperatur findet keine Gärung mehr statt, da dann das Myrosin koaguliert und unwirksam wird.

---

[1]) Die Bestimmung des Gehalts der Samen an Senföl (vgl. auch Bd. I, S. 626) geschieht nach dem Deutschen Arzneibuch, 5. Ausg., folgendermaßen: 5 g gepulverter schwarzer Senf werden in einem Kolben mit 100 ccm Wasser von 20 bis 25° übergossen. Man läßt den verschlossenen Kolben unter wiederholtem Umschwenken 2 Stunden lang stehen, setzt alsdann 20 ccm Weingeist und 2 ccm Olivenöl hinzu und destilliert unter sorgfältiger Kühlung. Die zuerst übergehenden 40 bis 50 ccm werden in einem Meßkolben von 100 ccm Inhalt, der 10 ccm Ammoniakflüssigkeit enthält, aufgefangen und mit 20 ccm $^1/_{10}$-n-Silbernitratlösung versetzt. Dem Kolben wird ein kleiner Trichter aufgesetzt und die Mischung 1 Stunde lang im Wasserbad erhitzt. Nach dem Abkühlen und Auffüllen mit Wasser auf 100 ccm dürfen für 50 ccm des klaren Filtrats nach Zusatz von 6 ccm Salpetersäure und 1 ccm Ferri-Ammoniumsulfatlösung höchstens 6,5 ccm $^1/_{10}$-n-Ammoniumrhodanidlösung bis zum Eintritt der Rotfärbung erforderlich sein, was 0,7% Allylsenföl entspricht (1 ccm $^1/_{10}$-n-Silbernitratlösung = 0,004956 g Allylsenföl, Ferri-Ammoniumsulfat als Indikator).

Aus den Resultaten der von D. Raquet (Ann. Chim. analyt. appl. 17 [1912], 174; Chem. Zentralbl. 1912, II. 457) ausgeführten Untersuchungen über die Bestimmung von Senföl in Senfsamen geht hervor, daß es vorteilhaft ist, die wäßrige Maceration durch eine alkoholische zu ersetzen. Raquet bringt in einen Kolben von 250 ccm Inhalt 5 g Senfmehlpulver mit 100 ccm Wasser und 20 ccm 90%igen Alkohols, verschließt den Kolben und erwärmt ihn eine Stunde lang bei 30 bis 35° oder läßt ihn 6 Stunden unter öfterem Schütteln stehen. Sodann wird aus einem Glycerinbad destilliert, wobei das Destillat in einem mit 10 ccm Ammoniak (d_{15} 0,925) beschickten Kolben mit 100 ccm-Marke aufgefangen wird. Wenn etwa 50 ccm überdestilliert sind, versetzt man das Destillat mit 20 ccm $^1/_{10}$-n-Silberlösung und setzt nach dem Umschütteln die Destillation fort, bis das Volumen von 100 ccm erreicht ist. Jetzt erhitzt man die Mischung eine Stunde bei 80 bis 85° unter Rückfluß, füllt nach dem Erkalten auf und filtriert durch chlorfreies Papier. 50 ccm des Destillates werden wie üblich mit $^1/_{10}$-n-Rhodanammoniumlösung titriert. Bedeutet N die Anzahl der gebrauchten ccm, 10—N die Zahl der ccm $^1/_{10}$-n-Silberlösung, so ist (10—N)·0,198 die Menge Allylsenföl, die 100 g Senfmehl liefern.

Es ist behauptet worden, daß der schwarze Senf nicht genügend Myrosin enthalte, um das gesamte in ihm vorhandene Glucosid Sinigrin zu spalten, und man hat sogar, um bessere Ausbeuten zu erzielen, einen Zusatz von weißem Senf bei der Gärung empfohlen. Die Versuche, die H. J. Greenish und D. J. Bartlett[1]) hierüber anstellten, haben bewiesen, daß diese Vermutung falsch ist. Die Samen enthalten nicht nur genügend Myrosin, um das in ihnen vorkommende Sinigrin zu spalten, sondern der Gehalt an diesem Enzym ist zuweilen so groß, daß er genügt, um das dreizehnfache des in den Samen vorkommenden Sinigrins zu zerlegen. Durch den Zusatz von weißem Senf bei der Gärung wird die Ölausbeute nicht verbessert.

Der von Brioux[2]) empfohlene Zusatz von Natriumfluorid bei der Gärung der Senfsamen wirkt nach Greenish und Bartlett sehr günstig, und zwar genügen 0,4% des Fluorids. Das Fluornatrium schadet der Wirkung des Myrosins nicht, tötet aber die das Allylsenföl zerstörenden Mikroorganismen.

Von Interesse ist auch die von Greenish und Bartlett gemachte Beobachtung, daß schwarzer Senf, der im Jahre 1905 geerntet war, bei der im Jahre 1911 ausgeführten Untersuchung einen normalen Myrosingehalt aufwies, sodaß das Lagern dem Myrosin nicht zu schaden scheint.

Die sich bei der Senfölbildung abspielende Reaktion verläuft derart, daß das Glucosid des Senfsamens, das Sinigrin (myronsaures Kali) durch die Wirkung des eiweißartigen Ferments Myrosin, bei Gegenwart von Wasser, in Senföl, Rechtstraubenzucker und Kaliumbisulfat gespalten wird.

Nach diesem Verfahren wurden in englischem Senf 1,386%, in griechischem 1,198%, im Senf von Merville 1,08%, in sizilianischem 0,99%, im Senf von Bari 0,99% und im Bombay-Senf 0,81% Allylsenföl gefunden.

Vgl. E. Dieterich, Helfenberger Annalen 1896, 332. — J. Gadamer, Arch. der Pharm. 235 (1897), 58; 237 (1899), 110, 372. — P. Roeser, Journ. de Pharm. et Chim. VI. 15 (1902), 361. — R. Firbas, Zeitschr. d. allg. österr. Apoth. Ver. 42 (1904), 222; Apotheker Ztg. 19 (1904), 53; Bericht von Schimmel & Co. April 1906, 63. — Schlicht, Pharm. Ztg. 48 (1903), 184. — A. Vuillemin, Pharm. Zentralh. 45 (1904), 384. — C. Pleijel, Apotheker Ztg. 22 (1907), 521. — M. Kuntze, Arch. der Pharm. 246 (1908), 58. — H. Pénau, Journ. de Pharm. et Chim. VII. 6 (1912), 160.

[1]) Pharmaceutical Journ. 88 (1912), 203.

[2]) Annal. Chim. analyt. appl. 17 (1912), 6.

$$\underset{\text{Sinigrin}}{C_{10}H_{16}NS_2KO_9} + \underset{\text{Wasser}}{H_2O} = \underset{\text{Senföl}}{CSNC_3H_5} + \underset{\text{Traubenzucker}}{C_6H_{12}O_6} + \underset{\text{Kaliumbisulfat}}{KHSO_4}$$

Neben dieser Reaktion finden noch andre statt, die die Ursache für zwei im Senföl nie ganz fehlende Substanzen, Allylcyanid (Cyanallyl) und Schwefelkohlenstoff, sind.

Nach Gadamer[1]) leiten sich die Senfölglucoside höchstwahrscheinlich von einer hypothetischen Alkyliminothiolkohlensäure der allgemeinen Formel R. N:C(SH)OH ab. So besitzt nach seiner Ansicht Sinigrin die Formel

$$C_3H_5\cdot N:C\begin{matrix}\diagup S\cdot C_6H_{11}O_5\\ \diagdown O\cdot SO_2OK\end{matrix}$$

Es ist demnach eine Allyliminothiolkohlensäure, deren Hydroxyl mit dem Säurerest (Kaliumbisulfat) verestert und deren Sulfhydryl mit Glucose ätherartig verknüpft erscheinen.

W. Schneider[2]) ist mit Versuchen beschäftigt, für diese vorläufig noch hypothetische Formel den Beweis durch die Synthese derartiger Verbindungen zu erbringen.

Durch längere Berührung mit Wasser oder dem metallischen Kupfer der Destillationsblase wird Senföl unter Abscheidung von Schwefel in Allylcyanid verwandelt.

$$\underset{\text{Senföl}}{CSNC_3H_5} + \underset{\text{Kupfer}}{Cu} = \underset{\text{Allylcyanid}}{CNC_3H_5} + \underset{\text{Schwefelkupfer}}{CuS}$$

Die Menge des auf diese Weise entstehenden Allylcyanids kann bei sorgloser Fabrikation unter Umständen so bedeutend sein, daß das ganze Öl leichter als Wasser wird[3]) (Spez. Gewicht des Allylcyanids 0,835 bei 17,5°).

Woher der im Senföl (auch im künstlichen Öle) stets anzutreffende Schwefelkohlenstoff stammt, ist noch nicht ganz aufgeklärt. Zwar bildet sich, wie aus den angestellten Versuchen hervorgeht[4]), bei einstündigem Kochen von Senföl mit Wasser am Rückflußkühler kein Schwefelkohlenstoff, wohl aber tritt dieser Körper neben Kohlensäure in nachweisbaren Mengen auf,

[1]) Arch. der Pharm. 235 (1897), 47. — Berl. Berichte 30 (1897), 2322, 2328.

[2]) Berl. Berichte 45 (1912), 2961.

[3]) H. Will u. W. Körner, Liebigs Annalen 125 (1863), 278.

[4]) Gadamer, Arch. der Pharm. 235 (1897), 53.

wenn Wasser mit Senföl im zugeschmolzenen Rohr, also unter Druck, auf 100 bis 105° mehrere Stunden lang erhitzt wird. Man kann annehmen, daß das Senföl im Moment des Entstehens reaktionsfähiger ist, und daß Wasser unter den gegebenen Verhältnissen eine Zersetzung im Sinne der folgenden Gleichung veranlaßt.

$$\underset{\text{Senföl}}{2\,CSNC_3H_5} + \underset{\text{Wasser}}{2\,H_2O} = \underset{\text{Allylamin}}{2\,C_3H_5NH_2} + \underset{\text{Kohlensäure}}{CO_2} + \underset{\text{Schwefelkohlenstoff}}{CS_2}$$

Schwefelkohlenstoff bildet sich auch bei längerer Berührung von Wasser mit Senföl. Über den Nachweis von Schwefelkohlenstoff siehe unter „Prüfung."

Was die zur Gärung notwendige Zeitdauer anbetrifft, so ist bei reinem Sinigrin der Prozeß in 80 Minuten vollendet[1]).

Da das sich ausscheidende Kaliumbisulfat zerstörend auf das in der Bildung begriffene Senföl einwirkt, so kann (bei Verwendung von reinem Sinigrin) eine bessere Ausbeute durch Neutralisation mit Alkali erzielt werden. Ein Überschuß von Alkali ist aber ängstlich zu vermeiden, da sonst bedeutend weniger Öl erhalten wird. Calciumcarbonat hat sich hierbei als zweckdienlich erwiesen.

Ganz anders gestalten sich jedoch die Ergebnisse beim Senfmehl. Hierbei wirkt Calciumcarbonat nicht nur nicht nützlich, sondern direkt schädlich. Der Grund dieses auffallenden Verhaltens ist unbekannt, vermutlich spielt die im Senfsamen enthaltene Base Sinapin dabei eine Rolle, indem sie, durch das Calciumcarbonat frei gemacht, auf das Senföl unter Bildung einer nicht flüchtigen, dem Thiosinamin ähnlichen Verbindung einwirkt[1]).

Zusammensetzung. Senföl besteht außer wechselnden Mengen von Schwefelkohlenstoff und Allylcyanid fast ganz aus Allylsenföl oder Isothiocyanallyl $CSNC_3H_5$. Möglicherweise sind außerdem auch Spuren des isomeren Rhodanallyls $CNSC_3H_5$, sowie vielleicht auch höher siedende (polymere?) unbekannte Körper zugegen.

C. Pomeranz[2]) nimmt an, daß in dem natürlichen, durch Gärung entstandenen Öl neben Allylsenföl $CSN \cdot CH_2 \cdot CH : CH_2$

[1]) Gadamer, *loc. cit.*
[2]) Liebigs Annalen 351 (1907), 354.

das isomere Propenylsenföl $CSN \cdot CH:CH \cdot CH_3$ vorhanden sei. Der Beweis hierfür ist zwar für das synthetische Produkt erbracht, da bei dessen Oxydation neben viel Ameisensäure auch Essigsäure gebildet wird, die nur von Propenylsenföl herrühren kann. Beim natürlichen Senföl ist diese Reaktion noch nicht ausgeführt worden, weshalb die Gegenwart von Propenylsenföl hier noch nicht als festgestellt gelten kann.

Die chemischen Reaktionen des Senföls sind im wesentlichen die des Isothiocyanallyls, die in jedem Lehrbuche der Chemie besprochen sind. Hier mögen nur diejenigen ihren Platz finden, welche zum Verständnis der Prüfungsmethoden notwendig sind.

Zur quantitativen Bestimmung des Isothiocyanallyls im Senföl benutzt man seine Eigenschaft, mit Ammoniak eine feste, nicht flüchtige Verbindung einzugehen. Wird Senföl mit überschüssigem Ammoniak und Alkohol versetzt, so verschwinden Senföl- und Ammoniakgeruch, allmählich in der Kälte, rascher in der Wärme, unter Ausscheidung von Kristallen, die aus Thiosinamin bestehen.

$$\underset{\text{Senföl}}{CSNC_3H_5} + \underset{\text{Ammoniak}}{NH_3} = \underset{\text{Thiosinamin.}}{CS\begin{matrix}\diagup NHC_3H_5 \\ \diagdown NH_2\end{matrix}}$$

Thiosinamin oder Allylthioharnstoff kristallisiert in rhombischen bei 74° schmelzenden Prismen, die einen schwach lauchartigen Geruch und Geschmack besitzen und in Wasser, Alkohol und Äther leicht löslich sind.

Beim Mischen kleiner Mengen Senföl mit dem doppelten Volumen konzentrierter Schwefelsäure entsteht unter stürmischer Entwicklung von Kohlenoxysulfid[1]) und schwefliger Säure[2]) schwefelsaures Allylamin, das als klare, wenig gefärbte, unter Umständen erstarrende Flüssigkeit im Reagensrohr zurückbleibt.

Künstliches Senföl wird durch Einwirkung von Allyljodid auf Rhodankalium in alkoholischer Lösung erhalten.

$$\underset{\text{Allyljodid}}{C_3H_5J} + \underset{\text{Rhodankalium}}{CNSK} = \underset{\text{Senföl}}{CSNC_3H_5} + \underset{\text{Jodkalium.}}{KJ}$$

Es entsteht hierbei zunächst Allylthiocyanid $CNSC_3H_5$, das sich in der Wärme in Senföl umlagert.

---

[1]) A. W. Hofmann, Berl. Berichte 1 (1868), 182.

[2]) Flückiger, Arch. der Pharm. 196 (1871), 214.

Senföl bildet sich auch bei der trocknen Destillation von allylschwefelsaurem Kali mit Rhodankalium.

$$\underset{\text{Allylschwefelsaures Kali}}{C_3H_5KSO_4} + \underset{\text{Rhodankalium}}{CNSK} = \underset{\text{Senföl}}{CSNC_3H_5} + \underset{\text{Kaliumsulfat}}{K_2SO_4}$$

Die Eigenschaften des synthetischen Senföls sind im I. Bande, S. 565 beschrieben.

Eigenschaften. Senföl ist eine dünnflüssige, farblose bis gelbe, stark lichtbrechende, optisch inaktive Flüssigkeit von sehr starkem, die Augen zu Tränen reizendem Geruch. Auf die Haut gebracht wirkt es heftig brennend und Blasen ziehend. Das spez. Gewicht schwankt aus den unter „Darstellung" erörterten Gründen zwischen 1,016 und 1,022, steigt aber manchmal bis 1,030. $n_{D20°}$ 1,52681 bis 1,52804. Senföl löst sich in 160 bis 300 Teilen Wassers, oder in 7 bis 10 Vol. 70%igen und 2,5 bis 3 Vol. 80%igen Alkohols auf. Mit 90%igem Alkohol, Äther, Amylalkohol, Benzol und Petroläther gibt es in jedem Verhältnis klare Mischungen. Es siedet größtenteils zwischen 148 und 154° (760 mm)[1].

Am Licht färbt sich Senföl nach und nach rötlichbraun, während sich an der Gefäßwandung ein schmutzig orangegelber, aus Kohlenstoff, Stickstoff, Wasserstoff und Schwefel bestehender Körper in Form einer dünnen Haut absetzt.

Ein Senföl, das aus den Samen von *Brassica juncea* gewonnen war, aber ganz anormale Eigenschaften und vollständig abweichende Zusammensetzung hatte, ist von Schimmel & Co.[2]) dargestellt und untersucht worden. Seine Konstanten waren: $d_{15°}$ 0,9950, $\alpha_D + 0°12'$, $n_{D20°}$ 1,51849.

Während gewöhnliches Senföl nur unbedeutende Mengen oberhalb 155° siedender Anteile enthält, ging bei dem in Rede stehenden Öl der größere Teil erst oberhalb dieser Temperatur über. Es destillierten bei der 3. Fraktionierung von 750 g Öl:

von	40 bis 150°	53 g	oder	ca.	7%,
„	150 „ 160°	200 g	„	„	30%,
„	160 „ 174°	160 g	„	„	20%,
„	174 „ 178°	290 g	„	„	40%.

---

[1]) Der Siedepunkt des reinen Isothiocyanallyls liegt bei 150,7°.

[2]) Bericht von Schimmel & Co. Oktober 1910, 112.

Schon hieraus ging hervor, daß das Öl, zum Unterschied von normalem Senföl, kein einheitlicher Körper war. Aber auch der unscharfe Schmelzpunkt des daraus dargestellten, nur langsam fest werdenden Thioharnstoffs von 67 bis 70° ließ auf ein Gemisch mehrerer Verbindungen schließen.

Von Allylsenföl enthielt dieses Produkt nur 40% (statt über 90% beim normalen Öl), dafür wurden aber gegen 50% Crotonylsenföl, $CSN \cdot C_4H_7$, nachgewiesen. Die von 175 bis 176° siedende Fraktion, die vorzugsweise aus Crotonylsenföl bestand, hatte die Eigenschaften: $d_{18°}$ 0,9941, $\alpha_D + 0° 3'$, $n_{D20°}$ 1,52398 und gab bei der Elementaranalyse auf die obige Formel stimmende Werte. Der Sulfoharnstoff bildete lange, bei 69 bis 70° schmelzende Nadeln. Der Crotonylsulfocarbaminsäurebornylester[1]) schmolz bei 55 bis 56°. Die Konstitution der Crotonylgruppe konnte nicht ermittelt werden, doch liegt augenscheinlich normales Crotonylsenföl, dessen Sulfoharnstoff bei 65 bis 66° schmilzt, nicht vor, da sein Gemisch mit dem Sulfoharnstoff des natürlichen Crotonylsenföls zwischen 45 und 50° schmolz[2]).

Außerdem enthielt das Öl einen wahrscheinlich mit Allylcyanid identischen Körper (Smp. der daraus hergestellten Crotonsäure 70° statt 72°) sowie Spuren von Dimethylsulfid.

Für die Entstehung eines derartig anormalen Öls aus den Samen von *Brassica juncea*, die allen bisherigen Beobachtungen zuwiderläuft, konnte eine Erklärung nicht gefunden werden.

Prüfung. Da es bisher kein Mittel gibt, das natürliche Senföl vom künstlichen zu unterscheiden, so ist das letztere als offizinelles Präparat in die 5. Ausg. des Deutschen Arzneibuchs aufgenommen worden. Die Anforderungen sind: $d_{18°}$ 1,022 bis 1,025, Löslichkeit in jedem Verhältnis in 90%igem Spiritus und ein Gehalt von mindestens 97% Allylsenföl.

Die Ausführung dieser Gehaltsbestimmung ist im I. Bande, S. 626 beschrieben worden.

Bestimmung von Schwefelkohlenstoff im Senföl. Zum Nachweis von nicht zu geringen Mengen Schwefelkohlenstoff, also bei absichtlichen Verfälschungen, kann man ihn in xanthogensaures Kupfer[3]) überführen und quantitativ bestimmen.

---

[1]) Vgl. M. Roshdestwensky, Chem. Zentralbl. 1910, I. 910.

[2]) Über ein andres Crotonylsenföl siehe unter Öl von *Brassica Napus* S. 547.

[3]) Macagno, Zeitschr. f. anal. Chem. 21 (1882), 133.

Zu dem Zwecke erhitzt man 20 bis 25 g Senföl in einem mit einer Kühlvorrichtung verbundenen Kolben auf dem Wasserbad und leitet einen langsamen Luftstrom durch das Öl. Die Schwefelkohlenstoffdämpfe werden durch das in die Flüssigkeit eintauchende Kühlrohr in alkoholische Kalilauge geleitet und dabei in xanthogensaures Kali übergeführt. Nach dem Neutralisieren der alkalischen Lösung setzt man so lange $^1/_{10}$ n-Kupfersulfatlösung zu, bis ein herausgenommener Tropfen sich mit Ferrocyankalium rotbraun färbt, d. h. bis ein geringer Überschuß von Kupfersulfat vorhanden und alles xanthogensaure Kali zu xanthogensaurem Kupferoxydul umgesetzt ist. Aus der Menge der verbrauchten Kupferlösung (1 ccm entspricht 0,0152 g Schwefelkohlenstoff) läßt sich der Gehalt an Schwefelkohlenstoff berechnen.

Den aus xanthogensaurem Kupferoxydul bestehenden Niederschlag kann man auch auf einem Filter sammeln und ihn nach dem Auswaschen mit Wasser und Trocknen, durch Glühen im offnen Tiegel in Kupferoxyd überführen und dieses wägen. 1 g Kupferoxyd entspricht 1,918 g Schwefelkohlenstoff.

Zur quantitativen Bestimmung der in jedem Senföl enthaltenen Spuren Schwefelkohlenstoff bedient man sich der von A. W. Hofmann[1]) ausgearbeiteten Methode, nach der der Schwefelkohlenstoff in eine Verbindung mit Triäthylphosphin $P(C_2H_5)_3 + CS_2$ übergeführt und gewogen wird.

318. Senföl aus weißem Senf.

Das dem Sinigrin des schwarzen Senfs entsprechende Glucosid des weißen Senfs (*Sinapis alba* L.; *Brassica alba* Boiss.) ist das Sinalbin, das zuerst von Robiquet und Boutron-Charlard[2]) durch Auskochen des vom fetten Öl befreiten Senfsamens mit Alkohol erhalten worden ist. Mit seiner Untersuchung und der Aufklärung der bei seiner Spaltung durch Myrosin stattfindenden Vorgänge beschäftigten sich H. Will und A. Laubenheimer[3]) und später J. Gadamer[4]).

---

[1]) Berl. Berichte 13 (1880), 1732.
[2]) Journ. de Pharm. II. 17 (1831), 279.
[3]) Liebigs Annalen 199 (1879), 150.
[4]) Arch. der Pharm. 235 (1897), 83.

Die Identität des Sinalbinsenföls mit p-Oxybenzylsenföl wurde von H. Salkowski[1]) festgestellt.

Sinalbinsenföl, $C_6H_4 \cdot OH^{[1]} \cdot CH_2NCS^{[4]}$, ist mit Wasserdampf nur spurenweise flüchtig[2]) und kann deshalb nicht durch Destillation aus dem weißen Senfsamen gewonnen werden. Es ist eine ölige Flüssigkeit von brennendem Geschmack, die auf der Haut Blasen zieht, jedoch viel langsamer als Allylsenföl. Der stechende Senfölgeruch tritt erst beim Erhitzen auf, während das Öl in der Kälte einen nur schwachen, anisartigen Geruch besitzt. Es ist löslich in verdünnten Alkalien. Dargestellt wird das Sinalbinsenföl durch Spaltung des Glucosids Sinalbin, wobei außerdem Traubenzucker und saures Sinapinsulfat entstehen:

$$\underset{\text{Sinalbin}}{C_{30}H_{42}N_2S_2O_{15}} + \underset{\text{Wasser}}{H_2O} = \underset{\text{Sinalbinsenföl}}{C_7H_7ONCS} + \underset{\text{Traubenzucker}}{C_6H_{12}O_6} +$$

$$\underset{\text{saures schwefelsaures Sinapin.}}{C_{16}H_{24}NO_5HSO_4}$$

Künstlich wird es erhalten durch Einwirkung von Schwefelkohlenstoff auf p-Oxybenzylamin und Behandeln des entstandenen Produkts mit Quecksilberchlorid.

319. Öl von Brassica Napus.

Veranlaßt durch Vergiftungsfälle, die in Holland bei Tieren nach Verfüttern von Colzakuchen beobachtet worden waren, hat B. Sjollema[3]) das aus den Samen von *Brassica Napus* L. (*B. campestris* L.) hergestellte Senföl untersucht. Die gepulverten Samen wurden, nachdem sie durch Pressen von der Hauptmenge des fetten Öls befreit waren, in heißes Wasser getan, und nach dem Erkalten mit gemahlenen, weißen Senfsamen versetzt. Das entstandene Senföl wurde auf dem Wasserbade unter vermindertem Druck abdestilliert und das teils auf dem Wasser schwimmende, teils darin gelöste Öl mit Äther aufgenommen. Ölausbeute bis 0,8 %. Eigenschaften $d_{4°}^{11°}$ 0,9933; α_D inaktiv; Sdp. (nicht korrigiert) etwa 174°. Das Senföl ist ein Crotonylsenföl, dessen Sulfoharnstoff (weiße Nadeln) bei 64° schmilzt. Der Vergleich der Molekularrefraktionen und -dispersionen der Sulfoharnstoffe des

[1]) Berl. Berichte **22** (1889), 2143.

[2]) Mit Wasser angerührter weißer Senf hat zwar einen scharfen Geschmack, ist aber fast geruchlos.

[3]) Recueil trav. chim. des P.-B. **20** (1901), 237; Chem. Zentralbl. **1901**, II. 299.

Allyl- und dieses Crotonylsenföls durch Eykman ergab, daß beide sehr wahrscheinlich homolog sind, und dem Crotonylsenföl aus *Brassica Napus* daher die Formel

$$CSN \cdot CH_2 \cdot CH_2 \cdot CH : CH_2$$

zukommt.

Mit dem Crotonylsenföl, das später von Schimmel & Co.[1]) aus Samen von *Brassica juncea* erhalten worden ist, und dessen Sulfoharnstoff bei 69 bis 70° schmilzt, scheint es nicht identisch zu sein.

320. Öl von Brassica Rapa var. rapifera.

Durch Destillation der Schalen von Wasser- oder Stoppelrüben von *Brassica Rapa* var. *rapifera* Metzger erhielt M. Kuntze[2])

[1]) Bericht von Schimmel & Co. Oktober 1910, 112. Siehe unter Senföl, S. 545.

[2]) Arch. der Pharm. 245 (1907), 660. — Gelegentlich einer Arbeit über fette Cruciferenöle hat C. Grimme [Pharm. Zentralh. 53 (1912), 733. — Pharm. Ztg. 57 (1912), 520] den Gehalt an flüchtigem Öl von einer Anzahl *Brassica*- und *Raphanus*-Arten nach der Vorschrift des D. A. B. V. für die Feststellung des Gehalts der schwarzen Senfsamen an Senföl bestimmt. Die erhaltenen Zahlen geben nur den scheinbaren Gehalt an Allylsenföl an. Welche Art von Senföl in den einzelnen Samen enthalten ist, bedarf erst noch der Feststellung.

Nr.	Stammpflanze	Senföl im Preßrückst. %	Senföl im Samen %
1	*Brassica oleracea acephala vulgaris*	0,119	0,079
2	„ „ „ *quercifolia* . . .	0,079	0,051
3	„ „ „ *crispa*	0,159	0,103
4	„ „ *gemmifera*	0,198	0,144
5	„ „ *sabauda*	0,178	0,129
6	„ „ *capitata alba*	0,357	0,258
7	„ „ „ *rubra*	0,357	0,259
8	„ „ *gongylides*	0,198	0,142
9	„ „ *botrytis*	0,159	0,104
10	„ „ *asparagoides*	0,178	0,119
11	„ *Rapa oleifera annua*	0,119	0,085
12	„ „ „ *hiemalis*	0,159	0,093
13	„ „ *rapifera*	0,252	0,166
14	„ „ *teltoviensis*.	0,198	0,132
15	„ *Napus oleifera annua*	0,156	0,097
16	„ „ „ *hiemalis*	0,119	0,071
17	„ „ „ *flora alba*	0,099	0,056
18	„ „ *rapifera* (Erdkohlrabi) . . .	0,099	0,062
19	„ „ „ (Wruke)	0,020	0,012
20	*Raphanus sativus albus*	0,263	0,164
21	„ „ *niger*	0,179	0,108
22	„ „ *Radiola*	0,159	0,106
23	„ „ *oleiferus*	0,199	0,133

in sehr geringer Menge ein ätherisches Öl, dessen Geruch dem des an andrer Stelle besprochenen Öls von *Cardamine amara* (s. S. 552) ähnlich war. Es bestand aus Phenyläthylsenföl, dessen durch Einwirkung von alkoholischem Ammoniak erhaltener Thioharnstoff inaktiv war und bei 137° schmolz. Das Senföl bildete sich im vorliegenden Falle durch fermentative Spaltung bei Gegenwart von Wasser. Aus den inneren Geweben der Pflanze konnte es nicht erhalten werden.

321. Rettichöl.

Die Wurzeln und Samen von *Raphanus sativus* L. (Familie der *Cruciferae*) geben bei der Destillation mit Wasser eine geringe Menge[1]) eines farblosen, schwefelhaltigen Öls, das schwerer als Wasser ist und den Geschmack, aber nicht den Geruch des Rettichs besitzt[2]).

Bertram und Walbaum[3]) destillierten 75 kg vorher zerstampften Rettichs mit Wasserdampf und erhielten nur ein übelriechendes Wasser, dem durch Ausschütteln mit Petroläther einige Gramm eines mit Ammoniak nicht reagierenden Öles entzogen werden konnten. Gadamer[4]) kam bei der Wiederholung dieser Versuche zu einem ähnlichen Resultat. Das unangenehm kohlartig riechende Destillat enthielt Schwefel nur in Spuren, war aber frei von Senföl. Er vermutete deshalb, daß das ätherische Rettichöl mit Wasserdämpfen nicht unzersetzt flüchtig sei und extrahierte deshalb frischen zerriebenen Rettich mit Äther. Dieser hinterließ nach dem Abdestillieren ein bräunliches Öl von dem charakteristischen Geruch und Geschmack des Rettichs. Nach einiger Zeit schieden sich daraus beim Stehen Kristalle aus, die

---

Bei der Suche nach dem Vorkommen andrer Sulfonsenföle in der Cruciferen-Familie gelang es W. Schneider u. W. Lohmann (Berl. Berichte 45 [1912], 2955), die Anwesenheit von Allylsenföl und Myrosin auch in Blumenkohlsamen (*Brassica oleracea* var. *botrytis* L.) festzustellen. Ein Zusatz von zermahlenem Blumenkohlsamen macht aus schwarzem Senfmehl, in dem das Myrosin vorher abgetötet ist, Allylsenföl frei. Allerdings ist die Wirkung sehr schwach.

[1]) Über die Ausbeute vgl. Anm. 2 auf S. 548, Nr. 20 u. 21.

[2]) Pless, Liebigs Annalen 58 (1846), 40.

[3]) Journ. f. prakt. Chem. II. 50 (1894), 560.

[4]) Arch. der Pharm. 237 (1899), 520.

wahrscheinlich aus Raphanol (siehe später) bestanden. Mit Ammoniak reagierte das Öl zwar, ein kristallinischer Sulfoharnstoff konnte aber nicht daraus erhalten werden.

Das Rettichöl entsteht aus einem Glucosid durch die spaltende Wirkung eines Ferments, was Gadamer folgendermaßen bewies. Er schnitt Rettich in dünnen Scheiben in starken Alkohol hinein, um die Einwirkung des Ferments auf das Glucosid zu verhindern. Die getrockneten Scheiben gaben mit Wasser keinen Rettichgeruch mehr, der aber deutlich auftrat, als er etwas Myrosin hinzufügte.

H. Moreigne[1]) erhielt bei der Destillation der Wurzeln von *Raphanus niger* neben wenig Öl 0,0025% eines in Blättchen kristallisierenden, bei 62° schmelzenden Körpers, den er Raphanol, oder, weil er die Eigenschaften eines Lactons besitzt, Raphanolid nennt.

Raphanolid enthält weder Stickstoff noch Schwefel und hat, wie aus der Elementaranalyse und der Molekulargewichtsbestimmung hervorgeht, die Formel $C_{28}H_{65}O_{1}$. Es liefert beim Kochen mit Essigsäureanhydrid ein bei 122 bis 123° schmelzendes Acetylderivat.

Der flüssige Anteil des Rettichöls ist schwefelhaltig und stickstofffrei und verbindet sich nicht mit Ammoniak.

Raphanolid wurde von Moreigne noch in folgenden Pflanzen aufgefunden: Im Radieschen, in der weißen und der gewöhnlichen Rübe, in der Brunnenkresse, im Löffelkraut und in der Levkoje.

322. Öl von Barbaraea praecox.

Die sogenannte amerikanische oder perennierende Winterkresse, *Barbaraea praecox* R. Br. enthält nach einer Untersuchung J. Gadamers[2]) Gluconasturtiin, ein Glucosid, das auch in der Brunnenkresse, *Nasturtium officinale* L., vorkommt. Bei der Destillation liefern beide Pflanzen dasselbe, in der Hauptsache aus Phenyläthylsenföl (Sulfoharnstoff, Smp. 135 bis 136°) bestehende Öl.

---

[1]) Journ. de Pharm. et Chim. VI. 4 (1896), 10. — Bull. Soc. chim. III. 15 (1896), 797.

[2]) Arch. der Pharm. 237 (1899), 518. — Berl. Berichte 32 (1899), 2335.

323. Brunnenkressenöl.

Zur Darstellung des Öls von *Nasturtium officinale* L. verfuhr A. W. Hofmann[1]) folgendermaßen: Das bei der Destillation von 600 kg (nicht zerkleinertem!) Kraut erhaltene Wasser (600 kg) wurde mit Petroläther ausgeschüttelt. Nach dem Verjagen desselben in einem auf 140° erwärmten Paraffinbade blieben nur 40 g = 0,066% Öl, das noch nicht einmal ganz frei von Petroleum war, zurück. Das Öl roch nicht mehr nach Kresse, hatte $d_{18°}$ 1,0014 und begann bei 120° zu sieden, die Siedetemperatur stieg bald über 200° und schließlich auf 280°. Die Hauptmenge ging nach mehrmaligem Fraktionieren bei 261° über und gab sich durch ihr Verhalten gegen Alkali als ein Nitril zu erkennen. Die aus dem Alkali isolierte Säure schmolz bei 47° und war, wie aus der Analyse hervorging, Phenylpropionsäure. Das den Hauptbestandteil des so gewonnenen Öls ausmachende Nitril ist demnach Phenylpropionsäurenitril, $C_6H_5 \cdot CH_2 \cdot CH_2 \cdot CN$. Neben diesem waren in dem Öle noch Kohlenwasserstoffe zugegen, die möglicherweise aus dem zur Gewinnung verwendeten Petroläther stammten.

Aus den höher siedenden Fraktionen hatten sich einige schön ausgebildete Dodekaëder abgesetzt, die aber wegen des unzureichenden Materials nicht näher untersucht werden konnten.

Ganz andre Resultate erhielt J. Gadamer[2]), als er statt des ganzen Krautes ein sorgfältig zerkleinertes zur Destillation verwandte. Er erhielt ein sich am Boden der Vorlage abscheidendes Öl, das einen starken, an Rettich erinnernden Senfölgeruch besaß, und dessen Identität mit Phenyläthylsenföl durch Darstellung des bei 135 bis 136° schmelzenden Sulfoharnstoffs[3]) bewiesen wurde.

Das Kraut der Brunnenkresse enthält ein Glucosid, das Gluconasturtiin, $C_{15}H_{20}KNS_2O_9 + xH_2O$; es hat bisher als solches noch nicht isoliert werden können. Durch Fermente wird es in Traubenzucker und Phenyläthylsenföl zerlegt.

Das ganz abweichende Untersuchungsergebnis A. W. Hofmanns rührt ebenso wie beim Kressenöl (siehe dieses) davon

---

[1]) Berl. Berichte 7 (1874), 520.

[2]) Arch. der Pharm. 237 (1899), 510. — Berl. Berichte 32 (1899), 2335.

[3]) Vgl. Bertram u. Walbaum, Journ. f. prakt. Chem. II. 50 (1894), 557.

her, daß er unzerkleinertes Kraut destillierte, Gadamer aber sein Material sorgsam auf einer Fleischmühle in einen Brei verwandelte. Hierbei konnten Ferment und Glucosid, die in verschiedenen Zellen abgelagert sind, aufeinander einwirken und die reguläre Glucosidspaltung hervorrufen. Durch die Destillation des ganzen Krautes wird das Ferment abgetötet und das Glucosid wird dem zerstörenden Einfluß des heißen Wasserdampfs ausgesetzt.

H. Moreigne[1]) fand im Brunnenkressenöl Raphanolid.

324. Öl von Cardamine amara.

Das zuerst von K. Feist[2]) durch Wasserdampfdestillation des zerkleinerten, noch nicht aufgeblühten, frischen Krautes von *Cardamine amara* L. gewonnene Öl bildet eine braune Flüssigkeit von ausgesprochenem Brunnenkressengeruch. Durch Einwirkung von alkoholischem Ammoniak wurde aus dem Öl ein Thioharnstoff erhalten, dessen Schmelzpunkt (134 bis 135°) und Schwefelgehalt (im Mittel 24,23%) mit denen des aus dem sekundären Butylsenföl gewonnenen Sulfoharnstoffs übereinstimmen. Den Gehalt des frischen Krautes an sekundärem Butylsenföl gibt Feist zu 0,0357% an.

M. Kuntze[3]) fand den Schmelzpunkt des aus dem Öl dargestellten Sulfoharnstoffs bei 136°, die spez. Drehung $[\alpha]_D + 19,96°$ in alkoholischer Lösung. Daneben war ein bei 159° schmelzender, optisch inaktiver Thioharnstoff entstanden, der vielleicht Benzylthioharnstoff vorstellte, was auf eine Verunreinigung des angewandten Pflanzenmaterials mit *Lepidium sativum* hindeuten würde.

325. Öl von Erysimum Perofskianum.

Aus den Samen von *Erysimum Perofskianum* Fisch. et Mey. (Familie der *Cruciferae*) ist von W. Schneider und H. Kaufmann[4]) ein Sulfonsenföl, Erysolin, $C_6H_{11}O_2NS_2$, gewonnen worden. Es ist ein Homologes des im Goldlacksamen enthaltenen Cheirolins, das nach der Formel $C_5H_9O_2NS_2$ zusammengesetzt ist.

---

[1]) Siehe unter Rettichöl, S. 550.

[2]) Apotheker Ztg. 20 (1905), 832.

[3]) Arch. der Pharm. 245 (1907), 657.

[4]) Liebigs Annalen 392 (1912), 1.

Die Ausbeute aus frischen, fetthaltigen Samen betrug höchstens 0,05 %. Aus Äther umkristallisiert, bildet Erysolin schöne, farblose Prismen (Smp. 59 bis 60°), die die Schleimhaut stark reizen. Mit alkoholischem Ammoniak liefert es einen bei 143 bis 144° schmelzenden Sulfoharnstoff. Die Verseifung mit Salzsäure führte zu der dem Erysolin zu Grunde liegenden Base, aus der durch Oxydation mit Salpetersäure δ-Aminobutylmethylsulfon erhalten wurde. Erysolin hat, wie durch die Synthese des Körpers bewiesen ist, die Formel: $CH_3 \cdot SO_2 \cdot (CH_2)_4 \cdot NCS$ und ist also δ-Thiocarbimidobutylmethylsulfon.

326. Goldlackblütenöl.

Aus den Blüten des Goldlacks (*Cheiranthus Cheiri* L., Familie der *Cruciferae*) hat Kummert-E.[1]) durch Extraktion mit niedrigsiedenden Lösungsmitteln ein dunkel gefärbtes Extrakt von salbenartiger Beschaffenheit erhalten. Durch Behandlung mit starkem Alkohol wurde das Extrakt von Wachs und Pflanzenfetten befreit und sodann mit Wasserdampf destilliert. Das auf diese Weise in einer Ausbeute von 0,06 % gewonnene Öl hatte folgende Eigenschaften: Sdp. 40 bis 150° (3 mm), $d_{15°}$ 1,001, S. Z. 0,35, E. Z. 20,0, V. Z. 20,35. In konzentriertem Zustand roch das Öl unangenehm, stark verdünnt gab es den Geruch der Blüten naturgetreu wieder.

Bei der Destillation im Vakuum bei 3 mm gingen nur kleine Mengen unter 40° siedender Substanzen über. Es waren unangenehm riechende Körper, wahrscheinlich senfölartige Verbindungen[2]). Die höher siedenden Anteile lieferten mit Semicarbazid eine Spur eines Semicarbazongemisches, das mit Oxalsäure zersetzt wurde. Hierbei machte sich ein Geruch nach Weißdorn und Veilchen bemerkbar, was vielleicht auf die Anwesenheit von Anisaldehyd und Iron deutet.

Durch Behandlung des von Ketonen und Aldehyden befreiten Öls mit Phthalsäureanhydrid wurden Nerol (Smp. des Diphenylurethans 50°), Geraniol (Smp. des Diphenylurethans 82°) und Benzylalkohol (Smp. der Phthalestersäure 106°) nachgewiesen.

---

[1]) Chem. Ztg. 35 (1911), 667.

[2]) Vielleicht ähnliche, wie die im Samen gefundenen; s. S. 554.

Ferner ist im Öl Linalool (Smp. des Phenylurethans 65°) vorhanden. In der Verseifungslauge fand Kummert nach Entfernung von Spuren Phenolen (vielleicht p-Kresol) und Lactonen (vielleicht cumarinartigen Verbindungen), Essigsäure, Salicylsäure (Smp. 156°) und Anthranilsäure (Smp. 145°).

Die höchstsiedenden Fraktionen rochen deutlich nach Indol, sie wurden mit der dreifachen Menge Äther vermischt und mit Schwefelsäure ausgefällt. Aus dem durch warme Sodalösung zersetzten Niederschlag isolierte Kummert Anthranilsäuremethylester. Die vom Ester befreiten Basen wurden in Petroläther mit Pikrinsäure versetzt, wobei sich ein rotes Pikrat bildete, aus dem bei der Zersetzung mit Sodalösung Indol (Smp. 52°) sowie eine geringe Menge nach Pyridin riechender Basen erhalten wurden.

327. Goldlacksamenöl.

Aus Goldlacksamen hat P. Wagner[1]) einen schwefelhaltigen Körper gewonnen, den er Cheirolin nannte. Diese Verbindung ist später von W. Schneider[2]) untersucht worden, der in ihr ein Senföl, γ-Thiocarbimidopropylmethylsulfon, $CH_3 \cdot SO_2 \cdot CH_2 \cdot CH_2 \cdot CH_2 \cdot N:C:S$, erkannt hat.

Zur Gewinnung des Cheirolins, das außer in den genannten Samen auch in denen von *Erysimum arkansanum* Nutt. (*E. asperum* DC.) vorkommt, werden die Goldlacksamen zuerst mit Äther extrahiert, wodurch das fette Öl entfernt wird, und sodann nach Zusatz von 5%iger wäßriger Sodalösung (zur Zersetzung der glucosidartigen Cheirolinverbindungen) mit Äther ausgeschüttelt. Das in der ätherischen Lösung befindliche Cheirolin beträgt etwa 1,6 bis 1,7% der angewandten Samen. Das reine Produkt kristallisiert aus Äther in farb- und geruchlosen, optisch inaktiven Prismen vom Smp. 47 bis 48°; Sdp. ca. 200° (3 mm). Bei der Destillation unter Atmosphärendruck tritt Zersetzung ein. Es wirkt stark reizend auf die Schleimhäute. Bei der Verseifung zerfällt es quantitativ in Schwefelwasserstoff, Kohlensäure und γ-Aminopropylmethylsulfon (Smp. 44°; Smp. des Chlorhydrats 146°; Smp. des Pikrats 190 bis 192°), das ein bei 150 bis 152° schmelzendes quartäres Jodmethylat liefert, ein Beweis für den

---

[1]) Chem. Ztg. 32 (1908), 76.

[2]) Liebigs Annalen 375 (1910), 207.

primären Charakter des Stickstoffs im γ-Aminopropylmethylsulfon. Wird Cheirolin mit Quecksilberoxyd behandelt, so entsteht bei der Einwirkung von 1/2 Mol. dieses Reagens Di-(γ-methylsulfon-propyl)sulfoharnstoff (Smp. ca. 125°), bei der erneuten Behandlung mit Quecksilberoxyd resultiert Di(γ-methylsulfon-propyl)harnstoff (Smp. 172°).

Das Cheirolin ist im Goldlacksamen als Glucosid enthalten, und dies läßt sich aus den entfetteten Samen durch Ausziehen mit entwässertem Alkohol gewinnen[1]). Es bildet eine äußerst leicht in Wasser lösliche Substanz ohne bestimmten Schmelzpunkt. Aus der alkoholischen Lösung abgeschieden, enthält es noch 6 bis 7 % Alkohol (Kristallalkohol?), die es im Vakuum über Natrium bei Wasserbadtemperatur verliert. Das Glucosid, das noch nicht rein dargestellt werden konnte, weist in seiner chemischen Natur eine weitgehende Analogie mit den andern Senfölglucosiden auf und enthält als Bestandteile Cheirolin, Glucose, Schwefelsäure und Kalium. Der Schwefel liegt in drei Formen vor und zwar als Schwefelsäurerest, als Senfölschwefel und als Sulfonschwefel. Die Isolierung des Cheirolins gelingt durch enzymatische Spaltung mit dem Myrosin aus weißem Senf. In dem Goldlacksamen selbst ist ein Enzym vorhanden, das das Sinigrin des schwarzen Senfs unter Senfölbildung zu spalten vermag und somit mit dem Myrosin gleichwertig, wenn nicht identisch ist.

Beim Behandeln des durch Äther-Extraktion aus den Samen gewonnenen fetten Öls mit Wasserdampf erhielten M. Matthes und W. Boltze[2]) 0,0073 % (auf die Samen berechnet) eines farblosen, ätherischen Öls von an Wasserfenchel erinnerndem Geruch. Sdp. 120 bis 125° (15 mm); $d_{18°}$ 0,9034; $[\alpha]_D$ — 12,73°; $n_{D20°}$ 1,6920. Kaliumpermanganat und Brom wurden von dem Öl sofort entfärbt. Bei der Verbrennung wurden 85,68 % Kohlenstoff und 11,56 % Wasserstoff gefunden.

[1]) W. Schneider u. W. Lohmann, Berl. Berichte 45 (1912), 2954.
[2]) Arch. der Pharm. 250 (1912), 217.

Familie: RESEDACEAE.

328. Resedablütenöl.

Bei der Wasserdampfdestillation frischer Resedablüten von *Reseda odorata* L. (Familie der *Resedaceae*) erhält man eine Ölausbeute von nur 0,002 %. Bemerkenswert ist die bei der Destillation auftretende starke Entwicklung von Schwefelwasserstoff[1]).

Das Resedablütenöl ist von dunkler Farbe, bei gewöhnlicher Temperatur fest und von derselben Konsistenz wie Irisöl. Es riecht in sehr großer Verdünnung wie frische Resedablüten[2]).

Um das Öl in eine für den Gebrauch passendere Form zu bringen, destilliert man es mit Geraniol (1 kg Geraniol, 500 kg frische Resedablüten) und bringt das Produkt unter dem Namen Reseda-Geraniol in den Handel[3]).

Ein noch besser riechendes Produkt kann man durch Extraktion der frischen Resedablüten mit einem flüchtigen Lösungsmittel[4]), etwa Petroläther, gewinnen. Alle aus frischen Blüten gewonnenen Extrakte[5]) zeichnen sich durch Natürlichkeit des Aromas aus, enthalten aber neben dem für den Geruch allein in Betracht kommenden ätherischen Öle ganz erhebliche Mengen geruchloser, z. T. in Alkohol schwer löslicher Bestandteile (Pflanzenwachse, Harze, Paraffine usw.). Von diesem geruchlosen Ballast kann das Extrakt z. T. durch Behandeln mit Alkohol, vollständiger durch Ausdestillieren mit Wasserdampf befreit werden. Bei der verhältnismäßig geringen Menge ätherischen Öls, welches im Extrakt enthalten ist, geht ein großer Teil des Öls in das Destillationswasser über, aus dem es durch Aussalzen und Ausschütteln mit Äther gewonnen wird. Das nach dem Abdestillieren des Äthers zurückbleibende, reine ätherische Öl der Blüten enthält die Duftstoffe in konzentriertester Form.

---

[1]) Bericht von Schimmel & Co. Oktober 1891, 40.

[2]) *Ibidem* Oktober 1893, 43.

[3]) *Ibidem* Oktober 1894, 69.

[4]) Vgl. Bd. I, S. 261.

[5]) Ausbeute 1,3 bis 1,5 %. Vgl. Bd. I, S. 266.

Ein auf diese Weise in einer Ausbeute von 0,003 % gewonnenes Resedablütenöl[1]) war von gelber Farbe, besaß einen intensiven Resedageruch, erstarrte in der Kälte, fluorescierte nicht und zeigte folgende Konstanten: $d_{15°}$ 0,961, $\alpha_{D17°}$ + 31° 20′, S. Z. 16, E. Z. 85.

Mit alkoholischem Kali entwickelte das Öl ammoniakalisch riechende Basen; außerdem wurde das Vorhandensein von Aldehyden beobachtet.

329. Resedawurzelöl.

Aus den frischen Resedawurzeln erhält man bei der Destillation mit Wasserdampf 0,014 bis 0,035 % Öl.

Resedawurzelöl ist eine hellbraune, deutlich nach Rettich riechende Flüssigkeit; $d_{15°}$ 1,010 bis 1,084; α_D + 1° 30′. Es beginnt bei 255° unter starker Gasentwicklung zu sieden. Auch im Vakuum siedet es nicht unzersetzt.

Das Öl ist zuerst von A. Vollrath[2]) im Jahre 1871 in kleiner Menge durch Destillation frischer Resedawurzeln dargestellt worden. Vollrath erkannte, daß es den Charakter eines Senföls hat; seine Vermutung, daß es mit Allylsenföl identisch sei, war jedoch, wie eine Untersuchung von J. Bertram und H. Walbaum[3]) dargetan hat, unrichtig, denn das Senföl des Resedawurzelöls ist Phenyläthylsenföl, $C_6H_5CH_2 \cdot CH_2NCS$.

Phenyläthylsenföl riecht genau wie das Resedawurzelöl. Beim Erwärmen mit Ammoniak entsteht aus ihm der schön kristallisierende, bei 137° schmelzende Sulfoharnstoff,

$$NH_2 \cdot CS \cdot NHC_2H_4C_6H_5.$$

Wird der Sulfoharnstoff mit Silbernitrat und Barytwasser behandelt, so bildet sich Schwefelsilber und Phenyläthylharnstoff in langen feinen Nadeln vom Smp. 111 bis 112°. Erhitzt man Phenyläthylsenföl mit konzentrierter Salzsäure im zugeschmolzenen Rohr, so erhält man das in Blättchen kristallisierende Chlorhydrat des Phenyläthylamins vom Smp. 217°. Mit Oxalsäureäthyläther vereinigt sich das Phenyläthylamin zu dem bei 186° schmelzenden Diphenyläthyloxamid.

[1]) H. von Soden, Journ. f. prakt. Chem. II. 69 (1904), 264.

[2]) Arch. der Pharm. 198 (1871), 156.

[3]) Journ. f. prakt. Chem. II. 50 (1894), 555.

Alle diese Derivate des Phenyläthylsenföls wurden von Bertram und Walbaum sowohl aus Resedawurzelöl als auch aus dem synthetisch aus Phenyläthylamin und Schwefelkohlenstoff hergestellten Phenyläthylsenföl[1]) dargestellt und in jeder Beziehung übereinstimmend gefunden.

Familie: *SAXIFRAGACEAE.*

330. Johannisbeeröl.

Aus den Knospen der schwarzen Johannisbeere, *Ribes nigrum* L. (Familie der *Saxifragaceae*) gewannen Schimmel & Co.[2]) in einer Ausbeute von 0,75 % ein ätherisches Öl von folgenden Eigenschaften: $d_{15°}$ 0,8741, $\alpha_D + 2° 30'$, $n_{D20°}$ 1,48585, S. Z. 0, E. Z. 5,6, löslich in 6,5 Vol. u. m. 90 %igen Alkohols mit leichter Trübung, die bei starker Verdünnung (1:10) verschwindet. Das Öl war von blaßgrünlicher Farbe und schien, dem Geruch nach zu urteilen, u. a. Cymol zu enthalten.

Aus den Blättern hat Huchard[3]) ein ätherisches Öl dargestellt, aus dem durch Spaltung Chinasäure sowie eine sehr aktive Oxydase entsteht. Konstanten oder sonstige Eigenschaften sind nicht angegeben; nur wird erwähnt, daß das Öl als Diuretikum wirken soll.

Familie: *PITTOSPORACEAE.*

331. Öl von Pittosporum undulatum.

Die zerquetschten Früchte des im südöstlichen Australien einheimischen *Pittosporum undulatum* Vent., Familie der *Pittosporaceae,* liefern nach F. B. Power und F. Tutin[4]) 0,44 % eines bei längerem Aufbewahren veränderlichen Öls: $d_{15°}$ 0,8615, $\alpha_D + 74° 4'$. Die fraktionierte Destillation ergab bis 165° 4 % d-α-Pinen

[1]) A. Neubert, Berl. Berichte 19 (1886), 1824.

[2]) Bericht von Schimmel & Co. April 1907, 114.

[3]) Journal des Praticiens; durch The Practitioner 1909, 428. Nach Pharmaceutical Journ. 82 (1909), 528.

[4]) Journ. chem. Soc. 89 (1906), 1083.

(Nitrosochlorid; Nitrolbenzylamin, Smp. 123°). Zwischen 173 und 180° gingen 75% Limonen über (Tetrabromid, Smp. 104°) und zwischen 200 und 225° ein wahrscheinlich als ein Alkohol anzusprechender Körper, der bei der Oxydation ein cumarinartig riechendes Keton $C_9H_{14}O$ lieferte. Zwischen 263 und 274° endlich destillierte ein optisch inaktives Sesquiterpen $C_{15}H_{24}$ ($d_{15°}$ 0,910; $n_{D20°}$ 1,5030), von dem kein einziges festes Derivat zu erhalten war, das aber auch mit keinem der bis jetzt bekannten Sesquiterpene identisch ist. Die Molekularrefraktion zeigte an, daß es bicyclisch ist und zwei Äthylenbindungen hat. Ferner ließen sich nachweisen Spuren von Palmitinsäure, Salicylsäure und einem nicht bestimmten Phenol mit Eugenolgeruch, endlich kleine Mengen von Estern der Valeriansäure, Ameisensäure und andrer Säuren. Das Öl war unlöslich in 10 Vol. 70%igen Alkohols.

332. Öl von Pittosporum resiniferum.

Die Früchte von *Pittosporum resiniferum* Hemsl., eines auf den Philippinen weitverbreiteten Baumes, werden ihres petroleumartigen Geruchs wegen „Petroleumnüsse" genannt; schon die grünen, frischen Früchte brennen bei Annäherung eines Streichholzes mit heller Flamme. Die Untersuchung des Öls der Petroleumnüsse durch R. F. Bacon ergab[1]), im Einklang mit jenem Geruch, die Anwesenheit von Heptan und einem Dihydroterpen. Bei einem Versuch gab 1 kg frischer Früchte beim Pressen 52 g Öl, der Preßrückstand nach dem Mahlen und weiteren Pressen noch 16 g. Die Eigenschaften waren: d 0,883, $n_{D30°}$ 1,4577; andre optische Konstanten konnten nicht bestimmt werden. Das Öl war sehr dickflüssig und verharzte, in dünner Schicht ausgebreitet, schnell; in einer offnen Schale angezündet, verbrannte es mit rußender Flamme. Es destillierte bis 165° unzersetzt über, dann ging unter Zersetzung ein harzartiges Öl über.

Die niedrigste, zwischen 97 und 101° siedende Fraktion, mit konzentrierter Schwefelsäure ausgeschüttelt und über Natrium destilliert, gab ein Öl von den Konstanten: $d_{4°}^{30°}$ 0,6752, $\alpha_D \pm 0°$, $n_{D30°}$ 1,3840. Die Bromierung des nach Diphenylmethan riechenden Öls, das ohne Zweifel Heptan ist, führte zu n-Heptylbromid,

[1]) Philippine Journ. of Sc. 4 (1909), A, 115.

Sdp. 178 bis 181° (93° bei 70 mm), das, mit geschmolzenem Natriumacetat und Eisessig gekocht, n-Heptylacetat, Sdp. 192°, gab.

Die Terpenfraktion vom Sdp. 150 bis 160°, dreimal über Natrium destilliert, siedete schließlich bei 158 bis 160°: $d_{4°}^{30°}$ 0,8252, $\alpha_{D30°}$ (+ ?) 29,6°, $n_{D30°}$ 1,4587. Das flüssige Hydrochlorid hatte: Sdp. 114 bis 116° bei 34 mm, $d_{4°}^{30°}$ 0,9343, $\alpha_{D30°}$ + 9°, $n_{D30°}$ 1,4655. Die Umsetzung dieses Chlorids mit Magnesium und darauffolgende Zerlegung mit Wasser führte zu einem Kohlenwasserstoff mit den Eigenschaften: Sdp. 168 bis 170°, $d_{4°}^{30°}$ 0,8050, $\alpha_{D30°}$ + 1,1°, $n_{D30°}$ 1,4460. Auf Grund dieser Daten wurde der Kohlenwasserstoff als Hexahydro-p-cymol angesehen, der Kohlenwasserstoff des ursprünglichen Öls war demnach ein dihydriertes Terpen. Die Behandlung des Chlorids mit Magnesium und Benzaldehyd führte, wie beim Limonen und Phellandren, ebenfalls zu einem um 2 Atome Wasserstoff reicheren Kohlenwasserstoff, außerdem trat Benzoin auf.

333. Öl von Pittosporum pentandrum.

Die kleinen gemahlenen Früchte von *Pittosporum pentandrum* (Blanco) Merrill, das hauptsächlich in den Niederungen der Philippinen wächst, gaben bei der Destillation[1]) aus 16 kg 210 ccm Öl vom Sdp. 153 bis 160°, das sich nach dem Waschen mit Alkalilauge und Destillation über Natrium wie folgt verhielt: Sdp. 155 bis 160° (hauptsächlich 157 bis 160°), $d_{4°}^{30°}$ 0,8274, $\alpha_{D30°}$ (+ ?) 40,4°, $n_{D30°}$ 1,4620. Demnach dürfte auch dieses Öl im wesentlichen aus dem oben beschriebenen Dihydroterpen der Petroleumnüsse bestehen, Heptan aber nicht anwesend sein.

Familie: HAMAMELIDACEAE.

334. Storaxöl.

Oleum Styracis. — Essence de Styrax. — Oil of Storax.

Herkunft. Der zur Familie der *Hamamelidaceae* gehörende, bis zu 30 m hohe, platanenartige, orientalische Storax- oder Styraxbaum, *Liquidambar orientale* Mill., ist in den südlichen Teilen Kleinasiens heimisch. In den Rindengeweben des Baumes scheidet

[1]) Bacon, *loc. cit.* 118.

sich ein wohlriechender, an der Luft harzartig erstarrender Balsam aus. Er wird durch Auskochen und Auspressen der Rinde gewonnen und bildet den *Styrax liquidus* des Handels, eine zähe, schmutzig graue oder grünlich graue, harzige Masse von eigenartig aromatischem Geruche und scharfem, gewürzigem Geschmack.

Storax liefert bei der Destillation mit Wasser 0,5 %, bei Anwendung gespannter Dämpfe über 1 % ätherisches Öl.

Eigenschaften. Storaxöl ist eine hellgelbe bis dunkelbraune, angenehm riechende Flüssigkeit, die je nach der angewandten Destillationsart sehr verschieden ausfällt. Wenn die Kohlenwasserstoffe reichlicher vertreten sind, ist das Öl leichter als Wasser, bei größerem Gehalt an Alkoholen und Zimtsäureestern aber sinkt es im Wasser unter. Das spez. Gewicht schwankt daher zwischen 0,89 und 1,06; $\alpha_D -38°$ bis $+0° 30'$; $n_{D20°}$ 1,53950 bis 1,56528; S. Z. 0,5 bis 33; E. Z. 0,5 bis 130; löslich in 1 Vol. 70 %igen Alkohols, bei Zusatz von 2 bis 5 Vol. tritt meist Opalescenz ein; in 80%igem Alkohol ist es in jedem Verhältnis löslich, doch zeigt auch hier die verdünnte Lösung oft Opalescenz. Öle mit hoher Esterzahl sind weniger leicht löslich.

Zusammensetzung. Der eigentümliche, etwas an Petroleum erinnernde Geruch des Storaxöls rührt von seinem Gehalt an Styrol[1]) her.

Styrol oder Phenyläthylen $C_6H_5 \cdot CH:CH_2$ siedet bei 146°, ist optisch inaktiv und läßt sich durch sein bei 74° schmelzendes Dibromid, $C_6H_5 \cdot CHBr \cdot CH_2Br$, identifizieren. (Vgl. Bd. I, S. 297).

Die Drehung des Storaxöls ist nach van't Hoff[2]) auf einen sauerstoffhaltigen, Styrocamphen genannten Körper der Formel $C_{10}H_{16}O$ oder $C_{10}H_{18}O$ zurückzuführen.

Von den übrigen Bestandteilen des Storax gehen bei der Destillation die mehr oder weniger flüchtigen Zimtsäureester des Äthyl-[3]), Benzyl(?)-[4]), Phenylpropyl-[3]) und Zimtalkohols[3]) (Styracin) und deren Komponenten, hauptsächich Phenylpropyl- und Zimtalkohol, sowie Vanillin[5]) teilweise mit in das Öl über.

---

[1]) E. Simon, Liebigs Annalen 31 (1839), 265.

[2]) Berl. Berichte 9 (1876), 5.

[3]) W. von Miller, Liebigs Annalen 188 (1877), 184.

[4]) A. Laubenheimer, *ibidem* 164 (1872), 289.

[5]) K. Dieterich, Pharm. Zentralh. 37 (1896), 425.

Eine Untersuchung des Storax von A. Tschirch und L. van Itallie[1]) bestätigte die Richtigkeit der Angaben von Millers und K. Dieterichs.

Aus dem Öl einer Storaxrinde isolierten H. von Soden und W. Rojahn[2]) Naphthalin (Smp. 79°).

Verfälschungen. Von Schimmel & Co.[3]) sind zwei Öle untersucht worden, die sehr stark verfälscht waren. Sie hatten nachstehende Eigenschaften:

1. $d_{15°}$ 1,0986, $\alpha_D - 1°55'$, $n_{D20°}$ 1,56149, S. Z. 0,5, E. Z. 239,9, löslich mit Opalescenz in 2 Vol. 80 %igen Alkohols.

2. $d_{15°}$ 0,8731, $\alpha_D + 19°20'$, $n_{D20°}$ 1,47763, S. Z. 0,1, E. Z. 5,0, löslich mit Trübung in 5 bis 6 Vol. 90 %igen Alkohols.

Das erste Öl machte sich durch sein hohes spezifisches Gewicht verdächtig, während die ganz enorme Esterzahl ohne weiteres auf eine Verfälschung hinwies. Bei der genaueren Untersuchung stellte sich heraus, daß das Öl nichts weiter als ein mit Styrol parfümiertes Benzylbenzoat war, denn bei einer Destillation unter 4 mm Druck wurden zwischen 35 und 40° etwa 5 % Vorlauf mit dem charakteristischen Geruch des Styrols erhalten, während etwa 90 % des gesamten Öles fast einheitlich bei 156 bis 157° übergingen und durchweg die Konstanten von Benzylbenzoat zeigten: $d_{15°}$ 1,1246, $n_{D20°}$ 1,57000, Erstp. + 18,1°, E. Z. 262,3.

Umgekehrt hatte das zweite Öl ein sehr niedriges spezifisches Gewicht, auch zu kleinen Brechungsindex, dabei aber viel zu hohe Rechtsdrehung. Der naheliegende Verdacht, daß man es auch hier mit einem verfälschten Öl zu tun hatte, wurde durch das Siedeverhalten bestätigt. Eine Destillationsprobe ergab nämlich eine Fraktion von ca. 45 %, die bei 757 mm Druck zwischen 156 und 160° überging und aus α-Pinen bestand ($d_{15°}$ 0,8668; $\alpha_D + 21°33'$; $n_{D20°}$ 1,47225; Smp. des Pinennitrolbenzylamins 121,5°). Da dieser Kohlenwasserstoff bisher in Storaxölen nicht aufgefunden wurde, keinesfalls aber in größeren Mengen darin vorkommen kann, so geht aus den obigen Befunden mit unzweifelhafter Sicherheit hervor, daß das Öl in ganz unerhörter Weise mit Terpentinöl verfälscht war.

---

[1]) Arch. der Pharm. 239 (1901), 506.

[2]) Pharm. Ztg. 47 (1902), 779.

[3]) Bericht von Schimmel & Co. April 1910, 110.

335. Öl aus amerikanischem Storax.

Herkunft. Der zur Familie der *Hamamelidaceae* gehörende Baum *Liquidambar styraciflua* L. wächst in den mittleren und südlichen nordamerikanischen Unionstaaten, in Mexico und Zentralamerika. Der honigdicke, harzige Balsam scheidet sich aus dem Splintholze unter der Stamm- und Zweigrinde von selbst oder infolge von Einschnitten aus, reichlich indessen nur in heißen Klimaten, und kommt daher meistens aus den zentralamerikanischen Ländern in den Handel[1]). Bonastre[2]) erhielt bei der Destillation dieses Balsams 7 % Öl.

Eigenschaften und Zusammensetzung. Das aus amerikanischem Storax gewonnene Öl ist nach W. von Miller[3]) rechtsdrehend (α_D + 16° 33′) und enthält Styrol (Dibromid, Smp. 73°) und einen sauerstoffhaltigen, nach Terpentinöl riechenden, optisch aktiven, nicht näher bekannten Körper.

Der amerikanische Storax selbst enthält außer Vanillin und Zimtsäurezimtester (Styracin) nur Zimtsäurephenylpropylester, aber weder Zimtsäureäthylester noch Zimtsäurebenzylester[4]).

Die Blätter des amerikanischen Storaxbaumes haben einen eigentümlichen, terpentinartigen Geruch. Bei ihrer Destillation[5]) wurden 0,085 % Öl erhalten. Es ist grünlichgelb, dünnflüssig; $d_{15°}$ 0,872; α_D −38° 45′; V. Z. 5,9; E. Z. nach Actlg. 25,2. Der Geruch des Öls ähnelt dem der Edeltannenöle; anscheinend enthält es neben Terpenen Borneol und Bornylacetat.

---

[1]) Kalm, Reise nach dem nördlichen Nordamerika in den Jahren 1748 bis 1749. Göttingen 1754. Bd. 1, S. 294 u. 566; Bd. 3, S. 131. — Schöpf, *Materia medica Americana*. Erlangae 1787. Vol. 1, p. 170. — Schöpf, Reise durch einige der mittleren und südlichen Vereinigten Staaten. 1783 bis 1784. Erlangen 1787. Bd. 1, S. 415. — C. Mohr, Pharm. Rundsch. (New York) 13 (1895), 57.

[2]) Journ. de Pharm. II. 17 (1831), 338; Trommsdorffs Neues Journ. d. Pharm. 24. II. (1832), 236.

[3]) Arch. der Pharm. 220 (1882), 648.

[4]) Vgl. auch A. Tschirch und L. van Itallie, *ibidem* 239 (1901), 532.

[5]) Bericht von Schimmel & Co. April 1898, 58.

336. Rasamalaholzöl.

Bei der Destillation eines aus Niederländisch-Indien stammenden, als „*Rasamala*"[1]) bezeichneten Holzes erhielten Schimmel & Co.[2]) 0,17 % ätherisches Öl.

Das Rasamalaholzöl ist bei gewöhnlicher Temperatur eine hellbraune Kristallmasse, die zwischen 30 und 40° schmilzt und im Geruch zugleich an Zimt und Rhabarber erinnert.

Den Hauptbestandteil bildet ein kristallisierender, bei 54 bis 55° schmelzender Körper, der wahrscheinlich ein Keton ist, da er mit Hydroxylamin eine Verbindung vom Smp. 106 bis 107° eingeht. Der zweite Bestandteil des Öls ist flüssig.

Nach Mitteilungen des Professors Dr. van Romburgh werden außer dem echten, aber seltenen Rasamalabaum, *Altingia excelsa* Nor. (*Liquidambar Altingia* Bl.), Familie der *Hamamelidaceae*, auch verschiedene Drogen in Indien als Rasamala bezeichnet, nämlich der flüssige Storaxbalsam von *Liquidambar orientale (Getah Rasamala)* sowie andre ähnlich riechende Balsame und das wohlriechende Holz von *Canarium microcarpum* Willd. *(Kaju Rasamala)*.

Ob das von Schimmel & Co. verarbeitete Holz von einem der genannten Bäume herrührt, und von welchem, ist ungewiß. Möglicherweise ist es auch das sogenannte Aloeholz (Eagle-wood; Aloe-wood) von *Aquillaria Agallocha* Roxb., das auf indischen Märkten als „*Kaju lakka*" verkauft wird und dessen charakteristischer Rhabarbergeruch[3]) mit dem des Schimmelschen Holzes übereinstimmt.

337. Hondurasbalsamöl.

Die Stammpflanze des ab und zu auf den Markt kommenden Hondurasbalsams ist nach A. Tschirch[4]) eine *Liquidambar*-Art.

---

[1]) A. Tschirch und L. van Itallie untersuchten „Rassamalaharz" und fanden darin von flüchtigen Bestandteilen ein Gemisch von wahrscheinlich aus Benzaldehyd und Zimtaldehyd bestehenden Aldehyden. Arch. der Pharm. 239 (1901), 541.

[2]) Bericht von Schimmel & Co. April 1892, 43.

[3]) *Ibidem.* — Nach einer sehr ausführlichen Untersuchung von J. Möller (Pharm. Post 1898) ist Aloeholz geruchlos und entwickelt erst beim Verbrennen ein eigentümliches Aroma.

[4]) Die Harze und die Harzbehälter, 2. Aufl. I. Bd., S. 322. Leipzig 1906.

Die Eigenschaften eines solchen Balsams[1]) waren: $d_{15°}$ 1,0932, α_D + 6° 22′, $n_{D20°}$ 1,59407, E. Z. (heiß) 151,0, V. Z. (kalt) 163,7.

Der Hondurasbalsam ist von H. Thoms und A. Biltz[2]) sowie von A. Hellström[3]) als weißer Perubalsam beschrieben und untersucht worden. Weitere Arbeiten über seine Zusammensetzung sind von M. Burchhardt[4]) und von A. Tschirch und J. O. Werdmüller[5]) ausgeführt worden.

Bei der Destillation der oben erwähnten Balsamprobe mit Wasserdampf erhielten Schimmel & Co.[1]) 15 bis 20 % ätherisches Öl, dessen Menge zur Feststellung der Konstanten zu gering war.

Von flüchtigen Bestandteilen enthält der Hondurasbalsam nach den oben aufgeführten Untersuchungen: freie und veresterte Zimtsäure, Zimtalkohol, Phenylpropylalkohol, Kohlenwasserstoffe C_8H_8, C_8H_{10}, C_9H_{12} und ein bei 261 bis 262° siedendes Sesquiterpen. Alle diese Körper dürften sich auch in dem ätherischen Öl wiederfinden.

338. Öl von Hamamelis virginiana.

Wenn die Zweige von *Hamamelis virginiana* L. („witch hazel") in größerem Maßstab destilliert werden, scheiden sich im Destillat geringe Mengen einer grünen, fettigen, stark riechenden Substanz ab, die lange für den therapeutisch wirksamen Bestandteil des Destillats gehalten wurde.

Das weiche, schmierige, grüngefärbte, stark riechende „Öl" wurde von W. L. Scoville[6]) untersucht. Es wurde mit Wasserdampf destilliert und das Destillationswasser so lange kohobiert, bis das Destillat fast klar überging. Das nur sehr langsam übergehende gelbliche Öl besaß einen starken Geruch, der deutlich an *Aqua hamamelidis* erinnerte, ohne ihm jedoch gänzlich zu gleichen. Vielleicht beruht dies darauf, daß das ursprüngliche Öl

---

[1]) Beobachtung im Laboratorium von Schimmel & Co.

[2]) Zeitschr. d. allg. österr. Apoth. Ver. 42 (1904), 943.

[3]) Arch. der Pharm. 243 (1905), 218.

[4]) Schweiz. Wochenschr. f. Chem. u. Pharm. 43 (1905), 238; Chem. Zentralbl. 1905, I. 1705.

[5]) Arch. der Pharm. 248 (1910), 420.

[6]) Vortrag, gehalten auf der 59. Jahresversammlung der American Pharmaceutical Association, New York, September 1907, nach Americ. Perfumer 2 (1907), 119.

einen Bestandteil enthält, der in Wasser leichter löslich ist als im Öl selbst, ähnlich wie es beim Rosenöl der Fall ist.

Es wurden zwei Proben des Öls aus verschiedenen Anteilen des Untersuchungsmaterials erhalten mit folgenden Eigenschaften: $d_{25°}$ 0,8984 und 0,8985, α_D + 4,6 und + 5,05°, $n_{D20°}$ 1,4830 und 1,4892, V. Z. 3,80, V. Z. nach Acetlg. 30,3.

Die Hauptmenge des Öls siedete zwischen 250 und 263° und bestand hauptsächlich aus einem Terpen (Sesquiterpen?), zu etwa 7% aus einem Alkohol und aus einem in noch kleinerer Menge vorhandenen Ester. Das nicht flüchtige, noch stark riechende, durch Chlorophyll grün gefärbte Wachs, das ca. 72% des Ausgangsmaterials ausmachte, zeigte einen körnigen Bruch wie Bienenwachs.

Familie: ROSACEAE.

339. Spiraeaöl.

ÖL DER BLÜTEN.

Im Jahre 1835 erhielt Pagenstecher[1]) durch Destillation der Blüten von *Spiraea Ulmaria* L. (Familie der *Rosaceae*) eine kleine Menge eines schweren, in Wasser untersinkenden Öls, das er Löwig[2]) zur Untersuchung übergab. Dumas[3]), dem das Öl gezeigt wurde, erkannte seine Ähnlichkeit mit dem von Piria kurze Zeit vorher aus Salicin erhaltenen Salicylaldehyd (Salicylwasserstoff). Ettling[4]) bestätigte die von Dumas ausgesprochene Vermutung, indem er nachwies, daß das Spiraeaöl sich aus 2 bis 3 flüchtigen Stoffen zusammensetzt, von denen der eine Salicylaldehyd ist.

Bei der Destillation der Blüten erhielt Ettling 0,2% Öl. Die Ausbeute soll, nach W. Wickes[5]) Angabe, aus der kultivierten, ge-

---

[1]) Repert. f. d. Pharm. 49 (1835), 337; Pharm. Zentralbl. 1835, 137.

[2]) Löwig, Poggend. Ann. 36 (1835), 383. — Löwig u. Weidmann, Pharm. Zentralbl. 1839, 129.

[3]) Liebigs Annalen 29 (1839), 306.

[4]) *Ibidem* 29 (1839), 309; 35 (1840), 241.

[5]) *Ibidem* 83 (1852), 175.

füllten Varietät größer sein, als aus der wildwachsenden Pflanze. Spiraeablütenöl ist schwerer als Wasser und erstarrt bei —18 bis —20° vollständig.

Aus den Untersuchungen von A. Schneegans und J. G. Gerock[1]) geht hervor, daß das Öl neben Salicylaldehyd (früher Spiroylwasserstoff, Spiraeasäure, Salicylwasserstoff, spiroylige oder spirige Säure genannt) auch Methylsalicylat sowie Spuren von Heliotropin (Piperonal) und Vanillin enthält. Ettling fand außerdem noch sehr wenig einer campherartigen, in weißen, perlmutterglänzenden Blättchen kristallisierenden Materie (Paraffin?) und ein indifferentes Öl von der Zusammensetzung C_8H_8, also der eines Terpens oder Sesquiterpens.

In den Blüten selbst ist, wie Schneegans und Gerock nachwiesen, kein Salicylaldehyd als solcher enthalten. Dieser entsteht vielmehr erst bei der Destillation durch Einwirkung eines Ferments auf einen unbekannten Körper, der aber entgegen der Annahme Buchners[2]) kein Salicin ist. Die Blüten enthalten neben Methylsalicylat auch freie Salicylsäure.

ÖL DER WURZELN.

Die Angaben W. Wickes, daß in den Wurzeln von *Spiraea Ulmaria* L. Salicylaldehyd enthalten sei, ist unrichtig. Das aus ihnen durch Destillation gewonnene Öl besteht nach R. Nietzki[3]) in der Hauptsache aus Methylsalicylat neben Spuren einer andern Substanz, wahrscheinlich eines Kohlenwasserstoffs.

Nach M. W. Beijerinck[4]) enthalten Wurzeln, Rhizome und untere Teile des Krautes von *Spiraea Ulmaria, Sp. Filipendula* und *Sp. palmata* das Glucosid Gaultherin, das durch Einwirkung des gleichfalls anwesenden Enzyms Gaultherase Methylsalicylat liefert. Die älteren Wurzeln und Rhizomteile von *Spiraea kamtschatica* enthalten noch ein zweites Glucosid, das Spiraein, aus dem die Gaultherase Salicylaldehyd abspaltet.

ÖL DES KRAUTES.

In dem aus dem Kraut gewonnenen Destillat ist von W. Wicke Salicylaldehyd nachgewiesen.

---

[1]) Journ. der Pharm. f. Elsaß-Lothr. 19 (1892), 3 u. 55; Jahresb. f. Pharm. 1892, 164.

[2]) Liebigs Annalen 88 (1853), 284.

[3]) Arch. der Pharm. 204 (1874), 429.

[4]) Chem. Zentralbl. 1899, II. 259.

Das Kraut von *Spiraea digitata, lobata* und *Filipendula* sowie die Blüten von *Spiraea Aruncus* geben bei der Destillation Salicylaldehyd. Blausäure, aber keinen Salicylaldehyd, erhält man aus dem Kraut von *Spiraea Aruncus*, aus den Blättern von *Spiraea japonica*, sowie aus dem Kraut und den Blüten von *Spiraea sorbifolia*. Weder Salicylaldehyd noch Blausäure ist nachweisbar in den Destillaten von *Spiraea laevigata, acutifolia, ulmifolia* und *opulifolia* (Wicke).

340. Apfelöl.

Werden frische Apfelschalen von *Pirus Malus* L. nach Übergießen mit etwas Wasser im Dampfstrom destilliert, so geht nach C. Thomae[1]) nur wenig feste Substanz über, zuweilen bilden sich einige Öltröpfchen, die bald größtenteils erstarren. Durch Ausäthern des Destillationswassers wird eine feste Masse erhalten, die beim Benetzen mit Alkohol kristallisiert. Filtriert man von den Kristallen ab, so erhält man ein nach Äpfeln riechendes gelbes Öl.

Blausäure und Benzaldehyd sind aus den verschiedenen Teilen vieler anderer Rosaceen erhalten worden. So beispielsweise aus den Blättern, Zweigen und Kernen des Pfirsichbaumes (*Prunus Persica* Jess.), aus dem Fleisch der Kirsche (*Prunus Cerasus* L.), aus den Pflaumenkernen (*Prunus domestica* L.), aus der Rinde, den Blättern, Blüten und Samen von *Prunus Padus* L. und aus den jungen Blättern und Blüten der Schlehe (*Prunus spinosa* L.). Die Aufführung sämtlicher hierhergehöriger Pflanzen und Pflanzenteile würde, da ein praktisches Interesse hierfür nicht vorliegt, zu weit führen. Es sei deshalb auf das im Jahre 1911 erschienene Werk von C. Wehmer, Die Pflanzenstoffe (Jena, Gustav Fischer) verwiesen, wo die gesamte Literatur auf S. 273 bis 306 aufgeführt ist. Eine Zusammenstellung aller Benzaldehyd und Blausäure liefernden Pflanzen befindet sich auf S. 550 im I. Bd. dieses Werkes.

---

[1]) Journ. f. prakt. Chem. II. 84 (1911), 247; 87 (1913), 142.

341. Vogelbeeröl.

Bei der Darstellung von Äpfelsäure aus Vogelbeeren, den Früchten von *Sorbus Aucuparia* Gaertn. (Familie der *Rosaceae*), macht sich ein stechender Geruch bemerkbar, der durch einen mit Wasserdämpfen flüchtigen Körper verursacht wird. Kondensiert man die Dämpfe, so erhält man ein wasserhelles, in verdünntem Zustand nicht unangenehm riechendes Öl, von den Eigenschaften: Sdp. 221° (755 mm)[1]), 136° (30 mm)[2]), $d_{15°}$ 1,068[1]), $d_{22°}$ 1,0628[2]), $[\alpha]_D$ + 40,8°.

Das ätherische Vogelbeeröl oder Sorbinöl, das zuerst von A. W. Hofmann[1]) untersucht und als Parasorbinsäure bezeichnet worden war, ist nach O. Doebner[2]) ein Lacton der Formel $C_6H_8O_2$, und zwar der γ- oder δ-Oxyhydrosorbinsäure.

$$CH_3\cdot CH:CH\cdot CH:CH\cdot COOH$$

Sorbinsäure.

```
CH₃·CH₂·CH·CH:CH   oder   CH₃·CH·CH₂·CH:CH
        |     |                |         |
        O-----CO               O---------CO
```

Sorbinöl.

Nach Doebner sind reifende oder reife Vogelbeeren das geeignetste Material zur Darstellung des Öls. Während die unreifen Beeren nur Äpfelsäure enthalten, bildet sich mit zunehmender Reife das Sorbinöl, wohingegen die Äpfelsäure verschwindet. Gleichzeitig entstehen Sorbinose (Sorbinzucker) $C_6H_{12}O_6$ und Sorbit $C_6H_{14}O_6$.

342. Himbeeröl.

Aus Preßrückständen der Himbeeren, *Rubus Idaeus* L. (Familie der *Rosaceae*), gewann H. Haensel[3]) in geringer Menge ein nach vergorenen Himbeeren riechendes Öl. $d_{15°}$ 0,8833; α_D + 2° 8′; V. Z. 193; V. Z. nach Actlg. 215; löslich in 30 Teilen 80 %igen Alkohols.

---

[1]) Liebigs Annalen 110 (1859), 129.

[2]) Berl. Berichte 27 (1894), 344 u. 33 (1900), 2140.

[3]) Apotheker Ztg. 19 (1904), 854.

343. Nelkenwurzöl.

Das ätherische Öl aus der Wurzel von *Geum urbanum* L. (Familie der *Rosaceae*) ist bereits im Jahre 1818 von Trommsdorff[1]) und 1844 von Buchner[2]) untersucht worden; sie konnten jedoch nicht mit Sicherheit entscheiden, ob das nach Nelken riechende Öl mit dem Eugenol aus Nelkenöl identisch ist.

E. Bourquelot und H. Hérissey[3]) erhielten, als sie die zerkleinerte frische Wurzel nach einer 12stündigen Mazeration mit Wasser destillierten, 0,1 % Öl, das in der Hauptsache aus Eugenol (Benzoyleugenol) bestand.

Sie stellten fest, daß die Wurzel ein Glucosid enthält, das durch ein ebenfalls vorhandenes Enzym unter Bildung von Eugenol gespalten wird. Da die verschiedenen Versuche, mit andern Fermenten, z. B. Emulsin, Invertin, den Fermenten von *Aspergillus niger* v. Tgh. sowie mit andern Pflanzenpulvern in der Extraktlösung Eugenolgeruch hervorzurufen, fehlschlugen, so ist anzunehmen, daß das Enzym der Nelkenwurz ein besonderes Ferment ist, das sich nur noch in der Wurzel der verwandten Spezies, *Geum rivale* L. findet. Für das neue Glucosid wird der Name Gëin, für das Enzym die Bezeichnung Gease vorgeschlagen.

H. Haensel[4]) erhielt bei der Destillation der trocknen Wurzel *(Radix caryophyllata)* 0,022 % braunrotes Öl von aromatischem Geruch und brennend bitterm Geschmack. $d_{15°}$ 1,037; löslich in 90 %igem Alkohol.

344. Rosenöl.

Oleum Rosarum. — Essence de Rose. — Oil of Roses. Otto of Rose. Attar of Rose.

Herkunft. Von den mehr als 7000 kultivierten Rosenvarietäten werden nur wenige zur Ölgewinnung verwendet. Es kommt bei den zur Destillation bestimmten Rosen weniger auf schöne Form und prächtiges Aussehen, als auf Wetterfestigkeit und reichen Blütenertrag an. Beiden Anforderungen entspricht die am Balkan, sowie auch in Deutschland zur Rosenölgewinnung angepflanzte

---

[1]) Trommsdorffs Neues Journ. der Pharm. 2 (1818) I. 53.

[2]) Buchners Repert. f. d. Pharm. 35 (1844), 169.

[3]) Journ. de Pharm. et Chim. VI. 18 (1903), 369; 21 (1905), 481. — Compt. rend. 140 (1905), 870.

[4]) Chem. Zentralbl. 1908, I. 1137.

Rosa damascena Mill. Diese Rosenart ist im wilden Zustand nicht bekannt, sie ist vielmehr ein Erzeugnis der Gartenkunst und ursprünglich wohl ein Bastard der *Rosa gallica* und *Rosa canina*.

Der bulgarische Rosenstrauch ist ziemlich reichlich mit nicht besonders stark zurückgekrümmten Stacheln bewehrt. Die kahlen, spitz ovalen, dreipaarigen Fiederblättchen und das Endblättchen sind rein grün, die Kelche kahl und wenig bereift. An vielen Trauben sind ungefähr 27 Blüten beinahe zu einer Trugdolde zusammengestellt. Vollkommen aufgeblüht und ausgebreitet erreichen die Rosen nicht mehr als 7 cm Durchmesser; obwohl gefüllt, bieten sie doch noch eine beträchtliche Zahl Staubblätter mit großen, gelben Antheren dar. Oft sind die äußeren Blumenblätter fast weiß, die inneren mehr und mehr rot, im günstigsten Falle überwiegend rein rosenrot.

Die Rosen werden in Bulgarien in ziemlich dichten, mannshohen Hecken gezogen. Die zur Abteilung der einzelnen Rosenfelder angepflanzte weiße Rose, *Rosa alba* L., soll ein stearoptenreicheres Öl von geringer Qualität[1]) liefern.

Die in Südfrankreich kultivierte, hauptsächlich zur Gewinnung von Rosenwasser und zur Darstellung von Rosenpomade verwendete Rose ist *Rosa centifolia* L.[2]). Sie wird in Reihen gepflanzt und bildet nicht so dichte und weniger hohe Hecken als die bulgarische.

Neuerdings sind in der Umgegend von Grasse Versuche mit zwei neuen Rosensorten gemacht worden, die den Vorteil einer bedeutend längeren Blütezeit und größeren Ertragsfähigkeit haben. Die „Rose à Parfum de l'Hay" ist von Jules Graveraux in Fontenay-aux-Roses (Seine), durch Kreuzung der japanischen *Rosa rugosa* Thb. mit einem Bastard zwischen *Rosa damascena* und der Remontantrose „Général Jacqueminot" erhalten worden,

---

[1]) Die Handelskammer in Philippopel hat infolgedessen den Rosenölproduzenten empfohlen, möglichst keine weißen Rosen zu kultivieren, weil sie eine mangelhafte Ausbeute liefern und überhaupt minderwertig sind. Bericht von Schimmel & Co. Oktober 1906, 66.

[2]) Nach Cochet-Cochet soll die in Südfrankreich gezüchtete Ölrose nicht *Rosa centifolia* L., sondern ebenfalls *Rosa damascena* Mill. sein. Berichte von Roure-Bertrand Fils Oktober 1911, 74.

Fig. 40.
Rosenernte in Bulgarien.

Fig. 47.
Rosenernte in Bulgarien.

während die „Roseraie de l'Hay“ eine ähnliche von Cochet-Cochet in Coubert (Seine-et-Marne) gezüchtete Varietät ist.

Die zuerst genannte hat in Grasse die an sie geknüpften Hoffnungen nicht erfüllt, weil der Geruch der aus ihr gewonnenen Produkte zu wenig fein und außerdem nicht stark genug ist. Die Versuche mit der „Roseraie de l'Hay“ sind noch nicht abgeschlossen[1]).

In Südfrankreich werden bei günstigen Witterungsverhältnissen etwa 3 Millionen kg Rosen jährlich geerntet und verarbeitet. Die Preise, die dort für 1 kg frischer Rosen bezahlt wurden, schwankten in den Jahren 1904 bis 1911 zwischen 25 cent. und 2,50 Frs.[2]). In neuerer Zeit wird ein sehr großer Teil der Ernte der Extraktion mit flüchtigen Lösungsmitteln unterworfen (Vgl. Bd. I, S. 266). Die Ausbeute an konkretem Öl beträgt hierbei 0,17 bis 0,25 %.

In Spanien hat man auch angefangen Rosen anzupflanzen, z. B. in Chinchilla (Provinz Granada), aber bisher nur in verhältnismäßig geringem Umfange.

Über die Rosenkulturen, die im Jahre 1898 am Kaukasus in Kachetien (Gouvernement Tiflis) von der russischen Domänenverwaltung angelegt worden sind[3]), hat man in neuerer Zeit nichts mehr gehört. Die Menge des dort gewonnenen Rosenöls betrug 1902[4]) etwa 3 kg, neben 320 kg Rosenwasser. Bebaut waren dort 11,5 ha mit bulgarischen Rosen. An andern Orten Transkaukasiens sind Versuchspflanzungen mit Rosen persischen Ursprungs gemacht worden[5]).

Welche Rosensorte die früher so berühmten Rosengärten von Schiras füllte, ist ungewiß. Möglicherweise war es *Rosa gallica*, deren getrocknete Blütenblätter heute noch in großen Mengen aus Persien exportiert werden. Ob dort jetzt noch Rosen destilliert werden, ist unbekannt. Nach einem Konsulatsbericht sollen in der Mitte der 90er Jahre des vorigen Jahrhunderts ca. 2,5 kg Rosenöl aus der persischen Stadt Jesd ausgeführt worden sein; es liegt die Vermutung nahe, daß es sich

---

[1]) Berichte von Roure-Bertrand Fils Oktober 1911, 73.

[2]) *Ibidem* 72.

[3]) Bericht von Schimmel & Co. April 1900, 40.

[4]) Berichte von Roure-Bertrand Fils Oktober 1902, 24.

[5]) Chemist and Druggist 70 (1907), 815.

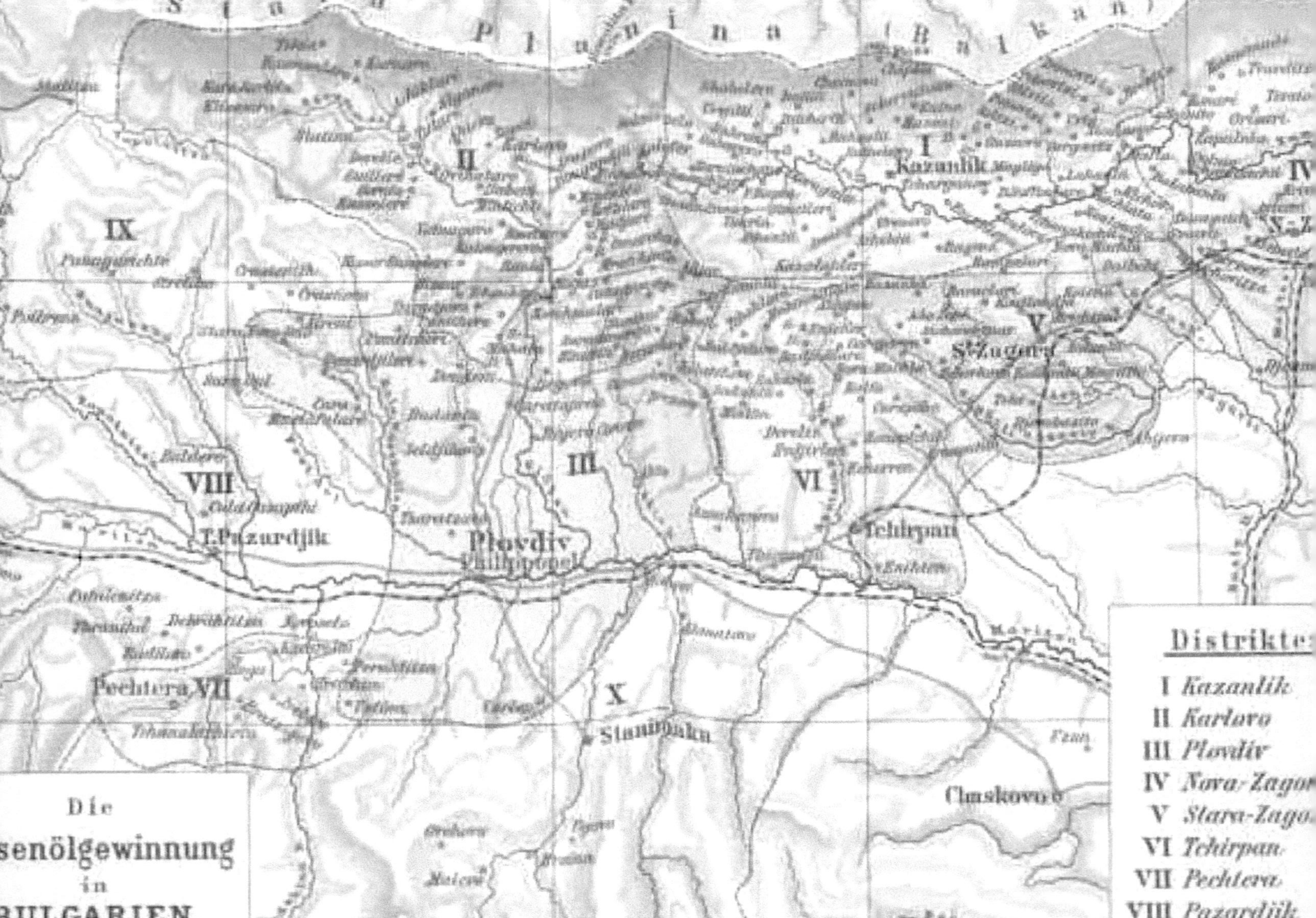
Stara Planina (Balkan)
Die
senölgewinnung
in
BULGARIEN.
Distrikte
I Kazanlik
II Karlovo
III Plovdiv
IV Nova-Zagor
V Stara-Zago
VI Tchirpan
VII Pechtera
VIII Pazardjik
IX Panagurich
I
II
III
IV
V
VI
VII
VIII
IX
X
Kazanlik
Plovdiv
Philippopel
T. Pazardjik
Tchirpan
St. Zagora
Pechtera
Stanimaka
Chaskovo
Maritza

hierbei nicht um reines, sondern um ein mit Sandelholz zusammen destilliertes Öl gehandelt hat[1]).

Mehrfach ist in jüngster Zeit anatolisches Rosenöl, gewonnen aus bulgarischen Rosen, im Handel angetroffen worden, ohne daß man darüber etwas Näheres hat erfahren können. Als Produktionsorte werden die kleinasiatischen Ortschaften Brussa, Sparta und Burdur genannt. Ebensowenig konnte festgestellt werden, ob und in welchem Umfang Rosendestillation in Damaskus und in Marrakesch (Marokko)[2]) betrieben wird.

In Indien, wo seit etwa zwei Jahrhunderten Rosenöldestillationen in Kanouj (Kanauj)[3]), in Gazipour am Ganges und in andern Gegenden Bengalens existieren, wird ebenfalls *Rosa damascena* verwendet. Das dort gewonnene Öl ist jedoch nie rein, sondern stets mit Sandelholzöl versetzt. Gewöhnlich wird, wie bereits erwähnt, Sandelholz gleichzeitig mit den Rosen destilliert.

Alle diese Erzeugungsstätten haben für den Welthandel mit Rosenöl nur sehr untergeordnete Bedeutung und kommen neben Bulgarien kaum in Betracht.

Gewinnung des bulgarischen Rosenöls. Die Rosenkultur[4]) wird besonders im südlichen Bulgarien im Tal von Kezanlik und Karlovo gepflegt[5]), einige Anpflanzungen befinden sich außerhalb dieser Gegend in der Ebene von Philippopel und besonders in Brezovo. Die Ernte ist in den niedrigeren Höhenlagen (300 m) relativ früh, z. B. in Kazanlik (Kezanlik), Brezovo und Karlovo, sie ist dagegen spät in den Distrikten von Kalofer (700 m) und Klissoura (800 m). Im allgemeinen bilden die Rosenkulturen eine Zone zwischen den Getreidefeldern der Ebene und den Wäldern der Berge und sind auf leichtem, steinigem, nicht übermäßig feuchtem Boden angelegt. Man kultiviert besonders die rote *Rosa damascena* und die weiße *Rosa alba;* letztere würden die Destillateure gern verschwinden sehen, aber die Bauern halten an der Kultur dieser Art fest. Man pflanzt die Rosen in Reihen von 2,5 m Abstand und setzt sie in 40 bis 50 cm tiefe Löcher, die man wieder mit

---

[1]) Bericht von Schimmel & Co. Oktober 1898, 69; Oktober 1912, 98.

[2]) Jeancard Fils et Cie., Rev. de Grasse 1911, Nr. 25.

[3]) Vgl. Sandelholzöl S. 351.

[4]) P. Jeancard, Journ. Parfum. et Savonn. 20 (1907), 254; Americ. Perfumer 2 (1908), 192.

[5]) Vgl. die beigefügte Karte der bulgarischen Rosendistrikte.

einer 5 bis 6 cm hohen Erdschicht und Stalldünger zudeckt; für ein- bis zweimaliges Behacken muß jährlich Sorge getragen werden. Der Ertrag einer guten Anpflanzung beläuft sich auf 4000 kg pro ha, ist aber meistens viel niedriger. Die Rosenpflücke findet Ende Mai bis Juni statt; oft fehlt es an Pflückerinnen. Die Bulgaren und Türken sind lässig und beginnen ihre Arbeit spät; statt vor Tagesanbruch mit dem Pflücken anzufangen und es bei starker Sonne zu unterlassen, erntet man den ganzen Tag über, sodaß die Blüten oft in schlechtem Zustande (versengt, entfärbt) zur Destillation gelangen; die Temperatur in den Rosensäcken beträgt bisweilen 50°[1]).

Fig. 48.

Bulgarischer Rosenöl-Destillierapparat.

Der in Bulgarien gebräuchliche Destillierapparat ist sehr einfach und heute noch derselbe, wie er vor mehr als 40 Jahren von

[1]) Genauere Aufschlüsse über alle bei der Gewinnung von Rosenöl in Betracht kommenden Verhältnisse gibt eine Inauguraldissertation von Georg Sjaroff, Die Rosenkultur und Rosenölindustrie in Bulgarien. Leipzig 1907. Der Verfasser, ein Bulgare, behandelt die Kultur, die Ölgewinnung, den Handel mit Rosenöl und die volkswirtschaftliche Bedeutung der Industrie, bringt Statistiken über Anbauflächen, Preise der Rohmaterialien und des Endprodukts und erörtert eingehend die Ursachen für den damals sehr starken Rückgang des Ölpreises. — Interessante Einzelheiten nach eigenen Beobachtungen finden sich auch in dem Aufsatz „Über Rosenkultur und Rosenölgewinnung in Bulgarien" von P. Siedler. Berichte d. deutsch. pharm. Ges. 22 (1912), 476.

Fig. 40.
Bulgarische Giulapana.

Baur[1]) beschrieben wurde. Auf einem aus Steinen gemauerten Herde, der mit Holz aus den nahen Wäldern des Balkans geheizt wird, steht eine kupferne Blase *(Lambic)* von 110 Liter Inhalt. (Fig. 48). Sie ist 1,1 m hoch, läuft nach oben konisch zu und ist mit Handhaben versehen, an denen sie vom Herde gehoben werden kann. Ihr Durchmesser beträgt in der Mitte 0,8 m, am Halse 0,25 m. Der Helm, der 0,3 m hoch ist und die Form eines Pilzes hat, paßt genau in den Hals der Blase. Die Fugen werden mit Lehm und Zeugstreifen verdichtet. Am Helm befindet sich ein rohrförmiger Fortsatz, der in einem Winkel von 45° gegen den Erdboden geneigt und mit dem eigentlichen Kühlrohr verbunden ist. Dieses ist ganz gerade, daumendick und 0,25 m lang und geht durch ein mit Wasser gefülltes Faß aus Eichen- oder Buchenholz. Das Kühlwasser wird durch eine hölzerne Rinne zugeleitet.

Von diesen Blasen sind gewöhnlich eine ganze Anzahl unter einem Schuppen zusammen aufgestellt. Eine solche Anlage wird nach G. Sjaroff *„Giulapana"* genannt.

In jeden dieser Apparate füllt man 10 bis 15 kg frisch gepflückte Rosen und 75 bis 100 bis 120 Liter Wasser und destilliert, bis 2 Flaschen Wasser von 5 Liter Inhalt übergegangen sind. Das in der Blase zurückgebliebene Wasser wird zur nächsten Destillation verwendet, ein Verfahren, das durchaus unrationell ist, wegen der großen Menge der sich mit der Zeit ansammelnden Salze und Extraktivstoffe, die unmöglich auf das zarte Parfüm ohne Einfluß sein können.

Ist genügend von dem destillierten Rosenwasser vorhanden, so werden 40 Liter davon in eine Blase gefüllt, von denen die bei der Kohobation zuerst übergehenden 5 Liter Wasser aufgefangen werden. Dieses zweite Destillat ist eine anfangs weiße, trübe Flüssigkeit, die sich beim Abkühlen klärt, indem sich die öligen Bestandteile an der Oberfläche ansammeln. Zum Abheben des oben schwimmenden Öles bedienen sich die Bulgaren eines kleinen, trichterförmigen Instruments aus Zinn, das einen langen Stiel und unten eine sehr feine Öffnung hat, durch die wohl das Wasser, aber nicht das halb erstarrte Öl durchläuft. Auf diese Weise werden Öl und Wasser getrennt. Nach durch-

[1]) Neues Jahrbuch für Pharmacie und verwandte Fächer 27 (1867), 1 bis 20; Jahresb. f. Pharm. 1867, 350.

Fig. 50.
Miltitzer Rosenfelder.

aus unzuverlässigen und unwahrscheinlichen Angaben soll in Bulgarien aus 3000 kg Blüten 1 kg Öl gewonnen werden. Jedenfalls ist dazu ein viel größeres Quantum Blumen erforderlich. 3000 kg werden genügen, mit der erforderlichen Menge Palmarosaöl 1 kg bulgarisches Rosenöl zu erzeugen!

Nachdem das Öl (bulgarisch *Güljag*), wenn notwendig, durch den Händler noch ein zweites Mal mit Palmarosaöl versetzt ist, das zu dem Zweck durch Aussetzen an die Sonne in flachen Schalen besonders präpariert ist, wird es in die bekannten, etwa 3 kg enthaltenden Flaschen aus verzinntem Kupferblech *(Estagnons)* verpackt und kommt nun als bulgarisches Rosenöl in den Handel. Die Bezeichnung „türkisch" ist nicht mehr richtig, denn in der Türkei, wenigstens in der europäischen, wird kein Rosenöl gewonnen.

Nach der in Anm. 1 S. 576 erwähnten Dissertation gibt es jetzt in Bulgarien mehrere Anlagen, die einen fabrikmäßigen Betrieb mit Dampfkesseln eingerichtet haben. Es sind

1. Die Fabrik Montalan in Karlovo; sie wurde 1902 von Chier begründet und arbeitet mit 4 Blasen von je 2500 Liter Inhalt.

2. Die Fabrik Garnier in Karasarlii; sie wurde 1904 erbaut und arbeitet nach dem Extraktionsverfahren in dem in Bd. I, S. 211 beschriebenen und abgebildeten Apparat.

3. Die Batzuroffsche Fabrik, am Rande des Dorfes Karnare gelegen; sie wurde 1905 erbaut und besitzt 4 Blasen von je 9000 Liter Inhalt, in die je 1500 bis 2000 kg Rosen gefüllt werden.

Gewinnung des deutschen Rosenöls. Die ersten Versuche des Hauses Schimmel & Co., Rosenöl fabrikmäßig in Deutschland herzustellen, wurden im Jahre 1883 gemacht. Anfangs wurden Zentifolien (*Rosa centifolia* L.) aus der Umgegend in Leipzig verarbeitet. Im Jahre 1888 erhielt die Firma eine ansehnliche Anzahl Rosensträucher aus Bulgarien, die durch geschickte Behandlung rasch vermehrt wurden. Gegenwärtig sind in der Nähe von Miltitz bei Leipzig ca. 35 Hektar mit dieser Rosensorte bepflanzt. Der schädigende Einfluß des Transportes auf die frisch gepflückten Rosen machte die Verarbeitung an Ort und Stelle zur Notwendigkeit. Es wurde deshalb inmitten der Rosenpflanzungen ein stattliches, mit den besten Einrichtungen der Neuzeit ausgestattetes Fabrikgebäude errichtet. Die

Fig. 51.
Rosenernte in Miltitz.
(Im Hintergrund die Arbeiterkolonie von Schimmel & Co.)

des Morgens gepflückten Rosen werden sogleich in die mächtigen kupfernen Blasen eingetragen, von denen jede, außer dem erforderlichen Wasser 1500 kg Rosen aufzunehmen vermag (Bd. I, S. 255, Fig. 52). Etwa 5000 bis 6000 kg Blüten geben 1 kg Öl.

Selbstverständlich ist, daß hier die groben Fehler, die man in Bulgarien begeht, vermieden werden. Das Heizen der Blasen geschieht nicht mit direktem Feuer, sondern mit Dampf; zu jeder Portion Rosen wird frisches Wasser genommen, und das Öl wird, wie jedes andere ätherische Öl, in kaskadenförmig angeordneten Florentiner Flaschen aufgefangen.

Dank der besonderen Sorgfalt bei der Darstellung ist das deutsche Öl dem bulgarischen im Geruch bedeutend überlegen und ist, obwohl sein Stearoptengehalt außerordentlich hoch ist, doch doppelt so intensiv und ausgiebig wie dieses. Dem bulgarischen Öl etwa gleich an Geruchsstärke und Stearoptengehalt ist das von Schimmel & Co. dargestellte „Rosengeraniol", zu dessen Gewinnung 2500 kg frischer Rosen mit einem Kilo reinem Geraniol zusammen destilliert werden.

Gewinnung des Rosenöls in Frankreich. Die Darstellung des Rosenöls in Südfrankreich unterscheidet sich grundsätzlich dadurch von der in Bulgarien und Deutschland üblichen, daß die Destillation hauptsächlich wegen des Rosenwassers betrieben wird und das Rosenöl nur nebenbei abfällt. Man gewinnt von 1 kg Rosen 1 kg Rosenwasser und außerdem von 1000 kg Blüten 60 bis 70 g Öl, das sich von dem Rosenwasser beim Stehen abscheidet[1]). Die Menge der in Frankreich geernteten Rosen ist nicht unbedeutend, sie beträgt etwa ein Fünftel bis ein Siebentel einer bulgarischen Ernte und beläuft sich in guten Jahren auf 3 Millionen kg[2]). Ein großer Teil der Blüten wird der Extraktion mit flüchtigen Lösungsmitteln unterworfen, ein andrer auf Pomade verarbeitet.

Gewinnung des Rosenriechstoffs durch Extraktion. Wie später (S. 590) noch erörtert werden wird, kann man die Verarbeitung der Rosen auf Öl durch Destillation nicht als die rationellste Gewinnungsweise des in den Blüten enthaltenen Riechstoffs be-

---

[1]) P. Jeancard u. C. Satie, Bull. Soc. chim. III. 31 (1904), 934.

[2]) Berichte von Roure-Bertrand Fils Oktober 1907, 59.

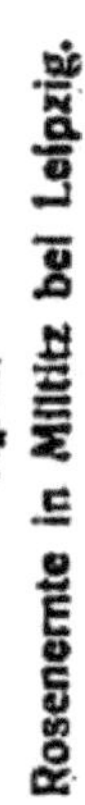

Fig. 32.
Rosenernte in Miltitz bei Leipzig.

zeichnen. Der in Wasser leicht lösliche Phenyläthylalkohol läßt sich durch Kohobation nicht wieder aus dem Wasser abscheiden, weshalb das durch Destillation erhaltene Rosenöl diesen wichtigen Riechstoff meist gar nicht, oder doch nur in verschwindend kleiner Menge enthält[1]). Schon ehe man diese Tatsache kannte, wußte man, daß durch Extraktion mit Fett oder flüchtigen Lösungsmitteln der Rosenriechstoff in viel größerer Natürlichkeit zu gewinnen war. Die Herstellung von Rosenpomade ist in Frankreich schon sehr lange betrieben und auch in Deutschland ausgeführt worden. Erst sehr viel später ist man zur Extraktion mit Petroläther übergegangen, wie es im I. Bande, S. 261 beschrieben worden ist. Wie bereits auf S. 580 erwähnt wurde, wird auch in Bulgarien schon nach diesem Verfahren gearbeitet; eine derartige Anlage existiert auch in Beirut.

Eigenschaften. Das bulgarische Rosenöl des Handels ist hellgelb, manchmal mit einem Stich ins Grüne. Bei 21 bis 25° von der Konsistenz des fetten Mandelöls hat es einen starken, betäubenden Geruch nach frischen Rosen und einen etwas scharfen, balsamischen Geschmack. Bei ca. 18 bis 21° scheiden sich aus dem Öl spießige oder lamellenförmige, glänzende, irisierende Kristalle ab, die sich wegen ihres niedrigen spez. Gewichts im oberen Teile des Öls ansammeln und dessen Oberfläche mit einer dünnen Haut bedecken, die sich beim Bewegen des Öls leicht zerteilt. Bei stärkerer Abkühlung erstarrt das Öl zu einer durchscheinenden, weichen Masse, die schon durch die Wärme der Hand wieder verflüssigt werden kann.

Das spez. Gewicht sinkt mit höherem Stearoptengehalt. $d_{15°}^{20°}$ 0,856 bis 0,870; $d_{15°}^{30°}$ 0,849 bis 0,862; α_D — 1 bis — 4°; $n_{D20°}$ 1,452 bis 1,464[2]); der Erstarrungspunkt, dessen Bestimmung auf S. 594 beschrieben ist, liegt zwischen + 18 und + 23,5°; S. Z. 0,5 bis 3; E. Z. 7 bis 16; Gesamtgeraniolgehalt (d. h. an Alkoholen, berechnet auf $C_{10}H_{18}O$) 66 bis 75, ausnahmsweise bis 76 %; Citronellolgehalt, durch Formylieren (s. Bd. I, S. 599) bestimmt, 24 bis 37 %; Stearoptengehalt 17 bis 21 %.

---

[1]) Der Phenyläthylalkohol bleibt hauptsächlich im Rosenwasser, das deshalb den Geruch der Rose besser wiedergibt als das Öl.

[2]) Über den Brechungsindex des Rosenöls vgl. E. J. Parry, Chemist and Druggist 63 (1903), 246. — W. H. Simmons, *ibidem* 68 (1906), 20.

Wegen seines Gehalts an schwerlöslichen Paraffinen gibt Rosenöl selbst mit sehr großen Mengen 90 %igen Alkohols nur trübe Mischungen, aus denen sich das Stearopten allmählich abscheidet. Der flüssige Anteil, das sogenannte Elaeopten, löst sich schon in 70 %igem Alkohol klar auf.

Zwei von Schimmel & Co. untersuchte, angeblich aus weißen bulgarischen Rosen hergestellte Öle hatten folgende Eigenschaften: 1. (aus Karlovo) d_{30° 0,8696, α_D —2° 35′, n_{D28° 1,46218, Erstp. + 18°. 2. (aus Kazanlik) d_{30° 0,8526, α_D —3° 50′, n_{D25° 1,45871, Erstp. + 19°, S. Z. 2,2, E. Z. 9,9, E. Z. nach Actlg. 213,9 = 70,1 % Alkohol $C_{10}H_{18}O$. Ähnliche Konstanten hatte ein drittes Öl[1]): d_{15° 0,8723, α_D — 2° 54′, E. Z. 11,14, E. Z. nach Actlg. 222,44, entsprechend 77,87 % an Alkoholen der Formel $C_{10}H_{18}O$. Es löste sich unter starker Paraffinabscheidung in 1 Vol. 90 %igen Alkohols, war bei + 14° fest, wurde aber bei 20° vollkommen flüssig[2]).

Bei einem anatolischen Öl, das aus roten und weißen bulgarischen Rosen destilliert war, wurden von Schimmel & Co. folgende Konstanten festgestellt: d_{30° 0,8589, α_D — 2° 20′, n_{D28° 1,46486, Erstp. + 19,5°, S. Z. 1,4, E. Z. 9,8, Gesamtgeraniol 74 %.

Das deutsche Rosenöl (von *Rosa damascena* Mill.) (eine vollständige Analyse von drei Mustern bringt nachstehende Tabelle) ist wegen seines größeren Reichtums an Stearopten bei gewöhnlicher Temperatur eine grünliche, von Kristallen durchsetzte, weiche Masse. Der Geruch ist viel stärker und intensiver als

	d	α_D	n_D	Erstp.	S. Z.	E. Z.	Gesamt-geraniol	Citro-nellol	Stearopten
1.[3])	0,8438 (30°)	— 0° 44′	1,45811 (29°)	+ 29°	2,3	4,5	60,4 %	17 %	28,5 %
2.[3])	0,836 (33°)	— 0° 52′	1,45711 (33°)	+ 30°	0	10,4	54 %	13,7 %	40,0 %
3.[4])	0,8444 (35°)	— 0° 23′	1,46139 (35°)	+ 30,8°	4,3	5,2	56,8 %		ca. 42 % mit V. Z. 3,0

---

[1]) Berichte von Roure-Bertrand Fils Oktober 1908, 28.

[2]) Demnach scheint der Stearoptengehalt bei diesen drei Ölen nicht besonders hoch zu sein, während sonst das Öl der weißen Rose als sehr stearoptenreich gilt. Vgl. S. 571.

[3]) Bericht von Schimmel & Co. April 1901, 51.

[4]) *Ibidem* Oktober 1906, 67.

beim bulgarischen Öl. Der Erstarrungspunkt liegt zwischen 27 und 37°, das spez. Gewicht zwischen 0,838 und 0,850 bei 30°; α_D + 1 bis — 1°. Der Stearoptengehalt schwankt von 26 bis 40 %.

Der Gehalt an Phenyläthylalkohol (durch Ausschütteln mit 1 %iger Natronlauge bestimmt[1])) war bei dem in der umstehenden Tabelle zuletzt aufgeführten Öl ca. 9 %. Das von Phenyläthylalkohol und Stearopten befreite Öl hatte: $d_{18°}$ 0,8885, α_D — 0° 44′, $n_{D20°}$ 1,46565, E. Z. nach Actlg. 266,9 = 91,8 % $C_{10}H_{18}O$, lösl. in 1 Vol. u. m. 70 %igen Alkohols.

Ein in Leipzig aus Zentifolien (*Rosa centifolia* L.) destilliertes Öl hatte folgende Eigenschaften: $d_{25°}$ 0,8727, α_D + 0° 49′, Erstp. + 28°, V. Z. 7,8.

Zwei in den Jahren 1895 und 1896 gewonnene französische Rosenöle verhielten sich nach J. Dupont und J. Guerlain[2]) wie folgt: $d_{30°}$ 0,8225 und 0,8407, $\alpha_{D30°}$ — 6° 45′ und — 8° 3′, Stearoptengehalt 35 und 26 %.

Zwei Öle, die aus der Roseraie de l'Hay (s. S. 572) destilliert waren, gaben bei der Analyse die Werte:

$d_{30°}$	α_D	$n_{D30°}$	Erstp.	S. Z.	E. Z.	Gesamt-geraniol
0,8706	— 1° 26′	1,46486	+ 13°	1,8	6,3	91 %
0,8653	— 3° 20′	1,46159	+ 18,6°	1,8	5,6	91,8 %

P. Jeancard und C. Satie[3]) haben die auf verschiedene Weise aus französischen Rosen gewonnenen Öle untersucht.

1. Das aus den vollständigen Rosen (einschließlich der Kelche) unter Kohobation des Destillationswassers gewonnene Öl. Erstp. 25,5°; Stearoptengehalt 33,2 %[4]). Verhalten des flüssigen Anteils dieses Öls (Elaeopten): $d_{18°}$ 0,8790, α_D — 3°, lösl. in 2 Vol. 70 %igen Alkohols, Gesamtalkohol 88,55 %, Citronellol 22,4 %.

[1]) Vergl. Anm. 5 auf S. 590.

[2]) Compt. rend. 123 (1896), 700.

[3]) Bull. Soc. chim. III. 31 (1904), 934.

[4]) Zu bemerken ist, daß der Stearoptengehalt bei diesen sämtlichen Ölen nicht so bestimmt ist, wie es auf S. 595 beschrieben ist. J. u. S. verfuhren dabei nach folgender Vorschrift: 10 g Öl werden in ein Becherglas gewogen und 50 ccm auf — 10° abgekühltes Aceton hinzugefügt ohne umzurühren. Dann gießt man durch ein Filter, das von einer Kältemischung umgeben ist, wäscht mehrere Male aus und saugt vor der Luftpumpe ab. Das tarierte Filter wird im Vakuumexsikkator über Schwefelsäure getrocknet und gewogen.

2. Das Öl, das außer dem Rosenwasser (ohne Kohobation des Wassers) gewonnen wird, wenn man so destilliert, daß man auf 1 kg Rosen 1 kg Rosenwasser erhält. Erstp. + 25,9°; Stearoptengehalt 58,88 %; S. Z. 2,24; E. Z. 14,70; Gesamtalkohol 32 %; Citronellol 15,10 %.

3. Öl aus Kelchen, Staubgefäßen, Stempeln (ohne die Blütenblätter). Ausbeute aus 1000 kg etwa 50 g Öl. $d_{15°}$ 0,8704; α_D — 41°; Erstp. + 8°; Stearoptengehalt 51,13 %; S. Z. 6,12; E. Z. 22,4; Gesamtalkohol 13,99 %; Citronellolgehalt 13,56 %. Bemerkenswert ist außer dem hohen Stearoptengehalt und der hohen Drehung, daß neben Citronellol andere Alkohole kaum zugegen sind.

4. Öl aus Teerosen. Erstp. 23,5°; Stearoptengehalt 72 bis 74 %. Auffallend ist bei dem enorm hohen Stearoptengehalt der niedrige Erstarrungspunkt. Das Stearopten ließ sich in einen bei 14 und einen bei 40° schmelzenden Anteil trennen. Ähnlich scheint das Stearopten aus den Kelchen der gewöhnlichen Rose (siehe Nr. 3, oben) zusammengesetzt zu sein.

Bei der Analyse eines russischen, in Kachetien (vgl. S. 572) gewonnenen Rosenöls erhielten Roure-Bertrand Fils[1]) folgende Zahlen: $d_{30°}$ 0,8368, $\alpha_{D20°}$ — 4° 16′, Erstp. + 23°, Stearoptengehalt 33,5 %, S. Z. 5,7, E. Z. 4,7, Gesamtgeraniol 48,9 %, Citronellol 34 %.

Bei einem spanischen, in Chinchilla hergestellten Öl beobachteten Schimmel & Co. die Eigenschaften: $d_{30°}$ 0,8247, α_D — 1° 23′, $n_{D28°}$ 1,45212, Erstp. + 27°, S. Z. 3,3, E. Z. 10,7, E. Z. nach Actlg. 135,5 % = 41,5 % Gesamt-Geraniol, Paraffingehalt 50 %, E. Z. des Paraffins 7,0. Die Konstanten eines andern Chinchilla-Rosenöls waren folgende[2]): $d_{15°}^{30°}$ 0,844, α_D — 2°, n_D 1,565, Smp. 27 bis 28°, Paraffingehalt 33,3 %, Smp. des Paraffins 31,32°.

Über Rosenextraktöle macht H. von Soden[3]) Mitteilung. 8000 kg französische Rosenblüten gaben 0,052 % ätherisches Öl vom Erstp. 5 bis 7°; $d_{18°}$ 0,967; $\alpha_{D17°}$ — 1° 55′; E. Z. 4,6; E. Z. nach Actlg. 295. Mittels Phthalsäureanhydrid wurden 75 bis 80 % Alkohole aus dem Öl isoliert, die zu 75 % aus Phenyl-

[1]) Berichte von Roure-Bertrand Fils Oktober 1902, 24.

[2]) Perfum. and Essent. Oil Record 3 (1912), 3.

[3]) Journ. f. prakt. Chem. II. 69 (1904), 265.

äthylalkohol und zu 25% aus den übrigen im Rosenöl vorkommenden primären Alkoholen bestanden.

45 kg deutsche Rosen lieferten 0,0107% ätherisches Extraktöl. Erstp. + 12°; $d_{18°}$ 0,984; $\alpha_{D17°}$ + 0°9′; S. Z. 3; E. Z. 4; E. Z. nach Actlg. 313,5; Gehalt an Phenyläthylalkohol 75%, an primären aliphatischen Alkoholen 75%.

Zusammensetzung. Nicht lange nach der Einführung der Elementaranalyse wurde im Jahre 1820 von Saussure[1]) die erste Verbrennung des Rosenöls und seines Stearoptens ausgeführt, der bald eine zweite Analyse von R. Blanchet[2]) folgte. Wurde durch die Verbrennung des Öls selbst nur dessen Sauerstoffgehalt dargetan, so ging aus der Analyse des Stearoptens hervor, daß dieses zu den Kohlenwasserstoffen gehört. Blanchet hielt den Körper für ein Terpen $C_{10}H_{16}$, und erst Flückiger[3]) erkannte im Jahre 1869 in ihm einen Vertreter der Paraffinreihe. Die später unter seiner Leitung von F. B. Power[4]) ausgeführte Dampfdichtebestimmung ergab auf die Formel $C_{16}H_{34}$ stimmende Werte. R. Baur[5]), der in Bulgarien zahlreiche Beobachtungen über die Destillation des türkischen Rosenöls machte und in den Jahren 1867 bis 1872 ausführlich darüber berichtete, behauptete, daß man das geruchlose Stearopten durch Oxydation in riechendes Elaeopten umwandeln könne und daß umgekehrt durch Reduktion des Elaeoptens künstlich das Stearopten entstehe. Spätere Untersuchungen haben diese merkwürdigen Angaben nicht bestätigen können. Um dieselbe Zeit (1872) beschäftigte sich Gladstone[6]) mit dem flüssigen Anteil des Öls, dessen Siedepunkt er bei 216° fand. Die erste ausführliche Untersuchung des Rosenöls rührt von C. U. Eckart[7]) her. Dieser fand im Jahre 1890 als Hauptbestandteil der Öle, sowohl deutschen wie bulgarischen Ur-

---

[1]) Annal. de Chim. et Phys. II. 13 (1820), 337.

[2]) Liebigs Annalen 7 (1833), 154.

[3]) Pharmaceutical Journ. II. 10 (1869), 147. — Zeitschr. f. Chem. 13 (1870), 126; Jahresber. f. Chem. 1870, 863.

[4]) Flückiger, Pharmakognosie. III. Aufl., S. 170.

[5]) Neues Jahrb. f. Pharm. 27 (1867), 1 und 28 (1867), 193; Jahresber. d. Pharm. 1867, 350. — Dinglers polyt. Journ. 204 (1872), 253.

[6]) Journ. chem. Soc. 25 (1872), 12. — Pharmaceutical Journ. III. 2 (1872), 747; Ref. Jahresber. f. Chem. 1872, 816.

[7]) Arch. der Pharm. 229 (1891), 355. — Berl. Berichte 24 (1891), 4205. — Th. Poleck, Berl. Berichte 23 (1890), 3554.

sprungs, einen Alkohol der Formel $C_{10}H_{18}O$, dem er den Namen Rhodinol gab. Obwohl er große Ähnlichkeiten zwischen dem neuen Alkohol und Geraniol festgestellt hatte, erklärte Eckart doch das Rhodinol für verschieden von Geraniol und stellte auch eine Formel auf, die diesen Anschauungen Rechnung trug. Es ist wohl hauptsächlich auf die unrichtige Bestimmung des Siedepunkts, der merkwürdigerweise in Übereinstimmung mit Gladstone bei 216° (statt 229°) gefunden wurde, zurückzuführen, daß Eckart das Geraniol, das er in Händen hatte, nicht erkannte.

Kurze Zeit darauf (im Jahre 1893) behaupteten W. Markownikoff und A. Reformatzky[1]), daß dem Hauptbestandteil des bulgarischen Rosenöls, der von ihnen „Roseol" genannt wurde, die Formel $C_{10}H_{20}O$ zukomme. Gleichzeitig war aber Barbier[2]) durch seine Arbeiten zu dem Schluß gekommen, daß die von Eckart befürwortete Formel $C_{10}H_{18}O$ richtig sei. Diese fand eine weitere Bestätigung durch die von Tiemann und Semmler[3]) erkannte Identität des Eckartschen Rhodinals mit dem Citral, dem zum Geraniol gehörigen Aldehyd $C_{10}H_{16}O$. Die Widersprüche in den von Eckart sowie von Markownikoff und Reformatzky erhaltenen Resultaten veranlaßten Bertram und Gildemeister[4]), die Untersuchung des Rosenöls aufzunehmen. Sie stellten fest, daß die Hauptmasse des deutschen und bulgarischen Rosenöls aus Geraniol, dem von Jacobsen im Jahre 1870 im Palmarosaöl entdeckten Alkohol $C_{10}H_{18}O$ (Sdp. 229 bis 230°) besteht, und daß Rhodinol ein unreines Geraniol[5]) ist.

---

[1]) Journ. f. prakt. Chem. II. 48 (1893), 293.

[2]) Compt. rend. 117 (1893), 177.

[3]) Berl. Berichte 26 (1893), 2708.

[4]) Journ. f. prakt. Chem. II. 49 (1894), 185.

[5]) Darüber, ob der Alkohol $C_{10}H_{18}O$ in Zukunft mit dem alten, von Jacobsen gegebenen und seitdem eingebürgerten Namen „Geraniol" oder mit der von Eckart für den unreinen Körper eingeführten Benennung „Rhodinol" bezeichnet werden soll, ist eine lebhafte Kontroverse entstanden, auf die hier nicht näher eingegangen werden kann. Die Literatur sei jedoch aufgeführt: H. Erdmann u. P. Huth: „Zur Kenntnis des Rhodinols oder Geraniols". Journ. f. prakt. Chem. II. 53 (1896), 42. — J. Bertram u. E. Gildemeister: „Über Geraniol und Rhodinol". *Ibidem* II. 53 (1896), 225. — A. Hesse: „Über die vermeintliche Identität von Reuniol, Rhodinol und Geraniol". *Ibidem* II. 53 (1896), 238. — H. Erdmann: „Untersuchungen über die Bestandteile des Rosenöls und verwandter ätherischer Öle". *Ibidem* II. 56 (1897), 1. — Ber-

Geraniol ist jedoch nicht der einzige Alkohol des Rosenöls. Hesse[1]) hatte die Vermutung ausgesprochen, daß der von ihm in den Pelargoniumölen aufgefundene Alkohol „Reuniol" $C_{10}H_{20}O$ auch im Rosenöl enthalten sei. Tiemann und Schmidt[2]) wiesen die Identität des Reuniols mit Citronellol, dem Reduktionsprodukt des Citronellals, nach.

Ein weiterer sehr wichtiger Bestandteil der Rosen, der sich aber in dem auf gewöhnliche Weise destillierten Öl nur in geringen Mengen (ca. 1 %) vorfindet, weil er in Wasser leicht löslich ist und durch Kohobation nur unter Anwendung besonderer Maßregeln erhalten wird, ist der Phenyläthylalkohol. Er wurde gleichzeitig und unabhängig voneinander von H. von Soden und W. Rojahn[3]) und von H. Walbaum[4]) aufgefunden. In dem durch Extraktion von frischen oder getrockneten Rosenblättern mit Äther oder Petroläther erhaltenen sogenannten konkreten Rosenöl ist er in verhältnismäßig großen Mengen vorhanden[5]), ebenso im ätherischen Öl der Rosenpomade (ca. 46 %)[6]) und im Öl des Rosenwassers (ca. 35 %)[6]).

Ein mehr nebensächlicher Bestandteil des Rosenöls ist l-Linalool[7]) (Oxydation zu Citral; Naphthocinchoninsäure, Smp. 197 bis 199°). Von wesentlicher Bedeutung für den Geruch ist der ebenfalls von Schimmel & Co.[7]) aufgefundenen Nonylaldehyd (Pelargonsäure, Sdp. 252 bis 253°) der wahrscheinlich auch von höheren und niederen Homologen begleitet wird. Bei dieser Gelegenheit wurden auch Spuren von Citral im Rosenöl

tram u. Gildemeister: „Die Bestandteile des Rosenöls und verwandter ätherischer Öle". *Ibidem* II. 56 (1897), 506. — Th. Poleck: „Zur Rhodinolfrage". *Ibidem* II. 56 (1897), 515 und Berl. Berichte 31 (1898), 29. — Bertram u. Gildemeister: „Zur Rhodinolfrage". *Ibidem* 31 (1898), 749.

[1]) Journ. f. prakt. Chem. II. 50 (1894), 472.

[2]) Berl. Berichte 29 (1896), 922.

[3]) *Ibidem* 33 (1900), 1720.

[4]) *Ibidem* 1903, 2299. — Walbaum u. Stephan, *ibidem* 2302.

[5]) v. Soden u. Rojahn isolierten den Phenyläthylalkohol aus einem Öl, das durch Ätherextraktion von „Rückstandswasser" von der Rosenöldarstellung erhalten war, auf folgende Weise: „200 g Öl werden mit 5 kg einer 5 %igen Natronlauge geschüttelt, wobei außer Säuren und Phenolen auch der Phenyläthylalkohol zum Teil in Lösung ging und durch Ausäthern der filtrierten klaren Lauge in großer Reinheit gewonnen werden konnte."

[6]) v. Soden u. Rojahn, Berl. Berichte 33 (1900), 3063; 34 (1901), 2803.

[7]) Bericht von Schimmel & Co. Oktober 1900, 57.

nachgewiesen (Naphthocinchoninsäure, Smp. 195 bis 197°). Zu erwähnen sind noch Eugenol[1]), das etwa 1 % des Öls ausmacht, sowie ein primärer, sich mit Phthalsäureanhydrid verbindender Sesquiterpenalkohol, der möglicherweise mit Farnesol[2]) identisch ist. Schließlich ist noch zu nennen Nerol (Diphenylurethan, Smp. 52 bis 53°), von dem nach von Soden und Treff[1]) 5 bis 10 % im Rosenöl enthalten sind.

Die Alkohole sind größtenteils frei, zum kleinen Teil als Ester im Rosenöl enthalten. Das Elaeopten des bulgarischen Rosenöls hat etwa 90 % Alkohole (berechnet auf $C_{10}H_{18}O$). Auf normales bulgarisches Öl (mit dem Stearopten) kommen im Durchschnitt 2,5 bis 3,5 % Ester (auf Geranylacetat berechnet); in deutschen Ölen wurden 1,6 bis 3,6 % gefunden.

Wie aus den Untersuchungen von Dupont und Guerlain[3]) hervorgeht, haben die Ester ein stärkeres Drehungsvermögen als das ihnen zu Grunde liegende Alkoholgemisch. Die flüssigen Anteile eines französischen Rosenöls, die vor dem Verseifen 10° 30′ nach links drehten, hatten nach der Verseifung ein Drehungsvermögen von nur —7° 55′. Die Säuren, die mit den Alkoholen zu Estern vereinigt sind, sind noch nicht näher untersucht worden. Dupont und Guerlain sind der Ansicht, daß die Ester bei der Hervorbringung des Rosengeruchs eine große Rolle spielen.

Das Stearopten des Rosenöls gehört, wie Flückiger[4]) dargetan hat, zu den Kohlenwasserstoffen der Paraffinreihe C_nH_{2n}. Es besteht jedoch nicht aus einem einzigen Kohlenwasserstoff, sondern setzt sich mindestens aus zwei, wahrscheinlich aber aus einer ganzen Reihe homologer Paraffine zusammen. Dies geht daraus hervor, daß man es durch geeignete Behandlung größerer Mengen von Rosenölstearopten in Fraktionen vom Smp. 22° und 40 bis 41° trennen kann[5]).

Der im Rosenöl von Eckart aufgefundene Äthylalkohol entsteht nach Schimmel & Co.[6]) nur dann, wenn sich die Rosen

---

[1]) Berl. Berichte 37 (1904), 1094.

[2]) Siehe Bd. I, S. 416.

[3]) Compt. rend 123 (1896), 750.

[4]) Siehe Anm. 4 auf S. 588.

[5]) Bericht von Schimmel & Co. Oktober 1890, 42. — Eckart, Dupont u. Guerlain *loc. cit.*

[6]) Bericht von Schimmel & Co. Oktober 1892, 36.

auf dem Transport zu den Destillierapparaten erhitzen und gären. Werden die Blumenblätter gleich nach dem Pflücken destilliert, so enthält das gewonnene Öl keinen Äthylalkohol.

Prüfung. Da bei einem so kostbaren Produkt wie Rosenöl die Gefahr der Verfälschung sehr nahe liegt, sind im Laufe der Zeit zahlreiche empirische Prüfungsmethoden empfohlen worden, mit denen man fremde Zusätze, besonders das Palmarosaöl (sogenanntes türkisches Geraniumöl) ermitteln zu können glaubte. Genossen diese Proben schon früher kein allzugroßes Vertrauen, so wurde man ihnen gegenüber noch skeptischer, als nachgewiesen wurde, daß bei beiden Ölen, dem Rosenöl wie dem Palmarosaöl das Geraniol den Hauptbestandteil bildet. Allerdings war die Möglichkeit nicht ausgeschlossen, daß irgend ein Nebenbestandteil des Palmarosaöls mit den vorgeschlagenen Reagentien besondere Reaktionen hätte zeigen können und dadurch zum Verräter geworden wäre. Die Untersuchung des Palmarosaöls[1]) hat indessen in dieser Beziehung zu keinem Resultat geführt. Außerdem ist zu berücksichtigen, daß die Bulgaren mit dem Palmarosaöl verschiedene Manipulationen vornehmen, ehe sie es zum Verfälschen verwenden. So z. B. versuchen sie, dieses Öl durch Ausschütteln mit Citronensaft und Aussetzen an die Sonne im Geruch und den sonstigen Eigenschaften dem Rosenöl möglichst ähnlich zu machen.

Als Verfälschungsmittel des Rosenöls kommen außer Palmarosaöl, auch das echte Geraniumöl sowie dessen Bestandteile Geraniol und Citronellol in Betracht. Ist die Fälschung geschickt gemacht, so versagen nicht nur alle die ausgeklügelten Farbreaktionen mit Jod, Schwefelsäure und fuchsinschwefliger Säure[2]) etc., sondern auch die auf rationelleren Grundlagen ruhenden chemischen und physikalischen Untersuchungsmethoden. Dies ist einerseits auf die in chemischer Beziehung große Ähnlichkeit des Fälschungsmittels mit dem Öl selbst zurückzuführen, andrerseits fällt das Rosenöl je nach Klima, Witterungsverhältnissen, Bodenbeschaffenheit oder der angewandten Destillationsart, besonders was den Paraffingehalt anbetrifft, so verschieden aus,

[1]) E. Gildemeister u. K. Stephan, Arch. der Pharm. 234 (1896), 321.

[2]) G. Panajotow, Berl. Berichte 24 (1891), 2700. — Bericht von Schimmel & Co. April 1892, 32. Vgl. auch Jedermann, Zeitschr. f. analyt. Chemie 36 (1897), 96 und Bericht von Schimmel & Co. April 1897, 39.

daß die Vergleichung der physikalischen Eigenschaften, wegen ihrer großen Schwankungen, nicht immer zur Ermittlung einer Verfälschung führt.

Aus diesem Grunde kann man auch nicht mit Sicherheit behaupten, daß das bulgarische Rosenöl des Handels wirklich das reine Destillat aus Rosen ist. Mancherlei Anzeichen sprechen dagegen. Zunächst erregt die große Einfuhr von Palmarosaöl nach Bulgarien Bedenken. Zu welchem Zweck es dient, wird klar, wenn man berücksichtigt, daß die Ausfuhr von Rosenöl aus Bulgarien in der Regel beträchtlich größer ist als die Produktion. (Vgl. die auf S. 598 beigefügte Kurventafel.) Ferner ist der enorme Unterschied zwischen dem bulgarischen und deutschen Öl höchst auffallend und nicht ohne weiteres allein durch die klimatischen Verschiedenheiten erklärbar. Stutzig macht auch der Umstand, daß mehrfach von bulgarischen Fabrikanten auf Ausstellungen als ganz besonders feine Ware gezeigte Öle im Geruch, Erstarrungspunkt und Stearoptengehalt die größte Ähnlichkeit mit dem deutschen Destillat besaßen.

Hingegen ist das Öl, das durch Destillation von 2500 Kilo Rosen mit 1 Kilo Geraniol hergestellt wird[1]), vom bulgarischen Öl des Handels nicht zu unterscheiden. Intensität des Geruchs, Erstarrungspunkt und Stearoptengehalt sind genau gleich.

Um sich gegen ganz grobe Verfälschungen zu schützen, muß man spez. Gewicht, Drehungsvermögen, Erstarrungspunkt, Brechungsindex, Stearoptengehalt, Verseifungszahl und den Gehalt an alkoholischen Bestandteilen bestimmen.

Sind die auf Grund einer solchen Prüfung ermittelten Eigenschaften in Übereinstimmung mit denen guter Durchschnittsöle, und ist der Geruch fein und ausgiebig, so kann das Öl für unverdächtig erklärt werden. Die Garantie für die Reinheit eines Öls kann aber kein Chemiker durch die physikalische und chemische Prüfung übernehmen.

SPEZIFISCHES GEWICHT. Die Bestimmung muß, da das Öl bei 15° ganz von Kristallen durchsetzt ist, bei 20, 25 oder 30° ausgeführt werden. Palmarosaöl verändert die Dichte kaum, hingegen würde ein Zusatz von Spiritus, der häufig beobachtet worden ist, das spez. Gewicht, das vor und nach dem Ausschütteln

[1]) Bericht von Schimmel & Co. Oktober 1896, 66.

mit Wasser zu bestimmen ist[1]), erniedrigen. Sandelholzöl (zur Destillation in Indien verwandt) wird durch seine größere Schwere erkannt.

DREHUNGSVERMÖGEN. Der Drehungswinkel wird durch Geraniol oder Palmarosaöl fast gar nicht beeinflußt, wohl aber durch Gurjunbalsamöl (über dessen Nachweis s. S. 597). Bemerkenswert ist, daß das Rotationsvermögen des französischen Öls viel größer ist als das des deutschen oder bulgarischen.

ERSTARRUNGSPUNKT. Hierunter wird beim Rosenöl der Punkt verstanden, bei dem das Öl bei langsamer Abkühlung die ersten Kristalle ausscheidet. P. N. Raikow[2]), der den Erstarrungspunkt als Übersättigungspunkt des Elaeoptens mit dem Stearopten bezeichnet, bestimmt ihn auf folgende Weise:

Etwa 10 ccm des Rosenöls werden in ein Probierrohr von 15 mm Durchmesser gebracht und in das Öl ein Thermometer so eingetaucht, daß es, ohne den Boden oder die Wand zu berühren, frei schwebt. Das Glas wird mit der Hand 4 bis 5° über den Übersättigungspunkt erwärmt und gut umgeschüttelt, dann auf einem Stativ befestigt und ruhig, bis zum Erscheinen der ersten Kriställchen, der langsamen Selbstabkühlung überlassen. Nach dem Ablesen der Temperatur wird das Öl wieder erwärmt, gut geschüttelt und der Erstarrungspunkt von neuem bestimmt.

Der Erstarrungs- oder Kristallisationspunkt[3]), wie er auch zutreffend genannt worden ist, liegt bei guten bulgarischen Handelsölen in der Regel zwischen 18 und 23°, doch kommen auch Abweichungen nach oben wie nach unten vor. Früher wurde das Rosenöl allein nach seinem Erstarrungspunkt bewertet, und obwohl das geruchlose Paraffin wertlos ist, um so teurer bezahlt, je höher der Erstarrungspunkt war. Man ging ursprünglich von der ganz richtigen Erwägung aus, daß ein Zusatz von Palmarosaöl stets eine Erniedrigung des Erstarrungspunkts zur Folge haben müsse. Als man später anfing, diesen durch Walrat künstlich zu erhöhen, verlor seine Bestimmung sehr an Bedeutung. Es wurde schon darauf hingewiesen, daß wirklich echtes, normales,

---

[1]) Bericht von Schimmel & Co. Oktober 1908, 110.

[2]) Chem. Ztg. 22 (1898), 149.

[3]) P. Siedler, Berichte d. deutsch. pharm. Ges. 22 (1912), 489.

bulgarisches Rosenöl wahrscheinlich viel reicher an Stearopten ist als die im Handel befindlichen Öle.

BESTIMMUNG DES STEAROPTENGEHALTS[1]. 50 g Öl werden mit 500 g 75%igen Weingeists auf 70 bis 80° erwärmt. Beim Abkühlen auf 0° scheidet sich das Stearopten nahezu quantitativ aus; es wird von der Flüssigkeit abfiltriert, von neuem mit 200 g 75%igen Alkohols in gleicher Weise behandelt, und die Operation so lange wiederholt, bis das Stearopten vollständig geruchlos geworden ist. Gewöhnlich genügt eine zweimalige Behandlung des rohen Stearoptens.

BESTIMMUNG EINES ETWAIGEN WALRATGEHALTS IM STEAROPTEN. 3 bis 5 g Stearopten werden mit 20 bis 25 g 5%iger alkoholischer Kalilauge kurze Zeit am Rückflußkühler gekocht; alsdann wird der Alkohol verdampft und der Rückstand mit heißem Wasser versetzt. Beim Abkühlen scheidet sich der größte Teil des Stearoptens als feste, kristallinische Masse auf der Oberfläche ab. Die alkalische Flüssigkeit wird abgegossen, das Stearopten mit etwas heißem Wasser niedergeschmolzen, erkalten lassen, wieder abgegossen und so fort, bis das Waschwasser neutral ist. Die vereinigten wäßrigen Flüssigkeiten werden mit Äther zweimal ausgeschüttelt, um darin suspendiertes Stearopten zu entfernen. Die vom Äther getrennte alkalische Lauge wird mit verdünnter Schwefelsäure angesäuert und von neuem mit Äther ausgezogen. Beim Verdampfen darf dieser keinen Rückstand (Fettsäuren) hinterlassen. Zur Kontrole wiegt man das wiedergewonnene, bei 90° getrocknete Stearopten, wobei man stets einen kleinen, durch Verflüchtigung beim Trocknen entstandenen Verlust wird konstatieren können.

Einfacher läßt sich der Walratgehalt durch Verseifen des abgeschiedenen Stearoptens mit alkoholischer Halbnormal-Kalilauge und Zurücktitrieren mit Halbnormal-Schwefelsäure ermitteln. Die V. Z. des Walrats ist 128 bis 130, die des natürlichen Rosenölstearoptens etwa 3 bis 7.

VERSEIFUNG. Die Esterzahl beträgt bei guten Handelsölen etwa 7 bis 16, die Säurezahl 0,5 bis 3. Palmarosaöl hat eine E. Z. von 12 bis 50, die echten Geraniumöle von 31 bis 100.

[1]) Bericht von Schimmel & Co. April 1889, 37.

Zusätze von letzteren würden sich daher unter Umständen durch die Erhöhung der E. Z. bemerkbar machen.

ACETYLIERUNG. Zur Vervollständigung der Analyse ist dringend zu empfehlen, durch Acetylierung eine Bestimmung des Gehalts an Alkoholen (Geraniol und Citronellol) vorzunehmen. Ihre Menge steht natürlich zum Stearoptengehalt im umgekehrten Verhältnis. Gute Rosenöle enthalten 66 bis 75 % Alkohole (berechnet auf Geraniol). Palmarosaöl enthält 75 bis 95 % Geraniol[1]).

NACHWEIS EINZELNER VERFÄLSCHUNGEN. Als Fälschungsmittel wird in Bulgarien auch das angenehm teerosenartig riechende Guajakholzöl von *Bulnesia Sarmienti* angewandt[2]). Es kann durch die mikroskopische Untersuchung der sich beim Abkühlen des Rosenöls ausscheidenden Guajolkristalle erkannt werden. Guajol bildet unter dem Mikroskop lange Nadeln, die durch eine kanalförmige Mittellinie geteilt sind. Die Kristalle des Rosenölparaffins sind kleiner und dünner und zeigen weniger scharf umgrenzte Formen[3]). Der sichere Nachweis von Guajakholzöl im Rosenöl muß durch die Isolierung des bei 91° schmelzenden Guajols geführt werden.

Guajakholzöl erhöht das spez. Gewicht, das Drehungsvermögen und den Erstarrungspunkt des damit versetzten Rosenöls, erniedrigt die Esterzahl sehr wenig und hinterläßt einen harzigen Verdampfungsrückstand[3]).

Nach Berichten, die der Firma Schimmel & Co.[4]) zugegangen sind, soll das Rosenöl zur Erhöhung des Erstarrungspunktes zuweilen mit einem Gemisch von Salol und Antipyrin versetzt werden. Wirklich nachgewiesen worden sind diese Körper aber bisher wohl noch nicht.

Als weitere Verfälschungsmittel für Rosenöl kommen nach E. J. Parry[5]) neuerdings Nonyl- und Decylaldehyd in Frage, die in Form einer 5 %igen alkoholischen Lösung zugesetzt werden. Parry hat eine solche Flüssigkeit, die ihm aus Bulgarien zugesandt worden war, untersucht und beschreibt sie

---

[1]) E. Gildemeister u. K. Stephan, Arch. der Pharm. 234 (1896), 326.

[2]) Bericht von Schimmel & Co. Oktober 1898, 43.

[3]) F. Dietze, Süddeutsche Apoth. Ztg. 38 (1898), 672 u. 680.

[4]) Bericht von Schimmel & Co. Oktober 1902, 78.

[5]) Chemist and Druggist 77 (1910), 531.

als farblos, mit Paraffinkristallen durchsetzt, im Geruch an Pomeranzen erinnernd. Ihr spez. Gewicht bei 30° betrug 0,813, der Brechungsexponent bei 20° 1,3655. Der daraus isolierte Aldehyd hatte das spez. Gewicht 0,835 und den Brechungsindex (20°) 1,4226; sein Oxim schmolz nach dem Umkristallisieren bei 68,5°. Während Nonyl- und Decylaldehyd, die ja außerdem natürliche Bestandteile des Öls bilden, als solche in den kleinen zu Untersuchungszwecken zur Verfügung gestellten Ölmengen nicht aufzufinden sein dürften, kann man den gleichzeitig mit verwendeten Alkohol leicht nachweisen. Eine Prüfung auf Spirituszusatz[1]) ist umsomehr zu empfehlen, als manchmal durch diesen Zusatz andre Verfälschungen, die das spez. Gewicht erhöhen, wie Geraniol, Palmarosaöl oder Gurjunbalsamöl, verdeckt werden sollen. Man prüfe daher die Dichte des Rosenöls stets vor und nach dem Ausschütteln (und Trocknen) mit Wasser. Ergibt sich dann, daß das ausgeschüttelte Öl schwerer geworden ist, so wird man aus dem vorher durch ein nasses Filter filtrierten Ausschüttlungswasser Alkohol isolieren können, der dann durch die bekannten Methoden (siehe Bd. I, S. 365 u. 633) identifiziert werden kann.

Vor kurzem ist von Schimmel & Co.[2]) eine Verfälschung von Rosenöl mit Gurjunbalsamöl festgestellt worden. Der Nachweis geschieht so, daß man zunächst die optische Drehung des durch verdünnten Alkohol abgeschiedenen Rosenölstearoptens bestimmt, denn das schwerlösliche Gurjunbalsamöl fällt hierbei zusammen mit dem Stearopten aus. Während normales Stearopten inaktiv und bei Zimmertemperatur fest ist, dreht das Gurjunbalsamöl enthaltende Stearopten verhältnismäßig stark links und ist bei gewöhnlicher Temperatur flüssig.

Um auf chemischem Wege das Vorhandensein von Gurjunbalsamöl zu beweisen, wird das Gemisch durch Ausfrieren möglichst von Paraffin befreit und dann nach dem Verfahren von E. Deußen und H. Philipp[3]) mit Permanganat in Acetonlösung oxydiert. Die unangegriffenen, bei 104 bis 105° (5 mm) siedenden Anteile werden durch Fraktionieren entfernt, worauf man den

---

[1]) Bericht von Schimmel & Co. Oktober 1908, 109; April 1910, 89; April 1911, 99.

[2]) *Ibidem* April 1912, 105; Oktober 1912, 97.

[3]) Liebigs Annalen 369 (1909), 56; 374 (1910), 105.

Destillationsrückstand mit Semicarbazid behandelt. Bei Gegenwart von Gurjunbalsamöl entsteht das Gurjunenketonsemicarbazon, das nach Umkristallisieren aus heißem Alkohol bei 234° schmilzt.

Produktion und Handel. Für den Welthandel kommt nur das bulgarische Rosenöl in Betracht; die in andern Ländern, in Südfrankreich, Sachsen, Kleinasien und Georgien durch Destillation oder auf andre Weise gewonnenen Produkte treten der Menge nach wesentlich zurück. Die bulgarische Handelsstatistik über Rosenölerzeugung und -Ausfuhr zeigt nun die eigentümliche Erscheinung, daß (mit Ausnahme einzelner weniger Jahre) die jährlichen Ausfuhrziffern die für die Erzeugung angegebenen Zahlen erheblich übersteigen, und zwar in einem solchen Maße, daß für die Mehrausfuhr nicht etwa unverkaufte Vorräte aus früheren Jahrgängen mit größerer Produktion verantwortlich zu machen sind. In dem Bericht von Schimmel & Co. Oktober 1908 ist beifolgende Kurventafel über die von 1896 bis 1907 produzierten und die im Ganzen, sowie nach den einzelnen Ländern ausgeführten Ölmengen veröffentlicht worden. Die darin deutlich zum Ausdruck kommende Unverträglichkeit beider Zahlenreihen scheint zur Folge gehabt zu haben, daß man seitdem bulgarischerseits mit der Bekanntgabe weiterer Ausfuhrzahlen vorsichtig geworden ist. Wir finden in den Statistiken der späteren Jahre nachstehende Angaben für beide Kategorien:

	1908	1909	1910	1911	1912
Erzeugung (kg)	2652	4319	3148	3950	2987
Ausfuhr (kg)	4612	6054	?	?	?

Der Überschuß der Ausfuhr über die Erzeugung erklärt sich wohl nur durch Annahme ausgiebiger Streckung des natürlichen Öls mit den in früheren Abschnitten genannten Verfälschungsmitteln (Palmarosaöl, Gurjunbalsamöl, Spiritus u. a.). Trotz behördlicher Einfuhrverbote und ähnlicher gutgemeinter, aber schwer durchzuführender und zu überwachender Vorschriften gedeiht, wie aus der laufenden Literatur entnommen werden muß, das einträgliche Geschäft des Fälschens in unverminderter Weise. Hierin hat auch die bei der Ausfuhr durch das bulgarische Ausfuhr-Zollamt erfolgende Plombierung wenig geändert; ursprünglich wohl als Garantie für die Reinheit des Öls gedacht, bedeutet jene Versiegelung jetzt nichts weiter, als daß die Ware bulgarischen Ursprungs ist.

der Jahre 1896—1907, sowie die Ausfuhr nach den einzelnen Ländern.

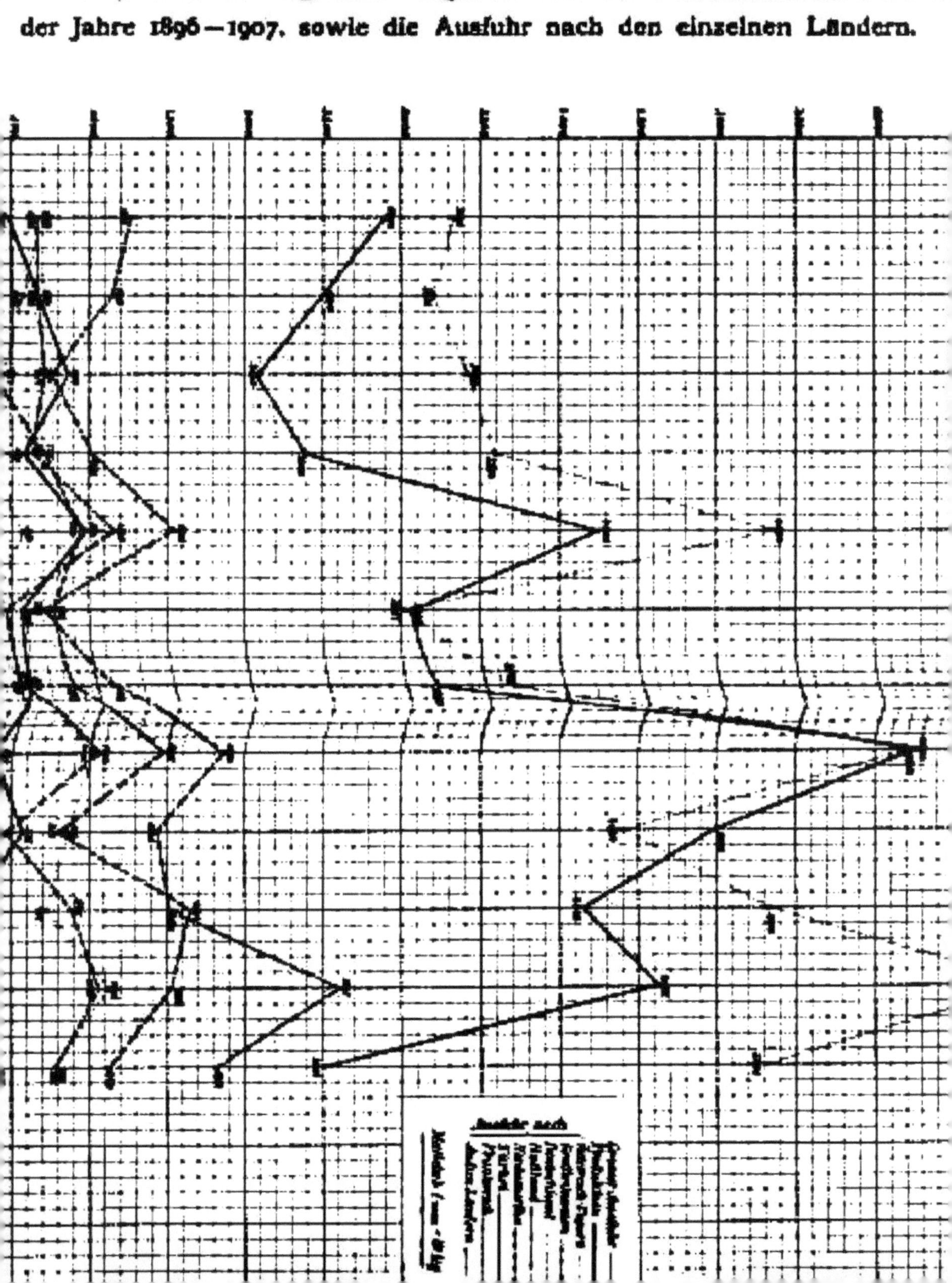

345. Hagebuttenöl.

Getrocknete Hagebutten (Früchte der Rosen) gaben, nachdem sie von den Samen befreit waren, bei der Destillation 0,038 % stark nach den Früchten riechendes, ätherisches Öl[1]). d_{30° 0,90735; α_{D30° (in 10 %iger Benzollösung) + 0,40°; S. Z. 22,1. Das aldehydhaltige Öl scheidet beim Lösen in Alkohol ein Stearopten ab.

346. Bittermandelöl.

Oleum Amygdalarum amararum. — Essence d'Amandes Amères. — Oil of Bitter Almonds.

Herkunft. Der zur Familie der *Rosaceae* gehörige Mandelbaum, *Prunus Amygdalus* Stokes (*Amygdalus communis* L.), wird in Europa, Asien und dem nördlichen Afrika und neuerdings auch in Kalifornien kultiviert. Im Laufe der Zeit haben sich mehrere Kulturarten gebildet, die sich indessen nur durch die mehr oder minder großen Früchte und Samen unterscheiden. Die Bäume, die bittere Mandeln liefern, zeigen keine konstanten botanischen Unterschiede gegenüber denen mit süßen Samen. Möglich, daß die Mandelbäume ursprünglich durchweg bittersamig gewesen und durch anhaltende Kultur in süßsamige übergegangen sind.

Gewinnung. Von dem Bittermandelöl des Handels wird nur ein verschwindend kleiner Teil wirklich aus bittern Mandeln gewonnen. Zur fabrikmäßigen Darstellung des Öls dienen vielmehr fast ausschließlich die Kerne der Aprikosen von *Prunus Armeniaca* L., deren Öl sich in nichts von dem aus bittern Mandeln unterscheidet[2]). Die Aprikosenkerne, d. h. die Samen ohne Steinschale, kamen früher fast nur aus Kleinasien und Syrien, der Heimat des Baumes, unter der Bezeichnung „Pfirsichkerne"[3]) in den europäischen Handel. Neuerdings gewinnen

---

[1]) H. Haensel, Chem. Zentralbl. 1906. I, 1497.

[2]) Vgl. G. de Plato, Über die Umwandlung der Blausäure beim Reifen der Mandeln. Annali della R. Staz. chim.-agr. sperim. II. 4 (1910), 117; Bericht von Schimmel & Co. Oktober 1911, 62.

[3]) Die Kerne der Pfirsich, *Prunus Persica* Jess., geben ebenfalls ein dem Bittermandelöl gleichwertiges Öl.

als Lieferanten auch andre Länder, besonders Marokko, Kalifornien und Japan an Bedeutung[1]).

Vor ihrer Verwendung zur Darstellung des ätherischen Öls müssen die Kerne vom fetten Öl befreit werden. Man mahlt sie zwischen horizontal gestellten, gerieften Walzen zu grobem Pulver und preßt sie in hydraulischen Pressen mit einem Druck von 350 Atmosphären aus. Es liefern die bittern Mandeln bei kalter Pressung ca. 50 %, die Aprikosenkerne ca. 35 bis 38 % fettes Öl.

Die Preßkuchen werden auf einem Kollergang in feines Pulver verwandelt und sind dann zur weiteren Verarbeitung auf ätherisches Öl fertig. Dieses ist nicht als solches in den Samen vorhanden, sondern entsteht erst durch einen Gärungsprozeß in ähnlicher Weise wie Senföl und Wintergrünöl. Das in den bittern Mandeln oder Aprikosenkernen enthaltene Glucosid Amygdalin wird bei Gegenwart von Wasser durch die Einwirkung eines „Emulsin" genannten Ferments in Benzaldehyd, Blausäure und Rechtstraubenzucker gespalten.

Die Reaktion verläuft nach der Gleichung:

$$\underset{\text{Amygdalin}}{C_{20}H_{27}NO_{11}} + \underset{\text{Wasser}}{2H_2O} = \underset{\text{Benzaldehyd}}{C_6H_5CHO} + \underset{\text{Blausäure}}{CNH} + \underset{\text{Traubenzucker.}}{2C_6H_{12}O_6}$$

Über die bei dieser Reaktion entstehenden Zwischenprodukte hat eine lebhafte Kontroverse stattgefunden zwischen K. Feist[2]), L. Rosenthaler[3]), S. J. M. Auld[4]) und Bourquelot und Hérissey[5]), auf die hier nicht näher eingegangen werden kann. Es hat sich gezeigt, daß das Emulsin kein einheitlicher Körper, sondern ein Gemisch von mehreren Enzymen ist, denen man verschiedene Namen gegeben hat. Als Ergebnis der sehr wertvollen und mühsamen Untersuchungen ergibt sich nach Rosen-

[1]) Vgl. O. Tunmann, Der Drogenhandel Hamburgs. Apotheker Ztg. **26** (1911), 579.

[2]) Arch. der Pharm. **246** (1908), 206, 509; **247** (1909), 226, 542; **248** (1910), 101.

[3]) *Ibidem* **246** (1908), 365, 710. — Biochem. Zeitschr. **14** (1908), 238; **15** (1909), 71, 257. — Arch. der Pharm. **248** (1910), 105.

[4]) Journ. chem. Soc. **93** (1908), 1251, 1276; **95** (1909), 927.

[5]) Journ. de Pharm. et Chim. VII. **6** (1912), 246.

thaler[1]) für die Vorgänge im System Amygdalin-Emulsin, wenn man von der Entstehung des Glucosecyanhydrins absieht, folgendes Gesamtbild:

I. Aus Amygdalin entsteht durch die Amygdalase[2]) Mandelnitrilglucosid und Glucose.

II. Mandelnitrilglucosid zerfällt durch Prunase[3]) in d-Benzaldehydcyanhydrin und Glucose.

III. d-Benzaldehydcyanhydrin zerfällt durch d-Oxynitrilase[4]) in Benzaldehyd und Blausäure.

IV. Benzaldehyd und Blausäure vereinigen sich unter dem Einfluß einer d-Oxynitrilese[5]) zu d-Benzaldehydcyanhydrin.

V. Aus Benzaldehyd und Blausäure entsteht außerdem inaktives Benzaldehydcyanhydrin.

VI. Inaktives Benzaldehydcyanhydrin kann durch d-Oxynitrilase asymmetrisch unter Bildung von l-Benzaldehydcyanhydrin aufgespalten werden. Bei Emulsinpräparaten, die reich an diesem Enzym sind, kann infolgedessen das bei der Amygdalinspaltung entstehende Benzaldehydcyanhydrin nach links drehen.

Da das Emulsin in der Siedehitze seine Wirksamkeit verliert, so muß die Gärung vor Beginn der Destillation bei einer unter 60° liegenden Temperatur vollendet sein. Man verfährt deshalb am besten so, daß man Mandelpulver mit 6 bis 8 Teilen Wasser von 50 bis 60° anrührt, die Masse 12 Stunden sich selbst überläßt und das inzwischen gebildete Öl mit Wasserdampf abtreibt.

---

[1]) Arch. der Pharm. 248 (1910), 534; 251 (1913), 85. — Weitere Literatur auch im I. Bd., S. 552, Anm. 1, ferner Bericht von Schimmel & Co. April 1918, 26.

[2]) Nach Caldwell, Courtauld, H. E. u. E. F. Armstrong und Horton; vgl. H. Euler, Allgemeine Chemie der Enzyme, S. 17. Nach G. Bertrand und A. Compton (Bull. Soc. chim. IV. 9 [1911], 1071) besteht Emulsin aus Amygdalinase und Amygdalase, sie wirken beide bei erhöhter Temperatur ungefähr gleich stark auf Amygdalin. Bei einer Versuchsdauer von 15 Stunden liegt das Optimum für die Einwirkung der Enzyme auf Amygdalin bei +40°, bei einer Versuchszeit von 2 Stunden bei +56° für Amygdalase und bei +58° für Amygdalinase.

[3]) H. E. und E. F. Armstrong u. E. Horton, Proceed. Royal Soc. London, B. 85 (1912), 359, 363; Chem. Zentralbl. 1912, II. 1292.

[4]) Arch. der Pharm. 248 (1910), 534.

[5]) *Ibidem* 251 (1913), 56, 85.

Nach einer Vorschrift von M. Pettenkofer[1]) trägt man 12 Teile des entölten Mandelpulvers in 100 bis 120 Teile kochenden Wassers unter Umrühren ein, läßt den Brei noch 15 bis 30 Minuten lang bei der Siedehitze des Wassers stehen und setzt ihn dann zum Abkühlen beiseite. Dem erkalteten Brei mischt man 1 Teil frisches Bittermandelpulver, mit 6 bis 7 Teilen Wasser angerührt, hinzu und läßt das Gemisch 12 Stunden lang mazerieren.

Durch das Behandeln des größeren Teils des Mandelpulvers mit kochendem Wasser soll das Amygdalin besser in Lösung gebracht werden. Um das in 12 Teilen des Pulvers enthaltene Amygdalin zu spalten, genügt das Emulsin aus einem Teil.

Bei der Destillation ist dafür Sorge zu tragen, daß die sehr giftigen Dämpfe der Blausäure nicht in den Destillationsraum gelangen. Man kühlt deshalb während der Operation sehr gut, verbindet die Vorlage luftdicht mit dem Kühler durch Blase oder Pergamentpapier und leitet die beim Anheizen der Blase entweichende Luft sowie nicht kondensierte Blausäure durch ein sich von dem Kühlerende abzweigendes Rohr ins Freie.

Da der Benzaldehyd in Wasser sehr leicht löslich ist, besonders in blausäurehaltigem, so wird die Hauptmenge des Öls erst bei der Kohobation des Destillationswassers erhalten.

Die Ausbeute an ätherischem Öl beträgt bei bittern Mandeln 0,5 bis 0,7 %, bei Aprikosenkernen 0,6 bis 1 %.

Da in vielen Fällen der Blausäuregehalt der Verwendung des Bittermandelöls im Wege steht, so wird das Öl nötigenfalls entblausäuert. Dies geschieht, indem man das Öl mit Kalkmilch und Eisenvitriol durchschüttelt, wobei die Blausäure in Form von unlöslichem Calciumferrocyanid niedergeschlagen wird. Der zurückbleibende Benzaldehyd wird mit Wasserdampf rektifiziert. Ist die Operation regelrecht ausgeführt, so enthält das Öl keine Spur von Blausäure mehr, wovon man sich durch die in Bd. I, S. 551 angegebene Berlinerblau-Reaktion überzeugt.

An Stelle des entblausäuerten Öls wird manchmal auch der viel billigere, auf chemischem Wege gewonnene Benzaldehyd gebraucht. Dieser kann aber wegen seines, durch einen Gehalt an gechlorten Produkten bedingten schlechten Geruchs und Geschmacks nur bei der Herstellung gewöhnlicher Seifen, nicht

---

[1]) Liebigs Annalen 122 (1862), 81.

aber in der Liqueur- und Parfümeriefabrikation Verwendung finden. Er wird durch Kochen von Benzylchlorid mit Blei- oder Kupfernitrat oder durch Erhitzen von Benzylidenchlorid mit Natronlauge oder Kalkmilch dargestellt.

Der nach diesem Verfahren erhaltene Benzaldehyd kann an seinem Chlorgehalt durch die in Bd. I, S. 630 beschriebene Verbrennungsmethode erkannt werden.

Eigenschaften. Blausäurehaltiges Bittermandelöl ist eine anfangs farblose, später gelb werdende, stark lichtbrechende Flüssigkeit von dem bekannten Geruch der gekauten bittern Mandeln. Das Riechen am Bittermandelöl ist wegen der großen Giftigkeit der Blausäure zu vermeiden oder hat wenigstens mit Vorsicht zu geschehen! $d_{15°}$ 1,045 bis 1,070. Eine größere Dichte ist auf einen abnorm hohen Gehalt an Blausäure oder vielmehr an Benzaldehydcyanhydrin zurückzuführen. (Vgl. unter Zusammensetzung auf Seite 604). Frisch bereitetes Bittermandelöl ist neutral. Später nimmt es, infolge der Oxydation des Benzaldehyds zu Benzoesäure, saure Reaktion an.

α_D meist $\pm 0°$, in einzelnen Fällen sind ganz schwach rechtsdrehende Öle, bis $+0° 9'$, beobachtet worden. $n_{D20°}$ 1,532 bis 1,544. Die Höhe des Brechungsindex ist dem Blausäuregehalt umgekehrt proportional. In Wasser ist das Öl verhältnismäßig leicht löslich; ein Teil erfordert etwas über 300 Teile reinen Wassers zur Lösung. Die Lösungsfähigkeit des blausäurehaltigen Wassers ist jedoch bedeutend größer. Bittermandelöl löst sich in 1 bis 2 Vol. und mehr 70%igen Alkohols, sowie in 2,5 Vol. und mehr 60%igen Alkohols; mit der Zeit büßen die Öle an Löslichkeit in 60%igem Alkohol ein. Der Blausäuregehalt ist sehr verschieden, bei Rohölen wesentlich höher als bei rektifizierten. So ist bei einem Rohöl ($d_{15°}$ 1,090; $n_{D20°}$ 1,52986) 11% CNH und bei einem rektifizierten Öl ($d_{15°}$ 1,053; $n_{D20°}$ 1,54497) nur 0,56% CNH gefunden worden. Hieraus geht hervor, daß für das zu Arzneizwecken verwendete Öl unbedingt ein bestimmter Gehalt an Blausäure zu fordern ist. Nach der Nordamerikanischen Pharmakopöe (U. S. Ph.) soll das Öl einen Gehalt von 2 bis 4% besitzen; die Bestimmung der Blausäure ist beschrieben in Bd. I, S. 625.

Bei der Destillation des Öls über freiem Feuer, die wegen der Entwicklung von Blausäuredämpfen nur unter besondern Vorsichtsmaßregeln auszuführen ist, geht zuerst ein stärker, später ein schwächer blausäurehaltiges Destillat über. Im Rückstand findet sich Benzoïn, das während der Destillation durch Polymerisation des Benzaldehyds unter der Einwirkung der Blausäure entsteht.

Entblausäuertes Bittermandelöl oder natürlicher Benzaldehyd ist eine farblose, optisch inaktive Flüssigkeit; Sdp. 179°; $d_{15°}$ 1,050 bis 1,055, ein höheres spez. Gewicht kann durch einen stärkeren Gehalt an Benzoesäure bedingt sein; $n_{D20°}$ 1,542 bis 1,546; löslich in 1 bis 2 Vol. 70 %igen Alkohols u. m. Gegen den Sauerstoff der Luft ist der reine Benzaldehyd viel empfindlicher als das blausäurehaltige Öl, bei dem die Blausäure eine konservierende Wirkung ausübt. Luftzutritt führt den Benzaldehyd ziemlich schnell in Benzoesäure über. Näheres hierüber ist unter „Aufbewahrung" auf S. 606 zu ersehen.

Zusammensetzung. Bittermandelöl setzt sich zusammen aus Benzaldehyd, Blausäure und Benzaldehydcyanhydrin (Phenyloxyacetonitril oder Mandelsäurenitril). Bei der Spaltung des Amygdalins durch den Gärungsprozeß entstehen Benzaldehyd und Blausäure, die sich bei längerer Berührung zu Benzaldehydcyanhydrin vereinigen:

$$\underset{\text{Benzaldehyd}}{C_6H_5CHO} + \underset{\text{Blausäure}}{CNH} = \underset{\text{Benzaldehydcyanhydrin}}{C_6H_5CH(OH)CN.}$$

Der Beweis dafür, daß im Bittermandelöl wirklich Benzaldehydcyanhydrin enthalten ist, wurde von Fileti[1]) erbracht. Bei der Reduktion von Bittermandelöl erhielt er Phenyläthylamin, während ein frisches Gemisch von Blausäure und Benzaldehyd nur Methylamin lieferte.

Benzaldehydcyanhydrin ist ein leicht zersetzlicher Körper, der schon bei der Destillation mit Wasserdampf oder im Vakuum in seine Komponenten zerfällt. Es kann daher erst nach der Destillation im Öle entstehen. Seine Bildung geschieht besonders reichlich, wenn das Öl mit stark blausäurehaltigem Wasser längere Zeit in Berührung bleibt, wie es manchmal nach der Destillation der Fall ist.

Da Benzaldehydcyanhydrin ein ziemlich hohes spez. Gewicht hat, nämlich 1,124, so wird das Öl um so schwerer und um so

---

[1]) Gazz. chim. ital. 8 (1878), 446; Berl. Berichte 12 (1879), 296.

stärker blausäurehaltig sein, je mehr von jenem gegenwärtig ist. Während normale Öle mit dem spez. Gewicht 1,052 bis 1,058 1,6 bis 4 % Blausäure enthielten, wurde bei Ölen von der Dichte 1,086 bis 1,096 9 bis 11,4 % Blausäure konstatiert. Bei einem zur Aufklärung dieser Verhältnisse unternommenen Versuch ergab sich, daß das spez. Gewicht von reinem Benzaldehyd nach zweitägigem Stehen mit einer wäßrigen, 20 %igen Cyanwasserstofflösung von 1,054 bis 1,074 gestiegen war[1]).

Über das Gleichgewicht Benzaldehyd + Blausäure $\rightleftarrows$ Benzaldehydcyanhydrin siehe die Abhandlung von P. H. Wirth[2]).

Da Geruch und Geschmack des aus Bittermandelöl gewonnenen Benzaldehyds im allgemeinen für besser gelten als beim besten künstlichen Produkt, so kann man annehmen, daß in ersterem noch ein bis jetzt unbekannter Bestandteil vorkommt. F. D. Dodge[3]) versuchte diesen zu isolieren, indem er 60 g eines von Blausäure befreiten Bittermandelöls in 100 ccm Äther löste und die Lösung mit 200 g konz. Bisulfitlösung versetzte. Nach 18 Stunden wurde die entstandene Bisulfitverbindung abfiltriert, mit Äther gewaschen und das Ätherextrakt nach Schütteln mit etwas Sodalösung im Vakuumexsikkator abgedunstet, wobei ungefähr 0,2 % gelbes Öl zurückblieb, das schwerer als Wasser war und einen angenehmen, charakteristischen Geruch aufwies. Es konnte noch nicht näher identifiziert werden. Künstlicher Benzaldehyd gab bei derselben Behandlung Spuren eines Öls ohne ausgesprochenen Geruch.

Verfälschung und Prüfung. Der qualitative Blausäurenachweis ist beschrieben in Bd. I, S. 551, die quantitative Blausäurebestimmung in Bd. I, S. 624.

Der Nachweis von fremden Ölen im Bittermandelöl gelingt leicht, wenn man den Benzaldehyd in seine Verbindung mit Bisulfit überführt und von den nicht aldehydischen Beimengungen trennt.

In ein größeres Reagensglas von ca. 100 g Inhalt werden 5 g des zu untersuchenden Öls mit 45 g Natriumbisulfitlösung gegeben und gut umgeschüttelt. Dann fügt man noch 60 g

---

[1]) Bericht von Schimmel & Co. April 1893, 42.

[2]) Arch. der Pharm. 249 (1911), 382.

[3]) 8th International Congress of applied chemistry, Washington and New York, 1912. Vol. 17, p. 15.

Wasser hinzu und stellt das Glas in heißes Wasser, worauf bei reinen Ölen eine klare Auflösung erfolgt. Fremde Körper sammeln sich an der Oberfläche der Flüssigkeit an und können getrennt und weiter untersucht werden.

Zur Prüfung auf Nitrobenzol (Mirbanöl) nimmt man entweder das auf der Bisulfitlösung schwimmende oder das ursprüngliche Öl, löst es in der zwanzigfachen Menge Alkohol, verdünnt mit Wasser bis zur bleibenden Trübung, setzt etwas Zink und verdünnte Schwefelsäure hinzu und überläßt das Gemisch einige Stunden sich selbst. Dann filtriert man, befreit die Lösung durch Eindampfen vom Alkohol und kocht sie kurze Zeit mit einem Tropfen Kaliumbichromatlösung. Etwa vorhandenes Nitrobenzol wird zu Anilin reduziert, das sich durch violette Färbung der Flüssigkeit zu erkennen gibt.

Die häufigste Verfälschung des Bittermandelöls, des blausäurehaltigen sowohl wie des blausäurefreien, besteht in dem Zusatz oder der Substituierung von künstlichem Benzaldehyd. Da dieser von der Darstellung her vielfach chlorhaltige Produkte beigemengt enthält, so ist durch den Nachweis von Chlor auch der Nachweis von künstlichem Benzaldehyd erbracht. Man wählt hierzu am besten die in Bd. I, S. 630 beschriebene Verbrennungsmethode.

Da auch chlorfreier Benzaldehyd im Handel vorkommt, so ist das Ausbleiben der Chlorreaktion noch keineswegs ein Zeichen für die Reinheit des Öls. In allen Fällen aber, wo Chlor gefunden wird, ist mit positiver Gewissheit der Beweis für die Verfälschung mit künstlichem Benzaldehyd erbracht.

Spirituszusatz, der auch nicht selten vorkommt, ist auf die gewöhnliche Weise zu erkennen.

Über verschiedene Methoden zur Bestimmung von Benzaldehyd im Bittermandelöl siehe Dodge, Anm. 3, S. 605 und Bericht von Schimmel & Co. April 1913, 29.

Aufbewahrung. Läßt man kleine Mengen Benzaldehyd in einem offenen Schälchen an der Luft stehen, so scheiden sich bald Kristalle aus, und in kurzer Zeit ist das Ganze in einen Kristallbrei von Benzoesäure verwandelt. Derselbe Vorgang findet statt, wenn Benzaldehyd in halb gefüllten Flaschen aufbewahrt wird. Man sollte deshalb Benzaldehyd stets in ganz vollen, gut verschlossenen Flaschen aufheben, wo eine solche Umwandlung nicht vor sich gehen kann. Wie besondere Versuche[1]) ergeben haben, wirkt ein Zusatz von 10 % Spiritus konservierend; bei Zusatz von nur 5 % treten die Oxydationserscheinungen noch kräftiger auf als beim unverdünnten Öle.

Blausäurehaltiges Bittermandelöl wird viel weniger leicht oxydiert als blausäurefreies. Es spielt hier die Blausäure dieselbe konservierende Rolle wie ein 10 %iger Spirituszusatz.

347. Kirschlorbeeröl.

Oleum Laurocerasi. — Essence de Laurier-Cerise. — Oil of Cherry-Laurel.

Herkunft und Gewinnung. Der in Persien und den Kaukasusländern einheimische *Prunus Laurocerasus* L. wird in Ländern mit gemäßigtem Klima vielfach kultiviert und besonders als Schmuckpflanze gezogen.

Das aus den Blättern des Kirschlorbeers destillierte Öl ist in seinen Eigenschaften dem Bittermandelöl äußerst ähnlich und nur durch einen etwas abweichenden Geruch davon zu unterscheiden. Bei der Darstellung verfährt man ganz so wie beim Bittermandelöl, indem man die zerschnittenen Blätter mit Wasser einmaischt, eine Zeitlang sich selbst überläßt und dann das inzwischen entstandene Öl mit Wasserdampf übertreibt. Die Ausbeute beträgt ca. 0,05 % (Umney)[2]).

Das Öl entsteht wie bei den bitteren Mandeln durch Spaltung eines Glucosids, des Prulaurasins[3]), durch Emulsin. Es kristallisiert in dünnen, farblosen Nadeln, hat leicht bitteren Geschmack, schmilzt bei 120 bis 122°, ist leicht löslich in Wasser, Alkohol, Essigäther, fast unlöslich in Äther und dreht die Ebene des polarisierten Lichtes nach links ($[\alpha]_D$ — 62,69°). Emulsin zerlegt das Prulaurasin, das die Formel $C_{14}H_{17}NO_6$ besitzt, in Blausäure (8,59 %), Glucose (61,24 %) und Benzaldehyd.

Nach älteren Angaben sollte ein Teil des Öls und der Blausäure seine Entstehung nicht dem Glucosid verdanken, sondern

[1]) Bericht von Schimmel & Co. April 1895, 47.

[2]) Pharmaceutical Journ. III. 5 (1875), 761.

[3]) H. Hérissey, Compt. rend. 141 (1905), 959. — Journ. de Pharm. et Chim. VI. 23 (1906), 5. — Arbeiten, die sich auf das Glucosid, das früher Laurocerasin hieß, beziehen, sind folgende: Lehmann, Neues Repert. f. d. Pharm. 23 (1874), 449. — Pharm. Zeitschr. f. Russl. 24 (1885), 353, 369, 385, 401; Berl. Berichte 18 (1885), 569, Referate. — K. Jouck, Arch. der Pharm. 243 (1905), 421.

diese beiden Substanzen sollten schon fertig gebildet in den Blättern vorhanden sein. C. Ravenna und M. Tonegutti[1]) wiesen aber nach, daß die Blätter freie Blausäure nicht enthalten.

Eigenschaften. Kirschlorbeeröl ist von Bittermandelöl nur durch den Geruch zu unterscheiden, besonders, wenn man den Benzaldehyd vorher an Bisulfitlösung gebunden hat. Alle übrigen Eigenschaften stimmen fast vollständig mit denen des Bittermandelöls überein. d_{15° 1,050 (in einigen Fällen wurde beobachtet bis zu 1,0457 herunter) bis 1,066; α_D meist inaktiv, zuweilen ganz schwach drehend, $+0°12'$ bis $-0°46'$; $n_{D20°}$ 1,540 bis 1,543; löslich in 2,5 bis 4 Vol. 60%igen Alkohols (die Löslichkeit in 60%igem Alkohol läßt mit der Zeit nach) und in 1 bis 2 Vol. 70%igen Alkohols; S. Z. 1,6 bis 2,8; Blausäuregehalt 0,4 bis 3,6%, selten höher (bis über 8%!).

Da Kirschlorbeeröl wegen seines Blausäuregehalts sehr giftig ist, so ist bei seiner Verwendung auf diese Eigenschaft Rücksicht zu nehmen.

Zusammensetzung. Wie das Bittermandelöl, so enthält auch das Kirschlorbeeröl Benzaldehyd, Blausäure und Benzaldehydcyanhydrin (Phenyloxyacetonitril)[2]); selbstverständlich werden auch hier dieselben Schwankungen stattfinden wie beim Bittermandelöl (vgl. dieses).

Neben den genannten Körpern finden sich nach W. A. Tilden[3]) Spuren einer andern Substanz, die vermutlich den von Bittermandelöl abweichenden Geruch bedingt. Schüttelt man das Öl mit Natriumbisulfitlösung aus, so bleibt eine dunkelgefärbte Flüssigkeit zurück, die bei der Oxydation mit Chromsäure Benzoesäure liefert. Tilden vermutete in dem Körper Benzylalkohol.

Verfälschungen und Prüfung. Kirschlorbeeröl ist denselben Verfälschungen wie Bittermandelöl ausgesetzt. Der Nachweis geschieht auf die nämliche Weise, wie bei diesem Öle auf Seite 605 angegeben ist.

---

[1]) Chem. Zentralbl. 1910, II. 892.

[2]) Fileti, Gazz. chim. ital. 8 (1878), 446; Berl. Berichte 12 (1879), 296.

[3]) Pharmaceutical Journ. III. 5 (1875), 761.

348. Kirschkernöl.

Zerkleinerte Kirschkerne (Kerne mit den Steinschalen) gaben bei der Destillation nach vorhergegangenem Einmaischen 0,016 % ätherisches Öl von folgenden Eigenschaften: d_{18° 1,0532, $\alpha_D \pm 0^\circ$, n_{D20° 1,53888, löslich in 2,5 Vol. u. m. 60%igen Alkohols. Der Blausäuregehalt betrug 0,27 %. Das Öl war farblos bis blaßgelb und roch zwar ähnlich wie Bittermandelöl, aber doch deutlich davon verschieden.[1])

349. Wildkirschenrindenöl.

Die Rinde des auf dem nordamerikanischen Kontinent gedeihenden Wildkirschenbaumes, *Prunus virginiana* Mill. (*Prunus serotina* Poir.), ist bei den Eingeborenen seit langer Zeit zur Bereitung von aromatischen Getränken und von Hausmitteln gebraucht, und schon in die ersten Ausgaben amerikanischer Pharmakopöen aufgenommen worden. Der Gehalt des Destillats der Rinde an blausäurehaltigem ätherischem Öl wurde im Jahre 1834 bei seiner Untersuchung von St. Procter[2]) erkannt. Wm. Procter[3]) stellte im Jahre 1838 fest, daß das Öl in der Rinde nicht fertig gebildet vorhanden ist, sondern in ähnlicher Weise entsteht wie Bittermandelöl. Die eingehendsten Untersuchungen der Rinde und ihrer wesentlichen Bestandteile wurden von F. B. Power mit H. Weimar[4]) und C. W. Moore[5]) ausgeführt.

Die gepulverte Rinde liefert nach dem Einmaischen mit Wasser 0,2 % Öl, das dem Öl aus bittern Mandeln gleicht, größtenteils aus Benzaldehyd besteht und stark blausäurehaltig ist[6]). Spez. Gewicht 1,045 bis 1,050.

Die Rinde enthält nach Power und Moore dasselbe Glucosid, l-Mandelnitrilglucosid (Amygdonitrilglucosid), das Hérissey[7])

---

[1]) Bericht von Schimmel & Co. April 1918, 109.

[2]) Americ. Journ. Pharm. 6 (1834), 8.

[3]) *Ibidem* 10 (1838), 197.

[4]) Pharm. Rundschau (New York) 5 (1887), 203.

[5]) Journ. chem. Soc. 95 (1909), 243.

[6]) Bericht von Schimmel & Co. April 1890, 48.

[7]) Journ. de Pharm. et Chim. VI. 26 (1907), 194. — Arch. der Pharm. 245 (1907), 475, 641.

einige Jahre früher aus der nahe verwandten Art *Prunus Padus* L. isoliert hatte.

Die genannten Forscher fanden, allerdings in sehr kleiner Menge, l-Mandelnitrilglucosid (Smp. 145 bis 147° aus Essigester; $[\alpha]_D$ — 29,6°) im wasserlöslichen Teil des alkoholischen Extraktes dieser Rinde. Die Acetylverbindung des Glucosids, das Tetraacetyl-l-mandelnitrilglucosid, schmolz aus Alkohol umkristallisiert, bei 136 bis 137°; $[\alpha]_D$ — 24,0° (in Essigester). Aus dem alkoholischen Extrakt isolierten sie durch Wasserdampfdestillation neben einer kleinen Menge Benzoesäure ein ätherisches Öl, jedoch in so geringer Ausbeute, daß nur der Siedepunkt (100 bis 120° bei 5 mm Druck) bestimmt werden konnte. Der Geruch war angenehm aromatisch, aber durchaus verschieden von dem des Benzaldehyds. Die Rinde enthielt 0,075 % Blausäure.

Auch die Blätter der Wildkirsche geben bei der Destillation ein blausäurehaltiges Wasser[1]).

350. Öl von Prunus sphaerocarpa.

Die Rinde von *Prunus sphaerocarpa* Sw. *(Rosaceae)*, einem in den gebirgigen Teilen der meisten Staaten Brasiliens häufigen Baum, liefert nach Th. Peckolt[2]) bei der Destillation 0,046 % ätherisches Öl, das wie Bittermandelöl riecht; $d_{18°}$ 1,0409. Die Blüten dieses Baumes besitzen gleichfalls Benzaldehydgeruch. Aus den Samen isolierte der Autor 0,910 % kristallinisches Amygdalin, aus den Blättern und der Rinde erhielt er nur amorphe Substanz, die aber mit Emulsin reagierte.

Die frischen Blätter ergaben ein schwaches Destillat, dessen Blausäuregehalt in den Monaten, in denen es gewonnen wurde, sehr verschieden war. So lieferte das frische Material

Anfang	März (Sommer) . .	0,085 %	wasserfreie Blausäure
„	September (Winter)	0,0016 %	„ „
„	Dezember (Frühling)	0,005 %	„ „

[1]) Flückiger, Pharmakognosie des Pflanzenreiches, Berlin 1891, III. Aufl., S. 765.

[2]) Berichte der deutsch. pharm. Ges. 20 (1910), 594.

Familie: LEGUMINOSAE.

351. Cassieblütenöl von Acacia Farnesiana.

Herkunft. *Acacia Farnesiana* Willd., ein wahrscheinlich in Westindien[1]) und vielleicht auch im tropischen Westafrika[2]) einheimischer, zur Familie der *Leguminosae* gehöriger Strauch, ist gegenwärtig in den wärmeren Klimaten aller Erdteile weit verbreitet, so in Ägypten, Australien, den Hawaii-Inseln, den Philippinen, in Nord- und Südamerika. Die wohlriechenden Blüten werden zur Gewinnung des Riechstoffs in Südfrankreich, Algerien, Syrien (Beirut), Nord-Indien (Naini Tal, am Südabhang des Himalaja) und in Neu-Kaledonien verwendet.

Unter dem Namen Cassier du Levant, Casillier de Farnèse, Cassier ancien oder einfach Cassier ist der Strauch in Südfrankreich bekannt und wird dort in günstigen Lagen in ausgedehntem Maße aus Samen gezogen und kultiviert.

Wenn die Kulturen[3]) drei bis fünf Jahre alt sind, beginnt in Südfrankreich die Blütenernte. Jede Pflanze vermag 500 bis 600 g Blüten zu liefern, die zweimal wöchentlich in den Monaten September, Oktober, November und zuweilen Dezember gesammelt werden. In Frankreich und Algier sind in den letzten Jahren 150000 kg Cassieblüten geerntet worden[3]). 1 kg Blüten wurde im Jahre 1910 mit 3 Fr. bezahlt[4]).

Während im Norden Indiens schon seit vielen Jahren Cassiepomade aus den Blüten dieser Akazie dargestellt wird, hat man in den eigentlichen Tropen noch niemals den Versuch gemacht, die Blüten der *Acacia Farnesiana*[5]) zu verwerten.

Gewinnung. Da sich durch Destillation der Cassieblüten ein ätherisches Öl nicht gewinnen läßt, so extrahiert man die Blüten

---

[1]) Engler-Prantl, Die natürlichen Pflanzenfamilien, III. Teil, I. Hälfte, III. Abteil., S. 112.

[2]) E. de Wildeman, Publication de l'État Indépendant du Congo 1906. Notices sur des plantes utiles et intéressantes de la flore du Congo. II. Brüssel 1906, S. 105.

[3]) Vgl. auch L. Mazuyer, Journ. Parfum. et Savonn. 21 (1908), 254.

[4]) Berichte von Roure-Bertrand Fils April 1911, 76.

[5]) Eine zweite, wegen ihrer Blüten in Südfrankreich kultivierte, aber weniger geschätzte Akazienart ist *Acacia Cavenia* Hook. et Arn. Siehe S. 613.

entweder mit heißem Fett (Pomadeverfahren) oder häufiger mit Petroläther. Das durch das letztere Verfahren erhaltene Cassieextrakt des Handels bildet eine tiefdunkelbraune Masse von salben- bis wachsartiger Konsistenz.

Eigenschaften. Das Öl als solches ist nur sehr selten dargestellt worden. Schimmel & Co.[1]) schüttelten 115 kg Cassiepomade dreimal mit Alkohol aus; von den vereinigten Auswaschungen wurde der Alkohol sorgfältig abdestilliert und das ätherische Öl aus dem noch große Mengen Fett enthaltenden Rückstand durch Wasserdampfdestillation gewonnen. Das Destillationswasser, in dem der größere Teil der Riechstoffe gelöst war, lieferte bei der Extraktion mit Äther 315 g eines dunkel gefärbten Öls. Zur weiteren Reinigung wurde es zunächst mit Sodalösung behandelt, wobei 28 g, wahrscheinlich aus dem Fette stammender Fettsäuren (Caprinsäure?) und sehr wenig Salicylsäure erhalten wurden. Das nochmals mit Wasserdampf rektifizierte Öl war schwerer als Wasser, von hellgelber Farbe und angenehmem, starkem Cassiegeruch. Die Ausbeute betrug 197 g = 0,171 % der Pomade. Die Konstanten waren folgende: $d_{18°}$ 1,0475, $\alpha_D \pm 0°$, $n_{D20°}$ 1,51331, V. Z. 176.

H. von Soden[2]) extrahierte 1000 kg Cassieblüten mit Petroläther und erhielt nach Entfernung der wachsartigen Bestandteile 840 g = 0,084 % ätherisches Öl vom Erstp. 18 bis 19°; $d_{27°}$ 1,040; $\alpha_{D25°}$ — 0° 40′; S. Z. 42,50; E. Z. 114 = 30,9 % Salicylsäuremethylester.

An einem aus französischem Cassie-Extrakt auf gleiche Weise isolierten Öl wurden von Schimmel & Co.[3]) folgende Konstanten ermittelt: $d_{15°}$ 1,0575, α_D — 0° 30′, $n_{D22°}$ 1,51500, S. Z. 25,4, E. Z. 229. Die Ölausbeute betrug 5,65 % vom Extrakt.

Zusammensetzung. Die wichtigsten Bestandteile des Cassieöls sind durch Untersuchungen im Laboratorium von Schimmel & Co.[4]) bekannt geworden. Verwendet wurde dazu ein Öl, das aus indischer Cassiepomade dargestellt war und dessen Kon-

[1]) Bericht von Schimmel & Co. April 1904, 21.

[2]) Journ. f. prakt. Chem. II. 69 (1904), 270.

[3]) Bericht von Schimmel & Co. April 1907, 18.

[4]) *Ibidem* Oktober 1899, 58; April 1901, 16; April 1903, 16. — H. Walbaum, Journ. f. prakt. Chem. II. 68 (1903), 235. — Bericht von Schimmel & Co. April 1904, 21. — D. R. P. 139 635 und 150 170.

stanten oben unter „Eigenschaften" angeführt sind. Zunächst wurden dem Öl durch Ausschütteln mit verdünnter Natronlauge ca. 11% Salicylsäuremethylester (Sdp. 224 bis 226°; d_{18° 1,770) sowie eine kleine Menge p-Kresol (Oxydation des daraus erhaltenen p-Kresolmethyläthers zu Anissäure, Smp. 180°) entzogen. Das von den Phenolen befreite Öl enthielt Benzaldehyd (Semicarbazon, Smp. 214°), Benzylalkohol (Phthalestersäure, Smp. 105 bis 106°; Phenylurethan, Smp. 177°), ein menthonartig riechendes Keton (Sdp. 200 bis 205°; d_{18° 0,9327; α_D — 3° 50′; Semicarbazon, Smp. 177 bis 178°), Anisaldehyd (Anissäure, Smp. 180°) Decylaldehyd (Semicarbazon, Smp. 97°), Cuminaldehyd (Semicarbazon, Smp. 200°). Ein für den Geruch außerordentlich wichtiger Körper ist ein bei 133° (15 mm) siedendes, veilchenartig riechendes Keton (p-Bromphenylhydrazon, Smp. zwischen 103 und 107°). Wenn auch nicht direkt nachgewiesen, so doch sehr wahrscheinlich gemacht, ist die Gegenwart von Geraniol und Linalool.

In den höher siedenden Anteilen findet sich in dem Öl nach Haarmann & Reimer[1]) ein Farnesol genannter Sesquiterpenalkohol $C_{15}H_{26}O$ (Siehe Bd. I, S. 416).

352. Cassieblütenöl von Acacia Cavenia.

Herkunft und Gewinnung. Neben der auf S. 611 beschriebenen *Acacia Farnesiana* wird in Südfrankreich auch *Acacia Cavenia* Hook. et Arn.[2]) angebaut. Sie ist weniger anspruchsvoll und liefert einen reicheren Ertrag an Blüten, die aber einen nicht so feinen Geruch besitzen wie die der andern Art. Der Handelsname der *A. Cavenia* ist Cassier Romain, was wohl damit zusammenhängt, daß sie vor etwa 100 Jahren von Italien nach Cannes gebracht worden sein soll. Ein Vorteil der *A. Cavenia* ist der, daß sie weniger empfindlich ist und geringerer Pflege bedarf als *A. Farnesiana*, die alljährlich im März sachgemäß beschnitten werden muß, während das bei der ersteren überhaupt nicht geschieht.

---

[1]) Chem. Zentralbl. 1904, I. 975. D. R. P. 149 603.

[2]) In Grasse wird aus den Blüten der dort Mimose genannten *Acacia dealbata* Lk. der Geruchsträger durch Extraktion gewonnen und praktisch verwertet, während *A. floribunda* Willd. (*A. longifolia* Willd.) und *A. Melanoxylon* R. Br. sich als hierfür nicht geeignet zeigten. Berichte von Roure-Bertrand Fils April 1904, 60.

Man vermehrt die Pflanze durch Ableger, die, sobald sie Wurzeln geschlagen haben, umgepflanzt werden[1]). Schon im ersten Sommer nach dem Umpflanzen trägt sie Blüten, die beispielsweise im Jahre 1910 in Grasse mit 1,5 Fr. das kg bezahlt wurden[2]).

Der Riechstoff wird aus dieser Art auf dieselbe Weise gewonnen, wie aus der *A. Farnesiana*.

Zusammensetzung[3]). Das zur Untersuchung verwandte Extrakt war durch Ausziehen der Blüten mit Petroläther gewonnen worden. Aus diesem wurde das ätherische Öl erhalten durch Destillation mit Wasserdampf und Ausäthern des Destillationswassers. Beim Ausschütteln mit verdünnter Natronlauge wurden aus dem Öl in einem Falle 5,5 % Phenole, 8,8 % Nichtphenole und 1,1 % Salicylsäure, in einem andern Falle 3 % Phenole, 4,5 % Nichtphenole und 1,66 % Salicylsäure, berechnet auf Extrakt, abgeschieden.

Die Phenole bestehen zu mindestens 90 % aus Eugenol (Benzoylverbindung, Smp. 69 bis 70°). Die bereits erwähnte Salicylsäure (Smp. 156°) ist als Methylester in dem Öl enthalten. Nachgewiesen worden sind ferner Benzaldehyd (Semicarbazon, Smp. 214°), Benzylalkohol (Phenylurethan, Smp. 77 bis 78°), Geraniol (Diphenylurethan, Smp. 81°), Anisaldehyd (Anissäure, Smp. 184°; Semicarbazon, Smp. 203 bis 204°), Eugenolmethyläther (Veratrumsäure, Smp. 178°) und ein veilchenartig riechendes Keton. Wahrscheinlich anwesend sind Linalool und Decylaldehyd.

353. Copaivabalsamöl.

Oleum Balsami Copaivae. — Essence de Baume de Copahu. — Oil of Copaiba.

Herkunft. Den seit dem Anfang des 16. Jahrhunderts in Europa bekannten und gebrauchten Copaivabalsam liefern eine Anzahl Arten der in dem Gebiete des Amazonas und seiner Nebenflüsse bis nördlich nach Guayana, Venezuela und Columbia einheimischen Gattung *Copaifera* (Familie der *Leguminosae*). Die hauptsächlichsten Balsambäume sind: *Copaifera officinalis* L.,

---

[1]) L. Mazuyer, Journ. Parfum. et Savonn. 21 (1908), 254.

[2]) Berichte von Roure-Bertrand Fils April 1911, 76.

[3]) H. Walbaum, Journ. f. prakt. Chem. II. 68 (1903), 235. — Bericht von Schimmel & Co. Oktober 1903, 14.

C. guyanensis Desf., *C. coriacea* Mart., *C. Langsdorffii* Desf., *C. confertiflora* Benth., *C. oblongifolia* Mart. und *C. rigida* Benth. Der bolivianische Balsam stammt von *Copaiba paupera* Herzog[1]). Zur Gewinnung des Balsams wird mit der Axt eine Höhlung in den Stamm geschlagen, oder der Baum wird mit einem zweizölligen Bohrer bis in die Mitte angebohrt, worauf der Balsam durch hineingesteckte Blechrohre ausläuft[1]). Manchmal enthalten die Bäume so reichliche Balsammengen, daß die Harzgänge von selbst platzen und der Balsam aus den senkrechten Rissen an die Oberfläche tritt. Von einzelnen Bäumen werden oft 30 l und mehr Balsam gewonnen[2]).

Im Handel unterscheidet man verschiedene, nach ihren Ausfuhrhäfen benannte Sorten von Copaivabalsam. Von diesen sind der Maracaibobalsam (größtenteils von *Copaifera officinalis* stammend) und der Parabalsam die wichtigsten. Letzterer ist von ziemlich dünnflüssiger Beschaffenheit, und wird, da er die größte Ausbeute, bis etwa 85 %, liefert, zur Gewinnung des ätherischen Öls bevorzugt. Maracaibobalsam hat eine dickere Konsistenz und gibt bei der Destillation 35 bis 58 % Öl. Die Ausbeuten[3]) der übrigen Handelssorten sind folgende: Angostura (Brasilien) 52 bis 55 %, Bahia (Brasilien) 44 bis 62 %, Maranham oder Maranhão (Brasilien) 27 bis 56 %, Maturin (Venezuela) 41 bis 55 %, Cartagena (Columbia) 40 bis 64 %, Bolivia 23 %, Surinam 41 bis 72 %.

Eigenschaften. Copaivabalsamöl ist eine farblose, gelbliche oder bläuliche Flüssigkeit von dem charakteristischen, pfefferartigen Geruch des Balsams, und von bitterlichem, kratzendem und nachhaltigem Geschmack. Meist löslich im gleichen Vol. absoluten Alkohols.

Die Eigenschaften der Öle aus den einzelnen Handelssorten des Balsams sind ziemlich verschieden, besonders was das optische Drehungsvermögen anbetrifft. Die im folgenden angegebenen

---

[1]) Schweiz. Wochenschr. f. Chem. u. Pharm. 47 (1909), 373.

[2]) Th. Peckolt, Untersuchung der *Copaifera Langsdorffii* Desf., Pharm. Rundsch. (New York) 10 (1892), 234.

[3]) Teilweise Beobachtungen von Schimmel & Co. und von Evans Sons Lescher & Webb Ltd. Vgl. Bericht von Schimmel & Co. April 1905, 16; April 1908, 30; April 1909, 33; April 1910, 147; April 1911, 137. Siehe auch E. Prael, Arch. der Pharm. 223 (1885), 740.

Zahlen sind die bisher ermittelten Grenzwerte. Die Beobachtungen sind aber noch nicht sehr zahlreich und können sich später durch Berücksichtigung eines größeren Untersuchungsmaterials noch ändern.

ÖL AUS PARA-BALSAM.

$d_{15°}$ 0,886 bis 0,910; α_D —7 bis —33°; $n_{D20°}$ 1,493 bis 1,502; S. Z. 0 bis 1,9; E. Z. 0 bis 4 (in einem Fall 13); löslich in 5 bis 6 Vol. 95 %igen Alkohols.

ÖL AUS MARACAIBO-BALSAM.

$d_{15°}$ 0,900 bis 0,905; α_D —2° 30′ bis —12°; $n_{D20°}$ um 1,498; S. Z. 0,9 bis 1,0; E. Z. 1 bis 1,6; löslich in 5 bis 6 Vol. 95 %igen Alkohols.

ÖL AUS BAHIA-BALSAM.

$d_{15°}$ 0,888 bis 0,909; α_D —8 bis —28°; $n_{D20°}$ 1,494 bis 1,497; S. Z. 0,5 bis 7,9; E. Z. bis 4 (in einem Fall 14,9); löslich in 5 bis 10 Vol. 95 %igen Alkohols.

ÖL AUS MARANHAM-BALSAM.

$d_{15°}$ 0,896 bis 0,905; α_D — 1° 30′ bis —22°.

ÖL AUS CARTAGENA-BALSAM.

$d_{15°}$ 0,894 bis 0,910; α_D —2° 30′ bis —23°.

ÖL AUS MATURIN-BALSAM. (4 Untersuchungen.)

$d_{15°}$ 0,899 bis 0,904; α_D —7° 30′ bis — 10° 10′; $n_{D20°}$ 1,497 bis 1,500; S. Z. 0 bis 0,6; E. Z. 0,9 bis 3,6; löslich in 5 bis 6 Vol. 95 %igen Alkohols.

ÖL AUS ANGOSTURA-BALSAM. (1 Untersuchung.)

$d_{15°}$ 0,9161; α_D —2° 20′; $n_{D20°}$ 1,50169; S. Z. 10,9; E. Z. 0; löslich in 5,5 Vol. 95 %igen Alkohols.

ÖL AUS BALSAM VON BRITISCH-GUAYANA. (1 Untersuchung.)[1]

d 0,924; α_D —9°. Ölgehalt des Balsams, durch Verdunsten bei 100° bestimmt, 52,1 %.

ÖL AUS BALSAM VON NIEDERLÄNDISCH-GUAYANA. (Surinam, von *Copaifera guyanensis*.)[2]

$d_{15°}$ 0,903 bis 0,906; α_D —7° 30′ bis —10° 30′; S. Z. 0; E. Z. 6,7; Acetylzahl 28,4[3]).

---

[1]) E. W. Bell, Pharmaceutical Journ. 65 (1900), 98.

[2]) J. F. Pool, Jahresb. d. Pharm. 1897, 74.

[3]) L. van Itallie u. C. H. Nieuwland, Arch. der Pharm. 242 (1904), 539; 244 (1906), 161.

ÖL VON BOLIVIANISCHEM BALSAM. (1 Untersuchung.)[1]

$d_{18°}$ 0,916; $\alpha_D + 18°$; $n_{D20°}$ 1,5048; S. Z. 1,07; V. Z. (kalt) 1,6; löslich in 9 Vol. 95 %igen Alkohols.

Zusammensetzung. R. Blanchet[2]) sowie E. Soubeiran und H. Capitaine[3]) hatten bei der Untersuchung des Öls durch Einleiten von Salzsäure in Copaivaöl ein festes Chlorhydrat erhalten, dessen Smp. in dem einen Falle bei 77°, in dem andern bei 54° gefunden wurde. Die Analysen stimmten auf $(C_{10}H_{16}2HCl)x$. Späteren Untersuchern ist es weder aus Para- noch aus Maracaiboöl gelungen ein festes Chlorhydrat zu gewinnen[4]). Bei der Oxydation dieser beiden Öle mit Salpetersäure erzielte L. Posselt[5]) ebensowenig wie E. G. Strauß[6]) nennenswerte Resultate. Bessern Erfolg hatten S. Levy und P. Engländer[7]), als sie das Öl aus Parabalsam mit Kaliumbichromat und Schwefelsäure oxydierten. Sie erhielten eine kristallinische, bei 140° schmelzende Säure, die sich bei der näheren Untersuchung als asymmetrische Dimethylbernsteinsäure $C_6H_{10}O_4$ auswies. Die geringe Ausbeute, ca. 1½ % des angewandten Öls, läßt es zweifelhaft erscheinen, ob die Säure ihre Entstehung dem Hauptbestandteil oder einem noch unbekannten Nebenbestandteil verdankt.

Brix erhielt beim Oxydieren des Maracaibobalsamöls kleine Mengen Terephthalsäure. Beim Fraktionieren des ganz trocknen Öls über Natrium gewann er aus Maracaiboöl ein blaues Destillat, das die Zusammensetzung $C_{20}H_{32} + H_2O$ hatte.

Durch alle diese Untersuchungen war ein Einblick in die Zusammensetzung des Öls nicht erhalten worden. Erst Wallach[8]) ist es gelungen festzustellen, daß die Hauptmasse des Öls aus dem auch im Nelkenöl vorkommenden Sesquiterpen Caryophyllen, $C_{15}H_{24}$ (Siehe Bd. I, S. 348) besteht. Behandelt man die zwischen 250 und 270° siedende Fraktion mit Eisessig und

---

[1]) C. Hartwich, Schweiz. Wochenschr. f. Chem. u. Pharm. 47 (1909), 373.

[2]) Liebigs Annalen 7 (1833), 156.

[3]) *Ibidem* 34 (1840), 321.

[4]) Brix, Monatsh. f. Chem. 2 (1882), 507. — J. C. Umney, Pharmaceutical Journ. III. 24 (1893), 215.

[5]) Liebigs Annalen 69 (1849), 67.

[6]) *Ibidem* 148 (1868), 148.

[7]) *Ibidem* 242 (1887), 189. — Berl. Berichte 18 (1885), 3206, 3209.

[8]) Liebigs Annalen 271 (1892), 294.

Schwefelsäure, so entsteht das bei 96° schmelzende, schön kristallisierende Caryophyllenhydrat $C_{15}H_{25}OH$.

E. Deußen und A. Hahn[1]) konnten aus dem Caryophyllen des Copaivaöls als Derivate das Nitrosochlorid und das Nitrosat des als α-Caryophyllen bezeichneten inaktiven Kohlenwasserstoffs gewinnen.

Um die Widersprüche der früheren Forschungsergebnisse aufzuklären, untersuchten Schimmel & Co.[2]) die durch Einwirkung von Salzsäure auf das Öl entstehenden Produkte.

Wie bereits erwähnt, wird der Schmelzpunkt des Chlorhydrats von Blanchet zu 77°, von Soubeiran und Capitaine dagegen zu 54° angegeben. Brix und Umney war es überhaupt nicht gelungen, ein festes Chlorhydrat zu erhalten.

Das zur Untersuchung benutzte Öl (150 g; $d_{18°}$ 0,9036, α_D —9° 58') wurde durch Fraktionieren in drei ungefähr gleiche Teile zerlegt:

I. Sdp. 113 bis 115° (6 mm), $d_{18°}$ 0,8989, α_D — 8° 7'
II. Sdp. 115 bis 119° (6 mm), $d_{18°}$ 0,8960, α_D —10° 1'
III. Sdp. 119 bis 133° (6 mm), $d_{18°}$ 0,8968, α_D —11° 58'

aus denen in bekannter Weise die Chlorhydrate durch Einleiten von Salzsäure in die gut gekühlten ätherischen Lösungen dargestellt wurden. Nur aus der letzten Fraktion war es ohne besondere Schwierigkeit möglich, ein festes Chlorhydrat zu erhalten. Bei den beiden andern Fraktionen mußte dagegen der Rückstand der Ätherlösung längere Zeit stark abgekühlt und die mit Kristallen durchsetzte ölige Masse auf Ton gestrichen werden. Die Schmelzpunkte der einzelnen Chlorhydrate lagen zwischen 60 und 90°, unterschieden sich also nicht sehr von denjenigen Blanchets sowie Soubeirans und Capitaines. Durch fraktionierte Kristallisation gelang die Trennung. Die Hauptmenge kristallisierte in kleinen Nädelchen, schmolz bei 113 bis 115° ($[\alpha]_D$ —34° 28' in einer 2,5 %igen Chloroformlösung) und gab beim Mischen mit l-Cadinendichlorhydrat keine Erniedrigung des Schmelzpunktes. Das in geringerer Menge erhaltene Chlorhydrat vom Smp. 65 bis 70° ($[\alpha]_D$ + 18° 35' in einer 2,1 %igen Chloroformlösung) war identisch mit Caryophyllendichlorhydrat. Die Ausbeute an

[1]) Chem. Ztg. 34 (1910), 873.
[2]) Bericht von Schimmel & Co. Oktober 1910, 177.

Cadinendichlorhydrat betrug etwa 4 bis 5%, an Caryophyllendichlorhydrat etwa ½%. Es ergibt sich hieraus, daß neben dem zuerst von Wallach aufgefundenen inaktiven Caryophyllen, das von Deußen und Hahn als α-Caryophyllen charakterisiert worden ist, und neben l-Cadinen auch aktives β-Caryophyllen in dem Öl vorkommt. Es ist aber nicht ausgeschlossen, daß auch noch andre Sesquiterpenkohlenwasserstoffe in dem Copaivabalsamöl enthalten sind.

Später bestätigten E. Deußen und B. Eger[1]) die Anwesenheit von β-Caryophyllen in den verschiedenen Copaivabalsamölen durch Darstellung eines nach der Formel $C_{12}H_{18}N_2O_6$ zusammengesetzten Derivats, das sie β-Nitrocaryophyllen nennen. Die Verbindung eignet sich durch ihre Unlöslichkeit in den meisten organischen Lösungsmitteln zum Nachweis und zur Bestimmung des β-Caryophyllens. Um sie darzustellen behandelt man 2 bis 3 g der zu untersuchenden Ölprobe in 10%iger ätherischer Lösung mit Stickoxyden, wobei das vor Licht geschützte Reaktionsgemisch nicht gekühlt wird, und unterbricht das Einleiten, wenn keine Ausscheidung mehr erfolgt. Nach dem Auswaschen mit Äther kann der Niederschlag gewogen werden. Auf diese Weise fanden Deußen und Eger bei 4 Para-Copaivabalsamölen 9,5 bis 16%, bei 2 Maracaiboölen 3 bis 6%, bei einem Maturinöle 8 bis 9% β-Nitrocaryophyllen. Bei den mit Gurjunbalsamöl verfälschten Ölen wird entsprechend weniger von dieser Verbindung gefunden.

Van Itallie und Nieuwland[2]) fanden im Surinam-Copaivabalsamöl Cadinen (Smp. des Dichlorhydrats 116 bis 117°; $[\alpha]_D$ in Chloroformlösung —36° 5') und einen bei 113 bis 115° schmelzenden Sesquiterpenalkohol $C_{15}H_{26}O$, der durch Behandlung mit wasserfreier Ameisensäure ein Sesquiterpen mit folgenden Konstanten lieferte: Sdp. 252° (759 mm), $d_{15°}$ 0,952, α_D —61,7°, $n_{D15°}$ 1,5189. Außer dem Cadinen kommen in dem Öl noch andre Sesquiterpene vor. Der Nachweis von Caryophyllen gelang nicht.

Verfälschung. Daß Copaivabalsamöl als solches verfälscht wird, dürfte wohl selten vorkommen. Häufig ist aber eine Verfälschung des Ausgangsmaterials mit Gurjunbalsam, oder afrika-

---

[1]) Liebigs Annalen 388 (1912), 136. — Chem. Ztg. 36 (1912), 561.

[2]) Anm. 3, S. 616.

nischem Copaiva- oder Illurinbalsam beobachtet worden. Gurjunbalsam unterscheidet sich von Copaivabalsam durch eine Anzahl von Farbreaktionen, die aber, wie es bei dieser Art von Reaktionen fast stets der Fall ist, meist mehr oder weniger anfechtbare Resultate geben. Am besten hat sich noch folgende Probe bewährt: Gibt man zu einer Lösung von 4 Tropfen Copaivabalsam in 15 ccm Eisessig, 4 bis 6 Tropfen konzentrierte Salpetersäure, so bleibt reiner Copaivabalsam unverändert, während sich bei Gegenwart von Gurjunbalsam die Eisessiglösung purpurrot färbt [1]). Die Öle der beiden Balsame verhalten sich ebenso. Einen weiteren Anhalt für die Anwesenheit des Gurjunbalsamöls gibt die Turnersche Reaktion. Man löst nach Deußen und Eger [2]) 1 Tropfen des zu untersuchenden Materials in 3 ccm Eisessig, setzt 2 Tropfen einer frischen 1 %igen Natriumnitritlösung zu und schichtet die Lösung vorsichtig über konzentrierte Schwefelsäure. Färbt sich die Eisessiglösung innerhalb 5 Minuten dunkelviolett, so ist die Anwesenheit von Gurjunbalsamöl anzunehmen.

Der exakte Nachweis dieses Verfälschungsmittels wird aber erst durch die Darstellung des Gurjunenketonsemicarbazons geliefert. Zu diesem Zweck werden nach E. Deußen und H. Philipp [3]) 170 g Öl bei 10 bis 12 mm Druck bis zu einer Temperatur von etwa 145° in drei Fraktionen zu je 50 g zerlegt, während der über 145° siedende Anteil unberücksichtigt bleibt. Jede der drei Fraktionen wird mit Kaliumpermanganat in Acetonlösung oxydiert und diejenigen, die die Turnersche Reaktion geben, mit Semicarbazidlösung versetzt. Charakteristisch für das Semicarbazon ist, abgesehen von seinem Schmelzpunkt (234° aus siedendem Alkohol), das hohe spezifische Drehungsvermögen, das in konzentrierter, wäßriger Chloralhydratlösung +317° beträgt.

Da Gurjunbalsamöl stark links dreht, so wird die Drehung des damit verfälschten Copaivabalsamöls erhöht. Um diese Wirkung aufzuheben, hat man das Öl des rechtsdrehenden

---

[1]) Vgl. Utz, Chem. Zentralbl. 1906, II. 1212; Bericht von Schimmel & Co. April 1909, 34. — Die Farbreaktionen der Copaivabalsame werden ausführlich besprochen von A. Eibner in einer Abhandlung: „Über Copaivabalsame und Copaivaöle." Technische Mitteil. f. Malerei 24 (1908), No. 22 u. ff.

[2]) Chem. Ztg. 36 (1912), 561.

[3]) Liebigs Annalen 369 (1909), 57. — Chem. Ztg. 36 (1912), 561.

afrikanischen Copaivabalsams zugesetzt. Gurjunbalsamöl hat übrigens auch eine höhere Dichte als Copaivabalsamöl, was unter Umständen zur Erkennung beitragen kann.

T. T. Cocking[1]) hat gefunden, daß das aus unverfälschtem Balsam gewonnene Öl regelmäßig etwas höher dreht als die davon im Vakuum abdestillierten ersten 10 %, weshalb dies Verfahren dazu dienen kann, Zusätze sowohl von Gurjunbalsam wie von afrikanischem Balsam zu entdecken. Parry[2]) fand diese Angaben indes nicht zutreffend, während in einer Entgegnung Cocking[3]) auf seinem Standpunkt beharrt. Jedenfalls bedarf dies Untersuchungsverfahren noch der Nachprüfung an einwandfreien Balsamen.

354. Afrikanisches Copaivabalsamöl.

Der als „Illurinbalsam" oder Afrikanischer Copaivabalsam zuerst in London auf dem Markt erschienene Balsam stammt aus Westafrika, wie es heißt aus den Nigerländern. Seine botanische Abstammung steht nicht fest, doch wird als Stammpflanze *Oxystigma Mannii* Harms. (*Hardwickia ? Mannii* Oliv.) vermutet[4]).

Eigenschaften. Der Balsam gibt bei der Destillation 37 bis 46,5 % Öl[5]). $d_{15°}$ 0,917 bis 0,929; $\alpha_D + 5°45'$ bis $+30°$; S. Z. 0,5 bis 9,3; E. Z. 0 bis 5,6; E. Z. nach Actlg. 10 (1 Bestimmung); löslich in 98 %igem Alkohol, bei Zusatz von mehr als 2 Vol. Lösungsmittel ganz schwache Opalescenz; löslich in 95 %igem Alkohol im Verhältnis 1 : 10 mit Opalescenz[6]).

Zusammensetzung. Umney[7]) hatte beim Einleiten von Salzsäure in das Öl kein festes Chlorhydrat erhalten können. Als H. von Soden[8]) in die ätherische Lösung des rechtsdrehenden

---

[1]) Chemist and Druggist 77 (1910), 119.

[2]) *Ibidem* 80 (1912), 19.

[3]) *Ibidem* 80 (1912), 128, 204.

[4]) Umney, Pharmaceutical Journ. III. 22 (1891), 449 u. 24 (1893), 215. — H. Solereder, Arch. der Pharm. 246 (1908), 72. — Engler u. Prantl, Die natürlichen Pflanzenfamilien, Nachtr. z. II. bis IV. Teil, 1897, S. 195.

[5]) Vgl. C. M. Kline, Americ. Journ. Pharm. 77 (1905), 185.

[6]) An einem einzigen Öl beobachtet. Bericht von Schimmel & Co. Oktober 1908, 36.

[7]) *Loc. cit.*

[8]) Chem. Ztg. 33 (1909), 428.

Öls Salzsäure einleitete, entstand ein Dichlorhydrat vom Smp. 116 bis 119° (α_D —3° in 10%iger Benzollösung.) Der daraus regenerierte Kohlenwasserstoff hatte folgende Konstanten: Sdp. 274,5 bis 276° (743 mm), d 0,928, α_D — 94°. Diese Eigenschaften stimmen mit denjenigen des l-Cadinens gut überein.

Ähnliche Resultate erhielten Schimmel & Co.[1]. 90% des von ihnen dargestellten Öls hatte den Sdp. 267 bis 276°; im Vakuum destillierte es bei 5,5 bis 6 mm zwischen 118 und 125°. Durch Einleiten von Salzsäure in die ätherische Lösung erhielten sie in einer Ausbeute von 37,5% ein in langen Nadeln kristallisierendes Chlorhydrat vom Smp. 117 bis 118° ($[\alpha]_D$—37° 27′ in einer 5,022%igen Chloroformlösung). Der mit Natriumäthylat regenerierte Kohlenwasserstoff hatte den Sdp. 271 bis 273° ($[\alpha]_D$ — 105° 30′). Mit Salzsäure entstand wieder das Chlorhydrat vom Smp. 117 bis 118° ($[\alpha]_D$—36° 48′ in einer 4,73%igen Chloroformlösung). Ob nun in dem afrikanischen Copaivabalsamöl wirklich l-Cadinen vorkommt oder ob das rechtsdrehende Sesquiterpen erst durch die Einwirkung der Salzsäure in ein Derivat des l-Cadinens übergeführt wird, muß erst die weitere Untersuchung entscheiden. Es liegen scheinbar ähnliche Verhältnisse vor, wie bei dem westindischen Sandelholzöle, dessen rechtsdrehendes Sesquiterpen von Deußen[2] über das Chlorhydrat hin in l-Cadinen übergeführt wurde.

In der niedrigstsiedenden Fraktion (Sdp. 128 bis 129,5° bei 15 mm) des afrikanischen Copaivabalsamöls wies E. Deußen[3] durch Einleiten von Salpetrigsäure-Gas 13% β-Caryophyllen nach. Das nicht in Fraktionen zerlegte Öl gab 1,65% des sogenannten Nitro-β-Caryophyllens, was einem Gehalt von 0,87% β-Caryophyllen entspricht.

355. Bubimbirindenöl.

Die aus Kamerun stammende Rinde von *Scorodophloeus Zenkeri* Harms *(Leguminosae)*, die dort von den Eingeborenen zum Würzen der Speisen benutzt wird, hat einen außerordentlich

---

[1]) Bericht von Schimmel & Co. Oktober 1900, 31.

[2]) Arch. der Pharm. 238 (1900), 149.

[3]) Liebigs Annalen 388 (1912), 142. — Vgl. auch Copaivabalsamöl, S. 619.

starken, anhaftenden, auf die Dauer unerträglichen Geruch, der an den des Knoblauchpilzes (*Marasmius alliatus* [Schäff.] Schröt.) erinnert.

C. Hartwich[1]) gewann aus einem kleinen Muster der Rinde durch Wasserdestillation und Ausäthern des mit Kochsalz versetzten Destillationswassers 0,0107 % ätherisches Öl von bräunlicher Farbe und höchst unangenehmem Geruch, das nach kurzer Zeit zu kleinen kristallinischen Nadeln erstarrte. In ihnen konnte Schwefel nachgewiesen werden, Stickstoff dagegen nicht.

356. Hardwickiabalsamöl.

Der zur Familie der *Leguminosae* gehörige *Kingiodendron pinnatum* (Roxb.) Harms (*Hardwickia pinnata* Roxb.)[2]) ist ein stattlicher, den *Copaifera*-Arten sehr nahestehender, in Vorderindien vorkommender Baum. Der von ihm gewonnene Balsam (Oil of Ennaikulavo) findet sowohl medizinische wie technische Verwendung (zum Anstrich des Holzwerkes von Häusern) und wird nach D. Hooper[3]) in Süd-Kanara folgendermaßen erhalten: Man macht etwa 3 Fuß oberhalb des Bodens eine tiefe Höhlung bis in das Kernholz des Stammes, worauf der Balsam alsbald auszufließen beginnt. Nur stärkere Bäume von mindestens 5 bis 6 Fuß Umfang werden angezapft. Man erschöpft die Bäume vollständig, was nach etwa 4 Tagen geschehen ist; ein gesunder, kräftiger Baum von 8 Fuß Umfang vermag etwa 12 Gallonen (= 53 l) Balsam zu liefern.

Der Balsam[4]) gibt bei der Destillation mit Wasserdampf 25 bis 50 % farbloses ätherisches Öl von den Eigenschaften: $d_{15°}$ 0,904 bis 0,906, α_D —7° 42′ bis —8° 24′, S. Z. 0,85, E. Z. 2,88; löslich in etwa 5 Vol. u. m. 95 %igen Alkohols.

---

[1]) Apotheker Ztg. 17 (1902), 339.

[2]) *Hardwickia binata* Roxb., die irrtümlicherweise als Stammpflanze für den Balsam angegeben war (Bericht von Schimmel & Co. April 1905, 86), liefert kein ätherisches Öl. Vgl. auch H. Solereder, Arch. der Pharm. 246 (1908), 71 und Ed. Schaer, Handelsbericht von Gehe & Co. 1918, 182.

[3]) Pharmaceutical Journ. 78 (1907), 4.

[4]) Über die Eigenschaften des Balsams siehe G. Weigel (Pharm. Zentralh. 47 [1906], 773), D. Hooper (*loc. cit.*) und Schimmel & Co. (Bericht von Schimmel & Co. April 1907, 116).

357. Cativobalsamöl.

G. Weigel[1]) erhielt aus dem Cativobalsam von *Prioria copaifera* Grisebach bei der Destillation mit Wasserdampf 2 % ätherisches Öl, das nur schwer überging und wahrscheinlich aus höher siedenden Terpenen (Sesquiterpenen?) bestand.

358. Supabalsamöl.

Die Stammpflanze des Supabalsamöls[2]), *Sindora Wallichii* Benth. (Familie der *Leguminosae*), ist über sämtliche Philippinen-Inseln verbreitet. Ein frisch angeschlagener Baum liefert etwa 10 l Balsam. Dieser bildet eine bewegliche, homogene, schwach gelb gefärbte Flüssigkeit mit leichter Fluorescenz und schwachem, aber charakteristischem Geruch: $d_{30^\circ}^{30^\circ}$ 0,9202, α_{D30° — 31,3°; beim Abkühlen auf unter 20° scheiden sich weiße, flockige Kristalle ab, die aus einem Kohlenwasserstoff vom Smp. 63 bis 64° bestehen und etwa 5 % des Öls ausmachen. Der Supabalsam löst sich in allen gewöhnlichen Lösungsmitteln außer Alkohol, absorbiert leicht Luftsauerstoff und wird schließlich fest. Bei der Dampfdestillation geht ein farbloses Öl über, α_{D30° — 21°; die Hauptsiedetemperatur liegt zwischen 143 und 149° (40 mm). Das Destillat hat $d_{30^\circ}^{30^\circ}$ 0,9053 und geht bei wiederholter Destillation unter 760 mm Druck fast ohne Rückstand zwischen 255 und 267° über. Destilliert man das Ausgangsmaterial aber gleich ohne Wasserdampf im Vakuum, so geht das flüchtige Öl bei 40 mm Druck bis 170°, jedoch ohne konstanten Siedepunkt, über und macht neben einer geringen Menge Wasser etwa 73 % der ursprünglichen Probe aus. Dieses Öl siedet innerhalb 7° und stellt wahrscheinlich ein Gemisch von Sesquiterpenen vor, unter denen Cadinen durch Einleiten von Chlorwasserstoff in die essigsaure Lösung des Destillats in Form von Cadinenhydrochlorid, Smp. 117 bis 118°, isoliert wurde; das regenerierte Cadinen zeigte einen Siedepunkt von 164 bis 165° (38 mm); α_{D30° — 78° (— 39° im 50-mm-Rohr). Der Umstand, daß weder Natrium noch Phosphorpentoxyd in Benzol auf das Öl einwirkten, bewies die Abwesenheit alkoholartiger Körper.

---

[1]) Pharm. Zentralh. 44 (1903), 147.

[2]) A. M. Clover, Philippine Journ. of Sç. 1 (1906), 191. Clover bezeichnet den Balsam als „wood oil“, eine Benennung, die auch für Gurjunbalsam und andre von Dipterocarpen abstammende Balsame gebräuchlich ist.

359. Kopalöle.

Bei Gelegenheit der Untersuchung von Kopalen, die von Leguminosen[1]) abstammen, sind auch ätherische Öle gewonnen worden, über die aber nur ganz dürftige Angaben existieren. Von der Zusammensetzung dieser Öle ist nicht das Geringste bekannt, meist sind noch nicht einmal die physikalischen Konstanten festgestellt worden.

Sansibar-Kopal von *Trachylobium verrucosum* (Gärtn.) Oliv. Das ätherische Öl[2]) siedet in der Hauptsache zwischen 200 und 215°, augenscheinlich unter Zersetzung.

Sierra Leone-Kopal[3]), wahrscheinlich von *Copaifera Guibourtiana* Benth. (*Guibourtia copallifera* Benn.). Das ätherische Öl[4]) geht größtenteils bei 147 bis 160° über.

Loango-Kopal. Das ätherische Öl[5]) geht unter vermindertem Druck (? mm) hauptsächlich bei 160° über.

Benin-Kopal gibt 2,7 % ätherisches Öl[6]) vom Sdp. 180 bis 256°.

Kamerun-Kopal von *Copaifera Demeusii* Harms[7]). Hellgelbes ätherisches Öl[8]); Sdp. 145 bis 155°; d 0,830.

Angola-Kopal enthält 2 % ätherisches Öl[8]); Sdp. 140 bis 160°; d 0,853.

Brasil-Kopal[9]), hauptsächlich von *Hymenaea Courbaril* L. und andern *H.*-Arten stammend. Ätherisches Öl 2,66 %; Sdp. 245 bis 255°[10]).

Columbia-Kopal. Abstammung wie die der vorigen Sorte. Ölausbeute 6,6 %; Sdp. 210 bis 220° im Vakuum (? mm)[10]).

---

[1]) Siehe auch die Öle von Kopalen aus der Familie der *Pinaceae*, S. 9.

[2]) Stephan, Arch. der Pharm. 234 (1896), 560.

[3]) Die westafrikanischen Kopale oder Copaibo-Kopale stammen nach Tschirch (Die Harze und die Harzbehälter, Leipzig 1906, II. Aufl. II. Bd., S. 755) von Caesalpinioideen, viele von *Copaifera*-Arten ab.

[4]) M. Willner, Arch. der Pharm. 248 (1910), 285.

[5]) *Ibidem* 273.

[6]) M. Kahan, *ibidem* 439.

[7]) H. Harms, Notizbl. bot. Gart. Berlin-Dahlem 5 (1910), 175; Apotheker Ztg. 25 (1910), 1038.

[8]) H. Rackwitz, Arch. der Pharm. 245 (1907), 420, 424.

[9]) Tschirch, *loc. cit.* S. 770.

[10]) St. Machenbaum, Arch. der Pharm. 250 (1912), 10, 17.

360. Sappanblätteröl.

Die Blätter von *Caesalpinia Sappan* L. (Familie der *Leguminosae*), dem Baum, der das zum Färben benutzte Sappanholz liefert, enthalten nach van Romburgh 0,16 bis 0,2 % eines fast farblosen ätherischen Öls; d_{25° 0,825; α_D + 37° 30′ bis + 50° 30′. Es siedet zum größten Teil bei 170°. Der Geruch ist pfefferartig und an Phellandren erinnernd; mit Natriumnitrit und Eisessig schied sich in kurzer Zeit eine so reichliche Menge Phellandrennitrit ab, daß als Hauptbestandteil des Öls d-Phellandren anzusehen ist. Bei der Destillation der Blätter beobachtete van Romburgh das Auftreten von Methylalkohol[1]).

361. Tolubalsamöl.

Oleum Balsami Tolutani. — Essence de Baume de Tolu. — Oil of Balsam Tolu.

Herkunft und Gewinnung. Der aus Einschnitten in das Holz des Tolubalsambaumes *Myroxylon (Toluifera) Balsamum* var. *α genuinum* Baill. (Familie der *Leguminosae*) ausfließende, anfangs dickflüssige Balsam erhärtet mit der Zeit zu einer bei etwa 30° erweichenden und bei 60 bis 65° schmelzenden Masse. In diesem Zustande trifft man ihn meist im Handel an. Bei der Destillation mit Wasserdampf erhält man aus dem festen Tolubalsam 1,5 bis 7 % Öl, und zwar ist bei schwachem Destillieren das gewonnene Öl leichter als Wasser, wird dagegen stark mit gespannten Dämpfen getrieben, so ist die Ausbeute größer und das Destillat schwerer.

Eigenschaften. Der höchst angenehme, aromatische Geruch des Öls erinnert an Hyazinthen. d_{15° 0,945 bis 1,09; α_D — 1° 20′ bis + 0° 54′; n_{D20° 1,544 bis 1,560; S. Z. 5 bis 34; E. Z. 177 bis 208°; löslich in 1 Vol. u. m. 90 %igen Alkohols, in 80 %igem Alkohol meist nicht klar löslich.

Zusammensetzung. Die sich teilweise widersprechenden älteren Untersuchungen[2]) geben nur sehr unvollkommenen Aufschluß über die Zusammensetzung des Tolubalsamöls.

---

[1]) Bericht von Schimmel & Co. April 1898, 57.

[2]) Deville, Annal. de Chim. et Phys. III. 3 (1841), 151; Liebigs Annalen 44 (1842), 304. — Kopp, Journ. de Pharm. et Chim. III. 11 (1847), 425. — E. A. Scharling, Liebigs Annalen 97 (1856), 71.

Der um 170° siedende, elemiartig riechende Kohlenwasserstoff ist nach Kopp ein Terpen (vielleicht Phellandren?). Da von E. Busse[1]) im Balsam Benzoesäure- und Zimtsäurebenzylester nachgewiesen worden sind, so sind diese wahrscheinlich auch im Öl enthalten. Tatsächlich gibt das Öl eine hohe Esterzahl, und aus der Verseifungslauge lassen sich kristallinische Säuren (vermutlich Zimt- und Benzoesäure) abscheiden.

Nach F. Elze[2]) enthält das Tolubalsamöl auch Farnesol.

362. Perubalsamöl.

Oleum Balsami peruviani. — Essence de Baume du Pérou. — Oil of Balsam Peru.

Herkunft. Der in der Pharmazie und Parfümerie vielfach verwendete Perubalsam entfließt künstlichen Verwundungen eines Baumes, der nach neueren Untersuchungen von H. Harms[3]) als *Myroxylon Balsamum* var. *β Pereirae* (Royle) Baill. bezeichnet wird.

Gewonnen wird der Balsam auf folgende Weise[4]): Nachdem in der Nähe des Erdbodens die graue, mit Höckern besetzte Rindenschicht abgelöst ist, tritt nach einigen Tagen etwas Balsam aus, der durch einen aufgelegten Lappen aufgesaugt wird. Die Wundstelle wird nun durch ein Fackelfeuer geschwelt, was zur Folge hat, daß nach 8 Tagen reichlich Balsam ausfließt, der durch frische Lappen aufgefangen wird. Später wird die gebrannte Stelle durch Einschneiden und Abkratzen zu weiterer Absonderung angereizt, und wenn diese nachgelassen hat, von neuem mit Fackeln erhitzt. Hat der Erguß des Balsams ganz aufgehört, so wird die Rinde entfernt, zerkleinert und, ebenso wie die Lappen, durch Kochen mit Wasser vom Balsam befreit.

Gewinnung und Eigenschaften. Da das Perubalsamöl, auch Cinnameïn genannt, mit Wasserdampf nur außerordentlich schwer flüchtig ist, gewinnt man es aus dem Balsam durch Ausschütteln mit Schwefelkohlenstoff, Äther, Petroläther oder dergleichen Lösungsmitteln. Es bildet eine rötlichbraune, etwas dickliche Flüssigkeit. $d_{15°}$ 1,102 bis 1,121; α_D schwach rechts, bis $+2°30'$; $n_{D20°}$ 1,573 bis 1,579; S. Z. 25 bis 45; E. Z. 200 bis 250; löslich in

[1]) Berl. Berichte 9 (1876), 830.

[2]) Chem. Ztg. 34 (1910), 857.

[3]) Notizbl. bot. Gart. Berlin-Dahlem 5 (1908), 95.

[4]) P. Preuß, Berichte d. deutsch. pharm. Ges. 10 (1908), 306.

0,3 bis 4 Vol. 90 %igen Alkohols und mehr; die verdünnte Lösung zeigt bisweilen gleich oder nach einiger Zeit schwache Opalescenz.

Zusammensetzung. Perubalsamöl besteht in der Hauptsache aus einem Gemenge von Zimtsäure- und Benzoesäureestern des Benzylalkohols. Ein von Tschirch und Trog[1]) untersuchtes Öl bestand vorwiegend aus Benzoesäurebenzylester, während bei mehreren Ölen, die H. Thoms[2]) in Händen hatte, Zimtsäureester überwogen. In einem Falle enthielt das beim Verseifen des Cinnameïns mit kalter alkoholischer Kalilauge gewonnene Säuregemisch Zimtsäure und Benzoesäure im Verhältnis von 40:60 und außerdem eine von 79 bis 80° schmelzende Säure, wahrscheinlich eine Dihydrobenzoesäure. Ebenfalls an diese Säuren gebunden ist ein von Thoms entdeckter, angenehm honigartig und narzissenähnlich duftender Alkohol $C_{13}H_{22}O$, den er Peruviol nannte. Seine Eigenschaften sind folgende: Sdp. 139 bis 140° (7 mm), $d_{15°}$ 0,886, $\alpha_D + 13°$.

Bei der Einwirkung von Cinnamylchlorid auf Peruviol entstand nur wenig eines kristallinischen, nach Hyazinthen riechenden Esters; durch Oxydation mit alkalischer Kaliumpermanganatlösung in der Kälte wurde ein Gemisch niederer Fettsäuren erhalten.

E. Schmidt[3]) wies im Perubalsamöl kleine Mengen Vanillin nach. Nach F. Elze[4]) ist in ihm auch Farnesol enthalten. Zimtalkohol, dessen Anwesenheit von M. Delafontaine[5]) behauptet worden war, scheint ebensowenig im Perubalsamöl vorhanden zu sein wie Stilben, das J. Kachler[6]) in ihm gefunden haben will[7]).

[1]) Arch. der Pharm. 232 (1894), 70.

[2]) Über Cinnameïn oder Perubalsamöl. Arch. der Pharm. 237 (1899), 271.

[3]) Tagebl. d. Naturforscher-Vers. Straßburg 1885, 377.

[4]) Chem. Ztg. 34 (1910), 857.

[5]) Zeitschr. f. Chem. N. F. 5 (1869), 156; Chem. Zentralbl. 1869, 902.

[6]) Berl. Berichte 2 (1869), 512.

[7]) Die Entstehung des Perubalsams führt Kronstein (Deutsche med. Wochenschr. 36 (1910), 2339; Apotheker Ztg. 25 (1910), 1023) auf die Polymerisation von zimtsaurem Allylester zurück. Er hat festgestellt, daß sich dieser Ester durch andauerndes Erwärmen zu einem Harz, das sowohl in chemischer, wie in physikalischer Hinsicht mit dem Perubalsam verwandt ist, polymerisiert. Es ist also möglich, daß vor der Bildung des Perubalsamharzes in den Sekretbehältern Zimtsäureallylester in monomolekularem Zustande vorhanden ist, aus dem sich durch Polymerisation Perubalsam bildet, während die nicht polymerisationsfähigen Bestandteile, wie freie Zimtsäure und Zimtsäurebenzylester, im ursprünglichen Zustande erhalten bleiben.

363. Öl von Myroxylon peruiferum.

Aus den Blättern des dem Perubalsambaum nahe verwandten *Myroxylon peruiferum* L. f. (Familie der *Leguminosae*) erhielt Th. Peckolt[1]) eine geringe Menge Öl von schwachem, aber angenehmem, eigentümlichem Geruch und dem spez. Gewicht 0,874 bei 14°.

Aus der Rinde wurden zwei Öle vom spez. Gewicht 1,139 bei 15°, und 0,924 bei 17° erhalten.

Das Öl des Holzes roch schwach sassafrasähnlich und hatte das spez. Gewicht 0,852 bei 15°.

364. Quino-Quinobalsamöl.

Ein dem Peru- und Tolubalsam ähnlicher Balsam ist der Quino-Quinobalsam. Er ist von C. Hartwich und A. Jama[2]) beschrieben worden. Das Harz, das von Dr. Herzog in Florida und Pampa grande (Bolivia) erworben wurde, stammte von *Myroxylon Balsamum* var. *γ punctatum* (Klotzsch)[3]) Baill., einem in Peru, Südbrasilien und Ostbolivien wachsenden Baume, der *Quina-Quina* genannt wird. Der Balsam wird als Weihrauch sowie zum Anstrich benutzt. In seiner chemischen Zusammensetzung zeigt er große Ähnlichkeit mit dem Tolu- und Perubalsam. S. Z. 80,30; V. Z. 134,09; Vanillingehalt etwa 0,044 %. Er unterscheidet sich von diesen durch den geringeren Cinnameïngehalt, der 5,83 % beträgt (56 bis 64 % bei Perubalsam, 7,5 % bei Tolubalsam). Die Zusammensetzung des Cinnameïns ist dieselbe: es besteht aber fast ausschließlich aus Benzoesäurebenzylester und enthält nur Spuren Zimtsäurebenzylester.

Ein von J. D. Riedel[4]) untersuchter Balsam hatte etwas abweichende Eigenschaften. Er wird beschrieben als dickes, Fäden ziehendes, nach Cumarin riechendes Extrakt, das an der Luft zu einem weichen, zerreiblichen Harz eintrocknet. V. Z. 184,8. Der daraus in einer Menge von 10,1 % abgeschiedene, dem Cinna-

---

[1]) Zeitschr. d. allg. österr. Apoth. Ver. 17 (1879), 49; Jahresb. f. Pharm. 1879, 59.

[2]) Schweiz. Wochenschr. f. Chem. u. Pharm. 47 (1909), 625, 641.

[3]) Harms, Notizbl. bot. Gart. Berlin-Dahlem 5 (1908), 97.

[4]) Riedels Mentor 1912, S. 33.

meïn des Perubalsams entsprechende Bestandteil war von halbfester Konsistenz und hatte die V. Z. 99,9. Zimtsäure enthielt der Balsam nicht.

Die verschiedene Konsistenz der beiden Balsame halten Hartwich und Jama[1]) für eine zufällige Erscheinung, die sonstigen Unterschiede führen sie aber darauf zurück, daß der Riedelsche Balsam nicht, wie der ihrige, durch Einschneiden des Stammes gewonnen ist, sondern wahrscheinlich aus den Früchten stammt. Sie stützen sich bei ihrer Annahme u. a. darauf, daß die Verhältnisse bei Perubalsam ganz ähnlich liegen. Auch hier liefern die Früchte ein nach Cumarin riechendes, von Zimtsäure freies Produkt. Wie sie übrigens an einem von Riedel erhaltenen Muster des Balsams konstatierten, erinnert dessen Geruch weniger an Cumarin, als vielmehr an Piperonal, doch lassen sie es dahingestellt, ob diese Verbindung oder etwa Vanillin zugegen ist.

365. Cabriuvaholzöl.

Die Cabriuva, *Myrocarpus fastigiatus* Fr. All. (Familie der *Leguminosae*), ist ein in Brasilien einheimischer Baum von 8 und mehr m Höhe. Die gelblichweißen, doldentraubenförmigen Blüten sind sehr wohlriechend und ähneln im Geruch einem Gemisch von Vanille und Weihrauch oder Tolubalsam. Das Holz zählt zu den wertvollsten Hölzern Brasiliens.

Das Öl des Holzes ist von Schimmel & Co.[2]) untersucht worden. Es war von hellgelber Farbe und hatte einen ganz schwachen, nicht unangenehmen Geruch. d_{15° 0,9283; $\alpha_D - 8^\circ 29'$.

Peckolt[3]) erhielt aus 100 kg Sägespänen des Holzes 4,3 g Öl, das er als *„Oleo essencial de Cabureiba ou Oleo pardo"* bezeichnet, und dessen spez. Gewicht 0,925 bei 13° betrug.

366. Myrocarpus- oder Cabureibabalsamöl.

Zu den obsoleten Balsamen mittelalterlicher Pharmakopöen gehört auch der *Myrocarpus*-Balsam. E. Schaer[4]) vermutet, daß er mit dem von dem holländischen Arzt Willem Piso um

[1]) Schweiz. Wochenschr. f. Chem. u. Pharm. 50 (1912), 312.
[2]) Bericht von Schimmel & Co. April 1896, 69.
[3]) Katalog der National-Ausstellung in Rio 1866, 48.
[4]) Arch. der Pharm. 247 (1909), 176.

die Mitte des 17. Jahrhunderts in seiner „Historia naturalis Brasiliae" IV. 5, 57 beschriebenen *Cabureiba*-Balsam identisch ist, ebenso wie mit dem von Guibourt in seiner „Histoire naturelle des drogues simples" als *„Baume du Pérou en coques"* bezeichneten Balsam.

Die beiden Arten der Gattung *Myrocarpus, M. fastigiatus* Allem. und *M. frondosus* Allem., in Zentralbrasilien heimisch, lassen entweder von selbst oder infolge Einschneidens einen Balsam ausfließen, der in wallnußgroßen, ausgehöhlten Früchten gewisser Palmen oder auch bestimmter Myrtaceen aufgefangen wird, die nach mehrtägigem Trocknen mit einem Pflanzenwachs verschlossen werden. Der Balsam selbst ist rotbraun und zeigt, abgesehen von seiner zähen Konsistenz, im Aussehen und Geruch wie auch in seinen sonstigen Eigenschaften große Ähnlichkeit mit Peru- und Tolubalsam. Schaer fand als Bestandteile darin freie sowie an aromatische Alkohole gebundene Benzoesäure, dagegen konnten Zimtsäure und Vanillin nicht exakt nachgewiesen werden.

A. Tschirch und J. O. Werdmüller[1]) stellten als Bestandteil des ätherischen Extrakts Benzoesäure (Smp. 121°) fest, Zimtsäure konnte nicht nachgewiesen werden. In der Verseifungsflüssigkeit des Harzanteils wurde die Anwesenheit von Vanillin dargetan.

Das ätherische Öl, das sich ähnlich wie Perubalsamöl verhalten dürfte, ist noch nicht isoliert worden.

367. Öl von Cyclopia genistoides.

Durch Destillation der Blätter von *Cyclopia genistoides* R. Br. (Familie der *Leguminosae*) erhielt H. Haensel[2]) 0,101 % eines hellbraunen, intensiv riechenden Öls, das bei Zimmertemperatur mit Kristallen eines bei 53 bis 54° schmelzenden Paraffins (Heptacosan) durchsetzt war. $d_{18°}$ 0,8737; α_D +0,36° in 10 %iger Benzollösung.

368. Ginsteröl.

Blühendes, trocknes Kraut von *Genista tinctoria* L. (Familie der *Leguminosae*) gibt bei der Destillation 0,0237 % eines bei ge-

[1]) Arch. der Pharm. 248 (1910), 431.

[2]) Chem. Zentralbl. 1906, II. 1496.

wöhnlicher Temperatur festen, bei 36° schmelzenden Öls. $d_{33°}$ 8980; es beginnt bei 80° zu sieden, bis 100° gehen 5 %, von 100 bis 200° 10 % und das übrige bis 280° über[1]).

369. Carquejaöl.

Als mutmaßliche Stammpflanze dieses Öls wird *Genista tridentata (Leguminosae)*, eine in Brasilien wildwachsende, in der Volksmedizin mehrfach gebrauchte Pflanze, bezeichnet[2]).

Carquejaöl ist gelb und hat einen etwas narkotischen, campherartigen, nicht angenehmen Geruch. $d_{18°}$ 0,9962; α_D —31° 15′ bei 17°. V. Z. 190,5. Bei der Destillation des Öls gingen drei Viertel zwischen 200 und 300° unter Abspaltung von Essigsäure über. Im Destillationsvorlauf wurde eine kleine Menge Cineol nachgewiesen. Im Rückstand blieb eine zähe, dicke Masse.

370. Besenginsteröl.

Destilliert man das trockne, blühende Kraut des Besenginsters, *Spartium scoparium* L. (Familie der *Leguminosae*), so erhält man 0,031 % eines dunkelbraunen, stark riechenden, beim Abkühlen auf 0° teilweise erstarrenden Öls[3]). $d_{15°}$ 0,8673; S. Z. 58,6; E. Z. 29,4. Es enthält Furfurol, Palmitinsäure (Smp. 60 bis 61°) und ein Paraffin vom Smp. 48 bis 49°[4]).

371. Hauhechelwurzelöl.

Aus der lufttrocknen Wurzel von *Ononis spinosa* L. (Familie der *Leguminosae*) erhielt H. Haensel[5]) bei der Destillation 0,0066 % eines flüssigen, sauer reagierenden Öls; $d_{18°}$ 0,9917. Aus dem Wasser wurden noch 0,0132 % festes Öl gewonnen.

---

[1]) H. Haensel, Pharm. Ztg. 47 (1902), 819.

[2]) Bericht von Schimmel & Co. April 1896, 70.

[3]) H. Haensel, Apotheker Ztg. 24 (1909), 283.

[4]) Die Blüten des ebenfalls zur Sippe der Genisteen gehörigen spanischen Ginsters, Genêt d'Espagne, *Spartium junceum* L., werden in Grasse zur Gewinnung ihres Riechstoffs mit flüchtigen Lösungsmitteln extrahiert.

[5]) Apotheker Ztg. 25 (1910), 303.

372. Foenum-graecum-Öl.

Die zerkleinerten Samen von *Trigonella Foenum-graecum* L. (Familie der *Leguminosae*) enthalten nach H. Haensel[1]) 0,014 % eines braunen, intensiv riechenden Öls. $d_{18,5°}$ 0,870; α_D in 10 %iger alkoholischer Lösung + 0,8°.

373. Melilotenöl.

Getrocknete Blüten von *Melilotus officinalis* Desr. (Familie der *Leguminosae*) geben bei der Destillation 0,0133 % ätherisches Öl, das Cumarin (Smp. 67°) enthält[2]).

374. Kleeöle.

1. ÖL AUS DEN BLÜTEN VON TRIFOLIUM INCARNATUM.

H. Rogerson[3]) hat die Blüten des Inkarnatklees, *Trifolium incarnatum* L., destilliert und daraus in einer Ausbeute von 0,029 %, berechnet auf trocknes, oder 0,006 %, berechnet auf frisches Kraut, ein blaßgelbes Öl gewonnen. Das stark riechende Produkt sott zwischen 120 und 180° (15 mm) und zeigte: $d_{20°}^{20°}$ 0,9597 und α_D — 1° 48′. Außer Furfurol wurden keine Bestandteile darin nachgewiesen.

2. ÖL AUS DEN BLÜTEN VON TRIFOLIUM PRATENSE.

Aus den Blüten des roten Klees, *Trifolium pratense* L., haben F. B. Power und A. H. Salway[4]) in einer Ausbeute von 0,028 %, berechnet auf getrocknetes, und 0,006 %, berechnet auf frisches Kraut, ein ziemlich unangenehm riechendes Öl destilliert, das folgende Konstanten zeigte: $d_{20°}^{20°}$ 0,9476, α_D + 4° 10′. Von Bestandteilen wurde Furfurol gefunden.

375. Öl von Psoralea bituminosa.

Psoralea bituminosa L. *(Leguminosae)* hat, besonders wenn sie gerieben wird, einen starken, asphaltähnlichen Geruch. Die

---

[1]) Apotheker Ztg. 18 (1903), 51.
[2]) H. Haensel, Apotheker Ztg. 15 (1900), 516.
[3]) Journ. chem. Soc. 97 (1910), 1004.
[4]) *Ibidem* 232.

Blätter waren früher als *Herba trifolii bituminosi* offizinell und wurden als Heilmittel gegen allerhand Leiden gebraucht.

Schimmel & Co.[1]) erhielten bei der Destillation aus 20,5 kg trocknen Krautes 10 g = 0,048 % eines bei gewöhnlicher Temperatur halbfesten Öls, das aber den bituminösen Geruch des Ausgangsmaterials auch nicht im geringsten mehr besaß. Es ließen sich daraus Fettsäuren abscheiden, deren Schmelzpunkt zwischen 38 und 40° lag (Laurinsäure?). Das spezifische Gewicht des Öls betrug 0,8988 bei 25°; S. Z. 57,18; E. Z. 12,25.

376. Öl von Amorpha fruticosa.

Amorpha fruticosa L. (Familie der *Leguminosae*), die sich als Zierstrauch häufig in unsern Gärten findet, enthält nach Untersuchungen von Vittorio Pavesi[2]) in ihren Blättern und Früchten zwei verschiedene ätherische Öle. Bei der Destillation mit Wasserdampf liefern die Früchte 0,15 bis 0,35 %, die Blätter 0,05 bis 0,08 % ätherisches Öl von heller Farbe und bitterem Geschmack mit folgenden Konstanten:

Frisches Öl aus Blättern $n_{D17,8°}$ 1,50083; $n_{D18,8°}$ 1,50928
Altes Öl aus Blättern $n_{D17,8°}$ 1,50036; $n_{D18,8°}$ 1,50892.

Öl aus unreif. Früchten $d_{15°}$ 0,9019; $n_{D17,8°}$ 1,49951 | optische Drehung
Öl aus reifen Früchten $d_{15°}$ 0,9055; $n_{D17,8°}$ 1,50036 | schwach links.

Die von 150 bis 220° (750 mm) bezw. 80 bis 120° (30 mm) siedenden Anteile des Blätteröls enthalten ein nicht näher charakterisiertes Terpen. In der höher siedenden Fraktion (Sdp. 250 bis 265°; $d_{15°}$ 0,91661; $n_{D15°}$ 1,50559) konnte Cadinen durch sein bei 117° schmelzendes Chlorhydrat nachgewiesen werden. Zum größten Teil besteht diese Fraktion aus einem Sesquiterpen, $d_{15°}$ 0,916, $n_{D15°}$ 1,50652, das in seinen Eigenschaften dem Cloven oder dem von Wallach aufgefundenen Begleiter des Cadinens nahekommt, vielleicht auch als neues Sesquiterpen anzusehen ist, für das Pavesi den Namen „Amorphen" vorschlägt.

[1]) Bericht von Schimmel & Co. Oktober 1908, 80.

[2]) Annuario della Soc. chimica di Milano 11 (1904), Heft 1 u. 2. — Rendiconti del R. Ist. Lomb. di sc. e lett. II. 37 (1904), 487; Bericht von Schimmel & Co. Oktober 1904, 8.

377. Indigoferaöl.

Die Blätter von *Indigofera galegoides* DC. (Familie der *Leguminosae*) enthalten nach den Untersuchungen van Romburghs eine Substanz (vielleicht Amygdalin), die mit Emulsin Blausäure und Benzaldehyd liefert. Durch Destillation des frischen, in Wasser eingeweichten Krautes wurde 0,2 % Öl erhalten.

Das Indigoferaöl ist hellgelb und riecht nach Bittermandelöl, von dem es sich aber durch einen krautartigen Nebengeruch unterscheidet. Spez. Gewicht 1,046[1]).

Das Öl enthält neben Benzaldehyd und Blausäure Spuren von Aethylalkohol sowie geringe Mengen von Methylalkohol, dessen Anwesenheit durch die Überführung in Methyljodid und den bei 54° schmelzenden Oxalsäuremethylester bewiesen wurde.

Wurden die Blätter vor der Destillation 24 Stunden in Wasser von 50° digeriert, so enthielt der Vorlauf neben Methylalkohol auch größere Mengen von Äthylalkohol, der aber erst beim Einweichen der Blätter entsteht[2]).

378. Öl von Robinia Pseudacacia.

Verschaffelt[3]) hatte auf den auf die Anwesenheit von Anthranilsäuremethylester hindeutenden Geruch der Blüten von *Robinia Pseudacacia* L. (*Leguminosae*) hingewiesen. Daß die Blüten tatsächlich diesen Ester enthalten, hat F. Elze[4]) nachweisen können. Er extrahierte die Blüten mit einem leicht flüchtigen Lösungsmittel und bekam auf diese Weise ein eigentümlich basisch riechendes, stark dunkel gefärbtes Öl (über die Ausbeute ist nichts gesagt), das in Verdünnung den Blütenduft naturgetreu wiedergab. Es zeigte die folgenden Konstanten: Sdp. 60 bis 150° (5 mm), $d_{18°}$ 1,05 und enthielt 9 % Ester, berechnet auf Methylanthranilat. In alkoholischer Lösung fluorescierte es mit deutlich blauer Farbe.

---

[1]) Bericht von Schimmel & Co. Oktober 1894, 74.

[2]) Verslag 's Lands Plantentuin te Buitenzorg 1894, 44; Bericht von Schimmel & Co. April 1896, 75.

[3]) Chem. Weekblad 1908, Nr. 25.

[4]) Chem. Ztg. 34 (1910), 814.

In dem Öl wurden folgende Bestandteile aufgefunden: Anthranilsäuremethylester (Smp. 25°), Indol (Smp. 52°), Spuren pyridinartiger Basen, Heliotropin (Smp. 37°; Semicarbazon, Smp. 235°), Benzylalkohol ($d_{15°}$ 1,048), Linalool (Oxydation zu Citral) und α-Terpineol (Phenylurethan, Smp. 111°). Außerdem sind noch Aldehyde oder Ketone vorhanden, die einen deutlichen Geruch nach Pfirsich besitzen, und wahrscheinlich auch Nerol.

379. Süßholzwurzelöl.

Bei der Destillation der Süßholzwurzel von *Glycyrrhiza glabra* L. (Familie der *Leguminosae*) erhielt H. Haensel[1]) geringe Mengen ätherisches Öl und zwar aus spanischer Wurzel 0,03 und aus russischer 0,035 %. Das Öl aus spanischer Wurzel drehte das polarisierte Licht nach links, das aus der russischen aber nach rechts.

380. Öl von Dalbergia Cumingiana.

Das Holz von *Dalbergia Cumingiana* Benth. *(Leguminosae)* spielt unter dem Namen *„kaju laka"* in Niederländisch-Indien eine wichtige Rolle[2]). Es ist zunächst farblos, wird aber bei alten Bäumen rot und schwerer. Der beim Brennen auftretende aromatische Geruch rührt her von einem anfangs fast farblosen ätherischen Öl von schwachem, etwas an Cineol erinnerndem Geruch. Das Öl ist in Buitenzorg[3]) dargestellt worden. Die Ausbeute betrug 0,5 %; $d_{26°}$ 0,891; $\alpha_{D26°}$ — 4° 31'; E. Z. 5; E. Z. nach Actlg. 116. Das Öl begann bei 260° zu sieden und war bis 310° nur zum Teil übergegangen, bei weiterem Erhitzen trat Zersetzung ein. Eine Prüfung auf Aldehyde gab ein negatives Resultat.

---

[1]) Pharm. Zentralh. 40 (1899), 533.

[2]) W. G. Boorsma, Über Aloeholz und andre Riechhölzer. Bull. du Dép. de l'Agricult. aux Indes Néerl. 1907 Nr. 7 (Pharmacologie III), S. 25; Bericht von Schimmel & Co. Oktober 1908, 18.

[3]) Jaarb. dep. Landb. in Ned.-Indië, Batavia 1908, 45; Bericht von Schimmel & Co. Oktober 1908, 37.

Familie: GERANIACEAE.

381. Geranium- oder Pelargoniumöl.

Oleum Geranii. — Essence de Géranium Rose. — Oil of Rose Geranium.

Herkunft. Zur Destillation werden hauptsächlich 3 Spezies der Gattung *Pelargonium* und deren Kulturvarietäten angebaut. Es sind dies *Pelargonium odoratissimum* Willd.[1]), *P. capitatum* Ait. und *P. roseum* Willd. (Familie der *Geraniaceae*). Letztere wird als Varietät von *P. Radula* Ait. betrachtet[2]). Nach L. Ducellier[3]) wird zur Ölgewinnung ausschließlich *Pelargonium graveolens* Ait. (*P. terebinthinaceum* Cav.) angebaut.

Das Öl hat hauptsächlich seinen Sitz in den Blättern; Stengel und Blattstiele enthalten kein Öl, ebenso fehlt es in den Blüten von *P. odoratissimum*[4]), während nach Blandini[5]) der Ölgehalt der Blüten höher sein soll als der der Blätter. Im allgemeinen werden aber nur diese zur Ölgewinnung benutzt. Die Ernte findet kurz vor der Blüte statt, wenn die Blätter gelb zu werden beginnen, und wenn der anfangs citronenartige Geruch dem rosenähnlichen Platz macht.

Das auf trocknem Boden gewachsene Kraut soll zwar weniger, dafür aber feineres Öl geben, als das auf künstlich bewässertem gezogene.

Die Ölausbeuten werden in der Literatur sehr verschieden angegeben. Die Blätter von *P. odoratissimum* geben in Frankreich 0,1[6]) bis 0,2 %[4]), auf Corsica 0,125 bis 0,166 %[7]); auf Réu-

---

[1]) Nach dem Index Kewensis *P. odoratissimum* (Sol.) Ait.

[2]) J. C. Sawer, Odorographia. London 1892, Vol. I, p. 42.

[3]) Die ausgezeichnete Monographie dieses Autors: „Le Géranium rosat, sa culture en Algérie", Alger 1913, konnte hier leider nicht mehr berücksichtigt werden.

[4]) E. Charabot u. G. Laloue, Compt. rend. 136 (1903), 1467.

[5]) Bull. de l'Office du Gouvern. de l'Algérie 12 (1906), 277; Bericht von Schimmel & Co. April 1907, 45. — Die Veröffentlichung Blandinis, der seine Anbauversuche an der Landwirtschaftlichen Schule in Portici gemacht hat, war dem Verfasser nur durch das vorstehende Referat zugänglich. Da die in ihm enthaltenen Angaben, besonders inbezug auf den Ölgehalt der Blätter und Blüten ziemlich stark von den andern abweichen, so hatte sich die Firma Schimmel & Co. mit der Bitte um Auskunft an das erwähnte Institut gewandt, hat aber auf ihre zweimalige Anfrage keine Antwort erhalten.

[6]) Berichte von Roure-Bertrand Fils April 1901, 17.

[7]) R. Gattefossé, Parfum. moderne 8 (1910), 73.

nion, wo *P. capitatum* gebaut wird, werden aus den Blättern 0,1 bis 0,14 %[1]) Öl erhalten. Die in Italien (Portici) ausgeführten Versuchsdestillationen haben angeblich wesentlich höhere Ausbeuten ergeben, und zwar aus Blättern 0,7 bis 0,8 und aus Blüten 1,5 bis 1,98 %[2]). In Sizilien wurden nur 0,07 % Öl gewonnen.

Auf Réunion wird nach J. de Cordemoy[1]) *Pelargonium capitatum* Ait. kultiviert. Der Anbau, der in den letzten Jahren bedeutend an Umfang gewonnen hat, geschieht dort in Höhen von 400 bis 1200 m; in den höher liegenden Regionen ist die Winterkälte zu stark, sodaß die Pflanzen durch Frost zu Grunde gerichtet werden. Am geeignetsten zur Geranium-Kultur ist humusreicher Boden, wie er sich im Neubruchland findet. Zur Gewinnung des Öls verwenden die Destillateure einfach konstruierte Blasen, von denen in der ganzen Kolonie etwa 250 im Betriebe sind. Etwa 700 bis 1000 kg Blätter liefern 1 kg Öl. Die ausdestillierten Blätter finden als Dünger nutzbringende Verwertung.

Die Darstellung des algerischen Geraniumöls findet meistens in den Distrikten statt, die unmittelbar an das Stadtgebiet von Algier grenzen. Boufarik in der Mitidjaebene, etwa 35 km von dieser Stadt entfernt, ist der Hauptmarkt. Die bedeutendste Fabrik soll sich in einem alten Trappistenkloster befinden.

Die Geraniumkultur wird auf Corsica nach Robert Gattefossé[3]) noch sehr vernachlässigt. *Pelargonium odoratissimum*, das in Nord-Corsica wächst, könnte mit Erfolg auch an andern gleich günstig gelegenen Orten angepflanzt werden. Im Mai, August und Oktober ist die arbeitsame ländliche Bevölkerung einiger Gemeinden der Halbinsel des Kap Corso mit der Ernte und Destillation der wohlriechenden Pflanzen beschäftigt.

Diese Kultur wurde dort vor einem halben Jahrhundert aus der Provence eingeführt und fand schnell Verbreitung in den Gemeinden Erbalunga, Sisco und Brando. Sie ist etwas kostspielig, da zwei sorgfältige Bodenbearbeitungen im März und Juli erforderlich sind und die zweckmäßige Bewässerung viel

---

[1]) de Cordemoy, Rev. cultures coloniales 14 (1904), 170.

[2]) S. Anm. 5, S. 637.

[3]) Parfum. moderne 3 (1910), 73.

Mühe erfordert. Die Vermehrung geschieht im März durch Stecklinge. Zur Ernte schneidet man die Pflanzen etwa 5 cm über dem Boden ab. Vom ersten Schnitt geben 800 kg grüner Pflanzen 1 kg Öl; der zweite Schnitt ist der bessere, von diesem geben bereits 600 kg 1 kg Öl; der letzte Schnitt gibt nur wenig Kraut und Öl. Hinsichtlich der Qualität ist das Öl mit dem spanischen und dem aus der Gegend von Grasse vergleichbar.

Die jährliche Produktion beläuft sich auf 600 bis 700 kg Öl; sie hatte bereits 1300 kg überschritten, aber durch die Höhe der Arbeitslöhne und die niedrigen Gebote der Makler wurden die Besitzer der Kulturen entmutigt. Die Gemeinde Erbalunga besitzt mehr als 200 ha Geraniumpflanzungen, welche im Mittel 5000 kg grüner Pflanzen pro ha liefern.

Das Klima, die Lage und der Boden scheinen den Pflanzen eine besondre Kraft zu geben, da Stecklinge von der Halbinsel des Kap Corso in andern Produktionszentren sehr gern angepflanzt werden; im Jahre 1909 wurden mehr als 350000 Stück Stecklinge zu Fr. 15.— pro tausend Stück verkauft.

In Frankreich wird der Anbau von Geranium *(P. odoratissimum)* in der Umgebung von Grasse betrieben, und zwar hauptsächlich in der Ebene von Laval und in der Nähe der beiden Städtchen Pegomas und Mandelieu[1]). Die Gesamtproduktion an Öl beläuft sich auf 2 bis 3000 kg[2]). Während in wärmeren Gegenden, wie Algerien, die Pflanze mehrjährig ist, sodaß eine Anpflanzung 6 bis 8 Jahre aushält und jährlich drei Schnitte zuläßt, muß das Geranium in Südfrankreich alle Jahre neu gepflanzt werden, weil es im Winter erfriert. Auch ist jährlich nur eine Ernte möglich. Diese findet zwischen dem 20. August und Ende September statt; man vermehrt durch Ableger, die in Mistbeeten überwintert und im März oder April in das freie Land gepflanzt werden[3]).

Spanien produziert in Valencia und Andalusien schätzungsweise 600 bis 1000 kg Öl jährlich. Bei günstiger Witterung sind dort 2 bis 3 Schnitte möglich.

---

[1]) Berichte von Roure-Bertrand Fils April 1901, 17; Oktober 1907, 36.

[2]) *Ibidem* Oktober 1906, 28.

[3]) Jeancard u. Satie, Bull. Soc. chim. III. 31 (1904), 43.

Eigenschaften. Geraniumöl ist eine farblose, grünliche oder bräunliche Flüssigkeit von angenehmem, rosenähnlichem Geruch. $d_{15°}$ 0,89 bis 0,907; α_D —6 bis —16°. Mit Ausnahme des spanischen Öls sind sämtliche Sorten in der Regel in 2 bis 3 Vol. 70 %igen Alkohols klar löslich; bei Mehrzusatz des Lösungsmittels tritt aber gewöhnlich Abscheidung von Paraffinflittern ein. Die S. Z., die nach Jeancard und Satie[1]) beim Aufbewahren in halbgefüllten Flaschen zunimmt, schwankt zwischen 1,5 und 12, die E. Z. zwischen 34 und 99 und der Gehalt des hieraus als Geranyltiglinat berechneten Esters beträgt 14,3 bis 41,7 %.

Die einzelnen Ölsorten weichen voneinander in Geruch und Eigenschaften mehr oder weniger ab, was zum Teil seine Erklärung in der verschiedenen botanischen Herkunft des Destillationsmaterials (siehe unter Ausbeuten, S. 637) findet.

1. Réunion-Geraniumöl. $d_{15°}$ 0,888 bis 0,896; α_D —7° 50′ bis —13° 50′; $n_{D20°}$ 1,462 bis 1,468; S. Z.[2]) 1,5 bis 12; E. Z. 50 bis 78 = 21 bis 33 % Geranyltiglinat[3]); E. Z. nach Actlg. 206 bis 233 = 67 bis 77,6 % Alkohol $C_{10}H_{18}O$; Gesamtalkohol unter Berücksichtigung des Estergehalts (vgl. Bd. I, S. 595) 60 bis 71 %.

2. Afrikanisches Geraniumöl. $d_{15°}$ 0,892 bis 0,904; α_D —6° 30′ bis —12°; $n_{D20°}$ 1,465 bis 1,472; S. Z. 1,5 bis 9,5; E. Z. 34 bis 70 = 14,3 bis 29,5 % Tiglinat; E. Z. nach Actlg. 203 bis 230 = 66 bis 76,4 % Alkohol $C_{10}H_{18}O$; Gesamtalkoholgehalt unter Berücksichtigung des Estergehalts 62 bis 71,5 %.

3. Französisches Geraniumöl. $d_{15°}$ 0,896 bis 0,905; α_D —7° 30′ bis —10° 15′; S. Z. 6 bis 10; E. Z. 46 bis 66 = 19,4 bis 28 % Tiglinat; E. Z. nach Actlg. 217 bis 228 = 71,3 bis 75,6 % Alkohol $C_{10}H_{18}O$. Gehalt an Citronellol 37 bis 40 %[4]).

---

[1]) Bull. Soc. chim. III. 23 (1900), 37.

[2]) Die Säurezahl ist auch bei diesen Ölen auf die allgemein übliche Art — siehe Bd. I, S. 591 — bestimmt und nicht auf die von Jeancard u. Satie (Anm. 1) vorgeschlagene Weise, nach der 3 g des Öls mit 10 ccm ½ Normal-Kalilauge versetzt werden und der Alkaliüberschuß durch Säure zurücktitriert wird. Hierbei kann eine teilweise Verseifung der Ester stattfinden und die S. Z. zu hoch ausfallen.

[3]) Zur Berechnung des Gehalts an Geranyltiglinat dient die Tabelle in Bd. I, S. 651.

[4]) Die Eigenschaften des französischen Öls sind eingehend von Jeancard u. Satie studiert worden. Bull. Soc. chim. III. 31 (1904), 43.

4. Spanisches Geraniumöl. $d_{15°}$ 0,897 bis 0,907; α_D —7° 30′ bis —11°; S. Z. 3 bis 11; E. Z. 64 bis 99 = 27 bis 42 % Tiglinat. E. Z. nach Actlg. 204 bis 234 = 66 bis 78 % Alkohol $C_{10}H_{18}O$.

5. Corsicanisches Öl. Von dieser Sorte sind nur wenige Öle untersucht worden. $d_{15°}$ 0,896 bis 0,901; α_D —8 bis —10° 30′; S. Z. 3,6 bis 5; E. Z. 56 bis 63 = 23,6 bis 26,5 % Tiglinat.

6. Deutsches Öl[1]), das gelegentlich einmal hergestellt worden ist, ist kein Handelsprodukt. Ausbeute 0,16 %. $d_{15°}$ 0,906; α_D —16°; Tiglinatgehalt 27,9 %; E. Z. nach Actlg. 212 = 69,3 % Alkohol $C_{10}H_{18}O$.

7. Öl aus Palästina[2]). $d_{15°}$ 0,896; α_D —8° 20′; S. Z. 9,8; E. Z. 68,6; Citronellolgehalt 45,7 %.

Beim Transport in Blechflaschen, in denen Geraniumöl meist versandt wird, nimmt es häufig eine braune Farbe und einen höchst unangenehmen Geruch nach faulen Eiern an. Dieser ist jedoch leicht und vollkommen zu entfernen, wenn man das Öl in flachen Schalen einige Tage lang der Luft aussetzt. Selbstverständlich ist das Öl möglichst bald nach seiner Ankunft in Glasflaschen umzufüllen.

Zusammensetzung. Als Hauptbestandteil des Geraniumöls ist das in sämtlichen Ölsorten enthaltene Geraniol[3]), $C_{10}H_{18}O$, anzusehen.

Neben Geraniol ist, besonders reichlich im Réunionöl, ein zweiter Alkohol, $C_{10}H_{20}O$, vorhanden, dessen Identität mit Citronellol von F. Tiemann und R. Schmidt[4]) nachgewiesen worden ist. Gemische dieses Alkohols mit Geraniol sind früher von P. Barbier und L. Bouveault[5]) als „Rhodinol de Pelargonium", von Hesse[6]) als „Reuniol" beschrieben worden.

Die in den einzelnen Handelsölen enthaltenen Mengen von Geraniol und Citronellol haben Tiemann und Schmidt[4]) er-

---

[1]) Bericht von Schimmel & Co. April 1894, 32.

[2]) C. Satie, Americ. Perfumer 1 (1907), Nr. 12, S. 12.

[3]) Gintl, Jahresb. d. Chem. 1879, 941; J. Bertram u. E. Gildemeister, Journ. f. prakt. Chem. II. 49 (1894), 191.

[4]) Berl. Berichte 29 (1896), 924.

[5]) Compt. rend. 119 (1894), 281 und 334.

[6]) Journ. f. prakt. Chem. II. 50 (1894), 472 und 53 (1896), 238.

mittelt. Die 70 % des gesamten Öls ausmachenden alkoholischen Anteile eines spanischen Geraniumöls bestanden zu 65 % aus Geraniol und zu 35 % aus Citronellol. Von den 75 % Alkoholen eines afrikanischen Geraniumöls waren $^1/_3$ Geraniol und $^2/_3$ Citronellol. Réunion-Geraniumöl lieferte 80 % Alkohole, die je zur Hälfte aus Geraniol und Citronellol bestanden. In allen Ölen war das Citronellol als ein Gemenge der rechts- und der linksdrehenden Modifikation vorhanden.

Die angegebenen Werte sind aber deswegen nicht ganz zutreffend, weil nach neueren Untersuchungen auch noch andre Alkohole, und zwar Linalool, Borneol (?), Terpineol, Phenyläthylalkohol, Menthol und ein Amylalkohol (?) im Geraniumöl enthalten sind, die bei der von Tiemann und Schmidt angewandten Bestimmungsmethode[1]) teilweise als Geraniol, teilweise als Citronellol erscheinen.

Nach C. Satie[2]) enthält französisches Öl 37 bis 43, afrikanisches gleichfalls 37 bis 43 und Réunionöl 50 bis 65 % Citronellol. Die Bestimmung geschah nach der Formylierungsmethode mit Ameisensäure (vgl. Bd. I, S. 599), jedoch ohne auf die Dauer der Formylierung, die, wie sich später herausgestellt hat, von großer Wichtigkeit ist, Rücksicht zu nehmen. Die Zahlen könnten sich daher vielleicht noch ändern.

Linalool, dessen Anwesenheit von Barbier und Bouveault[3]) vermutet worden war, ist durch Schimmel & Co.[4])[5]) in dem Öl durch sein bei 65 bis 66° schmelzendes Phenylurethan nachgewiesen worden. Die zur Darstellung dieses Derivats verwendete Fraktion hatte die Eigenschaften: $d_{15°}$ 0,872, α_D —1°40′, $n_{D20°}$ 1,4619.

Seinen rosenähnlichen Geruch verdankt das Geraniumöl zum Teil einem, wenn auch geringen Gehalt an Phenyläthylalkohol (Phenylurethan, Smp. 80°)[5]). In etwas größeren Mengen ist Terpineol vorhanden, und zwar inaktives α-Terpineol[5]) vom Smp. 34 bis 35°[6]). Die Identifizierung geschah durch das Nitroso-

[1]) Durch Behandeln mit Phosphortrichlorid; hierbei wird Citronellol (und auch andre Alkohole) in eine Phosphorigestersäure verwandelt, Geraniol aber in Geranylchlorid und einen Kohlenwasserstoff.

[2]) Americ. Perfumer 1 (1907), Nr. 12, S. 12.

[3]) Compt. rend. 119 (1894), 281.

[4]) Bericht von Schimmel & Co. April 1904, 50.

[5]) *Ibidem* Oktober 1910, 52.

[6]) *Ibidem* Oktober 1911, 46.

chlorid (Smp. 114 bis 115°), das Phenylurethan (Smp. 109 bis 111°) und das aus dem Trioxyterpan hergestellte Ketolacton (Smp. 62 bis 63°). Bei der Reindarstellung des Terpineols wurden noch gefunden Menthol und Spuren eines Alkohols von eigentümlichem, etwas an Borneol erinnerndem Geruch[1]). Ferner ist noch zu nennen ein zu Husten reizender Alkohol, vermutlich ein Amylalkohol, dessen Phenylurethan bei 41 bis 43° schmilzt[2]). Diese Alkohole sind in dem Öl teils frei, teils als Ester zugegen.

Die aus der beim Verseifen des Öls erhaltenen Mutterlauge abgeschiedenen Säuren sieden von 100 bis 210° und erstarren zum Teil. Die daraus abgetrennte feste Säure schmilzt bei 64 bis 65° und ist, wie aus der Analyse des Silbersalzes und dem bei 87° schmelzenden Dibromid hervorgeht, identisch mit Tiglinsäure[3]). Das flüssige Säuregemisch scheint Valeriansäure, Buttersäure[3]) und Essigsäure[4]) zu enthalten.

Die nicht alkoholischen Bestandteile des Öls gehören den verschiedensten Körperklassen an. In der allerniedrigst siedenden Fraktion des Réunion- sowohl wie des afrikanischen Öls fanden Schimmel & Co.[5]) einen schwefelhaltigen Körper, Dimethylsulfid, der, obwohl in minimalen Quantitäten gegenwärtig, auf den Geruch des Öls einen merklichen Einfluß ausübt. Es wurde durch seinen bei 37° liegenden Siedepunkt und seine charakteristischen Reaktionen mit Quecksilber- und Platinchlorid gekennzeichnet.

Von Terpenen sind nachgewiesen l-α-Pinen[6]) (Nitrolbenzylamin, Smp. 122 bis 123°) und Spuren von Phellandren[6]) (wahrscheinlich β-Phellandren, Smp. des Nitrits 114 bis 115°).

Im Vorlauf des Öls entdeckten Flatau und Labbé[7]) l-Menthon (Semicarbazon, Smp. 179,5°), und Charabot und

---

[1]) Anm. 5, S. 642.

[2]) Bericht von Schimmel & Co. April 1904, 51.

[3]) *Ibidem* April 1894, 31. Es wäre von Interesse, durch eine erneute Untersuchung die Angabe von dem Pelargonsäuregehalt des Destillationswassers von *Pelargonium roseum* (Pless, Liebigs Annalen 59 [1846], 54) nachzuprüfen und festzustellen, ob nicht etwa der Analyse ein zufälliges Säuregemisch von der Zusammensetzung der Pelargonsäure vorgelegen hat.

[4]) Barbier u. Bouveault, *loc. cit.*

[5]) Bericht von Schimmel & Co. April 1900, 50.

[6]) *Ibidem* April 1904, 51.

[7]) Bull. Soc. chim. III. 19 (1898), 788.

Laloue[1]) isolierten mit Natriumbisulfit aus einem durch Kohobation des Destillationswassers erhaltenen Öl Citral.

Im Nachlauf ist eine kristallinische, bei 63° schmelzende Substanz von den Eigenschaften des Rosenölstearoptens aufgefunden worden. Nach dem Verhalten der Geraniumöle zu 70 %igem Alkohol zu urteilen, ist dies Paraffin am reichlichsten in der spanischen Sorte enthalten.

Die Grünfärbung einzelner Öle, besonders des Réunionöls, wird durch eine bei 10 mm Druck von 165 bis 170° siedende Flüssigkeit ($[C_{10}H_{17}]_2O$?) hervorgerufen[2]).

Verfälschung und Prüfung. Verfälscht wird das Geraniumöl mit Terpentinöl, Cedernholzöl und Gurjunbalsamöl[3]), Zusätze, die durch ihre Unlöslichkeit in 70 %igem Alkohol und durch die Erniedrigung der E. Z. zu erkennen sind. Um die Entdeckung derartiger Verfälschungen zu erschweren und den Estergehalt wieder zu erhöhen, hat man künstliche Ester wie die der Benzoesäure[4]), der Oxalsäure[5]) und der Phthalsäure[6]) zugesetzt.

Fettes Öl, das sich schon durch seine Unlöslichkeit in 70 %igem Alkohol verrät, bleibt bei der Destillation mit Wasserdampf im Rückstande, wo es ohne Schwierigkeit nachgewiesen werden kann.

Einmal ist auch ein mit Gingergrasöl verfälschtes Geraniumöl beobachtet worden[7]).

Produktion und Handel. Unter den Geraniumölen des Handels spielen das Öl von Réunion und das afrikanische die größte Rolle.

Es wurden ausgeführt

von Réunion:		von Algerien:	
Jahr	Menge in kg	Jahr	Menge in kg
1901	13 953		
1902	17 193		
1903	25 323	1903	31 200
1904	27 660	1904	63 600

[1]) Compt. rend. 136 (1903), 1467.

[2]) Barbier u. Bouveault, *loc. cit.*

[3]) Bericht von Schimmel & Co. April 1908, 53; Oktober 1911, 47.

[4]) *Ibidem* Oktober 1905, 33.

[5]) Parry, Perfum. and Essent. Oil Record 2 (1911), 83.

[6]) Bericht von Schimmel & Co. April 1913, 60.

[7]) *Ibidem* Oktober 1911, 47.

von Réunion:		von Algerien:	
Jahr	Menge in kg	Jahr	Menge in kg
1905	38 334	1905	52 600
1906	31 645	1906	54 600
1907	31 247	1907	38 700
1908	34 360	1908	46 600
1909	59 788	1909	41 000
1910	61 792	1910	33 800
1911	44 620	1911	28 500
1912	43 138	1912	24 900

In Südfrankreich werden, wie bereits erwähnt, jährlich 2 bis 3000 kg, in Spanien 600 bis 1000 kg und auf Corsica 600 bis 1300 kg Öl gewonnen.

Familie: TROPAEOLACEAE.

382. Kapuzinerkressenöl.

Der an Kresse erinnernde Geruch der Blätter von *Tropaeolum majus* L. (Familie der *Tropaeolaceae*) veranlaßte A. W. Hofmann[1]), das Kapuzinerkressenöl[2]) einer Untersuchung zu unterwerfen. Zur Darstellung wurden 300 kg Kraut mit Blüten und unreifen Samen mit Wasserdampf destilliert. Das ölreiche Wasser wurde mit Benzol ausgeschüttelt, nach dessen Verdunsten 75 g (= 0,025 %) Öl zurückblieben.

Es siedete von 160 bis 300° unter Hinterlassung eines nicht unbedeutenden Rückstandes. Nur die ersten, widerwärtig riechenden Fraktionen enthielten Spuren von Schwefel, die übrigen nicht. Bei weitem die größte Menge siedete bei 231,9°. Diese Fraktion stellte eine stark lichtbrechende Flüssigkeit vom spez. Gewicht 1,0146 bei 18° dar und entwickelte beim Behandeln mit Ätzkali Ströme von Ammoniak. Die Analyse zeigte, daß das Öl ein Nitril, und zwar das Nitril der Phenylessigsäure war. Demnach enthielte das Öl der Kapuzinerkresse denselben Hauptbestandteil, wie das gewöhnliche Kressenöl aus dem Kraute von *Lepidium sativum* L.

---

[1]) Berl. Berichte 7 (1874), 518.

[2]) Das Öl ist zuerst dargestellt worden von Müller, Liebigs Annalen 25 (1838), 207.

Phenylessigsäurenitril wurde sowohl in den niedriger wie höher siedenden Fraktionen, neben kleinen Mengen eines nicht näher untersuchten Kohlenwasserstoffs gefunden.

Zu ganz andern Ergebnissen kam Gadamer[1]) bei einer später ausgeführten Untersuchung. Er stellte das Öl sowohl durch Ätherextraktion des Saftes, der durch Auspressen des zerkleinerten Krautes gewonnen war, als auch durch Destillation der sorgfältig zerkleinerten Kresse dar; im letzteren Falle wurde das Öl durch Ausäthern des Destillationswassers erhalten. 4 kg Kraut gaben 1,3 g = 0,0325 % eines bräunlichen Öls von scharfem Kressengeruch, der namentlich beim Erwärmen hervortrat. Mit Ammoniak bildet das Öl fast quantitativ den bei 162° schmelzenden Benzylthioharnstoff, woraus hervorgeht, daß das auf die beschriebene Weise gewonnene, also normale Kapuzinerkressenöl fast ganz aus Benzylsenföl besteht.

Das Senföl verdankt seine Entstehung der Zersetzung eines Glucosids, des Glucotropaeolins, $C_{14}H_{18}KNS_2O_9 + xH_2O$, durch ein Ferment. Da nun Glucosid und Ferment in getrennten Zellen der Pflanzen enthalten sind, so findet die Bildung des Benzylsenföls nur dann statt, wenn das Zellgewebe zerrissen wird, und beide Körper mit einander in Berührung gebracht werden. Werden die Zellmembranen vor der Destillation nicht gehörig zerstört, so wird das Ferment durch Wärme unwirksam, ehe es das Glucosid spalten kann. Dieses wird während der Destillation unter Bildung von Phenylessigsäurenitril (Benzylcyanid) zersetzt.

Hierdurch erklärt sich auch das abweichende Resultat A. W. Hofmanns, wenn man annimmt, daß dessen Ausgangsmaterial vor der Destillation nicht oder nur ungenügend zerkleinert worden war.

Auch die Samen der Brunnenkresse enthalten Glucotropaeolin[2]) und geben bei geeigneter Behandlung ein ätherisches Öl, das Schwefel[3]) enthält.

---

[1]) Arch. der Pharm. **237** (1899), 111. — Berl. Berichte **32** (1899), 2336.

[2]) H. ter Meulen, Recueil trav. chim. des P.-B. **24** (1905), 480.

[3]) F. J. Bernays, Buchners Repert f. d. Pharm. **88** (1845), 387; Pharm. Zentralbl. 1845, 735.

Familie: ERYTHROXYLACEAE.

383. Cocablätteröl.

Die Cocablätter gehören zu den in den Ländern des südamerikanischen Cordillerengebietes einheimischen und dort von alters her gebrauchten Genußmitteln[1]), haben aber erst in neuerer Zeit durch ihre Alkaloide[2]) auch für die Heilkunde Bedeutung erlangt[3]).

Das in den Blättern enthaltene ätherische Öl wurde zuerst im Jahre 1860 von Niemann[4]) und Lossen[5]) beobachtet und dargestellt.

Die Cocablätter[6]) von *Erythroxylon Coca* Lam. *var. Spruceanum* Brck. (Familie der *Erythroxylaceae*) enthalten, je nach ihrem Vegetationsstadium, verschiedene Mengen ätherisches Öl. So erhielt van Romburgh[7]) aus jungen, unentwickelten Blättern 0,13, aus ausgewachsenen aber nur 0,06 % Öl. Es besteht in der Hauptsache aus Methylsalicylat, dem kleine Mengen von Aceton und Methylalkohol beigemengt sind.

384. Öl von Erythroxylon monogynum.

Erythroxylon monogynum Roxb., der Bastard-Sandel, ist ein Strauch oder kleiner Baum, der im westlichen Ostindien und auf Ceylon wächst. Aus dem Holz gewinnen die Eingeborenen

---

[1]) Pedro Cieza de Leon, Parte primera de la Chronica del Peru. Sevilla 1553. Royal Commentaries of the Incas. By the Inka Garcilasso de la Vega. Translated by Clemens R. Markham. London, Hakluyt Society, 1871. Vol. 2, Chap. 15, p. 371. — W. H. Prescott, History of the conquest of Peru. J. B. Lippincott & Co. 1881. Vol. 1, p. 143. — Wittmack, Berichte d. deutsch. Bot. Ges. 4 (1886), 25. — Kew Bull. 1889, Nr. 33, p. 222.

[2]) Berichte d. deutsch. pharm. Ges. 9 (1899), 38.

[3]) Pharm. Rundsch. (New York) 2 (1884), 262.

[4]) De foliis Erythroxyli, Dissertatio. Göttingen 1860.

[5]) Über die Blätter von *Erythroxylon Coca* Lam., Dissert., Göttingen 1862.

[6]) Vgl. C. Hartwich, Beiträge zur Kenntnis der Cocablätter, Arch. der Pharm. 241 (1903), 617.

[7]) Recueil trav. chim. des P.-B. 13 (1894), 425. — Verslag 's Lands Plantentuin te Buitenzorg 1894, 43; Bericht von Schimmel & Co. Oktober 1895, 47 u. April 1896, 75.

ein Öl, indem sie Holzstücke in einem irdenen Topf über freiem Feuer erhitzen und das flüchtige Produkt in einem zweiten darüber gestülpten Topf auffangen. Es führt den Namen *„Dummele“* und wird zum Anstreichen von Booten benutzt[1]).

Schimmel & Co.[2]) erhielten durch Dampfdestillation aus dem Holz 2,56 % eines Öls, das eine klebrige Kristallmasse von angenehmem, an Guajakholzöl erinnerndem Geruch bildet; das spez. Gewicht ist kleiner als 1; S. Z. 6,77; E. Z. 1,56; Smp. 42 bis 45°; E. Z. nach Actlg. 131; löslich in 1 Vol. 90 %igen Alkohols mit geringer Trübung, die bei weiterem Zusatz von Alkohol verschwindet.

Der Nachlauf des Öls wurde zur Untersuchung des kristallisierenden Körpers zunächst einer Destillation im Vakuum unterworfen und der zwischen 212 und 216° (8 mm) übergehende Anteil aus möglichst wenig Petroläther ausgefroren. Nach darauf folgendem, zweimaligem Umkristallisieren aus Petroläther wurde eine in glänzenden Nadeln kristallisierende Verbindung vom Smp. 117 bis 118° ($[\alpha]_D$ in 13 %iger Chloroformlösung +32° 28') erhalten, die auf die Zusammensetzung $C_{20}H_{34}O$ stimmende Analysenresultate lieferte. Der Körper ist ein Alkohol, dessen bei 72 bis 73° schmelzendes Acetat die Formel $C_{22}H_{36}O_2$ hat.

Familie: *ZYGOPHYLLACEAE.*

385. Guajakholzöl.

Oleum Ligni Guajaci. — Essence de Bois de Gayac. — Oil of Guaiac Wood.

Herkunft und Gewinnung. *Bulnesia Sarmienti* Lor. ist nach Grisebach[3]) ein 40 bis 60 Fuß hoher, zur Familie der *Zygophyllaceae* gehöriger Baum, der in der argentinischen Provinz Gran Chaco am mittleren Laufe des Rio Berjemo heimisch ist. Das dem gewöhnlichen Guajakholz von *Guajacum officinale* L. sehr ähnliche Holz kommt seit dem Jahre 1892 als *Palo balsamo* in den Handel. Es ist ungemein fest und zähe und nimmt an der

[1]) Watt, Commercial Products of India. London 1908, p. 525.

[2]) Bericht von Schimmel & Co. April 1904, 100.

[3]) Abhandl. d. Königl. Ges. d. Wissensch. zu Göttingen. Bd. 24, S. 75.

Luft eine grünblaue Farbe an, die auf die Gegenwart von Guajakharz schließen läßt. Bei der Destillation gibt das Holz 5 bis 6 % Öl, das im Jahre 1891 zuerst von Schimmel & Co.[1]) dargestellt und als Guajakholzöl[2]) in den Verkehr gebracht worden ist.

Eigenschaften. Guajakholzöl ist ein zähes, dickflüssiges Öl, das bei gewöhnlicher Temperatur langsam zu einer kristallinischen, weißen bis gelblichen Masse erstarrt. Ist es fest geworden, so schmilzt es erst wieder zwischen 40 und 50°. Der Geruch des Öls ist höchst angenehm, veilchen- und teeartig. $d_{30°}$ 0,965 bis 0,975; α_D — 3 bis — 8°; $n_{D30°}$ 1,503 bis 1,504; S. Z. 0 bis 1,5; E. Z. 0 bis 5; E. Z. nach Actlg. 100 bis 153; löslich in 3 bis 5 u. m. Vol. 70 %igen Alkohols.

Zusammensetzung. Der kristallinische Bestandteil des Öls ist der Guajakalkohol oder das Guajol[3]), ein Sesquiterpenhydrat $C_{15}H_{26}O$. Guajol ist ein geruchloser, in sehr großen, durchsichtigen Prismen kristallisierender, bei 91° schmelzender tertiärer Alkohol[4]). Er[5]) siedet unter gewöhnlichem Luftdruck bei 288°, im Vakuum (10 mm) bei 148°. Seine Lösung in Chloroform ist linksdrehend. Durch wasserentziehende Mittel wird ein Kohlenwasserstoff $C_{15}H_{24}$ gebildet, dem eine intensiv blau gefärbte Substanz beigemengt ist. Beim Kochen des Guajols mit Essigsäureanhydrid entsteht eine flüssige Acetylverbindung, die unter 10 mm Druck bei 155° siedet.

Der riechende Bestandteil des Öls ist noch nicht untersucht.

Guajakholzöl findet in der Parfümerie zur Hervorbringung des Teerosengeruchs Verwendung. Es ist in Bulgarien gelegentlich zur Verfälschung des Rosenöls (S. 596) benutzt worden.

---

[1]) Bericht von Schimmel & Co. April 1892, 42; April 1893, 32; April 1898, 26; Oktober 1898, 30 und Oktober 1908, 59.

[2]) Demselben Öl wurde später von verschiedenen Seiten der Phantasiename „Champacaöl" gegeben, obwohl dieses mit dem echten Champacaöl von *Michelia Champaca* L. nicht die geringste Ähnlichkeit hat. (Bericht von Schimmel & Co. April 1898, 33).

[3]) Wallach, Liebigs Annalen 279 (1894), 395.

[4]) A. Gandurin, Berl. Berichte 41 (1908), 4359.

[5]) Die Bezeichnung Champacol (Chem. Ztg. Repert. 17 [1893], 31) für diesen Alkohol ist natürlich ebensowenig berechtigt, wie der Name Champacaöl für das Öl.

386. Guajakharzöl.

Aus dem offizinellen Guajakharz von *Guajacum officinale* L. (Familie der *Zygophyllaceae*) gewannen O. Doebner und H. Lücker[1]) in einer Ausbeute von 0,66 % ein farbloses, allmählich fest werdendes ätherisches Öl.

H. Haensel[2]) erhielt aus dem Harz mit gespanntem Wasserdampf nur 0,03 % eines dunkelbraunen, aromatisch riechenden, in 96 %igem Alkohol nicht völlig löslichen Öls von den Eigenschaften: $d_{18°}$ 0,9417, S.Z. 77, E.Z. 12,8, das beim Erwärmen mit ammoniakalischer Silberlösung einen Silberspiegel gab.

Nach E. Paetzold[3]) ist das ätherische Öl weder ein Bestandteil des Holzes noch des Harzes, sondern der Rinde, mit der das Harz meistens verunreinigt ist.

Familie: *RUTACEAE.*

387. Japanisches Pfefferöl.

Die als *Piper japonicum* oder „*Sansho*" (japanisch) bekannten Früchte von *Xanthoxylum piperitum* DC. (Familie der *Rutaceae*) geben bei der Destillation mit Wasserdampf 3,16 % eines gelblich gefärbten Öls von angenehmem, an Citronen erinnerndem Geruch. $d_{15°}$ 0,973; Siedetemperatur 160 bis 230°.

Den Hauptbestandteil des Öls bildet Citral, $C_{10}H_{16}O$[4]).

Ein von J. Stenhouse[5]) untersuchtes Öl, das angeblich von *Xanthoxylum piperitum* herrühren sollte, stammte, wie sich später herausstellte[6]), von *X. alatum* Roxb. ab (siehe dieses S. 653).

---

[1]) Arch. der Pharm. 234 (1896), 608.

[2]) Apotheker Ztg. 23 (1908), 279.

[3]) Beiträge zur pharmakognostischen und chemischen Kenntnis des Harzes und Holzes von *Guajacum officinale* L. sowie *Palo balsamo*. Inaug. Dissert. Straßburg 1901.

[4]) Bericht von Schimmel & Co. Oktober 1890, 49.

[5]) Pharmaceutical Journ. I. 17 (1857), 19. — Liebigs Annalen 104 (1857), 236.

[6]) Hanbury, Science Papers p. 229. — E. M. Holmes, Perfum. and Essent. Oil Record 3 (1912), 37.

388. Öl von Xanthoxylum Hamiltonianum.

Die Samen von *Xanthoxylum Hamiltonianum*[1]) Wall. (*Fagara Hamiltoniana* [Wall.] Engl.) liefern nach Helbing[2]) 3,84 bis 5 % ätherisches Öl vom spez. Gewicht 0,840.

Es ist farblos und hat einen angenehmen, nachhaltigen, an eine Mischung von Geranium- und Bergamottöl erinnernden Geruch.

389. Öl von Xanthoxylum ochroxylum.

Nach einer Mitteilung von M. Leprince[3]) läßt sich aus der Rinde der in Venezuela „*Bosuga blanca*" genannten Rutacee *Xanthoxylum ochroxylum* DC. durch Behandlung mit Petroläther in einer Ausbeute von 6 % ein Öl gewinnen von der Dichte 0,945 (15°). Es besitzt einen brennend scharfen, adstringierenden Geschmack und frischen Geruch. Es läßt sich nicht bei gewöhnlicher Temperatur destillieren und ist nur zu einem geringen Teil verseifbar. Wahrscheinlich ist das Produkt ein Gemisch von fettem und ätherischem Öl.

390. Wartaraöl.

Als Wartara-[4])seeds bezeichnet man in Indien die Früchte von *Xanthoxylum acanthopodium* DC. und *X. alatum* Roxb.

Die Droge wird nach „Pharmacographia Indica" von Dymock, Warden und Hooper, Bd. 1, S. 257, im Morgenlande schon seit langer Zeit als Gewürz und Heilmittel angewandt. Die Carpelle der genannten Früchte werden von Sanskrit-Schriftstellern mit dem Namen „*Tumburu*", was Coriander bedeutet, belegt. Die Araber scheinen die Früchte zuerst aus Nord-Indien bekommen zu haben. Ibn Sina beschreibt sie als eine, *Fághireh* (offenmäulig) genannte, Beere von der Größe einer Wicke, die einen

---

[1]) Als Stammpflanze dieses Öls war ursprünglich *Evodia fraxinifolia* genannt worden.

[2]) Jahresb. f. Pharm. 1887, 157 und 1888, 128.

[3]) Bull. Sciences pharmacol. 18 (1911), 343.

[4]) Die Bezeichnung Wartara ist vielleicht aus Fagara entstanden. Die Gattung *Fagara* ist der Gattung *Xanthoxylum* so nahe verwandt, daß sie von einigen Botanikern als eine einzige Gattung angesehen wird.

schwarzen, dem Hanfsamen ähnlichen Samen enthält. Háji Zein el Attár gibt 1368 eine ähnliche Beschreibung von *Fághireh* und erwähnt, daß die Perser die Früchte *Kabábeh-i-kusháddeh*, d. h. offenmäulige Cubeben, nennen.

Schimmel & Co.[1]) erhielten bei der Destillation der Früchte von *X. acanthopodium* DC. annähernd 2 % eines deutlich nach Coriander riechenden Öls. $d_{15°}$ 0,871 bis 0,874; α_D +5° 30′ bis +6° 31′; V. Z. 27,1. Es löste sich in 1 Vol. 80 %igen Alkohols klar auf. Bei der Destillation im Vakuum wurden unter 14 mm Druck folgende Fraktionen erhalten:

Fraktion	Siedetemperatur	$d_{15°}$	$\alpha_{D15°}$	Menge des Destillats in ccm
1	65 bis 70°	0,841	+0° 26′	45
2	70 „ 80°	0,846	+4° 17′	9
3	80 „ 90°	0,856	+11° 38′	34
4	90°	0,865	+13° 43′	19
5	90 bis 100°	0,865	+12° 39′	27
6	100 „ 130°	0,939	−6° 2′	7

Fraktion 1 siedete bei Atmosphärendruck von 175 bis 176° und gab mit Brom in guter Ausbeute ein bei 125° schmelzendes Tetrabromid; sie bestand also aus fast reinem Dipenten.

Aus den Fraktionen 3 bis 5 wurde eine Flüssigkeit von den Eigenschaften des d-Linalools erhalten. Ihr spez. Gewicht betrug 0,868, der Drehungswinkel +14° 20′, der Sdp. 78° (14 mm). Die Identität des Körpers mit Linalool wurde durch seine Umwandlung in Citral und in l-Terpineol bewiesen. Das bei der Oxydation mit Chromsäuregemisch erhaltene Citral gab die charakteristische Naphthocinchoninsäure vom Smp. 197 bis 200°. Beim Behandeln mit Ameisensäure entstand l-Terpineol vom Smp. 35° (Phenylurethan, Smp. 113°).

Die höchstsiedenden Ölanteile erstarren zuweilen zu langen Nadeln[2]), die nach dem Umkristallisieren aus Alkohol bei 36° schmelzen, bei 256° (745 mm) sieden und, wie aus der Elementaranalyse des Silbersalzes der daraus abgeschiedenen Zimtsäure hervorgeht, aus Zimtsäuremethylester bestehen.

---

[1]) Bericht von Schimmel & Co. April 1900, 50 u. Oktober 1911, 42.

[2]) *Ibidem* April 1901, 62.

391. Öl von Xanthoxylum alatum.

Herkunft und Eigenschaften. Unter dem Namen „Chinese Wild Pepper" werden mitunter auf dem Londoner Markt die Früchte von *Xanthoxylum alatum* Roxb. angeboten, einem zu den Rutaceen gehörigen Strauch, der in den Gebirgen des nördlichen Bengalen, sowie in China vorkommt.

Schimmel & Co.[1]) erhielten aus den Früchten bei der Destillation 3,7 % eines citronengelben Öls von eigenartigem, an Wasserfenchelöl erinnerndem Geruch. Bei weiterer Destillation wurden noch 0,9 % einer kristallinischen Substanz erhalten. Der Versuch, diese in dem angegebenen Verhältnis in dem Öl zu lösen, mußte wieder aufgegeben werden, da sich die festen Anteile schon bei einer Temperatur von 25 bis 30° größtenteils wieder ausschieden. Es wurden daher die Eigenschaften des Öls und der festen Substanz getrennt bestimmt.

Das Öl verhielt sich folgendermaßen: $d_{15°}$ 0,8653, α_D —23° 35′, $n_{D20°}$ 1,48131, S. Z. 0,9, E. Z. 10,3, E. Z. nach Actlg. 33,6, löslich in 2,6 Vol. u. m. 90 %igen Alkohols. Der bei der Destillation erhaltene feste Bestandteil bildete nach mehrmaligem Umkristallisieren aus Alkohol farb- und geruchlose, optisch inaktive Nadeln oder Blättchen vom Smp. 83°. Sie sind äußerst leicht löslich in Äther, Chloroform und Aceton, etwas weniger leicht in Benzol, Alkohol und Petroläther.

Umney[2]) ermittelte bei einem Destillat d 0,889, α_D —23°.

Zusammensetzung. F. W. Semmler und E. Schoßberger[3]) fanden in dem Öl ein Terpen (Sdp. 50 bis 60° bei 9 mm; $d_{20°}$ 0,840; α_D —26°; n_D 1,47457), das sie als Xanthoxylen bezeichnen, das aber vielleicht mit l-Sabinen identisch ist. Es liefert ein Monohydrochlorid vom Sdp. 83 bis 87° (10 mm), $d_{20°}$ 0,959, α_D —11°, n_D 1,4824, aus dem durch Reduktion mit Natrium und Alkohol ein Kohlenwasserstoff $C_{10}H_{18}$ entsteht, von den Konstanten: Sdp. 52 bis 58° (9 mm), $d_{20°}$ 0,8275, α_D —17°, n_D 1,4582. Das Xanthoxylen bildet bei der Ozonisierung ein Keton, dessen Semicarbazon bei 123° schmilzt, während der Schmelzpunkt des Sabinenketonsemicarbazons 141° beträgt.

---

[1]) Bericht von Schimmel & Co. Oktober 1910, 137.

[2]) Perfum. and Essent. Oil Record 3 (1912), 37.

[3]) Berl. Berichte 44 (1911), 2885.

Der oben erwähnte feste Körper ist nach Semmler und Schoßberger Phloracetophenondimethyläther[1]), $C_{10}H_{12}O_4$, dessen Monobromprodukt $C_{10}H_{11}BrO_4$ bei 187°, dessen Acetylderivat bei 107° und dessen Methylderivat bei 103° schmilzt.

Ein weiterer Bestandteil des Öls ist ein Aldehyd, dessen Semicarbazon bei 210 bis 211° schmilzt und der danach als Cuminaldehyd[2]) anzusprechen sein dürfte.

Von J. Stenhouse[3]) ist ein Öl beschrieben und untersucht worden, als dessen Stammpflanze *Xanthoxylum piperitum* DC. angegeben war. Wie später Hanbury festgestellt hat, rührte es von *X. alatum* her. Stenhouse hatte in ihm ein bei 162° siedendes Terpen, Xanthoxylen, und einen kristallinischen Körper $C_{10}H_{12}O_4$ vom Smp. 80° gefunden, den er Xanthoxylin nannte, ein Befund, der mit dem später von Semmler und Schoßberger erhaltenen gut übereinstimmt.

392. Öl von Xanthoxylum Aubertia.

Herkunft und Eigenschaften. *Xanthoxylum Aubertia* DC. (*Fagara Aubertia* DC., *Evodia Aubertia* Cordem.) ist auf Réunion unter dem Namen „Catafaille blanc" bekannt und wird dort als sehr wirksames Wundmittel geschätzt, außerdem aber auch noch als Diaphoreticum und als Blutreinigungsmittel angewandt.

Das Öl (es war nicht festzustellen, aus welchem Pflanzenteil es gewonnen war) hat, wie an 2 Mustern bestimmt wurde, nach Schimmel & Co.[4]) folgende Eigenschaften: $d_{15°}$ 0,9052 bis 0,9708, α_D —19°20′ bis —62°10′, S. Z. 1,1 bis 1,3, E. Z. 7,3 bis 8,7, E. Z. nach Actlg. 33 bis 51. Die Löslichkeit in 90 %igem Alkohol war bei dem einen Öl keine vollkommene, selbst mit 10 Vol. Alkohol wurde nur eine stark getrübte Lösung erhalten; in 95 %igem Alkohol war das Öl zunächst klar löslich, bei Zusatz von mehr als 2 Vol. trat aber infolge von Paraffinabscheidung Opalescenz ein. Das zweite Öl löste sich in jedem Verhältnis

---

[1]) Derselbe Körper ist früher schon im Öl von *Blumea balsamifera* aufgefunden worden. Bericht von Schimmel & Co. April 1909, 152.

[2]) Siehe Bd. I, S. 440.

[3]) Siehe unter „Japanisches Pfefferöl", S. 650.

[4]) Bericht von Schimmel & Co. April 1907, 113.

in 90%igem Alkohol; bei starker Verdünnung (1:10) wurde schwaches Opalisieren beobachtet. In 10 Vol. 80%igen Alkohols war es nicht klar löslich.

Zusammensetzung. F. W. Semmler und E. Schoßberger[1]) fanden in dem Öl ein aliphatisches, mit Ocimen oder Allo-ocimen verwandtes Terpen von den Eigenschaften: $d_{20°}$ 0,8248, $\alpha_D + 30°$, n_D 1,49775. Die höher siedenden Anteile des Öls enthielten ein noch unbekanntes, monocyclisches Sesquiterpen, das von den Autoren Evoden genannt wurde (Sdp. 119 bis 123° bei 9 mm; $d_{20°}$ 0,8781; $\alpha_D - 58°$; n_D 1,49900). Ferner wiesen Semmler und Schoßberger in dem Öl ca. 40 bis 60% Methyleugenol nach, das sie durch sein Oxydationsprodukt, die Veratrumsäure (Smp. 180 bis 181°), kennzeichneten. Die höchstsiedenden Anteile enthielten Phloracetophenon-dimethyläther, denselben Körper, der auch in dem Öl von *Xanthoxylum alatum*[2]) nachgewiesen worden ist.

393. Öl von Xanthoxylum Peckoltianum.

Die Blätter von *Xanthoxylum Peckoltianum* (*Fagara Peckoltiana* Engl.) geben bei der Destillation 0,068 bis 0,079% rautenähnlich riechendes Öl. d 0,894[3]).

394. Öle von Fagara xanthoxyloides.

1. ÖL DER FRÜCHTE.

Die Fruchtschalen von *Fagara xanthoxyloides* Lam. (*Xanthoxylum senegalense* DC.)[4]) geben bei der Destillation mit Wasserdampf 0,37 bis 2,4% ätherisches Öl[5]) von bräunlicher Farbe und schwach saurer Reaktion. $d_{15°}$ 0,9229; $[\alpha]_{D 15°} - 1,20°$; S. Z. 2,19; E. Z. 58,51.

Durch Behandeln des Öls mit Natriumbisulfit wurde Methyl-n-nonylketon (Oxim, Smp. 45 bis 46°; Semicarbazon, Smp. 120

[1]) Berl. Berichte 44 (1911), 2885.

[2]) Siehe dieses, S. 654.

[3]) Th. Peckolt, Ber. d. deutsch. pharm. Ges. 9 (1899), 340.

[4]) Die Wurzelrinde sowie auch die Früchte werden von den Eingeborenen Togos medizinisch verwendet.

[5]) H. Prieß, Berichte d. deutsch. pharm. Ges. 21 (1911), 227.

bis 121°) isoliert, dem wahrscheinlich Decylaldehyd beigemengt war.

Von Säuren enthält das Öl n-Caprinsäure, sowohl in freiem wie in gebundenem Zustand (Smp. des Amids 98°). In der Verseifungslauge befand sich außerdem Essigsäure sowie eine feste Säure, die nicht näher untersucht wurde.

Von weiteren Bestandteilen wurden Dipenten (Smp. des Tetrabromids 124 bis 125°), Linalool (Smp. der Citryl-β-naphthocinchoninsäure 198 bis 199°) sowie ein Sesquiterpen von den Eigenschaften: Sdp. 170 bis 180° (14 mm), d_{14° 0,9214, $[\alpha]_D + 4^\circ 16'$ nachgewiesen. Ein Chlorhydrat dieses Sesquiterpens wurde nicht erhalten.

Durch Behandlung des Öls mit Kalilauge wurde ein Körper vom Smp. 143 bis 144°, das Lacton Xanthotoxin, isoliert. Diese Verbindung läßt sich in größerer Menge durch Ausziehen der Fruchtschalen mit Alkohol gewinnen. Die Nitroverbindung des Xanthotoxins ($C_{12}H_7O_4NO_2$) schmilzt bei 230°, die aus Xylol umkristallisierte Dibromverbindung bei 164°. Durch Versetzen der alkoholischen Lösung des Xanthotoxins mit Kalilauge bildet sich unter Gelbfärbung ein wasserlösliches Salz.

Die Konstitution dieses Körpers ist von H. Thoms[1]) ermittelt worden. Er stellte durch Behandlung des Xanthotoxins in methylalkoholischer Lösung mit Methyljodid Methylxanthotoxinsäure (Smp. 114 bis 117°) und Methylxanthotoxinsäuremethylester (Smp. 44°) dar. Bei der Kalischmelze bildete sich eine Pyrogallolcarbonsäure, woraus hervorgeht, daß das Xanthotoxin ein Pyrogallolderivat ist.

Außer dem Xanthotoxin kommt in dem alkoholischen Extrakt ein zweites Lacton vor, das Bergapten[2]), das isomer mit Xanthotoxin ist und sich vom Phloroglucin ableitet.

```
           OCH3                          OCH3
       O /\ O · CO                   HC /\ CH:CH
  CH   |  |     .               CH \      .
    HC \  / CH:CH                   O \  / O · CO
        \/                              \/
    Xanthotoxin                       Bergapten
```

Beide Körper sind Fischgifte, doch ist die narkotische Wirkung des Xanthotoxins bedeutend größer als die des Bergaptens.

[1]) Berl. Berichte 44 (1911), 3325; 45 (1912), 3705.

[2]) Vgl. Pomeranz, Monatsh. f. Chem. 12 (1891), 379.

In botanischer Beziehung ist das Vorkommen von Xanthotoxin und Bergapten in *Fagara xanthoxyloides* und von Bergapten in den Früchten von *Citrus Bergamia*, der Stammpflanze des Bergamottöls, interessant, denn die beiden Pflanzen sind nahe verwandt, sie gehören zu Unterabteilungen derselben Pflanzenfamilie: *Rutaceae-Xanthoxyleae* und *Rutaceae-Aurantoideae*.

2. ÖL DER WURZELRINDE.

Das aus der Wurzelrinde gewonnene Öl enthält nach H. Thoms[1]) einen festen Bestandteil, der sich beim Stehen abscheidet.

Dieser Körper, der von H. Thoms und F. Thümen[2]) auch durch Extraktion der Wurzelrinde mit Benzol isoliert worden ist, ist das Fagaramid vom Smp. 119 bis 120°, das als das Isobutylamid der Piperonylacrylsäure identifiziert wurde. Synthetisch stellten sie den Körper aus Piperonylacrylsäurechlorid und Isobutylamin in ätherischer Lösung dar.

395. Öl von Fagara octandra.

Das aus dem Holz des in Mexico wachsenden Baumes *Fagara octandra* L. *(Rutaceae)* gewonnenes Öl[3]) ist von hellgelber Farbe und linaloolartigem Geruch; $d_{15°}$ 0,922; α_D + 2° 30′; E. Z. 6,09; löslich in 0,5 Vol. 90%igen Alkohols, bei Zusatz von mehr als 1,5 Vol. Alkohol tritt Trübung ein.

396. Fagaraöl, philippinisches.

Eine unbekannte, in den Nordprovinzen der Philippinen vorkommende *Fagara*-Art *(Rutaceae)* gab, wie Bacon[4]) mitteilt, bei der Destillation ihrer Blätter geringe Mengen eines Öls, das Limonen und wahrscheinlich außerdem ein Limonenderivat enthielt. Letzteres ließ sich auch aus Limonen durch Behandlung

---

[1]) Chem. Ztg. 34 (1910), 1279.
[2]) Berl. Berichte 44 (1911), 3717.
[3]) Bericht von Schimmel & Co. April 1905, 83.
[4]) Philippine Journ. of Sc. 4 (1909), A, 93ff.

mit verdünnter, alkalischer Kupfersulfatlösung darstellen. Die Verbindung, deren Natur noch nicht aufgeklärt ist, gab mit Phenylhydrazin einen kristallinischen Körper.[1])

397. Öl von Evodia simplex.

Das Öl der auf Réunion einheimischen *Evodia simplex* Cordem. (Familie der *Rutaceae*) wurde der Firma Schimmel & Co.[2]) vom Syndicat du Géranium Bourbon übersandt. Von welchem Pflanzenteil es destilliert wurde, ist unbekannt. $d_{15°}$ 0,9737; α_D — 13° 4′; S. Z. 2,1; E. Z. 16,4; E. Z. nach Actlg. 63,3. Das Öl löste sich in 0,9 Vol. 80 %igen Alkohols unter geringer Paraffinabscheidung, war aber in 10 Vol. 70 %igen Alkohols nicht vollständig löslich. Nachdem festgestellt worden war, daß bis etwa 190° (gew. Druck) nichts überdestillierte, wurde das Öl im Vakuum (3 mm) fraktioniert, wobei es zwischen 90 und 140° siedete. Der bei nochmaliger Destillation von 97 bis 100° (2,5 mm) übergehende Anteil ($d_{15°}$ 1,006; α_D — 4°) bestand aus Eugenolmethyläther. Die Oxydation mit Permanganat gab Veratrumsäure, farblose, dünne Nädelchen, die bei 177,5° schmolzen.

Aus der letzten Fraktion des Öls kristallisierte ein Paraffin vom Smp. 80 bis 81° aus.

398. Öl von Evodia hortensis.

Die Usiblätter aus Samoa von *Evodia hortensis* Forst., deren Aufguß bei den Eingeborenen als Mittel gegen Kopfweh Verwendung findet, geben bei der Dampfdestillation 0,09 % eines hellbraunen, chinonartig riechenden ätherischen Öls[3]). Seine Konstanten sind: $d_{15°}$ 0,9450, α_D — 10°, $n_{D20°}$ 1,49685, löslich in 2 Vol. 90 %igen Alkohols u. m., nicht löslich in 20 Vol. 80 %igen Alkohols.

---

[1]) Auch andre *Fagara*-Arten, z. B. *Fagara Naranjillo* (Griseb.) Engl. und *F. nitida* (St. Hill.) Engl. enthalten (letztere in den Blättern) ätherisches Öl (Dragendorff, Die Heilpflanzen. Stuttgart 1898, S. 350).

[2]) Bericht von Schimmel & Co. Oktober 1900, 83.

[3]) *Ibidem* Oktober 1908, 146.

399. Öl von Pelea madagascarica.

Schimmel & Co.[1]) erhielten von Prof. Heckel in Marseille eine kleine Menge anisartig riechender Früchte, die aus Madagaskar stammten und als deren wahrscheinliche Stammpflanze er die zu den Rutaceen gehörige *Pelea madagascarica* Baill.[2]) angab. Es wurden daraus 4,05 % eines gelben ätherischen Öls gewonnen, dessen Geruch im Gegensatz zu dem ziemlich kräftigen Anisaroma der Früchte weniger an Anethol als vielmehr an Anisaldehyd erinnerte. Dieser Befund wurde durch die weitere Untersuchung bestätigt, denn selbst beim Einstellen in ein Kältegemisch kristallisierte auch nach dem Impfen mit einem Anetholkriställchen nur wenig Anethol aus, während das Öl mit Natriumbisulfit lebhaft reagierte. Aus der Bisulfitverbindung wurde anscheinend in der Hauptsache Anisaldehyd abgeschieden, doch ist nicht ausgeschlossen, daß daneben noch andre Aldehyde vorhanden sind. Zum direkten Nachweis eines Bestandteils war das Muster zu klein, denn es standen nur wenige Gramm davon zur Verfügung. Die Konstanten waren: $d_{15°}$ 0,9553, $\alpha_D + 32° 22'$, $n_{D20°}$ 1,51469, löslich in etwa 4 Vol. u. m. 80 %igen Alkohols.

400. Rautenöl.

Oleum Rutae. — Essence de Rue. — Oil of Rue.

Herkunft. Das Rautenöl des Handels wird von verschiedenen Arten der Gattung *Ruta* (Familie der *Rutaceae*) gewonnen. In Frankreich wird nach A. Birckenstock[3]) und nach H. Carette[4]) die Gartenraute, *Ruta graveolens* L. zur Destillation benutzt.

[1]) Bericht von Schimmel & Co. April 1911, 124.

[2]) Vgl. hierzu auch E. Heckel, Sur une plante nouvelle à essence anisée (Compt. rend. 152 [1911], 565). Infolge eines Druckfehlers ist in dieser Veröffentlichung das spez. Gewicht des Öls mit 0,953 angegeben.

[3]) Moniteur scientifique Quesneville 1906, 352. — Die Ansicht Birckenstocks, daß das algerische Rautenöl ebenfalls von *Ruta graveolens* herrühre, und daß der Unterschied in der Zusammensetzung dieser Öle nur darauf zurückzuführen sei, daß sie in verschiedenen Vegetationsperioden destilliert werden, ist unrichtig. Die Destillation findet zwar zu verschiedenen Zeiten statt und liefert auch verschiedene Öle, die Unterschiede hängen aber mit der botanischen Herkunft der Pflanzen zusammen.

[4]) Journ. de Pharm. et Chim. VI. 24 (1906), 58.

Die Ausbeute beträgt etwa 0,06 %. Von welcher Pflanze das spanische Öl destilliert wird, ist nicht bekannt.

In Algerien werden zwei wesentlich voneinander verschiedene Sorten Rautenöl hergestellt. Das eine, das als Sommerrautenöl bezeichnet wird, hat als Stammpflanze *Ruta montana* L.[1]). Das andre, Winterrautenöl genannt, wird aus dem Kraut von *Ruta bracteosa* L. destilliert. Eine als „rue de Corse" bezeichnete Rautenpflanze war nach Carette gleichfalls *R. bracteosa*, und nicht, wie man vermuten könnte, *R. corsica*.

Für den Handel kommen in Betracht das französische, spanische und algerische Öl. In Deutschland ist Rautenöl nur hin und wieder einmal hergestellt worden. H. Haensel[2]) erhielt aus dem trocknen Kraut der Gartenraute (*Ruta graveolens* L.; *R. hortensis* Mill.) 0,135 % eines Öls, das nicht identisch war mit dem gewöhnlichen Rautenöl. Schimmel & Co. destillierten trocknes Smyrnaer Kraut (Ausbeute 0,7 %); das erhaltene Öl erstarrte zwischen —7 und —8° und war demnach reich an Methylheptylketon.

Zusammensetzung. Die charakteristischsten Bestandteile des Rautenöls bilden zwei Ketone, das Methyl-n-nonyl- und das Methyl-n-heptylketon (s. Bd. I, S. 451 u. 452). Das erstere ist am längsten bekannt; seine chemische Konstitution ist durch A. Giesecke[3]) sowie von E. von Gorup-Besanez und F. Grimm[4]) zu Anfang der siebziger Jahre des vorigen Jahrhunderts erforscht worden. Das Methylheptylketon ist von H. Thoms[5]) in einem Handelsöl, wahrscheinlich französischen oder spanischen Ursprungs, entdeckt worden. Die Mengenverhältnisse dieser beiden Verbindungen wechseln bei den einzelnen Ölen sehr stark. Während das von Thoms untersuchte Öl etwa 85 % der Nonyl- und 5 % der Heptylverbindung enthielt, fanden H. von Soden und K. Henle[6]) in einem algerischen Destillat ebenfalls gegen

[1]) Vgl. F. Jadin, Berichte von Roure-Bertrand Fils April 1911, 11. An dieser Stelle findet sich eine vollständige, mit Abbildungen versehene botanische Beschreibung der verschiedenen, für die Öldestillation in Betracht kommenden *Ruta*-Arten.

[2]) Pharm. Ztg. 51 (1906), 323, 1026.

[3]) Zeitschr. f. Chemie 13 (1870), 428.

[4]) Liebigs Annalen 157 (1871), 275.

[5]) Berichte d. deutsch. pharm. Ges. 11 (1901), 3.

[6]) Pharm. Ztg. 46 (1901), 277.

90% Ketone, von denen 2/3 Methylheptyl- und 1/3 Methylnonylketon waren. J. Houben[1]) isolierte aus einem deutschen (?) Rautenöl 2,4% des Heptyl- und 71% des Nonylketons. Ein Öl unbestimmter (wahrscheinlich algerischer) Herkunft enthielt nach F. B. Power und H. Lees[2]) beide Ketone in ungefähr gleichen Mengen.

Von unter 190° siedenden Anteilen sind im Rautenöl nur so geringe Mengen vorhanden, daß sie übersehen werden, wenn nicht sehr große Quantitäten des Öls zur Untersuchung herangezogen werden. Nachgewiesen wurden von Power und Lees: l-α-Pinen (Nitrolpiperidid, Smp. 119 bis 120°), Cineol (Jodolverbindung, Smp. 114 bis 115°) und l-Limonen (Tetrabromid, Smp. 103°); diese drei Körper zusammengenommen, machten noch nicht 1% des gesamten Öls aus. Von denselben Autoren sind ferner aufgefunden worden die den beiden Ketonen entsprechenden sekundären Alkohole Methyl-n-heptylcarbinol und Methyl-n-nonylcarbinol, (siehe Bd. I, S. 367, 368), die schon v. Soden und Henle darin vermutet hatten und die, wie C. Mannich[3]) sowie Houben[1]) gezeigt haben, durch Reduktion der Ketone gewonnen werden können. Beide Alkohole finden sich im Öl zu etwa 10% teilweise frei und teilweise mit Essigsäure verestert[4])[2]) vor. Außer ihnen konnten Power und Lees noch die Gegenwart eines Valeriansäureesters (wahrscheinlich des Äthylalkohols) feststellen. Zu erwähnen sind von sauren Ölbestandteilen freie Fettsäuren, darunter eine bei 236 bis 238° siedende, die wahrscheinlich identisch mit Caprylsäure[1]) ist. Eine bei 156° schmelzende Säure, die sich im verseiften Öl vorfand, war Salicylsäure, sie ist im ursprünglichen Öl wohl als Salicylsäuremethylester[2]) enthalten.

Die manchmal zu beobachtende blaue Fluorescenz des Öls wird auf die Gegenwart von Methylanthranilsäuremethylester[5]) (Smp. der daraus abgeschiedenen Säure 173°, statt 178 bis 179°) zurückgeführt. Übrigens isolierten Power und Lees bei der Untersuchung ihres nicht fluorescierenden Öls eine Base von Chinolingeruch, die ebenfalls keine Fluorescenz zeigte.

---

[1]) Berl. Berichte 35 (1902), 3587.
[2]) Journ. chem. Soc. 81 (1902), 1585.
[3]) Berl. Berichte 35 (1902), 2144.
[4]) Pharm. Ztg. 46 (1901), 277.
[5]) Bericht von Schimmel & Co. Oktober 1901, 47.

Den höchstsiedenden Anteil (etwa 0,5 %) bildet eine zwischen 250 und 320° übergehende blaue Flüssigkeit[1]).

Eigenschaften. Rautenöl ist eine farblose bis gelbe, meistens fluorescierende Flüssigkeit von sehr intensivem, anhaftendem, nur in starker Verdünnung angenehmem Rautengeruch. Seine Eigenschaften sind je nach der botanischen Herkunft oder dem Vegetationszustand der Pflanze verschieden. Allen Ölen gemeinsam ist die geringe Dichte, die niedriger ist als die der meisten ätherischen Öle. Verschieden ist bei den einzelnen Ölen der Erstarrungspunkt. Während französisches und spanisches Öl, und zum Teil auch das algerische, zwischen + 6 und + 10,5° erstarrt, wird ein andrer Teil des algerischen aus den oben erörterten Gründen selbst bei — 15° noch nicht fest.

FRANZÖSISCHES ÖL.

$d_{15°}$ 0,8328 bis 0,8437; α_D — 0° 40′ bis + 2° 10′, die Drehung ist meist rechts und ist unabhängig vom Erstp.; $n_{D20°}$ 1,430 bis 1,434; Erstp. + 5,8 bis 10,5°, meist über 7°; löslich in 1,5 bis 3 Vol. 70 %igen Alkohols, die verdünnte Lösung zeigt vereinzelt Opalescenz bis Trübung infolge von Paraffinabscheidung.

Ein in Guerevieille (Südfrankreich) destilliertes Öl verhielt sich etwas abweichend. $d_{15°}$ 0,8378; α_D + 0°; $n_{D20°}$ 1,43168; löslich in 2,5 Vol. 70 %igen Alkohols u. m. unter sehr starker Paraffinabscheidung; es erstarrte erst bei — 5°, schied aber schon bei + 10° Paraffinkristalle ab.

ALGERISCHE ÖLE.

1. Das im Sommer von *Ruta montana* destillierte Öl. Hauptbestandteil Methylnonylketon.

$d_{15°}$ 0,8370 bis 0,8381; α_D ± 0° bis + 0° 56′; $n_{D20°}$ 1,43058 bis 1,43218; Erstp. + 7,3 bis 10,4°; löslich in 2 bis 3 Vol. 70 %igen Alkohols u. m., manchmal mit Opalescenz infolge von Paraffinabscheidung.

2. Das im Winter aus dem Kraut von *Ruta bracteosa* erhaltene Öl. Hauptbestandteil Methylheptylketon.

$d_{15°}$ 0,8373 bis 0,8446; α_D — 1° 14′ bis — 5°; $n_{D20°}$ um 1,430. Der Erstp. liegt sehr niedrig, manche Öle sind noch nicht bei — 15° fest. Löslich in 2 bis 3 Vol. 70 %igen Alkohols; manchmal Trübung infolge Paraffingehalts.

[1]) Journ. chem. Soc. 81 (1902), 1585.

SPANISCHE ÖLE.

d_{15° 0,834 bis 0,847; α_D — 1° bis + 0° 30′. Erstp. unter 0° bis + 7,5°. Löslich in 2 bis 4 Vol. 70 %igen Alkohols.

Ein syrisches Öl hatte die Konstanten: d_{15° 0,8408, α_D — 0° 28′, n_{D20° 1,43296, Erstp. — 1,9°; löslich in 2 Vol. 70 %igen Alkohols und mehr mit Fluorescenz.

Prüfung. Charakteristisch für reines Rautenöl sind sein niedriges spezifisches Gewicht und seine Löslichkeit in 70 %igem Alkohol.

Petroleum wird ebenso wie Terpentinöl durch seine Unlöslichkeit in 70 %igem Alkohol erkannt. Terpentinöl kann man ferner durch die fraktionierte Destillation nachweisen, indem man die unter 200° siedenden Anteile für sich auffängt und auf Pinen prüft. Unter 200° gehen bei reinem Öl nicht mehr als 5 % über.

Die im reinen Öl enthaltene Pinenmenge ist so gering (siehe unter Zusammensetzung), daß das natürlich vorkommende Terpen sich nur dann nachweisen läßt, wenn sehr große Ölquantitäten in Arbeit genommen werden. Da durch geeignetes Zusammenmischen eines in 70 %igem Alkohol löslichen Körpers mit Spiritus ein Verfälschungsmittel hergestellt werden könnte, das allen Anforderungen inbezug auf spezifisches Gewicht und Löslichkeit entspricht, so ist es ratsam, jedes Öl auf einen etwaigen Alkoholzusatz zu prüfen.

Die meisten Verfälschungsmittel können auch durch Behandeln des Öls mit Bisulfitlösung abgetrennt und weiter als solche gekennzeichnet werden.

401. Boroniaöl.

Ein in Viktoria (Australien) destilliertes Öl[1]) von *Boronia polygalifolia* Sm. (Familie der *Rutaceae*), einer Pflanze, die in ganz Ost- und Südaustralien verbreitet ist, hatte einen süßen, an Esdragon und etwas an Raute erinnernden Geruch. d 0,839(!); α_D + 10°.

Bei der fraktionierten Destillation des Öls gingen über: von 150 bis 170° 31 %, von 170 bis 180° 38 %, von 180 bis 190° 15 % und oberhalb 190° 16 %.

---

[1]) Umney, Imperial Institute Journal 2 (1896), 302. — Pharmaceutical Journ. 57 (1896), 199.

402. Buccublätteröl.

Oleum Bucco foliorum. — Essence de Feuilles de Bucco. — Oil of Buchu Leaves.

Herkunft. Die der Familie der *Rutaceae* angehörende Gattung *Barosma* ist in etwa 15 Arten[1]) im südlichen Afrika vertreten, wo die Blätter, die Bucco-, Buccu-, Buku- oder Buchublätter, von den Eingeborenen gegen Insekten und zu arzneilichen Zwecken[2]) verwendet werden.

Im Handel werden runde und lange Buccublätter unterschieden; jene sind die Blätter von *Barosma betulina* Bartl., und *B. crenulata* (L.) Hook., diese von *B. serratifolia* Willd. Die letzteren sind manchmal mit den Blättern von *Empleurum serrulatum* Ait.[3]) (s. S. 669) verfälscht. Die Blätter der andren *Barosma*-Arten pflegt man als falsche Buccublätter zu bezeichnen. Fremde Beimengungen sind übrigens bei den Buccublättern nicht selten. Holmes[4]) beobachtete eine solche mit Blättern einer *Psoralea*-Art *(Leguminosae)*, wahrscheinlich *P. obliqua* E. Mey. W. Mansfield[5]) fand in verschiedenen Buccublättermustern bis zu 17 % der Blätter von *Diosma fragrans*, die unter dem Namen „Klip-buchu" bekannt sind.

Die Blätter von *B. betulina* geben bei der Destillation 1,3 bis 2,5, die von *B. crenulata* 1,7, die von *B. serratifolia* 0,8 bis 1 % Öl.

Eigenschaften. Buccublätteröl ist von dunkler Farbe und hat einen starken, süßlichen, minzartigen, nicht angenehmen Geruch und einen bittern, kühlenden Geschmack.

Das Öl von *B. betulina* scheidet schon bei gewöhnlicher Temperatur Kristalle von Diosphenol aus. Der von diesem getrennte flüssige Teil hat d_{15° 0,937 bis 0,97; α_D — 14 bis — 48°[6]); n_{D20° 1,474 bis 1,487; löslich in 3 bis 5, manchmal erst in 8 bis 10 Vol. 70 %igen Alkohols; Gehalt an Diosphenol, bestimmt durch mehrmaliges Ausschütteln mit 5 %iger Natronlauge, 17 bis 30 %.

---

[1]) Engler, Die natürlichen Pflanzenfamilien, III. Teil, IV. Abt., S. 149.

[2]) Chemist and Druggist 76 (1910), 358; 77 (1910), 17 u. 622.

[3]) Flückiger and Hanbury, Pharmacographia II. Edit. 1879, p. 110.

[4]) Pharmaceutical Journ. 85 (1910), 69, 464. Siehe auch *ibidem* 73 (1904), 893.

[5]) Chemist and Druggist 81 (1912), 546.

[6]) Kondakow u. Bachtschiew, Journ. f. prakt. Chem. II. 63 (1901), 50.

Ein Öl von *B. crenulata*[1]) hatte folgende Eigenschaften: $d_{15°}$ 0,9364, α_D —15° 22′, $n_{D20°}$ 1,48005, löslich in 2,5 u. m. Vol. 70 %igen Alkohols unter Paraffinabscheidung. Das Öl war zunächst durch Kupfer grün gefärbt, nach dem Entfernen des Kupfers war es bräunlichgelb. Der Geruch war minzig, der Gehalt an Diosphenol minimal, beim Einstellen in ein Kältegemisch kristallisierte nur Paraffin aus.

Über das Öl von *B. serratifolia* liegen ebenfalls nur wenige Beobachtungen vor. $d_{15°}$ 0,918 bis 0,961; α_D —12 bis —36°. Der Gehalt an Diosphenol ist so gering, daß sich beim Abkühlen keine Kristalle abscheiden.

Um aus dem Öl den Buccucampher oder das Diosphenol zu entfernen, genügt ein einmaliges Ausschütteln mit 5 %iger Natronlauge nicht. Bei einem solchen Versuche wurden durch das erste Ausschütteln 15, durch ein zweites weitere 5 % Diosphenol erhalten. Beim Ansäuern der alkalischen Phenollösung entwickelt sich Schwefelwasserstoff.

Zusammensetzung. Die Ausscheidung einer kristallinischen Substanz aus dem Buccublätteröl von *B. betulina* ist zuerst von Flückiger[2]) beobachtet worden. Der Diosphenol oder Buccucampher genannte Körper ist dann von ihm und später von P. Spica[3]), Y. Shimoyama[4]), N. Bialobrzeski[5]), J. Kondakow[6]) und N. Bachtschiew[7]) untersucht worden. Aber erst durch die Arbeiten Semmlers und Mc. Kenzies[8]) ist die Konstitution dieses Körpers, der ein cyklisch-hydriertes Ketophenol darstellt, ermittelt und durch Synthese bewiesen worden. Den Schmelzpunkt des mehrfach umkristallisierten Diosphenols fanden die beiden letztgenannten Autoren bei 83 bis 84°, den Siedepunkt bei 109 bis 110° (10 mm). Es ist inaktiv, löst sich allmählich in Laugen, reduziert andre Körper, wird leicht oxydiert und färbt

---

[1]) Bericht von Schimmel & Co. Oktober 1911, 20.

[2]) Pharmaceutical Journ. III. 11 (1880), 174 u. 219.

[3]) Gazz. chim. ital. 15 (1885), 195; Jahresber. d. Chem. 1885, 1821.

[4]) Arch. der Pharm. 226 (1888), 403.

[5]) Pharm. Zeitschr. f. Rußl. 35 (1896), 417, 433, 449.

[6]) Journ. f. prakt. Chem. II. 54 (1896), 433; Chem. Ztg. 30 (1906), 1090, 1100; 31 (1907), 90.

[7]) Journ. f. prakt. Chem. II. 63 (1901), 49.

[8]) Berl. Berichte 39 (1906), 1158; Chem. Ztg. 30 (1906), 1208.

in alkoholischer Lösung durch schweflige Säure entfärbte Fuchsinlösung rosa. Die Konstitutionsformel, die Synthese, die Verbindungen und Abbauprodukte des Diosphenols sind im I. Bd. S. 512 aufgeführt.

Das Diosphenol kommt in dem Öl teils frei vor, teils an eine bei 94° schmelzende Säure gebunden[1]).

Von Terpenen enthält das Buccublätteröl d-Limonen[1]) (Tetrabromid, Smp. 104°), das von wenig Dipenten (Tetrabromid, Smp. 119°) begleitet wird.

Der pfefferminzartig riechende, über 200° siedende Bestandteil, der schon von Flückiger beobachtet worden war und der, wie Bialobrzeski gezeigt hat, aus einem Keton besteht, ist nach den Untersuchungen von Kondakow[1]) identisch mit l-Menthon. Die Eigenschaften der betreffenden Fraktion waren folgende: Sdp. 86° (10 mm), α_D — 51°. Das Menthon bildet ein flüssiges Oxim und ein Hydrazon vom Smp. 80°, ferner zwei Semicarbazone mit den Schmelzpunkten 180 und 123°. Aus ersterem wird durch Schwefelsäure ein stark invertiertes Keton mit folgenden physikalischen Konstanten regeneriert: Sdp. 85,5 bis 86° (10 mm), $d_{18,5°}$ 0,897, $[\alpha]_D$ — 22,3°, n_D 1,45169, Mol.-Refr. 46,28. Das Menthon ist nach Kondakow reichlicher im Öl von *B. serratifolia* als in dem von *B. betulina* enthalten.

403. Öl von Barosma pulchella.

Herkunft. Die Blätter von *Barosma pulchella* (L.) Bartl. et Wendl. unterscheiden sich nach E. M. Holmes[2]) von den Blättern von *B. betulina*, mit denen sie zuweilen verwechselt werden, sowohl durch ihren citronellartigen Geruch als auch dadurch, daß sie kleiner sind. Ihre Länge beträgt 7 bis 12 mm, die Breite 4 mm. Sie sind sehr kurz gestielt, eiförmig bis eiförmig-lanzettlich, gekerbt, stumpf, am breitesten an der Blattbasis. Der Strauch ist, wie die übrigen Barosmaarten, im Kapland heimisch.

Eigenschaften. Das Öl ist von Schimmel & Co.[3]) hergestellt und untersucht worden. Die in Arbeit genommenen

[1]) Kondakow, Journ. f. prakt. Chem. II. 72 (1905), 186.

[2]) Pharmaceutical Journ. 79 (1907), 598; vgl. auch Chemist and Druggist 71 (1907), 702.

[3]) Bericht von Schimmel & Co. April 1909, 96; April 1910, 17.

Blätter enthielten in geringer Menge solche von *B. pulchella* var. *major* und *B. latifolia* (L. f.) Röm. et Schult. Sie lieferten bei der Destillation 3 % eines goldgelben Öls, das in der Hauptsache citronellartig roch, gleichzeitig aber einen unangenehmen, narkotischen Nebengeruch hatte, der der Verwendbarkeit des Öls direkt hinderlich ist. $d_{15°}$ 0,8830; $\alpha_D + 8° 36'$; $n_{D20°}$ 1,45771; S. Z. 18,5; E. Z. 27,2; E. Z. nach Actlg. 237,0 = 79,3 % $C_{10}H_{18}O$.

Zusammensetzung.[1]) Der erwähnte unangenehme Nebengeruch rührt von einer Base her, die dem kühl gehaltenen Öl durch Behandlung mit 25 %iger Weinsäure entzogen wurde. Die aus der weinsauren Lösung durch Soda abgeschiedene Base hatte einen außerordentlich starken, narkotischen Geruch; ihr Siedepunkt war ziemlich unkonstant und lag zwischen 130 und 140° (5 mm). Die salzsaure Lösung gab mit Platinchlorid keine Kristallabscheidung.

Den Hauptbestandteil des Öls bildet d-Citronellal, das, aus der Bisulfitverbindung regeneriert, folgende Eigenschaften zeigte: Sdp. 205 bis 208° (Atmosphärendruck), 73 bis 75° (7 bis 8 mm), $d_{15°}$ 0,8560, $\alpha_D + 13° 6'$, $n_{D20°}$ 1,44710. Das Semicarbazon schmolz bei 81 bis 82°. Die Menge des aus 500 g Öl isolierten Aldehyds betrug ca. 220 g. Die niedrigstsiedenden Anteile enthielten geringe Mengen Methylheptenon (Semicarbazon, Smp. 134 bis 135°), daneben scheint noch ein andres Keton zugegen zu sein.

In der Fraktion vom Sdp. 75 bis 82° (5 mm) und der optischen Drehung + 6° 54′ ließen sich geringe Mengen d-Menthon (Semicarbazon, Smp. 178 bis 181°) nachweisen. Ein weiterer Bestandteil ist d-Citronellol (Sdp. 93 bis 95° [5 bis 6 mm], $d_{15°}$ 0,8723; $\alpha_D + 2° 14'$; $n_{D20°}$ 1,46288; Silbersalz der Phthalestersäure, Smp. 125°).

Aus dem ursprünglichen Öl konnte mit Alkali eine Säure abgeschieden werden, die sehr wahrscheinlich identisch mit Citronellsäure, $C_{10}H_{18}O_2$, ist. Sdp. 257 bis 263° (gew. Druck), 125 bis 131° (5 bis 6 mm); $d_{15°}$ 0,9394; $\alpha_D + 5° 2'$; $n_{D20°}$ 1,45611. Da das Amid unscharf bei 87 bis 88° schmolz, wurde zum Vergleich das Amid der Citronellsäure nach Tiemanns Angaben[2])

[1]) Bericht von Schimmel & Co. April 1909, 96; April 1910, 17.

[2]) Berl. Berichte 31 (1898), 2902.

aus dem Nitril der Citronellsäure durch unvollständige Verseifung mit alkoholischem Kali dargestellt. Hierbei ergab sich, daß das aus Petroläther oder verdünntem Alkohol umkristallisierte Citronellsäureamid[1]) aus Citronellal bei 84 bis 85° schmolz, das Amid der Säure aus obengenanntem Öl bei 87 bis 88°. Ein Gemisch der beiden Derivate schmolz schon bei 80 bis 82°. Ihrem Aussehen nach sind jedoch beide nicht voneinander zu unterscheiden. Es scheint mithin, daß in dem Amid vom unscharfen Smp. 87 bis 88° ein Gemenge des Amids der Citronellsäure mit Spuren eines solchen einer andern Säure (vielleicht Caprinsäure) vorliegt. Weiter wurde festgestellt, daß die Citronellsäure aus Citronellal ebenfalls bei 257° und ihr Chlorid, wie das der Säure aus obigem Öl, bei 122 bis 123° (5 bis 6 mm) siedet. Deshalb sind beide als identisch anzusehen.

404. Öl von Barosma venusta.

Aus den trocknen Blättern von *Barosma venusta*[2]) Eckl. et Zeyh. hat H. R. Jensen[3]) 1,1 % ätherisches Öl destilliert von den Eigenschaften: $d_{15,5^\circ}^{15,5^\circ}$ 0,8839, α_{D20° + 0° 30′, n_{D20° 1,4967, S. Z. 2,4, V. Z. 13,4, V. Z. nach Actlg. 52,8, Phenolgehalt 16 %; 4 % des Öls vereinigten sich mit neutralem Sulfit. Jensen fand in dem Öl 35 % eines Terpens von den Eigenschaften: Sdp. ca. 66,5° (15 bis 18 mm), d_{15° 0,790, n_{D20° 1,4778. Es siedete nicht unzersetzt bei gewöhnlichem Druck und lieferte beim Hydratisieren einen Alkohol, dessen Essigester nach Linalylacetat roch. An der Luft verharzte es sehr schnell. Alle diese Eigenschaften stimmen mit denen des Myrcens überein. Ferner nimmt Jensen an, daß in dem Öl außerdem folgende Bestandteile vorkommen: Methylchavicol (Überführung in Anethol), das Acetat des Myrcenols oder eines Isomeren, Chavicol (n 1,538; Grünfärbung mit Eisenchlorid) sowie vielleicht ein olefinisches Sesquiterpen. Diosphenol war nicht anwesend.

---

[1]) Tiemann führt als Schmelzpunkt 81,5 bis 82,5° an.

[2]) Vgl. Chemist and Druggist 78 (1911), 854.

[3]) Pharmaceutical Journ. 90 (1913), 60.

405. Öl von Diosma succulenta.

Eine neue Sorte von falschen Buccublättern, „Karroo Buchu," deren Stammpflanze *Diosma succulenta* var. *Bergiana* ist, beschreibt C. Edward Sage[1]). Die 3 bis 6 mm langen und 1,75 mm breiten Blätter sind ganzrandig, fast oval und mit scharfer, schwach zurückgebogener Spitze versehen; ihr Gewebe ist lederartig und voll von Öldrüsen.

Die aus dem kleinen Muster gewonnene Ölmenge genügte nicht zu einer genaueren Prüfung; doch schien das Öl dem aus den Blättern von *Barosma betulina* Bartl. erhaltenen gleichwertig zu sein. Das durch Dampfdestillation erhaltene Öl ist halbfest (auch im August) und hat kräftigen, pfefferminzähnlichen Geruch; mit Eisenchloridlösung gibt es schwache Rotfärbung.

406. Öl von Empleurum serrulatum.

Die Blätter des im Kapland wachsenden *Empleurum serrulatum* Ait., die bisweilen den langen Buccublättern beigemischt sind, enthalten 0,64 % ätherisches Öl[2]), dessen Geruch an Raute erinnert und von dem der Buccublätter ganz verschieden ist. d 0,9464. Es siedet zwischen 200 und 235°, größtenteils zwischen 220 und 230°. Aus dieser Fraktion erhält man mit Natriumbisulfit eine kristallinische Verbindung, was auf die Anwesenheit von Methylnonylketon, dem Hauptbestandteil des Rautenöls, hinweist.

407. Jaborandiblätteröl.

Oleum foliorum Jaborandi. — Essence de Feuilles de Jaborandi. — Oil of Jaborandi Leaves.

Die echten Jaborandiblätter[3]) von *Pilocarpus Jaborandi* Holmes[4]) (Familie der *Rutaceae*) geben bei der Destillation je

[1]) Chemist and Druggist 65 (1904), 506, 737.

[2]) Umney, Pharmaceutical Journ. III. 25 (1895), 796.

[3]) Die Blätter von dem auf den Antillen vorkommenden *Pilocarpus racemosus* Vahl, denen dieselben medizinischen Eigenschaften nachgerühmt werden wie den echten Jaborandiblättern, enthalten ein grünliches, sehr stark und aromatisch riechendes Öl, das bei 25° flüssig wird (G. Rocher, Journ. de Pharm. et Chim. VI. 10 [1899], 236). Vgl. auch E. M. Holmes, Guadeloupe Jaborandi. Pharmaceutical Journ. 71 [1903], 713).

[4]) Pharmaceutical Journ. 55 (1895), 522, 539; 73 (1904), 891, 970; 84 (1910), 52.

nach der Frische des Materials 0,2 bis 1,1 % ätherisches Öl[1]) von kräftigem, etwas an Raute erinnerndem Geruch und mildem, fruchtartigem Geschmack. d_{15° 0,865 bis 0,895; $\alpha_D + 0°50'$ bis $+ 3°25'$. Es löst sich in 1½ bis 2 Teilen 80 %igen Alkohols klar auf, siedet von 180 bis 290° und erstarrt beim Abkühlen.

Durch Fraktionieren läßt sich ein bei 178° siedender Kohlenwasserstoff, Pilocarpen[2]) genannt (d_{18° 0,852, $[\alpha]_D + 1{,}21°$), isolieren, der mit Salzsäure ein festes Dichlorhydrat liefert. Hiernach scheint das Pilocarpen ein mit geringen Mengen einer optisch aktiven Substanz verunreinigtes Dipenten oder Terpinen zu sein.

Die über 260° übergehenden Anteile erstarren in der Kälte und enthalten einen festen, bei 27 bis 28° schmelzenden Körper, der offenbar ein Kohlenwasserstoff ist und der, da er in Petrolätherlösung beträchtliche Mengen Brom unter Entfärbung aufzunehmen vermag, wahrscheinlich der olefinischen Reihe angehört[3]).

Die Jaborandirinde enthält nur sehr wenig ätherisches Öl.

408. Angosturarindenöl.

Herkunft und Eigenschaften. Die echte, aus Venezuela und den oberen Orinoco-Gebieten kommende Angosturarinde von *Cusparia trifoliata* Engl. (*Galipea Cusparia* St. Hil., *G. officinalis* Hancock[4]), Familie der *Rutaceae*) gibt bei der Destillation mit Wasserdampf 1,0[5]), 1,5[6]) bis 1,9[7]) % ätherisches Öl von aromatischem Geruch und Geschmack. Seine anfangs schwach gelbe Farbe wird später dunkler. d_{15° 0,928 bis 0,96; $\alpha_D - 7°30'$ bis $- 50°$; n_{D20° 1,50744; S. Z. 1,8; E. Z. 5,5; E. Z. nach Actlg. 35,7; trübe löslich in 9 Vol. 90 %igen Alkohols[5]).

---

[1]) Bericht von Schimmel & Co. April 1888, 44.

[2]) Hardy, Bull. Soc. chim. II. 24 (1876), 497; Chem. Zentralbl. 1876, 70.

[3]) Bericht von Schimmel & Co. April 1899, 28.

[4]) Vgl. C. Hartwich u. M. Gamper, Beiträge zur Kenntnis der Angosturarinden. Arch. der Pharm. 238 (1900), 568.

[5]) Bericht von Schimmel & Co. April 1913, 20.

[6]) *Ibidem* April 1890, 47.

[7]) Oberlin u. Schlagdenhauffen, Journ. de Pharm. et Chim. IV. 26 (1877), 130; Jahresb. d. Pharm. 1877, 178.

Zusammensetzung. Nach einer sehr umfangreichen Untersuchung von H. Beckurts und J. Troeger[1]) ist das aromatische Prinzip des Angosturarindenöls der Sesquiterpenalkohol Galipol, $C_{15}H_{26}O$. Er siedet zwischen 260 und 270°, hat bei 20° das spez. Gewicht 0,9270 und ist optisch inaktiv. Der sehr unbeständige Alkohol spaltet in der Wärme Wasser ab und ist in dem Öl in einer Menge von etwa 14 % enthalten.

Ein wesentlicher Bestandteil des Öls, der die Linksdrehung bedingt, ist Cadinen, $C_{15}H_{24}$; es wurde durch seine kristallinischen Halogenwasserstoffadditionsprodukte charakterisiert.

Neben dem linksdrehenden Cadinen und dem inaktiven Alkohol enthält das Angosturarindenöl noch ein inaktives, Galipen genanntes Sesquiterpen. Galipen siedet bei 255 bis 260° und hat bei 19° das spez. Gewicht 0,912. Es bildet mit Halogenwasserstoffsäure flüssige, leicht zersetzliche Verbindungen.

In geringer Menge findet sich im Angosturarindenöl ein Terpen, das Pinen zu sein scheint.

409. Öl von Casimiroa edulis.

Aus dem alkoholischen Auszug der Samen von *Casimiroa edulis* La Llave *(Rutaceae)* gewannen F. B. Power und T. Callan[2]) in einer Ausbeute von 0,021 % (berechnet auf die trocknen Samen) ein ätherisches Öl von den Eigenschaften: $d_{20°}$ 0,9574, Drehung im 25 mm-Rohr — 2° 25′, Siedetemperatur hauptsächlich unterhalb 130° (25 mm).

410. Toddaliaöl.

Toddalia aculeata Pers. (*T. asiatica* L. [Kurz], Fam. der *Rutaceae*) ist ein im Nilgiri-Gebirge (Indien) wildwachsender Strauch, der dort „Wild Orange Tree" genannt wird. Alle Teile der Pflanze haben einen scharfen, aromatischen Geschmack. Die Wurzel, die bereits im 17. Jahrhundert unter dem Namen *Radix Indica Lopeziania* bekannt war,[3]) wird von den Eingeborenen mit dem

[1]) Arch. der Pharm. 235 (1897), 518 u. 634; 236 (1898), 392. — Vgl. auch Beckurts u. Nehring, *ibidem* 229 (1891), 612 sowie Herzog, *ibidem* 148 (1858), 146.

[2]) Journ. chem. Soc. 99 (1911), 1996.

[3]) Flückiger and Hanbury, Pharmacographia. p. 111.

Namen *„Malakarunnay"* bezeichnet und als Hausmittel bei Magenbeschwerden angewandt. Die Wurzelrinde enthält ein ätherisches Öl, das von Schnitzer[1]) als zimt- und melissenartig riechend beschrieben wird.

Die reifen Beeren finden in Indien als Gewürz, an Stelle des schwarzen Pfeffers, Verwendung; auch sollen Rinde und Blätter medizinische Wirksamkeit besitzen.

Das Öl der Blätter ist von D. Hooper[2]) destilliert worden; es ist dünnflüssig und hat einen angenehmen, zugleich an Verbena und Basilicum erinnernden Geruch; es enthält beträchtliche Mengen Citronellal und einen alkoholischen, oberhalb 200° siedenden Bestandteil.

Brooks[3]) erhielt bei der Destillation der Blätter 0,08 % Öl von den Konstanten: $d_{30^\circ}^{30^\circ}$ 0,9059, n_{D30° 1,4620. Beim Abkühlen schieden sich 18 % einer campherartig riechenden, sehr zersetzlichen Substanz ab, die nach dem Umkristallisieren aus Petroläther bei 96,5 bis 97° schmolz. Eine bei 195 bis 200° siedende Fraktion des Öls enthielt Linalool, das durch die Oxydation zu Citral gekennzeichnet wurde.

411. Öl von Acronychia laurifolia.

198 kg Blätter von *Acronychia laurifolia* Bl., einer *Kisarira* genannten Rutacee, lieferten in Buitenzorg[4]) 133 ccm Öl von den Eigenschaften: d_{26° 0,915, $\alpha_D + 1^\circ 52'$, V. Z. 11, E. Z. nach Actlg. 50,9. Aldehyde enthielt das Öl nicht.

412. Öl von Hortia arborea.

Die frische Rinde von *Hortia arborea* Engl. liefert nach Th. Peckolt[5]) 0,054 % ätherisches Öl. d_{18° 1,069.

---

[1]) Wittsteins Vierteljahrsschrift f. prakt. Pharmacie 11 (1862), 1.

[2]) Bericht von Schimmel & Co. April 1898, 64.

[3]) Philippine Journ. of Sc. 6 (1911), A, 344.

[4]) Jaarb. dep. landb. in Ned.-Indië, Batavia 1910, 49; Bericht von Schimmel & Co. April 1912, 22.

[5]) Ber. d. deutsch. pharm. Ges. 9 (1899), 352.

413. Öl von Clausena Anisum-olens.

Die Blätter von *Clausena Anisum-olens* (Blanco) Merrill riechen nach Bacon[1]) stark nach Anis und dienen auf den Philippinen, ebenso wie ihr alkoholischer Extrakt, zur Darstellung von Likören. Aus den Blättern dieser Rutacee gewann Brooks[2]) in einer Ausbeute von 1,16 % ein farbloses Öl von den Eigenschaften: $d_{30^\circ}^{30^\circ}$ 0,963, $\alpha \pm 0^\circ$, n_{D30° 1,5235, V. Z. 3,6. Es bestand zu 90 bis 95 % aus Methylchavicol, das durch Oxydation zu Homoanissäure (Smp. 84 bis 86°) gekennzeichnet wurde.

Nach Brooks werden bestimmte philippinische Zigarettensorten mit den Blättern von *Clausena Anisum-olens* parfümiert.

414. Öl von Clausena Willdenowii.

Eine Probe eines aus Französisch-Indien stammenden Öls[3]) von *Clausena Willdenowii* bildete eine rötliche, schwer bewegliche Flüssigkeit von eigentümlichem Geruch. Es enthielt 11 % Ester (berechnet auf $C_{10}H_{17}OCOCH_3$) und 6,2 % Alkohol ($C_{10}H_{18}O$).

415. Öl von Murraya Koenigii.

Die Früchte der in Indien wachsenden *Murraya Koenigii* Spr. geben bei der Destillation 0,76 % eines im Geruch an Neroli erinnernden Öls[4]), das pfefferartig schmeckt und auf der Zunge das Gefühl einer angenehmen Frische hinterläßt. d_{18° 0,872; α_D —27° 24′; n_D 1,487; Siedetemperatur gegen 173 bis 174°.

416. Öl von Aegle Marmelos.

Die Blätter des *Modjo*baumes von *Aegle Marmelos* Corr. (Familie der *Rutaceae*) gelten, nach einer Mitteilung von Ritsema[5]), bei den Eingeborenen der Insel Madura als ein Heilmittel gegen

---

[1]) Philippine Journ. of Sc. 4 (1909), A, 130.

[2]) *Ibidem* 6 (1911), A, 344.

[3]) Berichte von Roure-Bertrand Fils April 1908, 35.

[4]) *Ibidem* April 1900, 74.

[5]) Jaarb. dep. landb. in Ned.-Indië, Batavia 1908, 52; Bericht von Schimmel & Co. April 1910, 16.

die Maul- und Klauenseuche. Aus den Blättern ließ sich in einer Ausbeute von ca. 0,6 % ein schwach gelb gefärbtes Öl destillieren ($d_{25°}$ 0,856; $\alpha_{D20°}$ + 10,71°; V. Z. 10,6), das in folgende Fraktionen zerlegt wurde: I. Sdp. bis 100° 5 g, II. 100 bis 130° 5,1 g, III. 130 bis 160° 1 g, IV. Rückstand 1,5 g.

Fraktion II enthielt d-Limonen, das durch den Sdp. 175° und durch das Tetrabromid (Smp. 104 bis 105°) näher gekennzeichnet wurde. Aldehyde konnten in dem Öl nicht nachgewiesen werden. Eigentümlich ist, daß das Öl beim Stehen an der Luft innerhalb ½ Stunde einen Verlust von etwa 8 % seines ursprünglichen Gewichtes erleidet, wobei es sich stark trübt. Bei längerem Stehen wird das Öl wiederum klar, wobei es eine dickflüssige, harzige Beschaffenheit annimmt. Ein solches dickflüssiges Produkt wurde auch bei der Destillation von getrockneten Blättern erhalten.

Berichtigungen.

Seite 51, Anm. 2, statt 1909 lies 1904.
" 79, Zeile 4 von o. statt 0,867 lies 0,870.
" 140, " 9 " o. " 9° lies 8°.
" 143, " 6 " u. " [1]) lies [2]).
" 163, " 7 " u. " 10° 8′ lies 10° 5′.
" 163, " 5 " u. " — 85° 77′ lies — 85° 57′.
" 164, " 10 " u. " 0,8734 lies 0,8739.
" 175, " 4 " u. " Cedren- lies Cedrenol-.
" 195, " 4 " o. " erhö lies erhöht.
" 199, " 10 " u. " 90° lies 90° (6 mm).
" 207, " 4 " o. " [9]) lies [8]).
" 271, " 7 " u. " 281 lies 381.
" 312, Anm. 2 statt dieses lies des vorigen.
" 320, " 2 " (1909), 247 lies (1909), 608.
" 327, " 2 " 68 lies 17.
" 3 " 68 (1910), 738 lies 17 (1910), 258.
" 328, Zeile 4 von o. statt 12 g lies 12 centigr.
" 359, " 13 " o. " 1,505 " 1,504.
" 373, " 8 " u. " vernifuge lies vermifuge.
" 418, " 6 " o. " 0,952 lies 0,962.

REGISTER.

A

Abies alba 91, 117
— *amabilis* 96
— *balsamea* 94, 136
— *canadensis* 94, 135
— *Cedrus* 141
— *cephalonica* 91, 134
— *concolor* 96
— — var. *Lowiana* 97
— *Douglasii* 138
— — var. *taxifolia* 138
— *excelsa* 83, 117
— *Fraseri* 94
— *mucronata* 138
— — var. *palustris* 138
— *pectinata* 91, 117
— *Pichta* 131
— *Reginae Amaliae* 134
— *sachalinensis* 88 Anm.
— *sibirica* 83
— —, Nadelöl 131
— *taxifolia* 138
Abieten 99
Abietineen, Öle der 11
Acacia Cavenia 611 Anm., 613
— *dealbata* 613 Anm.
— *Farnesiana* 611
— *floribunda* 613
— *longifolia* 613 Anm.
— *Melanoxylon* 613 Anm.
Acaroidharz 268
Acetaldehyd im Campheröl 480
Aceton in Kienölen 109
— im russischen Terpentinöl 84
Acétone anisique 401
Acorus Calamus 262
Acrodiclidium 528
Acronychia laurifolia 672
Actinostrobus pyramidalis 146
Aegle Marmelos 673
Aframomum angustifolium 302
— *Hanburyi* 303
Agaricaceae 2
Agathis alba 9
— *australis* 9
— *robusta* 10
Agnacate 497
Agnew 181
Ahlers 49
Ahlström 19, 23, 26
Ain Bagar 348
— *Chilta* 348
Akar wangi 218
Alangilang 409
Aldehyd $C_{10}H_{16}O$ im Lemongrasöl 206
— $C_{10}H_{16}O_2$ im Terpentinöl 14
— $C_{15}H_{24}O$ im Latschenkieferöl 127
— unbekannter im Öl von *Juniperus phoenicea* 183
— — im Seychellen-Zimtöl 438
Aleppoföhre 133
Aleppokiefernadelöl 133
Aleppokiefer, Terpentinöl 80
Alexandroff 83
Alicularia scalaris 5
Alkohol $C_{10}H_{18}O$ im Öl von *Piper acutifolium* var. *subverbascifolium* 320
— $C_{10}H_{18}O$ im Öl von *Madotheca laevigata* 5
— — — Wacholderbeeröl 169 Anm.

Alkohol, unbekannter im Cypressenöl 162
— — Geraniumöl 643
— südaustralischen Sandelholzöl 365
— — — Templinöl 122
— — Wacholderbeeröl 169
Allen 15
Alliaria officinalis 269 Anm., 537
Allium Cepa 270
— *sativum* 268
— *ursinum* 271
Allolemonal 206
Allylpropyldisulfid im Knoblauchöl 269
Allylsenföl im Öl von *Brassica juncea* 545
Aloe barbadensis 268
— *vera* 268
— *vulgaris* 268
Aloeholz 564
Aloeöl 267
Aloe wood 564
Alpinia Galanga 289
— *malaccensis* 290
— *nutans* 290
— *officinarum* 288
Altingia excelsa 564
Amanita muscaria 2
Amanitol 2
— im unechten Feuerschwamm 2 Anm.
Amani-Ylang-Ylangöl 418
Amaryllidaceae 273
Ammoniakentwicklung bei der Destillation einiger Öle 307
Amomum angustifolium 303
— *aromaticum* 302
Cardamomum 300
— *Daniellii* 303
— *Korarima* 303
— *madagascariense* 302 Anm.
Mala 301
— *Melegueta* 301
— *nemorosum* 302 Anm.
— *sansibaricum* 302
— *Zingiber* 291
Amorpha fruticosa 634
Amorphen 634
Amygdalase 601
Amygdalin-Emulsin, System 601
Amygdalus communis 599
Amygdonitrilglucosid 609
Anatolien, Rosenölgewinnung 575
Andropogon caesius α et β 257
— *Calamus aromaticus* 187, 226 Anm.
— *ceriferus* 211
— *citratus* 211, 216
citriodorum 211
— *coloratus* 256
flexuosus 201
— *intermedius* 258
— *Iwarancusa* 195 Anm., 236 Anm.
— — subsp. *laniger* 254
— *laniger* 254
— *Martini* 187
— *muricatus* 218
— *nardoides* α 187
— — β minor 255
Nardus 195 Anm.
— — *Ceylon* 227
— — *Java* 227
— — var. *ceriferus* 211
— — — *coloratus* 256
— *odoratus* 258
— *pachnodes* 187
— *polyneuros* 255
— *Roxburghii* 211
— *Schoenanthus* 211, 254
— subsp. *nervatus* 258
— — var. *genuinus* 187
— var. *Martini* 187
— — var. *versicolor* 255
— *squarrosus* 218
— *versicolor* 255
Anethol im Öl vom *Pelea madagascarica* 659
Aneura palmata 5 Anm.
Angeli 459
Angiopteris evecta 6
Angosturabalsamöl 616
Angosturarindenöl 670
Anisaldehyd (?) im Goldlackblütenöl 553
— im Öl von *Pelea madagascarica* 659
Anisalkohol im Vanilleöl 306
Anisketon 401

Anisrinde 497
Anissäure im Vanilleöl 306
Anonaceae 409
Anschlagen und Entrinden der Kiefernstämme (Abbild.) 60
Anthranilsäuremethylester im Goldlackblütenöl 554
— — Öl von *Robinia Pseudacacia* 635
Apfelöl 568
Apopinöl 528
Aqua hamamelidis 565
Aquillaria Agallocha 564
— *malaccensis* 184 Anm.
— *Moskowskii* 184 Anm.
Araceae 262
Arata 408
Araucaria brasiliana 11
— *Cunninghamii* 10
Arbor Saguisan 409
vitae 156
Aristolochia Clematitis 372
— *macroura* 372
— *reticulata* 371
— *Sellowiana* 372
Serpentaria 371
Aristolochiaceae 366
Armstrong 24, 69, 87, 112, 601
Artanthe elongata 314
— *geniculata* 320
Arundo Indica odorata 226
Arve 134
Asahina 266, 371, 389, 464
Asaron 367
Asarum arifolium 370
Blumei 371
— *Sieboldi* 371
Ascaridol im Boldoblätteröl 431
— — amerik. Wurmsamenöl 376
Aschan 19, 23, 26, 90, 108, 109, 114, 118, 124, 131, 353
Aschantipfefferöl 309
Aschoff 276
Ashton 526
Asparagus officinalis 272
Aspidium filix mas 5
Atherosperma moschatum 433
Athrotaxis selaginoides 143
Attar of Rose 570
Attars 351
Atterberg 113, 126
Aublet 499
Auld 600
Aurantin 99
Australen 23
Australian sassafras 433
Avocato 497
Ayer 156

B

Babcock 135, 139, 140, 170
Bachtschiew 664, 665
Bacon 211, 214, 215, 219, 220, 223, 282, 285, 286, 293, 390, 392, 412, 416, 417, 419, 420, 421, 460, 463, 559, 560, 657, 673
Badanifera anisata 394
Badian 393
Bärlauchöl 271
Baeyer 23
Bagaradad 347
Bahiabalsamöl 616
Baker 457, 458, 460
— und Smith 6, 7, 8, 10, 143, 146, 147, 148, 149, 150, 151, 152, 153, 154, 155
Balbiano 235
Balm of Gilead fir 94, 136
Balsamtannennadelöl 136
Balyoco 214
Balzer 146
Bamber 212, 245
Bamberger 1
Barbarea praecox 531, 550
Barbier 25, 205, 206, 207, 500, 501, 589, 641, 642, 643, 644
Barcou 73
Bardsky 27
Barillé 325
Barosma-Arten 664, 665
— *crenulata* 665
— *latifolia* 667
— *pulchella* 666
— — var. *major* 667

Barosma serratifolia 665
— *venusta* 668
Barras 73
Bartelt 358
Bartlett 540
Base im Öl von *Barosma pulchella* 667
— — Hyazinthenöl 272
— — Irisöl 280
— — Rautenöl 661
Basen im Robiniaöl 636
Basola Bukni 348
Bastard-Sandel 647
Baume du Pérou en coques 631
Baur 588
Bayberry 329
Bay tree, Californian 504
Beckett 270
Beckstroem 263, 264, 265
Beckurts 671
Beijerinck 567
Beilschmiedia obtusifolia 458
Bell 616
Belloni 133
Bennett 167, 182, 183, 215
Benson 96
Benzaldehyd im Champacaöl 391
— — Seychellen-Zimtöl 438
— Vorkommen 568
Benzaldehydcyanhydrin im Bittermandelöl 604
— — Kirschlorbeeröl 608
Benzoelorbeeröl 523
Benzoesäure im Holzöl von *Cryptocaria pretiosa* 522
— — Myrocarpusbalsamöl 631
Benzoesäurebenzylester im Quino-Quinobalsamöl 629
Benzoesäuremethylester im Cotorindenöl 431
Benzoin odoriferum 523
Benzylalkohol im Champacaöl 391
— — Goldlackblütenöl 553
— — Hyazinthenöl 272
— — Robiniaöl 636
Benzylbenzoat im Hyazinthenöl 272
Benzylcyanid 646
eBnzylsenföl im Löffelkrautöl 535
Bergapten im Öl von *Fagara xanthoxyloides* 656
Berkenheim 365
Bernays 646
Bertagnini 447
Berthelot 23, 28, 122
Berthold Seemann 459
Bertram 105, 118, 122, 123, 126, 128, 129, 130, 136, 234, 235, 293, 322, 323, 447, 481, 482, 549, 551, 557, 558, 589, 601, 641
Besenginsteröl 632
Betelöl 321
Betula alba 336, 337, 338
Betulaceae 330
Betulase 331
Beurre de Violettes 276
Beutin 128, 129, 137
Bialobrzeski 665, 666
Biltz 565
Binder 514
Birckenstock 659
Birkenblätteröl 337
Birkenknospenöl 336
Birkenrindenöl 330
Bisabolen im Cardamomwurzelöl 305
Bittermandelöl 599
Black birch 330
— pine 152
— sassafras 457
— spruce 139
Blanchet 312, 367, 436, 446, 588, 617, 618
Blandini 637
Blas 526
Blasdale 96, 97, 99, 100, 158, 159, 160
Blaß 163
Blausäure, Vorkommen 568
Blin 276
Blume 409, 410
Bock 5
Bode 358
Böcker 126, 127
Böhme 32
Bois de citron de Cayenne 499
— — rose 499
— — — femelle 499
— — — mâle 499

Bois jaune 499
Bokorny 530
Boldoblätteröl 431
Boletus edulis 2
— *suaveolens* 1
Bolley 282
Boltze 555
Bonastre 456, 507, 516, 526, 563
Boorsma 185, 339, 636
Borneol im Öl von *Callitris Drummondii* 154
— — — — — *intratropica* 151
— — — — — *rhomboidea* 153
— — — — — *verrucosa* 149
— — — *Persea pubescens* 498
— — Templinöl 122
d-Borneol im Öl von *Callitris calcarata* 153
— — — — — *glauca* 150
l-Borneol im amer. Holzterpentinöl 106
Bornylacetat (?) im Öl von *Callitris arenosa* 151
d-Bornylacetat im Öl von *Callitris calcarata* 152
— — — — *gracilis* 152
— — — *robusta* 148
— — — — — *verrucosa* 149
Boronia polygalifolia 663
Bosuga blanca 651
Bouchardat 25
Boulez 243
Bourquelot 570, 600
Boutron-Charlard 546
Bouveault 205, 206, 207, 641, 642, 643, 644
Box-System, Entleeren der Harzbehälter (Abbild.) 61
Brandel 138, 158
Brandes 526
Brandis 346
Brassica alba 546
— *campestris* 547
juncea 538, 544
— *Napus* 531, 547
— — u. var., Senfölgehalt 548
— *nigra* 538
— *oleracea* u. var., Senfölgehalt 548
Brassica Rapa 531
— — u. var., Senfölgehalt 548
— — var. *rapifera* 531, 548
Brédon 18
Bridelia tomentosa 310
Briggs 260, 261
Brioux 540
Brix 617, 618
Brooks 10, 89, 218, 391, 392, 393, 672, 673
Brower 26
Brown 510
Brown Sassafras 457
Brühl 526
Brüning 29, 89, 381
Brunnenkressenöl 551
Bubimbirindenöl 622
Buccublätteröl 664
Buchner 126, 134, 170, 567, 570
Bürgin 283
Bulnesia Sarmienti 390, 648
Buphane disticha 273
Burchhardt 88, 565
Burgess 173, 314, 357
Burkill 187, 188, 189, 198, 459
Busse 303, 504, 627
Butlerow 367
Buttersäure (?) im Öl von *Callitris calcarata* 152
— (?) — — — *glauca* 150
Buttersäure im Öl von *Callitris gracilis* 152
— — — — *Persea pubescens* 498
Butte-Tine 99
Butylalkohol, Isosulfocyanat 535

C

(siehe auch K und Z)

Cabriuvaholzöl 630
Cabureibabalsamöl 630
Cadinen im Öl von *Athrotaxis selaginoides* 143
Cadinen (?) im Öl von *Callitris Macleayana* 155
Cadinen im Öl von *Cryptomeria japonica* 144
— — Holzöl von *Dacrydium Franklinii* 8

Cadinen im Öl von *Pherosphaera Fitzgeraldi* 7
l-Cadinen im Copaivabalsamöl 619
l- — — afrik. Copaivabalsamöl 622
Caesalpinia Sappan 626
Café bravo 434
Cahours 333, 398
Caines 18
Calamen 264
Calameon 264
Calamus aromaticus 226
Caldwell 601
California Bay tree 504
Calingag 463
Callan 671
Callitris Actinostrobus 146
— *arenosa* 150, 153
— *calcarata* 152
— *cupressiformis* 153
— *Drummondii* 154
— *fruticosa* 152
— *glauca* 149
— *gracilis* 151
— *Gunnii* 155
— *Huegelii* 149
— *intratropica* 151
— *Macleayana* 155
— *Muelleri* 154
— *oblonga* 155
— *Parlatorei* 155
— *Preissii* 148, 149
— *propinqua* 149
— *quadrivalvis* 146, 147
— *rhomboidea* 153
— *robusta* 148
— *sphaeroidalis* 152
— *Suissii* 148
— *tasmanica* 153
— *verrucosa* 148
Callitrol 147
— im Öl von *Callitris glauca* 150
Calmuskrautöl 267
Calmusöl 262
— japanisches 266
— javanisches 266
Camphen im amerik. Holzterpentinöl 105
— — Manilakopalöl 10
Camphen (?) im Terpentinöl 24, 25
Camphen im Seychellen-Zimtöl 438
— festes im Ceylon-Citronellöl 235
— isomeres (?) im Ceylon-Citronellöl 235
Campher im Öl von *Alpinia Galanga* 289
— — — — *Cinnamomum Camphora* × *C. glanduliferum* 497
— — amer. Holzterpentinöl 106
d-Campher im Atherospermablätteröl 433
— Blätteröl von *Cinnamomum glanduliferum* 461
— Öl von *Persea pubescens* 498
Campherblätteröl 486
Campherdestillation in fremden Ländern (Tabelle) 472
— — Japan (Abbild.) 474, 475
— — — Kühlkasten (Abbild.) 476
Campherdestillationsapparat, chinesischer (Abbild.) 478
Campherdistrikte auf Formosa (Karte) 489
Campherlorbeer 465
Campheröl 465
Campher- und Pfefferminzproduktion in Japan (Karte) 486
Campherwurzelöl 486
Camphorogenol 484
Camphorosma monspeliana 383
Camphor seeds 300
— tree, Ibean 502
— Nepal 461
Camus 521
Canadabalsamöl 94
Canangablüten-Destillation auf Java (Abbild.) 413
Cananga odorata 409
Canangaöl 409
—, Bangkok 419
Canarium microcarpum 564
De Candolle 144
— — C. 315, 320
Canelila 521
Canelo 507
Cannaben 342

Cannabinol 343
Cannabis gigantea 342
— *indica* 342
— *sativa* 342
Canoe cedar 158
Canzoneri 408
Caparrapen 508
Caparrapiöl 507
Caparrapiol 508
Capitaine 170, 307, 312, 617, 618
n-Caprinsäure im Öl von *Fagara xanthoxyloides* 656
Capronsäure im Palmettoöl 261
Caprylsäure im Aleppokiefernadelöl 133
— — Palmettoöl 261
Capsella bursa pastoris 531
Cardamine amara 531, 552
Cardamomen, lange 298
Cardamomenöl, Bengal 302
— Kamerun 303
— Korarima 303
— Malabar 295
— Mysore 297 Anm.
— Siam 300
Cardamomenwurzelöl 304
Cardamom seeds 295
Carette 659, 660
Carle 248, 250
Carquejaöl 632
Carre 73
Cartagenabalsamöl 616
Carthaus 266
Carvacrol (?) im Öl von *Athrotaxis selaginoides* 143
Carvon im Öl von *Taxodium distichum* 146
Caryophyllaceae 383
Caryophyllen (?) im Gagelkätzchenöl 329
— α- u. β- im Copaivabalsamöl 617, 618
l-α-Caryophyllen im Hopfenöl 341
α- — — Pappelknospenöl 326
β-Caryophyllen im afrik. Copaivabalsamöl 622
β- — — Hopfenöl 341
— Nachweis 619
Casca pretiosa 521
Casillier de Farnèse 611
Casimiroa edulis 671
Cassan 383
Cassia caryophyllata 508
— *lignea* 452, 459
Cassiablätteröl 453
Cassiablütenstengelöl 452
Cassiaöl 443
chinesischer Destillierapparat (Abbild.) 444
Cassiarindenöl 452
Cassiastearopten 447
Cassiazweigöl 453
Cassieblütenöl von *Acacia Cavenia* 613
— — — *Farnesiana* 611
Cassier ancien 611
— du Levant 611
— Romain 513
Castets 75
Catafaille blanc 654
Catinga de negra 433
Catingueira 433
Cativobalsamöl 624
Cat spruce 139
Ceder, sibirische 134
— weiße 156
Cedernblätteröl 177
Cederncampher 173
— im ostafrikanischen Cedernholzöl 179
Cedernholzöl 171
— ostafrikanisches 178
Cedernöl, Atlas 141
—, Libanon 141
— aus Haiti 171
Cèdre jaune 499
Cedrenol 175
Cedrol 173
Cedron 173
Cedrus atlantica 141
— *Libani* 141
Celery top pine 8
Celtis-Arten 339 Anm.
— *reticulata* 339 Anm.
— *reticulosa* 338
Cetraria islandica 3
Ceylon-Citronellöl, Statistisches (Kurventafel) 234
— Zimtöl 434

Chamaecyparis Lawsoniana 165
— *obtusata* 165
Champacablütenöl, echtes 390
Champacol 649 Anm.
Chapman 341, 357, 358
Chapoteaut 173, 356, 357
Charabot 388, 389, 520, 637, 643
Chavibetol 323
Chavica officinarum 308
— *Roxburghii* 308
Chavicol (?) im Öl von *Barosma venusta* 668
Cheiranthus Cheiri 553
Cheirolin im Goldlacksamen 554
Chelidonium majus 529
Chenopodiaceae 373
Chenopodium ambrosioides 382
— — var. *anthelminticum* 373
Cheria 348
Cherry birch 330
Chevalier 327, 340
China Budh 347
Chinasäure im Öl von *Ribes nigrum* 558
Chinchilla, Rosenölgewinnung 574
Chinese Wild Pepper 653
Chips 347, 435
Chir Baum 86 Anm.
Chlorophyceae 1
Christison 503
Chroolepus Jolithus 1
Chrysophansäure im Rhaponticumöl 373
Cidreira Melisse 434
Cineol im Öl von *Alpinia Galanga* 289
— — Cardamomwurzelöl 304
— — Cayenne-Linaloeöl 501
— — Champacaöl 391
— — Gagelblätteröl 328
— — Gagelkätzchenöl 328
— Holzöl von *Ocotea usambarensis* 502
— — Holzterpentinöl 105
— — Öl von *Persea pubescens* 498
Cinnamomum-Arten Australiens 458
— *Burmanni* 456, 509
— *Camphora* 465
— — × *glanduliferum* 497
Cinnamomum Cassia 443
— *Culilawan* 457
— *glanduliferum*, Blätteröl 461
— — Holzöl 462
— *iners* 465
— *japonicum* 464
— *Kiamis* 456, 509
— *Laubatii* 458, 460 Anm.
— *Loureirii* 455
— *Mercadoi* 463
— *mindanaense* 460
— *Oliveri* 457, 458
— *Parthenoxylon* 460
— *pedatinervium* 459
— *pedunculatum* 464
— *Sintok* 464
— *Tamala* 459, 460 Anm.
— *Wightii* 457
— *xanthoneuron* 508
Cinnamylacetat im Cassiaöl 447
Cinnamylwasserstoff 446
Citral im Öl einer unbekannten *Andropogon*-Art 218
Citriodoraldehyd 205, 206
Citronella-Distrikte auf Ceylon (Karte) 236
Citronellal (?) im Öl von *Cupressus Lambertiana* 165
Citronellfrüchte 519
Citronellgras-Pflanzung u. -Destillation auf Java (Abbild.) 249
Citronellöl, Ceylon 228
— Jamaica 252
— Java 246
— Seychellen 252
— -Destillationsanlage auf Ceylon (Abbild.) 231, 233
Citronellol im Campheröl 482
Citronellon 236
Citronellylacetat und -butyrat im Ceylon-Citronellöl 237
Citrosma cujabana 434
— *oligandra* 433
Clausena Anisum-olens 673
— *Willdenowii* 673
de Clercq 184, 185, 465, 519
Cloëz 426

Clover 624
Coblentz 260
Cocablätteröl 647
Cochet-Cochet 571
Cochlearia Armoracia 531, 537
— *officinalis* 531, 534
Cocking 621
Cocos nucifera 261
Collin 93
Colombowurzelöl 388
Colonial pine 10
Colson 15
Colzakuchen 547
Compton 601
Comptonia asplenifolia 329
Conroy 360
Convallaria majalis 273
Copahu 499
Copaiba paupera 615
Copaifera-Arten 614
— *Demeusii* 625
— *Guibourtiana* 625
— *guyanensis* 616
— *Langsdorffii* 615 Anm.
— *officinalis* 615
Copaivabalsamöl 614
— afrikanisches 621
— bolivianisches 617
—, Britisch- und Niederl.-Guayana 616
Cord 103 Anm., 115 Anm.
Cordemoy, de 638
Cornering 62
Cortex caryophyllatus 508
— *Culilabani Papuanus* 509
Corylus Avellana 338
Coste 16, 19
Cotorinde, neue 521
— falsche Bezeichnung 431 Anm.
Cotorindenöl 431
Courroie 81
Courtauld 601
Crampon 73
Crévost 466
Croad 181
Crocose 275
Crocus sativus 275
Crotonylsenföl im Öl von *Brassica juncea* 545
Croûtes 82
Crouzel 305
Cruciferae 530
Crypten im Öl von *Cryptomeria japonica* 144
Cryptocaria moschata 520
— *pretiosa* 431 Anm., 521
Cryptomeria japonica 143
Cryptomeriol 144
Cuban pine 59
Cubeba officinalis 309
Cubeben, falsche 312
Cubebenöl 309
Culilawanöl 457
Cumarin im Melilotenöl 633
Cuminalkohol im Campheröl 482
Cupressus australis 152, 153
— *fastigiata* 160
— *glauca* 165
— *japonica* 143
— *Lambertiana* 164
— *Lawsoniana* 165
— *lusitanica* 165
— *macrocarpa* 164
— *pendula* 165
— *sempervirens* 160, 164
— *sinensis* 165
— *Uhdeana* 165
Curcuma longa 282
— *Zedoaria* 285
— *Zerumbet* 285
Curcumaöl 282
Curcumon 284
Cus-Cus 218
Cusparia trifoliata 670
Cyanallyl im Senföl 541
Cyclopia genistoides 631
Cymbopogon caesius 257
— *citratus* 201, 211
— — Wurzelöl 216
— *coloratus* 256
— *confertiflorus* 227
— *flexuosos* 201
— *Martini* var. *Motia* 187
— — *Sofia* 187
— *Martinianus* 187
— *Nardus* 226, 227

Cymbopogon Nardus var. *confertiflorus* 253
— — — *Linnaei* 253
— *pendulus* 216
— *polyneuros* 255
Schoenanthus 254
— *sennaarensis* 257
— *Winterianus* 227
Cymol im Terpentinöl (?) 26
Cypral im Öl von *Taxodium distichum* 145
Cypresse des Montezuma 144
Cypressen im Öl von *Taxodium distichum* 145
Cypressenfrüchte, Öl 164
Cypressenöl 160
algerisches 161
— französisches
Cypress pine 148, 149, 151, 153, 154
Czapek 531
Czerkis 343

D

Dacryden im Öl von *Dacrydium Franklinii* 7
Dacrydium Franklinii 7
Dalbergia Cumingiana 636
Damascenin 385
Dammara australis 9
— *robusta* 10
Dandathu pine 10
Darrin 96
Darzens 416
Daube 282
Davidson 466, 468, 477, 480, 482
Decylaldehyd (?) im Öl von *Fagara xanthoxyloides* 656
n-Decylaldehyd im Ingweröl 294
Dehne 276
Delafontaine 628
Delftgrasöl 255
Destillierapparat für Sternanisöl (Abbild.) 397
Deußen 326, 341, 597, 618, 619, 620, 622
Deville 626
Dewey 158
Dickson 97
Dicypellium caryophyllatum 508
Dieterich 540, 561
Dietze 596
Digger pine 98
Dihydrocuminalkohol im Gingergrasöl 200
— — Sadebaumöl 182
Dihydroterpen im Öl von *Pittosporum pentandrum* 560
— — — — — *resiniferum* 559
Dillapiol und -isoapiol, Öl von *Piper acutifolium* var. *subverbascifolium* 320
Dimethylsulfid im Öl von *Brassica juncea* 545
Diosma fragrans 664
— *succulenta* 669
Diosphenol 665
Dipenten im Öl von *Callitris arenosa* 151
— — — — *calcarata* 152, 153
— — — *Drummondii* 154
— — — *intratropica* 151
— — — *Macleayana* 155
— — — — *rhomboidea* 153
— — *robusta* 148
— — *verrucosa* 149
Cayenne-Linaloeöl 501
— — Öl von *Fagara xanthoxyloides* 656
Gagelblätteröl 328
— Holzterpentinöl 105
Kaurikopalöl 9
— Manilakopalöl 10
Öl von *Pherosphaera Fitzgeraldi* 7
— Sternanisöl 400
— indischen Terpentinöl 87
— — russischen Terpentinöl 84
Disulfid $C_6H_{12}S_2$ im Zwiebelöl 270
Disulfide im Knoblauchöl 269
Dodge 205, 236, 294, 605, 606
Doebner 206, 569, 650
Donk 31, 69, 103, 115
Double Balsam Fir 94
Douglasfichtennadelöl 137
Dowzard 95
Dragendorff 658
Dreckholz 339
Drescher 15

Drimys Winteri 408
Dubroca 19, 75
Ducellier 637
Dulong 309
Dumas 180, 278, 297, 307, 326, 436, 446, 566
Dummele 648
Dunstan 309, 338, 339
Dupont 241, 251, 586, 591
Dymock 255, 258, 285, 651
— Warden und Hooper 186, 219

E

Eagle wood 564
Eastburn 88, 181
Eaton 252, 471
Eberhardt 307, 308, 394, 406, 455
Eckart 588, 589, 591
Edeltanne, sibirische 131
Edeltannennadelöl 117
Edeltannensamenöl 122
Edeltannenzapfendestillation, Destillierapparat (Abbild.) 120, 121
— Inneres einer sogenannten Brennhütte (Abbild.) 121
— Sammeln der Zapfen, Brecher und Leser (Abbild.) 120
Edeltannenzapfenöl 118
Eger 619, 620
Eggers 367
Ehrenberg 5
Eibner 620
— und Hue, Schüttelbürette zur Prüfung des Terpentinöls (Abbild.) 41
Eichenmoosöl 2
Einhof 537
Elemicin im Holzöl von *Cinnamomum glanduliferum* 463
Elettaria Cardamomum 298
Elze 181, 182, 196, 337, 393, 416, 627, 628, 635
Embryophyta asiphonogama 3
— *siphonogama* 6
Emerson 470
Emmanuel 91
Emmerich 95
Empleurum serrulatum 669
Emster, van 316
Engelmann spruce 139
Engländer 617
Engler 28, 365, 611, 621, 664
— -Prantl 611
Enklaar 271, 328
Entleeren der Harzbehälter, (Abbild.) 61
Entrinden, Anschlagen und Entleeren der Stämme, (Abbild.) 60
Erasin 99
Erdmann 589
Eruca sativa 538
Erysimum arkansanum 554
— *asperum* 554
— *Perowskianum* 552
Erysolin im Öl von *Erysimum Perowskianum* 552
Erythroxylaceae 647
Erythroxylon Coca var. *Spruceanum* 647
Escouarte 73
Essence d'Amandes Amères 599
— d'Ansérine vermifuge 373
— d'Asaret 366
— d'Azélia 499
— de Badiane 393
— — Baume de Copahu 614
— — — du Pérou 627
— — — de Tolu 626
— — Betula 330
— — Bois de Cèdre 171
— — — — Gayac 648
— — — — Rose femelle 499
— — Calamus 262
— — Camphre 465
— — Cananga 409
— — Cannelle de Ceylan 434
— — — — Chine 443
— — Cardamome 295
— — Cochléaria 534
— — Cubèbe 309
— — Cyprès 160
— — Feuilles de Cannelle de Ceylan 440
— — — — Cèdre 177
— — — — Jaborandi 669
— — Galanga 288

Essence de Genièvre 166
— — Géranium des Indes 186
— — — Rose 637
— — Gingembre 291
— — Gingergras 198
— — Houblon 339
— d'Iris concrète 276
— de Kuro moji 522
— — Laurier 524
— — — -Cerise 607
— — Lemongras 200
— — Macis 424
— — Matico 314
— Moutarde 538
— — Muscade 424
— — Poivre 306
— — Rose 570
— — Rue 659
— — Sabine 179
— — Santal 344
— — Sassafras 510
— — Semen-contra d'Amérique 373
— — Serpentaire du Canada 369
— — Styrax 560
— — Térébenthine Américaine 59
— — — blanche rectifiée 111
— — — Française 72
— — — de résine 82
— — Thuya 156
— — Verveine des Indes 200
— — Vétiver 218
— d'Ylang-Ylang 409
— de Zédoaire 285
— jaune de Four 111
Essencia de Hojas de Laurel 432
Essigsäurephenylpropylester im Cassiaöl 447
Estagnons 580
Ester, unbekannter im Guacoöl 372
Ettling 566
Eugenol im Öl von *Cinnamomum Sintok* 464
— — — — — *Tamala* 460
— — Holzöl von *Dacrydium Franklinii* 8
Euler 601
Eumycetes 1
Eusebius Nürnberg 214
Eustache 22
Evans Sons Lescher & Webb 615
Evernia prunastri 12
Evers 32
Evoden 655
Evodia Aubertia 654
— *fraxinifolia* 651 Anm.
— *hortensis* 658
— *simplex* 658
Ewing 335
Ewins 387
Eyken 185
Eykman 322, 323, 324, 368, 402, 408, 497, 548

F

Fagara Aubertia 654
— *Hamiltoniana* 651
— *Naranjillo* 658 Anm.
— *nitida* 658
— *octandra* 657
— *Peckoltianum* 655
— *xanthoxyloides*, Öl der Früchte 655
— — — — Wurzelrinde 657
Fagaramid 657
Fagaraöl, philippinisches 657
Faghireh 651
Faltin 516
Farnesol im Palmarosaöl 196
— — Perubalsamöl 628
— — Tolubalsamöl 627
— — Ylang-Ylangöl 416
Fegatella conica 5 Anm.
Feist 552, 600
d-Fenchen im Campheröl 481
l-Fenchylalkohol im amer. Holzterpentinöl 106
Feneulle 367
Fernandez 79
Feuerschwamm 2 Anm.
Fever bush 523
Fichtenknospenöl 124
Fichtennadelöl 123
— sibirisches 131
— -Destillation, alte Thüringer, (Abbild.) 117

Fichtennadelöle 12, 116
— seltenere amerikanische 138
Fichtenzapfenöl 124
Fichter 326
Fileti 604, 608
Fimbriaria Blumeana 5 Anm.
Firbas 540
Fir Oil 96
Firpen im Terpentinöl 26
Fischer 480
Flacourt 410
Flatau 196, 643
Flawitzky 112, 134
Fliegenpilzöl 2
Flores cassiae 443
Flückiger 89, 91, 93, 95, 122, 254, 265, 278, 283, 285, 295, 298, 300, 301, 315, 385, 415, 416, 428, 433, 588, 591, 610, 664, 665, 666, 671
Föhre 128
Foeniculum sinense 393 Anm.
Foenum camelorum 254
Foenum-graecum-Öl 633
Folia Malabathri 459
Formaldehyd im Öl von *Persea pubescens* 498
Forsyth 187
Fränkel 343
Frankforter 26, 95, 96, 97
Frary 26
French oil of Turpentine 72
Frenela arenosa 150
attenuata 153
australis 152, 155
— *canescens* 149
— *columellaris* 151
— *crassivalvis* 149
— *Drummondii* 154
— *Endlicheri* 152
— *ericoides* 152
— *fruticosa* 152, 154
— *Gulielmi* 149
— *Gunnii* 155
— *intratropica* 151
— *Macleayana* 155
— *macrostachya* 155
microcarpa 151
Frenela Moorei 149, 150
— *Muellerii* 154
— *pyramidalis* 152
— *rhomboidea* 153
— — var. *Tasmanica* 153
— *robusta* 148
— — var. *microcarpa* 150, 151
triquetra 153
— *variabilis* 155
— *Ventenatii* 153
— *verrucosa* 148
Fresenius 335
Frickhinger 372
Fritzsche Brothers 177, 504, 523
Fritzsche & Co., Franz 222
Fromm 180, 181, 316
Frye 158
Fungus salicis 1
— *suaveolens* 1
Furfurol im Besenginsteröl 632
— Öl von *Buphane disticha* 273
— Cayenne-Linaloëöl 501
— Kleeöl 633
Fusanus acuminatus 364
spicatus 364

G

Gadamer 532, 533, 534, 535, 536 537, 540, 541, 542, 546, 549, 550, 551, 552, 646
Gagelblätteröl 327
Gagelkätzchenöl 328
Gal 414
Galgantöl 288
Galipea Cusparia 670
officinalis 670
Galipen 671
Galipol 671
Galipot 73
Gallon 19
Gamper 670
Gandurin 649
Garnett 309
Garrigues 376
Gartenkresse 531
Gastrochilus pandurata 295

Gattefossé 3, 637
Gattermann 367
Gaultherase in *Spiraea*-Arten 567
Gaultherin 332, 333, 567
Gease 570
Gefäß zum Auffangen des Fichtennadel-Destillats (Abbild.) 117
Gein 570
Geiseler 535
Gemme 73
Genêt d'Espagne 632 Anm.
Genièvre 167
Genista tinctoria 631
— *tridentata* 632
Genvresse 222, 223
Geraniaceae 637
Geranial 206
Geraniol im Öl einer unbekannten *Andropogon*-Art 218
— — — von *Callitris Drummondii* 154
— — — — — *intratropica* 151
— — Goldlackblütenöl 553
— — Holzöl von *Cryptocaria pretiosa* 522
— — Sadebaumöl 182
Geraniumöl 637
— türkisches 186
Geranylacetat im Öl von *Actinostrobus pyramidalis* 146
— — — *Callitris arenosa* 151
— — — — *calcarata* 152, 153
— — — — — *gracilis* 152
— — — — — *rhomboidea* 153
— — — — — *robusta* 148
— — — *Tasmanica* 153
— — — *verrucosa* 149
Gerhardt 173
Gerock 332, 567
Getah Rasamala 564
Geum rivale 570
— *urbanum* 570
Ghat badala 347
Ghotla 347
Giesecke 660
Gießler 258, 528
Giglioli 467
Gilbert 321, 450
Gildemeister 23, 132, 196, 198, 199, 236, 322, 323, 457, 589, 592, 596, 641
Gilg 314, 317
Mc. Gill 31
Gillavry 424
Gin 167
Gingergrasöl 198
Ginster (Besenginster) 632
— spanischer 632 Anm.
Ginsteröl 631
Gintl 641
Giulapana (Abbild.) 577, Anm. 578
Gladstone 195, 236, 263, 426, 433, 526, 588, 589
Glucocochlearin 531
Gluconapin 531
Gluconasturtiin 531, 550, 551
Glucotropaeolin 531, 646
Glycyrrhiza glabra 636
Gmelin 327
Godeffroy 17, 79
Görz 367
Goldlackblütenöl 553
Goldlacksamenöl 554
Golubew 132
Gonostylus Miquelianus 184 Anm.
Gorup-Besanez, von 660
Goulding 459
Gräger 367
Gram 538
Gramineae 186
Grana Paradisi 301
Grandel 78
Grasöl, indisches 186
Graßmann 474
Graveraux 571
Greene 85
Greenish 385, 540
Greshoff 339
Grignard 25
Grimal 134, 142, 147
Grimaux 516
Grimm, F. 660
— N. 226
Grimme 548
Grisebach 648

Grosse 132
Grünhut 335
Grünling 180
Guacoöl, Micania 372
Guajacum officinale 648, 650
Guajakalkohol 649
Guajakharzöl 65
Guajakholzöl 648
Guajol im Öl von *Callitris glauca* 150
— — — *intratropica* 151
— — Holzöl von *Callitris Macleayana* [155
Gûljag 580
Guerbet 355, 356, 357, 358
Guerlain 586, 591
Guibourt 631
Guibourtia copallifera 625
Guignard 530
Guigues 179, 184
Gurjunbalsamöl, Nachweis 597
Gurjunenketonsemicarbazon 598, 620

H

Haarmann & Reimer 613
Hachot 73
Hacking 63
Haensel 2, 3, 124, 130, 146, 168, 169, 171, 268, 270, 272, 273, 286, 292, 303, 304, 308, 330, 337, 338, 363, 366, 373, 383, 385, 387, 388, 525, 529, 569, 570, 599, 631, 632, 633, 636, 650, 660
Hagebuttenöl 599
Hahn 126, 127, 618, 619
Haikwan Tael 491 Anm.
Haji Zein el Attar 652
Haller 261
Hals 538
Hamamelidaceae 560
Hamamelis virginiana 565
Hambright 329
Hanbury 254, 301, 303, 650, 664, 671
Hancock 503
Hanföl 342
Hanson 135, 139, 140, 170, 177
Hard wood 102
Hardwickiabalsamöl 623
Hardwickia binata 623 Anm.
Hardwickia Mannii 621
— *pinnata* 623
Hardy 670
Harms 625, 629
Harries 28
Hartley 486
Hartwich 269, 521, 538, 617, 623, 629, 630, 647, 670
Harvey 31
Harzbehälter, Entleeren (Abbild.) 61
Harzterpentinöl, russisches 82
Haselnußblätteröl 338
Haselwurzöl 366
Hasoranto 366
Hatri Chilta 348
Hauhechelwurzelöl 632
Heaney 505
Heber 49
Heckel 159, 659
Hedychium coronarium var. *maximum* 286
Helbing 651
Heliotropin im Robiniaöl 636
Hellström 565
Hemlock Spruce 94
— -Tannennadelöl 135
Henderson 88, 181
Henle 660, 661
Henry 146, 149, 276
Heptacosan im Öl von *Cyclopia genistoides* 631
Herba Camphoratae 383
Chenopodii ambrosioidis seu Botryos americanae 382
— *Herniariae* 383
— *Schoenanthi* 253
— *trifolii bituminosi* 634
Hérissey 570, 600, 607, 609
Herlant 309
Herniaria glabra 383
Herter 339
Herty 62, 70, 72, 97
Herzfeld 20, 49, 51, 108
— Apparat zur Prüfung des Terpentinöls (Abbild.) 37
Herzog 629, 671

Hesse 49, 168, 273, 274, 275, 430, 431, 589, 590, 641
Heusler 447, 451
Hilger 276
Himbeeröl 569
Hinokiöl 165
Hirschsohn 118, 132, 448, 450
Hjelt 108, 114
Hlasiwetz 447
Hoff, van't 561
Hoffmann, A. 174
Hofmann, A. W. 531, 546, 551, 569, 645
Holmes 186, 302, 309, 310, 344, 363, 394, 465, 499, 509, 650, 664, 666, 669
Holzcassia 459
Holzterpentinöl 12, 100, 102
Homi Shirasawa 467
Hondurasbalsamöl 564
Hooker 394
Hoop pine 10
Hooper 189, 201, 208, 219, 255, 258, 469, 486, 623, 651, 672
Hopfenöl 339
Horst 373
Hortia arborea 672
Horton 601
Houben 661
Hubatka 537
Huchard 558
Hue 41
Hüthig 198, 199, 436
Hullsches Verfahren 102
Humboldt 144
Humulen 341
Humulus Lupulus 339
Hunkel 136, 137
Huon Pine 7
Huth 589
Hyacinthus orientalis 271
Hydrozimtaldehyd im Ceylon-Zimtöl 437
Hymenaea Courbaril 625

I

Ibean Camphor Tree 502
Iberis amara 531
Ibn Sina 651
Icica altissima 499
Illawarra pine 154
Illicium anisatum 394
— *japonicum* 394
— *religiosum* 394, 407
— *verum* 394
Illurinbalsam 621
Indian blue pine 140
Indigofera galegoides 635
Indisches Grasöl 186
Indol im Goldlackblütenöl 554
— Robiniaöl 636
Ingweröl 291
Iridaceae 275
Iris florentina 276
— *germanica* 276
— *pallida* 276
— *versicolor* 282
Irisöl 276
Irisol 281
Iriswurzel, indische 276
Iron (?) im Goldlackblütenöl 553
Isländisch Moosöl 3
Isoamylalkohol im Java-Citronellöl 251
Isobutylamid der Piperonylacrylsäure 657
Isocedrol 173
Isoeugenol im Champacablütenöl 391
Isononylsäure (?) im Hopfenöl 340
Isopren im Kaurikopalöl 9
Isosulfocyanat des Butylalkohols 535
Isothiocyanallyl, quantitative Bestimmung 543
Isovaleraldehyd im Cayenne-Linaloeöl 501
— — Java-Citronellöl 251
— — Sandelholzöl 352
Itallie, van 564, 562, 563, 616, 619
Ivanow-Gajevsky 283
Izkhir 255

J

Jaborandi, unechte 320
— wilde 325
Jaborandiblätteröl 669
Jaborandirindenöl 670

Jackson 283
Jacobsen 195, 589
Jadin 660
Jahns 156, 157
Jama 629, 630
James 335, 336
Jathrorrhiza palmata 388
Java lemon olie 254
Jayasuriya 228
Jeancard 500, 527, 575, 582, 586, 639, 640
Jedermann 592
Jensen 403, 668
Jobst 430
Johannisbeeröl 558
John 426, 428
Jong, de 213, 216, 240, 247, 414, 425, 426, 460, 472
Jouck 607
Jowitt 201, 227, 253, 255
Jürß 429
Juglandaceae 329
Juglans regia 329
Jugpokal 348
Juncus odoratus 254
Jungermanniaceae 3, 4, 5
Junghuhn 409
Juniperus chinensis 178
— *communis* 170
— *ericoides* 152
— *Oxycedrus* 171
— *phoenicea* 182
— — Öl der Beeren 184
— *procera* 178
— *thurifera* 184
— *virginiana* 171, 177
Juniperusöl unbekannter Art 184
Juraterpentin 89

K

(siehe auch C)

Kaas 49
Kababeh-i-kushadeh 652
Kachetien, Rosenölgewinnung 574
Kachler 283, 628
Kadapanam 409
Kämpfer 394, 522
Kaempferia Galanga 287
— *rotunda* 286
Kaffeebaum, wilder 434
Kahan 625
Kajoe (kaju) garoe 184
— *kastoeri* 185 Anm.
— *laka* 636
— *lakka* 564
— *Rasamala* 564
— *tai* 339
Kalm 563
Kamakshigras 257
Kamelgrasöl 254
Kapuzinerkressenöl 645
Karroo-Buchu 669
Katz 326
Kaufmann 552
Kaurikopalöl 9
Kayser 275
Keboe-Cubeben 310
Keimatsu (Keimazu) 144, 455, 456, 464, 528, 529
Keller 386, 387
Kemp 322
Kennedy 332
Kentjoer 287
Mc. Kenzie 665
Keton $C_{10}H_{16}O$ im Iriswurzelöl 280
— $C_{11}H_{16}O$ im Sandelholzöl 355
— $C_{18}H_{34}O$ im Latschenkieferöl 127
— unbekanntes im Cypressenöl 162
— veilchenartig riechendes im Cassieöl 613, 614
Kettenhofen 421, 422
Khas-Khas 218
Kiefernadelöle 128, 130
Kiefersprossenöl 130
Kienöl 12, 107
— amerikanisches 115
— deutsches 109
— finnländisches 113
— russisches 110
— schwedisches 113
Kimoto 143
Kimura 143, 144
Kin 490 Anm.
Kingiodendron pinnatum 623

King William Pine 143
Kingzett 27, 28, 29
Kirkby 344
Kirschkernöl 609
Kirschlorbeeröl 607
Kisarira 672
Kissipfefferöl 325
Kleber 25, 241, 243, 333, 334, 370, 516
Kleeöle 633
Kline 621
Klip buchu 664
Knoblauchöl 268
— im Lauchhederichöl 537
Knöterichöl 373
Knots 172
Kobuschiöl 388
Koch 9, 10, 90
Köhler 23, 132
Körner 541
Körper $C_6H_{10}S_2$ im Knoblauchöl 269
— $C_{10}H_{14}O_4$ aus Terpentinöl 28
— $C_{16}H_{20}O_4$ im Champacaöl 391
$C_{20}H_{32}$ im Öl von *Phyllocladus rhomboidalis* 8
$C_{20}H_4O_3$ (?) im Maiglöckchenblätteröl 273
— aldehydartiger im Sadebaumöl 181
— Smp. 160 bis 163° im Öl von *Monodora grandiflora* 424
— Smp. 164° im Öl von *Piper Lowong* 313
Kohlenwasserstoff $C_{11}H_{18}$ im Sandelholzöl 352
— Smp. 63 bis 64° im Supabalsamöl 624
— unbekannter im Seychellen-Zimtöl 438
Kohlenwasserstoffe $C_{15}H_{24}$ im Calmusöl 265
Kokosnußöl, ätherisches 261
Koller 426
Kollo 21
Komaki 455
Kondakow 113, 664, 665, 666
Kondo 178
Kooper 270
Kopalöle der Leguminosen 625
— — *Pinaceae* 9
Kopp 626, 627
Kotis 347
Kotschingras 201
Kowalewski 110
Krafft 262, 288
Kremers 19, 68, 97, 98, 100, 115, 136, 137, 236, 260, 294, 308, 335, 336, 376, 377
Kreosol 416
— im Ylang-Ylangöl 415
p-Kresol im Cassieöl 613
p-Kresolmethyläther im Ylang-Ylangöl 414
Kressenöl 531
Kristallisationspunkt des Rosenöls 594
Kronstein 628
Krüger 278
Krug 102
Krummholzöl 124
Kügler 316
Kühnemann 340
Kürsten 447
Kumagai 528
Kummert-E. 553
Kuntze 540, 548, 552
Kurbatow 263, 265
Kuriloff 90
Kuromojiöl 522
Kuro nohji 522 Anm.
Kwasnik 522

L

Labaune 241, 251
Labbé 196, 643
Lacton (?) im Rindenöl von *Cryptocaria pretiosa* 521
Lactone im Sandelholzöl 359
Ladja goah 290
Lärchennadelöle 140
Lärchenterpentinöl 92
Lafont 25
Lallemand 481
Laloue 327, 388, 389, 637, 644, 520, 521
Lamarck 409
Lambic 578
Lana Batu 227

Landsiedl 1
Langlois 222, 223, 224
Larix americana 140
— *Cedrus* 141
— *dahurica* 88 Anm.
— *decidua* 92, 140
— *europaea* 92, 140
— *pendula* 140
— *sibirica* 88, 107
Lassaigne 367
Lassieur 261
Latschenkieferdestillation im südlichen Tirol (Abbild.) 125
Latschenkieferöl 124
Laubenheimer 546, 561
Lauchhederichöl 537
Lauraceae 434
Laurelblätteröl 432
Laurelia aromatica 432
— *sempervirens* 432
Laurel Oil 503
Laurinaldehyd (?) im Öl von *Chamaecyparis Lawsoniana* 166
Laurinsäure im Palmettoöl 261
Laurus Benzoin 523
— *Camphora* 465
Lawangöl 464
Lebensbaum 156
Lebermoose 3
Ledermann 17, 79
Lees 505, 661
Leffler 102
Legföhre 124
Leguminosae 611
Lehmann 607
Leichhardtia Macleayana 155
Leimbach 424
Leioscyphus Taylori 4
Lemongrasöl, Ausfuhr aus Kotschin (Tabelle) 209
— nordbengalisches 217
— ostindisches 200
— westindisches 210
Lemongrasöldestillation (Abbild.) 203, 204
Lenabatu 227
Leon, Cieza de 647
Lepidium campestre 531
— *latifolium* 533
— *ruderale* 531
— *sativum* 531
Leprince 651
Levy 180, 617
Libanol-Boisse 141
Licareol 500
Licaria guianensis 499
Lichenol 3
Lichen quercinus viridis 2
Lienhart 74
Light wood oil 101
Likari kanali 499
Liliaceae 267
Limoeiro bravo 434
Limonen (?) im Öl von *Callitris oblonga* 155
Limonen im Öl von *Callitris robusta* 148
— — Löffelkrautöl 536
— — Maticoöl 317
— Öl von *Pherosphaera Fitzgeraldi* 7
d-Limonen im Öl von *Aegle Marmelos* 674
— — — — *Athrotaxis selaginoides* 143
— — — — *Callitris Drummondii* 154
— — — — — — — *Macleayana* 155
— — — — — *Dacrydium Franklinii* 7
— — Manilakopalöl 10
— — im Öl von *Taxodium distichum* 146
d- und l-Limonen im Öl von *Callitris calcarata* 152
d- und l- — — — — *Muelleri* 154
l-Limonen im Öl von *Callitris arenosa* 151
— — — — — *gracilis* 152
— — — — — — — *intratropica* 151
— — (?) — — — — *rhomboidea* 153
l-Limonen im Öl von *Callitris tasmanica* 154
— — — — — — — *verrucosa* 149
— — — amer. Holzterpentinöl 105
— — — Seychellen-Zimtöl 438
— — — Sternanisöl 400

l-Limonen im russischen Terpentinöl 84
Linaloeöl, Cayenne 499
Linalool im Öl von *Cryptocaria pretiosa* 521, 522
Öl von *Fagara xanthoxyloides* 656
— Goldlackblütenöl 554
— Robiniaöl 636
— Seychellen-Zimtöl 438
Linalylisobutyrat im Ceylon-Zimtöl 437
Lindera Benzoin 523
Linné 226, 394
Liquidambar Altingia 564
— *orientale* 560, 564
— *styraciIluum* 563
Litsea odorifera 518
Livingston 160
Lloyd 260
Loblolly pine 72
Lodge pole pine 140
Löffelkrautöl 534
Löhr 486
Löw 28
Löwig 566
Loher 409
Lohmann 3, 5, 549, 555
Lommel 469
Long 21
Long leaf pine 26 Anm., 59
— oil 101
— leaved pitch pine 59
Lorbeerblätteröl 524
Lorbeeröl aus Beeren 525
Guayana 503
, kalifornisches 504
Lossen 647
Louise 19
Luca 307
Lücker 534, 536, 650
Lüdy 119
Luksch 283, 285
Lunge 142
Lunularia vulgaris 5 Anm.
Lupulin 339

M

Macagno 545
Macen 427
Machenbaum 625
Macisöl 424
Madotheca laevigata 4
— *platyphylla* 5 Anm.
Magnoliaceae 388
Magnolia glauca 388
— *Kobus* 388
Magnoliaöl 390
Maha Pangiri 227
— *Pengiri* 227
— Pengiri-Gras, Anpflanzung auf Ceylon (Abbild.) 229
Maiden 6, 433
Maiglöckchenblätteröl 273
Maisit 84
Malabar-Gras 201
Malakarunnay 672
Malerkrankheit 14
Managrasöl 253
l-Mandelnitrilglucosid 609
Mandelsäurenitril 604
Manilakopalöl 9
Mann 464, 465
Mannich 661
Mansfield 664
Mansier 32
Maracaibobalsamöl 616
Maranhambalsamöl 616
Marasmius alliatus 623
Marattiaceae 6
Marchantia polymorpha 5 Anm.
Marcusson 32, 51, 52
— und Winterfeld, Apparat zur Prüfung des Terpentinöls (Abbild.) 38
Markownikoff 589
Maroniol im Guayana-Sandelholzöl 527
Martin 384
Martius 263
Massoia aromatica 508
Massoicampher 456
Massoien 509
Massoirinde 456
Massoirindenöl 508
Mastigobryum trilobatum 3
Maticoäther 316
Maticoöl 314
— neues 316

Maticoöle bestimmter botanischer Herkunft 318
Matthes 525, 555
Matthiola annua 531
Maturinbalsamöl 616
Mayer E. W. 174, 176, 340
Mazuyer 273, 277, 611, 614
Meerrettichöl 537
Meinecke 426
Melchers & Co. 443
Meliotenöl 633
Melilotus officinalis 633
Menispermaceae 388
Menke 283
Menthan im Öl von *Araucaria Cunninghamii* 11
d-Menthen im Öl von *Callitris Macleayana* 155
Δ^1-Menthenon-3 im Campheröl 482
Menthol (?) im Betelöl 324
Menthol im Geraniumöl 643
Menthon (?) im Betelöl 324
Mespilodaphne pretiosa 521
Messinger 335
p-Methoxyzimtsäureäthylester im Öl von *Kaempferia Galanga* 287
3-Methyläther des Homobrenzcatechins 416
Methylbutenyldimethoxymethylendioxybenzol 317
Methylchavicol (?) im Öl von *Barosma venusta* 668
Methylchavicol im Öl von *Clausena Anisum-olens* 673
— amer. Holzterpentinöl 106
Methyleugenol im Atherospermablätteröl 433
— — Öl von *Dacrydium Franklinii* 7
— · Öl von *Xanthoxylum Aubertia* 655
Methylheptenol im Cayenne-Linaloeöl 501
d-Methylheptylcarbinol im ätherischen Kokosnußöl 261
Methylheptylketon im ätherischen Kokosnußöl 262
Methyl-2-methylamino-3-methoxybenzoat 387
d-Methylnonylcarbinol im Kokosnußöl 262
l-Methyl-n-nonylcarbinol im Trawasblätteröl 518
Methyl-n-nonylketon im Öl von *Fagara xanthoxyloides* 655
— — ätherischen Kokosnußöl 262
— — Trawasblätteröl 518
Methylorthocumaraldehyd im Cassiaöl 447
Methylsalicylat, Bestimmung 333, 334
Methylundecylketon im ätherischen Kokosnußöl 262
Metzgeria furcata 5 Anm.
Micania Guacoöl 372
Michelia Champaca 390
longifolia 392, 398
— *nilagirica* 457
Miller, E. R. 371
Miller, von, W. 561, 563
Milwa Chilta 348
Mirbanöl 606
Mitsui & Co. 488
Mittmann 368
Modjobaum 673
Möller 430, 564
Moeller, J. 499
Mohl, von 92
Mohr 68, 100, 563
C. 26
Molle 525
Moller 227
Mongin 179
Monimiaceae 430
Monodora grandiflora 424
— *Myristica* 423
Moore 609
Moosöl, isländisch 3
Moraceae 339
Moras 219
Moreigne 536, 550, 552
Moreton bay pine 10
Morin 300
Moriya 468
Mosoi 419
Motia 187, 198
Mouline 16, 18

Mountain Laurel 504
— pine 151, 152
— tee 331
Mousse de chêne 2
— odorante 2
Müller 645
Müller, C. 312
— F. 352, 353, 354, 355, 358, 359, 526
— K. 3, 4, 5
Mulder 426, 428, 447
Mumutaöl 259
Murraya Koenigii 673
Murray pine 149
Muscus Acaciae 2
— *arboreus* 2
Muskatblätteröl 430
Muskatblütenöl 425
Muskatnußöl 424
Muskatrindenöl 430
Mutterzimt 459
Myrcen (?) im Öl von *Barosma venusta* 668
Myrcen im Hopfenöl 340
Myrcenylacetat (?) im Öl von *Barosma venusta* 668
Myrica asplenifolia 329
— *cerifera* 329
— *Gale* 327
Myricaceae 327
Myristica aromatica 424
— *fragrans* 424
— *moschata* 424
— *officinalis* 424
Myristicaceae 424
Myristicin im Holzöl von *Cinnamomum glanduliferum* 463
Myristicinsäure im Muskatnußöl 429
Myristicol 428
— im Öl von *Monodora Myristica* 423
Myrocarpus fastigiatus 630, 631
— *frondosus* 631
Myrocarpusbalsamöl 630
Myronsaures Kalium 540
Myrosin 530, 540
Myroxylon Balsamum 626
— — var. *punctatum* 629
— *peruiferum* 629

N

Nagai(y) 384, 528
Nakamura 389
Nakazo Sugiyama 484
Naphthalin im Storaxrindenöl 562
Nardus indica 226
Nash 21
Nasturtium officinale 531, 551
Native cypress 155
Natriumfluorid, Zusatz bei der Senfsamendestillation 540
Nectandra Caparrapi 507
— *Puchury-major* 507
— — *-minor* 507
— *spec.* (?) 504
Neger 431
Negra Mina 433
Nehring 671
Nelkencassie 508
Nelkenholz 508
Nelkenrinde 508
Nelkenwurzöl 570
Nelkenzimtöl 508
Nelson 377
Nepal Camphor tree 461
- Sassafras tree 461
Nephrodium filix mas 5
Nerol im Ceylon-Citronellöl 237
— — Champacaöl 393
— — Goldlackblütenöl 553
— — Ylang-Ylangöl 416
Neubert 558
Niederstadt 9
Niemann 647
Nietzki 567
Nieuwland 616, 619
Nigella-Arten 387
— *damascena* 385
— *sativa* 385
Nikkei 455
β-Nitrocaryophyllen, Darstellung 619
Nock 466, 467
Nonylen-1-methylketon im Trawasblätteröl 518
π-Norcampher 353
π-Norisoborneol 353

Nortricycloeksantalal im Sandelholzöl 354
Nortricycloeksantalan (?) im Sandelholzöl 352
Norway pine 97, 139
— Spruce 123
Nos moscado do Brasil 520
Nürnberg, Eusebius 214
Nußfichte 98
Nut pine 98

O

Oberlin 670 Anm.
Ocotea 504, 528
— *caudata* 499
— *usambarensis* 502
Ocoteaöl von Guayana 503
Oculi Populi 326
Odell 145
Ölsäure im Palmettoöl 261
Ölsäurealdehyd 280
Önanthsäure im Öl von *Persea pubescens* 498
Oesterle 73 Anm.
Oglialoro 311 Anm.
Oil of American Wormseed 373
— — Asarum Europaeum 366
— — Balsam Tolu 626
— — Betle Leaves 321
— — Bitter Almonds 599
— — Black Pepper 306
— — Bois de Rose femelle de Cayenne 499
— — Calamus 262
— — Camphor 465
— — Canada Snake Root 369
— — Cardamom 295
— — Cassia 443
— — Cedar Leaves 177
— — Cherry-Laurel 607
— — Cinnamon 434
— — — leaves 440
— — Copaiba 614
— — Cubebs 309
— — Cypress 160
— — East Indian Geranium 186
Oil of Ennaikulavo 623
— — Fir 101
— — Galangal 288
— — Ginger 291
— — Guaiac Wood 648
— — Hops 339
— — Jaborandi Leaves 669
— — Juniper 166
— — Kuro-moji 522
— — Laurel Leaves 524
— — Lemongrass 200
— — Mace 424
— — Matico 314
— — Mustard 538
— — Nutmeg 424
— — Orris 276
— — Palmarosa 186
— — Pine Cone 140
— — Red Cedar Wood 171
— — Rose Geranium 637
— — Roses 570
— — Rue 659
— — Sandal Wood 344
— — Sassafras 510
— — Savin 179
— — Saw Palmetto 260
— — Spoonwort 534
— — Star Anise 393
— — Storax 560
— — Sweet Birch 330
— — Thuja 156
— — Vetiver 218
— — Ylang-Ylang 409
— — Zedoary 285
Oleo essencial de Cabureiba ou Oleo pardo 630
Oleum Amygdalarum amararum 599
— *Andropogonis citrati* 200
— *Anisi stellati* 393
— *Anonae* 409
— *apopinense* 528
— *Asari canadensis* 369
— — *europaei* 366
— *Balsami Copaivae* 614
— — *peruviani* 627
— — *Tolutani* 626
— *Betulae lentae* 330

Oleum Calami 262
— *Canangae* 409
— *Cardamomi* 295
— *Chenopodii anthelmintici* 373
— *Cinnamomi Cassiae* 443
— — *zeylanici* 434
— *Cochleariae* 534
— *Cubebarum* 309
— *Cupressi* 160
— *Foliorum Betle* 321
— — *Cedri* 177
— — *Cinnamomi* 440
— — *Jaborandi* 669
— — *Matico* 314
— *Galangae* 288
— *Geranii* 637
— — *Indicum* 186
— *Humuli Lupuli* 339
— *Iridis* 276
— *Juniperi* 166
— *Kuromoji* 522
— *Lauri expressum* 525
— — *foliorum* 524
— *Laurocerasi* 607
— *Ligni Cedri* 171
— — *Guajaci* 648
— — *Santali* 344
— *Macidis* 424
— *Nucis moschati* 424
— *Palmarosae* 186
— *Piperis* 306
— *Rosarum* 570
— *Rutae* 659
— *Sabinae* 179
— *Sassafras* 510
— *Sinapis* 538
— *Styracis* 560
— *Terebinthinae Americanum* 59
— — *Gallicum* 59
— *Thujae* 156
— *Zedoariae* 285
— *Zingiberis* 291
Oliva 531
Ononis spinosa 632
Opitz 267
Orange Tree, Wild 671
Orchidaceae 305
Orchis militaris 305
Oregonbalsam 95
Oreodaphne californica 504
Orinoco, Zimt des 521
Ossipoff 339, 340
Osterluzeiöl 372
Oswald 401
Osyris tenuifolia 365
Ottonia Anisum 325
— *Jaborandi* 325
Otto of Rose 570
Oxydase aus dem Öl von *Ribes nigrum* 558
d-Oxynitrilese 601
Oxypolyterpene 30
Oxystigma Mannii 621
Oyster bay pine 153

P

Pacific arbor vitae 158
Paeonia Moutan 383
Päonol 383
Paetzold 650
Page 314
Pagenstecher 566
Paja de Meca 214
Palea camelorum 254
Palmae 260
Palmarosaöl 186
— Destillierblase (Abbild.) 191
Palmarosaöldestillation in Ellichpur (Abbild.) 192
— — Khandesh (Abbild.) 193
Palmarosa- und Gingergrasöl, Versandgefäße (Abbild.) 197
Palmettoöl 260
Palmitinsäure im Besenginsteröl 632
— Holzöl von *Cinnamomum glanduliferum* 463
— Gagelblätteröl 328
— — Haselnußblätteröl 338
— — Maticoöl 317
— Palmettoöl 261
— — Öl von *Ranunculus Ficaria* 387
— Spargelwurzelöl 272
— Weißbirkenrindenöl 338

Palo balsamo 648
Panajotow 592
Pancoast 516
Pandanaceae 186
Pandanusöl 186
Pandanus utilis 411
Pangiri 227 Anm.
Panjam 347
Paolini 235
Pao pretiosa 521
Papasogli 27, 29
Papaveraceae 529
Papousek 293
Pappelknospenöl 325
Para-Balsamöl 616
Paracoten 430
Paracotol 431
Paracotorindenöl 430
Paradieskörneröl 301
Paraffin im Birkenblätteröl 337
— — Birkenrindenöl 334
— — Haselnußblätteröl 338
— — Öl der Blätter von *Persea gratissima* 498
— $C_{19}H_{40}$ im Gagelblätteröl 328
— Smp. 48 bis 49° im Besenginsteröl 632
— — 62 bis 63° im Cardamomwurzelöl 305
Parasaron 265
Parmeliaceae 2
Parry 80, 208, 270, 297, 361, 362, 364, 403, 584, 596, 621, 644
Pavesi 634
Payen 340
Pearson 86, 347, 372, 461, 462, 516
Pechgriefen 78
Peckolt 11, 219, 286, 321, 325, 433, 434, 520, 521, 610, 615, 629, 630, 655, 672
Peinemann 313
Pelargoniumöl 637
Pelargonsäure im Geraniumdestillationswasser (?) 643 Anm.
Pelea madagascarica 659
Péligot 297, 436, 446
Pellia epiphylla 5 Anm.
Pellnitz 49
Penau 540
Pentadekan im Öl von *Kaempferia Galanga* 288
Pereira 93
Perillaalkohol im Gingergrasöl 200
Perrot 179, 455
Persea carolinensis 498
— *caryophyllata* 508
— *gratissima*, Blätteröl 498
— —, Rindenöl 497
— *pubescens* 498
Persicariol im Knöterichöl 373
Personne 339, 340, 342
Persoz 398
Perubalsamöl 627
Peruviol 628
Peter 361
Petersen 344, 363, 368
Petroleumnüsse 559
Pettenkofer 602
Peumus Boldus 431
Pfaff 367
Pfefferminz- und Campherproduktion in Japan (Karte) 486
Pfefferöl 306
— aus langem Pfeffer 308
japanisches 650
Pfirsichkerne zur Darstellung des Bittermandelöls 599 Anm.
Pfister 509
Phaseolus Mungo 190
d-α-Phellandren im Öl von *Cinnamomum Tamala* 460
d-α- — — Gagelkätzchenöl 328
Phenol, unbekanntes im Boldoblätteröl 432
— — Öl von *Callitris gracilis* 152
— — — — *tasmanica* 154
— — — Guacoöl 372
— — — Irisöl 280
— — Öl von *Michelia longifolia* 393
— — — *Pittosporum undulatum* 559
— mehratomiges im Öl von *Cryptomeria japonica* 144
Phenole im Sandelholzöl 359

Phenyläthylalkohol im Champacaöl 391
— — Geraniumöl 642
Phenyläthylen 561
Phenyläthylsenföl im Öl von *Brassica Rapa* var. *rapifera* 549
— aus Brunnenkresse 351
Phenyloxyacetonitril 604
Pherosphaera Fitzgeraldi 6
Philipp 597, 620
Phloracetophenondimethyläther im Öl von *Xanthoxylum alatum* 654
— — — — *Aubertia* 655
Phyllocladen im Öl von *Phyllocladus rhomboidalis* 8
Phyllocladus rhomboidalis 8
Piccard 326
Picea alba 135
— *canadensis* 139
— *Douglasii* 136, 138
— *Engelmanni* 139
— *excelsa* 89, 123
— *Mariana* 139
— *nigra* 135
— *obovata* 131
— *rubens* 139
rubra 139 Anm.
— *vulgaris* 89, 123
Pichurimbohnenöl 507
Pickles 201, 253, 256, 328, 462
Picrocrocin 275
Picul 490 Anm.
Piest 50
Pigot 346
Pileaöl 343
Pilocarpen im Jaborandiblätteröl 670
Pilocarpus Jaborandi 669
— *racemosus* 669
Pin de Bordeaux 72
— maritime 72
Pinaceae 9
Pinen im Öl von *Athrotaxis selaginoides* 143
— — — — *Cinnamomum glanduliferum* 462
— — Gagelkätzchenöl 328
d-Pinen (?) im Öl von *Alpinia Galanga* 289
d-Pinen im russischen Terpentinöl 84
d- und l-Pinen im Öl von *Callitris Muelleri* 154
α-Pinen im Öl von *Callitris intratropica* 151
— — — — *rhomboidea* (?) 153
— — Manilakopalöl 9
— in den Ölen von *Pinus Taeda* und *P. echinata* 72
— im Öl von *Piper acutifolium* var. *subverbascifolium* 319
— — Sadebaumöl 181
— — indischen Terpentinöl 87
d-α-Pinen im Öl von *Actinostrobus pyramidalis* 146
— — — — *Agathis robusta* 10
— — — — *Callitris calcarata* 152
— — — — — *Drummondii* 154
— — — — — *gracilis* 152
— — — — — *Macleayana* 155
— — — — — *oblonga* 155
— — — — — *robusta* 148
— — — — — *tasmanica* 154
— — — — — *verrucosa* 149
— — Kaurikopalöl 9
— — Manilakopalöl 10
— — — — *Pherosphaera Fitzgeraldi* 7
— — — — *Taxodium distichum* 140
— — philippinischen Terpentinöl 89
l-α-Pinen im Öl von *Dacrydium Franklinii* 7
— — — — *Phyllocladus rhomboidalis* 8
β-Pinen im Campheröl 481
— — amer. Holzterpentinöl 105
— — Manilakopalöl 10
— — Seychellen-Zimtöl 438
— — indischen Terpentinöl 87
— — philippinischen Terpentinöl 89
Pinennachweis durch Oxydation mit Mercuriacetat 181
Pinus Abies 83
— *australis* 59
— *balsamea* 94
— *canadensis* 137
— *Cedrus* 141
— *Cembra* 83, 134
— *cubensis* 59

Pinus Douglasii 137
— — var. *brevibracteata* 138
— — — *taxifolia* 137
— *echinata* 59
edulis 140
— *excelsa* 86, 124, 140
— *flexilis* 140
— *halepensis* 79, 80
— *heterophylla* 59, 72
— *insularis* 89
— *Jeffreyi* 99
— *Khasya* 86, 87
— *Laricio* 135
— var. *β austriaca* 75
— — *Pallasiana* 83
— *Larix* 92
— *Ledebourii* 107
— *longifolia* 86
— *maritima* Mill. 133
— — Poir. 72
— *Merkusii* 87
— *mitis* 59
— *montana* 124
— *Mughus* 124
— *Murrayana* 97, 140
— *palustris* 59, 72
Picea 89, 91
— *Pinaster* 72, 79
— *ponderosa* 97, 138
— *Pumilio* 124
— *resinosa* 97, 139
— *rigida* 139
— *Sabiniana* 98
— *serotina* 97
— *silvestris* 83, 107, 110, 128, 130
Strobus 137
— *Taeda* 72
— var. *heterophylla* 59
taurica 83
— *taxifolia* 137
— *Thunbergii* 88
Piper acutifolium var. *subverbascifolium* 319
— *angustifolium* 314, 318
— var. *Ossanum* 318
— *camphoriferum* 318
Clusii 309
Piper crassipes 310
— *Cubeba* 309
— — var. *Rinoe katoentjar* 310
— — — *tjaroeloek* 310
— *Famechoni* 325
geniculatum 320
— *japonicum* 650
— *lineatum* 319
— *longum* 308
Lowong 310, 813
— *Melegueta* 301
— *mollissimum* 310
— *nigrum* 306
— *officinarum* 308
— *ovatum* 309
— *ribesioides* 310
— *umbellatum* 325
— *venosum* 310
— *Volkensii* 313
Piperaceae 306
Piperonylacrylsäureisobutylamid 657
Piquage 73
Pirla 566
Pirus Malus 568
Piso 630
Pitch pine 59, 139
Pittosporaceae 558
Pittosporum pentandrum 560
— *resiniferum* 559
— *undulatum* 558
Planchon 93
de Plato 599
Pleijel 540
Pleopeltis phymatodes 6
Pleß 531, 533, 537, 549, 643
Polack 75
Poleck 367, 588
Polianthes tuberosa 273
Polygonaceae 373
Polygonum Persicaria 373
Polypodiaceae 5
Polypodium phymatodes 6
quercifolium 519 Anm.
Polyporaceae 1
Polyporus igniarius 2 Anm.
Pomeranz 516, 542
Pomet 393

Pommerehne 386
Pond pine 97
Pool 616
Populus nigra 325
Port Macquarie pine 155
Posselt 617
Potomorphe umbellata 325
Potter 309, 313
Power 25, 136, 282, 333, 334, 426, 427, 428, 429, 505, 516, 517, 558, 588, 609, 633, 661, 671
Prantl 621
Prescott 647
Preuß 252, 627
Prieß 655
Prioria copaifera 624
Procter S. 609
— W. 331, 333, 510, 514, 609
Protium altissimum 499
Prulaurasin 607
Prunase 601
Prunus Amygdalus 599
— *Armeniaca* 599
— *Padus* 610
— *Persica* 599 Anm.
— *serotina* 609
— *sphaerocarpa* 610
— *virginiana* 609
Pseudocedrol 176
Pseudopinen 23 Anm.
Pseudotsuga Douglasii 95
— — *denudata* 137
— var. *glauca* 137
— — *taxifolia* 137
— *Lindleyana* 137
— *mucronata* 95, 137
— *taxifolia* 95
— var. *elongata* 137
Psoralea bituminosa 633
Pumilon 127
Puran Singh 346

Q

Quadrat 276
Queensland Kauri 10
Queysanne 19
Quills 440
Quina-Quina 629
Quino-Quinobalsamöl 629

R

Rabak 86, 93, 95, 96, 329, 388, 498, 514
Rabenhorst 327
Rackwitz 625
Radisson 394, 396
Radix caryophyllata 570
— *Indica Lopeziana* 671
Raiz Moras 219
Rama Rao 346
Ramièren 197
Ranunculaceae 383
Ranunculus Ficaria 387
Raphanol im Löffelkrautöl 536
— Rettichöl 550
Raphanolid 550
— im Brunnenkressenöl 552
Raphanus sativus 548, 549
Raquet 539
Rasamalaholzöl 564
Rautenöl 659
Ravenna 608
Ray 409
Rechenberg, von 359, 397, 414
Red Cedar 158, 171, 177
Fir 137
— Pine 139, 152
— Spruce 139
Reformatzky 589
Reimer, siehe Haarmann
Rein 165
Reinhart 201, 350
Reinsch 385
Reseda odorata 531
Resedablütenöl 556
Resedaceae 556
Reseda-Geraniol 556
Resedawurzelöl 557
Resina de pinheiro 11
Retinospora obtusa 165
Rettichöl 549
Réuniol 590, 641
Reychler 414

Rhamnus-Arten 310
Rhaponticumöl 373
Rheum Rhaponticum 373
Rhizoma Aristolochiae Paraguay 372
— *Galangae* 288
— — *majoris* 289
— *Zedoariae rotundae* 286
Rhodanwasserstoffsäure im Zwiebelpreßsaft 270 Anm.
Rhodinol 589
— de Pelargonium 641
Ribes nigrum 558
Richardson 31
Richmond 9, 89
Riedel 629, 630
Riemen 81
Rimini 459
Rinoe badak 310
Risse 174, 223; siehe auch Semmler
Ritsema 673
Rizza 367
Robes 507
Robinia Pseudacacia 635
Robinson 87
Robiquet 546
Rocher 669
Rochleder 447
Rodié 183
Roeser 540
Rogerson 633
Rojahn 264, 294, 562, 590
Romburgh, van 184, 287, 290, 430, 518, 564, 626, 635
Rooh Juniperi 166
Rosa alba 571
— *canina* 571
— *centifolia* 571
— *damascena* 571
— *gallica* 571, 574
— *rugosa* 571
Rosaceae 566
Rose 160
Rose à Parfum de l'Hay 571
Rosenernte in Bulgarien (Abbild.) 572, 573
— — Miltitz (Abbild.) 581, 583
Rosenextraktöle, Eigenschaften 587, 588
Rosenfelder, Miltitzer (Abbild.) 579
Rosengeraniol, Gewinnung 582
Rosenöl 570
Rosenöldestillierapparat, bulgarischer (Abbild.) 576
Rosenpomade 584
Rosenthaler 600
Roseol 589
Roshdestwensky 545
Rottannennadelöl 123
Rottannenterpentin 89
Roure-Bertrand Fils 164, 165, 418, 501, 587
Rousset 173
Roxburgh 409
Royle 226
Rubus Idaeus 569
Rue de Corse 660
Rumphius 409
Runge 361
Ruotte 516
Rusaöl 186
Rusby 504
Ruta bracteosa 660
— *graveolens* 659
— *hortensis* 660
— *montana* 660
Rutaceae 650

S

Sabadilla officinalis 267
Sabadillsamenöl 267
Sabal serrulata 260
Sabine 183
Sabino 144
Sabinylacetat, Drehung 181
Sadebaumöl 179
Sadebeck 303
Säure $C_9H_{16}O_2$ im Campheröl 483
— $C_{11}H_{16}O$ im Hopfenöl 340
— $C_{13}H_{17}OCO_2H$ im Mußkatnußöl 428
— $C_{12}H_{20}O_2$ im Caparappiöl 508
—, unbekannte im Micania Guacoöl 372
Safranbitter 275
Safranöl 275
Safranterpen 275
Safren, sogenanntes 516

Safrol 381
— im Atherospermablätteröl 433
— — Holzöl von *Cinnamomum glanduliferum* 462
— — — — — *Parthenoxylon* 460
— methoxyliertes im Öl von *Piper Volkensii* 314
Sage 309, 669
Saint-Èvre 516
Sai-sin 371
Salai 214
Salant 381, 382
Salicaceae 325
Salicylsäure im Goldlackblütenöl 554
Salicylwasserstoff 567
Salway 282, 426, 427, 428, 429, 633
Samaraweera 228
Samuel, Samuel & Co. 488
Sandarakharzöl 146, 149
Sandarakholzöl 147
Sandelbaum (Abbild.) 349
Sandelholzkoti in Bangalore (Abbild.) 345
Sandelholzöl, afrikanisches 366
— Fidschi 363
— Guayana 527
— neue Hebriden 360
— neukaledonisches 363
— ostindisches 344
— Tahiti 360
— Thursday Island 361
— westaustralisches 364
Sander 525
Sani 537
Sansho 650
Santalaceae 344
Santalal im Sandelholzöl 357
Santalol im Öl von *Santalum austrocaledonicum* 363
Santalon im Sandelholzöl 354
Santalsäure im Sandelholzöl 358
Santalum acuminatum 364
— *album* 344
— *austro-caledonicum* 350, 363
— *cognatum* 364
— *cygnorum* 364
— *Freycinetianum* 360 Anm.
— *lanceolatum* 364
Santalum persicarium 364
— *Preissianum* 364
— *Yasi* 363
Santenon im Sandelholzöl 353
Santenonalkohol im Sandelholzöl 353
Sappanblätteröl 626
Sarsaffras 499
Sassafras Goesianum 508
Sassafras 457
— Nepal 461
Sassafrasblätteröl 517
Sassafrasdestillation in Virginia (Abbild.) 511
Sassafrasöl 510
Sassafras Oil, artificial 517
Sassafrasschneidemühle (Abbild.) 513
Sassafraswurzeln, Ausgraben (Abbild.) 515
Satie 527, 582, 586, 639, 640, 641, 642
Saunders 95
Saussure 588
Sawer 344, 366, 637
Saw Palmetto 260
Saxifragaceae 558
Schacht 426, 427
Schaer 311, 312, 441, 623, 630
Scharling 626
Scharrpech 78
Scheidgläser 119
Schierlingstanne 94, 135
Schiff 14, 29
Schimmel & Co. 24, 25, 79, 93, 98, 104, 105, 118, 122, 124, 126, 127, 135, 140, 144, 159, 161, 165, 169, 171, 173, 178, 180, 181, 183, 196, 198, 199, 201, 205, 206, 207, 208, 223, 224, 225, 235, 236, 238, 240, 241, 242, 243, 244, 245, 246, 251, 252, 254, 258, 259, 264, 266, 268, 274, 275, 279, 281, 289, 290, 297, 300, 302, 303, 304, 311, 316, 317, 318, 320, 323, 324, 330, 341, 343, 352, 353, 354, 355, 356, 360, 361, 362, 364, 374, 376, 378, 381, 383, 386, 392, 393, 401, 415, 417, 418, 423, 425, 426, 427, 432, 435, 436, 438, 439, 440, 441, 443, 447, 451,

Schimmel & Co. 454, 455, 456, 459, 461, 465, 469, 482, 486, 497, 500, 501, 509, 514, 519, 520, 522, 523, 528, 534, 544, 548, 558, 562, 564, 565, 580, 582, 585, 587, 591, 596, 597, 598, 612, 615, 618, 622, 623, 630, 634, 637, 642, 643, 648, 649, 652, 653, 654, 658, 659, 660, 666
Schimoyama 455, 528, 655
Schindelmeiser 49, 83, 112, 113, 132, 289
Schiras, Rosen von 574
Schiuöl 528
Schkatelow 83
Schlagdenhauffen 670
Schlangenwurzelöl, canadisches 369
— virginisches 371
Schlicht 540
Schloss 457
Schmidt 78, 311, 312, 314, 367, 502, 590, 628, 641
Schmölling 9, 10
Schnedermann 263
Schneegans 331, 332, 567
Schneider 385, 386, 541, 549, 552, 554, 555
Schöllkrautöl 529
Schoenanthum amboinicum 211
Schönbein 27
Schöne 28
Schoenocaulon officinale 267
Schoßberger 653, 655
Schreiber und Zetzsche 32
Schreiner 260, 261, 294, 308
Schröter 223, 333, 443
Schrot 78
Schüttelbürette von Elbner und Hue (Abbild.) 41
Schuler 62
Schulz 80
Schumann 303, 304
Schu-Yu 528
Schwarz 447
Schwarzfichtennadelöl 136
Schwarzföhre 75
Schwarzkiefer 75
Schwarzkiefernadelöl 135
Schwarzkümmelöl 385
Schwefelcyanallyl im Zwiebelpreßsaft 270 Anm.
Schwefelkohlenstoff im Senföl 541
Schwefelterpentinöl 84
Schwefelwasserstoff im Hyazinthenöl 272
Schweigger 426
Schweizer 157
Schwertlilie 276
Scorodophloeus Zenkeri 622
Scotch fir 130
Scott 433
Scoville 565
Scrape 63
Selasian-Holz 460
Sell 312, 367
Semina Cardamomi majoris 301
Semmler 157, 174, 175, 176, 177, 181, 195, 200, 205, 206, 207, 223, 225, 236, 269, 270, 271, 340, 352, 353, 354, 356, 358, 426, 428, 505, 506, 533, 589, 653, 655, 665
Senföl 538
— künstliches 543
— aus weißem Senf 546
Sequioa gigantea 142
Sereh betoel 211
— *wangi* 247
Serpentaria 371
Serre 214
Serronia Jaborandi 325
Sesquiterpen im Öl von *Barosma venusta* 668
— — Betelöl 322
— (?) — Öl von *Callitris robusta* 148
Sesquiterpen im Öl von *Callitris verrucosa* 149
— — — *Fagara xanthoxyloides* 656
— — Hondurasbalsamöl 565
russischen Kienöl 112
— — Öl von *Leioscyphus Taylori* 4
— — Maticoöl 317
— — Öl von *Monodora grandiflora* 424
— — Rindenöl von *Ocotea usambarensis* 502

Sesquiterpen (?) im Öl von *Phyllocladus rhomboidalis* 8
Sesquiterpen im Öl von *Piper acutifolium* var. *subverbascifolium* 320
— — — — *Pittosporum undulatum* 559
— — Sassafrasblätteröl 518
— (?) — Spiraeablütenöl 567
Sesquiterpen im Sternanisöl 401, 408
— — Öl von *Taxodium distichum* 146
— — Templinöl 122
— indischen Terpentinöl 87
— — Weißbirkenrindenöl 338
Sesquiterpenalkohol im Copaivabalsamöl 619
— — Öl von *Leioscyphus Taylori* 4
— — Osyrisöl 366
— — Öl von *Piper camphoriferum* 319
— — Zitwerwurzelöl 286
Sesquiterpenhydrate im Ylang-Ylangöl 415
Sharp 514
Sherman 260, 261
Sherrard 260
Shikimen 408
Shikimol 408
Shimoyama 455, 528, 665
Shirawasa 467
Shiu oil 528
Shortleaf pine 72
Short-leaved yellow pine 59
Siebold, von 394
Siedler 576, 594
Siemssen & Co. 443
Silbertanne 117
Simmons 584
Simon 406, 535, 561
Sinalbinsenföl 547
Sinapis alba 546
— *juncea* 538
— *nigra* 538
Sindora Wallichii 624
Sinigrin, Vorkommen 531, 537
Siparuna Apiosyce 434
— *cujabana* 434
— *obovata* 433
Si-sin 371
Sisymbrium Alliaria 531, 537
officinale 531
Sjaroff 576, 578
Sjollema 547
Slash pine 59
Small 309
Smith 103, 104, 246, 268
— — siehe Baker
Soden, von 264, 294, 337, 355, 356, 359, 557, 562, 590, 591, 612, 621, 660, 661
Sofia 187, 198
Solereder 621, 623
Soltmann 164
Somma 277
Sommerrautenöl 660
Sorbinöl 569
Sorbinose 569
Sorbinzucker 569
Sorbit 569
Sorbus Aucuparia 569
Soubeiran 170, 307, 312, 617, 618
Southern cypress 145
— pitch pine 59
Spalteholz 271
Spargelwurzelöl 272
Spartium junceum 632
— *scoparium* 632
Spica 372, 665
Spicebush 523
Spicewoodöl 523
Spike disease 347 Anm.
Spiraea acutifolia 568
— *Aruncus* 568
— *digitata* 568
— *Filipendula* 567, 568
— *japonica* 568
— *kamtschatica* 567
— *laevigata* 568
— *lobata* 568
— *opulifolia* 568
— *palmata* 567
— *sorbifolia* 568
— *Ulmaria* 566, 567
— *ulmifolia* 568
— -Arten, Glucosidgehalt 567
Spiraeablütenöl 566

Spiraeakrautöl 567
Spiraeasäure 567
Spiraeawurzelöl 567
Spiraein 567
Spirige Säure 567
Spiroylige Säure 567
Spiroylwasserstoff 567
Spornitz 174
Spruce-Tannennadelöl 135
Squire 18, 402
Staats 367
Stapf 187, 201, 210, 211, 226, 253, 254, 255, 256, 257, 258
Steamed wood turpentine oil 101
Stearns 95 Anm.
Stearopten des Rosenöls 591
Steinbach 283
Steinhäger 167
Steinkauler 142
Steinpilzöl 2
Stem 72
Stenhouse 195, 236, 441, 442, 503, 650, 654
Stephan 196, 198, 199, 236, 457, 590, 592, 596, 625
Sternanisbäume, Pflanzung (Abbild.) 399
Sternanisblätteröl 406
Sternanisblumenöle 401
Sternanisöl 393
— Destillierapparat, chinesischer (Abbild.) 397
— — tongkinesischer (Abbild.) 395
— japanisches 407
Steudel 533
Stiehl 206, 207
Stilben (?) im Perubalsamöl 628
Stillman 504, 505
Stoddart 276
Stöger 78
Storax, amerikanischer 563
Storaxöl 550
Stove 478
Strauß 617
Stringy bark pine 155
Ströcker 167
Struckmeyer 443, 451
Stump turpentine 101
Styracin 561
Styrocamphen im Storaxöl 561
Succus Juniperi 166
Sudworth 59, 62
Süßholzwurzelöl 636
Suginen 144
Sugiol 143
Suida 282
Summitates Sabinae 179
Sumpfceder 156
Sumpfcypresse 144
— virginische 145
Sundvik 15, 109, 114
Supabalsamöl 624
Superoxyde im Terpentinöl 28
Swamp bay 498
— pine 59
Swan River Sandal Wood 364
Sweet 138
Sweet birch 330
— fern 329
Swenholt 139
d-Sylvestren im indischen Terpentinöl 87
i-Sylvestren im russischen Terpentinöl 84

T

Tael, Haikwan 491 Anm.
Tahara 384
d-Tanacetylalkohol im Öl von *Thuja plicata* 160
Tanglad(t) 214
Tapia 507
Tardy 400, 401, 407, 432
Targionia hypophylla 5 Anm.
Tassilly 418
Taxaceae 6
Taxodium distichum 145
— *mexicanum* 144
— *Montezumae* 144
— *mucronatum* 144
Tectona grandis 188
Teeple 100, 102, 103, 115
Teerosenöl 587
Tempany 204, 216
Templinöl 118

Tentes 411
Tereben 24
Terebenthen 23
Térébenthine de Four 111
Ter Meulen 531, 532, 646
Teresantalol im Sandelholzöl 353
Teresantalsäure im Sandelholzöl 358
Terpen im Öl von *Amorpha fruticosa* 634
— — Betelöl 325
— — Boldoblätteröl 432
— Ceylon-Citronellöl 235
— Irisöl 279
— — ostind. Lemongrasöl 207
— Öl von *Mastigobryum trilobatum* 4
— Safranöl 275
— japanischen Sternanisöl 408
Terpen, aliphatisches im Cayenne-Linaloeöl 501
— Öl von *Xanthoxylum Aubertia* 655
Terpene in Lebermoosen 5 Anm.
Terpentin 11, 13
— Jura 29
— Straßburger 91
Auffangen (Abbild.) 67
Terpentin-Destillationsanlage, ältere (Abbild.) 69
— nordamerikanische (Abbild.) 71
Terpentingewinnung, französische Methode (Abbild.) 74
Terpentinöl 11
— algerisches 84
— amerikanisches 59
— Burma 87
— französisches 72
griechisches 80
indisches 85
japanisches 88
— mexicanisches 85
— Neustädter 77
— österreichisches 75
— ostasiatisches 89
— philippinisches 89
portugiesisches 79 Anm.
russisches 81
— spanisches 79
Terpentinöl aus Straßburger Terpentin 91
— venetianisches 92
1,4-Terpin 379
α-Terpinen im Sadebaumöl 181
γ-Terpinen im Holzterpentinöl 105
Terpinenol-1 im Campheröl 482
Terpinenterpin 379
Terpineol im Douglasfichtenöl 96
α-Terpineol im Öl von *Callitris gracilis* 152
— — Geraniumöl 642
— — Robiniaöl 636
— — russischen Terpentinöl 84
l-α-Terpineol im Öl von *Cinnamomum glanduliferum* 462
— — amer. Holzterpentinöl 105
Terpinylbutyrat (?) im Öl von *Callitris gracilis* 152
Teschemacher 312
Tetranthera brawas 519 Anm.
— *californica* 504
— *citrata* 310
Tetrantheraöle 519
Texel 78
Thelen 381
Theolin 99
Theulier 220, 221, 500
Thiel 134
Thiele 259
δ-Thiocarbimidobutylmethylsulfon 553
γ-Thiocarbimidopropylmethylsulfon 554
Thlaspi arvense 269, 531, 533
Thoms 263, 264, 314, 316, 317, 318, 320, 423, 426, 428, 439, 525, 565, 568, 628, 656, 657, 660
Thorpe 98, 99
Thresh 293
Thümen 657
Thuja articulata 148, 153
— *australis* 153
— *Douglasii* 158
— *gigantea* 158
— *Lobbi* 158
— *Menziesii* 158
— *occidentalis* 156, 177
— *orientalis* 158

Thuja plicata, Blätteröl 158
— — Holzöl 160
Thujaöl 156
Thujawurzelöl 158
Thujylalkohol (?) im Ceylon-Citronellöl 238
Thunberg 394
Thymochinon im Sandarakholzöl 147
Tiemann 205, 206, 207, 278, 384, 589, 590, 641, 667, 668
Tilden 24, 26, 107, 112, 608
Tjekoer 287
Toddalia aculeata 671
— *asiatica* 671
Tolubalsamöl 626
Toluifera Balsamum 626
Toneguttí 608
Trabut 141
Trachylobium verrucosum 625
Trametes suaveolens 1
Trawas olie 519
Trawasblätteröl 518
Treff 591
Trentepohlia Jolithus 1
Triacontan im Birkenrindenöl 334
Trifolium incarnatum 633
— *pratense* 633
Trigonella Foenum-graecum 633
Trimble 333
Tröger 128, 129, 137, 671
Trog 628
Trommsdorff 442, 508, 570
Tropaeolaceae 645
Tropaeolum majus 531, 645
Tsakalotos 84
Tschirch 9, 10, 29, 30, 78, 80, 89, 90, 91, 92, 146, 211, 321, 435, 467, 562, 563, 564, 565, 625, 628, 631
Tsjampa 409
Tsuga canadensis 94, 135, 139
— *Douglasii* 95
— — *fastigeata* 138
— *Lindleyana* 138
Tuberon 274
Tuberosenöl 273
Tubes 479
Tumburu 651
Tunmann 372, 405, 538, 600
Turmerol 283
Turpentine pine 148
Tutin 273, 505, 558

U

Ulmaceae 338
Ultée 247, 248, 289, 295
Umbellularia californica 504
Umbellulon 505
Umney 123, 126, 130, 131, 167, 180, 182, 183, 215, 238, 309, 311, 312, 402, 403, 406, 439, 607, 617, 621, 663, 669
Undecen-1-ol-10 im Trawasblätteröl 519
Unona leptopetala 409
— *odorata* 409
— *odoratissima* 409
Urban 534, 536
Urticaceae 343
Usiblätter 658
Utz 32, 51, 80, 108, 620
Uvaria axillaris 409
— *Cananga* 409
farcta 409
— *odorata* 409

V

Valenta 50, 108
Valente 342
Valeriansäure im Öl von *Persea pubescens* 498
Vanilla planifolia 306
Vanilleöl 305
Vanillin (?) im Hyazinthenöl 372
Vanillin im Myrocarpusbalsamöl 631
— — Quino-Quinobalsamöl 629
Vanillons 306
Vaubel 53
Veilchenmoosöl 1
Veilchenstein 1
Veilchenwurzel 277
Veitch 31, 69, 103, 115
Venable 99, 100
Verbindung siehe Körper
Verley 274

Verschaffelt 635
Vetirol 222
Vetiron 221
Vetiven 222
Vetiveria muricata 218
— *zizanioides* 218
Vetiveröl 218
Vetiverole 222
Vetiveron 222
Vèzes 11, 16, 18, 19, 21, 22, 72, 73, 75, 81, 84, 110
Vignolo 342
Vilayat Budh 347
Vinylsulfid im Bärlauchöl 271
Virgin dip 64
Vogel 278
Vogelbeeröl 569
Vogl 430
Volkart 201, 350
Volkens 365
Vollrath 557
Vortmann 335
Vrij, de 323
Vuillemin 538, 540

W

Wacholderbeerenhydrat 170
Wacholderbeeren-Zapfen 166
Wacholderbeeröl 166
— von *Juniperus Oxycedrus* 171
Wacholderbeerstearopten 170
Wacholdercampher 170
Wacholderholzöl 170
Wacholdernadelöl 170
Wachsmyrtenöl 329
Wagner 111, 340, 554
Walbaum 105, 118, 122, 123, 126, 128, 129, 130, 136, 198, 199, 234, 235, 293, 306, 436, 481, 549, 551, 557, 558, 590, 612, 614
Walker 103, 104
Wallach 9, 23, 25, 112, 113, 122, 129, 132, 157, 168, 169, 182, 205, 207, 297, 299, 308, 311, 312, 378, 380, 426, 427, 430, 481, 525, 526, 617, 619, 634, 649
Walnußblätteröl 329
Warden 219, 255, 258, 651
— siehe auch Dymock
Warren 283
Wartaraöl 651
Watt 86, 189, 208, 220, 351, 394, 648
Watts 204, 216
Weber 298, 299, 441
Wehmer 568
Weidenschwammöl 1
Weidlein 470
Weidmann 566
Weigel 85, 89, 91, 92, 623, 624
Weilinger 314, 502
Weimar 609
Weiß 276
Weißberg 28
Weißbirkenrindenöl 338
Weiße Ceder 156
Weißtanne 117
Wellingtonia gigantea 142
Wender 509
Wendt 361
Wenzell 99, 100
Werdmüller 565, 631
Wertheim 269, 533, 537
Wesseley 92
Westaustralisches Sandelholzöl 364
Western Yellow pine 26
Westindisches Lemongrasöl 210
Weymouthkiefernadelöl 137
Whitaker 31
White cedar 177
— pine 101, 103, 137, 149
— Sassafras 457
Wicke 566, 567
Wickromaratne 234
Wiesner 508
Wiggins 104
Wildeman, de 611
Wildkirschenblätteröl 610
Wildkirschenrindenöl 609
Will 367, 383, 541, 546
Willner 625
Winckler 312, 372
Window glass 64
Winter 227

Winteren 408
Winterfeld 38
Wintergrünöl 330
Winterrautenöl 660
Winterseel 164
Winters Gras 227
Wintersrindenöl 408
Wirth 605
Witch hazel 565
Wittmack 647
Wolff 21, 50
Wood Oil 624 Anm.
Wormseed, American 373
Worstall 31
Wright 212, 236, 270, 426, 428
Wurmfarnöl 5
Wurmsamenöl, amerikanisches 373
— — Destillation (Abbild.) 375
Wyss 311, 312

X

Xanthophyllum adenopodum 185 Anm.
Xanthorrhoea australis 268
Xanthorrhoeaharzöl 268
Xanthotoxin 656
Xanthoxylen 653, 654
Xanthoxylin 654
Xanthoxylum acanthopodium 651
— *alatum* 651, 653
— *Aubertia* 654
— *Hamiltonianum* 651
— *ochroxylum* 651
Peckoltianum 655
— *piperitum* 650
— *senegalense* 655
Xylocassia 459

Y

Yabunikkei 464
Yellow grass tree gum 268
— Oregon pine 138
pine oil 101, 103
Ylang-Ylangöl 409
Yoshida 481, 484

Z (siehe auch C)

Zaar 200, 354
Zaubzer 170
Zelinski 83
Zellner 2
Zetzsche 32
Ziegelmann 179, 332, 333
Zimmermann 291, 344
Zimt des Orinoco 521
Zimtblätteröl 440
Zimtblütenöl 443, 452
Zimtöl, Ceylon 434
— chinesisches 443
— japanisches 455
Zimtsäure im Hondurasbalsamöl 565
Zimtsäurebenzylester im Quino-Quinobalsamöl 629
Zimtsäuremethylester im Öl von *Alpinia Galanga* 289
Zimtsäurephenylpropylester im Storaxöl 563
Zimtwurzelöl 442
Zingiberaceae 282
Zingiberen 294
Zingiber officinale 291
Zirbelkiefernadelöl 134
Zitwerwurzelöl 285
schweres 286
Zwergkiefer 124
Zwiebelöl 270
Zygophyllaceae 648